Korrosion, Passivität und Oberflächenschutz von Metallen

Von

Ulick R. Evans, M.A., Sc.D.

King's College, Cambridge

Ins Deutsche übertragen und mit einigen Ergänzungen versehen von

Dr. E. Pietsch

Hauptredakteur von Gmelins Handbuch der anorganischen Chemie
Berlin

Mit 94 Abbildungen im Text

Berlin

Verlag von Julius Springer

1939

ISBN-13: 978-3-642-94551-9   e-ISBN-13: 978-3-642-94550-2
DOI: 10.1007/978-3-642-94550-2
Softcover reprint of the hardcover 1st edition 1939

Der englische Buchtitel lautet:
Metallic corrosion passivity and protection.

Vorwort zur deutschen Ausgabe.

Wenn ich der an mich ergangenen Aufforderung der Verlagsbuchhandlung Julius Springer, Berlin, zur Durchführung der deutschen Herausgabe des EVANS-schen Werkes glaubte Folge leisten zu sollen, so geschah das einmal deshalb, weil meiner Ansicht nach im deutschen Schrifttum kein ähnliches aus einem Guß und aus so umfassender (nach erfolgreich leitenden Gesichtspunkten ausgerichteter) praktischer Sachkenntnis heraus geschriebenes Werk vorliegt und zweitens weil es für mich einen besonderen Reiz besaß, die EVANSschen Überlegungen und ausgedehnten experimentellen Untersuchungen zum Grundphänomen der Korrosion, die mit bescheideneren eigenen theoretischen und praktischen Arbeiten konform gehen, dem deutschsprachigen Interessentenkreis in dieser Form vor-zulegen. Dabei gedenke ich gern und dankbar der freundschaftlichen Ein-stellung von Dr. EVANS zu meiner Aufgabe: er sagte mir zu, an dem Buch Änderungen nach Belieben (bei entsprechender Kennzeichnung) anbringen zu dürfen. Wenn ich von diesem vertrauensvollen Anerbieten trotzdem nur in allerbeschränktestem Ausmaße Gebrauch gemacht habe, so geschah das nach reiflicher Überlegung vor allem deshalb, weil meiner Ansicht nach etwa eine an sich leicht mögliche Heranziehung weiterer Literatur — bis zum EVANSschen Literaturabschlußtermin oder aber bis zur Zeit des Abschlusses der Über-setzung — die Einheitlichkeit des Buches mit ziemlicher Sicherheit gesprengt haben würde, ohne daß durch die dadurch an und für sich erhöhte Anzahl aufweisbarer Einzelfakten das grundsätzliche Bild von den Vorgängen bei der Korrosion und Passivität irgendwie entscheidend beeinflußt oder weitergehend geklärt worden sein würde. Das aber erschien mir bei meiner Arbeit das Ent-scheidende und einzig mit meiner Verantwortung dem EVANSschen Buch gegen-über Verträgliche: die innere Geschlossenheit der vorgetragenen Anschauungen, in der eine besondere Stärke dieses Buches zu erblicken ist, unangetastet zu erhalten, um so mehr, als gerade die Cambridger Ergebnisse, auf die sich die EVANSschen Darlegungen wiederholt mit Erfolg und vollem Recht stützen, in vorbildlich objektiver und selbstkritischer Form vorgetragen werden.

Ich glaube, daß gerade das EVANSsche Buch in der Auswahl des zur Stützung seiner Argumentationen herangezogenen Schrifttums für uns bedeutungsvoll sein sollte. Es zeigt, welchen erheblichen Anteil der angelsächsische Kreis an der erfolgreichen Bearbeitung dieses wissenschaftlich und technisch gleich wichtigen Gebietes genommen hat. Diese Tatsache sollte uns, wie ich mehrfach auszuführen Gelegenheit genommen habe, aufmerken lassen. Die Korrosion bzw. ihre sinngemäße systematische Verhütung ist von so anerkannt volks-wirtschaftlicher Bedeutung, daß man darüber eigentlich schon kein Wort mehr zu verlieren wagt. Dennoch fehlt es nach wie vor in Deutschland an einer ein-heitlich ausgerichteten Korrosionserforschung größeren Maßstabes, fehlt es, mit einem Wort, an einem Institut für Korrosionsforschung, ähnlich vielleicht den Kaiser Wilhelm-Instituten, wobei diese Namensnennung Ausdruck sei zugleich für eine weitausschauende wissenschaftliche Durchforschung des Fragenkomplexes bei volks- und damit wirtschaftsnaher Auswertung der erarbeiteten Ergebnisse. Die Art und Weise, wie das Korrosionsproblem etwa in England angefaßt worden ist — weitausholend in der wissenschaftlichen Problematik, vor allem durch die Cambridger Schule von Evans sowie durch den Bengoughschen Arbeitskreis in Teddington, und großzügig in den praktischen Korrosionsprüfungen in den kontinentumfassenden Prüffeldern, wobei als vorbildlich die Korrosionsarbeitsgemeinschaften des Iron and Steel Institute herausgestellt seien —, kann nur als ein nachahmenswertes Vorbild zu planvoller und zu Erfolg führender Arbeit angesehen werden.

Der Herausgeber der deutschen Ausgabe muß die gleiche Nachsicht für sich in Anspruch nehmen, die der Schöpfer des englischen Werkes für sich in dem Vorwort zur englischen Ausgabe erbittet: Das Gebiet, insbesondere der technischen Fragestellungen, ist bei der allgemeinen Bedeutung der in Frage stehenden Sachverhalte so außergewöhnlich umfassend, daß es in vielen Fällen äußerst schwierig ist, die adäquate deutsche Formulierung zu finden. Ich bin mir durchaus bewußt, daß mir das trotz redlichen Bemühens nicht in allen Fällen restlos gelungen sein wird.

Durchgehend sind die für den deutschen Leserkreis unüblichen englischen Maßeinheiten in die uns geläufigen des CGS-Systems umgerechnet worden.

Es ist mir ein besonderes Bedürfnis, Herrn Dr. Ing. E. Franke, ständigem wissenschaftlichen Mitarbeiter der Gmelin-Redaktion, sehr herzlich zu danken für seine verständnisvolle und stets bereite Hilfe, insbesondere bei der Findung zahlreicher technischer Ausdrücke und Formulierungen. Ebenso herzlich habe ich, abgesehen von anderen freundlichen Helfern, denen gleichfalls zu danken ist, Fräulein L. Schreck zu danken für ihre einsatzbereite und unermüdliche Mitarbeit bei der technischen Gestaltung des deutschen Buches, sei es bei der Schreibmaschinenarbeit, der Korrektur oder den Registern. Nicht zuletzt danke ich der Verlagsbuchhandlung Julius Springer für vieles freundliche Eingehen auf von mir vorgebrachte Wünsche und für die mir stets bewiesene wohlwollende Förderung meiner Arbeit.

E. Pietsch.

Berlin, 2. April 1939.

Vorwort zur englischen Ausgabe.

Die letzte englische Auflage meines Buches "Corrosion of Metals" erschien im Jahre 1926. Den Wünschen nach einer weiteren Bearbeitung dieses Buches habe ich nicht Folge geleistet, da die Lage auf dem Gebiete der Korrosion ein völlig neues Buch erfordert. In den letzten 10 Jahren sind viele tausende an Arbeiten erschienen, die sich mit der Korrosion, der Passivität und dem Oberflächenschutz von Metallen beschäftigen und die auf mehrere hunderte verschiedener Zeitschriften verteilt sind. Der potentielle Wert dieser großen Fülle verstreut vorliegender Erkenntnis ist bedeutend; aber der unmittelbare Wert bleibt klein, da es für den gewöhnlichen Fragestellenden auf diesem Gebiet schwierig ist, die Belehrung zu erreichen, nach der er sucht. Das vorliegende Werk ist ein Versuch, den Wissensstand zusammenzufassen, und es ist aufgebaut auf den Untersuchungen und Veröffentlichungen von etwa 1700 Autoren, deren Namen im Autorenverzeichnis erscheinen. Dabei stützt sich dieses Werk ziemlich speziell auf die seit 1923 an der Cambridger Universität durchgeführten Arbeiten. Ich will keinerlei Entschuldigung dafür vorbringen, daß ich den Cambridger Untersuchungen im Rahmen des Ganzen einen so wesentlichen Raum zur Verfügung gestellt habe; denn abgesehen davon, daß es ein offenbarer Vorteil ist, Phänomene zu beschreiben, die der Schreiber selbst *gesehen* und über die er nicht lediglich gelesen hat, ist es weiterhin richtig, den Leser besonders mit den Versuchen vertraut zu machen, die zu den in diesem Buch vertretenen Anschauungen geführt haben. Sind diese Anschauungen hoffnungslos falsch, so sollte das Buch überhaupt nicht geschrieben werden. Ist die Abfassung des Buches dagegen gerechtfertigt, so wird die Berücksichtigung der experimentellen Grundlagen für die vorgebrachte Lehrmeinung zu einer Notwendigkeit. Ich will lediglich hinzufügen, daß die Mehrzahl dieser Cambridger Untersuchungen nicht von mir selbst, sondern von meinen Mitarbeitern durchgeführt worden ist. Im Text habe ich ausschließlich die Namen der Experimentatoren genannt und so eine wiederholte Bezugnahme auf „den Autor" vermieden. Ich habe im Autorenverzeichnis keine Hinweise auf meine eigenen Arbeiten gebracht, da sie infolge der großen Zahl zu geringen Nutzen bieten würden.

Bei der Abfassung dieses Buches habe ich an zwei getrennte Gruppen von Lesern gedacht: an den Praktiker und den reinen Wissenschaftler. Über die Bedeutung der Korrosion und des Werkstoffschutzes für den Ingenieur, den industriellen Chemiker und den Metallurgen ist heutzutage kein besonderes Wort zu verlieren. Es sind viele Schätzungen der jährlichen Kosten vorgenommen worden, die in der Welt durch den notwendigen Ersatz für korrodiertes Metall und durch die erforderliche Anwendung von Schutzmaßnahmen verursacht werden. Aber die veröffentlichten Zahlen, so sensationell sie auch sein mögen, berücksichtigen nicht die menschliche Seite dieser Frage. Es ist unmöglich, die immerwährende Sorge, die den verantwortlichen Industriellen durch die Bedrohung von seiten der Korrosion auferlegt ist, oder die heftige Erbitterung, die sich einstellt, wenn ein glatt arbeitender Prozeß infolge eines rasch lokalisierten Angriffes plötzlich zum Stehen gebracht wird, in Geldsummen auszudrücken. Jedes Buch über Korrosion, Passivität und Schutzmaßnahmen muß sich infolgedessen in erster Linie an den Ingenieur und den industriellen Chemiker wenden.

Es steht jedoch zu hoffen, daß der Gegenstand auch von seiten des reinen Wissenschaftlers Aufmerksamkeit findet. Aus gewissen Gründen heraus hat sich der akademische Chemiker stets für die „Passivität" — das Gegenteil der Korrosion — interessiert. Er scheint jedoch die Korrosion selbst als einen „entweihten" Gegenstand zu betrachten, der nur dem Industriellen zukommt. Das Phänomen der Korrosion bietet jedoch tatsächlich viele Seiten eines besonderen wissenschaftlichen Interesses. Wenn man Reaktionen, wie beispielsweise die Hydrolyse von Äthylacetat als der Untersuchung würdig erachtet, da sie einen Einblick in das Kräftespiel der Natur gibt, dann sollte sicherlich die der Einwirkung von Wasser und Sauerstoff auf Eisen, die als Rostvorgang bezeichnet wird, aus ähnlichen Gründen gerechtfertigt erscheinen, insbesondere da sie Erscheinungen bietet, die bei den Reaktionen nichtmetallischer Stoffe nicht auftreten. Es ist anzunehmen, daß viele „reine Chemiker", sofern sie ihre Abneigung für das in Frage stehende Gebiet hinreichend überwinden würden, feststellen müßten, daß es einen Reiz besitzt, den sie früher nicht erkannt hatten.

Bei der Abfassung eines Buches für zwei Gruppen von Lesern ist es erforderlich, von jeder Gruppe eine gewisse Toleranz zu erbitten. Die Aufgabe des Schreibenden ist dadurch erschwert worden, daß viele Leser dringend eine quantitative Behandlung des Gegenstandes erwünschen, die zumindest gewisse elementare mathematische Anforderungen stellt, während die anderen gegen die Einführung selbst der einfachsten algebraischen Symbole Einwendungen erheben. Um diesen Wünschen zu entsprechen, habe ich jedes Kapitel in die folgenden drei Abschnitte geteilt:

A. Wissenschaftliche Grundlagen.

B. Fragen der Praxis.

C. Quantitative Behandlung.

Dieser letzte Teil bietet eine sehr elementare quantitative Besprechung derjenigen Fälle, die hinreichend einfach sind, um durch Gleichungen ausgedrückt zu werden. Die Einfachheit der Gleichungen, die zur Darstellung einiger Korrosionsvorgänge dienen, ist vielleicht etwas überraschend; in Fällen dagegen, in denen die algebraische Behandlung verwickelt sein würde, kann die Klarlegung hinreichend mit Hilfe einer graphischen Darstellung erzielt werden. Die C-Teile enthalten auch gewisse Argumentationen, die in einigen Fällen spekulativer Natur sind und, wenngleich nicht mathematischer Natur, doch dem mit dieser Materie wenig vertrauten Leser schwierig erscheinen mögen. Wenn der Leser, der gegen eine mathematische Behandlung Einspruch erhebt, sich auf die A- und B-Teile beschränkt, so wird er finden, daß der ganze Fragenkomplex dort ohne Lücken in der Beweisführung dargestellt wird und daß die ihm unerwünschten Symbole, abgesehen von ihrer Benutzung in Fußnoten, völlig fehlen.

Es wird angenommen, daß der Leser über gewisse Kenntnisse auf dem Gebiete der Elektrochemie und Optik verfügt. Für Benutzer, deren Kenntnis dieser Gebiete verblaßt ist, habe ich eine Reihe größerer Fußnoten angefügt, die die erforderlichen elektrochemischen Grundlagen zusammenfassen. In einem Anhang werden weiterhin die optischen Eigenschaften dünner Filme besprochen. Für denjenigen, der mit elektrochemischen Dingen nicht vertraut ist, werden die Fußnoten, die das Material notwendigerweise sehr gedrängt bringen müssen, nicht leicht lesbar sein — jedoch wird der Leser, der sich einer verwickelten elektrochemischen Frage nähert, ohne früher die Grundlagen dieser etwas schwer übersichtlichen Wissenschaft gemeistert zu haben, darauf gefaßt sein müssen, auf gewisse Schwierigkeiten zu stoßen.

Die Abgrenzung zwischen reiner und angewandter Wissenschaft ist nicht scharf, und ich habe infolgedessen bei der Zuteilung des Materials zu den Teilen A und B nicht gezögert, notwendigenfalls eigenwillige Entscheidungen zu treffen, wenn ich dadurch Wiederholungen vermeiden konnte. Gewisse Wiederholungen sind jedoch unvermeidlich, wenn die Verknüpfung von Phänomenen herausgearbeitet werden soll. Bei der Zuteilung des Materials zu den Kapiteln habe ich die Anordnung nach den wissenschaftlichen Ursachen der Phänomene getroffen. Der Ingenieur mag vielleicht bevorzugen, alle Fälle von Schiffskorrosion an einer, alle Fälle von Ofenzerstörungen an einer anderen Stelle zu finden, und so fort. Eine derartige empirische Anordnung würde jedoch dem Hauptzweck des Buches zuwiderlaufen. Beabsichtigt ist, nicht nur die Tatsachen als solche aufzuzeigen, sondern ein Verständnis von den hinter ihnen liegenden Bedingtheiten zu vermitteln, da ohne dieses Verständnis die Anwendung von Heilmitteln gegen die erkannten Schädigungen direkt gefährlich sein könnte.

Bei der Berücksichtigung von Arbeiten anderer Autoren habe ich versucht, zwischen zwei extremen Standpunkten hindurchzusteuern. Ich hätte einfach meine eigene Interpretation dieser Arbeiten geben und dem Leser eine ex cathedra-Darstellung bringen können, die er als Ganzes anzunehmen hätte. Gegen eine derartige Anmaßung von Unfehlbarkeit würde jedoch jeder Einspruch erheben, der sich Selbstachtung und Unabhängigkeit des Denkens bewahrt hat. Andererseits hätte ich versuchen können, die Meinungen eines jeden Autors in einer völlig ungeteilten Form zusammenzufassen und dem Leser die Entscheidung darüber zuzuschieben, welche Meinung die richtige ist. Eine derartige Behandlungsweise würde jedoch wahrscheinlich den nicht besonders mit dieser Materie bewanderten Leser verwirrt haben. Ich habe dagegen versucht, den verschiedenen Autoren ihre eigenen Ansichten zuzuteilen, wobei ich ihnen in ihren Theorien zustimme (wenn sie richtig sind) und ihnen die Verantwortung zuteile (wenn sie sich als falsch erweisen sollten). Ich habe diese Ansichten jedoch so dargestellt, als ob sie meiner eigenen Meinung entsprächen.

Insgesamt gesehen bin ich überrascht, festzustellen, wie gut die Ergebnisse verschiedener Autoren, die sich dem Gegenstand von verschiedenen Seiten her genähert haben, übereinstimmen und sich zu einem harmonischen Bild zusammenfinden. Die Vorstellung, daß das Gebiet der Korrosion voll von Unklarheiten ist, muß heutzutage als eine Übertreibung bezeichnet werden. Zweifellos bestehen auch jetzt noch Unstimmigkeiten und Unzulänglichkeiten. Nimmt man jedoch den Erscheinungskomplex als Ganzes, so ist es nicht die mangelnde Übereinstimmung, sondern die grundsätzlich klare Linie, die dem Autor als überraschend und befriedigend zugleich erscheint. Es steht zu hoffen, daß die in diesem Buch vorgetragenen Ansichten, insgesamt gesehen, einen brauchbaren Mittelwert der Anschauungen vermitteln, die in den hauptsächlichen Korrosionslaboratorien der Welt vertreten werden. Zweifellos wird jedes einzelne Laboratorium gewisse Teile geändert wissen wollen, jedoch werden die gewünschten Änderungen in fast jedem Fall verschieden sein.

Die Ansichten der Forschergruppe in Teddington stimmen bekanntermaßen nicht mit denen des Cambridger Arbeitskreises überein; jedoch sind meine Schwierigkeiten bei der Behandlung dieses Teiles wesentlich durch die Liebenswürdigkeit der Herren Dr. BENGOUGH und Dr. WORMWELL verringert worden, die mir in freundlicher Weise ein kurzes Exposé ihrer derzeitigen Ansichten zur Verfügung gestellt haben, das in einem Sonderteil in Kapitel V zum Abdruck gekommen ist.

Bei der Diskussion der korrosionsbeständigen Legierungen kann der Einwand erhoben werden, daß ich Markennamen in einigen Fällen benutzt, in anderen dagegen ausgelassen habe. Dabei habe ich folgende Richtlinien eingehalten: In Fällen, in denen der Hersteller offen die wesentliche Zusammensetzung seines Produktes bekannt gegeben hat, habe ich aus Gründen der Kürze den allgemein üblichen Namen verwendet. In Fällen jedoch, in denen er die Natur seines Produktes nicht mitteilt, kann ich den Markennamen nicht geben, da es mir nicht möglich ist, das Buch zu einem Katalog von Geheimmitteln werden zu lassen. Grenzfälle bieten naturgemäß Schwierigkeiten. Ich kann nur sagen, daß ich versucht habe, gerecht zu sein. Möglicherweise ist es mir nicht gelungen.

Wenn irgend möglich, so habe ich mich bemüht, Kontroversen zu vermeiden; aber es erschien mir richtig, den Leser vor möglichen Schwächen in vorgetragenen Beweisen zu warnen, ohne ihn notwendigerweise zu nötigen, die betreffende Anschauung zurückzuweisen. Im Hinblick auf die gegen die vom Autor ausgesprochenen Ansichten vorgebrachten Einwände habe ich ein Kapitel der Zusammenfassung derjenigen experimentellen Arbeiten gewidmet, die durchgeführt worden sind, um festzustellen, wie weit diese Einwände gerechtfertigt sind. Um irgendwelche Unfreundlichkeit zu vermeiden, sind die Namen der Kritiker im Text dieses Abschnittes nicht genannt. An allen anderen Stellen des Buches dagegen ist in Form von Fußnoten auf Arbeiten Bezug genommen, in denen der Leser die Ansichten derjenigen Autoren findet, mit denen ich nicht übereinstimme, und es steht zu hoffen, daß er diese Arbeiten zum Studium heranziehen wird. Ferner habe ich in Form von Fußnoten Angaben zur Unterstützung von Feststellungen gegeben, gegen die wahrscheinlich Einwände zu erheben sind. Dieses Verfahren erscheint mir fair, sowohl denen gegenüber, die die Feststellungen gemacht haben, als auch denen gegenüber, die Einwände gegen sie vorbringen.

Fußnoten sind weiterhin gebracht worden, um die Veröffentlichungen anzugeben, in denen die Cambridger Untersuchungen eingehender beschrieben worden sind, als das im Text dieses Buches möglich ist, sowie weiterhin, um wichtige, an anderen Stellen durchgeführte Untersuchungen herauszustellen, die notwendigerweise im Buch vernachlässigt wurden oder nur im Vorübergehen erwähnt werden konnten. Das Buch ist lang an sich, jedoch ist die Menge des zu verarbeitenden Materials außergewöhnlich groß, und jeder Versuch, es unnatürlich zu komprimieren, würde den Text unlesbar machen — und ich bin kein Bewunderer konzentrierter Literaturansammlungen.

Beim Zitieren von Zeitschriften habe ich gewöhnlich nicht die erste Seite der Arbeit gegeben, sondern diejenige, auf der die gewünschte Auskunft zu finden ist. Dieses Verfahren, das in manchen Kreisen verdammt wird, wird dem Leser Zeit ersparen, insbesondere, wenn die Arbeit in einer ihm nicht sehr vertrauten Sprache geschrieben ist. Erlaubt es jedoch seine Zeit, so sei ihm die gesamte Arbeit zur Einsicht empfohlen.

Bei der Auswahl zwischen einander widersprechenden Ansichten verschiedener Arbeiten habe ich in Zweifelsfällen der neuesten Arbeit den Vorzug gegeben. Diese wird gewöhnlich eine Zusammenfassung der früheren Arbeiten einschließen. Der Leser wünscht nämlich nicht die ursprünglichste Fassung einer Frage, sondern nach Möglichkeit den gegenwärtigen Stand kennenzulernen. Im allgemeinen habe ich nicht den Versuch gemacht, den „Erfinder" wissenschaftlicher Entdeckungen oder Lehrmeinungen aufzusuchen. Die meisten Ideen sind allmählich gewachsen und der Keim vieler fruchtbarer Vorstellungen kann bis auf FARADAY oder irgendwelche anderen frühen Forscher zurückverfolgt werden. Ebenso habe ich keinen Versuch gemacht, die Patentlage klarzustellen. Ich habe überdies Patente lediglich dort zitiert, wo keine anderen Veröffentlichungen über irgendeinen wichtigen Prozeß oder ein Material verfügbar schienen. (Die Jahreszahlen beim Zitieren der Patente geben den Beginn der Schutzfrist und nicht das Anmeldedatum.) Die Gültigkeit verschiedener Ansprüche zu diskutieren oder festzustellen, worauf der Patentanspruch beruht, würde gefährlich sein und eine weit eingehendere Kenntnis des Patentgesetzes erfordern, als ich sie besitze.

Die Abfassung des Buches ist sehr schwierig gewesen und, obgleich ich ihr viele andere Dinge geopfert habe, die ich für wichtig halte, fühle ich, daß es unmöglich gewesen ist, bei der Darstellung einer so weit erstreckten und so in der Entwicklung begriffenen Materie den Standard aufrecht zu erhalten, der von einem Buch zu erwarten ist, das sich mit einem kleineren und festliegenderem Gegenstand beschäftigt. Ich muß um Nachsicht bitten bei denjenigen, die die vielen noch vorhandenen Mängel feststellen werden. Ich habe mich bemüht, die wichtigste Literatur, die bis zum November 1936 verfügbar war, zu berücksichtigen. Einige letzte Einfügungen sind im Januar 1937 vorgenommen worden. Offen gestanden, ist das ständige Einfügen neuer Ergebnisse bis zum Augenblick der Drucklegung nachteilig für den Stil und die Kontinuität der Darstellung gewesen — der Leser wird jedoch wahrscheinlich der Meinung sein, daß eine weniger glatte Darstellung dieses Gebietes heutzutage einem literarischen Meisterstück vorzuziehen ist, das die Anschauungen der Vergangenheit gibt.

Ich bin mir bewußt, daß eine erschöpfende Behandlung des Gebietes der Korrosion die Kenntnis zahlreicher Sondergebiete der Wissenschaft und Technologie erfordert und daß wahrscheinlich kein Mensch all diese Gegenstände völlig beherrscht. In manchen Dingen habe ich das Empfinden, daß ich — milde ausgedrückt — wie ein Amateur geschrieben habe. Glücklicherweise bin ich in Kontakt mit denjenigen gewesen, die berufen sind, eine Meinung in diesen Dingen auszusprechen, und ich schulde sowohl meinen Freunden im Inland als auch im Ausland Dank für ihre Mühe, mich mit fachgemäßen Informationen versorgt zu haben. Ich wünsche denen meinen aufrichtigen Dank auszusprechen, die mich an ihrem Wissen haben teilnehmen lassen in Fragen, für die sie Spezialisten sind.

Meinen besonderen Dank wünsche ich Prof. H. A. MILEY zu sagen, der mir viel Zeit und Mühe gewidmet hat, indem er die C-Teile und verschiedene andere Kapitel des Buches durchgegangen ist. Gleichfalls danke ich Dr. T. P. HOAR, Dr. R. B. MEARS, Dr. R. S. THORNHILL, Dr. A. W. CHAPMAN und Mr. L. E. PRICE dafür, daß sie gewisse Teile des Buches gelesen und wertvolle Bemerkungen dazu vorgebracht haben.

Mein Dank gilt auch für die Hilfe, die mir die Leitungen verschiedener Bibliotheken, in denen ich gearbeitet habe, entgegengebracht haben; ferner all denen, die beim technischen Schreiben und bei der Anordnung des schwierigen Manuskriptes mitgeholfen haben. Ohne diese sorgfältige und kundige Hilfe würde die Abfassung eines Buches dieser Art unmöglich sein.

The Metallurgical Laboratories   **ULICK R. EVANS.**
Cambridge University

Januar 1937.

Zur Beachtung. Der Wechsel in den Handelsnamen, die in verschiedenen Ländern und von verschiedenen Autoren zur Bezeichnung von im Handel befindlichen Kohlenwasserstoffgemischen in Anwendung sind, ist für den Autor die Quelle besonderer Schwierigkeit gewesen. In Fällen, in denen eine dieser Flüssigkeiten von einem „technischen" Autor genannt wird, wird dem Leser empfohlen, die zitierte Arbeit zu befragen und sich seine eigene Meinung zu bilden. Es sei darauf hingewiesen, daß *Benzin* (benzine) gewöhnlich wenig oder gar kein *Benzol* (benzene) enthält und im allgemeinen ein Gemisch darstellt, das reich an Paraffinen, wie beispielsweise Heptan, ist.

Inhaltsverzeichnis.

Seite

Alphabetisches Verzeichnis der benutzten Zeitschriften.

Die benutzten Abkürzungen entsprechen den in GMELINS Handbuch der anorganischen Chemie verwendeten. Auch die Art der Zitierungsfolge ist die in diesem Handbuch geübte: Autor — Zeitschrift — Bandzahl (fett gedruckt) — Jahreszahl (in Klammern) — Seitenzahl bzw. bei Fehlen der Bandzahl: Jahreszahl (fett gedruckt) — Seitenzahl.

Abkürzung	Titel
A.P.	Amerikanisches Patent
Aircraft Eng.	Aircraft Engineering
Aluminium Berlin	Aluminium (Berlin)
Aluminium London	Aluminium (London)
Am. Electroplaters' Soc. monthly Rev.	American Electroplaters' Society monthly Review
Am. Inst. chem. Eng.	American Institute of chemical Engineers
Am. J. Physiol.	American Journal of Physiology
Am. J. Sci.	American Journal of Science
Am. Paint Varnish Manufact. Assoc. Circular	American Paint and Varnish Manufacturers' Association Circular
Am. Petroleum Inst.	American Petroleum Institute
Am. Soc. Heating Ventilating Eng.	American Society of Heating and Ventilating Engineers
Am. Soc. Met.	American Society of Metals
Am. Soc. Test. Mat. techn. Pap.	American Society for Testing Materials technical Paper
An. Españ.	Anales de la Sociedad Española de Física y Química
Analyst	Analyst
Ann. Chim. Phys.	Annales de Chimie et Physique
Ann. Phys.	Annalen der Physik
Ann. Physique	Annales de Physique
Apparatebau	Apparatebau
Arch. Eisenhüttenwesen	Archiv für das Eisenhüttenwesen
Aviation	Aviation (New York)
Bautenschutz	Bautenschutz
Bayer. Ind.-Gewerbeblatt	Bayerisches Industrie- und Gewerbeblatt
Bell Labor. Record	Bell Laboratory Record
Bell Syst. techn. J.	Bell System technical Journal
Ber.	Berichte der Deutschen chemischen Gesellschaft
Ber. Bayer. Akad.	Sitzungsberichte der Königlichen Bayerischen Akademie der Wissenschaften zu München
Ber. Wien. Akad.	Sitzungsberichte der Akademie der Wissenschaften in Wien (Mathematisch-naturwissenschaftliche Klasse)
Bitumen	Bitumen
Bl. Am. ceramic Soc.	Bulletin of the American ceramic Society
Bl. Assoc. Suisse Électr.	Association Suisse des Électriciens Bulletin
Bl. Assoc. techn. Fonderie	Bulletin de l'Association technique de Fonderie
Bl. Brit. non-ferrous Met. Res. Assoc.	Bulletin of the British non-ferrous Metals Research Association
Bl. chem. Soc. Japan	Bulletin of the chemical Society of Japan
Bl. Inst. phys. chem. Res. Japan	Bulletin of the Institute of physical and chemical Research, Tokyo

Abkürzung	Titel
Bl. Soc. chim.	Bulletin de la Société chimique de France
Bl. Soc. d'Enc.	Bulletin de la Société d'Encouragement pour l'Industrie nationale
Bl. Soc. Franç. Électr.	Bulletin de la Société Française des Électriciens
Bl. techn. Suisse Romande	Bulletin technique de la Suisse Romande
Bl. Tin Res. Dev. Council	Bulletin of the Tin Research and Development Council
Brit. Eng. Boiler electr. Ins. Comp. techn. Rep.	British Engine Boilers and electrical Insurance Company, technical Reports
Brit. med. J.	British medical Journal
Brit. non-ferrous Met. Res. Assoc. Ser.	British non-ferrous Metals Research Association, Research Reports, Association Series
Brit. Stand. Spec.	British Standard Specification
Brown-Boveri Rev.	Brown-Boveri Review
Building Res. Bl.	Building Research Bulletin (Department of Scientific and Industrial Research)
Building Res. spec. Rep.	Building Research special Report (Department of Scientific and Industrial Research)
Building Res. techn. Pap.	Building Research technical Paper (Department of Scientific and Industrial Research)
Bur. Stand. J. Res.	Bureau of Standards Journal of Research
C. A.	Chemical Abstracts
C. r.	Comptes rendus hebdomadaires des Séances de l'Académie des Sciences
Canadian Chem. Met.	Canadian Chemistry and Metallurgy
Canadian J. Res.	Canadian Journal of Research
Carnegie Inst. Techn. Bl.	Carnegie Institute of Technology Bulletin
Carnegie Scholarship Mem.	Carnegie Scholarship Memoirs (Iron and Steel Institute)
Ch. Umschau	Chemische Umschau
Ch.-Ztg.	Chemiker-Zeitung
Chem. Age	Chemical Age
Chem. Age met. Sect.	Chemical Age, metallurgical Section
Chem. Eng.	Chemical Engineer (Chicago)
Chem. Fabrik	Die chemische Fabrik
Chem. Ind.	Chemistry and Industry
Chem. met. Eng.	Chemical and metallurgical Engineering
Chem. Soc. annual Rep.	Chemical Society annual Reports on the Progress of Chemistry
Chem. Weekblad	Chemisch Weekblad
Chim. Ind.	Chimie et Industrie
Collect. Czechosl. chem. Communic.	Collection of Czechoslovak chemical Communications
Congr. Chauffage ind.	Congrès du Chauffage industriel
Congr. Chim. ind.	Congrès de Chimie industrielle
Congr. internat. Mines Mét. Géol. appl.	Congrès internationale des Mines de la Métallurgie et de la Géologie appliquée
D.P.	Deutsches Reichspatent
Depart. sci. ind. Res.	Department of scientific and industrial Research
Det. Struct. Seawater	Reports to the Commitee of Civil Engineers on the Deterioration of Structures of Timber, Metal and Concrete exposed to the Action of Seawater (H. M. Stationery Office)
Deutsch. Färber-Ztg.	Deutsche Färberzeitung
E.P.	Englisches Patent
Eidgenöss. Materialprüfungsamt	Eidgenössische Materialprüfungsamt (Zürich)

Abkürzung	Titel
Electr. J.	Electric Journal
Electr. Rev.	Electric Review
Electr. World	Electric World
Electrician	Electrician
Elektr. Nachr.-Techn.	Elektrische Nachrichten-Technik
Elektrotechn. Z.	Elektrotechnische Zeitschrift
Elektrotechnik	Elektrotechnik und Maschinenbau
Elettrotecnica	Elettrotecnica
Eng. Boiler House Rev.	Engineering and Boiler House Review
Eng. News	Engineering News and American Railway Journal
Eng. Res. spec. Rep.	Engineering Research special Reports (Department of scientific and industrial Research)
Engineer	The Engineer
Engineering	Engineering
F.P.	Französisches Patent
Farbe Lack	Farbe und Lack
Farben-Ztg.	Farben-Zeitung
Food Invest. spec. Rep.	Food Investigation special Report (Department of scientific and industrial Research)
Food Manufacture	Food Manufacture
Fortschr. Ch.	Fortschritte der Chemie
Foundry Trade J.	Foundry Trade Journal
Fuel	Fuel in Science and Practice
Gas Age Rec.	Gas Age Record
Gas J.	Gas Journal
Gas-Wasserfach	Gas- und Wasserfach
Gas World	Gas World
Gazz.	Gazzetta chimica Italiana
General electr. Rev.	General electric Review
Génie civil	Génie civil
Gesundheits-Ing.	Gesundheits-Ingenieur
Gießerei	Die Gießerei
Helv. chim. Acta	Helvetica chimica Acta
Ind. Chemist	Industrial Chemist and chemical Manufacturer
Ind. eng. Chem.	Industrial and engineering Chemistry
Ind. eng. Chem. anal. Edit.	Industrial and engineering Chemistry analytical Edition
Ind. eng. Chem. News Edit.	Industrial and engineering Chemistry News Edition
Ing. Vetensk. Akad. Handl.	Ingeniörs Vetenskaps Akademien, Handlingar
Inst. civil Eng. select. Papers	Institution of civil Engineers, selected Papers
Inst. Eng. Australia	Institution of Engineers, Australia
Inst. Gas Eng. Comm.	Institution of Gas Engineers, Communication
Inst. mechan. Eng.	Institution of mechanical Engineers
Inst. Met. Monograph Rep. Ser.	Institute of Metals Monograph and Report Series
Internat. crit. Tables	International critical Tables
Internat. Tin Res. Development Council Bl.	International Tin Research and Development Council Bulletin
Internat. Tin Res. Development Council techn. Publ.	International Tin Research and Development Council, technical Publication
Internat. Z. Metallogr.	Internationale Zeitschrift für Metallographie
Invest. atmospheric Pollution Rep.	Investigation of atmospheric Pollution, Reports (Department of scientific and industrial Research)

Abkürzung	Titel
Iron Age	Iron Age
Iron Coal Trades Rev.	Iron and Coal Trades Review
Iron Steel Ind.	Iron and Steel Industry
Iron Steel Inst. spec. Rep.	Iron and Steel Institute special Report
Iron Trades Rev.	Iron Trades Review
Ironmonger	Ironmonger
J. agricult. Soc.	Journal of the agricultural Society
J. Am. ceramic Soc.	Journal of the American ceramic Society
J. Am. Inst. electr. Eng.	Journal of the American Institute of electrical Engineers
J. Am. Soc.	Journal of the American chemical Society
J. Am. Waterworks Assoc.	Journal of the American Waterworks Association
J. Assoc. South African mechan. electr. Eng.	Journal of the Association of certified (South African) mechanical and electrical Engineers
J. Birmingham met. Soc.	Journal of the Birmingham metallurgical Society
J. ceramic Soc.	Journal of the ceramic Society
J. chem. Soc.	Journal of the chemical Society
J. Chim. phys.	Journal de Chimie physique et Revue générale des Colloides
J. Electrodepositers' Soc.	Journal of the (Electroplaters' and) Electrodepositers' technical Society
J. Franklin Inst.	Journal of the Franklin Institute
J. Gasbel.	Journal für Gasbeleuchtung und verwandte Beleuchtungsarten sowie für Wasserversorgung
J. general Physiol.	Journal of general Physiology
J. ind. Hygiene	Journal of industrial Hygiene
J. Inst. Brewing	Journal of the Institute of Brewing
J. Inst. civil Eng.	Journal of the Institution of civil Engineers
J. Inst. electr. Eng.	Journal of the Institution of electrical Engineers
J. Inst. Eng. Australia	Journal of the Institution of Engineers, Australia
J. Inst. Met.	Journal of the Institute of Metals
J. Inst. Petrol. Technol.	Journal of the Institution of Petroleum Technologists
J. Iron Steel Inst.	Journal of the Iron and Steel Institute
J. New England Waterworks	Journal of the New England Waterworks Association
J. Oil Colour Chemists Assoc.	Journal of the Oil and Colour Chemists Association
J. opt. Soc. Am.	Journal of the optical Society of America
J. phys. Chem.	Journal of physical Chemistry
J. Roy. aeronaut. Soc.	Journal of the Royal aeronautical Society
J. Roy. Soc. Arts	Journal of the Royal Society of Arts
J. Roy. techn. Coll.	Journal of the Royal technical College
J. Roy. techn. Coll. met. Club	Journal of the Royal technical College metallurgical Club
J. Soc. chem. Ind.	Journal of the Society of chemical Industry
J. Soc. chem. Ind. Japan	Journal of the Society of chemical Industry Japan
J. Soc. Leather Trade Chemists	Journal of the international Society of Leather Trades' Chemists
J. Soc. mechan. Eng. Japan	Journal of the Society of mechanical Engineers Japan
J. Textile Inst.	Journal of the Textile Institute
J. Univ. eng. Cape Town scient. Soc.	Journal of the University of Cape Town engineering and scientific Society
J. West Scotland Iron Steel Inst.	Journal of the West of Scotland Iron and Steel Institute
Japan Nickel Rev.	Japan Nickel Review
Jber. chem.-techn. Reichsanst.	Jahresbericht der chemisch-technischen Reichsanstalt
Jernkontorets Ann.	Jernkontorets Annaler

Abkürzung	Titel
Kautschuk	Kautschuk
Koll.-Z.	Kolloid-Zeitschrift
Kongl. Norske Vidensk. Selsk. Forh.	Kongelige Norske Videnskabers Selskab Forhandlinger
Koninkl. Inst. Ing.	Koninklijke Institut van Ingenieurs
Koppers Mitt.	Koppers Mitteilungen
Korr. Met.	Korrosion und Metallschutz
Korrosionstagung	Bericht über die Korrosionstagung Berlin
Kraftwerk	Kraftwerk (Supplement zu den A.E.G.Mitteilungen)
Kruppsche Monatsh.	Krüppsche Monatshefte
Lancet	The Lancet
L'energia elettrica	L'energia elettrica
Lieb. Ann.	Liebigs Annalen der Chemie
Machinery	Machinery London
Maschinenbau	Maschinenbau. Der Betrieb
Mechan. Eng.	Mechanical Engineering
Mechan. World	Mechanical World
Mem. Sci. Kyoto Univ.	Memoirs of the College of Science of Kyoto Imperial University
Mém. Soc. Ing. civils France	Mémoires et Comptes rendus des Travaux de la Société des Ingénieurs civils de France
Met. Abstracts	Metallurgical Abstracts (Institute of Metals)
Met. chem. Eng.	Metallurgical and chemical Engineering
Met. Constr. mecán.	Metalurgia y Construcción mecánica
Met. Erz	Metall und Erz
Met. Ind. London	Metal Industry London
Met. Ind. New York	Metal Industry New York
Met. Progress	Metal Progress
Met. Treatment	Metal Treatment
Metal Cleaning Finishing	Metal Cleaning and Finishing
Metallurgia	Metallurgia
Métallurgie	Métallurgie
Metallurgist	The Metallurgist (Supplement zu The Engineer)
Metallwarenind.	Metallwarenindustrie
Metallwirtschaft	Metallwirtschaft
Metals Alloys	Metals and Alloys
Métaux	Métaux (früher Aciers spéciaux, métaux et alliages)
Milk Ind.	Milk Industry
Minut. Pr. Inst. civil Eng.	Minutes of the Proceedings of the Institution of civil Engineers
Minut. Pr. South African Soc. civil Eng.	Minutes of Proceedings. South African Society of civil Engineers
Mitt. Forschungsinst. verein. Stahlwerke	Mitteilungen aus dem Forschungsinstitut der Vereinigten Stahlwerke A.G.
Mitt. K. W. Inst. Eisenforsch.	Mitteilungen aus dem Kaiser-Wilhelm-Institut für Eisenforschung zu Düsseldorf
Mitt. Materialprüfungsamt	Mitteilungen aus dem Materialprüfungsamt zu Groß-Lichterfelde West (später: aus den deutschen Materialprüfungsanstalten)
Mitt. Materialprüfungsanst.	Mitteilungen aus der Materialprüfungsanstalt an der Technischen Hochschule, Darmstadt
Mitt. techn. Versuchsamtes Wien	Mitteilungen des technischen Versuchsamtes Wien
Mitt. Wöhler-Inst.	Mitteilungen des Wöhler-Instituts
Museums J.	Museums Journal London

Abkürzung	Titel
Nachr. Ges. Wiss. Göttingen	Nachrichten von der Gesellschaft der Wissenschaften zu Göttingen
Nature	Nature
Naturw.	Die Naturwissenschaften
Oberflächentechnik	Oberflächentechnik
Oesterr. Ch.-Ztg.	Oesterreichische Chemiker-Zeitung
Oil Gas J.	Oil and Gas Journal
Paint Manufact.	Paint Manufacture
Paint Oil chem. Rev.	Paint, Oil and chemical Review
Paint Varnish Div. Am. chem. Soc.	Paint and Varnish Division, American chemical Society
Paint Varnish Prod. Manager	Paint and Varnish Production Manager
Petroleum Times	Petroleum Times
Petroleum World	Petroleum World
Petroleum Z.	Petroleum Zeitschrift
Phil. Mag.	Philosophical Magazine
Phil. Trans.	Philosophical Transactions of the Royal Society of London
Phys. Rev.	Physical Review
Phys. Z.	Physikalische Zeitschrift
Physica	Physica
Pogg. Ann.	Annalen der Physik und Chemie (herausgeg. von J. C. POGGENDORFF)
Polytechn. Weekblad	Polytechnisch Weekblad
Power	Power
Pr. Acad. Amsterdam	Koninklijke Akademie van Wetenschappen te Amsterdam, Proceedings
Pr. Acad. Tokyo	Proceedings of the Imperial Academy Tokyo
Pr. Am. Petroleum Inst.	Proceedings of the American Petroleum Institute
Pr. Am. Soc. Test. Mat.	Proceedings of the American Society for Testing Materials
Pr. Australasian Inst. Min. Met.	Proceedings of the Australasian Institute of Mining and Metallurgy
Pr. Birmingham met. Soc.	Proceedings of the Birmingham metallurgical Society
Pr. Cambridge phil. Soc.	Proceedings of the Cambridge philosophical Society
Pr. Dublin Soc.	Scientific Proceedings of the Royal Dublin Society
Pr. Inst. Automobile Eng.	Proceedings of the Institution of Automobile Engineers
Pr. Inst. mechan. Eng.	Proceedings of the Institution of mechanical Engineers
Pr. phys. Soc.	Proceedings of the physical Society of London
Pr. Roy. Soc.	Proceedings of the Royal Society of London
Pr. Univ. Durham phil. Soc.	Proceedings of the University of Durham philosophical Society
Pr. zoolog. Soc.	Proceedings of the zoological Society
Publ. nat. electr. Light Assoc.	Publications of the national electric Light Association
Rec. Trav. chim.	Recueil des travaux chimiques des Pays-Bas et de la Belgique
Rep. Corrosion Comm. Iron Steel Inst.	Reports of the Joint Corrosion Committee of the Iron and Steel Institute and British Iron and Steel Federation
Rep. Director Food Invest.	Report of the Director of Food Investigation
Rep. Ingot Comm. Iron Steel Inst.	Report on Heterogeneity of Steel Ingots (Iron and Steel Institute)

Abkürzung	Titel
Rep. Res. Comm. Inst. Gas Eng.	Reports of the Joint Research Committee of the Institution of Gas Engineers and Leeds University
Rev. Aluminium	Revue de l'Aluminium
Rev. générale Électr.	Revue générale d'Électricité
Rev. Mét.	Revue de Métallurgie
Rev. Nickel	Revue de Nickel
Roczniki Chem. (poln.)	Roczniki Chemji organ Polskicgo Towarzystwa Chemicznego
Roy. aeronaut. Soc. Reprints	Royal aeronautical Society, Reprints
Schweiz. Bau-Ztg.	Schweizerische Bauzeitung
Schweiz. techn. Z.	Schweizerische technische Zeitschrift
Sci. Progress	Science Progress
Sci. Rep. Tôhoku	Science Reports of the Tôhoku Imperial University
Sheffield met. Assoc.	Sheffield metallurgical Association
Sibley's Eng. J.	Sibley's Engineering Journal
Soc. chem. Ind. ann. Rep.	Society of chemical Industry, annual Reports on applied Chemistry
Soil Sci.	Soil Sciences
Stahl Eisen	Stahl und Eisen
Steam Eng.	Steam Engineer
Stichting Mat. Corr. Comm. Med.	Stichting voor Materialonderzoek Centrale Corrosie Commissie, Mededeling
Techn. Blätter	Technische Blätter (Wochenschrift zu: Deutsche Bergwerkszeitung)
Techn. Publ. Am. Inst. min. met. Eng.	American Institute of mining and metallurgical Engineers, technical Publication
Techn. Publ. Tin Res. Dev. Council	Technical Publication of the Tin Research and Development Council
Times	The Times
Times Eng. Suppl.	The Times, Engineering Supplement
Trans. Am. electrochem. Soc.	Transactions of the American electrochemical Society
Trans. Am. Inst. chem. Eng.	Transactions of the American Institute of chemical Engineers
Trans. Am. Inst. electr. Eng.	Transactions of the American Institute of electrical Engineers
Trans. Am. Inst. min. met. Eng.	Transactions of the American Institute of mining and metallurgical Engineers
Trans. Am. Soc. civil Eng.	Transactions of the American Society of civil Engineers
Trans. Am. Soc. mechan. Eng.	Transactions of the American Society of mechanical Engineers
Trans. Am. Soc. Steel Treating	Transactions of the American Society for Steel Treating
Trans. electrochem. Soc.	Transactions of the electrochemical Society
Trans. Faraday Soc.	Transactions of the Faraday Society
Trans. Inst. chem. Eng.	Transactions of the Institution of chemical Engineers
Trans. Inst. Eng. Scotland	Transactions of the Institution of Engineers and Shipbuilders in Scotland
Trans. Inst. Gas Eng.	Transactions of the Institution of Gas Engineers
Trans. Inst. Marine Eng.	Transactions of the Institute of Marine Engineers
Trans. Inst. Naval Arch.	Transactions of the Institution of Naval Architects
Trans. Manchester Assoc. Eng.	Transactions of the Manchester Association of Engineers

Abkürzung	Titel
Trans. North East Coast Inst. Eng.	Transactions of the North East Coast Institution of Engineers and Shipbuilders
Trans. Res. Inst. Aircraft Materials	Transactions of the Research Institute for Aircraft Materials (UdSSR)
Trans. Roy. Soc. South Africa	Transactions of the Royal Society of South Africa
Trans. Soc. Eng.	Transactions of the Society of Engineers
U. S. Bur. Stand. Bl.	United States Bureau of Standards Bulletin
U. S. Bur. Stand. techn. Pap.	United States Bureau of Standards technical Paper
U. S. Depart. Agriculture Bl.	United States Department of Agriculture, Bulletin
U. S. Depart. Commerce Invest. Rep.	United States Department of Commerce, Investigational Report
U. S. Paint Manufact. Assoc. Circular	United States Paint Manufacturers' Association, Circular
U. S. Public Health Bl.	United States Public Health Bulletin
U. S. Public Health Rep.	United States Public Health Reports
Univ. Illinois Bl.	University of Illinois Bulletin
Univ. Michigan Eng. Res. Bl.	University of Michigan; Engineering Research Bulletin
Usine	Usine
Verfkroniek	Verfkroniek
Verh. phys. Ges.	Verhandlungen der Deutschen physikalischen Gesellschaft
Water and Water Eng.	Water and Water Engineering
Water Pollution Res. techn. Pap.	Water Pollution Research, technical Paper (Department of scientific and industrial Research)
Weinbau	Weinbau und Kellerwirtschaft
Wiadomości Inst. Met. (poln.)	Wiadomości Instytutu Metalurgji i Metaloznawstwa
Wied. Ann.	Annalen der Physik und Chemie (herausgeg. von G. WIEDEMANN)
Z. anal. Ch.	Zeitschrift für analytische Chemie
Z. ang. Ch.	Zeitschrift für angewandte Chemie
Z. anorg. Ch.	Zeitschrift für anorganische und allgemeine Chemie
Z. deutsch. Zucker-Ind.	Zeitschrift für deutsche Zuckerindustrie
Z. Elektroch.	Zeitschrift für Elektrochemie
Z. Metallk.	Zeitschrift für Metallkunde
Z. Phys.	Zeitschrift für Physik
Z. phys. Ch.	Zeitschrift für physikalische Chemie, Stöchiometrie und Verwandtschaftslehre
Z. Vereins Deutsch. Ing.	Zeitschrift des Vereins Deutscher Ingenieure
Zentralbl. Bakteriol.	Zentralblatt für Bakteriologie, Parasitenkunde und Infektionskrankheiten

Erstes Kapitel

Einfache Beispiele von Korrosion und Passivität.

A. Wissenschaftliche Grundlagen.

1. Unterschiede zwischen Korrosion und Passivität.

Korrosion. Korrosion kann als die Zerstörung durch *chemische oder elektro-chemische Mittel* bezeichnet werden im Gegensatz zur Erosion, die als eine Zerstörung durch *mechanische Einflüsse* zu kennzeichnen ist. Die Überführung von Eisen in Rost stellt einen bekannten Fall von Korrosion dar, während die Überführung von Eisen in Eisenpulver ein typisches Beispiel für Erosion bildet. Oft wirken Korrosion und Erosion zusammen, begünstigen einander und werden in der Praxis nur schwer auseinandergehalten.

Die Korrosion eines Metalles stellt in ihren wesentlichen Zügen den rückläufigen Prozeß seiner Gewinnung aus seinen Erzen dar. Metalle kommen in der Natur in Form von Oxyden oder Sulfiden, als normale oder basische Sulfate, als Chloride oder Carbonate vor. Durch die reduzierenden Schmelzprozesse werden sie in ihren elementaren Zustand übergeführt, kehren aber, wenn sie dem Gebrauch zugeführt werden, wieder in den Zustand von Oxyden, Sulfiden, normalen oder basischen Sulfaten, Chloriden oder Carbonaten zurück. Wie BENGOUGH [1], VERNON [2], SCHIKORR [3], DREXTER [4] und andere gezeigt haben, sind die Korrosionsprodukte in ihrer Zusammensetzung häufig den in der Erdkruste vorkommenden Mineralien ähnlich, in einigen Fällen sind sie mit ihnen sogar krystallographisch identisch. Die wichtigen Eisenerze enthalten das Metall in Form von Oxyd, Hydroxyd oder Carbonat. Die gleichen Verbindungen werden beim Rösten des Eisens gebildet. Um metallisches Eisen aus seinen Erzen zu gewinnen, ist ein erheblicher Energieaufwand erforderlich. Die Rückbildung des Oxyds muß mit dem Freiwerden dieser Energie verknüpft sein. Da Sauerstoff in der Atmosphäre vorhanden ist, sollte dieser Prozeß spontan vor sich gehen. In der Tat wird fein verteiltes oder schwammiges Eisen, wie es durch Reduktion unterhalb 420° erhalten wird, momentan oxydiert, wenn es der Luft bei gewöhnlicher Temperatur ausgesetzt wird. Dabei wird eine derartige Wärmemenge entwickelt, daß von pyrophorem Metall [5] gesprochen werden kann. Im kompakten Zustand ist Eisen dagegen weit stabiler, so daß Gegenstände, die aus diesem Metall hergestellt worden sind, als beständig bezeichnet werden können; sie sind sicher

---

[1] BENGOUGH, G. D. u. R. MAY: J. Inst. Met. **32** (1924) 130.

[2] VERNON, W. H. J. u. L. WHITBY: J. Inst. Met. **44** (1930) 389.

[3] SCHIKORR, G.: Z. anorg. Ch. **191** (1930) 322.

[4] DREXTER, F.: Korr. Met. **6** (1930) 3.

[5] Hinsichtlich Einzelheiten in bezug auf pyrophores Eisen s. J. W. MELLOR: Comprehensive Treatise on Inorganic and Theoretical Chemistry, Bd. 12, S. 768. London: Longmans, Green & Co. 1932, sowie GMELINS Handbuch der anorganischen Chemie, 8. Aufl., Syst.-Nr. 59, Tl. A, S. 219.

nicht entflammbar. Bis vor einigen Jahren bestand nicht so sehr die Schwierigkeit, eine Erklärung für den Angriff eines Metalles zu geben, als vielmehr dafür, daß die Metalle überhaupt beständig sind.

Einfluß unsichtbarer Filme. Die eben erwähnte Schwierigkeit verschwindet, wenn es gelingt, den Beweis dafür zu erbringen, daß tatsächlich eine Oxydation von kaltem, kompaktem Eisen erfolgt, daß sie aber ausschließlich auf die Oberfläche beschränkt bleibt. Seit langem hatten einige Chemiker der Erwartung Ausdruck gegeben, daß sich auf dem Eisen selbst in reiner und trockener Luft ein unsichtbarer Oxydfilm ausbildet, der das darunterliegende Metall gegen weiteren Angriff schützt. Andere Chemiker dagegen haben der Annahme eines derartigen unsichtbaren Filmes widersprochen. Durch neuere Untersuchungen ist die Existenz dieser Filme jedoch eindeutig sichergestellt worden. So konnte in Cambridge[1] festgestellt werden, daß Filme, die unsichtbar sind, solange sie sich in direktem Kontakt mit dem Metall befinden, durchaus sichtbar werden, sobald sie von der blanken, metallischen Unterlage nach einer der auf den S. 55 bis 70 beschriebenen Methoden abgelöst werden. Eine gleichgerichtete Untersuchung durch FREUNDLICH und seine Mitarbeiter[2] ergab, daß Eisenspiegel, die durch Zersetzung von Eisencarbonyldampf bei Abwesenheit von Sauerstoff auf erhitzten Glasplatten erzeugt werden, eine meßbare Änderung in ihren optischen Eigenschaften erfahren, sofern trockene Luft zugeführt wird. Der Oxydfilm, der diese Änderung im optischen Verhalten hervorruft, führt gleichzeitig zu einer Änderung im chemischen Verhalten des Filmes: während die oxydfreien Spiegel momentan mit Salpetersäure vom spezifischen Gewicht 1,4 reagieren (hinreichend dünne Spiegel werden zum vollständigen Verschwinden gebracht), zeigt die gleiche Säure nur eine geringe Einwirkung auf Spiegel, die der Luft ausgesetzt gewesen sind. In ähnlicher Weise wird nach VAN ARKEL[3] ursprünglich oxydfreies Zirkon plötzlich inert gegenüber Joddampf, wenn es kurze Zeit der Luft ausgesetzt worden ist und damit Gelegenheit zur Ausbildung eines Oxydfilmes gehabt hat.

Statistische Untersuchungen, die MEARS[4] ausgeführt hat, haben zu folgendem Ergebnis geführt: Wird eine Anzahl von Kratzern in eine Eisenoberfläche eingeritzt und wird auf jeden dieser Kratzer sofort ein Tropfen von 0,07 molarem Natriumhydrocarbonat aufgebracht, so wird das Eisen gewöhnlich angegriffen, obgleich gelegentlich durch einen Tropfen kein Angriff ausgelöst wird. Der Bruchteil derjenigen Kratzer, die einem Angriff unterliegen, wird jedoch kleiner in dem Maße, in dem die Zeit, in der das Prüfstück der Luft ausgesetzt wird (zwischen dem Augenblick des Ritzens und demjenigen, in dem der Tropfen aufgebracht wird), zunimmt. Ein weiteres Beispiel für die Herabsetzung der Angriffsstellen infolge Vorbehandlung mit Luft oder Sauerstoff (nicht dagegen mit Wasserstoff oder Stickstoff) wird auf S. 236 gegeben. Es muß hinzugefügt werden, daß derartige Fälle relativ selten sind. Den meisten Agenzien gegenüber verhält

---

[1] EVANS, U. R.: J. chem. Soc. **1927**, 1020, s. auch dieses Buch S. 55.

[2] FREUNDLICH, H., G. PATSCHEKE u. H. ZOCHER: Z. phys. Ch. **128** (1927) 321, **130** (1927) 289. — W. J. MÜLLER [Z. Elektroch. **40** (1934) 124] ist der Ansicht, daß Spiegel mittlerer Dicke hierfür benützt werden sollten. Sehr dünne oder sehr dicke Spiegel zeigen bei der Exposition an Luft nur geringe Unterschiede in ihrem Verhalten gegenüber Salpetersäure.

[3] ARKEL, A. E. VAN: Metallwirtsch. **13** (1934) 511.

[4] MEARS, R. B. u. U. R. EVANS: Trans. Faraday Soc. **31** (1935) 532.

sich das Eisen völlig gleich, unabhängig davon, ob es frisch abgeschliffen oder vorher lange Zeit der Luft ausgesetzt gewesen ist. Die schützenden Eigenschaften, die das gewöhnliche Eisen durch Niedrigtemperatur-Oxydfilme erhält, besitzen im wesentlichen akademisches Interesse. Es gibt jedoch einige Materialien — beispielsweise nichtrostende Stähle —, die ihre Anwendbarkeit derartigen Filmen verdanken.

Die Ausbildung eines unsichtbaren Filmes bei gewöhnlicher Temperatur hat an sich nichts Überraschendes. Es ist wohl bekannt, daß sich beim Erhitzen der meisten Metalle an Luft eine sichtbare Oxydschicht ausbildet, deren Dicke in einer vorgegebenen Zeit um so größer ist, je höher die Temperatur ist, der das Material ausgesetzt wird. VERNON [1] beispielsweise hat festgestellt, daß sein Gewicht von Kupfer bei 1stündigem Erhitzen um 1,63 mg/dcm^2 bei 250°, um 0,64 bei 200°, um 0,195 bei 150° und um lediglich 0,04 mg/dcm^2 bei 100° zunimmt. Selbst bei der zuletzt genannten Temperatur ist ein schwaches Dunkelwerden des Kupfers erkennbar; bei 50° dagegen führte eine 1 stündige Erhitzung zu keiner erkennbaren Veränderung, obgleich eine meßbare Gewichtserhöhung (0,005 mg/dcm^2) festgestellt werden konnte. Nach VERNON wird bei den dünneren Filmen (die unsichtbar sind), die durch längeres Verweilen des Metalles bei niederen Temperaturen in reiner Luft entstehen, im Falle des Kupfers die Fähigkeit herabgesetzt, in Gegenwart von Schwefelverbindungen zu reagieren, was später auch von CONSTABLE [2] festgestellt worden ist. Ein Oxydfilm, der zu dünn ist, um sichtbar zu sein, kann in anderer Weise nachgewiesen werden. Er kann das Metall nicht nur vor weiteren Angriffen durch Sauerstoff, sondern in gewissem Ausmaße auch gegenüber anderen Reagenzien schützen.

Passivität. Das Verhalten eines Metalles hängt nicht nur von seiner gegenwärtigen Umgebung, sondern auch von seiner gesamten Vergangenheit ab. Wird Eisen mit frisch abgeschliffener Oberfläche in Kontakt mit Kupfernitratlösung geeigneter Konzentration und geeignetem p_H-Wert gebracht, so wird es augenblicklich unter Abscheidung von Kupfer auf seiner Oberfläche angegriffen (metallisches Eisen und Kupfernitratlösung ergeben metallisches Kupfer und Eisennitrat). Wird das Eisen dagegen während einer hinreichend langen Zeit trockener Luft ausgesetzt, so kommt es zu keiner Abscheidung von Kupfer aus der gleichen Lösung auf seiner Oberfläche. Diese Änderung in seinen Eigenschaften kann durch einen Aufenthalt in Luft bereits für die Zeitdauer einiger Minuten hervorgerufen werden, wenn das Eisen sorgfältig an seiner Oberfläche abgeschliffen worden ist; andererseits sind dagegen einige Stunden erforderlich, wenn es zuvor aufgerauht worden ist [3]. Durch den Aufenthalt an der Luft wird das

---

[1] VERNON, W. H. J.: J. chem. Soc. **1926**, 2273.

[2] CONSTABLE, F. H.: Nature **123** (1929) 569; Pr. Roy. Soc. A **125** (1929) 630.

[3] EVANS, U. R.: J. chem. Soc. **1927**, 1030, **1929**, 99. Die zur erfolgreichen Durchführung des Versuches über das Verhalten von der Luft ausgesetztem Eisen erforderliche Konzentration der Salzlösung sowie ihres p_H-Wertes ist sowohl von der Natur des Eisens als auch von der Beschaffenheit seiner Oberfläche abhängig. So kann beispielsweise aus einer sehr sauren Lösung Kupfer auf allen Eisenproben abgeschieden werden, unabhängig davon, ob sie zuvor der Luft ausgesetzt gewesen sind oder nicht, während sich in einer konzentrierten alkalischen Lösung selbst frisch abgeschliffenes Material als passiv erweist. Äußerste Sorgfalt ist erforderlich, um sowohl frisch abgeschliffenes als auch der Luft ausgesetztes Material mit der gleichen Flüssigkeit und unter gleichen Bedingungen zu untersuchen. Für eine ganze Reihe von Eisensorten erweist sich eine Auflösung von Kupfercarbonat in Salpetersäure als günstigstes Lösungsmittel.

Eisen *passiv* gegenüber Kupfernitrat, während das frisch bearbeitete Eisen ohne die dazwischengeschaltete Luftbehandlung als *aktiv* bezeichnet wird. Eisen, das lediglich durch seinen Aufenthalt an Luft passiv wird, zeigt gegenüber Kupfernitratlösung selbst nach einem Jahr noch nicht die geringste Veränderung. Das Eisen jedoch, das durch den Aufenthalt an Luft gegenüber Kupfernitratlösung passiv geworden ist, bleibt durchaus aktiv gegenüber Kupferchlorid und im allgemeinen auch gegenüber Kupfersulfat: aus diesen Lösungen wird das Kupfer auf dem Eisen in wenigen Sekunden zur Abscheidung kommen. Ein Metall kann demnach nicht im absoluten Sinne als „aktiv" oder „passiv" bezeichnet werden, sondern kann diese Kennzeichnung nur im Hinblick auf eine bestimmte Umgebung[1] erhalten.

Das Bemühen, das sowohl früher als auch noch heute der Kardinalfrage der Passivität gezeigt wird, kann besonders gut durch die lange Reihe von Untersuchungen über das Verhalten von Eisen in Salpetersäure sinnfällig gemacht werden. Diese Fragen sind bereits Gegenstand des berühmt gewordenen Briefwechsels zwischen FARADAY und SCHÖNBEIN[2] vor mehr als hundert Jahren gewesen. Wird ein Eisenstreifen in verdünnte Salpetersäure gebracht, so wird er heftig angegriffen und im Verlauf einiger Minuten völlig aufgelöst werden. Wird dagegen ein Streifen in eine konzentrierte Lösung gebracht, so erfolgt anfänglich nur ein geringfügiger Angriff, der jedoch bald zum Stillstand kommt. Das Eisen kann dann bei Beachtung geeigneter Maßnahmen auf lange Zeit hin in dieser Flüssigkeit unverändert gehalten werden. Das so in der konzentrierten Säure passiv gemachte Eisen kann nunmehr, ohne daß ein Angriff befürchtet werden muß, in eine Säure mittlerer Konzentration gebracht werden, die ein Eisen, das nicht dieser passivierenden Behandlung unterworfen worden ist, sofort auflösen wird[3]. Die erschöpfende Erklärung für das Verhalten des Eisens in Salpetersäure muß einer späteren Auseinandersetzung (s. S. 321) vorbehalten bleiben; hier sei nur bereits soviel gesagt, daß gleichfalls schützende Oxydfilme für die bemerkenswerte Änderung in den Eigenschaften des Eisens verantwortlich zu machen sind.

Die meisten Fälle von Passivität können nach U. R. EVANS (soweit sie ihm persönlich bekannt geworden sind) direkt oder indirekt auf schützende Filme zurückgeführt werden, wenn auch nicht stets auf solche oxydischer Natur[4].

[1] Mehrere Elektrochemiker des europäischen Festlandes verwenden den Begriff „passiv" in einem erweiterten Sinne. Sie bezeichnen ein Metall dann als passiv, wenn es sich unter Bildung einer Verbindung mit abnorm hoher Wertigkeit auflöst. So wird beispielsweise eine Chromanode als passiv bezeichnet, wenn sie schnell unter Bildung von Chromat in Lösung geht. Diese Definition führt zu der Notwendigkeit, eine neue Bezeichnungsweise für den Zustand zu schaffen, in dem sich ein Metall nicht oder nur sehr langsam auflöst. In diesem Sinne verwendet W. MACHU [Öst. Chem.-Ztg. **36** (1933) 44] die Bezeichnung „korrosionspassiv".

[2] SCHÖNBEIN, C. T. u. M. FARADAY: Phil. Mag. [3] **9** (1936) 53, 57.

[3] Näheres s. bei H. L. H. HEATHCOTE: J. Soc. chem. Ind. **26** (1907) 899. — U. R. EVANS: J. chem. Soc. **1927**, 1036. — E. S. HEDGES: J. chem. Soc. **1928**, 969.

[4] Im Falle einer idealen Oberfläche ist es denkbar, daß die Passivität bereits durch eine Schicht von anhaftenden Sauerstoffatomen hervorgerufen wird, die als ein zweidimensionaler Oxydfilm angesehen werden kann [EVANS, U. R.: Trans. Faraday Soc. 18 (1922) 6, 8], oder durch Sauerstoffatome, die an Kanten oder Ecken, die für den Auflösungsbeginn des Metalles charakteristisch sind, ortsfest absorbiert werden [STRANSKI, I. N.: Z. phys. Ch. Abt. B 11 (1931) 347. — STRAUMANIS, M.: Korr. Met. **9** (1933) 35]. An einer gewöhnlichen Metalloberfläche spricht jedoch alles dafür, daß ein Film merkbarer Dicke vorhanden ist.

Es ist nicht ausgeschlossen, daß gewisse Strukturänderungen eines Metalles zu einem Verschwinden seiner chemischen Aktivität führen können, aber es scheint kein wohlbegründetes Beispiel für einen derartigen Passivitätstypus vorzuliegen [1].

Reaktionen mit Selbsthemmung. Im allgemeinen zeigen die Reaktionen die Tendenz der Selbsthemmung, wenn sie die Oberflächenschicht eines Metalles in eine feste Substanz überführen. Es ist eine notwendige Bedingung der Selbsthemmung, daß die entstehende feste Substanz sowohl in der *richtigen physikalischen Form* als auch in der *richtigen geometrischen Anordnung* zur Ausbildung kommt. Einige instruktive Versuche in dieser Richtung gehen auf PARSONS [2] zurück, der verschiedene Metalle (Zink, Eisen, Silber, Antimon usw.) in einer Auflösung von Jod in organischen Lösungsmitteln (Wasser, Alkohol, Aceton, Äther, Pyridin usw.) untersucht hat. In denjenigen Fällen, in denen das Jodid des untersuchten Metalles in der Flüssigkeit löslich oder peptisierbar ist, schreitet die Korrosion zusehends fort. Ist das Metalljodid dagegen nicht löslich oder peptisierbar, so bedeckt sich die Oberfläche mit festem Jodid, wodurch das darunterliegende Material gegen weiteren Angriff abgedeckt wird. In einigen Fällen können in dieser Weise feste Jodidfilme beträchtlicher Dicke aufgebaut werden, so beispielsweise im Falle des Angriffes von Silber durch eine Lösung von Jod in Chloroform (s. S. 91), wobei die Angriffsgeschwindigkeit mit zunehmender Filmdicke ständig sinkt.

Vor längeren Jahren untersuchte PATTEN [3] das Verhalten von Metallen gegenüber Auflösungen von Chlorwasserstoff in verschiedenen organischen Lösungsmitteln. Eine Lösung in sorgfältig getrocknetem Benzol greift Zink heftig an; die Reaktion kommt jedoch zum Stillstand, sobald die Oberfläche mit einem Film von festem Zinkchlorid bedeckt wird, das in Benzol kaum löslich ist. Wird jedoch Wasser, in dem Zinkchlorid löslich ist, hinzugefügt, so beginnt die Reaktion erneut. Sieht man von dieser Reaktionshemmung durch die entstehenden Reaktionsprodukte ab, so greifen Lösungen von Chlorwasserstoff in organischen Lösungsmitteln heftig an. Beispielsweise wirkt eine Lösung in trockenem Chloroform auf Zink ebenso stark ein wie eine normalwässerige Lösung von Chlorwasserstoff, obgleich die Lösung in Chloroform eine sehr geringe elektrische Leitfähigkeit besitzt, die nach PATTEN geringer als die in einem „Luftspalt" ist. In diesem Verhalten ist ein Beweis dafür zu sehen, daß Korrosionsvorgänge *nicht notwendigerweise* an die Gegenwart eines elektrischen Stromes gebunden sind, wie häufig angenommen wird; der direkte Angriff kann unter gewissen Umständen sehr wichtig sein.

Bei hohen Temperaturen reagieren die Metalle direkt mit dem Sauerstoff, da die Diffusion des Sauerstoffes oder des Metalles durch den Oxydfilm rasch erfolgt. Sie wird erst langsam, wenn der gebildete Film eine beträchtliche Dicke

---

Zu beachten ist hierbei die von E. MÜLLER, O. ESSIN [Z. Elektroch. **36** (1930) 963], E. MÜLLER, K. SCHWABE [Z. Elektroch. **37** (1931) 185], E. MÜLLER [Z. phys. Ch. **159** (1932) 68] vorgetragene Ansicht.

[1] A. S. RUSSELL [Nature **115** (1925) 455; **117** (1926) 47] ist der Meinung, daß die Passivität verschiedener Materialien, unter anderem der rostfreien Stähle, nicht auf die Ausbildung eines Oxydfilmes zurückzuführen ist, sondern vielmehr auf einer Änderung in den Elektronenbahnen innerhalb des Atoms beruht. Sicher müssen weitere Indizien für diese Ansicht beigebracht werden, ehe sie als allgemein gültig angesprochen werden kann.

[2] PARSONS, L. B.: J. Am. Soc. **47** (1925) 1830.

[3] PATTEN, H. E.: J. phys. Chem. **7** (1903) 153.

erreicht hat. Bei sehr erheblichen Filmdicken besteht die Gefahr, daß der Film bricht oder sich abzulösen beginnt, wodurch frische Metallteile dem Angriff des Sauerstoffes ausgesetzt werden. Bei Zimmertemperatur wird die Sauerstoffdiffusion durch den Oxydfilm gering, ehe der Film eine sichtbare Dicke erreicht, so daß das Metall während langer Zeit in trockener Luft als „scheinbar unangegriffen" erscheint. Enthält die Luft Schwefelverbindungen, so erfolgt (bei einigen Metallen) eine Veränderung selbst bei Zimmertemperatur, da der Film durch geringe Sulfidmengen durchlässig wird.

Werden Metalle reinem sauerstoffhaltigem Wasser ausgesetzt, so ist ein rascher Angriff sehr unwahrscheinlich, es sei denn, wie im Falle des Natriums, daß das Oxyd in Wasser ohne weiteres löslich ist. In anderen Fällen dagegen führt, sobald das Wasser mit dem Metalloxyd oder -hydroxyd gesättigt ist, jede weitere *direkte* Oxydation wahrscheinlich zur Bildung eines festen Films in physikalischem Kontakt mit dem Metall, was zu einer Hemmung des Angriffes führt. BENGOUGH, STUART und LEE[1] haben den Fall der Einwirkung von sauerstoffhaltigem Wasser auf Zink untersucht und sind dabei zu der Feststellung gelangt, daß primär eine Aufnahme von Sauerstoff erfolgt, die jedoch ständig langsamer wird und endlich, im Falle einiger Proben, praktisch zum Stillstand kommt.

Bei Metallen, die zwei Oxyde bilden, ist die Möglichkeit für eine Selbsthemmung des korrosiven Angriffes weniger günstig. Wird beispielsweise Eisen unter einer Sauerstoffatmosphäre in Wasser gebracht, so wird zuerst die Bildung von Eisen(II)-oxyd (oder -hydroxyd) erfolgen, das, bei größerem Abstand vom Metall, der durch einen größeren Sauerstoffgehalt ausgezeichnet ist, in das weniger lösliche hydratisierte Eisen(III)-oxyd (brauner Rost) übergeführt wird. Weiteres Eisen(II)-oxyd kann dann zum Ersatz des durch Oxydation verlorengegangenen nach außen diffundieren, wodurch gleichzeitig die Flüssigkeit in nächster Nähe des Metalles ungesättigt wird und so Anlaß zu einem langsamen, aber unbegrenzten Übergang des Eisens in die Lösung gegeben wird. Theoretisch ist ein völliges Aufhören dieses Vorganges nicht abzusehen. Es ist eine bekannte Tatsache, daß Eisen in destilliertem Wasser langsam aber ständig rostet, sofern Sauerstoff Zutritt zur Oberfläche hat, vorausgesetzt, daß er nicht in einem solchen Überschuß vorhanden ist, daß es zur Bildung von Eisen(III)-oxyd kommt, das sich als fester, kohärenter Film auf der Oberfläche abscheidet. Diese Frage wird auf S. 299 eingehend behandelt.

2. Elektrochemische Korrosion.

Bedeutung der elektrochemischen Form des Angriffes. Im Hinblick auf das Gesamtproblem der Korrosion ist der direkte Angriff durch gelösten Sauerstoff auf Metall unwichtig. Fließt dagegen ein elektrischer Strom zwischen verschiedenen Teilen der metallischen Oberfläche, die in eine Salzlösung eintaucht, so wird die Selbsthemmung gewöhnlich unterbunden, wodurch der Angriff an sich Bedeutung erlangt. Der elektrische Strom kann durch Potentialdifferenzen hervorgerufen werden, die auf physikalische oder chemische Verschiedenheiten zwischen den einzelnen Bezirken der metallischen Oberfläche zurückzuführen sind, wenngleich er oft — wie in Kapitel V ausgeführt werden wird —

---

[1] BENGOUGH, G. D., J. M. STUART u. A. R. LEE: Pr. Roy. Soc. A **116** (1927) 449.

in ursächlichem Zusammenhang mit Unterschieden in der Zufuhr des Sauerstoffes zu verschiedenen Teilen des Metalles steht.

Die exakte Methode der Stromerzeugung berührt nicht die vorliegende Argumentation. Von wesentlicher Bedeutung ist, daß keine Selbsthemmung eintritt, vorausgesetzt, daß die unmittelbar gebildeten elektrochemischen Produkte löslich sind.

Betrachten wir beispielsweise den Fall des Zinks in Natriumchloridlösung: Zinkchlorid und Natriumhydroxyd sind die an den anodischen bzw. kathodischen Teilen der Oberfläche entstehenden Reaktionsprodukte (s. Abb. 1). Beide Produkte sind frei löslich. Obgleich sie jedoch miteinander unter Bildung von festem Zinkhydroxyd reagieren, erfolgt die Niederschlagsbildung in meßbarer Entfernung von dem eigentlichen Angriffsherd, so daß eine Selbsthemmung des Vorganges vermieden bleibt. Sauerstoff begünstigt den Strom, indem er als Depolarisator an dem kathodischen Oberflächenteil wirkt und so zu einer Korrosionsbeschleunigung Anlaß gibt. So wird Sauerstoff an der einen Stelle der Oberfläche und Zink an einer zweiten Stelle derselben verbraucht, während Zinkoxyd (in hydratischer Form) an einer dritten Stelle erscheint. Das Endprodukt ist noch die Vereinigung von Zink mit Sauerstoff (und Wasser). Da die Oxydation

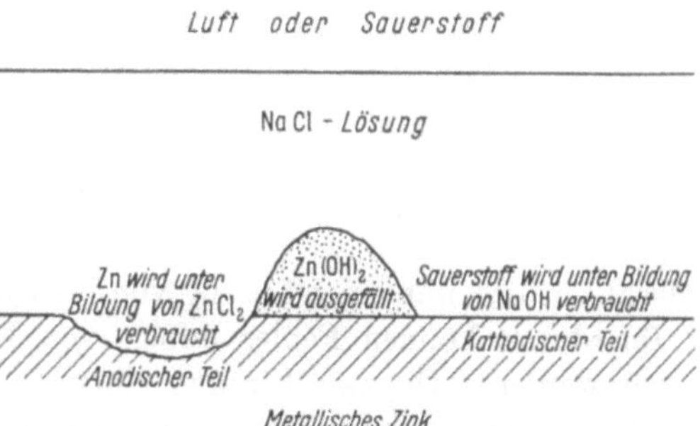

Abb. 1. Elektrochemische Korrosion von Zink in einer Natriumchloridlösung (schematische Darstellung).

jedoch auf einem indirekten elektrochemischen Wege erfolgt, bleibt die Selbsthemmung des Vorganges, durch die der direkte Angriff charakterisiert sein würde, verhindert.

Die Abwesenheit einer Selbsthemmung scheint der Hauptgrund dafür zu sein, daß der elektrochemische Mechanismus im Falle der Korrosion bei gewöhnlicher Temperatur so allgemein vorherrschend ist. Es ist tatsächlich in keiner Weise unverständlich, daß die elektrochemischen Reaktionen so einzigartig zerstörende Folgeerscheinungen zeitigen; denn in der Tat erfolgt die Selbsthemmung in den Fällen, in denen die elektrochemisch bedingte Reaktion zu einem wesentlich unlöslichen Reaktionsprodukt im Kontakt mit dem Metall führt, in gleicher Weise wie in den sonstigen Fällen. Während beispielsweise Eisen oder Zink hemmungslos durch eine sauerstoffhaltige Natriumsulfatlösung angegriffen werden, erfolgt der entsprechende Angriff beim Blei nur langsam, da Bleisulfat — als *anodisches* Produkt entstanden — nur wenig löslich ist. In einer Nitrat- oder Chloridlösung wird Blei dagegen, wie FRIEND und TIDMUS [1] gezeigt haben, rasch angegriffen. In denjenigen Fällen, in denen das *kathodische* Reaktionsprodukt schwer löslich ist, kommt es gleichfalls zu einer Verlangsamung des Angriffes. So wird Eisen bei gewöhnlicher Temperatur durch Magnesiumsulfatlösung viel langsamer als durch Natriumsulfatlösung angegriffen; das kathodisch gebildete Produkt ist das wenig lösliche Magnesiumhydroxyd (die anschließende

---

[1] FRIEND, J. N. u. J. S. TIDMUS: J. Inst. Met. **31** (1924) 182.

Überführung von Magnesiumhydroxyd in festhaftenden Rost wird auf S. 184 behandelt).

Nachweis von Korrosionsströmen. Es ist heute keine unbewiesene Theorie mehr, daß im Falle der Korrosion durch Feuchtigkeit bei Zimmertemperatur ein elektrischer Strom auftritt. Ein einfacher Nachweis seines tatsächlichen Vorhandenseins kann im Falle der Korrosion von Eisen mit Hilfe eines mit Natriumhydrocarbonatlösung getränkten Filtrierpapiers erbracht werden. Es ist möglich, elektrische Ströme nachzuweisen und auch grob zu messen, die durch das Filtrierpapier fließen, wenn man sich der in Abb. 2 schematisch wiedergegebenen Anordnung[1] bedient. Diese besteht aus zwei Streifen oberflächlich oxydierten Kupfers, von denen jeder mit Filtrierpapier

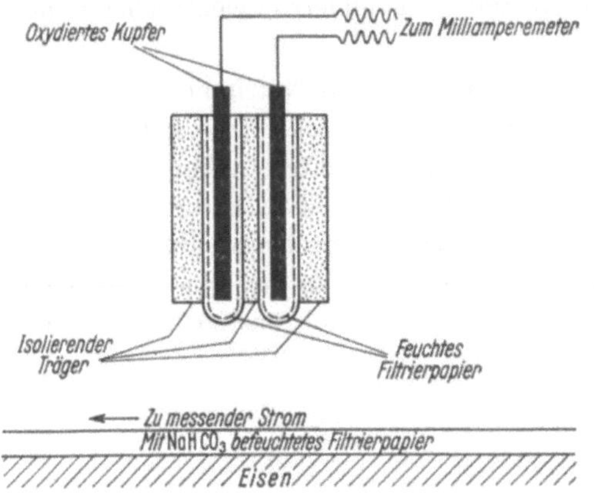

Abb. 2. Vorrichtung zum Nachweis des beim Rostungsvorgang fließenden elektrischen Stromes. (Nach U. R. Evans.)

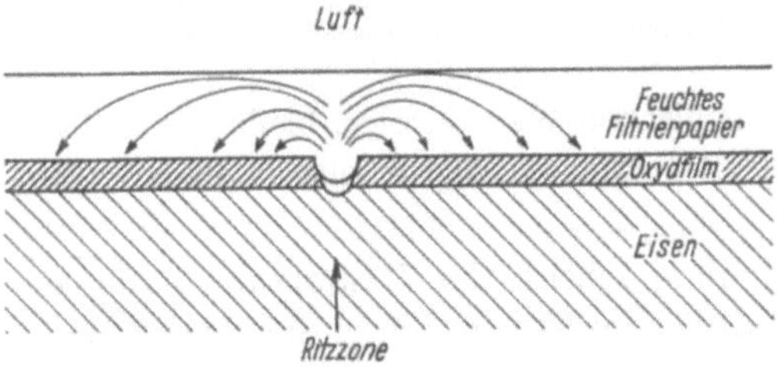

bedeckt ist, das mit einer Lösung von Natriumhydrocarbonat getränkt worden ist (hierdurch können Fehler infolge von Flüssigkeitskontaktpotentialen vermieden werden). Die zwei Streifen, die auf jeder Seite durch Kork festgehalten und durch gewachstes Papier voneinander getrennt werden, sind durch dünne, biegbare Drähte mit dem Milliampèremeter verbunden. Wird der die Metallstreifen enthaltende Teil der Versuchsanordnung auf das Filtrierpapier, durch das der zu beobachtende Strom fließt, herabgeführt, so wird ein Teil des Stromes durch den Meßkreis aufgenommen (die oxydierten Kupferstreifen bilden nahezu nichtpolarisierende Elektroden).

Abb. 3. Verlauf des elektrischen Stromes, der bei der Korrosion an Kratzern auf Eisenoberflächen auftritt. (Die Pfeile zeigen die Bewegungsrichtung der *positiven* Ionen an.)

Soll der auftretende Strom gemessen werden, so muß das Instrument zuvor mit einem bekannten Strom geeicht werden. Zu diesem Zwecke wird Strom einer äußeren Stromquelle entnommen und in entsprechender Weise durch feuchtes Filterpapier geleitet, das auf Glimmer aufgebracht worden ist; die Ausschläge des Milliampèremeters, die verschiedenen Stromstärken im Filtrierpapier entsprechen, werden registriert.

Ist das Instrument in dieser Weise geeicht worden, so können die Ströme am rostenden Eisen gemessen werden. Wird ein Kratzer auf einer Eisenoberfläche hervorgerufen und wird diese während 24 Stunden bei gewöhnlicher Temperatur der reinen Luft ausgesetzt und dann mit einem Stück mit $^1/_{100}$ n-Natriumhydrocarbonatlösung getränktem Filterpapier bedeckt, so wird eine Rostbildung längs des Kratzers beobachtbar, an dem der unsichtbare Oxydfilm beschädigt

---

[1] Evans, U. R.: Nature **136** (1935) 792.

worden ist. Wird nun der in Abb. 2 wiedergegebene Apparat in der beschriebenen Weise auf das Filterpapier gebracht und werden Messungen auf dem Papier in verschiedener Entfernung von dem Kratzer ausgeführt, so zeigt sich, daß der Strom in der in Abb. 3 näher gekennzeichneten Weise fließt. Die Ströme sind um so größer, je näher die Messung am Kratzer erfolgt. Die Stromrichtung ist auf beiden Seiten des Kratzers unterschieden, da der anodische Bezirk längs des eigentlichen Kratzers von kathodischen Bezirken auf seinen beiden Seiten begrenzt wird[1]. Die Größe der Ströme ist hinreichend zur Deutung der meisten, wahrscheinlich sämtlicher beobachteter Korrosionsfälle[2].

Mechanismus der von Elektrolyse begleiteten Korrosion. Ein eingehenderes Verständnis der Korrosion setzt eine klare Kenntnis des Vorganges der Elektrolyse voraus. Es soll infolgedessen nachstehend ein Bild von der Stromerzeugung in einem Element gegeben werden, das Zink und Kupfer als Elektroden enthält, die durch einen Kupferdraht miteinander verbunden sind und in eine Kaliumchloridlösung eintauchen. Enthält die Lösung viel Sauerstoff als Depolarisator in der Nähe der Kupferkathode, so wird der Strom selbständig fließen und Korrosion an der Zinkanode hervorrufen.

Als eigentlicher Entstehungsherd des Stromes wird allgemein die Verbindung zwischen

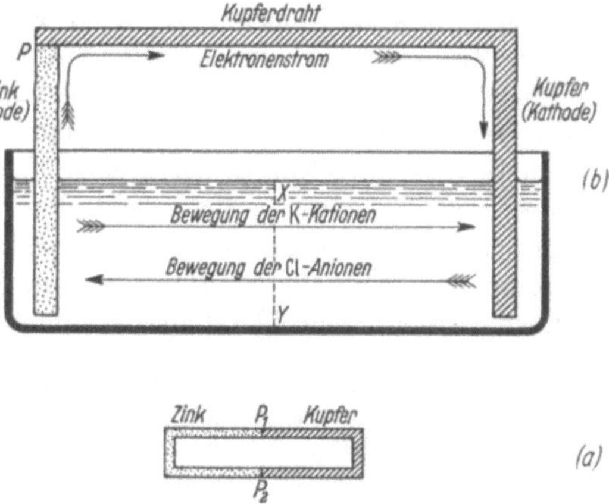

Abb. 4. Bewegung der Elektronen und Ionen in einem Stromkreis.

dem Zink und dem Kupfer angesehen, wodurch im Kupfer die Tendenz geschaffen wird, die vom Zink ausgehenden Elektronen aufzunehmen[3]. Würde der gesamte Stromkreis ausschließlich aus Kupfer und Zink ohne irgendeine Flüssigkeit (s. Abb. 4a) bestehen, so würden die beiden Kupfer- und Zink-Kontakte (P_1 und P_2) einander kompensieren und es würde zu keinem Stromdurchgang im System kommen. Wird dagegen eine Flüssigkeit in den Stromkreis eingeschaltet (s. Abb. 4b), so ist die Symmetrie gestört, ein Stromfluß wird möglich. Der Strom längs des metallischen Teiles in dem Gesamtsystem besteht in einer Bewegung von Elektronen, die kontinuierlich vom Zink (Anode) fortgerissen und in das Kupfer (Kathode) hineingepumpt werden, wie es durch die Pfeile in der Abb. 4b angedeutet worden ist. Im flüssigen Teil des Gesamtsystems dagegen besteht der Strom nicht in einer einsinnig gerichteten Elektronenbewegung, sondern in einer zweifach gerichteten Bewegung von Chloranionen, die gegen die Anode bzw. von Kaliumkationen, die gegen die Kathode

---

[1] Vgl. auch L. H. CALLENDAR: Pr. Roy. Soc. A 115 (1927) 349.

[2] Neuere Untersuchungen von R. S. THORNHILL, U. R. EVANS (Veröffentlichung erfolgt demnächst) haben ergeben, daß die durchgehende Stromstärke hinreichend ist, um den größten Teil der beobachteten Korrosion — wahrscheinlich die gesamte — hierdurch zu erklären.

[3] S. zum Beispiel I. LANGMUIR: Trans. Am. electrochem. Soc. 29 (1916) 170, sowie R. W. GURNEY: Pr. Roy. Soc. A 136 (1932) 378.

gerichtet [1] sind. Die kathodische Reaktion besteht nach der üblichen Ansicht [2] in der Vereinigung von Wasserstoffionen mit den durch den elektrischen Strom gelieferten Elektronen unter Bildung von Wasserstoffatomen, die mit Sauerstoff (dem Depolarisator), Wasser oder Wasserstoffperoxyd ergeben. Die Zerstörung von Wasserstoffionen führt zur Bildung von Hydroxylionen im Überschuß, durch die die Lösung im kathodischen Gebiet alkalisch wird. Da die hauptsächlich vorhandenen Kationen Kaliumionen sind, so kann das kathodische Produkt als Kaliumhydroxyd (KOH oder $K^{\cdot} + OH'$) angesprochen werden. Man muß sich vorstellen, daß die Oberflächenschicht an der Zinkanode inzwischen von freien Valenzelektronen entblößt ist, daß jedoch die elektrische Neutralität durch die auftreffende, korrespondierende Anzahl von negativ geladenen Chlorionen aufrechterhalten wird. Es wird so an der gesamten Oberfläche metallisches Zink (bestehend aus $Zn^{\cdot\cdot}$-Ionen und freien Elektronen) verschwinden und Zinkchlorid ($Zn^{\cdot\cdot}$-Ionen und eine doppelte Anzahl von Cl'-Ionen) dafür in der Lösung erscheinen. Die anodische Korrosion besteht nicht in der *Bildung* von Metallionen, sondern beruht darauf, daß Metallionen, die sich vor der Veränderung durch Elektronen als Konstituenten einer *Metall*phase im Gleichgewicht befanden, nunmehr in die *wässerige* Phase eintreten, in der sie durch Chlorionen „ausbalanziert" werden, ohne jedoch in notwendigem Kontakt mit diesen zu stehen. So kann das anodische Produkt als Zinkchlorid ($ZnCl_2$ oder $Zn^{\cdot\cdot} + 2\,Cl'$) angesehen werden. Zinkchlorid und Kaliumhydroxyd werden in einer gewissen

---

[1] Früher bestand ein scharfer Unterschied zwischen „undissoziierten Molekeln" und „freien Ionen" in einer wässerigen Salzlösung. Heutigen Tages ist erkannt — selbst für den festen Zustand —, daß gewisse Salze aus freien Ionen bestehen (Natriumchlorid beispielsweise ist als eine kubische Anordnung *nicht* von Cl- und Na-*Atomen*, sondern von Cl'- und $Na^{\cdot}$-*Ionen* anzusehen). In Lösung sind die Salze richtiger als völlig ionisiert zu betrachten, jedoch mit der Einschränkung, daß sie bis zu einem gewissen Betrage durch das gegenseitige Kraftfeld der entgegengesetzt geladenen Partikeln beeinflußt (polarisiert) werden. In diesem Sinne können die Ionen lediglich im Falle höchster Verdünnung als gegenseitig unabhängig voneinander angesehen werden. Im Falle höherer Konzentrationen, bei denen die mittleren Abstände der Partikeln voneinander gering werden, besteht eine Tendenz zu teilweiser Beeinflussung in bezug auf die Relativbewegung der in unmittelbarer Nachbarschaft befindlichen Ionen. Gewisse Erscheinungen, wie die Erniedrigung des Gefrierpunktes oder des Dampfdruckes, die von der Anzahl der *unabhängig* voneinander beweglichen Partikeln des Lösungsmittels abhängig sind, zeigen einen weniger raschen Anstieg mit der Salzkonzentration als das der Fall sein müßte, wenn die Partikeln keinerlei gegenseitigen Einfluß aufeinander ausüben würden. Ähnliche Überlegungen gelten für die elektrische Leitfähigkeit wässeriger Lösungen. So ist die Leitfähigkeit einer Reihe von Lösungen mit verschiedener Konzentration nicht proportional der Salzkonzentration, sondern bleibt mehr und mehr gegenüber dem zu erwartenden Wert zurück, je mehr die Konzentration in der Lösung ansteigt, was wiederum auf die gegenseitige Beeinflussung der entgegengesetzt geladenen Ionen bei ihren Bewegungen zu den entgegengesetzten Polen zurückzuführen ist. Während jedoch in der älteren Elektrochemie dieser Leitfähigkeitsabfall bei höheren Konzentrationen mit einer Verringerung der Ionen*zahl* in Zusammenhang gebracht wurde, wird diese Erscheinung jetzt auf die aus den obengenannten Gründen bestehende *Aktivität* zwischen den Partikeln zurückgeführt. Mancherlei Angaben in älteren elektrochemischen Untersuchungen können mit der modernen Anschauung durch geeignete Einführung des Wortes „Aktivität" und durch Fortlassen von Bezeichnungen, wie beispielsweise „prozentische Ionisation" in Einklang gebracht werden.

[2] Eine andere Ansicht besteht darin, daß das Kalium abgeschieden wird, möglicherweise unter Bildung einer Kaliumlegierung mit dem Kathodenmetall, die unter Entstehung von Kaliumhydroxyd und Wasserstoff (oder von Wasser oder Wasserstoffperoxyd, wenn Sauerstoff zugegen ist) reagiert. Das gleiche Endergebnis liefert jeder Mechanismus.

Entfernung von den Elektroden zusammentreffen, wobei es zur Bildung von Zinkhydroxyd $Zn(OH)_2$ kommt.

Es ist viel und zum Teil unklar darüber diskutiert worden, ob die anodische Korrosion in der Bewegung von Chlorionen zur Anode und damit im Angriff des Zinks oder aber in dem spontanen Übergang des Zinks in die Lösung besteht. Die Anhänger der ersteren Richtung wollen die anodische Reaktion in der Form

$$2\,Cl' = 2\,Cl + 2e,$$

die der zweiten Richtung durch

$$Zn = Zn^{\cdot\cdot} + 2e$$

geschrieben wissen. Beide Schreibweisen sind falsch, da der Vorgang von keinerlei Ladung oder Entladung begleitet ist. Das unkorrodierte Zink selbst besteht aus einem Gitter von Zinkionen, die ihrerseits von Elektronen umgeben sind. Es ist infolgedessen mißverständlich, von der Korrosion als von einem Übergang aus dem metallischen in den ionischen Zustand zu sprechen[1]. Gleichfalls falsch ist es, von einer Entladung von Chlorionen an der Anode zu sprechen. Zinkchlorid besteht in der Lösung aus geladenen Zink- und Chlorionen und es ist infolgedessen klar, daß die Chlorionen beim Korrosionsvorgang weder entladen noch zerstört werden. Es ist jedoch zulässig, von einer *gegenseitigen Annäherung* zwischen den Zink- und Chlorionen mit dem Ziel einer Bildung von Zinkchlorid zu sprechen[2]. Nehmen wir eine Ebene in der Mitte zwischen Anode und Kathode an (XY in Abb. 4b), so ist es unbestreitbar, daß Zinkionen diese Ebene in der einen und Chlorionen in der anderen Richtung durchkreuzen werden[3]. Es ist klar, daß der gleiche Durchgang der Ionen in beiden Richtungen auch dann erfolgen wird, wenn die Ebene unendlich nahe an die Zinkoberfläche herangeführt wird.

Soll der anodische Vorgang trotzdem durch eine Gleichung dargestellt werden[4], so wird zweckmäßig die folgende Form gewählt:

$$Zn^{\cdot\cdot} + n\,H_2O = [Zn^{\cdot\cdot}]\,n\,H_2O$$

---

[1] EVANS muß sich schuldig bekennen, in früheren Arbeiten selbst diese Ausdrucksweise verwendet zu haben.

[2] Ob man annimmt, daß sich das Zink allein bewegt oder daß sich beide Ionen bewegen, hängt von der Art der Betrachtung ab. Ist diese auf die Grenze zwischen dem Metall und der Flüssigkeit gerichtet, so scheinen sich die Zinkionen zu bewegen, da sie sich vor der Korrosion unleugbar auf der metallischen Seite der Phasengrenze, nach dem korrosiven Angriff dagegen auf der Flüssigkeitsseite befinden. Die Grenze Metall—Flüssigkeit bewegt sich aber selbst mit fortschreitender Korrosion und ist infolgedessen kein geeigneter Standpunkt für die Betrachtung des Vorganges. Nehmen wir dagegen einen anderen festen Blickpunkt ein, beispielsweise relativ zu den begrenzenden Flächen des umgebenden Gefäßes, so scheinen beide Ionenarten die vorgegebene Ebene in verschiedenen Richtungen zu kreuzen.

[3] Sind die Beweglichkeiten des Kations und des Anions u bzw. v, so führt das Kation den Bruchteil $u/(u+v)$, das Anion den Bruchteil $v/(u+v)$ des Gesamtstromes mit sich.

[4] Die Benutzung komplizierter Formeln zur Darstellung des Elektrodenvorganges sollte man wirklich vermeiden. Es besteht nicht mehr Grund dafür, eine chemische Gleichung für den Übergang eines Ions aus einem Gitter in die Lösung anzusetzen, als dafür, eine Gleichung für die Auflösung von krystallinem Natriumchlorid in Wasser zu benutzen. In beiden Fällen treten die Ionen aus einem Gitterverband aus und werden in gewissem Sinne hydratisiert. In der Literatur finden sich Gleichungen wie

$$Me + 4\,X' = [MeX_4]'' + 2e.$$

Durch diese Gleichung wird der Zusammenstoß von 5 Partikeln, von denen 4 negativ geladen sind, wiedergegeben, der gleicherweise aus sterischen, kinetischen und elektrostatischen Gründen unwahrscheinlich ist. Gleichfalls unbefriedigend sind Gleichungen der Art

$$^{1}/_{4}\,O_2 + {}^{1}/_{2}\,H_2O + e = (OH)'$$

die eigentlich die Existenz von $^{1}/_{2}$- und $^{1}/_{4}$-Molekeln postulieren.

Durch diese Gleichung wird zum Ausdruck gebracht, daß die Zinkionen, die vor dem korrosiven Angriff im metallischen Gitter vorlagen, nach der eigentlichen Korrosion in der wässerigen Phase in enger Bindung mit Wassermolekeln vorhanden sind (es besteht keine Notwendigkeit anzunehmen, daß jedes Zinkion von einer bestimmten Anzahl von Wassermolekeln umgeben ist). Die lockere Bindung zwischen den Zinkionen und dem Wasser ruft die mit dem Korrosionsvorgang verknüpfte Energieänderung hervor und spielt eine Rolle bei der Bestimmung desjenigen Potentials, bei dem die Korrosion erfolgen kann.

Obgleich die üblichsten Fälle der Korrosion mit dem Auftreten elektromotorischer Kräfte verknüpft sind, die durch das korrodierende Metall selbst gegeben sind, ist der schnellst verlaufende Vorgang derjenige, der durch einen äußeren Strom hervorgerufen wird, da in diesem Falle keine Begrenzung der elektromotorischen Kraft möglich ist. Da derartige Fälle einfacher als diejenigen mit selbsterzeugten EK-Werten sind, so sollen sie als Musterbeispiele in den anschließenden Abschnitten behandelt werden.

Kontinuierliche Korrosion und Korrosionshemmung in elektrochemischen Prozessen. Es ist klar, daß bei der Entscheidung darüber, ob ein gewisser Korrosionsvorgang kontinuierlich abläuft oder der Selbsthemmung unterliegt, die Zusammensetzung des festen Korrosionsproduktes oft weniger wesentlich ist, als vielmehr die genaue Festlegung des Ortes seiner Bildung. Die topochemischen Faktoren — wie sie durch V. Kohlschütter[1] bezeichnet worden sind — sind infolgedessen vielleicht von größerer Bedeutung bei den Korrosionsvorgängen als auf irgendeinem anderen Gebiet chemischer Umsetzungen.

Ein Beispiel hierfür haben die schon länger zurückliegenden Untersuchungen von Le Blanc und Bindschedler[2] geliefert. Wird ein elektrischer Strom, der einer äußeren Batterie entnommen wird, durch ein Element hindurchgeschickt, das zwei Bleielektroden in Kaliumchromatlösung enthält, so wird eine sehr geringe anodische Korrosion bemerkbar werden; es tritt Bleichromat an der Oberfläche auf. Diese Verbindung, die wenig löslich ist, schützt infolgedessen die darunterliegende Metallschicht vor weiteren Angriffen; Veränderungen dagegen, die zur Bildung von Bleiperoxyd führen, können langsam erfolgen. Besteht die Lösung dagegen aus Natriumchlorat, dem eine geringe Menge von Kaliumchromat zugesetzt worden ist, dann besteht das wesentliche Anodenprodukt aus löslichem Bleichlorat, das in geringer Entfernung von der Anode unter Bildung eines lockeren Niederschlages von Bleichromat weiterreagiert. Dieser letztere Niederschlag, der in merklichem Abstand von der korrodierenden Ober-

---

[1] Der Gegenstand der Topochemie — ein Begriff, der besonders mit dem Namen von V. Kohlschütter verknüpft ist — wird durch verschiedene Autoren in der Kohlschütter-*Festschrift* im Jahre 1934 diskutiert. Beiträge über eine topochemische Betrachtungsweise der Korrosion s. Stäger: Koll.-Z. **68** (1934) 137. — U. R. Evans: Koll.-Z. **68** (1934) 133, s. auch W. Feitknecht: Fortschr. Ch. **21** (1930) Heft 2. — E. Pietsch, E. Josephy, B. Grosse-Eggebrecht u. W. Roman: Z. Elektroch. **37** (1931) 823; Z. phys. Ch. A. **157** (1931) 363; Korr. Met. 8 (1932) 57] haben grundsätzliche Studien zur Topochemie der Korrosion durchgeführt und insbesondere auch die Parallelen zwischen einer topochemischen Betrachtungsweise der Korrosion und der heterogenen Katalyse, wie sie G. M. Schwab, E. Pietsch und deren Mitarbeiter entwickelt haben (Literatur siehe in den vorgenannten Arbeiten) sowie auch das (verträgliche) Verhältnis der Lokalelementauffassung zu einer topochemischen Betrachtungsweise aufgezeigt (der Übersetzer).

[2] Le Blanc, M. u. E. Bindschedler: Z. Elektroch. 8 (1902) 255. — Vgl. die Ansicht von L. McCulloch: Trans. Am. electrochem. Soc. **56** (1929) 325.

fläche entsteht, behindert nicht den weiteren Angriff; die Korrosion schreitet also ungehindert fort. In beiden Fällen wird fast unlösliches Bleichromat gebildet. Entscheidend aber für den Verlauf der Korrosion ist der *Ort der Bildung*, wodurch der Unterschied gegeben wird zwischen der Selbsthemmung der Reaktion im ersten Falle und einer kontinuierlichen Korrosion im zweiten Falle.

Wird ein elektrischer Strom durch eine äußere elektromotorische Kraft zwischen zwei Elektroden zum Übergang gezwungen, die sich in einer Lösung von Kaliumchlorid oder Kaliumsulfat befinden, so entsteht lösliches Eisenchlorid oder -sulfat an der Anode und lösliches Kaliumhydroxyd an der Kathode. An der Stelle, an der Kaliumhydroxyd mit einem Eisensalz zusammentrifft, wird ein Niederschlag verschiedener Eisenhydroxyde entstehen. Findet die Bildung dieser schwer löslichen Verbindungen jedoch ohne jeglichen Kontakt mit dem sich auflösenden Metall statt, so wird dadurch ein weiterer Angriff nicht unterbunden. Dieser Fall ist völlig verschieden von dem der Silberelektroden in einer Chloridlösung oder von Bleielektroden in einer Sulfatlösung, bei denen das primär entstehende Anodenprodukt (Silberchlorid oder Bleisulfat) ein schwer löslicher Körper ist, der die anodische Metalloberfläche bedeckt und damit einen weiteren korrosiven Angriff verhindert.

Bildung von Salzen oder Hydroxyden an der Anode. Jede wässerige Salzlösung enthält außer dem Anion des in Frage stehenden Salzes (z. B. SO_4'' oder Cl') eine geringe Konzentration an Hydroxylionen (OH'), die von der Dissoziation des Wassers herrühren. Da die Hydroxyde der meisten Schwermetalle (ausgenommen Thallium) schwer löslich in Wasser sind, ist es klar, daß die Hydroxylionen eine hervorragende Rolle beim anodischen Vorgang spielen und damit den Angriff abschwächen. *Es ist infolgedessen von entscheidender Bedeutung, zu wissen, welche der am Vorgang beteiligten Ionen wahrscheinlich die Hauptrolle bei der anodischen Reaktion spielen.*

Für den Fall sehr geringer Stromdichten und unter reversiblen Bedingungen (d. h. unendlich wenig vom Gleichgewichtszustand entfernt) kann eine Antwort gegeben werden[1]. Betrachten wir ein Element, das aus zwei Metallelektroden in einer sehr verdünnten Säurelösung des Sulfates vom gleichen Metall besteht. Geht das Metall an der Anode in Form des Sulfates in Lösung und wird eine äquivalente Menge des Metalles auf der Kathode abgeschieden, so ist, abgesehen vom bloßen Platzwechsel des Metalles, keine weitere chemische Arbeit geleistet worden. Unter reversiblen Bedingungen wird so die kleinste EK hinreichend sein, um den Stromdurchgang durch das Element zu erzwingen. Führt der Strom jedoch zu einer Abscheidung von festem Metallhydroxyd an der Anode, wodurch die Lösung in der Nähe der Anode eine Verarmung an OH-Ionen erfährt, was mit einer Zunahme der Acidität verbunden ist, so wird ein System mit einem höheren Betrage an freier Energie entstehen, da die saure Flüssigkeit das Hydroxyd „spontan", d. h. unter Verringerung der freien Energie, lösen könnte. Zur Erzeugung von festem Hydroxyd an der Anode ist also das Vorhandensein einer bestimmten EK erforderlich, um den Energiebedarf zu decken. Es ist infolgedessen einleuchtend, daß bei sehr kleinen EK-Werten die Bildung von löslichem Sulfat die einzig mögliche Reaktion ist, vorausgesetzt, daß die Flüssigkeit hinreichend sauer ist, um das Auftreten von Hydroxyd als fester Phase zu

---

[1] EVANS, U. R. u. T. P. HOAR: Trans. Faraday Soc. **30** (1934) 424.

verhindern. Ist die Flüssigkeit jedoch mittelstark alkalisch, so daß das Hydroxyd ungelöst als feste Phase bestehen kann, so führt die gleiche Überlegung zu dem Schluß, daß die Hydroxylionen die ausschlaggebende Rolle beim anodischen Vorgang spielen, insbesondere dann, wenn sie in erheblicher Konzentration vorhanden sind. In diesem Fall wird ein Film von festem Hydroxyd bei einer niedrigeren EK gebildet werden können als für die Entstehung des löslichen Salzes erforderlich ist. Die Elektrode wird passiv werden, womit gleichzeitig die Auflösung wesentlich unterbunden wird. Wir können infolgedessen kontinuierliche Korrosion für ein lösliches Sulfat in sauren Lösungen erwarten, aber wir werden auf die Erscheinung der Passivität in alkalischen Medien treffen, wenn das Metallhydroxyd in der betreffenden Konzentration der alkalischen Flüssigkeit nicht löslich ist. *Das Kriterium zwischen Aktivität und Passivität ist infolgedessen identisch mit der Frage, ob die Lösung das entstehende Metallhydroxyd aufzulösen vermag oder nicht* [1].

Obgleich das vorstehend gegebene Argument, streng gesprochen, nur unter sozusagen reversiblen Bedingungen gültig ist, ist die ausgesprochene Regel doch als qualitativer Wegweiser bei geringen Stromdichten (selbst bei Eisen, bei dem die Abweichung von den „reversiblen Bedingungen" erheblich ist) anzusehen. In einer sauren Lösung erfolgt die Auflösung einer Eisenanode kontinuierlich unter Bildung von Eisen(II)-salz; in einer alkalischen Lösung dagegen wird die gleiche Anode passiv. Der p_H-Wert, bei dem die aktive Korrosion in Passivität übergeht, hängt vom chemischen Charakter des Oxyds ab. Metalle, deren Oxyde einen schwach basischen Charakter besitzen und deren Salzlösungen zum momentanen Ausscheiden von Hydroxyd (oder basischen Salzen) durch Hydrolyse neigen, können selbst in saurer Lösung passiv werden. Metalle mit saurem Oxydcharakter lösen sich anodisch in alkalischen Lösungsmitteln auf. So wird eine Wolframanode in saurer Lösung passiv und aktiv in alkalischer werden, also ein dem Eisen völlig entgegengesetztes Verhalten zeigen.

Bei großen Stromdichten, d. h. weit vom Gleichgewichtszustand entfernt, werden die auf Energiebetrachtungen gegründeten Überlegungen ungültig. Eine Lösung, in der sich eine Anode freiwillig bei geringen Stromdichten auflöst und beispielsweise ein lösliches Sulfat bildet, kann bei hohen Stromdichten passiv werden. Ist beispielsweise der SO_4''-Gehalt erschöpft, so ist ein Film aus festem Hydroxyd (oder Oxyd bei Verlust an Wasser) zu erwarten. Dieser Film kann einen weiteren Angriff wahrscheinlich selbst dann unterbinden, wenn später SO_4''-Ionen erneut vorhanden sind. Nach diesem Übergang in den passiven Zustand sind zwei Möglichkeiten vorhanden. Ist die EK zu gering, um hinreichend Energie für die Sauerstoffbildung aufzubringen, so kann die Stromstärke auf einen sehr geringen Betrag abfallen. Bei größeren EK-Werten wird der Strom in den meisten Fällen weiterfließen (wenn nicht, wie im Fall des Aluminiums, der anodische Film ein elektrischer Nichtleiter ist). Im wesentlichen wird der Strom zur Bildung des Sauerstoffes verbraucht werden; nur ein geringer Betrag wird

---

[1] Diese Aussage darf jedoch nicht in dem Sinne interpretiert werden, daß das primäre Reaktionsprodukt ein festes Hydroxyd ist, das sich später in der Flüssigkeit (sofern die letztere hinreichend sauer ist) auflöst. Die oben gegebene Energiebedingung zeigt, daß dann, wenn die Flüssigkeit zur langsamen Auflösung des festen Hydroxyds *fähig* ist, seine Bildung an sich unterbleibt.

dem eigentlichen Fortgang der Korrosion dienen. So hat LOBRY DE BRUYN[1] festgestellt, daß, während an der aktiven Eisenanode 99% des elektrischen Stromes für den Korrosionsvorgang verbraucht werden, nach dem Passivwerden nur 1% für den Fortgang der eigentlichen Korrosion bereitsteht, während 99% der Entwicklung von Sauerstoff dienen.

Anodisches Verhalten von Metallen variabler Valenz. In den Fällen, in denen ein Metall mehr als nur eine einzige Reihe von Verbindungen bilden kann, ruft ein Strom hoher Dichte einen anomalen Elektronenstrom hervor, durch den Ionen höherer positiver Ladung als bei einem Strom geringer Dichte entstehen. Wird an ein Element, das aus zwei vertikalen Eisenplatten in einer Kaliumchloridlösung besteht, eine geringe EK angelegt, so wird die Anode langsam unter Bildung von farblosem Eisen(II)-chlorid aufgelöst. Wird fast die gesamte Eisenoberfläche mit Wachs bedeckt und das Metall nur längs einer in das Wachs eingeritzten Linie dem Angriff ausgesetzt, so wird die lokale anodische Stromdichte so groß, daß je drei Elektronen anstatt je zwei von jedem Eisenatom fortgenommen werden. Es wird infolgedessen eine Wolke von gelber Eisen(III)-chloridlösung sichtbar, die von der Kratzerlinie ausgeht. Bei den meisten Metallen neigen die Salze der höheren Valenzstufe mehr zur Hydrolyse als die der niederen, so daß bevorzugt Oxyde und Hydroxyde auftreten werden. Eine Bleianode in Schwefelsäure bedeckt sich mit einer kaum sichtbaren Schicht von Bleisulfat, wodurch ein Stromabfall mit fortschreitender Zeit herbeigeführt wird. Ist die angelegte EK jedoch hinreichend, so wird das Blei auch weiterhin in gewissem Ausmaße unter Bildung von vierwertigen, an Stelle von zweiwertigen, Bleiverbindungen angegriffen; es erscheint dann eine Schicht von gelbbraunem Bleiperoxyd an der Oberfläche.

Chrom löst sich in einer sauren Lösung bei geringer Stromdichte zweiwertig unter Bildung einer blauen Lösung auf; überschreitet die Stromdichte dagegen einen gewissen Wert, so steigt das Anodenpotential an und das Chrom beginnt sechswertig unter Bildung gelber Chromsäure in Lösung zu gehen. Kobalt und Mangan (auch Eisen bei höherer Temperatur und hoher Alkalikonzentration) werden in alkalischen Lösungsmitteln bei geringen Stromdichten anodisch zweiwertig aufgelöst, während bei erhöhten Stromdichten höhere Oxyde (Fe_3O_4, Co_3O_4, MnO_2) oder selbst lösliche Verbindungen, wie Ferrate und Manganate auftreten. Einzelheiten hierüber finden sich in den Untersuchungen von GRUBE[2]. Eine glatte anodische Auflösung eines Metalles in einer alkalischen Lösung setzt voraus, daß das Oxyd saure Eigenschaften besitzt. DE KAY THOMPSON und KAYE[3] haben festgestellt, daß sich eine Molybdänanode in konzentrierter Kalilauge sechswertig unter Bildung von Kaliummolybdat auflöst; in verdünnterem Alkali besteht das Produkt größtenteils aus einem Gemisch von grünlichem $Mo(OH)_4$ und dem blauen kolloiden Mo_3O_8. Nach DE KAY THOMPSON und RICE[4] löst sich eine Wolframanode in Kaliumhydroxyd bei hoher Stromausbeute, selbst bei Anwendung von 100 V, auf.

[1] LOBRY DE BRUYN, C. A.: Rec. Trav. Chim. **40** (1921) 30.

[2] GRUBE, G., H. GMELIN, R. HEIDINGER u. L. SCHLECHT: Z. Elektroch. **26** (1920) 459, **32** (1926) 70, **35** (1927) 389.

[3] DE KAY THOMPSON, M. u. A. L. KAYE: Trans. Am. electrochem. Soc. **62** (1932) 71.

[4] DE KAY THOMPSON, M. u. C. W. RICE: Trans. Am. electrochem. Soc. **67** (1935) 71.

3. Eingehende Untersuchung des anodischen Verhaltens.

Stromdichte und Passivität. Durch SHUTT und WALTON[1] ist gezeigt worden, daß eine Goldanode, die sich in einer Lösung von Chlorwasserstoffsäure oder Kaliumchlorid normal unter Bildung des Chlorids auflöst, bei sehr hohen Stromdichten unter Ausbildung eines Oxydfilmes passiv wird; dabei ist die Grenzstromdichte für das Passivwerden um so größer, je höher die Chloridkonzentration ist.

Der Wert der (scheinbaren) für das Passivwerden erforderlichen Stromdichte wird wesentlich herabgesetzt, wenn eine krystalline Kruste von festem Salz

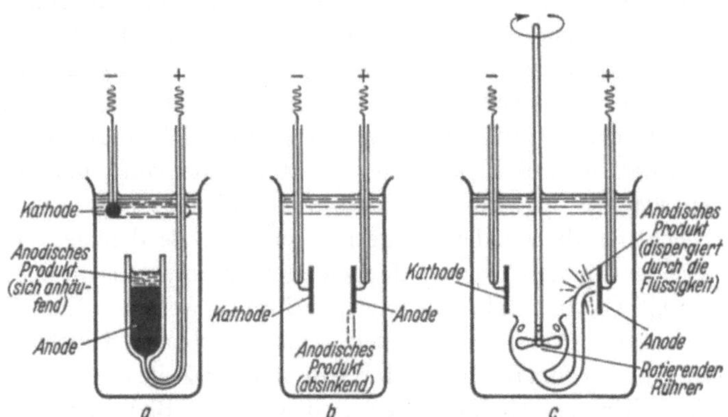

Abb. 5. Elektrolytzellen.

a .... Mit horizontaler, vor Konvektion und Rühreffekten geschützter Anode (Methode von W. J. MÜLLER). Diese Anordnung begünstigt die Ausbildung von Passivität.

b .... Mit vertikaler Anode, durch die den schwereren Reaktionsprodukten ein Absinken ermöglicht wird. Diese Anordnung ist dem Auftreten von Passivität weniger günstig.

c .... Mit schneller Bewegung der Flüssigkeit oberhalb der Anode (Methode von SHUTT und WALTON). Durch diese Anordnung wird, abgesehen von hohen Stromdichten, die Ausbildung von Passivität verhindert.

den größten Teil der Anodenoberfläche bedeckt und somit den dem Angriff ausgesetzten Teil auf einen Bruchteil der gesamten Oberfläche herabsetzt. Dieser Effekt ist Gegenstand der ausgedehnten Untersuchungen von W. J. MÜLLER und seiner Wiener Schule[2] gewesen. MÜLLER verwendet bei seinen Untersuchungen horizontale Anoden, die sorgfältig durch einen röhrenförmigen Schutz gegen Konvektionsströme abgeschirmt werden (s. Abb. 5a). Unter derartigen Bedingungen lösen sich Anoden aus Eisen, Zink oder Kupfer, die in eine Lösung von Schwefelsäure oder eines Sulfates gebracht werden, zuerst

---

[1] SHUTT, W. J. u. A. WALTON: Trans. Faraday Soc. **30** (1934) 914.

[2] Allgemeiner Überblick bei W. J. MÜLLER: Die Bedeckungstheorie der Passivität der Metalle und ihre experimentelle Begründung, Verlag Chemie, Berlin 1934; ferner seine Vorlesung On the passivity of Metals in: Trans. Faraday Soc. **27** (1931) 737. — Einzeluntersuchungen von W. J. MÜLLER und seinen Mitarbeitern K. KONOPICKY, O. LÖWY, L. HOLLECK, W. MACHU, H. K. CAMERON, O. HERING, H. FREISSLER u. E. PLETTINGERS: Ber. Wien. Akad. **136** IIb (1927) 711, **137** IIb (1928) 47, 861, 1025, **138** IIb (1929) 221, 425, 515, 531, 548, 569, 580, **139** IIb (1930) 461, **140** IIb (1931) 501, **141** IIb (1932) 279, **142** IIb (1933) 26, 557, **144** IIb (1935) 167; Z. phys. Ch. A. **161** (1932) 147, 411, **166** (1933) 357; Korr. Met. **8** (1932) 253, **11** (1935) 25, **12** (1936) 132; Z. Elektroch. **34** (1928) 571, 840, 850, **35** (1929) 92, 656, **36** (1930) 679, **38** (1932) 850, **39** (1933) 872, 880, **40** (1934) 119, 570, 578, **41** (1935) 83, 641, **42** (1936) 166, 366; Trans. Faraday Soc. **31** (1935) 1291; Ber. **68** (1935) 989.

normal unter Bildung des löslichen Sulfates des Anodenmetalles. Dieses sammelt sich über der Oberfläche des Metalles an, so daß die Flüssigkeit früher oder später lokal übersättigt wird und das feste Sulfat auszukrystallisieren beginnt und damit den größeren Teil der metallischen Oberfläche bedeckt, was zu einem erheblichen Anstieg des (wahren) Wertes der Stromdichte über dem kleinen noch unbedeckten Gebiet der Oberfläche führt. Offenbar tritt dieser Effekt sehr rasch ein, sobald die Ausgangsstromdichte hoch genug ist. Selbst eine sehr geringe Anfangsstromdichte kann jedoch nach einer langen Periode der Anhäufung des anodischen Reaktions-(Korrosions-)produktes zur Passivität führen, vorausgesetzt, daß sowohl die thermische als auch die durch die Schwerkraft bedingte Konvektion vermieden bleiben. Bei Anwendung vertikaler Elektroden ist stets die durch die Gravitation bedingte Konvektion gegeben, da die Lösung der an der Anode gebildeten Metallsalze schwerer ist als die übrige Flüssigkeit, und stetig absinkt und somit Konvektion herbeiführt (s. Abb. 5b). Aus diesen und anderen Gründen ist Passivität an vertikalen Elektroden viel schwieriger als an horizontalen zu erzeugen. Die Untersuchungen von SHUTT und WALTON mit Vertikalelektroden in bewegten Flüssigkeiten (Abb. 5c) gestatten die *Ermittlung einer Grenzstromdichte, unterhalb der keinerlei Passivität auftritt.*

Passivitätauslösende Substanzen. Die MÜLLERschen Beobachtungen mit Hilfe des Polarisationsmikroskops haben eine Stütze für die Annahme erbracht, daß die sperrende Schicht, die sich primär auf der horizontalen Anode ausbildet, oftmals aus einem krystallinen Salz besteht. Die Bildung doppelbrechender Substanzen ist an Anoden aus Eisen, Kupfer, Zink und Cadmium in schwefelsaurer Lösung beobachtet worden; es scheint sich dabei um die normalen (hydratisierten) Sulfate zu handeln. An einer Zinkanode hat W. J. MÜLLER eindeutige Photographien von Zinksulfatkrystallen erhalten. Unter gewissen Bedingungen scheinen basische Salze aufzutreten, entweder als Primärprodukte oder infolge sekundärer Umsetzungen.

Oft ist die Kruste des „löslichen" Salzes nur die primäre Ursache für das Auftreten der Passivität. Bedeckt die Schicht die Oberfläche mehr und mehr, so wird der *absolute* Betrag des Stromes absinken, jedoch wird die *Stromdichte* an den mikroskopisch kleinen, noch der Flüssigkeit ausgesetzten Teilen höher und höher werden[1]. Erreicht sie einen bestimmten Betrag (über 50 bis 100 A/cm^2), so werden andere Elektrodenveränderungen, die eine höhere Energie erfordern, möglich. Eine in normaler Schwefelsäure anodisch polarisierte Eisenelektrode bedeckt sich mit einer doppelbrechenden Schicht von krystallinem Eisen(II)-sulfat. Geht das Potential dagegen über 0,5 V hinaus, so verschwindet sie nach einer gewissen Zeit zugunsten eines transparenten Filmes mit lokalen Interferenzfarben, der offenbar aus Eisen(III)-oxyd besteht. Der Strom sinkt in dem Maße ab, in dem der Film an Dicke zunimmt und wird allmählich extrem klein. Bei Potentialwerten zwischen 0,8 und 1,4 V ist der Stromsturz vorwiegend auf die Bildung von Eisen(III)-verbindungen zurückzuführen; oberhalb 1,7 V wird jedoch eine Sauerstoffentwicklung möglich, es gehen Ströme von erheblicher Größe durch die Zelle hindurch, die auch im Laufe der Zeit nicht wieder absinken.

W. J. MÜLLER unterscheidet zwischen *Bedeckungspassivität* — der Stromabfall wird durch die Bedeckung der anodischen Oberfläche mit einem Salz

---

[1] Die Stromdichte bedeutet den Strom je Flächeneinheit.

normaler Valenz hervorgerufen — und *chemischer Passivität*, bei der eine Verbindung höherer Valenz oder aber freier Sauerstoff auftreten. Einige Metalle zeigen unter gewöhnlichen Bedingungen nur den ersten Typ der Passivität (Kupfer, Zink, Aluminium). Nickel gehört in Chloridlösungen zum ersten Typ, in Sulfatlösungen dagegen zum zweiten Typ. Blei zeigt den ersten Typ bei geringen EK-Werten, den zweiten dagegen bei Potentialen oberhalb etwa 2,0 V, wenn vierwertige Verbindungen an Stelle von zweiwertigen entstehen, was zur Ausbildung einer Schicht von Bleiperoxyd PbO_2 an der Anode führt.

Die Bildung von Verbindungen, in denen das Metall eine hohe Valenz annimmt, führt W. J. MÜLLER auf Änderungen zurück, die bei den hohen Stromdichten *im Metall selbst* ausgelöst werden. COLOMBIER[1], der seine Ansichten auf Untersuchungen an einer Nickelanode gründet, gelangt zu dem Schluß, daß die anodische Bildung von Nickelperoxyd NiO_2 in einer alkalischen Lösung von Natriumsulfat nicht auf eine Änderung innerhalb des Nickels, sondern auf die Bildung von Ozon oder anderen instabilen, oxydierenden Substanzen zurückzuführen ist, wodurch das primär gebildete Nickel(II)-hydroxyd in das Peroxyd übergeführt wird.

Ein sichtbarer Film irgendeiner löslichen Verbindung kann den Stromdurchgang unter stationären Bedingungen hindern, ist jedoch nicht imstande, einen dauernden Schutz hervorzurufen, da er gewöhnlich wieder in Lösung gehen wird, wenn die Flüssigkeit gerührt ·oder der Strom ausgeschaltet wird. Die einen besseren Schutz gewährenden Oxydfilme sind gewöhnlich unsichtbar oder kaum sichtbar. Das Verschwinden einer *sichtbaren* Schicht in dem Augenblick, in dem natürliche Passivität einsetzt, ist von HEDGES[2] an einer vertikalen Eisenanode in 10%iger Schwefelsäure festgestellt worden. In stark sauren Flüssigkeiten hört die Passivität gewöhnlich fast gleichzeitig mit dem Ausschalten des Stromes auf. In $^1/_{10}$ n-Schwefelsäure ist es jedoch möglich, den Strom für einige Sekunden auszuschalten, ohne daß die Passivität verschwindet, wenn vorher der Stromdurchgang während einer längeren Zeit bestanden hat.

Versuche, die in Cambridge[3] mit einer vertikal angeordneten Eisenanode, die durch $^1/_5$ n-Schwefelsäurelösung passiv gemacht worden war, durchgeführt worden sind, lassen den Grund hierfür erkennen. Fließt der Strom während einer gewissen Zeit und wird er dann unterbrochen, so werden noch für die Dauer einiger Sekunden Sauerstoffblasen entwickelt. Wird er wieder eingeschaltet, während die Blasenentwicklung noch anhält, so verhält sich das Metall wie eine unlösliche Anode, die Sauerstoff in großer Menge freimacht. Hat dagegen die Blasenentwicklung bereits aufgehört, bevor der Strom wieder eingeschaltet wird, so hat das Eisen seine Fähigkeit, bei geringen Stromdichten in Lösung zu gehen, zurückgewonnen. Offenbar wird eine passive Anode mit Sauerstoff übersättigt werden, so daß die Sauerstoffmenge hinreichend ist, um den schützenden Film von Eisen(III)-oxyd für einige Sekunden aufrechtzuerhalten und ihn zu erneuern, wenn er an irgendeiner Stelle beschädigt oder fortgelöst wird, so daß derart die Reduktion zu dem leichter löslichen Eisen(II)-oxyd vermieden bleibt. Mit dem Verschwinden des Sauerstoffüber-

---

[1] COLOMBIER, L.: Diss. Nancy 1936, S. 82.
[2] HEDGES, E. S.: J. chem. Soc. **1926**, 2880.
[3] EVANS, U. R.: J. chem. Soc. **1930**, 483.

schusses ist dagegen die Möglichkeit für das Fortbestehen des Oxydfilmes unterbunden, so daß das Eisen in seinen lösungsfähigen Zustand zurückkehrt.

Mechanismus der anodischen Passivität. Es besteht allgemeine Übereinstimmung in der Ansicht dahingehend, daß eine ursprünglich aktive Anode erst dann passiv wird, wenn die Flüssigkeit, mit der sie sich in Kontakt befindet, mit dem anodischen Reaktionsprodukt gesättigt wird, da erst dann eine schützende Kruste auf der metallischen Oberfläche erscheint. E. MÜLLER und SCHWABE[1] haben angenommen, daß der Übergang des Metalles in die Flüssigkeit in diesem Stadium plötzlich aufhört und daß der Strom nachher zur *direkten* Überführung des Metalles in die *feste* Verbindung verwendet wird, die in situ durch Vereinigung der auftreffenden Anionen mit dem Metall gebildet wird. Das scheint ein nicht unwahrscheinliches Bild für diesen Vorgang zu sein. Die neueren Versuche von W. J. MÜLLER[2] führen jedoch zu der Annahme, daß das Metall auch nach Eintreten des *Übersättigungszustandes* in der der Anode benachbarten Zone in Lösung geht. Sobald Keime in der übersättigten Schicht auftreten, breitet sich die feste Kruste seitwärts über die Oberfläche aus, so daß der Strom allmählich absinkt. Er macht dieses Verhalten an einem Versuch deutlich, den er mit einer Anode in Schwefelsäure ausführt, die *vorher* mit Eisen(II)-sulfat gesättigt worden ist. Der Strom fiel in diesem Falle nicht, wie nach dem Mechanismus von E. MÜLLER zu erwarten gewesen wäre, sofort ab, sondern blieb anfangs stetig und fast konstant. Erst als sich die Schicht des krystallinen Eisen(II)-sulfates über die Oberfläche auszubreiten begann — der Ausbreitungsvorgang wurde photographisch im polarisierten Lichte verfolgt —, begann der Strom abzusinken, und zwar erst langsam, dann schneller. In einem Parallelversuch mit vorher nicht an Eisen(II)-sulfat gesättigter Säure ließ das Auftreten der festen Phase und das diese begleitende Absinken des Stromes länger auf sich warten, da die Flüssigkeit zunächst unter Einwirkung des elektrischen Stromes in der Nähe der Metalloberfläche mit Eisen(II)-sulfat gesättigt werden mußte.

Passivitätbegünstigende Faktoren[3]. Nach den vorangehenden Ausführungen ist es einleuchtend, daß eine Anode unter den nachstehend aufgeführten Bedingungen sehr wahrscheinlich in den passiven Zustand übergeführt werden kann; sie wird passiv,

1. wenn die Flüssigkeit keine oder eine nur geringe Fähigkeit zur Auflösung des Hydroxyds oder Oxyds des Anodenmetalles besitzt (oder wenn ein kaum lösliches Salz als Anodenprodukt entsteht),

2. wenn die Flüssigkeit unbewegt ist sowie besonders dann, wenn die Anode horizontal angeordnet und gegen thermische sowie durch Gravitation bedingte Konvektion geschützt ist,

3. wenn die angewandte Stromdichte hoch ist,

4. wenn Teile des Metalles bereits mit einem Film oder einer (sichtbaren oder unsichtbaren) Schicht bedeckt sind, so daß die wahre Stromdichte wesentlich höher ist als das sonst der Fall sein würde. Dieser Faktor ist in den Arbeiten von W. J. MÜLLER klar herausgearbeitet worden.

---

[1] MÜLLER, E. u. K. SCHWABE: Z. Elektroch. **40** (1934) 862. Die interessanten Versuche mit Anoden aus Blei-Gold-Legierungen scheinen einer mehrfachen Interpretation zugängig zu sein.
[2] MÜLLER, W. J.: Z. Elektroch. **41** (1935) 83.
[3] S. auch H. L. HEATHCOTE: J. Soc. chem. Ind. **26** (1907) 899.

Unter durchschnittlichen Versuchsbedingungen, bei denen eine gewisse geringe Bewegung (Rühren) innerhalb der Flüssigkeit besteht, wird oft folgender Tatbestand festgestellt:

a) *geringe* Stromdichten rufen *aktive* Korrosion hervor;

b) *hohe* Stromdichten führen zu *Passivität*;

c) *mittlere* Stromdichten lösen *Periodizitäten* aus, d. h. es erfolgt ein Wechsel zwischen aktivem und passivem Zustand.

Die Erscheinung der Periodizität ist von HEDGES[1] eingehend untersucht worden. Sie kann auf verschiedenen Wegen hervorgerufen werden. Obgleich eine nur mangelhafte Übereinstimmung hinsichtlich der Ursachen in den verschiedenen Fällen besteht, kann doch die folgende allgemeine Erklärung gegeben werden: während der Anfangsperiode der aktiven Korrosion erfolgt die Ausbildung einer konzentrierten Schicht von Metallsalz um die Anode herum, während durch die Wanderung der Wasserstoffionen zur Kathode die Flüssigkeitsschicht in der Nähe der Anode säureärmer wird. Diese Veränderungen führen letztlich zu Passivität. Hat diese eingesetzt, so sinkt der Betrag der Metallkorrosion jedoch ab; der vorhandene Strom wird unter Verbrauch von Hydroxylionen zur Bildung von Sauerstoff dienen, wodurch die Flüssigkeit erneut stärker sauer wird. Inzwischen ist die konzentrierte Salzlösung von der Anodenoberfläche fortbewegt worden, entweder durch den Rühreffekt der Sauerstoffblasen oder unter dem Einfluß der Gravitation. Die gleichen Einflüsse führen zu einer Anreicherung an salzbildenden Ionen. Es bildet sich so wiederum ein für die Aktivität günstiger Zustand heraus. Das Ergebnis besteht in einem periodischen Wechsel zwischen aktiven und passiven Zuständen, wobei die Länge der „Perioden" von der Natur des Metalles, der Lösung, der Stromdichte sowie von anderen Bedingungen abhängig ist.

In Abwesenheit irgendeines Fremdstromes neigen die oxydierenden Agenzien dazu, das aktive Metall in den passiven Zustand überzuführen oder zumindest seine Rückkehr in den aktiven Zustand zu verhindern. Reduzierende Substanzen üben den entgegengesetzten Einfluß aus, sie begünstigen die Aktivität. Bei schwach oxydierenden Bedingungen wirkt eine anodische Behandlung gewöhnlich passivitätbegünstigend. Kathodische Behandlung dagegen erhält den Zustand der Aktivität bzw. führt zu seiner Wiederherstellung. So kann ein Stück passives Eisen, das sich in einer Salpetersäurelösung einer Konzentration befindet, die zur Wiederherstellung der Aktivität zu hoch ist, durch Kontakt mit Zink wieder aktiv gemacht werden, da durch das Element

Zink / Säure / Eisen,

in dem das Eisen als Kathode wirkt, ein Strom hervorgebracht wird. In der gleichen Säure führt Kontakt mit Platin das Eisen in den passiven Zustand über, da in diesem Falle das Eisen als Anode in dem Element

Eisen / Säure / Platin

wirkt. Wie bereits ausgeführt, üben Säuren auf Eisen einen Einfluß in dem Sinne aus, daß sie seinen aktiven Zustand zu erhalten oder herbeizuführen

---

[1] HEDGES, E. S. u. J. E. MYERS: J. chem. Soc. 1925, 445, 1013; s. auch Physico-Chemical Periodicity, London 1926 (Arnold). — HEDGES, E. S.: J. chem. Soc. 1926, 1533, 2580, 2878, 1927, 2710, 1928, 969, 1929, 1028; Chem. Ind. 9 (1931) 21.— HEDGES, E. S.: Protective Films on Metals, London 1932, s. auch die interessanten Untersuchungen zur Periodizitätsfrage von M. KARSCHULIN: Z. Elektroch. 40 (1934) 174, 559, 42 (1936) 722, 44 (1938) 877.

streben, während Alkalien die Passivität zu erhalten oder herzustellen suchen. Für den Fall des Molybdäns[1] trifft dagegen das Umgekehrte zu, da sein Oxyd in Alkalien löslich ist (unter Bildung löslicher Molybdate). Alle diese Erscheinungen sind leicht verständlich, wenn man sich gegenwärtig hält, daß derartige Fälle von Passivität auf das Vorhandensein von Oxydfilmen zurückzuführen sind.

Zusammenbruch der Filme bei hohen Spannungen. Während eine Anode unter normalen Bedingungen bei geringen Stromdichten in Lösung geht und bei höheren Stromdichten passiv wird, wird der Film, auf dessen Vorhandensein die Passivität beruht, jedoch bei sehr hohen EK-Werten zerstört. Obgleich er sehr schnell wieder aufgebaut wird, ist doch eine erhebliche Zerstörung des Metalles die Folge. Nach VOET[2] erfolgt ein derartiger Filmzusammenbruch nicht nur in alkalischen und neutralen Salzlösungen, sondern mitunter (z. B. an Gold- und Platinanoden bei 110 V) auch in verdünnter Schwefelsäure. Der Strom oszilliert rasch und fällt praktisch auf Null ab, wenn die Anodenoberfläche von einer Sauerstoffschicht bedeckt ist, und steigt wahrscheinlich infolge elektrischer Abstoßung wieder steil an, wenn der Oxydfilm zusammenbricht. In der Lösung sind Oxyd und Metall dispergiert, sofern die Lösung alkalisch oder neutral ist, während das Oxyd in sauren Lösungen aufgelöst wird und eine Suspension von Metallpartikeln zurückbleibt.

In einer Kombination von Metall und Flüssigkeit, die der Ausbildung eines Filmes ungünstig ist, kommt es zu einer steten anodischen Auflösung bei geringen EK-Werten sowie zu Passivität im Falle höherer EK-Werte. Das Umgekehrte muß aber auch gelten, wenn die Kombination von Metall und Flüssigkeit so beschaffen ist, daß ein schützender Film selbst dann auftritt, wenn kein Strom fließt. In diesem Fall wird das Metall bei kleinen Stromdichten passiv bleiben (der Strom wird wesentlich zur Sauerstoffentwicklung verbraucht werden); lediglich dann, wenn die EK so hoch wird, daß die Anionen schneller durch den Film hindurchtreten können, als er wieder aufgebaut werden kann, wird es zu einem ernsten Angriff kommen. E. MÜLLER und SCHWABE[3], die das Verhalten von Elementen mit einer Bleianode in gesättigter Bleiperchloratlösung untersucht haben, stellen dabei fest, daß bei geringen EK-Werten sehr kleine Ströme vorhanden sind, daß der anodische Film aber plötzlich zusammenbricht, sobald die elektromotorische Kraft auf 35 V heraufgeht, wobei der Strom gleichzeitig auf das Vierhundertfache seines früheren Wertes ansteigt. Da keine Sauerstoffentwicklung erfolgte, wurde der Strom wahrscheinlich völlig für die Korrosion ausgenutzt. Die Untersuchungen von BRENNERT[4] an einer Zinnanode in Natriumchloridlösung lassen gleichfalls erkennen, daß ein gewisses Überschußpotential vorhanden sein muß, um den Film zum Zusammenbruch und damit die Korrosion zum Wiederbeginn zu führen, was eine Schwärzung der Oberfläche im Gefolge hat. Der gleiche Autor [5] hat Messungen über die zum Zusammenbrechen des Filmes erforderlichen Potentialwerte für eine Reihe nichtrostender Stähle veröffentlicht.

---

[1] MUTHMANN, W. u. F. FRAUNBERGER: Ber. bayer. Akad. **34** (1904) 217.
[2] VOET, A.: Trans. Faraday Soc. **31** (1935) 1488.
[3] MÜLLER, E. u. K. SCHWABE: Z. Elektroch. **40** (1934) 864.
[4] BRENNERT, S.: Internat. Tin Res. Dev. Council techn. Publ. D 2 **1935**, 13; Korr. Met. **12** (1936) 46.
[5] BRENNERT, S.: Jernkontorets Ann. **1935**, 295.

Donker und Dengg[1] haben das für den Zusammenbruch einer gewöhnlichen Eisenanode in einer Chlorid- oder Sulfatlösung, die Alkali und / oder Dichromat (Substanzen, die der Filmausbildung günstig sind) enthält, erforderliche Potential bestimmt. Hierbei zeigt es sich, daß das zum Zusammenbruch erforderliche Potential mit steigender Konzentration an Alkali und / oder Dichromat anwächst.

Anodisches Verhalten von Eisen, das mit einem an Luft gebildeten Film bedeckt ist. Selbst an einer gewöhnlichen Eisenanode, die sich in einer reinen Chloridlösung befindet, muß ein meßbarer Potentialüberschuß vorhanden sein,

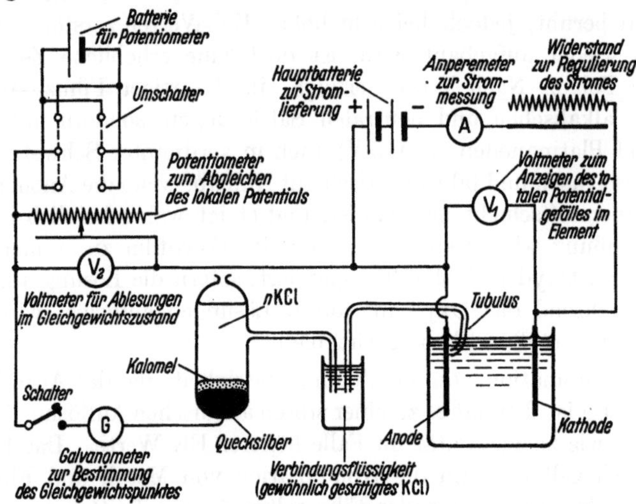

Abb. 6. Einfachste Form einer Vorrichtung zur Messung von Änderungen des örtlichen (anodischen) Potentials mit der Stromdichte.

um den anodischen Angriff auszulösen, wenn das Eisen zum Beginn des Versuches einen unsichtbaren Film trägt, der auf den Einfluß der Luft zurückzuführen ist. Die Versuche von Britton[2] zu dieser Frage sollen hier besprochen werden, da sie ein Beispiel für die Messung der Veränderung des örtlichen Potentials bei Wechsel in der Stromstärke sind.

Wird ein elektrischer Strom, der einer äußeren Kraftquelle entnommen wird, zum Durchgang durch ein Element gezwungen, so kann der gesamte Potentialabfall im Element an einem über die Klemmen verbundenen Voltmeter abgelesen werden. Er ist auf drei verschiedene Wege verteilt: Er liefert den Potentialabfall innerhalb der Flüssigkeit, der zur Überwindung des Widerstandes für den Stromdurchgang aufgewendet werden muß, der gemäß dem Ohmschen Gesetz proportional der Stromstärke ist. Weiterhin liefert er die anodische und kathodische Polarisation, das sind die Verschiebungen der örtlichen Potentiale gegen die Gleichgewichtswerte, die vorhanden sein müssen, wenn die Elektrodenreaktion starten soll. Diese Verschiebungen wachsen mit der Stromstärke, und zwar jede im Sinn einer Gegenkraft gegen den Stromdurchgang. Das örtliche Anodenpotential kann leicht gemessen werden, wenn ein mit Kaliumchlorid gefüllter Tubus mit einer Zuführung nahe an die

[1] Donker, H. J. u. R. A. Dengg: Korr. Met. **3** (1927) 221.
[2] Britton, S. C. u. U. R. Evans: J. chem. Soc. **1930**, 1780.

Anodenoberfläche herangebracht und andererseits leitend mit einer Kalomelelektrode verbunden wird (s. Abb. 6). Das Potential zwischen der Kalomelelektrode und der Anode wird an einem Potentiometer gemessen[1].

Abb. 7 zeigt — in einem Fall — die Veränderung des örtlichen Potentialgefälles an der Oberfläche einer weichen Stahlanode in $^1/_{10}$ n-Kaliumchloridlösung mit der Stromstärke. Zu Beginn des Versuches erfolgt, sofern ein Film auf dem Metall vorhanden ist, kein Stromdurchgang, bis das Potential einen Wert von 0,07 V *jenseits* desjenigen Punktes erreicht hat, der später als kritisch für die gleiche Elektrode im filmfreien Zustande festgestellt wurde. Dieser Potentialüberschuß erweist sich als erforderlich, um den Zusammenbruch des unsichtbaren Filmes auszulösen. Unmittelbar nach diesem Zusammenbruch wird die Beziehung zwischen Strom und Potential unregelmäßig, da sich dieser allmählich auf den gesamten Film ausdehnt und somit die Möglichkeiten für den Durchgang des Stromes mit der Zeit zunehmen. Sobald sich die Korrosion gleichmäßig über die gesamte

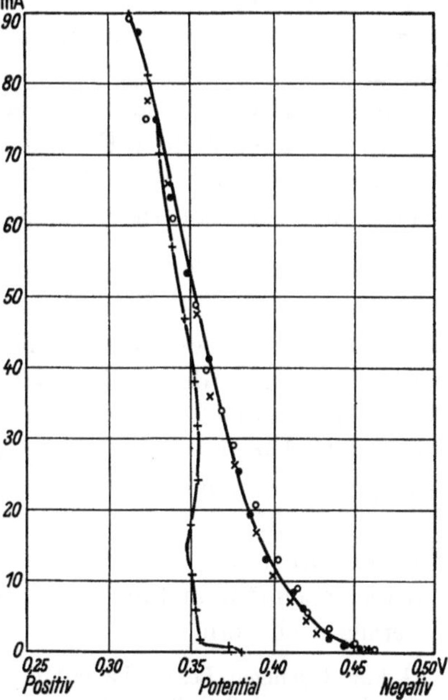

Abb. 7. Beziehung zwischen Stromstärke und Anodenpotential an Eisen in Chloridlösung. (Nach S. C. Britton und U. R. Evans.)

Oberfläche erstreckt, wird die Beziehung normal, die mit abnehmender Stromstärke erhaltenen Werte liegen nunmehr auf der gleichen Kurve, wie die mit erneut ansteigendem Strom erhaltenen Werte.

B. Fragen der Praxis.

1. Vagabundierende Ströme.

Allgemeine geometrische Faktoren. Die in Kapitel A besprochenen Grundfragen sind von Nutzen für das Verständnis derjenigen Korrosionserscheinungen, die durch vagabundierende elektrische Ströme, die ihren Herd in Kraftanlagen oder elektrischen Straßenbahnen haben, ausgelöst werden. Dieser Korrosionstyp ist ganz besonders gefährlich, und zwar aus folgenden drei Gründen:

1. Die anodischen und die kathodischen Produkte des Korrosionsvorganges werden in erheblicher Entfernung voneinander gebildet. Jedes irgendwie bei ihrem Zusammentritt gebildete unlösliche Produkt, das nicht in Kontakt mit dem Metall zur Abscheidung gelangt, ist infolgedessen nicht in der Lage, den Vorgang am Korrosionsherd selbst zu hemmen.

2. Die in Frage stehenden EK-Werte können hoch genug sein, um freien Wasserstoff an den kathodischen Bezirken zu entwickeln. Trifft dieser Fall zu,

---

[1] Die Kalomelelektrode besteht aus Quecksilber, das mit an Quecksilber(I)-chlorid (Kalomel) gesättigter Kaliumchloridlösung bedeckt ist. Wird der Wert in der Wasserstoffskala gewünscht, so ist der Wert von $+0,283$ V für die Normal-Kalomelelektrode zuzuzählen (da der Wert negativ ist, so wird sein absoluter Betrag abnehmen).

so wird die Korrosionsgeschwindigkeit nicht wie oftmals durch die Menge des zugeführten Sauerstoffes begrenzt sein.

3. Vorkehrungen zum Schutz des Metalles können unter Umständen den Angriff auf einige wenige Stellen konzentrieren und somit zu seiner Intensivierung führen.

Eisen, Kupfer und Messing gehören in anodischer Form zu diesem Korrosionstyp. Das für diese Form des Angriffes maximal empfängliche Metall ist jedoch vielleicht das Blei. Fließt die Stromstärke von 1 A während der Zeit eines Jahres, so kann sie zu folgenden Zerstörungen Anlaß geben:

Metall	Eisen	Kupfer	Blei
kg je A und Jahr . .	9,072	9,979	34,019

Der Schaden, der besonders im Fall des Bleies hervorgerufen wird, ist jedoch weitaus größer, als durch diese Zahl ausgedrückt werden kann. Einige Wässer, die bei Abwesenheit von vagabundierenden Strömen dem Blei gegenüber nur einen relativ harmlosen Angriff „gesprenkelten Charakters" hervorrufen, können in Gegenwart vagabundierender Ströme tiefe, lokale Aushöhlungen sowie einen raschen Angriff längs der Grenzen der Krystallkörner hervorrufen[1]. Dieser *intergranulare* (oder *interkrystalline*) *Angriff* kann leicht zur Durchlöcherung von Bleikabelmänteln führen, selbst dann, wenn die allgemeine Zerstörung des Materials noch gering ist[2].

---

[1] Für diejenigen Leser, die mit der physikalischen Metallurgie nicht näher vertraut sind, sei gesagt, daß Gußmetalle aus krystallinen Körnern aufgebaut sind, die von einem Kern aus gewachsen sind, wobei die Orientierung der Atomschichten verschieden ist von Korn zu Korn. Die Grenzen, die die einzelnen Körner voneinander trennen, stellen die Oberflächen dar, längs denen die Krystalle beim Erstarren auf die benachbarten Kerne gestoßen sind. Die Einzelgestalten der Körner, die bei diesem Erstarrungsvorgang entstehen, haben nichts mit dem Krystallsystem zu tun, dem das betreffende Metall zugehört. In der Nähe der Randzone eines Gusses, in der die Wärme in die Wände der Gußform in ausschließlich einer Richtung entweichen kann, erscheinen die Körner senkrecht zu den Wänden der Gußform verlängert (Säulenstruktur). Oft sind Einschlüsse zwischen den einzelnen Körnern vorhanden, insbesondere versuchen capillare Poren sich längs derjenigen Linien auszudehnen, in denen drei Körner zusammentreffen. Verunreinigungen und Beimengungen häufen sich gleichfalls an den Korngrenzen an, an denen häufig Veränderungen, die in den Legierungen besonders während des Glühvorganges vor sich gehen, ihren Ausgang nehmen. Diese wichtigen Faktoren bewirken, daß das Verhalten dieser sog. Korngrenzen gegenüber korrosiven Agenzien verschieden ist von dem der eigentlichen Kornsubstanzen. Werden Metalle bei niedrigen Temperaturen deformiert, so gleiten einzelne Krystallebenen übereinander. Längs dieser *Gleitebenen* sowie auch längs der Korngrenzen entsteht Substanz in ungeordnetem Verteilungszustand. Beim darauffolgenden Glühvorgang beginnen neue Krystalle von Zentren in dieser ungeordneten Zone aus zu wachsen. Mitunter kommt es zu einer völligen Rekrystallisation des gesamten Metalles, wobei die Grenzen der neuen *(sekundären)* Körner im allgemeinen viel geradliniger als diejenigen zwischen den ursprünglichen *(primären)* Körnern sind. Polieren der metallischen Oberfläche führt zum Entstehen einer Schicht von plastisch verformtem Metall (der sog. BEILBY-Schicht), die ursprünglich als amorph oder glasig angesprochen worden ist. Es hat erhebliche Meinungsverschiedenheiten über die Natur dieser Schicht gegeben, jedoch scheinen neuere Ergebnisse, die mit Hilfe der Methode der Elektronenbeugung erzielt worden sind, diese frühere Ansicht zu bestätigen. Die Regellosigkeit breitet sich jedoch unter der glasigen Schicht aus. Abschleifen sollte vom eigentlichen Polieren unterschieden werden. Bei diesem Vorgang tritt das Fließen in geringerem Ausmaße auf; jedoch bildet sich auch hier eine relativ dicke Schicht regellos verteilter Substanz aus, die wahrscheinlich durch Risse zerfasert ist.

[2] Es ist darauf zu achten, daß die *intergranulare Korrosion* nicht mit dem *intergranularen Bruch* verwechselt wird, der (besonders im Falle des sehr reinen Bleies) durch

Die Ursachen des interkrystallinen Angriffes werden auf den S. 472—479 behandelt, jedoch soll hier kurz auseinandergesetzt werden, warum er im Falle des Bleies durch vagabundierende Ströme leichter als durch „natürliche Korrosion" hervorgerufen werden kann. Es ist wahrscheinlich, daß die interkrystalline Substanz unter beiden Bedingungen dem Angriff leichter zugänglich ist als das eigentliche Korninnere, daß sich jedoch im Falle der natürlichen Korrosion, die durch Potentialdifferenzen zwischen benachbarten Bezirken auf dem Metall hervorgerufen wird, die dicht beieinander gebildeten anodischen und kathodischen Produkte zusammenfinden und einander so dicht am Metall zur Ausfällung bringen, daß sie den korrosiven Angriff an den Korngrenzen hemmen und ihn zu anderen Stellen ablenken. Im Falle der vagabundierenden Ströme jedoch, bei denen die anodischen und kathodischen Oberflächen Hunderte von Metern voneinander entfernt sein können, wird es nicht zu dem vorstehend beschriebenen Ablauf des Vorganges kommen, so daß der gefährliche interkrystalline Typ der Korrosion seinen Fortgang nehmen wird.

Chemischer Charakter der Korrosionsprodukte. Die Produkte, die bei der durch vagabundierende Ströme verursachten Korrosion auftreten, sind etwas von den bei der natürlichen Korrosion gebildeten unterschieden. Ist das kathodische Produkt (gewöhnlich ein Alkali) örtlich nahe dem anodischen entstanden, so wird es die anodisch gebildeten Bleisalze in Carbonat, basisches Carbonat oder Oxyd überführen, Produkte, die im allgemeinen an den Bleimänteln bei „natürlicher" Korrosion festgestellt werden. Ist dagegen die Kathode von der Anode entfernt, so wird das Bleisalz unumgewandelt bleiben: in diesem Falle werden gewöhnlich Bleichlorid, basische Bleichloride oder -sulfate (mitunter auch Sulfide oder Nitrate) an den korrodierten Teilen der Bleikabelmäntel gefunden werden, die der Einwirkung vagabundierender Ströme ausgesetzt gewesen sind. Bleiperoxyd, dessen Bildung, wie bereits ausgeführt, höhere EK-Werte erfordert, als sie gewöhnlich bei der natürlichen Korrosion zugegen sind, wird mitunter beim Angriff durch vagabundierende Ströme gefunden[1]. Sein Vorhandensein ist manchmal direkt als ein *Beweis* für die Gegenwart vagabundierender Ströme angesprochen worden, was jedoch falsch ist[2].

Eine weitere Form der Korrosion an Blei durch vagabundierende Ströme besteht in der Anhäufung gewisser Anionen im Korrosionsprodukt, was darauf beruht, daß durch den Strom eine allgemeine Bewegung gegen die anodischen (korrodierenden) Teile ausgelöst wird. Eine ähnliche Konzentrierung erfolgt bei Eisenrohren nach dem Angriff durch vagabundierende Ströme. MEDINGER[3] berichtet über einen Fall, bei dem die Korrosionsprodukte an einem Eisenrohr 23,5% Chlor enthielten, obwohl die umgebende Erde nur Spuren von Chlor aufwies.

Schwingungen hervorgerufen wird. Dieser hat ein abweichendes Aussehen und nimmt seinen Ausgang an der Innenseite der Kornbegrenzungen, während die Korrosion von deren Außenseite ausgeht. S. hierzu O. HAEHNEL: Metallwirtschaft 7 (1928) 196.

[1] HAEHNEL, O.: Elektr. Nachr.-Techn. 3 (1926) 97, 4 (1927) 106.

[2] W. G. RADLEY (private Mitteilung vom 13. Juni 1935) führt aus, daß Wasserstoffperoxyd (gebildet an dem kathodischen Teil natürlich korrodierten Bleies, wobei Sauerstoff als Depolarisator wirkt) das gebildete Bleihydroxyd selbst in Abwesenheit vagabundierender Ströme in Bleiperoxyd überführen kann [s. auch W. N. SMITH u. J. W. SHIPLEY: Sibley's Eng. J. 36 (1922) 153]. Auch Mennige kann durch die Einwirkung von Kalk oder Mörtel auf Blei gebildet werden; in Gegenwart von Säure (Behandeln mit Säure vor Durchführung der Prüfung) wird Bleiperoxyd entstehen.

[3] MEDINGER: Z. ang. Ch. 44 (1931) 550.

2. Korrosiver Angriff auf im Boden verlegtes Metall.

Typische Beispiele. Der zur Fortbewegung der Straßenbahn erforderliche Strom wird der Bahn im allgemeinen mittels Oberleitungen zugeführt, geht durch den Motor und darauf in die Schiene. Dabei ist es beabsichtigt, daß der ganze Strom durch die Schiene wieder zu einem *negativen Sammelpunkt* zurückkehren soll, von dem aus er zur Kraftstation zurückgeleitet wird. Verläuft nun unglücklicherweise ein unterirdisches Wasser- oder Gasrohr in der gleichen Richtung, so wird ein gewisser Teil des rückläufigen Stromes die Schiene verlassen, durch den Erdboden zum Rohr wandern, dieses an irgendeinem geeigneten Punkt wieder verlassen und zur Schiene zurückkehren. Dabei kann der Mantel eines Bleikabels die gleiche Rolle wie das eiserne Rohr spielen. In jedem Fall wird der Teil des diesen indirekten Weg wählenden Stromes verringert werden, wenn das Straßenpflaster einen hohen Widerstand bietet, oder aber wenn die Verbindungsstellen zwischen den einzelnen Schienenstücken guten elektrischen Kontakt haben. In manchen Fällen jedoch, insbesondere bei feuchtem Wetter, kann der Anteil des über Rohre oder Bleimäntel zurückkehrenden Teiles 15 bis 20% des Gesamtstromes betragen. In Ausnahmefällen ist dieser Prozentsatz noch höher. Diese vagabundierenden Ströme verlaufen durch zwei Elemente in folgender Reihenfolge:

Schienen / Feuchter Erdboden / Rohre (oder Kabelmäntel)

und

Rohre (oder Kabelmäntel) / Feuchter Erdboden / Schienen.

Korrosion erfolgt an der Anode jeder dieser beiden Elemente. Die Angriffsverteilung ist in Abb. 8 schematisch wiedergegeben. Dabei ist angenommen worden, daß der Strom vom positiven Straßenbahnwagen austritt und zum negativen zurückkehrt[1]. Die Schienen werden zwischen XX' angegriffen werden, wo der Strom sie der Rohre wegen verläßt. Die Rohre ihrerseits werden bei AA' dem Angriff unterliegen, wo der Strom sie wiederum verläßt, um zur Schiene wieder zurückzukehren. Der Schaden für die Schienen[2] ist nicht sehr ernsthaft, da sie zugänglich sind und periodisch ausgewechselt werden, während die Korrosion der eingegrabenen Rohre zu erheblichen Beschwerlichkeiten führen kann. Schlimmer noch ist der Schaden im Falle der Bleikabelmäntel, die, wenngleich sie im allgemeinen in Schächten unterhalb der Straße geführt werden, doch praktisch nicht trocken gehalten werden können, was die Gefahr interkrystalliner Korrosion und vorzeitiger Durchlöcherung mit sich führt.

Die Größe der vagabundierenden Ströme, die in Böden wandern, die der elektrischen Stromzuführung dienen, ist überraschend. KNUDSON[3] konnte in einer im Jahre 1903 im New Yorker Distrikt vorgenommenen genauen elektrischen Untersuchung zeigen, daß zu jener Zeit nahezu alle vagabundierenden Ströme, die von der New Yorker Seite des Flusses zur Brooklyn-Power-Station zurückkehrten, eine einzige Brücke benutzten. Ein 15,24 cm-Wasserrohr, das über diese Brücke ging, führte zu gewissen Stunden eine Stromstärke von

---

[1] Tatsächlich fließt der Elektronenstrom in entgegengesetzter Richtung, da die Elektronen die Einheiten der *negativen* Elektrizität sind.

[2] Siehe auch J. A. F. ASPINALL: Pr. Inst. mechan. Eng. **1909**, 436. — DOVER, A. T.: Electric Traction, London 1929, S. 563.

[3] KNUDSON, A. A.: Trans. Am. electrochem. Soc. **3** (1903) 202.

fast 70 A. Ernstliche Zerstörungen von Wasserrohren wurden in diesem Distrikt
angetroffen. Die Tatsache, daß diese Ströme auf die elektrische Bahn zurückzuführen sind, wurde durch ihre Änderung mit der Tageszeit sichergestellt.
Die Stärke der elektrischen Ströme in den Rohrleitungen stieg täglich zu einem
Maximum an, das mit der Stunde des stärksten Bahnverkehrs zusammenfiel.
Entsprechende Fälle für Großbritannien sind U. R. EVANS bekannt. Der scharfe
Anstieg und Abfall der Ströme mit der Frequenz elektrischer Bahnen und selbst
(in weniger belebten Stunden des Verkehrs) mit dem Starten einzelner Wagen,
dient zur Unterscheidung zwischen den Strömen, die von den elektrischen
Bahnen hervorgerufen werden, und denjenigen, die an Rohren bei ihrem
Übertritt von einer geologischen Formation in eine andere auftreten, worüber

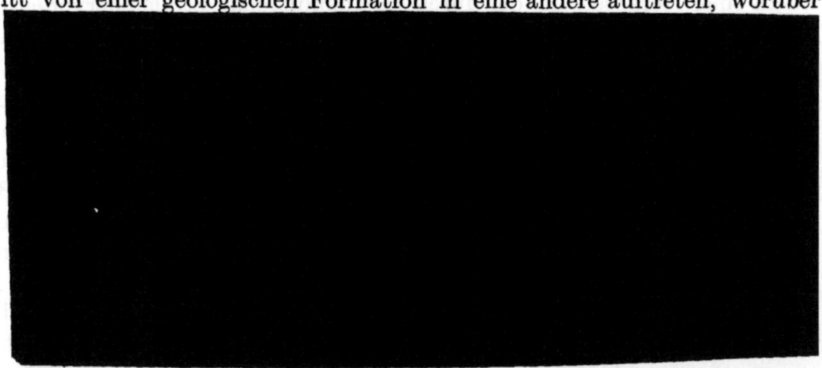

auf S. 200 berichtet wird. Ausgezeichnete Instrumente zum Auffinden der
vagabundierenden Ströme in Rohren oder Bleikabelmänteln, durch die es
möglich ist, die Ströme in Abhängigkeit von der Zeit messend zu verfolgen,
sind entwickelt worden[1]. Durch Vergleich der an zwei verschiedenen Punkten
erhaltenen Aufzeichnungen kann eine genaue Messung des das Rohr begleiten-
den Stromes, wenn er aus dem Erdboden kommt (im kathodischen Gebiet)
oder wenn er das Rohr verläßt (im anodischen Gebiet), erhalten werden.
Die Korrosion erfolgt im allgemeinen an den anodischen Teilen.

Allgemeine Vorsichtsmaßnahmen. Die für die elektrische Installierung verantwortlichen Instanzen können wesentlich dazu beitragen, die Korrosion an
den eingegrabenen Metallteilen herabzumindern: durch Schaffung guter elektrischer Kontakte zwischen den einzelnen Schienen, durch eine großzügige Verteilung der negativen Sammelpunkte (die mit den Schienen an trockenen Stellen
verbunden werden sollten) sowie durch eine verständige Verwendung negativer
Zusatzanlagen.

Die Verwendung von *Salz* in den Straßen sollte vermieden werden. Ein
interessanter Fall hierzu ist durch MEYER[2] aus Chemnitz mitgeteilt worden.
Längs der Dresdener Straße wurde ein gußeisernes Hauptrohr in einer Entfernung von nur 2 bis 4 m von der Straßenbahn entfernt verlegt, ohne daß
Korrosion eintrat. Zahlreiche gußeiserne Anschlußrohre jedoch, die zu den
Häusern führten und unter den Schienen kreuzten, wiesen dort sämtlich Korrosion an ihrer Oberseite auf. Diese Lokalisierung des Angriffes ist offensichtlich

---

[1] Anonym in Gas World **79** (1923) 82.
[2] MEYER, F.: Gas-Wasserfach **74** (1931) 709.

auf das zum Auftauen der Schienen verwendete Salz zurückzuführen. Der Boden an den korrodierten Stellen enthielt viel Chlorid und war überdies etwas sauer. Offenbar haben die Ströme das System an diesen Salzstellen bevorzugt verlassen, was die Immunität der Hauptleitung erklärt. Die Verwendung von Salz zur Verhütung des Einfrierens hat sich bei Vorhandensein vagabundierender Ströme auch sonst als ein korrosionserhöhender Faktor herausgestellt. Die früher in Rouen übliche Verwendung von Calciumchloridlösung zum Besprengen der Straße ist durch NEWMAN[1] zurückgewiesen worden, da hierdurch wahrscheinlich die Korrosion beschleunigt wird.

Jede Vergrößerung des Widerstandes auf dem unerwünschten Stromweg wird zu einer Herabsetzung der durch vagabundierende Ströme hervorgerufenen

Ströme hervorgerufenen Schädigungen führen würde. In Gebieten, in denen dieser Wechsel bereits durchgeführt worden ist, konnte eine Besserung festgestellt werden. Das sollte von Fachleuten auf dem Gebiete des Verkehrs beachtet werden, wenn es sich darum handelt, die Vorteile zweier verschiedener Systeme von Beförderungsmitteln miteinander zu vergleichen, da sicherlich die Störung durch Aufreißen der Straßen zum Reparieren und Auswechseln korrodierter Rohre oder Kabel ebenso sehr zu einer Verkehrsbehinderung führt, wie das Fehlen jeglicher „Steuerungsfreiheit" bei den Straßenbahnen.

Elektrische Schutzmethoden. Ströme, die längs eines Metallrohres oder eines Metallmantels verlaufen, können keinen Schaden anrichten, *solange ihr Weg rein metallischer Natur ist.* Sind jedoch schlechte elektrische Kontakte an den Verbindungsstücken der Rohrleitung vorhanden, so daß der längs des Rohres fließende Strom von Glied zu Glied durch den Boden gehen muß, so wird an der anodischen Seite jeder Verbindungsstelle Korrosion auftreten. Enthält das Rohr Wasser (das im allgemeinen besser als der Boden leitet), so erfolgt der Angriff an der *Innenseite* des Rohres. Wird die Rohrleitung nach Möglichkeit aus einem Stück geschweißt, so ist damit die Wahrscheinlichkeit für eine Zerstörung *an den Verbindungsstellen* ausgeschaltet, ein Verfahren, das neuerdings häufig bei Hauptgasrohren Anwendung findet.

Schweißen verringert jedoch nicht den Schaden an denjenigen Stellen, an denen der Strom das Rohr verläßt, um wieder zu den Schienen zurück-

---

[1] NEWMAN, J.: *Metallic Structure,* Corrosion and Fouling and their Prevention, 1896, S. 196.

[2] LONGFIELD, C. M.: J. Inst. electr. Eng. **76** (1935) 101.

[3] LEWIS, K. G. u. U. R. EVANS: Korr. Met. **11** (1935) 121.

[4] ABWESER, C.: Korr. Met. **11** (1935) 61.

zukehren (oder um vielleicht zu irgendeinem anderen eingegrabenen Leiter zu wandern). Es sind Vorschläge gemacht worden, um Schäden an diesen Stellen zu vermeiden, die darauf beruhen, daß das Rohrsystem (oder das Kabelmantelsystem) direkt oder über Widerstände in metallische Verbindung mit negativen Stromschienen gebracht wird, oder die in irgendeiner anderen Weise zu erreichen versuchen, daß die eingegrabenen Metallteile an keiner Stelle anodisch gegenüber dem Erdboden sind. Derartige Methoden sind an verschiedenen Orten versuchsweise angewendet und in Mailand für den Schutz der Bleikabelmäntel mit erheblichem Erfolg durchgeführt worden. Das System ist von PANARA[1] beschrieben worden. Der Grundgedanke der italienischen Anordnung besteht darin, daß die Mäntel völlig kathodisch gegen den Erdboden gemacht werden, daß aber die kathodische Polarisation an sich so gering wie irgend möglich gehalten wird. Das gesamte System ist in Sektoren aufgeteilt, die gegeneinander abgetrennt sind, wobei jeder Sektor durch einen geeigneten Widerstand sowie durch eine Abschmelzsicherung mit den Schienen verbunden ist. Die Verbindungspunkte sind sehr sorgfältig gewählt. Das ganze System wird an einer Kontrollstation überwacht. Die im Jahre 1929 eingeführte Methode hat sich in den letzten 5 Jahren als so erfolgreich erwiesen, daß sie auf mehrere andere italienische Städte übertragen worden ist.

Trotzdem ist nach Meinung von EVANS diese *elektrische Ableitung* nicht als eine *allgemeine* Lösung des Problems zu bezeichnen. Tatsächlich kann diese Methode, worauf RADLEY[2] hinweist, neue Gefahren mit sich bringen. Durch die Verbindung der eingegrabenen Rohre mit den negativen Hauptrohren *wächst* der Betrag des durchfließenden Stromes. Findet sich nun an irgendeinem Punkt dieser Rohrleitung ein Übergangswiderstand, so wird die Korrosion an diesen Stellen eine Beschleunigung erfahren. Überdies bedeutet eine elektrische Ableitung eine Gefahr für jedes eingegrabene Metall, das nicht an das Ableitungsschema angeschlossen ist. Sind so die Kabelmäntel eines gewissen Bezirkes an die Ableitung angegliedert, so erwächst daraus für die Rohre eine erhöhte Gefährdung. Eine Ableitung kann wahrscheinlich zu einer Vermeidung von Schäden an gewissen Stellen führen, kann aber damit neue Gefahren für andere Stellen schaffen. An Blei kann beispielsweise an den kathodischen Stellen durch das dort gebildete Alkali ein Angriff hervorgerufen werden. Es scheint, daß eine derartige Ableitung ausschließlich für Gebiete mit relativ einfachen, übersichtlichen Stromsystemen geeignet ist, die ständig durch einen kleinen technischen Stab aller beteiligten Kreise überwacht werden können.

Dort, wo das Prinzip der Ableitung angewendet wird, ist es wichtig, nur soviel Strom aus dem System abzuzweigen, wie für den Schutz unbedingt, natürlich mit einem kleinen Sicherheitsspielraum, erforderlich ist. Bei dem in Australien angewandten, auf LONGFIELD[3] zurückgehenden System ist diesem Punkt besondere Aufmerksamkeit gewidmet, wobei Sorgfalt darauf verwendet wird, gefahrbringende Überschneidungen des abgeleiteten Systems mit anderen eingegrabenen Systemen zu vermeiden. In einem Fall, in dem dieses System

---

[1] PANARA, I.: Elettrotecnica **21** (1934) 209; s. auch E. G. NOREL: Electr. World **88** 1926) 365, der es in Louisville angewendet hat.
[2] RADLEY, W. G.: J. Inst. electr. Eng. **76** (1935) 577.
[3] LONGFIELD, C. M.: J. Inst. electr. Eng. **76** (1935) 104; s. auch private Mitteilung vom 3. Febr. 1936.

Anwendung findet, gelang es, die ansteigende Zahl von Schäden, die 1929 etwa 200 betrug, stetig zum Fallen zu bringen; 1933 betrug sie nur noch etwa 50.

Es ist klar, daß jeder Strom, der längs einer Ableitungsverbindung in einer Richtung fließt, eine Vermeidung von Korrosionsmöglichkeiten bedeutet, daß jedoch das Vorhandensein derartiger Verbindungen (in Abwesenheit der Ableitung) an kathodischen Stellen zu einer Erhöhung des Stromes in dem eingegrabenen System und damit zu einer Erhöhung der Korrosion führt. Da der polare Charakter der einzelnen Teile eines vorgegebenen Systems von Zeit zu Zeit wechseln kann, so ist es nicht leicht, die richtige Stelle zur Anbringung der Verbindungen zu wählen. Bei einem in Japan angewandten System sind „Ventile" in die Ableitungsverbindungen eingebaut, so daß der Strom nur in einer bestimmten Richtung fließen kann. Ursprünglich wurden Aluminium-Elektrolytventile angewendet, neuerdings sind die modernen Kupfer(I)-oxyd-Ventile eingeführt worden.

Vorschläge für den *kathodischen Schutz* von Mänteln oder Rohren mittels Strom aus einer äußeren Stromquelle sind von Zeit zu Zeit in verschiedenen Teilen der Welt immer wieder mit verschiedenem Erfolg gemacht worden: Hierbei wird ein Strom zwischen den Mänteln (oder Rohren) als Kathoden durch den Erdboden zu Anoden geleitet. Letztere sind entweder besondere, eingegrabene Stangen oder Bleche oder aber die Schienen, von denen die gefährlichen Ströme anderweitig abgeleitet werden. Dieser letzte Vorschlag führt natürlich zu einer Angriffserhöhung an der Schiene, jedoch nicht notwendigerweise in erheblichem Ausmaße. Der kathodische Schutz ist in gewissem Ausmaße in Japan für Stahlrohre in Gebrauch. Im Fall der Bleikabelmäntel, die in Japan bei den (Kabelbrunnen-)Mannlöchern einen stärkeren Angriff als irgendsonst aufweisen, hat es sich gezeigt, daß verschiedentlich ein Schutz dadurch hervorgerufen werden kann, daß eine Zinkplatte (50 cm²) in das im Kabelbrunnen befindliche Wasser eingetaucht und leitend mit dem Bleimantel verbunden wird. Das Zink bildet die Anode in dem kurzgeschlossenen Element und fängt damit den Angriff auf, während das Blei kathodisch geschützt wird.

Ein vielversprechendes System wurde 1916 durch JEAVONS und PINNOCK[1] in die Praxis eingeführt. Hierbei handelt es sich um den Schutz eines ausgedehnten Systems von Gasrohren in Staffordshire, wo vagabundierende Ströme bereits bedeutenden Schaden angerichtet hatten. Die Rohre wurden, wo immer es sich als angängig erwies, zusammengeschlossen, um so einen möglichst guten elektrischen Kontakt zwischen den einzelnen Gliedern herzustellen, und so gut wie irgend möglich mit einer Oberflächenschicht versehen. Im Gebiet der anodischen Teile (den einzigen, die der Korrosion ausgesetzt sind) wurden lange Erdungsstangen, die mit den Röhren verbunden wurden, an feuchten Stellen in die Erde eingesenkt. Erforderlichenfalls wurden mit Wasser gesättigte Koksgrußbetten angewendet. Diese Erdungsstangen, und zwar zweihundert an der Zahl, stellten die wirklichen Anoden des Systems dar und waren demzufolge heftiger Korrosion ausgesetzt. Häufig verloren sie mehr als 25 mm je Jahr an Länge. Die Rohrleitung dagegen ist geschützt und Korrosion bleibt praktisch vermieden. Eine Erfahrung, die sich auf mehr als 10 Jahre

---

[1] JEAVONS, E. E., H. T. PINNOCK: Gas J. **191** (1930) 203, 255; s. auch S. C. WADDINGTON: Private Mitteilung vom 5. Nov. 1934.

erstreckt, hat für die Gesellschaft zu der Genugtuung geführt, daß die Gefahr
des Materialangriffes durch vagabundierende Ströme beseitigt worden ist. Die
mittlere Zahl der Korrosionsfälle fiel von 34 im Jahr (dem Mittelwert aus
11 Jahren vor Installation des Systems) auf nur 3 Fälle im Jahre 1928. Hierdurch scheint der Beweis erbracht zu sein, daß Rohrleitungen vor Korrosion
in einem Gebiet vagabundierender Ströme geschützt werden können, vorausgesetzt, daß das System in verständiger Weise Anwendung findet. Ob es sich
als befriedigend herausstellen würde, wenn es von Leuten ohne elektrochemische
Kenntnisse übernommen wird, scheint dagegen zweifelhaft. Bei der Auswahl
der für die Aufnahme der Erdungen bestimmten Plätze ist eine besondere Sorgfalt erforderlich; ihre unvorsichtige Verwendung im kathodischen Gebiet kann
zu einer Erhöhung des vom System aufgenommenen Gesamtstromes führen.

Der Brauch der absichtlichen Zwischenschaltung von isolierenden Verbindungen in kurzen Zwischenräumen längs der Mäntel oder Rohre hat gleichfalls zu vielversprechenden Ergebnissen in einigen Fällen geführt. Hierdurch
wird der Strom längs des metallischen Weges herabgesetzt. Läßt sich der
Strom jedoch nicht völlig vermeiden, so kann die Korrosion tatsächlich an
den anodischen Seiten jeder dieser isolierenden Verbindungsstellen hervorgerufen werden. Eine Form derartiger isolierender Verbindungen für Rohre
ist durch Steinrath und Klas[1] beschrieben worden.

Schützende Überzüge für Rohre. Nimmt man an, daß im Boden elektrische
Ströme vorhanden sind, so sollte es auf den ersten Blick möglich erscheinen, die
eingegrabenen Metallteile durch isolierende Überzüge zu schützen. Verschiedene
Methoden des Überziehens oder Einhüllens von Stahlrohren sind von Nutzen,
die tatsächlich, wenn sie rechtzeitig angewandt werden, verhindern, daß
die geschützten Teile als Anoden wirken können. In vielen Fällen lassen die
Überzüge jedoch nach längerem Kontakt mit dem Boden eine Herabminderung
ihrer Wirksamkeit erkennen, die teilweise auf die Aufnahme von Feuchtigkeit, teilweise wahrscheinlich aber auch auf die Wirksamkeit von Boden-
bakterien zurückzuführen ist. In dem Maße, in dem die Wirksamkeit des Überzuges abnimmt, wächst der durchfließende Strom mit der Zeit, wie deutlich
aus dem von W. Beck[2] mitgeteilten Material hervorgeht.

Logan[3] hält es für praktisch unausführbar, Überzüge zu schaffen, die einer
jahrelangen Einlagerung im Erdreich völligen Widerstand entgegensetzen
können. Wird an irgendeiner Stelle des anodischen Teiles eines oberflächen-
geschützten Rohres der Stahl freigelegt, so wird sich die Einwirkung des Stromes
auf diesen besonderen Punkt konzentrieren und damit eine sehr starke anodische
Korrosion auslösen. Es ist richtig, daß der elektrische Widerstand, der durch
die „flaschenhalsförmige Zuführung" zu einem mikroskopisch kleinen Fehler
in der Schutzschicht auftritt, oftmals bedeutend ist. Ist er jedoch klein im
Vergleich zu dem Gesamtwiderstand des Systems, so wird in diesem Falle die
Gegenwart des Überzuges, während sie den das Rohr verlassenden Gesamtstrom
leicht verringert, wesentlich die Fläche herabsetzen, auf die der Angriff konzentriert ist. Es wird also die *Intensität* des Angriffes (d. h. die Korrosion je Flächeneinheit des betroffenen Teiles) durch die Gegenwart des unzuverlässigen

---

[1] Steinrath, H. u. H. Klas: Bericht über die 4. Korrosionstagung Berlin 1934, S. 18.
[2] Beck, W.: Trans. Inst. Gas Eng. **76** (1933) 101.
[3] Logan, K. H.: Private Mitteilung vom 10. Jan. 1935.

Überzuges *gesteigert* werden. Es ist also offenbar möglich, die Situation durch Verwendung ungeeigneter Überzüge für den anodischen Teil der Rohre eher zu verschlechtern als zu verbessern. Der gleiche Schutz kann sich jedoch als nützlich erweisen, wenn er für den kathodischen Teil angewendet wird, da er den Gesamtbetrag des aufgenommenen Stromes herabsetzen wird.

Aber selbst bei anodischen Teilen wird eine Verschlechterung der Situation durch Anwendung schützender Überzüge vermieden bleiben, wenn die Stromdichte in den Fehlstellen des Überzuges groß genug ist, um Passivität hervorzurufen. Bleiben die übrigen Faktoren ungeändert, so wird es sehr schnell zur Ausbildung von Passivität kommen, wenn die Porengröße des Überzuges sehr gering ist (da in diesem Falle die anodischen Bereiche klein und infolgedessen die *Anfangs*stromdichte hoch sein wird). Passivität wird auch durch möglichste Ruhe im System gefördert, die eine Anhäufung der anodischen Produkte ermöglicht. Dicke Überzüge, die der Ausbildung von Poren nicht förderlich sind, sind oft günstiger als dünne. Die Gefahr wird weiterhin durch hemmende Substanzen innerhalb des Überzuges, die für eine Ausbildung von Passivität günstig sind, verringert werden können. Es besteht Grund zu der Annahme, daß gewisse heutzutage in Verwendung befindliche Überzüge korrosionshemmende Substanzen enthalten. Unter den Zeit-Strom-Kurven, die BECK für überzogene Rohre aufgestellt hat, finden sich einige, die einen Stromabfall mit der Zeit aufweisen. Eine derartige Beziehung wurde beispielsweise bei Rohren gefunden, die mit bituminierter Jute umwickelt worden waren. Es mag verfrüht sein, Empfehlungen auszusprechen, aber es ist doch ermutigend, einen Kurventyp zu finden, der auf eine Selbsthemmung des Angriffes hindeutet. Bituminiertes Sackzeug hat gleichfalls, wie SENSICLE[1] gezeigt hat, zu guten Ergebnissen geführt.

THOMAS[2] nimmt an, daß wasserlösliche Inhibitoren innerhalb der Schutzschicht im Laufe der Zeit herausgelöst werden können, so daß man sich nicht auf sie verlassen kann. Wenn die Rolle des Inhibitors darin gesehen werden muß, gewisse Poren in dem schützenden Überzug durch unlösliche Eisenverbindungen zu blockieren, so ist diese Kritik nicht unangebracht. THOMAS hat unzweifelhaft Recht, wenn er von einem idealen Überzug fordert, daß er völlig und dauernd jegliche Elektrolyse von der Metalloberfläche fernhält und daß das schützende Material das Metall ständig bevorzugt gegenüber Wasser benetzen muß. Seine Suche nach einer wirksamen Methode zum Schutz von Rohren in Melbourne (Victoria), wo nach seinen eigenen Worten die Elektrolyse eine so ernste Gefahr für im Boden verlegte Rohre darstellt, daß die elektrische Isolierung der oberste Leitsatz für den Schutz darstellt, hat ihn zu sorgfältigen Untersuchungen geführt und kann um so größere Beachtung beanspruchen, da die Untersuchungen absichtlich auf wohlfeiles Material beschränkt worden sind.

THOMAS hat festgestellt, daß *natürlicher Asphalt* sowie asphalthaltige Gemische, die einer allmählichen von innen her langsam fortschreitenden Zersetzung unterworfen sind (etwa 0,46 mm in 3 Jahren), weniger geeignet sind, als Mischungen, die *Kohlenteer* enthalten, der aus *horizontalen Retorten* oder aus *Koksöfen* stammt. Teer aus *vertikalen Retorten* erwies sich als

---

[1] SENSICLE, L. H.: J. Soc. chem. Ind. Trans. 49 (1930) 66.
[2] THOMAS, G. O.: J. Inst. Eng. Australia 6 (1934) 337.

geringwertiger hinsichtlich seiner chemischen Widerstandsfähigkeit als der aus *horizontalen Retorten* gewonnene[1], wenngleich das Hartpech aus beiden Prozessen gleich geeignet zu sein scheint, wahrscheinlich weil der instabile Bestandteil des in vertikaler Retorte erhaltenen Produktes abdestilliert ist. *Ölbitumen*-Bodensatz scheint chemisch hinreichend stabil zu sein, zeigt jedoch gegenüber Wasser keine bevorzugt benetzende Wirkung, so daß die Adhäsion unterbrochen und sogar Rostbildung möglich wird. Dieses Phänomen scheint auf die hohe Oberflächenspannung des Bitumens zurückzuführen zu sein und rechtfertigt so in der THOMASschen Ansicht die Zurückweisung von Bitumen zum Schutz von Rohren. Mischung mit Diatomeenerde erhöht die Wasserabsorption, ein Effekt, der durch fein gemahlenen Kalkstein nicht hervorgerufen wird.

Weitere Versuche haben ergeben, daß kein Überzug, der durch einmaliges Eintauchen erhalten worden ist, frei von nadelförmigen Löchern ist und daß es für die Erzielung einer guten Isolation erforderlich ist, in getrennten Arbeitsgängen einzutauchen und die Rohre zu umwickeln. Das zum Umwickeln dienende Material muß mechanisch widerstandsfähig sein, um mechanische Beanspruchungen von seiten des Bodens sowie Schädigungen bei der Verlegung der Rohre auszuhalten. Fett und Feuchtigkeit am Rohr machen sich störend bei der Ausbildung eines guten Schutzes bemerkbar, jedoch hat es sich herausgestellt, daß es nicht notwendig ist, Rost und Sinter vor dem Aufbringen einer starken bituminösen Schutzschicht völlig zu entfernen, was sich oft bei dünnen Farbüberzügen als wünschenswert erweist. Nach den Feststellungen von THOMAS ist das frühere Versagen von bituminiertem Sacktuch auf einen Feuchtigkeitsgehalt der Fasern zurückzuführen, der beim Austreiben in der Hitze zu Blasenbildung Veranlassung gab, wodurch Hohlräume in der Schutzschicht entstanden. Versuche, das Sacktuch an der Luft zu trocknen, führten zu Brüchigkeit, jedoch gelang es, die Feuchtigkeit ohne Schädigung des Gewebes durch 30 sec langes Behandeln mit Teer von 150° zu entfernen. Auf diesem Wege konnten infolge Gasentwicklung gebildete Hohlräume in dem zum Wickeln benutzten Material vermieden werden.

Die von THOMAS durchgeführten Untersuchungen haben zu einer Methode des Rohrschutzes geführt, die für die Bedingungen, wie sie sich in Melbourne bieten, wohl geeignet zu sein scheint. Zweifellos würde die Methode in anderen Gegenden gewisse Abänderungen erfordern; so würde beispielsweise in sauren Böden Kalkstein ein ungeeigneter Bestandteil sein, auch würde es sich in von Ameisen bevölkerten Gegenden, wie THOMAS ausführt, als zweckmäßig erweisen, die äußere Schutzschicht ungenießbar für die Insekten zu machen.

Das von Fett, lockerem Rost und lockerem Sinter befreite Rohr wird auf etwa 120° bis 200° erwärmt, um die Oberfläche zu trocknen und die Viscosität des grundierenden Teers herabzusetzen, in den das Rohr zuerst getaucht wird. Hierbei handelt es sich um einen leichten Teer, der aus horizontalen Retorten gewonnen wird, und dessen Funktion darin besteht, soweit als irgend möglich sämtliche Poren in dem Metall auszufüllen und unter jeden Rost und Sinter zu dringen. Hierauf wird das Rohr (unter langsamem Rotieren) für 10 min in ein Kohlenteerpech, das aus der horizontalen Retorte gewonnen ist, ein-

---

[1] J. A. N. FRIEND [Det. Struct. Seawater **11** (1930) 8] findet gleichfalls, daß der in horizontalen Retorten erzeugte Teer überlegen ist.

getaucht, dann auf ein Drehgestell gebracht und umwickelt. Mit diesem letzten Prozeß wird nicht eher begonnen, als bis der Überzug fest genug geworden ist, damit das Sacktuch das Rohr nicht unmittelbar berührt.

Die Umhüllung wird erhalten durch Hindurchziehen des Sacktuches, das über eine Reihe von Rollen geführt wird, durch ein Bad von leichtem Teer bei etwa 150°, in dem es 30 sec lang verbleibt. Hierauf wird es ausgewrungen, in ein Bad gebracht, das zum Tränken des Umhüllungsmaterials mit dem hauptsächlichsten Schutzstoff dient, und endlich zu dem auf dem Drehgestell rotierenden Rohr geleitet. Jede gewünschte Dicke der äußeren Schutzhülle kann durch die Zahl der Umwicklungen erreicht werden. Zwei Umwicklungen, die eine Schichtdicke von etwa 6,4 mm ergeben, werden in denjenigen Fällen angewendet, in denen die Rohre schweren Bedingungen unterworfen werden. Das in Melbourne verwendete Gemisch für die äußere Umhüllung besteht aus Kohlenteerpech und fein gemahlenem Kalkstein (200 Maschen) und ist vor allem dadurch ausgezeichnet, daß es geringe Eindringfähigkeit mit hoher Zugfestigkeit, hohem Schmelzpunkt und großer dielektrischer Festigkeit vereinigt. Die Erwartungen gehen vor allem dahin, durch die innere Schutzschicht von reinem Pech das Metall sozusagen „wasserdicht" zu machen, so daß die äußere Schicht den mechanischen Schutz gegenüber der spröderen inneren Schicht übernimmt. Eine zusätzliche Oberflächenhärte wird durch Bestreuen der äußeren Schutzschicht mit feinkörnigem Sand unmittelbar nach dem Umwickeln erzielt. Zum Abschluß wird die äußere Oberfläche mit Kalk getüncht, um unnütze Temperaturerhöhungen am Rohr vor dem Verlegen im Boden zu vermeiden. Es ist jetzt in Melbourne üblich, über sämtliche Verbindungsstellen eine etwa 25,4 mm starke Pechschicht zu geben, die sich mit den angrenzenden Schutzschichten vereinigt und so zu einer kontinuierlichen Isolation führt.

3. Angriff auf oberirdische Metallgegenstände.

Einfluß der Elektrolyse auf Stahl in Beton. Das Verhalten von in Beton eingebettetem Stahl gegenüber vagabundierenden Strömen ist von dem des freien Stahls in zweierlei Hinsicht unterschieden. Der alkalische Charakter der meisten Betonarten setzt die Gefahr des Angriffbeginnes herab. Ist der Angriff jedoch einmal ausgelöst, so kann der Schaden außerordentlich groß sein, da der Beton durch den gebildeten voluminösen Rost gesprengt werden kann. Während des Abbindevorganges von Portlandzement wird Calciumhydroxyd freigemacht und der in diesem Zement eingebettete Stahl infolge der alkalischen Reaktion in den passiven Zustand übergeführt[1]. Die Gegenwart einer zu großen Menge von freiem Calciumhydroxyd im Portlandzement oder Beton kann sich jedoch nachteilig auf die Beständigkeit des Materials auswirken, da das Hydroxyd durch Wasser ausgelaugt oder in andere Substanzen übergeführt werden kann, die durch eine unterschiedliche Raumbeanspruchung ausgezeichnet sind. Beide Faktoren wirken begünstigend auf die Zerstörung. Es ist deshalb besser, nicht ein Material anzustreben, das nach dem Abbinden eine außergewöhnliche alkalische Reaktion zeigt, sondern vielmehr ein gegenüber Wasser größtmöglich undurchlässiges und widerstandsfähiges zu suchen. Ein derartiges Material, das den Zutritt saurer Gase aus

---

[1] Anonym in Building Res. techn. Pap. 3 (1926).

der Atmosphäre verhindert, kann an der Oberfläche des Metalles eine alkalische Reaktion *länger* aufrechterhalten als ein solches, das anfänglich alkalischer ist. Gleichzeitig wird es die Zuführung vagabundierender Ströme zu dem Metall auf ein Minimum herabsetzen. Arbeiten an der Building Research Station[1] haben ergeben, daß Beton bei wissenschaftlicher Überwachung der verwendeten Anteile an Zement, Sand und Kies undurchdringlich gemacht werden kann. Beton, der mit Aluminiumzement hergestellt worden ist, besitzt einen wenig niedrigeren p_H-Wert als mit Portlandzement hergestelltes Material. Nach STRADLING[2] besitzt er eine erhebliche Alkalireserve. Da er widerstandsfähiger als Beton aus Portlandzement ist, besteht kein Grund zu der Annahme, daß er vagabundierenden Strömen gegenüber besonders empfindlich ist. Wie LEA und DESCH[3] festgestellt haben, ist Aluminiumzement etwas empfindlich gegenüber Chloriden, was jedoch vom Standpunkt der Metallkorrosion als ein Vorteil zu bezeichnen ist, da in derartigen Gemischen wahrscheinlich dafür Sorge getragen werden muß, daß diese Salze ausgeschlossen bleiben.

Die Gegenwart von Chloriden wirkt stets ungünstig auf die Passivität. Sie sollten bei jedem Zement, der in Kontakt mit Metallen benutzt wird, vermieden werden. Bei kaltem Wetter wird mitunter absichtlich, um ein Gefrieren zu verhindern[4], gewöhnliches Salz oder Calciumchlorid dem zum Mischen des Zementes oder Mörtels benutzten Wasser zugesetzt; ein gelegentlicher Zusatz von Calciumchlorid dient der Härtesteigerung des Wassers. Beide Gewohnheiten erscheinen nicht wünschenswert. In der Nähe der See mag die unbeabsichtigte Gegenwart von Chloriden nur schwierig zu vermeiden sein. Als während des Krieges 1914 bis 1918 in England eine Knappheit an Pottasche herrschte, wurden Chloride verschiedentlich absichtlich den Chargen in den Zementwerken zugesetzt, um das Abdestillieren von Kalium (als Chlorid) in die Abzugsrohre zu steigern. Das Kaliumchlorid wurde aus der Flugasche durch Auslaugen wiedergewonnen. Chloridhaltiger Zement kann an Stahl sogar in Abwesenheit vagabundierender Ströme Korrosion auslösen. Durch die Gegenwart derartiger Ströme erfährt der korrosive Angriff eine Beschleunigung.

Die für die Praxis durch die Gegenwart der Chloride im Zement geschaffene Gefahr wird durch die Untersuchungen von ROSA, McCOLLUM und PETERS[5] vom Jahre 1913 deutlich gemacht. Erhebliche Besorgnis wurde hinsichtlich möglicher Schädigungen an in Beton eingebautem Stahl in den Wolkenkratzern amerikanischer Städte im Hinblick auf die Allgegenwart erheblicher vagabundierender Ströme geäußert. Die Untersuchung von ROSA an einer Anzahl amerikanischer Häuser ließ *eine Korrosion lediglich in denjenigen Fällen nachweisen, in denen Chloride in beträchtlicher Menge im Beton nachgewiesen werden konnten.*

Kommt es an eingebautem Stahl zu Korrosion, so bleibt der Schaden nicht auf das Metall beschränkt. Unterliegt eine im Zement eingebettete Eisenanode

---

[1] Anonym in Building Res. techn. Pap. **3** (1926).

[2] STRADLING, R. E.: Private Mitteilung vom 28. April 1936. — U. R. EVANS hatte sich auch der freundlichen Meinungsäußerung von F. M. LEA und F. L. BRADY in dieser Frage zu erfreuen.

[3] LEA, F. M. u. C. H. DESCH: Chemistry of Cement and Concrete, London 1935, S. 309.

[4] Anonym in Building Res. Spec. Rep. **14** (1929).

[5] ROSA, E. B., B. McCOLLUM u. O. S. PETERS: U. S. Bur. Stand. techn. Pap. **18** (1913).

der Korrosion, so reagiert das lösliche Eisenchlorid mit dem Alkali des Zementes unter Bildung von sehr voluminösem hydratisiertem Eisenoxyd. Die hiermit gegebene Volumvergrößerung führt zu ernsten Sprüngen im Zement. Die Zerstörung von Zementblöcken durch die ausdehnende Kraft des korrodierenden Eisens ist im Laboratorium untersucht worden. Hierbei wurden Kräfte bis zu 1,575 kg/mm² festgestellt. Aus der Praxis sind Fälle bekannt, in denen durch die Ausdehnung eines Stahlrahmens oder von Verstärkungsstangen der umgebende Beton gesprengt wurde. KNUDSON[1] hat den gefährlichen Bruch im Beton einer über einen amerikanischen Kanal führenden Brücke beschrieben, in der der Stahl als Anode wirkte. Eine ähnliche Brücke, mit dem Stahl als Kathode, blieb frei von Schaden. Der Strom kommt nicht in allen Fällen von einer äußeren Quelle. BROWN[2] hat den Fall eines schwerwiegenden Bruches im Gebälk und in den Trägern eines Gebäudes beschrieben — wobei die verstärkenden Stangen freilagen —, der auf einen Defekt in der Lichtleitung zurückging.

Schäden an elektrischen Einrichtungen durch systemeigene Streuströme. Korrosion ist in elektrochemischen Werken kein ungewohnter Vorgang, da Undichtigkeiten an Zellen oder Tanks mit Salzlösungen sowie an elektrischen Leitungen oft nur schwer zu vermeiden sind. Selbst dann, wenn die Isolation der Speisekabel völlig in Ordnung ist, kann es zu einer Elektrolyse kommen, wenn die Flüssigkeit die Elektrolytzellen durch Metallrohre verläßt. Beispiele hierfür geben ANGEL und BECK-FRIIS[3]. SPELLER[4] hat einen Fall beschrieben, bei dem die verstärkten Fußbodenträger einer Fabrik fast ihre gesamte Tragfähigkeit einbüßten, da der Stahl annähernd völlig fortkorrodiert war und der Beton durch die Ausdehnungskräfte Risse erhalten hatte. SPELLER ist der Ansicht, daß es sicherer ist, den Stahl dort, wo vagabundierende Ströme und Salzlösungen zusammentreffen können, frei von Beton zu lassen und lediglich mit Mennige und Bitumen zu schützen, und daß es vielleicht vorzuziehen ist, Beton unter derartigen Bedingungen ohne Stahlverstärkungen zu verwenden. An anderer Stelle berichtet er, daß Beton eines 1-2-4-Aggregats sich bei sorgfältiger Behandlung gut an gesäuberten Stahl anschmiegt und ihn vor den meisten Korrosionsmöglichkeiten, ausgenommen jedoch vor dem durch vagabundierende Ströme ausgelösten Angriff, schützt.

Die aus Stahl bestehenden Kühlmäntel von Gleichrichtern sind besonders der Korrosion durch ihre eigenen Ströme ausgesetzt. VAN BRUNT und REMSHEID[5] berichten, daß der Versuch, sie mit glasiger Emaille zu schützen, zu einer weiteren Verschlechterung führt, da sich in diesem Falle der gesamte anodische Angriff auf Sprünge in der Emaille konzentriert und so zu vorzeitigem Versagen Veranlassung gibt. Die Schwierigkeiten sind durch Zusatz von $1\frac{1}{2}\%$ Natriumdichromat zum Wasser behoben worden, jedoch muß in diesem Falle das Wasser wesentlich frei von Chloriden sein.

In Fällen, in denen der Strom von einer fehlerhaft isolierten Kraftleitung ausgeht, kann der Schaden für die Kupferleitungen selbst sehr ernsthaft

[1] KNUDSON, A. A.: Trans. Am. Inst. electr. Eng. **26** (1907) 231.
[2] BROWN, H. P.: Eng. News **65** (1911) 684.
[3] ANGEL, G. u. C. BECK-FRIIS: Ch.-Ztg. **53** (1929) 553, 574.
[4] SPELLER, F. N.: Corrosion of Structural Steel, Yearbook Am. Iron Steel Inst. **1926**, 272.
[5] VAN BRUNT, C. u. E. J. REMSHEID: General electr. Rev. **39** (1936) 129.

werden. Die erforderliche Abhilfe ist einleuchtend: die Aufmerksamkeit muß stets auf die Güte der Isolation eines jeglichen elektrischen Systems gerichtet werden, durch das irgendeine Flüssigkeit hindurchgeht. SELIGMAN[1] beschreibt die Pittingbildung an nickelplattiertem Messingrohr in einer Milchflaschen-füllmaschine, die auf Ströme von einem fehlerhaft isolierten Motor zurück-zuführen war.

Korrosion durch vagabundierende Ströme an Schiffen. Fälle von Schiffs-korrosion durch rückfließende elektrische Ströme sind bekannt. Sie erfolgen oft nicht infolge zufälliger Undichtigkeiten, sondern sind bedingt durch die absichtliche Benutzung des Schiffskörpers als „Erde". Liegen Schiffe im Schwimmdock und wird an ihnen geschweißt, so werden oft provisorische Leitungen zum Land gelegt, um den zum Schweißen erforderlichen Strom zu erhalten. Dabei wird einer der Pole mit dem Schiffskörper und der andere mit dem Schweißapparat verbunden. Hierdurch scheint an sich ein völlig metallischer Weg sichergestellt zu sein und ein Schaden ist durch diese Anordnung auf den ersten Blick nicht zu erwarten. Sind jedoch mehrere Schiffe an den gleichen Stromkreis angeschlossen, so werden die verschiedenen Schiffskörper kaum genau auf dem gleichen Potential liegen, so daß durch das Wasser von einem Schiff zum anderen bedeutende Ströme fließen werden. Ist der Farbanstrich *nahezu* unbeschädigt, so wird der anodische Angriff auf diejenigen kleinen Gebiete zusammengedrängt werden, an denen die Schutzschicht beschädigt ist. Im all-gemeinen wird der Angriff längs Kratzern im Farbüberzug an dem als Anode wirkenden Schiff erfolgen. Der Schaden bleibt nicht notwendig begrenzt auf Fälle, in denen mehrere Schiffe durch eine Stromleitung gespeist werden, noch ist er andererseits beschränkt auf Schiffe, an denen geschweißt wird. Zeitweilig fließende Ströme der Lichtleitung können bei unzweckmäßiger Anlage hin-reichend zur Auslösung von Korrosion sein, jedoch ist es in diesem Falle leichter, die gefährliche Stromanordnung zu vermeiden. Die zunehmende Durchführung von Schweißungen an Schiffen nach dem Stapellauf wird diese Art des Angriffes wahrscheinlich häufiger auftreten lassen. U. R. EVANS ist mehr als ein Fall dieser Art bekannt. In einem Falle entstanden blanke Vertiefungen in den Platten, als hätte irgendjemand einen Sabotageversuch mit einem Hartmeißel unternommen. Der Schaden kann *nicht* durch Kopplung der Schiffskörper miteinander oder mit der Küste durch ein Kabel überwunden werden, da, wenngleich auch die spezifische Leitfähigkeit der Metalle größer als die von See- oder Dockwasser ist, doch der metallische Querschnitt viel geringer ist und infolgedessen ein erheblicher Bruchteil des Stromes durch das Wasser gehen wird. Durch geeignete elektrische Anordnungen werden diese Schädi-gungen gewöhnlich vermieden werden können, jedoch wird eine sorgfältige Überlegung, wie die Stromkreise anzulegen sind, in allen Fällen notwendig sein[2].

---

[1] SELIGMAN, R.: Milk Ind. **9** (Aug. 1928) 55.

[2] E. H. SCHULZ [Stahl Eisen **47** (1927) 2171] berichtet über einen Fall des Korrosions-angriffes an den Nieten eines Schiffes, bei dem ein einpoliges System für den elektri-schen Strom angewendet wurde. Nach Übergang zu einem zweipoligen System nahm der Schaden ab. Offenbar ist dieser Fall auf die ständig vorhandenen Stromkreise des Schiffes zurückzuführen.

4. Abweichende Beobachtungen.

Schädigungen an kathodischen Stellen. Es ist wiederholt darauf hingewiesen worden, daß ein Metall, sofern es kathodisch gegenüber seiner Umgebung gehalten wird, keine Schädigung aufweist. Das ist nicht ganz richtig, obwohl eine kathodische Schädigung im allgemeinen seltener als eine anodische auftritt und, wenigstens im Falle des Eisens, vernachlässigt werden kann. In der Tat sind Schutzanordnungen, die darauf beruhen, Eisenrohre kathodisch zu halten, wie bereits ausgeführt, in einigen Fällen mit Erfolg benutzt worden. Trotzdem kann Beton an Stellen, an denen das Wasser stark salzhaltig ist, durch das an einer von Zement oder Beton umgebenen Eisenkathode gebildete Natriumhydroxyd weich gemacht werden, während an einer Bleikathode das Alkali das Blei selbst, entsprechend dem amphoteren Charakter des Oxydes, angreifen wird. BURNS[1], der zahlreiche Fälle dieser kathodischen Korrosion an Blei festgestellt hat, ist der Meinung, daß hierin eine viel allgemeinere Quelle für Kabelschäden vorliegt, als üblicherweise angenommen wird. Die Schädigung tritt vor allem dort ein, wo Salz, z. B. zum Auftauen gefrorener Weichen, vorhanden ist. In einem Fall war das Salz aus einem Eiskremlieferwagen herausgetropft. Das an den kathodischen Stellen gebildete Natriumhydroxyd greift das Blei unter Bildung von Natriumplumbit an, das unter Hydrolyse in einen roten, aus mikroskopischen Krystallen bestehenden Niederschlag von tetragonalem Bleimonoxyd übergeht, der sehr verschieden ist von dem braunen Peroxyd, das mitunter an anodischen Stellen entsteht. Das bei kathodischer Korrosion erhaltene Ätzbild ist im Gegensatz zu dem blanken Aussehen des anodisch korrodierten Bleies stumpf. Kathodische Korrosion kann an Blei tatsächlich dann auftreten, wenn in dem Bestreben, einen Kabelmantel zu schützen, eine zu starke kathodische Aufladung gegenüber dem Boden vorgenommen wird. Wie bereits ausgeführt worden ist, sollte die kathodische Schaltung von Blei, wenn sie überhaupt angewendet wird, nur mit Vorsicht durchgeführt werden.

Korrosion durch Wechselstrom. Es besteht die weitverbreitete Ansicht, daß Wechselstrom harmlos ist und daß der Ersatz von Gleichstrom durch Wechselstrom diese Typen des Angriffes herabmindert. Das ist jedoch sehr zweifelhaft, wenngleich die Gefährdung auch eine andere Form annehmen wird. Es ist richtig, daß ein Wechselstrom, der allein zur Einwirkung gelangt, häufig nur eine geringfügige Korrosion hervorruft (im Falle des Eisens ist der Angriff häufig überhaupt nicht feststellbar). Offenbar macht die kathodische Phase häufig den durch die anodische Phase hervorgerufenen Schaden wieder rückgängig. Zweifellos wird das jedoch nicht mehr völlig der Fall sein, wenn die Frequenz geringer wird, da dann die Korrosionsprodukte Zeit zum Fortdiffundieren finden, ehe die kathodische Phase wieder einsetzt. Überdies ist, wie HOHN[2] festgestellt hat, in den Fällen, in denen Fremdbestandteile zugegen sind, die während der kathodischen Phase niedergeschlagen werden können, die Wahrscheinlichkeit dafür, daß diese den Effekt der anodischen Halbperiode völlig unschädlich machen werden,

---

[1] BURNS, R. M.: Private Mitteilung vom 13. Nov. 1934; s. auch Bell Syst. techn. J. 15 (1936) 17.

[2] HOHN, H.: Elektrotechnik 52 (1934) 577.

geringer. HAYDEN[1] hat ermittelt, daß die durch Wechselstrom an Blei hervorgerufene Korrosion im allgemeinen nur etwa 1% der durch Gleichstrom gleicher Stärke verursachten ausmacht. Die Schädigung nimmt, wie zu erwarten ist, mit steigender Frequenz ab[2].

Es besteht jedoch die Gefahr, daß dieser Effekt in Böden, in denen die natürliche Korrosion normalerweise infolge Selbsthemmung zum Stillstand kommt, bei Gegenwart von Wechselstrom ausbleibt. Die abwechselnde Oxydation und Reduktion einer Schicht von Korrosionsprodukten, die andernfalls schützend wirken können, kann Volumenänderungen hervorrufen, durch die sie lose und porös bleibt und so eine Fortsetzung des Angriffes zuläßt. So haben HALPERIN und MILLER[3] festgestellt, daß ein Wechselstrom die natürliche Korrosion von Bleikabeln begünstigt; 12 V zwischen Bleimantel und Erdboden werden als sicherer Grenzwert für das Wechselstrompotential unter den in Chicago vorherrschenden Verhältnissen angegeben. ALLMAND und BARKLIE[4] haben gezeigt, daß an einer Eisenanode, die sich in mit Kohlensäure gesättigtem Grundwasser befindet, durch einen einem Gleichstrom überlagerten Wechselstrom eine stärkere Korrosion ausgelöst wird, als der Summe der schädigenden Wirkungen beider einzeln einwirkenden Ströme entspricht. PHELPS[5] beschreibt eine zerstörende Form der Korrosion, die durch einen dem Gleichstrom überlagerten Wechselstrom hervorgerufen wird: es kommt zu einer tatsächlichen Umkehr in jeder Phase, was zu einem eigentümlichen Effekt von „Wurmstichigkeit" führt, die im Betrieb auftritt und im Laboratorium reproduziert worden ist. JELLINEK[6] hat Fälle von Wechselstromkorrosion beschrieben, andere sind aus Amerika bezeugt[7]. Möglicherweise sind derartige Fälle als Ausnahmen zu bezeichnen; solange die ganze Angelegenheit jedoch nicht restlos geklärt ist, müssen Wechselströme mit Argwohn betrachtet werden. Auf keinen Fall kann man jedoch heute ohne weiteres sagen, daß das Problem der vagabundierenden Ströme dadurch zu lösen ist, daß man vom Gleichstrom zum Wechselstrom übergeht.

Weitere Angaben über die zerstörende Wirkung durch vagabundierende Ströme finden sich in den Arbeiten von BOLZINGER[8], HAEHNEL[9], LUSSARD und NOIRCLERC[10], BECK[11], LONGFIELD[12] und SCARPA[13].

---

[1] HAYDEN, J. L. R.: Trans. Am. Inst. electr. Eng. **26** (1907) 201.

[2] Es sind jedoch nachweisbare Schädigungen durch hochfrequenten Strom an Anlagen drahtloser Stationen festgestellt worden [s. hierzu E. MAASS u. V. DUFFEK: Korr. Met. **10** (1934) 85].

[3] HALPERIN, H. u. K. W. MILLER: Trans. Am. Inst. electr. Eng. 48 (1929) 24.

[4] ALLMAND, A. J. u. R. H. D. BARKLIE: Trans. Faraday Soc. **22** (1926) 42.

[5] PHELPS, H. S.: Mitt. der Philadelphia Electric Company auf der Washington Soil Conference, 1933.

[6] JELLINEK, S.: Elektrotechnik **52** (1934) 577.

[7] Anonym in Publ. nat. electr. Light Assoc. Nr. 127 (1931) 9.

[8] BOLZINGER, A.: Gas J. **179** (1927) 499, 551, 628, 754.

[9] HAEHNEL, O.: Korr. Met. **3** (1927) 145. Metallwirtschaft **7** (1928) 196.

[10] LUSSARD, L. u. A. NOIRCLERC: Rev. générale Électr. **34** (1933) 19.

[11] BECK, W. u. K. JACOBSOHN: Korr. Met. **5** (1929) 202. — BECK, W.: Z. ang. Ch. **41** (1928) 1361; Korr. Met. **6** (1930) 201, 229; Trans. Inst. Gas Eng. **82** (1932/1933) 917.

[12] LONGFIELD, C. M.: J. Inst. electr. Eng. **76** (1935) 101.

[13] SCARPA, O.: L'energia elettrica **11** (1934) 43.

C. Quantitative Behandlung.

1. Geschwindigkeit anodischer Korrosion bei Abwesenheit von Passivität.

Beziehung zwischen Korrosion und Stromstärke. Wird der gesamte von der Anode ausgehende Strom für den Korrosionsvorgang verbraucht (Entwicklung von Sauerstoff ist ausgeschlossen), so ist die Menge des korrodierten Metalles, angegeben in Grammen W, durch das FARADAYsche Gesetz gemäß

$$W = itK$$

gegeben, wobei t die Zeit in Sekunden, i die Stromstärke in Ampère und K das elektrochemische Äquivalent (Äquivalentgewicht/FARADAYsche Zahl) bedeuten. Die elektrochemischen Äquivalente einiger Metalle sind in der nebenstehenden Tabelle 1 wiedergegeben.

Tabelle 1.

Metall	Ionisierungs-zustand	in 10^{-4} g/Coulomb
Fe	Fe$\cdot\cdot$	2,89
Ni	Ni$\cdot\cdot$	3,04
Cu	Cu$\cdot\cdot$	3,29
Zn	Zn$\cdot\cdot$	3,39
Cd	Cd$\cdot\cdot$	5,83
Sn	Sn$\cdot\cdot$	6,15
Cu	Cu$\cdot$	6,58
Pb	Pb$\cdot\cdot$	10,63
Ag	Ag$\cdot$	11,18

Das FARADAYsche Gesetz ist, natürlich unter Idealbedingungen, für einige Fälle verifiziert worden, jedoch zeigt die praktische Erfahrung (insbesondere die beim Elektroplattieren und Raffinieren), daß oftmals die Korrosionsgeschwindigkeit kleiner als der aus der Stromstärke errechnete Wert ist: beispielsweise wenn ein Teil des Stromes zur Entwicklung von freiem Sauerstoff oder zur Oxydation reduzierender Verbindungen in der Flüssigkeit aufgewendet werden muß. Manchmal jedoch *erscheint* der Verlust durch Korrosion *größer* als der berechnete Wert: so beispielsweise, wenn neben der Korrosion durch Ströme aus äußeren Stromquellen die „natürliche Korrosion" (möglicherweise verursacht durch lokale elektrische Ströme) gleichzeitig verläuft. Selbst in denjenigen Fällen, in denen eine natürliche Korrosion nicht vorliegt, kann die anodische Korrosion vorzugsweise längs der Korngrenzen fortschreiten, so daß schließlich unkorrodierte Krystallkörner herausgelöst werden, wodurch ein Gewichtsverlust verursacht wird, der den berechneten überschreitet. Zerstörungen dieses Types finden sich mitunter bei relativ reinen Metallen, so in den ausgedehnten Untersuchungen von JEFFERY[1] über die anodische Korrosion von Blei, Kupfer und Silber in Nitritlösungen sowie von Zinn und Aluminium in Oxalatlösungen. Sie finden sich häufiger beim anodischen Angriff auf Legierungen, die aus zwei Phasen bestehen; ist die widerstandsfähigere Phase in einer anderen eingesprengt, so wird sie oftmals unverändert entfernt werden.

Die Untersuchungen von RAWDON und GROESBECK[2], die den anodischen Angriff bei einer Reihe von Metallen erkennen lassen, enthalten Beispiele, in denen die Korrosion kleiner, gleich oder größer ist als sie durch das FARADAYsche Gesetz gefordert wird.

Infolge dieser störenden Faktoren gestattet das FARADAYsche Gesetz nicht immer eine sichere Voraussage über den Umfang der Korrosion zu machen.

---

[1] JEFFERY, F. H.: Private Mitteilung von 1934.
[2] RAWDON, H. S. u. E. C. GROESBECK: U. S. Bur. Stand. techn. Pap. Nr. 367 (1928) 243.

Weitere Unsicherheiten werden durch Metalle, wie z. B. das Kupfer, herbeigeführt, die Verbindungen von zwei verschiedenen Wertigkeitsstufen aufzubauen in der Lage sind, und die infolgedessen auch zwei verschiedene elektrochemische Äquivalente besitzen. In Abwesenheit dieser genannten Faktoren ist die Berechnung des Korrosionsbetrages außerordentlich einfach, vorausgesetzt, daß der Strom zwischen Anode und Kathode gemessen werden kann.

Beziehung zwischen elektromotorischer Kraft, Widerstand und Korrosion. In denjenigen Fällen, in denen nicht die Stromstärke sondern nur die elektromotorische Kraft EK und der Widerstand bekannt sind, muß der Strom i nach dem OHMschen Gesetz gemäß

$$i\,(R_1 + R_2) = E_1 + E_2 - (P_C + P_A)$$

berechnet werden. Hierbei bedeutet:

$R_1 =$ äußerer Widerstand,
$R_2 =$ innerer Widerstand,
$E_1 =$ äußere EK,
$E_2 =$ natürliche EK des Elementes (zurückzuführen z. B. auf Unterschiede in der Zusammensetzung der beiden Elektroden oder der sie umgebenden Flüssigkeit),
$P_C =$ kathodische Polarisation,
$P_A =$ anodische Polarisation.

Hier beginnen die wirklichen Schwierigkeiten, da sowohl R_2, P_C als auch P_A selbst von der Stromdichte abhängig sind. Abgesehen von dem Fall, daß die Elektroden durch zwei parallele Platten gegeben sind, weicht der Wert des inneren Widerstandes R_2 bei Gleichstrom erheblich von dem unter Wechselstrombedingungen gemessenen Wert ab, wie die Untersuchung von HOAR[1] zeigt. Die höhere Stromdichte an denjenigen Teilen der Kathode, die der Anode am nächsten sind, wird eine höhere Polarisation an diesen Teilen hervorrufen und infolgedessen einen unverhältnismäßig großen Teil des Stromes zu den entfernteren Teilen der Kathode ablenken und so den mittleren Stromweg vergrößern. Infolgedessen wird R_2 mit i anwachsen. Ist der Abstand zwischen den Elektroden jedoch groß im Vergleich mit den Unregelmäßigkeiten ihrer Gestalt, so ist dieser Fehler nicht wesentlich.

Die Änderung von P_A und P_C mit der Stromdichte ist wahrscheinlich ausgesprochener. In Fällen, in denen das anodische Produkt ohne weiteres löslich ist und schnell von der Anodenoberfläche fortbewegt wird, bleibt der Hauptteil der Polarisation auf die Kathode beschränkt, so daß P_A im Vergleich mit P_C vernachlässigt werden kann[2]. BRITTON[3] hat die Änderung des Potentiales mit der Stromdichte bei verschiedenen Kathodenmetallen in belüfteter $1/_{10}$ n-Kaliumchloridlösung unter Rühren bestimmt. Er konnte dabei feststellen, wie aus Abb. 9 hervorgeht, daß die Polarisation erheblich mit der Stromdichte ansteigt, soferne an der Kathode kein lokaler Angriff erfolgt. Im Falle kleiner

---

[1] EVANS, U. R. u. T. P. HOAR: Pr. Roy. Soc. A **137** (1932) 357.

[2] Im Falle von Eisen, Nickel und Kobalt ist die anodische Polarisation im allgemeinen erheblich. Sie ändert sich jedoch meist verhältnismäßig wenig mit der Stromdichte, so daß sie, wenn man so will, als Teil von E_2 aufgefaßt werden kann.

[3] EVANS, U. R., L. C. BANNISTER u. S. C. BRITTON: Pr. Roy. Soc. A **131** (1931) 367; vgl. die Kurven von M. STRAUMANIS: Korr. Met. **12** (1936) 151, 152, 153.

Stromdichten, die zu gering sind, um einen Angriff an der Kathode zu verhindern, erscheinen korrodierte (anodische) Bezirke auf der sogenannten Kathode. Das Potential wird in diesem Fall unabhängig von der gemessenen Stromdichte, die Kurven verlaufen horizontal. Die Ursache für diesen horizontalen Teil der Kurve ist darin zu sehen, daß sich der anodische Angriff bei kleinen Stromdichten, der von geeigneten Stellen der Kathode ausgeht, solange ausdehnt, bis die gesamte kathodische Stromdichte an den unkorrodierten Teilen hinreichend groß genug geworden ist, um eine weitere Ausdehnung zu verhindern. Die kathodische Stromdichte (die sowohl auf den lokalen als auch

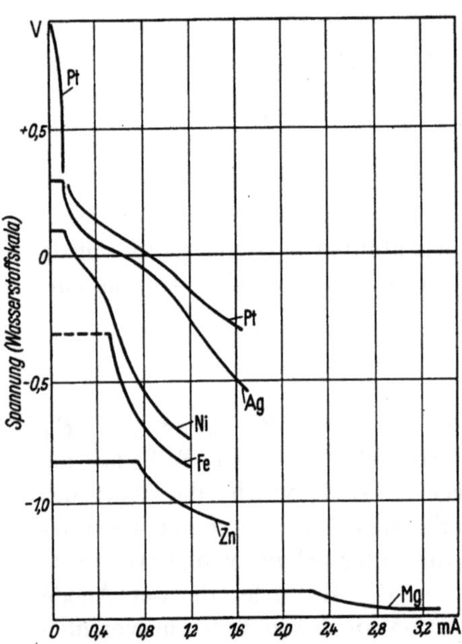

Abb. 9. Beziehung zwischen dem Kathodenpotential und der Stromstärke in Elementen mit $^{1}/_{10}$ n-Kaliumchloridlösung in Gegenwart von Sauerstoff bei 20°. (Nach U. R. EVANS, L. C. BANNISTER und S. C. BRITTON.)

auf den äußeren Strömen beruht) wird infolgedessen, wie groß auch immer die Stärke des gesamten, durch den äußeren Kreis fließenden Stromes sein mag, dem „schützenden Wert" gleich werden. Infolgedessen wird ein konstanter Potentialwert gemessen werden. Hierauf beruht es, daß P_C bei einigen Metallen über einen weiten Bereich unabhängig von der Stromstärke ist und daß sich infolgedessen i mit $1/(R_1 + R_2)$ ändert. Hierdurch wird die Berechnung der Stromstärke und der Korrosion wesentlich vereinfacht. In neuerer Zeit hat LEWIS[1] unter Benutzung eines Elementes, das aus zwei in feuchtem Sand eingebauten Stahlstäben besteht, die Beziehung zwischen i und $(R_1 + R_2)$ für verschiedene E-Werte (wie Abb. 10a erkennen läßt), ermittelt. Entsprechend Abb. 10b findet er, daß das Produkt $i(R_1 + R_2)$ über ein weites Intervall von Strom und Widerstand konstant ist, daß es dagegen bei geringen $(R_1 + R_2)$-Werten (hohen i-Werten) nicht mehr konstant bleibt. Für Salzlösungen verschiedener Konzentration sowie für Leitungswasser aus Cambridge ist diese Beziehung in Elementen mit verschiedener geometrischer Anordnung der Elektroden sichergestellt worden.

LEWIS konnte zeigen, daß die mit steigendem Widerstand gemessenen i-Werte gut mit den bei fallendem R gemessenen übereinstimmen. Werden beide Elektroden gleich tief in den feuchten Sand eingegraben (E_2 ist in diesem Falle gleich Null), so verlaufen die für die verschiedenen E_1-Werte aufgestellten Kurven (positive und negative) symmetrisch zur Horizontalachse. Wird nur eine Elektrode eingegraben und die andere an die Oberfläche des Sandes herangebracht, so verlaufen die Kurven nicht symmetrisch. Der Strom ist dann größer, wenn die Kathode an der Oberfläche und damit dem Sauerstoff als dem kathodischen Depolarisator zugänglicher ist. Bei dieser Anordnung fließt ein unveränderlicher Strom selbst in Abwesenheit einer äußeren EK ($E_1 = 0$),

[1] LEWIS, K. G. u. U. R. EVANS: Korr. Met. 11 (1935) 121.

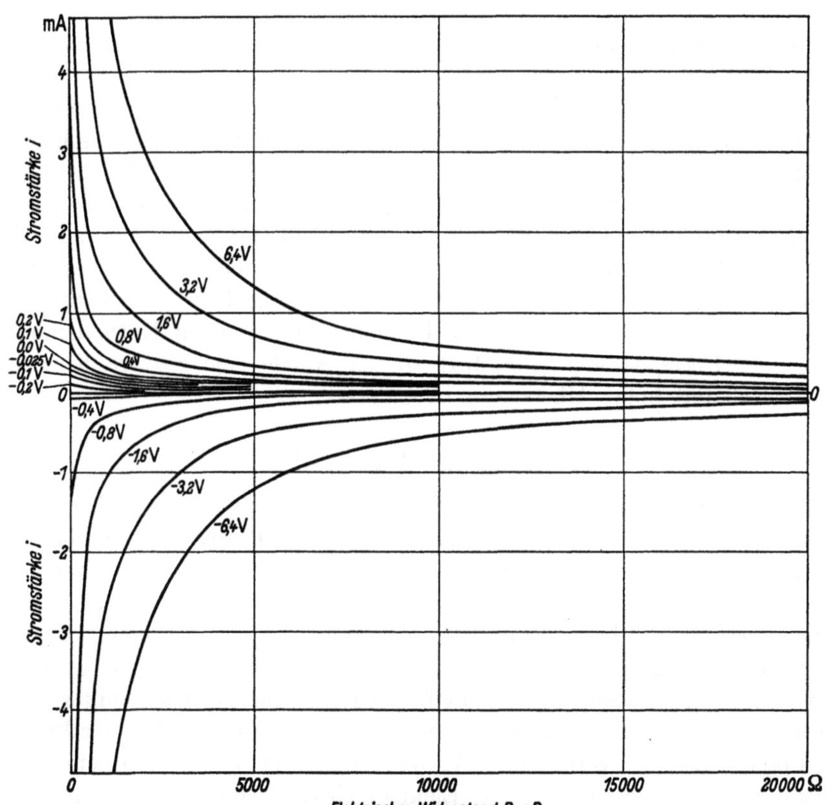

Abb. 10a. Beziehung zwischen dem Widerstand und dem zwischen Stahlstäben in Sand mit 3 n-Natrium-chloridlösung fließenden Strom (ein Stab befindet sich an der Oberfläche, der andere ist eingegraben). (Nach K. G. LEWIS und U. R. EVANS.)

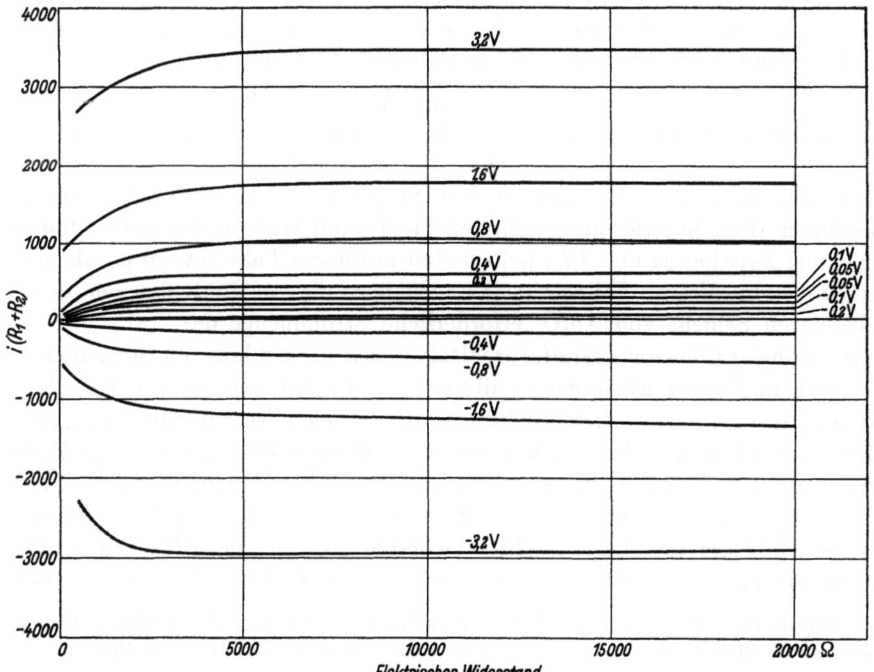

Abb. 10b. Beziehung zwischen $i(R_1 + R_2)$ und dem Widerstand R. (Nach K. G. LEWIS und U. R. EVANS.)

da in derartigen Fällen E_2 nicht Null ist, sondern durch die *differentielle Belüftungs-EK* (s. S. 173) gebildet wird.

In der Praxis ändert sich P_A über einen weiten Bereich der Stromdichte weniger mit der Stromdichte als P_C, solange keine Passivität oder Abscheidung fester Substanz erfolgt. Da sich P_C erheblich von Metall zu Metall ändert, ist es klar, daß die Natur des Kathodenmaterials (seine Fähigkeit, Sauerstoff zu verbrauchen) von großem Einfluß auf den Grad der Korrosion sein wird. Bei völliger Abwesenheit von Sauerstoff wird die Entwicklung von Wasserstoff die einzig mögliche kathodische Reaktion sein; infolgedessen wird bei einer gegebenen EK und einem gegebenen Elementwiderstand ein Kathodenmetall mit geringer *Überspannung* (s. S. 274) an der Anode eine größere Korrosion als ein Metall mit hoher Überspannung zulassen.

2. Anodische Passivität.

Vertikale Elektroden. Die für die Erzeugung einer unlöslichen Oberflächenschicht an der Anode und für das Auftreten der Passivität geltenden Bedingungen sind sehr voneinander verschieden. In diesem Fall kann der durchfließende Strom nicht weiterhin als ein Maß für die Korrosion angesprochen werden, da beim Eintreten der Passivität ein Stromverbrauch in anderer Richtung auftritt (z. B. zur Erzeugung von Sauerstoff). Es ist naturgemäß von großer Bedeutung, die Bedingungen kennenzulernen, unter denen das Auftreten des passiven Zustandes erwartet werden kann. Bei der Prüfung dieser Frage haben sich SHUTT und WALTON[1] einer vertikal angeordneten Goldelektrode unter heftigem Rühren des Elektrolytbades bedient. Sie kommen zur Festlegung einer Grenzstromdichte ω_0, unterhalb der Passivität in keinem Fall erhalten werden kann, wie lange auch das Experiment fortgesetzt wird. Oberhalb dieses Grenzwertes führen zahlreiche Versuche mit Kaliumchlorid und Salzsäure zu einer einfachen Beziehung zwischen der Stromdichte ω und der zur Erreichung der Passivität erforderlichen Zeit t_p. Es gilt:

$$t_p\,(\omega - \omega_0) = Q,$$

wobei Q eine Konstante bedeutet, die in konzentrierteren Lösungen proportional der Chlorionenkonzentration ist. Die Grenzstromdichte ω_0 erweist sich über ein großes Konzentrationsintervall hin proportional der Konzentration an Chlorionen. Für Sulfatlösungen erhalten SHUTT und WALTON die gleiche lineare Beziehung zwischen ω und $1/t_p$, jedoch sind in diesem Falle sowohl ω_0 als auch Q kleiner. In diesem Fall stellt Q angenähert die zur Bildung einer monomolekularen Schicht von Au_2O_3 erforderliche Strommenge dar.

In normaler Chlorwasserstoffsäure decken sich die bei höheren Stromdichten und starkem Rühren erhaltenen gradlinigen $\omega - 1/t_p$-Kurven mit den bei relativ geringer Flüssigkeitsbewegung erhaltenen. Bei geringen Stromdichten divergieren beide Kurventypen, wobei durch ruhigeres Verhalten der Flüssigkeit die Passivierungszeit t_p wesentlich herabgesetzt wird. Zusatz von Anionen, wie SO_4'', NO_3' oder HPO_4'', ist von überraschend geringem Einfluß auf die in Chloridlösung erforderliche Passivierungszeit, während eine Vergrößerung der OH-Ionenkonzentration bis $p_H = 10{,}8$ die Grenzstromdichte in n-Kaliumchloridlösung nicht

---

[1] SHUTT, W. J. u. A. WALTON: Trans. Faraday Soc. 28 (1932) 740, 30 (1934) 914, 31 (1935) 636; s. auch W. J. MÜLLER u. E. LÖW: Trans. Faraday Soc. 31 (1935) 1291.

wesentlich ändert. Jenseits dieses p_H-Wertes führt eine weitere Erhöhung der Alkalität zu einer außerordentlichen Herabsetzung der Grenzstromdichte.

SHUTT und WALTON erklären ihre Versuche unter der Annahme, daß die Chlorionen auf der Goldoberfläche zur Adsorption gelangen müssen, ehe das Gold in Lösung gehen kann. Aus der Proportionalität der Adsorptionsgeschwindigkeit mit der Chlorionenkonzentration in der Lösung folgt, daß der Grenzwert, bei dem Gold gelöst werden kann (d. i. die Grenzstromdichte), proportional der Chlorionenkonzentration sein wird. Wird diese Stromdichte überschritten, so kann die Adsorption der Chlorionen nicht mit der Korrosion Schritt halten; infolgedessen beginnen OH-Ionen an der anodischen Reaktion teilzunehmen, was zur Ausbildung eines Oxyd- (oder Hydroxyd-) Filmes an der Oberfläche und demzufolge zu Passivität führt. Der p_H-Wert (10,8 in n-Kaliumchloridlösung), jenseits dessen t_p plötzlich absinkt, ist bedingend dafür, daß die direkte Adsorption der OH-Ionen mit der der Cl-Ionen konkurrieren kann, wodurch das Eintreten von Passivität wesentlich erleichtert wird.

ARMSTRONG und BUTLER[1] haben die gleiche lineare Beziehung zwischen ω und $1/t_p$ für eine Goldanode in unbewegter Chloridlösung erhalten, geben jedoch für den Vorgang eine etwas abweichende Erklärung.

Horizontale Elektroden. Während der Periode, in der die Anode passiv wird, nimmt der Strom stetig mit der Zeit ab. W. J. MÜLLER[2] und seine Mitarbeiter haben diese Abnahme am Fall einer horizontalen Anode studiert, die gegen zufällige Bewegung geschützt wird (s. S. 16). Unter diesen Bedingungen wird die Flüssigkeit unmittelbar oberhalb der Anodenoberfläche bald mit dem Salz des anodischen Produktes gesättigt sein. Wird nun angenommen, daß dieses Salz an einem gewissen Punkte auszukrystallisieren beginnt und sich über die Oberfläche als *eine Schicht gleichförmiger Dicke y* ausbreitet, so kann die Beziehung zwischen i und t in der folgenden Weise ermittelt werden:

Würde der *Strom ausschließlich durch Anionen übertragen*, dann wird nach dem FARADAYschen Gesetz in der Zeit dt auf der Anodenoberfläche eine Salzmenge von der Größe $K_s i dt$ zur Abscheidung gelangen, wenn K_s das elektrochemische Äquivalent des *Salzes* (d. i. das durch die FARADAYsche Zahl dividierte Äquivalentgewicht) bedeutet. Tatsächlich wird aber ein Teil des Stromes durch *Kationen* befördert, was zu einer Verringerung des Betrages an niedergeschlagenem Salz auf (beispielsweise) $X K_s i dt$ führt, wobei $X < 1$ ist. Nimmt man an, daß die Ionenbeweglichkeiten in der Phasengrenze Metall—Flüssigkeit die gleichen sind wie in jeder anderen Ebene senkrecht zur Stromrichtung in der Flüssigkeit, so gilt

$$X = \frac{v}{u+v}$$

wobei u und v die Beweglichkeiten des Metallions bzw. des Anions bedeuten. Das bedeckte Oberflächenelement ist gegeben durch

$$dF = X K_s i dt / s y \tag{1}$$

wobei s die Dichte des gebildeten Salzes bedeutet. Ist die gesamte Anoden-

---

[1] ARMSTRONG, G. u. J. A. V. BUTLER: Trans. Faraday Soc. **30** (1934) 1173; s. Erwiderung von W. J. SHUTT: Trans. Faraday Soc. **31** (1935) 636.
[2] MÜLLER, W. J.: Siehe die Fußnote auf S. 16.

oberfläche durch F_0 und der bedeckte Teil durch F gegeben, so ist der Widerstand der Poren innerhalb der Schicht

$$R_1 = \frac{y}{\varkappa (F_0 - F)}$$

wobei $\varkappa$ die spezifische Leitfähigkeit der in den Poren befindlichen gesättigten Flüssigkeit bedeutet. Ist e die äußere an das Element gelegte elektromotorische Kraft und sind ε_C sowie ε_A die örtlichen Kathoden- bzw. Anodenpotentiale, so gilt nach dem OHMschen Gesetz

$$e + \varepsilon_C - \varepsilon_A = i\,(R_0 + R_1)$$

wobei R_0 den Widerstand der freien Flüssigkeit bedeutet. Wird für die linke Seite der Gleichung E gesetzt, so ergibt sich

$$E = i\left(R_0 + \frac{y}{\varkappa (F_0 - F)}\right)$$

Hieraus folgt

$$-dF = \frac{y}{\varkappa R_0} \cdot \frac{E/R_0}{(E/R_0 - i)^2}\,di \tag{2}$$

Verknüpfung mit (1) ergibt

$$\frac{K_s X \varkappa R_0^2}{E s y^2}\,dt = -\frac{1}{i(E/R_0 - i)^2}\,di$$

Integration führt zu

$$t = C + \frac{s y^2}{\varkappa K_s X R_0}\left[-\frac{1}{E/R_0 - i} + \frac{1}{E/R_0}\ln\frac{E/R_0 - i}{i}\right] \tag{3}$$

Für $t = 0$ und $F = 0$ wird $i = i_0$. Es gilt infolgedessen

$$i_0 = \frac{E}{R_0 + y/\varkappa F_0}$$

Hieraus folgt

$$C = \frac{s y^2}{\varkappa K_s X R_0}\left[\frac{R_0(R_0 + y/\varkappa F_0)\varkappa F_0}{y E} - \frac{1}{E/R_0}\ln\frac{y}{R_0 \varkappa F_0}\right]$$

Werden rohe Zahlenwerte für y und $\varkappa$ eingesetzt, so muß gemäß den Versuchsbedingungen nach MÜLLER $y/\varkappa F_0$ klein sein im Vergleich zu R_0. Infolgedessen muß das zweite Glied in der eckigen Klammer klein werden im Vergleich zum ersten, so daß in erster Annäherung gilt

$$C = \frac{s y R_0 F_0}{K_s X E}$$

Bei Änderung der logarithmischen Basis wird Gleichung (3) zu

$$t = C - A\left(\frac{1}{i_0 - i} - \frac{2 \cdot 3}{i_0}\log\frac{i_0 - i}{i}\right) \tag{4}$$

hierbei ist

$$C = \frac{y s F_0}{K_s X i_0}$$

und

$$A = \frac{s y^2}{\varkappa K_s X R_0}$$

Diese Beziehung zwischen i und t ist von MÜLLER und seinen Mitarbeitern experimentell an einer Reihe von Fällen geprüft worden, z. B. an Anoden aus Eisen, Kupfer, Nickel, Zink, Blei und Cadmium in Schwefelsäurelösung. Hierbei wurden für die Frühstadien des Passivierungsvorganges recht konstante A-Werte erhalten, die darauf hindeuten, daß die Schicht von festem Sulfat eine einwandfrei gleichförmige Dicke besitzt. Nach Erreichen eines bestimmten Punktes (bei dem praktisch die gesamte Oberfläche mit dem Film bedeckt ist und nur winzige Poren freibleiben) beginnt sich der A-Wert zu ändern, was darauf hindeutet, daß die Filmdicke zuzunehmen beginnt. Mit anderen Worten: *die seitwärtige Ausdehnung ist beendet, es setzt nunmehr ein Wachstum senkrecht zur Oberfläche ein.* Nimmt man während dieses zweiten Stadiums die Porenfläche als konstant an, während die Dicke y mit der Zeit anwächst, so gelangt MÜLLER zu der Beziehung

$$dy = \frac{K_s X}{s F_0}\, i\, dt \tag{5}$$

Nun folgt aus dem OHMschen Gesetz

$$E = i R_0 + \frac{i y}{X F_0}$$

Differentiation führt zu

$$dy = -\varkappa E F_0 \frac{di}{i^2}$$

Verknüpfung mit (5) führt zu

$$dt = -\frac{\varkappa E F_0^2 s}{K_s X} \cdot \frac{1}{i^3}\, di \tag{6}$$

Integration zwischen den Grenzen t_1 und t_2 für die Zeit mit den korrespondierenden Strömen i_1 und i_2 ergibt

$$t_2 - t_1 = B \left(\frac{1}{i_2^2} - \frac{1}{i_1^2} \right) \tag{7}$$

wobei

$$B = \frac{\varkappa E F_0^2 s}{2 K_s X}$$

ist.

Auch diese Beziehung ist an mehreren Fällen geprüft worden, so z. B. an Kupfer in gesättigtem Kupfersulfat, an Blei in Schwefelsäure sowie an Eisen in normalem Natriumsulfat. Hierbei hat sich herausgestellt, daß bei der graphischen Darstellung von $1/i^2$ gegen die Zeit bemerkenswert gradlinige Kurven für das zweite Stadium des Passivierungsvorganges erhalten werden.

Die beiden Wachstumsgesetze werden durch Kurven von MÜLLER und MACHU für den Fall des Stromabfalles an einer Bleianode in Schwefelsäure (bei der Konzentration des Akkumulators) in Abb. 11 dargestellt. Die mit i bezeichnete Kurve gibt den Strom für verschiedene Zeiten an. Es ist zu beachten, daß das Zeitintervall des raschen Abfalles nur den Bruchteil einer Sekunde umfaßt, so daß naturgemäß die Anwendung eines besonderen Oszillographen zu ihrer Ermittlung erforderlich war. Die kurze Passivierungszeit beruht auf der geringen Löslichkeit des Bleisulfates. Ähnliche Kurven für eine Eisenanode erstrecken sich über einige Minuten. In der mit Φ bezeichneten Kurve ist die Funktion

$$\Phi = \frac{1}{i_0 - i} - \frac{2 \cdot 3}{i_0} \log \frac{i_0 - i}{i}$$

gegen die Zeit aufgetragen. Die Gradlinigkeit dieser Kurve ist ein Beweis für die Gültigkeit der Gleichung (4), die das Gesetz für das seitliche Wachstum zum Ausdruck bringt. Fast gleichzeitig mit dem Versagen dieses Gesetzes (erkennbar an der Abweichung von der Gradlinigkeit der Kurven zwischen Φ und t) beginnt die Gültigkeit des Gesetzes für das Tiefenwachstum, das durch die Gradlinigkeit der Beziehung zwischen i^{-2} und der Zeit gegeben ist. Der Punkt Q, bei dem die Φ-Kurve die Abszisse schneidet, gibt den C-Wert, dessen Größe ein befriedigendes Maß für die Passivierungszeit ergibt.

Die Arbeiten MÜLLERs erbringen also den Beweis dafür, daß der Passivierungsvorgang sich im allgemeinen in *zwei* Schritten vollzieht:

1. *seitliche Ausdehnung* des Filmes bei fast gleichbleibender Dicke desselben;

2. *Dickenwachstum* des Filmes bei konstant bleibendem Flächenanteil der vorhandenen Poren.

Natur der passiven Schichten. Aus den Werten für C und A

$$C = \frac{y\,s\,F_0}{K_s\,X\,i_0} \quad \text{und} \quad A = \frac{s\,y^2}{\varkappa\,K_s\,X\,R_0}$$

kann y eliminiert und damit ein Ausdruck für die spezifische Leitfähigkeit der in den Poren befindlichen Flüssigkeit gewonnen werden. Diese ist gegeben durch

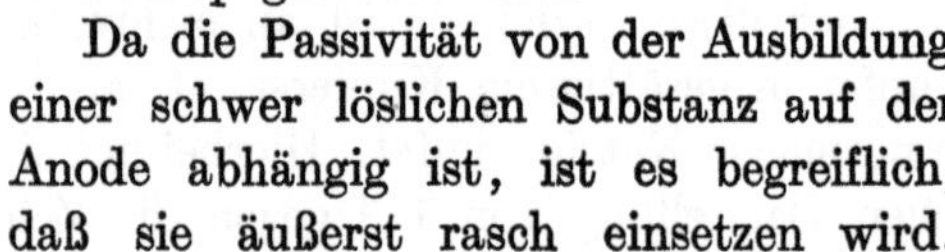

$$\varkappa = \frac{C^2}{A}\left(\frac{i_0}{F_0}\right)^2 \cdot \frac{K_s\,K}{s\,R_0} \qquad (8)$$

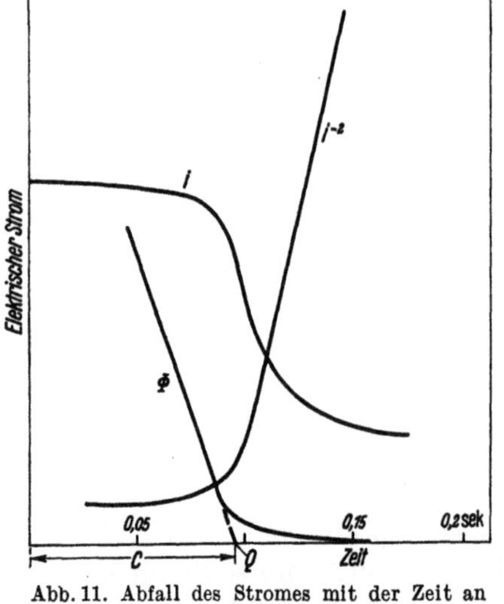

Abb. 11. Abfall des Stromes mit der Zeit an einer Bleianode in verdünnter Schwefelsäure. (Nach W. J. MÜLLER und W. MACHU.)

W. J. MÜLLER hat festgestellt, daß der an einer Eisenanode experimentell bestimmte Wert von $468 \cdot 10^{-4}$ rez. Ohm gut mit der Leitfähigkeit einer gesättigten Lösung von $FeSO_4 \cdot 7\,H_2O$ übereinstimmt, die $470 \cdot 10^{-4}$ rez. Ohm beträgt. Das bedeutet, daß die den Stromdurchgang sperrende Schicht aus nichts anderem als dem gewöhnlichen „grünen Vitriol" besteht, ein Schluß, der durch Beobachtung mit dem Polarisationsmikroskop gestützt wird.

Da die Passivität von der Ausbildung einer schwer löslichen Substanz auf der Anode abhängig ist, ist es begreiflich, daß sie äußerst rasch einsetzen wird, wenn die Löslichkeit des Anodenproduktes gering ist. Wie bereits ausgeführt worden ist, ist die für die Erreichung der Passivität an einer Bleianode in Schwefelsäure erforderliche Zeit viel geringer als an einer Eisenanode. Es ist einleuchtend, daß quantitative Messungen der Passivierungszeit von besonderem Interesse sein würden. Da sich die passivierende Schicht jedoch allmählich ausbildet, ist es erforderlich, eine Definition dieses Begriffes aufzustellen. SHUTT und WALTON geben in ihren bereits mitgeteilten Untersuchungen an einer Goldanode diejenige Zeit hierfür an, die zur Erreichung desjenigen Potentiales erforderlich ist, bei dem eine gasförmige Entwicklung von Chlor erfolgt. W. J. MÜLLER gibt ein hiervon abweichendes Kriterium für diese kritische Zeit. Eine Betrachtung seiner Daten für die Beziehung zwischen den i- und t-Werten zeigt, daß die plötzliche Abnahme des Stromes in dem Augenblick erfolgt, in dem die Zeit numerisch dem C-Wert gleich wird. Diese Konstante liefert infolgedessen ein geeignetes Maß für die Passivierungszeit t_p. Sie ist natürlich vom Anfangswert der Stromdichte abhängig. Nach W. J. MÜLLER werden in manchen Fällen gradlinige Beziehungen zwischen log i_0 und t_p erhalten. t_p wird natürlich kleiner werden, wenn der größere Teil der Oberfläche des Metalles bereits mit einem Film bedeckt ist, wenn die anodische Behandlung einsetzt, da dadurch die wahre Stromdichte an den unbedeckten Oberflächenteilen ansteigen wird. Er kann zeigen, daß die Passivierungszeit an Eisenanoden in normaler Natriumsulfatlösung unter gewissen Bedingungen etwa 0,01 sec beträgt. Diese kurze Zeit ist zurückzuführen auf die Gegenwart eines durch den Luftsauerstoff gebildeten unsichtbaren Oxydfilmes. Wird das Eisen nämlich vor dem Versuch durch eine besondere Behandlung (anodische Polarisation mit nachfolgender Aktivierung durch Berühren mit einem Zinkdraht) von dem Film befreit, so steigt die Passivierungszeit um den Faktor 20000. Nach diesen Ausführungen ist es klar, daß Messungen der Passivierungszeit wichtig sind als ein Kriterium dafür, ob ein unsichtbarer Film vorhanden ist oder nicht. In einigen Fällen wird hieraus auch eine Vorstellung über denjenigen Teil des Metalles erhalten werden können, der durch die Poren hindurch noch freiliegt. W. J. Müller[1] gelangt zu dem Schluß, daß dann bei einem Metall ein passives Verhalten erwartet werden kann, wenn die Porenfläche weniger als 0,01% der gesamten Oberfläche ausmacht. Aktiv wird ein Metall dagegen dann sein, wenn der Porenanteil mehr als 1% der gesamten Oberfläche beträgt.

Potentialänderungen bei Passivierung und Aktivierung. Der Übergang von der Aktivität zur Passivität kann auch bequem durch Messung des Potentialgefälles an der Elektrodenoberfläche mit Hilfe eines Tubulus ermittelt werden, der in engem Kontakt mit dieser Oberfläche gehalten wird und gleichzeitig zu einer Kalomel- oder Wasserstoffelektrode führt. Für Eisen im aktiven Zustand ist das Potential stark negativ gegenüber Wasserstoff. Es steigt während des Passivierungsvorganges stark an. Sobald die Entladung von Sauerstoff einsetzt, ist es stark positiv. Während des ersten Teiles des Passivierungsvorganges, in dem sich die Oberfläche mit Salz bedeckt, ist der beobachtbare Potentialanstieg einfach auf den Porenwiderstand gegenüber dem Strom zurückzuführen. Die Müllersche experimentelle Bestätigung der Gleichung (4) (der die Annahme zugrunde liegt, daß das natürliche Anodenpotential ε_A während der Passivierungsperiode konstant ist) liefert (zumindest in vielen Fällen) den Beweis dafür, daß das Metall sein Potential unter der Salzschicht entsprechend dem seiner Umgebung aufrechterhält. Der sichtbare Potentialanstieg ist vor allen Dingen auf den Stromfluß zurückzuführen und würde weitgehend verschwinden, wenn dieser unterbrochen würde. Erreicht die wahre Stromdichte infolge der großen Verringerung der Porenzahl einen bestimmten Wert (wahrscheinlich 40 bis 100 A/cm²), so werden andere Veränderungen bemerkbar: die Bildung von Ionen höherer Wertigkeit, oder die eines Oxydfilmes oder das Auftreten von freiem Sauerstoff. Diese Veränderungen verlangen aber einen *echten* Anstieg des Potentiales, der zumindest für eine gewisse Zeit bestehen bleibt, wenn der Strom ausgeschaltet wird. Im Falle einer Eisenanode in saurer Lösung erfolgt die Rückkehr des Potentiales zu dem „aktiven" Wert sehr bald nach Ausschalten des Stromes. Dem Potentialsturz entspricht im allgemeinen die Wiederherstellung der aktiven Eigenschaften, z. B. der Fähigkeit des Metalles, bei geringen Stromdichten wieder in Lösung zu gehen, anstatt Sauerstoff zu entwickeln. Zusatz alkalischer oder oxydierender Substanzen verzögert oder verhindert selbst den Potentialabfall zu aktiven Werten sowie gleicherweise die Rückkehr der aktiven Eigenschaften[2].

---

[1] Müller, W. J.: Z. Elektroch. **40** (1934) 119; Korr. Met. 8 (1932) 253, 11 (1935) 31.
[2] S. auch die frühere Arbeit von C. Fredenhagen: Z. phys. Ch. **43** (1903) 1. — E. P. Schoch u. C. P. Randolph: J. phys. Chem. 14 (1910) 719. — G. R. White: J. phys. Chem. **15** (1911) 768.

Zweites Kapitel.

Dünne Filme.

A. Wissenschaftliche Grundlagen.

1. Entstehung von Interferenzfarben durch Filme.

Erzeugung von Farben. Wird Silber in Joddampf gebracht (oder in eine Lösung von Jod in einem organischen Lösungsmittel), so erscheint eine Reihe leuchtender Farben an seiner Oberfläche, die durch die Interferenz des Lichtes an der äußeren bzw. inneren Oberfläche des Silberjodidfilmes hervorgerufen werden. Ähnliche Farben, die an Kupfer(I)-sulfidfilmen entstehen, werden dadurch erzeugt, daß Kupfer an der Luft Spuren von Schwefelwasserstoffdämpfen ausgesetzt wird. In reiner Luft kommt es bei gewöhnlicher Temperatur zu keiner Ausbildung von Farben, da ein Film von reinem Oxyd fast undurchdringlich für Sauerstoffmolekeln wird, ehe er die für die Reflexion der ersten (gelben oder braunen) Farbe erforderliche Dicke erreicht. Wird die Temperatur jedoch erhöht, so erscheinen leuchtende, auf Oxydfilme zurückzuführende Farben in der gewöhnlichen Reihenfolge auf Kupfer, Eisen, Nickel und anderen Metallen.

Die Theorie der Erzeugung dieser Farben auf Metallen wird im Anhang (s. S. 706) behandelt. Die Farbe hängt hauptsächlich von der Dicke des Filmes ab. Sinkt die Dicke unter einen gewissen Betrag (wahrscheinlich etwa 400 Å, d. h. $4 \cdot 10^{-6}$ cm im Falle des Oxydfilmes auf Eisen) herab, so ruft der Film keine sichtbare Änderung auf dem Metall hervor. Die Reihenfolge der Farben in Abhängigkeit von der zunehmenden Dicke des Filmes wird in Tabelle 2 wiedergegeben. Sie ist im wesentlichen die gleiche für alle Verbindungen (Oxyde, Sulfide, Jodide) und für sämtliche Metalle. Bei denjenigen Metallen jedoch, bei denen die Transparenz der Filmsubstanz unvollkommen ist, erscheinen die zuletzt angegebenen Farben, die dicken Filmen entsprechen, nur schwach oder fallen ganz fort. Nickeloxyd bildet sehr transparente Filme; infolgedessen kann an der Luft erhitztes Nickel eine vollständige Folge von zumindest fünf *Ordnungen* zeigen, wobei also rot fünffach auftritt. Eine ähnliche Folge ergeben Filme von Aluminiumhydroxyd, Bleioxyd und Silberjodid, die in hohem Maße durchscheinend sind. Die Farben am Silberjodid verändern sich jedoch bei Belichtung des Jodids, das hierdurch zersetzt wird. Wie durchscheinend aber auch immer ein Film ist, dem erkennbaren Farbintervall ist eine Grenze gesetzt. Es wird schließlich eine Dicke erreicht, bei der die Filme grau werden, wofern nicht die Filmsubstanz eine spezifische Eigenfarbe besitzt. Die zuerst auftretenden Farben am Kupfer werden natürlich durch die spezifische Eigenfarbe dieses Metalles beeinflußt und unterscheiden sich wenig von denen des Eisens oder Nickels. Dagegen ähneln die an Kupfer(I)-sulfid durch Schwefelwasserstoff bei gewöhnlicher Temperatur erhaltenen Farben denen, die an Kupfer(I)-oxyd durch Erwärmen an Luft entstehen. Beim Herstellen von Oxydfarben auf Kupfer muß eine *stark* oxydierende Atmosphäre vermieden werden, da andernfalls ein äußerer Überzug von dunklem Kupfer(II)-oxyd weitgehend die schöne Farbe der darunterliegenden Schicht von Kupfer(I)-oxyd verdunkelt.

Tabelle 2.

Farbordnung	Farben, die durch Luftfilme zwischen Glas erzeugt werden (NEWTONSche Farbringe)		Farben, die durch Filme auf Metalloberflächen erzeugt werden		
	Beobachtet im reflektierten Licht	Beobachtet im durchfallenden Licht	Oxydfilme auf Blei oder Nickel. Jodidfilme auf Silber. Hydroxydfilme auf Aluminium	Oxydfilme auf Eisen	Oxyd- oder Sulfid[3]-filme auf Kupfer
„Unsichtbares" Gebiet	Farblos (schwarz)	Farblos (weiß)	Farbe des Metalles unverändert	Farbe des Eisens unverändert	Farbe des Kupfers unverändert
1. Ordnung	Blau Schwachgrün Gelb Rot	Gelb Rot bis malvenfarbig Blau Grün	Gelb bis braun Rosen- bis malvenfarbig Blau Silbrig (grünlich, wenn der Film unvollkommen ist)	Gelb bis braun Malvenfarbig Blau Silbergrau	Braun Rosen- bis malvenfarbig Blau Silberglänzend (gelegentlich grünlich)
2. Ordnung	Blau Grün Gelb Rot	Gelb Rot Blau Grün	Gelb bis braun Rot Blau Grün	— Pinkblau Blau Grünlichblau	Gelbbraun[4] Rot Blau Grün
3. Ordnung	Blau Grün Gelb Rot	Gelb Rot Graublau Grün	Gelb Rot (Schwach lavendelblau) Grün	— Blaugrau (mit einer Spur ins Pinkblau) Blaugrau (spezifische Farbe) „	Braun Rot (Schwach lavendelblau) Grün
4. Ordnung	— Grün Rot	Mattgelb Rot Grün	— Rot Grün	„ „[2] „	— Schmutzig-rot Schmutzig-grün
5. Ordnung	Grünlich	Rot[1]	Schwach rot, das in die Eigenfarbe der Filmsubstanz übergeht	„	Grau (manchmal schwach rot)

[1] Weitere Farbfolgen von rot und grün können im allgemeinen festgestellt werden; sie bilden die 6. und 7. Farbordnung.

[2] In neuerer Zeit hat THORNHILL gezeigt, daß bei sorgfältiger Erzeugung der Filme noch die 4. Ordnung in rot bei oxydiertem Eisen beobachtet werden kann.

[3] Nach L. R. LUCE [Ann. Physique (10) 11 (1929) 172] geben Jodidfilme auf Kupfer eine ähnliche Farbfolge bis zur 3. Ordnung in rot.

[4] Um die Farben höherer Ordnungen an Kupfer zu erhalten, sind milde oxydierende Bedingungen erforderlich; andernfalls ist die dem Kupfer(I)-oxyd zugehörende Farbe durch das dunkle Kupfer(II)-oxyd verdeckt.

Tabelle 2 läßt erkennen, daß die Farbenfolgen eines mit einem Film bedeckten Metalles bei Betrachtung im *reflektierten* Licht sehr ähnlich denjenigen sind, die durch einen Luftfilm zwischen zwei Platten bei Betrachtung im *durchfallenden* Licht erhalten werden, die im allgemeinen als *Newtonsche Farbringe* bekannt sind. Es besteht jedoch zwischen beiden Erscheinungen ein wesentlicher Unterschied, für den die Begründung auf S. 714 besprochen werden wird. Die Farbfolgen des Luftfilmes enthalten grün am Ende der 1. Ordnung, während Oxyd-, Sulfid- oder Jodidfilme auf Metall (vorausgesetzt, daß sie unter Bedingungen hergestellt worden sind, die eine befriedigende Gleichmäßigkeit der Dicke sicherstellen) zu einer rein silbrigen Reflexion im entsprechenden Dickengebiet führen. Im Falle des Kupfers ist das glänzende Silber, das an der Lücke zwischen der 1. und 2. Farbordnung erhalten wird, so eindrucksvoll, wie die lebhaften Farben, die diesen vorausgehen und darauf folgen.

Filmdicke. Es wird allgemein angenommen, daß die Dicke eines Farbfilmes ohne Messung durch Division der Dicke des Luftfilmes[1] gleicher Farbe durch die Brechungszahl der Filmsubstanz ermittelt werden kann (dabei muß Sorge dafür getragen werden, daß die richtige *Farbordnung* gewählt wird). Eine derartige Methode ist von Tammann und seinen Mitarbeitern[2] in einer ausgedehnten Studie über das Gesetz des Filmwachstums an zahlreichen Metallen angewendet worden. Das erfolgreiche Ergebnis dieser Pionierarbeit rechtfertigt die Benutzung einer derartig einfachen Methode. Tatsächlich besteht in einigen Fällen, zu nennen sind die Oxyd- und Sulfidfilme auf Kupfer, eine gute Übereinstimmung mit anderen mehr exakten Methoden der Filmmessung, wie die sorgfältigen Vergleiche durch Dunn[3] und Constable[4] gezeigt haben. Trotzdem muß aus Gründen, die auf S. 712 besprochen werden sollen, die Methode der direkten Bestimmung der Dicke aus der Farbe als fragwürdig bezeichnet werden, wofern nicht die Beziehung zwischen Farbe und Dicke bei den in Frage stehenden Filmen vorher genau durch eine zuverlässige Meßmethode ermittelt worden ist.

Tabelle 3.
Übereinstimmung zwischen drei Methoden zur Messung von Silberjodidfilmen.
(Nach U. R. Evans und L. C. Bannister.)

Das Jod wird *gravimetrisch* bestimmt durch Ermittlung der Gewichtszunahme während der Bildung des Filmes. Angaben in mg/cm²	Das Jod wird *elektrisch* bestimmt durch Ermittlung der zur Reduktion des Jodids zu metallischem Silber erforderlichen Anzahl von Coulombs. Angaben in mg/cm²	Das Jod wird *chemisch* gemessen durch Bestimmung des Jodgehaltes im Film. Angaben in mg/cm²
0,162	0,161	0,167
0,128	0,130	0,113
0,106	0,096	0,113
0,059	0,059	0,058
0,040	0,042	0,040
0,040	0,035	0,037
0,018	0,020	0,017
0,014	0,014	0,014
0,004	0,006	0,004
0,002	0,003	0,004

[1] Eine tabellarische Zusammenstellung der Dicken von Luftfilmen in bezug auf verschiedene Farben gibt A. Rollett [Ber. Wien. Akad. **77** III (1878) 177].

[2] Tammann, G.: Z. anorg. Ch. **111** (1920) 78, **124** (1922) 25. — Tammann, G. u. W. Köster: Z. anorg. Ch. **123** (1922) 196. — Schröder, E. u. G. Tammann: Z. anorg. Ch. **128** (1923) 179. — Tammann, G. u. G. Siebel: Z. anorg. Ch. **148** (1925) 297. — Tammann, G. u. W. Rienäcker: Z. anorg. Ch. **156** (1926) 261.

[3] Dunn, J. S.: Pr. Roy. Soc. A **111** (1926) 214.

[4] Constable, F. H.: Pr. Roy. Soc. A **115** (1927) 570, **125** (1929) 630.

Tatsächlich sind zur Dickenmessung von Filmen aus der Farbfolge verschiedene zuverlässige Methoden verfügbar. Für Farbfilme, die durch Jod auf Silber erhalten worden sind, hat BANNISTER[1] drei verschiedene Methoden benutzt, die von folgenden Faktoren abhängen:

1. von der *Gewichtszunahme* nach der Behandlung mit Jod, ermittelt mit der Mikrowaage;

2. Messung der *zur kathodischen Reduktion* des Jodidfilmes zu metallischem Silber *erforderlichen Anzahl von Coulombs;*

3. *nephelometrische Bestimmung des Jods* nach dieser Reduktion.

Tabelle 4. Dicke von Silberjodidfilmen auf Silber.
(Nach U. R. EVANS und L. C. BANNISTER.)

Angaben in Å		Angaben in Å	
Gelb I	300	Gelb III	2450
Rot I	430	Rot III	2900
Blau I	550	Grün III	3400
Silbrigfarben (Lücke)	800	Rot IV	4100
Gelb II	1150	Grün IV	4750
Rot II	1650	Rot V	5600
Blau II	1950		
Grün II	2250		

Bemerkungen:

1. Jede Farbe erscheint über einen beträchtlichen Dickebereich. Die angegebenen Zahlenwerte geben so gut wie irgend möglich das Zentrum des jeweiligen Gebietes an.

2. Die durch diese Methode erhaltene Dicke ist der Mittelwert aus den Abschnitten, die der Film auf Normalen zur Einfallsebene des Lichts hervorbringt, die in der *Haupt*ebene der Oberfläche verlaufen.

3. $1 \text{ Å} = 10^{-8} \text{ cm}$.

Tabelle 3 läßt erkennen, daß diese drei Methoden, bei Anwendung auf den gleichen Film, gewöhnlich zu befriedigender Übereinstimmung führen, so daß

Tabelle 5. Dicke von Oxydfilmen auf Kupfer, Nickel und Stahl.
(Nach F. H. CONSTABLE.)

Kupferoxyd-Filme. „Dicke des homogenen Filmes gleicher Farbe" in Å		Nickeloxyd-Filme. Filmdicke in Å		Eisenoxyd-Filme (auf Stahl) Filmdicke in Å	
—		—		Strohfarben	460
Dunkelbraun	380	Blaßbraun	490	Rötlichgelb	520
Rotbraun	420	Dunkelbraun	540	Rotbraun	580
Sehr dunkles Purpur	450	Purpur	570	Purpur	630
Sehr dunkles Violett	480	Sehr dunkles Violett	600	Violett	680
Dunkelblau	500	Sehr dunkelblau	760	Blau	720
Blaß blaugrün	830	Silbriggrün	1120		
Blaß silbriggrün	880	—			
Gelblichgrün	970	Gelbgrün	1200		
Tiefgelb	980	Gelb	1260		
Altgold	1110	Strohfarben	1350		
Orange	1200	Gelbbraun	1620		
Rot	1260	Dunkelbraun	1720		

---

[1] EVANS, U. R. u. L. C. BANNISTER: Pr. Roy. Soc. A **125** (1929) 370.

man Vertrauen in die von Bannister aufgestellte Beziehung zwischen Farbe und Filmdicke haben kann, wie aus Tabelle 4 hervorgeht. Die Definition der Dicke, die in Bemerkung 2 zu Tabelle 4 gegeben wird, verdient Beachtung. Besonders sei darauf hingewiesen, daß die Tabelle sich über fünf Farbordnungen erstreckt. Bannister hat festgestellt, daß die nach der Tammannschen Methode ermittelte Filmdicke nur angenähert korrekt ist. Als aber damals die Farbtabelle aufgestellt wurde, wurde die Farbe doch zu einem nützlichen Kriterium für die Filmdicke.

Bis vor kurzem war die für die Interferenzfarben auf Eisen verantwortliche Dicke der Oxydfilme weniger sicher bekannt als die für Jodidfilme auf Silber. Constable[1] hat verschiedene Oxydfilme spektroskopisch untersucht und durch Festlegung der Wellenlängen minimaler und maximaler Reflexion die in Tabelle 5 zusammengestellten Daten für die Oxydfilme auf Kupfer, Nickel und Eisen erzielt. Diese Werte liegen wesentlich höher als die gravimetrisch durch andere Forscher[2] erhaltenen. Die scheinbare Diskrepanz dürfte durch Miley[3] aufgeklärt worden sein, der die elektrometrische Methode auf die Messung von Oxydfilmen (nach Überwindung von gewissen Schwierigkeiten, die sie früher ungeeignet erscheinen ließ) übertrug. Die experimentellen Daten von Miley für die Oxydfilme auf Eisen stimmen befriedigend mit den in Tabelle 5 angegebenen optisch ermittelten Daten von Constable überein. Sie bestätigen auch die von J. Stockdale[4] durchgeführten Messungen des Eisengehaltes in abgelösten Filmen (s. S. 59) und stützen den von diesem gezogenen Schluß, wonach auf die wahren Oxydfilme, die für die Farbbildung verantwortlich sind, eine gemischte Schicht folgt, die aus Oxyd und Metall aufgebaut ist. Die Mileyschen elektrometrisch ermittelten Ergebnisse endlich sind völlig vereinbar mit der Gewichtszunahme, die er während des „Anfärbens" findet, *vorausgesetzt, daß Rücksicht genommen wird auf das unsichtbare Oxyd auf dem Metall zur Zeit der ersten Wägung.* Wird dieser Punkt außer acht gelassen, so führt die gravimetrische Methode zu zu niedrigen Werten, wie sie einige Jahre früher von Tammann und Bochow[5] erhalten wurden. Nachdem Übereinstimmung zwischen der Mileyschen elektrometrischen Methode und anderen Methoden für relativ dicke, farbgebende Filme erzielt worden war, wurde sie dazu benutzt, das Wachstum unsichtbarer Oxydfilme auf Eisen und Kupfer bei gewöhnlichen Temperaturen zu verfolgen. Bei 18° setzt die Oxydation rasch ein, wird jedoch bereits nach einigen Minuten sehr langsam. Hierbei entsteht ein unsichtbarer Film. Die erzielte Filmdicke ist von den Oberflächenbedingungen abhängig. Bei Eisen, das an der Carborundumscheibe vorbereitet worden ist, beträgt der mittlere senkrechte Abstand (Definition s. Bemerkung 2 unter Tabelle 4 auf S. 53) etwa 200 Å nach Verlauf von 2 Stunden. Die bei höheren Temperaturen erhaltenen Kurven weisen auf raschere Oxydation hin, die zu Interferenzfarben führt. In diesem Falle sinkt die Oxydationsgeschwindigkeit wieder mit zunehmender Filmdicke ab. Das rasche

[1] Constable, F. H.: Pr. Roy. Soc. A **117** (1927/1928) 376, 385.

[2] Gale, R. C.: J. Soc. chem. Ind., Trans. **43** (1924) 349. — Vernon, W. H. J.: Trans. Faraday Soc. **31** (1935) 1674.

[3] Miley, H. A. u. U. R. Evans: Nature **139** (1937) 283; J. chem. Soc. **1937**, 1295. — Miley, H. A.: J. Am. Soc. **59** (1937) 2626.

[4] Evans, U. R. u. J. Stockdale: J. chem. Soc. **1930**, 2656.

[5] Tammann, G. u. K. Bochow: Z. anorg. Ch. **169** (1928) 42.

Wachstum der Oxydfilme an nichterwärmtem Eisen ist auch mit Hilfe der Elektronenbeugungsmethode durch H. R. NELSON[1] nachgewiesen worden. Nach NELSON besteht der Film jedoch aus Fe_3O_4, während MILEY der Ansicht ist, daß er bei Temperaturen unterhalb 200° aus γ-Fe_2O_3, oberhalb 200° dagegen aus α-Fe_2O_3 besteht. Eine Reihe von Schlußfolgerungen, die aus früher in Cambridge durchgeführten Untersuchungen über das Ablösen von Filmen (s. S. 59) oder über statistische Methoden (s. S. 2) gezogen worden sind, hat MILEY bestätigen können.

Die Bildung eines Filmes beginnt im allgemeinen schnell, jedoch sinkt die Wachstumsgeschwindigkeit mit zunehmender Dicke, da die Diffusion durch den bereits gebildeten Film hindurch zunehmend langsamer wird. In Fällen, in denen die Filmsubstanz sehr porös ist, kann die Wachstumsgeschwindigkeit während längerer Zeit konstant bleiben, jedoch sind das Ausnahmen. Häufiger ist die Dickenzunahme in einem bestimmten Zeitpunkt umgekehrt proportional der bereits erzielten Filmdicke. Diese Fragen werden eingehend auf den S. 91, 126 und 165 behandelt.

Es ist bereits dargelegt worden, daß Filme, die zu dünn sind, um die ersten gelben Interferenzen zu zeigen, im allgemeinen unsichtbar sind. Sie können jedoch in besonderen Fällen sichtbar gemacht werden, solange sie noch auf dem Metall vorhanden sind. So gibt Silber, das in sehr verdünntem Joddampf solange behandelt wird, bis der erste gelbe Film eben noch nicht auftritt, nach Belichten Dunkelfärbung, die auf das bei der Zersetzung des unsichtbaren *subgelben* Jodidfilmes[2] erhaltene feinverteilte Silber zurückzuführen ist. CONSTABLE[3] wiederum hat gezeigt, daß eine meßbare Änderung des Reflexionsvermögens an schwach erhitztem Eisen bereits auftritt, ehe das Auge die ersten Interferenzfarben wahrnehmen kann. Die beste Methode zur Sichtbarmachung des unsichtbaren Filmes besteht jedoch darin, ihn von seiner stark reflektierenden Unterlage abzulösen.

2. Isolierung der Filme.

Methoden zur Ablösung. Es sind verschiedene Methoden bekannt, um durchscheinende Filme von ihrer reflektierenden metallischen Unterlage, deren Gegenwart das direkte Studium der Filmeigenschaften verhindert, abzulösen. Diese Methoden haben dazu geführt, vier verschiedene Arten von Filmen zur Ablösung zu bringen:

1. den dünnen, *unsichtbaren* Oxydfilm, der in trockener Luft bei niedrigen Temperaturen erhalten wird;

2. den etwas dickeren Film, der die *Interferenzfarben* liefert;

3. die grauen *Schichten*, die zur Ausbildung von Farbeffekten zu dick sind;

4. die mehr *schützenden* (oft unsichtbaren) *Filme*, die durch eine Behandlung mit Chromsäure oder ähnlichen Lösungsmitteln erhalten werden.

Die meisten Methoden zur Ablösung der Filme beruhen auf einer chemischen oder elektrochemischen Behandlung, durch die das Metall zerstört, der Film

---

[1] NELSON, H. R.: Nature **139** (1937) 30.
[2] EVANS, U. R.: Chem. Ind. **4** (1926) 215.
[3] CONSTABLE, F. H.: Nature **123** (1929) 569.

aber nicht angegriffen wird[1]. Ein frühes Beispiel einer derartigen Filmablösung ist von SELIGMAN und WILLIAMS[2] beschrieben worden. Sehr dünne Aluminiumfolie wurde auf 800° erwärmt, eine Behandlungsweise, durch die sie im durchfallenden Licht transparent erscheint, obgleich sie im reflektierten Licht noch metallisches Aussehen aufweist, was auf das Vorhandensein von Gebieten unveränderten Metalles zwischen den bereits in Oxyd übergeführten Teilen beruht. Durch eine Behandlung mit heißer Salpetersäure werden die metallischen Teilchen fortgelöst und das Oxyd als irisierender Flitter zurückbehalten.

Die jetzt zur Isolierung eines Oxydfilmes von einer Aluminiumprobe bevorzugte Methode beruht auf ihrer Erhitzung in einem Strom trockenen Chlorwasserstoffes, der das Metall in Form des flüchtigen Chlorides fortführt und den Oxydfilm unverändert zurückläßt. Diese Methode ist ursprünglich von WITHEY und MILLAR[3] entwickelt worden, als sie einen analytischen Weg zur Bestimmung des Oxydes in (oder auf) Aluminium suchten. Sie fanden, daß das Aluminium, das in Salzsäure auf 300° bis 400° erhitzt worden ist, einen dünnen Oxydfilm zurückläßt, der das Aussehen der ursprünglichen Metallfolie beibehalten hat, wobei sogar kleine Kratzer und Markierungen erhalten bleiben. SUTTON und WILLSTROP[4] wendeten die gleiche Methode zur Isolierung des auf Aluminium durch anodische Behandlung in Chromsäure nach den BENGOUGH-STUART-Verfahren (s. S. 341) erhaltenen Schutzfilmes an. BANNISTER[5] hat das Verfahren auf Filme auf Aluminium übertragen, die durch anodische Behandlung in Phosphatlösung erhalten worden waren. Die SUTTONschen Filme waren verhältnismäßig zäh und konnten in Stücken von einigen Zentimetern Größe isoliert werden. STEINHEIL[6] verwendet verdünnte Salzsäure zur Isolierung der Oxydfilme von Aluminium, wobei das Metall rascher als der Oxydfilm gelöst wird.

Jodmethode. Zur Isolierung von auf Eisen ausgebildeten Filmen ist in Cambridge[7] die Jodmethode entwickelt worden. Das Jod besitzt die für diesen Zweck günstige Eigenschaft, das metallische Eisen vorzugsweise längs der Grenze zwischen Metall und Oxyd anzugreifen. Da es ohne Einwirkung auf das Oxyd selbst ist, besteht die Möglichkeit, die Oxydhaut zu unterminieren und sie völlig fortzubewegen, ohne das gesamte Metall fortzulösen, was als ein wichtiger Vorteil zu bezeichnen ist. Einen Grund für den bevorzugten Angriff auf das Metall an der Phasengrenze gegen das Oxyd kann man wohl angeben. Wird Eisen korrodiert, so wird dadurch jedes einzelne Atom von seinen Nachbaratomen abgelöst. Im allgemeinen wird die hierfür aufzu-

---

[1] Ist diese Bedingung nicht erfüllt, so sind Veränderungen im Film während der Ablösung wahrscheinlich. Nach G. I. FINCH, A. G. QUARRELL, H. WILMAN [Trans. Faraday Soc. **31** (1935) 1060] kann der Film, der auf Kupfer infolge Oxydation an Luft erhalten wird, durch Kaliumcyanid abgelöst werden, jedoch ist das Bild der Elektronenbeugung des abgelösten Filmes verschieden von dem des unabgelösten Filmes. Das kann auf dem durch die Unterlage hervorgebrachten Effekt beruhen, jedoch kann es auch auf irgendeine Einwirkung des Cyanides auf die Konstituenten des Filmes zurückzuführen sein.

[2] SELIGMAN, R. u. P. WILLIAMS: J. Inst. Met. **23** (1920) 169.

[3] WITHEY, W. H. u. H. E. MILLAR: J. Soc. chem. Ind. Trans. **45** (1926) 173.

[4] SUTTON, H. u. J. W. W. WILLSTROP: J. Inst. Met. **38** (1927) 259.

[5] BANNISTER, L. C.: J. chem. Soc. **1928,** 3166.

[6] STEINHEIL, A.: Ann. Phys. [5] **19** (1934) 467.

[7] EVANS, U. R.: J. chem. Soc. **1927,** 1024.

wendende Abtrennungsarbeit verschieden sein, je nachdem, ob das Atom allseitig von anderen Eisenatomen umgeben ist, oder ob es sich auf einer Seite in Kontakt mit Oxydmolekeln oder Sauerstoffatomen befindet. Ist die *Adhäsion* zwischen dem Oxydfilm und dem Metall geringer als die *Kohäsion* des Metalles (was oftmals der Fall ist), so ist zu erwarten, daß die Abtrennungsarbeit im zweiten Falle geringer ist. Infolgedessen wird vom Jod, obgleich sich die Jodlösung in eine Eisenmasse in *jeder* Richtung hineinfressen kann (da die Jodide des Eisens leicht löslich sind), doch mit bevorzugter Geschwindigkeit ein Weg längs der Phasengrenze Oxyd-Metall gewählt werden und somit der Film zur Ablösung gelangen[1].

Die Methode wird folgendermaßen ausgeführt: Das Eisen (das rein sein soll) wird zuerst ziemlich grob abgeschliffen und darauf der gewünschte Oxydfilm auf der Oberfläche hergestellt (wird ein sichtbarer Film gefordert, so wird gewöhnlich erwärmt, im Falle des unsichtbaren Filmes dagegen wird das Metall der trockenen Luft ausgesetzt oder gegebenenfalls in Kaliumchromatlösung getaucht). Hierauf wird ein tiefer Ritz an einigen Stellen angebracht (um so das Metall freizulegen) und dann die ganze Probe in ein besonderes Gefäß gebracht, das *vollständig* mit einer gesättigten Lösung von Jod in 10%iger Kaliumjodidlösung gefüllt wird. Es darf keine Luftblase an der Oberfläche vorhanden sein, da die Hydrolyse von Eisen(III)-jodid vorzugsweise längs der Phasengrenze Flüssigkeit-Luft erfolgt. Nach etwa 24 Stunden wird die Lösung abgegossen und vorsichtig durch destilliertes Wasser ersetzt. Es zeigt sich nun, daß sich das Jod längs der Ritzlinien (und anderen Störungsstellen der Oberfläche) in das Eisen hineingefressen hat, daß sich jedoch der wesentliche Angriff auf das Eisen seitwärts unterhalb der Haut fortgepflanzt hat, die dadurch lose geworden ist. Beim lebhaften Bewegen der Probe in Wasser löst sich der Film in Stücken ab. Diese werden rasch durch Dekantation gewaschen. Beim Waschen zerbrechen sie in kleinere Fragmente, die mit Hilfe eines schwach auflösenden Mikroskops entweder in einer flachen Wasserschicht oder auf einem Uhrglas untersucht werden.

Einige hundert in dieser Weise präparierter Filmfragmente sind mikroskopisch in Cambridge untersucht worden. Sie wurden von Eisen erhalten, das in verschiedener Weise abgeschliffen und dann auf verschiedenen Wegen oxydiert worden war. Das Aussehen dieser Filme ist je nach dem Verfahren verschieden: die mit erwärmtem Eisen erhaltenen Filme, die die 1. Farbordnung in blau geben, sind dicker und weniger transparent als die mit weniger stark erwärmtem Eisen erzielten Häute, die die 1. Farbordnung in rötlichmalvenfarbig geben. Diejenigen Filme auf Eisen, die nur eben so stark erwärmt wurden, daß sie die 1. braungelbe Farbordnung (die niedrigste Interferenzfarbe) zeigen, sind natürlich noch dünner, während Eisen, das *unzureichend* erwärmt worden ist und keine Interferenzfarben ergibt oder das lange trockener Luft bei gewöhnlicher Temperatur ausgesetzt gewesen ist, die dünnsten Filme gibt. Trotzdem zeigt ein Vergleich von Serien, die gleiche Zeiten bei verschiedenen

---

[1] L. E. PRICE (unveröffentlichte Untersuchung) ist der Ansicht, daß das Metall in vielen Fällen, in denen die Bildung eines Eisenoxydfilmes durch Wanderung des Metalles zur Oberfläche (mehr als bei dem nach innen wandernden Sauerstoff) erfolgt, unter dem Film in einem porösen und lockeren Zustand hinterbleibt, der dem chemischen Angriff besonders zugänglich ist, wodurch das Unterminieren erklärt wird.

Temperaturen erwärmt worden sind, keinen plötzlichen Sprung beim Durchgang durch denjenigen Punkt, bei dem der Farbeffekt aufhört. Die Eigenschaften ändern sich vielmehr kontinuierlich längs der einzelnen Glieder der Serie. Der eigentliche Film wird dünner, wobei gewisse opake Partikeln von zurückgebliebenem Eisen, die in dickeren Filmen fast abwesend sind, sich immer häufiger bei dünneren Filmen finden. Es ist klar, daß die Unterscheidung zwischen sichtbaren und unsichtbaren Filmen lediglich mit der Empfindlichkeitsgrenze des menschlichen Auges zusammenhängt, das Licht einer kleineren Wellenlänge als 3600 Å nicht mehr aufzunehmen vermag. Eine Menschenrasse, die befähigt wäre, kürzere Wellenlängen in ihrem Auge aufzunehmen, würde Interferenzfarben auf Metallen sehen können, die unserem Auge als unverändert gegenüber dem filmfreien Material erscheinen.

Die Art des Abschleifens beeinflußt gleichfalls das Aussehen des abgelösten Filmes sowie den Betrag an zurückbleibendem Metall. Eine mikroskopische Prüfung des Filmes ergibt eine ganze Reihe von Unebenheiten, die am besten im reflektierten Licht sichtbar sind. Im durchfallenden Licht erscheinen sie als dunkle Linien. Diese Unebenheiten stellen die Vertiefungen und Firste dar, die auf dem Metall beim Abschleifen zurückgeblieben sind. In der Tat stellen die Filme die ursprüngliche metallische Oberfläche dar, die in Oxyd übergeführt worden ist, und bewahren somit die Einzelheiten in der Kontur. Filme, die von grobkörnigem Metall erhalten werden, sind unebener als solche von feinkörnigerem Material und brechen im allgemeinen viel leichter. Das Auseinanderbrechen in Fragmente erfolgt zumeist längs der Unebenheiten, so daß Filme, die von Metall erhalten werden, das in zwei senkrecht zueinander stehenden Richtungen abgeschliffen worden ist, zu Fragmenten nahezu quadratischer Form führen, während Eisen, das lediglich in einer Richtung abgeschliffen worden ist, längliche Filmfragmente ergibt. Die von grob abgeschliffenem Eisen erhaltenen Fragmente geben manchmal spontan Löcher beim Trocknen, eine Beobachtung, die von gewisser Bedeutung ist, da passive Metalle mitunter beim Versuch, sie zu trocknen, ihre Passivität verlieren und da überdies grob abgeschliffene Metalle ihre Passivität leichter als fein abgeschliffene Metalle aufgeben.

Die relativ dicken Oxydfilme, die auf Eisen erhalten werden, das die höheren Farbordnungen aufweist, sind bräunlich im durchfallenden Licht; sie erscheinen glänzend und fast metallisch im reflektierten Licht[1]. Wird der Film dünner, so sind die braunen Farbtöne sowie der Metallglanz weniger ausgeprägt.

In einer schon längere Zeit zurückliegenden Untersuchung in Cambridge wurden vergleichende Versuche an Proben durchgeführt, die unter der Jodoberfläche abgeschliffen waren. Diese führten zu keinen Filmstücken, abgesehen von einigen kleinen Fragmenten, die wahrscheinlich von den Kanten herrührten. Proben dagegen, die an Luft abgeschliffen worden waren (selbst wenn sie während 8 sec in eine Jodlösung eingetaucht worden waren), ergaben eine erhebliche Ausbeute an Filmfragmenten, die, obgleich sie rissig und faserig waren, doch einen beachtlichen Teil der gesamten Oberfläche bedeckt hatten. Wurde das Metall vor dem Ablösen längere Zeit der Luft ausgesetzt, so wurden um so weniger rissige Filmstücke erhalten, je länger die Expositionszeit an der Luft ausgedehnt wurde. Die „wachsende Vervollkommnung" der Filme mit

---

[1] Evans, U. R.: Nature 120 (1927) 584.

der Expositionszeit an der Luft wird durch die Tatsache gestützt, daß der Schutz gegen gewisse Reagenzien mit der Dauer der vorhergehenden Exposition gegenüber Luft anwächst, wie auf S. 2 dargelegt worden ist. Augenscheinlich ist eine Oxydation von Eisen durch Luft bei gewöhnlichen Temperaturen möglich. Die ursprünglichen Filme, die beim Abschleifen an der Luft erhalten worden sind, mögen auf die sehr hohe Temperatur zurückzuführen sein, die örtlich bei dem Schleifvorgang auftritt, wie BOWDEN und RIDLER[1] gezeigt haben. Der wachsende Schutz jedoch, der durch sehr langes Exponieren an kalter Luft erzielt wird, findet hierdurch keine Erklärung.

Die Leichtigkeit, mit der die Isolierung von Filmen vonstatten geht, die bei gewöhnlicher Temperatur gebildet worden sind, schwankt erheblich mit dem physikalischen und chemischen Charakter des Eisens. Von Stahl können derartige Filme im allgemeinen nicht abgelöst werden, obwohl auf heiß angefärbtem Stahl erhaltene Filme sehr leicht abgelöst werden können. Die Benutzung der Jodmethode zur Isolierung von Filmen von in Kaliumchromat behandeltem Eisen wird auf S. 308 besprochen werden. Diese Filme können leichter als die in Luft gebildeten von ihrer Unterlage entfernt werden.

Die anodische Methode. Der Haupteinwand, der gegen die Jodmethode zur Ablösung von Filmen erhoben wird, besteht in der Gefahr der Bildung von hydratisiertem Eisen(III)-oxyd infolge Hydrolyse von Eisen(III)-jodid oder durch „Rosten" der zurückbleibenden Eisenteilchen. Bei der anodischen Methode kann diese Schwierigkeit durch Arbeiten in Wasserstoffatmosphäre vermieden werden. Bei der durch STOCKDALE[2] entwickelten Methode wird eine abgeschliffene und wie üblich oxydierte Probe auf dem Boden eines Elementes mit getrennten Elektrodenräumen als Anode angeordnet, wobei das Element mit Kaliumchloridlösung beschickt wird (vorzugsweise wird ein U-Rohr mit Glaskugeln in der Biegung verwendet). Die anodische Korrosion des Eisens beginnt am Boden und dringt von dort aus unter der Haut weiter fort, die in Wasserstoff gewaschen und mit Hilfe eines Wasserstrahles entfernt werden kann. Wenn erforderlich, kann ein Film von bekannter Oberfläche in Säure gelöst und die Konzentration an Eisen(III)-Ionen bestimmt werden, wodurch ein Maß für die Dicke des Filmes gegeben ist.

STOCKDALE hat festgestellt, daß beim Ablösen der Filme vom Charakter der ersten gelben Farbordnung zwei verschiedene Filmtypen erhalten werden können. Werden die Kanten der Probe mit Celluloselack geschützt, so ist der isolierte Oxydfilm frei von rückständigem Metall und besitzt eine Dicke, die gut mit den von CONSTABLE auf optischem Wege erhaltenen Daten übereinstimmt (s. Tabelle 5, S. 53). Bleiben die Kanten dagegen ungeschützt, so sind die erhaltenen Filme etwas dicker und weisen rückständiges Metall auf. Bei Filmen von malvenfarbigem Eisen ist der Unterschied zwischen den auf beiden Wegen isolierten Filmen weniger stark ausgeprägt, ist jedoch vorhanden.

Am wahrscheinlichsten ist folgende Erklärung, die wesentlich auf die neueren Überlegungen von MILEY und PRICE zurückgeht: Beim Abschleifen von Eisen in Luft wird bereits vorhandenes Oxyd entfernt, jedoch ruft die örtliche Temperatursteigerung beim Schleifen, die, wie BOWDEN und RIDLER (s. oben) zeigen

---

[1] BOWDEN, F. P. u. K. E. W. RIDLER: Pr. Cambridge phil. Soc. **31** (1935) 431; Pr. Roy. Soc. A **154** (1936) 640.

[2] EVANS, U. R. u. J. STOCKDALE: J. chem. Soc. **1929**, 2651.

konnten, für kurze Zeit und an einzelnen Stellen 1000° erreichen kann, erneut Oxydation hervor. Während des letzten Hinübergleitens der schleifenden „Zähne" über die Oberfläche werden neue Vertiefungen geschaffen, die oxydfrei bleiben, jedoch wird die hohe Temperatur an den Firsten erneut Oxydation hervorrufen und somit die Vertiefungen isolieren. Zweifellos wird auch in den Vertiefungen nach dem Hinübergehen des letzten Zahnes eine gewisse Oxydation statthaben, jedoch wird das Oxyd, sofern die Abkühlung schnell vor sich geht, an diesen Stellen diskontinuierlich und nur räumlich beschränkt auftreten. Es ist klar, daß eine gewisse Oxydation des Metalles *unter* den Vertiefungen erfolgen wird, wahrscheinlich längs der Rißbegrenzungen, die durch den Druck der abschleifenden Zähne hervorgerufen worden sind. Wahrscheinlich schließen sich diese Risse wieder, wenn Druck und Temperatur abnehmen. So wird in dem Augenblick nach dem Schleifen die Oxydverteilung schematisch der in Abb. 12 A dargestellten entsprechen. Wird frisch abgeschliffenes Metall der anodischen Unterminierung unterworfen, so wird die Oberfläche nur kleine Fragmente rissigen Filmes oder, wahrscheinlicher, längliche Oxydbänder enthalten, die der zuletzt befolgten Schleifrichtung parallel laufen. Ist das Metall der Luft bei niedriger Temperatur vor dem Ablösen ausgesetzt, so wird der Film kontinuierlicher (s. Abb. 12 B) werden und sich bei anodischer Behandlung in definierten Stücken ablösen.

Das bei gewöhnlicher Temperatur gebildete Oxyd ist zu unregelmäßig in der Dicke, gewöhnlich ist überdies seine Menge zu gering, um Interferenzfarben zu geben. Wird das Metall jedoch an der Luft erhitzt, so erfolgt weitere Oxydation, vorzugsweise in den Vertiefungen, in denen das Oxyd vorher nur dünn oder gar nicht vorhanden war. So wird die Dicke insgesamt hinreichend, um Interferenzfarben aufzuzeigen (s. Abb. 12 C). Der überwiegende Anteil des beim Erwärmen frisch erzeugten Oxydes wird auf der Oberfläche des frisch abgeschliffenen Metalles erhalten (aus Gründen, die auf S. 107 besprochen werden). Die Oxydation erstreckt sich jedoch sowohl nach innen gegen das Metall zu als auch nach außen. Die dickeren Filme, die den Farben höherer Ordnung entsprechen, werden so das Oxyd einschließen, das unmittelbar nach dem Schleifen auf der Oberfläche entstanden ist (s. Abb. 12 D).

Wird warm angefärbtes Metall dem Vorgang der anodischen Ablösung unterworfen, so folgt das Unterminieren der Hauptebene der Phasengrenze Oxyd-Metall. Im Falle dicker Filme kann sich eine vergleichsweise glatte Oberfläche (Ebene *Z* in Abb. 12 D) ausbilden. Die Korrosion kann sich dann ihren Weg längs dieser Fläche bahnen, so daß der sich ablösende Film fast quantitativ aus Oxyd besteht. Für Filme der 1. gelben Farbordnung dagegen gibt es keine einfache Ebene, die die Phasengrenze zwischen Oxyd und Metall darstellt, es bestehen hierfür vielmehr zwei Möglichkeiten. Kann die Korrosion an der Schnittkante der Probe einsetzen, so wird sie wahrscheinlich der Ebene *Y* (s. Abb. 12 C) folgen, durch die die äußerste untere Grenze der Oxydation gegeben wird. In diesem Falle wird der sich ablösende Film sowohl Metall als auch Oxyd enthalten. Sind die Kanten dagegen geschützt, so wird der Unterminiervorgang an irgendeinem schwachen Punkt einsetzen und der unteren Ebene des homogenen Filmes folgen, jedoch niemals tiefer eindringen als der Ebene *X* (s. Abb. 12 C) entspricht. In diesem Fall wird der Film aus Metall bestehen, das frei von Oxyd ist, und wird in seiner Dicke mit der optisch gemessenen übereinstimmen. Durch diese Annahmen finden die STOCKDALEschen experimentellen Ergebnisse ihre Erklärung.

Werden Filme von gewalztem Handelseisen, das Zeilenstruktur besitzt, abgelöst, so kann das Unterminieren anstatt der Basisfläche des äußeren Eisenoxydfilmes zu folgen, irgendeinem Oxyd- oder Schlackeneinschluß folgen, der während der Herstellung entstanden und während des Walzvorganges plättchenförmig breitgedrückt worden ist. Möglicherweise wird es inneren Hohlräumen folgen, die parallel zur Oberfläche liegen. An solchem Material wird durch einen Ablösevorgang häufig eine relativ dicke Oberflächenschicht erzielt, die aber viel Metall enthält. In Fällen, in denen zwei Reihen plättchenförmiger Einschlüsse parallel zur Oberfläche liegen (Abb. 12 E), kann das Unterminieren den beiden Ebenen abwechselnd folgen, wodurch ein Filmstück mit zwei verschiedenen Dicken an verschiedenen Teilen erhalten wird (s. Abb. 12 F). Bei manchem gewalzten Material ist es fast unmöglich, durch anodische Unterminierung einen durchscheinenden Oxydfilm abzulösen, da das Unterminieren an einer etwas zu tiefen Ebene erfolgt und eine opake Haut metallischen Aussehens resultiert. Dieser Fall tritt besonders bei Materialien, wie Chrom-Nickel-Stahl, ein, bei denen die natürliche Oxydhaut hochwertig schützend und infolgedessen sehr dünn ist.

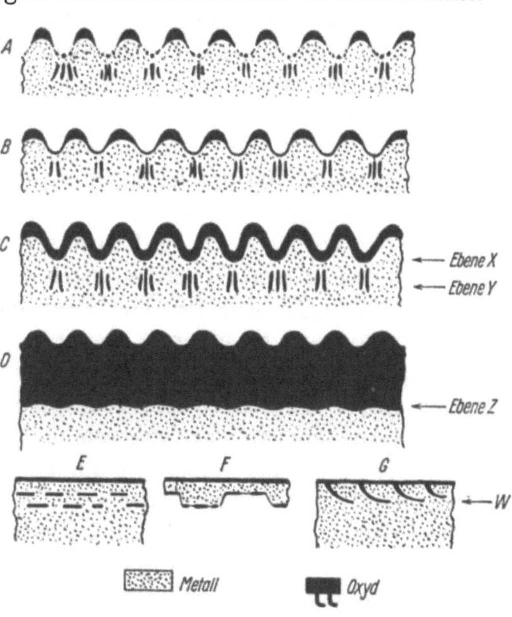

Abb. 12. Verteilung von Oxyd (schematisch).

Derartige Materialien sind durch eine hohe Affinität zum Sauerstoff ausgezeichnet. Irgendwelche kleinen Risse (intergranularer oder sonstiger Art) im ursprünglichen Gußblock werden wahrscheinlich mit Oxyd bedeckt, das beim Walzen parallel zur Oberfläche zu liegen kommt und so eine Ebene bildet (*W* in Abb. 12 G), längs der der Unterminiervorgang ablaufen kann, der zu einem opaken metallischen Film führt. Das ist wahrscheinlich der Grund dafür, warum soviel widerstandsfähige Materialien Filme von metallischem Aussehen liefern (mitunter besitzen sie durchscheinende Oxyd„fenster"). Es kann jedoch nicht der Anspruch erhoben werden, daß diese Frage etwa als völlig geklärt zu betrachten ist; erst weitere Arbeiten werden zu einer vertiefteren Klarheit führen bzw. eine Änderung in der vorstehenden Auffassung erzwingen.

Sämtliche in Cambridge unternommenen Versuche, Filme von nicht-erwärmtem 18/8 Chrom-Nickel-Stahl zu erhalten, haben zu Häuten geführt, bei denen die Oberflächenschichten der Probe weitgehend unverändert erhalten blieben. Es entstanden glänzende opake metallische Skelete, deren Inneres wie in einem hohlen Baum fortgefressen war. In jenen Versuchen[1], in denen das entsprechende Skelet durch Ablösen von Häuten auf reinem Eisen erhalten

[1] EVANS, U. R.: J. chem. Soc. **1927,** 1022.

worden war, bestanden diese hauptsächlich aus durchscheinendem Oxyd. Ein völlig ausgehöhltes Skelet, das Häute der Probe mit ihren Kanten enthielt, wurde infolge der Zerbrechlichkeit des Oxydfilmes nur in wenigen Fällen erhalten. Das Ergebnis, das mit chromatbehandeltem Eisen erzielt wurde, war jedoch eindrucksvoll und eine Entschädigung für manchen erlittenen Fehlschlag. Gewöhnliche nichtrostende Stähle (13% Chrom) liefern bei anodischer Unterminierung nach Oxydation an Luft bei gewöhnlicher Temperatur[1] Fragmente durchscheinender, metallfreier Filme.

Irgendwelches zurückbleibende Metall, das die Filme von Eisen oder weichem Stahl leicht enthalten, kann mühelos in sekundären Rost übergehen, wenn die Filme in feuchtem Zustande der Luft ausgesetzt werden. Es ist infolgedessen ratsam, schnell zu trocknen. Rost kann auch dann entstehen, wenn die Stromdichte hoch genug wird, um Eisen(III)-salz als anodisches Produkt zu liefern oder wenn Alkali von der Kathode an die Anode gelangt. In neueren Untersuchungen ist eine Lösung aus Natriumchlorid und Zinksulfat mit Zink als Kathode bei einer EK von $\leq 1{,}25$ V verwendet worden, wodurch sowohl das Auftreten von Eisen(III)-verbindungen als auch von Alkali vermieden wird. Diese Bedingungen sind auf das Übertragen der Filme auf Glas oder Nitrocellulose angewendet worden (s. weiter unten).

Bei allen Metallen werden kleine Unterschiede in den Guß- und Walzbedingungen großen Einfluß auf die Möglichkeit sauberer Abtrennung des äußeren Filmes haben können. So wechselt besonders Nickel von Probe zu Probe. Einige Bleche ergeben selbst bei dünneren Filmen völlige Freiheit von rückständigem Metall; andere wieder sind wenig zufriedenstellend und liefern nur kleine Fragmente, die viel Metall enthalten. Kupferblech[2], das der Luft bei gewöhnlicher Temperatur ausgesetzt und dann anodisch in Kaliumsulfatlösung behandelt worden ist, ergibt Filme, die sowohl viel rückständiges Metall als auch Oxyd enthalten. Die dickeren Filme dagegen, die durch „Warmfärbung" erzielt worden sind, sind nach der Isolierung weitgehend frei von Metall. Aluminium, das anodisch oder aber nach der Jodmethode[3] abgetrennt worden ist, führt zu rückständigem Metall und Oxyd; in diesem Fall führt die Chlorwasserstoffmethode zu besseren Ergebnissen.

Übertragung von Filmen auf transparente Unterlagen. Alle Filmfragmente zeigen, sofern sie in Wasser suspendiert sind, die Tendenz zum dichten Aufrollen. Dieses Verhalten, das ein interessanter Hinweis auf die inneren Spannungen ist, die in dem Oxydfilm auf dem Metall herrschen, erschwert die mikroskopischen Untersuchungen erheblich. Es ist infolgedessen erwünscht, die Filme auf einer flachen, transparenten Unterlage aufzubringen, was sich für die Filme der Interferenzfarbenreihe als praktisch erwiesen hat. Zwei Methoden sind hierfür zugänglich. Die eine[4] ist in Cambridge von STOCKDALE und in modifizierter Weise von BRITTON für die Entfernung von Oxydfilmen auf Nickel angewendet worden. Das warm angefärbte Nickel wird der anodischen Behandlung unterworfen, bis der Film durch Unterminieren *losgelöst* ist, aber noch nicht das Metall verlassen hat. Nunmehr wird die Probe gegen Glas oder Cellophan gepreßt, das mit festhaftendem Nitrocelluloselack bedeckt ist. Ist

---

[1] EVANS, U. R. u. J. STOCKDALE: J. chem. Soc. **1929**, 2658.

[2] EVANS, U. R.: Nature **123** (1929) 16.   [3] EVANS, U. R.: J. chem. Soc. **1927**, 1039.

[4] EVANS, U. R. u. J. STOCKDALE: J. chem. Soc. **1929**, 2652.

der richtige Grad für die Lockerung des Filmes, für die Klebrigkeit des Lackes und ist weiterhin der richtige Druck vorhanden, dann wird die Übertragung auf die transparente Unterlage erfolgreich vor sich gehen. Bei der anderen Methode[1], die in Cambridge von K. G. Lewis zur Erzielung von Eisenfilmen angewendet wird, wird ein Streifen einer *dünnen* Eisenfolie bis zu dem gewünschten Punkte oxydiert und ein kleines Stück dünnen Glases oder gewachsten Papiers (das als „Unterlage" gedacht ist) auf die Außenseite des Filmes gelegt, *ehe* er abgelöst wird. Die übrigen Teile der Probe werden mit gewachstem Papier oder mit Wachs bedeckt, ausgenommen ein dünner Streifen längs der *anderen* Seite der Folie gegenüber der Unterlage, wie Abb. 13 erkennen läßt.

Bei anodischer Behandlung legt die Korrosion einen Schnitt in das Material und breitet sich, nachdem sie den Film auf der Gegenseite getroffen hat, seitlich aus und legt ihn wie ein Fenster im opaken Metall frei. Im richtigen Augenblick wird die Unterlage und mit ihr das Filmfenster fortgenommen. Lewis präparierte so von Eisen, das für eine bestimmte Zeit auf verschiedene Temperaturen gebracht worden war, eine Serie von Eisen(III)-oxydfilmen (Größe eines jeden einzelnen Filmes: etwa 10×3 mm). Die ganze Reihe zeigt deutlich die Art und Weise, in der die Filmdicke mit der Bildungstemperatur ansteigt[2].

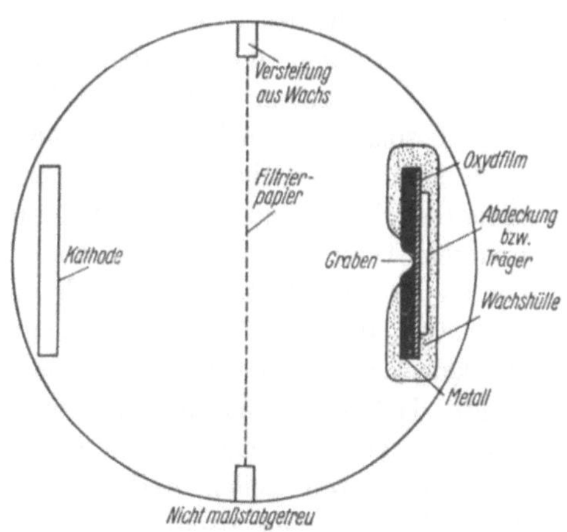

Abb. 13. Methode zur Ablösung des Filmes durch Unterminieren von der Rückseite des Bleches aus. (Nach K. G. Lewis und U. R. Evans.)

Ist das Metall flüssig, so ist die Übertragung dadurch vereinfacht. Es ist leicht, den Oxydfilm fortzubewegen, der für die schöne Farbe verantwortlich ist, die auf einer reinen Oberfläche von geschmolzenem Blei in Gegenwart von Luft auftritt. Ein Glimmerstreifen oder dünnes Glas wird unter geeignetem Winkel in das geschmolzene Metall eingeführt, dann gehoben und seitwärts fortgezogen, so daß das flüssige Metall zwischen der Unterlage und dem Film ablaufen kann. Dieser ist auf der durchscheinenden Unterlage sicher befestigt, wobei Kügelchen von Metall zwischen Film und Unterlage eingeschlossen sind[3]. Die Silberjodidfilme sind von Bannister auch auf mechanischem Wege entfernt worden; er setzte eine dünne Silberfolie dem Joddampf aus und befestigte dann die gefärbte Seite auf einem Glasplättchen mit Hilfe von Nitrocelluloselack. Nach dem Festwerden wurde das Silber beseitigt, wobei

---

[1] Lewis, K. G. u. U. R. Evans: Chem. Ind. **13** (1935) 128. Neuere Arbeiten haben gezeigt, daß geringere Stromdichten empfehlenswert sind.

[2] Die nach der Lewisschen Methode übertragenen Filme sind nicht völlig frei von Hydroxyd. Ein verbessertes, auf dem gleichen Prinzip beruhendes Verfahren gestattet eine *saubere* Übertragung von Filmen, die in der Wärme auf Eisen bzw. Nickel erhalten worden sind, auf *Celluloid*. Die Beziehung zwischen der Farbe der Filme vor und nach der Überführung ist mit den optischen Prinzipien in Einklang. Hinsichtlich Einzelheiten siehe U. R. Evans: Rep. Corrosion Comm. Iron Steel Inst. **5** (1938).

[3] Evans, U. R.: Pr. Roy. Soc. A **107** (1925) 231. — Miley, H. A. u. U. R. Evans: Chem. Ind. **14** (1936) 31.

der transparente Jodidfilm zurückbleibt, der noch auf dem Glas seine Färbung zeigt.

Filme transparenter Substanz zeigen ihre Farbe auch noch nach der Isolierung. Bleioxydfilme z. B., die auf Glas oder Glimmer in der beschriebenen Weise aufgebracht sind, zeigen wunderschöne Farben. Die Farben eines gewöhnlichen Filmes sind im durchscheinenden Licht komplementär zu den im reflektierten Licht erhaltenen. Nickeloxyd ist gleichfalls transparent; wenngleich es schwierig ist, in dem „übertragenen" Film im durchscheinenden Licht Farben zu sehen, sind diese doch im reflektierten Licht deutlich erkennbar, besonders dann, wenn der Film gegen einen schwarzen Hintergrund gerichtet wird. Die Farbe des abgelösten Filmes ist nahezu, jedoch nicht völlig, komplementär derjenigen, die auf dem auf Metall befindlichen Film erhalten wird. Diese Beobachtungen stimmen mit der optischen Theorie überein (s. S. 707, 710).

Isolierung schützender Filme von anodisch behandeltem Aluminium. Die durch anodische Behandlung in Chrom- oder Schwefelsäure auf Aluminium erzeugten Filme sind im Hinblick auf ihren schützenden Charakter von besonderem Interesse. Die Filme sind im abgelösten Zustand studiert worden. SUTTON und WILLSTROP[1] verwendeten trocknen, gasförmigen Chlorwasserstoff (s. S. 56). WERNICK[2] beschreibt eine einfache Methode unter Verwendung von Quecksilber. Die Schutzschicht wird örtlich entfernt. Der dadurch freigelegte Teil wird hierauf für 1 min in gesättigte Quecksilberchloridlösung gebracht, dann in metallisches Quecksilber eingetaucht, von dem etwas an den bloßgelegten Teilen haften bleibt, und endlich in destilliertes Wasser (der freigelegte Teil nach oben) eingebracht. Das Quecksilber wirkt unter der Oxydoberfläche fort, die nach einigen Stunden unterminiert ist und in großen Stücken abgelöst werden kann. Die Stücke sind groß genug, um mit einer Zange angefaßt zu werden; sie werden auf Filtrierpapier getrocknet. Nach WERNICK besteht der Film im wesentlichen aus Aluminiumoxyd, dessen Hydratisierungsgrad von den Bildungsbedingungen abhängig ist. SUTTON und WILLSTROP stellten fest, daß ihre Filme etwas siliciumhaltig waren[3]. BANNISTER[4] konnte nachweisen, daß die durch anodische Behandlung im Phosphatbad erhaltenen Filme kleine und wechselnde Beträge von Phosphat enthalten; wahrscheinlich handelt es sich hierbei nicht um einen wesentlichen Bestandteil der Filme, sondern lediglich um eine mechanische Beimengung.

Eine schon vor längerer Zeit durchgeführte Isolierung eines anodisch erhaltenen Filmes geht auf LIEBREICH und WIEDERHOLT[5] zurück, die den Film auf Aluminium durch anodische Behandlung in Natriumhydroxydlösung erhielten, hierauf den Strom umkehrten, worauf infolge der kathodischen Behandlung die Ablösung des Filmes bei gleichzeitiger Wasserstoffentwicklung erfolgte.

Andere Beispiele für die Ablösung von Filmen. KUTZELNIGG[6] behandelte ein quadratisches Stück einer Zinnfolie in 10%iger Eisen(III)-chloridlösung. Hierbei wird das Metall fortgelöst, wobei ein kohärenter Film zurückbleibt,

---

[1] SUTTON, H. u. J. W. W. WILLSTROP: J. Inst. Met. **38** (1927) 259.

[2] WERNICK, S.: J. Electrodepositers' Soc. **9** (1933/1934) 163.

[3] H. RÖHRIG [Korr. Met. **10** (1934) 135] gibt an, daß diese Siliciumeinschlüsse oftmals Stellen für den Zusammenbruch des Filmes sind.

[4] BANNISTER, L. C.: J. chem. Soc. **1928**, 3166.

[5] LIEBREICH, E. u. W. WIEDERHOLT: Z. Elektroch. **31** (1925) 14.

[6] KUTZELNIGG, A.: Z. anorg. Ch. **202** (1931) 418.

der die Form der Probe besitzt. Der Film erweist sich als unlöslich in Salpetersäure, jedoch löslich in Salzsäure. Er gibt die Reaktion des vierwertigen Zinns. Vermutlich handelt es sich um Zinndioxyd. BRENNERT[1] hat eine Methode ausgearbeitet, die auf der Verwendung von gasförmigem Chlor bei 150° beruht, wodurch das Zinn als Zinntetrachlorid entfernt wird.

TAMMANN und ARNTZ[2] beschreiben eine interessante Methode zur Sichtbarmachung der auf Silber gebildeten Filme: sie bringen einen Tropfen Quecksilber auf die Oberfläche, der sich unter dem Film ausbreitet und ihn so von seiner metallischen Unterlage abhebt. Der Film selbst erscheint als ein dunkler Überzug auf den Rändern des Quecksilbertropfens, der in seiner Mitte völlig glänzend ist.

BENGOUGH, JONES und PIRRET[3] erkannten die Möglichkeit, die Oberflächenschichten auf Messingrohren mit Hilfe von Ammoniumchloridlösung zu unterminieren und abzulösen. Diese Schichten bestehen aus Metall mit eingesprengtem Oxyd. ARENDT[4] beschreibt die Isolierung eines teilweise metallischen Filmes von Zink durch Eintauchen in verdünnte Schwefelsäure, wodurch das Metall von innen her korrodiert; es hinterbleibt ein Skelet, das dem Aussehen nach auf der Innenseite Hydroxyd-, auf der Außenseite Metallcharakter hat. In Versuchen, die EVANS[5] mit gewalztem Zink in Natriumchlorid oder Kaliumsulfat angestellt hat, ist eine ähnliche Tendenz zu innerer Korrosion erkennbar gewesen; die Oberflächenschichten wurden unterminiert und brachen in Form von Fetzen ab. Die BENEDICKSsche Methode, die auf Eisen erzeugten Filme durch alkoholische Salpetersäure sichtbar zu machen, wird auf S. 322 beschrieben.

Die Möglichkeit, Filme zu isolieren, ist nicht auf Oxyd- und Jodidfilme beschränkt. GRAY und THOMPSON[6] haben auf Eisen durch Erhitzen in Stickstoff einen Nitridfilm erhalten und das darunterliegende Eisen darauf in $^1/_2$ n-Salzsäure fortgelöst; es hinterblieb ein gelblichweißes, in verdünnter Säure unlösliches Häutchen.

Verhalten von Eisenoxydfilmen gegenüber Säuren. Eisen kann durch anodische Behandlung bei hoher Stromdichte in verdünnter Schwefelsäure in passivem Zustande erhalten werden. Vor einigen Jahren war man jedoch noch der Ansicht, daß solche Fälle von Passivität nicht auf das Vorhandensein eines Oxydfilmes zurückgeführt werden könnten, da, so wurde argumentiert, das Oxyd in der sauren Flüssigkeit aufgelöst werden müßte. Tatsächlich ändert sich vor dem Passivwerden der Anode die Zusammensetzung der Flüssigkeit in der Nähe des Metalles erheblich im Sinne einer Abnahme des sauren Charakters, und zwar sowohl durch eine Fortwanderung von Wasserstoffionen von der Oberfläche, als auch durch Abscheiden von festem Salz. In jedem Fall aber ist der Tatbestand, der auf diese Feststellung gegründet wurde, kaum zutreffend, da Filme von Eisen(III)-oxyd *nicht* rasch durch verdünnte Schwefelsäure aufgelöst werden.

---

[1] BRENNERT, S.: Dissert. Stockholm 1935.
[2] TAMMANN, G. u. F. ARNTZ: Z. anorg. Ch. **192** (1930) 45.
[3] BENGOUGH, G. D., R. M. JONES u. R. PIRRET: J. Inst. Met. **23** (1920) 80, 153.
[4] ARENDT, E.: C. r. **199** (1934) 142.
[5] EVANS, U. R.: J. Soc. chem. Ind. Trans. **45** (1926) 42.
[6] GRAY, H. H. u. M. B. THOMPSON: J. phys. Chem. **36** (1932) 905.

In Cambridge[1] wurden zur Demonstration dieser Tatsache einige Versuche an Eisen durchgeführt, das mit einem *sichtbaren* Film bedeckt war. Das Eisen wurde durch Abschleifen gereinigt, hierauf erwärmt, um die Farbe der ersten Ordnung zu erhalten, und in $^1/_{10}$ molarer Schwefelsäure untersucht. Die Farben ändern sich hierbei schnell und verschwinden bald völlig. Selbst $^1/_{500}$ molare Säure führt zu einer merklichen Dickenabnahme des Filmes im Verlaufe von etwa 1 min. Dieser Vorgang scheint dahingehend deutbar zu sein, daß die Säure die Fähigkeit besitzt, den aus Eisen(III)-oxyd aufgebauten Film zu zerstören. Wird der Versuch jedoch mit Eisen wiederholt, das bis zum Auftreten dickerer Filme (Farben oberhalb der 2. Ordnung) erhitzt worden ist, so zeigt es sich, daß durch $^1/_{10}$ molare Säure eine Ablösung des Filmes, offenbar infolge Angriffes auf das Metall an der Basisfläche der Filme herbeigeführt werden kann. Es zeigt sich, *daß die lösende Wirkung praktisch aufhört, sobald die Oxydfetzen aus dem elektrischen Kontakt mit der metallischen Basis gekommen sind.* Tatsächlich können sie in $^1/_{10}$ molarer Säure 18 Tage lang aufbewahrt werden, ohne daß sie ihre Form verlieren, während sie allmählich an Ort und Stelle der Bildung aufgezehrt werden. Offenbar ist die *direkte* lösende Wirkung der Säure auf Filme von Eisen(III)-oxyd so langsam, daß sie zu vernachlässigen ist. Die *rasche* Zerstörung der Filme in elektrischem Kontakt mit dem Eisen ist wahrscheinlich auf einen Reduktionseffekt zurückzuführen. Zweifellos ist an jedem Riß in dem Film ein Element der Form

Eisen(III)-oxyd / Säure / Eisen

wirksam, wobei das Eisen(III)-oxyd als Kathode, das metallische Eisen als Anode wirkt. Die kathodische Reduktion des Eisen(III)-oxydes führt zu Eisen-(II)-oxyd, das schnell in der Säure verschwinden wird (Oxyde vom Typ MeO reagieren im allgemeinen rascher als solche vom Typ Me_2O_3). Das erklärt die fast augenblickliche Zerstörung der dünneren Filme (der 1. Farbordnung), wenn gefärbtes Metall in verdünnte Säure eingetaucht wird; das Ablösen des dickeren Filmes ist leicht verständlich, da das vorstehend genannte Element die Auflösung des Materiales an der Basisfläche des Filmes hervorrufen wird, dessen oberer Teil demzufolge abgelöst werden wird.

Wenn diese Erklärung richtig ist, so sollte es möglich sein, die Reduktion von Filmen durch Gegenwart eines oxydierenden Mittels zu verhindern (und so seine Zerstörung hintanzuhalten). Diese Erwartung konnte experimentell bestätigt werden. Es gelang festzustellen, daß $^1/_{100}$ molare Schwefelsäure, der $^1/_{10}$ molare Chromsäure zugesetzt worden ist, keine Veränderung an gefärbtem Eisen hervorruft, während $^1/_{100}$ molare Schwefelsäure (*ohne* Zusatz von Chromsäure) bereits innerhalb von 5 sec eine merkliche Veränderung und innerhalb 1 min eine völlige Zerstörung der früheren Farbe hervorruft. Eine andere zweckvolle Methode zur Vermeidung der kathodischen Reduktion besteht darin, die gefärbten Proben als Ganzes der *anodischen* Behandlung zu unterwerfen. Dabei ist es notwendig, die Probe mit der elektrischen Stromquelle zu verbinden, ehe sie in das Säurebad eingeführt wird, da andernfalls die Farbe zerstört wird, ehe die anodische Behandlung überhaupt einsetzt. Wird Eisen der 1. Farbordnung mit dem Augenblick seines Einsetzens in die Säure zur Anode gemacht, so tritt keine Korrosion und keine Farbänderung ein. Die Probe

---

[1] EVANS, U. R.: J. chem. Soc. **1930**, 480.

verhält sich wie eine passive Anode, wobei Sauerstoff gasförmig in reichlichem Maße entwickelt wird. Tatsächlich kann der Strom für den Bruchteil von 1 sec (mitunter sogar für mehrere Sekunden) unterbrochen werden, ohne daß die Passivität aufhört oder aber die Farbe zerstört wird. In diesem Falle beginnt die Entwicklung von Sauerstoff wieder, sobald der Strom erneut eingeschaltet wird. Bei einer längeren Unterbrechung des Stromes wird die Farbe jedoch zerstört, wobei blankes darunterliegendes Eisen freigelegt wird. In solchen Fällen beginnt die gewöhnliche anodische Auflösung (ohne Entwicklung von Sauerstoff), sobald der Stromschluß wiederhergestellt worden ist[1]. Eine Anode, die entsprechend der Ausbildung der 2. Farbordnung erwärmt worden ist, verhält sich ähnlich: eine Stromunterbrechung selbst von 15 sec führt zu keiner völligen Zerstörung des Filmes, wenngleich dadurch der Angriff des Eisens an gewissen Punkten ermöglicht wird. Durch eine ganze Reihe derartiger Unterbrechungen mit dazwischengeschalteten Perioden des Stromdurchganges kann eine völlige Unterminierung des Filmes herbeigeführt werden, der sich in den charakteristischen, sich zusammenrollenden Plättchen ablöst. Wie üblich, bleibt der Oxydfilm in der Säure für Stunden unverändert, sobald der Kontakt mit der metallischen Unterlage unterbunden ist.

Die beschriebenen Experimente zeigen, daß sich *sichtbare* Filme auf der Eisenoberfläche *unter anodischen Bedingungen völlig stabil in Säure verhalten.* Weiterhin sind Versuche mit einer ungefärbten Anode durchgeführt worden, die in verdünnter Schwefelsäure unter Anwendung hoher Stromdichte passiviert worden war. Auch in diesem Falle zeigte es sich, daß eine gewisse kurzfristige Unterbrechung des Stromes ohne Verlust der Passivität möglich ist, daß jedoch längere Unterbrechungen dem Metall seine Fähigkeit wiedergeben, bei geringen Stromdichten in Lösung zu gehen. Es ist schwierig, den Schluß zu umgehen, daß beide Fälle anodischer Immunität durch Oxydfilme bedingt sind, wenngleich der Film bei dem nichterwärmten Eisen zu dünn ist, um Interferenzfarben zu geben.

Isolierung von Filmen, die für die anodische Passivität in sauren Lösungen verantwortlich sind. Die Analogie im Verhalten von sichtbaren und unsichtbaren Filmen gab die Anregung zur Ausbildung der Methode der Filmisolierung bei Metallen, die durch anodische Behandlung in verdünnter Schwefelsäure passiv gemacht werden können. Ausgehend von dem Verhalten der sichtbaren Filme sollte es lediglich notwendig sein, den Strom zu unterbrechen und ihn gerade in demjenigen Augenblick wieder einzuschalten, in dem der Film an einem und nur einem Punkt zerstört worden ist. Unter der Annahme, daß der richtige Augenblick gewählt worden ist, wird der erneute anodische Angriff den übriggebliebenen Film unterminieren, ihn dadurch zum Ablösen bringen und somit sichtbar machen. Die Tatsache jedoch, daß der Film vor seiner Ablösung unsichtbar ist, macht es schwierig, den „richtigen Augenblick" zu erkennen. Infolge der geringen Dicke der unsichtbaren Filme sind Fehler in dieser Richtung entschuldbar. Ein einfaches elektrolytisches Element, das für die Anbringung einer schrägen Anode geeignet ist, wurde auf dem Tisch eines binokularen Mikroskopes aufgebracht. Nach einigen Fehlschlägen konnten die geeigneten

---

[1] Die Wiederherstellung der Aktivität kann auch daran erkannt werden, daß bei gleicher EK ein etwa doppelt so starker Strom durch das Element hindurchgeht, was auf die Änderung des Anodenpotentials zurückzuführen ist.

Arbeitsbedingungen ermittelt werden[1]. Ein charakteristischer Versuch sei nachstehend beschrieben: Eine Probe von blankem Eisen wird der anodischen Behandlung in 1 n-Schwefelsäure bei einer EK von 6 V unterworfen. Das Material ist zuerst aktiv, wird jedoch bald unter Entwicklung von Sauerstoff passiv. Wird nun der Stromdurchgang für kurze Zeit unterbrochen und hierauf wiederhergestellt, so wird die Anode wieder aktiv, wobei Eisen in Lösung geht. Bei Wiederholung des Versuchsganges stellt sich erneut Passivität ein, so daß das Eisen auf diesem Wege abwechselnd aktiv und passiv gemacht werden kann.

Die mikroskopische Untersuchung zeigt nun, daß die Anode während der passiven Perioden völlig glänzend ist. Setzt der Strom jedoch nach geeigneter Unterbrechung erneut ein, so zieht eine ganze Reihe *horizontaler fransenförmiger Schatten über die Oberfläche, die von den Falten eines dünnen Oberflächenfilmes herrühren.* Dieser Film muß bereits während des passiven Zustandes in optischem Kontakt mit dem Metall vorgelegen haben, wird aber erst in dem Augenblick sichtbar, in dem das Metall plötzlich unter ihm fortgelöst wird. Bei abwechselndem Ein- und Ausschalten des Stromes (bei Änderung der EK zwischen 4 und 6 V) ist es möglich, den transparenten Film unbeschädigt über größere Flächenteile von der Anode abzulösen. Die stromlosen Zeiten dienen zur Erzeugung der örtlichen Fehler in der Haut, die für den Beginn des Unterminierens erforderlich sind. Unter dem Einfluß des Stromes wird dann das Metall unter der Haut fortgelöst. Diese letztere Periode hat aber auch weiterhin die Aufgabe, die Zerstörung des Filmes infolge Reduktion zu Eisen(II)-oxyd durch die lokalen Elemente

$$\text{Eisen / Säure / Oxyd}$$

zu verhüten. An Stellen, an denen der Film zu fest am Metall haftet, ist es erforderlich, die Filmsubstanz durch Ausschalten des Stromes zu zerstören und damit diesen lokalen Elementen ihre Wirksamkeit zu lassen.

Der von anodisch in Säuren passiviertem Eisen isolierte Film ist weniger leicht aufzubewahren als der von lufterhitztem Eisen erhaltene. Die Bruchstücke knütteln sich zusammen und verflechten sich, während sich in einigen Fällen der von der Anode ablösende Film in langen dichten Rollen „wie ein Teppich" aufrollt; bei geringer Vergrößerung kann er fälschlich für Fasern gehalten werden. Obgleich die Filme mechanisch schwach sind, sind sie doch chemisch widerstandsfähig und können eine Stunde in normaler Schwefelsäure überdauern, vorausgesetzt, daß sie frei von metallischem Eisen sind. Einige Eisenproben ergeben ein Häutchen mit opaken Metalleinschlüssen; um diese Einschlüsse herum scheint der Film in der Säure zu verschwinden, was auf die bereits erwähnten lokalen Elemente zurückzuführen ist.

Die mitgeteilten Ergebnisse bestätigen die Ansicht von HEDGES[2], wonach *anodische Passivität, ebenso wie die anderen Typen der Passivität, auf schützende Filme zurückgeführt werden kann.* Die Tatsache, daß Schwefelsäure sowohl zur Erzeugung des Filmes als auch während seiner Isolierung verwendet wird, erledigt einen der auch in gewissen anderen Fällen vorgebrachten Einwände, die dahin zielen, daß der Film nicht auf die Einwirkung derjenigen Flüssig-

---

[1] EVANS, U. R.: Nature **126** (1930) 130. Bestätigt durch W. J. MÜLLER: Korr. Met. 8 (1932) 255. W. J. MÜLLER u. E. LÖW [Z. Elektroch. **39** (1933) 878] haben eine etwas ähnliche Methode zur Ablösung der in Luft auf Nickel gebildeten Filme benutzt.

[2] HEDGES, E. S.: J. chem. Soc. **1928**, 976.

keit zurückzuführen ist, von der einerseits angenommen wird, daß sie ihn hervorruft, sondern daß er vielmehr auf der Einwirkung derjenigen Flüssigkeit beruht, die nach anderer Ansicht zu seiner Entfernung dient. Es ist klar, daß ein solcher Einwand seine Bedeutung verliert, wenn die Flüssigkeit in beiden Fällen die gleiche ist.

Zusammensetzung von Oxydfilmen auf Eisen. Die Zusammensetzung des auf Eisen gebildeten Oxydfilmes hängt von seinen Bildungsbedingungen ab. Wie auf S. 105 auseinandergesetzt wird, besteht der dicke Überzug, der beim heftigen Erhitzen an Luft gebildet wird, im allgemeinen aus drei Schichten, die angenähert den Zusammensetzungen Fe_2O_3, Fe_3O_4 und FeO entsprechen. Die innerste (aus FeO bestehende) Schicht fehlt jedoch bei Filmen, die unterhalb $575°$ entstanden sind. Der dünne Film, der an Luft bei Zimmertemperatur (unsichtbar, solange er sich auf dem Metall befindet) gebildet wird, besteht, wie nach dem Ablösen festgestellt werden kann, aus Eisen(III)-oxyd mit einigen metallischen Einschlüssen. Der für die Interferenzfarben verantwortliche Film[1] ist gleichfalls aus Eisen(III)-oxyd aufgebaut, jedoch wird er in den Fällen höherer Farbordnung von einem transparenten Magnetitüberzug überlagert, der sehr dick im Falle stark erhitzten Eisens ist. In neuerer Zeit kam SMITH[2] mit Hilfe der Methode der Elektronenbeugung zu abweichenden Schlüssen. So konnte er feststellen, daß die durch Erhitzen von poliertem Eisen an Luft erhaltenen Filme wahrscheinlich aus Magnetit bestehen. In der Tat geben γ-Eisen(III)-oxyd und Magnetit die gleichen Beugungsbilder. Eine gewisse Änderung des Bildes wird jedoch durch Erhitzen auf $600°$ hervorgerufen, die der Oxydation des Magnetits zu Hämatit zugeschrieben wird. Nach Ansicht von U. R. EVANS ist die Änderung des Bildes nicht hinreichend dafür, die chemisch begründete Ansicht aufzugeben, wonach die Farbe durch Eisen(III)-oxydfilme verursacht wird.

Der Film auf einer in Schwefelsäure passivierten Anode muß einen gewissen Überschuß an Sauerstoff enthalten, wie auf S. 18 erklärt worden ist, wenn er der Reduktion und Auflösung entgehen soll. Es erscheint am richtigsten, diese Filme als Eisen(III)-oxyd mit gelöstem Sauerstoff aufzufassen, jedoch ist die Existenz eines definierten höheren Oxydes nicht entschieden. Die durch Eintauchen in eine Chromatlösung erhaltenen Filme werden auf S. 308, die in Salpetersäure enthaltenen auf S. 321 beschrieben.

BANCROFT und PORTER[3] sind der Ansicht, daß der auf passivem Eisen vorhandene Film stets von derselben Natur ist, unabhängig von der Art der Passivierung. Sie nehmen in Übereinstimmung mit BENNETT und BURNHAM[4] an, daß er aus dem höheren Eisenoxyd FeO_3 besteht, das durch Adsorption

---

[1] EVANS, U. R.: J. chem. Soc. **1927**, 1027; Nature **120** (1927) 584. — EVANS, U. R. u. J. STOCKDALE: J. chem. Soc. **1929**, 2656.

[2] SMITH, N.: J. Am. Soc. **58** (1936) 173.

[3] BANCROFT, W. D. u. J. D. PORTER: J. phys. Chem. **40** (1936) 37. Es ist eine Tatsache, daß sämtliche Typen von passivem Eisen in Salpetersäure der Dichte 1,2 das gleiche Potential besitzen. Es ist jedoch wahrscheinlich, daß in einem derartigen System die Konzentration der Salpetersäure das Potential einer inerten Elektrode bestimmen wird, und daß der Oberflächenzustand der Elektrode weitgehend mit dem Oxydationsvermögen der Lösung übereinstimmen wird. Insofern haben die Messungen wahrscheinlich nur geringe Beziehung zu dem Zustand des Filmes vor dem Eintauchen.

[4] BENNETT, C. W. u. W. S. BURNHAM: Trans. Am. electrochem. Soc. **29** (1916) 217.

stabil gemacht worden ist. Mit dem Ablösen wird es instabil, verliert Sauerstoff und geht in Fe_2O_3 über. Es werden noch weitere Beweise erbracht werden müssen, ehe diese Hypothese der Zersetzung während des Ablösevorganges als gesichert angesehen werden kann. Die getreue Abbildung der Oberflächeneigentümlichkeiten des ursprünglichen Metalles sowie die überraschende Festigkeit des isolierten Filmes lassen auf keine Zersetzung schließen, die sicherlich eine Auflösung begünstigen würde. Die Annahme von einem durch Adsorption stabilisierten Film hat unabhängig auch COLOMBIER[1] entwickelt, um die Passivität von Nickel in Säure zu erklären, die, so wird angenommen, Nickeloxyd in seiner gewöhnlichen Form auflösen würde.

3. Zusammenbruch von Oxydfilmen.

Die den Zusammenbruch bestimmenden Faktoren. Die Entscheidung, ob ein Stück eines filmtragenden Metalles sich gegenüber einer vorgegebenen Lösung passiv oder aktiv verhält, hängt wesentlich von dem „schwächsten Punkt" der Oberfläche ab. Für den Zusammenbruch eines Filmes sind drei Faktoren bestimmend:

1. die örtliche Kontur der Oberfläche;
2. die Filmdicke;
3. die Natur der Lösung.

Zu 1. Einfluß der Kontur. Wie schon ausgeführt, erfordert grob abgeschliffenes Eisen eine wesentlich längere Expositionszeit an Luft, um gegenüber Kupfernitratlösung passiv zu werden, als fein abgeschliffenes Material. Wird die Oberfläche nach Eintreten der Passivität lokal mit einer Kerbe scharf geritzt und hierauf mit Kupfernitrat behandelt, so wird Kupfer sofort längs des Ritzes abgeschieden. Geringe Vertiefungen jedoch, die mit einer Diamantschneide, einer Stahlspitze oder einem weichen Achatstichel hervorgerufen werden, sind relativ unwirksam im Hinblick auf eine Kupferabscheidung[2].

Gewöhnliche Korrosion durch eine Dampfatmosphäre erfolgt weniger leicht an glatten als an rauhen Oberflächen, nicht selten werden Kratzer durch die Korrosion bevorzugt. BENGOUGH[3] hat bei seinen ausgedehnten Korrosionsarbeiten mit bearbeiteten Metallproben, die stets völlig in die angreifende Lösung eingetaucht wurden, wiederholt den Beginn des Angriffes an Kanten feststellen können. Versuche, die EVANS durchgeführt hat, sind im Ergebnis ähnlich. Bei der Korrosion von Proben, die aus dünnen Blechen geschnitten und in Salzlösung eingetaucht werden, erfolgt häufig selbst dann ein bevorzugter Angriff an den Schnittkanten, wenn die Fläche kurz vorher abgeschliffen worden ist.

Besonders schroff aus der Oberfläche herausragende Punkte scheinen bevorzugt empfindlich gegenüber dem korrosiven Angriff zu sein, selbst nach einer Oxydation an Luft, die hinreichend ist, um den Angriff an dem Flächenteil der Oberfläche unwahrscheinlich zu machen. Vielleicht geben die nachfolgenden

---

[1] COLOMBIER, L.: Dissert. Nancy 1936, S. 75, 88.

[2] EVANS, U. R.: J. chem. Soc. 1929, 99.

[3] Siehe zum Beispiel G. D. BENGOUGH: Chem. Ind. 11 (1933) 235. — Siehe hierzu die Untersuchungen über die bevorzugte Korrosion an Störungsstellen von E. PIETSCH und Mitarbeitern (1930) und deren theoretische Begründung. Literatur siehe S. 12 Fußnote 1.

Ausführungen hierfür eine Begründung. Einfache Rechnungen über das spezifische Gewicht der Metalle und ihrer Oxyde ergeben, daß im Falle der Oberflächenoxydation eines schweren Metalles der nicht zusammengedrückte Oxydfilm ein größeres Volumen einnehmen würde als das zu seiner Bildung verbrauchte Metall. Infolgedessen muß die Oxydation eines Metalles *in situ* einen Film mit *seitlicher Verdichtung* erzeugen. Die Atome werden unnatürlich eng in Richtung parallel zur Oberfläche liegen (dieser Seitendruck äußert sich in dem Auftreten von Runzeln oder in einer Ausdehnung des Filmes in dem Augenblick, in dem er seine Bewegungsfreiheit erhält; im Falle des oxydierten Zinkes ist die Größe des seitlichen Druckes durch FINCH und QUARRELL[1] mit Hilfe der Methode der Elektronenbeugung ermittelt worden). Jeder derartige seitliche Druck muß den Film weniger durchlässig machen, als das bei seinem Fehlen der Fall sein würde. Der Druck parallel zur Oberfläche wird kompensiert durch eine Ausdehnung senkrecht zur Oberfläche. An einer stark konvexen Stelle wird die örtliche Oxydation des Metalles die Atome zu einer radial nach außen gerichteten Orientierung zwingen, so daß sie sich in einer längeren Front anordnen werden, wodurch der seitliche Druck an diesen Stellen geringer als an der planen Oberfläche wird. So wird der schützende Charakter des Filmes an herausragenden Stellen geringer sein als an irgendeiner anderen Stelle, unabhängig davon, über wie lange Zeit die Oxydation ausgedehnt wird[2].

Die bevorzugte Korrosion an Schnittkanten mag teilweise auf derartige Ursachen zurückzuführen sein, sie kann aber auch auf Spannungen beruhen, die vom Schneiden des Metalles herrühren, und die die Ausbildung von Rissen begünstigen, und zwar nicht nur in dem an Luft gebildeten Film, sondern auch in jeder Schicht eines Korrosionsproduktes, das sonstwie zur Hemmung des Korrosionsvorganges beiträgt. Überdies werden solche Spannungen selbst in Abwesenheit eines Filmes das Gitter verzerren und damit die Stabilität des Metalles herabsetzen. Die Energie, die zum Entfernen eines Atoms von einem derartigen „Vorsprung" erforderlich ist — wo es mit anderen Atomen lediglich noch auf einer Seite in Kontakt steht —, ist verschieden von der zur Entfernung eines Atoms aus einer ebenen Oberfläche erforderlichen[3]. Es scheint deshalb, daß an herausragenden Punkten, Schnittkanten, Kratzern und ähnlichen Gebilden eine Reihe von Faktoren wirksam sind, die sämtlich im Sinne einer Erhöhung der Angriffswahrscheinlichkeit liegen[4].

Zu 2. Einfluß der Filmdicke. Bei der Beschreibung des Vorganges der Ablösung eines Filmes nach der Jodmethode ist darauf hingewiesen worden,

---

[1] FINCH, G. I. u. A. G. QUARRELL: Pr. phys. Soc. **46** (1934) 148; Pr. Roy. Soc. A **141** (1933) 398.

[2] W. J. MÜLLER [Korr. Met. **11** (1935) 31] nimmt an, daß der Zusammenbruch des Filmes auf einen kolloiden Lösungsvorgang der Filmsubstanz zurückzuführen ist, die durchlässiger wird und damit einen größeren Teil der metallischen Oberfläche dem Angriff aussetzt. Eine derartige Änderung ist wahrscheinlicher, wenn sich der Film bereits im Spannungszustand befindet bzw. wenn er nicht dem Druck ausgesetzt ist.

[3] Siehe hierzu insbesondere die quantitativen Untersuchungen über den Energiebedarf zum Einbauen und Abtrennen von Gitterbausteinen in Abhängigkeit von ihrer Lage (Fläche, Kante, Ecke) durch I. STRANSKI und seine Mitarbeiter. Vgl. I. N. STRANSKI: Acad. Sci. de l'URSS. **1937**, 185. Dort befindet sich eine eingehende Literaturzusammenstellung zu der dort behandelten Frage über „Neue Erkenntnisse über die Vorgänge beim Krystallwachstum und bei der Krystallkeimbildung" (der Übersetzer).

[4] Siehe hierzu auch Fußnote 3 auf S. 70.

daß das Metall bei einigen Proben durch das Jod nur dort angegriffen wird, wo der Film längs eines Kratzers entfernt worden ist, während der Angriff in anderen Fällen von zahlreichen Stellen, wahrscheinlich den „zufällig schwächsten Punkten" im Filme, ausgeht. Vergleiche der in Luft gebildeten Filme ergeben, daß der gegen Jod widerstandsfähigste Film der „subgelbe" unsichtbare Film ist, der durch ein zur Ausbildung der gelben Farbe gerade noch unzureichendes Erwärmen entstanden ist. Der gleiche „subgelbe" Film weist unter den Prüfbedingungen ein Widerstandsmaximum gegenüber Kupfernitratlösung auf. Ein Streifen reiner Eisenfolie wurde abgeschliffen und an einem Ende erwärmt, um einen Film gleichmäßig abnehmender Dicke vom erhitzten zum nichterhitzten Ende hin zu erhalten. Nach dem Abkühlen wird er an verschiedenen Stellen mit Tropfen von Kupfernitratlösung geprüft: an den nicht erhitzten Stellen kommt es sehr schnell zur Abscheidung von metallischem Kupfer über den Gesamtbereich des Tropfens, während die Kupferabscheidung an dem erhitzten Ende, an dem der Film dick und sichtbar ist, an gewissen Stellen einsetzt, die offenbar Risse im Film darstellen. Der an der „subgelben" Stelle aufgebrachte Tropfen zeigt dagegen überhaupt keine Kupferabscheidung. Dieses Verhalten findet folgende Erklärung: Die Filmsubstanz ist *an sich* porös, jedoch nimmt die auf der Porösität beruhende Durchlässigkeit mit zunehmender Schichtdicke ab. Andererseits steigt die Gefahr des Ablösens und der Bildung isolierter Risse (die in dünnen Filmen gewöhnlich nicht vorhanden sind) mit wachsender Filmdicke. Offenbar ist, *unter den besonderen Bedingungen des Experimentes*, die Gefahr der Rißbildung im subgelben Gebiet noch gering; da andererseits der Einfluß der Porösität geringer ist als bei noch dünneren Filmen, so wird die maximale Schutzwirkung bereits in der subgelben Zone erreicht.

Es mag Erstaunen erregen, daß die Neigung zur Rißbildung und zum Ablösen mit der Dicke des Filmes ansteigt, jedoch kann hierfür eine Erklärung beigebracht werden: die Druckspannungen, über die bereits gesprochen worden ist, werden im Oxydfilm aufgespeichert, der einer unter Druck befindlichen Feder vergleichbar ist. Wird der Film örtlich abgelöst, so wird diese aufgespeicherte Energie frei. Zur Ablösung des Filmes muß jedoch Energie zur Überwindung der zwischen Metall und Oxyd wirksamen Adhäsionskräfte aufgewendet werden. Überschreitet die im Film aufgespeicherte Kompressionsenergie die Adhäsionsenergie, so wird die Ablösung mit einer effektiven Energieverringerung verbunden sein. Es kann erwartet werden, daß sie ohne äußere Arbeitsleistung, d. h. spontan ausgelöst wird. Die Kompressionsenergie je Flächeneinheit wächst stetig mit zunehmender Dicke und kann, wenn alle übrigen Faktoren konstant bleiben, die Adhäsionsarbeit leichter übertreffen, wenn der Film dick ist, als wenn es sich um einen dünnen Film[1] handelt.

---

[1] Ist W_C die Kompressionsenergie je *Volumen*einheit und W_A die je *Flächen*einheit zur Überwindung der Adhäsionskraft erforderliche Energie, so ist die mit der Loslösung je Flächeneinheit verbundene *tatsächliche* Energieänderung durch $y W_C - W_A$ gegeben, wobei y die Filmdicke ist (unter Vernachlässigung jedes Arbeitsbetrages, der für das Zusammenbrechen des Filmes an den Kanten der Ablösungsfläche aufzuwenden ist). Die Ablösung erfolgt demnach spontan für $y > W_A/W_C$. Die Tendenz zur Rekrystallisation wird *allmählich* mit der Dicke ansteigen, da die Wahrscheinlichkeit für eine Keimbildung näherungsweise mit $k_1 + k_2 y$ je Flächeneinheit ansteigt, wobei das erste Glied die in der Phasengrenze gebildeten Keime und das zweite die im Inneren des Filmes gebildeten bezeichnet. Wahrscheinlich sind einige der Filmzusammenbrüche, die auf Risse zurückgeführt werden, tatsächlich eine Folge der Rekrystallisation.

Daher nimmt die Gefahr der Rißbildung bei *konstanter Temperatur* mit der Filmdicke zu.

Die vorstehenden Überlegungen berücksichtigen jedoch nicht den Einfluß gewisser Faktoren, wie z. B. die Festigkeit der Filmsubstanz, und es ist infolgedessen nicht überraschend, daß Ausnahmen von der Regel vorkommen. Bei verschiedenen Typen *sichtbarer* Filme erfolgt die Rißbildung jedoch rascher, wenn der Film dick wird. Untersuchungen von BLUM, BARROWS und BRENNER[1] über die Chromplattierung betonen besonders den Unterschied zwischen

a) isolierten *Poren*, deren Bedeutung mit wachsender Filmdicke kontinuierlich abnimmt, und

b) einem Netzwerk von *Rissen*, die in dünnen Filmen fehlen, dagegen in dicken Filmen vorhanden sind.

Diese Beobachtungen an Chromschichten lassen den Unterschied zwischen den beiden Typen von Öffnungen erkennen, die wahrscheinlich bei dünnen Oxydfilmen vorhanden sind.

Um einen maximalen Korrosionswiderstand zu erzielen, muß ein Kompromiß zwischen dem Porositätseffekt und der Rißgefahr geschlossen werden; die maximale Widerstandsfähigkeit wird im allgemeinen bei einer mittleren Filmdicke liegen.

Zu 3. Einfluß der Lösung. Ein Stück reines Eisen, sorgfältig abgeschliffen und der Luft ausgesetzt, kann im allgemeinen, ohne daß eine Veränderung eintritt, in konzentrierte Kupfernitratlösung gelegt werden, obgleich die zur Immunität erforderliche Konzentration von der Zusammensetzung des Eisens, der Rauheit der Oberfläche, der Expositionszeit an der Luft und dem p_H-Wert der Lösung abhängt. Wird dagegen das gleiche Eisen in Kupferchloridlösung untersucht, so wird es in allen Fällen zu einer heftigen Kupferabscheidung kommen. Kupfersulfat[2] führt im Falle verdünnter Lösungen ($^1/_{20}$ molar) gleichfalls zu heftiger Niederschlagsbildung. In konzentrierteren Kupfersulfatlösungen ($^1/_2$ molar) erfolgt anfänglich keinerlei Veränderung, dann setzt jedoch plötzlich (vielleicht nach 10 sec) die Abscheidung von Kupfer an gewissen Stellen (im allgemeinen längs der Kanten oder an der Wasserlinie) ein und dehnt sich mit großer Geschwindigkeit über die Oberfläche aus.

Die Tatsache, daß eine und dieselbe Eisenprobe sich passiv in Kupfernitrat, jedoch aktiv in Kupfersulfatlösung verhält, ist leicht verständlich. Kein Oxydfilm ist frei von Poren, und jede Pore gibt Anlaß zur Bildung eines Elementes der Form

Oxydfilm / Kupfersalzlösung / Eisen

wobei das freiliegende Eisen die Anode, der Kupferfilm die Kathode bildet. Ist eine sehr große Pore vorhanden, so wird das Eisen dem anodischen Angriff unterworfen und metallisches Kupfer an der Kathode abgeschieden werden (der Filmzusammenbruch wird sich dann ausdehnen). Sind dagegen nur sehr kleine Poren vorhanden, so wird diese Veränderung eine sehr hohe Stromdichte an der Anode (dem freiliegenden Eisen) erfordern; ist die Grenzstromdichte überschritten, so wird das Eisen passiv werden und eine Kupferabscheidung in diesem Fall unterbleiben. Entsprechend dem oxydierenden Charakter des Nitrations ist die zur Passivierung erforderliche Grenzstromdichte in einer

---

[1] BLUM, W., W. P. BARROWS u. A. BRENNER: Bur. Stand. J. Res. 7 (1931) 697.
[2] EVANS, U. R.: J. chem. Soc. 1929, 100.

Nitratlösung viel geringer als in einer Sulfatlösung, wie vor Jahren durch White[1] gezeigt werden konnte. Infolgedessen wird eine der Luft ausgesetzte Eisenprobe, die sich passiv gegenüber Kupfernitratlösung verhält, aktiv gegenüber Kupfersulfatlösung sein können.

Durchdringungsvermögen verschiedener Anionen. Die Tatsache, daß Eisen durch Oxydation an Luft nicht passiv gegenüber Kupferchloridlösung gemacht werden kann, ist wahrscheinlich auf das hohe Durchdringungsvermögen des Chlorions zurückzuführen, das durch Stellen im Film hindurchkommt, die für größere Anionen nicht mehr zugänglich sind. Es ist sehr schwierig, ein Metall in Gegenwart von Chloriden anodisch zu passivieren; tatsächlich werden ja auch Chloride den Elektrolytbädern (beispielsweise beim Elektroplattieren) zugesetzt, um eine anodische Passivierung zu verhindern.

Um die Fähigkeit verschiedener Anionen zum Durchdringen schützender Filme zu vergleichen, hat Britton[2] den Strom zwischen einer Aluminiumanode und einer Lösung von Kaliumchromat (0,001 molar), dem ein Salz zugesetzt wurde, das das zu untersuchende Anion in der Konzentration von 0,05 molar enthält, gemessen. Das Chromat hat dabei die Aufgabe, den Film aufrechtzuerhalten; da Aluminiumoxyd ein elektrischer Nichtleiter ist, ist der gesamte gemessene Strom auf die porendurchdringenden Anionen zurückzuführen. Abschleifen beeinflußt die Ergebnisse. Es ist gelungen, eine Standardmethode auszubilden. Beim Beginn eines jeden Versuches zeigte sich eine gewisse Stromänderung mit der Zeit, die aber dann bei den in Tabelle 6 wiedergegebenen Werten konstant wurde. Diese beziehen sich auf Elektroden von 2×2 cm Fläche bei 3,5 cm Abstand voneinander, die Messungen erfolgten bei einer EK von 2,0 V und einer Temperatur von 15°. Jede der in Cambridge vorgenommenen Messungen ist das Mittel aus drei Bestimmungen. Unabhängig hiervon durch Tronstad und Bommen[3] in Trondheim ausgeführte Messungen führten fast zu den gleichen Ergebnissen.

Das geringe Durchdringungsvermögen in Fluoridlösungen ist zweifellos darauf zurückzuführen, daß die meisten Anionen nicht als einfache F'-Ionen, sondern in komplexer Form in der Lösung vorliegen.

Tabelle 6. Stromwerte nach Messungen von U. R. Evans und S. C. Britton sowie L. Tronstad und B. W. Bommen.

Salz	Cambridger Messungen. Angaben in mA/cm²	Trondheimer Messungen. Angaben in mA/cm²
Kaliumchlorid . . .	3,9	3,8
Kaliumbromid . . .	3,5	3,5
Kaliumjodid. . . .	2,9	2,8
Kaliumfluorid . . .	0,8	0,9
Kaliumsulfat . . .	0,14	—
Kaliumnitrat . . .	0,03	—
Natriumphosphat .	0,003	—

Natürlich ändert sich die Porosität des Filmes sehr stark von einem Metall zum anderen. Nach Machu[4] ist der natürliche (an Luft gebildete) Oxydfilm auf Eisen nahezu tausendmal so porös wie der auf Aluminium. Der oft auf feuchtem Eisen gebildete hydratisierte Oxydfilm ist noch weitaus poröser.

---

[1] White, G. R.: J. phys. Chem. **15** (1911) 769.

[2] Britton, S. C. u. U. R. Evans: J. chem. Soc. **1930**, 1781.

[3] Tronstad, L. u. B. W. Bommen: Skr. Akad. Oslo 5 (1933) 175.

[4] Machu, W.: Oesterr. Ch.-Ztg. **36** (1933) 67. Die Bestimmung der Porosität beruht auf den auf S. 49 dieses Buches dargelegten Prinzipien.

4. Verhalten der noch mit dem Metall in Kontakt befindlichen Filme.

Untersuchung mit der Methode der Elektronenbeugung. Wesentliche Kenntnisse über die krystalline Struktur der Oxydfilme, und zwar sowohl solcher, die sich noch in Kontakt mit dem Metall befinden, als auch abgelöster Präparate verdanken wir der durch G. P. Thomson[1] und L. H. Germer[2] und andere Forscher entwickelten Methode der Elektronenbeugung[3]. In einigen Fällen ist die Struktur identisch mit der des gleichen Oxydes in fester Form, gewöhnlich weicht sie jedoch davon ab. Steinheil[4] hat festgestellt, daß das bei gewöhnlicher Temperatur erhaltene Aluminiumoxyd von allen vier bekannten Modifikationen des Aluminiumoxydes (α-, β-, γ- und δ-Al_2O_3) abweicht und hat diese neue Form als ε-Al_2O_3 bezeichnet. Die Struktur ist die gleiche, unabhängig davon, ob der Film auf dem Metall oder isoliert in Form von Plättchen studiert wird, die durch Fortlösen der metallischen Basis in verdünnter Chlorwasserstoffsäure erhalten werden. Das beim Behandeln von Aluminium in einer Flamme, also in der Wärme, erzielte Oxyd besteht weitgehend aus γ-Al_2O_3, die ε-Form fehlt; in einigen Fällen ist β-Al_2O_3 zugegen. Weiterhin konnte Steinheil feststellen, daß eine über einer Flamme erhitzte Zinnfolie in einigen Fällen die tetragonale Struktur des SnO_2, in anderen dagegen diejenige des SnO aufweist.

Darbyshire[5] hat Oxydfilme untersucht, die auf erhitztem Kupfer bzw. Nickel erzeugt und nach der Stockdaleschen Methode (s. S. 59) abgelöst wurden. Hierbei hat sich ergeben, daß die Struktur der erhaltenen Filme identisch mit der von festem Cu_2O bzw. NiO ist. Zusammen mit Cooper[6] hat er die Struktur von Oxydfilmen untersucht, die von der Oberfläche geschmolzener Metalle, wie Cadmium, Magnesium und Aluminium, erhalten wurden, und dabei festgestellt, daß das Beugungsbild mit der Struktur übereinstimmt, die vom Röntgenbefund her bekannt ist; es bestehen jedoch Diskrepanzen zwischen den berechneten und beobachteten Intensitäten verschiedener Ringe. Die gleiche Untersuchung bestätigt den Steinheilschen Befund, wonach das auf erhitztem Aluminium erhaltene Oxyd aus γ-Al_2O_3 besteht. Das auf Wismut erhaltene Oxyd ist tetragonal, während eine kubische Struktur erwartet wird.

Preston[7] findet gleichfalls, daß oxydiertes Nickel die charakteristischen Ringe von festem NiO zeigt. Nach Preston und Bircumshaw[8] bestehen die

---

[1] Thomson, G. P.: Pr. Roy. Soc. A **128** (1930) 649.

[2] Germer, L. H.: Phys. Rev. [2] **44** (1933) 1012.

[3] Diese Methode entspricht der wohlbekannten Röntgenstrahlmethode zur Bestimmung von Krystallstrukturen, macht jedoch im Gegensatz zu dieser von der Wellennatur der Elektronen Gebrauch. Da diese Methode sich kürzerer Wellen bedient, ist sie zur Untersuchung dünner Filme besser als die Methode der Röntgenstrahlen geeignet.

[4] Steinheil, A.: Ann. Phys. [5] **19** (1934) 475.

[5] Darbyshire, J. A.: Trans. Faraday Soc. **27** (1931) 675.

[6] Darbyshire, J. A. u. E. R. Cooper: Trans. Faraday Soc. **30** (1934) 1038.

[7] Preston, G. D.: Phil. Mag. [7] **17** (1934) 466.

[8] Preston, G. D. u. L. L. Bircumshaw: Phil. Mag. [7] **19** (1935) 170. Die Ansicht dieser Autoren steht im Widerspruch zu der von W. L. Bragg, J. A. Darbyshire [Trans. Faraday Soc. **28** (1928) 526], denen zufolge der Film aus PbO_2 besteht. Es erscheint aus anderen Gründen jedoch unwahrscheinlich, daß PbO_2 entstehen kann. Die von J. Krustinsons [Z. Elektroch. **40** (1934) 246] für die Zersetzungsdrucke von Bleiperoxyd bei Temperaturen in der Nähe des Schmelzpunktes des Bleis erhaltenen Daten deuten darauf hin, daß die Luft geschmolzenes Blei bei gewöhnlichen Drucken nicht in Peroxyd überführen kann, was jedoch mit Sauerstoff möglich ist.

von geschmolzenem Blei abgezogenen Oxydfilme aus rhombischem PbO, wenngleich einige Anhaltspunkte dafür vorhanden sind, daß das bei niedrigen Temperaturen und Drucken zuerst gebildete Oxyd tetragonales PbO ist. Die gleichen Autoren haben die auf Zinn bei verschiedenen Temperaturen gebildeten Filme untersucht. Die auf geschmolzenen Zinntröpfchen erhaltenen Filme besitzen die tetragonale Struktur von Zinndioxyd mit seinen gewöhnlichen Eigenschaften; es ist wahrscheinlich, daß sie mit der c-Achse senkrecht zur Metalloberfläche orientiert sind. Spuren von Zinn(II)-oxyd können gleichfalls vorhanden sein, wie STEINHEIL annimmt.

Neuerdings haben PRESTON und BIRCUMSHAW[1] festgestellt, daß der Film, der auf Kupfer gebildet wird, das bei gewöhnlicher Temperatur an Luft poliert worden ist, aus Cu_2O gewöhnlicher Struktur besteht. Das gleiche Oxyd wird bei 183° in Sauerstoff gebildet. Einen Hinweis für die Gegenwart von CuO gibt es nicht. An α-Messing (70% Cu, 30% Zn) besteht der bei 100° gebildete Film aus Cu_2O, während der bei 400° erhaltene aus ZnO aufgebaut ist. Messing mit 2% Aluminium ergibt beim Erhitzen auf 183° einen Cu_2O-Film. Die Methode der Elektronenbeugung gibt keinen Hinweis auf ein etwaiges Vorhandensein von Al_2O_3; möglicherweise liegt es im amorphen Zustande vor. Spätere Untersuchungen der gleichen Autoren[2] haben ergeben, daß der auf Aluminium selbst beim Exponieren an Luft erhaltene Film völlig glasförmig ist; er krystallisiert langsam beim Erhitzen auf 680° unter Bildung von γ-Al_2O_3 (vgl. STEINHEIL, S. 96).

FINCH und QUARRELL[3] haben festgestellt, daß der bei Zimmertemperatur auf Zink gebildete Oxydfilm pseudomorph nach dem Metall ist; er stellt sozusagen eine nach außen gerichtete Fortsetzung der krystallinen Struktur der Metallbasis dar. Das bedeutet notwendigerweise, daß seine Struktur von der des gewöhnlichen Zinkoxydes unterschieden ist; er kann als gewöhnliches Zinkoxyd beschrieben werden, das in der Richtung parallel zur Oberfläche einem Druck unterworfen ist und das sich infolgedessen senkrecht dazu ausdehnt (so daß das Volumen der Elementarzelle nur wenig kleiner als das des normalen Zinkoxydes ist). Bei höheren Temperaturen geht diese „verzerrte" Form des Zinkoxydes in die normale Form über, wobei der schützende Charakter (der wahrscheinlich durch den seitlichen Druck begünstigt wird) verschwindet. Infolgedessen erscheint darunter neues „pseudomorphes" Oxyd auf dem Metall, das wiederum in die gewöhnliche Form übergeht, so daß die Oxydation fortschreitet.

Diese Art der Umwandlung ist unabhängig von anderer Seite bereits viel früher festgestellt worden. So haben KOHLSCHÜTTER und KRÄHENBÜHL[4] beobachtet, daß die durch Chlor, Brom oder Jod auf Silber erhaltenen Filme zuerst pseudomorph nach dem Metall sind, später matt oder opak werden, als ob eine Krystallisation oder Entglasung eingetreten ist; schließlich werden sie sichtbar krystallin; dieser ganze Umwandlungsvorgang kann durch die Gegenwart von Wasser beschleunigt werden.

[1] PRESTON, G. D. u. L. L. BIRCUMSHAW: Phil. Mag. [7] **20** (1935) 706.
[2] PRESTON, G. D. u. L. L. BIRCUMSHAW: Phil. Mag. [7] **22** (1936) 654.
[3] FINCH, G. I. u. A. G. QUARRELL: Pr. Roy. Soc., A **141** (1933) 398; Pr. phys. Soc. **46** (1934) 148. — FINCH, G. I., A. G. QUARRELL u. H. WILMAN: Trans. Faraday Soc. **31** (1935) 1051. [4] KOHLSCHÜTTER, V. u. E. KRÄHENBÜHL: Z. Elektroch. **29** (1923) 570.

DAVISSON und GERMER[1] haben die durch Elektronenbeugung erhaltenen Strukturbilder untersucht, die bei streifender Inzidenz auf Gold, Wolfram, Molybdän und Kobalt erhalten werden: sie weisen lediglich die für die Metalle charakteristischen Ringe auf. Nickel ergibt zusätzliche Ringe, die auf Gegenwart von Oxyd hinweisen, während Chrom, das in Salzsäure geätzt worden ist, Gebiete enthält, die auf krystallines Chromchlorid hindeuten.

THOMSON[2] hat in Salpetersäure passiviertes Eisen mittels der Methode der Elektronenbeugung untersucht und dabei lediglich Ringe festgestellt, die für das metallische Eisen charakteristisch sind. Auf Eisen, das passiviert worden war, seine Passivität aber verloren hatte, ergaben sich Ringe, die dem Fe_2O_3 entsprachen. Andere Versuche, die an Eisen durchgeführt wurden, das durch Salpetersäure angegriffen worden war, wiesen auf eine Schicht mit der Struktur des Fe_3O_4 hin. Möglicherweise ist der Film auf noch passivem Eisen zu dünn für den Nachweis durch die benutzte Methode und kann erst dann nachgewiesen werden, wenn er dicker wird, was aber wiederum mit Zusammenbrüchen des Filmes verbunden ist. Es besteht aber auch die Möglichkeit, daß der schützende Film amorph ist und seine schützende Wirkung mit dem Einsetzen der Krystallisation verliert. Nach einer Untersuchung von RUPP[3] soll der Oxydfilm des passiven Eisens aus α-Fe_2O_3 bestehen.

Die von DOBINSKI[4] erhaltenen Ergebnisse sind besonders interessant, da sie sich auf die durch Exponieren an Luft bei *gewöhnlicher Temperatur* erhaltenen Oxydfilme beziehen. Kupfer, das mit feuchtem Polierrot an Luft poliert worden ist, ergibt ein abweichendes Bild gegenüber Kupfer, das unter Benzol (benzene) oder Pentan poliert worden ist. Wird das letztere Material jedoch der Luft ausgesetzt, so wird das primäre Bild langsam durch dasjenige Bild verdrängt, das für an der Luft poliertes Kupfer charakteristisch ist. Aufnahmen, die im Abstand weniger Stunden voneinander aufgenommen worden sind, lassen das zunehmende Aufkommen des neuen Bildes erkennen, das eindeutig dem Oxyd zugehört. Diese Ergebnisse stimmen gut mit den chemischen und elektrochemischen Untersuchungen in Cambridge überein (s. S. 58).

Untersuchungen mittels Röntgenstrahlen. Röntgenstrahlen sind gleichfalls zum Studium der Struktur der Filme verwendet worden und haben sich als besonders geeignet zum Vergleich zwischen Oxyd und Metall erwiesen. So können MEHL, MCCANDLESS und RHINES[5] beispielsweise feststellen, daß die Atome in einem auf Eisen aufgewachsenen Film von Eisen(II)-oxyd in einer einfachen krystallographischen Beziehung zu den Atomen der metallischen Unterlage stehen, während die krystallographische Orientierung im Falle der zu Magnetit führenden Zersetzung des Eisen(II)-oxydes der des Magnetits entspricht. JENKINS[6] stellt eine wohldefinierte Orientierung des Oxydfilmes fest, der auf geschmolzenem Blei, Zink, Wismut und Zinn entsteht. Werden die Filme mit Nickelgaze entfernt, so geht die Orientierung verloren, obgleich die chemische Zusammensetzung erhalten bleibt.

----

[1] DAVISSON, C. J. u. L. H. GERMER: Phys. Rev. [2] **40** (1932) 124. — GERMER, L. H.: Phys. Rev. [2] **43** (1933) 724.

[2] THOMSON, G. P.: Pr. Roy. Soc. A **128** (1930) 657, 658.

[3] RUPP, E.: Koll.-Z. **69** (1934) 375.　　[4] DOBINSKI, S.: Nature **138** (1936) 31.

[5] MEHL, R. F., E. L. MCCANDLESS u. F. N. RHINES: Nature **134** (1934) 1009, **137** (1936) 702.　　[6] JENKINS, R. O.: Pr. phys. Soc. **47** (1935) 109.

Untersuchungen im polarisierten Licht. Eine außerordentlich wertvolle Methode für das Studium der Bildung unsichtbarer Filme, die auf der durch den Film ausgelösten Änderung des an einer Metalloberfläche reflektierten polarisierten Lichtes beruht, ist durch TRONSTAD[1] ausgebildet worden[2]. Das Prinzip ist von FREUNDLICH zum Nachweis der unsichtbaren Oxydfilme angewendet worden, die auf reinen Eisenspiegeln durch trockene Luft hervorgerufen wurden (s. S. 2). Die Methode ist durch TRONSTAD wesentlich verbessert und von ihm auf das Studium der anodischen Passivität angewendet worden. Eine Zusammenstellung der optischen Grundlagen wird auf S. 715 gegeben.

TRONSTAD hat Spiegel untersucht, die auf verschiedenen Eisen- und Stahlsorten, einschließlich nichtrostenden Stählen, die Chrom sowie manchmal auch Nickel enthalten, gebildet werden. Er verwendet als Elektrolyt eine Natriumsulfatlösung (manchmal neutral, oft jedoch Schwefelsäure oder Natriumhydroxyd enthaltend). Der erzielte Spiegel wird abwechselnd (für je 30 min) als Anode bzw. Kathode eines elektrolytischen Elementes geschaltet, wobei Messungen der Stromstärke, des Potentiales sowie des optischen Zustandes des Metalles durchgeführt werden. Der Verlauf der Stromstärke und des Potentiales zeigen an, daß das Metall während der anodischen Perioden passiv, während der kathodischen Perioden dagegen aktiv ist. Die Änderungen im optischen Verhalten lassen dagegen mit Sicherheit auf die Ausbildung eines Filmes bei der anodischen Behandlung und auf seine Zerstörung, sei es teilweise oder ganz, während der kathodischen Behandlung schließen. Interessant ist die Feststellung, daß die Filmdicke auf den Spiegeln, wenn diese längere Zeit hindurch abwechselnd als Anode und Kathode geschaltet werden, in mehreren Fällen allmählich mit jeder anodischen Phase dicker werden. Zum Schluß wird oft eine Dicke erreicht, bei der die Interferenzfarben bei geeigneter Beleuchtung erkennbar werden. Es ist klar, daß eine abwechselnde Reduktion und Oxydation zu einer Schicht führen wird, die sowohl reaktionsfähig als auch porös ist und damit Zugang zu dem kompakten, darunterliegenden Metall gestattet, so daß die Schicht des *aktiven Materiales* mit jedem Zyklus dicker wird.

Diese ständige Zunahme der Filmdicke durch abwechselnde anodische und kathodische Behandlung ist seit langem den Herstellern von Akkumulatorenplatten, wenn auch in einem größeren Ausmaße, bekannt gewesen, die, ausgehend von einer Platte kompakten Bleies, allmählich eine bedeutende Dicke aktiven Materiales aufbauen. Das gleiche Prinzip ist weiterhin erkennbar in der Untersuchung von ALLMAND und BARKLIE[3] bei dem Verhalten von Eisen, das in Alkalilösungen der Einwirkung von Wechselstrom unterworfen wird. Wird eine Anode in 3,07 n-Natriumhydroxydlösung mit Gleichstrom allein (oder mit Wechselstrom allein) behandelt, so wird keine sichtbare Änderung erkennbar. Wird dagegen der Wechselstrom dem Gleichstrom überlagert, so wird das Eisen innerhalb von 2 min gelb und innerhalb von 15 min gelbbraun,

---

[1] TRONSTAD, L.: Z. phys. Ch. A **142** (1929) 241, **158** (1932) 369; Trans. Faraday Soc. **29** (1933) 502, **31** (1935) 1151; Nature **127** (1931) 127; s. auch TRONSTAD: Optische Untersuchungen zur Frage der Passivität des Eisens und Stahls. Diss. Trondheim 1931. — TRONSTAD, L. u. C. G. P. FEACHEM: Pr. Roy. Soc. A **145** (1934) 115. — TRONSTAD, L. u. T. HÖVERSTAD: Z. phys. Ch. A **170** (1934) 172.

[2] DRUDE, P.: Lehrbuch der Optik, herausgegeben von E. GEHRKE, 3. Aufl., Leipzig 1912, S. 343.   [3] ALLMAND, A. J. u. R. H. D. BARKLIE: Trans. Faraday Soc. **22** (1926) 34.

was auf die Ausbildung einer Oberflächenschicht zurückzuführen ist, die hinreichend stark ist, um sichtbar zu sein.

Eine große Anzahl von Messungen der Filmdicke sind im Laboratorium von TRONSTAD durchgeführt worden. Einige interessante Beispiele aus diesen Versuchsreihen sind in Tabelle 7 zusammengestellt[1]. Im allgemeinen sind die

Tabelle 7. Näherungswerte für die Dicke unsichtbarer Oxydfilme auf ebenen Metalloberflächen. (Nach L. TRONSTAD.)

1. Filme mit stationärer Dicke:

	Å
Quecksilber in trockener Luft	15—20
Aluminium in trockener Luft	100—150
Eisen in trockener Luft	15—25
Eisen in trockener, ozonhaltiger Luft	35—40
Austenitischer nichtrostender Stahl in trockener Luft	10—20
Austenitischer nichtrostender Stahl in trockener, ozonhaltiger Luft	20—30
Austenitischer nichtrostender Stahl in Salpetersäure	20
Austenitischer nichtrostender Stahl, anodisch in Schwefelsäure behandelt	25
Eisen oder Stahl, anodisch in alkalischer Sulfatlösung behandelt	40
Eisen, anodisch in neutraler Sulfatlösung behandelt	60—80

2. Im Wachstum begriffene Filme:

Zink nach 500 Stunden in trockener Luft (lineares Wachstum)	5—6
Eisen nach 1 Stunde in Salpetersäure	30—40
Stahl nach 1 Stunde in Salpetersäure	100
Eisen oder Stahl nach 1 Stunde in Chromsäure oder Chromat-Chloridgemisch	40—60

Filme auf Stahl dicker als auf unlegiertem reinen Eisen, die ihrerseits wieder dicker sind als Filme auf (austenitischem) nickel-chromhaltigem nichtrostenden Stahl. Es ist ein allgemeiner Grundsatz, daß eine Filmsubstanz ihr Wachstum um so eher selbst hemmen wird, je „schützender" sie ist, so daß ein Material mit gutem Korrosionswiderstand oft einen *dünneren* Film aufweist als ein leichter dem Angriff zugängiges Material unter den gleichen Bedingungen. Natürlich bestehen Ausnahmen von dieser Regel.

Die angegebenen Dicken beziehen sich auf spiegelähnliche Oberflächen. Das gleiche Material, untersucht unter weniger idealen Bedingungen, würde zu dickeren Filmen führen, entsprechend der in diesem Kapitel entwickelten Vorstellung von der Dicke (s. Tabelle 4, S. 53). Es ist zu beachten, daß einige der TRONSTADschen Filmdicken Schichten entsprechen, die nur sehr wenige Molekeln stark sind. Das stimmt mit Schlüssen überein, die aus anderen Methoden erhalten werden. Nach VERNON[2] bietet ein Oxydfilm auf Kupfer von nur 10 Å Dicke (das ist etwa der doppelte Wert der Gitterdimension des Cu_2O) merklichen Schutz gegenüber dem Anlaufen. SHUTT und WALTON[3]

---

[1] TRONSTAD, L.: Private Mitteilung vom 7. Nov. 1935; s. auch L. TRONSTAD u. C. W. BORGMANN: Trans. Faraday Soc. 30 (1934) 349. — TRONSTAD L. u. T. HÖVERSTAD: Trans. Faraday Soc. 30 (1934) 362, 1114; Z. phys. Ch. A 170 (1934) 172. Vgl. die wesentlich abweichenden Ansichten von I. N. STRANSKI u. Z. C. MUTAFTSCHIEW: Z. Elektroch. 35 (1929) 393.   [2] VERNON, W. H. J.: J. chem. Soc. 1926 2278.

[3] SHUTT, W. J. u. A. WALTON: Trans. Faraday Soc. 28 (1932) 749; s. auch W. J. MÜLLER u. E. LÖW: Ber. 68 (1935) 989.

haben die Filmdicke auf einer passiven Goldanode erstens aus der Zahl der zu ihrer Ausbildung erforderlichen Coulombs und zweitens aus der Zahl, die zu seiner Zerstörung aufgewendet werden muß, errechnet; beide Methoden führen zu Filmdicken von 1 bis 3 Molekeln Stärke.

5. Weitere Vorgänge an Filmen.

Einfluß des Filmes auf Adhäsion und Reibung. Ein dünner Oxydfilm auf einem Metall kann nicht nur das chemische Verhalten dieses Metalles verändern, sondern auch eine Reihe weiterer Eigenschaften beeinflussen. So steigt nach NOTTAGE[1] das Adhäsionsvermögen des Kupfers (gegenüber Kupfer oder Stahl) an, sobald die Kupferoberfläche durch Kochen in Alkohol und Eintauchen in heißem Zustande in verdünnte Salpetersäure oxydiert worden ist, eine Behandlung, durch die das Kupfer eine mattrote Farbe erhält.

E. MÜLLER und STEIN[2] haben beobachtet, daß durch Eintauchen eines Metalles in Dichromatlösung (begleitet von kathodischer Behandlung im Falle von Gold und Platin) ein Film erhalten wird, der wahrscheinlich aus Chromichromat besteht. Obgleich der Film unsichtbar ist, verändert er das Verhalten des Metalles beim nachfolgenden Plattieren mit Silber aus einem Cyanidbad, da der sonst gut haftende Silberniederschlag von der mit dem Film bedeckten Metalloberfläche leicht fortgerieben werden kann.

Einfluß des Filmes auf die photoelektrischen Eigenschaften. Nach ALLEN[3] besitzt chemisch aktives Eisen eine erhebliche *photoelektrische Aktivität* (Elektronenemission bei Bestrahlung mit ultraviolettem Licht), während Vorgänge, die zu einem passiven Zustand führen, von einer weitgehenden Herabsetzung der photoelektrischen Aktivität begleitet sind. RENTSCHLER und HENRY[4] können zeigen, daß der Effekt des Sauerstoffes bei einigen Metallen auf seiner Fähigkeit beruht, die *Wellenlängenschwelle*, jenseits der der photoelektrische Effekt einsetzt, in einer bestimmten Richtung zu verschieben, während diese Verschiebung bei anderen Metallen gerade in der entgegengesetzten Richtung erfolgt. Es zeigt sich, daß der Schwellenwert im Falle von Titan, Zirkon, Silber, Eisen und Nickel selbst durch kleine Sauerstoffmengen nach kurzen Wellenlängen verschoben wird, was auf die Bildung des normalen Oxydes auf diesen Metallen zurückgeführt wird, da Silber (das ein oberhalb 200° instabiles Oxyd bildet) seine natürliche Sensibilität beim Erwärmen wiedererhält, während Gold, das nicht leicht oxydiert wird, keine Änderung des Schwellenwertes der Wellenlänge bei *Zuführung* von Sauerstoff aufweist. HUNTER[5] hat gleichfalls beobachtet, daß die Verschiebung in jeder Richtung erfolgen kann, jedoch weichen seine Schlüsse wesentlich von denen der vorgenannten Autoren ab.

Eine aussichtsreiche Entwicklung des Filmstudiums ist durch BRÜCHE[6] eingeleitet worden. Trifft ultraviolettes Licht auf eine Metallplatte, so werden Elektronen von verschiedenen Stellen der Oberflächenschicht abgegeben, die mit Hilfe

---

[1] NOTTAGE, M.: Pr. Roy. Soc. A **126** (1930) 630.
[2] MÜLLER, E. u. W. STEIN: Z. phys. Ch. A **172** (1935) 348.
[3] ALLEN, H. S.: Trans. Faraday Soc. **9** (1914) 247.
[4] RENTSCHLER, H. C. u. D. E. HENRY: J. opt. Soc. Am. **26** (1936) 30.
[5] HUNTER, J. S.: Phil. Mag. [7] **19** (1935) 958; Nature **137** (1936) 460.
[6] BRÜCHE, E.: Koll.-Z. **69** (1934) 390.

einer magnetischen „Elektronenlinse" von jedem Punkt zu dem entsprechenden eines Fluorescenzschirmes fokussiert werden können. Wenn nun (was bei auf 900° erhitzter Platinfolie der Fall ist) verschiedene Körner der metallischen Oberfläche in ihrer photoelektrischen Sensibilität voneinander abweichen, so wird ein *Abbild* der Oberfläche auf dem Schirm entstehen, das die Kornstruktur ebenso wie bei einer Photographie mit gewöhnlichem Licht zeigen wird. BRÜCHE findet nun, daß weder die Gegenwart eines Oxydfilmes noch eines Schmierfilmes die Elektronenemission im Falle des Zinkes wesentlich herabsetzt. Wird der Daumen auf eine Zinkplatte gedrückt, so ist der Schweißfilm bei einer gewöhnlichen Photographie (wenn sie nicht durch die den Kriminalisten bekannte Staubmethode entwickelt wird) unsichtbar; ein Elektronenbild dagegen zeigt diesen Abdruck sehr deutlich. Die Möglichkeit, diese Methode zur Untersuchung von Filmen anzuwenden, liegt auf der Hand.

Mechanismus der Frühstadien der Sauerstoffaufnahme[1]. Neuere Untersuchungen auf dem Gebiete der Oberflächenchemie haben eine vertiefte Einsicht vermittelt in den Mechanismus der Sauerstoffaufnahme durch feste Stoffe. Die Sauerstoffmolekeln werden an einer gasfreien metallischen Oberfläche durch gewöhnliche intermolekulare (VAN DER WAALSsche) Kräfte festgehalten. Diese *physikalische Adsorption* erfolgt fast augenblicklich. Langsamer, jedoch zunehmend mit wachsender Temperatur, geht der Sauerstoff mit der metallischen Unterlage eine chemische Bindung ein, die auf dem Übergang eines Elektrons zwischen dem Sauerstoff und den Metallatomen beruht. Eine Sauerstoffmolekel muß eine gewisse Energie erreichen, ehe sie in den Zustand *chemischer Adsorption* („Chemisorption", wie manche Autoren diesen Vorgang nennen) eintreten kann. Ist er jedoch erreicht, so ist der Bindungszustand des Sauerstoffes damit wesentlich fester als zuvor geworden[2]. Eine metallische, mit chemisch adsorbiertem Sauerstoff bedeckte Oberfläche kann als eine *zweidimensionale* Verbindung[3] aufgefaßt werden[4]. Der Sauerstoff kann nun weiterhin durch Risse in den Körnern oder durch Hohlräume zwischen den Körnern in das Metall hineindiffundieren oder aber, wenn die Energieverhältnisse es zulassen, in das Gitter selbst eintreten. Im letzteren Falle entsteht ein *dreidimensionaler* Oxydfilm. Besteht eine Form des Oxydes, die nur durch Aufnahme von

---

[1] RIDEAL, E. K.: J. Inst. Met. **54** (1934) 287.

[2] Die Erwärmung von Wolfram, auf dem sich chemisch adsorbiertes Chlor befindet, führt nicht zu einer Verdrängung des Chlors von der Oberfläche, sondern vielmehr zu einer Verdampfung von Wolframhexachlorid von der Oberfläche, da die Bindungsfestigkeit zwischen Wolfram und Chlor größer als zwischen Wolfram und Wolfram ist.

[3] Das Wesen der Adsorption, der zweidimensionalen Beweglichkeit und der Oberflächenverbindungen hat, abgesehen von LANGMUIR, durch M. VOLMER und seine Schule (insbesondere ADHIKARI und FELMAN) 1925—1928 eine theoretisch wie experimentell in gleicher Weise eingehende und klärende Behandlung erfahren. Diese Vorstellungen sind von G.-M. SCHWAB und E. PIETSCH auf die Phasengrenzreaktionen übertragen und zu einem Mechanismus der heterogenen Katalyse ausgebaut worden. Vgl. hierzu die Darstellung (einschließlich Literatur) bei G.-M. SCHWAB: Katalyse vom Standpunkt der chemischen Kinetik, Berlin 1931, insbesondere das Kapitel „Die Adsorption" S. 136ff. Die weitere Übertragung dieser Vorstellung auf den Primärvorgang der Korrosion siehe E. PIETSCH: Korr. Met. 8 (1932) 57. Vgl. dort (S. 61) auch das Schema über die Wechselwirkungsmöglichkeiten zwischen einer festen Oberfläche und den Partikeln der sie begrenzenden Gas- und Flüssigkeitsphase. (Der Übersetzer.)

[4] Vgl. eine frühere Arbeit von U. R. EVANS: Trans. Faraday Soc. 18 (1922) 8.

Sauerstoffatomen in das präexistierende Gitter des Metalles erhalten werden kann, so wird es zuerst zur Bildung eines pseudomorphen Oxydfilmes kommen. Dieser wird oft instabil sein und in irgendeine andere Oxydform übergehen, wobei die ursprüngliche Gitterstruktur verloren geht. Der Film wird dann, wie bereits ausgeführt wurde, infolge der Diffusion von Sauerstoff durch den Film nach innen in das Metall sowie von Metall durch die Schicht nach außen zu dicker werden.

Die Untersuchung von Roberts[1] über die Aufnahme von Sauerstoff durch reines Wolfram ist von besonderem Interesse. Die Ergebnisse lassen erkennen, daß der Sauerstoff auf der Wolframoberfläche zuerst in der Form adsorbiert wird, daß die Atompaare jeder einzelnen Sauerstoffmolekel sich an benachbarte Wolframatome anlagern und so einen *atomaren* Film bilden. Der primäre Film kann jedoch niemals die gesamte Oberfläche bedecken, da, wenn die Molekeln sich sporadisch anlagern, hier und da nach den Wahrscheinlichkeitsgesetzen einzelne Wolframatome unbedeckt bleiben, nachdem ihre Nachbarn mit Sauerstoffatomen bedeckt sind. Diese unbedeckten Atome können nicht in der gleichen Weise oxydiert werden, es werden sich vielmehr Sauerstoff*molekeln* an diesen Punkten anlagern. Es ist klar, daß die Bewegung des Sauerstoffes in das Metall hinein (um vermutlich ein dreidimensionales Oxyd zu bilden) nicht von dem primären (atomaren) Film, sondern von dem sekundären (molekularen) Film ausgeht. Mit anderen Worten: der Sauerstoff findet seinen Zugang zum Metall durch die Löcher im primären Film. Das Eindringen beginnt rasch, wird jedoch bald langsam.

Hunter[2], der seine Ansicht auf photoelektrischen Messungen aufbaut, nimmt an, daß nacheinander die folgenden Reaktionsschritte erfolgen, wenn eine reine Metalloberfläche der Einwirkung der Luft ausgesetzt wird:

1. Adsorption von Sauerstoff;

2. ein Zeitintervall, in dem eine Dissoziation der Molekeln in die Atome erfolgt und gleichzeitig die Diffusion einsetzt;

3. Diffusion von Ionen durch das Metallgitter und allmähliche Bildung der oxydischen Elementarzelle oder des entsprechenden Gitters;

4. Fortdauer dieses Vorganges bis eine primäre Oxydschicht erzielt ist.

Price[3] nimmt an, daß der langsame Vorgang, der von Roberts und anderen Autoren studiert worden ist, die Ursache für die geringe Geschwindigkeit des Anlaufens bei Zimmertemperatur bilden kann. Die aus Daten der Oxydation für die Aktivierungswärme erhaltenen Werte sind von der richtigen Größenordnung für einen Vorgang dieser Art. Ein derartiger Mechanismus, so nimmt Price an, würde zu einer konstanten Geschwindigkeit für das Dickerwerden des Filmes führen und gestattet zu erklären, warum die atmosphärische Korrosion von Zink (s. S. 165) ungehindert während $3^1/_2$ Jahren fortschreiten kann, wie Vernon[4] festgestellt hat.

---

[1] Roberts, J. K.: Pr. Roy. Soc. A **152** (1935) 464, 477.
[2] Hunter, J. S.: Private Mitteilung vom 12. März u. 19. Mai 1936.
[3] Price, L. E.: Unveröffentlichte Arbeit.
[4] Vernon, W. H. J.: Trans. Faraday Soc. **23** (1927) 138.

B. Fragen der Praxis.

1. Beizen von Stahl.

Entfernung des Zunders durch Beizen. Die für das Ablösen von Filmen benutzten Methoden sind von praktischer Bedeutung für die Beizprozesse, die zur Entfernung des Walzsinters an gewalztem Stahl dienen. Die Entfernung dieses Sinters ist im allgemeinen erforderlich, ehe ein schützender Überzug von Nichteisenmetallen oder von *Lack* aufgebracht wird. Es ist sogar ratsam, ihn selbst vor dem Aufbringen eines gewöhnlichen Farbanstriches zu entfernen. Viele Metallurgen betrachten den Beizvorgang als einen einfachen Lösungsvorgang von Eisenoxyd in Säure. Die Tatsache jedoch, daß sich häufig ein Schlamm von ungelösten Sinterfragmenten in den Beizgefäßen ansammelt, läßt es geeigneter erscheinen, diesen Vorgang als eine Art der Filmablösung zu betrachten.

Das Beizen[1] wird gewöhnlich in verdünnter Salzsäure oder in heißer, verdünnter Schwefelsäure ausgeführt. In neuerer Zeit ist jedoch das Beizen in Phosphorsäure als wichtig hinzugekommen. Es sind viele Untersuchungen ausgeführt worden, um die günstigsten Bedingungen für den Beizvorgang festzulegen. So empfehlen WINTERBOTTOM und REED[2], im Falle der Verwendung von Schwefelsäure als Beize mit einer Säure vom spezifischen Gewicht 1,062, die durch Dampfspiralen auf 60° bis 80° erwärmt wird, zu arbeiten. Durch periodische Hinzufügung frischer Säure wird sie auf dem gleichen Gehalt an freier Säure gehalten, bis die Dichte (die infolge anwesender Eisenionen ansteigt) den Wert 1,7 bei Temperatursteigerung erreicht. Nach gewisser Zeit verliert das Bad seine Wirksamkeit und muß aus der Benutzung gezogen werden. Wird andererseits Salzsäure verwendet, so soll das Ausgangsbad aus Säure der Dichte 1,045 bestehen und auf 30° bis 40° erwärmt werden (diese Temperatur kann ohne zusätzliche Erwärmung lediglich durch die Reaktionswärme aufrechterhalten werden). Das Bad muß gleichfalls durch Zusatz von Säure auf dem freien Säuregehalt erhalten bleiben, wird jedoch nach Erreichen einer Dichte von 1,24 für den Beizvorgang unbrauchbar.

In manchen Fällen ist es erforderlich, die Metallplatten zu bürsten oder abzukratzen, um die Ablösung und Reinigung zu vervollständigen. In manchen Werken ist es üblich, nach sorgfältigem Waschen eine Behandlung im Alkalibad (Natriumcarbonat oder Kalk) anzuschließen, um in Spalten oder Rissen zurückbleibende Säurereste zu neutralisieren und ein „Nachrosten" zu vermeiden. Die Verwendung von Soda scheint fragwürdig zu sein, wenn anschließend ein Anstrich aufgebracht werden soll, da bereits Spuren von Alkali einen Farbüberzug erweichen und zur Ablösung bringen können. Einzelheiten des Beizprozesses werden natürlich von Fall zu Fall schwanken, je nachdem, ob das zu behandelnde Material z. B. aus Platten, Blechen oder Draht besteht. Er wird weiterhin von der geplanten Nachbehandlung abhängig sein, sei es nun Verzinnen, Verzinken, Elektroplattieren, Lackieren oder Anstreichen.

Oft verläuft der Vorgang der Sinterablösung ohne Schwierigkeiten, jedoch haftet er manchmal auch hartnäckig fest. So haben WINTERBOTTOM und REED

---

[1] Vgl. hierzu ganz allgemein O. VOGEL: Handbuch der Metallbeizerei. Berlin 1938.
[2] WINTERBOTTOM, A. B. u. J. P. REED: J. Iron Steel Inst. **126** (1932) 159.

beobachtet, daß die relativ dünnen Walzsinter, die dann entstehen, wenn das Walzen bei niedrigen Temperaturen erfolgt, weniger leicht als die dickeren, bei höheren Temperaturen gebildeten, entfernt werden können. Das ist ohne weiteres zu verstehen. Der Oxydsinter, der beim Erhitzen des Eisens bei hohen Temperaturen entsteht, ist aus mehreren Schichten aufgebaut, von denen die unterste eine dem FeO nahekommende Zusammensetzung besitzt. Ein derartiges Oxyd wird durch Säure rasch aufgelöst, wobei die Auflösung der untersten Schicht die äußeren Schichten des Sinters (zum großen Teil Magnetit Fe_3O_4 und Eisen(III)-oxyd Fe_2O_3) zum Ablösen zwingt, die sich in den Behältern als Schlamm ansammeln, da diese höheren Oxyde weniger leicht angegriffen werden (s. Abb. 14a). Bei Temperaturen unter 575° wird, wie Pfeil[1] gezeigt hat, Eisen(II)-oxyd jedoch instabil, so daß dieses Oxyd in dem bei tieferen Temperaturen gebildeten Sinter nicht vorhanden ist. Wird Stahl gebeizt, der bei niedrigen Temperaturen gewalzt

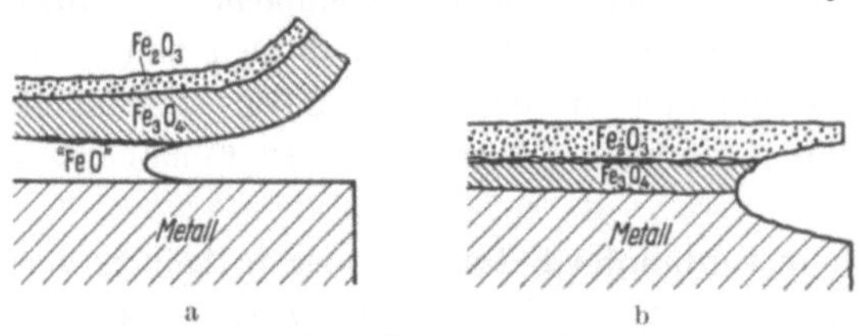

Abb. 14. Schematische Darstellung der Ablösung des Walzsinters durch Beizen in Säure.
a....Sinter, der durch Walzen bei hoher Temperatur entstanden ist.
b....Sinter, der durch Walzen bei niedriger Temperatur entstanden ist.

worden ist, so erfolgt noch ein geringer Angriff durch Säuren längs der Basisfläche des Sinters[2], wahrscheinlich deshalb, weil das Element

$$Fe_2O_3 \ (oder \ Fe_3O_4) \ / \ Säure \ / \ Eisen$$

eine kathodische Reduktion der Sinterbasis zu säurelöslichem FeO verursacht. Dieser Effekt (ganz entsprechend demjenigen, der für das Ablösen der „Farbfilme" verantwortlich ist) bildet den Grund für das langsame Sichablösen des Sinters (s. Abb. 14b) und bietet eine Erklärung dafür, daß nur FeO im Bad auftritt, trotz der Abwesenheit einer Eisen(II)-oxydschicht im Sinter. Der Vorgang verläuft jedoch langsam im Vergleich zur Ablösung des bei hohen Temperaturen gebildeten Walzsinters. Wahrscheinlich unterstützt die Entwicklung von Wasserstoffblasen am Eisen bis zu einem gewissen Grade die Entfernung des bereits teilweise gelockerten Sinters, besonders beim Beizen in Schwefelsäure[3]. Eine langsame Einwirkung der Säure erfolgt auch noch auf den Schlamm von eisen(III)-haltigen Sinterteilchen, nachdem sie vom Metall abgelöst sind, und ist für einen meßbaren Säureverbrauch verantwortlich zu machen. Wie Chappell und Ely[4] festgestellt haben, erfolgt die Einwirkung auf abgelösten Sinter jedoch viel langsamer als auf den noch in Kontakt mit dem Metall befindlichen Span.

Einwände gegen das Beizen. Die geringe Geschwindigkeit, mit der der Walzsinter von gewissen Stellen gewalzter Platten oder Bleche entfernt wird, kann ernste Folgen nach sich ziehen, da während der Zeit, in der die widerspenstigen Teilchen langsam unterminiert werden, die übrigen bereits frei-

---

[1] Pfeil, L. B.: J. Iron Steel Inst. **123** (1931) 251.
[2] Bailey, H. J.: Chem. Ind. 1 (1923) 364. — Hoar, T. P.: J. Iron Steel Inst. **126** (1932) 191. — Evans, U. R.: J. Iron Steel Inst. **126** (1932) 193. — Jimeno, E. u. I. Grifoll: J. Iron Steel Inst. **131** (1935) 301; Met. Constr. mecán. 1 (1935) 6.
[3] Bablik, H.: Stahl Eisen **46** (1926) 218.
[4] Chappell, E. L. u. P. C. Ely: Ind. eng. Chem. **22** (1930) 1200.

gelegten Metallteile dem weiteren Angriff durch Säure ausgesetzt sind. Der nutzlose Angriff des Metalles kann zu fünf unerwünschten Folgen führen:

1. Der *Säureverbrauch* wird ungewöhnlich.

2. Es wird eine unnötige *Zerstörung von Metall* hervorgerufen.

3. Das Metall kann *aufgerauht* werden und tiefe Gruben erhalten. Ein gewisser Grad der Aufrauhung kann von Vorteil sein, wenn das Metall anschließend galvanisch behandelt oder lackiert werden soll. Besteht jedoch die Absicht, anschließend zu plattieren, so können die dadurch erforderlich werdenden Kosten für das Abschleifen und Polieren des aufgerauhten Materiales erheblich sein.

4. Es findet eine *Beladung* des Metalles *mit Wasserstoff* statt, wodurch es *brüchig* wird. Wie Sutton[1] festgestellt hat, ist die Brüchigkeit bei sehr hartem Stahl besonders ausgeprägt. Im Falle eines Stahles mit ziemlich hohem Kohlenstoffgehalt, der gehärtet, angelassen und verformt worden ist, treten *während des Beizvorganges* Risse auf, was bei weichen Stählen nicht der Fall ist. Die Brüchigkeit kann, wie Sutton gezeigt hat, durch ein 30 min langes Eintauchen in heißes Wasser oder durch mehrtägiges Stehenlassen bei Raumtemperatur weitgehend beseitigt werden. Nach Slater[2] ist Eintauchen in Wasser von 100° wirksamer als ein Luftbad von 100°. Ein amerikanisches Komitee[3] empfiehlt Altern während der Betriebsdauer oder Erhitzen auf 150° als ein geeignetes Mittel zur Beseitigung der durch Wasserstoff hervorgerufenen Schädigung. Ausgedehnte mechanische Prüfungen, die Bardenheuer und Ploum[4] durchgeführt haben, lassen jedoch erkennen, daß die ursprüngliche Dehnbarkeit niemals vollständig wiederhergestellt wird, offenbar weil durch die Wasserstoffabsorption eine gewisse Strukturauflockerung eingetreten ist, die selbst nach Entfernung des Gases erhalten bleibt. Der Betrag der bleibenden Verschlechterung ist von der Menge des aufgenommenen Wasserstoffes sowie von der Art seiner Wiederentfernung abhängig. Die Autoren stellen fest, daß kalt bearbeiteter Stahl weniger Gas als auf anderem Wege bearbeitetes Material absorbiert. Die Kaltbearbeitung begünstigt die Entfernung von bereits vorhandenem Wasserstoff.

5. Der in das Metall (wahrscheinlich in atomarem Zustande)[5] aufgenommene Wasserstoff kann unter der Oberfläche des Metalles unter *Blasenbildung* freigemacht werden. Dieser Vorgang tritt häufig während des Beizens, noch öfter während des nachfolgenden Glühens des Bleches oder, in einem noch späteren Stadium, während des Verzinkens ein, wenn das Blech durch das Bad von geschmolzenem Zink hindurchgeführt wird. Nach Forstner[6] bietet die Blasenbildung eine besondere Schwierigkeit bei der Herstellung von Bleiüberzügen.

---

[1] Sutton, H.: J. Iron Steel Inst. **119** (1929) 179.

[2] Slater, I. G.: J. Iron Steel Inst. **128** (1933) 237.

[3] Anonym in Pr. Am. Soc. Test. Mat. **32** I (1932) 615; s. auch S. Epstein: Pr. Am. Soc. Test. Mat. **32** II (1932) 63.

[4] Bardenheuer, P. u. H. Ploum: Mitt. K. W. Inst. Eisenforschung **16** (1934) 129; s. auch Metallurgist **10** (1934) 171.

[5] Smithells, C. J. u. C. E. Ransley: Pr. Roy. Soc. A **150** (1935) 172; vgl. auch A. H. W. Aten, M. Zieren u. P. C. Blokker: Rec. Trav. chim. **49** (1930) 641, **50** (1931) 943. — Morris, T. N.: J. Soc. chem. Ind. Trans. **54** (1935) 7.

[6] Forstner, H. M.: Oberflächentechn. **11** (1934) 201.

EDWARDS[1] hat gezeigt, daß die Entwicklung von gasförmigem Wasserstoff innerhalb des Metalles (die zu Blasenbildung führt) besonders an Einschlüssen von Eisenoxyd (möglicherweise auch an sulfidischen Einschlüssen) erfolgt. Er ist der Ansicht, daß der atomare Wasserstoff an den Einschlüssen zu molekularem Wasserstoff rekombiniert und als hochgespanntes Gas die Oberflächenschicht blasenförmig auftreibt. BABLIK[2] führt die Blasenbildung gleichfalls auf die Gegenwart oxydischer Einschlüsse sowie auf Schlackeneinschlüsse zurück. Nach BARDENHEUER und THANHEISER[3] ist die Blasenbildung besonders reichhaltig an einem Material, das umfangreiche Seigerungen sowie Gußblasen aufweist. Oft kann eine ganze Folge von Einschlüssen in einem Blech vorliegen, die durch einen engen Riß miteinander verbunden sind. In diesem Falle werden sich Blasen oft längs dieser Zone bilden. Die Guß- und Walzbedingungen sind von großem Einfluß auf die Möglichkeit der gefährlichen Blasenbildung. Bleche, die von verschiedenen Teilen eines und desselben Gußblockes entnommen sind, weisen eine verschieden starke Neigung zur Blasenbildung auf, je nach der Häufigkeit der vorhandenen Gußblasen. Der beim Walzen nicht verschweißte Gußblasentyp ist natürlich am gefährlichsten.

Es erscheint wahrscheinlich, daß die Gußblasen in stärkerem Maße als die Einschlüsse, mit denen sie oft zusammen auftreten, die wahren Sammelzentren für die hochkomprimierten Gase sind. Die Gefahr der Wasserstoffabsorption ist, wie zu erwarten, bei dünnen Blechen größer als bei dicken. Nach den Feststellungen von HAYES[4] können nur schichtenförmige Gebilde oder Hohlräume in der Nähe der Oberfläche den Druck aufbringen, der zur Ausbuchtung des Metalles in Form einer Blase erforderlich ist. BARDENHEUER und THANHEISER empfehlen, die Säure so konzentriert wie möglich anzuwenden und ziehen, ebenso wie SWINDEN und STEVENSON[5], Salzsäure der Schwefelsäure vor.

Nach SCHLÖTTER[6] ist noch ein weiterer Grund für die Blasenbildung vorhanden: die Säure sammelt sich in Rissen und entwickelt auch dann noch Wasserstoff, wenn der Oberflächenfilm längst gebildet ist. Dieser Effekt kann nach ihm durch sorgfältiges Waschen nach dem Beizvorgang weitgehend vermieden werden.

2. Verbesserte Beizmethoden.

Anwendung von Inhibitoren. Die erwähnten Schwierigkeiten können auf verschiedene Weise überwunden werden. Der gewöhnliche Weg besteht darin, zu dem Beizbad einen „organischen Inhibitor" zuzusetzen, der den Angriff auf das Metall verhindert. Die Mehrzahl der heutigentages verwendeten Inhibitoren ruft nur eine geringe Herabsetzung der Geschwindigkeit der eigentlichen Entfernung des Walzsinters hervor. Sie schützen dagegen das Metall wirksam vor einem Angriff, wahrscheinlich dadurch, daß sie an denjenigen Punkten adsorbiert werden, an denen andernfalls Wasserstoff entwickelt werden würde

---

[1] EDWARDS, C. A.: J. Iron Steel Inst. **110** (1924) 9.

[2] BABLIK, H.: Grundlagen des Verzinkens, Berlin: Julius Springer 1930.

[3] BARDENHEUER, P. u. G. THANHEISER: Mitt. K. W. Inst. Eisenforschung **10** (1928) 322; Stahl Eisen **49** (1929) 1185.

[4] HAYES, A.: Trans. Am. Soc. Steel Treating **17** (1930) 527. HAYES berücksichtigt auch den Einfluß der Krümmung der Schichtenbildung.

[5] SWINDEN, T. u. W. W. STEVENSON: Rep. Corrosion Comm. Iron Steel Inst. **4** (1936) 185.

[6] SCHLÖTTER, M.: Korr. Met. **4** (1928) 75.

(s. S. 312). Unter den reinen Chemikalien sind substituierte Ammoniumverbindungen, wie Chinolinäthyljodid, außerordentlich wirksam. Es gibt aber eine große Anzahl anderer aromatischer Stoffe, die Metall vor dem Säureangriff schützen, so beispielsweise cyclische Verbindungen, die Stickstoff im Ring enthalten. Andere wirksame Verbindungen, wie Diorthotoluylthioharnstoff, enthalten Schwefel. Viele der wirksamsten Inhibitoren sind in reinem Zustande zu teuer für den Großbetrieb, jedoch sind zahlreiche geeignete Inhibitoren auf dem Markt, die sowohl hinreichend wirksam als auch relativ wohlfeil sind. In einigen Fällen handelt es sich dabei um solche, die aus Nebenprodukten verschiedener industrieller Prozesse erhalten werden, wie beispielsweise Schlamm und saure Extrakte aus der Behandlung des Kohlenteeres oder aber Verbindungen, die aus Schlachthausabfällen durch Sulfonierung[1] erhalten werden. Verschiedene bekannte Substanzen sind weiterhin im Laufe der Zeit als Inhibitoren verwendet worden, so beispielsweise Leim, Kleister, Naphthalin, Anthracen, Öl, Agar, Gelatine, Melasse, Lauge von Sulfitcellulose, Tannin, Hefe, gemahlener Weizen sowie selbst stockiges Mehl oder Kleie.

Vergleiche hinsichtlich der Wirksamkeit der verschiedenen Materialien liegen in der Literatur vor[2]. Allgemein ist zu sagen, daß die Wirksamkeit mit zunehmender Temperatur sinkt; der Betrag, um den die Wasserstoffentwicklung durch einen Zusatz abnimmt, ist kein Maß für das Vermögen dieser Substanzen, ein Brüchigwerden zu verhüten, da dieses nicht von dem gasförmig entwickelten Wasserstoff, sondern von dem in das Metall eintretenden Wasserstoff abhängt. Wie MORRIS[3] festgestellt hat, laufen diese beiden Effekte nicht notwendigerweise in der gleichen Richtung. Gewisse Inhibitoren, wie beispielsweise Leim, die im Sinne einer Verhinderung der Wasserstoffentwicklung und Herabsetzung des Säureverbrauchs wirken, bewirken nach WARDELL[4] jedoch nur eine belanglose Herabsetzung der Brüchigkeit. Andere Substanzen, wie Pyridin und Chinolin, führen zu einer merkbaren Verringerung der Brüchigkeit, sofern hinreichende Mengen (z. B. 2%) zugesetzt werden. Als ein Mittel zur Herabsetzung der Blasenbildung, der Verringerung des Säureverbrauches und zur Vermeidung des Rauhwerdens von Stahl sind Inhibitoren heutigentages allgemein mit Erfolg in Gebrauch. Sie verhindern auch die Ausbildung von Sprühnebeln und Dämpfen in den Beizräumen, was für die Gesundheit der Arbeiter von Bedeutung ist.

MUNGER[5] berichtet über Schwierigkeiten, die beim Zusatz von Inhibitoren beim Beizen von solchen Stählen auftreten, die nachträglich verzinkt oder lackiert werden sollen. In beiden Fällen ist eine Aufrauhung der Oberfläche erwünscht, so daß der Inhibitor nur in sorgfältig dosierter Menge und nur ausschließlich nach vorheriger Prüfung zugesetzt werden darf. Für zu verzinkende Stähle sollte die Menge des zugesetzten Inhibitors so bemessen werden, daß wohl die Blasenbildung unterbunden wird, daß aber doch eine

---

[1] SPELLER, F. N. u. E. L. CHAPPELL: Trans. Am. Inst. chem. Eng. **19** (1927) 153.

[2] CREUTZFELDT, W. H.: Korr. Met. **4** (1928) 102. — BABLIK, H.: Korr. Met. **4** (1928) 179. — WARNER, J. C.: Trans. electrochem. Soc. **55** (1929) 287. — RHODES, F. H. u. W. E. KUHN: Ind. eng. Chem. **21** (1929) 1066. — MANN, C. A.: Trans. electrochem. Soc. **69** (1936) 115. — JIMENO, E., I. GRIFOLL u. F. R. MORRAL: Trans. electrochem. Soc. **69** (1936) 105.

[3] MORRIS, T. N.: J. Soc. chem. Ind. Trans. **54** (1935) 11.

[4] WARDELL, V. A.: Chem. Age met. Sect. **33** (1935) 9.

[5] MUNGER, H. P.: Trans. electrochem. Soc. **69** (1936) 85.

gewisse Rauheit der Stahloberfläche erzielt wird. Für zu lackierende Materialien sollte das Aufrauhen vor dem Beizen erfolgen, außerdem ist dafür Sorge zu tragen, daß keinerlei organische Stoffe auf dem Metall zurückbleiben.

Beizen mit Phosphorsäure. Phosphorsäure ist den anderen Säuren insofern überlegen, als sie keine Korrosion hervorruft, wenn sie in Spuren auf dem Metall zurückbleibt, was auf den schützenden Charakter der auf dem Eisen gebildeten und nur wenig löslichen Phosphate zurückzuführen ist. Bei gewöhnlicher Temperatur verläuft der Beizvorgang langsam. Es ist deshalb erforderlich, auf etwa 85° zu erwärmen, was in manchen Fällen unbequem sein mag. Trotzdem ist diese Methode außerordentlich wertvoll, insbesondere in denjenigen Fällen, in denen sorgfältiges Waschen zu Schwierigkeiten führen würde. Diese Methode wird vom HOLLÄNDISCHEN KORROSIONSAUSSCHUSS gefördert und von BÜTTNER[1] empfohlen, demzufolge bei der Anwendung von Phosphorsäure kein Inhibitorzusatz erforderlich ist und überdies das auf dem Eisen zurückbleibende Eisenphosphat für einen darauffolgenden Farbanstrich eine gute Grundlage bietet. LOBRY DE BRUYN[2] schlägt vor, die erwärmten Metallplatten *ohne vorheriges Abwaschen der Säure* trocknen zu lassen, während es nach FOOTNER[3] günstig ist, sie nach dem Entfernen aus dem Beizbad in eine Lösung verdünnterer Phosphorsäure zu bringen, um den Phosphatfilm zur Ausbildung kommen zu lassen. Als Ergebnis vergleichender Eintauchuntersuchungen kommt SCHMIDT[4] zu dem Schluß, daß sich die nach einer Phosphorsäurebehandlung aufgebrachten Anstriche besser verhalten als die nach einer Schwefelsäurebeize hergestellten. Phosphorsäure ist teurer als andere Säuren[5]. Bei Betriebserfahrung und sorgfältiger Planung können die Kosten der Phosphorsäurebeize jedoch auf ein vernünftiges Maß gebracht werden. Es ist möglich, dadurch ökonomisch zu arbeiten, daß das Beizen selbst in Schwefel- oder Salzsäure durchgeführt wird, und daß nur eine abschließende Phosphorsäurebehandlung angeschlossen wird, um die Ausbildung des Schutzfilmes herbeizuführen.

Elektrolytische Beize. Bei der elektrolytischen Beize werden die Materialien entweder einer anodischen oder kathodischen Behandlung in einem sauren oder alkalischen Bad unterworfen — eine seltene Freiheit in der Wahl der Mittel, was einen besonderen Kenner dieses Gebietes zu der Ansicht geführt hat, daß die Gasentwicklung hier die Hauptrolle bei der Sinterentfernung spielt, was jedoch wahrscheinlich nicht der Fall ist.

Die *anodische* Beize bietet den Vorteil, daß sie keine Brüchigkeit hervorruft. SUTTON[6] empfiehlt eine Beize nach LABAN[7], die in einer anodischen Behandlung in 30%iger Schwefelsäure bei einem Zusatz von Kaliumdichromat (6,3 g/l) bei etwa 1000 A/m² besteht. Hierdurch wird eine passive, atlasglänzende Stahloberfläche geschaffen. Es ist tatsächlich nicht erforderlich, ein starkes Säurebad für die anodische Beize zu benutzen. R. MÜLLER und HARANT[8] empfehlen

---

[1] BÜTTNER, G.: Korr. Met. 7 (1931) 251.

[2] LOBRY DE BRUYN, C. A.: Trans. North East Coast Inst. Eng. 52 (1936) D 36.

[3] FOOTNER, H. B.: Petroleum Times 35 (1936) 400.

[4] SCHMIDT, E. K. O.: Bericht über die 2. Korrosionstagung Berlin 1932, S. 9.

[5] J. P. PHEIFFER [Engineering 138 (1934) 221] diskutiert die Frage ihrer Wiedergewinnung. Einige Hinweise hinsichtlich der Patentlage gibt P. RACKWITZ: Korr. Met. 10 (1934) 58.   [6] SUTTON, H.: J. Electrodepositers' Soc. 11 (1936) 114.

[7] LABAN, N. R.: J. Electrodepositers' Soc. 5 (1930) 128.

[8] MÜLLER, R. u. L. HARANT: Trans. electrochem. Soc. 69 (1936) 145.

eine Eisen(II)-sulfatlösung mit nur 0,1% Schwefelsäure und sind der Ansicht, daß diese Beize billiger als der gewöhnliche Beizprozeß arbeitet. JIMENO und GRIFOLL[1] beschreiben eine andere Methode der Schwefelsäurebeize, die hinsichtlich des Säureverbrauches ökonomisch arbeiten soll. Das Metall wird für einige Stunden ohne Stromdurchgang in die verdünnte Säure eingetaucht und dann 2 oder 3 min der anodischen Behandlung in 70- bis 75%iger Säure ausgesetzt, um besonders an denjenigen Stellen einen Angriff herbeizuführen, an denen der Walzsinter beharrlich festhaftet.

Eine anodische Behandlung in einem Natriumcitrat und Natriumhydroxyd enthaltenden Bade wird von ROGERS[2] im Hinblick auf die Entfernung des Sinters bei den Wolframschnelldrehstählen vorgeschlagen; ein kurzes Eintauchen in Salzsäure wird angeschlossen. Die eine Funktion des Alkalis besteht darin, das Wolfram auszulaugen, während das Citrat bei der Entfernung des Rostes mitwirkt. Diese Methode soll eine blankere Oberfläche als irgendeine andere Säurebeize ergeben und in ihrer Durchführung viel Zeit ersparen.

Die *kathodische* Reinigung ist heutzutage allgemein in Gebrauch. Hier muß die Frage der Wasserstoffaufnahme besonders beachtet werden. F. C. LEA[3] hat, unter Bedingungen, bei denen die kathodische Behandlung in einem Säurebad Brüchigkeit hervorruft, zeigen können, daß eine entsprechende Behandlung in einem alkalischen Bad frei von dieser Nebenwirkung ist. Nach ALEXEJEW und PERMINOW[4] verursacht eine kathodische Behandlung in völlig reiner Säure keine Brüchigkeit. BAUKLOH und ZIMMERMANN[5] konnten zeigen, daß insbesondere die zur Hydridbildung fähigen Elemente (Arsen, Antimon, Schwefel, Selen, Tellur) den Eintritt des Wasserstoffes in das Metall begünstigen. Die kathodische Behandlung bietet den Vorteil, daß sie das Metall in gewissem Ausmaße gegenüber Korrosion schützt (die Ionen bewegen sich entgegen derjenigen Richtung, durch die der anodische Angriff hervorgerufen wird)[6].

UNGERSBÖCK[7] schlägt eine abwechselnd anodische und kathodische Behandlung in einem neutralen Bade vor, was sehr leicht durch Aufhängen der zu behandelnden Gegenstände zwischen Anode und Kathode in einem Elektrolytgefäß und gelegentliches Umdrehen erreicht werden kann. Es ist keine elektrische Verbindung mit den Gegenständen erforderlich, die einfach als Zwischenelektroden wirken. Verglichen mit der Säurebeize spart dieser Prozeß die Säurekosten, vermeidet das Versprühen in der Luft, wirkt aber wahrscheinlich nur sehr langsam.

Ein interessanter chemischer Prozeß zur Entfernung des Sinters, der in der amerikanischen Automobilindustrie Verwendung findet, geht auf T. E. DUNN

[1] JIMENO, E. u. I. GRIFOLL: An. Españ. **30** (1932) 794.

[2] ROGERS, R. R.: Trans. electrochem. Soc. **65** (1934) 357.

[3] LEA, F. C.: Pr. Roy. Soc. A **123** (1929) 171.

[4] ALEXEJEW, D. u. P. PERMINOW: Z. Elektroch. **40** (1934) 823; vgl. T. KRASSO: Z. Elektroch. **40** (1934) 826.

[5] BAUKLOH, W. u. G. ZIMMERMANN: Arch. Eisenhüttenwesen **9** (1936) 459.

[6] Selbst in saurer Lösung führt die kathodische Behandlung zu einem gewissen Schutz. Im Augenblick des Eintauchens setzt ein gewisser Angriff ein, jedoch nimmt die Schutzwirkung allmählich zu, in dem Sinne wie sich Eisenionen in dem Elektrolytbad ansammeln. Die Schutzwirkung in Säure erfordert eine höhere Stromdichte als in alkalischen oder selbst neutralen Bädern [s. J. STOCKDALE u. U. R. EVANS: Metals Alloys **1** (1930) 377, **2** (1931) 62].

[7] UNGERSBÖCK, O.: Stahl Eisen **54** (1934) 137.

zurück und ist von Fink und Wilber[1] beschrieben worden. Der von dem Sinter zu befreiende Gegenstand wird in einem heißen Sulfatbad, das ein wenig Zinnsalz enthält, als Kathode geschaltet. Sobald der Stahl an irgendeiner Stelle freigelegt worden ist, schlägt sich dort Zinn nieder. Infolge der dem Zinn eigenen hohen Überspannung setzt die Wasserstoffbildung an dieser Stelle aus. Der mit der Sinterablösung verbundene Vorgang wird in seinen weiteren Stadien infolgedessen von dieser Stelle abgelenkt werden und so bei Gegenständen mit unregelmäßiger Oberfläche bald die schwerer zugänglichen Stellen erreichen. Der dünne Film (weitaus dünner als bei dem gewöhnlichen Plattieren) gewährt dem Metall einen bedeutenden Schutz und verhindert das Rauhwerden, das infolge des zu seiner Beseitigung erforderlichen nachträglichen Schleifens und Polierens sonst zu einer wesentlichen Preisbelastung wird. Da überdies wenig oder gar kein Wasserstoff in den Stahl eintritt, kommt es nicht zum Auftreten von Brüchigkeit. Eisen(III)-salze müssen dem Bad ferngehalten werden, da diese die Stromausbeute herabsetzen (Stromverbrauch zur Reduktion von Fe^{III} zu Fe^{II}). Bei der Verwendung von silicierten Eisenanoden[2] bildet sich ein Film (der weitgehend aus Kieselsäure besteht) auf der Eisenanode, der die Oxydation des Eisen(II)-salzes, die an anderen Anoden eintreten kann, weitgehend verhindert. In einem früheren Stadium dieses Prozesses sind Bleisalze an Stelle von Zinn verwendet worden[3].

3. Beizen von Nichteisen-Metallen.

Beizen von Duralumin. Es ist eine interessante Feststellung, daß Duralumin durch den Beizvorgang eine Einbuße in seinen physikalischen Eigenschaften erleidet, die nicht unähnlich der beim Stahl ist, wenngleich sie, wie Slater[4] gezeigt hat, auf eine Oberflächenschicht beschränkt bleibt, deren Dicke unterhalb 0,127 mm liegt, während sie im Falle des Stahles mitunter 25,4 mm betragen kann. Der praktische Grund für das Beizen dieser Legierung liegt darin, etwa vorhandene, verborgene Fehler, Ermüdungsbrüche und Herstellungsfehler bloßzulegen. Sutton und Taylor[5], die diese Frage untersucht haben, finden, daß die Ermüdungsfestigkeit durch einige Beizmethoden um etwa 31% herabgesetzt wird, daß diese Herabsetzung jedoch bei Benutzung eines Bades mit verdünnter Schwefel- und Flußsäure und nachheriger Behandlung in 50%iger Salpetersäure nur 6% beträgt, und durch Eintauchen in kochendes Wasser nach dem eigentlichen Beizvorgang noch weiter herabgesetzt werden kann. An Stelle von Flußsäure kann ein Gemisch von Natriumchlorid und Schwefelsäure verwendet werden, das für die damit Arbeitenden weniger unangenehm ist[6].

Blankbeizen von Kupfer. Praktische Bedeutung kommt dem neuerdings von Jacquet[7] entwickelten Verfahren zur Erzeugung von Spiegelglanz auf Kupfer durch anodisches Behandeln des Metalles in Phosphorsäure zu. Die hierfür

---

[1] Fink, C. G. u. T. H. Wilber: Trans. electrochem. Soc. **66** (1934) 381.
[2] Fink, C. G. u. T. H. Wilber: A.P. 1 927 115 (1933).
[3] Anonym in Iron Age **126** (1930) 860.
[4] Slater, I. G.: J. Inst. Met. **55** (1934) 160.
[5] Sutton, H. u. W. J. Taylor: J. Inst. Met. **55** (1934) 149.
[6] Sutton, H. u. T. J. Peake: J. Inst. Met. **59** (1936) 59.
[7] Jacquet, P. A.: C. r. **201** (1935) 1473, **202** (1936) 402; Nature **135** (1935) 1076; Bl. Soc. chim. **3** (1936) 705; Trans. electrochem. Soc. **69** (1936) 629.

erforderliche Stromdichte liegt zwischen der zur Hervorbringung völliger Passivität und derjenigen, die zu anodischer Korrosion führt. Offenbar ist es notwendig, daß an den Vertiefungen (in denen sich die Kupferverbindungen ansammeln) Passivität vorherrscht, daß dagegen die Erhöhungen aktiv bleiben, so daß sie aufgezehrt werden können, um so eine völlig glatte Oberfläche zu erzielen. Die von der Oberfläche ausgehende Reflexion des Lichtes scheint derjenigen ähnlich zu sein, die von einem durch Polieren erhaltenen Spiegel geliefert wird. Die Struktur dieser Oberfläche ist jedoch völlig von dieser verschieden, da die sog. *amorphe* BEILBY-*Schicht* offenbar abwesend ist.

Wahrscheinlich beruht die Methode zur Herstellung eines hohen Reflexionsvermögens auf Aluminium durch anodische Behandlung (zuerst in einem Natriumcarbonat und -phosphat enthaltendem Bad, hierauf in Natriumsulfat) auf dem gleichen Prinzip; Einzelheiten gibt PULLEN[1].

C. Quantitative Behandlung.

1. Wachstum von Jodidfilmen.

Verhalten von Silber in Jodlösungen. In der Absicht, den Mechanismus des Filmwachstums aufzuklären, wurde von BANNISTER[2] eine Untersuchung über den Angriff von Silberoberflächen durch in organischen Flüssigkeiten gelöstes Jod unter bestimmten Versuchsbedingungen durchgeführt. Bereits die Arbeiten von TAMMANN[3] und seinen Mitarbeitern haben manche Klarheit über den Angriff von Joddampf auf Silber gebracht. Es erwies sich jedoch als vorteilhafter, eine Jodlösung zu verwenden, da in diesem Fall der Einfluß von sieben verschiedenen Faktoren unabhängig voneinander studiert werden kann, nämlich:
1. der Eintauchzeit,
2. der Natur des Lösungsmittels,
3. der Rührgeschwindigkeit,
4. der Jodkonzentration,
5. der Temperatur,
6. der Natur der Silberoberfläche,
7. der Vorbehandlung.

Die Proben werden abgeschliffen, für verschieden lange Zeiten eingetaucht, hierauf herausgenommen, mit Lösungsmitteln gewaschen, getrocknet und die Dicke des Jodidfilmes mittels einer der drei auf S. 53 besprochenen Methoden bestimmt. Die erhaltenen Ergebnisse werden dann graphisch in Form von Zeit-Dicke-Kurven ausgewertet. Eine Reihe von Versuchen ist mit *verschiedenen Lösungsmitteln* bei konstanter Jodkonzentration und gleichbleibender Temperatur durchgeführt worden. Es wurde dann später Chloroform als Standardlösungsmittel gewählt. Unter Festhaltung der Standardkonzentration und der Temperatur ist dann eine zweite Versuchsreihe durchgeführt worden, bei der die Probe mit *verschiedener Geschwindigkeit* rotiert wurde. Weiterhin sind

---

[1] PULLEN, N. D.: J. Inst. Met. **59** (1936) 151.

[2] EVANS, U. R. u. L. C. BANNISTER: Pr. Roy. Soc. A **125** (1929) 370.

[3] TAMMANN, G.: Z. anorg. Ch. **111** (1920) 78, **123** (1922) 196. Siehe die Untersuchung von E. J. HARTUNG (J. chem. Soc. **1926**, 1353) über die Angriffsgeschwindigkeit einer Lösung von Jod in Kaliumjodid auf Silber.

vergleichende Messungen an Silber vorgenommen worden, das zuvor mit verschieden gekörntem Carborundum und Schmirgel *abgeschliffen* worden war. Weitere Versuche wurden an kalt gewalzten, mit einer Drahtbürste bearbeiteten oder auf anderen Wegen erhaltenen Oberflächen durchgeführt. Dabei stellte sich heraus, daß grob abgeschliffenes Silber einem rascheren Angriff unterliegt als sorgfältig abgeschliffenes Material. Ferner ist der Einfluß der *Temperatur* studiert worden, wobei alle übrigen Versuchsbedingungen konstant gehalten wurden. Endlich sind Versuche mit verschiedenen *Konzentrationen* an Jod in der Chloroformlösung ausgeführt worden. Abb. 15 zeigt die Zeit-Dicke-Kurven, die bei verschiedenen Konzentrationen bei einer Temperatur von 15° ermittelt wurden.

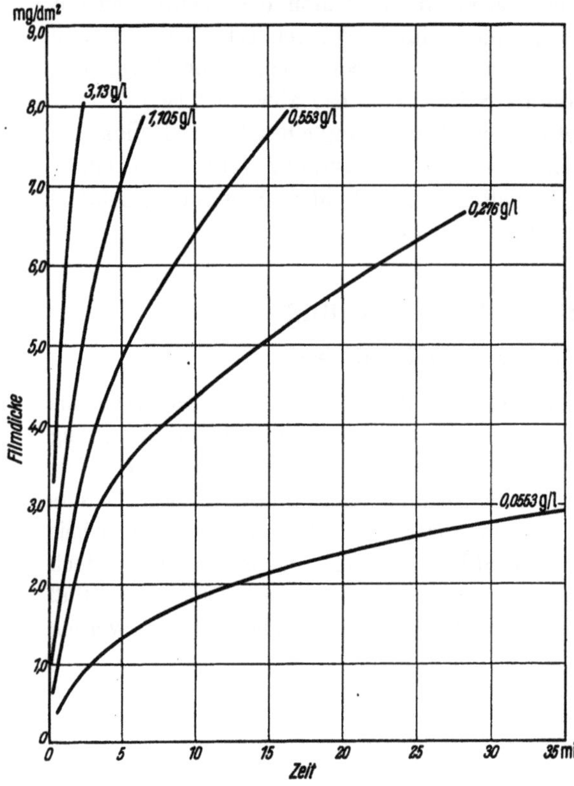

Abb. 15. Wachstum von Silberjodidfilmen.
(Nach U. R. EVANS und L. C. BANNISTER.)

Wird die Geschwindigkeit des Angriffes auf Silber ausschließlich durch die Geschwindigkeit bestimmt, mit der Jod und/oder Silber durch die sie trennende Silberjodidschicht diffundieren können, so ist zu erwarten (in Analogie mit den Gleichungen für den Wärmedurchgang durch dünne Platten), daß die Wachstumsgeschwindigkeit umgekehrt proportional der Filmdicke sein wird. Mit anderen Worten: es ist

$$dy/dt = k'/y \qquad (9\,\mathrm{a})$$

wobei y die Filmdicke, t die Zeit und k' eine Konstante bedeuten. Integration von (9a) führt zu

$$y^2 = k't + A \qquad (9\,\mathrm{b})$$

wobei $k = 2k'$ und A eine Konstante bedeuten. Diese Gleichung konnte experimentell in den meisten Fällen, ausgenommen bei sehr dünnen Schichten — in Übereinstimmung mit den früheren Ergebnissen von TAMMANN für Joddampf und denen von PILLING und BEDWORTH, VERNON u. a. für andere Typen des Oberflächenangriffes (s. die Kapitel III und IV) — bestätigt werden.

Es ist manchmal so argumentiert worden, daß für den Fall $y = 0$ bei $t = 0$ gleichfalls $A = 0$ erfüllt sein wird und daß dann für ein gegebenes Experiment $y^2/t = \mathrm{const}$ sein sollte. Diese Überlegung wäre zulässig, wenn Gleichung (9a) für die Filmdicke Null erfüllt wäre. Tatsächlich kann (9a) aber nicht für die

Filmdicke Null gültig sein, da dy/dt für $y=0$ unendlich werden würde. Chemische Betrachtungen allein schließen aber eine unendliche Geschwindigkeit selbst bei filmfreien Silber aus. Während die Dickenänderung dy/dt in dem leicht prüfbaren Gebiet der Dickenänderung gleich k'/y ist, muß diese Beziehung ihre Gültigkeit notwendigerweise bei sehr geringen Schichtdicken verlieren. Infolgedessen braucht der Wert der Integrationskonstante A im allgemeinen Fall nicht gleich Null zu sein. Die für das normalerweise untersuchte Gebiet der Schichtdicke gültige Gleichung hat also die Form $y^2 = kt/A$. Der Ausdruck y^2/t wird nur bei Schichtdicken, bei denen y^2 groß gegenüber A ist, konstant sein. Tatsächlich wirken jedoch einige der im allgemeinen vernachlässigten Faktoren in dem Sinne, daß A positiv und andere Werte negativ werden. In vielen der experimentell untersuchten Fälle sind kleine A-Werte ermittelt worden, obwohl das vor der Untersuchung nicht vorausgesagt werden konnte.

Versuche, die zum Studium der Wachstumsgeschwindigkeit bei sehr kleinen Schichtdicken im sog. „subgelben" Gebiet durchgeführt wurden, haben ergeben, daß in diesen Fällen Gleichung (9) völlig versagt. Wahrscheinlich kann bei geringen Schichtdicken die chemische Vereinigung von Jod mit Silber nicht Schritt halten mit der maximalen Durchtrittsgeschwindigkeit durch den dünnen Film.

Es wurde infolgedessen eine allgemeinere Gleichung abgeleitet, die nachstehend wiedergegeben wird. Im Jahre 1929 ist angenommen worden, daß das Filmwachstum durch die Joddiffusion bestimmt wird. Die wesentliche Überlegung bleibt jedoch unverändert bestehen, wenn man annimmt, daß sich das Silber bei diesem Vorgang bewegt. Sind C_0 und C_1 die Konzentrationen an freiem Jod an der äußeren bzw. inneren Grenze des Jodidfilmes, so ist die Durchtrittsgeschwindigkeit des Jods durch den Film gegeben durch

$$\frac{K_D(C_0 - C_1)}{y}$$

wobei K_D eine mit dem Diffusionsvermögen verknüpfte Konstante ist. Im stationären Zustand, in dem Jod durch Verbindungsbildung mit dem Silber ebenso schnell aufgenommen wird wie es auftrifft, können wir schreiben

$$dy/dt = K_C C_1 = \frac{K_D(C_0 - C_1)}{y}$$

wobei K_C eine durch die Geschwindigkeit der chemischen Umsetzung bestimmte Konstante ist, die als proportional mit der Jodkonzentration am Film angenommen wird. Eliminieren von C_1 führt zu

$$dy/dt = \frac{K_D K_C}{K_D + K_C y} C_0 \tag{10a}$$

oder

$$\frac{y^2}{K_D} + \frac{2y}{K_C} = 2 C_0 t + A' \tag{10b}$$

wobei A' eine Konstante ist.

Bei großen Schichtdicken, bei denen y^2/K_D groß ist im Vergleich zu $2y/K_C$, wird diese Gleichung identisch mit Gleichung (9b). Bei sehr kleinen Dicken dagegen, bei denen y^2/K_D klein ist im Vergleich mit $2y/K_C$ wird $y = K_C C_0 t + A''$, wobei A'' eine Konstante ist. Bei kleinen Dicken erscheint nur K_C in der Gleichung, bei großen Dicken dagegen nur K_D. Das bedeutet, daß bei kleinen Filmdicken ihre Bildungsgeschwindigkeit ausschließlich durch chemische Faktoren, bei sehr großen dagegen ausschließlich durch den Diffusionsvorgang durch die Filmsubstanz bestimmt wird. Bei hohen Filmdicken (bei denen A klein ist im Vergleich mit y^2) wird y angenähert proportional $\sqrt{t}$, bei kleinen dagegen ist y direkt proportional t. Die von Bannister erzielten experimentellen Ergebnisse stehen mit diesen beiden Überlegungen in Einklang, wenngleich die Messungsschwierigkeiten es bei den sehr kleinen Filmdicken erschweren, den zweiten Punkt mit ausreichender Sicherheit zu prüfen.

Die Konzentration (C_0) des an der Filmaußenseite vorhandenen überschüssigen Jodes (über den Jodgehalt hinaus, der durch die Formel AgI gekennzeichnet ist) hängt von der Konzentration des freien Jodes in der Flüssigkeit in der Filmnähe (C_L) ab. Ist der Durchgang durch den Film hinreichend langsam geworden, so daß die Jodkonzentration in der äußeren Filmschicht praktisch im Gleichgewicht mit der in der Flüssigkeit steht, so gilt

$$C_0 = K_p (C_L)^{m/n}$$

Hierin bedeutet m den molekularen Zustand des freien Jodes im Film, n den im Lösungsmittel und K_p eine Konstante, die provisorisch als Verteilungskoeffizient bezeichnet werden mag. Hiernach muß die Wachstumsgeschwindigkeit des Filmes für ein gegebenes Lösungsmittel mit der Jodkonzentration ansteigen, was mit der Erfahrung übereinstimmt. Es ist jedoch zu erwarten, daß einige Lösungsmittel ein rascheres Wachstum als andere zulassen werden. C_L ist die Konzentration der freien unsolvatisierten Jodmolekel. Beim Vergleich von Lösungen mit der gleichen Gesamtkonzentration an Jod werden wahrscheinlich die violetten Lösungen (in denen die Jodmolekeln als vorwiegend unsolvatisiert angenommen werden) bei Konstanthaltung der übrigen Bedingungen ein rascheres Wachstum des Filmes hervorrufen als die braunen Lösungen (in denen eine erhebliche Solvatation angenommen wird). Insgesamt ist diese Annahme zutreffend, wie Tabelle 8 zeigt. Für Lösungen gleicher Farbe wird K_p die Wachstumsgeschwindigkeit des Filmes bestimmen.

Tabelle 8. Einfluß des Lösungsmittels.

Ordnung der Wachstumsgeschwindigkeit	Lösungsmittel	Farbe der Lösung
1. (höchste Geschwindigkeit)	Hexan	tiefviolett
2.	Petroläther	rot
3.	Kohlenstofftetrachlorid	tiefviolett
4.	Chloroform	rötlich-violett
5.	Benzol	rot
6.	Äthylacetat	braun
7.	Äther	braun
8. (geringste Geschwindigkeit)	Amylacetat	braun

Bei Schichtdicken, die hinreichend groß sind, so daß $2\,y/K_C$ und A' als klein gegenüber y^2/K_D betrachtet werden können (so daß y^2/t unabhängig von t wird), sollte y^2/t proportional C_0 und damit proportional $C_L^{m/n}$ sein. Es ist dann nur erforderlich, die Zeit-Dicke-Kurven bei verschiedenen Konzentrationen in einem einzigen Lösungsmittel zu ermitteln, um die m/n-Werte zu erhalten. Ausgedehnte Messungen haben gezeigt, daß der Wert $m:n$ zwischen $1:1$ und $2:1$, jedoch näher zu dem ersteren liegt. Hieraus ist geschlossen worden, daß der Molekularzustand des freien Jodes im Film im wesentlichen der gleiche wie in der Flüssigkeit ist, daß der Anteil der komplexeren Moleküle im Film jedoch tatsächlich erheblich größer als in der Lösung ist. Nach J. A. MÜLLER[1] liegt das Jod sowohl in den braunen als auch in den violetten Lösungen in der Form von I_2, sicherlich nicht in kleineren Einheiten als I_2 vor, d. h. daß die Diffusion durch den Film hauptsächlich in Form der diatomigen (oder möglicherweise polyatomigen) Molekeln, jedoch nicht in Form einfacher Atome erfolgen muß. Aus sterischen Gründen erscheint es unmöglich, den Durchgang von I_2-Molekeln (oder noch größeren Molekeln) durch das Silberjodidgitter hindurch anzunehmen. Postuliert man dagegen Poren hinreichender Größe, so wird die Diffusion von I_2-Molekeln möglich.

Es erhebt sich nunmehr die Frage, ob die ganze Lösung, einschließlich des Lösungsmittels, in die Poren eintritt. Dringt das Lösungsmittel in die Poren ein, so würde die Wachstumsgeschwindigkeit des Filmes durch ein Lösungsmittel geringer Viscosität oder hoher Joddiffusion begünstigt werden. Tatsächlich ist jedoch in Äther, der eine viel geringere Viscosität[2] und einen größeren Diffusionskoeffizienten[3] für Jod als Chloroform hat, die Wachstumsgeschwindigkeit kleiner. Aus diesen und anderen Gründen wurde geschlossen, daß das Lösungsmittel als solches nicht mit in die Poren eintritt.

Treten die Jodmoleküle ohne Lösungsmittel in die Poren ein, so scheinen zwei Möglichkeiten zu bleiben:

1. sie können als freie Moleküle durch relativ große Porenkanäle diffundieren (wahre Gasdiffusion);

2. sie können durch Poren hindurchdiffundieren, die gerade groß genug sind, um ihre Beweglichkeit in einer Art lockerer Bindung mit dem Silberjodid der begrenzenden Porenwände zu ermöglichen.

Die erste Annahme scheint Poren zu erfordern, die größer als die wahrscheinlich existierenden sind, da das Silberjodid sich optisch als eine einzige Phase erweist. In jedem Falle würde ein solcher Mechanismus einen hohen Temperaturkoeffizienten voraussetzen. In Fällen, die der Gleichung (9) gehorchen, würde die Diffusionsgeschwindigkeit in großen Zügen proportional der Joddampftension der Lösung sein. Derartige Dampftensionen steigen stark mit der Temperatur an, da sie durch den Bruchteil derjenigen Moleküle bedingt werden, die die zum Austritt aus der Flüssigkeitsphase erforderliche Energie besitzen. Tatsächlich ist der Temperaturkoeffizient jedoch viel zu klein, um die Vorstellung von der Verdampfung der freien Moleküle zuzulassen. Weiterhin ist angenommen worden, daß der Transport in einem Durchgang durch Porenkanäle besteht, die nur wenige Moleküldurchmesser weit sind (was den kleinen Temperaturkoeffizienten erklären würde, wenn eine Affinität zwischen Silberjodid und Jod vorhanden ist, was sicher der Fall ist), was einem Prozeß entsprechen würde, der seinem Wesen nach zwischen der Gasdiffusion und der Diffusion in fester Lösung stehen würde.

Die Annahme eines Jodtransportes durch Poren ist nicht frei von Schwierigkeiten, da keinerlei Beweis dafür vorhanden ist, daß Poren der gewünschten Größe in hinreichender Anzahl vorhanden sind. Es schien jedoch kein anderer Weg für eine Deutung des Lösungsmittel-, Konzentrations- und Temperatur-

---

[1] MÜLLER, J. A.: Bl. Soc. chim. **11** (1912) 1006.

[2] DORSEY, N. E.: Internat. crit. Tables, Bd. 5, 1929, S. 11.

[3] GRÓH, J. u. I. KELP: Z. anorg. Ch. **147** (1925) 321.

effektes zu bestehen, solange eine Bewegung des Jodes durch den Film angenommen wird. Die Arbeiten von Pfeil (s. S. 105), Fischbeck[1], Wagner[2] u. a. haben nun einen Weg gewiesen, der frei von diesen Schwierigkeiten ist. Danach ist es wahrscheinlicher, daß der Transport nicht in einer Einwärtswanderung des Jodes, sondern vielmehr in einer nach außen gerichteten Wanderung des Silbers durch den Jodidfilm hindurch besteht (entsprechend der nach außen gerichteten Diffusion des Eisens durch den Oxydfilm, was durch Pfeil nachgewiesen und auf S. 107 näher besprochen wird). Dieser Mechanismus läßt den niedrigen Temperaturkoeffizienten sowie den Einfluß des Lösungsmittels verständlich erscheinen und stimmt überdies mit Gleichung (9) überein, wenn die Annahme gemacht wird, daß die Konzentration des überschüssigen Jodes an der äußeren Oberfläche durch die Jodkonzentration in der Lösung bestimmt wird, sowie weiterhin mit Gleichung (10) für den Fall sehr dünner Filme. Ein derartiger Mechanismus wird von Wagner[3] in einer neueren Arbeit für den Angriff von gasförmigem Chlor und Brom auf Silber angenommen. In diesem Fall gehorcht das Filmwachstum der Gleichung (9); der Wert von k ist proportional der Quadratwurzel aus dem Chlor- bzw. Bromdruck, was durchaus plausibel ist, da die Halogene in der Gasphase aus Cl_2- bzw. Br_2-Molekeln bestehen, während sie an der äußeren Oberfläche des Filmes in Form einfacher Atome oder wahrscheinlicher als Ionen vorliegen. Wagner nimmt an, daß während des Filmwachstums äquivalente Mengen von Silberionen und Elektronen nach außen durch den Film hindurchtreten, und daß so die wirkliche chemische Vereinigung mit dem überschüssigen Chlor an der äußeren Oberfläche erfolgt. Die Fähigkeit des Silberbromids, einen Bromüberschuß aufzunehmen, unterliegt keinem Zweifel; die elektrische Leitfähigkeit eines Silberbromidfilmes ist in Gegenwart von Bromdampf wesentlich höher als in reinem Stickstoff.

2. Wachstum von Oxydfilmen.

Unsichtbare Filme auf Aluminium. Das Studium des Wachstumsgesetzes von Oxydfilmen in reinem, trockenen Sauerstoff bei gewöhnlicher Temperatur wird besonders durch die notwendige Forderung erschwert, bei Versuchsbeginn eine völlig oxydfreie Oberfläche zur Verfügung zu haben. Steinheil[4] erfüllt diese Forderung dadurch, daß er Aluminium im Vakuum an einer frischen Glimmeroberfläche (die durch Abspalten von einem Glimmerblättchen erhalten worden ist) kondensiert, wodurch ein oxydfreier Metallfilm erzielt wird, der dünn genug ist, um Transparenz zu zeigen. Nach der Kondensation erfolgt ein spontaner Anstieg der Transparenz, der auf eine Änderung des Krystallisationszustandes zurückzuführen ist (oder der vielleicht auf einer unvermeidbaren Spur von Sauerstoff beruht?). Nach Eintreten eines konstanten Transparenzwertes wird Luft oder Sauerstoff zugeführt, worauf ein erneuter Transparenzanstieg einsetzt, der unzweifelhaft auf der Oxydation beruht. Dieser Anstieg erfolgt zuerst rasch und verlangsamt sich dann zunehmend, wie aus Abb. 16 hervorgeht, in der die Ordinate den Logarithmus der Transparenz (Lichtdurchlässigkeit) angibt.

[1] Fischbeck, K.: Z. Elektroch. **39** (1933) 328, **40** (1934) 521.
[2] Wagner, C.: Z. phys. Ch. B **21** (1933) 26.
[3] Wagner, C.: Z. phys. Ch. B **32** (1936) 459.
[4] Steinheil, A.: Ann. Phys. [5] **19** (1934) 475.

Der Intensitätsverlust des Lichtes bei Eintritt in ein absorbierendes Medium
ist proportional der Intensität an der erreichten Ebene gemäß $dI/dx = \alpha I$,
wobei I die Lichtintensität in der Tiefe x und α den Absorptionskoeffizienten
bedeuten. Hieraus folgt

$$\log I = \alpha x + A$$

wobei A eine Konstante bedeutet.

Es ist einleuchtend, daß der Logarithmus der Lichtdurchlässigkeit (Transparenz) ein geeignetes Maß für die Dicke einer absorbierenden Schicht darstellt, und daß jede Veränderung dieses Wertes ein Ausdruck ist für die Dicke
der oxydierten Aluminiumschicht; so kann die Ordinate in Abb. 16 als ein
der Dicke des Oxydfilmes proportionales Maß angesehen werden.

Die Wachstumsgeschwindig-
keit erweist sich als abhängig vom
Sauerstoffdruck, wird dagegen
von der Gegenwart oder Abwesenheit von Wasser kaum beeinflußt,
eine Tatsache, die STEINHEIL als
ein Beweis dafür erscheint, daß
das Produkt ein Oxyd und kein
Hydroxyd ist.

Die von STEINHEIL ermittelten
Kurven (die etwas an die von
VERNON für Aluminium erhalte-
nen Kurven erinnern, das der
Londoner Luft ausgesetzt wor-

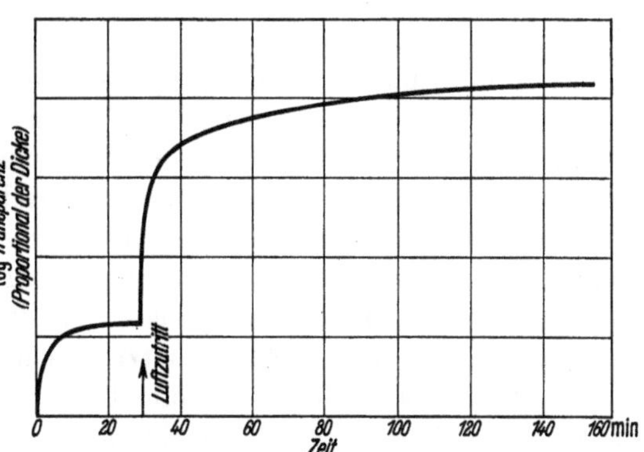

Abb. 16. Wachstum einer Oxydschicht auf Aluminium.
(Nach A. STEINHEIL.)

den war; s. Abb. 26, S. 167) gehorchen nicht der Gleichung (9). STEINHEIL
selbst nimmt an, daß der Angriff an Rissen, intergranularen Furchen oder
vorspringenden Krystalliten an der außerordentlich unebenen Aluminiumoberfläche einsetzt. In diesem Sinne ist die Grenze zwischen Oxyd und Metall
anfänglich in keiner Weise als eben anzusprechen, nimmt jedoch zunehmend
einen ebeneren Charakter an, je mehr sich der Angriff in das Metall hinein
fortsetzt, worin eine Erklärung für den abnormen Abfall der Oxydationsgeschwindigkeit zu sehen ist. Diese Erklärung ist plausibel, obgleich auch
andere Deutungen denkbar sind.

Das Oxydationsgesetz für Aluminium mag im Hinblick auf den besonderen
schützenden Charakter dieses Oxydes etwas außergewöhnlich sein. TRONSTAD
und HÖVERSTAD[1] haben die Oxydation von Zink in reiner Luft bei Raumtemperatur mit ihrer optischen Methode (s. S. 78) untersucht und festgestellt,
daß die Oxydation-Zeit-Kurve in diesem Fall annähernd linear verläuft, obgleich
die Wachstumsgeschwindigkeit des Filmes äußerst gering ist; nach 500 Stunden
besitzt die Schicht nur eine Stärke von 5 bis 6 Å, worin eine Erklärung dafür
zu sehen ist, daß Zink (in gleicher Weise wie Metalle, die Kurven abnehmender
Oxydationsgeschwindigkeit ergeben) wochenlang in einem Exsiccator gehalten
werden kann, ohne daß Interferenzfarben auftreten. In trockenem Ozon ist
die Geschwindigkeit des Dickenwachstums wesentlich größer (20 Å in 90 Stunden).
In feuchtem Ozon ist sie noch größer (40 Å in 5 Stunden), wobei die Dicke-Zeit-

---

[1] TRONSTAD, L. u. T. HÖVERSTAD: Trans. Faraday Soc. **30** (1934) 1121.

Kurve wieder linear verläuft. Wird Silber trockenem Ozon ausgesetzt, so wird ein Film erzielt, der seine Grenzdicke nach einigen Stunden erreicht. In feuchtem Ozon bedeckt sich Silber bald mit einem schweren, schwarzen Film, der für optische Messungen zu dick ist. Die MILEYschen Ergebnisse an Eisen und Kupfer, die anfänglich rasche Oxydation zeigen, die bald verlangsamt wird, sind auf S. 54 besprochen worden.

Wachstum unsichtbarer Filme auf einer Platinelektrode. Eine interessante Anwendung der Gesetze über das Filmwachstum wird durch die von HOAR gegebene Erklärung für das anomale Verhalten der sog. *Sauerstoffelektrode* geliefert. Das Sauerstoffpotential ist für die Erscheinung der Korrosion von außergewöhnlicher Bedeutung. Verhält sich die Sauerstoffelektrode reversibel, so sollte ihr Potential stets 1,23 V über dem der reversiblen Wasserstoffelektrode in der gleichen Flüssigkeit liegen. Tatsächlich erfordert die Bildung von freiem Sauerstoff an einer Platinanode in einem gewöhnlichen elektrolytischen Element ein weit *höheres* Potential, als dem reversiblen Wert entspricht. Wird jedoch versucht, eine Sauerstoffelektrode (z. B. eine mit Sauerstoff umspülte Platinelektrode) als Kathode eines stromliefernden Elementes zu verwenden, so werden wesentlich *niedrigere* Potentiale erhalten, als dem theoretischen Wert entspricht. So erweist sich die Sauerstoffelektrode als außerordentlich irreversibel. Wird an Stelle von Platin als „Basis" für die Sauerstoffelektrode Eisen oder ein anderes weniger edles Metall benutzt, so sind die erzielten Potentialwerte noch niedriger, und zwar liegen sie effektiv nicht weit von dem charakteristischen Metallwert entfernt, der lediglich durch den Sauerstoff etwas „veredelt" ist. Diese Frage ist durch HOAR[1] weitgehend geklärt worden, der zu dem Ergebnis gelangt ist, daß, obgleich niemals beim reversiblen Potentialwert an einer mit Sauerstoff gesättigten Platinelektrode ein Gleichgewicht erreicht wird, doch eine sehr kleine anodische Stromdichte (i) hinreichend ist, um das Potential auf den reversiblen Wert zu bringen. Der zur Aufrechterhaltung dieses Potentiales erforderliche Stromwert nimmt ständig mit der Zeit (t) ab, der Gleichung $1/i^2 = kt$ gemäß, wobei k eine Konstante ist. Die Erklärung dieser Beziehung ist verständlich. Das Metall ist mit einem unvollständigen Oxydfilm bedeckt. Wäre der Film völlig ausgebildet, so daß die Platinbasis völlig abgedeckt wäre, so könnte sich das Gleichgewicht zwischen den O_2-Molekeln und O''- oder OH'-Ionen möglicherweise bei dem reversiblen Potential einstellen. Ist der Oxydfilm dagegen nicht homogen, so wird zwischen der Filmoberfläche als Kathode und dem in den Poren ausgesetzten Metall als Anode ein Strom fließen und damit einen irreversiblen Verbrauch elektromotorisch wirksamen Sauerstoffes von der Filmoberfläche verursachen. Da kein entsprechender Verbrauch von O''- oder OH'-Ionen vorhanden ist, muß das Gleichgewicht aufgehoben werden, was zu einer Herabsetzung des Potentiales führt. Diese ist gering für ein edles Metall wie Platin, groß dagegen für ein Metall wie Eisen, so daß die Abweichung des gemessenen Potentiales von dem reversiblen Wert klein sein wird im Falle des Platins, groß dagegen im Falle des Eisens. Es ist möglich, das reversible

---

[1] T. P. HOAR [Pr. Roy. Soc. A **142** (1933) 628]; s. auch W. J. MÜLLER u. O. HERING [Ber. Wien. Akad. **144** II b (1935) 167]. — J. A. V. BUTLER u. G. DREVER [Trans. Faraday Soc. **32** (1936) 427] beschreiben die Bildung von Oxydfilmen auf Anoden von Palladium und Rhodium. Sie nehmen an, daß auf dem Platin kein Oxydfilm, sondern nur eine Schicht von adsorbiertem Sauerstoff zur Abscheidung gelangt.

Potential am Platin unter Anwendung eines kleinen Stromes aufrechtzuerhalten, der gleich und entgegengesetzt dem durch die Poren fließenden Strom ist. In dem Maße, in dem der Film anwächst, wird der zur Aufrechterhaltung des Potentiales benötigte Strom absinken. Nimmt man die MÜLLERsche Vorstellung an, wonach die Porenfläche konstant ist, so wird der Stromverlust mit steigender Filmdicke abfallen, gemäß der Gleichung $i = k'/y$. Ist das Wachstumsgesetz $y^2 = k''t + A$ gut erfüllt, so wird $1/i^2 = kt + A'$, wodurch die HOARschen experimentellen Ergebnisse erklärt werden. Sind die anodischen oder kathodischen Stromdichten groß im Vergleich zu dem Stromverlust, so zeigen die HOARschen Kurven, daß der Logarithmus der Stromdichte gegen das Potential aufgetragen eine gerade Linie ergibt. Die beiden geraden Linien für die anodischen und kathodischen Kurven schneiden sich etwa bei dem reversiblen Potentialwert. Hieraus wird ersichtlich, daß die beiden Änderungen für den Fall, daß der irreversible Effekt, der auf den Filmabfall zurückgeht, nicht vorhanden wäre, bei oder in der Nähe des theoretischen Wertes einander ausgleichen würden.

Drittes Kapitel.

Oxydation bei hohen Temperaturen.

A. Wissenschaftliche Grundlagen.

1. Einfache Fälle von Oxydation.

Verhalten der Metalle beim Erhitzen in Luft. PILLING und BEDWORTH[1] haben gezeigt, daß die Metalle hinsichtlich ihres Verhaltens beim Erhitzen in Luft oder Sauerstoff in grundsätzlich verschiedene Klassen einzuteilen sind. Diese Gliederung ist dem folgenden Kapitel zugrunde gelegt worden.

1. Die Edelmetalle, wie Gold, Silber, Platin und Quecksilber bilden Oxyde, die sich beim Erhitzen zersetzen. Der Dissoziationsdruck von Silberoxyd erreicht bei etwa 180° eine Atmosphäre[2]; bei höheren Temperaturen zersetzt sich das Oxyd spontan. Untersuchungen einer langsam in Luft erwärmten Silberoberfläche durch TRONSTAD und HÖVERSTAD[3] haben erkennen lassen, daß gewisse optische Veränderungen, die wahrscheinlich mit einer Oberflächenoxydation verknüpft sind, bis zu 180° stattfinden, daß jedoch oberhalb dieser Temperatur eine rückläufige Änderung einsetzt, die offenbar auf die Zersetzung des Oxydes zurückgeht. Es ist zweifellos unmöglich, Silberoxyd als eine *eigene Phase* durch heftige Erhitzung von Silber zu erhalten (ausgenommen unter sehr hohen Sauerstoffdrucken). Wird jedoch Silber an der Luft geschmolzen, so wird Sauerstoff unter Bildung einer verdünnten Lösung von Oxyd (oder vielleicht von Sauerstoff) in flüssigem Silber aufgenommen, da eine *verdünnte* Lösung von Silberoxyd in Silber mit Sauerstoff (bei dem in der Atmosphäre vorhandenen Partialdruck) selbst bei hohen Temperaturen im Gleichgewicht

---

[1] PILLING, N. B. u. R. E. BEDWORTH: J. Inst. Met. **29** (1923) 534.

[2] Es bestehen erhebliche Abweichungen zwischen den in verschiedenen Untersuchungen erzielten Werten. Der genannte Wert wird von L. E. PRICE nach einem Studium der vorliegenden Literatur für am wahrscheinlichsten gehalten [s. auch G. N. LEWIS: J. Am. Soc. **28** (1906) 139. — KEYES, F. G. u. H. HARA: J. Am. Soc. **44** (1922) 479. — BENTON, A. F.: Trans. Faraday Soc. **28** (1932) 215].

[3] TRONSTAD, L. u. T. HÖVERSTAD: Trans. Faraday Soc. **30** (1934) 1117.

stehen kann. Beim Abkühlen unter den Schmelzpunkt ist das ausgeschiedene feste Silber verhältnismäßig frei von Sauerstoff, das Oxyd sammelt sich in der Mutterlauge. Wird die Erstarrung infolgedessen unter sehr hohem Gasdruck durchgeführt, so bildet sich ein Silber-Silberoxyd-Eutektikum zwischen den Körnern aus, wie eindeutig von ALLEN[1] gezeigt werden konnte. Der Zersetzungsdruck von festem Silberoxyd (oder selbst einer konzentrierten Lösung des Oxydes in geschmolzenem Silber) übersteigt bei der Erstarrungstemperatur wesentlich eine Atmosphäre. Verläuft der Erstarrungsvorgang bei gewöhnlichem Druck, so kommt es zu einer plötzlichen Eruption von Sauerstoff, die als Spratzen bezeichnet wird.

Es gibt einen indirekten Beweis dafür, daß Gold beim Erhitzen oberflächlich in Oxyd übergeführt wird, das sich jedoch rasch wieder unter Rückbildung des Metalles zersetzt. PRESTON und BIRCUMSHAW[2] stellten bei der Untersuchung von Blattgold nach der Methode der Elektronenbeugung fest, daß es nach der Erwärmung in Sauerstoff einer Rekrystallisation unterliegt, daß dieser Vorgang nach Erhitzen in Wasserstoff oder im Vakuum jedoch nicht in merklichem Betrage auftritt. Verschiedene der anderen Edelmetalle unterliegen bei mäßigem Erwärmen langsamer Oxydation, geben den Sauerstoff jedoch bei stärkerem Erhitzen wieder ab. Quecksilber, das der Luft nahe seinem Siedepunkt ausgesetzt wird, bedeckt sich langsam mit Quecksilberoxyd, das sich bei hohen Temperaturen unter Bildung von Quecksilber und Sauerstoff wieder zersetzt, einst eine Methode zur präparativen Darstellung dieses Gases. Palladium zeigt nach Untersuchungen von TAMMANN und SCHNEIDER[3] Ausbildung von Interferenzfarben, wenn es auf Temperaturen zwischen 400° und 750° erwärmt wird. Bei höheren Temperaturen nimmt das Metall wieder sein gewöhnliches Aussehen an. Dieses Verhalten ist leicht zu verstehen, da durch WÖHLER[4] festgestellt worden ist, daß der Dissoziationsdruck des PdO bei 789° $^1/_5$ at und bei 877° 1 at beträgt. WÖHLER[5] konnte auch feststellen, daß eine Platinfolie, die während 8 Tagen in trockenem Sauerstoff bei 420° bis 450° erhitzt worden ist, örtlich rötlich-malvenfarbig wird; nach 37 Tagen war die gesamte Oberfläche oxydiert, bei gleichzeitiger Gewichtszunahme um 1,9% infolge Ausbildung eines Oxydfilmes. Platinschwamm wird wesentlich schneller in diesem Temperaturintervall oxydiert. Das entstehende Oxyd zersetzt sich bei starkem Erhitzen. Die bei hoher Temperatur an Platin beobachtete Zerstörung wird weiter unten behandelt (s. S. 101).

2. Metalle mit flüchtigen Oxyden. Diese Metalle, wie z. B. Molybdän, erleiden beim Erhitzen in einem raschen Sauerstoffstrom keinerlei Veränderung. Tatsächlich werden sie oxydiert, jedoch wird das entstehende Oxyd von der Oberfläche in gasförmigem Zustande von dem Luftstrom fortgeführt. Erhitztes Molybdän bleibt nur dann rein, wenn das Oxyd abdestillieren kann. Beim Behandeln in einem geschlossenen Rohr konnte BANNISTER[6] Interferenzfarben

[1] ALLEN, N. P.: J. Inst. Met. **49** (1932) 333; s. auch die mikrophotographische Aufnahme S. 320 dieser Arbeit.

[2] PRESTON, G. D. u. L. L. BIRCUMSHAW: Phil. Mag. [7] **21** (1936) 713.

[3] TAMMANN, G. u. J. SCHNEIDER: Z. anorg. Ch. **171** (1928) 367.

[4] WÖHLER, L.: Z. Elektroch. **11** (1905) 839.

[5] WÖHLER, L.: Ber. **36** (1903) 3499.

[6] BANNISTER, L. C.: Met. Ind. London **35** (1929) 30.

auf Molybdän erzielen, die auf dem Vorhandensein eines Filmes von festem Oxyd beruhen.

Osmium, Ruthenium und Iridium verlieren sämtlich an Gewicht, wenn sie in Luft erhitzt werden, was auf der Bildung flüchtiger Oxyde beruht. Selbst Platin erleidet einen geringen Gewichtsverlust, wenn es in Luft auf $1000°$ bis $1200°$ erhitzt wird. ATKINSON und RAPER[1] haben festgestellt, daß der Verlust dann unmerklich ist, wenn die Erhitzung in Wasserstoff, Stickstoff oder im Vakuum erfolgt; sie schreiben die Veränderung beim Erhitzen in Luft der Verdampfung von Platinoxyd zu. Ist Iridium im Platin zugegen, so wird hierdurch der entstehende Verlust vergrößert. RIDEAL und WANSBROUGH-JONES[2] haben gezeigt, daß Platindraht, der in einem durch flüssige Luft gekühlten Gefäß auf $1670°$ bis $2170°$ erhitzt wird, in Gegenwart von Sauerstoff mehr an Gewicht verliert, als wenn das Gefäß evakuiert war. Sie schreiben diesen Gewichtsverlust teilweise der Oxydation der Oberfläche zu, halten es jedoch für denkbar, daß das Platin auch selbst verdampft und sich in einer anschließenden Gasreaktion mit dem Sauerstoff verbindet.

3. Die ultraleichten Metalle. Die zu dieser Gruppe gehörigen Metalle, wie Natrium, Kalium, Calcium und Magnesium geben beim Erhitzen eine Oxydschicht, die, wie einfache auf dem spezifischen Gewicht beruhende Berechnungen zeigen, *nicht* das ganze Volumen einnehmen können, das vorher von dem zerstörten Metall eingenommen worden ist. In diesem Fall muß die Oxydschicht als Ganzes porig oder flockig sein, was durch eine visuelle Betrachtung auch bestätigt wird[3]. Es ist unwahrscheinlich, daß ein derartiges Oxyd hinsichtlich des Sauerstoffüberschusses ernstlich mit dem darunterliegenden Metall konkurriert. So kann man für den Kurvenverlauf zwischen Oxydation und Zeit Gradlinigkeit erwarten, was PILLING und BEDWORTH für Calciumdraht bestätigen konnten, solange die Temperatur konstant gehalten wurde. In einigen Versuchen, in denen der Draht erheblich mit Oxyd bedeckt wurde, ergab sich ein Stadium, in dem die Wärme nicht so schnell entweichen konnte, wie sie entwickelt wurde, und in dem demgemäß die Oxydationsgeschwindigkeit infolge der Temperaturerhöhung plötzlich anstieg. Die von PILLING und BEDWORTH für Calcium bei $500°$ erhaltene Kurve ist in Abb. 17 wiedergegeben. Metalle dieser Klasse oxydieren sich naturgemäß sehr leicht unter Abgabe von Wärme und Licht; brennendes Magnesiumband ist hierfür als ein bekanntes Beispiel anzuführen.

4. Die schwereren unedlen Metalle. Diese Metalle, wie Eisen, Kupfer, Nickel und Blei, sowie selbst gewisse leichte Metalle wie Aluminium, geben ein Oxyd, das einen größeren Volumenbedarf als das zerstörte Metall besitzt. Sie bilden infolgedessen *relativ* nichtporöse Filme, die bis zu einem gewissen Grade schützend wirken. Vorausgesetzt, daß der Film frei von Rissen bleibt, sinkt die Oxydationsgeschwindigkeit in dem Maße ab, in dem die Oxydschicht dicker

---

[1] ATKINSON, R. H. u. A. R. RAPER: J. Inst. Met. **59** (1936) 179.

[2] RIDEAL, E. K. u. O. H. WANSBROUGH-JONES: Pr. Roy. Soc. A **123** (1929) 202.

[3] J. S. DUNN u. F. J. WILKINS [Review of Oxidation and Scaling of Heated Solid Metals, Dept. Sci. Ind. Res. **1935**, 67] nehmen an, daß ein dünner Film vorhanden ist, der pseudomorph mit dem Metall ist, beständig in einen gekörnten Film unter Zusammenbruch übergeht und ständig erneut aufgebaut wird, so daß seine Dicke konstant bleibt. Dieses Verhalten bietet eine Erklärung für die lineare Beziehung und den niedrigen Temperaturkoeffizienten. Ähnliche Ansichten haben L. TRONSTAD u. P. HÖVERSTAD [Trans. Faraday Soc. **30** (1934) 1122] entwickelt.

wird. Unter idealen Bedingungen muß die Oxydationsgeschwindigkeit in jedem Augenblick umgekehrt proportional der erreichten Schichtdicke sein, was für mehrere Metalle festgestellt werden konnte. Es ist zu erwarten, daß man bei hinlänglich großer Einwirkungsdauer beliebig kleine Oxydationsgeschwindigkeiten erzielen kann. Ungünstigerweise nimmt jedoch die Wahrscheinlichkeit für Rißbildung und Ablösung des Oxydes, bei gleichgehaltenen übrigen Faktoren, mit wachsender Dicke der Oxydschicht ständig zu (s. S. 72). Um also einen hinreichenden Widerstand gegen die Oxydation zu erhalten, ist ein Material erforderlich, das so undurchlässig ist, daß selbst eine sehr kleine Dicke der Schicht bereits fähig ist, eine fast vollständige Schranke zwischen Metall und Oxyd aufzurichten. Gleichfalls ist eine hohe Adhäsion zwischen Oxyd und Metall wünschenswert, wenn Rißbildung und Ablösung des Filmes vermieden

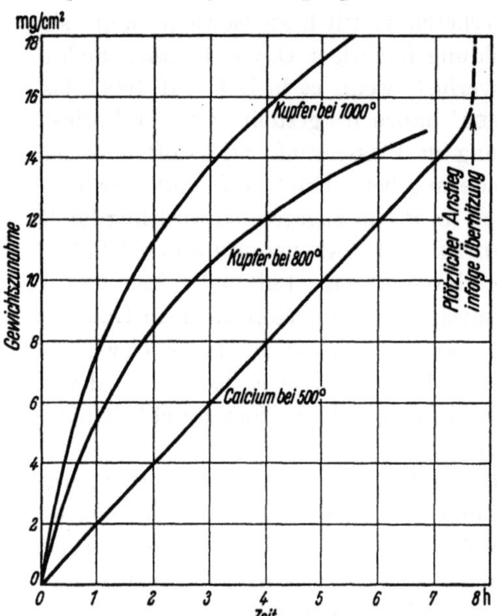

Abb. 17. Wachstum von Oxydfilmen auf erhitztem Calcium bzw. Kupfer.
(Nach N. B. PILLING und R. E. BEDWORTH.)

werden sollen. Die Temperatur beeinflußt das Verhalten erheblich. Sehr hohe Temperaturen beschleunigen den Diffusionsvorgang, so daß die Schicht leicht sehr dick wird und Rißbildung eintritt, ehe die Wachstumsgeschwindigkeit gering wird. Andererseits ist Rißbildung bei niedrigen Temperaturen nicht unbekannt, da das Oxyd in diesem Bereich weniger plastisch ist und selbst bei kleinen Filmdicken brechen kann. So haben PILLING und BEDWORTH gefunden, daß Kupferdraht, der auf 800° bis 1000° erhitzt worden ist, leicht gekrümmte Oxydations-Zeit-Kurven ergibt, die in Abb. 17 wiedergegeben worden sind. Daraus ist erkennbar, daß die Oxydationsgeschwindigkeit im Gegensatz zum Calcium mit zunehmender Filmdicke allmählich langsamer wird. Bei 500° erfolgt die Oxydation in den ersten Stadien langsamer als bei höheren Temperaturen und scheint mit der Zeit abzufallen.

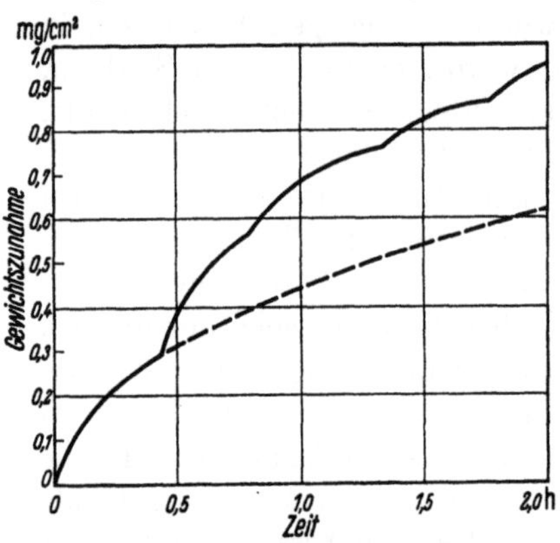

Abb. 18. Oxydation von Kupfer bei 500°, gemessen durch den Anstieg des elektrischen Widerstandes. Die Angaben sind in Gewichtszunahmen ausgedrückt.
(Nach N. B. PILLING und R. E. BEDWORTH.)

peraturen und scheint mit der Zeit abzufallen. Plötzlich kommt es jedoch zu einem Anstieg in der Oxydationsgeschwindigkeit, was auf den Einfluß von Rissen zurückzuführen ist. Diese Erscheinung ist in Abb. 18 erkennbar, in der die gestrichelte Kurve eingezeichnet ist, die angibt, wie der weitere Oxydationsverlauf erfolgt wäre, wenn der Film nicht rissig geworden wäre. Verschiedene

Sorten von Kupfer verhalten sich in diesem Gebiet verschieden. DUNN[1], der Folien anstatt Draht untersuchte, hat bei der niedrigen Temperatur von 209° geneigte Kurven erhalten, die einen stetigen Abfall der Oxydationsgeschwindigkeit mit zunehmender Dicke aufzeigen.

Die Wahrscheinlichkeit der Rißbildung in einem Film wird durch rasche Temperaturänderungen erhöht. Eine in Luft über einer Flamme erhitzte und dann plötzlich abgekühlte Kupferplatte neigt erheblich zu spontaner Rißbildung. Tatsächlich liefern einige Sorten kleine abgeblätterte Bruchstücke von Oberflächenschichten; ihre gekrümmten Formen lassen auf Spannungen im Film rückschließen. Die äußere Oberfläche dieser Bruchstücke ist schwarz und besteht aus Kupfer(II)-oxyd, die innere dagegen ist rot und aus Kupfer(I)-oxyd aufgebaut. Der Zwittercharakter des Filmes kann bei Behandlung mit Säure unter dem Mikroskop bestätigt werden: die schwarze Schicht löst sich ohne Rückstand, während die rote metallisches Kupfer zurückbildet. In günstigen Fällen treffen diese beiden Teile unter dem Mikroskop zusammen, wobei es bemerkenswert ist, daß die Trennungslinie zwischen dem Kupfer(I)- und dem Kupfer(II)-oxyd völlig scharf ist. Dieser Zweischichtenfilm entsteht nur bei scharfer Oxydation. Wird Kupfer dagegen in einem mild oxydierenden Gasgemisch erhitzt, so bildet sich ausschließlich ein Film aus Kupfer(I)-oxyd.

2. Verwickeltere Fälle.

Oxydation von Aluminium und ähnlichen Materialien. PILLING und BEDWORTH haben festgestellt, daß Aluminium beim Erhitzen auf 600° normalerweise während etwa 80 Stunden der Oxydation unterworfen ist, und daß das Wachstum nach Erreichen einer Schichtdicke von etwa 2000 Å aufhört, als wenn das Oxyd dann plötzlich in eine undurchdringliche Form übergeht, wobei das Aussehen der Oberfläche in diesem Stadium kreideweiß wird. Die Untersuchungen von STEINHEIL, über die bereits auf S. 96 berichtet worden ist, liefern für diese Erscheinung eine Erklärung: das bei niedrigen Temperaturen gebildete Oxyd besteht aus ε-Al_2O_3, während das bei hohen Temperaturen gebildete γ-Al_2O_3 ist. Es erscheint möglich, daß bei mittleren Temperaturen das ε-Oxyd primär entsteht und plötzlich in die weniger durchlässige γ-Form übergeht. Ist erst einmal ein Keim des γ-Oxydes an irgendeiner Stelle gebildet worden, so breitet sich der Formwechsel schnell aus und bringt somit den Angriff zu einem plötzlichen Stillstand. Ein ähnliches Phänomen konnten PILLING und BEDWORTH an auf 300° erhitztem Cadmium feststellen. Diese Übergänge in der krystallinen Struktur des Oxydes sind jedoch nicht stets von einer Oxydationshemmung begleitet; manchmal ist das resultierende Oxyd weniger schützend als das primär gebildete, wie im Falle des Zinkes, worüber S. 76 berichtet wird.

Die Fähigkeit, Oxyde von hoher schützender Wirksamkeit aufzubauen, ist besonders bei Materialien entwickelt, die Aluminium, Chrom und Silicium enthalten. Im allgemeinen tritt das Ende der Oxydation nicht plötzlich, sondern allmählich ein[2]. Abb. 19 zeigt die von PORTEVIN, PRÉTÉT und

---

[1] DUNN, J. S.: Pr. Roy. Soc. A **111** (1926) 212.

[2] Die scheinbare Plötzlichkeit in dem Oxydationsverhalten in der Untersuchung von PILLING und BEDWORTH mag auf ihre experimentelle Methode zurückzuführen sein. Diejenigen Forscher, die eine kontinuierliche Oxydationskurve aus der Untersuchung einer einzelnen Probe abgeleitet haben, haben kontinuierliche Kurven erhalten, die einen kontinuierlichen Abfall der Oxydationsgeschwindigkeit aufzeigen.

Jolivet[1] für eine ganze Reihe von Eisenproben mit wechselndem Aluminiumgehalt aufgenommenen Kurven. Dabei zeigt sich, daß die Schutzwirkung mit steigendem Aluminiumgehalt zunimmt; 8,5% Aluminium sind fast hinreichend, um bei einer Temperatur von 900° eine Oxydation zu verhindern. Chrom und Silicium üben eine ähnliche Wirkung aus, jedoch sind von diesen Elementen wesentlich höhere Zusätze erforderlich. Der Grund für dieses Verhalten ist wahrscheinlich in allen Fällen der gleiche: die Oxyde von Aluminium, Chrom und Silicium sammeln sich an der Zunderbasis an und bilden dort eine undurchdringliche Schicht.

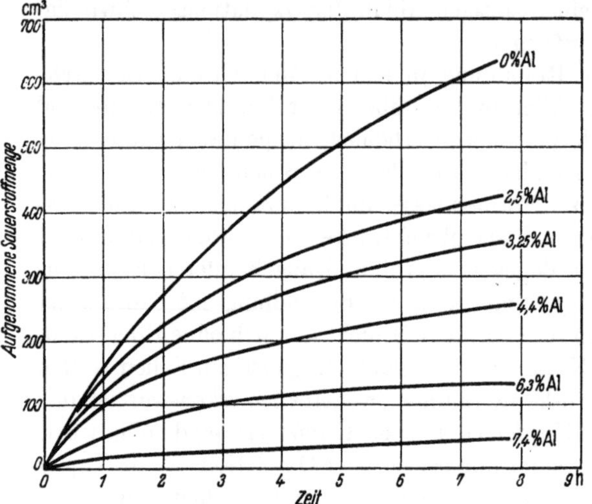

Abb. 19. Oxydation von Eisen mit wechselndem Aluminiumgehalt bei 900°. (Nach A. Portevin, E. Prétét und H. Jolivet.)

Die von Dunn[2] in Abb. 20 gegebenen Kurven beziehen sich auf eine Reihe von Messingproben (70% Kupfer, 30% Zink), zu denen Aluminium in verschiedenen Mengen zugesetzt worden ist. Bereits durch den geringen Zusatz von 1,9% wird die Oxydation auf einen sehr geringen Betrag herabgedrückt. Über eine Erhöhung des Widerstandes von Zinnbronze gegen die Oxydation infolge Gegenwart von Aluminium ist von Hanson und Wheeler[3] berichtet worden. Es ist erstaunlich, daß durch so geringe Aluminiummengen ein hinreichender Schutz erzielt werden kann. Iitaka und Miyake[4] haben festgestellt, daß eine Kupfer-Aluminium-Legierung, in der weniger als $1/10$ aller Atome aus Aluminium besteht, beim Erwärmen unter gewissen Bedingungen einen Film von reinem Al_2O_3 zu geben vermag.

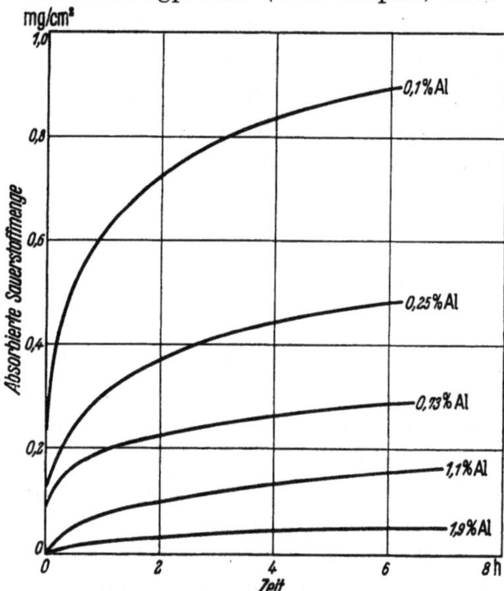

Abb. 20. Oxydation von Messing mit wechselndem Aluminiumgehalt bei 775°. (Nach J. S. Dunn.)

---

[1] Portevin, A., E. Prétét u. H. Jolivet: Rev. Mét. **31** (1934) 101, 186, 219; J. Iron Steel Inst. **130** (1934) 246. Die Wirksamkeit anderer Elemente ist von E. Scheil [Arch. Eisenhüttenwesen **9** (1936) 405] untersucht worden, der lediglich bei Beryllium, Titan und Vanadium eine leichte Schutzwirkung feststellt.

[2] Dunn, J. S.: J. Inst. Met. **46** (1931) 42.

[3] Hanson, D. u. M. A. Wheeler: J. Inst. Met. **57** (1935) 98.

[4] Iitaka, I. u. S. Miyake: Nature **136** (1935) 437.

Die Anfangsgeschwindigkeit der Oxydation kann oft ohne besonderen, Einfluß auf die Zerstörung über längere Zeiten hin sein. Die für die Oxydation verschiedener Nickel-Chrom-Drähte bei 1100° von UTIDA und SAITO[1] erhaltenen Kurven, die in Abb. 21 wiedergegeben sind, zeigen, daß selbst nach 5 Stunden die Größenordnung der Oxydationsgeschwindigkeit von der anfänglichen unterschieden ist. Manchmal bildet sich auf einem Draht ein Film, der undurchlässig ist, solange er sehr dünn ist, der jedoch brüchig und rissig wird, sobald er an Dicke zunimmt. In anderen Fällen kann ein Film, solange er dünn und durchlässig ist, sintern oder zu einer fast undurchdringlichen Schicht rekrystallisieren, so daß die weitere Dickenzunahme nur langsam vor sich geht. Diese Tatsachen illustrieren den Unterschied zwischen „Porosität" und „Neigung zu Rißbildung", der auf S. 72 behandelt wird.

Es ist wenig Zweifel darüber vorhanden, daß die fortschreitende Sinterung der Oxydschicht einen wesentlichen Faktor für die Erhöhung des Widerstandes gegenüber der weiteren Oxydation darstellt. In einigen Fällen wird der Sinterungsvorgang durch Wasserdampf begünstigt, ein Einfluß, der an sich zu einer Oxydationsbegünstigung führen könnte.

Oxydation von Eisen. Im Falle des Eisens hat man es gewöhnlich mit drei Hauptschichten der Oxydbildung zu tun, die durch PFEIL[2] sowie durch PORTEVIN, PRÉTÉT und

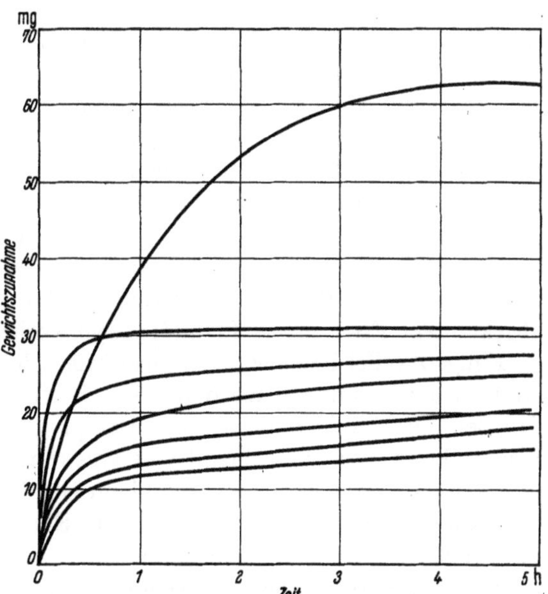

Abb. 21. Oxydation von Nickel-Chrom-Drähten mit einem Eisen-, Mangan-, Silicium- und Aluminiumgehalt bei 1100°. (Nach Y. UTIDA und M. SAITO.)

JOLIVET[3] einer eingehenden metallographischen Untersuchung unterworfen worden sind. Eine von ARCHEROW[4] durchgeführte Untersuchung mittels Röntgenstrahlen stützt diese Ergebnisse. Die drei Schichten (s. Abb. 14, S. 84) werden im allgemeinen als Eisen(II)-oxyd, Magnetit und Eisen(III)-oxyd angesprochen. PFEIL, der auch das Gleichgewichtsdiagramm des Systems Eisen-Sauerstoff untersucht hat, gelangt zu dem Schluß, daß durch jede Schicht hindurch eine Änderung in der Zusammensetzung erfolgt. So besitzt die mittlere Schicht, für die die Zusammensetzung Fe_3O_4 angenommen wird, bei einer Temperatur von 1000° zwischen 72,35 und 72,5% Eisen. Sie sollte unter Gleichgewichtsbedingungen 72,35% Eisen an ihrer äußeren Oberfläche

---

[1] UTIDA, Y. u. M. SAITO: Sci. Rep. Tôhoku 13 (1924/1925) 391.

[2] PFEIL, L. B.: J. Iron Steel Inst. 119 (1929) 501, 123 (1931) 237; vgl. J. W. GREIG, E. POSNJAK, H. E. MERWIN u. R. B. SOSMAN: Am. J. Sci. [5] 30 (1935) 239.

[3] PORTEVIN, A., E. PRÉTÉT u. H. JOLIVET: Rev. Mét. 31 (1934) 101, 186, 219.

[4] ARCHEROW, W. I.: Auszug in Korr. Met. 9 (1933) 131; vgl. A. MICHEL u. A. GIRARD: C. r. 201 (1935) 64.

enthalten, mit der sie in Kontakt mit der Eisen(III)-oxydphase steht und 72,5% an ihrer inneren Oberfläche, die in Kontakt mit der „Eisen(II)-phase" ist. Diese „Eisen(II)-phase" schwankt in ihrer Zusammensetzung gleichfalls erheblich. Unter den Bedingungen des Gleichgewichtes enthält sie bei 1000° 75,6% Eisen an ihrer äußeren und 76,9% Eisen an ihrer inneren Oberfläche. An keiner Stelle erreicht sie jedoch den Eisengehalt von 77,75%, der der Formel FeO entspricht, die gewöhnlich dem Eisen(II)-oxyd zugeschrieben wird. Aus dem Gleichgewichtsdiagramm geht hervor, daß die Eisen(II)-phase unterhalb 575° instabil wird. Man wird deshalb erwarten, die Phase in Proben vorzufinden, die rasch von Temperaturen oberhalb 575° abgeschreckt worden sind. Auf Eisenproben, die auf Temperaturen unterhalb dieses kritischen Wertes erwärmt worden sind oder selbst auf Proben, die auf eine höhere Temperatur erwärmt, dann aber langsam abgekühlt worden sind, wird das Eisen(II)-oxyd nicht vorhanden sein (wie inbezug auf das Beizen bereits S. 84 ausgeführt worden ist). Die teilweise Zersetzung der Eisen(II)-phase trägt der Beobachtung von PORTEVIN[1] und seinen Mitarbeitern Rechnung, die zeigen konnten, daß diese unterste Schicht oft in zwei Teile untergliedert ist, deren innerer homogen ist und deren äußerer kleine Krystalle von Magnetit enthält, die in die Eisen(II)-phase eingebettet sind. Wie BÉNARD und CHAUDRON[2] festgestellt haben, sind zur völligen Zersetzung einige Stunden erforderlich, so daß es verständlich ist, daß in rasch abgekühltem Eisen etwas Eisen(II)-oxyd vorliegt.

Einige Zweifel bestehen noch hinsichtlich der Ursache der Blasenbildung, die oft an in Luft erhitztem Eisen auftritt. HEINDLHOFER und LARSEN[3] berichten, daß der durch Kohlendioxyd oder Dampf gebildete Sinter keine Tendenz zur Blasenbildung besitzt, während GRIFFITHS[4] festgestellt hat, daß reiner Sauerstoff keine Blasen hervorruft, obwohl ein Gemisch von Sauerstoff und Stickstoff oder Kohlendioxyd diesen Effekt auslöst. Ein seltsamer Fall von Blasenbildung, den UPTHEGROVE[5] und seine Mitarbeiter behandeln, besteht darin, daß die Oxydationsgeschwindigkeit bei Temperaturen zwischen 983° und 1093° in manchen Fällen mit steigender Temperatur abnimmt. Dieser negative Temperaturkoeffizient ist sowohl in Sauerstoff als auch in Luft festgestellt worden, was mit den Ergebnissen von GRIFFITHS in Widerspruch zu stehen scheint.

Oxydation von Eisenlegierungen. In Fällen, in denen Legierungen aus mehreren Phasen bestehen, können diese einem verschiedenen Grad der Oxydation unterworfen werden. Die Oxydation von weißem Gußeisen ist vor Jahren durch TAMMANN und SIEBEL[6] studiert worden, die durch Beobachtung der Ausbildung der Interferenzfarben zeigen konnten, daß der Primärzementit langsamer als der perlitische Zementit oxydiert wird. Auch im Stahl werden die verschiedenen Konstituenten in verschiedenem Maße angefärbt, eine Tatsache, die von STEAD[7] vor vielen Jahren zur Unterscheidung verschiedener Konstituenten im Mikroschliffbild verwendet wurde.

---

[1] PORTEVIN, A. M., E. PRÉTÉT u. H. JOLIVET: J. Iron Steel Inst. **130** (1934) 246.

[2] BÉNARD, J. u. G. CHAUDRON: C. r. **202** (1936) 1336.

[3] HEINDLHOFER, K. u. B. M. LARSEN: Trans. Am. Soc. Steel Treating **21** (1933) 865.

[4] GRIFFITHS, R.: J. Iron Steel Inst. **130** (1934) 380.

[5] UPTHEGROVE, C. u. D. W. MURPHY: Trans. Am. Soc. Metals **21** (1933) 73. — SIEBERT, C. A. u. C. UPTHEGROVE: Trans. Am. Soc. Metals **23** (1935) 187.

[6] TAMMANN, G. u. G. SIEBEL: Z. anorg. Ch. **148** (1925) 297.

[7] STEAD, J. E.: J. Iron Steel Inst. **58** (1900) 139.

Eine Untersuchung der drei Oxydschichten auf Eisenlegierungen erweist sich als außerordentlich aufschlußreich. Wäre die Oxydation des Eisens ausschließlich auf die Diffusion des Sauerstoffes durch die Oxydschicht hindurch nach innen zurückzuführen, so müßte in der Oberflächenschicht das Mengenverhältnis des zweiten Elementes in der Legierung zum Eisen fast das gleiche wie in der eigentlichen Legierung sein. So sollte beispielsweise Eisen mit Nickel, Chrom und Wolfram wesentliche Mengen dieser Elemente in der äußeren und mittleren Schicht aufweisen. Tatsächlich haben jedoch die sorgfältigen analytischen Untersuchungen von PFEIL[1] gezeigt, daß nahezu alle Legierungskomponenten in der untersten Schicht angehäuft sind, die im allgemeinen eine höhere Konzentration an Legierungskonstituenten als der Ausgangsstahl enthält. PFEIL ist infolgedessen zu der Überzeugung gelangt, daß die Vereinigung von Eisen und Sauerstoff nicht nur von der Sauerstoffdiffusion nach *innen*, sondern auch von einer Diffusion überschüssigen Eisens nach *außen* abhängig ist. In einem der PFEILschen Versuche wurde ein Stück (unlegierten) Eisens mit einer Temperafarbe von grünem Chromoxyd und Wasser angestrichen, ehe es der Oxydation ausgesetzt wurde. Nach Entfernung der gebildeten Schicht stellte es sich heraus, daß sich das Chromoxyd nicht mehr auf der Oberfläche befand, sondern daß es in die mittleren und tieferen Schichten eingegraben vorlag. Derartige Versuche scheinen endgültig die Realität der nach außen gerichteten Diffusion zu erweisen.

Weitere Verwicklungen treten bei Eisenlegierungen auf, die eine „edlere" Konstituente als Eisen selbst enthalten, da in diesen Fällen Sekundärreaktionen zwischen Schicht und Metall möglich sind. PFEIL hat festgestellt, daß eine Nickel-Eisen-Legierung eine Schicht mit sehr geringen Beträgen an Nickel in den beiden äußeren Zonen aufweist, daß jedoch die innere Zone die übliche Anreicherung an Nickel besitzt, wobei dieses als *Metall* vorliegt. Offenbar sind beide Metalle der Oxydation unterworfen, wobei jedoch das Nickeloxyd in einer Folgereaktion mit dem darunterliegenden Eisen zu metallischem Nickel reduziert wird, was wahrscheinlich zu einer Herabsetzung der weiteren Oxydation führt, da die Oxydationsgeschwindigkeit weitgehend durch die Menge des nach außen diffundierenden Eisens durch die nickelreiche Schicht bestimmt wird. An Krystallgrenzen verläuft die Oxydation jedoch besonders. Diese intergranulare Oxydation, die sich unter der Zunderschicht tief in das Metall hineinfressen kann, scheint bei nickelhaltigem Eisen und Stahl ziemlich ausgeprägt zu sein. Dieser Effekt ist vor mehreren Jahren von STEAD[2] an gewöhnlichen Kohlenstoffstählen studiert worden. WHITELEY[3] konnte zeigen, daß er durch Schwefel begünstigt wird.

Metallisches Kupfer ist gleichfalls von mehreren Forschern im Hinblick auf die Ausbildung der Oxydschicht untersucht worden, die auf Stählen entsteht, die geringe Kupfermengen enthalten[4]. Zweifellos ist der Mechanismus ähnlich.

---

[1] PFEIL, L. B.: J. Iron Steel Inst. **119** (1929) 530.

[2] STEAD, J. E.: J. Iron Steel Inst. **103** (1921) 271. — R. GRIFFITHS [J. Iron Steel Inst. **130** (1934) 377] hat gleichfalls die „subcutanen" Einflüsse auf die Oxydation legierter Stähle untersucht.   [3] WHITELEY, J. H.: J. Iron Steel Inst. **131** (1935) 191.

[4] NEHL, F.: Stahl Eisen **53** (1933) 775. In dieser Arbeit werden photographische Aufnahmen für das Kupfer gegeben. — S. auch P. B. MICHAELOFF-MICHEJEFF: Stahl Eisen **54** (1934) 663. — GREGG, J. L. u. B. N. DANILOFF: The Alloys of Iron and Copper, New York-London 1934, S. 87.

Das in der Schicht vorhandene Kupfer besitzt manchmal die Form metallischer Fäden[1].

Oxydation von Messing. Eine ähnliche Sekundärreaktion zwischen der Oxydschicht und dem Metall ist bereits früher von DUNN[2] bei seinen Untersuchungen an Messing beobachtet worden. Er konnte zeigen, daß sich auf Messing mit 20 bis 40% Zink ein Film aus fast reinem Zinkoxyd bildet. Offenbar werden sowohl Kupfer als auch Zink oxydiert, jedoch wird das Kupferoxyd durch das Zink der darunterliegenden unveränderten Messingschicht reduziert. Um diese Reduktion aufrechtzuerhalten, muß Zink durch das Messing zu der Zwischenphase diffundieren. Kann das Zink jedoch nicht schnell genug diffundieren, so wird die Schicht auch weiterhin Kupferoxyd enthalten. Es ist klar, daß die Zusammensetzung der Ausgangslegierung wichtig dafür ist, ob Zink im gewünschten Umfang nachgeliefert werden kann. DUNN hat festgestellt, daß Messing mit weniger als etwa 14% Zink Oxydschichten ergibt, die Kupfer und Zink in etwa gleichem Anteil wie die Ausgangslegierung enthalten. Diese kupferhaltigen Schichten sind viel weniger schützend als die aus reinem Zinkoxyd bestehenden, die auf Messing mit mehr als 20% Zink auftreten. Alle Legierungen mit weniger als 14% Zink werden etwa ebenso stark wie das Kupfer oxydiert, während die 20 bis 40% Zink enthaltenden Messinge nur etwa $^1/_8$ so stark dem Angriff unterliegen. Die Angriffsgeschwindigkeit der letzten Gruppe ist fast unabhängig vom Zinkgehalt.

SMITH[3] hat die Aufmerksamkeit auf die Bildung von *Zwischenschichten* auf Kupferlegierungen gelenkt, die durch Diffusion von Sauerstoff unter der eigentlichen Schicht auf der Legierung entstehen. Dieser Vorgang führt zur Oxydation desjenigen Legierungselementes, das als ein „Niederschlag" von Oxyd in dem Hauptmetall eingebettet erscheint (mit etwas Sauerstoff in fester Lösung). Dieser „*Zwischen*"film wird freigelegt, wenn der eigentliche Film abgelöst wird.

3. Beeinflussung der Oxydation.

Aktivierung der Oxydation durch Gegenwart kleiner Mengen von Fremdgasen. Die Oxydation wird durch den Zusatz geringer Mengen von Schwefeldioxyd, Kohlendioxyd oder Wasserdampf zu dem Sauerstoff begünstigt. Dieser Sachverhalt wird in der auf HATFIELD[4] zurückgehenden Tabelle 9 veranschaulicht, die erkennen läßt, daß sich die Nickel und Chrom enthaltenden Stähle unter sämtlichen Versuchsbedingungen besser als gewöhnlicher Stahl verhalten, wobei ihre Stabilität auf der undurchdringlichen Natur ihres chromhaltigen Oxydfilmes beruht. Aber selbst in diesem Falle wird der Korrosionswiderstand sehr merklich durch Schwefeldioxyd oder Kohlendioxyd, insbesondere bei Gegenwart von Wasserdampf, herabgesetzt. Es ist wahrscheinlich, daß Spuren von Sulfat (vielleicht auch von Sulfiten oder Sulfiden), Carbonaten und möglicherweise Hydroxyden momentan gebildet und schnell wieder unter Hinterlassung einer gewissen Menge von sekundärem Oxyd zersetzt werden, das sicherlich poröser ist als das direkt durch Vereinigung von Sauerstoff und Metall gebildete Oxyd.

---

[1] Anonym in Rep. Corrosion Comm. Iron Steel Inst. **2** (1934) Fig. 126 und 127. — DESCH, C. H.: Private Mitteilung vom 24. Oktober 1935.

[2] DUNN, J. S.: J. Inst. Met. **46** (1931) 25.

[3] SMITH, C. S.: J. Inst. Met. **46** (1931) 49.

[4] HATFIELD, W. H.: J. Iron Steel Inst. **115** (1927) 486.

Selbst von einer bloßen Spur eines solchen sekundären Oxydes sollte eine Herabsetzung der abschirmenden Wirkung des Oxydfilmes erwartet werden.

Bei hohen Temperaturen können Kohlendioxyd und Wasserdampf Eisen in Abwesenheit von freiem Sauerstoff oxydieren, die in diesem Falle zu Kohlenmonoxyd und Wasserstoff reduziert werden. Die Ergebnisse von HEINDLHOFER und LARSEN[1] zeigen, daß durch Kohlendioxyd bei 1100° weit langsamer eine Schicht aufgebaut werden kann als bei entsprechender Behandlung

Tabelle 9. Gewichtszunahme in 24 Stunden bei einer Temperatur von 900°. Angaben in mg/cm². (Nach W. H. HATFIELD.)

Gasatmosphäre	Weicher Stahl (0,17 % C)	Chrom-Nickel-Stahl (17,7 % Cr, 8,1 % Ni)
Reine Luft	55,2	0,40
Atmosphäre	57,2	0,46
Reine Luft + 2 % SO_2	65,2	0,86
Atmosphäre + 2 % SO_2	65,8	1,13
Atmosphäre + 5 % SO_2 + 5 % H_2O	152,4	3,58
Atmosphäre + 5 % CO_2 + 5 % H_2O	100,4	4,58
Reine Luft + 5 % CO_2	76,9	1,17
Reine Luft + 5 % H_2O	74,2	3,24

mit Luft, während sie unter der Einwirkung von Wasserdampf viel rascher entsteht; der Grund ist wahrscheinlich der, daß sie im ersten Falle porös und daher nicht schützend ist.

Die Untersuchung von COBB und MILLETT[2] ist sehr aufschlußreich im Hinblick auf die Begünstigung der Oxydation durch Schwefelverbindungen. Sie finden, daß Spuren von SO_2 die Oxydationsgeschwindigkeit durch heiße CO_2-haltige Gasgemische (die keinen freien Sauerstoff enthalten) erheblich begünstigen. Schwefel kann in der Oberflächenschicht ebenso wie in der unmittelbar unter der Schicht liegenden metallischen Zone nachgewiesen werden. Ist der Gehalt an Schwefeldioxyd im Gas geringer als 0,1 %, so ist der Anteil des Schwefels in der Schicht und im Metall gleichfalls gering; er wächst jedoch ziemlich rasch mit dem Schwefelgehalt im Gas. Dieses Verhalten steht in Übereinstimmung mit der Vorstellung, daß der nichtschützende Charakter der in Gegenwart von Schwefel erhaltenen Schicht auf der Porosität des Sekundäroxydes beruht, das bei der Zersetzung von Schwefelverbindungen entsteht. Bei geringer Konzentration an Schwefeldioxyd wird das Sulfat (oder Sulfit) fast ebenso rasch zersetzt, wie es gebildet wird; die Schicht wird vergleichsweise wenig Schwefel enthalten, jedoch ist seine begünstigende Wirkung auf den Angriff ausgeprägt. Bei höheren Konzentrationen werden sich die Schwefelverbindungen in der Schicht anhäufen; in diesem Falle führt eine weitere Zunahme des Gehaltes an Schwefeldioxyd in der Gasphase zu einer nur geringen Erhöhung der Oxydationsgeschwindigkeit.

Die Oxydation von Kupfer in Luft bei 600° wird durch die Gegenwart von Spuren von Chlorwasserstoff bis zu einem Gehalt von 0,05 % erheblich beschleunigt, wie die Untersuchungen von HUDSON[3] und seinen Mitarbeitern gezeigt haben. Darüber hinausgehende Mengen von Chlorwasserstoff geben einen weniger ausgeprägten Effekt. In allgemeiner Analogie mit dem Fall des Schwefel-

---

[1] HEINDLHOFER, K. u. B. M. LARSEN: Trans. Am. Soc. Steel Treating **21** (1933) 865.

[2] MILLETT, H. C. u. J. W. COBB: Inst. Gas Eng. Comm. **127** (1935) 63, 64, **145** (1936); s. auch J. W. COBB: Private Mitteilung vom 5. Dezember 1935.

[3] HUDSON, O. F., T. M. HERBERT, F. E. BALL u. E. H. BUCKNALL: J. Inst. Met. **42** (1929) 245; s. die übereinstimmende Feststellung von R. KÜHNEL: Z. Metallk. **23** (1931) 1.

dioxydes und Eisens konnte kein Chlorid in der Oberflächenschicht festgestellt werden, ehe nicht die Konzentration von 0,05% erreicht worden war. Jenseits dieser Konzentration erfolgt Bildung von basischem Kupferchlorid. Das bedeutet, daß die erhöhte Korrosion auf das poröse Oxyd zurückzuführen ist, das in sekundärer Reaktion aus den Spuren von Kupferchlorid entsteht. Es ist einleuchtend, daß keine nennenswerten Mengen von Kupferchlorid im Film bleiben werden, solange diese Sekundärreaktion hinreichend schnell verläuft, vorausgesetzt, daß der Gehalt an Chlorwasserstoff in der Gasphase gering ist. Es muß darauf hingewiesen werden, daß HUDSON und seine Mitarbeiter ihre Ergebnisse in etwas abweichender Form interpretieren.

Einfluß des Verteilungszustandes auf die „Entzündungstemperatur". Ein gewisses Interesse kommt derjenigen Temperatur zu, bei der die Erzeugung von Wärme infolge der Oxydation des Metalles die abgeleitete Wärme zu überschreiten beginnt, so daß es zu einer spontanen Temperaturerhöhung kommt, die in eine Vernichtung des gesamten Materiales ausmündet. Natürlich wird diese „Entzündungstemperatur" von dem Verhältnis der Oberfläche zum Volumen abhängig sein. TAMMANN und BOEHME[1] haben gezeigt, daß die Entzündungstemperatur bei Drähten von Eisen, Mangan und Cer durch Verkleinerung des Durchmessers um mehrere 100° herabgesetzt werden kann. Die *pyrophoren* Eigenschaften, die manchmal bei Eisen, Nickel und Kobalt auftreten, die durch gelindes Erwärmen der Oxalate dieser Metalle oder durch eine Reduktion ihrer Oxyde bei niedrigen Temperaturen erhalten werden, sind auf den feinen Verteilungszustand zurückzuführen, der die Entzündungstemperatur unter die Raumtemperatur herabsetzt. So hat beispielsweise Eisen, das durch Reduktion bei 370° erhalten wird, eine Entzündungstemperatur von —11° bzw. —15° in Luft bzw. Sauerstoff. Bei Nickel, das durch Reduktion bei 300° erhalten wird, betragen die entsprechenden Temperaturen —6° und —9°.

Die große Oberfläche, die das Metall in Pulverform notwendigerweise dem Angriff darbietet, führt dazu, daß die Schicht des Oberflächenoxydes einen sehr beachtlichen Teil der gesamten Oberfläche darstellt. So kann Zinkpulver einen großen Anteil an Oxyd enthalten (das aber nicht immer vollständig in Form von Oberflächenfilmen vorhanden ist). Aluminiumpulver[2] enthält im allgemeinen 5 bis 9% Sauerstoff in Form von Oberflächenoxyd. Die bei der Oxydation von nur 1% des Pulvers auftretende Wärme ist hinreichend, das gesamte Material auf den Explosionspunkt zu bringen. Wird *frisch hergestelltes* Aluminiumpulver plötzlich in einen Luftstrom gebracht, so wird damit die Gefahr einer Explosion herbeigeführt. Feuchtigkeit erleichtert die Entflammung von Aluminium- oder Magnesiumstaub; Magnesiumstaub kann jedoch selbst in trockenem Zustande zur Entzündung gelangen.

B. Fragen der Praxis.

1. Anforderungen an wärmebeständige Materialien.

Allgemeine Ofenfragen. Wenn die Metallteile von Öfen, Feuerungsanlagen und Kesseln nur den Verbrennungsprodukten schwefelfreier Brennstoffe in Abwesenheit mechanischer Spannungen ausgesetzt werden, so erleiden sie

---

[1] TAMMANN, G. u. W. BOEHME: Z. anorg. Ch. **217** (1934) 225.
[2] Anonym in Jber. chem.-techn. Reichsanst. **6** (1927) 111, 228.

wahrscheinlich, selbst bei relativ hohen Temperaturen, eine nur geringfügige Zerstörung. Viele von den auftretenden Schäden müssen auf die Gegenwart von Verbindungen, wie beispielsweise Schwefeldioxyd, zurückgeführt werden, die die Oberflächenschicht nicht-schützend machen, oder auf Einwirkung von Abnutzungsvorgängen, Biegebeanspruchung bzw. thermischer Effekte, durch die der Film bereits im Entstehungszustand wieder abgelöst wird. Die Ausbildung einer Schicht ist deshalb vordringlich wichtig. Kleine Unterschiede in der Metallphase oder in der Zusammensetzung des Gases beeinflussen die Adhäsion der Oberflächenschicht sehr erheblich. Das gilt sowohl für Stähle als auch für Kupfer. WEBSTER, CHRISTIE und PRATT[1] haben festgestellt, daß der auf phosphorhaltigem Kupfer gebildete Oberflächenfilm die Neigung zur Ablösung hat, während der auf Raffinatkupfer oder auf sauerstoffreiem Kupfer hoher Leitfähigkeit gut festhält. In Lokomotivfeuerbuchsen tragen, wie HUDSON, HERBERT, BALL und BUCKNALL[2] festgestellt haben, Ruß und Rauch zur Ausbildung einer harten adhärierenden Schicht auf Kupfer bei, die der normalen Abnutzung widerstehen muß.

Obgleich gewöhnliche Metalle, wie Kupfer oder gewöhnlicher Stahl, der Oxydation recht gut bei mittleren Temperaturen widerstehen, wird für die höchsten Temperaturen, bei denen die Diffusionsprozesse schnell verlaufen, ein widerstandsfähigeres Material verlangt, insbesondere für Teile, die einer mehr oder weniger groben mechanischen Beanspruchung, beispielsweise Kratzen, unterworfen sind. In diesen Fällen erweist sich die Fähigkeit von Aluminium, Chrom und Silicium, die Widerstandsfähigkeit des Eisens durch Ausbildung undurchdringlicher Schichten zu verbessern, als wertvoll. Ein geeignetes wärmebeständiges Material muß aber nicht nur eine hinreichende chemische Stabilität aufweisen, es muß auch geeignete mechanische Eigenschaften besitzen und muß insbesondere dem *Kriechen* bei hohen Temperaturen widerstehen können. In gewissem Ausmaße gehen mechanische Festigkeit und chemischer Widerstand einander parallel: eine Deformation des Metalles im plastischen Gebiet — möglicherweise selbst im elastischen Gebiet — führt zu einer gewissen Bruchgefahr für den schützenden Oxydfilm und kann so zu einer Begünstigung des chemischen Angriffes beitragen. Andererseits wird die chemische Oxydation den wirksamen Durchmesser verringern und so die Gefahr mechanischer Fehlleistungen vergrößern.

Oxydationswiderstandsfähige aluminiumhaltige Materialien. Die Eisen-Aluminium-Legierungen sind durch v. SCHWARZE[3] untersucht worden. Legierungen mit 6% Aluminium geben einen schwarzen Überzug ähnlich dem des gewöhnlichen Eisens; bei Legierungen von 14% Aluminium dagegen ist die Schicht weiß und in hohem Grade schützend. Bei Gehalten zwischen 8 und 10% ist die Schicht weiß mit schwarzen Warzen. SYKES und BAMPFYLDE[4] haben durch Röntgenstrahluntersuchungen den Nachweis erbracht, daß die weiße Schicht aus Al_2O_3 besteht. Sie berichten, daß niedrig gekohlte Eisen-

[1] WEBSTER, W. R., J. L. CHRISTIE u. R. S. PRATT: Trans. Am. Inst. min. met. Eng. (Inst. Met. Div.) **104** (1933) 169.
[2] HUDSON, O. F., T. M. HERBERT, F. E. BALL u. E. H. BUCKNALL: J. Inst. Met. **42** (1929) 260. — KÜHNEL, R.: Z. Metallk. **23** (1931) 1.
[3] SCHWARZE, H. v.: Mitt. Forschungsinst. verein. Stahlwerke **2** (1932) 263.
[4] SYKES, C. u. J. W. BAMPFYLDE: J. Iron Steel Inst. **130** (1934) 408.

Aluminium-Legierungen mit bis zu 16% Aluminium geschmiedet und heiß gewalzt werden können, während diejenigen mit weniger als 5% Aluminium kalt bearbeitbar sind. Die Legierungen besitzen einen bemerkenswerten Widerstand gegenüber Oxydation bei hohen Temperaturen. Für eine Verwendung unterhalb 1000° liegt kein Vorteil darin, den Aluminiumgehalt über 12% hinaus zu erhöhen, insbesondere da die Herstellungsschwierigkeiten mit steigendem Aluminiumgehalt anwachsen. Für sehr hohe Temperaturen mögen 15% Aluminium erforderlich sein.

Es ist möglich, auf gewöhnlichem Eisen oder Stahl eine Schicht einer Eisen-Aluminium-Legierung zu erzeugen und so ohne große Kosten eine Wärmestabilität zu erzielen. Derartige Prozesse, die auf S. 604 besprochen werden, haben sich als wertvoll im Hinblick auf eine Verlängerung der Lebensdauer von Ofen- und Kesselteilen herausgestellt. Sie finden insbesondere ihre Anwendung bei Roststäben, Kesselrohren und Glühöfen. Bei der Deutschen Eisenbahn wird die Lebensdauer von Roststäben bei Schnellzugslokomotiven durch diese Legierungsschichten um den fünffachen Betrag erhöht[1].

Oxydationswiderstandsfähige Materialien, die Chrom und Nickel enthalten. Eine große Anzahl von Stählen, die Chrom und im allgemeinen auch Nickel enthalten, sind für das Gebiet der hohen Temperaturen eingeführt worden. Einige von ihnen unterscheiden sich wenig von den Chrom-Nickel-Legierungen, die zur Korrosionsverhinderung bei niedrigen Temperaturen angewendet werden. Im allgemeinen enthalten sie aber andere Legierungskonstituenten, deren Zusatz aus mechanischen Gründen erfolgt. So sind, wie HATFIELD[2] feststellen konnte, die einfachen Chrom-Nickel-Stähle bei hohen Temperaturen nicht leistungsfähig genug. Wird dagegen Silicium, Titan und Wolfram hinzulegiert, so entstehen dadurch Legierungen, die gute mechanische Festigkeit mit guter Schutzwirkung vereinen.

Eisen, das reich an Chrom (bis zu 30%), aber frei von Nickel ist, wird gleichfalls in ausgedehntem Maße verwendet. Diese Legierungen bieten den Vorteil geringerer Empfindlichkeit gegenüber Schwefelverbindungen, sind aber bei hohen Temperaturen weniger widerstandsfähig. Einige dieser verwendeten Materialien enthalten Aluminium und/oder Silicium.

Silicium wird in manchen Fällen zu den austenitischen 18/8-Chrom-Nickel-Stählen zur Erhöhung des Widerstandes gegenüber Oxydation zugesetzt. MONYPENNY[3] gibt an, daß 1,5% Silicium die filmfreie Temperatur um wenigstens 100° steigert. Seiner Ansicht nach bleibt dadurch die Kriechfestigkeit wahrscheinlich bis zur Rotglut erhalten.

Eingehende Mitteilungen über die warmbeständigen Stähle finden sich in dem Werk von MONYPENNY[4], während ein nützlicher Überblick unter besonderer Berücksichtigung des Schiffsproblemes von BURNHAM[5] veröffentlicht worden ist. Letzterer gibt Werte für die Zugfestigkeit und die Kriechfestigkeit bei verschiedenen Temperaturen. Seine Schätzungen der Temperaturen, oberhalb deren die Gefahr der Abblätterung der Schutzschicht erheblich wird, sind in Tabelle 10

---

[1] COMMENTZ, C.: Korr. Met. 5 (1929) 248.

[2] HATFIELD, W. H.: J. West Scotland Iron Steel Inst. 39 (1931/1932) 84; Metallurgia 13 (1935) 43.   [3] MONYPENNY, J. H. G.: Met. Treatment 2 Nr. 5 (1936) 28.

[4] MONYPENNY, J. H. G.: Stainless Iron and Steel (1931), Kap. VII.

[5] BURNHAM, T. H.: Trans. Inst. Marine Eng. 46 (1934) 3.

zusammengestellt, während die entsprechenden Daten von BAUER, KRÖHNKE und MASING[1] in Tabelle 11 wiedergegeben sind.

HATFIELD[2] empfiehlt einen Stahl mit 26% Chrom und 10% Nickel für hitzebeständigen Stahlguß. Diese Mischung besitzt gute Gießbarkeit. Um den Oxydationswiderstand oberhalb 1050° zu vergrößern, wird der Nickelgehalt in manchen Fällen auf 20 bis 25% erhöht. Nickel-Chrom-Legierungen mit relativ wenig Eisen werden bevorzugt für Feuerungsbuchsen und gewisse Teile von Feuerungsanlagen verwendet.

Einige Prüfungen der mechanischen und chemischen Eigenschaften chromhaltiger Stähle sind von PAGE und PARTRIDGE[3] bei hohen Temperaturen im besonderen Hinblick darauf durchgeführt worden, Materialien aufzufinden, die für Auspuffventile luftgekühlter Verbrennungsmaschinen geeignet sind. Diese Arbeiten verdienen besondere Beachtung. In der Untersuchung werden gleichzeitig Angaben über die Ausdehnungskoeffizienten (die mit der Temperatur ansteigen) mitgeteilt. Die von diesen Autoren gegebenen Zeit-Oxydations-Kurven für 900° und 1000° zeigen, daß eine Legierung mit 6,8% Chrom und 1,5% Si eine hohe Widerstandsfähigkeit aufweist; sie ist nach ihren Angaben besser als die hochprozentigen Nickel-Chrom-Stähle und bietet überdies den Vorteil, einen gut anhaftenden Film zu besitzen. Es ist jedoch zu beachten, daß die Silicium-Chrom-Stähle bei hohen Temperaturen nicht besonders widerstandsfähig sind.

Tabelle 10. Gebiet der Brauchbarkeit legierter Stähle.
(Nach T. H. BURNHAM.)

Legierungskomponenten in %			Keine Film-ablösung bis
Cr	Ni	Weitere Komponenten	
13	—	—	600°— 650°
18	8	—	750°— 800°
18	8	Si, W	900°— 950°
25	18	—	1050°—1100°
30	—	—	1100°—1150°

Tabelle 11.
Gebiet der Brauchbarkeit legierter Stähle.
(Nach O. BAUER, O. KRÖHNKE und G. MASING.)

Legierungskomponenten in %				Stabil bis
Cr	Ni	Si	Al	
20—30	—	0,5	—	1000°—1200°
25—35[4]	—	0,5—1,0	—	1000°—1100°
6—20	—	1 —3	—	800°—1100°
18—30[4]	—	1 —3	—	1000°—1200°
6—21	—	0,5—2	0,5—2,5	800°—1200°
18—20	7—20	0,5—2	—	800°—1050°
25	20—25	2 —3	—	1200°
15—20	80	0,5—1	—	1250°

Oft sind sehr geringe Änderungen in der Zusammensetzung von erheblichem Einfluß auf die Stabilität. So hat FRY[5] feststellen können, daß 0,04% Bor in einem 30%igen Chromstahl eine Empfindlichkeit gegenüber der Oxydation hervorruft; der Zusatz wirkt als Flußmittel und zerstört die schützende Schicht.

Einfluß der Gaszusammensetzung. Die verschiedensten Materialien hängen hinsichtlich ihres Wertes von der Atmosphäre ab, der sie ausgesetzt werden. So kann Dampf zerstörender wirken als reine Luft. So ist festgestellt worden,

---

[1] BAUER, O., O. KRÖHNKE u. G. MASING: Die Korrosion metallischer Werkstoffe, Bd. 1, Leipzig 1936, S. 483.   [2] HATFIELD, W. H.: Foundry Trade J. **53** (1935) 44.

[3] PAGE, A. R. u. J. H. PARTRIDGE: J. Iron Steel Inst. **121** (1930) 393.

[4] Gußlegierung mit 1 bis 2% C; die anderen Legierungen enthalten weniger als 0,5% C.

[5] FRY, A.: Bericht über die 1. Korrosionstagung, Berlin 1931, S. 122.

daß ein Material, das in der Lage ist, Dampf bei 500° zu widerstehen[1], so beschaffen sein muß, daß es Luft bis zu 650° Widerstand leistet; eine Widerstandsfähigkeit gegenüber Dampf von 950° erfordert einen hochlegierten Stahl, der Luft von 1200° widerstehen kann. Schwefelverbindungen stoßen sämtliche Berechnungen um. Nickel, das gegen reinen Sauerstoff selbst bei hohen Temperaturen einen recht guten Widerstand aufweist, wird bei 400° empfindlich brüchig, wenn die Luft Schwefelwasserstoff enthält. Schwefeldioxyd wirkt im gleichen Sinne, ist jedoch weniger gefährlich. Die Brüchigkeit ist auf die Bildung von Nickelsulfid zurückzuführen, das sich zwischen den Körnern bildet und eine Schwächung des Gefüges hervorruft. Nach GRUBER[2] schmilzt das Eutektikum Nickel-Nickelsulfid bereits bei der niedrigen Temperatur von 625°, während das entsprechende Eutektikum Eisen-Eisensulfid bis zu 985° fest ist. Nickel-Chrom-Eisen-Legierungen werden gleichfalls durch Schwefelverbindungen angegriffen, jedoch wirkt sich hier ein Zusatz von Aluminium günstig[3] aus. Im Falle des Eisens wird oft eine intergranulare Zerstörung beobachtet, die mitunter teilweise, nach den Ergebnissen von WHITELEY[4], mit dem Vorhandensein von Schwefel im Eisen selbst verknüpft zu sein scheint, was zu einer Erleichterung für den Sauerstoffeintritt führt. Eine ernsthafte Zerstörung dagegen kann an Eisen durch die Gegenwart von Schwefelverbindungen in der Gasphase hervorgerufen werden.

Schädigung durch Wasserstoff. Obwohl die üblichen chemischen Veränderungen der Metalle im allgemeinen durch eine oxydierende Atmosphäre hervorgerufen werden, gibt es doch auch sehr ernsthafte mechanische Schädigungen — besonders bei hohen Temperaturen und Drucken —, die durch Wasserstoff ausgelöst werden. INGLIS und ANDREWS[5] haben gezeigt, in welcher Weise Wasserstoff in Kontakt mit Stahl auf oxydische und sulfidische Einschlüsse einwirken kann. Hauptsächlich ist die Schädigung jedoch auf seine Einwirkung auf den Kohlenstoff, das wichtigste härtende Element im Stahl, zurückzuführen. Bei 250 at und 250° bis 270° werden die perlitischen Bezirke durch Wasserstoff entkohlt, bei gleichzeitigem Auftreten intergranularer Risse. Diese Art des Angriffes setzt bei einigen Stählen bereits bei 50° ein. Austenitische Chrom-Nickel-Stähle dagegen werden bei *250 at* und Temperaturen bis zu 450° nicht angegriffen, obwohl sie zeitweilig durch Wasserstoffaufnahme brüchig werden. Die Einwirkung von Wasserstoff auf Stahl bedeutet für die chemische Industrie eine Quelle erheblicher Sorge, insbesondere im Falle der Hydrierung von Kohle und Öl sowie bei der Ammoniaksynthese.

Kupfer und einige seiner Legierungen sind beim Erhitzen in Gegenwart von Wasserstoff besonders bedroht, was offenbar auf die Reduktion von intergranularem Kupfer(I)-oxyd und das Freiwerden von Dampf innerhalb der Metallmasse zurückzuführen ist[6].

---

[1] Anonym in Ch. Fabrik 8 (1935) 382.   [2] GRUBER, H.: Z. Metallk. 23 (1931) 151.

[3] Platin, das in der gleichen Gruppe des Periodischen Systems wie das Nickel steht, erleidet eine Schädigung, wenn es in der reduzierenden Flamme von schwefelhaltigem Kohlengas erhitzt wird. Es bedeckt sich mit einer porösen rußartigen Schicht, die aus Platin, Kohlenstoff und Schwefel bestehen soll.

[4] WHITELEY, J. H.: J. Iron Steel Inst. 131 (1935) 193.

[5] INGLIS, N. P. u. W. ANDREWS: J. Iron Steel Inst. 128 (1933) 383.

[6] Vgl. N. P. ALLEN: J. Inst. Met. 43 (1930) 81; s. auch die Arbeit über Bronze von E. J. DANIELS: J. Inst. Met. 43 (1930) 125.

Angriff durch Schwefelverbindungen in Abwesenheit von Luft. Die durch Schwefelwasserstoff in Abwesenheit von Sauerstoff bei 500° an Eisen hervor‑gerufene Korrosion ist durch WHITE und MAREK[1] untersucht worden. Aluminium widersteht bei dieser Temperatur feuchtem Schwefelwasserstoff gut. Nach IPAVIC[2] ist Schwefelwasserstoff gefährlicher als Schwefeldioxyd; es hat sich gezeigt, daß sich Eisenlegierungen mit 30 oder 50% Chrom beim Erhitzen in feuchtem oder trockenem Schwefeldioxyd auf 1000° gut verhalten; sie ergeben bessere Resultate als Legierungen, die sowohl nickel- als auch chromhaltig sind. Durch einen Überzug aus Eisen-Aluminium-Legierung (s. S. 604) wird der Widerstand der 70/30-Eisen-Chrom-Legierung gegenüber trockenem oder feuchtem Schwefelwasserstoff etwas erhöht; geringer ist der Effekt allerdings gegenüber Wassergas mit 1% Schwefelwasserstoff. Gegenüber Schwefeldioxyd scheint dieser aluminiumreiche Überzug eher zu einer Schwächung des Wider‑standes zu führen.

2. Wachsen von Gußeisen.

Verhalten von Gußeisen gegenüber abwechselndem Erhitzen und Abkühlen. Der Vorgang der Volumzunahme und Auflockerung, dem Gußeisen bei wieder‑holtem Erhitzen an einer oxydierenden Atmosphäre unterliegt, und der gewöhnlich als *Wachsen des Gußeisens* bezeichnet wird, ist die Quelle außer‑ordentlicher Sorgen in denjenigen Kreisen, die Gußeisen erzeugen bzw. ver‑arbeiten, da dieses Wachsen verantwortlich ist für Schäden — manchmal handelt es sich um ein Reißen, das andere Mal um Festfressen — bei Form‑kästen, Zementierkästen, Roststäben und Industrieöfen, um nur einige Bei‑spiele zu nennen. Wie andere Materialien, so bedeckt sich auch Gußeisen, wenn es in einer oxydierenden Atmosphäre, die insbesondere Schwefeldioxyd oder ähnliche Verunreinigungen enthält, mit einer Oxydschicht, die von Zeit zu Zeit reißt und sich ablöst und damit das darunterliegende Metall dem Angriff aussetzt. Darüber hinaus aber wird sich die Oxydation im Falle des Gußeisens, wenn es große Graphiteinschlüsse enthält, längs dieser Einschlüsse weiterfressen, damit zu einer erheblichen Schwächung des Materiales Ver‑anlassung geben und damit zusammenwirkend zu einer Vergrößerung des Volumens der Oberflächenschicht führen. Die Zerstörung ist an dünnen Gußeisenproben am deutlichsten ausgeprägt; sie beginnt rasch, wird aber mit der Zeit langsamer, selbst wenn die gewöhnliche Oxydation fortschreitet. Abwechselndes Erhitzen und Abkühlen in gewissen Temperaturgebieten erhöht den Schaden.

Wesen des Wachsens. Die Veränderung des Gußeisens ist nicht einfach als ein Oxydationsvorgang aufzufassen. Die Zersetzung des Zementits, die zu Eisen und Kohlenstoff führt, kann allein bereits zu einer bedeutenden Volumen‑erhöhung führen, die nach SCHEIL[3] 12,8% beträgt, ein Wert, der sich in guter Übereinstimmung mit Berechnungen aus den spezifischen Gewichten befindet. Dieser Vorgang kann nur einmal ablaufen und schadet gutem Gußeisen relativ wenig. Es gibt aber noch andere Arten metallographischer Veränderungen, die ihren zerstörenden Einfluß jederzeit wieder geltend machen können, sobald

---

[1] WHITE, A. u. L. F. MAREK: Ind. eng. Chem. **24** (1932) 859.

[2] IPAVIC, H.: Heraeus-Vaccum-Schmelze 1923/1933, Hanau 1933, S. 290.

[3] SCHEIL, F.: Arch. Eisenhüttenwesen **6** (1932/1933) 66.

das Eisen erwärmt und anschließend wieder abgekühlt wird. Jedes Eisen erfährt beim Erhitzen in dem Übergangsgebiet aus dem α-Eisen in das γ-Eisen eine Kontraktion. Ist das Metall homogen und erfolgt das Erhitzen gleichförmig, so wird das Material nach dem Abkühlen wieder sein ursprüngliches Volumen einnehmen. BENEDICKS und LÖFQUIST[1] haben zeigen können, daß ein abwechselndes Erhitzen und Abkühlen beim Gußeisen zu einer bleibenden Volumenänderung führen. Infolge der inneren Sprünge an den Graphitlamellen ist der Betrag der anomalen Kontraktion beim Erwärmen im $\alpha \rightarrow \gamma$-Umwandlungsgebiet geringer, als der der anomalen Ausdehnung beim Abkühlen, so daß nach Rückkehr in den thermischen Ausgangszustand eine Volumenausdehnung resultiert. Die inneren Risse führen zu einer *Atmung* (abwechselndes Einsaugen und Ausstoßen von Luft, wenn das Metall abgekühlt bzw. erwärmt wird), was zu Oxydation und damit weiterer bleibender Volumenzunahme führt. Diese Erscheinungen haben Veranlassung dazu gegeben, ein Material zu verwenden, dessen kritischer Punkt außerhalb desjenigen Gebietes liegt, das für seine Erwärmung in Frage kommt. Wie später gezeigt werden wird, ist diese Aufgabe erfolgreich durchgeführt worden.

Wahrscheinlich wird heuzutage niemand leugnen, daß die Oxydation beim Wachsen des Gußeisens eine wichtige Rolle spielt. PEARSON[2] konnte zeigen, daß ein abwechselndes Erwärmen und Abkühlen in einer nichtoxydierenden Atmosphäre im allgemeinen nur ein geringes Wachsen hervorruft und daß dieses, obgleich Erwärmen *im Vakuum* unter gewissen Umständen zu einem Wachsen geführt hat, auf eingeschlossene Gase im Metall zurückgeführt werden kann. Der wesentliche Einfluß der metallographischen Veränderungen besteht darin, den Zutritt des Sauerstoffes zu Stellen zu erleichtern, an denen seine Wirkung äußerst zerstörend ist. Aber gerade deshalb, weil das Wachsen auf dem komplexen Zusammenspiel mehrerer Faktoren beruht, läßt das günstige Verhalten eines Materiales bei einer gewissen Konstellation von Faktoren noch keinen Schluß auf sein Verhalten unter anderen Bedingungen zu. So wies beispielsweise aus einer Reihe der von HONEGGER[3] untersuchten Gußeisenproben diejenige, die sich in Dampf von 500° am besten verhielt, bei 650° in Luft den schlimmsten Wachstumseffekt auf.

Die schon eine Reihe von Jahren zurückliegenden Arbeiten von RUGAN und CARPENTER[4] haben ergeben, daß die Wachstumstendenz von gewöhnlichem Gußeisen bei gleichbleibenden anderen Faktoren stetig mit dem Siliciumgehalt ansteigt. So ergibt z. B. eine Behandlung, die bei 1% Silicium eine Ausdehnung von 15% hervorruft, eine solche von 33 bzw. 63% bei einem Zusatz von 3 bzw. 6% Silicium. Ein derartiges Verhalten führt natürlich zu der Annahme, daß in der Oxydation des Siliciums die entscheidende Ursache für das Wachsen des Gußeisens zu sehen ist. Wahrscheinlich ist die direkte Oxydation des Siliciums bei niedrigen Temperaturen sehr wichtig. Um 650° herum scheint sie für den größeren Teil der Volumenveränderung verantwortlich

---

[1] BENEDICKS, C. u. H. LÖFQUIST: J. Iron Steel Inst. **115** (1927) 603.
[2] PEARSON, C. E.: Carnegie Scholarship Mem. **15** (1926) 297.
[3] HONEGGER, E.: Das Gußeisen. Eidgenöss. Materialprüfungsanst. Zürich 1928, S. 25; s. auch E. HONEGGER: Berichtsheft über die 4. Mitgliederversammlung der Studienkommission für Hochdruckanlagen der Vereinigung der Elektrizitätswerke E.V., 1929, Sonderdruck S. 6.
[4] RUGAN, H. F. u. H. C. H. CARPENTER: J. Iron Steel Inst. **80** (1909) 29, **83** (1911) 196.

zu sein. Allgemein wird angenommen, daß Eisen und Silicium bei niedrigeren Temperaturen der Oxydation unterliegen als der Kohlenstoff. STÄGER[1] ist jedoch der Ansicht, daß Graphit in feiner Form in einem Temperaturbereich zur Oxydation fähig ist, in dem der feste Kohlenstoff unangegriffen bleibt. Die Zersetzung des Zementits mag, so nimmt STÄGER an, zu einer Abscheidung dieses feinen Graphites auf den rauhen Graphiteinschlüssen führen, die, als Keime wirkend, die Zersetzung begünstigen. Wie dieser Vorgang auch im einzelnen beschaffen sein mag, die Oxydation des Kohlenstoffes bei hohen Temperaturen ist hierfür jedenfalls wichtig. In der Gegend von 1000° scheint der Vorgang in der Oxydation der großen Graphitgebiete und des angrenzenden Eisens zu bestehen, so daß der vorher durch diese Graphiteinschlüsse ausgefüllte Raum nunmehr mit voluminösen Eisenoxyd erfüllt wird, das wie ein in das Material eingetriebener Keil wirkt und zur Ausbildung neuer Risse Anlaß gibt, durch die der Sauerstoff neue Graphiteinschlüsse erreichen kann, wie THYSSEN[2] annimmt. HIGGINS[3] ist der Ansicht, daß zuerst das Eisen rings um die Graphiteinschlüsse herum oxydiert wird und daß das Eisenoxyd dann mit dem Graphit unter Bildung von Kohlenoxyd und fein verteiltem Eisen reagiert, das dann wieder in Oxyd zurückverwandelt wird.

Entwicklung von Gußeisen, das gegenüber dem Wachsen beständig ist. Es ist eine seltsame Tatsache, daß gerade diejenigen Elemente das Wachsen von Gußeisen verhindern, von denen man früher annahm, daß sie es hervorrufen. Im Jahre 1924 stellten ANDREW und HYMAN[4] fest, daß nicht nur Silicium, sondern auch Aluminium und Nickel, sofern sie in *geringer Konzentration* vorliegen, das Wachsen des Gußeisens verstärken. Nickel ist tatsächlich weit mehr befähigt, das Wachstum zu fördern als Silicium, trotz der Tatsache, daß es weniger leicht als das Eisen oxydiert wird. Es erscheint fast sicher, daß der Einfluß dieses Elementes in geringer Menge darauf zurückzuführen ist, daß es das Auftreten einer gröberen Graphitform begünstigt und damit weitere und tiefere Zugangswege für das Eindringen der Luft schafft. Es kann sein, daß kleine Siliciummengen in gleicher Richtung wirken, da Fälle von perlitischem Gußeisen bekannt sind, die geringe Graphitmengen enthalten und die trotz eines hohen Siliciumgehaltes doch keine Neigung zum Wachsen zeigen[5].

Es könnte danach scheinen, als ob Silicium und Nickel nicht *an sich* schädlich sind, abgesehen davon, daß sie eine ungünstige Struktur hervorrufen. Nach REMMERS[6] wirken diejenigen Elemente fördernd auf das Wachsen, zumindest wenn sie in geringen Konzentrationen zugesetzt werden, die, wie Silicium und Aluminium, die Ausscheidung von Kohlenstoff begünstigen. Diejenigen Elemente dagegen, die, wie Chrom und Mangan, den entgegengesetzten Einfluß haben, verringern die Gefahr des Wachsens.

NORBURY und MORGAN[7] haben die wichtige Entdeckung gemacht, daß Silicium, obgleich es bei Zusätzen bis zu 4% im allgemeinen die Neigung zum Wachsen erhöht, im Falle größerer Zusätze herabsetzend auf das Wachsen

[1] STÄGER, H.: Koll.-Z. **68** (1934) 137; vgl. E. H. KLEIN: Stahl Eisen **54** (1934) 827.
[2] THYSSEN, H.: J. Iron Steel Inst. **130** (1934) 153.
[3] HIGGINS, R.: Carnegie Scholarship Mem. **15** (1926) 225.
[4] ANDREW, J. H. u. H. HYMAN: J. Iron Steel Inst. **109** (1929) 451.
[5] S. auch O. BORNHOFEN u. E. PIWOWARSKY: Arch. Eisenhüttenwesen **7** (1933/1934) 269.
[6] REMMERS, W. E.: Techn. Publ. Am. Inst. min. met. Eng. Nr. **337** (1930).
[7] NORBURY, A. L. u. E. MORGAN: J. Iron Steel Inst. **123** (1931) 413.

wirkt. Es ist eine Gruppe wachstumsbeständiger Eisen unter dem Namen *Silal* verfügbar, die 4 bis 10% Silicium sowie Graphit in fein verteiltem Zustand enthalten. Offenbar beruht die Aufgabe des hohen Siliciumgehaltes darin, den kritischen Punkt zu erhöhen. Die Tatsache, daß hiermit eine Herabsetzung des Wachsens einhergeht, bedeutet eine Stützung der Theorie von Benedicks und Löfquist (s. S. 116) und ist zugleich ein Beweis dafür, welche Bedeutung offenbar rein akademische Überlegungen für die Lösung praktischer Fragen haben können.

Hartguß, der 4 bis 10% Silicium enthält, neigt etwas zum Reißen, wenn er plötzlich erwärmt und rasch wieder abgekühlt wird. Diese Erscheinung ist durch Einführung der austenitischen Gußeisensorten überwunden worden, die Nickel und Chrom enthalten, die örtlichen mechanischen Beanspruchungen widerstehen, oft bedeutende Dehnbarkeit zeigen und außerdem praktisch die Schäden des Wachsens vermeiden. Mehrere dieser Legierungen stehen jetzt zur Verfügung und werden viel zu Ofenkonstruktionen, Glühöfen und ähnlichen Zwecken verwendet. *Niresist*[1] enthält 12 bis 15% Nickel, 1,5 bis 4% Chrom, 5 bis 7% Kupfer, 1,0 bis 1,5% Mangan, 1,2 bis 2,0% Silicium und 2,7 bis 3,1% Kohlenstoff. *Nicrosilal*[2] ist durch einen höheren Siliciumgehalt ausgezeichnet; es enthält 18% Nickel, 2% Chrom, 1% Mangan, 6% Silicium und 1,8% Kohlenstoff. Von verschiedenen Seiten wird angenommen, daß die Funktion des Siliciums darin besteht, die Wärmebeständigkeit zu schaffen, die des Chromes darin, diese Wirkung zu erhöhen sowie den Austenit zu stabilisieren, und die des Nickels endlich darin, Zähigkeit und Dehnbarkeit zu geben. Das Zulegieren des Kupfers erfolgt zur Verbesserung der Korrosionsbeständigkeit. Der Chromgehalt kann noch weiterhin erhöht werden, sofern eine noch höhere Widerstandsfähigkeit gegenüber der Oxydation gefordert wird, jedoch leidet die Bearbeitbarkeit darunter. Wird der Chromgehalt erhöht, so kann der Nickelgehalt herabgesetzt werden, während der Siliciumgehalt bis auf 7% gesteigert werden kann.

Im Hinblick auf den hohen Nickelpreis würden natürlich billigere Sorten von nichtwachsendem Gußeisen willkommen sein. Thyssen[3] hat den Einfluß von Silicium und Aluminium untersucht und ermutigende Resultate mit Legierungen erhalten, die beide Elemente enthalten. Derartige Legierungen besitzen, im Gegensatz zu denen, die Aluminium allein enthalten, verbesserte mechanische Eigenschaften bei gleichzeitiger Widerstandsfähigkeit gegenüber Oxydation und Wachsen.

Tapsell, Becker und Conway[4] haben das Kriechen und Wachsen von fünf Materialien, und zwar von gewöhnlichem Gußeisen, Chrom-Nickel-Gußeisen, Silal, Nicrosilal und Niresist bei hohen Temperaturen untersucht. Die beiden ersten Materialien sind, so wie sie im allgemeinen hergestellt werden, beim Erhitzen etwas zu stark der Schädigung unterworfen, um ihre Verwendung in Dampfanlagen bis zu 540° zu rechtfertigen. Ein erheblicher Teil des Wachsens scheint jedoch auf der Umwandlung von perlitischem Zementit in Graphit, einem einmalig ablaufenden Vorgang, zu beruhen. Wird das Material vor der end-

---

[1] Vanick, J. S. u. P. D. Merica: Trans. Am. Soc. Steel Treating 18 (1930) 923.

[2] Norbury, A. L. u. E. Morgan: J. Iron Steel Inst. 126 (1932) 301.

[3] Thyssen, H.: J. Iron Steel Inst. 130 (1934) 153.

[4] Tapsell, H. J., M. L. Becker u. C. G. Conway: J. Iron Steel Inst. 133 (1936) 303 P.

gültigen Inbetriebnahme einer Wärmebehandlung (5 Tage bei 650°) unterworfen, so wird eine wesentliche Verbesserung hinsichtlich seiner Beständigkeit erzielt.

Kleine Beträge an Nickel und Chrom werden heutigentages manchmal dem für Hausherde verwendeten Gußeisen zugesetzt, wodurch sein Widerstand gegenüber Oxydation und Korrosion verbessert wird[1].

Es sei erwähnt, daß gewöhnliches weißes Gußeisen den verschiedenen Arten der oxydativen Einflüsse viel weniger zugänglich ist als graues Gußeisen, was zweifellos auf dem Fehlen der Graphiteinflüsse bei dem ersteren beruht. Es ist jedoch aus mechanischen Gründen selten ratsam, ausschließlich weißes Gußeisen herzustellen. Ein örtliches Abschrecken im Sinne der Erzielung einer Schicht von weißem Gußeisen auf den der Oxydation besonders ausgesetzten Teil der Oberfläche ist seit langem Brauch.

3. Überwachung der Ofengase zur Vermeidung von Oxydation.

Probleme der Wärmebehandlung. Während die Zerstörung von Ofenteilen oft durch Verwendung wärmebeständiger Materialien vermieden werden kann, ist das Problem der Oxydation derjenigen metallischen Gegenstände noch ungelöst, die den Ofengasen beispielsweise aus Gründen einer Wärmebehandlung ausgesetzt werden müssen. Es ist infolgedessen wichtig zu prüfen, ob die Ofengase nicht unschädlicher gemacht werden können. Viel Arbeit ist dem Einfluß der verschiedenen Konstituenten der Ofengase bei den für die metallurgischen Prozesse charakteristischen Temperaturen gewidmet worden. Die von MURPHY und JOMINY[2] ermittelten Kurven lassen erkennen, daß Dampf noch viel schädlicher als Luft sein kann; das gleiche gilt bei gewissen Temperaturen für Kohlendioxyd. Der Einfluß des Schwefeldioxydes ist bereits an anderer Stelle als sehr ernst bezeichnet worden, was auch mit den Ergebnissen von UPTHEGROVE[3] übereinstimmt. SCHROEDER[4] hat festgestellt, daß sehr kleine Mengen von freiem Sauerstoff in einem Gasgemisch den Betrag der Zunderbildung wesentlich erhöhen, ein Effekt, der sehr klar durch die Untersuchung von COBB und MILLETT[5] aufgezeigt wird.

Das Oxydationsvermögen von Kohlensäure in Ofengasen kann durch Einführen von Kohlenmonoxyd oder Wasserstoff kompensiert werden, jedoch haben COBB und MILLETT gezeigt, daß der hierzu erforderliche Betrag sehr groß ist. So müssen bei 900° oder 1000° 25% an freiem Wasserstoff zugefügt werden, um eine Schichtbildung durch eine Ofenatmosphäre selbst in Abwesenheit von freiem Sauerstoff oder Schwefelverbindungen zu vermeiden. Ein derartiger Zusatz von Wasserstoff ist aber für viele Zwecke zu teuer, besonders bei Berücksichtigung des durch die Einführung des reduzierenden Gases hervorgebrachten Abkühlungseffektes. Die Autoren haben drei in Tabelle 12 wiedergegebene synthetische Atmosphären untersucht, die die Verbrennungsprodukte verschiedener Brennstoffe repräsentieren sollen. Diese Gemische enthalten keinen freien

---

[1] STANLEY, R. C.: Nickel Industry in 1935 (Internat. Nickel Co.), S. 8.

[2] MURPHY, D. W. u. W. E. JOMINY: Univ. Michigan Eng. Res. Bl. **21** (1931).

[3] UPTHEGROVE, C.: Univ. Michigan Eng. Res. Bl. **25** (1933).

[4] SCHROEDER, W.: Arch. Eisenhüttenwesen **6** (1932/1933) 52.

[5] MILLETT, H. C. u. J. W. COBB: Inst. Gas Eng. Comm. **127** (1935), **145** (1936); s. auch J. W. COBB, C. B. MARSON u. H. T. ANGUS: J. Soc. chem. Ind. Trans. **46** (1927) 61, 68. — COBB, J. W.: Private Mitteilung vom 11. Juni 1936.

Sauerstoff. Es zeigte sich, daß die Zunderschichtbildung mit dem Wassergehalt
ansteigt; sie ist am größten in verbranntem Kohlegas und am geringsten in dem
von verbranntem Koks gelieferten Gas. In derartigen Atmosphären, die man
früher als „inert" bezeichnet hätte, ist der Betrag der Oxydation sehr beachtlich und wächst erheblich, sobald SO_2 vorhanden ist.

Diese Ergebnisse, ebenso wie die schon früher von BLACKBURN und COBB[1]
gewonnenen, deuten darauf hin, daß zur Erzielung einer Atmosphäre, in der
keine Oberflächenschicht gebildet wird, Koks gegenüber wasserstoffreichen
Brennstoffen im Vorteil ist, da er weniger Wasserdampf bildet. Es ist jedoch
nicht hinreichend, lediglich eine nichtoxydierende Atmosphäre zu schaffen.
Es ist vielmehr erforderlich, die Atmosphäre so zu gestalten, daß sie auf den
Kohlenstoffgehalt des Stahles weder verringernd, noch erhöhend wirkt. Atmosphären, die für Stahl im Sinne einer Vermeidung von Oxydation als neutral
zu bezeichnen sind, sind nicht ohne weiteres neutral im Hinblick auf die Un-
antastbarkeit des Kohlenstoffgehaltes.

Tabelle 12. Zunderbildungsgeschwindigkeiten.
(Nach J. W. COBB und H. C. MILLETT.)

Untersuchte Atmosphäre (Angabe in Vol.-%)			Atmosphäre dient zur Charakterisierung der Verbrennungsprodukte folgender Brennstoffe	Zunderbildungsgeschwindigkeit bei 1000° (Angaben in mg/cm² je Std.)			
				SO_2-Zusatz in %			
H_2O	CO_2	N_2		—	0,05	0,10	0,20
A	2	18	80	Trockener Hoch-temperaturkoks	4,4	11,2	14,6	18,6
B	10	10	80	Kohle, Öl oder Generatorgas	7,5	17,5	22,5	26,5
C	20	10	70	Leuchtgas (Kohlengas)	12,0	21,5	27,8	32,0

Ein Weg, um der Lösung der Frage im Hinblick auf gasförmige Brennstoffe
näherzukommen, ist von HEATHCOAT[2] beschrieben worden. Wird das Gas
durch vorerhitzte Rohre geleitet, ehe es in die Muffel eintritt, in der die Erhitzung erfolgt, so kommt es zu einer allmählichen Zersetzung der Kohlen-
wasserstoffe. Wird nun der Gasstrom in geeigneter Weise geregelt, so kann
Gas von einer Zusammensetzung erhalten werden, die für einen gegebenen Stahl
neutral in beiden Beziehungen wirkt. Das geforderte Verhältnis zwischen Methan
und Wasserstoff steigt mit dem Kohlenstoffgehalt des Stahles an. FELLS[3],
der die Verwendung von Leuchtgas (Kohlengas) als Feuerungsmittel in der
Stahlindustrie untersucht, schlägt vor, den Wassergehalt durch Kühlen der
Verbrennungsprodukte des Gases herabzusetzen. Wird hierauf ein gewisser
Teil an unverbranntem Gas zugefügt, so kann das Gemisch als nicht zunder-
bildend gegenüber dem Stahl bei der betreffenden Behandlung bezeichnet
werden. Wie COBB gezeigt hat, ist der Betrag des zur Vermeidung der Zunderbildung erforderlichen Gases wesentlich größer, wenn Wasserdampf in großen
Mengen vorhanden ist.

[1] BLACKBURN, W. H. u. J. W. COBB: J. Soc. chem. Ind. Trans. **49** (1930) 455.
[2] HEATHCOAT, F.: Fuel **13** (1934) 36.
[3] FELLS, H. A.: Inst. Gas Eng. Comm. **87** (1934).

Eine in Dagenham in Betrieb befindliche Ofenform für die Wärmebehand-lung von Schnelldrehstählen für Motorteile in einer Atmosphäre kontrollierter Zusammensetzung verdient Beachtung[1]. Die Erwärmung erfolgt elektrisch. Beim Verbrennen eines eingestellten Gas-Luftgemisches und Einführen durch einen engen Schlitz wird eine Wolke verbrannten Gases entstehen und so die Oberfläche von allen Gelegenheiten zur Schichtbildung oder Entkohlung ab-riegeln. In einem anderen Ofen, der in neuerer Zeit in einem Walzwerk[2] zum Normalisieren und Glühen von Streifen und Blechen errichtet worden ist, läuft das Material auf Rollen durch einen langen gasundurchlässigen Tunnel, dessen erster Teil elektrisch erhitzt und dessen letzterer mit Wasser berieselt wird, um so die Abkühlungskammer zu bilden. Die Öffnungen an beiden Enden sind gerade groß genug, um den Durchtritt des Materiales zu gestatten. Die reduzierende Atmosphäre wird durch Leuchtgas gebildet, das von Feuchtigkeit und Schwefel-verbindungen befreit worden ist.

Blankglühen. Eines der Probleme der Nichteisen-Metallindustrie besteht im Glühen des Materiales in einer Atmosphäre, durch die eine blanke Oberfläche erhalten wird. Durch diese Behandlung wird die Notwendigkeit für ein nach-folgendes Beizen und Reinigen des Materiales vermieden, was abgesehen von einer Unkostenerhöhung die Erzielung einer glatten Oberfläche vereitelt. Dieser Prozeß erfordert eine Atmosphäre, die nicht nur frei von Sauerstoff, sondern auch frei von Schwefelverbindungen ist, durch die viele Metalle, wie beispiels-weise Kupfer, anlaufen würden, und durch die, selbst im Falle von Nickel, Brüchigkeit herbeigeführt werden würde, wie KÖSTER[3] festgestellt hat. Die Notwendigkeit, Schwefel im Gas zu vermeiden, ist der Hauptgrund dafür, daß teilweise verbranntes Leuchtgas oder Generatorgas nicht immer geeignet sind, als nichtoxydierende Atmosphäre zu dienen. In derartigen Fällen kann Butan verwendet werden, das eine wesentlich schwefelfreie Atmosphäre liefert. Die Frage ist weiterhin dadurch kompliziert, daß Kupfer und viele seiner Legie-rungen zur Brüchigkeit neigen, wenn sie in einer Atmosphäre erhitzt werden, die ungebührlich reich an Wasserstoff ist[4], was wahrscheinlich in Fällen, in denen Wasserstoff auf intergranulare Oxyde einwirkt, auf eine innere Dampf-bildung zurückzuführen ist. Mitunter wird Kupfer in Gemischen geglüht, die 5 bis 8% Wasserstoff enthalten, der durch teilweise Verbrennung von Ammoniak entsteht, das in Gegenwart eines Katalysators zersetzt wird. Eine derartige Atmosphäre ist jedoch teuer; sie kann nach PFEIL[5] nur dann als ökonomisch bezeichnet werden, wenn der Ofen so eingerichtet ist, daß der Gasverbrauch 2,83 bis 8,49 m^3/t nicht überschreitet. Kondensatorrohre aus Kupfer-Nickel können nach FALLON[6] bei etwa 850° in einer kohlenoxydreichen Atmosphäre in einer öl-befeuerten Muffel geglüht werden, die mit zugestellten Öffnungen zum Chargieren versehen sind.

Zinkhaltige Legierungen verursachen Schwierigkeiten wegen der Ver-dampfung. Es ist oft ratsam, in Gefäßen mit einem Minimum an freiem Raum

[1] Anonym in Machinery **41** (1932) 93.

[2] Anonym in Engineering **141** (1936) 369.   [3] KÖSTER, W.: Z. Metallk. **21** (1929) 19.

[4] RUSS, E. F.: Z. Metallk. **24** (1932) 188; s. auch N. P. ALLEN, A. C. STREET u. T. HEWITT: J. Inst. Met. **51** (1933) 233, 257.

[5] PFEIL, L. B.: Review of Oxidation and Scaling of Heated Solid Metals (Dept. Sci. Ind. Res.) 1935, S. 99.   [6] FALLON, J.: Met. Ind. London **36** (1930) 213.

zu glühen. Beim Glühen von Messing kann die Verdampfung des Zinkes mitunter durch Überleiten der Gase über Messingspäne oder Zink vermieden werden, da diese Gase dann die erforderliche Konzentration an metallischem Zink in der Ofenatmosphäre besitzen. Durch die Gegenwart einer geringen Methanolmenge soll das Anlaufen von Messing vermieden werden. Dieser Vorgang tritt manchmal selbst in reinem Stickstoff oder in Kohlensäure ein und ist auf Gase zurückzuführen, die aus dem Messing selbst freigemacht[1] werden. Zahlreiche andere Verfahren sind angewendet worden, um eine nichtoxydierende Atmosphäre zu erzielen. Für einige der im Topf durchgeführten Glühprozesse ist Holzkohle[2] erforderlich, während andere auf Schmierölbasis beruhen, das sich im allgemeinen auf den zu glühenden Gegenständen selbst befindet, eine Methode, die manchmal zu kohlenstoffhaltigen Niederschlägen oder zu einer für das Material ungünstigen Atmosphäre führt. Schwefelhaltige Öle beispielsweise sind schädlich für Nickel[3]. Kupfer wird gelegentlich in sauerstoffreiem Dampf geglüht, während Bäder geschmolzener Salze in gewissem Ausmaße, insbesondere für Silber und Nickel-Silber, Verwendung finden.

Eine elektrische Erwärmung wird besonders für das Blankglühen verwendet[4]. Die besten Ergebnisse werden wahrscheinlich dann erhalten, wenn das zu glühende Material kontinuierlich durch den mit einer rein reduzierenden Atmosphäre beschickten Ofen in eine Kühlkammer oder einen Abschrecktank geleitet wird. Blankglühen in Töpfen führt in manchen Fällen zu guten Ergebnissen, insbesondere bei Drähten oder Streifen in Spulen. Jedoch ist dieses System nicht frei von Schwierigkeiten, wenn es auf gewisse andere Materialien, insbesondere auf hochprozentige Chrom- und Nickel-Chrom-Legierungen, übertragen wird. Es gibt verschiedene Systeme, die insbesondere in der Art des Gefäßverschlusses sowie in der verwendeten reduzierenden Atmosphäre voneinander abweichen. Die Notwendigkeit eines sorgfältigen Abschlusses ergibt sich besonders für die Zeit während des Abkühlens, da andernfalls Luft hineingesogen werden würde. Zumindest ein System verwendet unverschlossene Gefäße während der Wärmebehandlung[5].

4. Fragen der Oxydation bei Metallschmelzen und Gießereien.

Lokales Verbrennen der Güsse. Die Frage der Oxydation ist manchmal in der Gießerei von Bedeutung, obgleich wahrscheinlich die lokale Oxydation der Gußstücke weniger auf die direkte Vereinigung mit dem Sauerstoff als vielmehr auf die Reaktion des Metalles mit der Feuchtigkeit des Formsandes zurückgeht. In diesem Fall wird Wasserstoff freigemacht und kann damit zu einer weiteren Schädigung des Metalles führen. LEPP[6] hat festgestellt, daß eine ernstliche Oxydation wahrscheinlich nur an solchen Stellen auftreten kann, an denen die Wärmeableitung ungenügend ist, da der Temperaturkoeffizient derartiger Reaktionen groß ist. Er führt verschiedene Beispiele (die sich offenbar auf Kupfer-

---

[1] DE CORIOLIS, E. G. u. R. J. COWAN: Ind. eng. Chem. **21** (1929) 1164, **24** (1932) 18.

[2] BIERT, J.: Eidgenöss. Materialprüfungsamt Zürich 1930.

[3] STOCKDALE, J.: Private Mitteilung vom 25. November 1934.

[4] COOK, M.: Met. Ind. London **34** (1929) 54.

[5] DUMMELOW, J.: Electrician **112** (1934) 633.

[6] LEPP, H.: Mezinárodní Sjezd Slevárenský (International Foundry Congress). Prag 1933, S. 95.

legierungen beziehen) lokaler Verbrennungen an, die auf einer falschen Konstruktion von Gußform oder Gußkern beruhen. Eine mögliche Ursache kann in der zu nahen Anordnung des Eingusses oder des Steigers zu dem zu gießenden Körper liegen, wodurch infolge mangelnder Wärmeableitung eine lokale Oxydation herbeigeführt werden kann. Offenbar werden Wärmeleitfähigkeit, spezifische Wärme und Durchlässigkeit des Formsandes, die selbst wieder vom Feuchtigkeitsgehalt abhängen, die Neigung zu Verbrennungen bestimmen. Ausführlich sind diese Fragen von LEPP[1] behandelt worden.

Metallverluste während der metallurgischen Vorgänge. Der Metallverlust durch Oxydation während des Schmelzens kann zu einer ernsthaften Angelegenheit werden. Besonders hoch sind die Verluste im Falle der Zinklegierungen, was teilweise mit der Flüchtigkeit des Zinkes zusammenhängt. BURKHARDT[2] hat gezeigt, daß die Gegenwart von Zink im Blei die Menge der während des Schmelzens erzeugten Schlacke erhöht. COOK[3] hat eingehende Angaben veröffentlicht, die den Gesamtverlust an Metall je nach den Bedingungen mit 0,8 bis 3,9% während des Schmelzens von Kupfer-Zink-Legierungen aufzeigen. Der hauptsächlich auf Oxydation beruhende Verlust wird erheblich durch kohlenstoffhaltige Überzüge verringert. COOK empfiehlt folgende Arbeitsweise: Nachdem die Charge vergossen ist, wird Holzkohle zugefügt und die nächste Schmelze vorbereitet. Ist der Schmelzvorgang vollzogen und ist die Schmelze fertig zum Ausstoßen, so wird Salz und Borax zugefügt und in die Schicht aus Schlacke und Holzkohle eingerührt. Nachdem das Ganze abgezogen oder abgeschöpft ist, wird das Metall abgestochen, mehr Holzkohle hinzugefügt und so fort.

Die Verluste an Metall infolge Oxydation beim Verarbeiten von Stahlblöcken zu Blechen oder Stäben sind gleichfalls sehr erheblich. TURNER[4], der PFEIL zitiert, gibt an, daß beim Herstellen von Barren aus Gußblöcken oft 2,5% des Metalles oxydiert werden; beim Auswalzen der Stangen zu Blechen werden weitere 0,5% in Walzsinter übergeführt, beim Beizen zur Entfernung dieses Sinters gehen abermals 2% des Metalles verloren, so daß ein Gesamtverlust von 5% resultiert.

5. Oxydation in elektrischen Widerstandsöfen.

Materialfragen. Die Umwicklungen, die für elektrische Widerstandsöfen und Kocher sowie auch für elektrische Heizungen in Wohnräumen verwendet werden, müssen besonderen Bedingungen genügen, da infolge des engen Durchmessers des Leiters ein geringer Betrag anomaler Oxydation an einer Stelle zu einer lokalen Widerstandserhöhung führt, durch die die Erwärmung an dieser Stelle intensiviert wird, was das Durchbrennen beschleunigt. Das verwendete Material muß dehnbar sein, sollte als Draht oder Streifen verfügbar sein und muß dem Kriechen sowie der Schädigung bei hoher Temperatur widerstehen. Es muß auch selbst in einer schwefelhaltigen Atmosphäre Widerstand gegen Oxydation leisten. Überdies ist die Frage der Wechselwirkung zwischen dem auf dem Leiter gebildeten Oxyd und dem feuerfesten Material, mit dem

---

[1] Siehe S. 122, Fußnote 6. [2] BURKHARDT, A.: Metallwirtschaft 14 (1935) 530.
[3] COOK, M.: J. Inst. Met. 57 (1935) 53; s. auch R. S. HUTTON: J. Inst. Met. 57 (1935) 70.
[4] TURNER, T. H.: Sheffield met. Assoc. 27. Nov. 1928.

es sich in Kontakt befindet, mitunter sehr schwierig. Chromlegierungen werden durch Alkalien zerstört, die örtlich leicht durch Gleichstrom entstehen, wie PFEIL[1] festgestellt hat. Die gebildeten Chromate können das feuerfeste Material anfärben. POPP[2] hat die Korrosion von Drähten untersucht, zu der es an denjenigen Stellen kommt, die in Kontakt mit Asbest sind, und schreibt sie dem Magnesiumchlorid und nicht dem Pyrit zu, das manchmal dafür verantwortlich gemacht wird. Eindeutige Untersuchungen an feuerfesten Materialien sind ebenso wichtig, wie Untersuchungen an den hitzbeständigen Legierungen selbst.

Die Widerstände selbst bestehen üblicherweise aus Legierungen von Nickel und Chrom, die in manchen Fällen erhebliche Beträge an Eisen enthalten. Eine andere Legierungsklasse, die jetzt an Bedeutung zunimmt, enthält Eisen, Aluminium und Chrom, mitunter auch Kobalt. *Kanthal* besteht aus etwa 70% Eisen, 1,5 bis 5% Aluminium, 20 bis 30% Chrom und 2,5% Kobalt. Diese Materialien besitzen nach HOFFMANN und SCHULZE[3] Schmelzpunkte von rd. 1500° und sind bis etwa 1350° beständig, einer Temperatur, die zu hoch für den Gebrauch gewöhnlicher Nickel-Chrom-Legierungen ist. Überdies scheinen sie widerstandsfähiger gegenüber Schwefeldioxyd und Schwefelwasserstoff zu sein als Legierungen der Nickel-Chrom-Reihe. Die Hauptschwierigkeit in der Entwicklung der Legierungen der Eisen-Aluminium-Chrom-Reihe liegt in ihrer Tendenz zur Widerstandsänderung mit der Zeit. Die Festigkeit läßt bei hohen Temperaturen oft etwas zu wünschen übrig, weiterhin zeigen die Drähte die Neigung durchzuhängen, wenn sie nicht sorgfältig gestützt werden. So gewinnt das Problem geeigneter feuerfester Isolatoren besondere Bedeutung durch diesen neuen Legierungstyp.

Prüfung von Widerstandsdrähten. Die in Abb. 21 auf S. 105 wiedergegebenen Kurven lassen erkennen, was für ein Unterschied selbst zwischen verschiedenen Legierungen der Nickel-Chrom-Reihe besteht. Prüfverfahren, die auf einer kontinuierlichen Erwärmung basieren, sind jedoch von verhältnismäßig geringem Wert, um ihre Leistungsfähigkeit im Betrieb zu ermitteln. Die meisten Schädigungen entstehen in der Praxis beim Abkühlen der Drähte, wodurch die Oberflächenschichten, wenn sie brüchig sind, infolge von Unterschieden in der Kontraktion beim Abkühlen zur Ablösung kommen. Bei Betriebsprüfungen muß abwechselnd erwärmt und abgekühlt werden, um die praktische Verwertbarkeit der verschiedenen Materialien zu ermitteln. Prüfungen, die von SMITHELLS, WILLIAMS und AVERY[4] durchgeführt worden sind, haben ergeben, daß die Drähte bei kontinuierlichem Erwärmen sehr viel länger halten, als wenn der Strom alle 2 min aus- und wieder eingeschaltet wird. Durch die intermittierende Beanspruchung wird die Lebensdauer auf $^1/_{10}$ des bei kontinuierlicher Belastung ermittelten Wertes verkürzt. Unter den in dieser Versuchsreihe geprüften Legierungen führte die mit 70% Nickel, 20% Chrom und 10% Molybdän bei intermittierender Beanspruchung zu den besten Ergebnissen. Sie erwies sich auch als eine der besten Legierungen bei kontinuierlicher Beanspruchung.

[1] PFEIL, L.B.: Report on Oxidation and Scaling of Heated Solid Metals (Dept. Sci. Ind. Res.), 1935, S. 95.   [2] POPP, M.: Kautschuk **11** (1935) 60.

[3] HOFFMANN, F. u. A. SCHULZE: Phys. Z. **35** (1934) 881; s. auch J. H. RUSSELL: Metallurgia **6** (1932) 195.

[4] SMITHELLS, C. J., S. V. WILLIAMS u. J. W. AVERY: J. Inst. Met. **40** (1928) 269.

Kleine Mengen von Verunreinigungen verringern, wie festgestellt worden ist, den Widerstand sowohl gegenüber der Oxydation als auch gegenüber dem Durchhängen. Handelslegierungen zeigten sich gegenüber den besonders für diesen Untersuchungszweck hergestellten Legierungen selbst dann unterlegen, wenn sie die gleiche nominelle Zusammensetzung aufwiesen. Der Widerstand gegenüber der Oxydation scheint durch den Typ des erhaltenen Oxydfilmes bestimmt zu werden.

Smithells[1] hat festgestellt, daß die reine 80/20-Nickel-Chrom-Legierung den meisten Anforderungen gerecht wird, jedoch ist die mit Sicherheit für die Benutzung zulässige Temperatur nicht höher als 900° bis 1050°. Neuerdings ist das Bedürfnis für Legierungen entstanden, die Temperaturen widerstehen können, die 200° bis 300° höher liegen; insbesondere ist das der Fall bei der Benutzung für Heizplatten zum Kochen von Wasser, wobei die Zeit, die zum Sieden eines Kessels erforderlich ist, eine wesentliche Rolle spielt. Auch für gewisse industrielle Zwecke, wie beispielsweise Emaillieröfen, die bei etwa 1300° arbeiten, werden noch widerstandsfähigere Legierungen verlangt. Durch das Zulegieren von Aluminium und Silicium entstehen ternäre Legierungen, die bei höheren Temperaturen als die binären Legierungen verwendet werden können, ohne daß die Herstellungskosten dadurch heraufgesetzt werden. Molybdän führt eine weitere Verbesserung, aber auch einen erhöhten Preis herbei.

Spezielle Untersuchungen über das Widerstandsverhalten von Drähten sind von vielen Autoren durchgeführt worden. Rohn[2] erhitzt den Draht in Form einer Spirale und mißt getrennt erstens das Oxyd, das sich beim Abkühlen, und zweitens das Oxyd, das sich beim Geradeziehen ablöst. Beide Beträge steigen erheblich mit der Temperatur, auf die der Draht erhitzt wird. Lobley und Betts[3] haben eine größere Serie von Kriechversuchen angestellt und finden, daß oberhalb 900° kein Anzeichen für eine Grenze der Kriechfestigkeit zu erkennen ist. Selbst so geringe Belastungen wie etwa 0,04 kg/mm² rufen ein langsames aber deutlich erkennbares Fließen hervor. Dieser Kriechfaktor ist von größter Bedeutung bei der Bestimmung der Lebensdauer der Widerstände für elektrische Öfen.

Für manche Zwecke ist es erforderlich, daß der Widerstand der Drähte nicht mit der Zeit anwächst. Tatsächlich beendet oftmals eine 10%ige Zunahme des ursprünglichen Widerstandes die an sich nützliche Leistung des Drahtes. Bash und Harsch[4] geben an, daß der Widerstand guter Drähte nach einem kleinen anfänglichen Anstieg über ein großes Zeitintervall fast konstant bleibt, wohingegen schlechte Drähte während der ganzen Prüfungszeit einen steten Widerstandsanstieg zeigen.

Der Bruch der Oxydhaut bei intermittierendem Erhitzen ist weitgehend auf kleine Unterschiede im thermischen Ausdehnungskoeffizienten zwischen Metall und Oxyd zurückzuführen. Es ist infolgedessen ratsam, diese möglichst klein zu halten. Fink[5] sowie auch Peters[6] schreiben einen wesentlichen Anteil an

[1] Smithells, C. J.: Met. Ind. London **42** (1933) 71.
[2] Rohn, W.: Korr. Met. 4 (1928) 25; Elektrotechn. Z. **1927** 227, 317.
[3] Lobley, A. G. u. C. L. Betts: J. Inst. Met. 42 (1929) 157.
[4] Bash, F. E. u. J. W. Harsch: Pr. Am. Soc. Test. Mat. **29** II (1929) 506.
[5] Fink, C. G.: Chem. Ind. **9** (1931) 939.
[6] Peters, F. P.: Trans. electrochem. Soc. **68** (1935) 38.

dem besonderen Wert der Nickel-Chrom-Legierungen der geringen Differenz in den Ausdehnungskoeffizienten zu, die für beide Komponenten sehr klein sind. DUNN[1] gibt an, daß die Adhäsion teilweise auf das „Verdübeln" des Oxydes beim Angriff längs der Korngrenze zurückzuführen ist. Untersuchungen mittels der Methode der Elektronenbeugung durch IITAKA und MIYAKE[2] haben zu dem Ergebnis geführt, daß der auf 80/20-Nickel-Chrom-Legierungen gebildete Film aus $NiO \cdot Cr_2O_3$ besteht.

Die Lebensdauer von Nickel-Chrom-Drähten wird naturgemäß durch Schwefelverbindungen in der Atmosphäre herabgesetzt, steigt jedoch mit ihrem Radius. Nach einer japanischen Untersuchung ist die Lebensdauer dem Radius des Drahtes proportional[3].

Die Natur der auf Nickel-Chrom-Legierungen während des ersten Erhitzens gebildeten Oxyde ist auf die spätere Lebensdauer von großem Einfluß. Es ist demgemäß wünschenswert, daß die erste Erhitzung im Werk stattfindet. Das ist oft der Fall, hat aber zur Folge, daß der Draht mit einer etwas stumpfen Oberfläche geliefert wird, wobei jedoch zu beachten ist, daß manche Kunden heutzutage blankes Aussehen mit hoher Qualität identifizieren.

Golddraht wird manchmal in großen Öfen zur Vermeidung von Überhitzungen als Abschmelzsicherung verwendet. Bei 950° bis 1000° leistet er schlechte Dienste. Sein Versagen wird von CAPLAN[4] auf Diffusion an der Berührungsstelle zwischen Gold und Nickel-Chrom zurückgeführt, wodurch eine Legierung mit niedrigem Schmelzpunkt und geringem Oxydationswiderstand entsteht.

C. Quantitative Behandlung.

1. Beziehung zwischen Filmdicke und Zeit.

Grundgleichungen. Die Klassifikation der Metalle durch PILLING und BEDWORTH[5] gemäß dem Charakter ihrer Oxydfilme hängt von dem Wert Md/mD ab, wobei d und D die Dichten des Metalles bzw. des Oxydes, M das Molekulargewicht des Oxydes und m endlich das Gewicht des Metallatomes in der Oxydmolekel bedeuten. Einige Md/mD-Werte sind nach den neuesten verfügbaren Daten umgerechnet und in Tabelle 13 zusammengestellt worden[6]. In gewissen Fällen besteht Zweifel über den genauen Wert, da die Metalle mehrere Oxyde besitzen, von denen einige in mehr als einer krystallinen Form vorkommen. In keinem Fall jedoch ist ein wirklicher Zweifel vorhanden, ob der Md/mD-Wert größer oder kleiner als 1 ist.

Für die leichtesten Metalle wie Natrium, Kalium, Calcium und Magnesium ist Md/mD kleiner als 1, die Oxyde müssen infolgedessen hochgradig porös sein. Diese Metalle „brennen" leicht. Im Falle des Aluminiums und aller

---

[1] DUNN, J. S.: Review of Oxidation and Scaling of Heated Solid Metals (Dept. Sci. Ind. Res.) 1935, S. 78.   [2] IITAKA, I. u. S. MIYAKE: Nature **137** (1936) 457.

[3] HORIOKA, M., K. TAMAMOTO u. K. HONDA: Auszug in J. Inst. Met. **50** (1932) 298.

[4] CAPLAN, M. C.: J. Inst. Met. **57** (1935) 197.

[5] PILLING, N. B. u. R. E. BEDWORTH: J. Inst. Met. **29** (1923) 535.

[6] Die Daten für die Dichten der Metalle und Oxyde sind entnommen aus: Internat. crit. Tables, Bd. 1, 1926, S. 103; sowie LANDOLT-BÖRNSTEIN: Physikalisch-chemische Tabellen, herausgegeben von W. A. ROTH, K. SCHEEL, 5. Aufl., Bd. 1, Berlin 1923, S. 293. Die so erhaltenen Md/mD-Werte weichen in mehreren Fällen von den durch PILLING und BEDWORTH angegebenen ab.

schwereren Metalle ist der Wert größer als 1. Das Oxyd wird infolgedessen verhältnismäßig nicht-porös sein. Dementsprechend brennen diese Metalle nicht im eigentlichen Sinn des Wortes. Für geschmolzene Gemische von Aluminium und Magnesium wird die Oxydation nach DELAVAULT[1] bei etwa derjenigen Zusammensetzung beachtlich, bei der Md/mD kleiner als 1 wird.

Die in Kapitel II für das Filmwachstum angegebenen Gleichungen treten bei der Oxydation bei hohen Temperaturen wiederum auf. In den Fällen, in denen das gebildete Oxyd stark porös ist, wie bei den ultraleichten Metallen,

Tabelle 13.

Metall	Oxyd	Md/mD
Metalle, die hochgradig poröse Oxydfilme bilden:		
Kalium	K_2O	0,41
Natrium	Na_2O	0,57
Calcium	CaO	0,64
Barium	BaO	0,74
Magnesium . . .	MgO	0,79
Metalle, die relativ nicht-poröse Filme bilden:		
Cadmium	CdO	1,21
Aluminium . . .	Al_2O_3	1,24
Blei	PbO	1,29
Zinn	SnO_2	1,34
Zink	ZnO	1,57
Nickel	NiO	1,60
Kupfer	Cu_2O	1,71
Chrom	Cr_2O_3	2,03
Eisen	Fe_2O_3	2,16
Wolfram	Wo_3	3,59

ist die Beziehung zwischen der Filmdicke y und der Zeit t geradlinig gemäß

$$y = kt + A_1 \tag{11}$$

wie für die Oxydation des Calciums in Abb. 17, S. 102 gezeigt worden ist[2]. Die Konstante k ist temperaturabhängig.

In den Fällen, in denen die Oberflächenschicht dicht ist, wie im Falle der meisten schwereren Metalle, ist die Oxydationsgeschwindigkeit umgekehrt proportional der Schichtdicke:

$$dy/dt = K'/y \tag{12a}$$

was zu

$$y^2 = Kt + A_2 \tag{12b}$$

führt, wobei K (oder $2K'$) eine andere temperaturabhängige Konstante bedeutet. Für eine gegebene Temperatur sollte eine gerade Linie erhalten werden, wenn y^2 gegen t aufgetragen wird, was auch für verschiedene Metalle durch PILLING und BEDWORTH[3], für Wolfram[4], Kupfer[5] und *kupferreiche* Messinge[6] durch DUNN (nicht jedoch für Messing mit mehr als 14% Zink), für Eisen durch PORTEVIN, PRÉTÉT und JOLIVET[7] und endlich für Nickel durch VALENSI[8] bestätigt worden ist. Die parabolischen Kurven für Kupfer, die in Abb. 17, S. 102 gegeben worden sind, gehorchen der Gleichung (12). Einige K-Werte für verschiedene Metalle, die durch DUNN und WILKINS[9] zusammengestellt worden sind, werden in Tabelle 14 wiedergegeben.

[1] DELAVAULT, R.: Bl. Soc. chim. [5] 1 (1934) 419.
[2] PILLING, N. B. u. R. E. BEDWORTH: J. Inst. Met. 29 (1923) 577.
[3] PILLING, N. B. u. R. E. BEDWORTH: J. Inst. Met. 29 (1923) 562.
[4] DUNN, J. S.: J. chem. Soc. 1929, 1149.
[5] DUNN, J. S.: Pr. Roy. Soc. A 111 (1926) 212.
[6] DUNN, J. S.: J. Inst. Met. 46 (1931) 29.
[7] PORTEVIN, A., E. PRÉTÉT u. H. JOLIVET: Rev. Mét. 31 (1934) 219.
[8] VALENSI, G.: C. r. 201 (1935) 523.
[9] DUNN, J. S. u. F. J. WILKINS: Review of Oxidation and Scaling of Heated Solid Metals (Dept. Sci. Ind. Res.) 1935, S. 79.

Nach TAMMANN[1] folgt die metallische Oxydation in vielen Fällen der Gleichung

$$t = a\,e^{by} - b$$

wobei a und b Konstante sind. DUNN findet jedoch, daß die TAMMANNschen Angaben, die durch Beobachtungen der Oberflächenfarben erhalten worden sind, unter der Voraussetzung in Übereinstimmung mit Gleichung (12) sind, daß Phasenänderungen des Lichtes, die die Reflexion begleiten, erlaubt sind.

Tabelle 14. Geschwindigkeitskonstanten der Oxydation w^2/t, wobei w die Gewichtszunahme in g/cm^2 und t die Zeit in Stunden bedeuten.

Korrodiertes Metall	Angreifendes Agens	Temperatur			
		700°	800°	900°	1000°
Kupfer	Sauerstoff	$5,86 \cdot 10^{-6}$	$3,14 \cdot 10^{-5}$	$1,27 \cdot 10^{-4}$	$6,02 \cdot 10^{-4}$
Kupfer	Luft	$2,68 \cdot 10^{-6}$	$2,70 \cdot 10^{-5}$	$1,10 \cdot 10^{-4}$	$4,60 \cdot 10^{-4}$
Elektrolyt-Nickel . .	Sauerstoff	—	$0,093 \cdot 10^{-6}$	$0,76 \cdot 10^{-6}$	$3,4 \cdot 10^{-6}$
Nickel (Grad A) . .	Sauerstoff	—	—	$1,9 \cdot 10^{-6}$	$6,8 \cdot 10^{-6}$
Kobalt	Luft	$5,8 \cdot 10^{-7}$	$3,3 \cdot 10^{-6}$	$2,2 \cdot 10^{-5}$	$7,4 \cdot 10^{-5}$
Wolfram	Luft	$1,61 \cdot 10^{-5}$	$16,6 \cdot 10^{-5}$	$17,9 \cdot 10^{-5}$	—
Wolfram (2. Probe) .	Luft	—	$22,5 \cdot 10^{-5}$	$13,4 \cdot 10^{-5}$	$461 \cdot 10^{-5}$
Messing (95% Zn) . .	Luft	—	$2,8 \cdot 10^{-5}$	—	—
Messing (90% Zn) . .	Luft	—	$1,69 \cdot 10^{-5}$	—	—

Gültigkeitsgrenzen der Grundgleichungen. Aus Gründen, die auf S. 92 auseinandergesetzt worden sind, wird die Integrationskonstante A_2 der Gleichung (12) nicht notwendig Null sein, wenngleich sie praktisch häufig klein gefunden wird. Im allgemeinen wird y^2/t nur dann konstant sein, wenn die Dicke einen hinreichend hohen Wert erreicht hat. FEITKNECHT[2], der eine sorgfältige Untersuchung über die Oxydation des Kupfers bei Temperaturen zwischen 850° und 1020° ausgeführt hat, hat festgestellt, das y^2/t in den Frühstadien der Oxydation von einer Konstanz erheblich entfernt ist. Er hat nachgewiesen, daß die Krystallkörner in den Kupfer(I)-oxydfilmen mit fortschreitender Erhitzungsdauer länger und weniger werden; er nimmt an, daß die Sauerstoffdiffusion teilweise durch die Krystallkörner, jedoch rascher längs der Korngrenzen, erfolgt. Trifft diese Annahme zu, so wird das fortschreitende Filmwachstum die Durchlässigkeit des Filmes herabsetzen und auch die mangelnde Konstanz von y^2/t verständlich erscheinen lassen. Wahrscheinlich liegt der Hauptgrund für diese scheinbare Diskrepanz jedoch darin, daß A_2 nicht Null ist. Nach WILKINS[3] wird Gleichung (12) erfüllt, wenn für A_2 ein endlicher Wert eingesetzt wird. Es gibt verschiedene Gründe, warum A_2 nicht Null sein darf; einer davon ist der, daß zu Beginn des Versuches ($t = 0$) bereits ein Oxydfilm vorhanden ist. Die Tatsache, daß Gleichung (12) unter Bedingungen erfüllt wird, unter denen das Kornwachstum im Oxydfilm fortschreitet, führt DUNN und WILKINS[4] zu der Ansicht, daß die Diffusion bei hohen Temperaturen durch das Gitter selbst und *nicht* längs der Korngrenze erfolgt.

[1] TAMMANN, G. u. W. KÖSTER: Z. anorg. Ch. **123** (1922) 196. — TAMMANN, G. u. E. SCHRÖDER: Z. anorg. Ch. **128** (1923) 179. — TAMMANN, G. u. G. SIEBEL: Z. anorg. Ch. **148** (1925) 297.   [2] FEITKNECHT, W.: Z. Elektroch. **35** (1929) 142, **36** (1930) 16.

[3] WILKINS, F. J.: Z. Elektroch. **35** (1929) 500.

[4] DUNN, J. S. u. F. J. WILKINS: Review of Oxidation and Scaling of Heated Solid Metals (Dept. Sci. Ind. Res.) 1935, S. 69.

In den Frühstadien der Oxydation kann die Frage der krystallographischen Orientierung des Metalles nicht vernachlässigt werden. TAMMANN[1] hat kleine Kupferkrystalle auf 260° erhitzt und die Zeit bestimmt, die bis zum Auftreten der Interferenzfarben erforderlich ist. Dabei konnte er feststellen, daß die Würfelfläche 60 min bis zum Erreichen der blauen Farbe 1. Ordnung gebrauchte, daß die Oktaederfläche die gleiche Farbe bereits in 2,9 min anzeigte und daß die Dodekaederfläche diese Farbe noch schneller annahm. Wird eine Metallprobe von Kupfer oder Messing erwärmt, so nehmen in ähnlicher Weise die verschieden orientierten Krystallkörner die Farben mit verschiedener Geschwindigkeit an (es besteht sogar ein markanter Unterschied zwischen den beiden Teilen eines verzwillingten Kornes). Derartige Fälle sind von DUNN u. a. beschrieben worden. Dieses Verhalten mag darauf hinweisen, daß chemische Gesichtspunkte in den Frühstadien des Wachstums von Bedeutung sind, wenngleich es nicht unwahrscheinlich ist, daß sich der Wert der Diffusionskonstante für Filme, die auf verschieden orientierten Krystallflächen aufwachsen, ändert.

Es ist unwahrscheinlich, daß die Gleichung (12) erfüllt wird, wenn für den Film die Möglichkeit einer Schrumpfung infolge Ausbildung auf einem flüssigen Metall besteht. Hier kann einer der Gründe für die anormalen Ergebnisse liegen, die BIRCUMSHAW und PRESTON[2] bei flüssigem Zinn erhalten haben, wenngleich dieser ganze Vorgang an sich sehr verwickelt ist. Sicherlich wird die Gleichung nicht erfüllt, wenn der Film rissig ist. Es ist klar, daß die gebrochene Kurve in Abb. 18, S. 102 nicht durch eine einzige Gleichung dargestellt werden kann. Gleichfalls wird die Gleichung nicht erfüllt werden, wenn der Film ein Element enthält, dessen Oxyd, sei es durch Sintern oder durch krystallographische Veränderungen, in eine weniger durchlässige Form übergeführt wird. Das kann ein wichtiger Faktor hinsichtlich der Abweichung von der theoretischen Form der Kurve sein, die für die Chrom und Aluminium enthaltenden Legierungen gewonnen wurde. Im Falle der besten Nickel-Chrom-Widerstandsdrähte scheint die Oxydation schließlich fast zu einem Abschluß zu kommen. PORTEVIN[3] und seine Mitarbeiter haben festgestellt, daß eine Abweichung von der Gleichung (12) eintritt, wenn der Chromgehalt der Eisenlegierungen 6% übersteigt, daß jedoch unlegiertes Eisen und Eisen mit geringem Chromgehalt der Gleichung (12) gehorchen. Für die nicht die Gleichung befolgenden Legierungen kann man annehmen, daß die Oxydation zuerst langsam und schwankend erfolgt, daß sie jedoch nach einer relativ kurzen Zeitspanne wesentlich rascher und einheitlicher wird. Über den Fall, daß der Angriff örtlich beginnt (z. B. an schwachen Stellen in dem bereits vorhandenen Film) und sich dann seitwärts ausbreitet, wird noch zu sprechen sein.

Wie auf S. 97 ausgeführt worden ist, erfüllt Zink bei niedrigen Temperaturen die Gleichung (12) nicht. BANGHAM und STAFFORD[4] haben die Oxydation von Zink bei Temperaturen, die zur Ausbildung von Interferenzfarben führen, durch die empirische Gleichung

$$dy/dt = kt^{-(1-a)}$$

ausgedrückt, in der k und a Konstante sind.

---

[1] TAMMANN, G.: J. Inst. Met. **44** (1930) 39.
[2] BIRCUMSHAW, L. L. u. G. D. PRESTON: Phil. Mag. [7] **21** (1936) 686.
[3] PORTEVIN, A., E. PRÉTÉT u. H. JOLIVET: Rev. Mét. **31** (1934) 224.
[4] BANGHAM, D. H. u. J. STAFFORD: Nature **115** (1925) 83.

Selbst bei Abwesenheit derartiger Komplikationen bedarf die Ansicht von
PILLING und BEDWORTH, wonach Gleichung (12a) durch Metalle, die relativ
nichtporöse Filme bilden, erfüllt wird, einer gewissen Prüfung. Diese Ansicht
ist auf die Tatsache gegründet, daß die Diffusion durch den Film, die ihrerseits
die Wachstumsgeschwindigkeit des Filmes bestimmt, proportional der Differenz
zwischen der Konzentration des Sauerstoffes an der inneren und an der äußeren
Oberfläche und umgekehrt proportional der Dicke ist, eine Annahme, die durch
ihre Analogie zu den bestehenden Gesetzen über den Wärmedurchgang durch
eine unendliche Platte[1] gerechtfertigt erscheint. Es ist

$$dy/dt = K\,\frac{C_0 - C'}{y}$$

wobei C_0 und C' die Sauerstoffkonzentration an der äußeren bzw. an der inneren
Oberfläche und K eine temperaturabhängige Konstante darstellen. Betrachten
wir nun den besonderen Fall, in dem

1) C_0 auf einem bestimmten Wert gehalten wird und

2) C' *entweder* auf einem bestimmten Wert *oder* auf einem solchen gehalten
wird, der klein im Vergleich zu C_0 ist. *Dann und nur dann* erhält man die
Gleichung (12a)

$$dy/dt = K/y$$

Im allgemeinen werden die beiden notwendigen Bedingungen dann erfüllt
sein, wenn

a) der *Druck hoch genug* ist, um die äußere Oberfläche völlig mit einer adsorbierten Schicht von Sauerstoff auf der Oberfläche bedeckt zu halten, die die
Konzentration dicht unterhalb der Oberfläche auf einen bestimmten Wert festlegen wird, und

b) wenn der *Film dick genug* ist, um Sauerstoff oder Metall so langsam
durchzulassen, daß die betreffende Substanz im Augenblick des Eintreffens
aufgenommen wird, und wenn jede Oberfläche des Filmes im wesentlichen im
Gleichgewicht mit der benachbarten Phase ist.

Es ist daher zu erwarten, daß Gleichung (12) für *ziemlich hohe Drucke* und
ziemlich dicke Filme, aber *nicht* für sehr dünne Filme oder sehr niedrige Drucke
erfüllt wird. Das ist auch der Fall. Der Fall der *sehr dünnen Filme* sollte, wie
bereits auf S. 93 ausgeführt worden ist, durch die allgemeinere Gleichung (10)

$$dy/dt = \frac{K_D K_C}{K_D + K_C\,y}\,C_0$$

oder

$$\frac{y^2}{K_D} + \frac{2y}{K_C} = 2C_0 t + A'$$

erfüllt werden. Es ist interessant festzustellen, daß FISCHBECK[2] eine derartige
Gleichung für den Angriff von Wasserdampf auf Eisen gefunden hat. Für die

---

[1] Diejenigen, die eine mathematische Behandlung dieser Fragen wünschen, seien auf
folgende Arbeiten hingewiesen: K. HEINDLHOFER u. B. M. LARSEN: Trans. Am. Soc. Steal
Treating **21** (1933) 865. Vgl. auch A. BRAMLEY: Carnegie Schol. Mem. **15** (1926) 155. —
J. S. DUNN: Pr. Roy. Soc. A **111** (1926) 210.

[2] FISCHBECK, K.: Z. Elektroch. **40** (1934) 522. FISCHBECK nimmt als allgemeinen
Ausdruck für den stationären Durchgang durch einen Film den Wert $K\Delta c/(W_D + W_1 + W_2)$
an, wobei K eine Konstante, Δc der Konzentrationsunterschied, W_D der der Diffusion
entgegenwirkende Widerstand, W_1 bzw. W_2 die auf den Reaktionen an den beiden Phasen-
grenzen beruhenden Widerstände bedeuten.

Einwirkung von Kohlendioxyd ist die Gleichung nicht erfüllt[1], was jedoch nicht überraschend ist, wenn die Vorstellung sekundärer Reaktionen, über die bereits S. 109 berichtet wurde, zugelassen wird.

Zu besprechen bleibt noch der Fall der geringen Drucke.

Oxydation bei geringen Drucken. WILKINS und RIDEAL[2] haben festgestellt, daß Gleichung (12) ihre Gültigkeit für die Oxydation des Kupfers unterhalb eines gewissen *Grenzdruckes* verliert, der von der Oberflächenbeschaffenheit des Kupfers abhängig ist. Durch *Aktivierung* der Oberfläche gelang es, den Grenzdruck auf das Dreizehnfache seines ursprünglichen Wertes heraufzusetzen, jedoch wurde festgestellt, daß er infolge Sinterns der Probe wieder absank. WILKINS nimmt an, daß die Korngrenzen der äußeren Oberfläche der Kupfer(I)-oxydschicht bei dem Grenzdruck mit adsorbiertem Sauerstoff gerade eben gesättigt sind[3]. Er ist der Ansicht, daß der Betrag der Sättigung für einen bestimmten Gasdruck von der Geschwindigkeit abhängig ist, mit der der Sauerstoff von der Oberfläche entfernt wird, sei es durch Verdampfung in die Gasphase hinein oder aber infolge Diffusion in den Oxydfilm hinein, längs der Korngrenze. Bei einer bestimmten Temperatur hängt die Diffusion nach innen hinein von der Ausdehnung der Korngrenzen ab. Aktivierung erhöht die Ausdehnung dieser Grenzen und gestattet infolgedessen auch die Erklärung des Anwachsens des Grenzdruckes mit der Aktivierung.

Es ist einleuchtend, daß die Sauerstoffkonzentration in der Gasphase oberhalb des Grenzdruckes auf die Geschwindigkeit des durch den Film hindurchgehenden Sauerstoffes von geringem Einfluß ist, da die äußere Oberfläche mit adsorbiertem Sauerstoff niemals mehr als gesättigt sein kann. Infolgedessen wird die Oxydationsgeschwindigkeit mit dem Sauerstoffdruck bis zu dem Grenzdruck ansteigen, jedoch oberhalb dieses Wertes nahezu unabhängig vom Druck bleiben. PILLING und BEDWORTH haben festgestellt, daß die Oxydationsgeschwindigkeit des Kupfers mit dem Druck rasch, bis zu einem Druckwert von 0,3 mm, ansteigt. Oberhalb dieses Wertes wächst sie jedoch nur langsam. Die Gegenwart eines dünnen Oberflächenfilmes von Kupfer(II)-oxyd erwies sich von keinerlei Einfluß auf diesen Vorgang. Bei 800° tritt diese Kupfer(II)-schicht dann auf, wenn der Sauerstoffdruck 2,55 mm übersteigt. Sie scheint jedoch den Kurvenverlauf zwischen dem Sauerstoffdruck und der Oxydationsgeschwindigkeit nicht zu beeinflussen.

Die parabolische Gleichung (12) ist, zumindest in gewissem Umfange, wahrscheinlich ungültig in Legierungssystemen, in denen eine Wechselwirkung zwischen dem Oxydfilm und einer der Konstituenten der metallischen Phase stattfindet. Für den Fall des Messings hat DUNN[4] völlige Übereinstimmung mit der Gleichung festgestellt, sofern Kupfer(I)-oxyd in der Schicht vorherrscht; gute Übereinstimmung ergibt sich bei Vorherrschen von Zinkoxyd, völliges Versagen dagegen bei den dazwischen liegenden Zusammensetzungen. PILLING und BEDWORTH[5]

---

[1] FISCHBECK, K.: Private Mitteilung vom 15. Oktober 1934.

[2] WILKINS, F. J. u. E. K. RIDEAL: Pr. Roy. Soc. A **128** (1930) 394, 407. — WILKINS, F. J.: J. chem. Soc. **1931**, 330; Phil. Mag. [7] 11 (1931) 422.

[3] Das führt zu der Frage nach der Bedeutung der Adsorptionsisotherme. Es sei hierbei auf eine neuere Arbeit von K. FISCHBECK, H. MAAS u. H. MEISENHEIMER [Z. phys. Ch. A **171** (1935) 385] hingewiesen.

[4] DUNN, J. S.: J. Inst. Met. **46** (1931) 28.

[5] PILLING, N. B. u. R. E. BEDWORTH: Ind. eng. Chem. **17** (1925) 372.

haben festgestellt, daß Nickel-Kupfer-Legierungen mit 30 bis 80% Nickel im Gegensatz zu reinem Nickel der Gleichung nicht gehorchen; es ist ungewiß, ob der Grund hierfür der gleiche ist.

Beeinflussung der Geschwindigkeitskonstante. Ausgehend von der Annahme, daß die Diffusionsprozesse beim Filmwachstum nicht von der Bewegung der ungeladenen Atome, sondern vielmehr von der der Kationen, Elektronen und Anionen (hauptsächlich von der der beiden erstgenannten), abhängig sind, zeigt WAGNER[1], daß die Geschwindigkeitskonstante K'' durch die Gleichung

$$K'' = (n_1 + n_2)\, n_3\, \varkappa E/F$$

gegeben sein sollte, in der n_1, n_2 und n_3 die Überführungszahlen des Kations, Anions bzw. Elektrons, $\varkappa$ die elektrische Leitfähigkeit, E die EK des Elementes Metall/Sauerstoff und F die FARADAYsche Zahl bedeuten. Die Geschwindigkeitskonstante K'' ist durch die besondere Form der Gleichung (12)

$$dW/dt = A\,K''/y \tag{12c}$$

definiert, in der W das zur Zeit t erzeugte Gewicht und A die Fläche bedeuten. Unter Benutzung der TREADWELLschen[2] Bestimmung der EK des Elementes

$$O_2(Ag)\,/Borax/\,Cu_2O/Cu$$

und seiner eigenen Messungen des elektrischen Widerstandes und der Überführungszahlen berechnet er für Kupfer und Sauerstoff bei einer Temperatur von 1000° und einem Sauerstoffdruck von 100 mm $K'' = 6 \cdot 10^{-9}$ cm^{-1} sec^{-1}, in vernünftiger Übereinstimmung mit dem experimentellen Wert $K'' = 7 \cdot 10^{-9}$ cm^{-1} sec^{-1} von FEITKNECHT (s. S. 128).

2. Einfluß der Temperatur auf die Oxydation.

Logarithmische Beziehung. Sehr bemerkenswert ist die rasche Änderung der Oxydationsgeschwindigkeit mit der Temperatur. In manchen Fällen hat sich die Beziehung zwischen $\log K$ und $1/T$ als geradlinig erwiesen. So für den Fall des Kupfers, Messings und Nickels nach DUNN[3], für das Eisen nach PORTEVIN[4] und seinen Mitarbeitern. Im letzten Fall werden zwei Kurven erhalten, die sich bei etwa 930° schneiden, was offenbar auf die $\alpha \rightleftharpoons \gamma$-Umwandlung zurückzuführen ist. Einen Knick bei diesem Umwandlungspunkt konnte auch FISCHBECK[5] beobachten. Anomalien sind bei einem niedrig gekohlten Stahl zwischen 982° und 1092° durch SIEBERT und UPTHEGROVE[6] festgestellt worden, wobei der Temperaturkoeffizient negativ wurde; diese Anomalien sind wahrscheinlich mit Blasenbildung verknüpft.

Eine Erklärung für die lineare Beziehung zwischen $\log K$ und $1/T$ ist in folgendem zu sehen: Die Geschwindigkeit derartiger Prozesse wird im wesentlichen durch die Wahrscheinlichkeit bestimmt, daß eine Molekel eine Energie

---

[1] WAGNER, C.: Z. phys. Ch. B **21** (1933) 25.

[2] TREADWELL, W. D.: Z. Elektroch. **22** (1918) 414.

[3] DUNN, J. S.: Pr. Roy. Soc. A **111** (1926) 203; J. Inst. Met. **46** (1931) 37.

[4] PORTEVIN, A., E. PRÉTÉT u. H. JOLIVET: Rev. Mét. **31** (1934) 221.

[5] FISCHBECK, K., K. NEUNDEUBEL u. F. SALZER: Z. Elektroch. **40** (1934) 519. Bei Mangan ist eine Diskontinuität — weniger scharf als beim Eisen — gleichfalls beim Umwandlungspunkt von etwa 650° gefunden worden. Siehe auch K. FISCHBECK: Metallwirtschaft **14** (1935) 757.

[6] SIEBERT, C. A. u. C. UPTHEGROVE: Trans. Am. Soc. Metals **23** (1935) 187.

besitzt, die größer als die kritische Energie E_0 und zugleich hinreichend ist, um sie von einer Stelle niedriger potentieller Energie zu derjenigen nächsthöherer Energie zu befördern, anstatt einer bloßen Schwingung um ihre ursprüngliche Gleichgewichtslage. Der Bruchteil der Moleküle, der diese Überschußenergie besitzt, ist durch $e^{-E_0/RT}$ gegeben, was die Geradlinigkeit der Beziehung zwischen $\log K$ und $1/T$ erklärt. Hinsichtlich Einzelheiten über den Mechanismus des Energietransportes sei auf LENNARD-JONES[1] verwiesen. Einen nützlichen Überblick gibt RIDEAL[2].

Die Temperatur, bei der die Diffusion wichtig wird, kann oberhalb oder unterhalb Raumtemperatur liegen, was von großem praktischen Interesse ist. Kupfer, das kalter, schwefelwasserstoffhaltiger Luft ausgesetzt wird, nimmt Interferenzfarben an, die auf Kupfer(I)-sulfid beruhen. Nach kurzer Zeit kommt es zur Ausbildung dickerer Filme von Kupfersulfid; diese können sich unter gewissen Bedingungen ablösen und so frisches Kupfer dem Angriff aussetzen. Kupfer, das reiner Luft oder aber Sauerstoff ausgesetzt ist, zeigt einfach deshalb während vieler Wochen keinen äußeren Angriff, weil der unsichtbare Oxydfilm bei dieser Temperatur praktisch für Diffusion undurchlässig ist. Wird Kupfer jedoch trockener reiner Luft bei erhöhten Temperaturen ausgesetzt, so zeigt es die gleiche Farbfolge; schließlich bilden sich dicke Oxydschichten. Unter günstigen Umständen ist die Kurvenform, die für die Beziehung zwischen Filmdicke und Zeit erhalten wird, für beide Filmtypen die gleiche. Es ist Brauch, den Oxydfilm als schützend, den Sulfidfilm dagegen als nichtschützend zu bezeichnen. Möglicherweise besteht der wirkliche Unterschied jedoch darin, daß die Temperatur, bei der die Diffusion wichtig wird, in dem einen Fall wenig oberhalb, im anderen dagegen wenig unterhalb der Raumtemperatur liegt.

Mechanismus des Transportes. Es wird heutzutage noch weitgehend angenommen, daß der größte Teil des Gastransportes durch krystalline Festkörper bei relativ niedrigen Temperaturen nicht so sehr durch das Gitter selbst als vielmehr durch Poren oder intergranulare Risse erfolgt. Bei hohen Temperaturen ist eine natürliche Gitterdiffusion fast sicher möglich[3]. Es besteht jedoch noch einige Meinungsverschiedenheit über den wirklichen Mechanismus, nach dem Sauerstoff oder Metall nach innen oder nach außen durch die Oxydschicht hindurchgeht, und es darf vielleicht bezweifelt werden, daß der scharfe Unterschied, den einzelne Autoren zwischen Gitterdiffusion und Diffusion durch Risse machen, wirklich gerechtfertigt ist. Überdies sind so viele Annahmen, die heutzutage von den Physikochemikern bevorzugt werden, auf Arbeiten gegründet, die an Substanzen, wie Kohlenstoff oder aber Quarz, durchgeführt worden sind, die sehr verschieden von Metalloxydfilmen sind. Neuere Untersuchungen über die Diffusion von Gasen durch Quarz verdienen jedoch Beachtung, da sie zeigen, daß verschiedene Arten des Transportes selbst in Fällen möglich sind, in denen kein Angriff auf Metall erfolgt. BARRER[4] hat den Schluß gezogen, daß Helium, Wasserstoff und Neon bei hohen Temperaturen durch das Gitter

---

[1] LENNARD-JONES, J. E.: Trans. Faraday Soc. 28 (1932) 333.

[2] RIDEAL, E. K.: J. Inst. Met. 54 (1934) 287.

[3] DUNN, J. S.: Pr. Roy. Soc. A 111 (1926) 207; s. auch O. v. AUWERS [Naturw. 19 (1931) 133], der aus dem elektrischen Widerstand, der Transparenz und dem thermischen Ausdehnungskoeffizienten schließt, daß der überschüssige Sauerstoff in das Kupfer(I)-oxydgitter aufgenommen wird. [4] BARRER, R. M.: J. chem. Soc. 1934, 378.

des Quarzes hindurchgehen, während schwerere Gase, wie Sauerstoff, Stickstoff und Argon, längs Gleitlinien wandern. Bei niedrigen Temperaturen erfolgt der Eintritt von Helium, Wasserstoff und Neon auf dem Wege über die Gleitebenendiffusion. BARRER nimmt an, daß die Einwanderung aus der adsorbierten Schicht und nicht primär aus der Gasphase erfolgt. ALTY[1] andererseits ist der Ansicht, daß Helium und Neon im Falle des Quarzes längs enger Risse als adsorbierte Atome diffundieren und daß die Gasatome in die Risse direkt aus der Gasphase und nicht aus einer an der Quarzoberfläche adsorbierten Gasschicht eintreten.

Viertes Kapitel.

Atmosphärische Korrosion und Anlauffarben bei gewöhnlicher Temperatur.

A. Wissenschaftliche Grundlagen.

1. Anlauffarben.

Einwirkung von Schwefelwasserstoff auf Kupfer und Silber. Wie bereits ausgeführt, bewirkt Luft, die Spuren von Schwefelwasserstoff enthält, bei gewöhnlicher Temperatur auf Kupfer die Ausbildung der gleichen Ordnungen von Interferenzfarben, die in reiner Luft bei Temperaturen zwischen 100° und 400° auftreten. Die Temperatur, bei der die Diffusion durch eine Kupfer(I)-oxydschicht wesentlich wird, liegt etwas oberhalb Raumtemperatur (vielleicht bei etwa 70°), während die entsprechende Temperatur für Sulfidfilme unterhalb Raumtemperatur liegt. Offenbar ist jedoch nur eine kleine Sulfidmenge in einem Film erforderlich, um ihn bei gewöhnlicher Temperatur durchlässig zu machen. VERNON[2] hat gezeigt, daß sich Kupfer, das der Luft ausgesetzt wird, die geringe Mengen von Schwefelverbindungen enthält, mit einem sichtbaren Film bedeckt, der anscheinend im wesentlichen aus Oxyd besteht, aber eine geringe Sulfidmenge enthält[3]. Ist überdies Kupfer erst einmal durch schwefelwasserstoffhaltige Luft angefärbt worden, so wird es seine Farbe weiterhin ändern, wenn es anschließend praktisch reiner Luft ausgesetzt wird, wobei sich die Änderungen im Sinne einer Filmverdickung auswirken. In der Tat ist es schwierig, Ausstellungsproben von Kupfer, die durch Schwefelwasserstoff angefärbt worden sind, aufzubewahren, da die Farbe einem weiteren Wechsel selbst dann unterworfen ist, wenn die Proben im Exsiccator aufbewahrt werden. Möglicherweise wirkt Sauerstoff auf den Sulfidfilm ein und führt ihn in Oxyd über, das als Sekundärprodukt durchlässiger als Oxyd ist, das durch direkte Vereinigung von Sauerstoff mit dem Metall gebildet wird. Der so freigewordene Schwefel kann dann weiteres metallisches Kupfer in Sulfid überführen, so daß

---

[1] ALTY, T.: Phil. Mag. [7] **15** (1933) 1035.

[2] VERNON, W. H. J.: Trans. Faraday Soc. **23** (1927) 117—135; J. chem. Soc. **1926** 2273.

[3] K. FISCHBECK: [Z. Elektroch. **39** (1933) 328, **40** (1934) 521] findet weniger Kupfer im Film als der Formel des Kupfer(I)-sulfides entspricht und schließt daraus, daß das Kupfer und nicht der Schwefel durch den Film wandert. Das würde mit den von PFEIL vorgetragenen Ansichten über die Oxydation des Eisens übereinstimmen und regt zu einer anderen Erklärung der VERNONschen Beobachtungen an.

der Film in reiner Luft bei gewöhnlicher Temperatur weiterhin dicker wird[1]. Während aber eine vorherlaufende Behandlung durch Schwefelwasserstoff das Kupfer für den ersten Anlaufeffekt durch praktisch reine Luft besonders *empfänglich* macht, wirkt eine entsprechende Behandlung an reiner Luft im Sinne der Schaffung eines *Widerstandes* gegen diesen Anlaufeffekt bei nachfolgender Behandlung in verunreinigter Luft, wie auf S. 3 ausgeführt wird.

Die Fähigkeit gewöhnlicher Luft, Silber und Kupfer zum Anlaufen zu bringen, ist wahrscheinlich auf Spuren von Schwefelwasserstoff zurückzuführen[2]. VERNON[3] hat festgestellt, daß der Luft ihre Fähigkeit zur Hervorbringung von Anlaufserscheinungen dadurch genommen werden kann, daß sie durch granuliertes Silber hindurchgeleitet wird. Überschuß an Wasserdampf scheint die Anlaufgeschwindigkeit herabzusetzen, während das Anlaufen durch eine Entfernung des Wasserdampfes mittels Phosphorpentoxyd völlig verhütet werden kann. Beobachtungen, die in Cambridge[4] gemacht worden sind, haben ergeben, daß die Gegenwart von Wasser in Form eines dünnen, unsichtbaren Filmes auf dem Metall das Anlaufen von Kupfer *begünstigt*, sofern Schwefelwasserstoff in *großen Mengen* vorhanden ist, was wahrscheinlich darauf beruht, daß der Sulfidfilm dadurch in einen weniger schützenden Zustand übergeführt wird. Ist dagegen die Schwefelwasserstoffkonzentration in der Luft *sehr gering*, so *hemmt* ein Feuchtigkeitsfilm das Anlaufen, wahrscheinlich weil dadurch die Geschwindigkeit herabgesetzt wird, mit der der Schwefelwasserstoff das Metall erreichen kann.

In einigen der von VERNON an Kupferproben durchgeführten Versuche, bei denen das Metall einer Atmosphäre ausgesetzt wurde, die den Anlaufeffekt hervorruft, beginnt die Ausbildung der Interferenzfarben an den Kanten und breitet sich von dort aus über die Fläche aus, eine Erscheinung, die auch von LUCE[5] beobachtet worden ist. Versuche, die in Cambridge in geschlossenen Gefäßen durchgeführt worden sind, haben zu der Feststellung geführt, daß dieses Auftreten von Farbbändern mit den höheren Farbordnungen an den Kanten und den niedrigeren Ordnungen in der Nähe der Mittelzone der Probe an sehr kleine Schwefelwasserstoffkonzentrationen geknüpft ist. In derartigen Fällen wird der Anlaufvorgang durch die Geschwindigkeit der Schwefelwasserstoffzufuhr zu der Außenseite des Filmes geregelt. An den Kanten wird die Ergänzung des Schwefelwasserstoffes rascher als an anderen Stellen erfolgen[6]. In Gefäßen,

---

[1] Weitere Erklärungsversuche sind hier möglich. Wenn die Sulfidfilme eine weniger dichte Struktur als normale Oxydfilme besitzen, so ist es möglich, daß sich jene auch im später gebildeten Oxyd fortsetzt, sofern erst einmal die weniger dichte Struktur mit primär gebildetem Sulfid aufgetreten ist.

[2] Schwefelwasserstoff greift Silber nur in Gegenwart von Feuchtigkeit und Sauerstoff an [LILIENFELD, S. u. C. E. WHITE: J. Am. Soc. **52** (1930) 885]. Schwefel greift Silber in Abwesenheit von Sauerstoff an, jedoch ist Feuchtigkeit erforderlich (SMITH, J. W.: J. chem. Soc. **1931**, 860). Viele Gebrauchsgegenstände, die Schwefel enthalten, schwärzen Silber, beispielsweise Radiergummi.

[3] VERNON, W. H. J.: Trans. Faraday Soc. **19** (1923) 896.

[4] EVANS, U. R.: Trans. electrochem. Soc. **46** (1924) 269.

[5] LUCE, L. R.: Ann. Physique [5] **11** (1929) 198.

[6] Wenn der „verfügbare" Schwefelwasserstoff definiert wird als die in der Entfernung x von der Oberfläche vorkommende Menge, so ist der Betrag an verfügbarem Schwefelwasserstoff je Flächeneinheit auf einer konvexen Oberfläche vom Krümmungsradius R gleich dem $\left(1 + \dfrac{x}{R} + \dfrac{x^2}{3R^2}\right)$-fachen einer ebenen Oberfläche.

die große Mengen an Schwefelwasserstoff enthalten, in denen es also nicht zu örtlichen Erschöpfungen an dieser Substanz kommen kann, wird das Kupfer gleichmäßig über die ganze Oberfläche hin angefärbt.

2. Korrosion durch kondensierte Feuchtigkeit oder kleine Tropfen.

Wesen der Kondensation. In Abwesenheit von Sulfid oder anderen Verunreinigungen kann durch Wasser, das sich auf der Oberfläche des Metalles kondensiert, in gewissen Fällen ein Angriff hervorgerufen werden. Derartige Kondensationen können je nach dem Charakter der metallischen Oberfläche verschiedene Formen annehmen. Betrachten wir zuerst eine *glatte, spiegelähnliche* Oberfläche, die wasserdampfhaltiger Luft ausgesetzt wird. Zweifellos wird auf dieser Oberfläche ein Film von adsorbierten Wassermolekeln vorhanden sein, der jedoch bei hohen Temperaturen unsichtbar sein wird. Wird die Oberfläche allmählich abgekühlt, so wird keine sichtbare Änderung eintreten, bis zu einer bestimmten Temperatur (dem *Taupunkt*), bei der *plötzlich* kleine Tröpfchen von Wasser auf der blanken Oberfläche erscheinen werden[1]. Auf einer *rauhen* Oberfläche beginnt die Fähigkeit zur Kondensation in Vertiefungen und Rissen jedoch bei Temperaturen, die erheblich über dem Taupunkt liegen, wodurch Schichten entstehen, die wahrscheinlich mehrere Molekeln stark sind. An derartigen Oberflächen liegt ein *allmählicher* Übergang von scheinbarer „Trockenheit" durch sichtbaren „Dunst" zu deutlicher „Feuchtigkeit" vor, was das Vorhandensein einer relativ erheblichen Wasserschicht auf der gesamten Oberfläche voraussetzt.

Während der in trockener Luft auf Metallen erzeugte Oxydfilm bald sein eigenes Wachstum hemmt, so daß während vieler Wochen keine sichtbare Veränderung zu erkennen ist, kann die Sachlage durch die Gegenwart eines Feuchtigkeitsfilmes eine Änderung erfahren. Bei feuchtem Metall eröffnet sich für das feste Oxyd (oder hydratisierte Oxyd) die Bildungsmöglichkeit nicht an der Grenze Metall/Wasser, sondern an der Grenze Metall/Luft, wo es natürlich weniger Schutz ausübt. Trotzdem ist die Korrosion durch geringe Mengen kondensierter Feuchtigkeit auf den meisten Metallen kaum nennenswert. Eine Ausnahme bildet Eisen, und selbst hier erfolgt das Rosten sehr langsam und kann manchmal vernachlässigt werden, vorausgesetzt, daß die Luft frei von Verunreinigungen ist und daß die Tröpfchen der kondensierten Feuchtigkeit klein sind.

Kondensiert oder sammelt sich reines Wasser auf Eisen in vergleichsweise großen Tropfen, so bildet sich sehr schnell eine erhebliche Rostmenge in einigen von ihnen aus. Andere Tropfen bleiben jedoch frei von Rost, und unter ihnen erscheint das Metall ungeändert, bis die Flüssigkeit entfernt wird. Dann werden an einigen der vorher von den Tropfen bedeckten Oberflächen schwache Interferenzfarben vom Typ derjenigen beobachtet, die dem hydratisierten Eisen(III)-oxyd zuzuschreiben sind.

Die Erklärung dieser Anomalie gibt Abb. 22. Der unsichtbare Oxydfilm, der auf dem Eisen vor dem Befeuchten vorhanden gewesen ist, besitzt zahlreiche

---

[1] G. TAMMANN u. W. BOEHME [Ann. Physik [5] **22** (1935) 77] finden, daß die Tropfen an den unedlen Metallen (Magnesium, Aluminium und Zink) zahlreicher sind als an den edlen Metallen (Silber, Platin und Gold).

schwache sporadisch verteilte Stellen. Der Tropfen A ist auf eine Oberflächenstelle aufgetroffen, die durch besondere Schwäche ausgezeichnet ist. Es wird infolgedessen rasch zur Bildung von Eisen(II)-hydroxyd kommen, das in einer gewissen Entfernung vom Angriffsherd zu Rost oxydiert wird, so daß der Angriff fortschreitet und das Metall bald sichtbar korrodiert erscheint. Der Tropfen C dagegen ist auf eine Oberfläche aufgetroffen, die keine ernstliche Fehlstelle aufweist. Das Eisen(II)-hydroxyd wird hier so langsam gebildet, daß es durch den abwärts durch den Tropfen diffundierenden Sauerstoff in hydratisiertes Eisen(III)-oxyd in physikalischem Kontakt mit dem Metall übergeführt wird, was eine Hemmung des Angriffes im Gefolge hat, so daß das Metall unverändert in seinem Aussehen bleibt: der Tropfen bleibt rostfrei. Der Tropfen B dagegen stellt einen

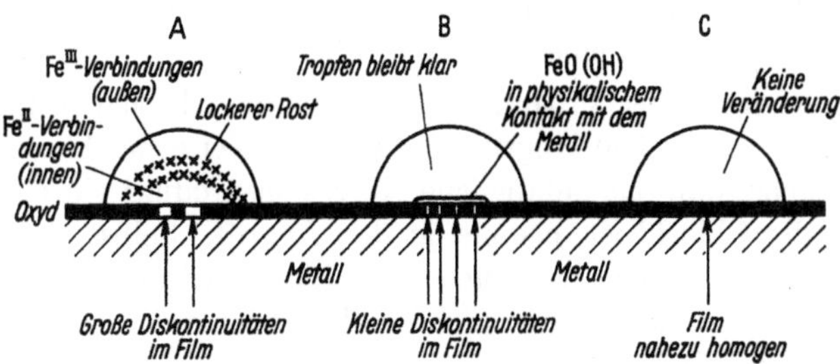

Abb. 22. Wirkung von Tropfen, die an Stellen der Oberfläche aufgebracht worden sind, an denen die Diskontinuitäten im primären Film A = relativ groß, B = relativ klein, C = unbedeutend sind.

dazwischen liegenden Fall dar. Hier ist der Film etwas weniger vollkommen und das hydratisierte Eisen(III)-oxyd nimmt, obgleich es in optischem Kontakt mit der Oberfläche gebildet ist, hinreichend an Dicke zu, um zur Bildung von Interferenzfarben Anlaß zu geben, während die Flüssigkeit selbst frei von Rost bleibt. Die vorstehende Erklärung ist aus den statistischen Untersuchungen von Mears[1] an Wassertropfen (nicht durch Kondensation erhalten) gewonnen worden. Er hat festgestellt, daß diejenigen Tropfen, die zur Bildung von Rost führten, stets sowohl Eisen(II)- als auch Eisen(III)-ionen enthalten, während diejenigen, die keinen Rost erzeugten, eine schwache Reaktion auf Eisen(III)-ionen, dagegen keine auf Eisen(II)-ionen geben.

Beschleunigung des atmosphärischen Angriffes durch gasförmige Verunreinigungen. Die gewöhnlichste Ursache für eine rasche atmosphärische Korrosion ist in dem Vorhandensein saurer Gase, wie Schwefeldioxyd, Schwefelwasserstoff oder Chlorwasserstoff, bzw. suspendierter Salze, wie Natriumchlorid, zu erblicken. Im Falle des Kupfers kann Ammoniak von Bedeutung sein.

Schwefeldioxyd erhöht nach Mears sowohl die Wahrscheinlichkeit für das Einsetzen der Korrosion an Eisen als auch die Geschwindigkeit, mit der diese Korrosion abläuft. In einer 80/20-Stickstoff-Sauerstoff-Atmosphäre hat er zeigen können, daß unter Bedingungen, unter denen reines Wasser nur bei 5% der vorhandenen Tropfen Korrosion hervorruft, durch die Gegenwart von 1% Schwefeldioxyd in der Gasphase bei jedem Tropfen Korrosionsbildung ausgelöst wird. Die *notwendige mittlere Grenzgeschwindigkeit*[2] wird durch die Gegenwart von 1% Schwefeldioxyd um das 26fache gesteigert.

---

[1] Mears, R. B. u. U. R. Evans: Trans. Faraday Soc. **31** (1935) 532.

[2] Das ist die mittlere Angriffsgeschwindigkeit unter denjenigen Tropfen, die überhaupt einen Angriff zeigen.

Kohlendioxyd wurde früher als ein Hauptgrund für die rasche Korrosion in Städten angesehen; es besteht jedoch wenig Zweifel darüber, daß der ihm zugeschriebene Angriff tatsächlich durch Schwefeldioxyd verursacht wird. Bei der Korrosion des Eisens durch reine Wassertropfen vergrößert Kohlendioxyd die Geschwindigkeit in jenen Tropfen, in denen überhaupt ein Angriff erfolgt, jedoch wird dadurch kaum der *Anteil* derjenigen Tropfen erhöht, die einen Angriff aufweisen. Tatsächlich können die „nichtrostenden" Tropfen durch Verdampfen in einem Kohlendioxydstrom entfernt werden, ohne daß es zu einem Angriff kommt[1]. VERNON[2] hat in neuerer Zeit gezeigt, daß Kohlendioxyd sowohl in ungesättigten wie auch in übersättigten Atmosphären (in Abwesenheit sichtbarer Tröpfchen) die Rostungsgeschwindigkeit wesentlich *herabsetzt*. Es scheint gewisse Veränderungen im Charakter des Rostes, und zwar im Sinne einer Erhöhung der Schutzwirkung, hervorzurufen.

Einfluß hygroskopischer Produkte. Schwefeldioxyd oder Chlorwasserstoff können den atmosphärischen Angriff in zweierlei Weise beschleunigen:

1. Die Tatsache, daß das anfängliche Korrosionsprodukt ein relativ *lösliches* Sulfat, Sulfit oder Chlorid ist, begünstigt den Angriff. Selbst wenn eine nachfolgende Hydrolyse zu einem basischen Salz, Hydroxyd oder Oxyd führt, wird das sekundäre Produkt den Angriff nicht in der gleichen Weise hindern wie das gleiche direkt gebildete Produkt.

2. Der *hygroskopische* Charakter des an einigen Metalloberflächen gebildeten Produktes wird die kontinuierliche Absorption von Feuchtigkeit selbst dann zulassen, wenn die Luft gegenüber reinem Wasser ungesättigt wird. Tatsächlich wird der für nahezu trockene Bedingungen charakteristische langsame Angriff allmählich in einen rascheren „feuchten" Typ der Korrosion übergehen, der, wenigstens in einigen Fällen, dem elektrochemischen Mechanismus folgt, der in den folgenden Kapiteln beschrieben ist.

Manchmal wird der hygroskopische Körper aus einem Metallsalz bestehen. So wird z. B. Zink, das über konzentrierter Salzsäure aufgebracht wird, bald ein feuchtes Aussehen annehmen, obwohl der Wasserdampfdruck in der Luft über der konzentrierten Säure sehr gering ist. Der Grund für dieses Verhalten ist darin zu sehen, daß das gebildete Zinkchlorid außerordentlich hygroskopisch ist und Feuchtigkeit selbst aus einer relativ trockenen Atmosphäre aufnehmen wird. Unter derartigen Bedingungen wird das Zink sehr bald aufgezehrt; eine sirupöse Flüssigkeit, die im wesentlichen aus einer konzentrierten Lösung von Zinkchlorid besteht, fließt von dem Metall ab.

In manchen Fällen scheint der hygroskopische Körper jedoch keine Metallverbindung zu sein. Wird Nickel über eine Lösung von Schwefeldioxyd gebracht, so wird es sichtbar feucht und unterliegt ernsthaftem Angriff. In diesem Fall scheint es, daß Schwefeldioxyd unter Einwirkung der katalytischen Aktivität der Nickeloberfläche zu Schwefeltrioxyd oder Schwefelsäure oxydiert wird. Diese hygroskopische Säure absorbiert viel Feuchtigkeit; eine blaßgrüne Flüssigkeit, die Nickelsulfat enthält, fließt von dem Metall ab. Der grünschwarze, lose am Metall adhärierende Niederschlag enthält mehr Sulfit als

---

[1] EVANS, U. R.: J. chem. Soc. **1930**, 487. — MEARS, R. B. u. U. R. EVANS: Trans. Faraday Soc. **31** (1935) 536.

[2] VERNON, W. H. J.: Trans. Faraday Soc. **31** (1935) 1693; außerdem private Mitteilung vom 6. Juni 1936.

Sulfat[1]. In ähnlicher Weise hat PRICE[2] festgestellt, daß sich Silber, das über einer Schwefeldioxydlösung angebracht ist, mit Tröpfchen bedeckt, die Silbersulfat und Schwefelsäure enthalten. In diesem Falle besteht die hygroskopische Substanz sicher aus Schwefelsäure und nicht aus Silbersulfat.

Die besprochenen Fälle dürften jedoch als Extremfälle zu bezeichnen sein. Metalle, die der Luft ausgesetzt werden, treffen normalerweise nicht mit Dämpfen konzentrierter Säuren zusammen. Die Fähigkeit des Korrosionsproduktes, Feuchtigkeit zu absorbieren, ist jedoch selbst in dem Falle der Korrosion durch eine gewöhnliche Atmosphäre sehr wichtig. Besondere Aufmerksamkeit muß dem *Prinzip der kritischen Feuchtigkeit* gewidmet werden, das von VERNON[3], J. C. HUDSON[4], PATTERSON und HEBBS[5], BENGOUGH und WHITBY[6] u. a. entwickelt worden ist. VERNON hat festgestellt, daß ein in einer bestimmten Atmosphäre befindliches Metall nur einem sehr geringen Angriff unterworfen ist, wenn die Feuchtigkeit unter dem kritischen Wert bleibt, daß die Korrosion oberhalb dieses Wertes jedoch plötzlich stark ansteigt. Die kritische Feuchtigkeit erscheint als derjenige Wert, bei dem das Korrosionsprodukt zur Absorption von Feuchtigkeit befähigt wird, wodurch die relativ trockene Korrosion in eine relativ feuchte übergeführt wird. Selbst oberhalb des kritischen Wertes braucht das Korrosionsprodukt nicht „feucht zu erscheinen"; nichtsdestoweniger absorbiert es hinreichend Feuchtigkeit, um einen ziemlich raschen Angriff an dem darunter und in der Umgebung befindlichen Metall auszulösen.

3. Atmosphärische Korrosion von Kupfer und Nickel.

Einfluß von Schwefeldioxyd in feuchter Luft auf Kupfer. Die Untersuchungen von VERNON[7] über die Korrosion von Kupfer in schwefeldioxydhaltiger feuchter Luft bieten ein instruktives Beispiel für den kritischen Feuchtigkeitswert. In Abwesenheit von Feuchtigkeit wird durch Schwefeldioxyd praktisch kein Angriff herbeigeführt, während andererseits Feuchtigkeit in Abwesenheit von Schwefeldioxyd einen sehr geringen Angriff auslöst. Sind sowohl Feuchtigkeit als auch Schwefeldioxyd in geeigneten Mengen vorhanden, so kommt es zu einem raschen Angriff der Kupferoberfläche. Solange die relative Feuchtigkeit der Atmosphäre unterhalb 63% bleibt, ist selbst bei hoher Konzentration an Schwefeldioxyd, abgesehen von einer leichten Dunkelfärbung, nur eine geringe Wirkung festzustellen. Wird der relative Feuchtigkeitsgehalt auf 75% erhöht, so wird die Korrosion sehr heftig und steigt mit wachsendem Gehalt an Schwefeldioxyd. Einige der von VERNON erhaltenen Kurven sind in Abb. 23 wiedergegeben.

Es zeigt sich, daß die Korrosionsgeschwindigkeit bei einem gegebenen Feuchtigkeitsgehalt zuerst mit dem Schwefeldioxydgehalt ansteigt und dann

---

[1] EVANS, U. R.: Trans. Faraday Soc. **19** (1923) 205.

[2] PRICE, L. E.: Unveröffentlichte Arbeit.

[3] VERNON, W. H. J.: Trans. Faraday Soc. **23** (1927) 162 (Fußnote), **27** (1931) 264; Trans. electrochem. Soc. **64** (1933) 35. [4] HUDSON, J. C.: Trans. Faraday Soc. **25** (1929) 205.

[5] PATTERSON, W. S. u. L. HEBBS: Trans. Faraday Soc. **27** (1931) 277.

[6] BENGOUGH, G. D. u. L. WHITBY: Chem. Ind. **11** (1933) 1037.

[7] VERNON, W. H. J.: Trans. Faraday Soc. **27** (1931) 255, 582; außerdem private Mitteilung vom 17. August 1935.

wieder abnimmt, wobei ein Minimum bei etwa 0,9% Schwefeldioyxd liegt. Eine weitere Zunahme im Gehalt an Schwefeldioxyd führt zu einem erneuten Anstieg der Korrosionsgeschwindigkeit. Bei hohen Konzentrationen wird der Angriff äußerst heftig. Sorgfältige Untersuchungen des Korrosionsproduktes lassen den Grund für die minimale Wirkung bei 0,9% Schwefeldioxyd erkennen: bei dieser Konzentration besteht das Korrosionsprodukt aus normalem Kupfersulfat. Bei geringeren Konzentrationen ist das Produkt mehr basisch, während bei höheren Konzentrationen ein Überschuß an Säure vorhanden ist. Offenbar bildet normales Kupfersulfat eine schützendere Oberfläche als basischere oder saurere Produkte. Die Tatsache, daß ein Überschuß an Säure die Korrosion erhöht, ist, besonders im Hinblick auf den hygroskopischen Charakter der Schwefelsäure, leicht verständlich. Die Überlegenheit des normalen Sulfates über das basische Sulfat oder Hydroxyd ist auf den ersten Blick überraschend im Hinblick auf den physikalischen Charakter des „blauen Vitriols". Trotzdem ist diese Tatsache völlig in Übereinstimmung mit den in früheren Kapiteln entwickelten Anschauungen, wonach eine Schicht von Kupfersulfat, die durch die *direkte Überführung*[1] der Kupferoberfläche in Sulfat entstanden ist, eine größere Schutzwirkung als die Hydrolysenprodukte besitzt. Ist der Säuregehalt in dem Feuchtigkeitsfilm nicht ausreichend zur Ausbildung des normalen Sulfates als

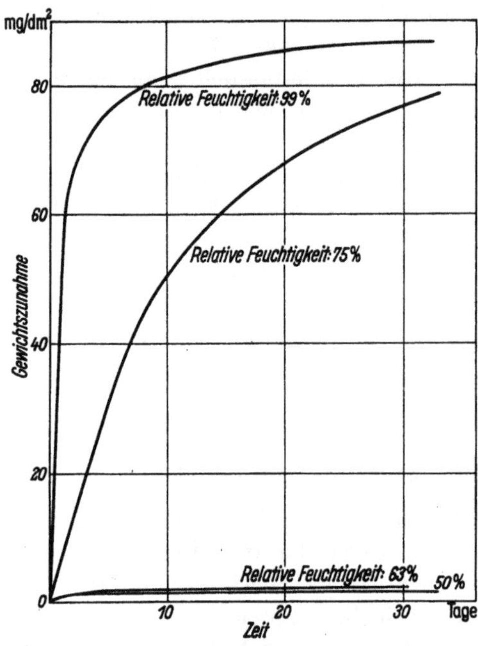

Abb. 23. Korrosion von Kupfer durch Luft mit einem 10%igen Zusatz von Schwefeldioxyd und wechselnden relativen Feuchtigkeitsgehalten (nach W. H. J. VERNON).

stabiler Phase, so wird Hydrolyse zu einem basischen Sulfat (oder selbst zu Oxyd) erfolgen, wobei die Volumenänderungen, die mit den zweiten Umwandlungen verknüpft sind, leicht den schützenden Charakter des Filmes beeinträchtigen können.

Produkte der Korrosion an Kupfer in einer Außenatmosphäre. Neben den bereits erwähnten Laboratoriumsversuchen haben VERNON und WHITBY[2] diejenigen Korrosionsprodukte untersucht, die auf Kupfer entstehen, das lange Zeit einer Außenatmosphäre ausgesetzt worden ist. So ergaben Analysen, daß die grüne Patina von Kupferdächern, die 70 bis 300 Jahre alt sind, aus basischem Kupfersulfat $CuSO_4 \cdot 3Cu(OH)_2$ (Brochantit) mit etwas basischem Kupfercarbonat $CuCO_3 \cdot Cu(OH)_2$ (Malachit) besteht. Das von neueren Dächern erhaltene

---

[1] Dieses mag durch Vereinigung von adsorbierten Schwefeldioxyd- und Sauerstoffmolekeln mit dem Kupferatom unter Bildung von $CuSO_4$ entstanden sein. Der molekulare Mechanismus der Bildung ist noch nicht erforscht.

[2] VERNON, W. H. J. u. L. WHITBY: J. Inst. Met. **42** (1929) 181, **44** (1930) 389, **49** (1932) 153. — VERNON, W. H. J.: J. Inst. Met. **52** (1933) 93; J. chem. Soc. **1934**, 1853.

Produkt erweist sich als weniger basisch, in extremen Fällen kann, wie die Autoren mitteilen, normales Kupfersulfat zugegen sein. In der Nähe der Küste sind basische Chloride festgestellt worden, deren Zusammensetzung sich in den ältesten Ablagerungen dem Atacamit $CuCl_2 \cdot 3Cu(OH)_2$ nähert. Bei Brighton und Ramsgate ist jedoch mehr Sulfat als Chlorid in dem Niederschlag festgestellt worden, während in dem grünen Niederschlag auf einem Telegraphendraht in Lowestoft der chloridische Anteil den sulfatischen übertrifft. Oberflächenschichten von den HUDSONschen[1] Proben, die für nur 1 Jahr an 5 verschiedenen Plätzen exponiert worden waren, ergeben einen beträchtlichen Betrag an Kupfersulfat; bei einer Probe überwiegt jedoch das Chlorid den Sulfatanteil: diese Probe war maritimen Bedingungen bei Southport ausgesetzt worden.

Im allgemeinen zeigt es sich, daß Carbonate viel weniger wichtige Konstituenten für den Aufbau der Schichten sind als Sulfate, ein Ergebnis, das Beachtung verdient, da früher die grüne Farbe des der Witterung ausgesetzten Kupfers der Bildung von basischem Carbonat zugeschrieben wurde. Die Bildung von Sulfat herrscht bei Kupfer, das der Witterung ausgesetzt ist, vor. An alten Bronzen und Kupfergegenständen, die in wüstenähnlichen Gegenden eingegraben sind, in denen Salz und Soda im Boden vorliegen, ist es leicht möglich, daß Chloride und Carbonate als wichtige Konstituenten der Ablagerung auftreten. FINK und POLUSHKIN[2] kommen nach einer Untersuchung von 50 Bronzen und Kupfergegenständen, die mehr als 1500 Jahre alt sind, zu dem Ergebnis, daß das letzte Korrosionsprodukt stets Malachit (basisches Carbonat) ist. Auf Kupfer, das an einer Atmosphäre exponiert worden war, in der elektrische Entladungen vorkamen, hat STÄGER[3] basisches und normales Kupfernitrat festgestellt. Die Tatsache, daß der Niederschlag auf Kupfer, das der Atmosphäre ausgesetzt wird, mit der Zeit dahin neigt, basischen Charakter anzunehmen, mag dadurch zu erklären sein, daß primär normales Kupfersulfat gebildet wird, das anschließend der Hydrolyse unterliegt. Trotzdem wird eine schöne grüne Patina in städtischen Gebieten erst nach einigen Jahren erhalten werden, wobei ihre Bildung durch Wind und Regen begünstigt wird. VERNON und WHITBY berichten, daß der Niederschlag einige Jahre aus einer dunklen Aggregation von Sulfid, Oxyd und Ruß besteht, und daß die endgültige grüne Patina teilweise durch die Wirkung zwischen der Schwefelsäure und dem Ruß sowie durch Oxydation von Kupfer(II)-sulfid gebildet wird. Offenbar sind die Umsetzungen verwickelt[4].

Weitere Laboratoriumsversuche von VERNON[5] haben ergeben, daß Luft, die Kohlensäure und Feuchtigkeit enthält, allein niemals zur Ausbildung eines basischen, grünen Carbonates befähigt ist (*Eintauchen* in eine *Lösung* von

---

[1] HUDSON, J. C.: J. Inst. Met. **42** (1929) 199.

[2] FINK, C. G. u. E. P. POLUSHKIN: Techn. Publ. Am. Inst. min. met. Eng. Nr. 693 E (1936) 21.   [3] STÄGER, H.: Korr. Met. **11** (1935) 87.

[4] Da die grüne Farbe von Kupferdächern aus ästhetischen Gründen gegenüber der schwarzen Farbe bevorzugt wird, ist viel Mühe darauf verwendet worden, eine künstliche grüne Patina auf Kupfer zu erzeugen. VERNON [J. Inst. Met. **49** (1932) 153] hat Angaben darüber gemacht, wie das Kupfer behandelt werden muß, um sofort eine Grünfärbung zu geben. Siehe auch J. R. FREEMAN u. P. H. KIRBY: Metals Alloys **5** (1934) 67. — GRAY, G. L. u. C. E. IRION: Metals Alloys **6** (1935) 35.

[5] VERNON, W. H. J.: J. chem. Soc. **1934**, 1853.

Kohlensäure ergibt jedoch diese Umsetzung). In Gegenwart von Ameisensäure (oder anderer Carboxylsäuren) kann jedoch basisches Kupfercarbonat gebildet werden. Chloride und Spuren von Schwefeldioxyd wirken in gleicher Weise wie Ameisensäure, jedoch weniger erfolgreich. VERNON nimmt an, daß in sämtlichen Fällen zuerst ein normales Kupfersalz (Formiat, Chlorid oder Sulfat) gebildet wird, das durch Hydrolyse in Gegenwart von Kohlendioxyd in basisches Kupfercarbonat übergeht. Das erscheint sehr wahrscheinlich.

Mattieren von Nickel. Bei seinen Studien über das Verhalten von Nickel in schwefeldioxydhaltiger Luft hat VERNON[1] auch hier das Vorhandensein eines kritischen Feuchtigkeitswertes festgestellt: das Metall bleibt bei Feuchtigkeitsgehalten unterhalb 70% unbegrenzt blank; oberhalb dieses kritischen Wertes ruft die Oxydation des Schwefeldioxydes zu Schwefelsäure in gewissem Ausmaße eine Flüssigkeitskondensation hervor. In den Frühstadien besteht der Film aus Nickelsulfat und Schwefelsäure und kann leicht mit einem Tuch fortgewischt werden. In den späteren Stadien dagegen erscheint — zweifellos infolge Hydrolyse — ein festes, basisches Nickelsulfat. Von diesem Augenblick an ist es unmöglich, den dunklen, cremeartigen Film durch bloßes Abwischen zu entfernen.

Das Mattieren des Nickels stellt ein Seitenstück zu dem Anlaufen von Kupfer und Silber dar. Anlaufen durch Schwefelwasserstoff wird durch einen hohen Gehalt an Feuchtigkeit wohl sicher gehindert werden, schreitet jedoch bei recht niedrigen Feuchtigkeitsgraden fort. Mattieren andererseits wird durch hohe Feuchtigkeitsgehalte erleichtert und kommt bei niedrigen Werten zum Stillstand. Obgleich also ein gewisser Feuchtigkeitsgehalt an der Nickeloberfläche für das Mattieren erforderlich ist, tritt es jedoch nicht ein, wenn Regen frei über die Oberfläche fortwäscht, da dadurch die Schwefelsäure und das Nickelsulfat fortgeführt werden, wodurch die Adhäsion des basischen Salzes verhindert wird.

VERNON hat festgestellt, daß der Mattierungsvorgang durch Licht beschleunigt wird. Bei völliger Abwesenheit von Licht ist er nur halb so groß. Ausgedehnte Oxydation von poliertem Nickel an unbewegter Luft bei gewöhnlicher Temperatur ruft eine erhebliche Immunität gegenüber dem Mattieren hervor, wenn das Metall anschließend der freien Atmosphäre ausgesetzt wird. Versuche, die gleiche Immunität durch kurze Expositionszeiten an Luft bei höheren Temperaturen zu erzielen, schlugen fehl, obgleich ähnliche Versuche zur Verhinderung der Bildung von Anlauffarben auf Kupfer erfolgreich gewesen sind[2].

---

[1] VERNON, W. H. J.: J. Inst. Met. **48** (1932) 121.

[2] Ein durch Erhitzen und Abkühlen hergestellter Film neigt zur Rißbildung. Viel Sorgfalt wird jedoch darauf verwendet, thermische Spannungen infolge der Unterschiede in den Volumina von Metall und Oxyd durch langsames Abkühlen zu vermeiden. Im Falle der trocken verlaufenden „Anlauf"-Reaktion werden Störungsstellen im Betrag von 0,1% der gesamten Oberfläche imstande sein, 99,9% des Anlaufens zu verhindern, was den Erfolg der Behandlung beim Kupfer erklärt. Die Gegenwart von 0,1% Störungsstellen auf der Nickeloberfläche dagegen wird eine gewisse Oxydation von Schwefeldioxyd zu Schwefelsäure ermöglichen, die dann den Film fortlösen wird, so daß sich die Mattierungsreaktion ausbreiten kann. Es ist ein weitaus homogenerer Film erforderlich, um die feuchte „Mattierungs"-Reaktion als die trocken verlaufende „Anlauf"-Reaktion zu verhindern. VERNON ist der Ansicht, daß die Verhinderung des Mattierens durch langzeitiges Exponieren an stehender Luft bei gewöhnlicher Temperatur nicht auf die Bildung eines schützenden Filmes zurückzuführen ist, sondern vielmehr auf der Vergiftung der kata-

VERNON hat festgestellt, daß Legieren mit Chrom eine erhebliche Verbesserung herbeiführt. So bleiben Proben von Nickel-Chrom-Legierungen völlig blank in einer Atmosphäre, durch die reines, unlegiertes Nickel mattiert wird. Eine Untersuchung an Nickel-Kupfer-Legierungen hat ergeben, daß die Neigung zum *Anlaufen* mit wachsendem *Kupfer*-Gehalt steigt, während die Tendenz zum *Mattieren* mit zunehmendem *Nickel*-Gehalt wächst.

4. Atmosphärische Korrosion von Eisen.

Rosten bei Innenatmosphäre. Die Arbeiten von VERNON[1] über das Verhalten von Eisen gegenüber einer Innenatmosphäre lassen die Bedeutung des *Staubes* erkennen. Eisenproben, die durch einen Gazeschleier geschützt werden, bleiben frei von Rost unter den gleichen Bedingungen, unter denen nicht durch Schleier geschützte Proben der Rostung unterliegen. Der Gazeschleier schützt die metallische Oberfläche vor Staubpartikeln, die die Fähigkeit zur Auslösung des Rostvorganges besitzen, sei es infolge ihres hygroskopischen Charakters, sei es durch ihre möglicherweise saure Reaktion. Ein Stück Eisen, das während 11 Monaten hinter Gazeschleiern der Innenatmosphäre ausgesetzt worden ist und das dann darunter vorgezogen und in gewöhnlicher Weise der Atmosphäre exponiert wird, erleidet einen viel geringeren Angriff als eine frisch gereinigte Probe. Dieses Eisenstück hatte ein blankeres Aussehen bewahrt und wies eine geringere Gewichtszunahme auf. Offenbar ist während der vorangehenden Oxydation unter dem schützenden Schleier ein unsichtbarer Oxydfilm ausgebildet worden, der auch bei der darauffolgenden Behandlung einen hemmenden Einfluß auf den Rostungsvorgang ausübt, selbst unter Bedingungen, die sonst hinreichend sind, um auf einer frischen Oberfläche eine bedeutende Zerstörung hervorzurufen.

VERNON hat festgestellt, daß Eisen, das bereits früher der Rostbildung unterworfen worden war, bis es sich mit einer kleinen Menge trockenen Rostes bedeckt hatte, beim Vergleich mit einer frisch gereinigten Oberfläche dann einen stärkeren Angriff aufweist, wenn sie beide einer Innenatmosphäre relativ hoher Feuchtigkeit ausgesetzt werden. Dieses ist wahrscheinlich, zumindest teilweise, auf den hygroskopischen Charakter der vorhandenen Rostschicht zurückzuführen. Frisch gereinigtes Eisen, das einer Atmosphäre geringer Feuchtigkeit ausgesetzt wird, unterliegt der Korrosion (gemessen durch die Gewichtszunahme) mit einer befriedigend konstanten Geschwindigkeit. Ein ähnliches Eisen in einer Atmosphäre hoher, jedoch schwankender Feuchtigkeit ist der Korrosion in einem mit der Zeit zunehmenden Ausmaße unterworfen, offenbar deshalb, weil der einmal gebildete Rost an der Zurückhaltung der Feuchtigkeit beteiligt ist.

Kurven, die PATTERSON[2] für die Korrosion des Eisens erhalten hat, das über Wasser aufgebracht worden war, zeigen zuerst eine Beschleunigung, dann eine Verzögerung und endlich einen recht befriedigend konstanten Wert

---

lytisch wirksamen Stellen auf der Nickeloberfläche durch gewisse Katalysatorgifte, möglicherweise Schwefelwasserstoff, beruht. Diese Ansicht wird durch Versuche gestützt, die zeigen, daß Luft, die durch Überleiten über granuliertes Silber gereinigt worden ist, keine Immunität herbeiführt.

[1] VERNON, W. H. J.: Trans. Faraday Soc. **19** (1924) 886, **23** (1927) 159.

[2] PATTERSON, W. S.: J. Soc. chem. Ind. **49** (1930) 203 T; außerdem private Mitteilung vom 18. Januar 1936.

der Angriffsgeschwindigkeit. Dieses Verhalten ist leicht verständlich. In den Frühstadien, in denen die Rostungsbezirke von einigen über die Oberfläche verteilten einzelnen Bezirken ausgehen, wird die Angriffsgeschwindigkeit anwachsen, da die Gesamtlänge der Grenzlinien, die die Rostungsgebiete von den blanken Oberflächenteilen trennen, zunimmt. Beginnen die Rostflecke jedoch zusammenzutreffen, so wird die Grenzlinienlänge abnehmen und dementsprechend die Angriffsgeschwindigkeit wieder absinken. Bedeckt endlich eine Rostschicht die gesamte Oberfläche, so bleibt nur noch das Rostwachstum in Richtung der *Schichttiefe* möglich; die Angriffsgeschwindigkeit wird dann verhältnismäßig konstant werden, wenn der Rost keinen schützenden Charakter besitzt. In den PATTERSONschen Versuchen bildet Stahl schneller Rost als Eisen. Auf Stahl ist die Ausbreitung unregelmäßig, während die Rostflecke auf reinem Eisen sich von den ursprünglichen Bildungszentren kreisförmig ausbreiten. Diese konzentrische Ausbreitung des Rostes ist von CANAC[1] optisch untersucht worden.

Rosten bei Außenatmosphäre. Die Bedeutung der Feuchtigkeit ist durch die Untersuchungen von SCHIKORR[2] an Eisenplatten, die über 2 Jahre auf einem Dach in Berlin exponiert wurden, gut herausgearbeitet worden. Dabei hat sich keine enge Beziehung zwischen dem Regen und der Rostungsgeschwindigkeit ergeben, jedoch verläuft die Rostungsgeschwindigkeit, insgesamt gesehen, parallel der relativen Feuchtigkeit. Ein Feuchtigkeitsgehalt von 70 % hat sich dabei in Abwesenheit von flüssigem Wasser als erforderlich für das Rosten herausgestellt. In den Frühstadien des Vorganges wirkt die Anwesenheit von früher gebildetem Rost erhöhend auf die Rostungsgeschwindigkeit (im Vergleich zu dem ursprünglich rostfreien Eisen), wahrscheinlich infolge seiner Mitwirkung bei der Adsorption und dem Zurückhalten von Feuchtigkeit. Nach einigen Monaten beginnt die angesammelte Rostmenge jedoch den Angriff zu hemmen, da sie teilweise als schützender Überzug wirkt.

Versuche, die an anderer Stelle mit Stahlproben durchgeführt wurden, die während langer Zeiten an einer Außenatmosphäre exponiert wurden, zeigen einen bemerkenswerten Abfall der Korrosion mit der Zeit, besonders dann, wenn es sich um gekupferten Stahl handelt, wie PASSANO[3] festgestellt hat. DAEVES[4], der 6 Sorten von Stahl während 75 Monaten exponiert hat, hat eine ausgeprägte Hemmung in reiner Landatmosphäre feststellen können. Ein entsprechender Versuchssatz, der in einem Industriegebiet angesetzt worden war, ließ jedoch keinen derartigen Abfall der Korrosionsgeschwindigkeit erkennen, offenbar wirkte der durch die Landluft erzeugte Rost leicht schützend im Gegensatz zu dem in Industrieluft gebildeten. Wie in so manchen Fällen, hängt die Rostungsgeschwindigkeit auch hier von der Vorgeschichte ab. SCHRAMM und TAYLERSON[5] konnten zeigen, daß Proben, die erstmalig während des Sommers exponiert worden waren, nach 1 Jahr einen viel geringeren Korrosionsangriff aufwiesen, als Proben, deren über 12 Monate erstreckte Expositionszeit im Winter begann.

---

[1] CANAC, F.: C. r. **196** (1933) 51.   [2] SCHIKORR, G.: Z. Elektroch. **42** (1936) 107.

[3] PASSANO, R. F.: Symposium on Outdoor Weathering of Metals and Metallic Coatings (Am. Soc. Test. Mat.) 1934, S. 36.

[4] DAEVES, K.: Naturw. **23** (1935) 655.

[5] SCHRAMM, G. N. u. E. S. TAYLERSON: Symposium on Outdoor Weathering of Metals and Metallic Coatings (Am. Soc. Test. Mat.) 1934, S. 31.

Nachwirkung des Eintauchens. Die Gegenwart hygroskopischer Salze (wie beispielsweise Magnesiumchlorid) in den Poren einer metallischen Oberfläche kann zur Auslösung atmosphärischer Korrosion selbst bei Feuchtigkeitsgehalten führen, die weit unterhalb des kritischen Wertes liegen. Ein Stück Gußeisen (oder selbst Stahl), das während langer Zeit in die See getaucht und dann herausgenommen, getrocknet und in einem gewöhnlichen Raum aufgehoben wird, weist nach einigen Tagen eine Bedeckung mit winzig kleinen Wassertröpfchen auf, von denen jedes mit einer kugelförmigen Rostmembran überzogen ist. Einzelheiten hierüber s. S. 507.

Der Einfluß hygroskopischer Substanzen auf das Rosten des Eisens ist von PALMAER[1] untersucht worden, der Eisenproben, die mit einem Flüssigkeitsfilm befeuchtet worden waren, in einem geschlossenen Gefäß über Wasser aufgebracht und die absorbierte Sauerstoffmenge als ein Maß für die Korrosionsgeschwindigkeit benutzt hat. Der Mittelwert für 10 cm^2 ergab sich zu 4,2 mm^3 je Stunde für Wasser, zu 22,6 mm^3 je Stunde für $^1/_2$ n-Natriumchloridlösung und zu 51,4 mm^3 je Stunde für $^1/_2$ n-Calciumchloridlösung. Hierbei mögen jedoch noch andere Faktoren neben dem hygroskopischen Charakter eine Rolle spielen, z. B. die Eindringungsfähigkeit der Chlorionen.

Untersuchungen im Laboratorium. VERNON[2] hat weiterhin das Verhalten von Eisen an der Atmosphäre in ausgedehnten Versuchsreihen aufgeklärt, die in Luft durchgeführt wurden, die einen wohldefinierten Betrag an Feuchtigkeit und Schwefeldioxyd enthielt. Hierbei zeigte es sich, daß das Metall in Gegenwart von Schwefeldioxydspuren in den Frühstadien blank bleibt, wenn die Feuchtigkeit allmählich von Null aus erhöht wird. Bei etwa 60% relativer Feuchtigkeit wird ein kritischer Punkt erreicht, bei dem die Korrosion schneller wird. Bei etwa 80% relativer Feuchtigkeit tritt ein zweiter kritischer Wert auf, der mit heftigem Rosten verknüpft ist. Diese höhere „kritische Feuchtigkeit" ist unabhängig von der Gegenwart des Schwefeldioxyds und stellt wahrscheinlich denjenigen Punkt dar, bei dem das in den Capillaren des Rostgels vorhandene Wasser hinreichend „frei" wird, um weiteres Rosten in Übereinstimmung mit den Überlegungen von PATTERSON und HEBBS[3] auszulösen. Die niedrigere kritische Feuchtigkeit ist wahrscheinlich charakteristisch für den Punkt, bei dem in Gegenwart von Schwefeldioxyd oder von ihm abgeleiteter Produkte (Schwefelsäure?) hinreichende Wassermengen absorbiert werden, um einen nennenswerten Angriff hervorzurufen.

VERNON hat weiterhin den Einfluß fester Teilchen untersucht und kommt zu folgender Einteilung:

1. wirklich aktive Stoffe, z. B. Ammoniumsulfat,

2. wirklich neutrale Stoffe, z. B. Kieselsäure,

3. indirekt aktive Stoffe, z. B. Holzkohle, durch die Schwefelgase aus der Luft adsorbiert werden, wodurch die Korrosion in ungesättigter Atmosphäre begünstigt wird, was wahrscheinlich darauf beruht, daß das korrosive Agens an bestimmten Stellen konzentriert wird.

Bei Übersättigungszuständen in gereinigter Luft erhöhen Partikeln von Ammoniumsulfat den Angriff außergewöhnlich. Sind dagegen gleichfalls kleine

---

[1] PALMAER, W.: Korr. Met. **2** (1926) 60.
[2] VERNON, W. H. J.: Trans. Faraday Soc. **31** (1935) 1678.
[3] PATTERSON, W. S. u. L. HEBBS: Trans. Faraday Soc. **27** (1931) 282.

Mengen von Schwefeldioxyd vorhanden, so wird der Einfluß der ersteren Komponente überdeckt. In einer ungesättigten Atmosphäre addiert sich der Einfluß der Ammoniumsulfatpartikeln zu denen des Schwefeldioxyds.

B. Fragen der Praxis.

1. Brennstoff-Fragen und Korrosion.

Methoden zur Begrenzung der atmosphärischen Korrosion. Es sollte möglich sein, die aus der atmosphärischen Korrosion erwachsenden Schädigungen auf folgenden Wegen zu verringern:

1. Entfernung der korrosiven Bestandteile aus der Atmosphäre;

2. Wahl eines Materiales, das eine maximale Widerstandsfähigkeit gegenüber der in Frage kommenden Atmosphäre besitzt;

3. Zwischenschalten einer schützenden Schicht (Farbanstrich, Plattieren oder Fett) zwischen das Metall und die korrosive Atmosphäre. Die Fragen des Plattierens und Farbanstriches werden in den Kapiteln XIII und XIV behandelt. Die Fragen der Anwendung von Fettfilmen werden am Ende dieses Kapitels behandelt.

Die Methoden, die auf der Entfernung der korrosiven Bestandteile aus der Luft beruhen, unterliegen erheblicher Beschränkung. Gewisse korrosive Bestandteile, wie Salze in Seeluft, müssen als unvermeidlich hingenommen werden, während andere, wie die Schwefelsäuren, die aus verbrannten Brennstoffen herkommen, durch eine kluge Behandlung der ökonomischen Seite der Brennstoff-Fragen und durch Eingreifen von Aufsichtsbehörden herabgesetzt werden können.

Da Schwefel in äquivalenten Beträgen von 1000 bis 2000 t Schwefelsäure täglich allein in die Londoner Atmosphäre eingeht, wie die durch KLEIN[1] gesammelten Daten ausweisen, so verdient die atmosphärische Verunreinigung eine ernste Beachtung von seiten der öffentlichen Körperschaften. Heutzutage ist die Aufmerksamkeit mehr auf die Zerstörung von Stein als von Metall gerichtet, jedoch sind die meisten Säuren, durch die Stein angegriffen wird, auch für Metalle schädlich. Es ist jedoch erforderlich, zwischen einer Verunreinigung durch *Ruß* (einer ernsten Frage für die öffentliche Gesundheit, insbesondere in Verbindung mit den Schädigungen, die durch die Lichtschwächung hervorgerufen werden) und der Verschmutzung und Schädigung durch *freie Schwefelsäuren* zu unterscheiden. Für das Auftreten von Ruß sind die Privathäuser verantwortlich, während die Schwefelsäureschäden durch Fabriken hervorgerufen werden. Nach REYNOLDS[2] sinkt der Schwefelgehalt der Atmosphäre während der Weihnachtsfeiertage. Die Fabriken sind jedoch bemüht, Verbesserungen herbeizuführen; so haben gewisse chemische Werke den Betrag der ausgeworfenen korrosiven Gase weitgehend herabgesetzt. Nach PRICE und DOOLEY[3] ging bei einem Schwefelsäurewerk der im Jahre 1931 in die Atmosphäre geschickte Schwefeldioxydgehalt durch die Inbetriebnahme eines neuen Gaswäschers um 70% zurück. Methoden zur Entfernung korrosiver

---

[1] KLEIN, C. A.: Times Eng. Suppl., 30. April 1932; außerdem private Mitteilung vom 28. Januar 1936. — LESSING, R.: National Smoke Abatement Society, 20. und 21. September 1935; s. auch anonym in U. S. Public Health Bl. Nr. 224 (1936).

[2] REYNOLDS, W. C.: J. Soc. chem. Ind. Trans. **49** (1930) 170.

[3] PRICE, N. J. u. A. DOOLEY: Chem. Ind. **13** (1935) 181.

Bestandteile aus Abgasen chemischer Fabriken werden von DAMON[1] besprochen. Die durch aus dem Ruß freigemachten Schwefelverbindungen hervorgerufene Korrosion darf nicht übersehen werden. WILSON[2] hat die Aufmerksamkeit darauf gelenkt, daß im Ruß Eisensulfid enthalten sein kann. Wahrscheinlich haben infolgedessen sowohl die Fabriken wie auch die häuslichen Feuer Anteil an dem Schwefelgehalt der Luft, so daß beiden Aufmerksamkeit gewidmet werden muß. Nach WOLF[3] wird die korrosive Wirkung von Lokomotivenrauch weitgehend durch Schwefelsäuren verursacht; er nimmt weiterhin an, daß der Ruß als Kathode eines Korrosionselementes wirken kann, was jedoch etwas unwahrscheinlich erscheint.

Die meisten Arten der in Großbritannien benutzten Heizungen sind letzten Endes auf Kohleverbrennung aufgebaut. Da nun die meisten Kohlen Schwefel enthalten, ist es einleuchtend, daß dadurch eine Korrosion hervorgerufen wird, sofern nicht Vorsichtsmaßnahmen ergriffen werden. Die Korrosion verläuft in verschiedener Weise, je nachdem, ob die Kohle *direkt* verbrannt wird, ob sie zur Erzeugung von *Gas* verwendet oder endlich ob sie in *elektrische Energie* übergeführt wird. Diese 3 Fälle der Kohleverwertung sollen nachstehend besprochen werden.

Verwendung fester Brennstoffe. Wird Rohkohle direkt in häuslichen Feuerstätten verbrannt, so wird wenig oder kein Schwefel in den Raum kommen (da gewöhnlich guter Zug vorhanden ist); der größere Teil des Schwefels wird in die Außenatmosphäre gehen. Wahrscheinlich tritt er aus dem Kamin, hauptsächlich in Form von Schwefeldioxyd, aus. Wird dieses jedoch durch Nebelteilchen oder durch niedergehenden Regen gelöst, so erfolgt Oxydation zu Schwefelsäure[4], die beim Benetzen von Metallgegenständen erhebliche Korrosion hervorruft. In Cambridge ist der Regen nachweislich im Winter saurer als im Sommer; das gleiche ist zweifellos der Fall in den meisten übrigen Gebieten, in denen während des kalten Wetters Kohle verfeuert wird.

Viel kann durch „Reinigen" der Kohle erreicht werden, d. h. durch Entfernen von Staub und allen übrigen entfernbaren Verunreinigungen. Angaben von LESSING[5] lassen erkennen, daß ungereinigte Kohle, wie sie in modernen Kraftwerken verwendet wird, 1 bis 3% Schwefel enthält, und daß sie deshalb (bei völliger Oxydation) 2,5 bis 7,5% ihres Gewichtes an Schwefeltrioxyd bilden kann. Wird gereinigte Kohle verwendet, so werden nur etwa $^3/_4$ des Betrages zur Erzeugung der gleichen Wärmemenge verbraucht, außerdem ist der Schwefelgehalt auf 0,75% herabgesetzt. Hieraus folgt, daß die Schwefelschädigung der Atmosphäre wesentlich herabgesetzt werden kann.

Kohle, die auf Industriewerken verbrannt wird, kann sowohl in den Werken selbst als auch außerhalb derselben Schaden anrichten. CHRISTIE[6] gibt an, daß ein gewöhnlicher Ofen $^1/_3$ des Schwefels im Brennstoff zu Schwefeltrioxyd verbrennt und daß die nicht brennbaren Massen eine katalytische

[1] DAMON, W. A.: Chem. Ind. **13** (1935) 1072.

[2] WILSON, E.: Engineering **132** (1931) 441.

[3] WOLF, F. L.: Techn. Publ. Am. Inst. min. met. Eng. Nr. 293 (1930).

[4] S. auch anonym in Invest. atmospheric Pollution Rep. **17** (1931), **19** (1933); s. auch J. H. COSTE u. G. B. COURTIER: Trans. Faraday Soc. **32** (1936) 1198. — FIRKET, J.: Trans. Faraday Soc. **32** (1936) 1192. — DOBSON, G. M. B.: Trans. Faraday Soc. **32** (1936) 1149.

[5] LESSING, R.: National Smoke Abatement Society, 20. und 21. September 1935.

[6] CHRISTIE, A. G.: Power **65** (1927) 87.

Verbrennung von weiterem Schwefeldioxyd zu Schwefeltrioxyd begünstigen. Die Rauchgase der Grove Road Power Station sollen mehr Schwefeltrioxyd als Schwefeldioxyd enthalten[1]. Erreichen die Gase den Kamin bei hohen Temperaturen, so wird kein innerer Schaden angerichtet. Werden die Verbrennungsprodukte dagegen zum Vorheizen von Luft oder Wasser verwendet, so kann Schwefelsäure an den Metallwänden der Vorerwärmer kondensiert werden und somit Korrosion auslösen. In Kesseln wird eine ernsthafte Korrosion oft durch Kondensation an den Außenseiten der Economiser hervorgerufen, wenn die Temperatur unter die Kondensationstemperatur herabsinkt. Wie Johnstone[2] festgestellt hat, kann die Kondensationstemperatur wohl oberhalb des dem Feuchtigkeitsgehalt des Gases entsprechenden Taupunktes liegen, was auf die Gegenwart von hygroskopischem Schwefeltrioxyd in den Gasen und der Bildung von hygroskopischem Eisensulfat beruht. Überdies kann unverbranntes Eisensulfid (Pyrit) in den Rauchgasen an der Metalloberfläche adhärieren und die Gegenstände schädigen, was hauptsächlich durch rußende Flammen begünstigt wird. So hängt die minimal sichere Arbeitstemperatur der Vorerwärmer oder Economiser nicht nur von dem Wasserdampfgehalt der Rauchgase, sondern auch von der im Staub dieses Gases vorhandenen Sulfidmenge ab. Ist der Staubniederschlag hygroskopisch, so wird er selbst dann feucht werden, wenn die Temperatur den wahren Taupunkt der Gase um 28° bis 39° überschreitet. In einigen Anlagen sind 135° erforderlich, um eine Korrosion durch kondensierte Feuchtigkeit zu verhindern, bei anderen genügen bereits 65°. Es ist ein geeigneter Registrierapparat für den Taupunkt bei Rauchgasen entwickelt worden[3], der bei geeigneter voller Berücksichtigung der in Frage stehenden Faktoren bei der Vermeidung unerwünschter Kondensation dienlich sein sollte. Newton[4] hat die Aufmerksamkeit auf das Vorkommen von Natriumsulfat in den Ofengasen gelenkt, durch das Eisen bei hohen Temperaturen oxydiert werden kann. Heißes Natriumhydrosulfat ist von geringer Wirksamkeit, während es in kaltem Zustande Wasser anzieht und Korrosion auslöst.

Die Korrosion durch Koksofengase ist durch einen deutschen Autor[5] untersucht worden; danach wird schweflige Säure bei 62°, Schwefelsäure dagegen erst bei 196° abgeschieden. Er schlägt Gastemperaturen von 300° vor.

Verwendung von gasförmigen Brennstoffen. Wird Kohle zur Erzeugung von Gas verwendet, so wird ein Teil des vorhandenen Schwefels in den Gaswerken entfernt. Ungereinigtes Kohlengas enthält Schwefelwasserstoff, Schwefelkohlenstoff, Thiophen und andere Schwefelverbindungen. Ein erheblicher Teil des Schwefelwasserstoffes wird im allgemeinen durch den Reinigungsprozeß entfernt, manchmal wird dabei auch Schwefelkohlenstoff absorbiert. Verhältnismäßig ungewöhnlich dagegen ist die Entfernung des Thiophens. Schwefelfreies Gas wird ein vergleichsweise nichtkorrosiver Brennstoff sein, der sich für Zwecke eignet, für die das gewöhnliche Gas gefährlich ist. Es ruft jedoch noch

---

[1] Anonym in Engineer 148 (1928) 576.

[2] Johnstone, H. F.: Univ. Illinois Bl. Nr. 228 (1931) 41; vgl. W. Patterson: Trans. Inst. Marine Eng. 37 (1915) 445. — J. H. Coste [Chem. Ind. 12 (1934) 1061] beschreibt Korrosion eines rasch abgekühlten eisernen Schornsteins durch Essigsäure, die in Verbrennungsprodukten vorhanden ist, wobei syrupöses Eisenacetat entsteht.

[3] S. auch anonym in Engineering 133 (1932) 480.

[4] Newton, L. O.: Chem. Ind. 7 (1929) 406.

[5] In Koppers-Mitt. 14 (1932) 25.

einen gewissen Angriff hervor, da in den Verbrennungsprodukten gewöhnlich auch Salpetersäure vorhanden ist. Wood und Parrish[1] haben gezeigt, daß die auf Eisen, Zink und verzinktem Eisen durch die Kondensationsprodukte der Verbrennung hervorgerufene Korrosion mit dem Schwefelgehalt des Gases rasch ansteigt. Im Falle des Kupfers und Messings erfolgt dieser Anstieg viel langsamer, beim Aluminium ist er noch langsamer, während die Korrosion im Falle des Bleies, die im allgemeinen langsam ist, tatsächlich mit steigendem Schwefelgehalt absinkt, was darauf beruht, daß das gebildete Bleisulfat viel weniger löslich ist als Bleinitrat. In den Fällen, in denen das dem Verbraucher gelieferte Gas noch nennenswerte Mengen an Schwefelwasserstoff enthält, besitzt es die Fähigkeit, auf Silber und Kupfer Anlauffarben hervorzurufen, sofern es unverbrannt entweicht. Nach dem Verbrennen wirkt es gegenüber fast allen Metallen korrosiv, was auf seinem Gehalt an Schwefeldioxyd beruht. Wird das Gas auf Rosten, die mit wirksam arbeitenden Essen versehen sind (was aus hygienischen Gründen, insbesondere wegen des giftigen Charakters des Kohlenmonoxyds wünschenswert ist) verbrannt, so sollte die Korrosion in Innenräumen weitgehend vermieden sein. Es sollte jedoch überprüft werden, ob die Korrosionsgefahr nicht durch die in neuerer Zeit unternommenen Versuche vergrößert wird, die darauf hinzielen, die thermische Wirksamkeit von Gasen bei Verbrennungssystemen zu steigern, entweder dadurch, die Wärme der verbrannten Gase nutzbar zu machen, oder aber dadurch, daß der Luftzug gedrosselt wird.

Der korrosive Charakter des verbrannten Kohlengases kann bei den Gaswerken selbst infolge Schädigung ihrer Anlagen zu einem direkten Verlust führen, ein Fragenkomplex, der durch Cobb, Wood und Parrish[2] eingehend untersucht worden ist. Sie gelangten zu der Feststellung, daß Blei und Zinn hierbei am widerstandsfähigsten sind, daß sich Aluminium, Nickel, Messing und Kupfer weniger widerstandsfähig zeigen, während Eisen und Zink erheblich angegriffen werden, wobei als Hauptkorrosionsprodukte Sulfate und basische Sulfate auftreten. Einen ernstlichen Korrosionsangriff, der in einem Innenraum hervorgerufen wurde, in dem Kohlengas ohne Esse verbrannt wurde, beschreibt Evans[3].

Schwefelverbindungen aus Verbrennungsgasen der Kohle, die die Außenatmosphäre erreichen, können Schädigungen an metallischen Materialien hervorrufen. Da das Gas jedoch sicherlich viel weniger Schwefel enthält als die Kohle, aus der es erzeugt wird, bedeutet der Ersatz von Rohkohle durch Gas als Heizungsmittel einen willkommenen Fortschritt vom Standpunkt der Korrosion an der Außenatmosphäre. Es darf jedoch nicht übersehen werden, daß ein Teil des aus dem Gas entfernten Schwefels in die Außenluft der Gaswerke abzieht.

---

[1] Siehe J. W. Wood u. E. Parrish: Rep. Res. Comm. Inst. Gas Eng. **34** (1934) 42, **36** (1935) 38, **38** (1936) 46.

[2] Cobb, J. W., J. W. Wood u. E. Parrish: Rep. Res. Comm. Inst. Gas Eng. **34** (1934). Über die innere Korrosion von Gashauptleitungen s. J. Parker [Gas J. **178** (1927) 361], der das Trocknen des Gases mit Calciumchlorid empfiehlt (wodurch diese Störungsquelle weitgehend beseitigt worden ist). J. F. G. Hicks [J. phys. Chem. **35** (1931) 893] hat gezeigt, daß Cyanwasserstoffsäure eine wichtige Korrosionsursache bildet; ein blaues Produkt, ähnlich dem Preußisch-Blau, hat zu Verstopfungen der Rohre geführt. Siehe auch W. Wunch: Bericht über die 4. Korrosionstagung, Berlin 1934, S. 32.

[3] Evans, U. R.: Chem. Ind. **2** (1924) 506.

Verwendung elektrischer Heizung. Wird die Kohle zur Erzeugung elektrischer Kraft benutzt und wird die elektrische Energie im Hause verwendet, so bleibt damit die Korrosion durch die Innenatmosphäre vermieden. Der Schwefel der Kohle ist jedoch in den Kraftwerken zu Schwefeldioxyd verbrannt worden, dessen Freisetzung eine erhebliche Korrosion durch die betreffende Außenatmosphäre bedingt. Große Unruhe entstand vor einigen Jahren wegen der Errichtung größerer Kraftstationen im Südwesten von London, und selbst denjenigen, die der Ansicht waren, daß die Befürchtungen etwas übertrieben waren, schien die vorsätzliche Auswahl von Gebieten auf der dem Wind ausgesetzten Seite der englischen Hauptstadt schwer zu verantworten. Es muß jedoch gesagt werden, daß Bemühungen unternommen wurden, um auf chemischem Wege die Schwefelsäure aus den Verbrennungsprodukten zu entfernen[1]. Bei der Battersea Station[2] werden über 90% der Schwefelgase — und fast der gesamte Staub — aus dem Gas entfernt. Eine 90%ige Absorption ist vielleicht nicht ganz gerechtfertigt im Hinblick darauf, daß die ausströmenden Gase wahrscheinlich kälter sind, als wenn keine Behandlung stattgefunden hätte, und daß sie sich nicht so leicht wieder erwärmen lassen. Nach den Angaben von NONHEBEL[3] hat in neuerer Zeit ein Werk jedoch den Schwefel bis zu 99,7% aus den Schwefelgasen von Swansea entfernt. Ein ähnliches Prinzip wird bei der neuen Kraftstation in Fulham angewendet, wo eine automatische elektrochemische Kontrolle eingebaut ist, die auf der p_H-Messung der die Wäscher verlassenden Flüssigkeit mit Hilfe von Glaselektroden beruht. Hierdurch wird die Zugabe von Kalk reguliert und damit eine korrekte Absorption der sauren Gase sichergestellt[4].

Verwendung von Dampfheizung. Das Heizen mit Hilfe von Dampfrohren, das in Amerika weit verbreitet ist, scheint keine atmosphärische Korrosion in den beheizten Räumlichkeiten hervorzurufen, obgleich natürlich das übliche Schwefelproblem bei den Öfen auftreten wird, in denen der Dampf erzeugt wird. Es wird zu einer gewissen Korrosion im Inneren der Rohre kommen, wenn das Speisewasser Sauerstoff und Kohlensäure enthält; tritt Luft in das System ein, so können ernstliche Schädigungen auftreten. SPELLER[5] empfiehlt die Aufrechterhaltung eines leichten Überschusses an kaustischer Soda für Niederdrucksysteme, während das Wasser für Hochdrucksysteme weich gemacht und die Gase durch Erhitzen ausgetrieben werden sollten.

Andere Ursachen für Korrosionsschäden. Es darf nicht angenommen werden, daß die Brennstoffe die einzige Quelle korrosiv wirksamer Substanzen für die der Luft ausgesetzten Metalle sind. Manchmal können die korrosiven Stoffe von Materialien herrühren, die in Kontakt mit dem Metall sind. Zinkchlorid wird häufig zum Imprägnieren von Holz verwendet. Da diese Substanz sowohl hygroskopisch als auch korrosiv ist, so werden Nägel mit abnormer Geschwindigkeit angegriffen werden, wenn das verwendete Holz nicht ausgetrocknet ist,

---

[1] Anonym in Engineer **148** (1929) 576; s. auch D. B. KEYES: Chem. Ind. **12** (1934) 692 sowie A. H. RAINE u. L. E. WINTERBOTTOM: Soc. chem. Ind. Ann. Rep. **19** (1934) 44.

[2] Anonym in Chem. Ind. **13** (1935) 984.

[3] NONHEBEL, G.: Trans. Faraday Soc. **32** (1936) 1291.

[4] Anonym in Engineering **142** (1936) 546.

[5] SPELLER, F. N.: Corrosion in Steam Heating Systems, 34th Meeting Am. Soc. Heating Ventilating Eng. 1928.

wie BAECHLER[1] festgestellt hat. Organische Säuren im Holz wirken zerstörend, insbesondere auf Blei. NEWMAN[2] berichtet, daß in Indien der Salpeter der Bahndämme die Korrosion von Stahlschwellen erhöht.

2. Prüfung metallischer Werkstoffe für verschiedene Zwecke.

Anforderungen an den Werkstoff. Obwohl durch Gesetzgebung und örtliche Instanzen viel zur Verringerung des korrosiven Charakters der Atmosphäre getan werden kann, wird der einzelne Besitzer eines Metallwerkes seine durch Korrosion hervorgerufenen Schwierigkeiten wesentlich durch eine für den jeweiligen Zweck geeignete Wahl des Werkstoffes herabsetzen können. Hierbei können die bei den verschiedensten atmosphärischen Korrosionsprüfungen bisher gemachten Prüfungen von großem Nutzen sein, wenn auch der Wert der erzielten Daten von dem praktischen Zweck abhängig sein wird, dem das Metall dienen soll. In manchen Fällen wird der der Atmosphäre ausgesetzte metallische Gegenstand eine lediglich dekorative Funktion ausüben und es wird infolgedessen gefordert werden, daß er seinen ursprünglichen Glanz sowie seine Färbung ohne Veränderung beibehält. In diesem Falle werden diejenigen Prüfungen, die den *Reflexionsverlust* der verschiedenen Werkstoffe zum Gegenstand haben, von Bedeutung sein. Öfter jedoch bildet das Metall einen wesentlichen Teil in einem bestimmten Aufbau oder dient als Behälter oder zum Befördern für eine Flüssigkeit oder für Gase. In diesem Fall ist die Kenntnis des durch die Korrosion hervorgerufenen *Festigkeitsverlustes* zweckmäßiger. In anderen Fällen wieder dient das Metall als Leiter für den elektrischen Strom, so daß der Verlust der *elektrischen Leitfähigkeit* Aufmerksamkeit erfordert. An Aluminiumleitern, die einer Stadtatmosphäre ausgesetzt sind, ist der Verlust der Leitfähigkeit durch WILSON[3] in ausgedehnten Untersuchungen ermittelt worden. In chemischen Werken erfordern, wie LEWIS und KING[4] feststellen konnten, elektrische Meßinstrumente (insbesondere Ampèremeter) eine häufige Nacheichung, da sich ihr innerer Widerstand mit der Korrosion erhöht.

Unter den ausgedehnten Versuchsreihen umfassen diejenigen von HUDSON auch Messungen des Verlustes der Festigkeit und der elektrischen Leitfähigkeit. Allgemein gesprochen ist die *Gewichtszunahme* unter Bedingungen, bei denen die Korrosionsprodukte adhärieren, bzw. der *Gewichtsverlust* nach ihrer völligen Entfernung das üblichste Kriterium für den korrosiven Angriff.

Allgemeiner und lokalisierter Angriff. Ruft die Korrosion über ein gewisses Gebiet eine Veränderung gleichmäßiger Dicke hervor, so sollte der Gewichtsverlust proportional der Abnahme der Festigkeit oder der Leitfähigkeit sein. In Fällen jedoch, in denen die Korrosion sich an gewissen Stellen in das Metall hineingefressen hat (Lochfraß, *Pittingbildung*) oder in denen sie sich längs der Korngrenzen ausgebreitet hat *(intergranulare Korrosion)*, kann ein großer Verlust an Festigkeit oder Leitfähigkeit bei Proben vorhanden sein, an denen der gesamte Materialverlust relativ gering ist. CHAUDRON und HERZOG[5] haben

---

[1] BAECHLER, R. H.: Ind. eng. Chem. **26** (1934) 1336.

[2] NEWMAN, J.: Metallic Structures, London 1896, S. 79, 83.

[3] WILSON, E.: J. Inst. electr. Eng. **31** (1901) 321, **63** (1925) 1108; Pr. phys. Soc. **39** (1926) 15; Trans. Faraday Soc. **23** (1928) 188.

[4] LEWIS, E. I. u. G. KING: Making of a Chemical, London 1927, S. 166.

[5] HERZOG, E. u. G. CHAUDRON: C. r. **189** (1929) 1087, **194** (1932) 180.

Tabelle 15. Mittlere Dicken der Korrosionsschicht, die nach den verschiedenen

Untersuchtes Material	Cardington			Bournville			Wakefield		
	STEVENSON-Gefäß: Gewichtszunahme (Draht)	Völlige Exposition		STEVENSON-Gefäß: Gewichtszunahme (Draht)	Völlige Exposition		STEVENSON-Gefäß: Gewichtszunahme (Draht)	Völlige Exposition	
		Widerstandsänderung (Draht)	Gewichtsverlust (Platten)		Widerstandsänderung (Draht)	Gewichtsverlust (Platten)		Widerstandsänderung (Draht)	Gewichtsverlust (Platten)
80/20-Nickel-Chrom	762	1981,2	431,8	1371,6	3378,2	1168,4	1422,4	4445	1574,8
Blei	—	—	1422,4	—	—	1955,8	—	—	1879,6
Arsenhaltiges Kupfer . . .	381	4749,8	1600,2	914,4	6807,2	2489,2	1244,6	8890	3581,4
Kupfer hoher Leitfähigkeit .	406,4	3530,6	1930,4	939,8	6146,8	2921	1016	9423,4	3962,4
70/30-Nickel-Kupfer	1498,6	4368,8	1447,8	3403,6	8712,2	3149,4	3937	12141,4	3403,6
Cadmium-Kupfer (0,8 % Cd)	381	3810	1981,2	863,6	6705,6	2819,4	1066,8	10210,8	4064
Nickel	1625,6	4267,2	1143	2463,8	6959,6	2438,4	5765,8	14224	5537,2
Aluminiumbronze (3,5 % Al)	685,8	4064	2082,8	1422,4	6527,8	3048	1524	8737,6	4292,6
„Siliciumbronze"	—	4521,2	1930,4	—	6832,6	3098,8	—	9779	4572
80/20-Kupfer-Nickel	914,4	4749,8	2108,2	1828,8	5537,2	3276,6	2641,6	8940,8	5232,4
Zinnbronze (6,3 % Sn) . . .	482,6	3683	2438,4	1066,8	5207	3251,2	1244,6	6858	4800,6
70/30-Messing	965,2	5130,8	2057,4	1752,6	9118,6	3962,4	1981,2	13919,2	5207
Zink hoher Reinheit. . . .	889	—	2971,8	2692,4	—	5003,8	2997,2	—	6629,4
Gewöhnliches Zink	—	—	2870,2	—	—	4800,6	—	—	6553,2
60/40-Messing	—	—	2413	—	—	4775,2	—	—	5969
„Compo"-Draht	2717,8	3962,4	—	6096	8712,2	—	8813,8	11404,6	—
Mittelwert (unter Auslassung der Messinge) . .	812,8	3962,4	1879,6	1701,8	6299,2	3022,6	2286	9347,2	4318

für zahlreiche Materialien eine *Kennziffer* dadurch erhalten, daß sie den prozentischen Festigkeitsverlust durch den prozentischen Gewichtsverlust bei einem bestimmten Angriff dividierten. In dem Falle, in dem die korrodierte Schicht von gleichförmiger Dicke ist, muß diese Kennziffer genau gleich 1,0 sein. In Fällen lokalisierter Korrosion dagegen kann sie 40 oder noch größer sein.

So wird der Gewichtsverlust oder die Gewichtszunahme in vielen praktischen Fällen von geringerem Interesse als die Kenntnis der Pittingtiefe sein. Die AMERICAN SOCIETY FOR TESTING MATERIALS hat Proben wohldefinierter Dicke exponiert und die zur Durchlöcherung durch Korrosion erforderliche Zeit bestimmt.

Britische Prüfungen an Nichteisenmetallen. Die durch J. C. HUDSON für das Komitee der atmosphärischen Korrosionsuntersuchungen der BRITISH NON-FERROUS METALS RESEARCH ASSOCIATION durchgeführten Prüfungen umfassen Messungen des *Gewichtsverlustes* und der *Abnahme der elektrischen Leitfähigkeit* im Falle der Exposition an Außenatmosphäre, ferner Messungen der *Gewichtszunahme* sowie des *Festigkeitsverlustes* für Proben in STEVENSON-Gefäßen[1]. Die HUDSONschen Ergebnisse[2] sind besonders interessant, da sie nicht nur dem

---

[1] STEVENSON-Gefäße sind die Umhüllungen, die gewöhnlich für Instrumente bei meteorologischen Stationen verwendet werden; sie sind mit doppelten Bedachungen versehen und besitzen doppelt belüftete Flächen. Sie sollen eine freie Luftzirkulation mit angemessenem Schutz gegenüber Regen verbinden.

[2] HUDSON, J. C.: Trans. Faraday Soc. **25** (1929) 177; J. Inst. Met. **44** (1930) 409; J. Birmingham met. Soc. **14** (1934) 331; Am. Soc. Test. Materials Symposium on Outdoor Weathering of Metals and Metallic Coatings **1934**, 45, 67, 93; Met. Ind. London **44** (1934) 415. Diese Arbeit enthält eine Zusammenfassung über Prüfungen an Außenatmosphären in Deutschland, Amerika, Holland und Schweden.

experimentellen Methoden in 10^{-6} mm/Jahr angegeben werden. (Nach J. C. Hudson.)

Birmingham			Southport			Mittel der 5 Stationen				Gewichtsverlust/Widerstandsänderung	Widerstand/Gewichtszunahme (STEVENSON)
STEVENSON-Gefäß: Gewichtszunahme (Draht)	Völlige Exposition		STEVENSON-Gefäß: Gewichtszunahme (Draht)	Völlige Exposition		STEVENSON-Gefäß: Gewichtszunahme (Draht)	Völlige Exposition		Gewichtsverlust (Platten)		
	Widerstandsänderung (Draht)	Gewichtsverlust (Platten)		Widerstandsänderung (Draht)	Gewichtsverlust (Platten)		Widerstandsänderung (Draht)	Zugprobe (Draht)			
2819,4	7899,4	2159	1219,2	3479,8	660,4	1524	4214,8	3048	1193,8	7,11	71,12
—	—	3683	—	—	1778	—	—	—	2133,6	—	—
3200,4	8966,2	3911,6	1092,2	9296,4	3175	1371,6	7747	7924,8	2946,4	9,65	142,24
2946,4	7670,8	4013,2	990,6	9728,2	3759,2	1270	7315,2	7315,2	3327,4	11,68	147,32
9550,4	16662,4	6172,2	3225,8	10007,6	2870,2	4318	10363,2	9880,6	3403,6	8,38	60,96
3048	8890	4546,6	990,6	10337,8	3733,8	1270	7975,6	—	3429	10,92	160,02
6623	14325,6	5842	3581,8	8255	2819,4	3937	9601,2	9118,6	3556	9,40	60,96
4318	1041,4	5816,6	1422,4	11252,2	3835,4	1879,6	8204,2	6400,8	3810	11,68	111,76
—	8686,6	5791,2	—	9702,8	4546,6	—	7899,4	6146,8	3987,8	12,95	—
5181,6	9169,4	5410,2	2260,6	7721,6	4546,6	2565,4	7213,6	9017	4114,8	14,48	71,12
3835,5	7747	6172,2	1168,4	7823,2	5384,8	1549,4	6273,8	3683	4419,6	17,78	10,16
4368,8	15087,6	8026,4	2336,8	12852,4	4953	2286	11226,8	26162	4851,4	10,92	124,46
7112	—	9550,4	2057,4	—	5054,6	3149,6	—	—	5842	—	—
—	—	9855,2	—	—	5257,8	—	—	—	5867,4	—	—
—	—	10363,2	—	—	6045,2	—	—	—	5918,2	—	—
18262,6	18313,4	—	5613,4	11328,4	—	8305,8	10769,6	56083,2	—	—	33,02
4826	10033	5613,4	1803,4	3657,6	3657,6	2286	7670,8	6959,6	3708,4	11,43	101,6

Vergleich des Widerstandes verschiedener Materialien dienen, sondern auch den Vergleich der in 5 Stationen erhaltenen Korrosionen mit 5 verschiedenen Atmosphären ermöglichen. Die Versuche wurden an folgenden Stationen durchgeführt:

1. Cardington, Bedfordshire; Beispiel einer ländlichen Atmosphäre.

2. Bournville, bei Birmingham (Dach der Kakaofabrik); Beispiel einer stadtähnlichen Atmosphäre.

3. Birmingham (Dach des Hauptpostamtes); Beispiel für eine städtische Atmosphäre.

4. Wakefield (Clarence Park); Beispiel für eine industrielle Atmosphäre.

5. Southport (Golfplatz); Beispiel für eine maritime Atmosphäre.

Die nach etwa 1 Jahr erhaltenen Ergebnisse sind in Tabelle 15 wiedergegeben. Dabei ist zu erkennen, daß der Angriff in der verunreinigten Atmosphäre von Wakefield oder Birmingham viel größer als im Falle der stadtähnlichen Atmosphäre von Bournville ist, während in der noch reineren Atmosphäre von Cardington die Korrosion noch langsamer erfolgt. Es ist anzunehmen, daß hierbei die Schwefelverbindungen der industriellen Gebiete den größten Schaden verursachen, wodurch die Schlußfolgerungen Vernons gestützt werden, die auf einer Analyse der Korrosionsprodukte basieren. Die Ergebnisse von Southport lassen erkennen, daß Seeluft für die meisten Werkstoffe weniger korrosiv als Stadtluft wirkt, trotz des größeren Betrages an suspendierten Chloriden. Wahrscheinlich gibt es jedoch in Großbritannien wenig Orte, an denen Chloride in der Atmosphäre fehlen.

Eine gewisse Beziehung sollte zwischen dem Anstieg des elektrischen Widerstandes bei Drahtproben und der Abnahme der Bruchlast bestehen. Diese Beziehung wird durch die in Tabelle 16 wiedergegebenen Zahlen veranschaulicht, die das Mittel aller fünf Versuchsstationen enthält. Die Beziehung versagt im Falle der Messinge, bei denen der relative Festigkeitsverlust das Mehrfache des relativen Widerstandsanstieges beträgt. HUDSON führt diese Erscheinung auf die Wiederausscheidung von Kupfer auf diesen Proben zurück. Das wiederausgeschiedene Kupfer könnte als elektrischer Leiter wirken und wäre imstande, die anormal geringe Zunahme des beobachteten Wiederstandes zu erklären, würde jedoch einen nur geringen Beitrag zur Festigkeit liefern. Die mittlere Abnahme der Bruchlast beim „Compo"-Draht (im wesentlichen ein 64/36-Messing mit 1% Blei) ist mehr als doppelt so groß wie die bei 70/30-Messing, obwohl das erstere eine geringere Zunahme des elek-

Tabelle 16. Beziehung zwischen der Zunahme des elektrischen Widerstandes und der Abnahme der Bruchlast. Mittelwerte für sämtliche 5 Stationen nach 1jähriger Exposition der Proben von etwa 1,2 mm Durchmesser. (Nach J. C. HUDSON.)

Material	Zunahme des elektrischen Widerstandes in %	Abnahme der Bruchlast in %
80/20-Nickel-Chrom	1,39	1,00
Zinnbronze	2,06	1,21
80/20-Kupfer-Nickel	2,37	2,96
Kupfer hoher Leitfähigkeit .	2,40	2,40
Arsenhaltiges Kupfer . . .	2,54	2,60
„Siliciumbronze"	2,59	2,02
Cadmium-Kupfer	2,62	—
Aluminiumbronze	2,69	2,10
Nickel	3,15	2,99
70/30-Nickel-Kupfer	3,40	3,24
„Compo"-Draht	3,53	18,4
70/30-Messing	3,68	8,58

trischen Widerstandes zeigt. Eine mikroskopische Prüfung läßt erkennen, daß der Effekt der Kupferwiederausscheidung sehr viel ausgeprägter an dem ersteren Material ist.

Es ist interessant, die HUDSONschen Ergebnisse an dem Hauptpostamt in Birmingham zu vergleichen mit denen der 7jährigen Prüfungen am Dach des Technical College durch FRIEND[1], das einige 100 m entfernt liegt. Bei den FRIENDschen Prüfungen zeigen Blei, Zinn, Aluminium und nichtrostende Stähle geringe, Kupfer mittlere und Messing, Nickel sowie Zink relativ hohe Gewichtsverluste, obwohl sie noch klein sind im Vergleich zu denen an Eisen und Stahl. HUDSON[2] hat die FRIENDschen Ergebnisse auf seine Maßeinheiten umgerechnet; der Vergleich ist aus Tabelle 17 ersichtlich.

Langsame Normalkorrosion von Nichteisenmaterialien. HUDSON weist mit Nachdruck auf die überraschend geringe Korrosionsgeschwindigkeit von Nichteisenmaterialien bei seinen Untersuchungen hin. Seine Angaben zeigen, daß die mittlere Schichtdicke des korrodierten Metalles zwischen $381 \cdot 10^{-6}$ und $18313{,}4 \cdot 10^{-6}$ mm im ersten Jahre schwankt. Unter der Annahme, daß diese Korrosionsgeschwindigkeit konstant bleibt, kann die „wahrscheinliche Lebensdauer" von Blechen mit 0,762 mm Dicke, die einer nur einseitigen Korrosion ausgesetzt werden, wie es bei ihrer Verwendung bei Dächern der Fall ist, auf zwischen 2000 und 42 Jahre geschätzt werden. Wenn die Korrosions-

---

[1] FRIEND, J. A. N.: J. Inst. Met. **42** (1929) 149.
[2] HUDSON, J. C.: J. Inst. Met. **42** (1929) 153.

geschwindigkeit, was wahrscheinlich der Fall ist, mit der Zeit abfällt, würde die Lebensdauer noch größer sein, vorausgesetzt, daß der Angriff gleichförmig bleibt und Lochfraß ausbleibt.

HUDSON betont, daß seine Ergebnisse den Nachweis erbringen, daß das untersuchte Material eine nur sehr geringe Pittingbildung aufweist, da erstens die elektrischen Prüfungen gut mit den mechanischen übereinstimmen (ausgenommen den Fall des Messings wegen der Entzinkung), und zweitens die Zunahme des Widerstandes bei hochleitenden Kupferdrähten umgekehrt proportional dem Durchmesser ist. Das zweite Argument ist überzeugender als das erste, bezieht sich aber nur auf ein Material.

Intensivierte Korrosion nichtmetallischer Werkstoffe bei Sonderbedingungen. Die hinsichtlich der Langlebigkeit von Nichteisenwerkstoffen gezogenen Schlüsse sind zweifellos unter sog. normalen Bedingungen gerechtfertigt, jedoch erfolgt eine Intensivierung des Angriffes im Falle besonderer Bedingungen. Wird z. B. in einem industriellen Gebiet der über die große Fläche eines Schiefer- oder Glasdaches ablaufende Regen über eine Zinkgosse zum Boden abgeleitet, so wird damit eine bedeutende Menge von Säure mit dem Regen zum Abfluß gelangen, die er auf dem Weg über diese „Sammelfläche" aufgenommen hat. Die gesamte korrosive Wirkung wird sich nun auf die kleine Zinkfläche konzentrieren, die damit einem ernstlichen Angriff unterworfen wird und innerhalb weniger Jahre durchlöchert sein kann. EVANS[1] sind Beispiele einer derartigen Korrosion an Nichteisenmetallen unter den gekennzeichneten Bedingungen bekannt. Ähnliche Fälle hat RICHARDS[2] beschrieben. Ihre Existenz ist durch HUDSON völlig bestätigt worden[3].

Grenzfilmdichte. Nach HUDSON wechselt die Löslichkeit des Korrosionsproduktes von Metall zu Metall. In gewissen Fällen wird der Regen die besonders gut löslichen Produkte allmählich fortbefördern, während die weniger löslichen Verbindungen auf dem Metall zurückbleiben. Es wird sich so ein Zustand herausbilden, in dem der Film so dick und kompakt geworden ist, daß er die Korrosion fast zum Stillstand bringt. Ein weiterer Angriff ist jedoch noch durch die Auflösung der äußeren Schichten des Korrosionsproduktes möglich, was zu einer vorübergehenden Dickenabnahme des Filmes führt, die eine weitere

Tabelle 17. Mittlere Dicke der korrodierten Schicht, bestimmt aus dem Gewichtsverlust der Untersuchungen in Birmingham (berechnet unter der Annahme, daß das Gewicht des korrodierten Metalles gleichförmig über die gesamte Probenoberfläche verteilt ist).

Material	Mittlere Dicke der korrodierten Schicht. Angaben in 10^{-6} mm/Jahr	
	J. A. N. FRIEND (7jährige Versuchsdauer)	J. C. HUDSON (1jährige Versuchsdauer)
Blei	863,6	3 683
Arsenhaltiges Kupfer (0,4 % As)	2032	3 911,6
Kupfer hoher Leitfähigkeit .	2336,8	4 013,2
Muntz-Metall	3810	10 363,2
Nickel	4800,6	5 842
Zink	5486,4	9 855,2

---

[1] EVANS, U. R.: Trans. Faraday Soc. **25** (1929) 484.

[2] RICHARDS, H. F.: Met. Ind. London **32** (1928) 633.

[3] Wegen weiterer Angaben hinsichtlich der Zinkkorrosion in Stadtgebieten s. W. S. PATTERSON: J. Soc. Chem. Ind. **50** (1931) 120 T.

Diffusion von Sauerstoff oder korrosiver Stoffe zu dem Metall zulassen wird. So wird bei einigen Materialien eine *Grenzfilmdichte* erreicht werden, bei der die Auflösung der verschiedenen Schichten durch Regenwasser gerade durch die auf Diffusion beruhende Neubildung des Filmes kompensiert wird. Im Falle eines undurchlässigen und unlöslichen Filmes kann die Geschwindigkeit beider Vorgänge sehr klein sein, was wahrscheinlich die Ursache für die außerordentlich lange Lebensdauer von Kupferdächern ist. Die Ausbildung einer Grenzfilmdichte ist auch durch VERNON[1] an Blei und Aluminium, die der Innenatmosphäre ausgesetzt worden sind, gezeigt worden, während WILSON[2] an Aluminium, das der Außenatmosphäre ausgesetzt worden war, feststellen konnte, daß die radiale Dicke der korrodierten Schicht nach einer 23jährigen Oxydation die gleiche wie nach einer 8jährigen war, trotz des in der dazwischenliegenden Zeit eingetretenen Metallverlustes.

Tabelle 18. Vergleich der Ergebnisse der Untersuchung atmosphärischer Korrosion nach der Methode des elektrischen Widerstandes und des Abfalles der Bruchlast. Die Proben sind 5 Jahre in South Kensington, London, durch J. C. HUDSON exponiert worden.

Material	Mittlere Korrosion. Angaben in 10^{-6} mm je Jahr	
	Widerstandsmethode	Methode der Abnahme der Bruchlast
Arsenhaltiges Kupfer . . .	4953,0	4546,6
Kupfer hoher Leitfähigkeit .	4978,4	3962,4
Postamts-Bronze (nur Zinn).	5003,8	5740,4
Postamts-Bronze (Zink + Zinn)	5054,6	4216,4
Cadmium-Kupfer	5156,2	4114,8
80/20-Kupfer-Nickel . . .	5461,0	4064,0
70/30-Messing	8813,8	35153,6
70/30-Nickel-Kupfer . . .	11963,4	11379,2
Nickel	12014,2	10769,6

Fünf - Jahresprüfungen an Nichteisendrähten. HUDSON[3] hat in South Kensington auch einige spezielle Prüfungen an hartgezogenen Nichteisendrähten (Durchmesser zumeist 1,68 mm) ausgeführt, die über 5 Jahre erstreckt wurden, wobei die Schädigung sowohl durch die Abnahme der Bruchlast als auch durch die Vergrößerung des elektrischen Widerstandes festgestellt wurde. Die in Tabelle 18 wiedergegebenen Daten bestätigen die hauptsächlichsten der aus den kürzeren Versuchen gezogenen Schlüsse. Dabei erweisen sich wiederum die meisten Nichteisenmaterialien als sehr widerstandsfähig gegenüber atmosphärischer Korrosion, jedoch bildet Messing eine wichtige Ausnahme, da es innerhalb von 5 Jahren 40% seiner Festigkeit einbüßt. Messing ist also das einzige Material, bei dem die beiden Methoden, nach denen der auftretende Schaden verfolgt wird, nicht übereinstimmen; die Diskrepanz ist auch hier auf die Wiederabscheidung von Kupfer zurückzuführen.

Kupfer sowie die kupferreichen Legierungen erweisen sich nach HUDSON als die widerstandsfähigsten der von ihm untersucht Materialien. Im Falle des Nickels und der 70/30-Nickel-Kupfer-Legierung ist der Angriff deutlicher. In maritimer Atmosphäre erweist sich Nickel jedoch widerstandsfähiger als Kupfer und die kupferreichen Legierungen.

[1] VERNON, W. H. J.: Trans. Faraday Soc. **23** (1927) 152, 156.

[2] WILSON, E.: Trans. Faraday Soc. **23** (1927) 189, **25** (1929) 496; J. Inst. electr. Eng. **69** (1930) 89.

[3] HUDSON, J. C.: J. Inst. Met. **56** (1935) 91.

Die über 5 Jahre erstreckten Proben lassen klar erkennen, daß die Korrosionsgeschwindigkeit im Falle von Kupfer und seinen Legierungen, die kleine Zusätze von Arsen, Nickel, Silicium, Zinn und Cadmium enthalten, in einer städtischen Atmosphäre mit der Expositionszeit abnimmt, was offenbar auf die Ausbildung eines schützenden Filmes zurückzuführen ist. Beim Zink liegt kein Anzeichen für die Bildung eines schützenden Filmes vor. Im Falle des Nickels ist die Abnahme der Korrosionsgeschwindigkeit wenig deutlich. Diese Erscheinungen stimmen mit dem löslichen Charakter der Korrosionsprodukte dieser beiden zuletzt genannten Metalle überein.

HUDSON betont nachdrücklich, daß sich diese Ergebnisse auf Drähte beziehen. Es ist nicht unwahrscheinlich, daß sich schützende Filme auf größeren Proben in Blechform rascher ausbilden würden. Bei allen Drahtproben ist der Einfluß des Drahtdurchmessers auf die Korrosion zu beachten. MEARS[1] hat bei seinen Untersuchungen an verzinkten Drähten von 0,51, 1,52, 3,05 und 12,7 mm Durchmesser nach einer Expositionszeit von 6 Monaten auf einem Dach in der Stadt New York Gewichtsverluste von 7,1, 3,7, 2,9 bzw. 1,6 mg/cm^2 feststellen können. Einige der von HUDSON erhaltenen Resultate, die durch Messung der Abnahme der Bruchlast nach 5jähriger Exposition erhalten worden sind, zeigen den gleichen Effekt.

Amerikanische Prüfungen an Nichteisenmetallen. Sehr ausgedehnte Prüfungen an Nichteisenmetallen an der Außenatmosphäre sind durch die AMERICAN SOCIETY FOR TESTING MATERIALS in neun verschiedenen Atmosphären durchgeführt worden. FINKELDEY[2] berichtet im Jahre 1934 über die Ergebnisse folgendermaßen:

„Die in industrieller Atmosphäre widerstandsfähigsten Materialien sind Blei, Bleilegierungen, Zinn und Aluminiumbronze, Kupfer und die kupferreichen Legierungen im allgemeinen, Handelsaluminium, aluminiumplattiertes Duralumin sowie die Aluminium-Mangan-Legierung. Am wenigsten widerstandsfähig gegenüber Korrosion sind Nickel, Handelszink verschiedener Zusammensetzung und Duralumin. Andere Werkstoffe, wie 70/30-Messing, Manganbronze, die Nickel-Kupfer-Legierung zeigen einen Korrosionswiderstand, der zwischen dem dieser beiden Gruppen liegt.

In maritimer Atmosphäre sind Blei, Bleilegierungen, Nickel, Nickel-Kupfer-Legierungen, die Bronzen, kupferreiche Legierungen und Handelskupfer am widerstandsfähigsten. Den geringsten Korrosionswiderstand unter diesen Bedingungen weisen die verschiedenen Zinksorten, Zinn, Manganbronze, Duralumin, Handelsaluminium sowie die Aluminium-Magnesium-Silicium-Legierung auf. Die Messinge, aluminiumplattiertes Duralumin und die Aluminium-Mangan-Legierung besitzen einen Korrosionswiderstand, der etwas größer ist als derjenige der am wenigsten widerstandsfähigen Materialien.

Im allgemeinen zeigen die in den Prüfungen des Komitees eingeschlossenen Nichteisenmetalle und deren Legierungen einen geringeren Korrosionswiderstand in einer Industrieatmosphäre als in Seeluft."

---

[1] MEARS, R. B.: Bell Labor. Record **11** (1933) 141.
[2] FINKELDEY, W. H.: In Am. Soc. Test. Mat., Symposium on Outdoor Weathering of Metals and Metallic Coatings, 1934, S. 69.

QUICK[1] beschreibt einige über 9 Jahre erstreckte Prüfungen an Drahtgittern aus Kupfer und seinen Legierungen mit Zink, Nickel, Zinn und Aluminium, die an folgenden Stellen ausgesetzt worden waren:

Pittsburgh, Industrieatmosphäre,

Portsmouth, Virginia, gemäßigte Meeresküste,

Cristobal, Panama, tropische Meeresküste,

Washington, Binnenland.

Die bis zur Durchlöcherung des Materiales erforderlichen Zeiten sowie der Festigkeitsverlust sind ermittelt worden. Kupfer und seine Legierung mit 2% Zinn scheinen, im ganzen gesehen, die besten Ergebnisse zu liefern. Das 80/20-Messing ergibt für zwei maritime Stationen sehr schlechte Resultate: in weniger als 5 Jahren wurde das Material durchlöchert. Die übrigen untersuchten Materialien wiesen auch nach 9 Jahren noch keine Durchlöcherung auf. Die Lebensdauern der 70/30-Nickel-Kupfer-Legierung und 95/5-Kupfer-Aluminium-Legierung waren enttäuschend gering bei einer Exposition in der Industrieatmosphäre von Pittsburgh.

Korrosionsprüfungen an Eisen und Stahl. HUDSON führt weiterhin im Auftrage des Vereinigten Korrosionskomitees des IRON AND STEEL INSTITUTE und der BRITISH IRON AND STEEL FEDERATION Prüfungen an Eisenmetallen durch[2]. Eine Besonderheit dieser Prüfungen — im wesentlichen zurückzuführen auf den Chairman dieses Komitees, Dr. W. H. HATFIELD, Sheffield — besteht darin, daß sie an Werkstoffen durchgeführt werden, die hinsichtlich ihrer Herstellung und ihrer darauffolgenden Geschichte völlig bekannt sind. Es steht zu hoffen, daß diese Versuche verbindliche Ergebnisse für verschiedene Eisensorten liefern werden — einschließlich der relativen Brauchbarkeit von Schweißeisen, Ingoteisen und niedrig gekohltem Stahl — und daß sie die Möglichkeit eines Vergleiches für eine Reihe von Konstruktionsstählen hoher Festigkeit eröffnen werden. Im allgemeinen werden die Materialien sowohl ohne als auch mit Farbanstrich untersucht; Einzelheiten hierüber finden sich in Kapitel XIV.

Das Korrosionskomitee hat 14 Korrosionsstationen errichtet, die sich sowohl im englischen Heimatland als auch im Ausland befinden. Sie umfassen die in Tabelle 19 angegebenen Atmosphären.

Allein in Sheffield sind bereits $2^1/_2$ t Stahl im Korrosionsversuch exponiert worden; die meisten der verwendeten Proben besitzen Abmessungen von 381×254 mm.

Einige Hilfsprüfungen an kleinen Proben ($101{,}6 \times 50{,}8$ mm) sind bereits über 3 Jahre durchgeführt worden. Ihre Ergebnisse sind in Tabelle 19 zusammengefaßt worden[3], da sie die großen Unterschiede in dem korrosiven Verhalten bei verschiedenen klimatischen Bedingungen erkennen lassen. Der Vergleich zwischen Zink und Eisen ist besonders interessant. In manchen Klimata wird, wie aus der Tabelle hervorgeht, das Zink weitaus weniger als das Eisen angegriffen; im Dover Holes Tunnel dagegen korrodiert es fast schneller als Eisen.

---

[1] QUICK, G. W.: Bur. Stand. J. Res. **14** (1935) 775.

[2] Anonym in Rep. Corrosion Comm. Iron Steel Inst. **1** (1931), **2** (1934), **3** (1935). — Gute Zusammenstellungen s. bei W. H. HATFIELD: Iron Steel Inst. spec. Rep. **11** (1936) sowie J. C. HUDSON: J. Birmingham met. Soc. **14** (1934) 343.

[3] HUDSON, J. C.: Rep. Corrosion Comm. Iron Steel Inst. **3** (1935) 49.

Tabelle 19. Korrosion während eines Jahres in 10^{-6} mm. (Nach J. C. Hudson.)

Ort	Charakteristik der Atmosphäre	Ingoteisen	Zink
Khartum	Tropisch, trocken	711,2	558,8
Abisko, Schweden	Polar, staubfrei	4013,2	914,4
Aro, Nigeria	Tropisch, Binnenland	8610,6	1447,8
Basrah	Heiß, trocken	10160,0	711,2
Singapore	Tropisch, maritim	13131,8	1168,4
Apapa, Nigeria	Tropisch, maritim	16611,6	965,2
Llanwrtyd Wells, Waliser Berge	Sehr rein, aber infolge heftiger atlantischer Regen salzhaltig	47955,2	2997,2
Calshot	Maritim	53441,6	3073,4
Südafrika	—	66116,2	4470,4
Dove Holes Tunnel (oben) . .	Stark verunreinigt durch Lokomotivdampf	72161,4	91668,6
Dove Holes Tunnel (unten) .	Stark verunreinigt durch Lokomotivdampf	77876,4	87604,6
Motherwell	Industriell	79679,8	4572,0
Woolwich	Industriell	88188,8	3708,4
Sheffield	Industriell	98755,2	14630,4
Redcar	Maritim	—	—

Einfluß von Kupfer in Stahl auf die atmosphärische Korrosion. Die erste Prüfungsreihe des Vereinigten britischen Korrosionskomitees bezieht sich auf den Einfluß des Kupfers in weichem Konstruktionsstahl. Drei Gußblöcke wurden am gleichen Tage hergestellt. Dabei bestand der eine Block aus Stahl, der praktisch kupferfrei war, der zweite und dritte bestanden aus dem gleichen Stahl, dem 0,2 bzw. 0,5% Kupfer zulegiert worden waren. Die Herstellung wurde sorgsam überwacht. Eine 250 t-Schmelze wurde in einem basisch geführten Kippofen erschmolzen und in drei getrennten 75 t-Gießpfannen vergossen. Die erforderliche Kupfermenge wurde zu zweien dieser Pfannen hinzugegeben. Die drei Stähle wurden dann in üblicher Weise vergossen, anschließend gewalzt und zu Platten geschnitten. Es wurden so drei Reihen von Proben erzielt, in denen der Kupfergehalt die einzige bekannte Variable ist, da sowohl die Gießbedingungen als auch der Walzvorgang in allen Fällen identisch sind. Die Ergebnisse dieser Prüfungen sind noch nicht abgeschlossen, wenngleich die Exposition dieser drei Stähle in den verschiedenen Stationen bereits verschiedene Anhaltspunkte dafür erbracht hat, daß das Zulegieren von Kupfer den Widerstand des Stahles gegenüber vielen atmosphärischen Erscheinungen erhöht.

Die Ergebnisse der von der American Society for Testing Materials in den Jahren 1916/17 begonnenen Prüfungen an Stationen, die drei verschiedene Typen von Atmosphären repräsentieren, führten zu genau denselben Schlüssen. Die in Tabelle 20[1] zusammengestellten Daten lassen sehr deutlich die erhöhte Lebensdauer erkennen, die in sämtlichen Fällen durch die Gegenwart des Kupfers herbeigeführt wird. Eine andere Analyse dieser Ergebnisse ist durch Kendall und Taylerson[2] sowie durch Hocker[3] und, von einem verschiedenen Stand-

---

[1] Aus anonym in Pr. Am. Soc. Test. Mat. **23** I (1923) 150, **28** I (1928) 156, **34** I (1934) 156.
[2] Kendall, V. V. u. E. S. Taylerson: Pr. Am. Soc. Test. Mat. **29** II (1929) 204.
[3] Hocker, C. D.: In Am. Soc. Test. Mat., Symposium on Outdoor Weathering of Metals and Metallic Coatings, 1934, S. 3.

punkt aus, durch DAEVES[1] veröffentlicht worden. Interessante Daten sind von SPELLER[2] gesammelt worden. BURNS[3] kommt zu dem Ergebnis, daß in den meisten industriellen Atmosphären der Widerstand des Stahles durch 0,25% Kupfer verdoppelt wird, daß jedoch in der Stadt New York die durch das Kupfer gegebene Widerstandsfähigkeit des Werkstoffes durch die in der Atmosphäre vorhandenen Chloride zerstört wird. In ähnlicher Weise haben Prüfungen an der Außenatmosphäre durch FRIEND[4], die während 7 Jahren an dem Dach des Technical College in Birmingham und während 6 Jahren am Dach des Laboratoriums der Gaswerke in Birmingham durchgeführt wurden, gezeigt, daß Stahl mit 0,15% Kupfer einen ebenso geringen Gewichtsverlust erleidet wie Schweißeisen und einen wesentlich geringeren als weicher Stahl, dem kein Kupfer zulegiert worden ist. Prüfungen in der Tschechoslowakei, die von EISEN-KOLB[5] durchgeführt worden sind, bringen eine Bestätigung des guten Einflusses, den Kupfer im Stahl ausübt, und lassen vermuten, daß diese Wirkung durch einen kleinen Zusatz von Molybdän leicht gesteigert werden kann. Es ist wichtig, festzustellen, daß gekupferte Stähle der Pittingbildung weniger zugänglich sind als gewöhnlicher Stahl; auch behalten sie ihren besonderen Wert, wenn sie in angestrichenem Zustand verwendet werden, da die Farbe von dem Metall weniger leicht fortgewischt werden kann, als das oft bei gewöhnlichem Stahl der Fall ist, bei dem große Mengen voluminösen Rostes an einzelnen Punkten gebildet werden.

Interessante photographische Aufnahmen von DAEVES[6] zeigen gekupferten Stahl, der unter den gleichen Bedingungen wie gewöhnlicher Stahl in Betrieb gewesen ist. Die Aufnahmen umfassen Dachbleche, Eisenbahngüterwagen und Drahtzäune. Es besteht hinsichtlich der Überlegenheit gekupferter Werkstoffe kein Zweifel. Seine Untersuchungen an gekupfertem Stahldraht zeigen einen deutlichen Vorteil gegenüber kupferfreiem Draht. Photographien von Stählen mit vier verschiedenen Kupfergehalten, die durch BAUER, VOGEL und HOLT-HAUS[7] während 15 Monaten gesättigtem Wasserdampf ausgesetzt wurden, weisen in die gleiche Richtung. Die neuerdings von DAEVES[8] erzielten Ergebnisse scheinen auch den Nachweis zu erbringen, daß der Widerstand gekupferter Stähle durch einen Phosphorzusatz weiterhin erhöht werden kann, eine Ansicht, die auch in Amerika geäußert worden ist (s. S. 454).

Weitere beachtliche Erfahrungen hinsichtlich der Eisen-Kupfer-Legierungen haben GREGG und DANILOFF[9] gesammelt. Ausgedehnte Untersuchungen in Amerika und Deutschland scheinen darauf hinzudeuten, daß Kupfer in industriellen Bezirken, in denen in der Luft große Mengen dampfförmiger Schwefelverbindungen vorhanden sind, günstig wirkt, daß die Verwendung gekupferter Stähle dagegen nur einen vergleichsweise geringen Vorteil bietet, sofern ein

[1] DAEVES, K.: Stahl Eisen **46** (1926) 609; s. auch Druckfehlerangabe auf S. 644.

[2] SPELLER, F. N.: Corrosion: Causes and Prevention, New York-London 1935, S. 115, 118, 122.   [3] BURNS, R. M.: Bell Syst. techn. J. **15** (1936) 22.

[4] FRIEND, J. A. N.: Carnegie Scholarship Mem. **18** (1929) 61.

[5] EISENKOLB, F.: Korr. Met. **10** (1934) 161.

[6] DAEVES, K.: Stahl Eisen **46** (1926) 1857, **48** (1928) 1170.

[7] BAUER, O., O. VOGEL u. C. HOLTHAUS: Mitt. Materialprüfungsamt, Sonderheft 11 (1930) 24.   [8] DAEVES, K.: Arch. Eisenhüttenwesen **9** (1935/1936) 37.

[9] GREGG, J. L. u. B. N. DANILOFF: The Alloys of Iron and Copper, New York-London 1934.

Tabelle 20. Einfluß von Kupfer in Stahlblechen bei den Prüfungen an Außenatmosphäre durch die AMERICAN SOCIETY FOR TESTING MATERIALS.

Ort	Nr.	Qualität	Prozentgehalt der Fehlleistung		
			1923	1928	1934
Pittsburgh: Versuchsbeginn Dezember 1916	16	Kupfer	0	Unterbrochen nach 1923	
	16	kein Kupfer	81		
	22	Kupfer	84		
	22	kein Kupfer	100		
Fort Schneider: Versuchsbeginn April 1917	16	Kupfer	0	0	Unterbrochen nach 1928
	16	kein Kupfer	1	3	
	22	Kupfer	0	0	
	22	kein Kupfer	51	93	
Annapolis: Versuchsbeginn Oktober 1916	16	Kupfer	0	0	0
	16	kein Kupfer	0	0	0
	22	Kupfer	0	1	5
	22	kein Kupfer	3	29	67

Eingraben in den Boden oder Eintauchen in Seewasser beabsichtigt ist. Die
Untersuchungen an Stählen, die neben Kupfer geringe Mengen anderer Elemente
enthalten und maritimen Bedingungen Widerstand leisten sollen, schreiten
gut vorwärts, wenngleich einige derjenigen Materialien, die im Laboratoriumsversuch gute Ergebnisse geliefert haben, bei der Anwendung in großem Maßstabe
Schwierigkeiten bereiten. CARIUS[1] hat einige verheißungsvolle vorläufige Ergebnisse mit einem Stahl erhalten, der 0,11% Aluminium sowie 0,20% Kupfer
enthält. Nach 1jähriger Exposition an der Atmosphäre hatte sich die Oberfläche mit einer adhärierenden harten und braunen (oder weißlich-braunen)
Kruste überzogen, unter der sich eine Kupferschicht befand, die den Stahl
bedeckte. Nach der Entfernung dieser Schicht war keine Spur eines Angriffes,
wie er an der Oberfläche gewöhnlicher Kupferstähle sonst unter den gleichen
Versuchsbedingungen auftritt, erkennbar.

Sowohl in Großbritannien als auch in Amerika sind Stähle, die kleine Mengen
von Kupfer als auch von Chrom enthalten, im Handel. SCHRAMM, TAYLERSON
und STUEBING[2] beschreiben einen derartigen Stahl, der in einer industriellen
Atmosphäre einen 4- bis 6mal so großen Widerstand wie gewöhnlicher Stahl
aufweist; er besitzt eine hohe Zugfestigkeit, und es ist beabsichtigt, ihn
für Eisenbahngüterwagen zu verwenden. Nach SPELLER[3] verdoppeln 0,25%
Kupfer oftmals die Lebensdauer von Stahl, sie sind sogar in der Lage, sie zu
verdreifachen, während 1% Chrom sie gleichfalls verdoppelt und eine nahezu
50%ige Steigerung der Festigkeit hervorruft.

Die theoretischen Gesichtspunkte hinsichtlich des Kupfereinflusses auf
Stahl werden auf S. 447 behandelt.

Verlust des „Glanzes" während des atmosphärischen Angriffes. In denjenigen
Fällen, in denen die Metallteile für rein dekorative Zwecke verwendet werden,
sind Messungen der Gewichtsveränderung, des Festigkeitsverlustes oder der
elektrischen Leitfähigkeit ohne direktes Interesse. In solchen Fällen sind optische

---

[1] CARIUS, C.: Korr. Met. **7** (1931) 190.
[2] SCHRAMM, G. N., E. S. TAYLERSON u. A. F. STUEBING: Iron Age **134** (6. Dezember
1934) 33.   [3] SPELLER, F. N.: Techn. Publ. Am. Inst. min. met. Eng. Nr. 553 (1934).

Prüfungen wesentlich wertvoller. DIGBY[1] hat ein Instrument zur Messung der Reflexionsänderung eingeführt, mit dem er den Reflexionsverlust verschiedener in Westminster, West Hartlepool, Fairhaven (Lancashire) und an anderen Stellen exponierter Materialien ermittelt hat. Rostfreie Stähle und 18/8-Chrom-Nickel-Stahl (Staybrite) konnten in Westminster ihr Reflexionsvermögen bewahren, wobei der einfache rostfreie Stahl sich in dieser besonderen Hinsicht als besser erwies.

Anlaufen von Silber. Bei den DIGBYschen Prüfungen verlor Standardsilber im allgemeinen sein Reflexionsvermögen rascher als Feinsilber. VERNON[2], der gleichfalls den Reflexionsverlust als ein Kriterium für die Verschlechterung der Oberfläche benutzt, konnte zeigen, daß besonderes Standardsilber, das 1,75% Cadmium enthält, viel weniger rasch anläuft als gewöhnliches Standardsilber oder Feinsilber, vorausgesetzt, daß beide Materialien in poliertem Zustand untersucht werden. FISCHBECK[3] hat diese Frage nach mehreren Methoden untersucht, wobei er Silber sowohl Schwefeldampf als auch einer Lösung von Schwefel in Anilin aussetzte. In beiden Fällen hörte der Angriff fast auf, wenn der Cadmiumgehalt 30 Atom-% überstieg, jedoch können Legierungen dieses Types kaum noch als Silber angesprochen werden. Der Einfluß verschiedener Elemente im Silber ist durch JORDAN, GRENELL und HERSCHMAN[4] untersucht worden. Unter den von ihnen herangezogenen Zweistoffsystemen haben die mit Zink und Cadmium die besten Ergebnisse gezeitigt, wenngleich Antimon und Zinn gleichfalls befriedigend zu sein scheinen. Den Silberschmied und seine Kunden interessieren jedoch neben dem Anlaufwiderstand noch andere Eigenschaften. Es ist nutzlos, einen derartigen Widerstand mit dem Opfer der Bearbeitungsfähigkeit des Silbers und der Silber-Kupfer-Legierungen zu erzwingen. Es werden auch diejenigen Legierungen keine Aufnahme finden, die im nichtangelaufenen Zustand eine vom Feinsilber oder Standardsilber abweichende Farbe besitzen. So werden gewisse Legierungen, die 10 bis 25% Zink enthalten und die selbst im sauberen Zustand schwach gelb sind, kaum ernstliche Beachtung finden.

Zahlreiche Patente sind für Legierungszusammensetzungen erteilt worden[5], die sämtlich als anlauffrei bezeichnet werden, aber es ist neuerdings festgestellt worden, daß keine „Sterling-Silber"-Legierung (das ist eine Legierung mit mehr als 92,5% Silber) völlig widerstandsfähig gegenüber dem Anlaufvorgang ist.

Es sind viele Versuche unternommen worden, um gewöhnliches Silber gegenüber dem Anlaufvorgang widerstandsfähig zu machen. Plattieren mit Palladium, Rhodium oder Chrom ist verwendet worden, jedoch entspricht die Farbe nicht genau der des Silbers. Lösungen zum Rhodiumplattieren sind neuerdings zur Verwendung durch den Silberschmied oder Juwelier verfügbar

[1] DIGBY, W. P.: Engineer **159** (1935) 219, 254.

[2] VERNON, W. H. J.: Trans. Faraday Soc. **19** (1924) 884.

[3] FISCHBECK, K. [Z. Elektroch. **37** (1931) 595]; vgl. L. E. STOUT u. W. G. THUMMEL [Trans. electrochem. Soc. **59** (1931) 337], die den Anlaufwiderstand von elektrochemisch niedergeschlagenen Silber-Cadmium-Legierungen untersucht haben.

[4] JORDAN, L., L. H. GRENELL u. H. K. HERSCHMAN (U. S. Bur. Stand. techn. Pap. **348** (1927); s. auch G. W. VINAL u. G. N. SCHRAMM: Met. Ind. New York **22** (1929) 110, 151, 231.

[5] Anonym in Chem. Age met. Sect. **32** (1935) 22; s. auch A. R. POWELL: Soc. chem. Ind. Ann. Rep. **19** (1934) 378. — RAY, K. W. u. W. N. BAKER: Ind. eng. Chem. **24** (1932) 778.

geworden. Der Prozeß stellt sich relativ billig, und es wird auch berichtet, daß das charakteristische Aussehen des Silbers damit erzielt werden kann[1]. REINHARDT[2] hat die Frage des Schutzes durch einen Lacküberzug diskutiert: viele Lacke setzen den Lüster herab und neigen zur Ablösung. In der letzten Zeit in Deutschland mit Bernsteinlack durchgeführte Untersuchungen haben jedoch zu Resultaten geführt, die zu gewissen Hoffnungen berechtigen. ASSMANN[3] empfiehlt ein über 3 bis 6 Minuten erstrecktes Eintauchen in eine 10%ige Lösung von Kaliumdichromat, wodurch nach seinen Angaben ein Film von Silberchromat erzeugt wird, ohne daß die Brillianz noch die Farbe des Silbers durch diesen Prozeß angegriffen werden. In einem anderen Prozeß[4] wird das Silber durch kathodische Behandlung oder durch andere Manipulationen entfettet und dann in Chromsäure oder andere oxydierende Agenzien eingetaucht.

Die Frage nach der Erscheinung des Anlaufens auf Silber wird zur Zeit im Cambridger Laboratorium durch PRICE und THOMAS[5] bearbeitet. Dabei zeigt es sich, daß bei Untersuchungen in Schwefelwasserstoff, Schwefeldioxyd, Ammoniumsulfid oder in Gemischen der beiden ersten nicht die gleiche Reihenfolge hinsichtlich der Widerstandsfähigkeit der Materialien aufgestellt werden kann, wie sie bei der Exposition in verschiedenen Küchen oder anderen Innenatmosphären erhalten wird. Verschiedene Küchen geben voneinander abweichende Reihenfolgen, was wahrscheinlich auf Abweichungen in der Feuchtigkeit und dem Verhältnis von SO_2 (aus verbranntem Gas oder Kohle) zu Schwefelwasserstoff (aus unverbranntem Gas oder Nahrungsmitteln) zurückzuführen ist. Das mag die mangelhafte Übereinstimmung erklären, die zwischen den 60 oder 70 Veröffentlichungen besteht, die Angaben zu dieser Frage bringen.

Eine Untersuchung über den Reflexionsverlust ist von KENWORTHY und WALDRAM[6] ausgeführt worden, die sowohl die spiegelnde Reflexion (das Licht wird unter dem theoretischen Winkel zurückgeworfen) als auch die diffuse Komponente messen. Die Ergebnisse beziehen sich, soweit sie veröffentlicht sind, auf Zinn und Britanniametall, die einer Londoner Innenatmosphäre ausgesetzt worden sind. Dabei wurden Erkenntnisse über den relativen Wert der verschiedenen Reinigungsmethoden erzielt. Für die ersten 3 bis 6 Wochen genügt ein Abwaschen mit Wasser, um die Reflexion ungefähr wieder auf den ursprünglichen Wert zurückzubringen. Später sind jedoch Seife und Wasser erforderlich.

Interessante Untersuchungen über die Lichtreflexion von korrodierten Oberflächen hat CANAC[7] ausgeführt.

3. Zeitweiliger Schutz während der Lagerung.

Prüfung der Atmosphäre. Eine wichtige Frage bildet der Schutz vor Angriff während des Lagerns von Gegenständen, wie Maschinenteilen, Werkzeugen, Schrauben oder Bolzen, die entsprechend ihrer späteren Verwendung nicht

---

[1] Anonym in Times vom 10. Juni 1936.
[2] REINHARDT, H.: Oberflächentechnik **10** (1933) 93.
[3] ASSMANN, K.: Ch.-Ztg. **59** (1935) 217.
[4] FINCKH G. m. b. H.: D.P. 572342 (1933); F.P. 737433 (1932).
[5] PRICE, L. E. u. G. J. THOMAS: Unveröffentlichte Arbeit.
[6] KENWORTHY, L. u. J. M. WALDRAM: J. Inst. Met. **55** (1934) 247.
[7] CANAC, F.: C. r. **196** (1933) 51, **199** (1934) 1117, **201** (1935) 330.

mit einem permanenten Farbfilm versehen werden können. Es ist zunehmend üblich geworden, die Luft von Warenhäusern und Verkaufsräumen zu überwachen, entweder durch Entfernung der Feuchtigkeit oder durch entsprechende Temperaturerhöhung, um so eine atmosphärische Korrosion zu verhüten. Es ist nicht allein hinreichend, die Temperatur oberhalb des Taupunktes zu halten, da, wie auf S. 138 ausgeführt worden ist, eine rasche Korrosion eintreten kann, sofern die Feuchtigkeit den kritischen Wert überschreitet. Wenn möglich, sollten Säurenebel, im Falle von Messing- und Kupfergegenständen auch ammoniakalische Dämpfe, beseitigt werden.

Besonders wichtig ist die Feuchtigkeitskontrolle beim Lagern von Gegenständen, die Leder und Metall in Kontakt miteinander enthalten. Versuche, die INNES[1] in dieser Richtung an einigen Metallen, insbesondere an Kupfer und seinen Legierungen, angestellt hat, haben ergeben, daß sie durch Leder langsam angegriffen werden, während andere Metalle, wie Zinn, weniger für den korrosiven Angriff empfänglich sind. Der Angriff erfolgt rascher im Falle einer 92%igen als einer 70%igen relativen Feuchtigkeit; bei 50% Feuchtigkeit ist er zu vernachlässigen.

Fettfilme. Ist die Atmosphäre eines Verkaufsraumes korrosiver Natur, so ist ein zeitweiliger schützender Überzug erforderlich, der abgelöst werden kann, sobald die Lagerungszeit vorüber ist. Der Überzug muß adhärieren, viscos und frei von Naphthensäure oder anderen Säuren sein. Für Stahlteile wird oft ein Vaselineschutz benutzt, jedoch haben Untersuchungen von JAKEMAN[2] gezeigt, daß Lanolin, das in Whitesprit und/oder Petroleum gelöst worden ist, für die meisten wirksamen Überzüge dieser Art geeignet ist. Benzol und seine Homologen können gleichfalls als Lösungsmittel verwendet werden, jedoch sind ihre Dämpfe giftig. Selbst Whitesprit und Petroleum sind nicht frei von Einwendungen, da sie Dermatitis bei Berührung mit der Haut hervorrufen. Handelslösungen von Lanolin sind auf dem Markt. Nach VERNON[3] ist Lanolin der Vaseline hinsichtlich des Mattierens von Nickel überlegen.

Für besondere Zwecke sind Fette im Gebrauch, die hemmende Pigmente, wie Zinkstaub, Aluminiumpulver oder ein Chromat enthalten. Zinkchromat in Petroleum wird als wirksam bezeichnet. SPELLER[4] empfiehlt Petroleumschmierfett mit einer Emulsion von etwa 0,5% Natriumdichromat. Ein Fett mit Aluminiumstearat, durch das Stahl vor feuchtem Schwefeldioxyd geschützt wird, erwähnt HUDSON[5].

Für die Aufbewahrung von Bolzen, Schrauben und Haken schlägt COOPER[6] eine Methode vor, die auf der Ausbildung von Filmen mit alkalischer Reaktion beruht. Unter Bezugnahme auf die Bedingungen einer besonderen Fabrik empfiehlt er Waschen der Gegenstände in einer Lösung von 0,2 g kalzinierter Soda und 1,5 g weicher Seife auf 100 cm³ Wasser bei Aufrechterhaltung eines relativen Feuchtigkeitsgehaltes von 65% bei 15,5° in dem betreffenden Waren-

[1] INNES, R. F.: J. Soc. Leather Trades Chemists **19** (1935) 548.

[2] JAKEMAN, C.: Eng. Res. spec. Rep. **12** (1934). Die genaue Zusammensetzung des Lanolins ist noch ein wenig unsicher. Siehe auch E. E. U. ABRAHAM u. T. P. HILDITCH: J. Soc. chem. Ind. Trans. **54** (1935) 398.

[3] VERNON, W. H. J.: J. Inst. Met. **48** (1932) 123.

[4] SPELLER, F. N.: Corrosion: Causes and Prevention, S. 320. New York-London 1935.

[5] HUDSON, J. C.: Soc. chem. Ind. Ann. Rep. **18** (1933) 327.

[6] COOPER, W. E.: Ind. eng. Chem. **23** (1931) 999.

haus. Die Einwickelpapiere sollten den gleichen Feuchtigkeitsgehalt und die gleiche Temperatur besitzen. Der Prozeß ist nicht geeignet für sehr scharfkantige Artikel, wie beispielsweise für Bolzen mit tief geschnittenem Gewinde.

C. Quantitative Behandlung.

1. Grundgleichungen.

Beziehung zwischen Korrosion und Zeit. Die bereits für die Oxydation bei hohen Temperaturen diskutierten Gleichungen sind auch auf die Bedingungen der atmosphärischen Korrosion anzuwenden, vorausgesetzt, daß das Korrosionsprodukt eine adhärierende, die gesamte Oberfläche bedeckende Schicht ist.

Ist die Schicht oder wenigstens ihr wesentlicher Teil so porös, daß durch eine weitere Dickenzunahme nicht die Zufuhr der das Anlaufen oder die Korrosion bewirkenden Stoffe zu dem Metall verringert wird, so gilt die Beziehung

$$d\,y/dt = k_1$$

oder

$$y = k_1\,t + A_1$$

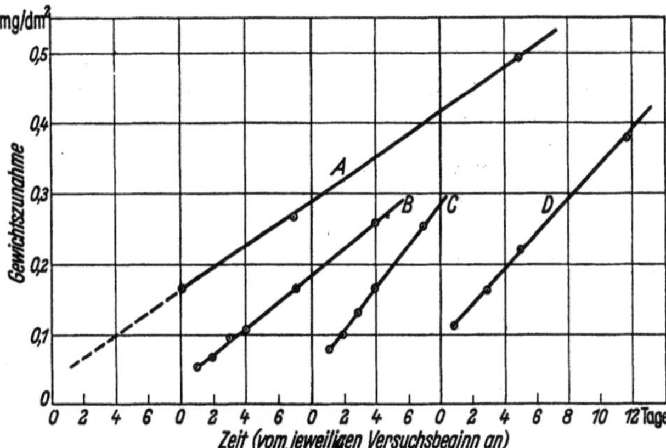

Abb. 24. Atmosphärische Korrosion von Zink.
A...Probe exponiert am 29.1.1925, C...Probe exponiert am 12.5.1925,
B...Probe exponiert am 24.4.1925, D...Probe exponiert am 19.8.1925.
(Nach W. H. J. VERNON.)

wobei y die Dicke zur Zeit t, k_1 und A_1 Konstante sind. VERNONs[1] Kurven für die Korrosion von Zink in einer ungesättigten Atmosphäre (Abb. 24) lassen die gradlinige Beziehung zwischen Korrosion und Zeit erkennen. Die rückwärtig verlängerten Linien gehen nicht durch den Nullpunkt des Koordinatensystems, sie schneiden die A_1-Achse nicht beim Nullwert, was darauf hindeutet, daß das in den Frühstadien gebildete Produkt eine gewisse schützende Wirkung ausübt. TRONSTAD und HÖVERSTAD[2] geben eine Erklärung für die lineare Beziehung in den späteren Stadien auf Grund der von FINCH und QUARRELL[3] mittels der Methode der Elektronenbeugung durchgeführten Versuche (s. S. 76). Unmittelbar am Metall bildet sich eine Schicht von kompaktem pseudomorphen Zinkoxyd, das wahrscheinlich die Diffusionsgeschwindigkeit zum Metall hin regelt. Es wird angenommen, daß die pseudomorphe Schicht eine konstante Dicke aufrechterhält, die zusammenbrechen wird, sobald die Schicht diese Grenzdicke überschreitet, um eine poröse oder cellulare Außenschicht von „natürlichem" Zinkoxyd zu geben, die, verglichen mit der dünneren aber weniger porösen pseudomorphen Schicht, einen geringen Widerstand bietet. Es ist also nicht die gesamte Schichtdicke bestimmend für die Geschwindigkeit des Angriffes. Der körnige Charakter der äußeren Schicht des Reaktionsproduktes ist

[1] VERNON, W. H. J.: Trans. Faraday Soc. **23** (1927) 135.
[2] TRONSTAD, L. u. T. HÖVERSTAD: Trans. Faraday Soc. **30** (1934) 1122.
[3] FINCH, G. I. u. A. G. QUARRELL: Pr. phys. Soc. **46** (1934) 148.

direkt von Vernon beobachtet worden. Kenworthy[1] konnte zeigen, daß Zinn und einige seiner Legierungen beim Exponieren an einer Innenatmosphäre eine annähernd lineare Beziehung zwischen der Korrosion und der Zeit nach den allerersten Versuchstagen geben, wenngleich einige Schwankungen zu beobachten sind, die wahrscheinlich auf Änderungen in den atmosphärischen Bedingen beruhen.

An denjenigen Metallen, an denen die gesamte Dicke der Schicht des Korrosionsproduktes dem Eintritt der korrosiven Agenzien Widerstand entgegensetzt, ist die erwartete Beziehung gegeben durch

$$dy/dt = k_2'/y$$

oder

$$y^2 = k_2\, t + A_2$$

wobei $k_2 = 2k_2'$ und A_2 eine Konstante bedeutet. In solchen Fällen sollte eine gradlinige Beziehung zwischen W^2 und der Zeit t erwartet werden, wenn W die

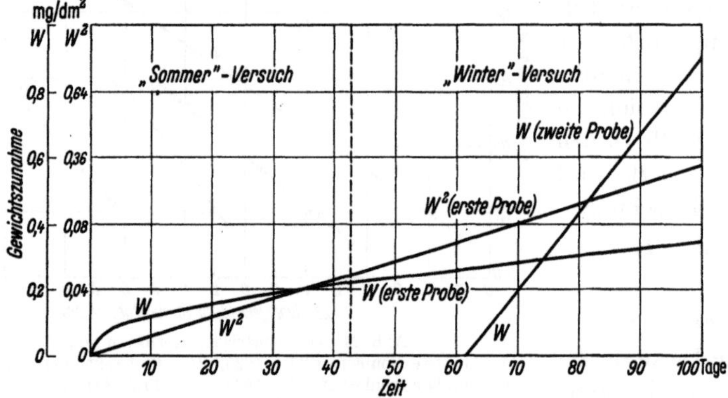

Abb. 25. Atmosphärische Korrosion von Kupferproben, die im Sommer bzw. im Winter exponiert worden sind. (Nach W. H. J. Vernon.)

Gewichts*zunahme* bedeutet. Vernon hat diese Beziehung für die atmosphärische Korrosion von Kupfer bestätigt, wenn die Exposition der Proben im Sommer begann, wenn also der Schwefelgehalt der Atmosphäre gering ist (s. Abb. 25). Eine zweite Probe, die im Winter ausgesetzt wurde, ergab dagegen keine lineare Beziehung zwischen W^2 und t, sondern zwischen W und t, was darauf hindeutet, daß der Winterüberzug, da er relativ reich an Schwefel ist, keinen Schutz gewährt. An den im Sommer gestarteten Proben zeigt sich, daß die Beziehung zwischen W^2 und t während Perioden großer wechselnder Verunreinigungen in der Atmosphäre gültig bleibt, was ein Beweis dafür ist, daß der schützende Charakter des Sommerfilmes fortbesteht. Aus diesen und anderen Versuchen hat Vernon den Schluß gezogen, daß die *Angriffsgeschwindigkeit durch die zur Zeit der ersten Exposition vorherrschenden Bedingungen bestimmt wird.*

Die Korrosionskurven für Aluminium. Einige interessante Kurven, die Vernon[2] für Aluminium erhalten hat, das einer ungesättigten Atmosphäre ausgesetzt wurde, sind in Abb. 26 wiedergegeben. Hieraus geht hervor, daß die Korrosion langsam zum Stillstand gelangt, daß sie dann jedoch plötzlich

[1] Kenworthy, L.: Trans. Faraday Soc. 31 (1935) 1331.
[2] Vernon, W. H. J.: Trans. Faraday Soc. 23 (1927) 152.

wieder einsetzt, offenbar weil der Film, der völlig schützend geworden war, spontan aufreißt. Ohne Zweifel wird sich die Korrosion, sobald die Rißbildung von einer Stelle ausgegangen ist, unter dem bestehenden Film in allen Richtungen von der Schadensstelle her fortpflanzen. Abgesehen von diesen plötzlichen Anstiegen stimmt die allgemeine Form der Wachstumskurve recht gut mit den von STEINHEIL (s. S. 97) erhaltenen Ergebnissen überein. Für Blei hat VERNON ähnliche Kurven erhalten.

Die Tatsache, daß der Film auf Al und Pb die Oxydation periodisch zum Stillstand bringt, bedeutet, daß die bisher betrachteten Gleichungen für den Angriff keine Gültigkeit haben können. Die Überwindung des Angriffes kann verursacht sein durch den Übergang von einem Oxydationstyp in den anderen, wie bereits ausgeführt worden ist (s. S. 75). Es können jedoch auch noch andere Erklärungen herangezogen werden. Eine große Reihe von Untersuchungen der Oberfläche (unkorrodierter) Metalle mit Hilfe der Methode der Elektronenbeugung sowie ähnlicher Untersuchungsweisen lassen darauf schließen, daß die Struktur der äußeren metallischen Schicht verschieden von der des eigentlichen Metalles ist. Liegt das Metall bis zur Oberfläche im krystallinen Zustand

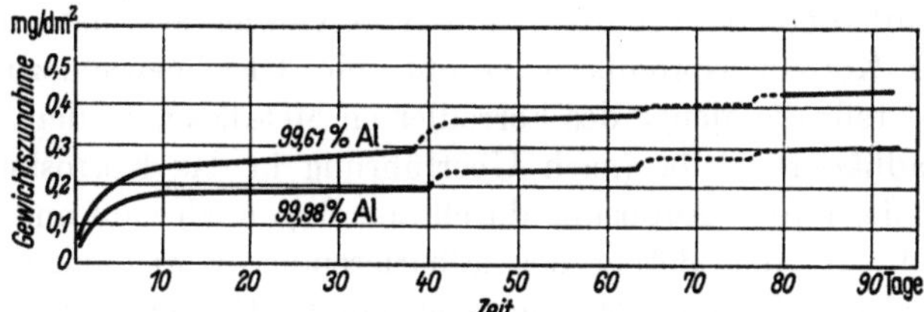

Abb. 26. Atmosphärische Korrosion an zwei Aluminiumproben verschiedener Zusammensetzung.
(Nach W. H. J. VERNON.)

vor, so wird das Gitter in der äußeren Zone gestört sein, die Atome werden dort ein wenig weiter voneinander entfernt sein als an anderen Stellen[1]. Ist das Metall dagegen poliert worden, so wird sich dabei eine strukturlose Schicht an der Oberfläche ausgebildet haben, wie durch die schon länger zurückliegende Untersuchung von BEILBY[2] festgestellt worden ist. Nach HOPKINS[3] besitzt diese Schicht beim Gold eine Dicke von etwa 30 Å; darunter folgt eine allmähliche Zunahme des krystallinen Zustandes. Photographische Untersuchungen durch JACQUET[4] berechtigen zu der Annahme, daß die durch Polieren an Messing hervorgerufenen Änderungen sich bis zu 5×10^{-3} mm unterhalb der Oberfläche erstrecken. Bei einer abgeschliffenen Oberfläche ist die Sachlage verwickelter, jedoch bleibt auch in diesem Falle richtig, daß die Oberflächenschicht strukturlos ist. Setzen wir voraus, daß beim Aluminium die an der Oberfläche befindliche Schicht der atmosphärischen Korrosion unterworfen werden kann, daß der Angriff jedoch aus geometrischen Gründen einer Selbsthemmung unterliegt oder aus chemischen Gründen zum Stillstand kommt, sobald er das unter der nichtstrukturierten Schicht befindliche Metall erreicht. Nehmen wir weiterhin an, daß die Umwandlung der gesamten äußeren Schicht in Oxyd oder Hydroxyd

---

[1] HUME-ROTHERY, W.: Inst. Met. Monograph Rep. Ser. 1 (1936) 111.
[2] BEILBY, G. T.: Phil. Mag. [6] 8 (1904) 258. — BEILBY, G. T. u. H. N. BEILBY: Pr. Roy. Soc. A 76 (1905) 462.   [3] HOPKINS, H. G.: Trans. Faraday Soc. 31 (1935) 1095.
[4] JACQUET, P.: J. Chim. phys. 33 (1936) 230.

zu einem Film der Dicke Y führt, dann ist, sofern y die zur Zeit t erreichte Schichtdicke bedeutet, die Beziehung

$$dy/dt = k_3\,(Y - y) \tag{13}$$

zu erwarten. Eine derartige Gleichung würde wenigstens dem *allgemeinen* Charakter der Kurven Rechnung tragen. VERNON erklärt den Kurvencharakter durch die Annahme der Bildung eines Ausgangsfilmes von Aluminiumoxyd bei gleichzeitiger Adsorption von Wasserdampf.

2. Einfluß weiterer Faktoren.

Entfernung der Korrosionsprodukte durch Regen. Werden die Proben einer Innenatmosphäre ausgesetzt, so kann der wesentliche Teil, wenn auch wahrscheinlich nicht in allen Fällen die Gesamtmenge der Korrosionsprodukte, am Metall adhärieren. Werden sie dagegen an einer Außenatmosphäre exponiert, so wird ein erheblicher Teil der Korrosionsprodukte durch den Regen entfernt werden. Man kann sich eine Metallprobe vorstellen, die durch Exposition an einer Außenatmosphäre erheblicher Korrosion unterworfen worden ist, und die doch keine Gewichtsänderung aufweist, da sich zwischen dem Gewichtsgewinn durch adhärierende Produkte und dem Gewichtsverlust, der auf der Entfernung des Korrosionsproduktes beruht, ein Gleichgewichtszustand einstellt. HUDSON[1] teilt die Menge des korrodierten Metalles C in den Teil S, der an der Probe adhäriert bleibt (nach Überführung in das Korrosionsprodukt) und den Teil E, der infolge Auflösung durch den Regen oder auf anderem Wege fortgeführt wird. Ist der Betrag des adhärierenden Korrosionsproduktes je Flächeneinheit gleich P, dann ist die beobachtete Gewichtszunahme W gegeben durch

$$W = \frac{S(1-P)}{P} - E = \frac{S}{P} - S - E = \frac{S}{P} - C$$

Die Beziehung zwischen W und C hängt von dem prozentischen Anteil des Metalles im Korrosionsprodukt sowie von dem Wert S/C, der eine Funktion zwischen der Adhäsion und der Löslichkeit des Korrosionsproduktes ist, ab. S/C ist nach einer Expositionszeit von einem Jahr viel kleiner für Metalle wie Nickel und Zink, die lösliche Korrosionsprodukte bilden, als für Metalle, wie Kupfer, die zur Bildung stark adhärierender Filme neigen. HUDSON hat die Näherungswerte für Nickel, Zink und Kupfer zu 0,05, 0,25 bzw. 0,54 berechnet und schließt daraus, daß es wahrscheinlich ist, daß unter gleichen Expositionsbedingungen Nickel und Zink einen Gewichtsverlust praktisch vom Beginn der Exposition an aufweisen, während eine erhebliche Zeit vergeht, ehe die Kupferproben die gleiche Erscheinung zeigen.

Nach HUDSON muß jeder Versuch, die relative Güte verschiedener Materialien einzig und allein auf die Gewichtsänderungen der ungereinigten Proben zu beziehen, zu völlig falschen Schlüssen führen. So würde Nickel, das in seinen eigenen Proben die größte negative Gewichtsänderung nach 1jähriger Exposition in Cardington und Southport aufzuweisen hatte, bei einer solchen Normierung als das höchstkorrosive Material anzusprechen sein, während es tatsächlich in Cardington unter den untersuchten Materialien das widerstandsfähigste und in Southport das zweitwiderstandsfähigste gewesen ist.

---

[1] HUDSON, J. C.: In Am. Soc. Test. Mat., Symposium on Outdoor Weathering of Metals and Metallic Coatings, 1934, S. 93.

Fünftes Kapitel.

Korrosion durch unbewegte Flüssigkeiten.
A. Wissenschaftliche Grundlagen.
1. Einfache Beispiele für den Rostungsvorgang.

Elektrochemische Bildung von Rost. Wie auf S. 5 ausgeführt worden ist, bildet der *direkte* Angriff von in Wasser gelöstem Sauerstoff nicht häufig die Ursache ernstlicher chemischer Korrosion. Oft wird sich ein derartiger Angriff selbst „hemmen", wenn das Wasser mit dem Metalloxyd oder dem hydratisierten Oxyd gesättigt ist. Wenn auch im Falle des Eisens, das zwei Oxyde bildet, der Angriff unbegrenzt fortschreitet, so ist er doch gewöhnlich zu gering, um viel Schaden anzurichten. Ist jedoch ein Salz zugegen und fließt ein elektrischer Strom zwischen verschiedenen Teilen einer metallischen Oberfläche, so ist damit eine andere Sachlage geschaffen: es wird eine heftige Korrosion einsetzen, die sich wahrscheinlich nicht selbst hemmt, vorausgesetzt, daß die anodischen und kathodischen Produkte frei löslich sind. Derartige elektrische Ströme können durch lokale Differenzen im *Metall* gebildet werden. Häufig werden sie jedoch, wie weiter unten gezeigt wird, mit Unterschieden in der Sauerstoffkonzentration an verschiedenen Stellen der *Flüssigkeit* verknüpft sein.

Korrosion von Eisen durch einen Tropfen einer Kaliumchloridlösung. Einen wesentlichen Fortschritt in der Erkenntnis können wir aus der Beobachtung eines Tropfens einer Kaliumchloridlösung gewinnen, der auf die horizontale Oberfläche einer frisch abgeschliffenen Eisenprobe aufgebracht wird. Evans[1] hat festgestellt, daß sich, nach einer Periode sporadischen Angriffes, die Korrosion im Inneren des Tropfens fortentwickelt, während die Randgebiete unangegriffen bleiben.

Die eingetretenen Veränderungen werden noch klarer erkennbar, wenn der benutzten Kaliumchloridlösung eine Spur des *Ferroxylindicators* — das ist ein Gemisch von Kaliumeisen(III)-cyanid und Phenolphthalein[2] — zugesetzt wird. Das Eisen(III)-cyanid dient dazu, die *anodischen* Bezirke [an denen Eisen(II)-salze gebildet werden] durch eine blaue Färbung aufzuzeigen, während das Phenolphthalein die *kathodischen* Teile (an denen Kaliumhydroxyd gebildet wird) durch eine blaßrote Farbe anzeigt. Unter der Voraussetzung, daß die Konzentration des Indicators sehr niedrig gehalten wird[3], stört es die Verteilung des Angriffes nicht.

---

[1] Evans, U. R.: Korr. Met. **6** (1930) 74.

[2] Ein analoger Indicator, der zum Demonstrieren der anodischen und kathodischen Bezirke an Aluminiumlegierungen Verwendung findet, ist der Farbstoff Alizarin, der eine Rotfärbung der anodischen und eine Violettfärbung der kathodischen Oberflächenteile gibt. Siehe hierzu G. W. Akimow u. A. S. Oleschko: Korr. Met. **11** (1935) 126.

[3] Wird zuviel Eisen(III)-cyanid hinzugesetzt, so wirkt es als Depolarisator an Stelle des Sauerstoffes; überdies wird ein Niederschlag von Eisen(II, III)-cyanid auftreten, der störend auf den Sauerstofftransport einwirkt und so die gesamte Angriffsverteilung stört. In diesem Falle würde lediglich eine Blaufärbung, dagegen keinerlei Niederschlagsbildung eintreten. In einer Versuchsreihe [Evans, U. R.: Met. Ind. London **29** (1926) 481] wurde 0,5 cm³ einer 1%igen Lösung von Phenolphthalein in Alkohol und 3 cm³ einer 1%igen Kaliumeisen(III)-cyanidlösung zu 100 cm³ einer $^1/_{10}$ n-Natriumchloridlösung hinzugefügt. Siehe auch W. van Wüllen-Scholten: Korr. Met. **5** (1929) 62.

Enthält der Tropfen gelösten Sauerstoff, so erscheinen bald blaue Punkte längs der Gruben, die durch den Schleifvorgang zurückgelassen werden (s. Abb. 27 A). Diese blauen Punkte zeigen diejenigen Stellen an, an denen der anodische Angriff einsetzt. Es ist durchaus denkbar, daß hier Stellen vorliegen, an denen der unsichtbare Oxydfilm schwach ist, jedoch ist diese Annahme für die nachfolgende Erklärung nicht erforderlich. Diese Stellen sollen infolgedessen lediglich als *korrosionsempfängliche Punkte* angesprochen werden. Zur gleichen Zeit treten kleine blaßrote Gebiete in allen Teilen des Tropfens auf, die auf Stellen hinweisen, an denen die kathodische Reaktion stattfindet. Allmählich verschwinden jedoch die blauen Stellen in den peripheren Teilen des Tropfens und die blaßroten Gebiete schließen sich dort unter Bildung eines völlig blaß- roten Ringes zusammen. Inzwischen sind die blaßroten Flecke im Zentrum des Tropfens verschwunden, während sich die blauen Punkte unter Bildung eines blauen zentralen Bezirkes ver- einigen. Zwischen dem blaßroten Ring und dem blauen Zentrum erscheint bald ein brauner Rost- ring (s. Abb. 27 B). Im Verlauf der Zeit bildet sich eine Rost- membran aus, die sich vollstän- dig über das zentrale Gebiet des Tropfens ausdehnt.

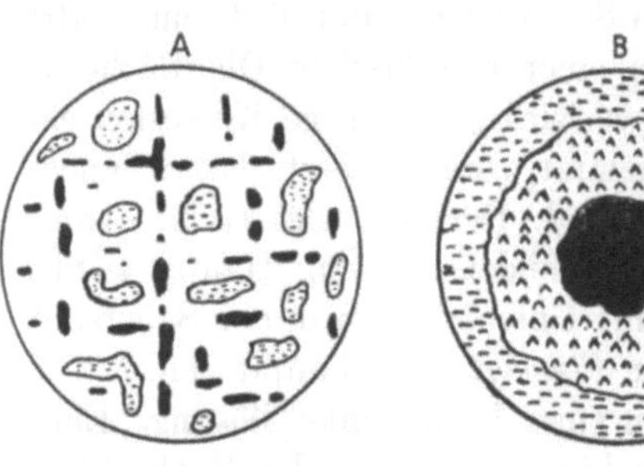

Abb. 27. Tropfenwirkung auf Eisen. Der Tropfen besteht aus einer Kaliumchloridlösung, der Ferroxyl als Indicator zugesetzt worden ist.

Die Erklärung dieses Ver- haltens ist einfach. Aus elektro- chemischen Gründen kann die kathodische Reaktion nur an solchen Stellen rasch fortschrei- ten, an denen Sauerstoff zugegen ist, um als *Depolarisator*[1] zu wirken. Sobald der ursprünglich in der Flüssigkeit gelöste Sauerstoff im inneren Teil des Tropfens erschöpft ist, muß die kathodische Reaktion dort zu Ende gehen. Die anodische Reaktion kann im zentralen Gebiet fortschreiten, jedoch muß die entsprechende kathodische Reaktion im peripheren Gebiet erfolgen, in dem frischer Sauerstoff aus der Luft das Metall rasch erreichen kann, um den bei der Depolarisation aufgebrauchten zu ersetzen (s. auch Abb. 28 A). In diesem Stadium wird Eisen- (II)-chlorid im Inneren des Tropfens im Überschuß gebildet, während Kalium- hydroxyd rings um den Rand des Tropfens im Überschuß erscheint. Eisen(II)- chlorid, das an korrosionsempfänglichen Punkten in peripheren Gebieten ge- bildet wird, findet sich nunmehr selbst in einem Medium, in dem Kalium- hydroxyd bereits im Überschuß vorhanden ist, ebenso wie Sauerstoff; es wird infolgedessen als hydratisiertes Eisen(III)-oxyd in physikalischem Kontakt mit dem Metall niedergeschlagen werden. Demzufolge wird der Angriff an den korrosionsempfänglichen Stellen in den peripheren Zonen automatisch durch Selbsthemmung stillgelegt. In dieser Weise wird sehr schnell ein Zustand

---

[1] Die depolarisierende Wirkung von Sauerstoff auf Wasserstoff, der sich andernfalls an der Kathode ansammeln würde, dürfte primär in einer Bildung von Wasserstoffperoxyd bestehen, das an manchen Metallen nachgewiesen werden kann. Dieses ist jedoch selbst ein oxydierender Depolarisator, der Wasser als Endprodukt liefert. Siehe hierzu E. Herzog: Trans. Am. electrochem. Soc. 64 (1933) 93. — Chaudron, G.: Korr. Met. 6 (1930) 206.

erreicht, in dem die Korrosion im Innern des Tropfens frei fortschreitet, wobei die metallische Oberfläche bald ernstlich angeätzt wird, während das Metall rund um die Begrenzungslinie des Tropfens für lange Zeit dem Aussehen nach unverändert bleibt. In lange fortgeführten Versuchen können in der äußersten Zone schwache Interferenzfarben, die auf der Ausbildung von hydratischem Eisen(III)-oxyd beruhen, auftreten. Dort, wo das im Inneren des Tropfens gebildete Eisen(II)-chlorid mit dem Kaliumhydroxyd von der äußeren Seite zusammentrifft, wird Eisen(II)-hydroxyd entstehen, das schnell zu hydratischem Eisen(III)-oxyd (brauner Rost) oxydiert wird. In den späteren Stadien breitet sich die mit dem Tropfen bedeckte Zone wesentlich aus, ein Beispiel für die wohlentwickelte Fähigkeit des Alkalis, über trockenes Metall zu kriechen.

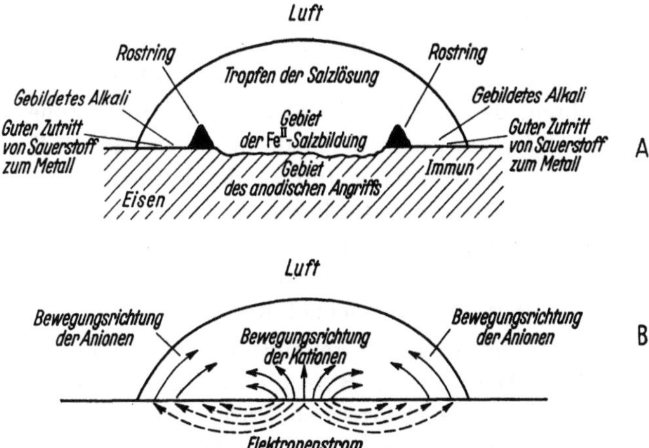

Abb. 28. Verhalten eines auf Eisen aufgebrachten Tropfens einer Kalium-(oder Natrium-)chloridlösung.

Die Rolle des Sauerstoffes. In dem vorstehend beschriebenen Versuch spielt der Sauerstoff eine wesentliche Rolle. Der Übergang von der *primären Verteilung* (s. Abb. 27 A) zu der *sekundären Verteilung* (s. Abb. 27 B) ist zweifellos auf die Erschöpfung des ursprünglich in der Flüssigkeit vorhandenen Sauerstoffes zurückzuführen. Ist nämlich die benutzte Flüssigkeit vor dem Versuch durch heftiges Kochen und anschließende Abkühlung in einem Stickstoffstrom von Sauerstoff befreit worden, so macht sich die sekundäre Verteilung bemerkbar, sobald der Tropfen auf das Metall aufgebracht worden ist. Ist die Flüssigkeit dagegen mit Sauerstoff übersättigt (durch vorheriges Schütteln mit Sauerstoff bei 0° und anschließendes Erwärmen auf Raumtemperatur), so hält sich die primäre Verteilung sehr viel länger als in einem vorher lediglich mit Luft gesättigten Tropfen.

Daß die Immunität der peripheren Zone mit der Bildung von Filmen hydratisierter Oxyde verknüpft ist, wird in langausgedehnten Versuchen offenbar, da dann die Filme hinreichend dick werden, um Interferenzfarben zu zeigen. Das Leuchten der Farben höherer Ordnung weist darauf hin, daß die Filmsubstanz aus hydratischem Eisen(III)-oxyd und nicht aus anhydrischem Oxyd besteht. Die Filme erweisen sich als hinreichend gute Leiter der Elektrizität (ein an die getrocknete, mit dem Film bedeckte Oberfläche leicht angepreßter Kupferdraht gibt ausgezeichneten Kontakt). Die filmbedeckte Oberfläche kann also Elektronen leiten und infolgedessen den Fortgang der kathodischen

Reaktion ermöglichen, während sie Ionen aufhält und so anodische Reaktionen verhindert. Das ist der Grund für die Immunität der filmbedeckten Zone gegenüber weiterem Angriff. Bei einem Angriff durch Säuretropfen, bei dem ein derartiger Oxydfilm nicht erhalten bleiben würde, erscheint keine derartige immune Zone an der Peripherie (s. S. 280).

Auftreten elektrischer Ströme innerhalb des Tropfens. Unter dem Tropfen einer Kaliumchloridlösung erleidet die Peripherie an denjenigen Stellen, an denen der Sauerstoff sehr schnell nachgeliefert werden kann, keinen Angriff. In Anbetracht der Erkenntnis, daß Sauerstoff für einen ernstlichen Angriff durch diese Flüssigkeit erforderlich ist, mag es auf den ersten Blick seltsam erscheinen, daß der dem Sauerstoff am besten zugängliche Teil immun bleibt. Diese Erscheinung ist jedoch auf den in der äußeren Zone erzeugten Überschuß an Alkali zurückzuführen. Die Überführung des Sauerstoffeffektes von der äußeren Zone zu dem Zentrum des Tropfens ist auf das Vorhandensein elektrischer Ströme zurückzuführen, die zwischen der äußeren, *belüfteten* Zone als Kathode und der zentralen *unbelüfteten* Zone als Anode in der in Abb. 28B angegebenen Weise fließen. Eine Zufuhr von Sauerstoff zu der kathodischen Peripherie ist erforderlich, wenn diese Ströme weiterfließen sollen; sie rufen im anodischen Zentrum des Tropfens korrosiven Angriff hervor. Derartige elektrische Ströme, die durch Differenzen in der Sauerstoffkonzentration hervorgerufen werden, sollen als *differentielle Belüftungsströme* bezeichnet werden.

Diese Erklärung für die Angriffsverteilung unter den Tropfen ist im Jahre 1924 durch Evans[1] gegeben worden. Baisch und Werner[2] waren 1931 jedoch die ersten, die tatsächlich die elektrischen Ströme zwischen dem peripheren und zentralen Teil des Tropfens experimentell aufzeigen konnten. Sie konnten gleichfalls nachweisen, daß die Ströme auf Differenzen in der Sauerstoffkonzentration zurückzuführen sind. Enthält die äußere Zone mehr Sauerstoff als die innere, so zeigt es sich, daß der Strom in einer bestimmten Richtung fließt; enthält dagegen die innere Zone mehr Sauerstoff, so kehrt sich die Stromrichtung um. Eine derartige Umkehr des Stromes ist von einer Umkehr in der Angriffsverteilung begleitet. Evans[3] hat weiter gezeigt, daß dann, wenn Sauerstoff unter den zentralen Teil des Tropfens geblasen wird, während die äußere Zone von Stickstoff umgeben ist, ein immunes Zentrum entsteht, das von einem korrodierten Ring umgeben ist, während sonst ein korrodierter, zentraler Teil von einem immunen Ring umschlossen wird. Herzog und Chaudron[4] haben die gleiche inverse Verteilung dadurch erhalten, daß sie Wasserstoffperoxyd durch eine sehr feine Pipette zu dem Tropfenzentrum leiteten, wobei das Wasserstoffperoxyd die gleiche Funktion wie der Sauerstoff erfüllt. In neuerer Zeit hat Evans[5] bei dem Studium größerer Tropfen einer $1/_{100}$ n-Natriumhydrocarbonatlösung, die auf Eisen aufgebracht wird, die Existenz elektrischer Ströme nachweisen können, die zwischen den äußeren Bezirken als Kathoden und den inneren Teilen als Anoden fließen. Die hierzu verwendete Versuchsanordnung ist in Abb. 2 auf S. 8 wiedergegeben worden.

[1] Evans, U. R.: J. Soc. chem. Ind. Trans. **43** (1924) 315.
[2] Baisch, E. u. M. Werner: Ber. 1. Korrosionstagung Berlin 1931, S. 84, 87.
[3] Evans, U. R.: Korr. Met. **6** (1930) 75, 173.
[4] Herzog, E. u. G. Chaudron: Korr. Met. **6** (1930) 171.
[5] Evans, U. R.: Nature **136** (1935) 792.

2. Untersuchung der differentiellen Belüftungsströme.

Differentielle Belüftungselemente mit Eisenelektroden. Die Bedeutung der differentiellen Belüftungsströme für die Korrosion hat ein eingehendes Studium ihrer Entstehungsursachen erforderlich gemacht. Die Ströme können durch ein Element demonstriert werden, das durch eine poröse Platte in zwei Teile geteilt worden ist, die beide eine Lösung von Kaliumchlorid enthalten (s. Abb. 29). In beiden Abteilungen des Gefäßes sind Streifen vom gleichen Eisen angebracht und mit den beiden Polen eines Milliamperemeters verbunden. Werden Blasen von gereinigter Luft oder gereinigtem Sauerstoff in die eine Abteilung eingeleitet, so kann ein elektrischer Strom registriert werden, wobei die belüftete Elektrode als Kathode wirkt[1]. Werden die Blasen nun in die andere Abteilung geleitet, so kehrt sich die Richtung des Stromes schnell um — eine Erscheinung, die wiederholt im Cambridger Laboratorium beobachtet worden ist und die auch ENDO und KANAZAWA[2] bestätigt haben.

Stärkere Ströme können erhalten werden, wenn Sauerstoff unter Druck zugeführt wird. HERZOG und CHAUDRON[3] haben festgestellt, daß die bei Sauerstoffdrucken von 25 at erzeugten Ströme 7mal so groß wie die unter 1 at Druck erhaltenen sind, die wiederum 3mal so groß wie die in gewöhnlicher Luft auftretenden sind. In den von HICKS[4] ausgeführten Versuchen gab Sauerstoff fast mehr als 3mal so große Ströme wie Luft. Ebenso wie der Sauerstoffdruck, der die Korrosionsgeschwindigkeit begünstigt und die differentiellen Belüftungsströme erhöht, wirken andererseits gewisse filmbildende Substanzen, wie

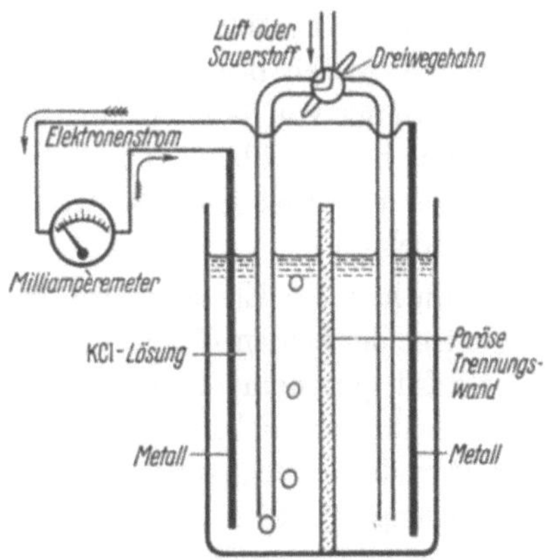

Abb. 29. Erzeugung differentieller Belüftungsströme zwischen Elektroden des gleichen Metalls in der gleichen Flüssigkeit, lediglich dadurch, daß Sauerstoffblasen über eine der beiden Elektroden geleitet werden (schematische Darstellung).

Phosphate und Arsenate, die die Korrosion herabsetzen, vermindernd auf die Größe der differentiellen Belüftungsströme, wie HERZOG und CHAUDRON[5] ermittelt haben. Nach den gleichen Autoren schwächen oder unterdrücken Puffersubstanzen (Borate, Citrate oder Acetate) den durch ein differentielles Belüftungselement erzeugten Strom, wahrscheinlich, weil sie auf die Ansammlung von Alkali um die belüftete Elektrode herum störend einwirken. In Abwesenheit der Alkaliansammlung können die anodische sowie die kathodische Reaktion in dem belüfteten Gebiet zum Ablauf kommen. Es wird infolgedessen ein wesentlicher Anteil des Stromes in den lokalen Stromkreisen fließen und nicht durch das Milliampèremeter hindurchgehen.

Ist in einem differentiellen Belüftungselement die „unbelüftete" Elektrode hinreichend gegen den Sauerstoff abgeschirmt, um das Auftreten lokaler Ströme

---

[1] EVANS, U. R.: J. Inst. Met. **30** (1923) 267; Siehe auch M. STRAUMANIS: Z. phys. Ch. A **147** (1930) 172.

[2] ENDO, H. u. S. KANAZAWA: Sci. Rep. Tôhoku **19** (1930) 427.

[3] HERZOG, E. u. G. CHAUDRON: Bl. Soc. chim. **49** (1931) 702. — CHAUDRON, G.: Chim. Ind. **26** (1931) 273. [4] HICKS, J. F. G.: J. phys. Chem. **33** (1929) 789.

[5] HERZOG, E. u. G. CHAUDRON: C. r. **192** (1931) 837.

zu verhindern, so gibt der im Ampèremeter erfaßte Strom quantitativ die Korrosion der unbelüfteten Elektrode, wie sie durch den Gewichtsverlust bestimmt wird. Das ist von BANNISTER[1] gezeigt worden. *Sind die Widerstände des Elements und des äußeren Stromkreises klein und werden alle Teile der belüfteten Eelektrode gut mit Sauerstoff beliefert*, so kann im allgemeinen gezeigt werden, daß die Korrosion der belüfteten Elektrode geringer als die der unbelüfteten Elektrode ist[2].

Differentielle Belüftungselemente mit Elektroden aus Nichteisenmetall. Differentielle Belüftungsströme sind nicht spezifisch für Eisen, sondern können leicht durch Elemente gebildet werden, die mit zwei Zinkelektroden beschickt sind. An den edleren Metallen sind die Ströme schwach und werden leicht durch andere Effekte überdeckt. Ein Element mit Kupferelektroden, von denen die eine mit Luftblasen umspült wird, liefert einen Strom in *anomaler* Richtung: die mit Blasen bespülte Elektrode wirkt als Anode. In diesem Falle ruft die Entfernung von Kupferionen durch Rühren einen größeren Effekt als die Belüftung hervor; überdies besteht die Tendenz, daß das dem Rühren unterworfene Kupfer anodisch gemacht wird (dieser *moto-elektrische Effekt* wird auf S. 239 besprochen).

Enthält ein Element zwei Bleielektroden in Kaliumchloridlösung, und wird die eine der beiden Elektroden an die Luft gebracht und hierauf erneut montiert, so wird ein momentaner differentieller Belüftungsstrom hervorgerufen, wobei die belüftete Elektrode normalerweise als Kathode wirkt. Wird die andere Elektrode herausgezogen, so entsteht ein Stromfluß in der entgegengesetzten Richtung. Gelegentlich tritt jedoch ein anomales Elektrodenpaar auf, das infolge physikalischer oder chemischer Abweichungen einen merklichen Strom selbst dann aufweist, wenn beide Elektroden gleich belüftet sind. In derartigen Fällen wird eine Belüftung der Kathode diesen Strom in allen Fällen erhöhen, während ihn eine Belüftung der Anode herabsetzt, wenn auch manchmal die Richtung nicht gewechselt wird, so daß die belüftete Elektrode niemals Kathode wird. Selbst ein derartiges anomales Elektrodenpaar kann tatsächlich den differentiellen Belüftungseffekt zeigen, wenn auch in einem zu schwachen Grad, um die spezifischen Differenzen zwischen dem besonderen Elektrodenpaar überwinden zu können.

---

[1] EVANS, U. R., L. C. BANNISTER u. S. C. BRITTON: Pr. Roy. Soc. A **131** (1931) 360.

[2] EVANS, U. R.: J. Inst. Met. **30** (1923) 260. Ist der Widerstand des die beiden Elektroden verbindenden Stromkreises hoch, so wird dadurch natürlich der Durchgang des Stromes durch das Milliampèremeter gehindert und viel von dem gelieferten Sauerstoff dazu dienen, *lokale* Ströme zwischen den verschiedenen Teilen der belüfteten Elektrode zu bilden. Wird der Widerstand praktisch unendlich groß gemacht (durch Unterbrechen des Stromes), so wird tatsächlich praktisch die gesamte Korrosion der belüfteten Elektrode zufallen. Die lokalen Ströme an der „belüfteten" Elektrode können selbst differentielle Belüftungsströme sein, die mit Unterschieden in der Sauerstoffzufuhr zwischen den verschiedenen Teilen der Oberfläche verknüpft sind. Diese Ströme werden jedoch nicht durch das Milliampèremeter erfaßt werden und keine Korrosion an der unbelüfteten Elektrode hervorrufen. Es ist infolgedessen zu erwarten, daß Versuche mit Stromkreisen von hohem Widerstand oder mit Zellen, in denen der Sauerstoff nicht frei zu allen Stellen der belüfteten Elektrode Zugang hat, eine erhöhte Korrosion an der stärker belüfteten Elektrode ergeben. Siehe hierzu auch die Versuche von G. D. BENGOUGH, A. R. LEE, F. WORMWELL [Pr. Roy. Soc. A **131** (1931) 513] an einem Element, in dem die beiden Abteilungen mit Luft bzw. Sauerstoff beschickt wurden.

Das Verhalten von Cadmium[1] hat sich als ähnlich herausgestellt. Gelegentlich wird ein anomales Elektrodenpaar aus diesem Metall gefunden, das ausschließlich den Strom in nur einer Richtung aussendet, selbst dann, wenn die Anode belüftet wird. Es ist jedoch festgestellt worden, daß sie normal zu wirken beginnen, wenn man sie beide herausnimmt, mit einer geringen Menge von schwarzem Kupfer bedeckt (durch Eintauchen in Kupfersulfatlösung), dann abwäscht und frisch in dem Element prüft. Die Stärke des erzeugten Stromes wächst dabei mit zunehmendem Kupferniederschlag; nunmehr arbeitet die belüftete Elektrode unveränderlich als Kathode.

Statistische Prüfung differentieller Belüftungselemente. Selbst in Elementen mit Eisenelektroden sind gelegentlich anomale Elektrodenpaare beobachtet worden, wobei es sich zeigte, daß eine Umkehr der Stromrichtung in manchen Fällen eintritt[2]. Die Existenz von Anomalien machte eine vielfältige Untersuchung wünschenswert. BLACK[3] führte infolgedessen folgende Versuchsreihe durch: 24 differentielle Elemente wurden im Thermostaten während 28 Tagen untersucht, die Elektrodenflüssigkeit blieb dabei unbewegt. Zur Untersuchung kamen 8 verschiedene Arten von Eisen und Stahl, und zwar je 3 Elemente vom gleichen Material. Dabei bestand das benutzte Element aus einem Eisenstreifen, der tief in eine Natriumchloridlösung eintauchte, während ein anderer Streifen an der Wasseroberfläche aufgebracht wurde, wo er dem Sauerstoff zugänglicher war. In jedem Element wurde ein und dieselbe Art von Eisen für *beide* Elektroden verwendet. Einige der untersuchten Elemente gaben am Anfang unregelmäßige Ergebnisse. Vom 4. bis zum 28. Tage einschließlich lieferten jedoch alle 24 Elemente Ströme in der normalen Richtung, wobei die besser belüftete Elektrode als Kathode wirkte.

Über die Frage der differentiellen Belüftungselemente sind zahlreiche Untersuchungen veröffentlicht worden. Es sei hingewiesen auf die Arbeiten von McAULAY und BOWDEN[4], McAULAY und BASTOW[5], HALL[6], TRAVERS und AUBERT[7], VAN WÜLLEN SCHOLTEN[8], STRAUMANIS[9], MASING[10], HICKS[11], ENDO und KANAZAWA[12] sowie endlich BANNISTER und RIGBY[13]. Alle diese Arbeiten haben zu einer Auffassung geführt, die ziemlich ähnlich der hier vorgetragenen ist. Wenig abweichende Ansichten vertreten DONKER und DENGG[14] sowie

[1] EVANS, U. R.: J. Inst. Met. **30** (1923) 264.

[2] Eine derartige Umkehr kann an Eisen, das edle Verunreinigungen enthält, nicht unerwartet sein, da diese die Neigung haben, an der (korrodierenden) Anode in Lösung zu gehen. Nachdem sie an der Elektrode in metallischer Form wieder niedergeschlagen worden sind — durch einfaches Wiedereintreten in den Verband des Festkörpers —, werden sie das Potential in dem Sinne ändern, daß sie die frühere Anode zur Kathode machen.

[3] EVANS, U. R. u. A. N. BLACK: Engineering **140** (1935) 86.

[4] McAULAY, A. L. u. F. P. BOWDEN: J. chem. Soc. **1925**, 2605.

[5] McAULAY, A. L. u. S. H. BASTOW: J. chem. Soc. **1929**, 85.

[6] HALL, R. E.: Mechan. Eng. **48** (1926) 322.

[7] TRAVERS, A. u. J. AUBERT: Rev. Mét. **31** (1934) 386.

[8] VAN WÜLLEN SCHOLTEN, W.: Arch. Eisenhüttenwesen **2** (1929) 523.

[9] STRAUMANIS, M.: Korr. Met. **9** (1933) 33, **12** (1936) 148.

[10] MASING, G.: Z. Metallk. **22** (1930) 323.

[11] HICKS, J. F. G.: J. phys. Chem. **33** (1929) 780.

[12] ENDO, H. u. S. KANAZAWA: Sci. Rep. Tôhoku **19** (1930) 425.

[13] BANNISTER, C. O. u. R. RIGBY: J. Inst. Met. **58** (1936).

[14] DONKER, H. J. u. R. A. DENGG: Korr. Met. **3** (1927) 217.

BANCROFT[1], während die Standpunkte, die von BENGOUGH und WORMWELL[2] (s. S. 231), von DUFFEK[3] sowie von LIEBREICH[4] vertreten werden, etwas weiter von der durch EVANS vertretenen Ansicht entfernt sind.

3. Die sekundären Korrosionsprodukte.

Ergebnisse der elektrochemischen Korrosion. Im allgemeinen wird eine Metallprobe, die unter Bedingungen ungleicher Sauerstoffzufuhr in eine Natrium- oder Kaliumsalzlösung gebracht wird, Alkali an den besser belüfteten Teilen und ein Metallsalz an den schwächer belüfteten Teilen bilden. Diese werden in einem gewissen Abstand von dem Sitz des Angriffes zusammentreten unter Bildung von voluminösem Metallhydroxyd. Handelt es sich bei dem Metall um Eisen, so werden die Eisen(II)-salze der anodischen Teile durch das Alkali zur Niederschlagsbildung in Form von Eisen(II)-hydroxyd gebracht werden, das sofort weiteren Sauerstoff unter Bildung eines Gemisches höherer Oxyde (oft hydratisiert) aufnehmen wird, das als *Rost* bekannt ist. Die Natur des Rostes wechselt je nach den Bildungsbedingungen.

Verschiedene Arten von Rost. SCHIKORR[5] hat gezeigt, daß die *rasche* Oxydation von Eisen(II)-hydroxyd [$FeO \cdot H_2O$ oder $Fe(OH)_2$] durch Sauerstoff zu der α-Form des hydratischen Eisen(III)-oxydes führt, während *langsame* Oxydation zuerst einen als Eisen(II)-ferrit betrachteten Körper ergibt, der die γ-Form des hydratischen Eisen(III)-oxydes liefert [sowohl die α- als auch die γ-Form haben die Zusammensetzung $Fe_2O_3 \cdot H_2O$ oder $FeO(OH)$]. Untersuchung mit Röntgenstrahlen hat ergeben, daß die α-Form krystallographisch mit dem Mineral Goethit identisch ist, während die γ-Form dem Mineral Lepidocrocit entspricht. Der Niederschlag ist jedoch eine Aggregation von kolloiden Partikeln und zeigt keine Anzeichen krystalliner Flächen. Ausgefällter Rost ist sehr voluminös, setzt sich langsam ab und bildet einen dicken Schlamm, der weitaus mehr Wasser als Eisenoxyd[6] enthält. Er neigt dazu, beim Altern dunkler und dichter zu werden, verliert beim Trocknen wahrscheinlich Wasser und geht in Eisen(III)-oxyd Fe_2O_3 über. Rost, der bei Sauerstoffmangel entstanden ist, ist viel dunkler und enthält 2- und 3wertiges Eisen in oxydischer Form, jedoch ziemlich undefinierter Zusammensetzung. Manchmal besitzt er eine ausgesprochen grüne Farbe sowie die Tendenz, Wasser unter Bildung von körnigem, schwarzen Magnetit Fe_3O_4 abzugeben, der, nachdem er einmal gebildet ist, sich sehr stabil verhält, wie BENGOUGH, LEE und WORMWELL[7] gezeigt haben. Ist der Magnetit jedoch mikrokrystallin, so kann er, wie GIRARD[8] festgestellt hat, Sauerstoff aufnehmen. Der grüne Körper wird, wenn er frisch hergestellt worden ist, durch Luft rasch oxydiert. CARIUS[9] kommt zu

---

[1] BANCROFT, W. D.: J. phys. Chem. **28** (1924) 842, 843.

[2] BENGOUGH, G. D. u. F. WORMWELL: Pr. Roy. Soc. A **140** (1933) 399; Rep. Corrosion Comm. Iron Steel Inst. **3** (1935) 123.

[3] DUFFEK, V.: Korr. Met. 7 (1931) 277.   [4] LIEBREICH, E.: Korr. Met. 8 (1932) 1.

[5] SCHIKORR, G.: Z. anorg. Ch. **191** (1930) 322; Korr. Met. **6** (1930) 24; Korr. Met. Beiheft **1929**, 23; Koll.-Z. **52** (1930) 25; vgl. F. DREXTER: Korr. Met. **6** (1930) 3.

[6] EVANS, U. R.: J. Soc. chem. Ind. Trans. **47** (1928) 56. — BENGOUGH, G. D. u. F. WORMWELL: Rep. Corrosion Comm. Iron Steel Inst. **3** (1935) 136.

[7] BENGOUGH, G. D., A. R. LEE u. F. WORMWELL: Pr. Roy. Soc. A **134** (1931) 312.

[8] GIRARD, A.: Dissert. Lille 1935, S. 26.

[9] CARIUS, C.: Korr. Met. 7 (1931) 186. Einige Analysen von schwedischem Rost bringt W. PALMAER: Korr. Met. **2** (1926) 61.

der Feststellung, daß der bei begrenzter Sauerstoffzufuhr gebildete Rost in schwachsauren Lösungen ($p_H = 3,5$ bis $7,2$) schwarz, in alkalischen Lösungen ($p_H = 7,2$ bis $8,8$) dagegen grün ist.

GIRARD[1] hat eine eingehende Studie über die Bildung der verschiedenen Formen des Rostes veröffentlicht, wobei er eine magnetische Methode zur Verfolgung der Veränderungen anwendet. Wird Eisen(II)-hydroxyd, das elektrochemisch oder auf eine andere Weise an der Oberfläche von Eisen gebildet worden ist, dem Sauerstoff ausgesetzt, so werden die äußeren Teile in die Eisen(III)-form übergeführt. Der eisen(III)-haltige Rost kann mit einem weiteren Teil von Eisen(II)-hydroxyd reagieren und den grünen Zwischenkörper liefern, den er einfach als hydratischen Magnetit $Fe_3O_4 \cdot H_2O$ betrachtet (er verliert bei 120° Wasser und gibt schwarzen, anhydrischen Magnetit). Die Diffusion von Sauerstoff zu dem grünen Körper kann ihn wieder in die Eisen(III)-form überführen, wobei Goethit und Lepidocrocit entstehen, je nach der Zufuhr des Sauerstoffes. Diese können allmählich Wasser verlieren und in rhomboedrisches bzw. kubisches Eisen(III)-oxyd Fe_2O_3 übergehen. Die kubische vom Lepidocrocit eingenommene Form ist magnetisch. An Stellen, an die frischer Sauerstoff nicht hindringt, wird der grüne Körper allmählich der Dehydratation zu schwarzem inerten Magnetit unterliegen. Es ist leicht einzusehen, warum der auf Eisen gebildete Rost zur Schichtenbildung neigt und warum Rost, der an einem Riß entsteht, im allgemeinen braun an der Außenseite, darunter grün oder schwarz und manchmal weiß an den inneren Teilen ist.

Die Neigung des ausgefällten hydratischen Eisenoxydes, mit der Zeit kompakter, weniger hydratisch und stabiler zu werden, tritt ganz allgemein hervor. Die offenbare Stabilität des körnigen Magnetits gegen atmosphärische Oxydation kann teilweise durch die auf Elektronenbeugungsversuchen beruhenden Beobachtungen von CATES[2] erklärt werden, wonach die Körner offenbar mit γ-FeO(OH) bedeckt sind; wahrscheinlich ist sie jedoch weitgehend auf eine Verringerung der Oberflächenerstreckung zurückzuführen. Selbst Eisen(II)-hydroxyd wird beim Altern merklich reaktionsträger. Kommt weißes, frisch ausgefälltes Eisen(II)-hydroxyd in Kontakt mit einer Spur Sauerstoff, so wird es sofort dunkel: es wird grün und hierauf braun. Wird es jedoch einige Wochen von Sauerstoff ferngehalten, so wird der weiße Körper relativ inert und kann selbst für einige Minuten der Luft ausgesetzt werden, ehe er merklich dunkler zu werden beginnt.

Hydratisches Eisen(III)-oxyd kann aus der Luft Kohlendioxyd aufnehmen. TILLMANS, HIRSCH und SCHILLING[3] nehmen an, daß dabei ein basisches Carbonat gebildet wird. Nach VERNON (s. S. 138) wird die Oxydschicht durch diese Veränderung schützender.

4. Verteilung des Angriffes bei partiell eingetauchten vertikalen Proben.

Verhalten eines partiell eingetauchten vertikalen Eisenbleches. Die Verteilung der Korrosion auf einem vertikal eingetauchten, rechteckigen Stück

---

[1] GIRARD, A.: Dissert. Lille 1935. — GIRARD, A. u. G. CHAUDRON: C. r. **200** (1935) 127. — MICHEL, A. u. G. CHAUDRON: C. r. **201** (1935) 1191.

[2] CATES, J.: Trans. Faraday Soc. **29** (1933) 823.

[3] TILLMANS, J., P. HIRSCH u. K. SCHILLING: Koll.-Z. **47** (1929) 98.

Eisen, das teilweise in eine Kaliumchloridlösung eingetaucht worden ist, entspricht derjenigen im Tropfen. Ist das Gas über der Flüssigkeitsoberfläche Luft, so wird eine immune Zone unmittelbar unterhalb der Wasserlinie auftreten, während der Angriff weiter unterhalb ungehindert fortschreiten wird. Diese Erscheinung ist darauf zurückzuführen, daß das Kathodenprodukt Kaliumhydroxyd längs der Wasserlinie, an der Sauerstoff ohne Schwierigkeit nachgeliefert werden kann, im Überschuß gebildet wird und örtlich schützend auf das Metall einwirkt. Wie in Teil C dieses Kapitels (s. S. 227) auseinandergesetzt wird, *ist die Korrosionsgeschwindigkeit quantitativ der Stärke desjenigen Stromes äquivalent, der zwischen der belüfteten (kathodischen) Zone an der Wasserlinie und der tiefer gelegenen anodischen Zone fließt.*

Prüfungen, die von HOAR[1] an Proben mit einer eingetauchten Fläche von $3{,}5 \times 2{,}5$ cm durchgeführt worden sind, haben ergeben, daß nach einer Korrosionsdauer von 48 Stunden in derjenigen Flüssigkeit kein Sauerstoff mehr nachgewiesen werden kann, die den unteren Teil der Probe bedeckt, an dem die Korrosion fortschreitet. Werden ähnliche Versuche jedoch bei Ausschluß von Sauerstoff in dem oberhalb der Flüssigkeit befindlichen Gasraum durchgeführt, wie das in den Untersuchungen von BORGMANN oder MEARS (s. S. 183) der Fall war, so ist die Korrosion sehr gering. Es zeigt sich also auch hier wieder, daß Sauerstoff für einen raschen Angriff erforderlich ist, daß aber die Korrosion (wenigstens für eine gewisse Zeit) in einem merkbaren Abstand von derjenigen Stelle erfolgt, zu der der Sauerstoff geliefert wird.

Einfluß der Salzkonzentration. Die Verteilung des Angriffes durch eine Chloridlösung ändert sich in den Frühstadien erheblich mit der Konzentration. Im Jahre 1929 wurden zahlreiche Platten eines bestimmten Stahlbleches guter Qualität abgeschmirgelt, senkrecht für nur 1 Stunde in eine Chloridlösung gebracht und dann herausgezogen[2]. Abb. 30 zeigt die hierbei erhaltene Angriffsverteilung. Sehr verdünnte Natriumchloridlösung (z. B. $^1/_{10000}$ n) rief ein dünnes Band ziemlich intensiver Korrosion längs der Schnittkanten hervor (an denen der Oxydfilm leicht Fehler aufweist). Diesem folgte ein schmales Band, das völlig immun gegenüber jedem Angriff war, während der zentrale Teil mit zahlreichen Punkten ziemlich deutlichen Angriffes, offenbar korrosionsempfänglichen Stellen, bedeckt war, deren jeder von einem Kreis nicht angegriffenen Metalles umgeben war. Zwischen den Kreisen zeigten die Flächen Interferenzfarben. Die Verteilung dient zur Illustration der allgemeinen Erscheinung, wonach Korrosion an einem gegebenen Punkt oftmals ipse facto das Metall in seiner Nachbarschaft schützen kann.

Wurde der Versuch in $^1/_{1000}$ n-Natriumchloridlösung wiederholt, so war sowohl die angegriffene Zone längs der Kanten als auch das immune Gebiet breiter. Überdies hatten sich die Korrosionsprodukte von den empfänglichen Stellen weiter ausgebreitet, und zwar sowohl nach außen als auch nach unten. In $^1/_2$- oder $^1/_{10}$- normaler Lösung wurden die korrodierten Teile längs der Kanten

---

[1] EVANS, U. R. u. T. P. HOAR: Pr. Roy. Soc. A **137** (1932) 355.

[2] EVANS, U. R.: Trans. Am. electrochem. Soc. **57** (1930) 414. Neuerdings hat J. E. O. MAYNE (J. chem. Soc. **1936**, 1096) die Diffusion des Alkalis nach innen in allen Richtungen von den Kanten her als die Ursache dafür angesprochen, daß die Korrosion dort einen höheren Wert als an irgendeiner anderen Stelle aufweist. Er zeigt, daß sich an einer Probe von quadratischem Querschnitt der geschützte Teil rund um die Probe hin ausbreitet.

noch breiter; die immune Zone hatte sich nunmehr über die Probe ausgebreitet, so daß der zentrale Teil blank und unverändert erschien. Die im linken Teil der Abb. 30 aufgezeigte Verteilung ist als die sog. *ideale Verteilung* bekannt. Manchmal erreicht die Korrosion an den Kanten die Wasserlinie, wie Abb. 31A zeigt.

HOAR[1] hat hinsichtlich der Größe der an Eisen, das in Kaliumchloridlösung verschiedener Konzentration eingetaucht worden ist, auftretenden Angriffsflächen einige interessante Beobachtungen gemacht. Danach wächst die Korrosionsgeschwindigkeit mit steigender Konzentration an, während die korrodierte Fläche abnimmt. Bei einer bestimmten Konzentration (die von der Natur

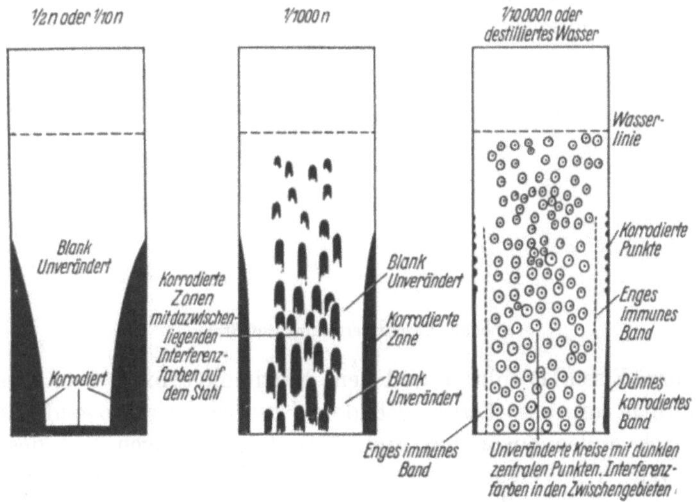

Abb. 30. Frühstadien des auf Stahlplatten durch Natriumchloridlösung verschiedener Konzentration hervorgerufenen Angriffes.

des Eisens abhängt, jedoch in der Nähe von $^1/_2$ n liegt) wurde eine maximale Korrosionsgeschwindigkeit erreicht, während jenseits dieses Punktes die Korrosionsgeschwindigkeit ab-, die korrodierte Fläche dagegen wieder zunimmt. Obgleich die der maximalen Korrosionsgeschwindigkeit und der minimalen Angriffsfläche zugehörige Konzentration einander nicht genau entsprechen, ist doch deutlich eine allgemeine Beziehung zwischen hoher Korrosionsgeschwindigkeit und kleiner korrodierter Fläche vorhanden. Je größer die Korrosionsgeschwindigkeit wird, desto rascher erfolgt die Bildung von Kaliumhydroxyd und um so größer wird infolgedessen auch derjenige Teil der Oberfläche, der geschützt werden kann.

Faktoren, die den Korrosionshabitus bestimmen. Die ideale Angriffsverteilung (s. Abb. 31 A) ist etwas außergewöhnlich. Sie erfordert

   a) ein Material, das außergewöhnlich frei von Oberflächenfehlern ist,

   b) hohe Salzkonzentrationen und gewöhnlich

   c) Abwesenheit thermischer Konvektionsströme.

Wird der Versuch in einem offenen Raum durchgeführt, so wird oft festgestellt, daß die verschiedenen in Betracht kommenden Substanzen [Sauerstoff, Eisen(II)-chlorid, Natriumhydroxyd und Rost] durch thermische Ströme herumbewegt

---

[1] EVANS, U. R. u. T. P. HOAR: Pr. Roy. Soc. A **137** (1932) 353.

werden, so daß sie zu einer Störung der einfachen Angriffsverteilung führen,
die bedingt ist durch das Vorhandensein von Sauerstoff und Natriumhydroxyd
am oberen Teil der Probe und von Eisen(II)-chlorid und Rost an den tiefer
gelegenen Stellen. Infolgedessen kann sich die Korrosion von korrosionsempfänglichen Stellen aus bis ganz nahe zur Wasserlinie fortentwickeln, die unter iso-
thermen Verhältnissen völlig immun bleiben würde. Die Korrosion kann so einen
Habitus annehmen, wie er schematisch in Abb. 31 B wiedergegeben worden ist.

Ist irgendeine zentrale Stelle der Oberfläche (z. B. Punkt P in Abb. 31 C)
als ein besonders aktiver Oberflächenfehler anzusprechen (möglicherweise in
Verbindung mit einem Einschluß oder einem eingewalzten Sinterteilchen), so
wird an ihm eine intensive Korrosion einsetzen. Der durch Zusammenwirken

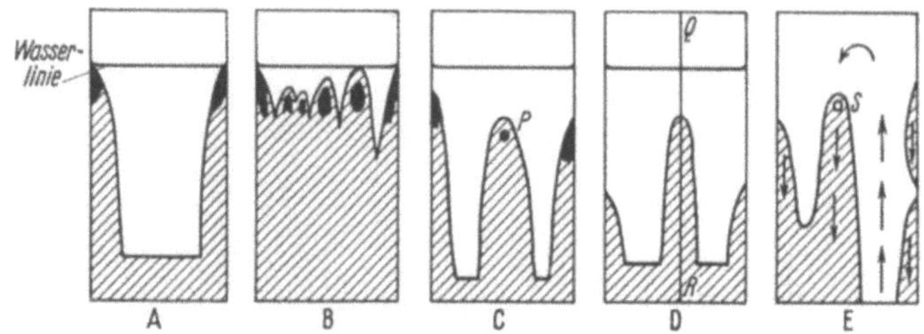

Abb. 31. Angriffsverteilung auf Stahl.

zwischen dem Eisen(II)-chlorid und dem Natriumhydroxyd über dieser Fehlstelle und rings um diese herum gebildete Rost wird sich sowohl nach unten
als auch nach außen ausbreiten und einen bogenförmigen Teil des Metalles
bedecken. Wird der Versuch über einige Tage hin erstreckt, so zeigt sich, daß
das durch den absinkenden Rost bedeckte Metall ernstlich korrodiert wird.
Oberhalb des bogenförmigen Bezirkes wird Eisen(II)-chlorid (das Anodenprodukt) aus zwei Gründen im Überschuß gegenüber Natriumhydroxyd (dem
Kathodenprodukt) vorhanden sein[1]. Erstens wird ein Mangel an Natriumhydroxyd vorhanden sein, weil der in der absteigenden Flüssigkeit vorhandene
Sauerstoff als Depolarisator unmittelbar über P aufgezehrt wird. Zweitens
fließt über den bogenförmigen Bezirk ständig in P frisch gebildetes Eisen(II)-
chlorid abwärts. Beide Faktoren tragen bei zu der Fortentwicklung des Angriffes über das ganze bogenförmige Flächenstück (ebenso wie sich der Angriff
über das ganze Zentrum eines Tropfens ausdehnt). Das Absinken des Rostes
wird eine Abwärtsbewegung des Sauerstoffes und Alkalis über beide Seiten
des bogenförmigen Gebietes zur Folge haben, was einen Schutz des Metalles
bewirken wird, da jeder beginnende Angriff an weniger korrosionsempfänglichen Stellen schnell gehemmt werden wird. · Infolgedessen wird der bogenförmige Bezirk stark angegriffen, während das auf seinen beiden Seiten befindliche Metall völlig unverändert bleibt.

Gemäß der statistischen Verteilung der besonders korrosionsempfänglichen
Gebiete auf der Metalloberfläche werden alle Arten seltsamer Formen von
angegriffenen und unangegriffenen Gebieten auf teilweise eingetauchten Proben
vorkommen können. Abgesehen von den besonderen Bedingungen, die zu
der idealen Abgriffsverteilung führen, ist es unmöglich, den Angriffshabitus

---

[1] Vgl. die Ansichten von G. D. Bengough u. F. Wormwell: Pr. Roy. Soc. A **140**
(1933) 405, die teilweise in den Text eingearbeitet worden sind.

vorauszusagen. Ein leitender Gesichtspunkt kann jedoch angegeben werden: ein korrosionsempfänglicher Bezirk in der Nähe der Wasserlinie wird weniger leicht angegriffen werden (zumindest in den Frühstadien) als ein tiefer liegender. Wird er jedoch trotzdem angegriffen, so ist die Korrosion infolge der Sauerstoffnähe außergewöhnlich intensiv.

Abb. 31 D gibt ein Bild vom Typ üblicher Korrosionsverteilung auf einer Probe, die geritzt oder von der Mitte her längs der Linie QR gebogen worden ist[1]. Ähnliche Angriffsverteilungen werden erhalten, wenn ein Loch in die metallische Oberfläche gebohrt wird; sie entstehen selbst dann, wenn die Sauerstoffquelle unterhalb des Loches ist. BENGOUGH und WORMWELL[2] bohrten ein Loch in eine Stahlprobe bei S (s. Abb. 31 E) und erhielten die in der Abbildung angegebene Verteilung, wenn sie die Probe vollständig in ein mit $^1/_2$ n-Natriumchloridlösung gefülltes Rohr mit einer *unten* befindlichen Sauerstoffquelle brachten. Es ist für Flüssigkeiten unmöglich, längs des gleichen Weges auf und ab zu steigen. Beginnt die Korrosion beim Punkte S und sinkt ein schwerer Strom von gebildetem Eisen(II)-chlorid über die übliche bogenförmige Zone ab, so werden Säulen sauerstoffreicher Flüssigkeit an anderen Stellen aufsteigen, vielleicht in der durch die Pfeile in der Abbildung angezeigten Art und Weise. Hierdurch wird Alkali im Überschuß an beiden Seiten und unmittelbar oberhalb der bogenförmigen Zone vorhanden sein, d. h. an Stellen, an denen das Metall dem Angriff entgehen wird. Über der bogenförmigen Zone dagegen wird Eisen(II)-chlorid im Überschuß vorliegen, das Metall wird infolgedessen dort dem anodischen Angriff unterliegen. An der oberen Zone der Probe wird wahrscheinlich ein leichter Alkaliüberschuß herrschen, aber selbst dann, wenn die Flüssigkeit hier neutral wäre, ist es unwahrscheinlich, daß Eisen an irgendeiner zufälligen schwachen Stelle, im Hinblick auf den raschen Vorgang bei S, in die Flüssigkeit überzutreten beginnt. (Die von MEARS durchgeführte statistische Untersuchung, die auf S. 540 behandelt wird, zeigt, daß intensive Korrosion, die von einem hochaktiven Gebiet ausgeht, ipso facto die Korrosionswahrscheinlichkeit für irgendein anderes weniger aktives Gebiet in der Nachbarschaft herabsetzt. In konzentrierten Lösungen kann sich die gegenseitige Schutzwirkung wahrscheinlich auf beachtliche Entfernungen hin auswirken.) Die hier vorgetragene Erklärung gibt die EVANSsche Ansicht. Der Leser muß entscheiden, ob sie sachlich von der von BENGOUGH und WORMWELL gegebenen abweicht, und wenn ja, welche Erklärung die richtige ist.

Aufwärtsgerichteter korrosiver Angriff. In den Frühstadien des Angriffes auf vertikal angeordnete Stahlproben durch eine Salzlösung erstreckt sich der Angriff im allgemeinen nur über die bogenförmigen Gebiete und sinkt von den aktiven Teilen zu niedriger liegenden ab. Aktive Stellen, die höher hinauf liegen, geben Anlaß zu bogenähnlichen Gebieten, die Interferenzfarben aufweisen (was auf Niederschlagsbildung in physikalischem Kontakt mit der metallischen Unterlage beruht), die aber anfänglich keinen Angriff des Metalles verursachen. Die verschiedenen bogenförmigen Zonen, an denen die Korrosion erfolgt, vereinigen sich oft zu einer einzigen korrodierten Zone, so daß ein *Mantel* von membranartigem Rost aus dem Zusammenwirken zwischen den unten gebildeten Eisensalzen

---

[1] EVANS, U. R.: Trans. Am. Inst. min. met. Eng. **1929**, 20.
[2] BENGOUGH, G. D. u. F. WORMWELL: Pr. Roy. Soc. A **140** (1933) 406, s. Tafel V, Fig. 16 dieser Arbeit.

und dem darüber gebildeten Alkali längs der oberen Grenze dieser korrodierten Zone entsteht. Der erste Mantel kann einige Zentimeter unterhalb des Wasserspiegels auftreten. Später, wenn der ursprünglich in der Lösung vorhandene Sauerstoff aufgebraucht ist, kommt es zu anodischem Angriff an höher liegenden aktiven Stellen: es wird ein neuer Mantel unmittelbar über ihnen zur Ausbildung kommen. So bewegt sich die korrodierte Zone diskontinuierlich aufwärts. Abb. 32, die einen der früheren Versuche von Evans[1] wiedergibt, zeigt die Aufeinanderfolge der Mäntel (die die oberste Zone des Angriffes darstellen) in verschiedenen Angriffsstadien. In diesem Versuch erschien nach 4 Tagen ein kontinuierlicher Film von braunem Hydroxyd auf der Wasseroberfläche selbst, was darauf zurückzuführen war, daß die Niederschlagsbildung stets bevorzugt an einer Phasengrenze erfolgt. Diese Erscheinung muß in gewissem Ausmaß störend auf den Eintritt des Sauerstoffes in die Flüssigkeit wirken und somit die Wahrscheinlichkeit für den anodischen Angriff selbst in den oberen Regionen vergrößern. Infolge der wohlbekannten Kriechfähigkeit des Alkalis auf metallischen Oberflächen war das Metall in diesem Stadium oberhalb der Wasserlinie feucht. Da dieses Gebiet oberhalb der Wasserlinie als kathodische Zone wirken kann, ist kein Grund dafür vorhanden, daß der anodische Angriff nicht die Wasserlinie selbst erreichen

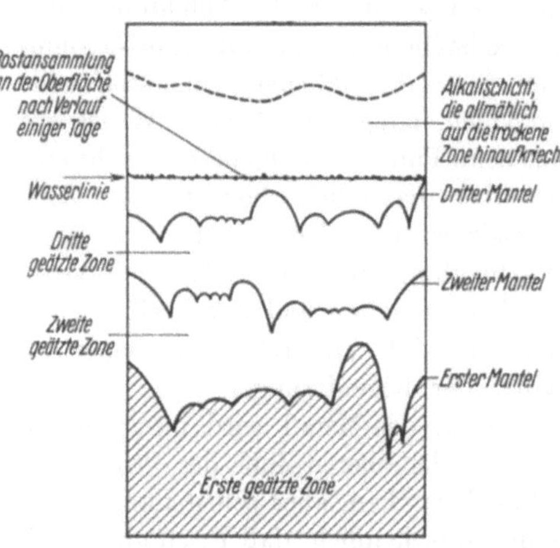

Abb. 32. Diskontinuierliches, nach oben gerichtetes Fortschreiten der Korrosion an Eisen (schematische Darstellung).

sollte. Ist das der Fall, so wird der Angriff dort besonders intensiv werden. Das mag der Grund sein für den Angriff an der Wasserlinie bei Langzeitversuchen mit Stahlproben, die Bengough und Wormwell[2] beschreiben, für die sie aber eine andere Erklärung abgeben.

Die allmähliche Ausdehnung der korrodierten Zone in den Frühstadien des Angriffes vergrößert nicht die Geschwindigkeit der Zerstörung des Metalles, die (wie auf S. 229 ausgeführt wird) durch die Sauerstoffzufuhr zur Wasserlinie geregelt wird. Wenn überhaupt von irgendeinem Effekt gesprochen werden kann, so ist es die Tendenz zur Verringerung der Korrosionsgeschwindigkeit. Vor längerer Zeit durchgeführte Kurzzeitversuche[3] an Eisen- und Zinkproben, für die die idealen Bedingungen nicht zutrafen, haben Korrosions-Zeit-Kurven ergeben, die ein leichtes Abfallen der Korrosionsgeschwindigkeit mit der Zeit erkennen ließen. Später durchgeführte Versuche[4] an einem Stahl unter idealen Bedingungen der Angriffsverteilung führten zu Kurven, die nach anfänglicher Störung eine hinreichend konstante Geschwindigkeit zeigten. Borgmanns[5]

<hr>

[1] Evans, U. R.: Ind. eng. Chem. **17** (1925) 368.
[2] Bengough, G. D. u. F. Wormwell: Chem. Ind. **14** (1936) 262.
[3] Evans, U. R.: J. chem. Soc. **1929**, 124.
[4] Evans, U. R. u. T. P. Hoar: Pr. Roy. Soc. A **137** (1932) 349.
[5] Borgmann, C. W. u. U. R. Evans: Trans. electrochem. Soc. **65** (1934) 259.

Versuche an Gußstangen aus Zink und Zinklegierungen haben während 4 Versuchstagen eine sehr konstante Geschwindigkeit ergeben.

Einfluß der Sauerstoffkonzentration in der Gasphase. Bei Proben, die angenähert die „ideale" Angriffsverteilung zeigen, ist die immune Zone groß, wenn das über der Flüssigkeit befindliche Gas aus reinem Sauerstoff besteht, wird jedoch zunehmend kleiner, wenn der Sauerstoff durch Stickstoff verdünnt wird. In reinem Stickstoff oder Wasserstoff erreicht die Korrosion, obgleich sie an sich sehr gering ist, die Wasserlinie überall, wie BORGMANN[1] gezeigt hat. MEARS[2] hat eine Reihe von Versuchen an Eisen in dreifacher Ausführung in $^1/_{10}$ n-Kaliumchloridlösung durchgeführt, wobei die Gasphase durch verschiedene Gehalte an Sauerstoff und Stickstoff ausgezeichnet war. Er kam zu folgenden Festellungen:

1. *Die Gesamtkorrosion wächst mit der Sauerstoffkonzentration;* sie ist sehr gering in reinem Stickstoff.

2. Die *Zone,* auf die die Korrosion beschränkt ist, *nimmt mit steigender Sauerstoffkonzentration ab.* In Proben, die die ideale Verteilung zeigen, rückt die geradlinige, obere Grenze der korrodierten Zone kontinuierlich nach unten vor, je mehr die Sauerstoffkonzentration erhöht wird.

Die Tatsache, daß Sauerstoff den Gesamtangriff begünstigt, ist auf die Zunahme der differentiellen Ströme zurückzuführen, während die Verringerung der Korrosionszone bei hohen Sauerstoffkonzentrationen auf die erhöhte Schutzwirkung zurückzuführen ist, da die Alkalibildung an der Wasserlinie rascher erfolgt. MAYNE[3] hat gleichfalls festgestellt, daß die geschützte Zone an der Wasserlinie verschwindet, wenn der Sauerstoff entfernt wird. In seinen im Vakuum durchgeführten Versuchen erfolgt der Korrosionsangriff vorwiegend längs der Wasserlinie.

Angriff an der Wasserlinie. Wenn die im allgemeinen unmittelbar unterhalb der Wasserlinie beobachtete Immunität des Metalles gegenüber dem korrosiven Angriff wirklich auf die bevorzugte Möglichkeit zur Nachlieferung des Sauerstoffes und infolgedessen raschere Bildung von Alkali innerhalb dieser Zone zurückzuführen ist, so sollte sie verschwinden unter Bedingungen, die diese Ursache ausschließen. Wird die Flüssigkeit in Zirkulation versetzt, so wird damit die Sauerstoffkonzentration innerhalb der gesamten Flüssigkeit fast als gleichförmig anzunehmen sein. In diesem Fall *wird die Wasserlinie tatsächlich der verwundbarste Teil des Metalles werden, da dann dort überall die Möglichkeit gegeben ist, daß das Korrosionsprodukt am Meniscus an der Phasengrenze Wasser/Luft anstatt an der Phasengrenze Wasser/Metall adhärieren*[4]. Ist das der Fall, so wird eine Hemmung des Angriffes selbst an einer weniger aktiven Stelle innerhalb der Meniscuszone nicht stattfinden. Für Metalle, die normalerweise sehr langsam korrodieren, ist die zur Aufrechterhaltung einer fast gleichmäßigen Sauerstoffkonzentration erforderliche Zirkulationsgeschwindigkeit viel geringer als für rasch korrodierende Werkstoffe. Hierin liegt die

[1] EVANS, U. R. u. C. W. BORGMANN: Z. phys. Ch. **160** (1932) 194; Trans. Faraday Soc. **28** (1932) 813; s. die Kritik von A. R. LEE: Trans. Faraday Soc. **28** (1932) 825.

[2] EVANS, U. R. u. R. B. MEARS: Pr. Roy. Soc. A **146** (1934) 162.

[3] MAYNE, J. E. O.: J. chem. Soc. **1936**, 366.

[4] Überdies wird durch einige Autoritäten auf diesem Gebiet, namentlich durch E. S. HEDGES (J. Chem. Soc. **1926**, 831) darauf hingewiesen, daß die Substanzen längs der Wasserlinie eine erhöhte Reaktionsfähigkeit besitzen. Das ist sehr leicht möglich.

Erklärung dafür, warum eine Salzlösung, die bei einem gewöhnlichen Stahl eine der in Abb. 30 und 31 wiedergegebenen Angriffsverteilungen liefert, unter den gleichen Bedingungen „nichtrostenden Stahl" längs der Wasserlinie angreift.

Wenn der bei langsam korrodierendem Material festgestellte Angriff längs der Wasserlinie in richtiger Weise der Tatsache zugeschrieben wird, daß der langsame Sauerstoffverbrauch die Sauerstoffkonzentration in der Flüssigkeit relativ gleichförmig läßt, sollte die Korrosion an der Wasserlinie selbst bei gewöhnlichem Stahl erreicht werden können, sofern die Chloridlösung mit einem Inhibitor behandelt wird, dessen Menge hinreichend ist, um die Korrosion zu verlangsamen, ohne sie aber völlig zum Stillstand zu bringen. Das ist tatsächlich der Fall. Eine Chloridlösung, der Alkali in einer die Korrosion gerade noch nicht abstoppenden Menge zugesetzt wird, ruft einen sehr intensiven Angriff längs der Wasserlinie hervor. Infolge dieser Lokalisierung des Angriffes kann eine Durchlöcherung tatsächlich viel rascher hervorgerufen werden, als wenn kein Inhibitor zugesetzt wird, wie wiederholt in vergleichenden Versuchen festgestellt worden ist[1]. Diese Frage wird auf S. 306 weiter behandelt.

Korrosion von Eisen in Calcium- und Magnesiumsalzlösungen. Sehr wichtig ist die Angriffsverteilung, die in Calcium- und Magnesiumsalzlösungen hervorgerufen wird, da diese Salze in den meisten natürlichen Wässern vorkommen. Betrachten wir der Einfachheit halber eine vertikal in Magnesiumsulfatlösung eingetauchte Eisenprobe[2]. Die Korrosion setzt ebenso wie im Falle der Kaliumchloridlösung bei gewissen korrosionsempfindlichen Stellen ein (P_1, P_2 und P_3 in Abb. 33), wobei sich das entstehende Eisen(II)-sulfat seitwärts und nach unten zu ausbreitet und bogenförmige Bezirke bedeckt, über denen der anodische Angriff bald einsetzt aus Gründen, die bereits behandelt worden sind. Das kathodische Produkt, das oberhalb und außerhalb der bogenförmigen Bezirke unmittelbar gebildet wird, besteht aus Magnesiumhydroxyd, sofern die Lösung zu Beginn des Versuches Sauerstoff enthält. Dieses Korrosionsprodukt ist kaum löslich, wird infolgedessen auf dem Metall niedergeschlagen werden und dieses somit von der weiteren Sauerstoffzufuhr abschirmen. Hierauf beginnt der anodische Angriff an dem abgeschirmten Teil, so daß die kathodische Reaktion nach obenhin verschoben wird. Über dem neuen kathodischen Gebiet wird dann frisches Magnesiumhydroxyd gebildet, das seinerseits das Eisen wieder schützt, so daß letzten Endes das kathodische Gebiet bis zum Meniscus hinaufgetrieben wird. Im Endzustand bleibt ein enger kathodischer Streifen längs der Wasserlinie übrig, der gegenüber korrosivem Angriff immun bleibt, obwohl er mit einem weißen Niederschlag bedeckt ist, während über dem restlichen Teil der Oberfläche eine merkliche Korrosion fortschreitet. Infolge des begrenzten kathodischen Gebietes und der Verhinderung des Durchtrittes von Sauerstoff durch die weiße Magnesiumverbindung ist der Angriff des Eisens durch eine Magnesiumsulfatlösung vergleichsweise gering, oftmals langsamer noch als durch destilliertes Wasser, aus dem die Lösung hergestellt worden ist[3].

---

[1] Evans, U. R.: J. Soc. chem. Ind. Trans. 44 (1925) 168, 46 (1927) 348.

[2] Evans, U. R.: J. Soc. chem. Ind. Trans. 47 (1928) 57.

[3] Evans, U. R.: J. Soc. chem. Ind. Trans. 47 (1928) 58; J. chem. Soc. 1929, 194. Vgl. die Ergebnisse, die mit Eisen erhalten wurden, das *völlig* in Magnesiumsulfatlösung verschiedener Konzentrationen eingetaucht worden ist, die von J. A. N. Friend, J. H. Brown u. P. C. Barnet [J. Iron Steel Inst. 83 (1911) 125, 91 (1915) 336] erhalten wurden.

Da die Korrosion überdies gut ausgebreitet ist, so ist ihre Intensität schwach. Der Angriff erfolgt tatsächlich unterhalb des Magnesiumhydroxydschleiers, wobei die gebildeten Eisensalze rasch mit dem Schleier reagieren und ihn durch ein grünes Hydroxyd, das 2- und 3wertiges Eisen in ziemlich undefinierter Zusammensetzung enthält, ersetzen. Dieses wird anschließend durch Sauerstoff in ein braunes, hydratisches Eisen(III)-oxyd übergeführt, das, da es in situ gebildet wird, von festhaftendem Charakter ist.

Lösungen von Calciumsulfat verhalten sich entsprechend. Eine Lösung von Calciumhydrocarbonat, dem Hauptkonstituenten des Wassers bei hoher *temporärer Härte*, führt zu interessanten Ergebnissen. Das kathodisch primär gebildete Calciumhydroxyd reagiert sofort mit dem Hydrocarbonat unter Ausfällung von Calciumcarbonat, das anschließend mit dem unterhalb gebildeten Eisen(II)-hydrocarbonat unter Bildung von Eisen(II)-carbonat und — sofern hinreichend Sauerstoff vorhanden ist — zu hydratischem Eisen(III)-hydroxyd umgesetzt wird. So führt der elektrochemische Vorgang zur Bildung von festhaftendem Rost, der, oft über die ganze Oberfläche hin erstreckt — mit Ausnahme des kathodisch bleibenden Meniscus —, etwas Cal-

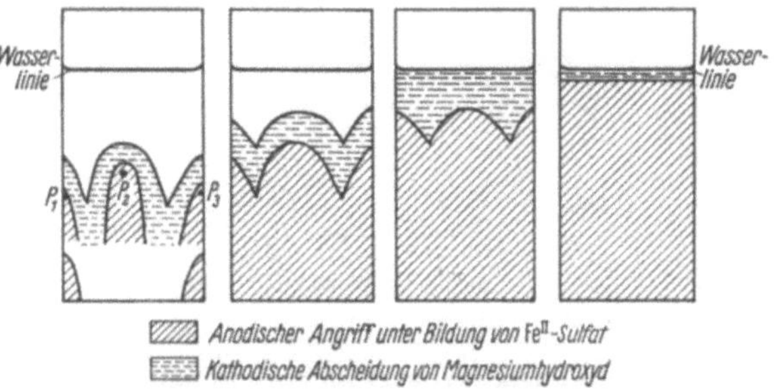

Abb. 33. Verschiedene Angriffsstadien auf Eisen bei Einwirkung von Magnesiumsulfatlösung (schematische Darstellung).

ciumcarbonat enthält. Diese Verteilung findet sich in vielen natürlichen Wässern, die reich an Calciumhydrocarbonat sind. Halb-eingetauchte Proben in (nichtenthärtetem) Cambridger Wasser beispielsweise bedecken sich mit einer ziemlich gleichmäßigen Schicht von fest haftendem Rost. Es gibt jedoch eine immune Zone von etwa 1 mm Breite an der Wasserlinie, die mit einem weißen Niederschlag von Calciumcarbonat bedeckt ist. Das Londoner Wasser gibt fast die gleiche Angriffsverteilung. BENGOUGH[1] erwähnt eine 2 mm breite geschützte Zone an der Wasserlinie. Die Intensität der durch diese harten Wässer bei niedrigen Temperaturen hervorgerufenen Korrosion ist gewöhnlich gering.

Hemmung durch Zink- und Nickelverbindungen. Die Salze vieler Schwermetalle bilden auf den kathodischen Bezirken einen kaum löslichen Körper, der entweder den Zugang des Sauerstoffes zu den Stellen, an denen andernfalls die kathodische Reaktion erfolgen würde, verhindert oder (wie einige Experimentatoren lieber annehmen) als ein Katalysatorgift für die kathodische Reaktion wirkt. Hier liegt die Möglichkeit für eine Methode zur Herabsetzung der Korrosion. Ältere Untersuchungen[2] haben ergeben, daß Tropfen einer Zinksulfatlösung auf Eisen einen geringeren Angriff hervorrufen als Tropfen von destilliertem Wasser, das für die Herstellung der Lösung verwendet wird. Ein Niederschlag von Zinkhydroxyd bildet sich rund um die periphere Zone aus, die darauf infolge Reaktion mit den Eisensalzen bräunlich wird. In neuerer Zeit hat HERZOG[3] gezeigt, daß Nickel- und Kobaltsalze gleichfalls hemmend

[1] BENGOUGH, G. D.: Chem. Ind. **11** (1933) 238.
[2] EVANS, U. R.: J. Soc. chem. Ind. Trans. **43** (1924) 321.
[3] HERZOG, E.: Trans. electrochem. Soc. **64** (1933) 97.

auf die Korrosion einwirken, wahrscheinlich durch Abdecken der kathodischen
Bezirke durch ein Oxyd (vielleicht hydratisiert). Er erklärt die relativ langsame
Korrosion von Stahl, der geringe Nickelmengen enthält, in der gleichen Weise.
Nickelsalze werden durch Korrosion gebildet und Nickelhydroxyd anschließend
auf den kathodischen Bezirken abgeschieden. Tatsächlich kann HERZOG das
Nickelhydroxyd in den adhärierenden Niederschlägen auf der korrodierten
Oberfläche nachweisen. SPELLER[1] hat festgestellt, daß ein 3%iger Nickelstahl
eine um 25% verlängerte
Lebensdauer in Wasser be-
sitzt als ein gewöhnlicher
Stahl.

**Korrosion von partiell ein-
getauchten vertikalen Zinkblechen.** Die Verteilung des
Angriffes auf Zink ist der
auf Eisen ziemlich ähnlich.
Lehrreiche Ergebnisse sind
an partiell eingetauchten
Proben von Handelszink-
blech mit natürlicher Walz-
oberfläche erhalten worden[2].
Es können zwei verschie-
dene Arten des Angriffes

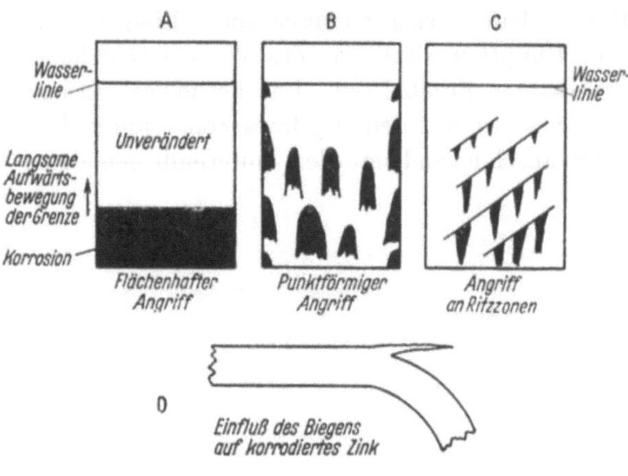

Abb. 34. Verteilung der Korrosion auf Zink mit natürlicher,
gewalzter Oberfläche.

unterschieden werden, wenngleich oft beide an einer einzigen Probe vorhanden
sind. Sie entwickeln sich gut in $^1/_{10}$ n-Kaliumsulfatlösung, da dieses Salz zu
einem relativ dichten und gut beobachtbaren Korrosionsprodukt führt, so daß
die korrodierten Gebiete scharf definiert werden können:

1. Flächenhafte Korrosion. Die Korrosion beginnt am Gefäßboden und
schreitet nach *oben* vorwärts, wobei die Grenze zwischen den korrodierenden
und nichtkorrodierenden Teilen fast horizontal verläuft, wie Abb. 34 A zeigt.
In einem typischen Versuch, der in einem offenen Gefäß ausgeführt worden
ist, beträgt die Geschwindigkeit der Aufwärtsbewegung der horizontalen Grenze
anfänglich 2 mm je Stunde, wird jedoch bald langsamer. Offenbar ist die
flächenhafte Korrosion ein differentieller Belüftungseffekt, der mit Erschöp-
fungserscheinungen des Sauerstoffes an den tiefer gelegenen Teilen verbunden ist.

2. Punktförmige Korrosion. Die Korrosion beginnt an korrosionsaktiven
Punkten, wobei die *abwärts* sinkenden Korrosionsprodukte die Korrosion über
die Oberfläche hintragen, wie auf S. 180 auseinandergesetzt worden ist. Die
Ausgangspunkte für diesen Angriff sind an den Kanten häufiger als an anderen
Stellen, finden sich jedoch auch auf der Fläche, wie Abb. 34 B andeuten soll.
Die durch die abwärtssinkenden Korrosionsprodukte bewirkte Zone wechselt
ihr Aussehen mit dem verwendeten Salz: sie ist ein enges Tröpfchen im Falle
des Kaliumsulfates und ein breiter bogenförmiger Bezirk im Falle des Natriumchlorides. Die Ausgangspunkte für die Korrosion auf den Flächen sind manchmal Walzdefekte, werden aber wahrscheinlich oft durch anschließendes Abschleifen
hervorgerufen. Es ist möglich, den Korrosionsangriff willensgemäß in jedem

[1] SPELLER, F. N.: Trans. electrochem. Soc. **64** (1933) 98.
[2] EVANS, U. R.: J. Soc. chem. Ind. Trans. **45** (1926) 37.

Niveau beginnen zu lassen, wenn kurz vor dem Eintauchen eine Kratzerlinie hervorgerufen wird. Die Korrosion startet jedoch im allgemeinen nur von gewissen Punkten des Kratzers aus, wie Abb. 34C in schematischer Darstellung zeigt.

. Wie auch immer die Angriffsverteilung im einzelnen beschaffen sein mag, die Korrosion scheint doch unregelmäßig unter der Oberfläche vorzudringen und das Material zu zerstören, ehe die Dicke ernstlich verringert wird. So hat an einigen Blechen selbst ein Eintauchen während weniger Wochen in eine Salzlösung eine Neigung zum Brechen bei scharfer Biegebeanspruchung hervorgerufen, eine Erscheinung, die das ursprüngliche Zink nicht zeigte. Eine mikroskopische Untersuchung hat ergeben, daß sich die Korrosion ihren Weg längs geeigneter Ebenen nahezu parallel zur Oberfläche gefressen hat. Dadurch verursacht sie das Fortbrechen von Plättchen bei Biegebeanspruchung entsprechend der in Abb. 34D angegebenen Weise. Eine Erklärung für dieses Verhalten wird auf S. 56 gegeben.

5. Angriffsverteilung auf völlig eingetauchten horizontalen Oberflächen.

Verhalten eines horizontalen Bleches. Etwas abweichende Angriffsverteilungen ergeben sich bei einer völlig eingetauchten horizontalen Probe. EVANS[1] hat festgestellt, daß Proben von gewalztem Eisen und Zink, die horizontal völlig in eine $^1/_{10}$ n-Kaliumsulfatlösung eingetaucht werden, an gewissen aktiven Stellen, wie gewöhnlich, den ersten Korrosionsangriff aufweisen. Von diesen Stellen aus breitet sich das Korrosionsprodukt in allen Richtungen aus und ruft einen verhältnismäßig allgemeinen Angriff hervor. Im Falle des Eisens erfolgt die Ausbreitung der Korrosionszone etwas schneller als beim Zink, wahrscheinlich, weil die Hydroxyde des Eisens bessere Sauerstoffabschirmer als die Zinkhydroxyde sind und die Bildung von Alkali an den bedeckten Teilen verhindern. Auf der Unterseite der Proben, die wenig oberhalb der Bodenfläche des Versuchsgefäßes gestützt werden, breitet sich die Korrosion weniger rasch aus. Einige Zinkproben zeigen auf der Unterseite flache Pittingbildung, da hier das Korrosionsprodukt — anstatt sich wie auf der Oberseite über die Metalloberfläche hin auszubreiten — von der unteren Fläche absinkt.

HOMER[2] hat bei seinen Untersuchungen an Eisenproben gleichfalls festgestellt, daß die Ausbreitungsgeschwindigkeit an der Unterseite der Probe geringer als an der oberen Seite ist. Trotzdem bleibt die Korrosion an Eisen bei unbewegter Flüssigkeit selten lokalisiert, es sei denn, daß ein hemmender Stoff, wie beispielsweise Natriumcarbonat, vorhanden ist. Mit einer Natriumcarbonat (3 bis 5 g/l) und Natriumchlorid (5 g/l) enthaltenden Lösung hat HOMER befriedigend lokalisierte Korrosion selbst an der oberen Fläche einer polierten Probe erhalten. Das Carbonat ruft Alkalität hervor und verhütet die Korrosion, ausgenommen an den höchst aktiven Stellen, während das Chlorid mit seiner hohen Eindringungsfähigkeit den Fortgang der Korrosion an jenen Stellen sicherstellt. Die ziemlich intensive lokalisierte Korrosion, die fast den Charakter der Pittingbildung erreicht, führt zu Wällen oder Blasen von membranförmigem Rost, der durch das Zusammenwirken der Eisensalze und der alkalischen Flüssigkeit entsteht.

---

[1] EVANS, U. R.: J. Soc. chem. Ind. Trans. **45** (1926) 43.
[2] HOMER, C. E.: Rep. Corrosion Comm. Iron Steel Inst. **2** (1934) 233.

Einfluß von Einschlüssen auf die Angriffsverteilung. HOMER hat festgestellt, daß die Korrosion an Proben mit glatten Oberflächen gewöhnlich an gewissen Einschlüssen, namentlich sulfidischer Teilchen oder eingewalzten Sinters, einsetzt. Silicatische Einschlüsse sowie solche aus Aluminium scheinen ohne Einfluß zu sein. Nur ein kleiner Teil der vorhandenen sulfidischen Einschlüsse wirkt als Angriffspunkt und nur in einigen Flüssigkeiten (wie die bereits erwähnte Chlorid-Carbonat-Mischung) bleibt die Korrosion lokalisiert. In den meisten Flüssigkeiten dagegen breitet sich der Rost von einem Angriffszentrum auf die umliegende Zone aus und löst, wahrscheinlich durch Fernhalten des Sauerstoffüberschusses, weitere Korrosionen aus, so daß schließlich der Angriff recht allgemein wird. Die Ausdehnung der Korrosion erinnert oft an ein sehr interessantes Phänomen, das unter dem Namen der LIESEGANGschen Ringe bekannt ist, wenngleich es aus anderen Gründen entsteht. Das kreisförmige Gebiet *unmittelbar* um einen Fleck, an dem die Korrosion fortschreitet, unterliegt der Schutzwirkung, wird jedoch von einem Rostring umgeben. Jenseits dieses Ringes ist ein anderer geschützter Ring und darauf folgt ein zweiter Rostring. Es ist so möglich, in dieser Weise wenigstens 4 konzentrische Rostringe mit dazwischenliegenden rostfreien Ringen zu erhalten. Das Phänomen ist von verschiedenen Forschern beobachtet worden. Konzentrische Ringe eines weißen Korrosionsproduktes können auch an Zink beobachtet werden. Eine Erklärung für diese Erscheinung wird auf S. 363 gegeben.

Nach HOMER kann ein frischer Ritz auf einem Metall als ein Startzentrum für korrosiven Angriff wirken, zweifellos infolge Verletzung des vorhandenen Oxydfilmes. Sicherlich werden an den Stellen, an denen die gesamte Oberfläche aufgerauht wird, die schwachen Punkte in dem Oxydfilm so zahlreich werden, daß der Einfluß der Einschlüsse relativ unwichtig wird. Dementsprechend konnte an einer grob abgeschliffenen Eisenoberfläche kein Zusammenhang zwischen den Einschlüssen und der Korrosionsverteilung ermittelt werden.

An glatten Oberflächen konnte HOMER feststellen, daß die Zahl der Einschlüsse, die als Korrosionsherde wirksam sind, stetig vermindert wird, wenn die Oberfläche zwischen dem Polieren und dem Eintauchen in die Flüssigkeit während längerer Zeit der Luft ausgesetzt wird. Es scheint danach, daß der Oxydfilm an oder in der Nähe von Kanten der sulfidischen Einschlüsse eine längere Zeit als an anderen Stellen benötigt, um schützend zu werden. Andere Gründe für den korrosiven Einfluß der Sulfide werden auf S. 451 beigebracht.

Korrosion an völlig eingetauchten horizontal gelagerten Scheiben. Die Arbeiten von BENGOUGH, STUART, LEE und WORMWELL[1] sind von großer Bedeutung, da die Versuche mit ungewöhnlicher Sorgfalt ausgeführt und über mehrere Jahre erstreckt worden sind. Die verwendeten Proben bestanden aus Scheiben aus Eisen oder Zink, die mittels dreier punktförmiger Glasstützen in eine horizontale Lage gebracht wurden. Die obere Oberfläche befand sich dabei 1,5 cm unterhalb der Oberfläche der korrodierenden Flüssigkeit, die gewöhnlich aus Kaliumchloridlösung bestand. Um eine reproduzierbare Ober-

---

[1] BENGOUGH, G. D., J. M. STUART, A. R. LEE u. F. WORMWELL: Pr. Roy. Soc. A **116** (1927) 425, **121** (1928) 88, **127** (1930) 42, **131** (1931) 494, **134** (1931) 308, **140** (1933) 399. Eine nützliche Übersicht gibt G. D. BENGOUGH: Chem. Ind. **12** (1933) 195, 228; siehe auch G. D. BENGOUGH u. F. WORMWELL: Rep. Corrosion Comm. Iron Steel Inst. **3** (1935) 123; J. Iron Steel Inst. **131** (1935) 285.

fläche zu erhalten, wurden die Proben gewöhnlich mit einem Präzisionswerkzeug bearbeitet, während die Zinkproben in einigen Fällen in Argon geglüht wurden. Vergleichende Versuche wurden mit Oberflächen anderer Endbehandlung durchgeführt.

Die Ausgangspunkte für den Angriff waren sporadisch verteilt und sehr zahlreich. Auf Stahl wurden nach 2,5 min in $^1/_{10\,000}$ n-Kaliumchloridlösung 10000 je cm² gezählt, während es in $^1/_{10}$ n-Lösungen bereits zuviele waren, um eine Schätzung vorzunehmen. Diese Zentren befanden sich hauptsächlich an Ecken, am Grat oder an Kontakten mit den Glassockeln. Es zeigte sich, daß weniger derartige Angriffspunkte an reinem Eisen als an Stahl auftreten, wenngleich die Korrosionsgeschwindigkeit nahezu die gleiche ist. An den mechanisch bearbeiteten Oberflächen scheinen die Einschlüsse nicht als Ausgangspunkte für einen Korrosionsakt zu wirken. Die korrodierte Fläche nimmt mit der Zeit an Ausdehnung zu, insbesondere in der konzentrierteren Lösung. In $^1/_{10}$ n-Kaliumchloridlösung breitet sie sich über 75% der Oberfläche aus, wobei der Angriff, wahrscheinlich aus den schon früher erwähnten Gründen, an der oberen Fläche ausgedehnter als an der unteren Fläche ist. In $^1/_2$ n- sowie in noch konzentrierteren Lösungen wurde manchmal die gesamte Oberfläche angegriffen. (Das bedeutet nicht notwendig, daß der Angriff einsinnig über die ganze Oberfläche zu irgendeinem Zeitpunkt fortschreitet. Durch die Exposition oder durch das Wiederausscheiden edler Verunreinigungen an ursprünglich anodischen Oberflächenteilen kann jeder Teil abwechselnd kathodisch und anodisch werden.)

Im Fall des Zinkes in sehr verdünnten Kaliumchloridlösungen zeigte es sich, daß die Korrosion an zahlreichen Zentren einsetzt, daß sie jedoch an einigen von ihnen nicht weiter fortschreitet. Sie breitet sich von den aktiveren Stellen aus und führt zu einer zweiten Verteilung mit Wällen von Korrosionsprodukten, die die angegriffenen von den relativ unangegriffenen Gebieten trennen. In konzentrierteren Lösungen erfolgt die Ausbreitung über ein größeres Gebiet; so werden in $^1/_{10}$ n-Kaliumchloridlösung oft 75% der gesamten Oberfläche angegriffen. Es kommt zu keiner ausgesprochenen Pittingbildung, jedoch ist ein bevorzugter Angriff der Korngrenzen erkennbar. In 2 n-Kaliumchloridlösung wird manchmal die gesamte Oberfläche angegriffen.

Die quantitative Seite dieser Versuchsergebnisse wird auf S. 214 behandelt, während ein anderes interessantes Ergebnis der Versuche von BENGOUGH — der Einfluß des Reinheitsgrades auf die Angriffsverteilung — auf S. 455 besprochen wird. Die Ansicht von BENGOUGH und WORMWELL wird auf S. 231 wiedergegeben.

Weitere Untersuchungen an völlig eingetauchten Proben. CHAPPELL[1] hat die Korrosion von quadratischen Stahlproben, die in destilliertes Wasser eingetaucht wurden, mit ähnlich gelagertem Stahl verglichen, der erstens mit einer Schicht von grobem Quarzsand (etwa 0,39 mm dick) und zweitens mit einer Schicht von feinem Quarzsand (etwa 1,17 mm dick) bedeckt war. Die 3 in Abb. 35 wiedergegebenen Kurven zeigen, daß die Schichten einen teilweisen Schutz liefern, vermutlich infolge störenden Einflusses auf die Nachlieferung von Sauerstoff. Der Rost fügt den Sand zusammen und macht ihn schwer entfernbar.

---

[1] CHAPPELL, E. L.: Ind. eng. Chem. **22** (1930) 1204. Siehe auch E. L. CHAPPELL: Private Mitteilung vom 3. Februar 1936.

Andere Resultate von Chappell[1] zeigen, wie bei Langzeitversuchen verschiedene Typen von Eisen und Stahl bei völligem Eintauchen dazu neigen, die gleiche Korrosionsgeschwindigkeit zu geben, wobei die Korrosion durch die Eindringungsgeschwindigkeit des Sauerstoffes durch die Rostschicht bestimmt wird. In Kurzzeitversuchen können in manchen Fällen Unterschiede ermittelt werden. Seine Daten sind in Tabelle 21 wiedergegeben. (Siehe auch die Ergebnisse von Bengough und Wormwell auf S. 219.)

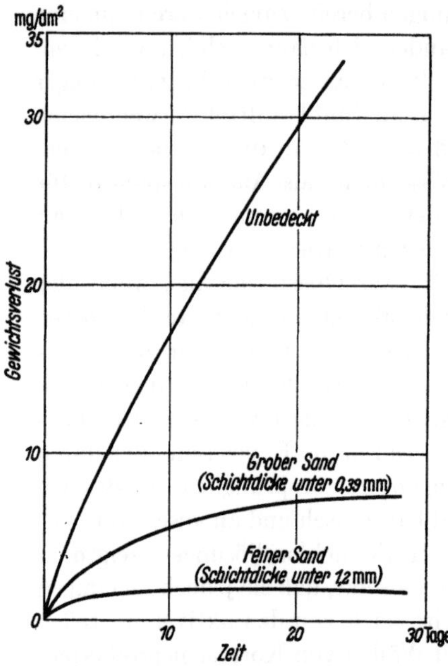

Abb. 35. Korrosion von Stahlplatten unter Wasser. Einfluß von Sandschichten. (Nach E. L. Chappell.)

Tabelle 21. Korrosionsgeschwindigkeit. Angaben in cm/Jahr. (Nach E. L. Chappell.)

Material	3 Tage unter Wasser	$2^1/_2$ Jahr im Severn-River
Martinstahl . . .	0,068	0,0166
Bessemerstahl . .	0,068	0,0164
Reines Eisen. . .	0,048	0,0169

Unterschiede zwischen völlig eingetauchten und nur teilweise eingetauchten Proben. Die Arbeiten von Bengough und seinen Mitarbeitern haben für die Korrosionsgeschwindigkeit *völlig eingetauchter Proben* zu folgendem Ergebnis geführt:

1. Die Korrosionsgeschwindigkeit wird durch thermische Bewegungen in der Flüssigkeit, durch Vibration und Rühren aller Art erheblich beeinflußt.

2. Die Korrosionsgeschwindigkeit wird nur leicht beeinflußt durch die Probenfläche und durch geringe Abweichungen in der Zusammensetzung des Metalles. Bengough[2] hat festgestellt, daß sich die Korrosion in Gefäßen mit kleinem Durchmesser nur um den Faktor 1,04 erhöhte, wenn die Probenfläche verdoppelt wurde. Zwischen der Angriffsgeschwindigkeit auf reines Eisen und auf Verunreinigungen enthaltendes Eisen sind nur verhältnismäßig geringe Abweichungen festgestellt worden[3] (Zahlenangaben s. S. 219).

Andererseits haben die Cambridger Arbeiten hinsichtlich der Korrosion von *teilweise eingetauchten Proben* zu folgendem Ergebnis geführt:

1. Die Korrosionsgeschwindigkeit wird sehr wenig beeinflußt durch Vibration oder thermische Bewegung. Diese Frage ist besonders durch Borgmann[4] untersucht worden.

2. Die Korrosionsgeschwindigkeit wird merklich durch die Reinheit des Metalles beeinflußt, wie Hoar[5] gezeigt hat. Sie wird auch durch die Größe

[1] Chappell, E. L.: Ind. eng. Chem. **19** (1927) 464.
[2] Bengough, G. D.: Chem. Ind. **11** (1933) 199.
[3] Bengough, G. D. u. F. Wormwell: Rep. Corrosion Comm. Iron Steel Inst. **3** (1935) 146.
[4] Borgmann, C. W. u. U. R. Evans: Trans. electrochem. Soc. **65** (1934) 264.
[5] Evans, U. R. u. T. P. Hoar: Pr. Roy. Soc. A **137** (1932) 350.

in der horizontalen Richtung, jedoch nicht erheblich durch die Größe in der vertikalen Richtung beeinflußt, wie EVANS[1] gezeigt hat.

Die Gründe für die Unterschiede in den Ergebnissen, die unter den beiden verschiedenen Versuchsbedingungen erhalten worden sind, werden in Teil C dieses Kapitels besprochen.

6. Prüfung einiger kritischer Stellungnahmen.

Einführende Bemerkungen. In einem Lehrbuch ist kein Platz für Polemik. Da jedoch die in diesem Kapitel ausgesprochenen Ansichten von gewissen Laboratorien (s. S. 176) nicht angenommen worden sind, ist es richtig, klar zum Ausdruck zu bringen, daß die verschiedenen Einwendungen sorgfältig berücksichtigt worden sind, und daß sie in einigen Fällen der experimentellen Prüfung in Laboratorien unterzogen worden sind, deren Ansicht ähnlich der in diesem Buche ausgesprochenen ist. Um diese ganze Angelegenheit so objektiv wie irgendmöglich zu halten, sind die Namen der in kritischer Form Stellungnehmenden nachstehend nicht erwähnt (in einigen Fällen mögen die ausgesprochenen Ansichten wohl auch nicht mehr aufrechterhalten werden). Es sei gestattet, zum Ausdruck zu bringen, daß trotz wirklicher Meinungsverschiedenheiten in einigen Punkten die Abweichungen in anderen Fällen nicht so groß sind, wie manchmal angenommen wird. Oft ist es nicht leicht zu erkennen, was der fundamentale Unterschied zwischen der durch die Kritiker vorgetragenen Ansicht und derjenigen ist, die sie zu ersetzen beabsichtigen.

Verschiedene Ansichten über den Ursprung der differentiellen Belüftungsströme. Vor einigen Jahren wurde die Ansicht entwickelt, daß die in dem in Abb. 29, S. 173, wiedergegebenen Element auftretenden Ströme auf das Aufprallen von Gasblasen gegen das Metall zurückzuführen seien. So wurde in einem Fall der Effekt auf Reibungselektrizität zurückgeführt und festgestellt, daß die Blasen von Wasserstoff, Stickstoff oder Leuchtgas die gleichen Ergebnisse zeigen. Zweifellos kann das Durchperlen irgendeines dieser Gase durch eine Flüssigkeit einen Strom hervorrufen, wenn die Flüssigkeit bereits gelösten Sauerstoff enthält, da in diesem Falle durch das Rühren eine Nachlieferung von Sauerstoff an die metallische Oberfläche bewirkt wird. Das gleiche würde der Fall sein, wenn das benutzte Gas Sauerstoff als Verunreinigung enthält. Eine sorgfältige Untersuchung dieses Punktes durch SHIPLEY, McHAFFIE und CLARE[2] hat gezeigt, daß weder Wasserstoff noch Leuchtgas (wenn sie sauerstofffrei gemacht worden sind) irgendeinen Effekt hervorrufen, daß jedoch in dem Augenblick, in dem Luft zugelassen wird, ein elektrischer Strom auftritt, wobei die belüftete Elektrode zur Kathode wird. Die veredelnde Wirkung des Sauerstoffes auf das Potential ist durch zahlreiche Experimentatoren aufgezeigt worden. In Gegenwart von Alkali genügt hierfür eine bloße Spur von Sauerstoff, wie LOCHTE und PAUL[3] zeigen konnten; größere Mengen haben nur einen geringfügig größeren Einfluß.

[1] EVANS, U. R.: J. chem. Soc. **1929**, 122.

[2] SHIPLEY, J. W., I. R. McHAFFIE u. N. D. CLARE: Ind. eng. Chem. **17** (1925) 383.

[3] LOCHTE, H. L. u. R. E. PAUL: Trans. electrochem. Soc. **64** (1933) 169. — Wegen weiterer Untersuchungen über den Einfluß verschiedener Gase auf das Metallpotential siehe die folgenden Arbeiten: SCHMIDT, G. C.: Z. phys. Ch. **106** (1923) 110. — BENEDICKS, C. u. R. SUNDBERG: J. Iron Steel Inst. **114** (1926) 185. — KRUEGER, A. C. u. L. KAHLENBERG: Trans. electrochem. Soc. **58** (1930) 107.

Es ist auch behauptet worden, daß differentielle Belüftungsströme nur bei gleichzeitiger Turbulenz erhalten werden können. BAISCH und WERNER[1] haben jedoch differentielle Belüftungsströme zwischen 2 Eisenrohren erzeugt, die Ströme einer Chloridlösung enthalten, von denen die eine vorher mit Wasserstoff, die andere dagegen mit Sauerstoff gesättigt worden war. Es konnte gezeigt werden, daß es sich hier um einen Stromlinienfluß (frei von Turbulenz) handelt und daß doch elektrische Ströme in der erwarteten Richtung auftreten. Die mit Sauerstoff gesättigte Flüssigkeit ruft stets kathodische Polarität hervor. Die Stromrichtung kehrt sich um, wenn der den Sauerstoff enthaltende Strom zu dem anderen Rohr geführt wird. In der Tat können differentielle Belüftungsströme ohne irgendwelche Bewegung in der Flüssigkeit erhalten werden, wie die Untersuchung von BLACK (s. S. 175) und von K. G. LEWIS (s. S. 42) zeigt. Der letztere benutzte bei seinen Versuchen 2 Zylinder aus gleichem Stahl, von denen der eine tief in ein Gemisch aus Sand und Salzlösung eingebettet wurde, während der andere halb eingebettet und halb außerhalb des feuchten Sandes blieb. In einer derartigen Anordnung wird der Strom nach anfänglichen Störungen, die auf Abweichungen in den Proben zurückzuführen sind, konstant, wobei die obere Elektrode als Kathode wirkt.

Es ist auch die Ansicht ausgesprochen worden, daß eine Wasserlinie für die Erzeugung des differentiellen Belüftungsstromes erforderlich ist, wobei offenbar die Vorstellung bestand, daß der Sauerstoff unter den am Meniscus vorherrschenden Bedingungen wirksamer in Aktion treten wird. Besondere Untersuchungen, die in Cambridge durchgeführt worden sind, haben den Nachweis erbracht, daß differentielle Belüftungsströme auch dann erzeugt werden können, wenn beide Elektroden völlig eingetaucht sind.

Ohne Zweifel können die stärksten differentiellen Belüftungsströme erwartet werden entweder

a) dort, wo eine Wasserlinie ist,

b) dort, wo Blasen von Sauerstoff oder Luft auf das Metall auftreffen,

c) oder dort, wo die Flüssigkeit in Bewegung, und zwar insbesondere in turbulenter Bewegung ist. Das ist einleuchtend, da in solchen Fällen die Erneuerung von Sauerstoff äußerst rasch erfolgt.

Keine dieser 3 Bedingungen ist jedoch notwendig. Ähnliche, wenn auch schwächere Ströme können erzeugt werden, wenn der Sauerstoff das Metall infolge Diffusion erreicht, wenngleich die Bildung lokaler Elemente an der nominell „belüfteten" Elektrode ihre Nachweisbarkeit erschwert.

Abweichende Erklärung der Tropfenkorrosion. Vor einigen Jahren wurde angenommen, daß die Verteilung der Korrosion in Tropfen, die allgemein auf differentielle Belüftung zurückgeführt wird, durch eine Flüssigkeitsbewegung erklärt werden könnte, die auf dem Verdampfungsvorgang des Tropfens beruht. Wäre das der Fall, so sollte die Angriffsverteilung eine andere sein, wenn die Atmosphäre rund um den Tropfen herum bereits mit Wasserdampf gesättigt ist, da dann eine Verdampfung verhindert würde. Es ist von SCHIKORR[2] und unabhängig davon durch BORGMANN[3] gezeigt worden, daß die Angriffsverteilung gleich ist, unabhängig davon, ob die Atmosphäre gesättigt ist oder nicht.

---

[1] BAISCH, E. u. M. WERNER: Ber. 1. Korrosionstagung. Berlin 1931, S. 85.

[2] SCHIKORR, G.: Z. phys. Ch. A **160** (1932) 208.

[3] EVANS, U. R. u. C. W. BORGMANN: Z. phys. Ch. A **160** (1932) 200.

BAISCH und WERNER sowie auch HERZOG und CHAUDRON haben sich nach einem experimentellen Studium dieser Frage zugunsten der differentiellen Belüftung und gegen die Zirkulationstheorie entschieden, die heute nur noch von wenigen Autoren aufrechterhalten zu werden scheint.

Immunität der Wasserlinie und Angriff an der Wasserlinie. Es ist auch behauptet worden, daß die immune Zone in der Nähe der Wasserlinie (weiter oben auf die Gegenwart einer guten Sauerstoffzufuhr zurückgeführt) auch bei Sauerstoffabwesenheit realisiert werden könne. Die Untersuchungen von BORGMANN sowie diejenigen von MEARS (s. S. 183) scheinen diese Ansicht zu entkräften. Die Serienversuche, die MEARS an Eisen in Kaliumchloridlösung unter Sauerstoff-Stickstoff-Gemischen ausgeführt hat, haben ergeben, daß die immune Zone in dem Maße, in dem die Sauerstoffkonzentration in der Gasphase herabgesetzt wird, ständig zusammenschrumpft und völlig verschwindet, sofern die Sauerstoffkonzentration unter 3% herabsinkt.

Eine andere Kritik scheint auf der Vorstellung aufgebaut zu sein, daß die Cambridger Schule den Angriff der Wasserlinie völlig leugnet. Neue Beispiele intensiver Korrosion an der Wasserlinie sind vorgewiesen worden, als ob sie für die Cambridger Ansicht verhängnisvoll wären. Tatsächlich sind, wie LEWIS[1] gezeigt hat, zahlreiche Fälle intensiver Wasserlinienkorrosion durch die Cambridger Experimentatoren veröffentlicht worden — manchmal in den gleichen Arbeiten, in denen gleichfalls Fälle von Wasserlinien-Immunität (erklärt durch das differentielle Belüftungsprinzip) beschrieben wurden. Mehrere dieser in Cambridge aufgezeigten *Fälle führten innerhalb einiger Wochen zur Durchlöcherung längs der Wasserlinie.* Man kann kaum sagen, daß der Wasserlinienangriff in Cambridge vernachlässigt worden ist. Es ist vielmehr das stete Bemühen, zu erklären, warum unter gewissen Bedingungen die Wasserlinie eine besondere Immunität zeigt und in anderen Fällen besonders angriffsfähig ist. Es darf wohl angenommen werden, daß hierfür durch die Ausführungen auf S. 183 und 307 eine Erklärung gegeben wird.

Es ist richtig, daß dem Phänomen der Wasserlinien-*Immunität* (begleitet von Angriff an den nichtbelüfteten Stellen) in den Cambridger Veröffentlichungen mehr Platz gegeben worden ist als dem Wasserlinien-*Angriff*. Tatsächlich ist wenig zu sagen über Fälle, in denen die Korrosion sehr groß ist an Stellen, die am besten mit der für die Korrosion notwendigen Substanz versorgt werden. Fälle dagegen, in denen die umgekehrte Verteilung angetroffen wird, bieten ein Paradoxon dar, das die Erforschung herausfordert.

Tatsächlich ist das Wort „paradox" selbst Gegenstand einer Kritik gewesen. Es ist geltend gemacht worden, daß der Sauerstoff das Metall an den offenbar „belüfteten" Stellen gar nicht erreicht, da sich diese mit einem Film bedecken. Infolgedessen besteht, so wird weiter argumentiert, dieses Paradoxon gar nicht. Daß dies die korrekte *Erklärung* des scheinbaren Paradoxons ist, wird seit langer Zeit allgemein angenommen. MASING[2], TÖDT[3] und andere Träger der Ansicht der differentiellen Belüftungsströme haben die Meinung vertreten, daß die Filme an den belüfteten Teilen die wahren Kathoden

---

[1] LEWIS, K. G.: Chem. Ind. **14** (1936) 313.
[2] MASING, G.: Z. Metallk. **22** (1930) 323.
[3] TÖDT, F.: Z. phys. Ch. **148** (1930) 434. — O. P. WATTS: Trans. electrochem. Soc. **54** (1933) 145, 146 ist anderer Ansicht.

darstellen. In der Tat konnte Evans[1] in früheren Untersuchungen die Aufmerksamkeit auf die Existenz dieser Filme lenken und experimentell zeigen[2], daß in einigen Systemen differentielle Belüftungsströme kaum nachgewiesen werden können, und zwar dann, wenn die Lösung eine Säure enthält, die einen Oxydfilm auflösen kann. Es scheint hier nur ein sehr geringer realer Unterschied in den Ansichten zu bestehen, abgesehen davon, ob das Wort „paradox" auf ein Phänomen angewendet werden soll, nachdem dessen Erklärung gelungen ist.

Differentielle Belüftung unter Betriebsbedingungen. Es ist unleugbar, daß einige Versuche gemacht worden sind, mit Hilfe der differentiellen Belüftung Phänomene zu erklären, die tatsächlich auf andere Faktoren zurückzuführen sind. In wenigstens drei Fällen hat sich Evans selbst verpflichtet gefühlt darauf hinzuweisen, daß Praktiker dem differentiellen Belüftungsstrom Korrosionsschäden zugeschrieben haben, die tatsächlich auf andere Ursachen zurückgingen. In anderen Fällen jedoch sind die elektrochemischen Prinzipien, die oben auseinandergesetzt worden sind, korrekt auf die Erklärung von Fällen intensiver und hinterhältiger Korrosion an unzulänglichen Teilen angewendet worden und ihr Wert ist durch Industriechemiker und Ingenieure anerkannt worden, die keinen vorsätzlichen Grund dazu haben, eine Erklärung einer anderen vorzuziehen. Zahlreiche Fälle hierfür finden sich in diesem Buch. Die heftigen differentiellen Belüftungseffekte, die im Boden auftreten, werden in Teil B dieses Kapitels diskutiert, während mehrere Beispiele von Korrosion an Rissen in der Praxis des Chemieingenieurs oder auf dem Gebiete der Architektur, die der gleichen Ursache zugeschrieben werden, in Kapitel XII erwähnt werden. Korrosionsfälle an Rohren und Kondensatoren werden in Kapitel VI behandelt.

Sauerstoffabschirmende Wirkung des Rostes. Es ist seit langer Zeit bekannt, daß die Korrosion, sobald ein Teil einer Eisenoberfläche Rost angesetzt hat, oft bevorzugt an eben dieser Stelle einsetzt; mit anderen Worten: Rost begünstigt die Rostbildung. Die Erklärung hierfür ist in den verschiedenen Fällen verschieden. Im Falle der atmosphärischen Korrosion beruht die Aktivierung der Rostbildung durch Rost vor allem darauf, daß eine rosttragende Oberfläche Feuchtigkeit unter Bedingungen an sich zieht, unter denen eine rostfreie Oberfläche trocken bleiben würde, was in Übereinstimmung mit den von Vernon und Hudson (s. S. 143) ausgesprochenen Ansichten ist. An vertikal eingetauchten Oberflächen wird die Ausdehnung der Korrosion von den aktiven Stellen her nach unten zu über die bogenförmigen Zonen wahrscheinlich zu einem erheblichen Betrage durch die im absinkenden Korrosionsprodukt löslichen Eisensalze verursacht, die auch kleinste Beträge an Alkali, das örtlich entsteht, zerstören und damit einen Schutz über diesem Gebiet verhindern (s. S. 180). Es gibt jedoch Fälle, auf die keine dieser Erklärungen angewandt werden kann. Mehrere dieser Fälle werden im folgenden Kapitel besprochen werden, in denen die Gegenwart von Rost oder anderen porösen Oberflächen„trümmern" besondere

---

[1] Evans, U. R.: Ind. eng. Chem. **17** (1925) 365.
[2] Evans, U. R.: Chem. met. Eng. **30** (1924) 949. Besteht jede Elektrode im Element aus einem „Duplexsystem" (zwei unähnliche miteinander in Kontakt stehende Metalle), so wird ein differentieller Belüftungsstrom selbst in sauren Flüssigkeiten auftreten, in denen kein Oxydfilm bestehen kann. Natürlich wird das unedlere der beiden Metalle in dem belüfteten Raum in einem derartigen Fall wahrscheinlich einem Angriff unterliegen.

Korrosion an Rohren ausgelöst hat, durch die sauerstoffhaltiges Wasser hindurchgeflossen ist. Es wird allgemein angenommen, daß diese Erscheinung darauf zurückzuführen ist, daß die Nachlieferungsgeschwindigkeit des Sauerstoffes zu dem Metall durch den Rost oder andere poröse Substanzen gehindert bzw. eingeschränkt wird, so daß der so abgeschirmte Teil anodisch relativ zu dem reinen Teil der Oberfläche wird.

Die wesentlichen Grundlagen für diese Anschauung wurden 1916 durch Aston[1] veröffentlicht, der zeigen konnte, daß sich Eisen, das mit frischem Rost bedeckt ist, gegenüber ähnlichem, jedoch rostfreiem Eisen gewöhnlich *anodisch* verhält. Es wurde angenommen, daß der Rost das Metall gegen den Sauerstoff abschirmt und anodisch macht. Aston erkannte durchaus die Komplexität des gesamten Vorganges. So stellte er fest, daß Eisen, auf dem sich Rost bildet, der sich infolge Alterungserscheinungen verdichtet hat, gewöhnlich *kathodisch* gegenüber rostfreiem Eisen ist. Dieser Polaritätswechsel kann auf den Rost zurückgeführt werden, der dicht genug geworden ist, um als edle Elektrode zu wirken. Nach der Ansicht von Evans kann die Anhäufung von wieder ausgefällten metallischen Verunreinigungen (namentlich Kupfer) auf dem Eisen, das längere Zeit dem Rostungsvorgang unterworfen gewesen ist, mitunter zu der kathodischen Polarität beitragen. Auf jeden Fall ist die Realität einer EK zwischen rosttragendem und rostfreiem Eisen kaum zu bezweifeln. McKay[2] hat eine Ansicht entwickelt, die der Astonschen etwas ähnlich ist, während die Versuche von Evans[3] zur Stützung von verschiedenen der Astonschen Vorstellungen, eingeschlossen den Polaritätswechsel beim Alterungsvorgang, dienen.

Es scheinen sich zeitweise Zweifel erhoben zu haben hinsichtlich der Fähigkeit des Rostes und anderer poröser Substanzen, das Metall hinreichend gegen den Sauerstoff abzuschirmen, um den in Frage stehenden Effekt hervorzurufen. Diese scheinen wenigstens zum Teil auf Versuche zurückzuführen zu sein, in denen eine Form des Rostes entstanden war, die sehr von derjenigen abwich, der die abschirmende Wirkung zugeschrieben wird, und die auf jeden Fall zum Studium der Verteilung des Sauerstoffes zwischen dem rostfreien und dem rosttragenden Teil der Oberfläche ungeeignet zu sein scheint. Die ausgesprochenen Zweifel wurden auch mit der Annahme verknüpft, daß überall da, wo Ionen wandern können, auch Sauerstoff wandern kann. Es besteht jedoch ein wirklicher Unterschied zwischen der Wanderung *geladener* Ionen in Gegenwart eines *Potentialgradienten* und der Diffusion von *ungeladenen* Sauerstoffmolekeln infolge eines *Konzentrationsgradienten*. Im ersten Fall ruft der Potentialgradient ein geregeltes Fortschreiten aller die gleiche Ladung tragenden Ionen in einer einzigen Richtung hervor, während die Bewegung im zweiten Fall völlig sporadisch ist, so daß unter der Voraussetzung gleichförmiger Sauerstoffkonzentration ebensoviel Sauerstoffmoleküle eine gegebene Ebene in der einen wie in der anderen Richtung durchlaufen. Lediglich in dem Fall, in dem die Konzentration auf beiden Seiten der Ebene verschieden ist, kann ein einsinniger Übergang von Sauerstoff erwartet werden. Selbst für Substanzen, die weitaus stärker löslich sind als Sauerstoff, wird jedoch der durch die Diffusion erzielte einsinnige

---

[1] Aston, J.: Trans. Am. electrochem. Soc. **29** (1916) 449.
[2] McKay, R. J.: Ind. eng. Chem. **17** (1925) 23; Met. Ind. London **28** (1926) 434.
[3] Evans, U. R.: J. Inst. Met. **30** (1923) 266, **33** (1925) 34.

Bewegungsfortschritt wesentlich langsamer sein als die Bewegung der Ionen infolge einer angelegten EK. Der Kontrast in den Geschwindigkeiten bei der Ionenwanderung und der natürlichen Diffusion ist Gegenstand vertrauter Experimente bei den physikalisch-chemischen Vorlesungen.

Tatsächlich besteht die Rolle des „Diaphragmas", d. h. des porösen Gefäßes, das in der primären Zelle benutzt wird, nicht darin, Diffusion zu verhüten, sondern vielmehr darin, die räumliche Mischung der Lösungen auf beiden Seiten zu verhindern, während es dagegen die freie Bewegung der Ionen durch die Poren zuläßt. Dieses Ziel wird erreicht, vorausgesetzt, daß die Poren hinreichend eng sind, um die Flüssigkeit in ihnen im wesentlichen unbewegt zu halten. Fließt sauerstoffhaltiges Wasser über eine Oberfläche, von der ein Teil mit einer porösen Rostschicht bedeckt ist, so muß der Sauerstoff durch die Rostschicht diffundieren, um die Metallschicht zu erreichen und wird infolgedessen dem Metall sehr langsam zugeführt werden. An den rostfreien Stellen wird der Sauerstoff durch die Flüssigkeit sehr nahe an das Metall herangeführt. Es ist lediglich eine Diffusion durch die sehr dünne Schicht stationärer Wassermoleküle erforderlich, deren Existenz gewöhnlich in Form der sog. Diffusionsschicht an den Oberflächen angenommen wird, so daß die Nachlieferungsgeschwindigkeit des Sauerstoffes in diesem Fall groß sein kann. Es ist infolgedessen zu erwarten, daß ein Niederschlag von Rost oder von anderen porösen „Trümmern" selbst dann eine örtliche Abschirmung gegen den Sauerstoff hervorruft, wenn die Diffusion durch Rost so groß wie durch eine gleich dicke Schicht reinen Wassers wäre.

Die Untersuchungen von MEARS haben jedoch gezeigt, daß die Diffusion von Sauerstoff in verschiedenen Arten von Korrosionsprodukten langsamer erfolgt, als in Schichten klarer Flüssigkeit der gleichen Dicke. MEARS[1] hat die Eindringungsgeschwindigkeit von Sauerstoff a) in Säulen von klarer Kaliumchloridlösung und b) in Säulen der gleichen Lösung, die jedoch einen Rostschlamm enthält, bestimmt. Die Lage der „Sauerstofffront" wurde mit Hilfe eines Streifens von Eisen(II)-hydroxydpapier bestimmt, der sich in dem die Flüssigkeit oder den Schlamm enthaltenden Rohre nach unten zu erstreckte. Das Papier zeigte eine Dunkelfärbung in der durch den Sauerstoff erreichten Höhe. Verschiedene Formen von Rost sowie auch die Korrosionsprodukte von Zink und Aluminium wurden geprüft. Sämtliche Produkte wurden in zwei Zuständen untersucht: erstens durch Zentrifugieren des Korrosionsproduktes in der überstehenden Flüssigkeit, so daß es während des Versuches zu keinem Absetzen kommt, zweitens mit dem in der Flüssigkeit suspendierten Produkt, das sich während des Versuches absetzt. Die die Gefäße enthaltenden Rohre wurden sorgfältig im Thermostaten geschützt. In der einen Versuchsreihe befand sich die Flüssigkeit in Ruhe, während in einer zweiten Reihe eine Zirkulation durch Anblasen von Sauerstoff (ungesättigt an Wasserdampf) auf die Oberfläche der Flüssigkeit hervorgerufen wurde. Die örtliche Verdampfung führt dazu, daß die Oberflächenschichten der Flüssigkeit konzentrierter und infolgedessen schwerer werden, so daß sie einen absteigenden Strom bilden, der Sauerstoff mit sich herabführt. Diese Form der Konvektion, die allgemein als *Adeney-Strömung* bekannt ist, beschleunigt das Fortschreiten des Sauerstoffes sehr wesentlich im Vergleich

---

[1] EVANS, U. R. u. R. B. MEARS: Pr. Roy. Soc. A **146** (1934) 155.

zu den unter ruhenden Bedingungen ausgeführten Versuchen. In beiden Versuchen, sowohl in den unter ruhenden als auch nichtruhenden Bedingungen ausgeführten, wurde festgestellt, daß *sämtliche untersuchten Korrosionsprodukte das Fortschreiten des Sauerstoffes sehr wesentlich verzögern, vorausgesetzt, daß sich der Niederschlag während des Versuches nicht absetzt.* Bewegt sich der Niederschlag selbst durch die Flüssigkeit abwärts, so unterstützt das Rühren tatsächlich die Abwärtsbewegung des Sauerstoffes durch die Flüsssigkeitssäule. Diese Erscheinung stimmt mit den Ergebnissen SPELLERs[1] über die Korrosion unter einem Gemisch von Schlamm und Wasser überein. In diesem Falle beschleunigen die groben Teile, die sich tatsächlich absetzen, den Sauerstofftransport zum Metall, während hochviscose kolloide Schlämme, die aus sehr kleinen Teilchen aufgebaut sind und sich gar nicht oder nur sehr langsam absetzen, den Sauerstofftransport aus der Atmosphäre außerordentlich verzögern.

Die Untersuchungen, die MEARS durchgeführt hat, scheinen es außer Frage zu stellen, daß gewisse Typen des Rostes die Fähigkeit besitzen, Metalle gegen Sauerstoff abzuschirmen. Es muß jedoch erwähnt werden, daß örtliche Anhäufungen von Rost nicht ausnahmslos Korrosion veranlassen. Die Abwesenheit von Sauerstoff erhöht lediglich die Wahrscheinlichkeit, daß irgendwelche aktiven Gebiete, die zufällig in der abgeschirmten Zone vorhanden sind, tatsächlich Korrosion auslösen (s. S. 299). In einer der Ausbildung der Passivität sehr günstigen Flüssigkeit wird es nicht zum Angriff kommen, selbst wenn Rost abgesetzt ist; in einer der Korrosion sehr günstigen Lösung dagegen wird es selbst dann zum Angriff kommen, wenn noch kein Rost abgesetzt ist. Lediglich unter den an der Grenzlinie herrschenden Bedingungen kann wahrscheinlich die Abscheidung von Rost oder anderen „Trümmern" bestimmend werden.

Während es unmöglich ist, einige der vorgebrachten Argumente, denen zufolge Rost die Sauerstoffzufuhr nicht ohne störende Einwirkung auf die Bewegung der Ionen herabsetzen kann, anzunehmen, muß andererseits gerechterweise gesagt werden, daß in einigen Veröffentlichungen des Cambridger Laboratoriums der sauerstoffabschirmenden Fähigkeit des Rostes Phänomene zugeschrieben worden sind, die wahrscheinlich, zumindest in der Hauptsache, auf andere Ursachen zurückzuführen sind.

B. Fragen der Praxis.

1. Partielles Eintauchen unter Betriebsbedingungen.

Korrosion an Wasserverschlüssen von Gasometern. Die einfachen Fälle des partiellen Eintauchens, die in dem vorhergehenden Teil behandelt worden sind, werden nur selten im gewöhnlichen Leben anzutreffen sein. Es ist nicht alltäglich, Metallgegenstände bis zu einer bestimmten Höhe in unbewegtes Wasser einzutauchen. In der Praxis ist das Wasser entweder in Bewegung oder seine Niveaufläche ist nicht konstant. Ähnlich ungewöhnlich ist es, auf einen Tropfen zu treffen, der während langer Zeit auf einer horizontalen Platte ungestört bleibt. Tatsächlich wird er in der Praxis entweder verdampfen oder sich mit anderen Tropfen, die auf die gleiche Oberfläche auftreffen, vereinigen; dabei werden sich

---

[1] SPELLER, F. N.: Private Mitteilung vom 1. November 1935.

einige mit dem ersten Tropfen überdecken, wodurch der ganze Vorgang erheblich kompliziert wird. Ein ziemlich einfaches Beispiel von partiellem Eintauchen in ruhender Flüssigkeit ist jedoch durch die Wasserverschlüsse der Gasometer gegeben. RHODES und JOHNSON[1] haben einen Fall beschrieben, in dem der Angriff längs einer Zone zwischen etwa 10 und 92 cm unterhalb der Wasserlinie erfolgte, der zu einer Durchlöcherung der Platten führte; an und unmittelbar unterhalb der eigentlichen Wasserlinie konnte kein Angriff festgestellt werden. Laboratoriumsversuche führen zu der Annahme, daß diese Angriffsverteilung weitgehend auf differentielle Belüftung zurückzuführen ist. Möglicherweise kann Schwefelwasserstoff aus dem Gas den anodischen Angriff unter der Oberfläche beschleunigt haben (s. S. 328). Fälle dieser Art werden am besten durch geeignete schützende Überzüge verhindert. Metallische Überzüge, die durch Aufspritzen erhalten werden, verdienen ernste Erwägung (s. S. 602).

Andere Korrosionsfälle an vertikalen Platten. Die Angriffsverteilung an vertikalen Stahlplatten wechselt sehr mit der Natur des Wassers und den Versuchsbedingungen. Oft kommt es zu einer Korrosion an der Wasserlinie selbst, beispielsweise in Fällen, in denen das Wasser hinreichend in Bewegung ist, um die Sauerstoffkonzentration genügend gleichförmig zu halten. HOLTHAUS[2], der eiserne Schutzwände untersucht hat, die während etwa 20 Jahren in Seewasser, Brackwasser und Flußwasser gestanden haben, hat festgestellt, daß sich der größte Teil des Angriffes auf die Wasserlinie oder auf das Gebiet unmittelbar unterhalb der Wasserlinie konzentriert. Die hinreichend über und unter der Wasserlinie liegenden Teile dagegen erweisen sich als weniger korrodiert. In harten, Calcium- und Magnesiumsalze enthaltenden Wässern erfolgt die Korrosion praktisch an der Wasserlinie selbst im Falle ruhender Flüssigkeit, wie auf S. 184 ausgeführt worden ist, wobei lediglich eine sehr enge Zone am Meniscus unangegriffen bleibt. Angriffe an der Wasserlinie werden oft beobachtet, wenn Salzwasser auf angestrichenes Metall einwirkt, da das längs der Wasserlinie gebildete Alkali die Ölfarbe zerstört. Der Farbangriff an der Wasserlinie, der auf kathodisch gebildetes Alkali zurückzuführen ist, ist im Laboratorium reproduziert worden[3]. Teerartige oder bituminöse Farben werden manchmal in derartigen Fällen verwendet. Diese Überzüge sind weniger empfindlich gegenüber Alkali als solche aus Ölfarbe, obgleich das Alkali manchmal dahinter kriecht und einen Farbüberzug ablöst, den es effektiv nicht angreift.

In häuslichen Zisternen sowie Wassertanks aus verzinktem Eisen ist die Korrosion an der Wasserlinie gewöhnlich sehr intensiv.

2. Äußere Korrosion an im Boden verlegten Eisenrohren.

Korrosion durch lufthaltige Böden. Besonders interessant ist die Verteilung der Korrosion bei Metallen, die im Boden verlegt sind. So hat BASSETT[4] festgestellt, daß kleine Stahlstücke, die in sandigen oder lockeren Böden eingegraben werden, korrodierte Kanäle oder Vertiefungen mit Bändern oder Inseln unveränderter Oberfläche aufweisen, wobei die unkorrodierten Zonen den

[1] RHODES, F. H. u. E. B. JOHNSON: Ind. eng. Chem. **16** (1924) 575.
[2] HOLTHAUS, C.: Arch. Eisenhüttenwesen 8 (1934/1935) 379.
[3] EVANS, U. R. u. R. T. M. HAINES: J. Soc. chem. Ind. Trans. **46** (1927) 365.
[4] BASSETT, F. L.: J. Soc. chem. Ind. Trans. 50 (1931) 164.

Hohlräumen im Boden (Luftsäcken) benachbart sind. Er schreibt diese Erscheinung der differentiellen Belüftung zu.

Die gleiche Interpretation haben DENISON und HOBBS[1] für die Korrosion von Stahlrohren gegeben. Sie haben festgestellt, daß derartige Rohre in mangelhaft drainierten Böden gewöhnlich gleichmäßigen Angriff zeigen, während in gut drainierten Böden oft ein lokalisierter Angriff beobachtet wird. Da ein lokalisierter Angriff, selbst dann, wenn wenig Metall an sich zerstört worden ist, zu erheblichen Schwächungen des Materiales führt, so ist der Anteil des lokalisierten Angriffs sehr wichtig. Nach DENISON und HOBBS ist der *Pitting-Faktor* (das ist der Quotient aus der maximalen Pittingtiefe und mittleren Eindringungstiefe) in amerikanischen Böden in groben Zügen dem Quotienten aus dem unkorrodierten und korrodierten Flächenanteil proportional.

An einigen amerikanischen Rohrleitungen scheinen die „Erdbrocken", die den Füllboden bilden, die korrodierten Gebiete zu bestimmen. Nach SCOTT[2] kommen die Erdbrocken in engen Kontakt mit dem Rohr und halten die Luft von diesem fern, so daß die Rohre an diesen Stellen dem anodischen Angriff unterliegen. Die Lufträume zwischen den einzelnen Erdbrocken gestatten eine reichliche Zufuhr von Sauerstoff, so daß das feuchte Metall an diesen Stellen kathodisch wird.

Einige interessante Fälle von Rohrkorrosion sind durch die Gegenwart von *Öl* im Boden bedingt, worauf ROGERS[3] hingewiesen hat. An den Stellen, an denen die Rohre ölhaltigen Boden durchlaufen, entstehen tiefe Pittings, die mit weißem Eisen(II)-hydroxyd gefüllt sind (das sofort nachdunkelt, wenn es herausgekratzt und der Luft ausgesetzt wird). Diejenigen Teile der gleichen Rohre, die durch ölfreien Untergrund laufen, entgehen der Pittingbildung; sie bedecken sich lediglich mit rotem Rost oder mit natürlichem Sinter. Hierin ist ein interessantes Beispiel für die hemmende Wirkung des Sauerstoffes zu sehen, da die durch das Öl vom Sauerstoff abgeschirmten Teile Pittingbildung aufweisen. Nach der ROGERSschen Ansicht wirkt das Öl ausschließlich abschirmend gegenüber dem Sauerstoff und besitzt selbst keine spezifisch korrodierende Wirkung. Er ist der Meinung, daß ähnliche Pittingbildung manchmal in schwerem, feuchten Ton erfolgt, der gleichfalls eine rasche Erneuerung des Sauerstoffes am Rohr verhindert. Es ist erwähnenswert, daß das in unmittelbarer Nähe des Metalles gebildete Eisen(II)-hydroxyd oft in ein grünliches Produkt (vermutlich hydratisierter Magnetit) übergeht; möglicherweise ist dieser Vorgang, wie SCHIKORR annimmt (s. S. 282), auf die spontane Entwicklung von Wasserstoff zurückzuführen.

Andere Fälle, in denen Korrosion durch den Ausschluß von Sauerstoff begünstigt wird, liegen im Schrifttum vor. Untersuchungen von MEDINGER[4], die eine Reihe von Jahren zurückliegen, haben gezeigt, daß die Korrosion von Gußeisen unter anaeroben Bedingungen (zumindest wenn Puffersubstanzen vorhanden sind, um eine saure Reaktion aufrechtzuerhalten) oftmals gefährlicher ist. In porösen sandigen Böden wird nach seinen Ausführungen auf dem Metall ein dünner, adhärierender Film von Eisen(III)-oxyd festgestellt,

---

[1] DENISON, I. A. u. R. B. HOBBS: Bur. Stand. J. Res. 13 (1934) 125.
[2] SCOTT, G. N.: Private Mitteilung vom 20. Februar 1935.
[3] ROGERS, W. F.: Pr. Am. Petroleum Inst. 13 (1932) Sect. IV, S. 131.
[4] MEDINGER, P.: J. Gasbel. 61 (1918) 73, 89.

während die Korrosion in einigen der weniger durchlässigen tonigen Böden einen inkohärenten, weichen Niederschlag, der zweiwertiges Eisen enthält, bildet, der durch steigendes und fallendes Wasser fortgeführt werden kann.

Eine neuere Untersuchung des Holländischen Korrosionsausschusses[1] läßt erkennen, daß der Vorgang kompliziert ist. Im allgemeinen konnte festgestellt werden, daß sandige Böden nicht korrosiv sind. Es traten jedoch Fälle von Korrosion in etwas sandigen Böden auf, die abwechselnd anaeroben und aeroben Bedingungen unterworfen wurden. Tonige und torfige Böden sind gewöhnlich korrosiv, wobei der Korrosionsverlauf im Ton oft mit Bakterien verknüpft zu sein scheint (s. S. 204). Überdies konnten einige Beispiele von nichtkorrosiven Tonen aufgewiesen werden. In einem Falle wurden zwei gußeiserne Rohre ähnlichen Alters und Charakters in gleichem Ton in verschiedener Tiefe eingegraben. Das obere Rohr lag abwechselnd oberhalb und unterhalb des Wasserspiegels und erlitt empfindlichen Angriff. Das tiefer eingegrabene Rohr dagegen lag ständig innerhalb des Grundwassers und blieb frei von Korrosion. Der ständig aerobe Boden enthielt Calciumcarbonat, wodurch auf dem Rohr eine schützende Kruste gebildet wurde.

Korrosion an Langrohrleitungen. An einigen der langen amerikanischen Rohrleitungen machen sich differentielle Belüftungseffekte in erheblichem Ausmaße bemerkbar. LOGAN[2] kommt nach einer vieljährigen Untersuchung von Bodenkorrosionen am UNITED STATES BUREAU OF STANDARDS zu der Ansicht, daß ein großer Teil — vielleicht der überwiegende — der Bodenkorrosion seinen Urprung im Unterschied in der Sauerstoffzufuhr zu verschiedenen Stellen hat, und schließt, daß eher der physikalische als der chemische Charakter des Bodens bestimmend für den Zugang des Sauerstoffes ist. Interessante Messungen am BUREAU OF STANDARDS durch SHEPARD[3] haben ergeben, daß das Element

Stahl / feuchter Boden / gleicher, jedoch nahezu trockener Boden / Stahl

im Gleichgewichtszustand häufig ein Potential von 0,5 V oder darüber ergab. Mit einem Boden wurde eine Ablesung von 0,9 V erzielt. Derartige EK-Werte sind offenbar auf differentielle Belüftung zurückzuführen, da der beide Elektroden umgebende Boden der gleiche ist, abgesehen davon, daß an der wasserdurchtränkten Seite eine rasche Ergänzung des Sauerstoffes unmöglich ist, während der Sauerstoff in dem nahezu trockenen (porösen) Boden raschen Zutritt zum Metall hat. Die vorstehend angegebenen hohen Potentialwerte des Elementes sind mit einem Potentiometer erhalten worden. Sobald diese Elemente Strom liefern, setzt eine Polarisation ein, die von einem Absinken des EK-Wertes begleitet ist. Trotzdem können Bodenelemente erhebliche Ströme liefern; eine Rohrleitung, die an einigen Stellen durch mit Wasser gesättigtes Öl hindurchführt und an anderen Stellen den gleichen Boden unter relativ trockenen Bedingungen durchläuft, wird also wahrscheinlich einem erheblichen Angriff unterliegen. Gewöhnlich wird die Korrosion an der feuchten Stelle einsetzen, die infolge mangelhafter Belüftung als Anode wirkt.

Gleich gefährlich sind diejenigen Ströme, die an Stellen auftreten, an denen die Rohrleitungen von einem Boden in einen anders gearteten Boden übertreten.

[1] Anonym in Stichting Mat. Corr. Comm. Med. **10** (1935) 26, 31.
[2] LOGAN, K. H.: Trans. electrochem. Soc. **64** (1933) 114.
[3] SHEPARD, E. R.: Ind. eng. Chem. **26** (1934) 729.

Ein Element vom Typ

Stahl / Boden I / Boden II / Stahl

kann selbst dann eine EK liefern, wenn die Sauerstoffkonzentration beider Böden die gleiche ist. Das wird beispielsweise dann der Fall sein, wenn die Böden Puffereigenschaften besitzen, die p_H-Werte verschiedener Höhe aufrechterhalten, oder wenn möglicherweise ein Boden Sulfide oder organische Säuren enthält, die das Eisenpotential beeinflussen. Derartige Bedingungen können manchmal in torfigen Böden oder in solchen gegeben sein, die durch menschliche oder tierische Abwässer verunreinigt sind. STEINRATH und KLAS[1] haben die Korrosion vom Standpunkt der Konzentrationsketten diskutiert, die an Salznestern im Ton entstehen.

In Gebieten, in denen die geologische Schichtung horizontal verläuft, kann die Trennungslinie zwischen zwei Schichten auf größere Entfernungen hin die Außenfläche des Rohres umgeben — eine unverkennbar gefährliche Angelegenheit. Die korrosiven Effekte horizontaler Bodenschichten sind durch VAN GIESEN[2] diskutiert worden.

Die Größe der längs der Rohrleitungen fließenden Ströme erreicht selbst in Distrikten, in denen keine vagabundierenden Ströme von Kraftstationen vorhanden sind, oft überraschende Werte. LOGAN[3] gibt mehrere Beispiele, in denen der maximale Strom 5 A betrug, wobei die Länge des Weges oft über eine englische Meile betrug. C. SCHLUMBERGER, M. SCHLUMBERGER und LEONARDON[4] haben gezeigt, wie die Ströme durch elektrische Beobachtungen, die an der Oberfläche des Bodens vorgenommen werden, lokalisiert werden können, ohne daß das Rohr ausgegraben wird — eine wichtige Angelegenheit für städtische Verhältnisse.

Charakteristik eines Bodens, der sich korrosiv gegenüber Eisen verhält. Es ist von praktischer Bedeutung, zu wissen, welche leicht feststellbaren Eigenschaften eines Bodens mit seinem korrosiven Verhalten verknüpft sind. Auf der Washingtoner Bodenkonferenz im Jahre 1933 wurde verschiedentlich die Ansicht vorgetragen, daß die elektrische Leitfähigkeit ein geeignetes Maß für das korrosive Verhalten eines Bodens ist bzw. daß ein niedriger p_H-Wert (oder hohe Acidität, wie durch Titration festgestellt werden kann) ein Gefahrenzeichen bedeutet, während von anderer Seite wieder die Bedeutung der Kompaktheit des Bodens und des Einflusses von Lufträumen im Boden betont wurde. Unter verschiedenen Umständen können alle diese Gesichtspunkte zu Recht bestehen.

In außergewöhnlich sauren Böden kann die Korrosion in Abwesenheit von Sauerstoff (Wasserstoff wird in Freiheit gesetzt, wie in Kapitel VII beschrieben wird) erfolgen; in mäßig sauren Böden kann sich die Korrosion in Gegenwart von Sauerstoff störungsfrei ohne jedes Anzeichen von Hemmung entwickeln, selbst dann, wenn die anodischen und kathodischen Bezirke äußerst eng beieinander liegen. Unter der Voraussetzung, daß der Boden hinreichend sauer

---

[1] STEINRATH, H. u. H. KLAS: Ber. 4. Korrosionstagung. Berlin 1934, S. 10.

[2] VAN GIESEN, I. D.: Washington Soil Conference 1933.

[3] LOGAN, K. H.: Private Mitteilung vom 10. Januar 1935. Siehe auch Pr. Am. Petroleum Inst. 11 (1930) Sect. IV, S. 100.

[4] SCHLUMBERGER, C., M. SCHLUMBERGER u. E. G. LEONARDON: Techn. Publ. Am. Inst. min. met. Eng. 476 (1932).

ist, wird die elektrische Leitfähigkeit von relativ geringer Bedeutung und selbst die Sauerstoffzufuhr von geringerem Einfluß als der Säuregehalt sein. Da die Korrosion jedoch die Säurereaktion des Bodens herabsetzen wird, so wird die Gesamtacidität, wie sie durch Titration ermittelt wird, wahrscheinlich ein besserer Indicator als der p_H-Wert sein, was auch DENISON und HOBBS[1] festgestellt haben. Ein geringer p_H-Wert deutet nicht notwendig auf eine langerstreckte Korrosion hin, wofern nicht der Boden eine starke Pufferwirkung ausübt, wie HOLLER[2] gezeigt hat. Gewisse Tone und insbesondere Torfmoore verdanken ihren korrosiven Charakter ihrer sauren Reaktion.

Andererseits wird die Korrosion in Böden, die *nicht* „merklich sauer" sind, nur dann ernsthaft sein, wenn die Anoden und Kathoden sich in einem gewissen Abstand voneinander befinden (da sie sich andernfalls wahrscheinlich selbst hemmen würden). Ist überdies die Sauerstoffzufuhr begrenzt, so müssen die Ströme über eine erhebliche Entfernung fließen, um den Sauerstoff zu erreichen. In derartigen Fällen spielt die Leitfähigkeit des Bodens eine äußerst wichtige Rolle. Nach SHEPARD[3] führen amerikanische Böden mit außergewöhnlich geringen elektrischen Widerständen (etwa 500 Ohm/cm) gewöhnlich zu ernster Korrosion. Bei Widerstandswerten oberhalb 1000 Ohm/cm scheint wenig Zusammenhang zwischen dem Widerstand und dem korrosiven Verhalten zu bestehen. Insgesamt ist die Beziehung zwischen geringem Widerstand und Korrosionsverhalten, wie zu erwarten, in alkalischen Böden schärfer ausgeprägt als in sauren. PUTNAM[4] schlägt zur Erkennung des Korrosionsverhaltens des Bodens eine Prüfung vor, die in der Messung des elektrischen Stromes besteht, der durch einen zwischen Stahlblöcken gepreßten Einheitswürfel des Bodens bei einer EK von 1,4 V, die der des Elementes Eisen-Sauerstoff entspricht, hindurchgeht.

Es ist einleuchtend, daß hier die Beziehung zwischen dem Luftgehalt und dem Gehalt an Feuchtigkeit von Bedeutung wird. WICKERS[5] betont, daß die Kompaktheit des auf das Rohr drückenden Bodens viel wichtiger als seine Zusammensetzung sein kann; dabei darf jedoch nicht übersehen werden, daß unter besonderen Bedingungen die Zusammensetzung ihrerseits die Kompaktheit beeinflußt.

Zusammenfassend ist zu sagen, daß es den Anschein hat, als ob in nichtsauren Böden die Leitfähigkeit ein Kriterium für das korrosive Verhalten ist, während in sauren Böden die Acidität den besten Indicator darstellt, was nach SPELLER[6] im ganzen gesehen der Fall ist. In einigen Böden, namentlich in einer Gruppe von Ohio, die durch DENISON und EWING[7] untersucht worden sind, beeinflussen sowohl die Acidität als auch der Widerstand die Lebensdauer der Rohre, wobei beide im entgegengesetzten Sinne einwirken.

---

[1] DENISON, I. A. u. R. B. HOBBS: Bur. Stand. J. Res. **13** (1934) 134.

[2] HOLLER, H. D.: Ind. eng. Chem. **21** (1929) 750. Kritik hierzu s. Anonym in Stichting Mat. Corr. Comm. Med. **10** (1935) 19, 20, 49.

[3] SHEPARD, E. R.: Bur. Stand. J. Res. **6** (1931) 683.

[4] PUTNAM, J. F.: Pr. Am. Petroleum Inst. **11** (1930) Sect. IV, S. 122.

[5] WICKERS, C. M.: Korr. Met. **9** (1933) 243.

[6] SPELLER, F. N.: Techn. Publ. Am. Soc. Test. Mat. **1934**, 553 C.

[7] DENISON, I. A. u. S. P. EWING: Soil Sci. **40** (1935) 287. Für Böden in dem untersuchten Gebiet ist der Bruchteil der ausgebesserten Rohre in einem Boden der Acidität A und des elektrischen Widerstandes R gegeben durch $7500 (A - 5)/R$.

Element zur Bodenprüfung. DENISON[1] hat in neuerer Zeit ein differentielles Belüftungselement zur Prüfung des korrosiven Charakters von Böden beschrieben. Es besteht, wie Abb. 36 zeigt, aus zwei Eisenelektroden, die durch feuchten Sand voneinander getrennt sind. Die Kathode ist besser belüftet als die Anode, so daß das Element eine EK liefert. „Die Elektrizitätsmenge, die durch dieses Element während einer zweiwöchigen Periode entwickelt wird, ist angenähert proportional dem Gewichtsverlust der Anode und dem Korrosionsverlust im Untersuchungsgebiet. Die Korrosionsprüfung kann durch eine äußere EK beschleunigt werden .... Die wesentlichen Faktoren, die zu einer Korrosion im Boden führen, sind hohe Konzentrationen an löslichen Salzen, besonders der Alkaligruppe, sowie hohe Acidität .... Die Korrosion ist relativ gering (ausgenommen in den Fällen mangelhafter Drainage) in Böden, in denen der Gehalt an Hydrocarbonat in einem wässerigen Extrakt des Bodens der Summe an Calcium- und Magnesiumionen äquivalent ist. Gut belüftete Böden, in denen die Eisenhydroxyde in unmittelbarem Kontakt mit der korrodierenden Oberfläche ausgefällt werden, sind gewöhnlich nicht korrosiv. Die Ergebnisse einer Laboratoriumsprüfung an einem Boden wurden in Beziehung gesetzt zu dem Gewichtsverlust und der Tiefe der tiefsten durch Korrosion entstandenen Lochfraßstelle auf einem Quadratfuß eines eisenhaltigen Materiales, das jenem Boden während 12 Jahren ausgesetzt worden war." Nach DENISON ist ein Laboratoriumsversuch in der von ihm beschriebenen Weise „ein wesentlicher Bestandteil jeder vernünftigen Berechnungsweise der Lebensdauer eines Rohres in einem gegebenen Boden und der Zahl der schwachen Stellen, die wahrscheinlich auf einem bestimmten Abschnitt einer Rohrleitung in einer gewissen Zeit entstehen werden". Seine Schlüsse sind gegründet auf Laboratoriumsversuche an 47 Böden, deren korrosives Verhalten aus 12jährigen Feldversuchen des BUREAU OF STANDARDS bekannt war. Seine Daten lassen erkennen, daß die Beziehung nicht vollkommen ist, jedoch gibt seine über 2 Wochen erstreckte Laboratoriumsprobe eine recht gute Vorstellung von dem langperiodischen Verhalten der Mehrzahl der untersuchten Böden.

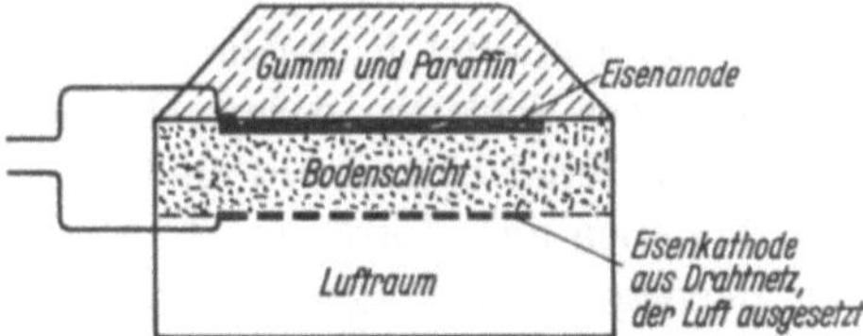

Abb. 36. Prinzip des differentiellen Belüftungselementes zur Untersuchung korrosiver Eigenschaften von Böden. (Nach I. A. DENISON.) Ein anderes Modell sieht eine Bodenschicht zwischen Kathode und Luftraum vor.

Salze in Böden. Eine Rohrleitung, die durch einen salzhaltigen Sumpf verläuft, wird häufig schwere anodische Korrosion aufweisen. Die hohe Durchdringungsfähigkeit der Chloride begünstigt einen anodischen Angriff selbst dann, wenn das Rohr weitgehend mit Sinter bedeckt ist, während die hohe Leitfähigkeit des Salzwassers und sein geringes Lösungsvermögen für Sauerstoff im Sinne einer Intensivierung des Angriffes wirken, vorausgesetzt, daß der Sauerstoff zu den anderen Teilen der Leitung Zugang hat. Möglicherweise würde das Rohr nur einer geringfügigen Korrosion unterworfen sein, wenn es *seiner ganzen Länge nach* tief in einen salzhaltigen Boden eingegraben sein würde, da Salz dazu neigt, das Wasser im Boden zurückzuhalten und den Zugang der Luft zu verhindern. Es sind dementsprechend Fälle berichtet worden, in denen

---

[1] DENISON, I. A.: Bur. Stand. J. Res. **17** (1936) 363.

saline Formationen eine überraschend geringe Korrosion an Rohrleitungen hervorgerufen haben. Im Laboratorium hat BASSETT[1] zahlreiche Proben von Rohrstahl in Böden, die von verschiedenen Stellen des Irak herrührten, untersucht und dabei festgestellt, daß die Korrosion in den hoch salzhaltigen Böden geringer ist als in denen, die einen nur geringen Salzgehalt aufweisen, da die salzhaltigen Böden selbst unter solchen atmosphärischen Bedingungen wassergesättigt bleiben, die in den nichtsalzhaltigen Böden zu Luftsäcken führen.

Gewisse andere Konstituenten des Bodens erhöhen seinen korrosiven Charakter erheblich und sollten infolgedessen bei einer Bodenprüfung Berücksichtigung finden. So sind z. B. *Nitrate*[2] gefährlich, wahrscheinlich weil sie als sehr wirksame kathodische Depolarisatoren an der Eisenoberfläche wirken, wie vor vielen Jahren durch E. MÜLLER[3] gezeigt werden konnte, und Korrosion selbst in Sauerstoff ermöglichen. Noch gefährlicher sind *Sulfide*. Die Gegenwart von Schwefel in Schlackenbetten, verbunden mit den anderen Eigenschaften der Schlacke, verursacht rasche Zerstörung von Rohren, die in derartiges Material eingebettet sind.

Bakterien und Korrosion. In Gegenwart gewisser Bakterien können Sulfate als depolarisierende Agenzien wirken. Es ist seit langem bekannt[4], daß diese Bakterien (namentlich *Spirillum desulfuricans*, später bekannt als *Microspira* oder *Vibrio desulfuricans*) Schwefel aus den Sulfaten extrahieren und Schwefelwasserstoff bei ihrem Absterben freimachen können. Neuere Untersuchungen durch VON WOLZOGEN KÜHR und VAN DER VLUGT[5] führen zu der Annahme, daß diese Bakterien in Nordholland in der Lage sind, den Sauerstoff der Sulfate als Depolarisator für den Angriff auf gußeiserne Rohre, die in sauerstoffreien Böden eingegraben sind, verfügbar zu machen. Während ihres Lebens benötigen diese Bakterien den Schwefel zum Aufbau der eiweißhaltigen Konstituenten ihres Protoplasmas. Diesen extrahieren sie aus den Sulfaten, wobei sie als Nebenprodukt irgendeinen löslichen Stoff liefern, der als oxydierender Depolarisator wirken kann. Die bloße Gegenwart eines Eisenrohres begünstigt den biologischen Prozeß. Bei dieser Art des Angriffes sind Eisen(II)-sulfid, Eisen(II)-hydroxyd und zurückbleibender Graphit die normalen Konstituenten des Korrosionsproduktes. Es ist von diesen holländischen Autoren festgestellt worden, daß der Angriff nicht einfach auf der Wirkung des Schwefelwasserstoffes (der durch das Absterben der Organismen geliefert wird) auf das Metall beruht, da kein Wasserstoff freigemacht wird, wenn diese Böden auf kompaktes Eisen einwirken. Außerdem besteht das Korrosionsprodukt nicht einfach aus FeS, wie zu erwarten ist, wenn es aus der Einwirkung von Schwefelwasserstoff auf Eisen resultieren würde.

Obgleich diese biochemische Korrosion unter *anaeroben* Bedingungen erfolgt, haben neuerdings holländische Autoren gezeigt[6], daß die Bedingungen *aerob* werden, sobald der Niederschlag von Eisensulfid gebildet wird. Es setzt

[1] BASSETT, F. L.: J. Soc. chem. Ind. Trans. **50** (1931) 161.

[2] McGARY, S. U.: Washington Soil Conference 1933.

[3] MÜLLER, E.: Z. anorg. Ch. **26** (1901) 33.

[4] BEYERINCK, M. W.: Zentralbl. Bakteriol. 1 II (1895) 1, 49, 104.

[5] VON WOLZOGEN KÜHR, C. A. H. u. L. S. VAN DER VLUGT: Water, Amsterdam 1934; De grafiteering van Gietizer als electro-biochemisch proces in anaerobe Gronden, Amsterdam 1934. Eine englische Übersetzung ist erschienen (Zincography: B. P. M. The Hague 1935). · [6] Anonym in Stichting Mat. Corr. Comm. Med. **10** (1935) 31, 32, 33, 46.

Oxydation zu Eisensulfat ein, die zu Krusten stark saurer Reaktion ($p_H = 3{,}7$) führt, wodurch eine chemische Korrosion im Gegensatz zu der biochemischen hervorgerufen wird. Diese korrosiven sauren Krusten werden nicht gebildet, wenn der Boden Calciumcarbonat enthält.

Die biochemische Zerstörung von Gußeisen ist nicht auf Holland beschränkt. Offenbar kommen die dazu erforderlichen Organismen sehr allgemein im Boden vor. Der besondere Typ des Angriffes, der zu graphitischer Erweichung und zum Bruch neuer Rohre innerhalb von 8 Jahren führt, kann auch an anderen Stellen erwartet werden. Für sein Auftreten sind 3 Bedingungen notwendig:

1. es darf kein Sauerstoff vorhanden sein (viele Tone sind anaerob);

2. es müssen assimilierbare organische Verbindungen und physiologische Elemente, die für das bakterielle Wachstum erforderlich sind, vorhanden sein;

3. es müssen Sulfate zugegen sein.

Diese Bedingungen treffen weitgehend auf die tonigen Distrikte Nordhollands zu, die weitgehend aus Böden aufgebaut sind, die der See abgewonnen wurden. In der benachbarten Dünenzone bleibt der sulfidische Angriff aus, es kommt nur zu dem gewöhnlichen Rostungsprozeß, der nicht zur Durchlöcherung führt. Es ist festgestellt worden, daß die Sulfatreduktion allgemein in tropischen Ländern auftritt.

Die biochemische Erklärung der holländischen Rohrzerstörung ist nicht allgemein akzeptiert worden. Nach WICKERS[1], der die wichtige Rolle anerkennt, die den Bakterien bei der Reduktion von Sulfat zu Sulfid zukommt, kommt es in den Fällen, in denen die Reduktion auf die Nachbarschaft des Rohres beschränkt ist, stets zu ernster Korrosion, während in denjenigen Fällen, in denen die Reduktion irgendwo im Boden erfolgt, nicht notwendigerweise ernsthafte Zerstörungen erfolgen müssen. In dem ersteren Falle sollte die Sulfatreduktion eher als das Ergebnis der Korrosion denn als ihre Ursache erscheinen. WICKERS ist geneigt, den Schaden auf eine elektrochemische Einwirkung zurückzuführen, die auf einer differentiellen Belüftung oder mitunter auch auf einer ungleichen Verteilung von Kalk beruht.

Einfluß der Bodenfeuchtigkeit. Bei Abwesenheit bakterieller Wirkung wird sich die Korrosionsgefahr für einen gegebenen Boden mit seinem Wassergehalt ändern: unter einem gewissen Feuchtigkeitsgehalt wird vermutlich kein Angriff erfolgen. Der korrosive Charakter wird dann zuerst mit dem Wassergehalt bis zu demjenigen Punkt ansteigen, bei dem die Sauerstoffzufuhr ernstlich gehindert zu werden beginnt; von diesem Punkt an wird er wieder abnehmen (vorausgesetzt, daß die *ganze* Metalloberfläche sich in dem mit Wasser gesättigten Boden befindet). Sehr feuchte Böden rufen ein schwärzliches Eisenoxyd (wahrscheinlich hauptsächlich Magnetit) hervor, während weniger feuchte Böden charakteristischen Rost bilden. Offenbar ist die rasche Korrosion der sog. „Alkali-Knoll-Böden", die ROGERS[2] behandelt, auf ihre extreme Feuchtigkeit bei Vorhandensein von genügend freiem Raum zur Luftzirkulation zurückzuführen. In Gebieten, in denen der Boden einen normalen Feuchtigkeitsgehalt hat, wird die Korrosion am wahrscheinlichsten in der trockenen Jahreszeit stattfinden, während sie in von Natur aus trockenen Böden in der feuchten Jahreszeit einsetzen wird.

[1] WICKERS, C. M.: Korr. Met. **12** (1936) 84.

[2] ROGERS, W. F.: Pr. Am. Petroleum Inst. **15** (1934) Sect. IV, S. 38.

In St. Gallen (Schweiz) ist festgestellt worden[1], daß gußeiserne Rohre rasch während des Sommers korrodieren. Der Grund hierfür liegt in der Kondensation von Wasser an ihren äußeren Oberflächen, da das Wasser innerhalb der Rohre kälter als der umgebende Boden ist. Gasrohre, an denen sich keine Feuchtigkeit kondensiert, besitzen eine sehr viel längere Lebensdauer.

Im Falle der überzogenen Rohre können die Überzüge in manchen Fällen Schaden erleiden, wenn der Boden zu trocken wird; Korrosion wird dann einsetzen, wenn feuchte Witterung eintritt. Nach CORFIELD[2] ist eine Bodenfeuchtigkeit von unter 50% erforderlich, die jedoch am Sitz seiner Untersuchungen (Los Angeles) selten vorhanden ist. Die Fälle sind nicht vereinzelt, daß bituminöse Überzüge durch die jahreszeitlich bedingten Ausdehnungen und Kontraktionen erhärteter Böden von den Rohren abgelöst werden.

Angriffsverteilung an Rohren. Die Verteilung der Korrosion wird manchmal durch die Risse im Walzsinter bestimmt, wobei der anodische Angriff auf diese Risse konzentriert ist. In einem Rohr, das in einem Boden gleichförmiger Zusammensetzung und gleichförmigen Sauerstoffgehaltes liegt, werden die mit Zunder bedeckten Oberflächenteile in den Frühstadien des Angriffes kathodisch, die Risse in dem Zunder dagegen anodisch sein. Sind die Risse schmal und ist die Haut adhärierend, so kann die Korrosion sehr intensiv werden. Der mögliche Einfluß der Walzhaut auf die Korrosion darf nicht vernachlässigt werden; jedoch kommt SHEPARD[3] zu der Feststellung, daß die Verteilung des Walzsinters bei den gewöhnlichen Verhältnissen im allgemeinen sehr wenig mit dem „Korrosionsbild" zu tun hat. Er ist der Ansicht, daß die Ströme, die durch das Element

Stahl / Boden / Walzzunder

geliefert werden, mit der Zeit gegen Null konvergieren; „die ungleiche Verteilung des Sauerstoffes an eingegrabenen Metalloberflächen", so schließt er, „scheint die Hauptursache für das Auftreten des Potentials zu sein. Unter diesen Umständen sind Oberflächengebiete, die einen Mangel an Sauerstoff haben, anodisch im Hinblick auf diejenigen, die einen größeren Sauerstoffüberschuß besitzen". Dort, wo ein Teil des Rohres insgesamt anodisch ist (zurückzuführen auf vagabundierende Ströme bei Straßenbahnen oder entstanden durch Unterschiede in dem durchlaufenen Boden), wird die Stromdichte im allgemeinen an Rohrgewinden, Flanschschrauben, Schraubenmuttern und anderen hervortretenden Teilen am größten sein.

An gußeisernen Rohren kann die Walzhaut das Korrosionsbild mehr als an Stahlrohren beeinflussen. KUHN[4], der die Angriffsverteilung an gußeisernen Rohren studiert hat, die in der Nähe von New Orleans eingegraben worden waren, findet, daß das Pittingsgebiet, das nur 8% der gesamten Fläche ausmacht, weitgehend durch Brüche in der Gußhaut bestimmt wird.

Einfluß der Eisen- und Stahlsorten. Bei Korrosionsfällen, die von der Gegenwart von Sauerstoff abhängen, ist wahrscheinlich nur ein geringer Unterschied zwischen Rohren gleichförmiger Dicke, die aus verschiedenen Arten von Eisen und Stahl hergestellt worden sind, da kein rechter Grund dafür vorhanden ist,

---

[1] Anonym in Apparatebau **40** (1928) 112.
[2] CORFIELD, G.: Gas Age Rec. **73** (1934) 355.
[3] SHEPARD, E. R.: Ind. eng. Chem. **26** (1934) 727.
[4] KUHN, R. J.: Ind. eng. Chem. **22** (1930) 335.

warum sich Sauerstoff zu dem einen Material schneller als zu dem anderen hin bewegen sollte. Ausgedehnte Untersuchungen von LOGAN, EWING und YEOMANS[1] haben zu folgendem Ergebnis geführt: Während die Korrosionsgeschwindigkeit eines einzigen Materiales von einem Boden zum andern enormen Schwankungen unterworfen sein kann, ist oft nur ein geringer Unterschied zwischen der Eindringungsgeschwindigkeit bei verschiedenen Stahl- oder Schweißeisensorten, die in ein und demselben Boden eingegraben sind. Offenbar bietet gekupferter Stahl keinen Vorteil, wenngleich 18/8-Chrom-Nickel-Stahl gute Ergebnisse in einem Boden geliefert hat, in dem andere Stähle versagten[2].

Wahrscheinlich gewährt Schweißeisen guter Qualität manchmal einen leichten Vorteil in Fällen, die eine Pittingbildung begünstigen, da dann eine gewisse Tendenz zu einer Seitwärtsausdehnung der Korrosion längs Zonen parallel zur Oberfläche (s. S. 448) besteht. NEWMAN[3], der über große Erfahrung auf dem Gebiet praktischer Korrosionsfragen verfügte, stellte 1896 fest, daß Rohre aus Schweißeisen 25% bessere Ergebnisse als solche aus Stählen aufweisen.

In Böden nichtsauren Charakters besitzen gewöhnliche, gußeiserne Rohre eine wenig längere Lebensdauer als Stahlrohre, da sie dicker sind (oder da der Rost auf ihnen wahrscheinlich schützender ist, wie auf S. 450 dargelegt wird). Andererseits sind sie in höherem Maße dem Bruch bei mechanischer Beanspruchung ausgesetzt, die bei Stahl lediglich ein Verbiegen hervorrufen würde. Gußeisen hat nach BASSETT[4] im Irak gute Ergebnisse an einer Stelle gezeitigt, an der Stahl versagt hat. VOLLMAR[5] weist nachdrücklich darauf hin, daß Feinkörnigkeit des Graphites und gleichförmige Struktur für eine Widerstandsfähigkeit wünschenswert sind. Hochsiliciertes Eisen zeigt sehr gute Widerstandsfähigkeit in den von LOGAN ausgeführten Versuchen, jedoch entsprechen seine mechanischen Eigenschaften kaum denen, die für Rohre gefordert werden müssen.

In sauren oder gepufferten Böden, die zur Wasserstoffentwicklung befähigt sind, können sich verschiedene Arten des Eisens verschieden verhalten — was aus einigen der von LOGAN gegebenen Tabellen erkennbar ist. Gußeisen neigt besonders zur Wasserstoffverdrängung und ist der auf S. 291 beschriebenen graphitischen Erweichung unterworfen.

Es ist beruhigend festzustellen, daß der Angriff bei fast allen Materialien, die vom BUREAU OF STANDARDS untersucht worden sind, selbst in denjenigen Fällen, in denen er anfänglich relativ rasch einsetzte, mit der Zeit langsamer wurde[6]. Es ist eine empirische Formel entwickelt worden, die gestattet, aus Kurzzeitmessungen von Pittings auf die Pittingtiefe nach langen Zeiten zu schließen. Versuche, die über 14 Jahre erstreckt worden sind — siehe hierzu SCOTT[7] —, scheinen die Brauchbarkeit der Formel bestätigt zu haben.

---

[1] LOGAN, K. H., S. P. EWING u. C. D. YEOMANS: U. S. Bur. Stand. techn. Pap. **368** (1928). [2] LOGAN, K. H.: Trans. Am. electrochem. Soc. **64** (1933) 117.

[3] NEWMAN, J.: Metallic Structures; Corrosion and Fouling and their prevention, London 1896.

[4] BASSETT, F. L.: Washington Soil Conference 1933. Siehe auch C. ABWESER: Korr. Met. **11** (1935) 59. [5] VOLLMAR: Korr. Met. **9** (1933) 241.

[6] LOGAN, K. H. u. V. A. GRODSKY: Bur. Stand. J. Res. **7** (1931) 1.

[7] SCOTT, G. N.: Washington Soil Conference 1933. Die Formel ist gegeben durch $kt/(1+bt)$, wobei k und b Konstante und t die Zeit bedeuten; die Tiefe ist also anfänglich proportional der Zeit, jedoch besteht ein Grenzwert der Tiefe (k/b), der niemals überschritten werden kann.

3. Schutz im Boden verlegter Rohre vor äußerer Korrosion.

Schutz von Rohrleitungen durch besondere Verlegungsmethoden. Die Verfahren zum Schutz von Rohrleitungen gegen Korrosion müssen sich nach den besonderen Umständen richten. In Fällen, in denen der Boden außergewöhnlich korrosiv ist, kann ein Graben gezogen und mit porösen Ziegeln oder nichtkorrosiven Substanzen gefüllt werden, auf die das Rohr dann verlegt wird. Irgendein Salz oder andere korrodierende Substanzen, die die Rohre erreichen, werden dann durch den Regen fortgewaschen werden. Ruthven[1], der die Lage im Ramsgate-Distrikt bespricht, berichtet, daß die Rohre an denjenigen Stellen, an denen sie in Kalk liegen, praktisch frei von Angriff bleiben. Ein 152,4 mm starkes gußeisernes Wasserhauptrohr, das in Ton verlegt worden war, mußte wegen graphitischer Erweichung ersetzt werden. Beim Verlegen des neuen Hauptrohres wurde der Graben für ein zusätzliches 304,8 mm-Rohr erweitert und mit Kalk ausgefüllt, um so ein nichtkorrosives Bett zu erzielen. Das holländische Korrosionskomitee[2] berichtet über Fälle, bei denen gußeiserne Rohrleitungen in mit Sand ausgefüllten Gräben verlegt wurden. Hierdurch ist gewöhnlich ein ernstlicher Angriff vermieden worden, während Rohre, die an anderen Stellen durch Sandbetten geführt wurden, der Korrosion unterlagen. Sie nehmen versuchsweise an, daß die Gegenwart von Kalk in dem zum Füllen der Gräben benutzten Sand eine Rolle beim Schutz der Rohre spielt. Wickers[3] empfiehlt als eine wirksame und billige Methode zur Verhütung der Graphitisierung gußeiserner Rohre diese auf eine Entfernung von 10 cm mit einer Mischung zu umgeben, die 6 bis 7 kg Kalk/m^3 Ton enthält (mit hinreichend Wasser, um Plastizität zu erzielen). Reid[4] berichtet über einen Fall, in dem sich eine Kiesschüttung als erfolgreich erwiesen hat. Eine Betonumhüllung bietet nach Reid einen guten Schutz, ist jedoch teuer. Sie sollte sich auf wenigstens 101,6 mm in allen Richtungen um das Rohr herum erstrecken. Speller[5] beschreibt ein Verkleiden der Rohrleitung vor dem Betonieren; er empfiehlt die Methode in denjenigen Fällen, in denen eine Rohrleitung einen Sumpf oder andere ernsthaft korrodierende Böden zu durchlaufen hat.

Schutz von Rohrleitungen durch metallische Überzüge. In anderen Fällen kann ein metallischer Überzug auf dem Rohr wirksam sein. Zahlreiche Überzüge sind durch das Bureau of Standards in verschiedenen Böden verglichen worden. Die Zusammenfassung der Ergebnisse durch Logan[6] verdient sorgfältiges Studium.

Es zeigt sich, daß die relative Brauchbarkeit von Zink- und Bleiüberzügen in verschiedenen Böden wechselt. Im ganzen gesehen erweist sich verzinktes Rohr dem mit Blei überzogenen überlegen; jeder einzelne Typ korrodiert jedoch sehr viel langsamer als die nichtüberzogenen Rohre. Die Wirksamkeit eines Zinküberzuges von 56,7 g hängt jedoch von der Bodenbeschaffenheit ab. In

[1] Ruthven, R. H.: Gas J. **176** (1926) 495.
[2] Anonym in Stichting Mat. Corr. Comm. Med. **10** (1935) 28.
[3] Wickers, C. M.: Korr. Met. **12** (1936) 85.
[4] Reid, E. F.: Inst. civil Eng. Select. Papers **154** (1934) 44.
[5] Speller, F. N.: Corrosion: Causes and Prevention, New York-London 1935, S. 578.
[6] Logan, K. H.: Trans. Am. electrochem. Soc. **64** (1933) 118. Siehe auch F. N. Speller: Corrosion: Causes and Prevention, Kap. XIV, New York-London 1935.

neutralen und nahezu neutralen Böden zeigte sich während wenigstens 8 Jahren keinerlei Anzeichen eines Versagens, und wahrscheinlich ist in vielen Fällen eine Schutzwirkung über eine wesentlich längere Zeit vorhanden. In stark sauren oder in alkalischen Böden begann eine Pittingbildung auf dem Grundmetall in manchen Fällen jedoch innerhalb von 6 Jahren. LOGAN nimmt versuchsweise an, daß die schützende Wirkung des Zinküberzuges vorwiegend in dem schützenden Film zu sehen ist, der auf der Oberfläche des Zinkes gebildet wird, und daß sie nicht so sehr auf einem kathodischen Schutz beruht, was in Böden sehr wahrscheinlich ist. Nach ISGARISCHEW[1] nimmt der Angriff zinküberzogener Proben mit steigendem p_H-Wert des Bodens ab; er ist bei $p_H = 4,08$ 49mal so groß wie bei $p_H = 7,47$. Zinküberzogene Rohre scheinen für stark saure Böden ungeeignet zu sein.

Einige Proben von feucht und trocken „kalorisierten" Rohren (s. S. 604) weisen nach LOGAN einen Gewichtsverlust sowie einen Angriff auf, der nicht unähnlich dem für bleiüberzogene Rohre ist.

Schutz von Rohrleitungen durch anorganische nichtmetallische Überzüge. In Amerika wird nach LOGAN Zementmörtel weitgehend für Rohre benutzt, der sich, wenn er sorgfältig angemacht und angewandt wird, als erfolgreich bewährt. Die erforderliche Menge ist jedoch im allgemeinen so groß, daß die Kosten für diese Methode zu hoch sind. Neuerdings ist ein Zementmörtelüberzug entwickelt worden, der viel weniger Material erfordert und einer leichten und ökonomischen Anwendbarkeit fähig ist. Der hierdurch gewährte Schutz scheint weitgehend mechanischer Natur zu sein; das Alkali in ihm wirkt dahingehend, daß jedes irgendwie gebildete Eisensalz ausgefällt wird, wodurch die Poren und Haarrisse in dem ursprünglichen Überzug blockiert werden. Besondere Vorsichtsmaßregeln müssen natürlich getroffen werden, wenn der Überzug sulfatreichen Böden ausgesetzt wird, da diese Portlandzement angreifen[2].

Eine andere durch ROCCA[3] und SCARPA[4] beschriebene und empfohlene schützende Schicht besteht aus Zement, Asbestfiber und Wasser; sie wird mittels einer Maschine hergestellt, die der bei der Papierfabrikation verwendeten ähnlich ist.

Überzüge aus glasiger Emaille sind gleichfalls für Rohre entwickelt worden. Dieses Material scheint nach LOGAN[5] gewisse Möglichkeiten zu bieten, jedoch wird erst die Exposition in einer ganzen Reihe von verschiedenen Böden endgültig ein Urteil über das Ausmaß des Schutzes durch einen derartigen Überzug erbringen können. Neben einem Widerstandsvermögen gegenüber der Einwirkung des Bodens muß der Überzug einer ziemlich rauhen Behandlung standhalten und günstig im Preis sein.

Schutz von Rohrleitungen durch bituminöse und teerige Materialien. LOGAN hat auch die Entwicklung bituminöser, schützender Überzüge in Amerika untersucht. Ursprünglich bestanden sie aus Umwicklungen oder Anstrichen. Sie erwiesen sich als unwirksam unter schwierigen Bodenbedingungen und

---

[1] ISGARISCHEW, N. A.: Korr. Met. **6** (1930) 160.
[2] Tonerdehaltiger Zement, der gegenüber Sulfaten widerstandsfähiger ist, wird neuerdings für Rohre verwendet. Siehe hierzu A. V. HUSSEY [Chem. Ind. **14** (1936) 1042].
[3] ROCCA, A.: Mém. Soc. Ing. civils France **1933**, 890.
[4] SCARPA, O.: Mém. Soc. Ing. civils France **1933**, 922.
[5] LOGAN, K. H.: Trans. Am. electrochem. Soc. **64** (1933) 120.

wurden durch heißen Steinkohlenteer oder Asphalt ersetzt, denen in einigen Fällen andere Materialien wie Kalk, Ton, vulkanische Asche usw. zugesetzt wurden. Auch diese erwiesen sich als nicht geeignet in Gebieten, in denen der Boden Steine oder Erdklumpen enthält. Um den Einfluß des vom Erdreich ausgeübten Druckes zu überwinden, ist es jetzt üblich, die bituminösen Materialien durch filziges oder gewebtes Zeug zu verstärken. Hierdurch wird die Zahl derjenigen Stellen des Überzuges verringert, die einer rauhen Behandlung sowie dem Druck der Erdschollen ausgesetzt sind. In manchen Fällen wird auch eine größere Menge an Bitumen verwendet und damit ein nahezu feuchtigkeitsfester Überzug erzielt. Fortlaufende Messungen des elektrischen Widerstandes schützender Überzüge auf kurzen Rohrstrecken haben ergeben, daß die meisten der auf bituminöser Basis beruhenden Überzüge genügend Feuchtigkeit absorbieren, um ihren Widerstand herabzusetzen. Diese Absorption von Feuchtigkeit scheint weitgehend durch nadelförmige Löcher und Poren zu erfolgen, die entweder durch einen bituminösen Film überdeckt oder aber filmfrei sein können. Die Überzüge auf Asphaltbasis scheinen eine gewisse Feuchtigkeitsmenge durch noch kleinere Poren zu absorbieren. Werden derartige Überzüge während einer längeren Zeit feuchtem Boden ausgesetzt, so ist es nicht ungewöhnlich, daß sich unterhalb des Überzuges ein dünner Rostfilm ausbildet. Je nach den Umständen wird dieser Rostfilm mit der Zeit wachsen; es ist noch nicht völlig geklärt, ob er im Hinblick auf den Wert des Überzuges von Bedeutung ist.

Es scheint, daß Überzüge auf Steinkohlenteerbasis bei Konstanthaltung aller übrigen Faktoren etwas feuchtigkeitsfester sind, als die auf der Petrolasphaltbasis aufgebauten. Andererseits haben die Asphaltüberzüge einige Besonderheiten, die sie dem Steinkohlenteer für Rohrüberzüge überlegen erscheinen lassen. Der schützende Wert bituminöser Überzüge scheint im Hinblick auf die Bodenkorrosion in ihrer Fähigkeit zur Aufrechterhaltung einer gleichmäßigen Sauerstoff- und Feuchtigkeitsverteilung an der Rohroberfläche zu liegen, wodurch die Zahl sowie das Potential der Konzentrationsketten auf ein Minimum herabgesetzt werden. Die relativ hohe Widerstandsfähigkeit selbst eines Überzuges, der Feuchtigkeit aufgenommen hat, setzt die mit der Korrosion verknüpften galvanischen Ströme herab, da der Widerstand dieser Stromwege weitgehend in der unmittelbar der Rohroberfläche benachbarten Zone liegt. Ein wesentliches Merkmal der Rohrüberzüge ist ihre Kontinuität. Die Bitumina bestehen im wesentlichen aus Flüssigkeiten, die selbst geringen Drucken, denen sie während längerer Benutzungszeiten ausgesetzt sind, nachgeben und der rauhen Behandlung, dem die Rohre während des Baues einer Leitung ausgesetzt sind, wenig Widerstand entgegensetzen. Es ist infolgedessen schwierig, eine Kontinuität bei bituminösen Überzügen aufrechtzuerhalten.

Mangelnde Widerstandsfähigkeit gegenüber wirkenden Kräften ist nicht die einzige Schwäche bituminöser Überzüge. Bis in die neueste Zeit hinein wurden die meisten Überzüge für alle Rohre, mit Ausnahme derjenigen kleinen Durchmessers, an Ort und Stelle aufgebracht, was für die Arbeit erklärlicherweise nur ziemlich geringfügige Erleichterungen mit sich brachte. So ist es unter den beim Verlegen gegebenen Bedingungen fast unmöglich, die Rohre völlig rein und frei von Feuchtigkeit sowie das geschmolzene Bitumen bei der optimalen Temperatur zu halten oder aber einen kontinuierlichen und gleichmäßig dicken Überzug aufzubringen, was häufig zu nur unvollkommen geschützten Rohren führt. Es sind Versuche unternommen worden, um die Schwierigkeiten bei der Aufbringung der Überzüge an Ort und Stelle dadurch zu vermeiden, daß die Überzüge im Werk hergestellt werden. Hierdurch sind vollkommenere Überzüge vom Standpunkt des Aufbringens erzielt worden, jedoch geht dieser Vorteil häufig infolge von Schäden wieder verloren, die die Überzüge erleiden, ehe die Rohre verlegt werden.

Erhebliche Meinungsverschiedenheiten scheinen hinsichtlich des besten Füllmateriales für bituminöse Gemische zu bestehen. v. POHL[1], der besonders über den Schutz von Ölleitungen in Rußland berichtet, hält Talk und Asbest für gleich gut. Für Arbeiten im Gelände, insbesondere für Verbindungsstellen, empfiehlt KRÖHNKE[2] die Anwendung von Umwicklungen, die mit hochmolekularem Paraffin getränkt sind; offenbar sind mit dieser Methode in Deutschland gute Ergebnisse erzielt worden. Amerikanische Erfahrungen mit dieser Art der Umhüllung scheinen weniger günstig zu sein.

In manchen Böden neigen organische Gewebe zur Fäulnis, wahrscheinlich infolge bakterieller Einwirkung. In derartigen Fällen wird sich ein mit Bitumen gesättigter Asbest als günstig erweisen. Dieses Material hat in einigen über 4 Jahre erstreckten Prüfungen nach SCOTT[3] zu guten Ergebnissen geführt. Es zeigte sich, daß eine Anzahl verschiedener Überzugsmaterialien die Pittingbildung herabsetzt, daß aber keiner der untersuchten Überzüge einen völligen Schutz herbeiführen kann. In zwei Punkten haben diese Überzüge versagt:

1. es kommt infolge mechanischer Beanspruchung durch den Boden oder infolge Rißbildung zu einem Bruch;

2. es wird in den Capillaren Feuchtigkeit aufgenommen.

SCOTT weist nachdrücklich darauf hin, daß Prüfungen an kurzen Rohrstücken kleinen Durchmessers keine gute Übereinstimmung mit Untersuchungen an längeren Rohrleitungen ergeben. Das scheint nicht überraschend zu sein, da die auf den Überzug ausgeübte Beanspruchung, die durch das Gewicht des Rohres hervorgerufen wird, im letzteren Falle viel größer sein wird. Die Prüfungen zeigen den Vorteil einer primär aufgebrachten Mennigeschicht und lassen die Anwendung einer Mastixschicht (die z. Zt. nicht auf dem Markt ist) als wertvoll erscheinen.

CORFIELD[4] gibt folgende Klassifizierung der Schäden, die auf mechanische Beanspruchung durch den Boden zurückzuführen sind:

1. Bodenschrumpfung infolge fortschreitender Austrocknung.

2. Störungen, verursacht durch Bewegung und Absetzen des umgebenden Füllmateriales relativ zum Rohr.

3. Zerstörung der schützenden Schicht auf dem Rohr durch Erdklumpen oder Steine, die durch das Gewicht der umgebenden Füllmasse auf das Rohr oder durch das Gewicht des Rohres auf den Grabenboden zurückzuführen sind.

---

[1] v. POHL, M.: Korr. Met. 11 (1935) 229.
[2] KRÖHNKE, O.: Gas-Wasserfach 74 (1931) 1157.
[3] SCOTT, G. N.: Pr. Am. Petroleum Inst. 15 (1934) Sect. IV, S. 18. Wegen weiterer Mitteilungen über bituminöse Überzüge für Öl- und Gasrohrleitungen s. anonym in Paint Varnish Prod. Manager 1934, August-Heft, S. 10.
[4] CORFIELD, G.: Gas Age Rec. 73 (1934) 355.

SPELLER[1] ist der Ansicht, daß die mechanische Störung durch den Boden die Hauptursache für die Zerstörung bituminöser Überzüge ist. Er empfiehlt die Schicht in der Nähe des Metalles *weich* zu halten, um Rißbildungen widerstehen zu können, dagegen die äußere Schicht *hart* zu wählen, um der Bodenbeanspruchung den genügenden Widerstand entgegenzusetzen. Er hält Zwischenschaltung einer unbiegsamen und dauerhaften Schutzschicht zwischen Überzug und Boden für geeignet. Ein dünnes, steifes, gewalztes Stahlblech, das nach der Form des Rohres in halbkreisförmigen Stücken hergestellt und gut übergezogen wird, leistet gute Dienste. Selbst wenn dieses Schutzband korrodiert, so setzt es den Betrag des korrosiven Agenzes im Boden herab. Glasige Emaille wird zu diesem Zweck gleichfalls als nützlich angesehen.

Interesse beansprucht der von GARDNER und HART[2] beschriebene Prozeß für den Schutz des Rohres an solchen Stellen, an denen der Boden besonders korrosiv ist. Sie erreichen den Schutz mit Hilfe von Spiralwickeln aus biegsamem Celluloid, die über gebranntem Lack (der mit Zinkchromat gefärbt worden ist) aufgebracht und mit gummi-imprägnierten Leinenbändern bedeckt werden.

Maschinen zum Umwickeln der Rohre mit bituminösen Bandagen, sowohl in der Fabrik als auch im Gelände, werden von STEINRATH und KLAS[3] sowie auch von SPELLER[4] beschrieben und im Bild wiedergegeben.

Kathodischer Schutz von Rohrleitungen. Die Verhütung des korrosiven Angriffes an defekten Stellen einer überzogenen Leitung dadurch, daß die Rohrleitung gegenüber der umgebenden Erde kathodisch gehalten wird, ist auf S. 30 in Zusammenhang mit der durch vagabundierende Ströme hervorgerufenen Korrosion besprochen worden. Um eine lange ungeschützte Rohrleitung in dieser Weise zu schützen, würde ein sehr erheblicher Aufwand an elektrischer Energie erforderlich sein. Um jedoch zu einem bereits vorhandenen Überzug einen zusätzlichen kathodischen Schutz zu schaffen, ist dagegen nur eine geringe Strommenge notwendig. Die je Längeneinheit geschützten Rohres erforderliche Elektrizitätsmenge hängt von dem Widerstand der Schutzschicht sowie von der Größe der Fläche ab, die entweder nur eine dünne Schutzschicht oder gar keine schützende Oberfläche aufweist (dünn infolge mangelhafter Überzugsausbildung oder infolge Abschürfung). Eine Reihe von Berichten über die erfolgreiche Anwendung eines zusätzlichen kathodischen Schutzes liegt in neuester Zeit aus verschiedenen Teilen Amerikas vor.

4. Korrosion an in der Erde verlegtem Blei.

Einfluß des Bodens. Die an Blei durch vagabundierende Ströme hervorgerufene Korrosion ist auf S. 24 besprochen worden. Einige Böden sind jedoch für Blei auch in Abwesenheit vagabundierender Ströme gefährlich. Gewisse Tone wirken als Säurepuffer (in besonderen Fällen ist ein $p_H = 3{,}0$ genannt worden); sie greifen Blei wahrscheinlich rasch an[5]. Torfige Böden können gleichfalls sehr korrosiv sein. In anderen Bodentypen hält sich Blei

---

[1] SPELLER, F. N.: Mechan. Eng. 57 (1935) 360.

[2] GARDNER, H. A. u. L. P. HART: Am. Paint Varnish Manufact. Assoc. Circular 418 (1932) 270.

[3] STEINRATH, H. u. H. KLAS: Ber. 4. Korrosionstagung, Berlin 1934, S. 16.

[4] SPELLER, F. N.: Corrosion: Causes and Prevention, New York-London 1935, S. 569.

[5] Anonym in Building Res. techn. Pap. 8 (1929).

oft sehr gut. HAEHNEL[1] beschreibt einen Fall, in dem ein Kabelmantel über 70 Jahre in einem feinen Sand ohne erkennbare Veränderung gelegen hatte.

Kontakt von Blei mit alkalischen Materialien, wie Mörtel und Portlandzement, sollte stets vermieden werden. Üblicherweise werden Kabelmäntel in Röhren aus Holz oder Steinzeug verlegt, die sie vor dem Boden, jedoch nicht in allen Fällen vor der Bodenfeuchtigkeit schützen. Führungskanäle aus Douglastanne neigen zur Abgabe flüchtiger Säuren, insbesondere der Essigsäure, die das Blei in basisches Carbonat überführt. BURNS und FREED[2] haben diese Schwierigkeit dadurch überwunden, daß sie Ammoniak zum Neutralisieren der Säure durch die Leitung blasen. Werden mit Teer imprägnierte Umwicklungen zum Schutz des Bleies verwendet, so müssen sie frei von Phenol und anderen sauren Produkten sein.

Korrosion durch Bodenelemente. Ein ernstlicher Angriff durch an langen Leitungen entstehende Ströme ist im Falle des Bleies weniger verbreitet als beim Eisen. Es treten jedoch gelegentlich Elemente vom Typ

Blei / salziger Boden / gewöhnlicher Boden / Blei

auf. KAJA[3] hat einen Fall ernsthafter Schädigungen an einem Telephonkabel beschrieben, das in der Nähe von Mineralquellen lag, auf die die Schädigung zurückzuführen ist. Korrosionen an Blei, die auf mehr lokale Verschiedenheiten des Bodens zurückzuführen sind, sind in kalkigen Gebieten nicht ungewöhnlich. Einen interessanten Fall hat BRANDT[4] beschrieben. Hiernach wurden Proben von Blei und Bleilegierungen in einem Boden verlegt, der kalkige Einschlüsse in einem feinen Kalk-Ton-Gemisch enthielt. Ein beträchtlicher Angriff erfolgte nun unterhalb der Kalkeinschlüsse und führte zu Pittingbildung, an einer Legierung zu schwerem, offenbar intergranularem Angriff. Es erscheint wahrscheinlich, daß diese Wirkung nicht auf die differentielle Belüftung, sondern auf das Vorhandensein einer Konzentrationskette zurückzuführen ist. Wenn beispielsweise an denjenigen Stellen, an denen Kalkeinschlüsse auf dem Metall ruhen, Bleiionen durch Reaktion mit dem Kalk aus dem Metall entfernt werden, so können diese Teile gegenüber dem übrigen Mantel anodisch werden.

BURNS und SALLEY[5] haben das Prinzip der differentiellen Belüftung auf die Erklärung des Verhaltens von Blei in Böden verschiedener Körnigkeit angewendet. Dabei zeigt es sich, daß die Korrosionsgeschwindigkeit mit der Teilchengröße des Bodens wächst. Sie nehmen an, daß der Sauerstoff durch die Teilchen an ihren Berührungsstellen mit dem Metall von diesem ferngehalten wird, wodurch ein anodischer Angriff herbeigeführt wird. Die Korrosionsgeschwindigkeit wird, innerhalb gewisser Grenzen, durch den die kathodischen Bezirke erreichenden Sauerstoff bestimmt. Da das Verhältnis der kathodischen zu den anodischen Gebieten mit der Teilchengröße wächst, findet der Anstieg der korrosiven Einwirkung hierdurch seine Erklärung.

---

[1] HAEHNEL, O.: Elektr. Nachr.-Techn. **5** (1928) 171.

[2] BURNS, R. M. u. B. A. FREED: J. Am. Inst. electr. Eng. **47** (1928) 576. — BURNS, R. M. u. B. L. CLARKE: Ind. eng. Chem. anal. Edit. **2** (1930) 86.

[3] KAJA, P.: Z. ang. Ch. **40** (1927) 1167.

[4] BRANDT, A.: Brit. Non-ferrous Met. Res. Assoc. Ser. **414** (1936), ergänzt von H. MOORE: Private Mitteilung vom 27. März 1936.

[5] BURNS, R. M. u. D. J. SALLEY: Ind. eng. Chem. **22** (1930) 293.

C. Quantitative Behandlung.

1. Korrosionsgeschwindigkeit bei völlig eingetauchten Proben.

Korrosion von Zink und Eisen in Chloridlösungen. Die Mehrzahl der besten an völlig eingetauchten Proben durchgeführten Untersuchungen verdanken wir BENGOUGH, STUART, LEE und WORMWELL[1], denen zufolge verdünnte Lösungen von Kaliumchlorid auf Zink in der Weise einwirken, daß die Einwirkungsgeschwindigkeit mit der Zeit abfällt, was sie auf eine Verringerung der Chloridkonzentration in der Flüssigkeit zurückführen. Wenn die anodischen und kathodischen Produkte (Zinkchlorid und Kaliumhydroxyd) miteinander unter Bildung von Zinkhydroxyd reagieren, so wird kein Chlorid entfernt. Es ist jedoch möglich, daß ein bestimmter Bruchteil des Zinkhydroxydes unter Bildung eines schwer löslichen basischen Salzes (oder vielleicht Zinkhydroxyd mit absorbiertem Zinkchlorid) hydrolysiert wird, wodurch Chlorionen aus der Lösung entfernt werden. Ist das der Fall, so ist das Verschwinden von Chlorid in einem gewissen Zeitpunkt proportional dem Gesamtbetrage der Korrosion. Ist die Korrosionsgeschwindigkeit in diesen verdünnten Lösungen proportional der resultierenden Konzentration der Chlorionen, so gilt

$$dV/dt = k_1 \left(C_{Cl} - k_2 V \right)$$

wobei V die Korrosion (ausgedrückt durch das Volumen des absorbierten Sauerstoffes), t die Zeit, C_{Cl} die Ausgangskonzentration an Chlor, k_1 und k_2 Konstante bedeuten.

Setzt man

$$C_{Cl}/k_2 = A \quad \text{und} \quad k_1 k_2 = K$$

so ergibt sich

$$dV/dt = K(A-V)$$

oder

$$V = A(1 - e^{-Kt}) \tag{14}$$

Die von BENGOUGH gegebenen Kurven, deren eine in Abb. 37 wiedergegeben ist, bestätigen diese Gleichung mit großer Genauigkeit für Zink in $1/20\,000$ n-, $1/10\,000$ n- und $1/5000$ n-Kaliumchloridlösung, wie die graphische Darstellung von dV/dt gegen V oder von $\log(A-V)$ gegen t zeigt. Jede dieser Darstellungen führt zu einer nahezu geraden Linie (s. die inneren Teile in Abb. 37). Gleichung (14) versagt bei hohen Salzkonzentrationen, bei denen die Chlorkonzentration aufhört, der die Korrosionsgeschwindigkeit begrenzende Faktor zu sein, und bei denen die Kurven aus Korrosion und Zeit nahezu linear werden.

Auch für Eisen sind die Korrosions-Zeit-Kurven bei hohen Konzentrationen hinreichend geradlinig, während die Korrosionsgeschwindigkeit in verdünnten Lösungen mit der Zeit abnimmt. Bei diesem Metall kann jedoch nicht die obige Erklärung für den Abfall der Korrosionsgeschwindigkeit mit der Zeit angenommen werden, da BENGOUGH und seine Mitarbeiter festgestellt haben, daß während des Versuches keine Chlorionen verschwinden. Sie führen den Effekt auf die Bildung von offenen Kratern durch die Korrosionsprodukte zurück, wobei angenommen wird, daß der Sauerstoff nur durch diese Gebilde Zutritt hat. Wird angenommen, daß diese Krater Hohlkegel sind und weiter-

---

[1] BENGOUGH, G. D., J. M. STUART, A. R. LEE u. F. WORMWELL: Pr. Roy. Soc. A **116** (1927) 425, **121** (1928) 88, **127** (1930) 42, **131** (1931) 494, **134** (1931) 308, **140** (1933) 399.

hin, daß der Korrosionsvorgang Sauerstoff am Sitz der Korrosion erfordert, so führt diese Vorstellung zu Gleichung (14).

Die vorgeschlagenen Annahmen sind nicht ganz stichhaltig gegenüber Einwendungen, und es erscheint kaum gerechtfertigt, eine verschiedene Erklärung für das Verhalten dieser beiden Metalle anzunehmen. Der Abfall der Korrosionsgeschwindigkeit mit der Zeit kann vielleicht gemäß W. J. MÜLLER auf die Erscheinung der *Bedeckungspassivität* zurückgeführt werden, für die das *Vorliegen einer unbewegten Flüssigkeit* günstig scheint. Ist der Bruchteil des

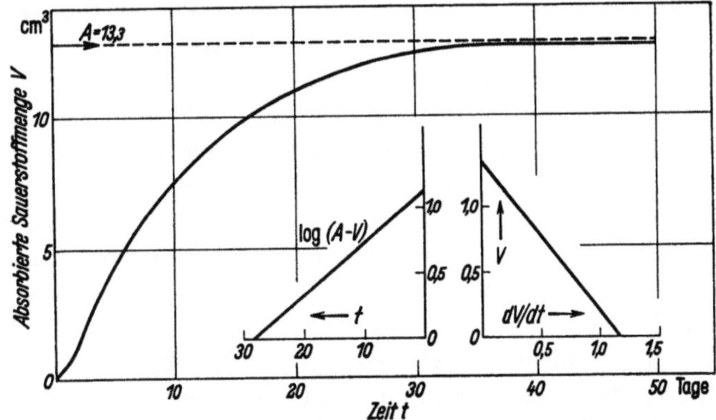

Abb. 37. Korrosion von völlig eingetauchtem Zink in $^1/_{10\,000}$ n-Kaliumchloridlösung bei 25°.
(Nach G. P. BENGOUGH, J. N. STUART und A. R. LEE.)

zur Zeit t bedeckten anodischen Gebietes proportional dem Gesamtbetrag der Korrosion, so gilt

$$dV/dt = K' - K''V$$

wobei K' und K'' Konstante sind, die die experimentellen Ergebnisse befriedigen. Eine derartige Erklärung kann sowohl auf den Fall des Zinks als auch auf den des Eisens angewendet werden (beide Metalle gehorchen den MÜLLERschen Gesetzen). Sie erfordert keinerlei ad hoc-Annahmen, ausgenommen diejenige, daß die EK konstant bleibt, was bei geringen Konzentrationen außerordentlich wahrscheinlich ist. Diese Annahme wird dagegen bei hohen Konzentrationen unwahrscheinlich, bei denen die Ströme viel größer werden (K' wird natürlich mit der Leitfähigkeit ansteigen). In diesem Gebiet wird die Stromstärke weniger vom Widerstand als von der Polarisation abhängen, die auf Sauerstoffmangel an der Kathode beruht, wie weiter unten gezeigt werden wird. So wird Gleichung (14) bei kleinen — jedoch nicht bei großen — Konzentrationen gültig sein, wie tatsächlich festgestellt werden konnte. Die Tatsache jedoch, daß diese Hypothese die experimentellen Ergebnisse zu erklären erlaubt, ist noch kein Beweis dafür, daß sie die korrekte Deutung darstellt. Andere mögliche Deutungen, die gleichfalls zu Gleichung (14) führen, werden dem Leser begegnen. Man wird tatsächlich im Gebiet der chemischen Kinetik selten eine Gleichung finden, die die Geschwindigkeit einer Reaktion darstellt und dabei ausschließlich einen Mechanismus zuläßt.

Einfluß der Salzkonzentration auf die Korrosionsgeschwindigkeit. In sehr *verdünnten* Lösungen, in denen die Zufuhr der Chlorionen begrenzt und in denen die Leitfähigkeit gering ist, *wächst* die Korrosionsgeschwindigkeit in den Anfangsstadien mit der Ausgangssalzkonzentration. Sauerstoff ist jedoch gleichfalls für den Angriff erforderlich. Für jede gegebene Atmosphäre gibt es eine Korrosionsgeschwindigkeit, die nicht überschritten werden kann — wie groß auch immer die Leitfähigkeit und die Chloridkonzentration der Lösung sein mag —, da jenseits dieses Grenzwertes der Durchgang des Sauerstoffes durch die Flüssigkeit zum Metall nicht fähig ist, mit der Korrosionsgeschwindigkeit zu konkurrieren. Infolgedessen wird bei hohen Chloridkonzentrationen jeder die Zufuhr von Sauerstoff herabsetzende Faktor die maximale Korrosionsgeschwindigkeit begrenzen. Da die Löslichkeit des Sauerstoffes mit der Menge des vorhandenen Salzes absinkt, so nimmt die mittlere Korrosionsgeschwindigkeit in den *höheren* Gebieten der Salzkonzentration mit der Konzentration ab. In verdünnten Lösungen steht die Korrosion manchmal, wie man sich ausdrückt, unter *Chlorkontrolle*, während sie in konzentrierteren Lösungen der *Sauerstoffkontrolle* unterliegt. Die maximale Korrosionsgeschwindigkeit liegt unter den BENGOUGHschen Standardbedingungen bei etwa 0,02 n für Zink, jedoch unterhalb 0,0001 n für Eisen. Der Grund dafür, daß die Sauerstoffzufuhr im Falle des Eisens bei einer so sehr viel geringeren Konzentration bestimmend zu werden beginnt, mag darauf zurückzuführen sein, daß das frisch gebildete Eisen(II)-hydroxyd den Sauerstoff chemisch zu absorbieren vermag, was bei relativ niedrigen Korrosionsgeschwindigkeiten zu einem Sauerstoffmangel führt. Es ist zu beachten, daß die offenbare Behinderung der Korrosion durch hohe Konzentrationen an Kaliumchlorid (was auf verringerte Löslichkeit des Sauerstoffes zurückzuführen ist) weniger ausgeprägt ist, wenn die experimentellen Bedingungen thermische Konvexionsströme zulassen, durch die dem Metall Sauerstoff zugeführt wird. In einigen der früheren Untersuchungen muß die exakte Kontrolle der Temperatur Schwierigkeiten bereitet haben, die heutzutage nicht mehr vorhanden sind. Hierin mag auch eine Erklärung dafür liegen, warum in den Pionierarbeiten von HEYN und BAUER[1] die Korrosion von völlig eingetauchtem Eisen bei sämtlichen Konzentrationen des Kaliumchlorides zwischen 0 und 50 g je Liter fast gleich gewesen ist, um bei noch höheren Konzentrationen abzufallen, und warum FRIEND[2] für eine Lösung mit 150 g/l einen etwas rascheren Angriff feststellte als für eine mit 1 g/l.

Sauerstofftransport. Bei der Betrachtung der Korrosion unter Sauerstoffkontrolle ist es erforderlich, festzustellen, wie der Sauerstoff das völlig eingetauchte Metall erreicht. In dieser Frage bestehen Abweichungen in der Ansicht zwischen der Gruppe der Experimentatoren in Teddington und in Cambridge. Die nachstehend dargelegte Ansicht ist die des Cambridger Arbeitskreises, selbst dann, wenn die zu ihrer Verdeutlichung herangezogenen Experimente dem Arbeitskreis von BENGOUGH und seinen Mitarbeitern entnommen sind.

Der Durchgang von Sauerstoff durch eine Grenze Gas-Flüssigkeit ist in den Einzelheiten durch MIYAMOTO[3] und seine Mitarbeiter studiert worden, wenngleich ihre Untersuchung sich auf die Oxydation von Natriumsulfitlösung und nicht auf die Metallkorrosion bezog. Dabei ergab sich, daß nur Sauerstoffmoleküle mit einer eine gewisse Grenzgeschwindigkeit überschreitenden Geschwindigkeit

---

[1] HEYN, E. u. O. BAUER: Mitt. Materialprüfungsamt **26** (1908) 74.

[2] FRIEND, J. A. N.: Carnegie Scholarship Mem. **3** (1911) 33.

[3] MIYAMOTO, S., T. KAYA u. A. NAKATA: Bl. chem. Soc. Japan **5** (1930) 123, 229, 321, **6** (1931) 9, 133, 264, **7** (1932) 8, 56, 388; vgl. R. C. BRIMLEY: Chem. Ind. **11** (1933) 472. — WHITMAN, W. G.: J. Soc. chem. Ind. Trans. **54** (1935) 176.

$(1,65 \times 10^5$ cm/sec) in die Flüssigkeit eintreten können, ferner, daß die Oxydationsgeschwindigkeit proportional der Fläche der Phasengrenze Gas-Flüssigkeit und *unabhängig* von der Natriumsulfitkonzentration in der Flüssigkeit ist. Sie wird nicht durch die Konstante der chemischen Geschwindigkeit, sondern durch die physikalischen Behinderungen an der Phasengrenze bestimmt.

Der Fall der Metallkorrosion ist verwickelter. Auf seinem Weg von der Gasphase zum Metall wird der Sauerstoff einige oder sämtliche der nachstehend genannten Zonen zu durchdringen haben:

1. Die sog. LAPLACEsche Schicht längs der Phasengrenze Flüssigkeit-Gas.

2. Den eigentlichen Flüssigkeitsraum, in dem die Bewegung der Flüssigkeitsteilchen statthat, die ihrerseits bedingt ist

a) durch thermische Konvektion, dort wo Wärme hinzutritt oder abgeleitet wird (intermittierend oder unsymmetrisch infolge Leitung oder Strahlung), was zu Unterschieden in der Dichte zwischen den wärmeren und kälteren Teilen der Flüssigkeit führt,

b) durch mechanische Bewegung, die durch Vibration oder Bewegung des die Flüssigkeit enthaltenden Gefäßes hervorgerufen wird,

c) durch die ADENEY-Ströme[1]. Verdampfung an der Wasseroberfläche ruft lokal eine Flüssigkeit hervor, die (sei es infolge ihrer größeren Konzentration oder ihrer niedrigeren Temperatur) dichter ist als die Hauptmenge der Flüssigkeit und durch diese hindurchfällt.

3. Eine Schicht bewegungsloser Flüssigkeit, die der Sauerstoff lediglich infolge Diffusion passieren kann.

4. Eine Schlammschicht, die aus Flüssigkeit und Korrosionsprodukten besteht.

In der Zone (3), die der Sauerstoff diffundierend durchschreitet, ist seine Durchtrittsgeschwindigkeit v (die in Grammäquivalenten je Sekunde ausgedrückt wird) proportional dem Konzentrationsunterschied $\Delta_3 C$ zwischen der oberen und unteren Oberfläche der Zone gemäß

$$v = \Delta_3 C / r_3$$

wobei r_3 als der „Widerstand" der Zone bezeichnet wird.

In der Zone (2), die der Sauerstoff mittels Konvektion durchschreitet, muß eine ähnliche Beziehung gelten der Form

$$v = \Delta_2 C / r_2$$

da die abwärtssteigenden Flüssigkeitsströme die Konzentration im oberen Teil, die aufwärtssteigenden diejenige am Boden darstellen, so daß für eine gegebene *Geschwindigkeit* und *Form* der Zirkulation der effektive Sauerstofftransport proportional dem Unterschied zwischen diesen beiden Konzentrationen ist.

In Zone (4) herrschen entweder Diffusion oder Konvektion vor; es wird infolgedessen ähnlich gelten

$$v = \Delta_4 C / r_4$$

Selbst in Zone (1) wird ein Ausdruck des gleichen Types auftreten, da MIYAMOTO[2] zeigen konnte, daß der Durchgang von Sauerstoff durch die Wasser-

---

[1] ADENEY, W. E. u. H. G. BECKER: Pr. Dublin Soc. 16 (1920) 143; Phil. Mag. [6] 38 (1919) 317, 39 (1920) 385, 42 (1921) 87.

[2] MIYAMOTO, S.: Bl. chem. Soc. Japan 7 (1932) 8.

linie proportional $C_S - C'$ ist, wobei C_S die der Sättigung entsprechende Konzentration und C' diejenige gerade unterhalb der Wasserlinie ist, so daß der Vorgang durch $\Delta_1 C / r_1$ ausgedrückt werden kann. Hieraus geht hervor, daß die Durchgangsgeschwindigkeit des Sauerstoffes durch alle 4 Zonen im stationären Zustand gleich ist. Sie kann ausgedrückt werden durch

$$v = \Delta_1 C / r_1 = \Delta_2 C / r_2 = \Delta_3 C / r_3 = \Delta_4 C / r_4$$

wobei r_1, r_2, r_3, r_4 die „Widerstände" in den 4 Zonen sind. Der Unterschied zwischen der Sauerstoffkonzentration an der Metalloberfläche C_M und dem Sättigungswert ist gegeben durch

$$C_S - C_M = \Delta_1 C + \Delta_2 C + \Delta_3 C + \Delta_4 C = v r_1 + v r_2 + v r_3 + v r_4 = v R$$

wobei

$$R = r_1 + r_2 + r_3 + r_4$$

ist. Der Widerstand des gesamten Elementes R ist also gleich der *Summe* der Widerstände der einzelnen Zonen.

Im unbewegten Zustand ist die Korrosionsgeschwindigkeit dieser Sauerstoffbewegung äquivalent; sie ist (ausgedrückt in Grammäquivalent je Sekunde) gegeben durch

$$\varrho = v = \frac{C_S - C_M}{R}$$

Im allgemeinen wird angenommen, daß die Korrosionsgeschwindigkeit proportional der Sauerstoffgeschwindigkeit an der Metalloberfläche, also

$$\varrho = K_C A_M C_M$$

ist, wobei A_M die Oberfläche des Metalles und K_C eine chemische (oder elektrochemische) Geschwindigkeitskonstante ist (die nachfolgende Überlegung wird jedoch nicht beeinflußt, wenn wir $f(C_M)$ an Stelle von C_M schreiben).

Gehen wir zu einem anderen Metall mit einem abweichenden Wert für die Geschwindigkeitskonstante K_C über, so haben wir im *allgemeinen Fall* die Korrosionsgeschwindigkeit ϱ zu ändern. Sind die K_C-Werte für beide Metalle so hoch, daß C_M (das gleich ist $f^{-1}[\varrho / K_C A_M]$) klein im Vergleich mit C_S ist, dann wird keine merkliche Veränderung in ϱ erfolgen, das in *beiden Fällen* angenähert gleich C_S / R und infolgedessen unabhängig von K_C sein wird.

Die Einführung von Verunreinigungen in ein reaktives Metall, wie etwa Eisen, die eine große Änderung in der Korrosionsgeschwindigkeit unter *atmosphärischen* Bedingungen (bei denen viel Sauerstoff zugegen ist) hervorrufen würden, ändert die Korrosionsgeschwindigkeit im *nicht bewegten Zustande* bei *völligem Eintauchen* nicht merklich. Zweifellos wird K_C durch die Einführung von Verunreingungen stark geändert, jedoch wird ϱ dadurch nicht merklich beeinflußt. In ähnlicher Weise zeigt es sich, daß eine Änderung des Oberflächengebietes der Probe A_M die Korrosionsgeschwindigkeit nicht ernstlich beeinflußt, da sich die Geschwindigkeit für die reaktiveren Metalle dem Werte C_S / R nähert, einem Ausdruck, der A_M nicht enthält.

Diese sonderbare Tatsache, wonach die Korrosionsgeschwindigkeit unabhängig von dem Vorhandensein von Verunreinigungen im Metall sowie von der Probenoberfläche ist, kann nur erwartet werden, wenn K_C so groß ist, daß C_M klein im Vergleich zu C_S wird. Für korrosionswiderstandsfähige Materialien oder selbst für unedle Metalle in verdünnten Lösungen, bei denen die Angriffsgeschwindigkeit klein ist, wird diese Unabhängigkeit verschwinden. Das ist aus den Angaben erkennbar, die BENGOUGH, LEE und WORMWELL[1] für die Korrosion von drei verschiedenen Eisensorten in $^1/_{10\,000}$ n- und $^1/_{10}$ n-Kaliumchloridlösung geben (s. Tabelle 22). In der verdünnten Lösung, in der Sauerstoff nicht der kontrollierende Faktor ist, übersteigen die Abweichungen sicherlich die experimentellen Fehler. Bei $^1/_{10}$ n-Lösung jedoch sind die Unterschiede zwischen den verschiedenen Materialien kaum größer als zwischen zwei Versuchsreihen.

In ähnlicher Weise hat BENGOUGH[2] festgestellt, daß Änderungen der Probengröße die Gesamtkorrosion nicht wesentlich beeinflussen, wenn der Durchmesser der Gefäße klein ist. In Gefäßen mit größerem Durchmesser (wodurch R verkleinert und C_M vergrößert wird) beginnt die Probenoberfläche von Einfluß zu werden.

Der Widerstand R besteht aus 4 Teilen

$$R = r_1 + r_2 + r_3 + r_4$$

(Sind eine oder mehrere der obengenannten Zonen nicht vorhanden, dann werden eines oder mehrere dieser Glieder gleich Null. Sind dagegen mehrere Diffusionszonen vorhanden, die auf verschiedene Arten von Korrosionsprodukten in verschiedenen Schichten zurückzuführen sind, so kann es erforderlich werden, $r_5, r_6 \ldots$ in den Ausdruck einzuführen. Das Prinzip wird dadurch nicht berührt. R kann stets als Σr geschrieben werden.)

Von diesen 4 Widerständen wird wahrscheinlich keiner durch die Einführung kleiner Mengen von Verunreinigungen in das Metall beeinflußt (solcher, die K_C verändern würden). Wird jedoch ein Metall durch ein anderes ersetzt, so ändert sich r_4 (ob nun die 4. Zone infolge Diffusion durchschritten wird oder ob das Korrosionsprodukt durch thermische Energie, die für die Konvektionsströme verantwortlich ist, in Bewegung gesetzt wird). Wenn r_4 nicht klein im Vergleich zu R ist, so kann von verschiedenen Metallen eine verschiedene Korrosionsgeschwindigkeit erwartet werden. Tatsächlich geben Zink und Eisen in der gleichen Lösung verschiedene Korrosionsgeschwindigkeiten. Jede Veränderung am Metall oder in der Lösung, die eine Wasserstoffentwicklung gestattet, wird zu einer wesentlichen Herabsetzung von r_1 und r_2 führen. Eine Verringerung von r_1 ist darauf zurückzuführen, daß die Bewegung in der Flüssigkeit die abschirmende Wirkung der Wasserlinie herabsetzt, wahrscheinlich infolge Verringerung der Kontinuität bzw. der wirksamen Dicke der hindernden Schicht (COSTE[3] hat ermittelt, das Wasser, sofern es ohne Zerstörung der Flüssigkeitsoberfläche gerührt wird, Luft rascher absorbiert als Wasser unter

Tabelle 22. Gesamtkorrosion (ausgedrückt in cm³ Sauerstoff, die je Tag absorbiert werden). (Nach G. D. BENGOUGH, A. R. LEE und F. WORMWELL.)

Material	Korrodierendes Agens	
	$^1/_{10\,000}$ n-KCl	$^1/_{10}$ n-KCl
Gereinigtes Eisen, umgeschmolzen im Vakuum . . . {	0,84	0,59
	0,70	0,58
Weicher Stahl, ausgewählt wegen seiner Homogeneität . . . . {	1,06	0,60
	1,06	0,59
Gewöhnlicher, weicher Handelsstahl . . . . {	0,99	0,57
	0,99	0,55

[1] BENGOUGH, G. D., A. R. LEE u. F. WORMWELL: Pr. Roy. Soc. A **134** (1931) 315.
[2] BENGOUGH, G. D.: Chem. Ind. **11** (1933) 199.
[3] COSTE, J. H.: J. Soc. chem. Ind. **36** (1917) 850; vgl. F. G. DONNAN u. I. MASSON: J. Soc. chem. Ind. Trans. **39** (1920) 236. — HICKSON, W. S. E.: Nature **138** (1936) 645.

den gleichen Bedingungen, das jedoch nicht gerührt wird). Eine Wasserstoffentwicklung kann möglicherweise, infolge Verringerung der Dicke der Zone, durch die die Diffusion erfolgen muß, auch eine Verkleinerung von r_3 herbeiführen. So ist es nicht überraschend, daß Änderungen, die eine Wasserstoffentwicklung begünstigen, gleichzeitig Korrosion vom Sauerstoffabsorptionstyp begünstigen. Ein Anwachsen des Gefäßdurchmessers führt zu einer Herabsetzung von r_1 und r_2 und demzufolge zu einer Vergrößerung in der Korrosionsgeschwindigkeit, wie BENGOUGH und seine Mitarbeiter ermittelt haben. Vibration bzw. Erhöhung der thermischen Konvektion setzen gleichfalls r_1 und r_2 herab und führen so zu einer Vergrößerung der Korrosionsgeschwindigkeit, was gleichfalls in Übereinstimmung mit den BENGOUGHschen Versuchen ist. Die Tatsache, daß die Korrosionsgeschwindigkeit, ausgenommen bei sehr flachem Eintauchen, unabhängig von der Eintauchtiefe ist, führt zu der Annahme, daß r_3 bei tieferem Eintauchen klein im Verhältnis zu R ist.

Sehr aufschlußreich sind die Untersuchungen von DAMON und CROSS [1] über die Korrosion von Kupfer durch verdünnte Schwefelsäure, die gleichfalls Sauerstoff erfordert (s. Abb. 38). Wurden die Versuche in Gefäßen mit großem Durchmesser durchgeführt, so daß viel Sauerstoff das Metall erreichen konnte, so *wuchs* die Korrosionsgeschwindigkeit mit der Größe der Probenoberfläche, und zwar blieb sie dieser in groben

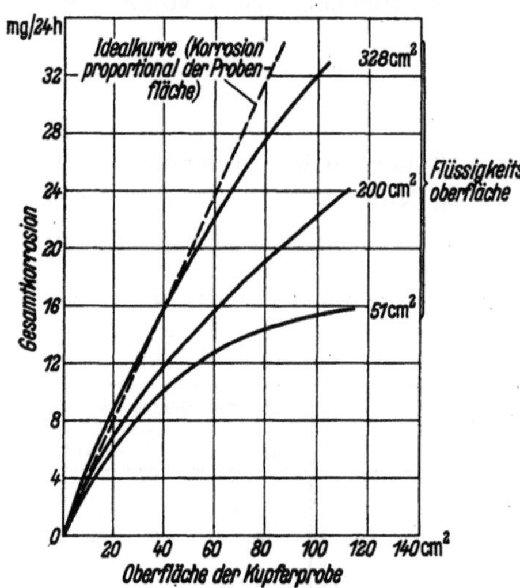

Abb. 38. Korrosion von Kupfer in verdünnter Schwefelsäure. (Nach G. H. DAMON und R. C. CROSS.)

Zügen proportional, bis sie ziemlich groß wurde. In engeren Gefäßen machte sich der Sauerstoffmangel viel früher bemerkbar. Bei größeren Proben wurde die Angriffsgeschwindigkeit durch die Oberfläche wenig beeinflußt. Diese Ergebnisse sind leicht verständlich.

Unterschiede im Verhalten total bzw. partiell eingetauchter Proben. Es sollte nunmehr klar sein, warum die Korrosion einer *total eingetauchten* Eisenprobe in einer Neutralsalzlösung

1. *empfindlich* ist gegen thermische Bewegung in der Flüssigkeit, gegen Vibration und andere Formen des Rührens,

2. einigermaßen *unempfindlich* gegen geringe Änderungen in der Zusammensetzung des Metalles und nicht proportional gegenüber der Probenfläche ist.

Es bleibt zu erklären, warum andererseits die Korrosion einer *teilweise eingetauchten* Probe, wie auf S. 190 gezeigt worden ist,

1. *unempfindlich* ist gegenüber thermischer Bewegung in der Flüssigkeit sowie gegenüber Vibration und

2. *merklich beeinflußt* wird durch geringe Änderungen in der Zusammensetzung des Metalles sowie die Horizontalerstreckung der Probe (dagegen in viel geringerem Ausmaße durch die Vertikalerstreckung).

---

[1] DAMON, G. H. u. R. C. CROSS: Ind. eng. Chem. 28 (1936) 231.

Bei einer partiell senkrecht eingetauchten Probe besteht ein Gebiet, in dem der Sauerstoff das Metall erreichen kann, ohne die LAPLACEsche Schicht durchqueren zu müssen (oder zumindest ohne die ganze Dicke der Zone zu durchqueren) und ohne weiterhin die Zonen (2), (3) und (4) zu passieren. Der derart für die Sauerstoffaufnahme begünstigte Streifen ist sehr eng begrenzt. Die Korrosion einer partiell eingetauchten senkrechten Probe wird nicht notwendig irgendwie schneller erfolgen als die einer völlig eingetauchten Probe mit horizontaler Oberfläche. An der partiell eingetauchten Probe wird die Korrosionsgeschwindigkeit jedoch durch die Häufigkeit im Auftreten von Punkten in der

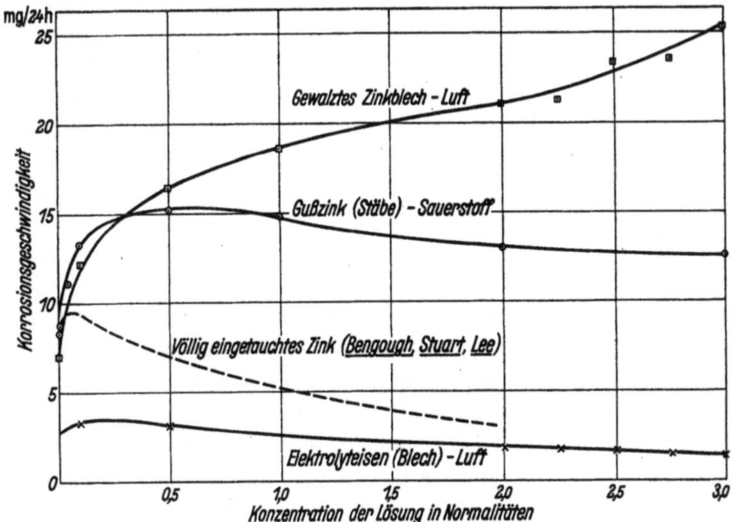

Abb. 39. Änderung der Korrosionsgeschwindigkeit mit der Konzentration der Kaliumchloridlösung. (Die ausgezogenen Kurven beziehen sich auf die partiell eingetauchten Proben von C. W. BORGMANN und U. R. EVANS, während die gestrichelte Kurve die Ergebnisse von G. D. BENGOUGH, J. M. STUART und A. R. LEE für völlig eingetauchte Proben zeigt.)

Nähe der Meniscuszone bestimmt sein, die einer kathodischen Reaktion besonders günstig sind, was von einer Eisen- (oder Zink-) Sorte zur anderen wechseln wird[1].

---

[1] Damit soll nicht gesagt werden, daß eine begrenzte Anzahl von Punkten hoher katalytischer Aktivität vorhanden ist, während der restliche Teil der Oberfläche inaktiv ist. Wahrscheinlich könnte die kathodische Reaktion an *jedem* Punkt einsetzen, vorausgesetzt, daß das Potential einen geeigneten Wert erreicht. Das erforderliche Potential wird jedoch von Punkt zu Punkt verschieden sein. Die kathodische Aktivität der verschiedenen Punkte (gemessen durch die zum Auslösen der kathodischen Reaktion erforderliche Polarisation) wird durch eine Verteilungskurve wiedergegeben, in der die aktivsten Punkte am seltensten auftreten. Die Begründung für die räumliche Verteilung der kathodischen Reaktion ist eine 4fache:

1. Beim Angriff nach dem mit Wasserstoffentwicklung verknüpften Typ (Angriff von Eisen oder Zink durch Säure) wird beobachtet, daß das Gas von ganz bestimmten Bezirken herkommt.

2. Beim Angriff nach dem mit Sauerstoffentwicklung verknüpften Typ ist es unmöglich, die Tatsache in anderer Weise zu erklären, wonach verschiedene Sorten von Eisen in demjenigen Konzentrationsbereich mit verschiedener Geschwindigkeit korrodieren, in dem die Geschwindigkeit der Sauerstofflöslichkeit der Lösung proportional ist.

3. Es ist schwierig, eine andere Erklärung für das starke Streuen beizubringen, das in gleichen Versuchen bei teilweise in Chloridlösung eingetauchtem Zink [BORGMANN, C. W. u. U. R. EVANS: Trans. electrochem. Soc. 65 (1934) 266], und zwar bei gleichzeitigem Vorhandensein großer anodischer Bezirke, festgestellt worden ist. Wird die Zahl der günstigen

Eine Horizontalausdehnung der Probe wird naturgemäß den Angriff vergrößern, da hierdurch eine vergrößerte Meniscuszone geschaffen wird. Eine Vertikalausdehnung ist dagegen, wie sich herausgestellt hat, von geringerem Einfluß. Die durch die absinkenden Korrosionsprodukte hervorgerufene Bewegung — die in HOARs[1] Versuchen deutlich festgestellt worden ist — wird durch thermische Effekte oder Vibration wenig gestört werden.

In dieser Weise ist es möglich, das offenbar nicht übereinstimmende Verhalten der völlig eingetauchten Proben, die in Teddington untersucht worden sind, sowie der partiell eingetauchten Proben von Cambridge zu erklären.

Ein weiterer Unterschied zwischen den partiell eingetauchten und den völlig eingetauchten Proben besteht darin, daß die maximale Korrosionsgeschwindigkeit bei den ersteren bei viel höheren Konzentrationen liegt, wie die Kurven in Abb. 39 erkennen lassen. Da der Abfall bei hohen Konzentrationen auf Sauerstoffmangel zurückgeht, kann leicht eingesehen werden, warum er bei partiellem Eintauchen zu höheren Konzentrationen hin verschoben ist. Im Falle des Zinkes, bei dem die Wahrscheinlichkeit des Sauerstoffmangels weniger groß als beim Eisen ist (wie bereits erklärt wurde), konnte BORGMANN[2] feststellen, daß die Korrosionsgeschwindigkeit von Blechproben im gesamten untersuchten Bereich mit der Konzentration ansteigt. Bei runden Gußstangen (4 mm Durchmesser) fand BORGMANN dagegen ein Maximum bei einer 0,5 n-Lösung, während die Korrosionsgeschwindigkeit bei höheren Konzentrationen abfiel. Der wahrscheinliche Grund dafür, warum ein Sauerstoffmangel bei Stangen

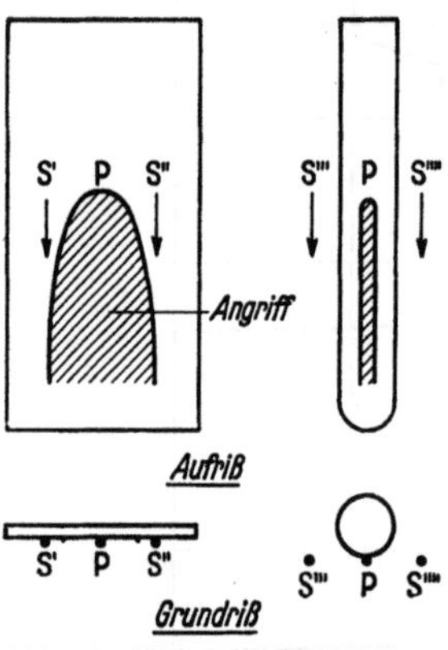

Abb. 40. Wahrscheinliche Ursache für das verschiedene Verhalten von flachem Zinkblech und runden Zinkstäben.

viel eher als bei flachen Blechen eintritt, ist in Abb. 40 schematisch aufgewiesen worden: das an einem für den Angriff geeigneten Punkt P einer planen Zinkprobe gebildete Zinkhydroxyd wird über einer bogenförmigen Fläche absteigen und, wie auf S. 180 erklärt worden ist, Ätzung hervorrufen. Der gleiche Abstieg wird jedoch auf beiden Seiten des bogenförmigen Flächenbereiches Ströme sauerstoffreicher Flüssigkeit (S', S'') von den oberen Teilen des Gefäßes mit sich herunterführen und so dazu beitragen, die Sauerstoffzufuhr aufrechtzuerhalten. Im Falle der Stangen wird der gleiche Abstieg sauerstoffreicher Flüssigkeit erfolgen (S''', S''''), jedoch wird sie infolge der runden Probenfläche die metallische Oberfläche nicht bespülen und infolgedessen nicht in der Lage sein, eine Begünstigung der kathodischen Reaktion hervorzurufen. Hierin liegt wahrscheinlich eine Erklärung dafür, warum bei hohen Konzentrationen ein Abfall der Korrosionsgeschwindigkeit im Falle stangenförmiger, nicht dagegen im Falle flacher Proben, erfolgt.

---

kathodischen Bezirke begrenzt, so ist eine Streuung nach dem BERNOUILLIschen Prinzip zu erwarten.

4. Sie bietet die befriedigendste Erklärung für die gradlinige Form der Kurven der kathodischen Polarisation an Eisen [EVANS, U. R. u. T. P. HOAR: Pr. Roy. Soc. A 137 (1932) 363], wobei die Polarisation als der OHMsche Widerstand an den für den Stromdurchgang verengten Bezirken oberhalb der korrosionsaktiven Stellen zu betrachten ist; hierfür stehen andere Erklärungen zur Verfügung.

[1] EVANS, U. R. u. T. P. HOAR: Pr. Roy. Soc. A 137 (1932) 355.
[2] BORGMANN, C. W. u. U. R. EVANS: Trans. electrochem. Soc. 65 (1934) 256.

2. Korrosionsgeschwindigkeit bei partiell eingetauchten Proben.

Konzentrierte Lösungen. Hängt die Korrosion von differentiellen Belüftungsströmen der Stärke i ab, die zwischen der belüfteten Zone längs der Wasserlinie als Kathode und dem Sitz der Korrosion als Anode fließen, dann ist

$$\varrho = i/F$$

wobei F die FARADAYsche Zahl ist. Die Korrosionsgeschwindigkeit muß auch äquivalent der effektiven Zufuhr von Sauerstoff zu den Bezirken der Meniscuszone sein, die die kathodische Reaktion katalytisch begünstigen können. Die Zufuhr des Sauerstoffes ist gegeben durch

$$k' (C_S - C') \tag{15}$$

wobei C' die mittlere Anhäufung des Sauerstoffes an diesen Stellen und k' eine Konstante darstellen, die die Verteilungsdichte dieser Bezirke charakterisiert, die von der chemischen und physikalischen Natur des Metalles abhängt. Da ein Bezirk in einer Lösung aktiver als in einer anderen sein kann, so wird k' bis zu einem gewissen Grade lösungsabhängig sein.

Bei hohen Salzkonzentrationen mit befriedigender Leitfähigkeit wird die zum Fließen des Stromes i erforderliche EK klein sein; infolgedessen wird das Kathodenpotential ε_C nur sehr wenig größer zu sein brauchen als das Anodenpotential ε_A, was zur Folge hat, daß die zur Hervorbringung einer leichten Veredlung des Potentialwertes erforderliche Sauerstoffkonzentration an den katalytisch aktiven Bezirken gleichfalls gering ist. Infolgedessen wird C' in hinreichend konzentrierten Lösungen klein im Vergleich zu C_S sein. In diesem *besonderen* Falle wird die Beziehung

$$\varrho = k' C_S \tag{15a}$$

gelten. Es wird also *ausschließlich in konzentrierten Lösungen* die Korrosionsgeschwindigkeit der Sauerstofflöslichkeit — wie im Falle der völlig eingetauchten Proben — proportional werden. Sie wird sich jedoch, was zu beachten ist, mit der Natur des Metalles und der Flüssigkeit ändern, da k' von beiden abhängt.

Um diese Frage einer Prüfung zu unterziehen, hat HOAR[1] die Korrosion von Eisen bei einer Temperatur von 20° gemessen. Er benutzte hierbei Proben mit einer eingetauchten Fläche von $3,5 \times 2,5$ cm in Lösungen von Kaliumchlorid, Natriumchlorid und Natriumsulfat relativ hoher Konzentrationen. Die Löslichkeiten des Sauerstoffes in diesen Lösungen sind gleichfalls bei den verschiedenen Konzentrationen gemessen worden. Es ergab sich, wie Abb. 41 zeigt, daß die Korrosion in diesem Gebiet mit der Konzentration abfällt. Wird der Gewichtsverlust während 48 Stunden gegen die Sauerstofflöslichkeit aufgetragen, so ergeben sich gerade Linien, in Übereinstimmung mit Gleichung

---

[1] EVANS, U. R. u. T. P. HOAR: Pr. Roy. Soc. A **137** (1932) 350; vgl. J. E. O. MAYNE (J. chem. Soc. **1936**, 1095), der einige Punkte dieser Argumentation der Kritik unterzieht, jedoch hinzufügt, daß der Vorgang elektrochemischer Natur ist und daß gewisse Gesetze das Fließen des Stromes beherrschen, was als sicher festgestellt gelten dürfte. Beim Vergleich von Versuchen mit vertikal bzw. schräggestellten Proben ist daran zu erinnern, daß sich die Zufuhr von Sauerstoff zu der kathodischen Zone mit der Form des Meniscus ändert, d. h. mit der Neigung der Probe. Die geringere Ausdehnung des korrodierten Gebietes an der unteren Seite der schräggestellten Probe im Vergleich zur oberen ist häufig in Cambridge beobachtet worden. Die Erklärung liegt darin, daß das Anodenprodukt vertikal von der Oberfläche fortfällt, so daß der Flächenanteil, auf dem sich Eisen(II)-salze im Überschuß von Alkali vorfinden, kleiner als an der Oberseite der Probenfläche ist.

(15a). Eine einzige Natriumchloridkonzentration führte zu abnormer Angriffsverteilung; der entsprechende Punkt (in der Abbildung mit einem Stern versehen) liegt nicht auf der Kurve.

Verdünnte Lösungen. Bei niedrigen Salzkonzentrationen — entsprechend hohen Sauerstofflöslichkeiten — versagt die lineare Beziehung völlig, offenbar deshalb, weil die niedrigen Werte der spezifischen Leitfähigkeit einen merklichen Unterschied zwischen ε_A und ε_C erforderlich machen, um den Strom i durch das Element hindurchzuzwingen. Der höhere Wert von ε_C involviert einen

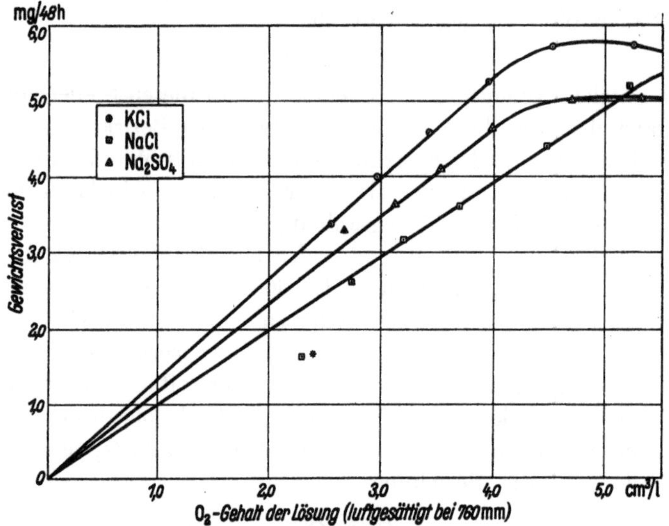

Abb. 41. Beziehung zwischen der Sauerstofflöslichkeit und der Korrosion von Eisen. (Nach U. R. Evans und T. P. Hoar.)

Wert für C', der nicht mehr klein gegenüber C_S ist, so daß also die Gleichung $\varrho = k' C_S$ keine Gültigkeit mehr hat.

Im Bereich niedrigerer Konzentrationen ist der Wert von $\varepsilon_C - \varepsilon_A$ bei einer gegebenen Konzentration gleich demjenigen, der den Korrosionsstrom i durch den Widerstand des Flüssigkeitsweges hindurchzwingt; er ist um so höher, je verdünnter die Lösung wird, gemäß der Gleichung

$$E = \varepsilon_C - \varepsilon_A = k'' i / \sigma = k'' \varrho F / \sigma \tag{16}$$

wobei k'' die „Elementkonstante" ist, die von der relativen Lage und Größe der anodischen und kathodischen Bezirke abhängig ist; σ ist die spezifische Leitfähigkeit der Lösung. Bannister[1] hat ε_C und ε_A an Eisen in Kaliumchloridlösung verschiedener Konzentration mit Hilfe von Röhren gemessen, die mit der gleichen Lösung gefüllt waren. Diese wurden an die kathodischen bzw. anodischen Oberflächengebiete herangeführt und zu Kalomelelektroden abgeleitet, die mit einem Potentiometer verbunden werden konnten. Die Potentialdifferenz zwischen den beiden Zonen wuchs, wie zu erwarten ist, in allen Fällen mit abnehmender Konzentration. Bald darauf führte Hoar[2] ausgedehntere Messungen durch, deren Ergebnisse für $\varepsilon_C - \varepsilon_A$ in Abb. 42 gegen $\varrho F / \sigma$ aufgetragen worden sind. Die erhaltene gerade Linie bestätigt Gleichung (16)

[1] Evans, U. R., L. C. Bannister u. S. C. Britton: Pr. Roy. Soc. A **131** (1931) 366.
[2] Evans, U. R. u. T. P. Hoar: Pr. Roy. Soc. A **137** (1932) 358.

und zeigt, daß die Elementkonstante $k'' = 0,322$ cm^{-1} annähernd unabhängig von der Konzentration für den untersuchten Konzentrationsbereich ist.

Aus der Kenntnis der Elementkonstante kann die kathodische Reaktion der Probe berechnet werden. Hoar führte Untersuchungen an einem Stahl durch, der die ideale Verteilung mit hoher Annäherung aufwies, so daß die Umrisse des korrodierten Gebietes bei irgendeiner Salzkonzentration bereits vor dem Versuch vorhergesagt werden konnten. Eine Probe wurde in der in Abb. 43 angegebenen Weise in zwei Teile geschnitten, wobei der Schnitt der Kante

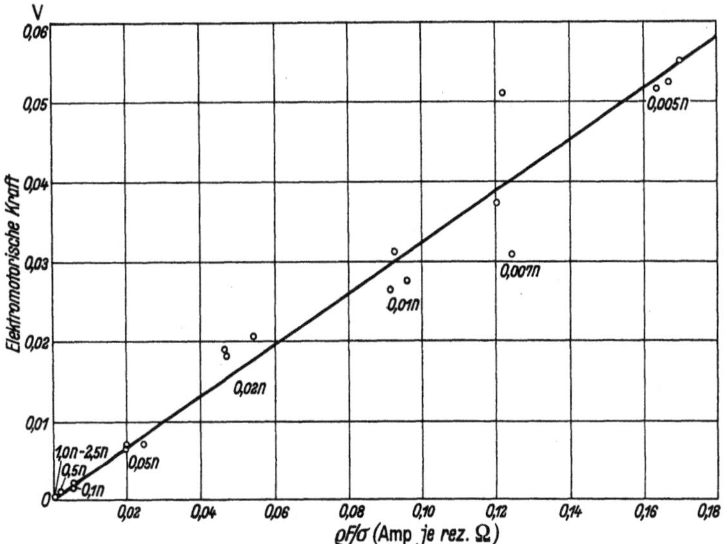

Abb. 42. Kurve für die Elementkonstante einer Korrosionsprobe. (Nach U. R. Evans und T. P. Hoar.)

desjenigen Gebietes folgte, das in früheren Versuchen an unzerschnittenen Proben Korrosion aufgewiesen hatte. Die beiden Teile wurden hierauf getrennt in 0,01 n-Kaliumchloridlösung gebracht, wobei der zwischen ihnen liegende Spalt eine Breite von etwa 0,1 cm hatte. Der Widerstand des gesamten Systems wurde mit der üblichen Brückenmethode ermittelt, wobei eine Audionröhre als Wechselstromquelle benutzt wurde. Die Anordnung ergab einen weitaus zu geringen Widerstand, um die in Frage stehende „Elementkonstante" zu erklären. Es wurden demgemäß nacheinander Schichten längs horizontaler Linien abgeschnitten, wie sie in Abb. 42 gestrichelt angedeutet sind, bis eine „Elementkonstante" von 0,322 cm^{-1} erhalten wurde. Dieser Wert wurde erreicht, sobald der obere, das „kathodische Gebiet" darstellende Teil bis auf 0,2 cm an die Wasserlinie heran abgeschnitten worden war. In diesem Zustand beeinflußte die genaue Form und Lage des unteren, den anodischen Bezirk darstellenden Teiles den Wert der „Elementkonstante" nicht wesentlich. Andererseits wurde der Wert wesentlich durch Veränderung in den Dimensionen des oberen (kathodischen) Teiles geändert.

Die Versuche führen zu der Annahme, daß die kathodische Reaktion unter den natürlichen Korrosionsbedingungen, sofern der Strom einsinnig gerichtet ist, praktisch auf die Nachbarschaft des Meniscus beschränkt ist und die Verengung des Stromweges in dieser Nachbarschaft im wesentlichen für den Widerstand des Stromkreises verantwortlich ist. Dieses Verhalten kann leicht eingesehen werden im Hinblick auf die bereits hervorgehobene Tatsache, wonach die Meniscuszone der einzige Teil der Probe ist, dessen Sauerstoffbedarf rasch gedeckt werden kann. Messungen der Sauerstoffkonzentration in verschiedenen Teilen der Flüssigkeit haben diese Annahme bestätigt.

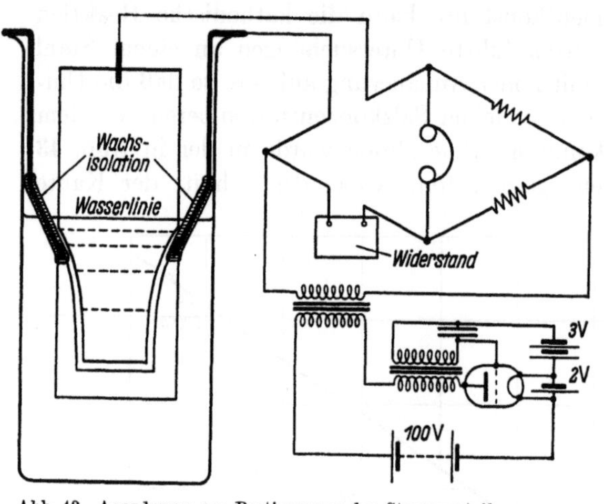

Abb. 43. Anordnung zur Bestimmung der Stromverteilung an ungeätzten Flächenteilen. (Nach U. R. Evans und T. P. Hoar.)

Die Art und Weise, in der die Korrosionsgeschwindigkeit von der Leitfähigkeit sowie dem Potential der anodischen und kathodischen Gebiete abhängt, kann am besten graphisch dargestellt werden[1]. In Abb. 44 sind die Änderungen des Anodenpotentiales A und des Kathodenpotentiales C mit dem Strom diagrammatisch dargestellt. Die Kurven A_1 und C_1 beziehen sich auf eine konzentrierte Lösung hoher Leitfähigkeit. In diesem Fall ist der Flüssigkeitswiderstand sehr gering und infolgedessen die für den Korrosionsstrom erforderliche EK sehr klein. Der fließende Strom ist angenähert gegeben durch den *Schnittpunkt* der Kurven A_1 und C_1. Wird die Konzentration herabgesetzt (Kurven A_2 und C_2, A_3 und C_3, A_4 und C_4 usw.), so erhöht die Zunahme in der Sauerstofflöslichkeit die Lage der kathodischen Kurve und rückt den Schnittpunkt heraus. Bei diesen hohen Konzentrationen ist, wie bereits gezeigt wurde, die Korrosionsgeschwindigkeit und infolgedessen auch der Strom der Sauerstofflöslichkeit proportional. Da aber die Konzentration und damit die Leitfähigkeit abfallen, so hinkt der Wert für den Strom mehr und mehr hinter dem Schnittpunkt zurück, da ein wachsend zurückbleibendes Potential (E_4, E_5 usw.) zur Überwindung des Widerstandes erforderlich ist. Weiterhin steigt die anodische Kurve merklich unterhalb etwa 0,2 n an; gleichzeitig bewegt sich der Schnittpunkt selbst längs der Stromachse (Abb. 44) rückwärts. Durch diese beiden Ursachen wird der Strom herabgesetzt. In verdünnten Lösungen ist die

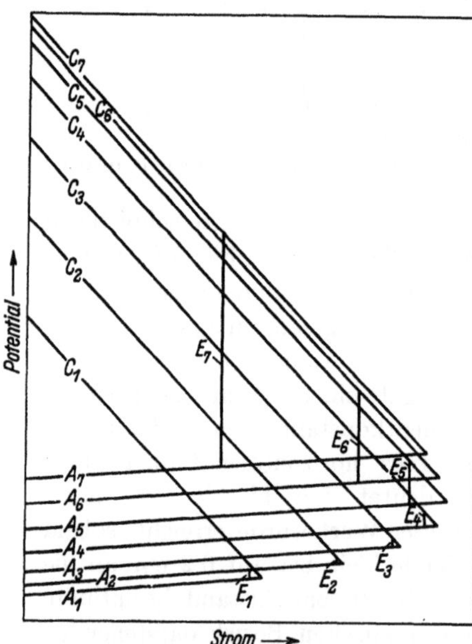

Abb. 44. Bestimmung des Korrosionsstromes aus den Kurven der kathodischen und anodischen Polarisation (schematische Darstellung).

matisch dargestellt.

---

[1] Evans, U. R. u. T. P. Hoar: Pr. Roy. Soc. A **137** (1932) 359. Siehe auch U. R. Evans: J. Franklin Inst. **208** (1929) 52.

zur Überwindung des Widerstandes erforderliche EK (E_7) so groß geworden, daß der Strom und infolgedessen auch die Korrosionsgeschwindigkeit unter den in konzentrierten Lösungen erreichten Wert herabsinken. Im allgemeinen Fall ist *der Wert des Stromes i so beschaffen, daß der vertikale Abstand zwischen den zusammengehörigen kathodischen und anodischen Kurven einen Potentialabfall vom Betrage i R darstellt*, wobei R der Widerstand des Stromkreises ist. Ein derartiger Potentialabfall ist gerade hinreichend, um den in Frage stehenden Strom durch die Flüssigkeit zu zwingen.

Um praktisch die kathodischen und anodischen „Polarisationskurven" zu erhalten (d. h. diejenigen Kurven, die die Potentiale der kathodischen und anodischen Gebiete bei verschiedenen Strömen ergeben), hat Hoar eine frische Eisenprobe in zwei Teile geschnitten, die die Modelle für die kathodischen und anodischen Gebiete darstellen, wie bereits ausgeführt worden ist. Die Schnittkanten des kathodischen Teiles wurden durch ein Gemisch aus Guttapercha und Paraffinwachs geschützt[1]. Die beiden Teile wurden in ihrer natürlichen Lage in einen Becher gebracht und außen durch einen Kreis geringen Widerstandes miteinander verbunden. Es wurden nun Röhrchen angebracht, so daß die Potentiale der oberen und unteren Teile gemessen werden konnten. Es gelang nach einigen Versuchen, Proben herzurichten, in denen der untere Teil über seine ganze Fläche hin korrodierte, während der obere Teil völlig unangegriffen blieb. Nach einem 48 stündigen Aufenthalt in einer Kaliumchloridlösung wurden Messungen des Stromes bei verschiedenen EK-Werten, bei gleichzeitigen Messungen der Potentiale der anodischen und kathodischen Teile der getrennten Probe, durchgeführt. Es war interessant, festzustellen, daß *der gemessene Strom, sofern keine EK angewandt wurde, insgesamt für die Korrosion des anodischen Bezirkes verbraucht wurde, wie durch Bestimmung des Eisens im Korrosionsprodukt ermittelt wurde.* Weiterhin zeigte es sich, daß die Korrosion der zerteilten Proben ähnlich (und im allgemeinen ein wenig geringer) der der unzerschnittenen war, was darauf schließen läßt, daß die Beeinflussung durch die Schnittspannungen und den Schutz der Kanten nicht sehr ernsthaft gewesen ist. Hierdurch wird die bereits früher ausgesprochene Meinung gestärkt, wonach praktisch die gesamte Depolarisation sowie der größere Teil des Widerstandes in nächster Nähe des Meniscus liegen.

Die von Hoar erhaltenen Polarisationskurven in 0,05 n-Kaliumchloridlösung sind in Abb. 45 wiedergegeben worden. Die Kurven in 0,01- und 0,005 n-Lösung sind sehr ähnlich. Nimmt man an, daß in diesem Gebiet, in dem die Sauerstofflöslichkeit praktisch der im reinen Wasser entspricht, eine einzige kathodische Kurve für sämtliche Konzentrationen verwendet werden kann, so wird es möglich, eine elektrische Messung des Stromes i und demnach auch der Korrosionsgeschwindigkeit i/F einfach aus der Messung des Potentiales an der kathodischen Zone zu erhalten. Die in dieser Weise aus den elektrischen Daten errechneten Korrosionsgeschwindigkeiten sind in Abb. 46 gegen die Konzentration aufgetragen und mit den experimentell ermittelten Werten in Vergleich gesetzt. *Die enge Übereinstimmung zwischen den beiden Wertereihen bietet eine quantitative Bestätigung dafür, daß die Korrosion mit den zwischen den oberen und den unteren Teilen der Probe fließenden elektrischen Strömen verknüpft ist.* Bei der Betrachtung

---

[1] Dieses Gemisch wurde von D. J. Macnaughtan u. A. W. Hothersall [Trans. Faraday Soc. **26** (1930) 163] vorgeschlagen.

dieser Übereinstimmung ist darauf hinzuweisen, daß die berechneten Werte einzig und allein aus elektrischen Messungen abgeleitet sind, und daß sie keine willkürlich mit einem bestimmten Wert gewählte Konstante enthalten, um so für einen bestimmten Punkt eine völlige Übereinstimmung zu erzielen (was oft der Fall ist, wenn beobachtete und errechnete Werte miteinander in Vergleich gesetzt werden sollen). Wenn die elektrochemischen Argumente, die diesen Überlegungen zugrunde gelegt wurden, falsch sind, so bestünde kein Grund dafür, zu erwarten, daß die berechneten und beobachteten Werte auch nur von der gleichen Größenordnung sind.

Die Gradlinigkeit der von HOAR ermittelten Polarisationskurven mag überraschen. Die anodische Kurve verläuft fast horizontal, und es ist schwierig, irgendeine Krümmung experimentell nachzuweisen. Die Gradlinigkeit der kathodischen Kurve ist leicht verständlich unter der Annahme, daß die kathodische Reaktion an einer begrenzten Anzahl von Bezirken in der Meniscuszone stattfindet. In diesem Fall stellt die Polarisation den OHMschen Widerstand der flaschenhalsförmig verengten Zonen über den Punktbezirken dar, und es ist eine lineare Beziehung zwischen Potential und Strom zu erwarten. In Fällen,

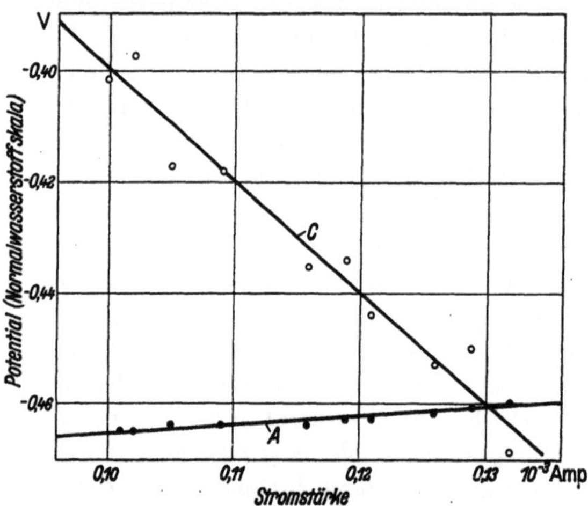

Abb. 45. Experimentell ermittelte Kurven der kathodischen und anodischen Polarisation von reinem Eisen in $^1/_{20}$ n-Kaliumchloridlösung. (Nach U. R. EVANS und T. P. HOAR.)

in denen das Potential weiter vom Gleichgewichtswert entfernt liegt, kann die *Diffusion des Sauerstoffes* zu der kathodischen Oberfläche oder aber des *Wasserstoffes* von dieser fort bestimmend für den Prozeß werden. Tritt das ein, so verlangt die Theorie eine S-förmige Kurve[1]. Tatsächlich zeigen einige der BRITTONschen Versuche eine vernünftige Annäherung an diese Bedingungen. In den Fällen, in denen die wahre Elektrodenreaktion (der *Elektronenübergang*) den Vorgang beherrscht, ist die Quantenmechanik erforderlich, um die erhaltene Beziehung zu erklären, wie GURNEY[2] gezeigt hat. Dieser Fall tritt wahrscheinlich nicht bei Korrosionen auf, die zum Sauerstoffabsorptionstypus gehören.

Diffuse differentielle Belüftung. Während unter den Bedingungen einer wohl definierten differentiellen Belüftung, bei der praktisch kein Sauerstoff die anodischen Bezirke erreicht, die Korrosionsgeschwindigkeit tatsächlich dem durchgehenden Strom äquivalent sein muß (vorausgesetzt, daß keine Wasserstoffentwicklung vorhanden ist), liegt der Fall weniger einfach, wenn der Sauerstoff auch die korrodierenden Bezirke erreichen kann. Die einfache Vereinigung

---

[1] Hinsichtlich der Begründung siehe U. R. EVANS, L. C. BANNISTER u. S. C. BRITTON: Pr. Roy. Soc. A **131** (1931) 369.

[2] GURNEY, R. W.: Pr. Roy. Soc. A **134** (1931) 137, **136** (1932) 378; über Versuchsergebnisse s. J. TAFEL: Z. phys. Ch. **50** (1905) 641; s. auch F. P. BOWDEN: Pr. Roy. Soc. A **126** (1929) 107.

von Sauerstoff mit Metall, die sich normalerweise selbst durch Bildung eines
Filmes hemmen würde, kann möglicherweise an einer Stelle fortdauern, an der
der anodische Angriff aktiv fortschreitet, da der Film dann ebenso schnell
unterminiert werden kann, wie er gebildet wird. In einem solchen Fall wird
jedoch der elektrische Strom (selbst wenn eine vollständige Ableitung möglich wäre,
was nicht immer der Fall ist) nur für einen *Teil* der Korrosion verantwortlich
zu machen sein. Diese Frage erfordert noch eine weitere Untersuchung. Es
steht zu hoffen, daß in Cambridge der Vergleich zwischen dem Strom und der

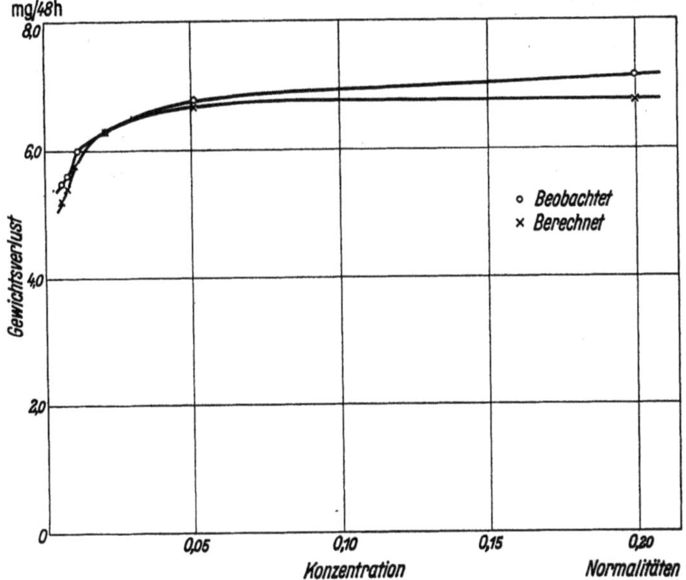

Abb. 46. Korrosion von Eisen in Kaliumchloridlösung.
o beobachtet durch Gewichtsverlust, × berechnet aus rein elektrischen Daten.
(Nach U. R. Evans und T. P. Hoar.)

Korrosionsgeschwindigkeit in Fällen durchgeführt werden kann, in denen der
Sauerstoff an den eigentlichen Sitz der Korrosion herankommt.

Anodische und kathodische Kontrolle des Vorganges. Die physikalische
Bedeutung der in Abb. 44 (s. S. 222) wiedergegebenen Kurve soll an einem Beispiel aufgezeigt werden. Nehmen wir an, daß durch Ausdehnung der Wasserlinie einer Probe, wodurch gleichzeitig eine Vergrößerung des *kathodischen*
Gebietes herbeigeführt wird, eine Erhöhung der Sauerstoffzufuhr erreicht wird,
durch die die Kurve der kathodischen Polarisation beispielsweise von C nach C'
in Abb. 47 A verschoben wird[1]. Ist die Salzkonzentration einigermaßen groß,
so wird die Korrosionsgeschwindigkeit annähernd durch die Lage des Schnitt-
punktes der Kurven C und A bestimmt werden. Es ist klar, daß die Verschiebung
(von P bis P') eine merkliche Vergrößerung der Geschwindigkeit anzeigt. Eine
Vergrößerung des *anodischen* Gebietes wird den Gradienten der anodischen
Kurve verringern (von A auf A'). Da die anodische Kurve vor der Verschiebung
nahezu horizontal ist, so wird der Schnittpunkt nicht merklich verschoben
werden, die Korrosionsgeschwindigkeit also fast ungeändert bleiben. Das erklärt

---

[1] Die Abszisse stellt den absoluten Strom dar; da die *Stromdichte* die Polarisation
bestimmt, so wird jede Änderung in der *Fläche* den Gradienten der Kurve beeinflussen.

den Fall einer Verdoppelung der Fläche einer Stahlprobe in $^1/_{10}$ n-Kaliumchloridlösung in zwei verschiedenen Fällen. U. R. Evans[1] hat festgestellt, daß die Korrosion bei Verdoppelung der *Breite* einer rechtwinkligen Stahlprobe (wodurch die Länge der Wasserlinie gleichfalls verdoppelt wird) in einer bestimmten Zeit wesentlich vergrößert wird. Wird dagegen die *vertikale* Dimension der eingetauchten Fläche verdoppelt, so wird die erzielte Korrosion weniger beeinflußt sein, da in diesem Falle die kathodische Reaktion, die hier den Korrosionsvorgang „bestimmt", nicht besonders begünstigt wird.

Es wird jetzt möglich, eine sonderbare Erscheinung zu verstehen, die Hoar[2] beschrieben hat. Ein bestimmter Stahl hatte bei seiner Prüfung bei partiellem Eintauchen in Kaliumchloridlösung sehr gut reproduzierbare Ergebnisse geliefert. Die Korrosionsgeschwindigkeit war bei allen Proben fast die gleiche. Für die meisten Proben war überdies die Korrosionsverteilung die gleiche, und zwar die „ideale" (s. S. 179). Gelegentlich jedoch zeigte eine Probe eine völlig abnorme Angriffsverteilung: die Korrosion setzte, anstatt auf den Boden und auf die Kanten beschränkt zu bleiben, auch an Störungsstellen an der

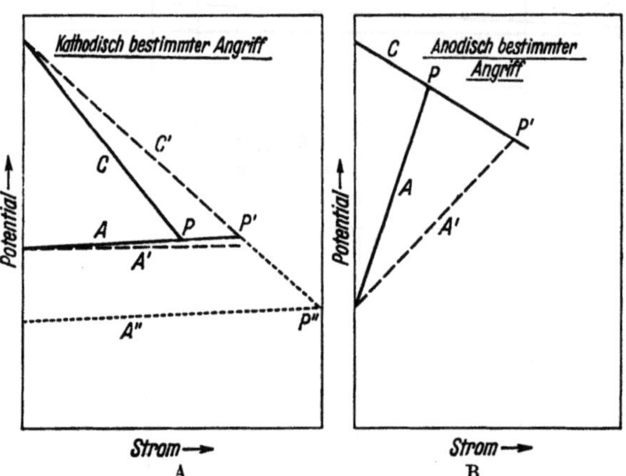

Abb. 47. Faktoren, die bestimmend für die Korrosionsgeschwindigkeit sind. A bei kathodischer Kontrolle des Vorganges, B bei anodischer Kontrolle des Vorganges.

Oberfläche ein. Trotz der anomal großen anodischen Bezirke zeigten diese Proben jedoch die gleiche Korrosionsgeschwindigkeit wie die anderen, da die Geschwindigkeit durch die kathodischen Bezirke längs des Meniscus und nicht durch die tiefer liegenden anodischen Bezirke bestimmt wurde.

Es sind andere Fälle bekannt (s. Abb. 47 B), in denen die *anodische* Reaktion den Vorgang bestimmt, wie z. B. im Falle der Korrosion von Aluminium oder nichtrostenden Stählen, bei denen die anodischen Bezirke gewöhnlich klein sind. Da die Strom*dichte* und nicht der Strom selbst die Polarisation bestimmt, so wird die anodische Kurve in solchen Fällen weit von einem horizontalen Verlauf entfernt sein. Jeder Faktor, der die anodische Reaktion begünstigt (wie beispielsweise ein erhöhter Zusatz von Chlorionen oder anderen Ionen hoher Eindringungsfähigkeit), wird den Angriff begünstigen. Die anodische Kurve wird durch den Zusatz derartiger Ionen von A nach A' verschoben werden, der Schnittpunkt wird demzufolge von P nach P' wandern, die Korrosionsgeschwindigkeit wird zunehmen.

Die Faktoren, die eine anodisch „bestimmte" Reaktion begünstigen, sind augenscheinlich völlig verschieden von denen, die eine kathodisch „bestimmte" Reaktion begünstigen.

[1] Evans, U. R.: J. chem. Soc. **1929**, 122.
[2] Evans, U. R. u. T. P. Hoar: Pr. Roy. Soc. A **137** (1932) 359.

Selbst unter Bedingungen, bei denen die anodische Polarisationskurve fast horizontal verläuft, so daß die Kontrolle kathodisch erfolgt, wird der Zusatz einer Substanz, die die anodische Kurve verschiebt (von A nach A'' in Abb. 47 A), die Geschwindigkeit des Angriffes deutlich, entsprechend der Verschiebung von P' nach P'', erhöhen. Beispiele hierfür liegen vor für den Einfluß der Sulfide auf den Angriff des Eisens durch eine Chloridlösung[1] oder der Cyanide auf die Korrosion des Kupfers.

D. Die Ansichten von Bengough und Wormwell.

Die ausgedehnten Untersuchungen von Bengough und seinen Mitarbeitern sind auf den S. 188 und 214 beschrieben worden. Die von dieser Gruppe von Forschern entwickelte Ansicht weicht in einigen Punkten, jedoch durchaus nicht in allen, von derjenigen ab, die in diesem Buche ausgesprochen worden ist. Es wird dem Leser vielleicht angenehm sein, beide Standpunkte kennenzulernen. Auf S. 188 sind in Fußnote 1 die Arbeiten von Bengough zusammengestellt. Für diejenigen, die eine kurzgefaßte Darlegung suchen, haben Dr. Bengough und Dr. Wormwell in freundlicher Weise den nachstehenden Bericht abgefaßt:

„Korrosion in vielen nahezu neutralen Salzlösungen sowie in natürlichen Wässern ist ein Oxydationsvorgang, der in einigen Stadien als ein elektrochemischer Prozeß erkannt worden ist, was für den vorliegenden Zweck bedeutet, daß er aus einem kathodisch-anodischen Vorgang Nutzen zieht. Die Anoden und Kathoden können räumlich getrennt und identifizierbar sein. Oft sind sie jedoch nicht unterscheidbar und die elektrochemische Natur des Vorganges kann dann nur gefolgert werden. Viele Autoren haben angenommen, daß die wichtigen die Lage der Elektroden bestimmenden Faktoren die folgenden sind:

1. Die Verteilung schwacher Stellen in Filmen, die an Luft gebildet sind.
2. Das Vorhandensein verschiedener Phasen im Metall.
3. Differentielle Belüftung.

Ein Studium dieser drei Faktoren im Hinblick auf Eisen und weichen Stahl hat zu folgenden Ergebnissen geführt:

Zu Punkt 1: Versuche mit Proben, die bis zu einer Tiefe von 1,5 cm in Lösungen unter Luft oder Sauerstoff eingetaucht worden sind, haben ergeben, daß die an der Luft gebildeten Filme auf abgedrehtem Kohlenstoffstahl, selbst wenn sie in einer langen Expositionszeit ausgebildet worden sind, an einer großen Zahl von Stellen durch viele der gewöhnlichen Anionen zerstört werden und keinen ständigen Einfluß auf die Verteilung der Elektroden ausüben. An fein abgeschmirgelten Proben hingegen ist die Zahl der Korrosion auslösenden Stellen während der ersten wenigen Stunden herabgesetzt, jedoch wird die spätere Verteilung hierdurch nicht berührt. So werden die Stellen, an denen ein Metall anfänglich in vielen neutralen Elektrolyten in Lösung geht, hauptsächlich durch den physikalischen Vorgang bei der Vorbereitung der Probe bestimmt. Ein hoher Reinheitsgrad des Metalles kann die Zahl dieser Stellen verringern, jedoch ist bisher niemals festgestellt worden, daß er sie auf Null herabsetzt;

---

[1] Britton, S. C., T. P. Hoar u. U. R. Evans: J. Iron Steel Inst. **126** (1932) 365, besonders S. 376.

insbesondere beeinflußt er nicht merklich den Korrosionsverlauf nach dem ersten oder den ersten beiden Tagen. So ergibt sich also, daß bei einer gegebenen Metallprobe bei Sauerstoffzufuhr die Zahl und die Verteilung derjenigen Atome, die hinreichend reaktionsfähig sind, um den Korrosionsvorgang auszulösen, durch die physikalische Natur und die Reinheit der Probe sowie durch die Natur und Konzentration der in der korrosiven Lösung vorliegenden Ionen bestimmt werden.

Zu Punkt 2: Die Verteilung der kathodischen Bezirke wird in erster Linie nicht durch die Lage zweiter Phasen, wie beispielsweise der Carbide, sondern vielmehr durch die Gegenwart abgeschiedener schützender Filme bestimmt. Es ist möglich, daß sowohl Carbide als auch ferritische Bezirke innerhalb der korrodierenden Gebiete zeitweilig als Kathoden wirken können, sofern sie durch den Sauerstoff erreicht werden können, oder aber wenn an ihnen eine Wasserstoffentwicklung erfolgen kann. In den späteren Versuchsstadien, in denen die Korrosion größere Gebiete oder sogar die ganze Probe erfaßt hat, ist es oft schwierig, Anoden und Kathoden zu identifizieren.

Zu Punkt 3: Obwohl die *differentielle Belüftung* in zahlreichen Arbeiten besonders eingehend behandelt worden ist, stellt sie unserer Ansicht nach nur einen Faktor aus einer großen Zahl von Faktoren dar, die die Korrosionsverteilung beeinflussen können. Ihre relative Bedeutung ändert sich mit dem Metall sowie mit den Expositionsbedingungen. Der fundamentale Faktor, der die Verteilung der Korrosion bestimmt, ist die Bildung und der Zusammenbruch von schützenden Filmen, nicht dagegen der Hauptsache nach die Verteilung des Sauerstoffes, die manchmal die Korrosionsverteilung indirekt dadurch beeinflußt, daß sie die Filmbildung beeinflußt. In Abwesenheit oder nach dem Zusammenbruch der Filme ist die Korrosion entweder nahezu gleichförmig verteilt oder an den belüfteteren Teilen am stärksten ausgeprägt.

Die Korrosion von Eisen, Stahl oder Zink beginnt oft an einer großen Zahl eingestreuter Stellen, wird jedoch bald auf eine begrenzte Anzahl von Flächengebieten beschränkt, während der übrigbleibende Teil der Oberfläche einen temporär passiven Zustand annimmt. Diese Erscheinung ist zurückzuführen auf die Verteilung der schützenden Filme, die durch lokale Abscheidung von OH-Ionen oder durch die Gegenwart irgendwelcher anderer Anionen hervorgerufen wird, die befähigt sind, eine anodische Passivität herbeizuführen. Es ist jedoch nicht notwendig, anzunehmen, daß der gesamte nichtkorrodierte Flächenanteil die alleinige oder selbst die wichtigste Kathode bildet. Die Korrosion kann in der Tat in ungeänderter Geschwindigkeit fortschreiten, wenn dieses ganze Gebiet verschwunden ist.

Die Identifizierung von Anoden und Kathoden erfolgt am leichtesten in Lösungen von beispielsweise Kaliumdichromat, die fast völlige, primäre Passivität hervorrufen, oder in solchen, wie Natriumchlorid, das sekundär passivierende Substanzen (z. B. Natriumhydroxyd) bildet, die besonders wirksam sind unter Bedingungen wie etwa partiellem Eintauchen, wobei Sauerstoff weitgehend von einer Elektrode ausgeschlossen sein kann. Selbst in diesen Lösungen können im Laufe der Zeit große Veränderungen eintreten; so können Gebiete, die leicht als anodisch oder kathodisch in Frühstadien der Korrosion identifiziert werden können, mit der Zeit unbestimmbar oder selbst umgekehrt in ihrer Polarität werden. Hieraus wird die Bedeutung der Langzeitversuche sowie der begrenzte Wert von Potentialmessungen als Kriterium für die Korrosion deutlich. Eine Kathode kann tatsächlich schneller korrosiv wirken als eine Anode, eine Erscheinung, die gewöhnlich auf „lokale Wirkung" zurückgeführt wird, die durch geringe Potentialunterschiede zwischen den der Kathode benachbarten Bezirken hervorgerufen wird.

Bedeutende Veränderungen in der Lage und der relativen Fläche der Anoden und Kathoden müssen nicht notwendigerweise verändernd auf die Korrosionsgeschwindigkeit wirken. Diese Geschwindigkeiten können als durch den durch die Korrosionselemente fließenden Strom bestimmt betrachtet werden. Dieser Strom hängt seinerseits von der Potentialdifferenz längs des Elementes sowie vom inneren Widerstand ab. Diese Potentialdifferenz ist der Unterschied zwischen dem Kathodenpotential und dem Anodenpotential.

Das Kathodenpotential wird erheblich durch die Wasserstoffkonzentration an der Oberfläche der Kathode beeinflußt. Diese Konzentration wird durch folgende Faktoren bestimmt:

1. Durch die Depolarisationsgeschwindigkeit des Sauerstoffes.

2. Durch die Geschwindigkeit, mit der der Wasserstoff infolge Diffusion oder aber in gasförmigem Zustand entfernt wird.

3. Durch die Geschwindigkeit, mit der H-Ionen abgeschieden werden, was andererseits teilweise durch das Anodenpotential bestimmt wird.

Das Kathodenpotential hängt auch von der H-Ionenkonzentration in der unmittelbar angrenzenden Lösung ab. Diese wird durch die Natur des Elektrolyten sowie auch durch den Typ des Kathodenproduktes bestimmt. So verarmt beispielsweise in Natriumchloridlösungen die angrenzende Flüssigkeit infolge der kathodischen Entladung der H-Ionen an diesen Ionen; infolge der Löslichkeit von Natriumhydroxyd wird die Lösung örtlich merklich alkalisch. Der effektive p_H-Wert wird demnach abhängen von der Geschwindigkeit der kathodischen Reaktion, von der Geschwindigkeit, mit der sich OH-Ionen fortbewegen, sowie endlich von der Geschwindigkeit, mit der sich andererseits die H-Ionen gegen die Kathodenoberfläche hinbewegen.

Im allgemeinen wird an der Kathodenoberfläche eine definierte Konzentration sowohl an Wasserstoff als auch an Sauerstoff herrschen, die durch die experimentellen Bedingungen bestimmt werden, was auf der endlichen Geschwindigkeit der Umsetzung zwischen beiden beruht. Unter manchen Bedingungen wird nur ein Teil des durch Konvektion oder Diffusion verfügbaren Sauerstoffes für die kathodische Reaktion verbraucht, was auf der begrenzten Abscheidungsgeschwindigkeit des Wasserstoffes beruht, die durch die anodische Reaktion bestimmt wird. Wird die Geschwindigkeit der Sauerstoffzufuhr erhöht oder verringert, so kann die Korrosionsgeschwindigkeit entsprechend verändert werden, und es kann (oder auch nicht) ein ähnlicher Teil der geänderten Sauerstoffzufuhr verbraucht werden. Der exakte Anteil der verfügbaren Sauerstoffmenge, der tatsächlich verbraucht wird, ist abhängig von der Natur der Anode und vom Elektrolyten. So kann die Kathode als eine Wasserstoffelektrode betrachtet werden, deren metallische Oberfläche möglicherweise mit einem Niederschlagsfilm bedeckt ist.

Die vorhergehenden Ausführungen beruhen auf der Annahme, daß die kathodische Reaktion die Entladung von Wasserstoff mit nachfolgender Depolarisation des letzteren durch Sauerstoff involviert. Eine andere Ansicht beruht auf der Annahme zweier getrennter Vorgänge, von denen der eine in der Entladung von Wasserstoffionen besteht, die zur Entwicklung von Gas in einem Ausmaß führt, das durch die Überspannung der Metalloberfläche und den p_H-Wert der Lösung bestimmt wird. Die andere Reaktion besteht in der Ionisierung von Sauerstoff unter Bildung von Hydroxylionen gemäß der Reaktion

$$O_2 + 2\,H_2O \xrightarrow{+\,4\,\varepsilon} 4\,OH'$$

Diese Ansicht scheint zwei Vorteile zu bieten, da sie die bekannten experimentellen Tatsachen erklärt, und zwar

1. daß eine Erhöhung der Sauerstoffzufuhr die Geschwindigkeit der Wasserstoffentwicklung in vielen nahezu neutralen Lösungen nicht merklich ändert und

2. daß die Korrosionsgeschwindigkeit nicht ausschließlich von der Geschwindigkeit der Sauerstoffzufuhr abhängig ist, sondern auch durch die anodischen Bedingungen beeinflußt wird. (Bei einem reaktionsfähigen Metall führt die größere Tendenz für den Übergang des Metalles in Form von Ionen in die Lösung zu einem größeren Überschuß von Elektronen in dem Metall, die für die Ionisation von Sauerstoff an der Kathode verfügbar werden.)

Das Anodenpotential ist von der Natur des Metalles und der Konzentration seiner Ionen abhängig. Die anodischen Bezirke können durch ausgeschiedene Korrosionsprodukte mit einem Film bedeckt sein, so daß sie nicht das für das unbedeckte Metall charakteristische Potential anzeigen können. Ein Beispiel für einen derartigen anodischen Film liefern Dichromatlösungen, die eine völlige anodische Passivität herbeiführen. Die Anodenpotentiale ändern sich demnach mit dem benutzten Elektrolyten und können durch langsame Veränderungen im Film sowie weiterhin durch die Konzentration der Wasserstoffionen und des Sauerstoffes beeinflußt werden. Der Sauerstoff kann durch Beeinflussung der Konzentration der Metallionen wirken, d. h. im Falle des Eisens durch Oxydation des $Fe(OH)_2$ zu dem weniger löslichen hydratischen Fe_2O_3, oder aber durch Änderung der Natur des anodischen Filmes.

Der Elementstrom und infolgedessen die Korrosionsgeschwindigkeit wird selten durch den Widerstand des Elektrolyten wesentlich beeinflußt, wenn die Elektroden nur wenige Zentimeter voneinander entfernt sind, da die Polarisationseffekte an den Elektroden die Hauptfaktoren bei der Bestimmung des Elementstromes sind. Diese können (oder auch nicht) mit der Zeit konstant sein.

Nach der vorstehend vorgetragenen Ansicht ist der Sauerstoff, der in Salzlösungen unter Luft oder Sauerstoff von 1 Atm bei Raumtemperatur gelöst ist, normalerweise als ein die Korrosion von Eisen und Stahl begünstigender Faktor anzusprechen. Unter gewissen Sonderbedingungen kann er jedoch teilweise oder auch völlig passivierend wirken. Die Bedingung hierfür ist eine rasche Zufuhr von Sauerstoff, die während der ganzen Eintauchzeit ständig aufrechterhalten wird; sie kann bei Atmosphärendruck durch sehr geringes Eintauchen, bei höheren Sauerstoffdrucken dagegen durch eine größere Eintauchtiefe teilweise erfüllt werden.

Sechstes Kapitel.

Korrosion in bewegten Flüssigkeiten.

A. Wissenschaftliche Grundlagen.

1. Kontinuierliche Bewegung der Flüssigkeit.

Unterschiede im Verhalten des Metalles in stehendem und bewegtem Wasser.
Eine im letzten Kapitel besprochene Erscheinungsform der Korrosion in stehendem Wasser beruht darauf, daß eine Erschöpfung an Sauerstoff, zumindest an einigen Teilen der metallischen Oberfläche, eintreten kann. Wird das Wasser dagegen in Bewegung gehalten oder befindet sich die Metallprobe selbst in rascher Bewegung, so besteht eine erhöhte Wahrscheinlichkeit dafür, daß ein Sauerstoffüberschuß an sämtlichen Teilen der Oberfläche aufrechterhalten werden kann.

Selbst sehr reines Eisen unterliegt, wenn es teilweise in reines stehendes Wasser eingetaucht wird, und wenn sich Luft oder Sauerstoff oberhalb der Flüssigkeit befinden, einer kontinuierlichen Korrosion. Es wird Eisen(II)-oxyd an den korrodierenden Bezirken gebildet, das in weiterer Entfernung vom Metall in Eisen(III)-oxyd übergeführt wird (s. S. 137). Diese Umwandlung verhindert eine Sättigung des Wassers mit Eisen(II)-oxyd und erlaubt, daß der Angriff an dem Metall unbegrenzt fortschreiten kann. Wird die Probe des reinen Eisens jedoch in rasch bewegtes, sauerstoffhaltiges Wasser gebracht, so sollte es möglich erscheinen, die zweite Phase des Vorganges in physikalischem Kontakt mit dem Metall zum Ablauf zu bringen und somit einen Stillstand des Angriffes herbeizuführen. Bei den ersten Versuchen, diese Möglichkeit nachzuweisen, erhob sich die größte Schwierigkeit infolge des Sauerstoffmangels an den Aufstützpunkten der Probe. Um derartige „unbelüftete" Stellen zu vermeiden, wurde eine als *exzentrischer Rührer* bezeichnete Vorrichtung konstruiert (s. Abb. 48). Sie besteht aus einem Glasrohr, das am Ende zu einer Kugel ausgeblasen und exzentrisch auf einer vertikalen Achse angebracht worden ist. Die Probe besteht aus einer dünnen Eisenscheibe, die mit einem Loch versehen ist, so daß sie lose über das Glasrohr hinübergeschoben werden kann. Wird nun das Glasrohr in Rotation versetzt, so bewegt sich die Probe in einem Kreise, wobei sich die Scheibe etwas oberhalb der Kugel befindet. In jedem Augenblick besteht irgendein Kontakt mit dem Glas, jedoch wechselt die Kontaktstelle ständig, so daß es an keiner Stelle zu einem merkbaren Mangel an Sauerstoff kommt. Wird nun reines Eisen in reinem Wasser, über dem sich Sauerstoff befindet, herumgewirbelt, so bleiben viele Proben blank und praktisch unangegriffen, obgleich es oft winzige Fleckchen von anhaftendem Rost an besonders korrosionsempfänglichen Stellen gibt. Bei stehender Flüssigkeit dagegen rostet das gleiche Eisen im gleichen Wasser ohne weiteres.

Wird das Experiment mit Stahl an Stelle von Eisen wiederholt, so kommt es an zahlreichen sehr nahe beieinander liegenden Stellen zur Rostbildung. Mikroskopisch kleine Kügelchen von Rost hängen an dem Metall und geben ihm ein messingartiges Aussehen, was darauf schließen läßt, daß der natürliche

Oxydfilm auf Stahl weniger schützend als auf reinem Eisen ist[1]. Aber selbst reines Eisen bildet ohne weiteres Rost, wenn es dem Rührversuch in einer Chloridlösung anstatt in reinem Wasser unterworfen wird — eine weitere Bestätigung für die Fähigkeit der Chlorionen, in einen schützenden Film einzudringen.

Das unterschiedliche Verhalten von Eisen und Stahl in rasch bewegtem Wasser kommt auch in den LEWISschen Versuchen[2] über Korrosion in rotierenden Rohren zum Ausdruck. Jedes Rohr enthielt eine Metallprobe in Wasser, wobei etwa $^5/_6$ des Röhrenvolumens mit Luft oder Sauerstoff gefüllt waren.

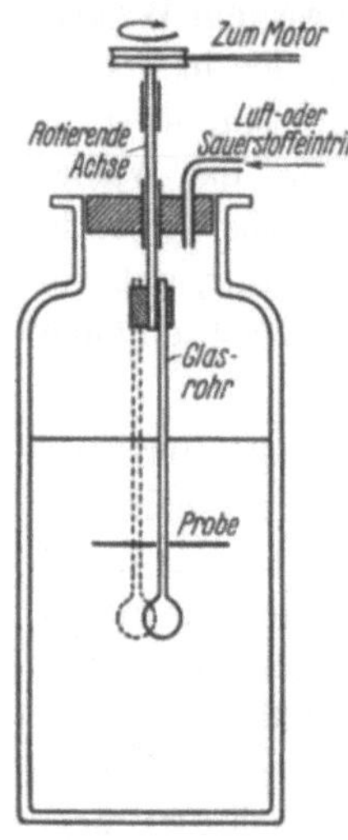

Abb. 48.
Exzentrischer Rührer.

Die Röhren wurden kontinuierlich in einer parallel zu ihrer Längsachse verlaufenden Ebene rotieren gelassen. Wurde reines Eisen in reinem Wasser herumgewirbelt, so zeigte die Korrosion — wenn sie nicht völlig verhütet wurde — die Tendenz, sich auf gewisse Stellen, und zwar vorwiegend auf solche längs der Schnittkanten, zu beschränken. Stahl dagegen zeigte eine wesentlich geringere Lokalisierung des Angriffes.

Einfluß einer vorhergehenden Exposition in Sauerstoff. Ziemlich ähnliche Versuche von BRITTON[3] mit Eisen- und Zinkproben, die in Kaliumsulfatlösung geschüttelt wurden, haben eine wesentliche Abnahme in der Häufigkeit der *anfänglich* auftretenden Korrosionsfleckchen ergeben, wenn die Probe vorher der Luft oder dem Sauerstoff ausgesetzt gewesen ist — ein weiteres Beispiel für den Einfluß eines schützenden Filmes. Eine entsprechende Exposition in Stickstoff oder Wasserstoff ruft diese Wirkung nicht hervor. In neuerer Zeit durchgeführte Untersuchungen von WALDRON und GROESBECK[4] haben ergeben, daß eine vorherige Exposition von Eisen an reiner Luft die Angriffsgeschwindigkeit leicht herabsetzt, wenn die Probe anschließend schnellfließendem Wasser ausgesetzt wird. Eine vorherige Exposition in einem Trockenmittel erweist sich als viel wirksamer in der Ausbildung eines Widerstandes gegen den Korrosionsangriff als die Exposition an feuchter, unreiner Laboratoriumsluft. Der Effekt wird deutlicher erkennbar, wenn destilliertes Wasser als korrodierendes Agenz an Stelle von Leitungswasser benutzt wird. Der Einfluß einer vorhergehenden Exposition von Eisen in Luft ist gewöhnlich deutlicher erkennbar, wenn das Eisen rasch bewegtem Wasser anstatt langsam bewegtem oder stehendem Wasser ausgesetzt wird, da der Film im letzteren Falle gewöhnlich zusammenbricht.

Einfluß der Sauerstoffkonzentration im Wasser. Die ausgedehntesten Untersuchungen über die Korrosion von rasch in Wasser bewegtem Metall sind von FORREST, ROETHELI, BROWN und COX[5] ausgeführt worden. Ihre allgemeine

---

[1] L. TRONSTAD u. C. W. BORGMANN [Trans. Faraday Soc. **30** (1934) 360] haben gefunden, daß die unsichtbaren, durch Salpetersäure erzeugten Filme auf Stahl zu größerer Dicke als auf Eisen anwachsen, zweifellos deshalb, weil sie ihr eigenes Wachstum weniger rasch hemmen. Wahrscheinlich sind die Grenzen zwischen dem Eisen und den Carbidpartikeln schwache Stellen.   [2] LEWIS, K. G. u. U. R. Evans: J. Soc. chem. Ind. Trans. **53** (1934) 27.

[3] BRITTON, S. C. u. U. R. EVANS: Trans. electrochem. Soc. **61** (1932) 446.

[4] WALDRON, L. J. u. E. C. GROESBECK: Pr. Am. Soc. Test. Mat. **34** II (1934) 128.

[5] FORREST, H. O., B. E. ROETHELI, R. H. BROWN u. G. L. COX: Ind. eng. Chem. **22** (1930) 1197, **23** (1931) 350, 650, 1010, 1012.

Methode besteht darin, die Probe an einem rasch rotierenden Rahmen zu befestigen und die Korrosion durch den Gewichtsverlust der Probe oder aus dem Verschwinden des Sauerstoffes aus dem Wasser zu bestimmen. In einer Versuchsreihe ist der Einfluß der Sauerstoffkonzentration auf die Korrosionsgeschwindigkeit ermittelt worden. Dabei wurde festgestellt, daß die Korrosionsgeschwindigkeit von Stahl in Wasser, das gelösten Sauerstoff enthält, der Sauerstoffkonzentration bis zu einem Gehalt von 5,5 cm³ Sauerstoff je Liter, annähernd proportional ist. Bei höheren Sauerstoffkonzentrationen ist die Korrosionsgeschwindigkeit bedeutend niedriger, als nach diesem Verhalten zu erwarten ist. Der Grund für die unerwartet geringe Korrosionsgeschwindigkeit bei hohen Sauerstoffkonzentrationen liegt darin, daß das Korrosionsprodukt, das bei geringen Sauerstoffkonzentrationen weitgehend aus körnigem, schwarzem Magnetit besteht, der dem Durchgang von Sauerstoff keinen Widerstand entgegensetzt, im Gegensatz dazu bei höheren Sauerstoffkonzentrationen aus einem gelatinösen, hydratischen Eisen(III)-oxyd gebildet wird, das auf seine Unterlage eine gewisse Schutzwirkung ausübt. In beiden Fällen wird zuerst Eisen(II)-hydroxyd gebildet. Bei hohen Sauerstoffkonzentrationen erfolgt die Oxydation der Eisen(II)-verbindungen hinreichend rasch, um die Ausfällung des hydratischen Eisen(III)-oxydes in nächster Nähe des Metalles in Form eines festhaftenden, schützenden Filmes sicherzustellen. Bei geringen Sauerstoffkonzentrationen dagegen wird nur ein Bruchteil des zweiwertigen Eisens zu dreiwertigem oxydiert; die vorhandenen Eisen(II)- und Eisen(III)-oxyde (oder -hydroxyde) treten unter Magnetitbildung zusammen, der, da er außer phyikalischem Kontakt mit dem Metall entsteht, lose und nichtschützend ist. Einige spätere nichtveröffentlichte Ergebnisse von Roetheli und Brown[1] scheinen darauf hinzudeuten, daß Magnetit, sofern er in physikalischem Kontakt mit dem Metall entsteht, ebenso schützend wie ein Film aus hydratischem Eisen(III)-oxyd wirken kann.

Einfluß der Geschwindigkeit der Flüssigkeitsbewegung. In einer anderen Untersuchung der gleichen Autoren wurde die Rotationsgeschwindigkeit geändert. Bei geringen Geschwindigkeiten, bei denen die der Sauerstoffzuführung zur Metalloberfläche relativ gering ist, besteht das Korrosionsprodukt aus einem nichtwiderstandsfähigen, körnigen Magnetit. Die Korrosionsgeschwindigkeiten wachsen mit zunehmender Rotationsgeschwindigkeit, was zweifellos auf einer abnehmenden Dicke des Flüssigkeitsfilmes beruht, durch den hindurch die Diffusion des Sauerstoffes zu erfolgen hat. Bei höheren Geschwindigkeiten nimmt die Korrosionsgeschwindigkeit wieder ab, da die Geschwindigkeit der Sauerstoffzufuhr hinreichend wird für die Bildung eines relativ schützenden Filmes aus festhaftendem, hydratischem Eisen(III)-oxyd. Bei den höchsten Geschwindigkeiten wächst die Korrosionsgeschwindigkeit jedoch noch einmal an, was auf die mechanische Entfernung der schützenden Schicht zurückzuführen ist.

Die Tatsache, daß die Korrosionsgeschwindigkeit erst ansteigt und dann mit der Geschwindigkeit der relativen Bewegung absinkt, ist unabhängig von verschiedenen Autoren festgestellt worden, so beispielsweise durch Heyn und Bauer[2]

---

[1] Brown, R. H.: Private Mitteilung vom 10. Oktober 1935.
[2] Heyn, E. u. O. Bauer: Mitt. Materialprüfungsamt **28** (1910) 100.

sowie auch durch FRIEND[1]. Andererseits haben SPELLER und KENDALL[2]
festgestellt, daß die Korrosion im Innern eines Stahlrohres durch sauerstoffhaltiges Wasser — gemessen durch den Sauerstoffverbrauch — ständig mit
der Wassergeschwindigkeit über ein gewisses Intervall hin rasch, dann langsamer zunimmt, jedoch selbst bei hohen Geschwindigkeiten kein Absinken
aufweist (beim Vergleich der Ergebnisse von SPELLER und KENDALL mit denen
anderer Experimentatoren muß festgestellt werden, daß sie Vorsichtsmaßregeln getroffen haben, damit die Kontaktzeit zwischen Wasser und Metall
für alle untersuchten Geschwindigkeiten gleich ist; bei einer Geschwindigkeit
von 0,61 m/sec läuft das Wasser zweimal durch die Länge des Rohres hindurch, das für die Geschwindigkeit von 0,305 m/sec verwendet wird). Die scheinbare Diskrepanz zwischen den Ergebnissen ver-
schiedener Experimentatoren ist durch
RUSSELL, CHAPPELL und WHITE[3] aufgeklärt worden, die zeigen konnten, daß
frisch gereinigtes Eisen zu ähnlichen Ergebnissen führt, wie sie von FRIEND erhalten
worden sind: die Korrosionsgeschwindigkeit steigt zuerst mit der Wassergeschwindigkeit an und fällt dann wieder ab, wenn
die Geschwindigkeit groß genug geworden
ist, um Sauerstoff im Überschuß für die
ganze Oberfläche zu liefern. Ist andererseits bereits Rost auf der Probe vorhanden,

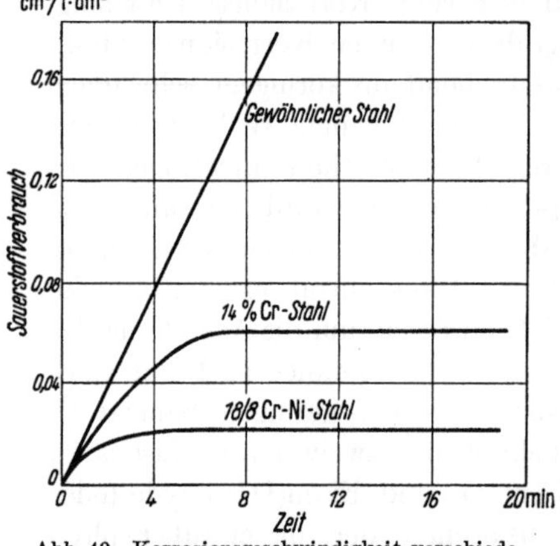

Abb. 49. Korrosionsgeschwindigkeit verschiedener Stähle bei filmfreiem Ausgangszustand.
(Nach H. O. FORREST, B. E. ROETHELI
und R. H. BROWN.)

so kommt es nicht zu dem raschen Abfall der Korrosionsgeschwindigkeit mit
zunehmender Geschwindigkeit der Flüssigkeit, obgleich selbst in diesem Falle
ein leichtes Absinken der Korrosionsgeschwindigkeit bei sehr hohen Strömungsgeschwindigkeiten vorhanden ist. Die Wirkung des Rostes im Sinne einer Aktivierung des Angriffes bei hohen Wassergeschwindigkeiten wird von diesen Experimentatoren auf differentielle Belüftung zurückgeführt. Ist ein Teil der Oberfläche durch den gebildeten Rost gegen Sauerstoff abgeschirmt, so wird die Zufuhr von Sauerstoff zu dem anderen Teil der Oberfläche den Angriff aktivieren.

Unterschiede zwischen gewöhnlichem Stahl und nichtrostendem Stahl.
FORREST, ROETHELI und BROWN[4] haben einige Versuche durchgeführt, bei
denen gewöhnlicher Stahl mit Chromstählen verglichen wurde. In jedem Fall
wurde die zylindrische Probe zuerst durch Rotierenlassen in 10%iger Chlorwasserstoffsäure während einer Zeit von 15 oder 20 min und nachheriges Waschen
in sauerstofffreiem Wasser von Oxyd befreit. Wenn das Abflußwasser einen
p_H-Wert von 7 anzeigte, wurde das restliche Wasser mit Stickstoff abgedrückt
und das Gefäß mit Wasser bekannter Sauerstoffkonzentration gefüllt. Hierauf
wurde die Probe mit 230 Umdrehungen je Minute in Rotation versetzt und die
Sauerstoffkonzentration mit Hilfe der WINKLERschen Methode vor und nach

[1] FRIEND, J. A. N.: J. chem. Soc. **119** (1921) 933.
[2] SPELLER, F. N. u. V. V. KENDALL: Ind. eng. Chem. **15** (1923) 134.
[3] RUSSELL, R. P., E. L. CHAPPELL u. A. WHITE: Ind. eng. Chem. **19** (1927) 65.
[4] FORREST, H. O., B. E. ROETHELI u. R. H. BROWN: Ind. eng. Chem. **22** (1930) 1197.

jedem Versuch bestimmt. Korrosionsgeschwindigkeiten, charakterisiert durch den Sauerstoffverbrauch, sind in Abb. 48 wiedergegeben. Es zeigt sich dabei, daß die Korrosionsgeschwindigkeiten in den Anfangsstadien, soferne der 14%ige Chromstahl und der 18/8-Chrom-Nickel-Stahl frei von Oxyd sind, fast gleich denen des gewöhnlichen Stahles sind. Während jedoch die Korrosionsgeschwindigkeit des gewöhnlichen Stahles fast unvermindert andauert, fallen diejenigen des Chrom- und des Chrom-Nickel-Stahles bald ab und werden vernachlässigbar klein, offenbar infolge der Bildung frischer schützender Filme. Diese Fähigkeit der Chromlegierungen, wirklich schützende Filme zu bilden, ist bereits in früheren Kapiteln behandelt worden. Sie bietet die Grundlage für den praktischen Wert verschiedener rostfreier Stähle, die dieses Element als Legierungskomponente enthalten.

2. Diskontinuierliche oder ungleichförmige Bewegung.

Versuche mit abwechselnd bewegter und ruhender Flüssigkeit. Ein weiteres durch FORREST, ROETHELI und BROWN[1] beschriebenes Experiment verdient besondere Erwähnung. Ein Zylinder von niedrig gekohltem Stahl wurde zuerst durch Behandlung mit 10%iger Chlorwasserstoffsäure in Abwesenheit von Sauerstoff von Oxyd befreit. Die anhaftende Säure wurde durch Waschen in einem Strom sauerstoffreien Wassers entfernt, bis das Abflußwasser neutrale Reaktion aufwies. Die Probe wurde dann einem Wasser ausgesetzt, das gelösten Sauerstoff enthält, der durch das Gefäß mit einer Geschwindigkeit von annähernd 1 cm³/sec hindurchströmte. Während der ersten Versuchsphase rotierte die Probe mit 228 Umdrehungen je Minute, wobei die Sauerstoffkonzentration in bestimmten Intervallen gemessen wurde. In der zweiten Phase rotierte sie nicht (abgesehen während der Bestimmung des Sauerstoffverlustes). In der dritten Phase wurde die Rotation wieder aufgenommen. Während der ersten Versuchsphase wurde die durch den Sauerstoffverlust gemessene Korrosionsgeschwindigkeit bald sehr langsam und blieb fast konstant auf einem sehr niedrigen Wert während nahezu 80 Stunden. Sobald die Rotation unterbrochen wurde, nahm die Korrosionsgeschwindigkeit rasch zu und erreichte einen Wert, der etwa dem 20fachen des während der Rotation erzielten Betrages entsprach. Sobald die Rotation wieder aufgenommen wurde, begann die Korrosionsgeschwindigkeit erneut rasch abzufallen, erreichte jedoch niemals wieder ihren früheren niedrigen Wert. Die Erklärung ist ähnlich der für die anderen Versuche: Während der Rotationsphase ist ein gleichförmiger Film von rotem, gelatinösem Eisen(III)-hydroxyd vorhanden. In der darauffolgenden rotationsfreien Periode wird durch die Korrosion ein lockerer, körniger, schwarzer, wahrscheinlich aus Magnetit bestehender Film gebildet. Während der dritten Phase, in der die Probe wieder rotiert, beginnt sich bald wieder rotes, gellatinöses, hydratisches Eisen(III)-oxyd über dem schwarzen Oxydfilm zu bilden, wenngleich auch diese Schicht weniger gleichförmig ist als der in der ersten Phase gebildete Film.

Korrosion infolge ungleicher Geschwindigkeit an verschiedenen Flächenteilen (moto-elektrischer Effekt). Fließt die Flüssigkeit über einen Teil einer metallischen Oberfläche schneller als über einen anderen Teil, so können dadurch

---

[1] FORREST, H. O., B. E. ROETHELI u. R. H. BROWN: Ind. eng. Chem. **23** (1931) 650.

Korrosionsströme ausgelöst werden. Bei Metallen wie Eisen und Zink wird der Teil, über den die Flüssigkeit rasch dahinfließt, gewöhnlich kathodisch gegen seine Umgebung sein, der gegenüber die Flüssigkeit ruht, da mit der Bewegung eine Nachlieferung von Sauerstoff verbunden ist, wodurch gemäß dem Prinzip der differentiellen Belüftung kathodische Bezirke hervorgerufen werden. Im Fall von Kupfer und seinen Legierungen wird oft das umgekehrte Ergebnis erhalten, da durch die Bewegung Kupferionen aus der Flüssigkeit in der Nähe der Oberfläche fortgeführt werden, wodurch dieser Teil anodisch gemacht wird. Tatsächlich sind in jedem Metall diese beiden entgegengesetzten Einflüsse gleichzeitig am Werk. Der differentielle Belüftungseffekt herrscht bei den reaktionsfähigeren Metallen vor, während im Falle des Kupfers der Effekt der Ionenfortführung überwiegt. Das kann tatsächlich durch das in Abb. 29 (S. 173) wiedergegebene Element gezeigt werden: die Elektrode, über die Blasen hingehen, wird kathodisch, wenn beide Elektroden aus Eisen oder Zink bestehen, und anodisch, wenn sie aus Kupfer bestehen.

Selbst Kupfer kann jedoch dazu gebracht werden, unter geeigneten Bedingungen beide Effekte zu zeigen, was durch einen Versuch von BENGOUGH und MAY[1] aufgewiesen worden ist. Ein Element wurde durch eine poröse Trennungswand in zwei Abteilungen geteilt, deren jede eine Kupferelektrode in 3%igem Natriumchlorid enthielt. Die eine Abteilung wurde gegen Luft abgeschlossen, während durch die andere der Strom einer sauerstoffgesättigten Lösung floß. Wird der Strom zu langsam, so wirkt die Elektrode in der fließenden Flüssigkeit infolge der Sauerstoffzufuhr als Kathode. Ist der Strom dagegen rasch, so verhält sich die gleiche Elektrode als Anode, da durch den Flüssigkeitsstrom Metallionen „fortgewaschen" werden. Eine eingehende Studie des „motoelektrischen Effektes" — die EK entsteht zwischen zwei Elektroden des gleichen Metalles, die von ruhender bzw. strömender Flüssigkeit umgeben sind — ist von W. J. MÜLLER und KONOPICKY[2] durchgeführt worden, die zeigen konnten, daß manchmal ein Metall durch unterschiedliches Rühren eine kathodische Polarität in einer Lösung, dagegen eine anodische Polarität in einer zweiten Lösung zeigt.

Dafür, daß der differentielle Belüftungseffekt (wobei Rühren eine Elektrode kathodisch macht) im allgemeinen an den weniger edlen Metallen vorherrscht, während der entgegengesetzte Effekt bei den edleren Metallen von Bedeutung ist, kann ein Grund angegeben werden. In neuerer Zeit durchgeführte Untersuchungen des Elektrodenpotentiales haben gezeigt, daß dieses Potential dann, wenn die Konzentration der Metallionen in der eigentlichen Lösung unter einen bestimmten Wert herabsinkt, unabhängig von jener Konzentration ist, da das Metall seine eigenen Ionen in die seine Oberfläche bedeckende Schicht schickt. Im Falle des Cadmiums haben McAULY und SPOONER[3] in einer einfachen Salzlösung diese kritische Konzentration zu $4 \cdot 10^{-5}$ molar festgestellt. Oberhalb dieser Konzentration ändert sich das Potential mit der Konzentration in der eigentlichen Lösung in Übereinstimmung mit wohlbekannten elektrochemischen Gesetzen (s. Tabelle 24, S. 272). Für die unedleren Metalle wird die kritische Konzentration sehr viel höher liegen als für die edlen Metalle, wenngleich sie sich

---

[1] BENGOUGH, G. D. u. R. MAY: J. Inst. Met. **32** (1924) 139.
[2] MÜLLER, W. J. u. K. KONOPICKY: Ber. Wien. Akad. **138** IIb (1929) Supplement, S. 707.   [3] McAULEY, A. L. u. E. C. R. SPOONER: Pr. Roy. Soc. A **138** (1932) 497.

für jedes Metall mit dem p_H-Wert der Lösung ändert. Nach den COLOMBIER-schen[1] Berechnungen ist es bei manchen unedlen Metallen schwierig, die Bedingungen zu realisieren, unter denen sich das Potential mit der Ionenkonzentration der Lösung ändert. Es ist demnach leicht zu verstehen, daß unter Bedingungen, unter denen das Potential an einer Kupferoberfläche durch Bewegung in der eigentlichen Flüssigkeit in die anodische Richtung verschoben werden kann (wodurch eine Anhäufung von Kupferionen beseitigt werden wird), eine ähnliche Bewegung keinen derartigen Einfluß auf eine Zinkelektrode ausüben wird. Enthält die Flüssigkeit Sauerstoff, so kann die Bewegung sogar eine merkliche Verschiebung in der entgegengesetzten Richtung dadurch hervorrufen, daß die Zufuhr dieser veredelnden Konstituente begünstigt wird. Die Möglichkeiten für eine differentielle Belüftung sind für unedle Metalle größer als für edle, da die verfügbare EK, wie DONKER und DENGG[2] ausgeführt haben, niemals diejenige des Elementes Metall-Sauerstoff überschreiten kann; dieser Wert ist aber bei den unedlen Metallen am größten. Es muß jedoch daran erinnert werden, daß die Stärke des erzeugten Stromes noch von anderen Faktoren als von der maximalen EK abhängig ist. Eine völlige Diskussion der beiden entgegengesetzten Effekte würde zu Komplikationen führen, aber es ist klar, daß der differentielle Belüftungseffekt, sofern andere Faktoren konstant gehalten werden, wahrscheinlich im Fall der unedleren Metalle überwiegt, während der entgegengesetzte Effekt im Falle der edleren Metalle vorherrscht.

B. Fragen der Praxis.

1. Innere Korrosion von Eisenrohren und -mänteln.

Korrosion durch bewegte Flüssigkeiten. Strömendes, sauerstoffhaltiges Wasser ist für einige der ernsthaftesten Korrosionsprobleme verantwortlich, denen der Ingenieur heutzutage gegenübersteht. Die Ergänzung des Sauerstoffes wirkt nicht nur im Sinne einer Erhöhung der Geschwindigkeit, mit der das Metall zerstört wird, sondern sie kann auch in manchen Fällen dazu führen, daß große Teile der Oberfläche kathodisch und damit geschützt werden, so daß der anodische Angriff auf eine begrenzte Anzahl kleinerer Bezirke konzentriert wird, was mit einer intensivierten Korrosion und damit vorzeitigen Zerstörung des Werkstoffes identisch ist. Ist der größere Teil einer Stahloberfläche mit einer anhaftenden Walzhaut bedeckt, die nicht schnell durch Unterminieren entfernt werden kann, so wird der Angriff im allgemeinen auf die Brüche und Risse dieser Haut gerichtet sein und dort sehr intensiv wirken können. Stählerne Kühlmäntel bilden ein besonders ernstes Problem, da sie oft mit Walzsinter bedeckt sind; die Strömungsgeschwindigkeit ist gewöhnlich groß und überdies wird Luft mit dem Wasser durch den Mantel durchgetrieben. Der ernsthafte Einfluß der Walzhaut wird durch die über 10 Jahre erstreckten Versuche der INSTITUTION OF CIVIL ENGINEERS[3] an Proben illustriert, die in verschiedenen Häfen in Seewasser eingetaucht wurden. Die vom Walzsinter befreiten Proben zeigten einen gleichförmigen Angriff; obgleich sie einen größeren Gewichts-

---

[1] COLOMBIER, L.: Dissert. Nancy 1936.
[2] DONKER, H. J. u. R. A. DENGG: Korr. Met. **3** (1927) 218.
[3] Anonym in Deterior. Struct. Seawater **15** (1935) 75.

verlust als die mit dem Sinter bedeckten Proben aufwiesen, waren sie doch einer weniger ernsthaften Pittingbildung unterworfen.

In anderen aufgezeichneten Fällen scheint der Angriff durch strömendes Wasser nicht an Bruchstellen der Walzhaut, sondern an solchen Flächenteilen lokalisiert zu sein, an denen es zu Abscheidungen gekommen ist. Dieser Effekt ist allgemein auf differentielle Belüftung zurückgeführt worden. Die Auslösung von Korrosion durch derartige abgesetzte Materialien tritt sehr wahrscheinlich in dem Übergangsgebiet zwischen Korrosion und Passivität ein. Es ist klar, daß diese „Trümmer" in Fällen, in denen die Flüssigkeit das Metall ohne weiteres in Abwesenheit derartiger Ausscheidungen angreift, den Angriff nicht erhöhen können, daß sie ihn dagegen leicht an irgendwie geschützten Stellen verringern werden. Ist die Flüssigkeit in der Lage, das Metall passiv zu erhalten, so wird die Ausfällung dieser Sedimentationen nicht in der Lage sein, die Passivität aufzuheben. Beim Vorhandensein von Phasengrenzlinien (die beim Betrieb nicht selten auftreten) kann das Metall an den unbedeckten Teilen passiv und unter den Sedimentationen korrodiert werden. Ist fast die gesamte Oberfläche mit derartigen Abscheidungen bedeckt, so wird der Angriff gewöhnlich schwach sein. Haben sich dagegen derartige Trümmer *nur* an ein oder zwei Stellen festgesetzt, so kann es zu einer ernsthaften Korrosion kommen. Der unbedeckte Teil kann als Kathode wirken und einen bedeutenden Strom auslösen, wenn er groß genug und hinreichend mit Sauerstoff versorgt ist. Der gesamte Angriff wird dann auf den bedeckten, als Anode wirkenden Teil konzentriert sein. Infolge seiner geringen flächenmäßigen Ausdehnung kann die *Intensität* (d. h. der Angriff je Flächeneinheit des betroffenen Teiles) hoch sein und damit zu Pittingbildung führen.

Wendet man das Prinzip der differentiellen Belüftung auf die Korrosionsverteilung in Rohren oder Gefäßen an, die von Wasser durchflossen werden, so muß die Größenordnung der in Frage stehenden Entfernungen in Betracht gezogen werden. Ist das Wasser derart beschaffen, daß es Eisen lediglich in Gegenwart von Sauerstoff korrodiert, so wird die Korrosion im allgemeinen am raschesten in dem Teil des Gefäßes erfolgen, der *am besten* mit Sauerstoff versorgt wird. Sind jedoch gewisse Flecke innerhalb dieses Gebietes durch poröse Substanzen oder durch Sedimentationen vom Sauerstoff abgeschirmt, so wird der Angriff in manchen Fällen auf diese Stellen konzentriert sein. So kann man mit gleichem Recht sagen, daß Korrosion an den Stellen *maximaler* Sauerstoffzufuhr ebenso wie an Stellen *minimaler* Sauerstoffzufuhr eintritt. Diejenigen, die die erste Begründung geltend machen, denken an *große* Gebiete, die nach Metern gemessen werden, während diejenigen, die sich auf die zweite Begründung stützen, an kleine, in Millimetern gemessene Gebiete denken. Verschiedene Arten von Schlamm und Abscheidungen sind durch verschiedene Experimentatoren als Ursache für diese Art des lokalisierten Angriffes festgestellt worden; oft ist auch Rost in diesem Zusammenhang erwähnt worden. Dieser mag wohl vorhanden sein, wenn das Gefäß erstmalig in Betrieb genommen wird, oder mag vom Wasser von irgendeinem anderen Teil der Anlage mitgeführt und an Stellen relativ langsamer Bewegung abgesetzt werden[1].

---

[1] Es scheint einmal der Einwand dagegen erhoben worden zu sein, daß Rost nicht als Sauerstoffabschirmer wirksam sein kann. Die von MEARS (s. S. 196) durchgeführten Versuche scheinen indessen klar zu zeigen, daß einige Rostarten doch in dieser Weise wirksam sein können.

Pittingbildung, Verstopfung und Rotwasserschäden in Rohren. BAYLIS[1] hat eine eingehende Untersuchung über die Pittingbildung in Wasserrohren durch Wässer durchgeführt (vorwiegend bei Strömung), die nur an gewissen Punkten angreifen können. An den Bruchstellen in dem Walzsinter oder an anderen korrosionsempfänglichen Stellen ruft der anodische Angriff Pittings hervor, die nachweislich Eisensulfat oder -chlorid enthalten. Der p_H-Wert innerhalb dieser Pittings beträgt etwa 6,0, unabhängig von dem p_H-Wert im äußeren Wasser. Dort, wo die anodisch erzeugten Eisensalze mit dem relativ alkalischen Wasser zusammentreffen, wird das Eisen unter Bildung voluminöser Knöllchen von inkohärentem, magnetischem Oxyd ausgefällt. In größerer Entfernung vom Metall, an der Grenze desjenigen Bezirkes, in dem gelöster Sauerstoff im Überschuß vorhanden ist, erscheint eine relativ kohärente Membran von hydratischem Eisen(III)-oxyd. Manchmal zerreißt diese Membran, und die Knöllchen wachsen durch das entstandene Loch hindurch und bilden jenseits des Risses eine neue Membran. Die hohe SO_4''- und Cl'-Konzentration in den Pittings, die gewöhnlich diejenige des äußeren Wassers wesentlich überschreitet, ist ein Beweis für die Wanderung von Anionen zu den Korrosionsherden (s. S. 25).

Abgesehen von der Gefahr einer endgültigen Durchlöcherung durch die immer tiefer werdenden Pittings besteht die Möglichkeit, daß der Durchtritt des Wassers durch das Wachstum der Knöllchen erschwert wird, ja, daß es selbst zu einem völligen Blockieren kleiner Rohre kommt (das Volumen des Rostes, der in dem Rohr gebildet wird, ist wahrscheinlich 10- bis 30mal so groß wie das des zerstörten Metalles, das zu seiner Bildung gedient hat)[2]. Bei saureren Wässern erfolgt die Ausscheidung von Rost nicht im Kontakt mit dem Metall; in diesem Falle wird es zu keiner Blockierung der Rohre kommen, jedoch werden dann Klagen wegen der auftretenden *roten Wässer* erfolgen. Es gibt also drei bestimmte Schadensformen: Pittingbildung, Blockierung der Rohre und Auftreten von rotem Wasser. Gewöhnlich können diese Fehlerscheinungen durch eine geeignete Behandlung mit Alkali korrigiert werden, ausgenommen bei stark salzhaltigen Wässern, die selbst nach einer derartigen Behandlung eine intensive, lokale Korrosion geben.

Einfluß des Sauerstoffgehaltes auf die Korrosionsgeschwindigkeit. Natürliche Wässer wechseln stark im Charakter. Aus dem durch ATKINS[3] gesammelten Material geht hervor, daß die p_H-Werte[4] zwischen etwa 1,5 und 10,0 schwanken können. Die hochgradig sauren Wässer werden Eisen in Abwesenheit von Sauerstoff angreifen; die Wirkung der meisten Wässer jedoch, die man zum Speisen der Rohre verwendet, hängt weitgehend vom Sauerstoffgehalt in Lösung ab. In den Frühstadien eines Rohres begünstigt Sauerstoff gewöhnlich die Korrosion. GROESBECK und WALDRON[5] haben Korrosions-Zeit-Kurven für das Stadt-

---

[1] BAYLIS, J. R.: Met. chem. Eng. **32** (1925) 874; J. Am. Waterworks Assoc. **15** (1926) 606.

[2] Es handelt sich hierbei tatsächlich um einen weitaus dichteren Rost als bei dem gewöhnlich in kurzzeitigen Laboratoriumsversuchen erhaltenen. Der Rost verdichtet sich selbst mit der Zeit; vgl. U. R. EVANS: J. Soc. Chem. Ind. Trans. **47** (1928) 56. Nach J. R. BAYLIS [Ind. Chem. Eng. **18** (1926) 374] besteht der Rost in Rohren eher aus Oxyd als aus Hydroxyd; er ist magnetisch.   [3] ATKINS, W. R. G.: Pr. Dublin Soc. **19** (1930) 456.

[4] Diejenigen, die mit dem Begriff des p_H-Wertes nicht vertraut sind, seien auf Tabelle 25 und Fußnote 1 auf S. 274 verwiesen.

[5] GROESBECK, E. C. u. L. J. WALDRON: Pr. Am. Soc. Test. Mat. **31** II (1931) 285.

wasser von Washington ($p_H = 7,8$ bis $8,0$) mitgeteilt, das erhebliche Beträge an Sauerstoff enthält, und über drei verschiedene Arten von Eisen und Stahl fließt. Die Kurven werden ständig steiler, wenn der Sauerstoffgehalt von 1 cm^3 je Liter auf 18 cm^3 je Liter erhöht wird. Andere Versuche jedoch, die mit destilliertem Wasser durchgeführt worden sind, das Spuren von Natriumcarbonat oder Kohlendioxyd enthält, ergeben, daß bei $p_H = 7,0$ oder $8,0$ ein sehr hoher Sauerstoffgehalt die Korrosionsgeschwindigkeit herabsetzen und Passivität hervorrufen kann (s. S. 304). Überdies kann Sauerstoff, wie später ausgeführt werden wird, in hartem mit Calciumcarbonat gesättigten Wasser günstig auf die Ausbildung eines kalkhaltigen Filmes auf dem Rohre wirken.

Einfluß des Strömungscharakters. SPELLER und KENDALL[1] haben die Korrosion studiert, die beim Hindurchfließen von warmem oder kaltem Wasser in engen Rohren hervorgerufen wird. Ist die Durchflußgeschwindigkeit gering, so besitzt die Strömung einen stromlinienartigen Charakter, d. h. der größte Teil des Wassers berührt die Rohrwände überhaupt nicht. Wird die Geschwindigkeit dagegen über einen bestimmten Wert hinaus gesteigert, so verliert die Strömung diesen Charakter und wird zunehmend turbulent, so daß die Durchmischung gründlicher erfolgt, der Sauerstoff dementsprechend wahrscheinlich vollständiger verbraucht wird. In dem Gebiet, in dem die Strömungsgeschwindigkeit turbulent zu werden beginnt, haben SPELLER und KENDALL einen raschen Anstieg der Korrosion mit der Strömungsgeschwindigkeit festgestellt. Für Wasser, das bei $27°$ durch ein $6{,}35$ mm-Rohr hindurchfließt, tritt der rasche Anstieg in der Korrosionsgeschwindigkeit bei Strömungsgeschwindigkeiten zwischen $0{,}09$ und $0{,}305$ m/sec ein. Bei weiteren Rohren ($19{,}05$ mm) tritt der stromlinienartige Strömungsverlauf innerhalb des untersuchten Strömungsintervalles nicht auf, der Anstieg der Korrosionsgeschwindigkeit mit der Strömungsgeschwindigkeit erfolgt stetiger.

Einfluß der Härte. Bei sehr weichem Wasser (Regenwasser sowie einigen Mineralwässern) schreitet der Korrosionsangriff an einem Rohr wahrscheinlich unbegrenzt fort. Glücklicherweise enthält die Mehrzahl der Wässer, die für Speisewasserzwecke verwendet werden, eine erhebliche Menge an Calciumcarbonat, das durch Kohlendioxyd in Form von Calciumhydrocarbonat in Lösung gehalten wird. Ist der Überschuß des vorhandenen Kohlendioxydes gerade hinreichend, um Calciumcarbonat in Lösung zu halten, so wird durch jede ausgelöste Korrosion eine Erhöhung des p_H-Wertes in den kathodischen Gebieten eintreten, was dort eine Ausfällung von Calciumcarbonat zur Folge hat. Hierdurch wird die kathodische Reaktion auf andere Gebiete abgedrängt werden, so daß nach einiger Zeit die gesamte innere Oberfläche des Rohres mit einer Schicht von Calciumcarbonat bedeckt werden wird, die in Gegenwart hinreichender Sauerstoffmengen mit den unter ihnen gebildeten Eisensalzen unter Bildung von festhaftendem Eisen(III)-oxyd-Rost reagiert. Die Mischschicht, die oft einen bedeutenden schützenden Charakter besitzt, kann als kalkhaltiger Rost oder als rosthaltiger Kalk angesprochen werden. In manchen Wässern wird diese Schicht schützender

[1] SPELLER, F. N. u. V. V. KENDALL: Ind. eng. Chem. **15** (1923) 134; s. auch S. 238 dieses Buches. — Hinsichtlich des Charakters der Flüssigkeitsströmung in Röhren s. R. E. WILSON, W. H. McADAMS u. M. SELTZER: Ind. eng. Chem. **14** (1922) 105. — FAGE, A. u. H. C. H. TOWNEND: Pr. Roy. Soc. A **135** (1932) 656. — KING, C. V.: J. Am. Soc. **57** (1935) 828.

sein, wenn Sauerstoff in erheblicher Menge vorhanden ist, da dann der Rost im nahen Kontakt mit dem Metall entsteht. Wahrscheinlich bildet sich bei der Reaktion zwischen Calciumcarbonat und Eisen(II)-salz zuerst Eisen(II)-carbonat, das dann anschließend weiter oxydiert wird. In Abwesenheit von überschüssigem Sauerstoff entsteht Magnetit, oft in lockerer und nicht sehr schützender Form.

Aggressives Kohlendioxyd. Enthält durch ein Rohr strömendes kaltes Wasser mehr Kohlendioxyd als erforderlich ist, um sein Calcium in Lösung zu halten, so wird die Korrosionsreaktion nicht sofort zu einem schützenden Film führen. Dieser Überschuß an Kohlendioxyd wird als *aggressiv* bezeichnet, da es ein Wasser gefährlich macht, das unter anderen Umständen harmlos ist[1]. Der unangenehme Charakter des überschüssigen Kohlendioxydes beruht einfach auf seiner störenden Einwirkung auf die Bildung des sonst entstehenden kalkhaltigen Filmes. Kohlendioxyd ist nicht an sich eine außergewöhnlich korrosive Substanz, wie vergleichende Messungen gezeigt haben[2]. Nichtsdestoweniger hängt der korrosive Charakter der meisten natürlichen, Sauerstoff enthaltenden Wässer weitgehend davon ab, ob aggressives Kohlendioxyd vorhanden ist oder nicht. So wird Wasser, das an Calciumcarbonat nicht gesättigt ist, wahrscheinlich korrodierend wirken, während Wasser, in dem das Carbonat in der Sättigungskonzentration vorliegt, harmlos ist. BAYLIS[3], der die öffentliche Wasserzufuhr amerikanischer Städte geprüft hat, gelangt zu der Feststellung, daß es sich in denjenigen Fällen, in denen das Wasser hinreichend nicht-korrosiv gegenüber Eisenrohren ist, um Wasser handelt, das entweder gesättigt oder nahezu mit Calciumcarbonat gesättigt ist. In denjenigen Fällen dagegen, in denen das Wasser korrosiv ist, ist es ungesättigt an dieser Verbindung. Ist aggressives Kohlendioxyd im Wasser vorhanden, so kann dessen Konzentration durch hinreichend langsames Leiten des Wassers über Kalkstein oder rascher durch Zusatz von Alkali verringert oder ganz entfernt werden. Das ist die Grundlage für die meisten erfolgreichen Behandlungsweisen gegenüber aggressivem Kohlendioxyd[4].

Das Gleichgewicht zwischen festem Calciumcarbonat und Wasser bei verschiedenen p_H-Werten kann graphisch dargestellt werden. Die Kurve I in Abb. 50 bezieht sich nach BAYLIS auf ein Wasser, das ausschließlich Calcium enthält[5]. Die Wässer, die sich unterhalb dieser Kurve sowie links von ihr

[1] H. STÄGER u. P. BOHNENBLUST [Brown-Boveri Rev. **14** (1927) 292] unterscheiden zwischen folgenden Fällen: 1. gebundenem Kohlendioxyd, das in Form von Carbonat vorliegt, 2. halb gebundenem Kohlendioxyd, das in Form des Hydrocarbonates vorliegt, 3. Kohlendioxyd, das in einer Konzentration vorhanden ist, die eben zur Inlösunghaltung des Calciums ausreicht, 4. aggressivem Kohlendioxyd, das im Überschuß gegenüber den unter 1. bis 3. genannten Bedürfnissen vorhanden ist.

[2] W. H. J. VERNON [Trans. Faraday Soc. **31** (1935) 1694] berichtet über Fälle, in denen die Korrosion durch Kohlendioxyd tatsächlich herabgesetzt worden ist. Diese beziehen sich vorwiegend auf atmosphärische Angriffe, jedoch ist Kohlendioxyd selbst bei Korrosion im eingetauchten Zustande weniger aggressiv als manchmal angenommen wird. Siehe auch U. R. EVANS: J. Chem. Soc. **1930**, 489.

[3] BAYLIS, J. R.: J. Am. Waterworks Assoc. **27** (1935) 220. Siehe auch private Mitteilung vom 11. Februar 1936.

[4] E. NAUMANN [Ber. 5. Korrosionstagung, Berlin 1935, S. 78] beschreibt einen Prozeß, bei dem weiches, saures Wasser durch gebrannten Dolomit gefiltert wird, wodurch die Säure entfernt und Calcium sowie Magnesium an das Wasser abgegeben werden.

[5] Der Betrag des Calciums in der gesättigten Lösung wird befriedigend durch Titrieren mit $1/_{50}$ n-Schwefelsäure bestimmt, wobei Methylorange als Indicator benutzt wird.

befinden, sind nicht an Calciumcarbonat gesättigt. Sie besitzen die Tendenz, jeden kalkhaltigen Film, der bereits auf dem Inneren des Rohres vorhanden ist, fortzulösen und, sofern kein Film vorhanden ist, das Metall anzugreifen. Wässer, die oberhalb dieser Kurve *I* und rechts von ihr liegen, sind übersättigt an Calciumcarbonat. Sie haben die Neigung zur Ausscheidung dieser Verbindung, was möglicherweise im Endeffekt zu einem Blockieren des Rohres führt, was gleichfalls unerwünscht ist. Infolgedessen besteht eine vernünftige Lösung dieser Frage darin, das Wasser in seiner Zusammensetzung nahe an die durch die Kurve gegebenen Werte heranzuführen.

Magnesiumcarbonat gibt ein recht abweichendes Ergebnis, wie die Kurve *II* in Abb. 50 zeigt. Selbst eine Spur von Magnesiumsalz wird die Gleichgewichtskurve des Calciumcarbonates verschieben, wie Kurve *III* zeigt. Natriumsalze bewirken gleichfalls Störungen, und es ist einleuchtend, daß jedes natürliche Wasser seine eigene Kurve liefert. Eine derartige Kurve

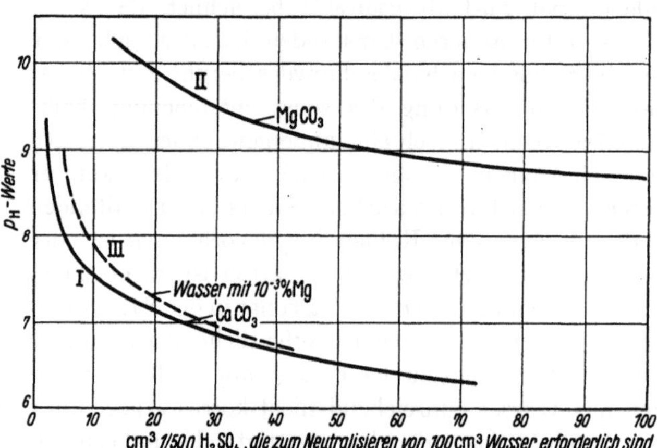

Abb. 50. Gleichgewichtskurven für Wässer bei verschiedenen p_H-Werten.
I Wasser im Gleichgewicht mit Calciumcarbonat;
II Wasser im Gleichgewicht mit Magnesiumcarbonat;
III Wasser mit Calciumcarbonat, das Magnesium in der Konzentration 1:10⁵ enthält.
(Angaben nach J. R. BAYLIS.)

kann durch Ermittlung der p_H-Werte sowie der Härtewerte aufgestellt werden, bei denen das Wasser gerade aufhört, auf pulverisierten Marmor einzuwirken.

v. HEYER[1] hat eine Nachweismethode dafür angegeben, ob ein Wasser angreifend wirkt oder nicht, d. h. ob es rechts oder links von der Gleichgewichtskurve liegt. Eine Probe wird in einer verkorkten Flasche mit gut gewaschenem Marmorpulver geschüttelt, 1 bis 3 Tage stehen gelassen und dann das Hydrocarbonat mit $^1/_{10}$ n-Salzsäure titriert. Eine andere Probe, die nicht mit Marmor behandelt worden ist, wird entsprechend titriert. Sind die beiden Titer identisch, so ist das Wasser als nicht-korrosiv zu bezeichnen; die Abweichung zwischen beiden Werten gibt ein Maß für das aggressive Kohlendioxyd.

Behandlung aggressiver Wässer vor ihrem Eintritt in Rohrleitungen. Die weitgehend auf BAYLIS[2] zurückgehende Methode, die in verschiedenen amerikanischen Städten mit Erfolg angewendet worden ist, besteht darin, ein aggressives Wasser mit der gerade hinreichenden Menge von Alkali zu behandeln, um die langsame Ausfällung von Calciumcarbonat an den Innenwänden der Rohre auszulösen. Ist diese Schicht über die ganze Oberfläche hin gleichförmig geworden, so wird der Alkalizusatz herabgesetzt. Das Wasser wird in einer derartigen Zusammensetzung gehalten, daß kein weiterer zu Filmbildung

---

[1] Siehe hierzu F. N. SPELLER: Corrosion: Causes and Prevention, New York 1935, S. 615.
[2] BAYLIS, J. R.: Ind. eng. Chem. **18** (1926) 370, **19** (1927) 777, **20** (1928) 1191; vgl. L. W. HAASE: Gas-Wasserfach **74** (1931) 816.

führender Niederschlag ausfällt, daß es aber den bereits vorhandenen Film nicht auflöst. Im allgemeinen hat sich diese Behandlungsweise als sehr erfolgreich herausgestellt, jedoch ist sie offenbar nicht für Wässer mit hohem Chlorgehalt geeignet. Hill[1] berichtet, daß sie aus diesem Grunde in Perth (Westaustralien) versagt hat.

Was die Wahl des Alkalis anbetrifft, so ist Kalk das billigste und tatsächlich auch das bestgeeignetste Mittel für mäßig weiche Wässer, das natürlich die Härte erhöht. Ist das Wasser bereits hart und wird es wahrscheinlich für Wasch- und Kesselspeisezwecke verwendet, so kann es gelegentlich von größter Ökonomie sein, Natriumhydroxyd anzuwenden. Baylis[2] empfiehlt die Verwendung von Kalk dann, wenn die ursprüngliche Härte unter 30 Teilen je 10^6 Teilen liegt; jedoch muß die Anwendung von Natriumhydroxyd in Fällen in Betracht gezogen werden, in denen die Härte diesen Wert überschreitet. Hopkins, Armstrong und Baylis[3] haben berechnet, daß für Wasser mit einer Ausgangshärte von unter 75 Teilen je 10^6 Teilen eine Behandlung mit Kalk vom Standpunkt des betreffenden Gemeinwesens her gesehen gerechtfertigt ist. Die Verwendung von Natriumhydroxyd würde der Wäscheindustrie nützen, jedoch würden die Kesselbesitzer — von amerikanischen Verhältnissen her gesehen — durch erhöhte Unkosten ebensoviel verlieren, wie sie durch weichgemachtes Wasser gewinnen würden. Die Allgemeinheit würde durch Anwendung von Natriumhydroxyd an Stelle von Kalk nichts gewinnen.

Die durch Behandlung mit Natriumhydroxyd erzielte Herabsetzung der Korrosion geht aus einigen Kurven hervor, die Speller und Texter[4] aufgestellt haben und die in Abb. 51 wiedergegeben werden. Sie beziehen sich auf das Wasser von Pittsburgh von 66°, das durch 12,7 mm-Stahlrohr nach einer Behandlung mit Alkali vom angegebenen Betrag hindurchströmt.

Es muß erwähnt werden, daß die Verwendung von Alkali zum Schutz der Rohre nicht auf korrosionshindernde Eigenschaften des Alkalis an sich zurückgeht (um diesen Effekt hervorzurufen, müßten viel größere Mengen hinzugefügt werden), sondern lediglich auf der Bildung eines kalkhaltigen Filmes beruht. Tillmans[5] betont, daß Natriumhydroxyd für die Behandlung sehr weicher Wässer nicht geeignet ist. Schwach saure Wässer sollen mit Kalkstein oder Marmor neutralisiert werden, um so filmbildende Konstituenten in das Wasser einzuführen.

Baylis[6] gibt ein Beispiel für den Nutzen sorgfältig ausgeglichener Alkaliverhältnisse auf die Durchströmungsfähigkeit des Wassers durch die Rohre. Der p_H-Wert des Wassers von New Orleans ist über lange Zeit hin zu etwa 9,5 bis 10,0 festgestellt worden; in 17 Jahren hat sich ein Film von Calciumcarbonat in einer Dicke von 0,64 mm auf den Rohren abgesetzt, wodurch die Strömungsfähigkeit durch die Rohre um nur etwa 5% erniedrigt wurde. In einer anderen Stadt wurde Wasser mit $p_H = 6,6$ zugelassen. In diesem Falle waren im Laufe von 16 Jahren der Rost und die Knöllchen so stark angewachsen,

[1] Hill, H. E.: Korr. Met. 7 (1931) 305.
[2] Baylis, J. R.: J. Am. Waterworks Assoc. 27 (1935) 225.
[3] Hopkins, E. S., J. W. Armstrong u. J. R. Baylis: Ind. eng. Chem. 26 (1934) 250.
[4] Speller, F. N. u. C. R. Texter: Ind. eng. Chem. 16 (1924) 395.
[5] Tillmans, J., P. Hirsch u. W. Weintraud: Gas-Wasserfach 70 (1927) 923, 925.
[6] Baylis, J. R.: J. Am. Waterworks Assoc. 15 (1926) 628.

daß die Durchströmungsfähigkeit der Rohre um 50% erniedrigt wurde, zuzüglich der Schädigung infolge Pittingbildung.

WILLIAMS[1] beschreibt die Überwindung der Rotwasserbeschwerden durch Kalkbehandlung in Palm Beach, während HAASE[2] über deutsche Versuche der Behandlung sauerer Wässer mittels Marmor oder Kalkwasser berichtet. Über ähnliche Behandlungen wird aus anderen Ländern berichtet. Gewöhnlich genügt eine Behandlung mit Kalk, Calciumcarbonat oder Natriumcarbonat gegen das rote Wasser. THRESH[3] behandelt einen Fall aus Devonshire, in dem sich Natriumsilicat als erfolgreich erwiesen hat, nachdem eine Behandlung mit Natriumcarbonat nicht zum Ziele geführt hatte.

HALE[4] teilt mit, daß die Behandlung der New Yorker „Catskill" Wasserzufuhr mit Natriumsilicat, Kalk, Natriumcarbonat oder Natriumhydroxyd die Rotwasserschäden durch die Entfernung der freien Kohlensäure herabsetzt. Dagegen erfährt die Korrosion des Metalles, die durch den Sauerstoffverbrauch gemessen wird, keine Verringerung; der Herabsetzung des Rotwasserschadens entspricht eine Zunahme in der Knöllchenbildung. Was die

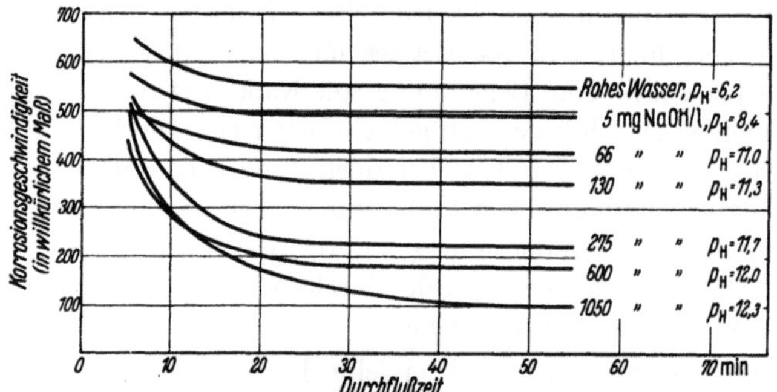

Abb. 51. Einfluß der Alkalibehandlung auf das korrosive Verhalten des Pittsburgher Wassers beim Durchströmen von 12,7 mm Rohren bei 66°. (Nach F. N. SPELLER und C. R. TEXTER.)

Korrosion in Heißwassersystemen anbetrifft, so ist zu sagen, daß Silicate die Korrosion etwas herabsetzen, daß jedoch die schützende Rostschicht (oder die entsprechende Schicht von Zinksilicat, wenn die Rohre verzinkt sind) in gewissem Maße störend auf die Durchströmung des Wassers einwirkt.

Absichtliche Belüftung des Wassers. NAUMANN[5] teilt mit, daß gewisse deutsche Wasserfachleute ihre Wässer absichtlich belüften, ehe sie in die Rohrleitung eintreten dürfen. Hierdurch wird die Ausbildung des schützenden, kalkhaltigen Filmes gefördert und damit die Korrosion herabgesetzt. Wie TILLMANS, HIRSCH und WEINTRAUD[6] festgestellt haben, kann ein luftfreies Wasser mit Calciumcarbonat während beachtlicher Zeiten bei gewöhnlichen Temperaturen übersättigt bleiben, ohne daß es zur Ausfällung eines kalkhaltigen Filmes kommt. Ist jedoch Sauerstoff zugegen, so wird durch die ausgelöste Korrosion notwendigerweise Kalk ausgefällt, was zu einer allmählichen Selbsthemmung des Vorganges führt. Diese Verwendung von Sauerstoff als schützendes Mittel wird im allgemeinen nur bei Wässern erfolgreich sein, die mit Alkali behandelt worden sind. Die erforderliche Sauerstoffkonzentration ist für bewegtes

[1] WILLIAMS, L. O.: J. Am. Waterworks Assoc. **22** (1930) 791.

[2] HAASE, L. W.: Gas-Wasserfach **71** (1928) 1009.

[3] THRESH, J. C. u. J. F. BEALE: Examination of Waters and Water Supplies, London 1925, S. 77.

[4] HALE, F. E.: J. Am. Waterworks Assoc. **26** (1934) 1315, **27** (1935) 1199.

[5] NAUMANN, E.: Z. Vereins deutsch. Ing. **78** (1934) 472.

[6] TILLMANS, J., P. HIRSCH u. W. WEINTRAUD: Gas-Wasserfach **70** (1927) 845, 877, 898, 919, und besonders S. 900, 922, 923.

Wasser gewöhnlich kleiner als für unbewegtes, zweifellos deshalb, weil die Bewegung selbst einer Erneuerung des Sauerstoffes dient. HAASE[1] findet, daß oftmals ein Wasser, das an Stellen, an denen es stetig durch die Rohre läuft, einen schützenden Film erzeugt, daß es dagegen an sog. „toten Enden", an denen die Flüssigkeit unverändert unbewegt bleibt, Anlaß zur Korrosion gibt. Es muß auch darauf hingewiesen werden, daß eine Sauerstoffbehandlung ein hartes Wasser oftmals weniger korrosiv macht, sofern es kalt ist, während es das gleiche Wasser stärker korrosiv macht, wenn es erwärmt wird, wie später auseinandergesetzt werden wird.

Einfluß des Walzsinters in Rohren auf die Pittingbildung. In manchen Fällen ist die Lokalisierung der Korrosion an einigen Stellen des Rohrinneren (oder des Kühlmantels) auf die Gegenwart einer dicken Hochtemperatur-Oxydschicht zurückzuführen. Der anodische Angriff erfolgt an Bruchstellen dieser Schicht. Für Wässer, die eine derartige Wirkung hervorrufen, ist die Benutzung von Rohren, die frei von Hochtemperaturschichten sind, zweckmäßig. Eine Rohrbehandlung, die SPELLER[2] beschreibt, beruht auf folgendem Vorgang: Wird ein Rohr auf etwa 950° abgekühlt, so wird die Walzhaut brüchig, obwohl der Stahl noch weich und leicht walz- und schmiedbar ist. In diesem Zustande wird das Rohr, dessen Durchmesser noch etwas größer als endgültig gefordert ist, abwechselnd durch vertikale und horizontale Walzen hindurchgeschickt, die den Durchmesser verringern und die Länge um etwa 8% erhöhen. Die Walzhaut platzt ab; die dünne Schicht jedoch, die sich beim weiteren Abkühlen ausbildet und hinreichend ist, um das Rohr während der Lagerung zu schützen, bietet andererseits nicht den ausreichenden Schutz, um die Korrosion, die während des Betriebes einsetzt, auf einige Stellen zu konzentrieren. Vergleichsmessungen an der Harvard-Universität haben, wie WHIPPLE[3] berichtet, ergeben, daß die Geschwindigkeit der Pittingbildung durch diese Behandlung auf die Hälfte herabgesetzt wird.

Verwendung von Zementauskleidungen in Rohren. Für Wässer, die Störungen in Rohren verursachen, insbesondere für „knöllchenbildende Wässer", sind Zementauskleidungen mit großem Erfolg verwendet worden. Die Schutzwirkung ist teilweise mechanisch, teilweise aber auf die alkalische Reaktion des freigemachten Kalkes zurückzuführen. Es kann jedoch von Nachteil sein, einen Zement zu benutzen, der viel freien Kalk abgibt, da die Fortführung von Kalk durch das Wasser zu einer Schwächung des schützenden Überzuges führt. Die anderen Konstituenten des Zementes werden den p_H-Wert hinreichend hochhalten, um die Korrosion durch die meisten Trinkwässer zu verhindern oder um Eisenverbindungen in den Poren des Zementes zur Ausscheidung zu bringen, die dadurch verschlossen werden. Der Zement hat demnach die Neigung, mit der Zeit reicher an Eisen und ärmer an Calcium zu werden, wobei dieser Austausch im Sinne einer Widerstandssteigerung des Zementes liegt. CHAPPELL[4] hat Fälle beschrieben, in denen Zementauskleidungen in New-England und anderen Stellen einen ausgezeichneten Schutz gegeben haben, der in manchen

---

[1] HAASE, L. W.: Z. ang. Ch. **44** (1931) 992; Ber. 5. Korrosionstagung, Berlin 1935, S. 76.
[2] SPELLER, F. N.: Corrosion: Causes and Prevention, London 1935, S. 78.
[3] WHIPPLE, M. C.: J. New England Waterworks Assoc. **34** (1920) 33.
[4] CHAPPELL, E. L.: Ind. eng. Chem. **22** (1930) 1203. Siehe auch H. C. CHANDLER: J. New England Waterworks Assoc. **48** (1934) 345.

Fällen 50 Jahre gehalten hat. Er empfiehlt einen Zement, der reich an Eisen und Kieselsäure, jedoch ziemlich niedrig im Gehalt an Kalk ist. Einen guten Bericht über den Vorgang der Herstellung der Zementauskleidungen gibt SPELLER[1].

MAURY[2] hat ein weiteres Beispiel für den Wert der Zementauskleidungen geliefert. Einige der Hauptleitungen in Norfolk, Virginia, bestanden aus ungeschütztem Gußeisen, andere dagegen aus mit Zement ausgekleideten Stahlrohren. Nach 20jährigem Betriebe hat es sich gezeigt, daß die gußeisernen Rohre eine erhebliche Menge an Rost enthielten, wodurch das Durchströmungsvermögen des Wassers durch die Rohre erheblich herabgesetzt wurde. Die Pittings hatten sich bis in die Hälfte der Rohrwand hineingefressen. Die mit Zement ausgekleideten Rohre dagegen erwiesen sich bei dem gleichen Betrieb in der gleichen Zeit unverändert und frei von Korrosion.

BAYLIS[3] empfiehlt gleichfalls Portlandzementüberzüge für Rohre, ist jedoch der Ansicht, daß Überzüge von 1,6 oder 2,4 mm, die oftmals bei kleineren Durchmessern gußeiserner Rohre verwendet werden, zu dünn sind. Werden die Rohre einige Monate der Luft ausgesetzt, so wird der Zement durch Kohlendioxyd verändert, wodurch seine Alkalität, die der Hauptgrund für seine korrosionsverhindernde Wirkung ist, verloren geht. Für relativ nicht-korrosive Wässer empfiehlt BAYLIS Überzüge von 3,2 bis 6,4 mm Dicke, für korrosive Wässer dagegen von 12,7 bis 25,4 mm. Dem Einwand, daß ein so dicker Überzug für ein eisernes Rohr die Durchflußfähigkeit des Wassers herabsetzen wird, kann die Tatsache entgegengehalten werden, daß zementüberzogene Rohre nach 25jährigem Betrieb noch eine weit höhere Durchflußfähigkeit für Wasser aufweisen als ein lediglich mit Steinkohlenteer ausgekleidetes Rohr, da das letztere viel größere Rostauswachsungen aufweist. Hierbei ist natürlich angenommen worden, daß das Wasser nicht unkorrosiv gemacht worden ist. In den Fällen, in denen durch die verantwortlichen Stellen der Wasserwerke eine chemische Behandlung des Wassers durchgeführt wird, sollten dicke Zementüberzüge nicht erforderlich sein.

Es muß daran erinnert werden, daß gewisse Wässer, insbesondere solche, die reich als Sulfat sind, Zement rasch angreifen[4], so daß sich in solchen Fällen eine Zementauskleidung als ungeeignet erweist. Überdies kann bezweifelt werden, ob die hochwertigen mechanischen Qualitäten eines Stahlrohres nach einer Auskleidung mit Zement in vollem Umfange erhalten bleiben. Da einer der Hauptvorteile des Stahles gegenüber dem Gußeisen in seiner überlegenen Biegefähigkeit beruht, sollte diesem Punkte Beachtung geschenkt werden.

Bituminöse Rohrauskleidungen. Überzüge aus bituminösen Materialien sind gleichfalls für den inneren Schutz von Rohren verwendet worden. Der TALBOTsche Zentrifugalprozeß, der in England ausgearbeitet worden ist, ergibt einen dicken Überzug von spiegelähnlicher Glattheit[5], der für einen ungestörten Durchfluß des Wassers geeignet zu sein scheint und die Wasserhaltungskosten herabsetzt. Der Überzug besteht aus einem Asphalt mit einer chemisch inerten

---

[1] SPELLER, F. N.: Corrosion: Causes and Prevention, London 1935, S. 349.

[2] MAURY, D. H.: J. Am. Waterworks Assoc. **12** (1924) 35.

[3] BAYLIS, J. R.: 32nd Convention Am. Soc. Municipal Improvements, S. 231. 1926; Ind. eng. Chem. **19** (1927) 779.   [4] Siehe S. 429.

[5] REDINGTON, H. R., J. L. W. BIRKINBINE u. F. N. SPELLER: J. Am. Waterworks Assoc. **23** (1931) 1679.

Füllmasse. Derartige Überzüge halten weitgehend den Vorteil der elastischen Eigenschaften des Stahles aufrecht. Bei Rohren mit großem Durchmesser, die auf der Innenseite überzogen sind, besteht jedoch eine gewisse Gefahr, daß der bituminöse Überzug mit dem nicht überzogenen Stahl zusammenwirken kann, insbesondere dann, wenn sich das Rohr in Schwingung befindet. Eine Reihe von Vertiefungen, die an der Stahloberfläche vor dem Überziehen angebracht werden, dient im allgemeinen dazu, die Adhäsion zu verbessern.

Korrosion durch Heißwasserzufuhr. Wird ein hartes Wasser erhitzt, so wird es gewöhnlich Kohlendioxyd lösen und an Calciumcarbonat übersättigt werden, das zur Ausscheidung neigt, wodurch die Heißwasser-Zufuhrrohre blockiert werden. Andererseits wird das so weich gemachte Wasser einen korrosiven Charakter annehmen. Strömt es nämlich in die Speisewassertanks oder Zylinder aus verzinktem Eisen, so kann es Korrosion hervorrufen, obgleich das ursprüngliche harte Wasser unschädlich ist. Das durch thermische Zersetzung des Hydrocarbonates erhaltene Calciumcarbonat wirkt nicht merklich schützend. Das Wasser befindet sich also in einem Zustand, in dem der Sauerstoff den korrosiven Charakter erhöhen, anstatt, wie in manchen Fällen, herabsetzen wird. HAASE[1] gelangt zu der Ansicht, daß manche harten Wässer, die im kalten Zustand schützende Filme auf dem Metall zur Abscheidung bringen, nach dem Erwärmen ebenso korrosiv wie andere (weichere) Wässer wirken, die in der Kälte aggressiv sind.

Es besteht wenig Zweifel darüber, daß das allgemeine Begehren nach jederzeit erhältlichen heißen Bädern in den letzten Jahren viel höhere und ernstere Anforderungen an die im Hause benutzten Heißwassersysteme gestellt hat, als das früher der Fall war. Das ist auch wahrscheinlich der Grund für die häufigeren Schadensfälle, über die berichtet worden ist. Oft werden Klagen darüber gehört, daß verzinktes Material, das heutzutage verwendet wird (sei es hinsichtlich des Basismetalls oder des Zinküberzuges), dem vor einigen Jahrzehnten hergestellten Material unterlegen ist; es scheint jedoch keinerlei Beweis für irgendein Absinken der Qualität vorzuliegen[2].

Einige besondere Einflüsse, die zu einem Versagen der häuslichen Heißwassersysteme führen, behandelt MENGERINGHAUSEN[3] unter Einschluß des durch die Änderung des Wasserdruckes mit der Zeit hervorgerufenen Effektes, der in abwechselndem Öffnen und Schließen kleinerer Risse besteht — ein Faktor, der im Sinne einer Angriffsbegünstigung wirken kann. Er diskutiert weiterhin den Einfluß von Luftblasen, die durch das Erhitzen freigesetzt werden und infolge ihrer ungleichen Verteilung die Möglichkeit für eine Korrosion bilden. BRANDT[4] bringt statistisches auf DAEVES zurückgehendes Material,

---

[1] HAASE, L. W.: Gesundheits-Ing. **12** (1932) 135. HAASE kann ferner folgendes zeigen: Während krystallines auf einer Kathode niedergeschlagenes Calciumcarbonat den Korrosionsstrom nach einigen Tagen praktisch auf null herabsetzt, verursacht ein amorpher Film niemals eine ähnlich vollständige Verringerung des Stromes, wenngleich er anfänglich einen rascheren Abfall herbeiführt.

[2] Siehe auch Kontroverse zwischen G. TICHY u. A. NICHTERLEIN: Ber. 4 Korrosionstagung, Düsseldorf 1934, S. 63, 71.

[3] MENGERINGHAUSEN, M.: Ber. 4. Korrosionstagung, Düsseldorf 1934, S. 41.

[4] BRANDT, M.: Ber. 4. Korrosionstagung, Düsseldorf 1934, S. 50. Siehe auch K. DAEVES: Private Mitteilung vom 23. Juli 1930. — DAEVES, K. u. R. GROSSCHUPFF: Techn. Blätter Nr. 36 (1932) 465.

wonach die Fehlleistungen häufiger in Häusern auftreten, in denen die Hochdruck-Bleirohr-Systeme das ungehinderte Entweichen freigemachter Gase verhindern, als in Häusern, die das Niederdrucksystem anwenden. Er beschreibt eine von KEMPF[1] patentierte Erfindung, in der ein auswechselbarer Dom oder ein Gasometer mit Wasserabschluß oberhalb der Eintrittsstelle des Kaltwassers in den Kessel angebracht ist, in dem sich die freigewordenen Gase ansammeln können.

Einige der von SPELLER[2] veröffentlichten Kurven lassen die Bedeutung erkennen, die dem Entweichen des Sauerstoffes zukommt. In einem geschlossenen Rohrsystem, in dem der Sauerstoff in dem System gehalten wurde, stieg die Korrosionsgeschwindigkeit ständig mit der Temperatur; in einem offenen System dagegen, in dem der Sauerstoff entweichen konnte, fiel die Korrosionsgeschwindigkeit oberhalb 80° infolge der verringerten Löslichkeit ab; bei 100° besitzt sie den gleichen niedrigen Wert wie bei 30°.

Die Möglichkeit, die Korrosion in (verzinkten) Heißwasserinstallationen durch Erhöhung der Dicke des Zinküberzuges zu verhindern, wird auf S. 600 behandelt werden. Verhütungsmaßnahmen, die auf einer Wasserbehandlung beruhen, unterliegen zwei Prinzipien:

1. der Entfernung des Sauerstoffes,
2. der Ausbildung eines schützenden Filmes auf dem Metall.

In Deutschland hat die Entfernung des Sauerstoffes mittels Natriumsulfit Bedeutung erlangt. NAUMANN[3] hat festgestellt, daß hierdurch auch die Ausbildungsmöglichkeit einer, teilweise aus dem kathodisch gebildeten Calciumcarbonat bestehenden Schicht verringert wird, deren Entstehen mit dem Korrosionsvorgang verknüpft ist. HAASE[4] empfiehlt diesen Prozeß für den Schutz von Kupferheizspiralen, da durch die im Wasser vorhandenen Spuren von Kupfersalzen die Vereinigung von Sulfit und Sauerstoff derartig beschleunigt wird, daß die Entfernung des Sauerstoffes nur den Bruchteil von 1 sec erfordert. Im Falle des Eisens erfolgt die Sauerstoffentfernung durch Sulfit viel langsamer; bei 60° sind hierfür 2 bis 3 Stunden erforderlich. Die Geschwindigkeit der Sauerstoffbeseitigung wechselt jedoch mit dem Wasser und steigt mit zunehmender Temperatur. HITCHENS und TOWNE[5] geben an, daß die Entfernung von Sauerstoff beim Siedepunkt quantitativ innerhalb 1 min erfolgt, vorausgesetzt, daß ein leichter Überschuß von Sulfit zur Anwendung kommt.

Für eiserne Heißwassersysteme empfiehlt HAASE Behandlung mit einem Gemisch aus Mononatrium- und Dinatriumphosphat (das erstere in Überschuß für hartes Wasser, das letztere in Überschuß bei weichem Wasser). Hierdurch wird auf dem Eisen ein schützender Phosphatfilm erzeugt. Es hat sich gezeigt, daß die hierdurch entstehenden Kosten gering sind, und daß bei erheblicher Überdosierung keine Schädigung eintritt — was von erheblicher praktischer Bedeutung ist. Die Möglichkeit einer Intensivierung des Angriffes durch Unterdosierung wird in Kapiel VIII behandelt; wahrscheinlich ist sie, abgesehen von einigen sehr weichen Wässern, nicht gefährlich. Einige der in England im Handel

[1] KEMPF, K.: D.P. 567368 (1932).
[2] SPELLER, F. N.: Corrosion: Causes and Prevention, London 1935, S. 153.
[3] NAUMANN, E.: Ber. 4. Korrosionstagung, Düsseldorf 1934, S. 55.
[4] HAASE, L. W.: Gesundheits-Ing. 58 (1935) 623.
[5] HITCHENS, R. M. u. R. W. TOWNE: Pr. Am. Soc. Test. Mat. (1936), Preprint Nr. 101.

befindlichen Produkte zum Schutz häuslicher Kesselanlagen enthalten Phosphate zusammen mit anderen Alkalisalzen.

Heißes Salzwasser bietet ein besonders schwieriges Problem, wenn es Luftblasen enthält. STOWELL[1] kommt nach erschöpfender Untersuchung im Aquarium der Zoological Society, in dem warmes belüftetes Seewasser in großen Mengen verwendet wird, zu dem Schluß, daß es fast unmöglich ist, gewöhnliches Eisen oder gewöhnlichen Stahl durch schützende Überzüge zu sichern. Er empfiehlt infolgedessen Chrom-Nickel-Stahl. Warmes Wasser hält *in Lösung* weniger Sauerstoff als kaltes und Salzwasser wiederum weniger als Frischwasser zurück. Die verringerte Löslichkeit des Sauerstoffes hat jedoch keine Herabsetzung der Korrosion im Gefolge, wenn das Wasser Luftblasen enthält, die als Sauerstoffreservoir dienen.

Reinigen verstopfter Rohre. Die Reinigung blockierter Rohre wird manchmal auf mechanischem Wege versucht, jedoch ist es oft erforderlich, Säure anzuwenden. Die in derartigen Fällen verwendeten Beiz-Inhibitoren sind wertvoll vom Standpunkt der Angriffsverhütung an den Rohren. Die Reinigung eines ausgedehnten Rohrsystems in einem großen New Yorker Gebäude mit Hilfe von heißer Salzsäure, die einen Inhibitor enthält, ist durch SPELLER, CHAPPELL und RUSSELL[2] beschrieben worden. Anschließend wurde ein Zementschlamm eingespritzt, um eine Auskleidung der Rohre zu erzielen.

Schädigungen an Rohrleitungen durch Bakterien. Eine Frage, die eng mit den vorstehend betrachteten verknüpft ist, betrifft die Rolle, die die sog. *Eisenbakterien* bei der Rohrverstopfung spielen. Sie werden in England oft in Wässern angetroffen, die aus sumpfigen Distrikten kommen, und gedeihen in einem p_H-Gebiet zwischen 5,8 und 7,2, wobei jede Spezies ihr eigenes für sie besonders günstige p_H-Intervall besitzt. Ihre Aktivität hört dann auf, wenn das Wasser alkalisch wird ($p_H = 8,2$ bis 8,6). Ein Zementüberzug hält das Wasser alkalisch und setzt das bakterielle Wachstum herab, jedoch sind die Meinungen geteilt darüber, ob es sich hierbei um eine Dauerwirksamkeit handelt. HAMMOND und GOFFREY[3] empfehlen einen bituminösen Überzug, um das Auftreten von Inkrustationen zu verhindern.

Einige Wasserbauingenieure scheinen noch der Ansicht zu sein, daß diese Mikroorganismen das Metall unter Rostbildung zerstören. ELLIS[4] konnte jedoch den Nachweis erbringen, daß Eisen kein wesentlicher Bestandteil ihrer Nahrung ist. Es scheint wahrscheinlich, daß das Eisen durch das saure Wasser aus moorigen Gebieten, in dem sie gedeihen, unter Bildung von Eisen(II)-salzen der vorhandenen Säuren angegriffen wird. Die Organismen dagegen benötigen die organischen Komponenten dieser Salze zu ihrer Nahrung und bringen dadurch das Eisen in Form von hydratischem Eisen(III)-oxyd zur Abscheidung. In dieser Weise dienen sie vielleicht dazu, die Konzentration an Eisen(II)-ionen niedrig zu halten und ermöglichen somit, daß die Korrosion rasch fortschreitet, während der Vorgang andernfalls infolge Selbsthemmung zum Stillstand kommen würde. Sicherlich scheinen die Bakterien manchmal mit rascher Durchlöcherung des Materiales verknüpft zu sein.

---

[1] STOWELL, F. P.: Pr. zoolog. Soc. **1927**, 583.
[2] SPELLER, F. N., E. L. CHAPPELL u. R. P. RUSSELL: Am. Inst. chem. Eng., Mai 1927.
[3] HAMMOND, F. W. u. A. GOFFREY: Water and Water Eng. **34** (1932) 7.
[4] ELLIS, D.: Engineering **112** (1921) 457.

Gewisse niedere Algen assimilieren Eisen in ähnlicher Weise und führen zu Zerstörungen an Leitungen, ein Problem, das bei italienischen hydro-elektrischen Stationen aufgetreten ist, wie Passerini[1] berichtet. Nach Hermann[2] inkrustieren diese Algen die Wasserrohre mit einem Überzug, so daß der gesamte Hohlraum zwischen der Rohrwand und der Kruste der Korrosion zugeführt wird, wenn die Algen-Kolonie abstirbt.

Ein anderer Typ bakterieller Wirkung ist für den plötzlichen Mangananstieg in der Wasserzufuhr von Baltimore im Jahre 1923 verantwortlich gewesen, der zu zahlreichen Klagen über das Fleckigwerden von Kleidern und anderen Gegenständen geführt hat. Diese Erscheinung steht in keinem Zusammenhang mit der Korrosion; da derartige Vorkommnisse jedoch fälschlich auf Korrosion zurückgeführt werden, verdient diese Frage immerhin Beachtung[3].

Korrosion durch anhaftende Luftblasen. Es liegen Berichte vor über den Angriff an Stellen, an denen Blasen von freigewordener Luft an der metallischen Oberfläche festhaften. Auf den ersten Blick scheint dieser Vorgang völlig analog derjenigen Korrosion zu sein, die durch einen von Luft umgebenen Flüssigkeitstropfen auf dem Metall hervorgerufen wird, abgesehen davon, daß der Vorgang, der dort *innerhalb* des Tropfens vor sich geht, in diesem Falle *außerhalb* der Blase erfolgt. Es besteht jedoch ein wichtiger Unterschied, da der Sauerstoff der Blase bald aufgebraucht sein wird. Enthält die ursprüngliche Blase ausschließlich Sauerstoff, so wird sie rasch unter Hinterlassung eines geringen Rostbetrages verschwinden, der wahrscheinlich zu gering sein wird, um weitere Angriffe zu iniziieren. Hat die Blase dagegen die Zusammensetzung der äußeren Luft, so werden 79% ihres Volumens und etwa 89% ihres Durchmessers zurückbleiben, nachdem der Sauerstoff verschwunden ist. Die zurückbleibende, wesentlich aus Stickstoff bestehende Blase kann (wenn sie gegen eine mäßig korrosionsempfindliche Stelle grenzt) weiteren Angriff auslösen, sei es durch Abschirmung des Metalles gegen den Sauerstoff, sei es durch Bereitstellung einer gewissen Zwischenphase, an der die Korrosionsprodukte adhärieren können, so daß eine „Hemmung" vermieden wird. Die ernsthafteste Wirkung jedoch, die wahrscheinlich durch eine Blase hervorgerufen werden kann, die an einer Wand anhaftet, durch die normalerweise Wärme hindurchdringt (z. B. bei einem Kessel, Kühlmantel oder Kondensator), besteht darin, daß sie störend auf die Wärmeübertragung einwirkt und so örtlich eine sehr hohe Temperatur hervorruft, wodurch sämtliche Korrosionsreaktionen befördert werden, einschließlich der von Wasserstoffentwicklung begleiteten Angriffsform. Dieser lokale Wärmeeffekt ist durch Benedicks[4] eingehend behandelt worden. Die Korrosion durch adhärierende Blasen hat auch Eisenstecken[5] diskutiert.

---

[1] Passerini, L.: L'energia elettrica **10** (1932) 894.

[2] Hermann, K.: Gas-Wasserfach **75** (1932) 890.

[3] Näheres s. J. R. Baylis: J. Am. Waterworks Assoc. **12** (1924) 212.

[4] Benedicks, C.: Trans. Am. Inst. min. met. Eng. **71** (1925) 597. Ein interessanter Fall eines intensiven, örtlichen Angriffes in Erhitzern einer Cellulosefilterfabrik, die durch einen lokalen Wärmeeffekt hervorgerufen worden ist, beschreibt C. Benedicks: Ing. Vetensk. Akad. Handl. Nr. 60 (1927).

[5] Eisenstecken, F.: Gas-Wasserfach **76** (1933) 561; Ber. 4. Korrosionstagung, Düsseldorf 1934, S. 27.

2. Korrosion von Kondensatorrohren.

Allgemeines. Nicht weniger schwierig als die Frage der stählernen Wasserrohre ist die der Schädigung an Kondensatorrohren aus Messing. Das hier verwendete Material ist wirklich noch widerstandsfähiger als Eisen. Die Durchströmungsgeschwindigkeit des Wassers ist jedoch hoch und wird immer höher mit weiterem technischen Fortschritt auf diesem Gebiete. So kommt es manchmal sehr schnell zu Fehlleistungen. Obwohl manche Kondensatorrohre eine lange Lebensdauer haben — manchmal bis zu 20, 25 Jahren[1] — sind Fälle bekannt, in denen Fehler bereits innerhalb weniger Wochen auftreten. Im allgemeinen kann man sagen, daß das gefährliche „Kindheitsstadium" sicher überbrückt ist, wenn ein gut schützender Film auf der Oberfläche zur Ausbildung gekommen ist; in diesem Fall kann eine vernünftige Lebensdauer vorausgesagt werden. Aber selbst eine kleine Undichtigkeit in einem Kondensator kann Schäden im Kessel verursachen, insbesondere bei Schiffen, wo das Salz besondere Schichten auf den erhitzten Oberflächen bilden kann, die durch Überhitzen zu Schäden führen. In ähnlicher Weise wirkt Chlorwasserstoff im Dampf. Vor einigen Jahren stellte die Kondensatorkorrosion ein einigermaßen verwirrtes Problem dar, jetzt ist man jedoch zu einem recht guten Verständnis ihrer Ursachen gelangt — insbesondere durch die ausgedehnten Untersuchungen, die von BENGOUGH zusammen mit seinen Mitarbeitern JONES, GIBBS, SMITH, O. F. HUDSON, PIRRET und MAY begonnen und von MAY und CHAMPION fortgeführt worden sind[2].

Einfluß des Messings. Das Standardmaterial für Kondensatorrohre war früher ein α-Messing, das gewöhnlich aus 70% Kupfer und 30% Zink bestand, während jetzt, wie später ausgeführt werden wird, widerstandsfähigere Legierungen, die Nickel oder Aluminium enthalten, in den erforderlichen Fällen zur Anwendung gelangen. Auch 60/40-Messinge sind, besonders auf dem Kontinent, angewendet worden. Diese stellen $\alpha\,\beta$-Messinge dar, die durch einen besonderen Angriff auf die β-Konstituente ausgezeichnet sind, wodurch manchmal ein Herausfallen der unveränderten α-Körner verursacht wird, was zu einer weit über die tatsächliche Korrosion hinausgehenden Schädigung führt. v. WURSTEMBERGER[3] zieht ein einphasiges Messing vor, findet jedoch, daß selbst 70/30-Messing nicht stets eine einphasige Struktur aufweist. Nach gewissen Wärmebehandlungen kann der β-Konstituent vorhanden sein. Prüfungen von 60/40-Messing durch STÄGER[4] in 5%iger Natriumchloridlösung während 273 Tagen

---

[1] MARTIN, F. G.: J. Inst. Met. **40** (1928) 19. MARTIN ist der Ansicht, daß, wenn überhaupt eine Theorie, sei es eine elektrochemisch oder irgendwie fundierte Theorie, richtig ist, daß dann jedes Rohr korrodieren *muß*. Neuerliche statistische Untersuchungen beseitigen diese scheinbare Schwierigkeit. Wenn ein ernsthafter Angriff von der *Wahrscheinlichkeit* abhängt, mit der eine Luftblase gefährlicher Größe (oder eine Fremdpartikel gefährlicher Form) an einer hinreichend korrosionsempfindlichen Stelle adhäriert, dann ist die Wahrscheinlichkeit für die *Koinzidenz*, die zu einer Schädigung führt, klein, da die für den Angriff empfänglichen Stellen bekanntlich sporadisch über die Oberfläche verteilt sind.

[2] BENGOUGH, G. D., R. M. JONES, W. E. GIBBS, R. H. SMITH, O. F. HUDSON, R. PIRRET u. R. MAY: J. Inst. Met. **5** (1911) 28, **10** (1913) 13, **15** (1916) 37, **21** (1919) 167, **23** (1920) 65, **32** (1924) 81, **40** (1928) 141. — BENGOUGH, G. D. u. R. MAY: Trans. North East Coast Inst. Eng. **40** (1923) 23. Siehe auch anonym in Engineer **136** (1923) 7.

[3] v. WURSTEMBERGER, F.: Z. Metallk. **14** (1922) 61, 63.

[4] STÄGER, H.: Korr. Met. **11** (1935) 83. — STÄGER, H. u. J. BEIRT: Brown-Boveri Rev. **21** (1934) 184; vgl. K. INAMURA: Sci. Rep. Tôhoku **16** (1927) 999.

zeigen, daß sie ihre Festigkeit viel rascher als 70/30-Messing unter den gleichen Bedingungen[1] verlieren.

Einfluß der Rohrstruktur. Wie bereits ausgeführt worden ist, ist die Korrosion stets dann am ernsthaftesten, wenn sie lokalisiert ist. Ein gelegentlich lokalisierter Angriff kann mit Defekten in der Rohroberfläche zusammenhängen, was jedoch bei den modernen Herstellungsbedingungen nur selten der Fall sein wird. Vor einigen Jahren sprach RAMSAY[2] die Ansicht aus, daß eine *Laminarstruktur* indirekt Korrosion auslösen kann, während MAASS und LIEBREICH[3] eine Beziehung zwischen Korrosion und Ziehriefen festgestellt haben. Der longitudinale Verlauf der Korrosion, wie er durch v. SCHWARZ[4] mittels Röntgenaufnahmen festgestellt worden ist, befindet sich in Übereinstimmung mit einer derartigen Ansicht. BENGOUGH und MAY[5] legen jedoch besonderen Nachdruck auf die Feststellung, daß derartige Fälle als Ausnahmen zu betrachten sind, obgleich sie selbst gewisse Fälle beschreiben, in denen der Angriff von Rissen oder Poren auszugehen scheint. In Anbetracht ihrer weitreichenden Erfahrung sollte diese Ansicht Annahme finden.

Untersuchungen, die auf dem europäischen Festland ausgeführt worden sind, betonten früher nachdrücklich die Bedeutung der *Kornstruktur* für diese Frage, wobei Vergleichsprüfungen an thermisch verschieden vorbehandelten Rohren vorgenommen wurden, um so den Einfluß der Korngröße zu untersuchen. Es könnte jedoch als wahrscheinlich erscheinen, daß die beobachteten Verschiedenheiten auf die thermischen Behandlungen an sich zurückzuführen sind, und man könnte auf den Gedanken kommen, daß die Korngröße *als solche* wenig Einfluß auf die Korrosionsgeschwindigkeit ausübt. MASING[6] beispielsweise hält die Korngröße für unwichtig im Vergleich zu anderen Faktoren. Eine ähnliche Ansicht ist von DUFFEK[7] und anderen[8] ausgesprochen worden. Tatsächlich haben BENGOUGH, JONES und PIRRET[9] zeigen können, daß die Oberfläche eines sorgfältig gezogenen Rohres gewöhnlich aus einer *offenbar strukturlosen Schicht* besteht, unabhängig von der Krystallstruktur des darunterliegenden Messings.

Trotzdem ist es von größter Bedeutung, daß das Metall selbst in einwandfreiem Zustande vorliegt. Die sehr ernste Gefahr beispielsweise, die als *Längsriß* bekannt ist — weitaus gefährlicher als das gewöhnliche allmähliche Undichtwerden, da er plötzlich und mit wenig Warnung Wasser in den Dampfraum

---

[1] D. IITSUKA [Mem. Sci. Kyoto Univ. A **12** (1929) 198] findet, daß die Gegenwart von 3 bis 4% Kobalt das Widerstandsvermögen von 60/40-Messing gegenüber künstlichem Seewasser bei 100° erhöht.

[2] RAMSAY, W.: Engineering **104** (1917) 44.

[3] MAASS, E. u. E. LIEBREICH: Z. Metallk. **15** (1923) 245.

[4] v. SCHWARZ, M.: Korr. Met. **2** (1926) 17.

[5] BENGOUGH, G. D. u. R. MAY: J. Inst. Met. **32** (1924) 155, 196, 228, 229.

[6] MASING, G.: Ber. 3. Korrosionstagung, Berlin 1933, S. 58; vgl. F. OSTERMANN: Korr. Met. **9** (1933) 214. — KÖHLER, W.: Korr. Met. **4** (1928) 227.

[7] DUFFEK, V.: Korr. Met. **4** (1928) 58.

[8] Eine ausgedehnte deutsche Untersuchung hat neuerdings gezeigt, daß die Korngröße als solche nicht bestimmend für die Korrosion von Kupfer-Zink- und Kupfer-Nickel-Legierungen durch verdünnte Säuren ist, während mechanische und thermische Behandlungen, die die Korngröße beeinflussen, auf die Korrosionsgeschwindigkeit von Einfluß sind. Siehe anonym in Korr. Met. **12** (1936) 22.

[9] BENGOUGH, G. D., R. M. JONES u. R. PIRRET: J. Inst. Met. **23** (1920) 80.

einzutreten gestattet —, konnte von MOORE und BECKINSALE[1] auf innere Spannungen zurückgeführt werden. Im Falle der Admiralitätsrohre (70% Kupfer, 29% Zink, 1% Zinn) können diese Spannungen durch ein 30 Minuten langes Glühen bei 280° oder 300° beseitigt werden. Es ist jedoch durch sorgfältige Beachtung der durch den Ziehring und den Dorn während des Ziehvorganges[2] ausgeübten mechanischen Beanspruchungen möglich, ungeglühte Rohre herzustellen, die keine Gefahr für eine Rißbildung bieten.

Einfluß des Wassers. In Schiffskondensatoren erfolgt der Angriff, vorausgesetzt, daß er allgemein und gut ausgebreitet ist, für gewöhnlich zu langsam, um eine vorzeitige Durchlöcherung herbeizuführen. Die Rohre sollten infolgedessen viele Jahre halten, wenn das Schiff nicht viel Zeit in Häfen, Kanälen oder gewissen Seen verbringt, in denen das Wasser gefährliche Bestandteile enthält. Ein Schaden tritt dann an Schiffen auf, wenn der Angriff lokalisiert und infolgedessen intensiviert wird. Sehr häufig assoziiert man korrosives Verhalten mit Gegenwart von Säuren; jedoch weist eine schwach alkalische Reaktion — wie v. WURSTEMBERGER[3] zeigen konnte — die Neigung zu lokalem Angriff auf und kann infolgedessen gefährlicher wirken. Auf dem Lande kann jedoch bei Kondensatoren, die ein Wasser verwenden, das bedeutende Mengen von Schwefelsäure oder Ammoniak enthält, ein allgemeiner Angriff gleichfalls zu ernstem Schaden führen. Die Schwefelsäure kommt gewöhnlich von industriellen Abflüssen her, während Ammoniak manchmal durch bakterielle Einwirkungen entsteht, wie beispielsweise im Hafen von Sidney[4].

Die Gegenwart von Schwefelwasserstoff im Wasser gewisser Häfen kann sehr ernste Schäden an Kondensatorrohren auslösen. Hierdurch wird ein Korrosionsprodukt nichtschützenden Charakters gebildet, wobei der einmal eingeleitete Schaden selbst dann noch fortwirkt, wenn das Wasser bereits keinen Schwefelwasserstoff mehr enthält. Es gibt verschiedene Wege, auf denen Schwefelwasserstoff in Wasser auftreten kann. In einigen britischen Häfen wird es durch das Absterben und die Zersetzung von Schwefelbakterien, wie *beggiatoa alba*[5], gebildet[6], die in einem Wasser gedeihen, das leicht, jedoch nicht stark verschmutzt ist, und halbflüssige Schwefelkügelchen als Nahrungsreserve bei sich tragen. Der Schwefelwasserstoff des Schwarzen Meeres[7] und des Lake Washington Ship Canal[8] ist offenbar auf eine andere Klasse von Organismen zurückzuführen, die die im Wasser vorhandenen Sulfate in ihren Kreislauf aufnehmen und letzten Endes (wahrscheinlich nach ihrem Tode) Schwefelwasserstoff bilden. Die Bakterien des erwähnten Kanales können für die Bildung von

---

[1] MOORE, H. u. S. BECKINSALE: J. Inst. Met. **27** (1922) 149, **29** (1923) 285; vgl. G. SACHS: Praktische Metallkunde, Berlin 1934, Bd. 2, S. 145. — GOODWIN, G.: J. Inst. Met. **27** (1922) 173. — ANDERSON, R. J. u. E. G. FAHLMANN: J. Inst. Met. **34** (1925) 271.

[2] Vgl. R. H. N. VAUDREY u. W. E. BALLARD: Trans. Faraday Soc. **17** (1921) 52.

[3] v. WURSTEMBERGER, F.: Schweiz. Bau-Ztg. **74** (1919) 66, 91, 106, s. besonders S. 91, 92; ebenso Z. Metallk. **14** (1922) 23, 59, Rev. Mét. **18** (1921) 687.

[4] GRANT, R., E. BATE u. W. H. MYERS: Inst. Eng. Australia 8 (1921).

[5] ELLIS, D.: J. Roy. techn. Coll. 1 (1924) 127.

[6] BENGOUGH, G. D. u. R. MAY: J. Inst. Met. **32** (1924) 203.

[7] ISSATCHENKO, B.: C. r. **178** (1924) 2204.

[8] SMITH, E. V. u. T. G. THOMPSON: Ind. eng. Chem. **19** (1927) 822. Die Sulfide im Seewasser von Hongkong (durch die eine ernsthafte Korrosion der Hafenpfeiler hervorgerufen worden ist) scheinen gleichfalls bakteriellen Ursprungs zu sein. Siehe hierzu S. H. ELLIS: Pr. Inst. Civ. Eng. **199** (1914) 133.

50 bis 80 t Schwefelwasserstoff je Jahr verantwortlich gemacht werden. Manchmal befinden sich die sulfiderzeugenden Organismen innerhalb der Werkszuleitung (z. B. einer Kraftstation). In derartigen Fällen empfiehlt v. WURSTEMBERGER[1] Desinfektion mit Chlor. Es ist angenommen worden, daß der Schwefelwasserstoff im Karibischen Meer (Venezuela) auf Schwefelverbindungen zurückgeht, die in dem Rohöl vorhanden sind, das von Tankschiffen herrührt[2].

Laboratoriumsversuche, die BENGOUGH und MAY[3] ausführten, haben ergeben, daß nicht nur Schwefelwasserstoff, sondern auch Kohlendioxyd zu einem nichtschützenden Korrosionsprodukt führt. Bei der Kraftstation in Carville (in der Nähe von Newcastle-on-Tyne) hat PARKER[4] festgestellt, daß die Korrosionsschäden dann besonders groß sind, wenn der Kohlendioxydgehalt hoch im Vergleich zu dem des Sauerstoffes ist. Werden neue Rohre (70/30-Messing) im Juni eingezogen, so unterliegen 40% der Pittingbildung innerhalb eines Monats. Werden entsprechende Rohre dagegen im November in Betrieb genommen, so zeigen nur einige innerhalb von 2 Jahren Fehlleistungen auf. Das während der Sommermonate im Überschuß vorhandene Kohlendioxyd verhindert die Bildung einer schützenden Schicht, bzw. bringt tatsächlich eine bereits vorhandene Schicht zur Auflösung. Ähnliche jahreszeitlich bedingte Einflüsse sind von MORRIS[5] für das Mündungswasser von Bridgeport (Conn.), das gleichfalls im Sommer weitaus korrosiver als im Winter ist, mitgeteilt worden.

Die Haupttypen des örtlichen Angriffes an Kondensatorrohren sind bekannt als Angriff durch Niederschlagsbildung und Angriff infolge Anpralls des Flüssigkeitsstrahles.

Angriff durch Niederschlagsbildung. Dieser Angriff[6] ist mit dem Eintritt fremder Körper, wie beispielsweise Sand, Schlick, Koks, Holz, Muscheln, Seetank oder mineralischer Bestandteile, in das Rohr verknüpft; selbst kleine Fische oder Quallen können nach MACDONALD[7] tot in Rohren gefunden werden und sind Ursache von Korrosion. Diese Fremdkörper kommen gegen das Metall und rufen Angriff hervor, sei es durch differentielle Belüftung oder deshalb, weil das an irgendeinem korrosionsempfänglichen Punkte gebildete Korrosionsprodukt (vielleicht an einer abgeschabten Stelle, die in einem Augenblick gebildet worden ist, als der Fremdkörper im Rohr festgehalten wurde) an dem Fremdkörper anstatt an dem Metall festhaftet. Ist erst einmal ein Niederschlag von Kupfer(I)-salzen (die selbst Sauerstoff absorbieren) örtlich gebildet worden, so kann er zum Anlaß werden für eine Fortdauer des Angriffes, auch dann noch, wenn der Fremdkörper, der den Schaden ausgelöst hat, bereits fortgeschwemmt worden ist. PHILIP[8] ist der Ansicht, daß einige der Fremdkörper, wenn sie Substanzen wie Kohle mit sich führen, als kathodische Teile eines Korrosions-

[1] v. WURSTEMBERGER, F.: Private Mitteilung vom 14. Oktober 1935.

[2] LOBRY DE BRUYN, C. A.: Private Mitteilung vom 2. April 1933.

[3] BENGOUGH, G. D. u. R. MAY: J. Inst. Met. 32 (1924) 200, 203.

[4] PARKER, P. C.: Trans. North East Coast Inst. Eng. 40 (1923/1924) 74.

[5] MORRIS, A.: Techn. Publ. Am. Inst. min. met. Eng. Nr. 431 (1931).

[6] BENGOUGH, G. D. u. R. MAY: J. Inst. Met. 32 (1924) 174.

[7] MACDONALD, J.: Trans. Inst. Marine Eng. 37 (1925) 484. MACDONALD empfiehlt, die zur Bilge gehörenden Kondensatorrohre oberhalb und achtern der Einlaßventile oder an der entgegengesetzten Seite des Schiffes anzubringen; weiterhin soll die Asche aus der Feuerungsluke dort entfernt werden, wo keine Möglichkeit vorhanden ist, daß sie in die Einlaßventile gerät. [8] PHILIP, A.: J. Inst. Met. 12 (1914) 133.

elementes wirken. In Anbetracht der geringen Ausdehnungen und des schlechten Kontaktes ist dies wahrscheinlich kein wichtiger Anlaß für die Zerstörung. Der mit Abscheidung verknüpfte Angriff ist hauptsächlich dort vorhanden, wo die Wassergeschwindigkeit *gering* ist. Er bleibt vermieden, wenn den Fremdkörpern der Zutritt zu den Rohren verwehrt ist. Ist ihr Eindringen unvermeidbar, so sollten die Rohre häufig mit einer weichen Bürste gereinigt werden, die jedoch nicht so hart sein darf, daß sie irgendeine vorhandene Schutzschicht verletzt. HOLLER[1] empfiehlt einen Spezialreiniger, der aus Drahtspiralen besteht, die unter einem geeigneten Winkel angebracht sind, um die Bildung von Rissen und Schrammen zu verhüten, die ihrerseits selbst einen Angriff auslösen würden. Muß Salzsäure benutzt werden, so soll ihr ein kolloider Inhibitor zugesetzt werden. BEDALE[2] berichtet, daß in der britischen Marine manchmal Schrotkugeln benutzt werden, wenn die Schicht nicht zu ausgedehnt ist, während Salzsäure im Falle stärker bedeckter Rohre rascher wirkt. CHRISTMANN[3] empfiehlt, Salzsäure nicht in verzinnten Rohren zu verwenden.

Angriff infolge Aufprall des Flüssigkeitsstrahles. Diese Art des Angriffes[4] tritt dann ein, wenn die Wassergeschwindigkeit groß ist und zwar meist an den Eintrittsenden der Rohre, an denen Luftblasen gewisser Größe auf das Metall aufprallen. Verlassen die Blasen das Metall, so besteht stets die Gefahr, daß Schichten von Korrosionsprodukten, die sonst schützend wirken würden, an den Blasen adhärieren und mit diesen das Metall verlassen und somit den ungehinderten Fortgang der Korrosion an den fraglichen Stellen ermöglichen. Diese Blasen können infolge heftigen Schüttelns gebildet werden. Lokale Druckerniedrigungen können Luft aus der Lösung freimachen, die sich nicht sofort wieder löst, wenn die Blasen ein Gebiet hohen Druckes erreichen. Im allgemeinen sind die gebildeten Pittings frei von Korrosionsprodukten und am vorderen Ende unterhöhlt. Manchmal führt die Entfernung der Blasen durch irgendwelche am Rohr festhaftende Partikeln zu hufeisenförmigen Gräben rund um die Partikeln herum. Nur große Blasen rufen Korrosion hervor, wobei der Schaden typisch zu derjenigen Form korrosiver Schäden zu rechnen ist, die auftreten, wenn turbulente Ströme Blasen der gefährlichen Größe hervorrufen, die dann auf die Wände aufprallen.

Diese Form des Angriffes kann in wenigen Wochen Schäden hervorrufen, und es sollte deshalb bei schnell durchflossenen Kondensatorrohren dafür Sorge getragen werden, daß das Aufprallen von Blasen des gefährlichen Types vermieden wird. PARSONS[5], der wichtige Versuche mit einem Versuchskondensator angestellt hat, konnte den Nachweis führen, daß der Schaden mit Gebieten turbulenter Bewegung des Wassers in dem Wasserkasten verknüpft ist. Er konnte zeigen, daß die Ursache durch Vergrößerung der Wassereintrittszone im Sinne einer Herabsetzung der Eintrittsgeschwindigkeit des Wassers abgeschwächt und daß sie praktisch durch Einbau eines Gitters von geeigneten Dimensionen in den eigentlichen Wasserkasten beseitigt werden konnte.

---

[1] HOLLER: Wärme **49** (1926) 879.

[2] BEDALE, J. L.: Chem. Ind. **13** (1935) 678.

[3] CHRISTMANN, N.: Wärme **55** (1932) 689.

[4] BENGOUGH, G. D. u. R. MAY: J. Inst. Met. **32** (1924) 204. — MAY, R.: J. Inst. Met. **40** (1928) 159; vgl. K. FRASER: Engineer **143** (1927) 406.

[5] PARSONS, C. A.: Engineering **123** (1927) 433.

Diese Art des Angriffes wurde erst zu einem wichtigen Störungsmoment, als auf großen Schiffen hohe Durchströmungsgeschwindigkeiten allgemein wurden. Der Angriff, der jedoch durch Blasen verursacht wird, die an den Wänden festhaften, kann in langsam strömendem Wasser hervorgerufen werden und bietet wahrscheinlich ein weiteres Beispiel des von BENEDICKS festgestellten lokalen Wärmeeffektes, der auf S. 254 behandelt worden ist. Tatsächlich kann selbst in einem außer Betrieb befindlichen Kondensator Korrosion an oder nahe an der Wasserlinie erfolgen, die die mit Wasser und mit Luft gefüllten Teile des Rohres voneinander trennt[1].

LASCHE und KIESER[2] haben angenommen, daß Streuströme von elektrischen Maschinen zur Korrosion an Schiffskondensatoren beitragen können. Für britische Schiffe wird hierin kein ernster Korrosionsgrund gesehen.

Einfluß von Öl auf die Korrosion von Rohren. Über einen Typ des Angriffes, der durch Tröpfchen gewisser Öle hervorgerufen wird, die in Kondensatoren oder Kühlerrohre eindringen, hat in neuerer Zeit BULLEN[3] berichtet, der der Ansicht ist, daß einige Fälle von den Kondensatorkorrosionen, die in der Vergangenheit auf andere Ursachen zurückgeführt worden sind, tatsächlich der Einwirkung von Ölen zugeschrieben werden müssen. Vor einigen Jahren hat EVANS[4] im Laboratorium gezeigt, daß Korrosion durch differentielle Belüftung in der Grenzzone ausgelöst werden kann, in der ein Tropfen inerten Öles und eine Metalloberfläche, die in Salzwasser eingetaucht ist, zusammentreffen. Die ringförmige Korrosion, die so ausgelöst wird, ähnelt der, die BULLEN unter Betriebsbedingungen ermittelt hat. In den von ihm beschriebenen Fällen bilden sich Korrosionsringe an den Stellen aus, an denen Öltropfen oder -flecken gegen das Metall grenzen. In manchen Fällen hat dieser Vorgang zu einer Durchlöcherung der Rohrwand geführt. Die einmal eingeleitete Korrosion kann auch dann noch fortschreiten, wenn der Öltropfen bereits verschwunden ist. Dieser Typ des Angriffes zeigt sich nicht nur in Kondensatoren, sondern tritt ganz allgemein in Kühlern auf. Wenngleich sicherlich Brennöl diese Schäden hervorrufen kann, so können sie doch auch durch die in der Praxis benutzten mit Leinöl getränkten Wickel hervorgerufen werden. Es ist möglich, daß dieser Typ des Angriffes ernster wird im Hinblick auf die zunehmende Ölmenge im Seewasser. Erfreulicherweise bleibt das Öl vorwiegend an der Oberfläche, während der Zutritt zu den Schiffskondensatoren gut unterhalb der Wasserlinie liegt.

Schutz der Rohre gegen Angriff. Es ist einleuchtend, daß viel zum Schutz der Kondensatoren durch Verbesserungen getan werden kann, durch die das Eintreten von Fremdkörpern in die Rohre verhindert und das Aufprallen der Luftblasen des gefährlichen Types vermieden wird. Die Strömungsgeschwindigkeit des Wassers sollte nicht größer als unbedingt erforderlich gewählt werden. Bei sorgfältiger Beachtung der Einzelheiten sowohl durch Hersteller als durch Benutzer sind bedeutende Verbesserungen selbst dort erzielt worden, wo die „altbewährten"

---

[1] Siehe Versuche von G. D. BENGOUGH, R. M. JONES u. R. PIRRET: J. Inst. Met. **23** (1920) 125.

[2] LASCHE, O. u. W. KIESER: Konstruktion und Material in Bau von Dampfturbinen und Turbodynamos, Berlin 1925.

[3] BULLEN, F. J.: Metallurgist **9** (1934) 182. Siehe auch private Mitteilung vom 14. u. 27. Januar u. vom 14. November 1935.

[4] EVANS, U. R.: Petroleum Development and Technology in 1926 in: Am. Inst. Min. Met. Eng. S. 469; Metallurgist **10** (1935) 16.

Messingrohre in Betrieb sind. Hinsichtlich der sorgfältigen Behandlung von Messingkondensatoren leistet eine Kurzschrift von BENGOUGH[1] gute Dienste.

Die Bemühungen, gewöhnliche Messingrohre mit schützenden Überzügen zu versehen, haben in einigen Fällen zu Erfolg geführt, wenngleich diese Methode nicht allgemeiner Anwendung fähig ist. *Verzinnen* ist weitgehend angewendet worden, insbesondere auf dem europäischen Festland; es verzögert in Seewasser den Beginn gewisser Schadentypen. NOAL[2] hat bei einigen der Parkeston-Dampfschiffe angeregt, daß bei einem der Kondensatoren Rohre aus Admiralitätsmessing (70% Kupfer, 29% Zink, 1% Zinn) verwendet wurden, die auf der Innen- und der Außenseite verzinnt waren, während die anderen Kondensatoren, die aus der gleichen Legierung bestanden, nicht diesen Zinnüberzug erhielten. In jedem Fall setzte der Zinnüberzug die erforderlichen Erneuerungen an den Rohren wesentlich herab. In einigen Frischwässern scheint die Lage jedoch anders zu sein: Ein Zinnüberzug kann den Eintritt des Angriffes verzögern. Ist das Zinn jedoch erst einmal entfernt, so schreitet der Angriff schneller vorwärts als vorher. Gewöhnlich wird sich zwischen dem Messing und dem Zinn eine Legierungsschicht ausbilden. In manchen Wässern sind Kupfer-Zinn-Legierungen kathodisch gegen Kupfer[3] und deshalb wahrscheinlich auch gegenüber Messing.

AUSTIN[4] hat einen auf Schiffen der Cunard-Linie durchgeführten Vorgang beschrieben, der im Ausspritzen der Innenwände der Rohre mit einem *bituminösen Gemisch* besteht. Diese Rohre bewähren sich gut im Atlantik, jedoch nicht gleich gut in warmen Gewässern, wo der Überzug zum Fortlösen unter Hinterlassung von blanken Flecken neigt. Nach MARTIN[5] verursacht diese Schutzschicht jedoch einen beachtlichen Verlust hinsichtlich der Wärmeübertragung.

Da der durch die aufprallenden Blasen ausgelöste Angriff sich auf das Eintrittsstück der Rohre und häufig auf die Entfernung von etwa 100 mm von der Eintrittsstelle beschränkt, so ist hier ein örtlicher Schutz möglich. Ein einfacher aber erfolgreicher Vorschlag, der von NOAL[6] für Schiffskondensatoren gemacht worden ist, sieht ein Einsetzen von Stücken aus Bleirohr von etwa 150 mm Länge in die Kondensatoren und Umbiegen über die Rohrzwinge vor. Bei den Parkeston-Dampfschiffen haben diese Bleieinsätze zu einem fast unbegrenzten Schutz der verletzbaren Teile geführt, wenn sie auch nicht überall die Pittingbildung verhindern. Es muß jedoch hinzugefügt werden, daß andere Vorsichtsmaßregeln gleichzeitig angewendet werden. Zinnüberzogene Rohre aus Admiralitätsmessing (mit 1% Zinn in der Legierung) finden Verwendung, und es wird sehr viel Mühe darauf verwendet, die Luft aus dem Zirkulationswasser so weit als möglich zu entfernen durch Rohre mit offenen Enden am Gehäuse der Zirkulationspumpen und den Enden der Wasserkondensatoren. Auch die Wassergeschwindigkeit wird so niedrig wie möglich gehalten (76,2 bis 91,5 m/min unter Versuchsbedingungen und wesentlich geringer im gewöhnlichen Betrieb).

---

[1] BENGOUGH, G. D.: Notes on the Corrosion and Protection of Condenser Tubes, Institute of Metals, London 1925.

[2] NOAL, F. W.: Private Mitteilung vom 21. Dezember 1934.

[3] PASSERINI, L.: L'energia elettrica **6** (1929) 172.

[4] AUSTIN, J.: Trans. Liverpool Eng. Soc. **46** (1925) 88; Engineer **143** (1927) 406.

[5] MARTIN, F. G.: J. Inst. Met. **40** (1928) 19.

[6] NOAL, F. W.: Private Mitteilung vom 13. und 21. Dezember 1934.

Einfluß von Arsen im Messing. Eine andere Art der Überwindung der Korrosionsschäden besteht in einer Änderung der Zusammensetzung der für die Rohre benutzten Legierung. Selbst die einfachen Messingrohre zeigen ein verschiedenes Verhalten. Einige Messingrohre geben, wenn sie dem zu einer Abscheidung führenden Angriff ausgesetzt werden, einen Niederschlag von grünem basischen Kupferchlorid (wahrscheinlich weitgehend Atacamit $CuCl_2 \cdot 3\,CuO \cdot 3\,H_2O$) mit Krystallen von Kupfer(I)-oxyd. An anderen Rohren dagegen besteht das Korrosionsprodukt aus basischem Zinkchlorid (weiß oder fleckig braun), womit Oberflächengebiete bedeckt werden, unter denen das Messing in poröses Kupfer übergegangen zu sein scheint. Nach einiger Zeit können sich diese porösen Kupferpfropfen über die ganze Rohrwand erstrecken. Dieses Phänomen ist seit langem als *Entzinkung* bekannt. BENGOUGH und MAY[1] haben gezeigt, daß das verschiedene Verhalten von Messingrohren weitgehend auf die Anwesenheit oder Abwesenheit von Arsen zurückzuführen ist. In Rohren, die aus arsenhaltigem Messing hergestellt worden sind, erscheinen sowohl Kupfer als auch Zink im Korrosionsprodukt, das natürlich-grün ist. Bei Rohren, deren Arsengehalt kleiner als 0,01 % ist, findet BENGOUGH, daß die Kupferverbindungen eine weitere Messingmenge angreifen. Es verbleiben nur Zinkverbindungen in der endgültigen Kruste des Korrosionsproduktes und ersetzen das Messing durch Pfropfen von porösem Kupfer. In saurer Flüssigkeit liefert die Wiederausfällung oft eine kohärente Schicht von Kupfer an Stelle der porösen Partikeln. Gewisse andere Elemente außer Arsen verhindern gleichfalls die Entzinkung. Es sind dies Zinn, Nickel, Aluminium, Wolfram und Blei (Zinn ist nach Arsen am wirkungsvollsten, während Blei die geringste Wirkung ausübt). Mangan und Eisen scheinen die Entzinkung zu begünstigen.

Einfluß von Zinn und Blei im Messing. Obgleich die Gegenwart von Arsen die Entzinkung verhindert, stoppt sie doch den Angriff durchaus nicht ab. Tatsächlich hat MASING[2] in Natriumchloridlösung, die mit Salpetersäure angesäuert worden war, festgestellt, daß der Angriff durch die Gegenwart von Arsen im Messing vergrößert wird. Seit längerer Zeit sind Versuche unternommen worden, das Messing dahingehend zu verändern, daß es ein Korrosionsprodukt liefert, durch das der Angriff abgestoppt wird. Früher wurden 2% Blei oder 1% Zinn zum Messing hinzugefügt. Das britische Admiralitätsmessing mit 70% Kupfer, 29% Zink und 1% Zinn ist bereits erwähnt worden; jedoch wird in diesen Fällen eine nur teilweise Selbsthemmung erzielt.

Einfluß von Aluminium im Messing. Sehr günstige Ergebnisse sind mit einem Aluminium-Messing erzielt worden, das etwa 75 bis 76% Kupfer, 2% Aluminium und 22 bis 23% Zink enthält. Rohre, die aus diesem Material hergestellt worden sind, und die von MAY[3] in einem Versuchskondensator geprüft wurden, wiesen nur eine geringe Entzinkung auf, widerstanden aber dem Effekt der aufprallenden Blasen vollständig, selbst dann, wenn Risse absichtlich an der Eintrittsstelle der Flüssigkeit angebracht wurden. Paralleluntersuchungen unter den gleichen Bedingungen ergaben den durch Aufprall bedingten Angriff

---

[1] BENGOUGH, G. D. u. R. MAY: J. Inst. Met. **32** (1924) 183. Die Ursache der Arsenwirkung wird zur Zeit in Cambridge untersucht. (FINK, F. W. u. U. R. EVANS: Unveröffentlichte Untersuchung.)   [2] MASING, G.: Z. Metallk. **23** (1931) 23.
[3] MAY, R.: J. Inst. Met. **40** (1928) 152, s. besonders Fußnote; s. auch in Met. Ind. London **37** (1930) 378.

bei gewöhnlichem 70/30-Arsen-Messing sowie eine heftige Entzinkung bei 70/30-arsenfreiem Messing. Daß der Schutz auf das Vorhandensein eines Filmes zurück-geht, ist durch die Verfolgung des Elektrodenpotentiales gezeigt worden. Es wurde weiterhin nachgewiesen, daß das Potential durch das Ritzen der Ober-fläche des aluminiumhaltigen Messings rasch abfällt (wodurch das Auftreten von bloßem Metall angezeigt wird), jedoch sehr rasch wieder auf einen edlen Wert ansteigt, was auf eine Selbstheilung des Filmes hinweist. Ein heftiges Aufprallen von Luftblasen führt zu keinem merklichen Absinken des Potential-wertes, was darauf hinweist, daß der Widerstand des Filmes für diese Art des Angriffes hinreichend ist. Die Al-freien Messinge zeigen dagegen einen raschen Potentialabfall mit beginnendem Aufprallen von Luftblasen an. In manchen Fällen ist keine Erholung des Potentialwertes erkennbar, nachdem das Potential durch Ritzen der Oberfläche zum Abfall gebracht worden war. Diese Al-haltigen Messinge sind zur Zeit weitgehend im Gebrauch. HUNTER[1] berichtet über ihre Anwendung „als übliches Material" und kommt zu der Feststellung, daß die Anwendung dieser Rohre trotz ihres 25% höheren Preises doch wirtschaftlich vorteilhaft ist.

Eine in neuerer Zeit durchgeführte japanische Untersuchung[2] hat gute Ergebnisse mit einem Aluminium-Messing gezeitigt, das außerdem 0,05% Arsen und 0,3% Silicium enthält. Aluminiumbronze mit 5% Aluminium und 95% Kupfer ist an mehreren Stellen in Amerika mit etwas wechselndem Erfolge verwendet worden. Einzelheiten hierüber bringen FREEMAN und TRACY[3].

Verwendung von Rohren aus Kupfer-Nickel-Legierung. Besonderes Interesse kommt den Kupfer-Nickel-Legierungen zu. Die 80/20-Legierung ist zuerst eingeführt worden und zeigte zufriedenstellenden Widerstand gegenüber korro-sivem Angriff. R. W. MÜLLER[4] berichtet über den Fall einer Raffinerie, in der die Legierung eine 5mal so große Lebensdauer aufwies wie Rohre aus Admirali-tätsmessing. Später wurden Rohre aus der 70/30-Legierung, die zuerst Schwierig-keiten in der Bearbeitung geboten hatte, auf den Markt gebracht. Sie zeigte einen noch besseren Widerstand hinsichtlich des durch aufprallende Luftblasen hervorgerufenen Angriffes. Jetzt werden Kupfer-Nickel-Rohre weitgehend auf Schiffen verwendet, und zwar mit durchaus befriedigenden Ergebnissen. Einzelheiten, die durch JOHNSON[5] geboten werden, zeigen, daß diese Legierung den älteren wesentlich überlegen ist. Die Legierung mit 30% Nickel ist auf zahl-reichen Schiffen der britischen Marine sowie von seiten britischer, amerikanischer und kontinentaler Schiffsfirmen installiert worden. Legierungen mit 68 bis 70% Nickel sind in Sonderfällen zur Anwendung gekommen, in denen das Gewicht von Bedeutung ist, da die hohe Festigkeit die Anwendung dünnerer Rohre gestattet.

---

[1] HUNTER, H.: Trans. North East Coast Inst. Eng. **52** (1936) D 27.

[2] TANABLE, T. u. G. KOISO: J. Soc. mechan. Eng. Japan **37** (1934) S. 575. Ein Versehen scheint hinsichtlich der Zahlen in Tabelle 2 auf S. 876 des englischen Textes unterlaufen zu sein. Bei Vergleich dieser Daten mit der japanischen Fassung (S. 509) ist ersichtlich, daß die 0,05% Arsen einem anderen Messing zugeordnet worden sind. Es ist anzunehmen, daß die japanische Tabelle korrekt ist.

[3] FREEMAN, J. R. u. A. W. TRACY: Mechan. Eng. **57** (1935) 630.

[4] MÜLLER, R. W.: Korr. Met. **10** (1934) 289.

[5] JOHNSON, J.: Engineering **127** (1929) 374.

DONALDSON[1], der die britische Erfahrung überprüft, sowie auch GOOS[2], der vom deutschen Standpunkt aus die Frage behandelt, zollen sowohl den Kupfer-Nickel-Legierungen als auch dem Aluminium-Messing ein hohes Lob. DAHL[3] gelangt zu der Feststellung, daß sich Aluminium-Messing und Kupfer-Nickel-Legierungen im Hinblick auf hohe Wassergeschwindigkeiten etwa gleich gut verhalten, daß die letzteren jedoch besser sind, wenn die Gefahr der Entzinkung vorliegt.

3. Andere Korrosionsfälle durch bewegte Flüssigkeiten.

Einfluß der Flüssigkeitsbewegung. Lokale Korrosion ist oft mit dem motoelektrischen Effekt (s. S. 239) verknüpft, der dann auftritt, wenn ein Teil eines metallischen Gegenstandes einer rasch bewegten Flüssigkeit ausgesetzt ist, während die übrige Oberfläche von Flüssigkeit umgeben ist, die im Vergleich dazu als ruhend zu bezeichnen ist. Die wichtigsten Beispiele hierfür betreffen das Kupfer und seine Legierungen, da an diesen Materialien der der Flüssigkeitsbewegung ausgesetzte Teil anodisch ist. Er unterliegt unter gewissen Bedingungen intensiver Korrosion, wenn er im Vergleich zu dem ruhenden Gebiet klein ist. Ein frühes Beispiel ist von THOMPSON und MCKAY[4] beschrieben worden, die zeigen konnten, daß die aus Nickel-Kupfer-Legierungen bestehenden Einhängestangen eines Beizbades an einer Stelle fortgefressen wurden, an der das Metall infolge einer fehlerhaften Verbindung der bewegten Flüssigkeit ausgesetzt war.

Ein anderes Beispiel beschreibt EVANS[5], in dem intensive Korrosion an einem von außen gekühlten vertikalen Kupferkondensatorrohr an derjenigen Stelle erfolgte, an der das Kühlwasser eintrat und gegen die Oberfläche auftraf. Der gesamte anodische Effekt war nicht groß, da er jedoch auf diese besondere Stelle konzentriert wurde, rief er eine recht rasche Durchlöcherung hervor. Andere Fälle lokaler Korrosion von Kupferrohren durch Wässer, die nicht als besonders zerstörend zu betrachten sind, sind von Zeit zu Zeit von Stellen berichtet worden, an denen das Wasser infolge plötzlicher Richtungsänderung auf eine kleine Fläche auftraf, die dadurch anodisch gegenüber der übrigen Oberfläche wurde. In einigen Fällen ist es möglich, daß Spannungen, die nach dem Biegen im Metall zurückgeblieben sind, zu dem Effekt beigetragen haben. Über ein aus neuerer Zeit vorliegendes Beispiel einer Kupferkorrosion, die durch differentielle Bewegung in der Flüssigkeit hervorgerufen wurde, berichtet NEWBERY[6]. Hiernach trat intensive Korrosion in einer aus einer Kupferlegierung bestehenden Pumpe auf, die durch Ströme bedingt wurde, die zwischen den äußeren Teilen, an denen die Flüssigkeit vergleichsweise ruhend war, und dem inneren Teil, an dem sie sich in rascher Bewegung befand, zustande kamen. Ein von THRESH und BEALE[7] erwähnter Fall eines kupfernen Heißwasserrohres, das an einer Biegung durchlöchert wurde, mag ähnlich zu erklären sein.

[1] DONALDSON, J. W.: Metallurgia 4 (1931) 77.
[2] GOOS: Ber. 3. Korrosionstagung, Berlin 1933, S. 34.
[3] DAHL: Ber. 3. Korrosionstagung, Berlin 1933, S. 34.
[4] THOMPSON, J. F. u. R. J. MCKAY: Ind. eng. Chem. 15 (1923) 1114.
[5] EVANS, U. R.: J. Soc. chem. Ind. Trans. 43 (1924) 127.
[6] NEWBERY, E.: Trans. electrochem. Soc. 67 (1935) 223.
[7] THRESH, J. C. u. J. F. BEALE: Examination of Water and Water-Supplies, London 1925, S. 165.

Einfluß ungleichförmiger Salzkonzentration. Einen interessanten Korrosionsfall, der das indirekte Ergebnis der Flüssigkeitsbewegung ist, stellt die Korrosion von Messingbekleidungen an einer den Gezeiten unterworfenen Flußmündung dar. In gewissen Stadien der Gezeiten besteht für das frische Wasser vom Fluß die Neigung *über* das schwerere Salzwasser hinwegzufließen, so daß der obere Teil der Bekleidung dem frischen Wasser und der untere Teil dem Salzwasser ausgesetzt ist. Bekleidungen, die aus $\alpha\,\beta$-Messing (Muntz-Metall) bestehen, werden häufig für den Schutz hölzerner Pfeiler verwendet, die in Seewasser stehen. PERKS[1] berichtet über einen Korrosionsfall dieser Art, der auf dem Element

Muntzmetall / Salzwasser / Frischwasser / Muntzmetall

beruht. Der Angriff ist besonders ernster Natur, wenn die Legierung einer ungeeigneten Wärmebehandlung unterworfen worden ist (s. S. 427). EVANS hat im Laboratorium einen Strom hervorgerufen, der von einem entsprechenden Element geliefert wird:

Kupfer / konzentrierte NaCl-Lösung / verdünnte NaCl-Lösung / Kupfer.

Das Kupfer in der konzentrierten Salzlösung wirkt als Anode. Zweifellos geht es in Form von Komplexionen in Lösung, die in konzentrierteren Chloridlösungen stabiler als in verdünnteren sind. Eine lange zurückliegende Arbeit von ANDREWS[2] hat das Vorhandensein einer EK infolge verschiedener Salzkonzentrationen am Eisen als eine mögliche Ursache bezeichnet für die Korrosion an Eisenkonstruktionen in Flüssen, die den Gezeiten unterworfen sind.

Schäden bei hydro-elektrischen Stationen. Die hohen Wasserdrucke und Geschwindigkeiten, die in hydro-elektrischen Stationen vorherrschen, führen zu einer Reihe von Korrosionsfragen. Der Schaden kann in verschiedener Weise auftreten, wobei nachstehende Einflüsse in den verschiedenen Fällen eine Rolle spielen können:

1. Direkte mechanische Erosion des Metalles.

2. Kontinuierliche Entfernung eines jeden Filmes, der normalerweise eine chemische Einwirkung verhindern würde.

3. Vagabundierende Ströme von den elektrischen Anlagen.

4. Differentielle Belüftung.

5. Metall-Ionen-Konzentrationsketten.

6. Elektrische Ströme, die auf eine thermische EK zurückgehen, insbesondere in Verbindung mit Kühlkreisen.

In einigen Fällen sind elektrische Ströme von überraschender Größe in Metallteilen festgestellt worden. Einzelheiten hierüber finden sich in den Mitteilungen von PASSERINI[3], FALETTI[4] u. a.

PASSERINI berichtet über Schäden, die durch differentielle Belüftung in der Rohrleitung auftreten, die zur hydro-elektrischen Station herabführt. Das Wasser in dem niedriger gelegenen Teil besitzt einen geringeren Sauerstoffgehalt als in dem höher gelegenen. In der Kraftstation können differentielle Belüftungs-

---

[1] PERKS, T. E.: J. Soc. chem. Ind. Trans. **43** (1924) 75. Siehe auch W. DONOVAN u. T. E. PERKS: J. Soc. chem. Ind. Trans. 43 (1924) 72.

[2] ANDREWS, T.: The Action of Tidal Streams on Metals, London 1885. Siehe auch T. ANDREWS: Pr. Roy. Soc. **37** (1884) 28, **38** (1885) 372.

[3] PASSERINI, L.: L'energia elettrica **6** (1929) 168, **9** (1932) 894.

[4] FALETTI, N.: L'energia elettrica **11** (1934) 277.

effekte auftreten zwischen Stellen, an denen das rasch bewegte Wasser seinen Sauerstoffbedarf erneuern kann und solchen, an denen das nicht möglich ist.

Ein elektrischer Strom tritt auch dann auf, wenn Wasser durch zwei Rohre verschiedenen Durchmessers hindurchfließt. AUERBACH[1] konnte zeigen, daß die Potentialdifferenz dann, wenn die Strömung in beiden Fällen ruhig (oder in beiden Fällen turbulent) ist, gering ist, daß sie jedoch groß wird, wenn die Strömung lediglich in einem Rohr turbulent ist. Der Grund liegt möglicherweise darin, daß dann der Sauerstoff an der Metalloberfläche in dem einen Rohr rascher erneuert wird.

Ein auf HEENAN[2] zurückgehender Versuch mag von praktischer Bedeutung sein: Man ließ Wasser aus einer Düse austreten, und zwar so, daß es radial nach außen in allen Richtungen über eine horizontale Platte floß, wobei die Geschwindigkeit natürlich mit der Entfernung von der Austrittsstelle abnahm. Der Übergang vom turbulenten Strahl zum ruhigen Fließen erfolgte dabei ganz plötzlich. Es zeigte sich nun, daß der Rostungsvorgang ausschließlich auf den langsam beflossenen Teil beschränkt blieb. HEENANs Erklärung geht dahin, daß kleine Luftblasen an dem Metall in dem ruhigen Teil adhärieren, während die Blasen in dem turbulenten Teil fortgeführt werden. Diese Erklärung ist möglicherweise richtig. Eine andere Erklärung besteht darin, daß in dem turbulenten Teil eine bessere Erneuerung des *gelösten* Sauerstoffes über alle Teile der Metalloberfläche hin erfolgen konnte, so daß dieser Teil kathodisch relativ zu dem Gebiet ruhigen Flusses wurde.

C. Quantitative Behandlung.

1. Korrosion bei einem Überschuß an wesentlichen Reagenzien.

Angriffsgeschwindigkeit an filmfreiem Metall. Läßt man eine Probe von filmfreiem Metall mit hinreichender Geschwindigkeit in sauerstoffhaltigem Wasser rotieren, so sollte die Anfangsgeschwindigkeit des Angriffes die Geschwindigkeit der betreffenden chemischen Reaktion anzeigen und nicht durch die Diffusionsgeschwindigkeit des Sauerstoffes begrenzt werden. Die Versuchstechnik von BROWN, ROETHELI und FORREST[3] (s. S. 236) gestattet, diese Frage zu prüfen. Zylinder verschiedener Metalle, die zuerst durch Behandlung mit Salzsäure (oder Salpetersäure im Falle von Silber) filmfrei gemacht worden sind, werden mit sauerstoff-freiem Wasser bis zur Feststellung der Neutralreaktion gewaschen. Hierauf läßt man die Probe in reinem sauerstoffhaltigen Wasser rotieren und ermittelt nach einer gewissen Zeit den Sauerstoffverbrauch. Hierdurch ist ein Maß für die Korrosion eines filmfreien Metalles gegeben. Es ist klar, daß die Anfangsgeschwindigkeit des Angriffes ganz verschieden sein wird von der Angriffsgeschwindigkeit in den späteren Stadien, wenn erneut Oxyd- oder Hydroxydfilme auf der Oberfläche vorhanden sind. Tatsächlich zeigen die Zeit-Korrosions-Kurven, die BROWN, ROETHELI und FORREST erhalten haben, einen Abfall mit der Zeit, was wahrscheinlich auf die Filmbildung zurückzuführen ist. Die Kurven für verschiedene Metalle schneiden einander, so daß

---

[1] AUERBACH, R.: Kraftwerk **1931**, 15.
[2] HEENAN, J. N. D.: Engineering **128** (1929) 59.
[3] BROWN, R. H., B. E. ROETHELI u. H. O. FORREST: Ind. eng. Chem. **23** (1931) 350.

der Grad ihrer Brauchbarkeit nach einigen Stunden verschieden von dem in den ersten wenigen Minuten erhaltenen ist.

Die Anfangsgeschwindigkeiten, dargestellt als Sauerstoffverbrauch, sind in Tabelle 23 wiedergegeben. Gleichzeitig mit diesen sind die theoretischen EK-Werte und die Änderungen der freien Energie gegeben, die mit dem Element

Metall	Wasser gesättigt mit Metallhydroxyd und Sauerstoff bei 0,21 at Druck	Sauerstoff von 0,21 at Druck

verbunden sind. Diese theoretischen Werte sind wahrscheinlich nicht sehr exakt. Die Löslichkeiten einiger dieser Hydroxyde sind nicht mit Präzision bekannt; überdies verlieren die Gesetze, die die Beziehung zwischen Potential und Konzentration beherrschen, ihre Gültigkeit bei sehr geringen Konzentrationen, wie McAULAY und SPOONER[1] gezeigt haben.

Die Reihenfolge der Geschwindigkeiten entspricht nicht genau derjenigen der EK-Werte. Eine genaue Übereinstimmung ist kaum zu erwarten. Die angegebenen EK-Werte können

Tabelle 23.

Metall	Angangsgeschwindigkeit der Korrosion (cm³ Sauerstoff absorbiert je dm² je min, ausgedrückt als Bruchteil der Sauerstoffkonzentration in cm³ je l)	EK in Volt	Abnahme der freien Energie (Calorien je g-Atomgewicht)
Aluminium	0,028	2,34	162 030
Zink . . .	0,020	1,61	71 514
Eisen . . .	0,020	1,23 (Fe··)	56 880
		1,18 (Fe···)	81 855
Kupfer . .	0,0054	0,59	27 378
Nickel . .	0,0049	1,14	52 650
Zinn . . .	0,0045	1,33	61 090
Silber . . .	0,0007	0,06	1 410

die treibenden Kräfte in dem Korrosionsvorgang darstellen (ob der Mechanismus „elektrochemisch" oder sonstwie angenommen wird). Die Geschwindigkeiten werden ihnen jedoch nur dann proportional sein, wenn die Widerstände (wobei dieses Wort in einem verallgemeinerten Sinne benutzt wird) für alle Metalle gleich sind. Es besteht jedoch kein Grund zu der Annahme, daß das der Fall ist. Es ist jedoch interessant, festzustellen, daß sämtliche Kolonnen der Tabelle 23 das Aluminium an der Spitze und das Silber in Endstellung aufweisen. Die Tatsache, daß Aluminium im filmfreien Zustande das korrosivste unter sämtlichen betrachteten Elementen ist, stimmt mit seiner raschen Oxydation bei gewöhnlicher Temperatur in Kontakt mit Quecksilber überein. Die ungewöhnliche Stabilität des Aluminiums, die gewöhnlich in Erscheinung tritt, ist vollständig auf seinen Oberflächenfilm zurückzuführen. Silber andererseits ist ein an sich widerstandsfähiges Metall, das seinen „edlen Charakter" keinem Film zu verdanken hat.

2. Korrosion bei Mangel an wesentlichen Reagenzien.

Zink in einer Säure, die einen Depolarisator enthält. Selbst in denjenigen Fällen, in denen die Flüssigkeit in Bewegung ist, wird die Angriffsgeschwindigkeit oft nicht durch die chemischen oder elektrochemischen Veränderungen, sondern vielmehr durch die Geschwindigkeit bestimmt, mit der einige wichtige

---

[1] McAULAY, A. L. u. E. C. R. SPOONER: Pr. Roy. Soc. A **138** (1932) 496.

Konstituenten an der Reaktionsstelle ankommen. King und Schack[1] haben dieses Verhalten sehr klar für den Angriff von rotierendem Zink durch verdünnte Säuren aufgezeigt, die einen oxydierenden Depolarisator enthalten. Die Geschwindigkeitskonstante ist gegeben durch

$$k = \frac{2{,}3\,V}{A\,t}\,\log_{10}\frac{a}{a-x}$$

wobei x der zur Zeit t verbrauchte Anteil des reagierenden Agenzes ist, a die ursprünglich vorhandene Menge, V das Volumen und A die Fläche bedeuten. Werden die k-Werte gegen die Umlaufsgeschwindigkeit aufgetragen, so werden gerade Linien erhalten. Im Falle beschränkter Säurekonzentration wird die Säurediffusion zum bestimmenden Faktor. Die Menge des im Verlauf von 5 min aufgelösten Zinkes erweist sich als in groben Zügen proportional der Konzentration der Säure in der eigentlichen Lösung, wie Abb. 52 A zeigt. Sie ist fast unabhängig von der Konzentration des oxydierenden Agens, Kaliumnitrat, bis die Säurekonzentration höher wird. Bei sehr geringen Konzentrationen des oxydierenden Agenzes und ziemlich hohen Säurekonzentrationen steigt die Geschwindigkeit mit der Konzentration des oxydierenden Agenzes, wie Abb. 52 B zeigt. Diese Tatsachen sind ohne weiteres verständlich.

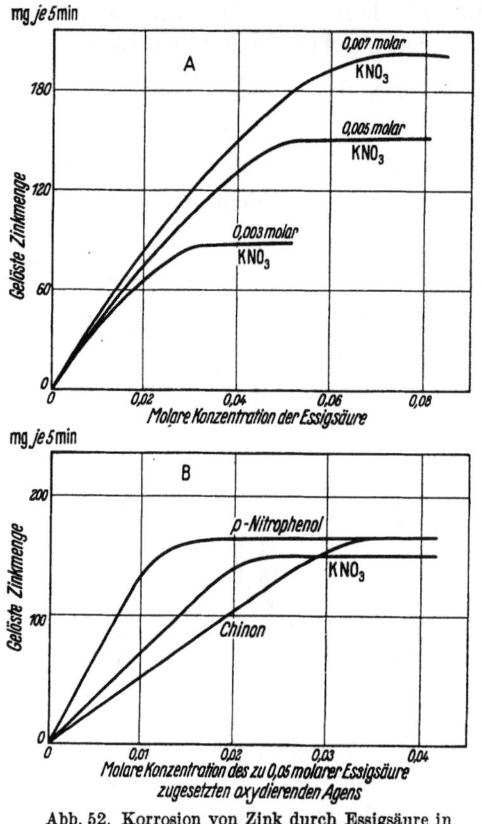

Abb. 52. Korrosion von Zink durch Essigsäure in Gegenwart oxydierender Agenzien. (Nach C. V. King und M. Schack.)

Wasserströmung durch ein Stahlrohr. Die Korrosionsgeschwindigkeit des Stahles gegenüber fließendem Leitungswasser haben Passano und Nagley[2] bestimmt. Es ergab sich, daß die Geschwindigkeit während der Anfangsperiode konstant ist und daß sie später nicht der Zeit an sich, sondern dem Logarithmus der Zeit proportional ist. Die Länge der Anfangsperiode konstanter Geschwindigkeit fällt mit steigender Wassergeschwindigkeit. Der Abfall von der konstanten Geschwindigkeit erfolgt wahrscheinlich, wenn die Ansammlung von Rost oder anderen Produkten hinreichend groß geworden ist, um die Sauerstoffzufuhr oder andere wichtige Faktoren des Korrosionsvorganges merklich herabzusetzen. Eine geschlossene Interpretation dieser Ergebnisse ist bisher jedoch noch nicht gegeben worden.

Ammoniaklösung, die durch ein Kupferrohr fließt. Die Reaktionsgeschwindigkeit einer korrosiven Flüssigkeit, die durch ein Metallrohr fließt und auf seine Wände einwirkt, ist von einiger Bedeutung. Uchida[3] hat durch Analogie mit

[1] King, C. V. u. M. Schack: J. Am. Soc. 57 (1935) 1212.
[2] Passano, R. F. u. F. R. Nagley: Pr. Am. Soc. Test. Mat. 33 II (1933) 387.
[3] Uchida, S. u. I. Nakayama: J. Soc. chem. Ind. Japan 36 (1933) 416 B, 635 B; vgl. A. Basinski [Roczniki Chem. (poln.) 14 (1934) 31], demzufolge die Korrosion von Kupfer

den Gesetzen der Wärmeübertragung gezeigt, daß für den Fall, daß die Reaktion einfach durch den Durchgang des Materiales durch einen Flüssigkeitsfilm bestimmt wird, die Gleichung

$$\frac{kd}{D} = B \left(\frac{dug}{\mu} \right)^m$$

gilt. Hierin bedeuten:

$k =$ Konstante der Reaktionsgeschwindigkeit in g-Mol/sec (cm²)ΔC.

$\Delta C =$ Unterschied in der Konzentration zwischen der Phasengrenze und der eigentlichen Flüssigkeit, ausgedrückt in g-Mol/cm³.

$D =$ Diffusionskoeffizient in cm²/sec.

$\mu =$ Viscosität in g/cm · sec.

$g =$ mittlere Dichte in g/cm³.

$d =$ innerer Rohrdurchmesser in cm.

$u =$ mittlere Lineargeschwindigkeit durch das Rohr in cm/sec.

$B, m =$ Konstante.

Zusammen mit NAKAYAMA hat er eine mit Sauerstoff gesättigte Lösung von Ammoniumsalz und Ammoniak durch Kupferrohre mit drei verschiedenen Durchmessern mit Hilfe einer Pumpe aus nichtrostendem Stahl hindurchgepumpt. Sie haben den Angriff bei verschiedenen Strömungsverschiedenheiten gemessen und das Kupfer bestimmt, das als Ammin der Form $[Cu(NH_3)_x](OH)_2$ in Lösung geht. Dabei ergibt sich, daß die Gleichung bis zu Werten von $dug/\mu = 4000$ gültig ist. Darüber hinaus wird k kleiner, als der Vorausberechnung entspricht. Hieraus geht hervor, daß nunmehr chemische Faktoren bestimmend werden und damit eine Angriffsgeschwindigkeit verhindern, die physikalische Faktoren allein zulassen würden.

Siebentes Kapitel.

Wasserstoffentwicklung.

A. Wissenschaftliche Grundlagen.

1. Wasserstoffentwicklung aus Säuren.

Korrosion in Abwesenheit von Sauerstoff. Das vorliegende Kapitel beschäftigt sich mit demjenigen Korrosionstyp, der keine Gegenwart von Sauerstoff erfordert. Bekannte Beispiele sind der Angriff von Säuren auf Zink und Eisen, wenngleich auch eine Wasserstoffentwicklung aus neutralen oder alkalischen Lösungen möglich ist.

Wasserstoffentwicklung an edlen Metallen. Aus elektrochemischen Überlegungen folgt, daß die Freisetzung von Wasserstoff aus Säuren gewöhnlicher Konzentration, allgemein gesprochen, nur von den unedleren Metallen erwartet werden kann, die in der in Tabelle 24[1] wiedergegebenen *Spannungsreihe* (der Reihenfolge der einfachen Elektrodenpotentiale) unterhalb des Wasserstoffes

durch Kupfer(II)-chloridlösung, die Ammoniumchlorid enthält, eine Diffusionsreaktion erster Ordnung ist.

[1] Die nachfolgende, gedrängte Zusammenfassung soll zur Rekapitulation für diejenigen dienen, die sich nicht ständig mit der Frage der Elektroden-Einzelpotentiale befassen. Die EK irgendeines reversiblen Elementes vom DANIELL-Typ

Metall Me₁ / Me₁-Salz / Me₂-Salz / Metall Me₂

stehen. Es sind jedoch Fälle bekannt, in denen Wasserstoff auch durch edlere Metalle freigemacht wird. So setzt beispielsweise Kupfer geringe Mengen Wasserstoff aus siedender konzentrierter Salzsäure in Freiheit[1], da das Metall in die Lösung als $H_2(Cu_2Cl_4)$ eintritt, in der das Kupfer wesentlich in Form komplexer Anionen $(Cu_2Cl_4)''$ und $(CuCl_2)'$ vorliegt[2], während die Konzentration der Kationen $Cu^{\cdot}$ sehr niedrig ist. Infolgedessen ist die Kombination

$$\text{Kupfer / Konzentrierte Salzsäure, die } H_2(Cu_2Cl_4) \text{ enthält / Wasserstoff}$$

kann, wenn die Flüssigkeitspotentiale vernachlässigt werden, ausgedrückt werden durch die Differenz zwischen den Elektroden-Einzelpotentialen der beiden *Halbelemente*

$$Me_1 / Me_1\text{-Salz} \quad \text{und} \quad Me_2 / Me_2\text{-Salz.}$$

Jedes Halbelement behält seinen Wert unverändert bei, unabhängig von dem Charakter des anderen Halbelementes, mit dem es verbunden ist. Das *Normalpotential* eines Metalles ist der Wert des Halbelementes, das durch das Metall in einer Lösung, die seine Ionen in normaler *Aktivität* (oder effektiver Konzentration) enthält, gebildet wird. Die Normalpotentiale werden gewöhnlich nach der *Wasserstoffskala* angegeben, in der das Normalpotential des *Wasserstoffes* als willkürlicher Nullpunkt angesetzt worden ist. Infolgedessen wird das Normalpotential eines Metalles Me nach der Wasserstoffskala zahlenmäßig gleich sein der EK, die dem nachstehenden Element das *Gleichgewicht* hält:

Metall Me	Lösung des Me-Salzes, das die Ionen des Metalles Me in normaler Aktivität enthält	Säure mit normaler Aktivität an Wasserstoffionen	Platinschwarz, gesättigt mit Wasserstoff von 1 at Druck

Der Wert wird zweckmäßig für die Flüssigkeitspotentiale korrigiert. Der Potentialwert wird jedoch selten direkt auf diesem Wege gemessen. Häufiger ist das Halbelement, das aus dem Metall in seiner Salzlösung besteht, mit irgendeiner passenden Standardelektrode gekoppelt (z. B. mit der Chinhydron- oder Kalomelelektrode), und es wird die zur Kompensierung dieser Kombination erforderliche EK gemessen. Ist der Wert des Einzelpotentials der Kalomel- oder Chinhydronelektrode in der Wasserstoffskala bekannt, so gibt die algebraische Summe beider Werte das Normalpotential des Metalles in der Wasserstoffskala. Jedes Elektrodenpotential stellt das Gleichgewichtspotential dar, bei dem der Übergang von Ionen aus der Flüssigkeit zum Metall im Gleichgewicht steht mit dem entsprechenden Übergang aus dem Metall in die Flüssigkeit. Ist die Lösung verdünnt, so ist die Zahl der sich in der ersteren Richtung bewegenden Partikeln gering. Es wird infolgedessen kein Gleichgewicht mehr herrschen, wenn das Potential nicht in einer Richtung verschoben wird, die ungünstig für den Übergang in der entgegengesetzten Richtung ist. Die Verschiebung des Gleichgewichtspotentiales mit der Konzentration ist theoretisch gegeben durch $(R\,T/nF)\log_e C$, wobei T die absolute Temperatur, C die Aktivität (effektive Ionenkonzentration, ausgedrückt in Normalaktivität als Einheit), R die Gaskonstante, n die Valenz und F die FARADAYsche Zahl bedeuten. Dieser Ausdruck, berechnet für eine Temperatur von 18^0, ist in der rechten Spalte von Tabelle 24 angegeben. Während sich die Potentiale der edleren Metalle mit der Konzentration der Metallionen in Übereinstimmung mit diesem Ausdruck ändern, verhalten sich die unedleren Metalle jedoch häufig auffällig. Ist die Lösung nicht sauer, so können sich Hydroxydfilme auf dem Metall ausbilden. Ist die Lösung dagegen hinreichend sauer für das betreffende Metall, um eine Freimachung von Wasserstoff auszulösen, so kommt das Metall mit der Lösung niemals ins Gleichgewicht. In diesem Falle wird das gemessene Potential fast unabhängig von der Konzentration der Metallionen sein. Die Bedingungen für dieses Verhalten werden behandelt von L. COLOMBIER: Thesis, Nancy 1936; C. r. **199** (1934) 273, 408. Siehe ferner A. L. McAULAY u. G. L. WHITE: J. Chem. Soc. **1930**, 194. — TRAVERS, A. u. J. AUBERT: C. r. **195** (1932) 138. — MEUNIER, F. u. O. L. BIHET: 13e Congrès Chim. Ind. **1933**. — BODFORSS, S.: Z. phys. Ch. A **166** (1932) 141.

[1] W. A. TILDEN [J. Soc. chem. Ind. **5** (1886) 85], bestätigt durch U. R. EVANS [J. Inst. Met. **30** (1923) 256]; auch durch H. O. FORREST, J. K. ROBERTS u. B. E. ROETHELI [Ind. eng. Chem. **20** (1928) 1369], die feststellten, daß der Angriff rasch mit der Konzentration oberhalb 23% Salzsäure ansteigt. G. SCHIKORR (Mitt. Materialprüfungsamt **1932**, Sonderheft 22, S. 6) findet einen entsprechenden Angriff durch Bromwasserstoffsäure auf Kupfer, was auf Komplexbildung zurückzuführen ist. [2] ABEL, E.: Z. anorg. Ch. **26** (1901) 404.

befähigt, einen schwachen, aber beständigen Strom zu liefern, dessen Kationen sich durch das Element in der Richtung von *links nach rechts* bewegen. Das Kupfer wird ständig den Wasserstoff ersetzen, der mit dem Dampf der siedenden Säure fortgeht. In kalter, verdünnter Schwefelsäure dagegen wird die entsprechende Kombination

Kupfer / Verdünnte Schwefelsäure, die Cu_2SO_4 und $CuSO_4$ enthält / Wasserstoff

einen Gleichgewichtszustand erreichen, sobald sich eine sehr geringe Konzentration an Kupfersalzen und Wasserstoff in der Flüssigkeit angesammelt hat. Infolgedessen kann das Kupfer den Wasserstoff nicht *gasförmig* freimachen; das Metall seinerseits unterliegt einer geringen oder gar keiner Korrosion, wenn es sich *in Abwesenheit von Sauerstoff* in kalter verdünnter Schwefelsäure befindet. Das gleiche gilt für die meisten anderen nichtoxydierenden Säuren.

Einen ähnlichen Widerstand gegenüber nichtoxydierenden Säuren weisen andere edle Metalle, wie beispielsweise Platin, Gold, Silber und Quecksilber, auf. Unter besonderen Bedingungen kann jedoch Quecksilber geringe Mengen von gasförmigem Wasserstoff freimachen. SMITH[1] beschreibt eine in Abb. 53 wiedergegebene Versuchsanordnung, in der Quecksilber, das aus einer feinen Öffnung J in Salzsäure ($> 1,1$ n) eintropft, eine kontinuierliche Entwicklung von Wasserstoff am Quecksilber bei L verursacht.

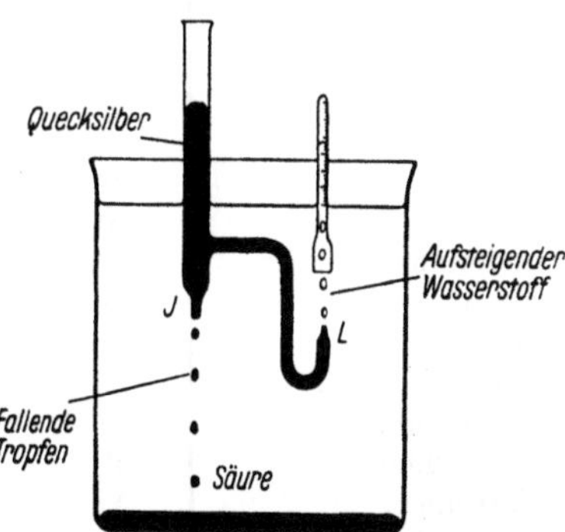

Abb. 53. Entwicklung von Wasserstoff aus verdünnter Säure und Quecksilber. (Nach S. W. J. SMITH.)

In dieser Anordnung wird die Oberfläche des tropfenden Quecksilbers ständig erneuert und so frei von Quecksilberionen gehalten. Infolgedessen wird J anodisch gegenüber L, wo keine Erneuerung der Oberfläche erfolgt. Die Bedingungen für das Gleichgewicht zwischen Quecksilber und Wasserstoff sind niemals erreicht, so daß die Entwicklung von Wasserstoff unbegrenzt fortdauern kann.

Entwicklung von Wasserstoff durch unedle Metalle. Von den reaktionsfähigen Metallen am entgegengesetzten Ende der Tabelle 24 steht zu erwarten, daß sie Wasserstoff aus Säuren unter Normalbedingungen in Freiheit setzen. Die Kombination

Zink / Verdünnte, Zinksulfat enthaltende Schwefelsäure / Wasserstoff

sollte einen kräftigen und ständigen Strom, bei gleichzeitiger Kationenbewegung durch das Element in der Richtung von *links nach rechts*, liefern. Zweifellos wird die allmähliche Erhöhung der Konzentration der Zinksalze in der Lösung eine leichte Verminderung der EK hervorrufen. Eine einfache Rechnung zeigt jedoch, daß eine erhebliche EK für den Stromdurchgang selbst dann vorhanden ist, wenn die Lösung mit Zinksulfat *gesättigt* ist. So wird die Entwicklung von Wasserstoff durch Zink in verdünnter Schwefelsäure unbegrenzt vor sich gehen können.

Ursachen für die langsame Wasserstoffentwicklung durch reines Zink. Ungeachtet der hohen EK des vorstehend erwähnten Elementes erfolgt die Einwirkung von Schwefelsäure oder Salzsäure auf Zink, zumindest in den

---

[1] SMITH, S. W. J.: Phil. Mag. [6] **17** (1909) 833.

Tabelle 24. Potentialreihe der Metalle[1].

Metall	Betrachtetes Ion	Normalpotential (Potential in Salzlösung normaler Ionenaktivität in bezug auf die Normalwasserstoffelektrode als willkürlichen Nullpunkt)	Betrag, der „hinzugefügt werden muß"[2] (bei 18°), wenn die Aktivität (effektive Ionenkonzentration) der Metallionen $C \times$ normal ist
		Angaben in Volt	
Edles Ende			
Gold	$Au^{...}$	$+1{,}36$	$0{,}019 \log_{10} C$
Platin	$Pt^{....}$	wahrscheinlich $< +0{,}86$	$(0{,}014 \log_{10} C)$
Quecksilber[3]	$(Hg)_2^{..}$	$+0{,}799$	$0{,}029 \log_{10} C$
Silber	$Ag^{.}$	$+0{,}798$	$0{,}058 \log_{10} C$
Kupfer	$Cu^{..}$	$+0{,}344$	$0{,}029 \log_{10} C$
Wasserstoff[4,5]	$H^{.}$	$\pm 0{,}000^6$	$0{,}058 \log_{10} C$
Blei	$Pb^{..}$	$-0{,}12$	$0{,}029 \log_{10} C$
Zinn	$Sn^{..}$	$-0{,}14$	$0{,}029 \log_{10} C$
Nickel	$Ni^{..}$	$-0{,}23$	$0{,}029 \log_{10} C$
Cadmium	$Cd^{..}$	$-0{,}40$	$0{,}029 \log_{10} C$
Eisen	$Fe^{..}$	$-0{,}44$	$0{,}029 \log_{10} C$
Chrom	$Cr^{..}$	$-0{,}56$	
Zink	$Zn^{..}$	$-0{,}762$	Potential fast unabhängig von der ursprünglichen Konzentration der Metallionen[8]
Aluminium[7]	$Al^{...}$	$-1{,}33$	
Magnesium[7]	$Mg^{..}$	$-1{,}55$	
Natrium[7]	$Na^{.}$	$-2{,}715$	
Kalium[7]	$K^{.}$	$-2{,}924$	
Lithium[7]	$Li^{.}$	$-2{,}959$	
Unedles Ende			

Anfangsstadien, gewöhnlich *langsam*. Die Vereinigung von Wasserstoffionen und Elektronen an der Metalloberfläche zwecks Bildung von Wasserstoffatomen, die ihrerseits zu (gasförmigen) H_2-Molekülen rekombinieren, erfolgt weniger glatt

---

[1] Die Zahlenangaben in der Tabelle stützen sich wesentlich auf die Sammlung von R. H. GERKE: Internat. crit. Tables **6** (1929) 332. Die Potentiale für Aluminium und Magnesium sind entnommen aus S. GLASSTONE: Electrochemistry of Solutions, London 1930, S. 296.

[2] Ist die Aktivität kleiner als normal, so wird $\log_{10} C$ negativ; das Potential wird dann in Richtung der unedlen Metalle verschoben.

[3] Das Potential von Quecksilber in Quecksilber(I)-salzlösung ändert sich mit der Konzentration entsprechend der für zweiwertige Metalle gültigen Regel, unter der Annahme, daß das Quecksilber(I)-ion die Form $(Hg)_2^{..}$ besitzt. Siehe hierzu G. A. LINHART: J. Am. Soc. **38** (1916) 2356.

[4] Die Normalwasserstoffelektrode stellt das Potential von platiniertem Platin dar, das mit Wasserstoff von 1 at Druck gesättigt und in Säure von normaler Wasserstoffionenaktivität eingetaucht ist. Sie gibt dasjenige Potential an, bei dem der Übergang von elementarem Wasserstoff von der Elektrode in die Flüssigkeit im Gleichgewicht steht mit dem Übergang von Wasserstoffionen aus der Flüssigkeit zur Elektrode. Es ist klar, daß eine Zunahme des Wasserstoffdruckes in der Gasphase (und infolgedessen eine Zunahme der Wasserstoffkonzentration im Platin) den Wechsel in der ersten, jedoch nicht in der zweiten Richtung begünstigen wird, was zu einer Änderung des Gleichgewichtes führt. Ein neues Gleichgewicht kann jedoch bei einem negativeren Potentialwert erreicht werden. So wird eine Zunahme des Wasserstoffdruckes über 1 at hinaus zu negativeren Potentialwerten führen, während sich eine Druckabnahme im Sinne positiverer Potentialwerte auswirkt. Der Vorgang wird beherrscht durch die Gleichung

$$E_p = \varepsilon - \frac{RT}{F} \log_e p$$

als erwartet werden sollte. Möglicherweise liegt die Hinderung darin, daß das Wasserstoffion nicht einfach ein Wasserstoffatom ist, dem ein Elektron fehlt (H·), sondern daß es sich in enger Bindung mit einer Wassermolekel befindet [deren Formel oft (.H$_3$O)· geschrieben wird]. Die kathodische Reaktion besteht infolgedessen nicht einfach in der Vereinigung des Ions mit einem Elektron, sondern umfaßt gleichzeitig die Trennung vom Wasser. An einer Oberfläche von Platinschwarz erfolgt die Entwicklung von Wasserstoffgas, sofern das Potential merklich negativer wird, als dem *Gleichgewichts*wert der Tabelle 25 entspricht. An jedem anderen Material hingegen muß das Potential noch weiter herabgesetzt werden, um eine selbst geringe Entwicklung von Wasserstoff zu ermöglichen[1].

wobei E_p das Potential beim Druck p, ε das Potential bei 1 at Druck, T die absolute Temperatur, R die Gaskonstante und F die FARADAYsche Zahl bedeuten. Wird andererseits der Gasdruck bei 1 at gehalten, so wird eine Zunahme der Wasserstoffionenaktivität in der Flüssigkeit (z. B. durch erhöhte Säurekonzentration) das Potential positiv, eine Abnahme der Ionenaktivität dagegen negativ machen. Die Gleichung für das Potential hat die Form

$$E_a = \varepsilon + \frac{R\,T}{F} \log_e a = \varepsilon + \frac{2,3\,R\,T}{F} \log_{10} a$$

wobei E_a das Potential bei der Aktivität a, ε das Potential bei normaler Wasserstoffionenaktivität bedeuten; die übrigen Buchstaben haben die vorstehend genannte Bedeutung. Bei 18° hat der Ausdruck $2,3\,R\,T/F$ den Wert 0,058. Die Gleichung bedeutet infolgedessen, daß das Potential des Platins, das mit Wasserstoff von 1 at Druck gesättigt ist, bei einer Temperatur von 18° in Lösungen, deren Aktivität gleich der Konzentration zu setzen ist, um je 0,058 V verschoben wird, sofern die Konzentration um das 10fache des vorhergehenden Wertes erhöht wird, was auch aus Tabelle 25 hervorgeht.

[5] 1 at; siehe Tabelle 25.

[6] Willkürlicher Nullpunkt.

[7] Berechnete Werte, die lediglich theoretisches Interesse besitzen. Aluminium gibt, sofern es nicht amalgamiert ist, edlere Werte infolge der Gegenwart eines Oxydfilmes. Die übrigen Metalle entwickeln freien Wasserstoff. Direkt ausgeführte Potentialmessungen würden keine Gleichgewichtswerte darstellen.

[8] Bei einem *wahren* Gleichgewichtspotential muß ein Gleichgewicht nicht nur zwischen dem Metall und seinen Ionen in Lösung, sondern auch zwischen den Wasserstoffatomen (an oder im Metall) und den Wasserstoffionen in Lösung bestehen. Das Metall wird solange Wasserstoff aus der Lösung ersetzen, bis genügend atomarer Wasserstoff gebildet worden ist, um das Gleichgewicht $H \rightleftharpoons H· + e$ bei dem gleichen Potentialwert zu erfüllen, wie es zwischen dem Metall und seinen Ionen besteht. Für die *edleren* Metalle ist die zur Einstellung dieses Gleichgewichtes bei dem in Frage stehenden Potential erforderliche Konzentration an atomarem Wasserstoff unendlich klein, so daß ein Infreiheitsetzen meßbarer Mengen von (molekularem) gasförmigem Wasserstoff nicht in Frage kommt. Die Konzentration der Metallionen wird potentialbestimmend sein; die Konzentration an atomarem Wasserstoff wird sich dementsprechend einstellen. Für die *unedlen* Metalle dagegen, die Wasserstoff selbst in neutralen Lösungen gasförmig freimachen können, liegen die Verhältnisse umgekehrt. In diesem Fall kann die Wasserstoffkonzentration in dem Metall niemals den Wert übersteigen, bei dem das Gas entbunden werden kann. Das Potential wird infolgedessen unabhängig von der ursprünglichen Konzentration der Metallionen in der Lösung werden, da das Metall selbst bei seinem Übergang in die Lösung sehr bald die Konzentration der Metallionen in der Nähe seiner Oberfläche wesentlich erhöht.

[1] Die Bildung von Wasserstoff an der Kathode geht in zwei Schritten vor sich:

a) Vereinigung eines (hydratisierten) Wasserstoffions mit einem Elektron unter Bildung eines Wasserstoffatoms (wobei Wasser frei wird);

b) Zusammentritt zweier Wasserstoffatome zu einer Wasserstoffmolekel H$_2$.

Offenbar ist bei Metallen mit großer Überspannung eine dieser Reaktionen „gehemmt". Es ist in diesem Zusammenhang von Bedeutung, daß E. K. RIDEAL [J. Am. Soc. **42** (1920) 94] eine Beziehung zwischen der Überspannung und dem „katalytischen Effekt" des Metalles festgestellt hat. Es ist wichtig, zu ermitteln, welcher Schritt die Reaktions-

Tabelle 25. Gleichgewichtspotential des Wasserstoffes in verschiedenen Flüssigkeiten bei Atmosphärendruck.

Wasserstoffionenaktivität in Flüssigkeit verschiedener Normalität	p_H-Wert [1]	Beispiele	Potential von wasserstoffgesättigtem Platin. Angaben in V
$>1,0$	negativ	$>1,2$ n-HCl	kleine positive Werte
1,000	0,000	1,2 n-HCl	0,000 [2]
10^{-1}	1	0,12 n-HCl	—0,058
10^{-2}	2	0,011 n-HCl	—0,116
10^{-3}	3	10^{-3} n-HCl	—0,174
10^{-4}	4	10^{-4} n-HCl	—0,232
10^{-5}	5	10^{-5} n-HCl	—0,290
10^{-6}	6		—0,348
10^{-7}	7	Reines Wasser	—0,406
10^{-8}	8		—0,464
10^{-9}	9	10^{-5} n-KOH	—0,522
10^{-10}	10	10^{-4} n-KOH	—0,580
10^{-11}	11	10^{-3} n-KOH	—0,638
10^{-12}	12	0,011 n-KOH	—0,696
10^{-13}	13	0,12 n-KOH	—0,754
10^{-14}	14	1,2 n-KOH	—0,812

Die *Überspannung*, die für die Entwicklung von Wasserstoff bei verschiedenen Geschwinstörung verursacht. Allgemein wird angenommen, daß der *erste* Schritt den weiteren Verlauf des Vorganges „hemmt" und die hohe Überspannung herbeiführt, was bei Metallen wie Quecksilber mit großer Überspannung wahrscheinlich der Fall ist. Die Untersuchungen von G. ARMSTRONG u. J. A. V. BUTLER [Trans. Faraday Soc. **29** (1933) 1261] über die Geschwindigkeit des Abfalles der Überspannung nach dem Ausschalten des Stromes führen jedoch zu der Annahme, daß beim Platin, an dem die Überspannung gering ist, eine Anhäufung von elektromotorisch wirksamem Wasserstoff (wahrscheinlich Atomen) an der Kathode erfolgt, was darauf hindeutet, daß der *zweite* Schritt gleichfalls „gehemmt" ist. Einige Hinweise auf eine Hemmung beim zweiten Schritt gibt die Arbeit von A. H. W. ATEN, M. ZIEREN, P. C. BLOKKER [Rec. Trav. Chim. **49** (1930) 641, **50** (1931) 943] über die Wasserstoffdiffusion durch Eisen. Die Untersuchung von T. N. MORRIS [J. Soc. Chem. Ind. Trans. **54** (1935) 7] scheint dafür zu sprechen, daß *beide* Schritte träge Reaktionen darstellen, daß jedoch beschleunigende und verzögernde Agenzien der Säurekorrosion einen größeren Einfluß auf die Abscheidungsgeschwindigkeit des atomaren Wasserstoffes auf dem Metall, als auf die Rekombination der Wasserstoffatome zu Molekülen ausüben.

[1] Das Potential des mit Wasserstoff gesättigten Platins bietet einen befriedigenden Weg zur Bestimmung der Wasserstoffionenkonzentration in der umgebenden Flüssigkeit. Die sog. p_H-Skala ist hierauf basiert. Ist die Aktivität von Wasserstoffionen in einer gegebenen Flüssigkeit 10^{-n} normal, so wird der p_H-Wert dieser Flüssigkeit mit „n" bezeichnet. Der p_H-Wert von Säuren mit normaler Wasserstoffionenaktivität ist gleich Null, der von noch stärkeren Säuren negativ. Neutrale Flüssigkeiten mit einer Wasserstoffionenaktivität von etwa 10^{-7} n haben ein Potential von $7 \times -0,058 = -0,406$ V in der Normalwasserstoffskala. Sie werden bezeichnet als Lösungen mit $p_H = 7,0$. Normales Alkali mit einer Wasserstoffionenaktivität von angenähert 10^{-14} n ergibt ein Potential von $14 \times 0,058 = -0,812$ V in der gleichen Skala, besitzt also ein $p_H = 14,0$. Diese Skala ist besonders für die Bezeichnung des Charakters natürlicher Wässer wertvoll. Die sauren Wässer morastiger Teiche usw. haben niedrige Werte ($p_H = 5,0$ oder selbst noch niedriger). Regenwasser ist oft sauer ($p_H = $ etwa 6,0). Die meisten häuslichen Speisewasser haben höhere Werte (p_H oft zwischen 7,0 und 8,0). Die Natur organischer Kolloide ändert sich gleichfalls mit dem p_H-Wert. Viele dieser Substanzen (z. B. Gelatine) sind amphoter: in sauren Lösungen ist das Kolloidteilchen als ganzes gesehen tatsächlich als Kation zu bezeichnen und bewegt sich zur Kathode, während es in alkalischen Lösungen als ganzes gesehen als Anion wirkt, das sich zur Anode hin bewegt. Bei einem bestimmten p_H-Wert bewegt es sich in keiner Richtung; die ladungsfreien Partikeln neigen dann wahrscheinlich zur Aggregation. Das ist der Fall in der Nähe des isoelektrischen Punktes, an dem das Kolloid ungeladen ist, und an dem die Ausflockung am wahrscheinlichsten erfolgt.

[2] Willkürlicher Nullpunkt.

digkeiten[1] an verschiedenen Metallen erforderlich ist, wird in Tabelle 26 angegeben.

Tabelle 26[2].

Stromdichte	Strom hinreichend zur Blasenentwicklung		1 Amp./dm²		10 Amp./dm²	
Autor	CASPARI[3]	THIEL[4]	TAFEL[5]	KNOBEL[6]	TAFEL[5]	KNOBEL[6]
Quecksilber	0,78	0,57	1,17	1,04	1,30	1,07
Zink	0,70	0,48[7]	—	0,75	—	1,06
Blei	0,64	0,40	1,09	1,09	1,23	1,18
Cadmium	0,48	0,39	1,11	1,13	1,22	1,22
Zinn	0,53	0,40	0,98	1,08	1,15	1,22
Wismut	—	0,39	0,88	1,05	1,00	1,14
Aluminium	—	0,30	—	0,83	—	1,00
Graphit[8]	—	0,33	—	0,78	—	0,98
Kohlenstoff	—	0,14	—	0,70	—	0,89
Kupfer	0,23	0,19	0,58	0,58	0,79	0,85
Nickel	0,21	0,14	0,56	0,75	0,74	1,05
Silber	0,15	0,10	—	0,76	0,93	0,88
Eisen	—	0,17[9]	—	0,56	—	0,82
Palladium	—	0,00	—	0,30	—	0,70
Gold	0,02	0,02	0,74	0,39	0,95	0,59
Platin (blank)	—	0,08	—	0,07	0,5	0,29
Platin (platiniert)	0,005	0,00	0,04	0,03	0,07	0,04

[1] Früher wurde angenommen, daß kein Wasserstoff vor Erreichung eines bestimmten Potentialwertes entwickelt wird. Die Differenz zwischen demjenigen Potential, bei dem Wasserstoffblasen sichtbar werden, und dem eigentlichen Gleichgewichtspotential wurde als Überspannung des Wasserstoffes an der in Frage stehenden Substanz bezeichnet. Jetzt weiß man, daß diesem Punkt der Blasenentwicklung keine besondere Bedeutung zukommt, da Wasserstoff bereits bei weniger erniedrigten Werten des Potentiales entwickelt werden kann, daß dieser Vorgang jedoch so langsam vor sich geht, daß der entstehende Wasserstoff in die Lösung hineindiffundiert. Nach F. P. BOWDEN [Trans. Faraday Soc. **24** (1928) 473; Pr. Roy. Soc. A **120** (1928) 59, 80, **125** (1929) 446, **126** (1929) 107] besteht keine scharfe Änderung im Verlauf der das Potential mit der Stromdichte verbindenden Kurve bei demjenigen Punkt, bei dem die Blasen in Erscheinung treten. Die Überspannung η — d. h. die Entfernung vom reversiblen Potentialwert — hängt von der Stromdichte ω ab. BOWDEN hat einen allmählichen Anstieg des Stromes entsprechend der Erniedrigung des Potentiales unter den reversiblen Potentialwert festgestellt, entsprechend der Gleichung

$$\eta = a + b \log \omega$$

bei niedrigen Geschwindigkeiten der Wasserstoffentwicklung und

$$\eta = a + 2b \log \omega$$

bei höheren Geschwindigkeiten, wobei a und b Konstante sind. Vgl. hierzu J. TAFEL: Z. phys. Ch. **50** (1905) 645. Eine Interpretation dieser und anderer Gleichungen auf quantenmechanischem Wege hat R. W. GURNEY [Pr. Roy. Soc. A **134** (1931) 137] gegeben. Genau gesprochen sollte jede Tabelle der Überspannungswerte verschiedener Materialien diese Werte entsprechend der Wasserstoffentwicklung bei irgendeiner *Standardstromdichte* angeben.

[2] Die Angaben sind weitgehend gegründet auf A. J. ALLMAND u. H. J. T. ELLINGHAM: Principles of Applied Electrochemistry, London 1924, S. 89.

[3] CASPARI, W. A.: Z. phys. Ch. **30** (1899) 89.

[4] THIEL, A., E. BREUNING u. W. HAMMERSCHMIDT: Z. anorg. Ch. **83** (1913) 329, **132** (1923) 15. Oberfläche elektrolytisch hergestellt bzw. aufgerauhte Oberfläche.

[5] TAFEL, J.: Z. phys. Ch. **50** (1905) 641.

[6] KNOBEL, M., C. CAPLAN u. M. EISEMAN: Trans. Am. electrochem. Soc. **43** (1923) 55.

[7] In 0,01 molarem Zinkacetat.

[8] W. PALMAER (The Corrosion of Metals, Bd. 1, Stockholm 1929, S. 134) sieht den Überspannungswert an Graphit jedoch als *negativ* an.

[9] In 0,1 molarer Schwefelsäure, die mit Eisen(II)-sulfat gesättigt ist.

Dabei zeigt es sich, daß Zink selbst eine außerordentlich große Überspannung besitzt, was teilweise die Tatsache erklärt, daß sehr reines in Säure eingetauchtes Zink nur sehr langsam Wasserstoff entwickelt. Die Mehrzahl der entwickelten Blasen tritt an einigen anomalen Stellen mit geringer Überspannung auf, die an den Kanten des Metalles liegen[1]. Wird zu der Flüssigkeit jedoch eine bloße Spur eines Platinsalzes hinzugefügt, so wird der Angriff dadurch ganz außerordentlich angeregt. Die Abscheidung des metallischen Platins ruft eine große Anzahl von Stellen geringer Überspannung hervor, an denen Wasserstoff in Wolken kleiner Blasen freigesetzt werden kann. Viele andere Metallsalze wirken in gleicher Weise. CENTNERSZWER und STRAUMANIS[2] geben für diesen Vorgang folgende Reihe mit abnehmender Wirksamkeit an:

$$\text{Pt} \quad \text{Ni} \quad \text{Au} \quad \text{Co} \quad \text{Cu} \quad \text{Bi} \quad \text{Sb} \quad \text{Ag} \quad \text{Fe.}$$

Ohne Einwirkung sind

$$\text{Tl} \quad \text{Cd} \quad \text{Sn-Salze.}$$

Im großen ganzen sind die Metalle mit ziemlich geringer Überspannung die wirksamsten, wie aus elektrochemischen Erwägungen zu erwarten steht.

Wird andererseits die Oberfläche von gewöhnlichem (unreinem) Zink *amalgamiert* (mit Quecksilber behandelt, also einem Metall mit noch höherer Überspannung als Zink), so werden die Stellen relativ niedriger Überspannung, die mit dem Vorhandensein von Verunreinigungen verknüpft sind, beseitigt, wodurch die Korrosion durch Säure praktisch aufhört. Es ist klar, daß das Quecksilber störend auf die kathodische Reaktion (Freimachung von Wasserstoff), nicht dagegen auf die anodische Reaktion (Bildung von Zinksulfat) einwirkt, da eine amalgamierte Zinkelektrode mit Erfolg als die angreifbare Elektrode (Anode) eines primären elektrischen Elementes verwendet werden kann. Das Element

$$\text{Amalgamiertes Zink} \,/\, \text{n-Salzsäure} \,/\, \text{Nichtamalgamiertes Zink}$$

liefert überdies einen Strom, wobei das amalgamierte Zink als *Anode* wirkt und angegriffen wird[3]. Die Amalgamierung ist nicht sehr wirksam im Sinne einer Herabsetzung des Angriffes auf reines Zink. Tatsächlich hat FRIEND[4] zeigen können, daß amalgamiertes reines Zink gegenüber verdünnter Schwefelsäure weniger widerstandsfähig ist als amalgamiertes unreines Zink.

Selbstbeschleunigung der Korrosion unreiner Metalle in Säure. Wird gewöhnliches Handelszink in Säure eingetaucht, so beginnt es sich langsam aufzulösen, wobei gewöhnlich der größte Teil des entwickelten Wasserstoffes von einer beschränkten Anzahl von Punkten der Oberfläche herkommt. In dem Maße, in dem Verunreinigungen in Lösung gehen und in Form einer schwarzen schwammigen Masse auf der Zinkoberfläche wieder ausgeschieden werden, steigt die Korrosionsgeschwindigkeit erheblich an. Wird jedoch ein Teil der schwarzen,

---

[1] G. D. BENGOUGH, J. M. STUART u. A. R. LEE [Pr. Roy. Soc. A **127** (1930) 49] berichten über eine nachweisbare Wasserstoffentwicklung an *spektroskopisch reinem* Zink in $^1/_{10}$ n-Kaliumchloridlösung.

[2] CENTNERSZWER, M. u. M. STRAUMANIS: Z. phys. Ch. **118** (1925) 415; die spätere Arbeit dieser Autoren ist von Interesse. Siehe M. CENTNERSZWER u. M. STRAUMANIS: Z. phys. Ch. A **148** (1930) 349, **156** (1931) 23, **167** (1933) 421. — STRAUMANIS, M.: Z. phys. Ch. A **147** (1930) 161, **148** (1930) 112; Korr. Met. **9** (1933) 229.

[3] EVANS, U. R.: J. Inst. Met. **33** (1925) 42.

[4] FRIEND, J. N.: J. Inst. Met. **41** (1929) 91.

schwammigen Substanz von der Oberfläche entfernt, so hört die Wasserstoffentwicklung an diesem Teil praktisch auf. Wird ein Teil dieser Masse, die aus den „edlen" Verunreinigungen aus dem Zink (gewöhnlich Blei mit etwas Cadmium und Kupfer) besteht, gesammelt, so kann sie sogar den Angriff der Säure auf frischem Zink, das frei von schwarzem Niederschlag ist, stimulieren.

Der elektrochemische Charakter der Stimulierung ergibt sich aus folgendem Versuch[1]: Eine gewisse Menge von dem schwarzen schwammigen Produkt wurde in einen Becher gebracht und mit 1,3 n-Salzsäure bedeckt. Hierauf wurde ein Stück frisches Zink so befestigt, daß es in die Säure eintaucht, und mit dem negativen Pol eines Milliamperemeters verbunden. Ein Stück Blei, das von einem Glasrohr gleich einer Muffe umgeben wurde, und das vorher an dem unteren Ende zum Schmelzen gebracht worden war (um eine glatte, runde Oberfläche zu erzielen), wurde hierauf mit dem positiven Pol des gleichen Instrumentes verbunden. Sobald dieses nun in Kontakt mit der schwarzen Masse gebracht wurde, wurde ein Strom zwischen dem Zink als Anode und dem schwarzen, schwammigen Material als Kathode beobachtet, wobei von dem letzteren aus eine rasche Wasserstoffentwicklung einsetzte. Wird der Kontaktdraht fortgenommen, so fällt der Strom auf einen sehr geringen Wert herab, während gleichzeitig die Gasentwicklung aussetzt. Es scheint nach diesem Befund keinem Zweifel zu unterliegen, daß die Geschwindigkeitszunahme mit der Zeit am Zink auf das Wirksamwerden des Elementes (oder Lokalelementes)

Zink / Säure / Verunreinigungen

beruht, wenn auch bei einigen anderen Elementen (z. B. Aluminium) das Anwachsen der Angriffsgeschwindigkeit mit der Zeit teilweise auf die Entfernung des Oxydfilmes zurückzuführen sein mag.

Wird graues Gußeisen in Säure gebracht, so löst es sich gleichfalls anfänglich langsam, hierauf schneller. PALMAER[2] führt die Beschleunigung auf die allmähliche Freilegung von Graphitflecken zurück, die als Zentren für die Freisetzung des Wasserstoffes gelten. Die Säure frißt sich an den Seiten der Flecken ein und ruft so Vertiefungen hervor. Ein ziemlich ähnliches Phänomen beschreibt er für Temperguß, bei dem die Säure das Material rund um die Graphitkörner herum fortfrißt, so daß sie herausgeschwemmt werden. Nach THIEL und ECKELL[3] sind nicht die Graphitflecken selbst, sondern vielmehr die Furchen längs der Kanten dieser Flecken die für die Wasserstoffentwicklung günstigen Stellen.

TAMMANN und BOEHME[4] konnten zeigen, daß Aluminium mit 4% Kupfer, das zwecks Ausscheidung von Al_2Cu-Krystallen auf 200° bis 300° erhitzt worden ist, viel rascher durch Salzsäure als unlegiertes Aluminium oder als diejenige Legierung angegriffen wird, die von 500° abgeschreckt worden ist, um das Kupfer in fester Lösung zu halten. Selbst diese abgeschreckten Legierungen bedeckten sich beim Eintauchen in die Säure mit einem schwarzen, schwammigen Material aus Kupfer. Offenbar haben in diesem Falle die schwarzen Partikeln jedoch schlechten Kontakt mit dem Metall und begünstigen den Angriff nicht.

---

[1] EVANS, U. R.: J. Inst. Met. **30** (1923) 254.

[2] PALMAER, W.: The Corrosion of Metals, Bd. 1, Stockholm 1929, S. 176; Bd. 2, Stockholm 1931, S. 14.

[3] THIEL, A. und J. ECKELL: Z. Elektroch. **33** (1927) 385.

[4] TAMMANN, G. u. W. BOEHME: Z. anorg. Ch. **226** (1935) 82.

Bei der Korrosion von Zink dagegen scheint das Bloßlegen von Verunreinigungen, die vorher in dem Zink in Form einer zweiten Phase vorlagen, weniger bedeutungsvoll zu sein. Weder Kontakt mit massivem Blei[1], noch Legieren mit Blei[2] ist wirksam im Sinne einer Erhöhung der Angriffsgeschwindigkeit durch Säure. Schwammiges Metall scheint stärker begünstigend zu wirken. EVANS ist der Ansicht, daß die *wiederausgeschiedenen* metallischen Verunreinigungen am wichtigsten sind im Hinblick auf die Schaffung von Stellen, an denen Wasserstoff entwickelt werden kann. Hiernach müssen wir annehmen, daß das Zink und sämtliche in fester Lösung vorliegenden Verunreinigungen in die Flüssigkeit übertreten, und daß die edlen Verunreinigungen dann wieder in Form einer schwammigen Masse ausgeschieden werden und als Kathoden der lokalen Elemente dienen. Ist das der Fall, so sollte die *Induktionsperiode,* die bis zum Einsetzen einer schnellen Korrosion erforderlich ist, deutlich mit zunehmender Reinheit von Metall und Säure sowie auch mit zunehmender Verdünnung der Säure anwachsen. Das ist tatsächlich durch STRAUMANIS[3] gezeigt worden. Proben aus reinem Zink, das auf elektrolytischem Wege (aus einem Bad, das Zinksulfat, Ammoniumsulfat und Borsäure enthält) durch CENTNERSZWER und STRAUMANIS[4] hergestellt worden war, zeigten in n-Salzsäure eine noch nach 1710 min zunehmende Geschwindigkeit. Eine vorherige Behandlung mit 4 n-Salzsäure führt zu hohen Anfangswerten für die Geschwindigkeit. Abschmirgeln ergibt gleichfalls einen sehr hohen Anfangswert, der jedoch im Laufe der Zeit absinkt (das Schleifen mag im Sinne einer Lokalelementbildung zwischen deformierten und nichtdeformierten Stellen der Oberfläche wirken). Die Geschwindigkeit in Salzsäure fällt mit der Konzentration und wird völlig Null bei 0,34 n-Säure. Säure noch niedrigerer Konzentration ist ohne erkennbare Einwirkung auf das von CENTNERSZWER und STRAUMANIS hergestellte Zink.

Einfluß von Verunreinigungen auf den Säureangriff gegenüber Zink. Einige der von VONDRÁČEK und IZÁK-KRIZKO[5] erhaltenen und in Abb. 54 wiedergegebenen Kurven zeigen das Freimachen von Wasserstoff in $^1/_2$ n-Schwefelsäure in Gegenwart von Zinkproben, denen kleine Mengen verschiedener Metalle zulegiert worden sind. Bei recht reinem Zink, das keinen Rückstand an Verunreinigungen gibt, bleibt die Angriffsgeschwindigkeit konstant, die Wasserstoffvolumen-Zeit-Kurve stellt eine gerade Linie dar. Enthält das Zink Kupfer[6], Eisen oder Antimon (Metalle relativ geringer Überspannung, die günstige Punkte für die Entwicklung des Wasserstoffes liefern), so wächst die Geschwindigkeit mit der Zeit in dem Maße, in dem sich das zweite Metall an der Oberfläche anhäuft. Die Untersuchungen von VONDRÁČEK über den Einfluß des Zinns im Zink sind besonders interessant. Das zugesetzte Metall hemmt den Angriff in den Anfangsstadien, und zwar wahrscheinlich deshalb, weil ein Teil des Zinns in

[1] EVANS, U. R.: J. Inst. Met. **30** (1923) 254.

[2] STRAUMANIS, M.: Korr. Met. **9** (1933) 6.

[3] STRAUMANIS, M.: Korr. Met. **9** (1933) 29.

[4] CENTNERSZWER, M. u. M. STRAUMANIS: Z. phys. Ch. A **167** (1933) 421.

[5] VONDRÁČEK, R. u. J. IZÁK-KRIZKO: Rec. Trav. chim. **44** (1925) 376.

[6] E. W. ZEHNOWITZER [Nature **130** (1932) 245] zeigt mittels einer Leitfähigkeitsmethode, daß Kupfer im Zink den Angriff durch verdünnte Schwefelsäure erhöht, daß es ihn dagegen gegenüber destilliertem Wasser herabsetzt. Vgl. M. CENTNERSZWER u. J. SACHS: Z. phys. Ch. **89** (1914) 213.

fester Lösung vorliegt, wodurch eine Verschiebung des Zinkpotentiales nach edleren Werten erfolgt, was zu einer Verringerung der EK des Lokalelementes führt. In dem Maße, in dem das Zinn in Lösung geht und als zweite Phase wieder ausgefällt wird, beginnt es, kathodische Bezirke für die Freimachung des Wasserstoffes zu liefern. Obgleich die Überspannung des Zinns nicht sehr gering ist, kommt es doch zu einer recht merkbaren Erhöhung der Wasserstoffentwicklung, wenn die von dem gebildeten Niederschlag eingenommene Oberfläche hinreichend groß geworden ist. So korrodiert die Zink-Zinn-Legierung in den Frühstadien langsamer als reines Zink, jedoch rascher in den späteren Stadien. Zum Schluß sinkt die Korrosionsgeschwindigkeit wieder ab, da die schwammige Substanz die Nachlieferung von Säure behindert. In einer anderen Untersuchung von VONDRÁČEK[1] ist der Vergleich zwischen einer Legierung mit 0,1 % Zinn (völlig in fester Lösung) und einer solchen mit 0,3 % Zinn (teilweise als eigene Phase vorhanden) durchgeführt worden, wobei die erstere eine kleinere Anfangsgeschwindigkeit aufweist. In späteren Stadien jedoch ergeben beide Legierungen, sowohl die mit 0,1 % als auch die mit 0,3 % Zinn die gleiche Beschleunigung, da

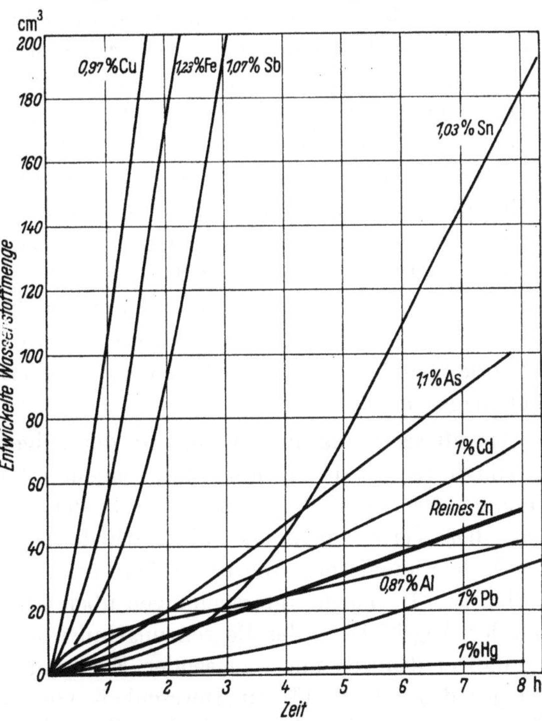

Abb. 54. Einfluß geringer Zusätze von Fremdelementen auf die Korrosion von Zink in ½ n-Schwefelsäure. (Nach R. VONDRÁČEK und J. IZÁK-KRIZKO.)

das Zinn der niedriger prozentischen Legierung in Form einer zweiten Phase wieder ausgeschieden wird.

Die für eine Zink-Blei-Legierung erhaltene Kurve spricht ziemlich dafür, daß Blei in ähnlicher Weise wie Zinn wirkt. Der Einfluß des Quecksilbers, der in einer Herabdrückung des Angriffes liegt, kommt bei den VONDRÁČEK-schen Ergebnissen gut zum Ausdruck. Weiterhin zeigt es sich, daß Aluminium den Angriff zuerst stimuliert und ihn dann bei dem in Frage stehenden Zink verzögert. Nach HARRIS[2] dagegen, der mit 99,992 %igem Zink arbeitet, ist Aluminium von geringem Einfluß auf die konstante Angriffsgeschwindigkeit, die sich nach einer gewissen Korrosionsdauer einstellt.

Die Wirkung eines Zusatzes kann von dem Reinheitsgrad des Zinks, zu dem der Zusatz gegeben wird, abhängen. So kann tatsächlich das gleiche Metall den Angriff befördern, wenn es zu sehr reinem Zink hinzugegeben wird, ihn dagegen verringern, wenn es weniger reinem Zink zulegiert wird. Ein Beispiel

<hr>

[1] VONDRÁČEK, R.: Collect. Czechosl. chem. Communic. 1 (1929) 627.
[2] HARRIS, F. W.: Trans. Am. electrochem. Soc. 57 (1930) 313.

hierfür bietet die scheinbare Diskrepanz zwischen den Ergebnissen von HARRIS und denjenigen von PATTERSON[1]. Beide Experimentatoren stimmen darin überein, daß Kupfer, Eisen und Antimon die Korrosion wesentlich beschleunigen. Dagegen findet HARRIS, daß Blei und Cadmium eine geringe befördernde Wirkung auf die Korrosion durch 20%ige Schwefelsäure ausüben, während PATTERSON, der von weniger reinem Zink ausgeht und die Einwirkung 0,5%iger Schwefelsäure untersucht, eine angriffsvermindernde Wirkung für Blei und Cadmium findet. Die Abweichung in den Ergebnissen hinsichtlich des Cadmiums ist durch die Untersuchungen von STRAUMANIS[2] an Zink-Gold-Legierungen weitgehend klargelegt worden. Der Zusatz einer bloßen Spur von Gold zum Zink erhöht ganz außerordentlich die Angriffsgeschwindigkeit durch Säure, was auf die geringe Überspannung des Goldes zurückzuführen ist. Ist Cadmium (ein Metall hoher Überspannung) in relativ großer Menge vorhanden, so wird dadurch die Überspannung der Schichten, an denen die in geringer Konzentration vorliegenden Begleitelemente abgeschieden werden, wesentlich vergrößert und damit die Angriffsgeschwindigkeit verringert. Das Cadmium wirkt so im Sinne einer Verhinderung der korrosionsbefördernden Wirkung des Goldes. Es ist so leicht einzusehen, warum das Cadmium, das die Korrosion von außerordentlich reinem Zink erhöht, die von weniger reinem Zink dagegen herabsetzt.

Angriffsverteilung in Säuren. In denjenigen Fällen, in denen edle Verunreinigungen in das Hauptmetall eingebettet sind oder aber auf diesem im Verlaufe des Angriffes wieder ausgeschieden werden, wird der Wasserstoff an den edlen Verunreinigungen (als Kathoden) entwickelt, während das Hauptmetall dem anodischen Angriff an den unmittelbar benachbarten Stellen unterworfen ist. In seinen Untersuchungen über Gußeisen hat PALMAER festgestellt, daß der Angriff längs der Begrenzungslinien der Graphitflecke sehr ausgeprägt ist, daß er dagegen mit wachsender Entfernung von diesen Flecken sehr viel weniger deutlich wird[3]. In Abwesenheit von Komplikationen durch störende Filme ist dieses Verhalten nach dem OHMschen Gesetz zu erwarten.

Die Verteilung der durch Säuren ausgelösten Korrosion ist demnach ganz verschieden von derjenigen, die durch Neutralsalze hervorgerufen wird, bei der hemmende Filme den Angriff an solchen Stellen verhindern, die sich nahe am Sitz der Alkalibildung, dem kathodischen Produkt, befinden. Dieser Gegensatz wird erkennbar, wenn Tropfen einer Säure und einer Natriumsalzlösung Seite an Seite auf eine Stahlplatte gebracht werden. Das Neutralsalz erzeugt rings um die Begrenzungslinie eines jeden Tropfens eine immune Zone, während die Säure über diese ganze Zone hin einen intensiven Angriff auslöst. Nach THORNHILL[4] nagt verdünnte Salzsäure in reinem Carbonyleisen einen engen Graben rund um den Tropfen herum, während der Angriff an weichem Stahl unregelmäßiger erfolgt. Zweifellos wird der Wasserstoff im Falle des unreinen Eisens an geeigneten Verunreinigungen entwickelt. An den Stellen jedoch, an denen keine Verunreinigungen vorhanden sind, entweicht er am zweckmäßigsten

---

[1] PATTERSON, W. S.: J. Soc. chem. Ind. Trans. **45** (1926) 325.

[2] STRAUMANIS, M.: Z. phys. Ch. A **148** (1930) 112; Korr. Met. **9** (1933) 230, **11** (1935) 49; Metallwirtschaft **12** (1933) 175.

[3] Vgl. die Beobachtungen von L. WHITBY [Trans. Faraday Soc. **29** (1933) 420] an Magnesium in Neutralsalzlösungen.   [4] THORNHILL, R. S.: Unveröffentlichte Arbeit.

an den Grenzlinien des Tropfens in die Luft, was das Auftreten des Grenz-
liniengrabens erklärt.

In ähnlicher Weise unterliegen teilweise in Säure eingetauchte Metallproben
oftmals intensivem Angriff längs der Wasserlinie, was nicht ausschließlich
auf die Depolarisation durch Sauerstoff zurückgeführt werden kann, da HEDGES[1]
zeigen konnte, daß es zu dem gleichen Angriff auch dann kommt, wenn das Gas
oberhalb der Flüssigkeit aus Wasserstoff besteht. Die Angriffsverteilung ändert
sich jedoch mit den Bedingungen. So hat SCHIKORR[2] gefunden, daß gewalztes
Zink, das teilweise in 6 n-Salzsäure eingetaucht worden ist, *gleichförmig* angegriffen wird. In n-Säure dagegen unterliegt es *lokalisiertem* Angriff, während
es in 0,2 n-Säure zu einer Durchlöcherung *längs der Wasserlinie* kommt. Wird
die äußere Schicht durch Eintauchen in 6 n-Säure entfernt, so führt das nachfolgende Eintauchen in n-Säure zu gleichförmigem Angriff, was zu der Annahme
führt, daß die Ursache für die Lokalisierung des Angriffes durch normale Säure
auf nicht vorherbehandeltem Zink in der geringen Anzahl der für die Wasserstoffentwicklung bei normaler Konzentration vorhandenen Stellen begründet liegt.
In einer Säure, die zu verdünnt ist, um Wasserstoffblasen selbst an den dafür
ausgezeichneten Punkten hervorzurufen, wird der Wasserstoff in die Gasphase
am schnellsten an der Wasserlinie entweichen, was die Durchlöcherung dieser
Zone erklärt.

Einfluß von Kohlensäure auf Eisen. Der Angriff von Kohlensäurelösungen
auf Eisen hat lange Zeit hindurch das Interesse auf sich gelenkt. Eine Lösung,
die Kohlendioxyd unter Druck enthält, wirkt lösend auf Eisen. Es bildet sich
lösliches Eisen(II)-hydrocarbonat, wie E. MÜLLER und HENECKA[3] gezeigt haben.
Die Angriffsgeschwindigkeit sinkt dabei in dem Maße, in dem sich Hydrocarbonat ansammelt. Wird Eisen zur Hälfte in eine Lösung von Kohlendioxyd
in Wasser mit einer Luftatmosphäre oberhalb der Flüssigkeit eingetaucht[4], so
wird primär Eisen(II)-hydrocarbonat bei gleichzeitiger Entwicklung von Wasserstoff gebildet. Die so entstandene Verbindung zersetzt sich jedoch an der
Wasserlinie und gibt hydratisches Eisen(III)-oxyd (Rost) unter Rückbildung
von Kohlendioxyd, das offenbar in die Gasphase entweicht, da die Lösung bald
ihre ursprünglich saure Reaktion verliert. In einigen der früheren Untersuchungen über diese Frage wurde angenommen, daß das Kohlendioxyd völlig
regeneriert würde, wenn der Sauerstoff auf die Eisen(II)-verbindung (die man
eher als Carbonat denn als Hydrocarbonat betrachtet zu haben scheint) einwirkt,
und daß es dann neue Korrosion auslösen könnte. Diese Ansicht, die im Effekt
einer katalytischen Wirkung des Kohlendioxydes gleichkommen würde, scheint
falsch zu sein — zumindest unter den von EVANS angenommenen Bedingungen.

Verhalten der in der Mitte der Spannungsreihe stehenden Metalle. Metalle,
deren Normalpotential nahe dem des Wasserstoffes liegt, wie beispielsweise
Nickel, Blei und Zinn, machen keine merklichen Wasserstoffmengen aus Salzsäure normaler Aktivität frei, wenn sie nicht in Kontakt mit Platinschwarz
gebracht werden. Unter gewöhnlichen Bedingungen können diese Metalle, gleich
den edleren (Kupfer, Gold, Silber und Platin), als widerstandsfähig gegen die

---

[1] HEDGES, E. S.: J. chem. Soc. **1926**, 832.
[2] SCHIKORR, G.: Mitt. Materialprüfungsamt Sonderheft **22** (1933) 8.
[3] MÜLLER, E. u. H. HENECKA: Z. anorg. Ch. **181** (1929) 159.
[4] EVANS, U. R.: J. chem. Soc. **1930**, 489.

meisten nichtoxydierenden Säuren in Abwesenheit von Sauerstoff bezeichnet werden. Der Angriff wird jedoch gewöhnlich in Gegenwart des als Depolarisator wirkenden Sauerstoffes merklich und nimmt in Gegenwart eines kräftigen Oxydationsmittels heftigen Charakter an. WATTS und WHIPPLE[1] haben zeigen können, daß der Angriff auf Blei, Zinn, Kupfer und Silber durch verdünnte Säuren durch Zusatz von Verbindungen, wie Wasserstoffperoxyd, Kaliumpermanganat, -dichromat oder -chlorat, erheblich vergrößert wird.

2. Entwicklung von Wasserstoff in neutralen und alkalischen Flüssigkeiten.

Reaktion zwischen Eisen und sauerstoff-freiem Wasser. Das zum Freimachen des Wasserstoffes erforderliche Potential ändert sich mit der Wasserstoffionenaktivität (der effektiven Konzentration der Wasserstoffionen) in der Lösung, wie in Tabelle 25 (s. S. 274) gezeigt worden ist. Gewisse Metalle, wie Nickel, an dem Wasserstoff langsam entwickelt wird, wenn es in Kontakt mit Platinschwarz gebracht wird, können dieses Gas aus neutralen Wässern überhaupt nicht freimachen. Dennoch führen elektrochemische Berechnungen zu der Annahme, daß Eisen, Cadmium, Zink, Aluminium, Magnesium und die Alkalimetalle fähig sein sollten, Wasserstoff in Abwesenheit von Hemmungen, die durch Filme hervorgerufen werden, freizumachen. Den Fall des Eisens haben insbesondere SWEENEY[2] und SCHIKORR[3] behandelt. Wird Eisen in reines sauerstoff-freies Wasser gebracht, so sollte es auf Grund von Berechnungen primär Wasserstoff, bei anschließender Bildung von Eisen(II)-hydroxyd, freimachen, jedoch sollte dieser Effekt zum Stillstand kommen, wenn der Wasserstoffdruck etwa $1/4$ at erreicht hat. Tatsächlich hat SCHIKORR zeigen können, daß sogar weit höhere Wasserstoffdrucke auftreten können, was auf der Umsetzung des Eisen(II)-hydroxydes mit dem Wasser, die zu Magnetit und Wasserstoff führt, beruht. Diese Wasserstoffentwicklung aus Eisen(II)-hydroxyd ist in Frage gezogen worden, jedoch hat SCHIKORR[4] endgültig bewiesen, daß Eisen(II)-hydroxyd mit Wasser unter Bildung von Wasserstoff reagiert, und zwar selbst dann, wenn es aus Eisen(II)-salzen und Alkali hergestellt worden ist, wenn also kein freies Metall vorhanden ist.

Eine Ansammlung von Eisen(II)-hydroxyd in Wasser in unmittelbarer Nähe des Eisens kann den Angriff in zweierlei Weise behindern:

1. Es wird hierdurch eine alkalische Reaktion herbeigeführt. Der p_H-Wert einer gesättigten Eisen(II)-hydroxydlösung beträgt etwa 9,5. Hierdurch wird der EK-Wert des endgültig gebildeten Elementes

Eisen / Eisen(II)-hydroxyd enthaltendes Wasser / Wasserstoff

viel niedriger als der des ursprünglichen Elementes

Eisen / Reines Wasser / Wasserstoff.

2. Ist das Wasser mit Eisen(II)-hydroxyd gesättigt, so ist der weitere Angriff der Selbsthemmung infolge Bildung von festem Eisen(II)-hydroxyd in

[1] WATTS, O. P. u. N. D. WHIPPLE: Trans. Am. electrochem. Soc. **32** (1917) 257.

[2] SWEENEY, W. J.: Trans. Am. electrochem. Soc. **53** (1928) 317.

[3] SCHIKORR, G.: Z. Elektroch. **35** (1929) 62. Siehe auch den Beitrag über Korrosion von Eisen von G. SCHIKORR in ABEGG, Handbuch der anorganischen Chemie, Teil „Eisen", S. A 378. [4] SCHIKORR, G.: Z. anorg. Ch. **212** (1933) 33.

physikalischem Kontakt mit dem Metall ausgesetzt. Ist jedoch ein Salz im Wasser vorhanden (beispielsweise Natriumchlorid), so können Eisen(II)-chlorid und Natriumhydroxyd an anodischen bzw. kathodischen Stellen gebildet werden. Dann kann die Bildung von Eisen(II)-hydroxyd infolge Einwirkung dieser Produkte außerhalb des physikalischen Kontaktes mit dem Metall erfolgen. In diesem Fall wird eine Selbsthemmung vermieden.

Nach BAYLIS[1] ist die Gegenwart eines Salzes, wie Natriumchlorid oder Calciumsulfat, für die Freisetzung von Wasserstoff durch Eisen erforderlich, um in Abwesenheit von Sauerstoff mit nahezu neutralem Wasser diese Reaktion herbeizuführen. Im Falle von Eisenpulver ist eine Selbsthemmung wegen der großen Oberfläche unwahrscheinlich. Es ist demnach nicht überraschend, daß MURATA[2] feststellen konnte, daß Eisenpulver aus reinem sauerstoff-freiem Wasser Wasserstoff ständig während der Zeit eines Monats entwickeln konnte, und daß sich endlich prismatische, farblose Krystalle von Eisen(II)-hydroxyd ausbildeten (die Krystalle wurden an der Luft dunkel). Das HOLLÄNDISCHE KORROSIONSKOMITEE[3] berichtet über einen Fall, in dem Eisenpulver während 200 Tagen Wasserstoff aus einem Wasser freimachte, obgleich dieses den hohen p_H-Wert von 9,05 besaß.

In Gegenwart von Sauerstoff (selbst dann, wenn er nicht in Kontakt mit dem Metall tritt) kann Eisen(II)-hydroxyd in hydratisches Eisen(III)-oxyd (brauner Rost) übergeführt und infolgedessen eine Hemmung am kompakten Metall durch Eisen(II)-hydroxyd verhindert werden. Überdies wird die Verzögerung des Angriffes durch die alkalische Reaktion vermindert werden (eine gesättigte Lösung von hydratischem Eisen(III)-oxyd scheint einen p_H-Wert von etwa 7,0 zu besitzen). Es erscheint demnach durch die Gegenwart des Sauerstoffes möglich, die Entwicklung von Wasserstoff infolge der Einwirkung von Wasser auf Eisen zu erhöhen. BRYAN[4] hat gezeigt, daß Sauerstoff eine temporäre Stimulierung der Wasserstoffentwicklung durch Citratlösungen geringer Acidität, die auf Eisen einwirken, hervorruft, während Sauerstoff im Falle hoher Acidität die Entwicklung von Wasserstoff infolge seiner depolarisierenden Wirkung allmählich herabsetzt.

Eine bedeutende Wasserstoffmenge konnten BENGOUGH, LEE und WORMWELL[5] bei der Korrosion von völlig eingetauchtem Eisen in einer Kaliumchloridlösung (bei Gegenwart von Sauerstoff über der Flüssigkeit) nachweisen. Dabei trat der Wasserstoff nicht in Form von Blasen auf, sondern diffundierte in Lösung durch die Flüssigkeit. Es scheint zumindest möglich, daß ein Teil des Wasserstoffes durch die Umsetzung zwischen Eisen(II)-hydroxyd und Wasser, wie bereits erwähnt worden ist, gebildet wird. Wasserstoff entsteht auch bei der Einwirkung von Kaliumchloridlösung auf Zink[6]. In diesem Fall kann der Wasserstoff nur am Metall entwickelt worden sein.

---

[1] J. R. BAYLIS [Ind. eng. Chem. 18 (1926) 370]. Siehe auch R. GIRARD [Rev. Mét. 23 (1926) 361, 407], der festgestellt hat, daß Stahl und Gußeisen Wasserstoff in Natriumchloridlösung in Abwesenheit von Sauerstoff freimachen. R. STUMPER [Korr. Met. 3 (1927) 170] berichtet, daß die Gase, die durch Salzlösungen an Eisenfeilspänen freigemacht werden, Wasserstoff, Stickstoff und ein wenig Methan enthalten.

[2] MURATA, K.: J. Soc. chem. Ind. Japan 35 (1932) 525 B.

[3] Anonym in Stichting Mat. Corr. Comm. Med. 10 (1935) 150.

[4] BRYAN, J. M.: Trans. Faraday Soc. 31 (1935) 1717.

[5] BENGOUGH, G. D., A. R. LEE u. F. WORMWELL: Pr. Roy. Soc. A 134 (1931) 328.

[6] BENGOUGH, G. D., J. M. STUART u. A. R. LEE: Pr. Roy. Soc. A 121 (1928) 89.

Wird Aluminium in eine Natriumchloridlösung gebracht, so entwickelt es erhebliche Mengen von Wasserstoff, jedoch geht dieser Vorgang nach Schikorr[1] hauptsächlich auf die sekundäre Umsetzung des durch die kathodische Reaktion entstehenden Natriumhydroxyds zurück.

Korrosion durch Alkalien. Zinkoxyd löst sich in Alkali unter Bildung von Zinkaten[2], wie Na_2ZnO_2, die Komplexionen bilden (wahrscheinlich $[ZnO_2]''$ in stark alkalischen Lösungen und $[HZnO_2]'$ in weniger stark alkalischen Lösungen). Zink ist demnach fähig, Wasserstoff aus Alkalilösungen freizumachen, ohne daß der Angriff der Selbsthemmung unterliegt. Ähnlich löst sich Aluminium in Alkalien rasch unter Bildung löslicher Aluminate und gasförmigen Wasserstoffes. Die von Schikorr[3] sorgfältig untersuchte Reaktion verläuft schneller als die des Aluminiums mit den meisten Säuren. Die Angriffsgeschwindigkeit wächst anfänglich mit der Zeit, wird dann langsamer (da das Alkali aufgebraucht ist) und steigt dann erneut an, da das Alkali durch die Hydrolyse des Natriumaluminats regeneriert worden ist.

Entwicklung von Wasserstoff durch Magnesium. Die Korrosion von Magnesium durch eine Neutralsalzlösung scheint selbst in Gegenwart von Sauerstoff völlig dem Typ der Wasserstoffentwicklung zu entsprechen. Der Einfluß von Chloriden ist spezifisch. Iitaka[4] konnte dabei zeigen, daß die Chloride von 9 verschiedenen Metallen den gleichen raschen Angriff auf Magnesium ausüben, daß jedoch Nitrate, Sulfate, Phosphate und Acetate praktisch wirkungslos sind. Es wird die Bildung eines Films angenommen, der von Chlorionen durchdrungen werden kann, der jedoch schützend in ihrer Abwesenheit wirkt.

Diese Frage ist eingehend durch Whitby[5] untersucht worden: Wird frisch gesäubertes Magnesium in Natriumchloridlösung gebracht, so wird Wasserstoff rasch an sporadisch verteilten Stellen entwickelt. Die Zahl dieser ausgezeichneten Punkte nimmt mit der Zeit ab. Nach einigen Stunden kommt es nur noch an wenigen Stellen zu einer Entwicklung von Wasserstoff. Diese gehen in Büschel dünner schwarzer Linien und zum Schluß in schwarze Flecken über. Die dazwischenliegenden Gebiete bleiben unangegriffen, entwickeln jedoch anfangs gelbbraune Interferenzfarben und später einen dickeren bräunlichgelben Film, zusammen mit einer dünnen, lockeren Schicht von Magnesiumhydroxyd.

Reaktion der Alkalimetalle mit Wasser. Die Stellung von Natrium und Kalium in der Spannungsreihe sowie die hohe Löslichkeit des Hydroxydes bietet eine hinreichende Erklärung für ihr heftiges Reaktionsvermögen gegenüber Wasser. Im Falle des Kaliums erfolgt der Angriff so schnell und ist die Wärmeentwicklung so groß, daß sich der entwickelte Wasserstoff gewöhnlich entzündet. Beim Natrium kommt es selten hierzu, während die Reaktion mit dem Lithium relativ langsam vor sich geht. Die Zersetzung von Natriumamalgam durch Wasser erfolgt gleichfalls langsam, zum Teil deshalb, weil

---

[1] Schikorr, G.: Mitt. Materialprüfungsamt Sonderheft **22** (1933) 22.

[2] Siehe J. W. Mellor: Comprehensive Treatise of Inorganic and Theoretical Chemistry, London 1924, Bd. 4, S. 527, sowie Gmelins Handbuch der anorganischen Chemie, 8. Aufl., Syst.-Nr. 32, S. 294.

[3] Schikorr, G.: Z. Elektroch. **37** (1931) 610; Mitt. Materialprüfungsamt Sonderheft **22** (1933) 16.   [4] Iitaka, I.: Pr. Acad. Tokyo **6** (1930) 363.

[5] Whitby, L.: Trans. Faraday Soc. **28** (1932) 474, **29** (1933) 415, 523, 844, 853, 1318, **31** (1935) 638. — Bengough, G. D. u. L. Whitby: Chem. Ind. **11** (1933) 1037.

viel von der freien Energie des Natriums durch den Lösungsvorgang des Natriums im Quecksilber verbraucht wird, zum anderen Teil infolge der hohen Überspannung des Quecksilbers. Kontakt mit Eisen oder Kohle erleichtert die Reaktion zwischen Natriumamalgam und Wasser, wobei der Wasserstoff am Eisen oder an der Kohle entwickelt wird, die als Kathode im Korrosionselement wirken.

3. Steuerung des Angriffes durch kathodische oder anodische Reaktionen.

Klassifikation der Reaktionen. Wie auf S. 229 auseinandergesetzt worden ist, ist es zweckmäßig, die Korrosionsfälle in zwei Klassen einzugliedern, je nachdem, ob die Geschwindigkeit durch die Geschehnisse an der Kathode oder an der Anode gekennzeichnet wird, wenngleich auch dazwischenliegende Fälle (*gemischte Steuerung*) vorkommen. Der Angriff von Säuren auf Zink ist ein Beispiel für eine *kathodische Steuerung*. Er wird ganz außerordentlich durch Verunreinigungen beschleunigt, die der kathodischen Reaktion — der Verdrängung des Wasserstoffes — günstig sind. Die Korrosion von Eisen in Säuren wird teilweise kathodisch gesteuert, jedoch hat HOAR in diesen Fällen zeigen können, daß die anodische Reaktion bedeutenden Einfluß ausübt, was auf den naturgemäß trägen Übergang des Eisens zwischen der metallischen Phase und der Lösung (s. S. 369) und nicht auf die Gegenwart eines hemmenden Filmes auf dem Metall zurückzuführen ist. RAM[1] hat festgestellt, daß die Angriffsgeschwindigkeit durch Schwefelsäure, die mit Eisen(II)-sulfat gesättigt ist, praktisch der durch Säure gleichkommt, die ursprünglich frei von Eisen(II)-sulfat ist, obgleich die Sättigung mit Eisen(II)-sulfat die Filmbildung begünstigt. Andererseits wird die Korrosion von Blei in Schwefelsäure durch eine anodische Filmbildung verzögert. Offenbar ist das auch der Fall bei der Korrosion durch Salzsäure, da die für den Angriff durch Säure verschiedener Konzentration von MAHUL[2] festgelegte Kurve in groben Zügen der Löslichkeit des Bleichlorids parallel läuft.

Der Angriff von Aluminium durch Säuren stellt ein Beispiel für eine *anodische Steuerung* dar, da er auf die schwachen Stellen in dem im übrigen nichtleitenden Oxydfilm konzentriert ist. Da diese Punkte nur einen verschwindenden Bruchteil der gesamten Oberfläche bilden, so ist ein selbst geringfügiger Angriff bereits mit einer sehr hohen anodischen Stromdichte verknüpft, so daß OH-Ionen bei der anodischen Reaktion eine Rolle spielen. In Abwesenheit durchdringungsfähiger Ionen, wie beispielsweise Chlorionen, können die schwachen Stellen wahrscheinlich durch eine anodische Bildung von Aluminiumhydroxyd ausgeheilt werden[3]. Die Angriffsgeschwindigkeit auf Aluminium wird weitgehend durch die Gegenwart von Ionen, die die schützende Haut durchdringen können, bestimmt. Aus diesem Grunde löst Salzsäure Aluminium sehr viel rascher als Schwefelsäure, was auch mit der Fähigkeit der Reaktionsteilnehmer zusammenhängt, das anodisch gebildete Aluminiumhydroxyd zu lösen bzw. zu peptisieren.

---

[1] RAM, S.: J. Soc. chem. Ind. Trans. **54** (1935) 107.

[2] MAHUL, J.: Métaux **9** (1934) 437.

[3] Die Reaktion an diesen Stellen wird weitaus weniger sauren Charakter besitzen, als der Azidität der eigentlichen Flüssigkeit entspricht, da durch den Strom Wasserstoffionen vom Metall entfernt werden. Siehe auch E. S. HEDGES: Chem. Ind. **9** (1931) 25.

Hierin ist auch eine Erklärung dafür zu erblicken, warum verdünntes Natriumhydroxyd Aluminium wesentlich rascher als verdünnte Säuren korrodiert.
Die Angriffsgeschwindigkeit durch Salzsäure steigt jedoch rasch mit der Konzentration der Säure an, wie CENTNERSZWER und ZABLOCKI[1] gezeigt haben. Das
mag damit zusammenhängen (was jedem bekannt ist, der versucht hat, Glas-
gefäße zu reinigen, die für Korrosionsversuche benutzt worden sind), daß verdünnte Salzsäure praktisch kein Lösungsvermögen für die anhaftenden Filme
der Hydroxyde der dreiwertigen Metalle besitzt, daß sie durch konzentrierte
Salzsäure jedoch in wenigen Sekunden aufgelöst werden. Für diese Erscheinung
gibt CENTNERSZWER eine andere Erklärung.

In Gegenwart von Alkali, durch das Aluminiumhydroxyd und -oxyd aufgelöst werden, ist die Sachlage anders. Chloride, die den Angriff durch Säuren
sehr stark beschleunigen, wirken nach CENTNERSZWER und WITTAND[2] nur
wenig beschleunigend in alkalischer Lösung. Während überdies die Korrosionsgeschwindigkeit in Salzsäure rasch mit der Konzentration ansteigt, scheint in
Natriumhydroxydlösung der umgekehrte Vorgang abzulaufen.

Der Differenzeffekt. Der Gegensatz zwischen kathodischer und anodischer
Steuerung wird gut erkennbar, wenn das sich auflösende Metall mit einem edlen
Metall in Kontakt gebracht wird. THIEL und ECKELL[3] haben folgendes beobachtet: löst sich ein Stück Zink in Säure auf und wird es dabei in Kontakt mit Platin gebracht, dann wird dadurch die *Gesamtentwicklung* von Wasserstoff erhöht (da das Platin eine geeignete Kathode mit geringer Überspannung
liefert), während gleichzeitig die Entwicklung von Wasserstoff an den lokalen
kathodischen Stellen am Zink abnimmt. Wird der Versuch mit Aluminium
wiederholt (an dem die Korrosion normalerweise durch den Zustand des Filmes
bestimmt wird), so erhöht der Kontakt mit Platin nicht nur den gesamten Korrosionsbetrag, sondern weiterhin auch den Betrag des vom Aluminium allein
entwickelten Wasserstoffes, da durch die erhöhte Korrosion die Schädigungen
am Film zunehmen (eine Tatsache, die durch visuelle Beobachtung festgestellt
werden kann) und so die Entwicklung einer größeren Menge von Wasserstoff
am Aluminium selbst ermöglicht wird. KROENIG und USPENSKAJA[4] haben festgestellt, daß die Größenordnung dieser erhöhten Wasserstoffentwicklung — der
sog. *Differenzeffekt*[5] — eine interessante Aussage über den Zustand des Filmes
zu machen gestattet. Für Aluminium, das mit einem sehr vollkommenen Film
bedeckt ist, ist die Zunahme groß. Amalgamiertes Aluminium dagegen (oder
selbst nichtamalgamiertes Aluminium in einer *alkalischen* Lösung) verhält sich
wie Zink, d. h. die Wasserstoffentwicklung des Aluminiums selbst wird durch
Kontakt mit Platin *verringert*. Dieses Verhalten ist leicht verständlich, da
Amalgamierung oder Gegenwart von Alkali den Film auf Aluminium zerstört.

Interessant ist die Feststellung von KROENIG und USPENSKAJA, wonach bei
Magnesium in Natriumchloridlösung eine *Erhöhung* der Wasserstoffentwicklung

---

[1] CENTNERSZWER, M. u. W. ZABLOCKI: Z. phys. Ch. **122** (1926) 455; vgl. R. MÜLLER:
Z. Elektroch. **40** (1934) 126.

[2] CENTNERSZWER, M. u. W. WITTAND: Z. Elektroch. **35** (1929) 695.

[3] THIEL, A. u. J. ECKELL: Z. Elektroch. **33** (1927) 370. — THIEL, A. u. W. ERNST:
Korr. Met. **6** (1930) 97. Siehe jedoch M. STRAUMANIS: Z. phys. Ch. A **148** (1930) 349.

[4] KROENIG, W. O. u. V. N. USPENSKAJA: Korr. Met. **11** (1935) 10, **12** (1936) 123.

[5] Es ist Brauch, den Differenzeffekt am Zink als *positiv*, den am Aluminium als *negativ*
zu bezeichnen.

bei Kontakt mit Platin eintritt. Hiermit wird die schon früher durch WHITBY[1] ausgesprochene Ansicht bestätigt, wonach die Korrosionsgeschwindigkeit beim Magnesium durch einen Oxydfilm bestimmt wird.

Nach Ansicht von EVANS spielen jedoch auch die Ereignisse im kathodischen Gebiet hinsichtlich der Bestimmung der Angriffsgeschwindigkeit gegenüber Magnesium eine wichtige Rolle[2]. Versuche, die in Cambridge und an anderen Stellen gemacht worden sind, zeigen, daß der Einfluß relativ edler Metalle, die mit Magnesium legiert worden sind, im Sinne einer erheblichen Angriffsbeförderung liegt. Die beobachteten Tatsachen sind analog dem Verhalten von Zink in Säure. Offenbar rufen nur Verunreinigungen, die wahrscheinlich im metallischen Zustande wieder auf der Metalloberfläche ausgefällt werden, diese Beschleunigung hervor. Nickel, das in fester Lösung vorliegt, zeigt nur eine geringe beschleunigende Fähigkeit in den Frühstadien; nachdem es jedoch in Form eines schwarzen Schlammes wieder niedergeschlagen worden ist, ruft es eine merkbare Beschleunigung hervor. Nach KROENIG und KOSTYLEV[3] wird der Angriff auf das Magnesium, und zwar insbesondere durch Natriumchloridlösung, durch Kontakt mit einem edlen Metall niedriger Überspannung erhöht. Ein anonymer Autor[4] teilt mit, daß die Korrosion von Magnesium durch Seewasser durch die Gegenwart von Blei, Cadmium, Aluminium und Kupfer (die Konzentrationen betragen 4 bis 6% in den verschiedenen Fällen) stimuliert wird. Zink ruft eine leichte Angriffsverringerung hervor.

Einfluß der Bewegung auf die Wasserstoffentwicklung. Eine interessante Erscheinung bei dem mit Wasserstoffentwicklung verbundenen Korrosionstyp in Säuren besteht darin, daß eine Rotation der Probe in der Säure eine *Herabsetzung* der Angriffsgeschwindigkeit bewirkt. Offenbar werden die Gasblasen durch die Rotation von der Oberfläche fortgerissen, wenn sie noch klein sind, während sie an einer nichtbewegten Probe solange adhärieren, bis sie groß sind und in dieser Zeit als Keime für eine weitere Wasserstoffbildung dienen. WHITMAN, RUSSELL, WELLING und COCHRANE[5] haben Versuche mit in Säure rotierenden Stahlzylindern angestellt und dabei festgestellt, daß die Korrosionsgeschwindigkeit im Falle konzentrierter Säuren anfänglich mit der Rotationsgeschwindigkeit abnimmt, daß sie jedoch später wieder ansteigt, wie Abb. 55 zeigt. Der Anstieg ist auf eine erhöhte Nachlieferungsgeschwindigkeit des Sauerstoffes zurückzuführen, der, als Depolarisator wirkend, zu Korrosionen eines anderen Types führt. Sehr verdünnte Säure, die praktisch keinen Wasserstoff freimachen kann, gibt fast von Anbeginn an eine steigende Kurve.

Ursachen für die mangelnde Übereinstimmung bei den Versuchen über die Wasserstoffentwicklung. Charakteristisch für die mit Wasserstoffentwicklung begleitete Korrosion ist das *Streuen der experimentellen Ergebnisse*, d. h. die mangelhafte Übereinstimmung in den Messungen der Korrosionsgeschwindigkeit an verschiedenen Proben des gleichen Materiales, die unter den gleichen Versuchsbedingungen untersucht worden sind. Wird ein großes Eisen- oder

[1] WHITBY, L.: Trans. Faraday Soc. **29** (1933) 1320.

[2] BRITTON, S. C.: Zitiert bei U. R. EVANS u. T. P. HOAR: Trans. Faraday Soc. **30** (1934) 431.   [3] KROENIG, W. u. G. KOSTYLEV: Z. Metallk. **25** (1933) 144.

[4] Anonym in Korr. Met. **3** (1927) 257.

[5] WHITMAN, W. G., R. P. RUSSELL, C. M. WELLING u. J. D. COCHRANE: Ind. eng. Chem. **15** (1923) 672.

Zinkblech in eine mit Säure beschickte Schale gebracht, so wird der Grund hierfür sofort deutlich werden. Man beobachtet eine Wasserstoffentwicklung, jedoch ist diese nicht gleichförmig über die gesamte Oberfläche verteilt, sondern an ganz bestimmte Stellen der Oberfläche gebunden. Der größere Teil des Gases ist tatsächlich auf eine ganz beschränkte Anzahl dieser Stellen zurückzuführen, die entweder durch Verunreinigungen oder aber durch gewisse für den Angriff günstige Bezirke der Oberfläche gebildet werden. Nehmen wir nun an, daß die gesamte Probe in gleich große Quadrate aufgeteilt wird, deren jedes bei-

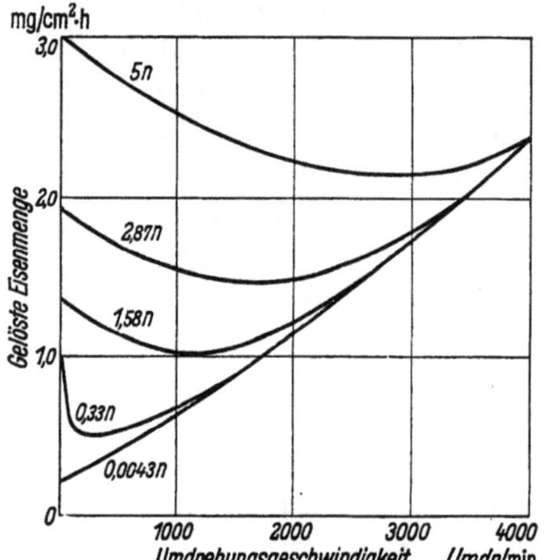

Abb. 55. Einfluß der Bewegung auf die Auf-
lösung von Stahl in verdünnter Schwefelsäure.
(Nach W. G. Whitman, R. P. Russell,
C. M. Welling und J. D. Cochrane.)

spielsweise 1 × 1 cm groß ist, so ist es klar, daß einige dieser Quadrate (diejenigen, die zufälligerweise eine oder mehrere dieser günstigen Stellen einschließen) weit mehr Wasserstoff als andere produzieren werden. So ist es einleuchtend, daß eine Anzahl getrennter Versuche, von denen jeder an einer kleinen Probe mit der Oberfläche 1 cm² durchgeführt worden ist, ganz verschiedene Geschwindigkeitswerte für die Korrosion liefern müssen.

Korrosionstypen, bei denen die Korrosion gleichförmig ausgebreitet ist, werden *reproduzierbarere* Ergebnisse liefern. Im allgemeinen ist die Streuung bei Korrosion, die mit Absorption von Sauerstoff verknüpft ist, geringer als bei Angriffen, die mit einer Wasserstoffentwicklung verbunden sind.

Aber selbst beim Sauerstoffabsorptionstyp werden die Diskrepanzen sehr ernsthaft, wenn hinreichend Inhibitoren zur Lokalisierung, jedoch nicht zur völligen Verhinderung des Angriffes zugefügt werden. Eine gewisse Streuung bleibt auch dann noch erhalten, wenn der Angriff gut ausgebreitet ist, was wahrscheinlich darauf zurückzuführen ist, daß die kathodische Reaktion in gewissem Ausmaß lokalisiert ist, wenngleich diese Angriffsbegrenzung infolge der Abwesenheit von freiem Wasserstoff nicht direkt beobachtet werden kann.

B. Fragen der Praxis.

1. Praktische Bedeutung der Wasserstoffentwicklung.

Einfluß der chemischen Zusammensetzung auf die beiden Angriffstypen. Bei der Auswahl von Metallen, die korrosivem Angriff widerstehen, ist es von praktischer Bedeutung, zu wissen, ob die Form des Angriffes wahrscheinlich dem Sauerstoffabsorptionstyp oder dem Wasserstoffentwicklungstyp folgen wird, da kleine Abweichungen in der Zusammensetzung des Metalles und in der umgebenden Flüssigkeit auf den letzteren Typ von weitaus größerem Einfluß als auf den ersteren Typ sind. Wird die Korrosionsgeschwindigkeit durch die Zufuhrgeschwindigkeit des Sauerstoffes bestimmt, so wird sie durch die Gegenwart von Verunreinigungen im Metall wenig beeinflußt werden. Hängt sie dagegen von der Entwicklung von Wasserstoff ab, so kann der Vorrat an einem Konstituenten mit niedriger Überspannung oder eine Zunahme in der Konzentration der Wasserstoffionen in der Flüssigkeit den Angriff ganz außerordentlich aktivieren. Diese Erscheinungen werden durch die alten Versuche von HEYN und BAUER[1] deutlich beleuchtet, die feststellen konnten, daß Gußeisen in destilliertem Wasser oder in ruhendem Berliner Leitungswasser mit praktisch der gleichen Geschwindigkeit (innerhalb etwa 10%) angegriffen wurde wie Ingoteisen. Wahrscheinlich war die Korrosion vom Sauerstoffabsorptionstyp. In gesättigtem Kohlendioxyd korrodierte das Gußeisen jedoch 4,3mal so schnell, in 1%iger Schwefelsäure 100mal so schnell wie das Ingoteisen, da in Gegenwart von Säuren eine Wasserstoffentwicklung möglich wird, und da diese durch die Gegenwart von Graphit eine Begünstigung erfährt.

Korrosion von Magnesium in Salzwasser. Der Wasserstoffentwicklungstyp des korrosiven Angriffes ist besonders wichtig für das Magnesium und seine Legierungen, die sehr leicht Gas aus Seewasser entwickeln. Hier sind große Abweichungen in der Korrosivität zwischen verschiedenen Qualitäten des Metalles und selbst zwischen verschiedenen Proben, die aus dem gleichen Stück geschnitten worden sind, experimentell festgestellt worden. Es ist infolgedessen bei der Herstellung von Magnesiumlegierungen wichtig, die zufällige Einführung von Verunreinigungen zu vermeiden. Aus diesem Grunde können sich die neuen Prozesse zur Reinigung von Magnesium durch Sublimation, die von HÉRENGUEL und CHAUDRON[2] sowie von MACHU[3] beschrieben worden sind, als bedeutungsvoll erweisen. Die meisten metallischen Verunreinigungen, die als Metall wieder ausgeschieden werden, wirken im Sinne einer Korrosionsbeschleunigung. Die unedleren Metalle, die viel wahrscheinlicher in der Form von Oxyden wieder ausgeschieden werden, können dagegen harmlos oder selbst günstig wirken. Nach KROENIG und KOSTYLEW[4] übt Zink keinen merkbaren Einfluß auf die Korrosion von Magnesiumlegierungen aus, während Mangan und Aluminium den Angriff herabsetzen.

Der goldgelbe schützende Film, der auf Magnesium-Mangan-Legierungen gebildet wird, ist von KROENIG und PAWLOW[5] sorgfältig studiert worden. Ihre Kurven zeigen, daß Legierungen mit 1,4 bis 4,1% Mangan dem Seewasser guten Widerstand entgegensetzen, daß jedoch 0,5% Mangan einen nur leichten Schutz gewähren. BENGOUGH und WHITBY[6] haben ermittelt, daß bloße Spuren von Mangan (0,01 bis 0,03%) den Angriff durch Alkalichloride tatsächlich erhöhen. Das befriedigende Verhalten von Manganlegierungen gegenüber Exposition im freien Gelände behandelt HARVEY[7], das gegenüber dem Salzsprühversuch SUTTON und LE BROCQ[8]. Mangan wird jetzt häufig als Legierungselement bei Magnesiumlegierungen verwendet, die dem Seewasser ausgesetzt werden sollen.

---

[1] HEYN, E. u. O. BAUER: Mitt. Materialprüfungsamt **28** (1910) 62.

[2] HÉRENGUEL, J. u. G. CHAUDRON: Métaux **9** (1934) 415.

[3] MACHU, W.: Met. Erz **32** (1935) 565.

[4] KROENIG, W. O. u. G. A. KOSTYLEW: Trans. Res. Inst. Aircraft Materials (USSR) 4 (1933) 5 (mit englischer Zusammenfassung).

[5] KROENIG, W. O. u. S. E. PAWLOW: Korr. Met. **10** (1934) 254.

[6] BENGOUGH, G. D. u. L. WHITBY: Chem. Ind. **11** (1933) 1037.

[7] HARVEY, W. G.: Trans. Am. electrochem. Soc. **56** (1929) 62.

[8] SUTTON, H. u. L. F. LE BROCQ: J. Inst. Met. **46** (1931) 54.

2. Wasserstoffentwicklung in Eisenrohren.

Innerer Angriff. Die Korrosion an Eisen unter den gewöhnlichen Betriebsbedingungen scheint hauptsächlich dem Sauerstoffabsorptionstyp anzugehören. Es kommt jedoch in sehr sauren Wässern sowie möglicherweise in weniger sauren Wässern zu einer Wasserstoffentwicklung, sofern die Sauerstoffkonzentration niedrig ist, wie WHITMAN, RUSSELL und ALTIERI[1] gezeigt haben.

Die auf S. 244 besprochene Untersuchung von SPELLER und KENDALL scheint zu zeigen, daß Sauerstoff bei der inneren Korrosion von Wasserrohren zumindest in den Frühstadien der bestimmende Faktor ist. BAYLIS[2] dagegen ist der Ansicht, daß die Wasserstoffentwicklung zu einem wichtigen Faktor wird, sobald die Rohre einmal rostig geworden sind. Das kann bei langen geraden Rohrleitungen und geringen Strömungsgeschwindigkeiten gut der Fall sein, wobei das den Sauerstoff mit sich führende Wasser langsam durch die Mitte des Rohres fließt. In solchen Fällen kann das Eisen der Rohrwand Wasserstoff unter gleichzeitiger Bildung von Eisen(II)-verbindungen verdrängen, die den Sauerstoff in einiger Entfernung von der metallischen Oberfläche aufnehmen. In saureren Wässern wird die Korrosion vom Wasserstoffentwicklungstyp manchmal gefährlich. Wässer, die von Torfmooren herrühren, sind oft stark sauer, wie die Messungen von ATKINS[3] gezeigt haben. Möglicherweise geben die Torfpflanzen Spuren organischer Säuren, wie Citronen-, Äpfel- oder Essigsäure ab[4]. Sehr wichtig kann die Korrosion durch Wässer in Wüsten werden, die Magnesiumchlorid enthalten, das infolge Hydrolyse eine saure Reaktion geben kann. Vor vielen Jahren ist festgestellt worden, daß das Wasser, das durch die zur Speisung der Coolgardie-Goldfelder (Westaustralien) angelegte Rohrleitung floß, selbst nach Entfernung des Sauerstoffs korrosiv blieb, was auf der Gegenwart von Magnesiumchlorid beruhte. Behandlung mit Kalk setzte seinen korrosiven Charakter, jedoch nicht den auf die Gegenwart von Sauerstoff zurückgehenden Anteil, herab. Eine Kombination von Entlüftung und Behandlung mit Kalk führte nach O'BRIEN und PARR[5] zu wesentlich besseren Ergebnissen.

Äußerer Angriff. An der Außenseite der in solchen Böden verlegten Rohre, die wenig oder keinen Sauerstoff enthalten, kann der anaerobe Typ der Korrosion ernsthaft werden, wenn der Boden Puffersubstanzen enthält, die ein Ansteigen des p_H-Wertes über einen gewissen Betrag hinaus verhindern. In Abwesenheit von Puffersubstanzen wird die alkalische Reaktion des Eisen(II)-hydroxydes ein Abflauen des Angriffes herbeiführen. Es sind verschiedene organische Säuren im Boden ermittelt worden, jedoch muß, abgesehen von Torfmooren, bezweifelt werden, ob sie eine wichtige Rolle bei der Korrosion spielen. Wahrscheinlich sind die mineralischen Konstituenten der Böden für die beobachteten Pufferreaktionen verantwortlich[6]. Tone besitzen oft eine aus-

[1] WHITMAN, W. G., R. P. RUSSELL u. V. J. ALTIERI: Ind. eng. Chem. **16** (1924) 665.

[2] BAYLIS, J. R.: Ind. eng. Chem. **18** (1926) 373.

[3] ATKINS, W. R. G.: Trans. Faraday Soc. **18** (1923) 310.

[4] THRESH, J. C.: Analyst **47** (1922) 459, 500. Wegen der Struktur der Huminsäuren sowie der Lignohuminsäuren s. Chem. Soc. annual Rep. **20** (1923) 209, **23** (1926) 209.

[5] O'BRIEN, P. V. u. J. PARR: Minut. Pr. Inst. civil Eng. **205** (1917/1918) 344.

[6] BRITTON, H. T. S.: J. chem. Soc. **1927**, 432. Über die neueren Anschauungen der Struktur der Tone auf Grund von Röntgenstrahluntersuchungen s. C. E. MARSHALL: J. Soc. chem. Ind. Trans. **54** (1935) 393.

geprägte saure Reaktion sowie Puffereigenschaften; in besonderen Fällen wird ein so niedriger p_H-Wert wie 3,0 festgestellt[1]. Saure Tone verursachen wiederholt ernste Korrosion an gußeisernen Rohren, wenn sie nicht vom Metall durch Verlegen in einem mit Kalk gefüllten Graben oder durch eine der auf den S. 208 bis 212 erwähnten Methoden abgetrennt werden.

Eine gefährliche Calciumsulfat und -carbonat enthaltende Bodenart kommt um Winnipeg (Canada) herum vor. So sind an den in diesem Gebiet verlegten Rohren ernsthafte Korrosionsschäden festgestellt worden. In den Laboratoriumssuspensionen der Böden in Wasser hat SHIPLEY[2] eine Korrosion an Eisen in Abwesenheit von Sauerstoff feststellen können: Gußeisen entwickelte kontinuierlich während 3 Monaten Wasserstoff aus einem Gemisch von Ton und Wasser in einem an der Vakuumpumpe liegenden Gefäß. Andere Beispiele der Korrosion von Gußeisen, das in Calciumsulfatboden verlegt worden war, werden von Yeovil[3] und von Esch (Luxemburg)[4] berichtet. Wie zu erwarten, beziehen sich die meisten der berichteten Fälle einer ernsthaften anaeroben Korrosion in gepufferten Böden auf Gußeisen, da Graphit die Entwicklung von Wasserstoff begünstigt. Es ist jedoch festgestellt worden, daß reinere Eisensorten bei entsprechend schwereren Bedingungen angegriffen werden können. Unterliegt Gußeisen der Bodenkorrosion, so bleibt die äußere Form des Gusses gewöhnlich gewahrt, und ein gelegentlicher Beobachter wird den Schaden häufig gar nicht wahrnehmen. Wird dagegen mit einem Messer nachgeprüft, so zeigt es sich, daß das Material in einem Ausmaß umgewandelt worden ist, daß es leicht weggewischt werden kann. Die schwammige Masse enthält zurückgebliebenen Graphit sowie Kieselsäure und etwas unverändertes Eisen. Häufig können Sulfide, Carbonate und Phosphate nachgewiesen werden. An einigen Gußeisen ist diese Graphiterweichung oder Graphitisierung sehr lokalisiert; sie ruft tiefe Pittings hervor, wie im Falle gewisser Rohre, die in der Nähe von New Orleans verlegt worden waren, worüber KUHN[5] berichtet. Eine Untersuchung verschiedener gußeiserner Rohre, die während langer Zeit in dem Gebiet von Hartlepool verlegt worden waren, führte BRADSHAW[6] zu dem Schluß, daß ein Eisen hoher Dichte und gleichförmiger Qualität die beste Aussicht auf eine lange Lebensdauer besitzt. VOLLMAR[7] berichtet über die Bemühungen, die in Deutschland zur Überwindung der Schäden durch Anwendung gußeiserner Rohre mit sehr feinen Graphitpartikeln und gleichförmiger Struktur gemacht worden sind. Ausgedehnte Untersuchungen über die Verbesserung von Gußeisen sind in neuerer Zeit in Großbritannien durchgeführt worden. Ihre Ergebnisse, die PEARCE[8] zusammengefaßt hat, sollten für die Korrosion von Rohrleitungen von Bedeutung sein.

Unter den ziemlich exzeptionellen Bedingungen, die in Holland vorherrschen (wo die Korrosion wahrscheinlich biochemischen Charakters ist, wie auf S. 204 ausgeführt wurde), scheinen sich sämtliche Typen von Gußeisen hinsichtlich

---

[1] BRADY, F. L.: Building Res. techn. Pap. Nr. 8, S. 28.

[2] SHIPLEY, J. W.: J. Soc. chem. Ind. Trans. **41** (1922) 311; Trans. Am. electrochem. Soc. **55** (1929) 265. Siehe auch J. W. SHIPLEY, I. R. McHAFFIE u. N. D. CLARE: Ind. eng. Chem. **17** (1925) 381.   [3] WEBB, C. H.: Water and Water Eng. **25** (1923) 197, 251.

[4] MEDINGER, P.: J. Gasbel. **61** (1918) 73, 89.

[5] KUHN, R. J.: Ind. eng. Chem. **22** (1930) 335.

[6] BRADSHAW, J. R.: Gas. J. **186** (1929) 593.

[7] VOLLMAR: Korr. Met. **9** (1933) 241.   [8] PEARCE, J. G.: Chem. Ind. **12** (1934) 1052.

der Korrosion ähnlich zu verhalten, abgesehen von Schleuderguß, der rascher als alle anderen Arten den Frühstadien der Korrosion unterliegt[1].

Wasserstoffentwicklung kann gleichfalls bei der Kesselkorrosion eine Rolle spielen, eine Frage, die auf S. 345 besprochen wird.

C. Quantitative Behandlung.

1. Die einfachen Grundgleichungen.

Beziehung zwischen Wasserstoffentwicklung und Zeit. Die Geschwindigkeit der Korrosion vom Wasserstoffentwicklungstyp wird gewöhnlich durch den aufgefangenen Wasserstoff gemessen[2], wobei die meisten Experimentatoren den Fortschritt des Angriffes durch graphisches Auftragen des Wasserstoffvolumens v gegen die Zeit t ausdrücken. Das tatsächliche Gewicht des angegriffenen Metalles kann leicht aus dem Wasserstoffvolumen abgeleitet werden. Durch ein Grammäquivalent irgendeines Metalles sollten 11,2 l Wasserstoff (gemessen bei 0° und einem Quecksilberdruck von 760 mm) freigemacht werden.

Ist das Metall rein und das Flüssigkeitsvolumen so groß, daß es niemals merklich erschöpft wird, so sollte die Korrosionsgeschwindigkeit nahezu unabhängig von der Zeit sein (sofern nicht die Entfernung des Oxydfilmes eine meßbare Zeit erfordert); es gilt also

$$dv/dt = k' \quad \text{oder} \quad v = k't \tag{17}$$

Ist das Metall jedoch nicht rein und führt die Korrosion in ihrem Verlaufe zur Freilegung oder zur Wiederausscheidung irgendeiner edlen Verunreinigung, durch die günstige Zentren für die Freisetzung von Wasserstoff in gasförmigem Zustand geschaffen werden, so wird die Korrosionsgeschwindigkeit ansteigen. Wird diese ausschließlich durch das Entweichen des Wasserstoffes bestimmt, so wird die angewachsene Geschwindigkeit während einer gewissen Zeit proportional der Menge der edlen Substanz an der Oberfläche sein. TAMMANN und NEUBERT[3] nehmen an, daß der Anteil der wirksamen edlen Substanz proportional mit der Zeit ansteigt, so daß

$$dv/dt = k' + k''t \tag{18a}$$

oder

$$v = k't + \frac{1}{2} k''t^2 \tag{18b}$$

gilt, wobei k' von der Natur des Hauptmetalles und k'' von der Natur und der Konzentration der (edleren) in geringer Konzentration vorliegenden Komponente abhängt. Es sollte a priori wahrscheinlicher sein, daß der Betrag der edlen Komponente, die der Korrosion ausgesetzt und/oder wieder abgeschieden wird, proportional der Gesamtkorrosion[4] ist, was zu dem Ausdruck

$$dv/dt = k' + k'''v \tag{19}$$

führt. Auf jeden Fall muß die niedergeschlagene Substanz, sobald sie aufhört

---

[1] Anonym in Stichting Mat. Corr. Comm. Med. **10** (1935) 123.

[2] Für sehr geringe Geschwindigkeiten der Wasserstoffentwicklung ist durch A. PORTEVIN, E. PRÉTÉT und L. GUITTON [Rev. Mét. **30** (1933) 362] eine geistreiche Methode benutzt worden.   [3] TAMMANN, G. u. F. NEUBERT: Z. anorg. Ch. **201** (1931) 228.

[4] G. TAMMANN (private Mitteilung vom 25. November 1934) stimmt damit überein, daß Gleichung (19) an Stelle von Gleichung (18) erwartet werden kann.

mit der Oberfläche zu adhärieren, auch aufhören, als Kathode zu wirken, so daß nicht zu erwarten ist, daß Gleichung (19) in fortgeschritteneren Stadien gut erfüllt ist. Tatsächlich stimmen Messungen von TAMMANN und NEUBERT über die Entwicklung von Wasserstoff bei Einwirkung von Säure auf Zink, das Gold, Silber, Kupfer und Eisen enthält, mit Gleichung (18) überein. k' ist in allen Fällen für Zink einer bestimmten Herkunft gleich. Die k''-Werte ändern sich mit der Natur und Konzentration der zweiten Metallkomponente, sind jedoch nicht stets proportional dem zugefügten Betrag (möglicherweise, weil die Legierungskomponente teilweise in Form einer festen Lösung und teilweise als eigene Phase vorliegt).

Wasserstoffentwicklung während der Korrosion nach dem Sauerstoffabsorptionstyp. Wertvolle Erkenntnisse hinsichtlich der Wasserstoffentwicklung liefert die Untersuchung von BENGOUGH, STUART und LEE[1]. Bei der Korrosion von vollständig eingetauchtem Zink in Kaliumchloridlösung mit Sauerstoff in der darüber befindlichen Gasphase folgt der *Haupt*angriff dem Sauerstoffabsorptionstyp, während die hierbei freigelegten Verunreinigungen im Sinne einer Aktivierung der Wasserstoffentwicklung wirken. Es ist zu erwarten, daß (bis zur Erreichung des Stadiums, in dem die Verunreinigungen locker werden) die Geschwindigkeit der Wasserstoffentwicklung in jedem Augenblick proportional der angesammelten Menge der vorhandenen Verunreinigungen, d. h. der gesamten Korrosion bis zu dem in Frage stehenden Augenblick ist. Die Kurven von BENGOUGH zeigen, daß diese Erwartung für recht beträchtliche Perioden (etwa 45 Tage) erfüllt ist. Hierdurch ist die Frage zu einem sehr befriedigenden Stand gefördert worden.

2. Quantitativer Beweis des elektrochemischen Mechanismus.

Beziehung zwischen den elektrochemischen Faktoren und der Geschwindigkeit der Wasserstoffentwicklung. Die ausgedehntesten quantitativen Untersuchungen über die Entwicklung von Wasserstoff durch Metalle sind von PALMAER[2] und seinen Mitarbeitern durchgeführt worden. Hierbei ergab sich, daß die Geschwindigkeit der Wasserstoffentwicklung ϱ, gemessen in cm³ Wasserstoff je Minute (bei 0° und 760 mm Hg), nach dem FARADAYschen Gesetz gegeben ist durch

$$\varrho = 6{,}96\, i$$

wobei i die Stromstärke ist. Das OHMsche Gesetz führt zu

$$i = \frac{e}{R} = \frac{e\varkappa}{C}$$

Hierbei bedeutet:

$e =$ elektromotorische Kraft des Lokalelementes,

$R =$ Widerstand des Elementes,

$\varkappa =$ spezifische Leitfähigkeit der Flüssigkeit,

$C =$ Widerstandskapazität des Lokalelementes.

Bei 18° wird die EK, die zwischen Anoden eines Metalles mit der Valenz n und dem Normalpotential ε_m und Kathoden eines „Fremd"-Metalles mit der

[1] BENGOUGH, G. D., J. M. STUART u. A. R. LEE: Pr. Roy. Soc. A **121** (1928) 96, **127** (1930) 64.

[2] PALMAER, W.: The Corrosion of Metals, Bd. 1 und 2, Stockholm 1929 bzw. 1931; Korr. Met. **2** (1926) 3, 33, 57, **12** (1936) 139.

Überspannung η herrscht, sofern die Konzentration der Metallionen auf den Wert c_m angestiegen und die der Wasserstoffionen auf $c_{H\cdot}$ gesunken ist, gegeben sein durch

$$e = -\varepsilon_m - \eta - 0{,}058\left(\frac{1}{n}\log_{10} c_m - \log_{10} c_{H\cdot}\right)$$

Für die edlen Metalle ist ε_m positiv und e im allgemeinen negativ. Es besteht demnach keine EK, die in einem der Korrosion günstigen Sinne wirkt, was mit der Erfahrung übereinstimmt. Im Falle der reaktionsfähigeren Metalle ist ε_m negativ; e wird für gewöhnlich positiv bei allen Geschwindigkeiten in sauren Lösungen, sofern $c_{H\cdot}$ hoch ist. In diesem Falle gilt

$$\varrho = \frac{6{,}96\,\varkappa}{C}\,e = \frac{6{,}96\,\varkappa}{C}\left[-\varepsilon_m - \eta - 0{,}058\left(\frac{1}{n}\log_{10} c_m - \log_{10} c_{H\cdot}\right)\right] \qquad (20)$$

In dieser Gleichung kann nach PALMAER jeder Wert mit Ausnahme von C berechnet oder vorausbestimmt werden. Es sollte infolgedessen möglich erscheinen, den elektrochemischen Mechanismus durch Messung der Geschwindigkeit der Wasserstoffentwicklung an einem gegebenen Metall in Säuren verschiedener Konzentration nachzuprüfen. Wird ε_m gleich $-0{,}76$ V gesetzt (der Wert, den PALMAER für das Normalpotential des Zinks annimmt), wird ferner η gleich $0{,}64$ V (der Wert, den CASPARI[1] der Überspannung des Bleies zuschreibt, d. h. der Hauptverunreinigung in dem von PALMAER benutzten Zink) gesetzt und C zu $0{,}255$ (ein willkürlicher Wert) angenommen, so können Werte für die Lösungsgeschwindigkeit des Zinks in Salzsäure verschiedener Konzentration berechnet werden.

Tabelle 27.

Salzsäure-konzentration in Normalitäten	$\varkappa$	Berechnet	Beobachtet
0,05	0,0150	0,050	0,050
0,1	0,0322	0,128	0,136
0,2	0,0650	0,298	0,277
0,3	0,0974	0,475	0,480

Diese Daten stimmen gut mit den experimentellen Werten überein, die im PALMAERschen Laboratorium durch ERICSON-AURÉN[2] bestimmt worden sind, wie aus Tabelle 27 hervorgeht.

In ähnlicher Weise hat ULSSTRAND[3], ein anderer Mitarbeiter W. PALMAERs, die Korrosion von Aluminium durch Salzsäure untersucht und dabei festgestellt, daß Zusätze von Kaliumbromid, die die Leitfähigkeit wesentlich vergrößern, auch die Korrosionsgeschwindigkeit erhöhen. PALMAER argumentiert in dem Sinne, daß „da die EK der Lokalelemente im Falle des Aluminiums ziemlich hoch ist, nicht erwartet werden kann, daß irgendein großer Unterschied in der EK in Lösungen auftreten kann, denen Bromid zugesetzt worden ist, sofern

Tabelle 28.

Lösung	ϱ	$\varrho/\varkappa$
$\frac{1}{2}$ n-HCl	0,515	3,03
$\frac{1}{2}$ n-HCl + n-KBr . . .	0,753	2,93
$\frac{1}{2}$ n-HCl + 2 n-KBr . . .	0,700	2,06
$\frac{1}{2}$ n-HCl + 3 n-KBr . . .	1,155	2,84
$\frac{1}{2}$ n-HCl + 4 n-KBr . . .	1,082	2,34

sie lediglich miteinander verglichen werden". Er schließt demnach, daß $\varrho/\varkappa$ für diese Lösungen annähernd konstant sein müßte, und belegt diese Feststellung durch die in Tabelle 28 gegebenen Zahlen.

[1] CASPARI, W. A.: Z. phys. Ch. **30** (1899) 93.

[2] ERICSON-AURÉN, T. u. W. PALMAER: Z. phys. Ch. **39** (1901) 1, **45** (1903) 182, **56** (1906) 689.   [3] PALMAER, W.: The Corrosion of Metals, Stockholm 1929, Bd. 1, S. 96.

Die Tatsache, daß eine gewisse Schwankung in den $\varrho/\varkappa$-Werten vorhanden ist, sollte an sich nicht überraschen. Jeder, der Zeit dazu findet, das PALMAERsche Buch zu studieren, wird empfinden, daß die vorgelegten Ergebnisse eine bedeutende Stütze zugunsten seiner Ansicht darstellen.

Schwierigkeiten in der Benutzung der Gleichungen zur Nachprüfung des elektrochemischen Mechanismus. Bei der Prüfung der Tragfähigkeit der PALMAERschen Argumentation würde es jedoch falsch sein, gewisse Dinge zu übersehen, die es schwierig machen, Gleichung (20) mit Ausnahme einiger Spezialfälle zur quantitativen Nachprüfung des elektrochemischen Mechanismus zu benutzen. Das Vorhandensein einiger dieser Schwierigkeiten ist bereits in den PALMAERschen Schriften voll erkannt worden. In erster Linie weicht

sowohl die Konzentration der Wasserstoffionen als auch der Metallionen in der unmittelbar dem Metall benachbarten Schicht von den Ionenkonzentrationen ab, die in der eigentlichen Flüssigkeit herrschen. Weiterhin ändert sich die Überspannung η mit der Stromdichte und sollte, streng gesprochen, nicht als eine Konstante für sämtliche

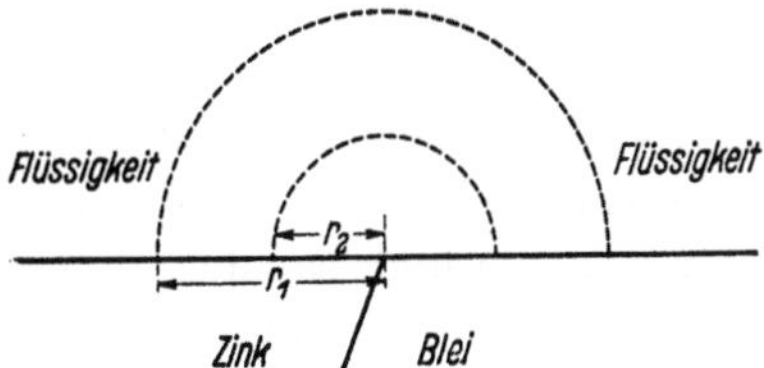

Abb. 56. Halbkreisförmiger Stromweg.

Korrosionsgeschwindigkeiten behandelt werden. Ein dritter störender Faktor, der allgemein weniger berücksichtigt wird, betrifft die Abhängigkeit der Elementkonstante C von der Leitfähigkeit der Flüssigkeit, was auf den Polarisationseffekt bei der Angriffsverteilung zurückzuführen ist. Wird dieser Faktor vernachlässigt, so läßt die Anwendung des OHMschen Gesetzes eine unendliche Stromdichte und eine unendlich hohe Intensität der Korrosion an der Grenze zwischen zwei Phasen (beispielsweise zwischen Zink und Blei) erwarten. Nimmt man, wie das bei PALMAER der Fall ist, einen halbkreisförmigen Verlauf des Stromes an, wie das schematisch in Abb. 56 angezeigt wird, so ist der Strom, der durch die Zone hindurchfließt, die durch die Kreise mit den Radien r_1 und r_2 begrenzt ist, und die einen Streifen von der Breite B ausmacht (gemessen senkrecht zur Papierebene), gegeben durch

$$[i]_{r_1}^{r_2} = \int_{r_1}^{r_2} \frac{B\varkappa e\,dr}{\pi r} \tag{21}$$

Dieser Strom wird unendlich, wenn $r_2 = 0$ ist. Um diesem Dilemma zu entgehen, nimmt PALMAER[1] an, daß r_2 niemals kleiner wird als der interatomare Abstand von etwa 10^{-8} cm. Nehmen wir an, daß ein „Niemandsland" von der Breite 10^{-8} cm zwischen dem kathodischen und dem anodischen Gebiet liegt, so wird die Stromdichte überall endlich. Abgesehen jedoch von dem etwas willkürlichen Charakter dieser Annahme trägt Gleichung (21) der Polarisation keinerlei Rechnung, die ein *realer* Faktor ist und verhindert, daß die Stromdichte längs dieser Grenze unendlich wird. Wächst die Stromdichte, so bringt die Polarisation die Potentiale der anodischen und kathodischen Gebiete einander näher, die resultierende EK nimmt ab. Die Stromdichte kann nirgends jenen Wert überschreiten, durch den die EK auf null herabgesetzt würde. Wird der Stromweg grob in halbkreisförmige Elemente aufgeteilt, so ist es einleuchtend, daß der

---

[1] PALMAER, W.: The Corrosion of Metals, Stockholm 1931, Bd. 2, S. 124.

Strom, der durch ein Element mit dem Widerstand R geht, eine Stärke i_r annehmen wird, die die EK infolge Polarisation auf $i_r R$ herabsetzen wird, den Wert, der gerade hinreichend ist, um einen Strom der Stärke i_r über einen Weg mit dem Widerstand R zu leiten. Der Strom kann niemals den Wert $B\varkappa e\,dr/\pi r$ überschreiten, wobei e die EK bei der Stromdichte null ist. Für Elemente in der Nähe des Grenzgebietes sowie für stark leitende Flüssigkeiten kann der Wert jedoch weit darunter sinken. Die Korrosion wird um so besser ausgebreitet sein, je mehr die Leitfähigkeit in der Flüssigkeit ansteigt, da der durch die Elemente mit großer Wegstrecke gelieferte Strom durch die Polarisation entsprechend weniger als der durch die Elemente mit kurzer Wegstrecke gelieferte herabgesetzt wird. Der Gesamtstrom wird natürlich mit wachsender Leitfähigkeit ansteigen, jedoch *nicht* proportional der Leitfähigkeit, so daß es unmöglich ist, einen C-Wert anzugeben, der unabhängig von der Leitfähigkeit der Flüssigkeit ist. Es ergeben sich infolgedessen ernsthafte Einwände gegen jedweden Versuch, C experimentell unter Benutzung einer Flüssigkeit bei nur *einer* Konzentration zu bestimmen und nachher den gleichen Wert zur Prüfung von Gleichung (20) zu benutzen, in der die berechneten und beobachteten Werte der Korrosionsgeschwindigkeit bei anderen Konzentrationen verglichen werden.

Ein weiterer Einwand gegen die Benutzung der Gleichung (20) besteht darin, daß selbst dann, wenn eine Reihe von Proben aus dem gleichen Metallblech oder Metallblock geschnitten und in der gleichen Weise behandelt worden sind, C von einer Probe zur anderen variieren wird. Bei einer gegebenen Probe wird sich C mit der Zeit, entsprechend den auf der Oberfläche sich anhäufenden edlen Verunreinigungen, ändern. Diese besondere Schwierigkeit ist in geistreicher Weise durch GUERTLER und BLUMENTHAL[1] überwunden worden. Sie nahmen eine einzige Probe und tauchten sie abwechselnd in 0,1 n- und 0,2 n-Säure ein und maßen jedesmal die Geschwindigkeit der Wasserstoffentwicklung. Dadurch wurden sie zu dem Schluß geführt, daß die Ergebnisse unter Berücksichtigung der zeitlichen Änderung der Überspannung mit den PALMAERschen Ansätzen in Übereinstimmung sind.

Andere Beweise zugunsten des elektrochemischen Mechanismus. Das überzeugendste Argument zugunsten des elektrochemischen Mechanismus für die Korrosion nach dem Wasserstoffentwicklungstyp ist wohl darin zu sehen, daß keine andere Theorie die außerordentliche Beförderung des Angriffes durch Hinzufügung kleiner Mengen gewisser Substanzen zu der Flüssigkeit oder zu dem Metall befriedigend deuten kann. Es ist auch zweifelhaft, ob irgendeine andere Theorie in adäquater Weise den Abfall der Korrosionsgeschwindigkeit bei hohen Säurekonzentrationen verständlich machen kann. Ein gutes Beispiel wird durch die Korrosion von Magnesium in Essigsäure verschiedener Konzentrationen geliefert. Nach den von PALMAER aus der KAJANDERschen Untersuchung mitgeteilten Daten wächst die Angriffsgeschwindigkeit mit der Säurekonzentration rasch bis zu etwa 7 n-Säure und nimmt dann schrittweise wieder ab, um bei 15 n-Säure sehr gering zu sein. Wäre nun der Anstieg der Korrosionsgeschwindigkeit mit steigender Konzentration auf die Ausbildung eines höheren Konzentrationsgradienten und infolgedessen einer rascheren Diffusion der Säure zum Metall zurückzuführen, wie von einigen Fachleuten angenommen

---

[1] GUERTLER, W. u. B. BLUMENTHAL: Z. phys. Ch. **152** (1931) 197; s. auch B. BLUMENTHAL: Dissert. Leipzig 1930.

wird, so müßte sich der Anstieg bis zu hohen Konzentrationen fortsetzen (selbst unter Berücksichtigung der Änderung der Viscosität). Erfordert der Korrosionsvorgang hingegen eine elektrolytische Leitfähigkeit zwischen den kathodischen und anodischen Gebieten, so wird der Abfall bei hohen Konzentrationen sofort verständlich. Die Leitfähigkeit der Essigsäure steigt zuerst mit wachsender Konzentration, erreicht ein Maximum und fällt dann zu sehr kleinen Werten wieder ab. Die maximale Korrosionsgeschwindigkeit liegt nicht bei genau der gleichen Konzentration wie die maximale Leitfähigkeit, was jedoch kaum zu erwarten ist.

Es besteht heutzutage kein wirklicher Zweifel darüber, daß die Korrosion vom Wasserstoffentwicklungstyp nach dem angenommenen elektrochemischen Mechanismus abläuft. Infolge der großen räumlichen Nähe der Sitze der kathodischen und anodischen Reaktion ist es jedoch schwierig, die gleiche Art der Sichtbarmachung zu erzielen, wie das für die Korrosion nach dem Sauerstoffabsorptionstyp möglich ist.

3. Statistische Betrachtungen.

Ursachen für das Streuen der experimentellen Ergebnisse[1]. Eine der Erscheinungen bei der Korrosion nach dem Wasserstoffentwicklungstyp ist der sehr häufig bemerkbare Mangel in der Übereinstimmung zwischen den gemessenen Geschwindigkeiten bei Versuchen, die *identische* Ergebnisse erwarten lassen. Der Grund hierfür (s. S. 285) liegt darin, daß der größte Teil des entwickelten Wasserstoffes von einer *begrenzten Anzahl von Stellen* ausgeht. Die gute Reproduzierbarkeit, die oft bei der Messung der Geschwindigkeit gewöhnlicher chemischer Reaktionen erzielt wird (bei gegebener sorgfältiger experimenteller Durchführung), ist darauf zurückzuführen, daß bei diesen die Molekel als die Reaktionseinheit anzunehmen ist. Da die Zahl der Moleküle sehr groß ist, so ist nach dem BERNOUILLIschen Prinzip die Gleichförmigkeit der Ergebnisse vorauszusagen. Das gleiche ist der Fall bei denjenigen Korrosionsreaktionen, die gleichförmig ausgebreitet sind, anstatt mit einer Veränderung verknüpft zu sein, die an einer *begrenzten* Anzahl kathodischer oder anodischer Stellen erfolgt. In denjenigen Fällen jedoch, in denen solche „besonderen" Stellen anzunehmen sind, muß eine schlechte Reproduzierbarkeit *erwartet* werden, wenn die Zahl dieser Zentren auf der dem Experiment unterworfenen Oberfläche gering ist. Das wird stets der Fall sein, wie sorgsam man auch immer die experimentellen Einzelheiten durchführt.

Nehmen wir eine große Anzahl von Proben an, deren jede in kleine Quadrate von beispielsweise 1 cm² Fläche geteilt werden möge. Wird die Wahrscheinlichkeit dafür, daß ein für die Wasserstoffentwicklung geeigneter Punkt in einer derartigen Fläche vorhanden ist, mit p bezeichnet, so sollten Proben, die N derartiger Quadrate als Gesamtfläche enthalten, Wasserstoff *im Mittel* von Np Quadraten je Probe entwickeln. Tatsächlich werden aber einige Proben Wasserstoff von mehr derartigen Quadraten entwickeln, einige dagegen von weniger, und es kann gezeigt werden[2], daß die Abweichung von Np, die von der *Hälfte*

[1] EVANS, U. R.: Trans. electrochem. Soc. **57** (1930) 407. — MEARS, R. B. u. H. E. DANIELS: Trans. electrochem. Soc. **68** (1935) 375.

[2] Siehe z. B. W. N. BOND: Probability and Random Errors, London 1935, S. 15.

der Proben überschritten werden wird, gegeben ist durch

$$0{,}674 \sqrt{Np(1-p)}$$

Das ist der Absolutwert. Diese Streuung, ausgedrückt als *prozentischer Anteil* des erwarteten Wertes Np, ist gegeben durch

$$67{,}4 \sqrt{Np(1-p)}/Np = 67{,}4 \sqrt{\frac{1-p}{Np}}$$

Wird der Einfachheit halber angenommen, daß jedes Quadrat, das überhaupt Wasserstoff liefert, den gleichen Betrag ergibt, und daß die Quadrate ohne gegenseitigen Einfluß aufeinander sind, so ist es einleuchtend, daß die *prozentische Streuung* in dem Maße abnehmen wird, in dem die Größe der benutzten Proben (und deshalb der Wert von N) ansteigt. So ist zu erwarten, daß eine Probe von 1 dm² Oberfläche nur $^1/_{10}$ der *prozentischen Streuung* von derjenigen Probe ergibt, die nur 1 cm² Oberfläche hat, obgleich der *Absolutwert* der Streuung 10mal so groß sein wird. Tatsächlich geben die Quadrate nicht alle den gleichen Betrag an Wasserstoff, noch ist ihre Wirkung unabhängig voneinander, was jedoch nicht den allgemeinen Schluß beeinflußt, wonach die prozentische Streuung mit der Probengröße abnehmen (und die absolute Streuung zunehmen) wird. Geht man zu einem anderen Material über, bei dem p n-mal so groß ist und die je Quadrat gelieferte Wasserstoffmenge nur $1/n$ des vorherigen Betrages ausmacht, so wird die mittlere Korrosionsgeschwindigkeit unverändert bleiben, jedoch wird die Streuung geringer sein. Im allgemeinen ist zu erwarten, daß ein relativ reines Material eine größere prozentische Streuung als ein unreines Material ergibt, bei dem p groß und die Entwicklung des Wasserstoffes dementsprechend gleichförmiger ausgebreitet ist.

Achtes Kapitel.

Einfluß der Zusammensetzung der Flüssigkeit.

A. Wissenschaftliche Grundlagen.

1. Substanzen, die sowohl als Aktivatoren als auch als Inhibitoren wirken.

Beziehung zwischen Beschleunigung und Hemmung. Es ist notwendig, die Beschleunigung und Hemmung der Korrosion im Zusammenhang zu betrachten, da viele Substanzen sowohl als Aktivatoren als auch als Inhibitoren wirken können. In manchen Fällen ruft ein zur Verhinderung der Korrosion zugefügter Zusatz tatsächlich eine Steigerung des korrosiven Angriffes hervor. Hierfür sind zwei Gründe vorhanden:

1. Bei *kleiner* experimenteller Oberfläche (z. B. der durch einen kleinen Tropfen bedeckten) kann die Gegenwart irgendeiner Substanz in der Flüssigkeit die Angriffswahrscheinlichkeit herabsetzen, d. h. den Anteil der Tropfen, in denen es zu Korrosion kommt, verringern. Sie kann jedoch die effektive Geschwindigkeit — das ist der Mittelwert derjenigen Geschwindigkeit, die in denjenigen Tropfen erreicht wird, in denen die Korrosion überhaupt fortschreitet — erhöhen.

2. Bei *großer* experimenteller Oberfläche (z. B. im Falle einer ganz oder teilweise in diese Flüssigkeit eingetauchten Platte) wird eine Substanz, die die

Geschwindigkeit der Korrosion herabsetzt, oft auch die Größe der insgesamt angegriffenen Fläche herabsetzen. Übertrifft die Verringerung der angegriffenen Oberfläche die Herabsetzung der Menge des zerstörten Metalles, so wird die Intensität der Korrosion (d. h. die Korrosion je Flächeneinheit des angegriffenen Teiles) durch diesen Zusatz vergrößert.

Statistische Untersuchung von Tropfen. Der erste Fall kann durch die statistische Untersuchung von MEARS[1] über die Korrosion in Tropfen illustriert werden. Im MEARSschen Versuchsgang werden Eisenproben abgeschliffen, mit Kohlenstofftetrachlorid gewaschen und mit zwei Reihen paralleler Linien im rechten Winkel zueinander mit Hilfe einer Lösung von Wachs in Kohlenstofftetrachlorid, die mit einem kleinen Pinsel aufgebracht wird, versehen. Hierdurch wird eine Anzahl ungewachster Quadrate belassen (gewöhnlich 27 je Probe, von denen jedes die Größe von 3×3 mm hat), die durch gewachste Linien voneinander getrennt werden. Vier derartige Proben werden auf einer Glasplatte befestigt, während einer Standardzeit der Luft ausgesetzt, hierauf in ein Gefäß gebracht, das zuerst evakuiert und dann mit Sauerstoff oder einem Sauerstoff-Stickstoff-Gemisch gefüllt wird. Anschließend wird die Flüssigkeit (gewöhnlich verdünnte Kaliumchloridlösung) eingeführt, durch Kippen des Gefäßes über die Probe gespült und darauf wieder abgelassen. Die Flüssigkeit läuft von den gewachsten Linien ab, bleibt jedoch auf den ungewachsten Quadraten als eine Reihe voneinander unabhängiger „quadratischer Tropfen" zurück. Es ist einfach, den Anteil derjenigen Tropfen zu ermitteln, die Rost entwickeln. Viele von ihnen rufen keinerlei Veränderung hervor. Gewöhnlich wird festgestellt, daß ein Tropfen, der innerhalb von 15 min keinerlei Rostungsbeginn zeigt, selbst nach einer langen Expositionszeit zu keiner Korrosion führt, vorausgesetzt, daß die Sauerstoffkonzentration der Atmosphäre konstant gehalten wird. Mit anderen Worten: die Korrosionswahrscheinlichkeit ist wesentlich unabhängig von der Zeit. Die effektive Geschwindigkeit kann leicht ermittelt werden, wenn die Probe vor dem Versuch und nach dem Abschluß des Versuches gewogen wird, nachdem das Korrosionsprodukt durch kathodische Behandlung in Citronensäure beseitigt worden ist. Unter Tropfen von Kaliumchlorid ist der Gewichtsverlust nahezu proportional der Versuchsdauer, was auf eine nahezu gleichförmige Korrosionsgeschwindigkeit hindeutet.

Versuche, die in Atmosphären durchgeführt worden sind, die Sauerstoff und Stickstoff in verschiedenen Anteilen enthalten, zeigen, daß der Anteil der korrodierenden Tropfen in dem Maße abnimmt, in dem der Sauerstoff der Atmosphäre ansteigt, während der Gewichtsverlust je korrodierender Tropfen mit dem Sauerstoffgehalt wächst, wie Abb. 57 zeigt. Sauerstoff vermindert demnach die Wahrscheinlichkeit des Angriffes, vergrößert aber die effektive Geschwindigkeit. Sauerstoff ist ein Inhibitor der Korrosion in einem Sinne des Wortes und ein Aktivator in einem anderen Sinne, wie das auch SCHIKORR[2] zum Ausdruck gebracht hat.

Erklärung der dualen Rolle des Sauerstoffes. Die Erklärung der Wirkungsweise des Sauerstoffes ist sehr einfach. Das lösliche anodische Korrosionsprodukt, Eisen(II)-chlorid, das an einem korrosionsempfindlichen Punkt gebildet worden ist, wird durch Kaliumhydroxyd und Sauerstoff in hydratisches

---

[1] EVANS, U. R. u. R. B. MEARS: Pr. Roy. Soc. A **146** (1934) 164; Trans. Faraday Soc. **31** (1935) 527.   [2] SCHIKORR, G.: Korr. Met. **4** (1928) 244; Z. Elektroch. **39** (1933) 409.

Eisen(III)-oxyd übergeführt. Ist die Zufuhr von Sauerstoff und Kaliumhydroxyd an einer vorgegebenen derartigen Stelle hinreichend, so bildet sich die hydratische Eisen(III)-verbindung in physikalischem Kontakt mit dem Metall, was infolge Selbsthemmung zu einem raschen Stillstand des Angriffes führen wird. In solchen Fällen wird das Eisen nicht geätzt werden, wenngleich in Langzeitversuchen Interferenzfarben, die auf einen Film von hydratischem Eisen(III)-oxyd in optischem Kontakt mit der Oberfläche hinweisen, erhalten werden. Ist die Alkalizufuhr dagegen unzureichend, so wird das hydratische Eisen(III)-oxyd in Form von losem Rost in geringer Entfernung vom Angriffsherd ausgefällt. Der Angriff wird sich in einer ernsthaften Zerstörung der metallischen Oberfläche auswirken. Da nun die rasche Bildung des Kathodenproduktes Kaliumhydroxyd die Gegenwart des als kathodischen Depolarisator

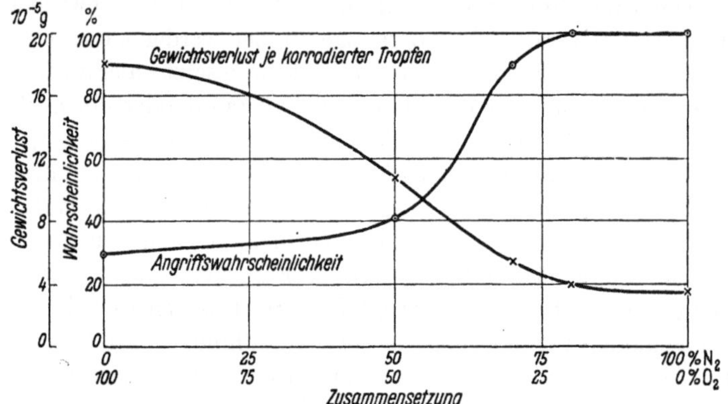

Abb. 57. Änderung der Korrosionswahrscheinlichkeit und der effektiven Korrosionsgeschwindigkeit mit dem Sauerstoffgehalt. (Nach U. R. Evans und R. B. Mears.)

wirkenden Sauerstoffes erfordert, ist es klar, daß die Nachlieferungsgeschwindigkeit des Sauerstoffes entscheidend dafür ist, ob die Reaktion gehemmt wird oder ob sie fortschreiten kann. Je größer die Sauerstoffkonzentration an der Oberfläche ist, um so größer ist die Wahrscheinlichkeit dafür, daß an allen Stellen innerhalb der Tropfenfläche eine Hemmung des Korrosionsvorganges herbeigeführt wird. Nimmt man dagegen an, daß die durch einen Tropfen bedeckte Oberfläche eine Stelle enthält, die so empfindlich ist, daß sie zur Bildung von Eisen(II)-chlorid Anlaß gibt, das zu leicht löslich ist, um selbst bei hohen Sauerstoffkonzentrationen in physikalischem Kontakt mit dem Metall zur Ausfällung zu gelangen, so wird dieser besondere Tropfen notwendigerweise bei hohen Sauerstoffkonzentrationen eine entschieden raschere Korrosion als bei niedrigeren aufweisen. Hierin liegt eine Erklärung dafür, daß Sauerstoff die Korrosionswahrscheinlichkeit herabsetzt, die effektive Geschwindigkeit dagegen erhöht.

In Fällen, in denen die Tropfen aus reinem Wasser bestehen, ist die Erklärung noch einfacher. In diesem Fall besteht das Primärprodukt aus Eisen(II)-hydroxyd, das in hydratisches Eisen(III)-oxyd übergeführt wird. Der Sauerstoff erhöht die Wahrscheinlichkeit für diese zweite Umsetzung, die in der Herstellung des physikalischen Kontaktes mit dem Metall und weiterhin der Hemmung eines jeden weiteren Angriffes besteht. Kommt es dagegen zu keiner Hemmung, so wirkt der Sauerstoff vergrößernd auf die Korrosionsgeschwindigkeit.

Die Tatsache, daß die gleiche Substanz die Korrosionswahrscheinlichkeit herabsetzen und die effektive Geschwindigkeit erhöhen kann, dient zur Erklärung vieler Anomalien in der Korrosionsverteilung. Wie bereits in Kapitel V ausgeführt worden ist, bewahrt eine senkrecht partiell in eine Chloridlösung eingetauchte Eisenprobe während einer längeren Zeit längs der Wasserlinie eine immune Zone, was auf die gute Belieferung mit Sauerstoff und Alkali an dieser Stelle zurückzuführen ist. Löst jedoch ein außergewöhnlich korrosionsempfänglicher Punkt an oder in der Nähe der Wasserlinie einen korrosiven Angriff aus, so wird dieser infolge der unbegrenzten Ergänzungsmöglichkeit des Sauerstoffes an den umliegenden Punkten um so rascher erfolgen. In der Nähe der Wasserlinie ist die Wahrscheinlichkeit für einen Angriff gering, die effektive Geschwindigkeit jedoch groß.

Natürlich werden Tropfen, die eine große Fläche bedecken — bei Konstanthaltung aller übrigen Faktoren —, eine größere Angriffswahrscheinlichkeit als kleine Tropfen besitzen. Bei Carbonyleisen fand MEARS, daß Tröpfchen von reinem Wasser von 1 mm² Größe nur bei 5% aller Tropfen eine Rostbildung hervorrufen, während solche von 9 mm² bei 32% aller Tropfen diesen Effekt auslösen. Große Tropfen von 169 mm² führen in allen Fällen zu Rostbildung[1]. Der Einfluß der Größe der experimentellen Flächen ist durch andere Untersuchungen aufgezeigt worden. McCULLOCH[2] hat Stücke von Elektrolyteisen der Luft, der Feuchtigkeit sowie Natriumchloridlösung ausgesetzt und dabei festgestellt, daß unter den kleineren Stücken der Anteil derjenigen Proben, die Passivität zeigen, viel größer war als unter den größeren Proben. Es ist klar, daß die Wahrscheinlichkeit dafür, daß eine Probe einen hinreichend korrosionsempfänglichen Punkt enthält, mit der Probengröße ansteigen wird[3].

Einfluß einer vorhergehenden Exposition an Luft. Die Wahrscheinlichkeit aktiver Korrosion innerhalb eines Tropfens hängt nicht nur von der Sauerstoffkonzentration in der Atmosphäre, sondern auch von dem Zustand des primären Oxydfilmes ab. Je vollkommener dieser Film ist, um so geringer ist diejenige Sauerstoffkonzentration, die zur Herbeiführung der Passivität erforderlich ist. MEARS[4] hat die Korrosionswahrscheinlichkeit für Stahloberflächen unter Normalbedingungen studiert, in die 12 mm lange Kratzer eingeritzt worden

---

[1] Die statistische Methode ist von BROWN und MEARS auf Aluminium angewendet worden. Unter Berücksichtigung der Tatsache, daß der Film kontinuierlicher als beim Eisen ist, wurden bedeutend größere Oberflächen (1,5 × 1,5 cm) benutzt. Der übrige Teil der Probe wurde mit Wachs (nicht nur mit einer Wachslösung) bedeckt und völlig eingetaucht. Die Wahrscheinlichkeit für den Angriff innerhalb der in Frage stehenden Fläche wächst mit der Temperatur und der Chloridkonzentration. Sie wächst natürlich mit der exponierten Fläche, jedoch verringert sich die Zahl der einzelnen Zusammenbrüche je Flächeneinheit mit der exponierten Fläche, da jeder Zusammenbruch einen schützenden Einfluß auf die umgebende Zone ausübt, ein Phänomen, das auf S. 540 weiterbehandelt wird (R. B. MEARS, nach privater Mitteilung an U. R. EVANS vom 11. Oktober 1935).

[2] McCULLOCH, L.: Trans. electrochem. Soc. **50** (1926) 380.

[3] Diejenigen, die an einer Änderung der Korrosionswahrscheinlichkeit mit der Größe der dargebotenen Fläche interessiert sind, seien auch auf die (teilweise analoge) Prüfung der Zugfestigkeit von Garn und Seilen und den Einfluß der Länge des Prüfstückes auf die Häufigkeitskurve der verschiedenen Festigkeitswerte hingewiesen, über die C. A. LOBRY DE BRUYN u. J. M. A. KRUGER [J. Textile Inst. **27** (1936) T 8] berichten.

[4] MEARS, R. B. u. U. R. EVANS: Trans. Faraday Soc. **31** (1935) 529, 532. Eine neue Vorrichtung zur Hervorbringung von Kratzern beschreiben R. B. MEARS u. E. D. WARD: J. Soc. chem. Ind. Trans. **53** (1934) 382.

waren, und die hierauf mit 0,07 n-Natriumhydrocarbonatlösung bedeckt wurden. Wurde die Probe zwischen dem Einritzen und dem Eintauchen der Luft ausgesetzt, so wurde dadurch die Angriffswahrscheinlichkeit verringert. Die in Tabelle 29 wiedergegebenen Versuchsergebnisse zeigen, daß das Vorhandensein eines an der Luft gebildeten Filmes, der für den „nichtrostenden" Chromstahl so wichtig ist, selbst in einer weder Aktivität noch Passivität begünstigenden Flüssigkeit auf gewöhnlichem Eisen und Stahl merklich ist. Seine Bedeutung ist jedoch auf diese Grenzfälle beschränkt. *Konzentrierte* Hydrocarbonatlösungen (0,5 molar) rufen unveränderliche Passivität selbst auf Eisen hervor, das nur 15 sec vor dem Eintauchen geritzt worden ist, während eine sehr *verdünnte* Lösung (0,0005 molar) unter jedem Tropfen Korrosion auslöst, selbst auf Eisen, das 1 Woche lang trockener Luft ausgesetzt worden war.

Tabelle 29. **Einfluß einer vorherigen Exposition auf die Korrosionswahrscheinlichkeit.** (Nach R. B. Mears und U. R. Evans.)

Periode der vorhergehenden Exposition an trockner Luft (Angabe in min)	Korrosionswahrscheinlichkeit in % (Anteil der Rostung hervorrufenden Tropfen)
0,25	84
2,0	65
26,0	58
128	48
1024	27

Einfluß der Erhöhung der Sauerstoffzufuhr. Beispiele für den Einfluß der Sauerstoffzufuhr auf die Korrosion sind in Kapitel VI gegeben worden. Diese schließen die Evansschen Versuche mit dem exzentrischen Rührer, weiterhin die Untersuchungen von Forrest, Roetheli und Brown mit rotierenden Proben sowie verschiedene Untersuchungen mit Wasser ein, das bei verschiedenen Geschwindigkeiten durch Rohre hindurchströmt. Diesen Arbeiten kann die Untersuchung von Burns und Salley[1] hinzugefügt werden, die die Korrosion von Blei in verschiedenen Sauerstoff-Stickstoff-Gemischen beobachtet haben, und dabei feststellten, daß die Korrosion mit der Sauerstoffkonzentration ansteigt. Weiterhin gehört hierher die Arbeit von Herzog und Chaudron[2], derzufolge die Korrosionsgeschwindigkeit vertikal in 3%ige Natriumchloridlösung eingetauchter Proben von Duralumin stetig mit dem Sauerstoffdruck bis zu 120 at ansteigt, während der Angriff an horizontal gelagerten Proben bei 120 at etwa ebenso groß wie bei 90 at Sauerstoffdruck ist.

Die Hochdruckversuche in Teddington sind von besonderem Interesse. So konnte Lee[3] zeigen, daß die Korrosionsgeschwindigkeit an völlig eingetauchtem Stahl in $^1/_{10}$ n-Kaliumchloridlösung stetig in dem Maße ansteigt, in dem der Sauerstoffdruck in der über der Flüssigkeit befindlichen Atmosphäre erhöht wird, wenn auch die Geschwindigkeit bei den höchsten angewandten Drucken (25 at) weniger schnell mit dem Druck zuzunehmen beginnt. Bei der Leeschen Methode wurde der hohe Druck *nach* der Einführung der Flüssigkeit in das Gefäß in Anwendung gebracht. Später benutzten Bengough und Wormwell[4]

---

[1] Burns, R. M. u. D. J. Salley: Ind. eng. Chem. **22** (1930) 295.

[2] E. Herzog, G. Chaudron [C. r. **190** (1930) 1189] u. J. M. Bryan (private Mitteilung vom 26. November 1936) finden, daß viele Flüssigkeiten Aluminium unter einem Druck von 2 at Sauerstoff rascher als unter einem Druck von nur 1 at Sauerstoff korrodieren, während die Korrosion unter Luft noch langsamer ist. Eine 2%ige Natriumchloridlösung, die 0,5% Citronensäure enthält, ruft jedoch bei 2 at eine geringere Gesamtkorrosion als bei 1 at hervor, obgleich der bei dem höheren Drucke lokalisierte Angriff wahrscheinlich intensiver ist.   [3] Lee, A. R.: Trans. Faraday Soc. **28** (1932) 707.

[4] Bengough, G. D. u. F. Wormwell: Private Mitteilung vom 27. Mai 1936.

in Fortführung der LEEschen Untersuchungen einen geistreichen Kunstgriff, der es ihnen gestattete, den Gasdruck auf den experimentellen Wert zu bringen, *ehe* die Flüssigkeit in Kontakt mit der Probe trat. Es zeigte sich bei dieser Anordnung, daß Sauerstoff bei hohen Drucken als Inhibitor wirkt und selbst in Gegenwart von Chloriden eine erhebliche Herabsetzung der Korrosion herbeiführt. BENGOUGH und WORMWELL berichten über ihre Versuche folgendermaßen[1]:

„Die Probe S (s. Abb. 58), die die Form einer standardisierten Scheibe von 2,5 cm Durchmesser und 0,6 cm Dicke hat, wird an drei Punkten eines Glasständers G in dem zylindrischen Korrosionsgefäß V gehalten. Die Korrosionslösung L, gewöhnlich 100 cm³, wird in dem Gefäß B aufbewahrt, in das das enge Verbindungsrohr T hineinragt. Die Lösung wird durch Evakuieren von B durch T eingeführt, wobei das Ende von T unter der Lösung geöffnet wird. Die beiden Gefäße werden Seite an Seite in den Autoklaven gesetzt. Der Druck wird langsam auf einen Wert gesteigert, der etwa 1 at höher liegt als für das Experiment erforderlich ist. Dieser Vorgang führt zu einer Sättigung der Lösung mit Sauerstoff bei dem hohen Druck und drückt Gas durch T in die Lösung. Hierauf wird der Druck auf den gewünschten Wert herabgesetzt, was dazu führt, daß die Korrosionsflüssigkeit L in das Korrosionsgefäß V, das die Probe S enthält, hinübergedrückt wird. Nach einer bestimmten Zeit, beispielsweise 10 Tagen, wird der Autoklaven geöffnet; die Proben werden herausgenommen und untersucht.“

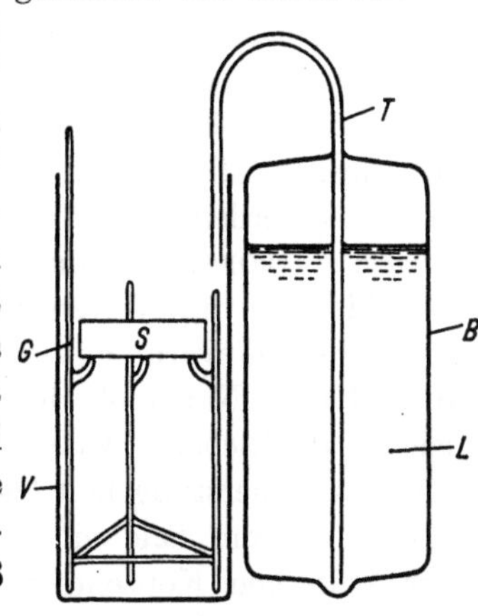

Abb. 58. Vorrichtung zur Untersuchung der Korrosion bei hohen Sauerstoffdrucken. (Nach G. D. BENGOUGH und F. WORMWELL.)

„Mit Proben unseres weichen Standardstahls in ½ n-Natriumchloridlösung, ¹⁄₁₀ ₀₀₀ n-Natriumchloridlösung, in Leitfähigkeitswasser, Leitungswasser von Teddington und ½ n-Natriumchloridlösung, die mit Borsäure gesättigt und bei $p_H = 7$ gepuffert ist, bei Sauerstoffdrucken von 2, 3 und 5 at, ergibt sich ein nur sehr kleiner Korrosionsbetrag nach Ablauf von 10 Tagen. Die Gewichtsverluste der Proben schwankten zwischen dem Bruchteil von 1 mg und etwa 5 mg. Die entsprechenden Gewichtsverluste der Proben, die nach der LEEschen Methode untersucht worden waren, bewegten sich in Abhängigkeit von der korrosiven Lösung zwischen 120 und 170 mg. Wurde gewöhnliche Luft unter Druck verwendet, so war die Korrosion, obgleich sie gewöhnlich geringer als nach der LEEschen Methode ausfiel, doch merklich; so betrug z. B. der Gewichtsverlust in ½ n-Natriumchloridlösung unter einem Druck von 10 at Luft 36 mg gegenüber 90 mg nach der LEEschen Methode.“

„Es scheint klar zu sein, daß dann, wenn eine hohe Sauerstoffkonzentration zu Beginn der Exposition des Metalles in der Flüssigkeit *an der Metalloberfläche* vorhanden ist, und daß dann, wenn diese hohe Konzentration aufrechterhalten wird, das Metall fast passiv gemacht wird, was wahrscheinlich auf der Bildung eines Oberflächenfilmes aus Oxyd oder hydratischem Oxyd beruht. In Gegenwart von Verunreinigungen sauren Charakters (hauptsächlich Kohlen-

---

[1] Siehe S. 302, Fußnote 4.

dioxyd mit viel weniger Schwefeldioxyd) kann der Film in gewöhnlicher Luft nicht vollständig zur Ausbildung kommen. Die Verunreinigungen beeinflussen wahrscheinlich die physikalische Natur des Filmes und verhindern so eine vollständige Adhäsion und Kontinuität."

Gegenüber gewöhnlichem Eisen wirkt Sauerstoff als ein wirksamer Inhibitor *lediglich unter ziemlich außergewöhnlichen Bedingungen.* Das ist wahrscheinlich auf die etwas geringe Löslichkeit des Sauerstoffes in Wasser sowie darauf zurückzuführen, daß er chemisch durch Eisen(II)-hydroxyd absorbiert wird, wodurch die Wahrscheinlichkeit dafür, daß die erforderliche Zufuhr von Sauerstoff über die gesamte Oberfläche hin aufrechterhalten wird, herabgesetzt wird. Eine ungleiche Verteilung des Sauerstoffes kann differentielle Belüftungseffekte begünstigen und so zu einer Korrosion führen, die sehr intensiv ist, sofern die anodischen Gebiete klein sind. Die inhibierende Wirkung des Sauerstoffes ist in schwach alkalischem Wasser viel wichtiger als in saurem Wasser, was erwartet werden darf, da Alkali die Löslichkeit von Eisen(II)-hydroxyd verringert. GROESBECK und WALDRON[1] haben Proben fließendem Wasser bei verschiedenen p_H-Werten und verschiedenem Sauerstoffgehalt exponiert. Eine Versuchsreihe wurde mit destilliertem Wasser durchgeführt, das durch Kohlendioxyd oder Natriumhydroxyd auf bestimmte p_H-Werte gebracht wurde. In leicht alkalischem Wasser ($p_H = 8,0$) wuchs die Korrosionsgeschwindigkeit mit dem Sauerstoffgehalt bis zu etwa 14 cm³/l, fiel jenseits dieses Wertes rasch wieder ab, um bald einen vernachlässigbar kleinen Wert anzunehmen. Bei der kritischen Konzentration von etwa 15 cm³/l wurde die Korrosion unter Pittingbildung lokalisiert. In neutralem Wasser ($p_H = 7,0$) wuchs die Korrosion mit dem Sauerstoffgehalt bis zu etwa 16 bis 20 cm³ Sauerstoff/l (das Maximum schwankte etwas mit dem Material), um dann weniger plötzlich abzufallen. Die verzögernde Wirkung ist in diesem Falle weniger ausgeprägt als im alkalischen Gebiet. In schwach saurem Wasser ($p_H = 6,0$) ist die verzögernde Wirkung des Sauerstoffes verschwunden, die Korrosionsgeschwindigkeit wächst vielmehr rasch mit dem Sauerstoffgehalt bis zu den höchsten untersuchten Konzentrationen von 24 cm³/l.

Einige Versuche, die mit dem Wasser der Stadt Washington ($p_H = $ etwa 7,8 bis 8,0) durchgeführt wurden, haben Korrosionsgeschwindigkeiten ergeben, die mit der Sauerstoffkonzentration bis zu 18 cm³/l ansteigen. Offenbar üben die anderen Konstituenten des Wassers einen Einfluß dahingehend aus, ob der Sauerstoff als verzögerndes oder aktivierendes Agens wirkt.

An denjenigen widerstandsfähigen Materialien, die ihre Stabilität schützenden Filmen verdanken, ist der verzögernde Einfluß des Sauerstoffes oft deutlich geworden. BRYAN und MORRIS[2] haben zeigen können, daß gewisse Chrom-Nickel- und Eisen-Chrom-Nickel-Legierungen in Citronensäure *weniger* rasch in Gegenwart von Sauerstoff als in Abwesenheit dieses Gases korrodieren. Die von MOORE und LIDDIARD[3] mitgeteilten Daten lassen erkennen, daß 3%ige Schwefelsäure 18/8-Chrom-Nickel-Stahl 110mal rascher angreift, wenn sie sauerstoff-frei ist, als wenn Sauerstoff durch die Flüssigkeit hindurchperlt. An Monel-

[1] GROESBECK, E. C. u. L. J. WALDRON: Pr. Am. Soc. Test. Mat. **31** II (1931) 286.
[2] BRYAN, J. M. u. T. N. MORRIS: Rep. Director Food Invest. **1932** 174, 177.
[3] SEARLE u. WORTHINGTON: Zitiert bei H. MOORE u. E. A. G. LIDDIARD: Chem. Ind. **13** (1935) 787.

metall (s. S. 393) ist das umgekehrte Verhalten festgestellt worden; Durchperlenlassen von Sauerstoff durch die Säure erhöht den Angriff um das 37fache.

Duale Rolle anderer Substanzen. Die Fähigkeit des Sauerstoffes, herabsetzend auf die Angriffswahrscheinlichkeit, jedoch erhöhend auf die effektive Angriffsgeschwindigkeit zu wirken, wird durch andere Substanzen geteilt. In bereits längere Zeit zurückliegenden Arbeiten über die Tropfenkorrosion[1] ist beobachtet worden, daß durch Zusatz von Natriumphosphat oder Natriumcarbonat zu gewöhnlichem destilliertem Wasser im allgemeinen ein sichtbarer Angriff verhindert wird, obgleich eine Spur von gelöstem Eisen in der Flüssigkeit festzustellen war. In denjenigen (als Ausnahme zu betrachtenden) Tropfen, in denen es zu einem sichtbaren Angriff kam, war die Zerstörung des Materiales größer als die durch Tropfen von dem zur Herstellung der Lösung verwendeten destillierten Wasser hervorgerufene.

MEARS[2] hat in neuerer Zeit das Verhalten von Kaliumhydroxyd und Kaliumcarbonat untersucht. Dabei zeigte es sich, daß große Mengen dieser Substanzen, die zu einer verdünnten Chloridlösung zugesetzt werden, eine völlige Verhütung der Korrosion herbeiführen. Kleinere Mengen können in einigen der Tropfen den Angriff nicht verhindern, während sehr geringe Mengen von Kaliumcarbonat tatsächlich zu einer Erhöhung der Angriffsgeschwindigkeit führen. Insgesamt gesehen besteht der Einfluß dieser beiden Substanzen jedoch darin, die Wahrscheinlichkeit für den korrosiven Angriff herabzusetzen, dagegen die effektive Angriffsgeschwindigkeit zu erhöhen.

Der Grund für dieses Verhalten ist kaum zweifelhaft. Die Hydroxyde, Phosphate und Carbonate des Eisens sind etwas schwer löslich, insbesondere in Flüssigkeiten, die einen Überschuß an Hydroxyl-, Phosphat- oder Carbonationen enthalten. Ein Zusatz dieser Salze in hinreichender Menge wird tatsächlich dazu führen, daß jeder beginnende Angriff an korrosionsempfindlichen Stellen der Selbsthemmung unterliegt. Erfolgt der Zusatz an diesen Substanzen dagegen in ungenügender Menge, so wird der Angriff dadurch nicht völlig verhindert werden; die zugesetzte Substanz wird jedoch das Gebiet verringern, in dem sich die Korrosion entwickelt, wodurch es zu einer Erhöhung des für die kathodische Reaktion verfügbaren Gebietes kommt. Da die Korrosionsgeschwindigkeit im wesentlichen durch die kathodische Reaktion bestimmt wird (vorausgesetzt, daß die anodischen Zonen nicht zu gering sind), so wird die Erhöhung des für die kathodische Reaktion verfügbaren Gebietes zu einer Erhöhung der Korrosionsgeschwindigkeit führen. Hierdurch finden die experimentellen Tatsachen ihre Erklärung. Die Ergebnisse von TRAVERS und AUBERT[3], von MEUNIER und BIRET[4] sowie von LOCHTE und PAUL[5] führen zu der Annahme, daß die durch Natriumhydroxyd, -carbonat oder -phosphat hervorgerufene Passivität die Gegenwart von Sauerstoff erfordert.

Einfluß steigender Zusätze an Inhibitoren auf die Korrosionsverteilung. Bei einer *großen* Probe, bei der der Angriff an mehreren Stellen ohne erhebliche gegen-

---

[1] EVANS, U. R.: J. Soc. chem. Ind. Trans. **43** (1924) 319.
[2] MEARS, R. B. u. U. R. EVANS: Trans. Faraday Soc. **31** (1935) 534, 536.
[3] TRAVERS, A. u. J. AUBERT: C. r. **194** (1932) 2308.
[4] MEUNIER, F. u. O. L. BIRET: 13e Congr. Chim. ind. 1933, S. 444.
[5] LOCHTE, H. L. u. R. E. PAUL: Trans. electrochem. Soc. **64** (1933) 169.

seitige Beeinflussung einsetzen kann, ist das Verhalten anders als unter einem Tropfen. Betrachten wir eine Anzahl identischer Proben[1] von gewöhnlichem Eisen (einer Sorte, die keine „Idealverteilung" gibt), die partiell in Natriumchloridlösungen eingetaucht worden sind, die verschiedene Mengen an Natriumcarbonat enthalten. Wie Abb. 59 in schematischer Darstellung zeigt, ist bei

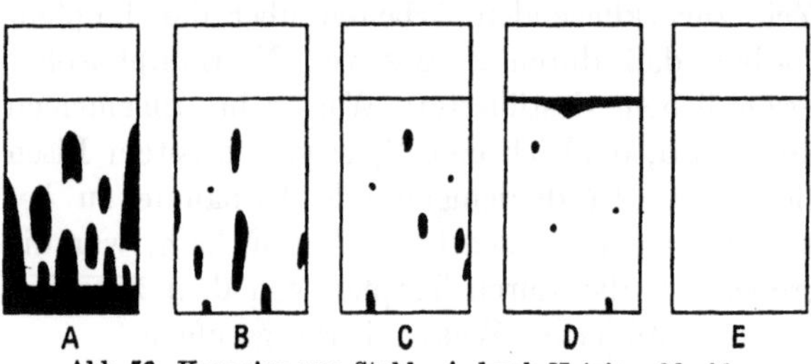

Abb. 59. Korrosion von Stahl. A durch Natriumchlorid. B bis E durch Natriumchlorid mit steigenden Zusätzen von Natriumcarbonat.

völliger Abwesenheit von Carbonat eine beträchtliche, jedoch gut ausgebreitete und infolgedessen nicht-intensive Korrosion erkennbar. Durch einen steigenden Zusatz von Carbonat wird die Korrosion etwas herabgesetzt. Aus bereits früher dargelegten Gründen wird jedoch das der Korrosion unterworfene Gebiet noch rascher verringert, so daß die Intensität des Angriffes (Korrosion je angegriffene Flächeneinheit) durch diese unvollkommene Behandlungsweise tatsächlich ansteigt. Wird jedoch genügend Natriumcarbonat zugefügt, so hört die Korrosion völlig auf.

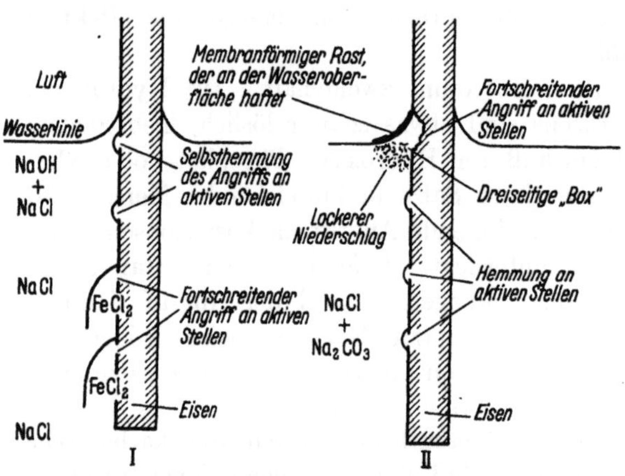

Abb. 60. I Verhalten von Eisen in Natriumchloridlösung. II Verhalten von Eisen in Natriumchloridlösung, der hinreichende Mengen von Natriumcarbonat zugesetzt worden sind, um den Angriff zu verlangsamen, so daß die Sauerstoffkonzentration und der pH-Wert nahezu konstant über die gesamte Oberfläche hin bleiben.

Die Änderung in der Angriffsverteilung mit wachsendem Zusatz von Carbonat ist interessant. Zuerst besteht der Einfluß einfach darin, den Angriff mehr und mehr auf kleinere Gebiete zu beschränken. Wird dann eine Konzentration erreicht, die hinreichend ist, um den korrosiven Angriff überall zu ersticken, so setzt ein intensiver Angriff längs der Wasserlinie ein.

Ursachen für den Angriff längs der Wasserlinie[2]. Die Erklärung dafür, daß die Zone an der Wasserlinie unter gewissen Bedingungen der einzig immune, unter anderen dagegen der einzige dem Angriff unterworfene Teil der Probe ist, soll in Abb. 60 bildlich dargestellt werden. Erfolgt der Angriff rasch und wird der Sauerstoff in freiem Zustand verbraucht, so wird die raschere Nachlieferung des Sauerstoffs am Meniscus und seine Erschöpfung an anderen Stellen zu einem Überschuß an Alkali längs der Wasserlinie führen. Jeder beginnende Angriff an schwachen Stellen dieser Zone wird wahrscheinlich der Selbsthemmung unterliegen. Wird der Angriff durch die Einführung eines

<hr>

[1] EVANS, U. R.: J. Soc. chem. Ind. Trans. 46 (1927) 347; Trans. Liverpool Eng. Soc. 47 (1926) 218.   [2] Siehe auch U. R. EVANS: Chem. Ind. 14 (1936) 210.

Inhibitors, wie beispielsweise Natriumcarbonat, in die Flüssigkeit verlangsamt, so wird eine geringe Bewegung in der Flüssigkeit dazu führen, den Sauerstoffgehalt in allen Teilen der Flüssigkeit nahezu gleichförmig zu erhalten. In diesem Falle kommt es zu keiner Anhäufung von Alkali längs der Wasserlinie und zu keiner besonderen Immunität längs dieser Zone, die tatsächlich der für den Angriff empfindlichste Teil wird. An einer innerhalb der Meniscuszone gelegenen korrosionsempfindlichen Stelle ist infolgedessen die Wahrscheinlichkeit dafür gegeben, daß das sekundäre Eisen(II)-hydroxyd oder -carbonat (das an einem ähnlich aktiven, irgendwo gelegenen Punkt am Metall fest anliegen und den Angriff hemmen würde) an der Phasengrenze Luft-Flüssigkeit anstatt auf dem Metall ausgefällt wird, so daß es in dieser Zone zu einer Korrosionsentwicklung kommt. Dieser Vorgang geht von ein oder zwei Stellen der Wasserlinie aus und breitet sich rasch längs der ganzen Meniscuszone aus. Bald ist die Ausbildung einer Vertiefung von etwa dreiseitigem Querschnitt erkennbar, deren drei Begrenzungsflächen gebildet werden:

1. von der gekrümmten Rostmembran, die an dem Meniscus anliegt,
2. von einem darunter befindlichen lockeren Niederschlag,
3. vom Metall, das an dieser Stelle einen tiefen Angriff aufweist.

Ein ähnlich intensiver Angriff an der Wasserlinie ist in Chloridlösungen angetroffen worden, die Kaliumchromat, Calciumhydroxyd, Natriumhydroxyd, Natriumphosphat oder Natriumsilicat in Mengen enthalten, die gerade noch nicht hinreichend sind, um den Angriff völlig zu verhindern. Diese Stoffe können, obwohl sie Inhibitoren in dem Sinne sind, daß sie die totale Zerstörung des Metalles herabsetzen, in gleicher Weise als Aktivatoren insofern bezeichnet werden, als sie die *Intensität* erhöhen. In Abwesenheit von Chloriden oder anderen Salzen ist jedoch die Gefahr einer unerwarteten Intensivierung durch einen ungenügenden Zusatz dieser Stoffe gering. Jede der 5 vorstehend genannten Substanzen ergibt bei Zusatz in relativ geringen Mengen zu destilliertem Wasser eine Flüssigkeit, in der Eisen für lange Zeiten aufbewahrt werden kann, ohne daß es der Rostbildung oder irgendeiner anderen sichtbaren Veränderung unterliegt.

Es gibt einen anderen Grund, aus dem ein nichtadäquater Zusatz eines Inhibitors störend auf die Immunität einwirkt, die die Wasserlinienzone in Abwesenheit eines Inhibitors auszeichnet. Ist dieser ein schwach alkalisches Salz, wie Natriumcarbonat oder -phosphat, so wird die Pufferwirkung irgendeinen großen Anstieg im p_H-Wert längs der Wasserlinie selbst dann verhüten, wenn der Sauerstoff dort in merklichem Überschuß vorhanden ist. Besteht der Inhibitor aus einem oxydierenden Mittel, wie Kaliumchromat, so kann die depolarisierende Wirkung des gelösten Sauerstoffs schwach im Vergleich zu der des Inhibitors selbst werden. Es wird infolgedessen zu keiner Ansammlung von Alkali an der Wasserlinie kommen. In beiden Fällen wird die Angriffsverteilung die gleiche sein wie bei einer gleichförmigen Verteilung des Sauerstoffes.

Ein hiervon verschiedener Typ des Angriffes an der Wasserlinie ist von HOAR[1] am Zinn studiert worden. Insgesamt werden Eisen, Zink, Kupfer und Blei durch hartes Wasser weniger als durch weiches angegriffen (sofern nicht das erstere *aggressives* Kohlendioxyd enthält). Zinn wird in weichem Wasser

---

[1] HOAR, T. P.: J. Inst. Met. **55** (1934) 135.

völlig geschützt, während hartes Wasser, obgleich es keinen Schutz hervorruft, einen lokalisierten Angriff an der Wasserlinie und manchmal an anderen Stellen auslöst, wenn das Wasser viel kalkhaltige Substanzen ausscheidet. Fast jedes Metall, das partiell in ein hartes Wasser eingetaucht wird, das an Calciumhydrocarbonat reich ist, neigt zur Abscheidung eines Niederschlages von Calciumcarbonat an den kathodischen Stellen, und zwar besonders längs der Wasserlinie. Im allgemeinen haftet dieser kalkhaltige Niederschlag auf dem Metall und bietet einen gewissen Schutz. An der Wasserlinie ist eine Adhäsion am Metall jedoch nur dann wahrscheinlich, wenn die Phasengrenzenergie zwischen dem Metall und dem Kalk geringer ist als die zwischen dem Kalk und der Luft[1]; im anderen Falle wird es sich an der Wasseroberfläche statt am Metall, d. h. der Stelle größerer Stabilität, festsetzen. Offenbar wird der Kalk die meisten Metalle anstatt der Luft hinsichtlich des Anhaftens bevorzugen, jedoch wird er die Luft gegenüber dem Zinn bevorzugen, da HOAR in diesem Falle feststellen konnte, daß der Kalk an der Wasserlinie einen locker adhärierenden Niederschlag bildet, der tatsächlich die Korrosion örtlich stimuliert. Diese Aktivierung kann auf das Vorhandensein einer anderen Phasengrenze zurückgeführt werden, an der die Zinnverbindungen an den aktiven Stellen des Metalles zur Abscheidung gelangen können. Diese Erscheinung kann jedoch auch, wie HOAR annimmt, auf differentielle Belüftung zurückgehen.

Salze, die dem Inhibitoreinfluß entgegenwirken. Die Fähigkeit verschiedener Salze zur Hervorbringung von Korrosion, sofern sie einem Wasser zugesetzt werden, das mittels Kaliumcarbonat nicht-korrosiv gemacht worden ist, ist durch MEARS[2] statistisch untersucht worden: hiernach erhöhen die Sulfate die Wahrscheinlichkeit für die Korrosion stärker als Chloride, Jodide oder Nitrate. Die unter einem sulfathaltigen Tropfen korrodierte Fläche ist jedoch kleiner als diejenige, die in Gegenwart von Chlorid unter den gleichen Bedingungen hervorgerufen wird.

Hemmung und Aktivierung durch Chromate. Im Falle des Eisens sind die Chromate wirksamere Inhibitoren als die anderen bisher erwähnten Salze, was durch Vergleich der Herabsetzung der Geschwindigkeit der Korrosion an sehr großen Proben oder durch Vergleich der Herabsetzung der Korrosionswahrscheinlichkeit im Tropfenversuch nachgewiesen worden ist[3]. Selbst hier jedoch ist die Menge des in Gegenwart von Chloriden, Sulfaten oder ähnlichen Salzen erforderlichen Chromats größer. Ein ungenügender Zusatz von Chromat zu Chlorid-enthaltendem Wasser führt, wie unter gewissen Bedingungen festgestellt werden konnte, zu einer Konzentrierung des Angriffes auf kleine Gebiete und damit zu einer Herabsetzung der zur Durchlöcherung erforderlichen Zeit[4].

Zur Untersuchung der hemmenden Wirkung des Chromats wurden die zu diesem Zweck nach der Jodmethode isolierten Filme (erhalten durch völliges Eintauchen von Eisen in Kaliumchromatlösung) untersucht[5]. Sie bestehen nach

[1] EVANS, U. R.: Trans. Faraday Soc. **18** (1922) 1.
[2] MEARS, R. B. u. U. R. EVANS: Trans. Faraday Soc. **31** (1935) 534.
[3] ENDO, H.: Sci. Rep. Tôhoku **17** (1928) 1125. — MEARS, R. B. u. U. R. EVANS: Trans. Faraday Soc. **31** (1935) 535.
[4] EVANS, U. R.: J. Soc. chem. Ind. Trans. **44** (1925) 167.
[5] EVANS, U. R.: J. chem. Soc. **1927,** 1024, 1031.

HOAR[1] hauptsächlich aus Eisen(III)-oxyd, jedoch mit kleinen Mengen von Chrom(VI)-oxyd, die größer sind, wenn die Proben vor dem Eintauchen in die Chromatlösung frisch abgeschmirgelt werden, als wenn sie vor dem Eintauchen 24 Stunden der Luft ausgesetzt worden sind. Die Chromgehalte sind noch höher bei Proben, die in einer Lösung behandelt werden, die sowohl Chlorid als auch Chromat enthält. Offenbar besteht die Funktion der Chromate darin, den ursprünglich an der Luft gebildeten Eisenoxydfilm an irgendwelchen schwachen Stellen mit Hilfe eines Gemisches aus Eisen(III)-oxyd und Chrom(VI)-oxyd wiederherzustellen — wahrscheinlich das gleiche Oxydgemisch, das einen so ausgezeichneten Schutz gewährt, wenn es auf nichtrostenden, chromhaltigen Stählen entsteht. Es besteht jedoch ein Unterschied zwischen dem Chrom im Metall und dem gleichen Element in der Flüssigkeit. Auf nichtrostenden, chromhaltigen Stählen findet ständig eine Selbstausheilung von Störstellen im Film statt. Der auf gewöhnlichem Eisen oder Stahl in Kalium- oder Natriumchromatlösung erzeugte Film ist jedoch nur solange zur Selbstheilung fähig, solange genügend Chromat in der Flüssigkeit vorhanden ist. Wird das Metall in eine ähnliche, aber chromatfreie Flüssigkeit gebracht, so setzt der gewöhnliche Rostungsvorgang sehr bald ein.

In Gegenwart eines Überschusses von Säure hemmen Chromate die Korrosion nicht. Sie können sie dagegen tatsächlich dadurch begünstigen, daß sie als Depolarisator für Wasserstoff wirken. In stark sauren Lösungen wird das schützende Gemisch aus Chrom(VI)-oxyd und Eisen(III)-oxyd nicht zur Ausfällung gebracht. Untersuchungen über die Einwirkung von Chrom-Schwefelsäure-Gemischen auf Eisen[2] haben ergeben, daß

1. bei konstanter Schwefelsäurekonzentration (0,05 molar) ein Anstieg in der Konzentration der Chromsäure zu einer Beschleunigung der Reaktion führt, während

2. bei konstanter Chromsäurekonzentration (0,01 molar) ein Anstieg in der Konzentration der Schwefelsäure die Reaktion beschleunigt.

Der hemmende Einfluß der Chromate bei rascher Bewegung ist durch ROETHELI und COX[3] untersucht worden. Sie arbeiteten mit Proben aus Eisen, Stahl, Zink, Aluminium, Kupfer, Messing bzw. Blei, die in einer Chloridlösung rotierten, durch die gleichzeitig Luft hindurchgeleitet wurde. In den meisten Fällen zeigte es sich, daß ein erheblicher Zusatz an Chromat einen Schutz hervorruft, daß jedoch die hierzu erforderliche Menge bei hoher Chloridkonzentration größer als bei niedrigerer ist und daß sie bei Temperaturerhöhung weiterhin ansteigt. Ein unzureichender Zusatz von Chromat führt im allgemeinen dazu, die Korrosion lokal intensiver zu gestalten, als wenn kein Chromat zugegeben wird. Die Gefahr einer intensivierten Reaktion ist am größten bei Eisen, Stahl, Zink und Aluminium. Beim Blei ist der Angriff allgemeiner Natur; er nimmt mit der Chromatkonzentration ab. Obgleich so die hemmende Wirkung oft nur unvollkommen ist, kann doch bei diesem Metall keine Pittingbildung beobachtet werden.

---

[1] HOAR, T. P. u. U. R. EVANS: J. chem. Soc. **1932,** 2476.

[2] EVANS, U. R.: J. chem. Soc. **1930,** 480. Siehe auch F. TÖDT: Z. Elektroch. **40** (1934) 536. — KARSCHULIN, M.: Z. Elektroch. **40** (1934) 174, 559.

[3] ROETHELI, B. E. u. G. L. COX: Ind. eng. Chem. **23** (1931) 1084.

Einfluß anderer oxydierender Agenzien. Man sollte vielleicht annehmen, daß andere oxydierende Agenzien, wie Permanganate, Vanadate oder Wasserstoffperoxyd, die Korrosion durch neutrale Lösungen ebenso wirksam wie Chromate zu hemmen in der Lage sind. Das ist nach HOAR jedoch nicht der Fall, obgleich Vanadate (die auf Eisen in Gegenwart von Chloriden einen *sichtbaren* schwarzen oder grünlich-braunen Film hervorrufen) den Angriff bedeutend herabsetzen. Eine Ursache für die einzigartige hemmende Wirkung der Chromate liegt in der Tatsache begründet, daß sie mit Eisen(II)-salzen ein wenig lösliches Gemisch von Eisen(III)-oxyd und Chrom(VI)-oxyd geben, und zwar *ohne Zusatz von Alkali*, so daß die an irgendeinem korrosionsempfänglichen Punkt des natürlichen Oxydfilmes beginnende Korrosion sich infolge Ausheilung dieser schwachen Stellen selbst hemmt. Nach HOAR verursachen Permanganate und Vanadate in Abwesenheit von Alkali nur eine partielle Ausfällung des Eisens aus Eisen(II)-salzen, was ihr Versagen hinsichtlich einer befriedigenden Korrosionsverhütung erklärt. Nach TÖDT[1] setzt Permanganat die Korrosion in Abwesenheit von Chloriden herab, erhöht sie dagegen in Gegenwart von Chloriden.

Wirksame und gefährliche Inhibitoren. Diejenigen Inhibitoren, die lediglich zur Hemmung der *anodischen* Reaktion dienen, können die Korrosion intensivieren, wenn sie in unrichtiger Weise angewendet werden[2]. Andererseits sollte ein Inhibitor, der die *kathodische* Reaktion hindert, die Korrosion stets weniger intensiv machen, selbst wenn sie nicht ganz verhindert wird. Nehmen wir beispielsweise an, daß ein „kathodischer Inhibitor" in einer zur Verhinderung der Korrosion unzureichenden Menge zugesetzt worden ist, daß jedoch die Abnahme der kathodischen Reaktion eine Ausdehnung der anodischen Bezirke gestattet. Diese Ausdehnung wird dazu führen, daß die Korrosion *weniger* intensiv wird, ganz abgesehen von jeder Verringerung in der Totalzerstörung des Metalles. Es ist demnach klar, daß ein kathodischer Inhibitor ein sichereres Werkzeug als ein anodischer Inhibitor ist.

Beispiele für kathodische Inhibitoren sind in den Kapiteln V und VI erwähnt worden. Sie umfassen Calcium- und Magnesiumverbindungen, die viel in der Praxis verwendet werden, sowie Zink- und Nickelsalze. In keinem Falle jedoch ist die Hemmung durch einen kathodischen Inhibitor vollständig. Es ist eine merkliche Zeit erforderlich, ehe ein hinreichender Film zur Hemmung

---

[1] TÖDT, F.: Z. Elektroch. **40** (1934) 538.

[2] Wird die Korrosionsgeschwindigkeit hauptsächlich durch die *kathodische* Reaktion gesteuert, so wird ein *anodischer* Inhibitor, der das der Korrosion unterworfene Gebiet verringert, nicht notwendig die gesamte Korrosion im gleichen Ausmaß herabsetzen; es kann infolgedessen die *Intensität des Angriffes* (Korrosion je Flächeneinheit des betroffenen Teiles) ansteigen. Siehe hierzu U. R. EVANS [Trans. electrochem. Soc. **69** (1936) 213]. R. H. BROWN (Privatmitteilung vom 12. Mai 1936 an U. R. EVANS) gelangt zu der Ansicht, daß, theoretisch gesprochen, manchmal eine Intensivierung selbst in Fällen eintreten kann, in denen eine anodische Steuerung vorliegt. So z. B. dann, wenn der Inhibitor einen schützenden Film über einem Teil des anodischen Gebietes ausbildet, dabei aber den Angriff auf das übrige Gebiet aktiviert. Dieser Fall kann eintreten, wenn das Metall (Me) edel ist, wenn der Inhibitor aus einem Salz mit dem Anion X' besteht, und wenn weiterhin MeX' wenig löslich ist. Wird MeX' an einigen Stellen in physikalischem Kontakt mit dem Metall ausgeschieden, so wird es zu einer Hemmung des Angriffes kommen. Wenn jedoch an anderen Stellen Me·-Ionen in Überschuß von X'-Ionen entstehen, so wird die Niederschlagsbildung in einem gewissen geringen Abstande vom Metall erfolgen. Die hierdurch hervorgerufene Herabsetzung in der Konzentration der Me·-Ionen wird den Angriff befördern, der so lokal intensiver als in Abwesenheit des Inhibitors sein wird.

des Angriffes aufgebaut ist. Während so Eisen dem Aussehen nach für lange Zeiten völlig unverändert in Wasser, dem Kaliumchromat oder selbst Natriumcarbonat zugesetzt worden ist, bleiben kann, wird ein Eintauchen in Wasser, das Calciumhydrocarbonat enthält, einen sichtbaren Film aus rosthaltigem Kalk hervorrufen, der den Angriff nur allmählich aufhalten wird. Im letzteren Falle ist jedoch die Aussicht dafür größer, daß eine Fehlberechnung hinsichtlich der erforderlichen Chemikalienmenge nicht zu einem intensiven Angriff an irgendwelchen Punkten führen wird, der dann etwa in einer raschen Durchlöcherung des Materials seinen Abschluß findet.

MEARS[1] teilt die Inhibitoren in 3 Klassen ein:

1. Gefährliche Inhibitoren. Diese setzen die totale Korrosion herab, führen jedoch noch rascher zu einer Verringerung der korrodierenden Fläche, so daß die Intensität des Angriffes steigt.

2. Wirksame kontraktive Inhibitoren. Diese setzen die Fläche herab, über die sich der Angriff erstreckt, verringern aber die totale Korrosion noch rascher, so daß die Intensität des Angriffes vermindert wird.

3. Wirksame expansive Inhibitoren. Diese setzen die Gesamtkorrosion herab und vergrößern die Fläche des korrosiven Angriffes, so daß die Intensität des Angriffes aus zweifachem Grunde verringert wird.

Andere Substanzen, die unter gewissen Bedingungen hemmend oder aktivierend wirken können. Es gibt zahlreiche Substanzen, die tatsächlich bei geringen Konzentrationen als Aktivatoren, bei hohen Konzentrationen dagegen als Inhibitoren wirken können. Natriumhydrocarbonat ist bereits erwähnt worden; wird es zu destilliertem Wasser in geringer Menge zugesetzt, so wird der Rostungsvorgang am Eisen erhöht. Bei hohen Konzentrationen dagegen ruft diese Verbindung Passivität hervor. WIELAND und FRANKE[2] haben bei ihren Arbeiten an Eisenpulver festgestellt, daß Wasserstoffperoxyd den Angriff befördert, wenn es verdünnt ist, daß es ihn dagegen verringert, wenn es konzentriert angewendet wird. In ähnlicher Weise haben SIMON und DECKERT[3] ermittelt, daß die Einwirkung von Kaliumcyanid auf Silber durch geringe Mengen von Wasserstoffperoxyd beschleunigt wird, daß sie dagegen bei größeren Zusätzen wieder abfällt.

Besonders interessant ist der Einfluß der Fluoride, den CHAPMAN[4] untersucht hat. Bei niedrigen Konzentrationen wirkt Kaliumfluorid auf Eisen bei halb eingetauchten Proben mit annähernd der gleichen Geschwindigkeit ein wie eine Chloridlösung. Bei etwa 0,8 n jedoch fällt die Korrosionsgeschwindigkeit plötzlich auf etwa $^1/_{40}$ ihres früheren Wertes, was wahrscheinlich auf die Ausbildung eines Filmes von Eisenfluorid oder von Doppelfluorid zurückzuführen ist, der ungelöst bleibt, vorausgesetzt, daß die Fluoridkonzentration der Lösung hoch ist. Fluoride wirken störend auf die durch Chromate oder Carbonate hervorgerufene Passivität ein, jedoch in geringerem Ausmaße wie die Chloride, da die Durchdringungsfähigkeit des Fluoranions zweifellos geringer ist (vgl. die Messungen an Aluminium, die auf S. 74 besprochen werden).

---

[1] MEARS, R. B.: Private Mitteilung vom 29. März 1936.
[2] WIELAND, H. u. W. FRANKE: Lieb. Ann. **469** (1929) 302.
[3] SIMON, A. u. H. DECKERT: Z. Elektroch. **41** (1935) 737.
[4] CHAPMAN, A. W.: J. chem. Soc. **1930**, 1546.

Ein gegebenes Salz kann als Aktivator für das eine Metall, jedoch als Inhibitor gegenüber anderen Metallen wirken. Nitrate aktivieren die Korrosion vieler Metalle, unter Einschluß des Eisens; sie besitzen eine beträchtliche depolarisierende Wirkung auf eine Eisenkathode, wie E. Müller[1] gezeigt hat. Sie verzögern oder verschieben jedoch den Angriff auf Aluminium, wie durch Seligman und Williams[2] sowie auch durch Callendar[3] festgestellt worden ist.

2. Hemmende Wirkung adsorbierter Substanzen.

Kolloide Inhibitoren. Die wichtige Rolle, die organische Kolloide im Hinblick auf die Hemmung von Korrosion spielen, kommt in den schon längere Jahre zurückliegenden Untersuchungen von Friend[4] gut zum Ausdruck. Die *Beiz-Inhibitoren*, die auf S. 86 erwähnt werden, liefern weitere Beispiele. Hier hängt die hemmende Wirkung von der Wanderung positiv geladener Teilchen durch Kataphorese zu den kathodisch aktiven Stellen hin ab, die hierdurch abgedeckt oder vergiftet werden. Die meisten kolloiden Teilchen sind in saurer Lösung positiv, in alkalischen Lösungen dagegen negativ geladen. Infolgedessen finden sich die Beispiele erfolgreichster Hemmung der Korrosion durch Kolloide bei sauren Lösungen. Beobachtet man die Korrosion von Eisen durch verdünnte Schwefelsäure, so kann man feststellen, daß die hauptsächlichste Entwicklung des Wasserstoffs von einer beschränkten Anzahl von Punkten ausgeht. Um diese zu bedecken, sollte an sich eine nur geringe Menge adsorbierbarer Substanz erforderlich sein. Tatsächlich zeigt das Experiment, daß sehr geringe Mengen einer der komplexen Stickstoffbasen fast hinreichend sind, um die Entwicklung von Wasserstoff und damit den Angriff auf das Eisen zu stoppen. So haben Chappell, Roetheli und McCarthy[5] zeigen können, daß Chinolinäthyljodid — einer der besten bekannten Inhibitoren — die zur Ausbildung einer gegebenen Geschwindigkeit der Wasserstoffentwicklung auf der Kathode erforderliche Überspannung erhöht, was mit der Annahme übereinstimmt, daß die Stickstoffbase die kathodisch aktiven Zentren vergiftet. Die elektrochemischen Untersuchungen von Thiel und Kayser[6] scheinen diese Ansicht zu stützen.

Nach Schunkert[7] setzen Albumin, Agar, Dextrin, Gelatine und andere derartige Substanzen die Angriffsgeschwindigkeit von Säuren auf Eisen und Zink herab, wobei die Reihenfolge ihrer Wirksamkeit mit ihrem Adsorptionsvermögen parallel geht. Möglicherweise ist jedoch die direkte Adsorption nicht der einzige in Betracht zu ziehende Faktor. Beck und v. Hessert[8] nehmen an, daß die hemmende Schicht durch die örtliche Koagulation des Kolloids durch Eisenionen entsteht.

---

[1] Müller, E.: Z. anorg. Ch. **26** (1901) 33.

[2] Seligman, R. u. P. Williams: J. Inst. Met. **23** (1920) 159.

[3] Callendar, L. H.: J. Inst. Met. **34** (1925) 59.

[4] Friend, J. A. N.: J. chem. Soc. **1921,** 939, **1922,** 466.

[5] Chappell, E. L., B. E. Roetheli u. B. Y. McCarthy: Ind. eng. Chem. **20** (1928) 582; vgl. E. Hamamoto [Collect. Czechosl. chem. Communic. **5** (1933) 427], der gezeigt hat, daß die Adsorption von Morphin, Chinin und anderen Alkaloiden die Elektroreduktion von Sauerstoff an einer Quecksilbertropfelektrode unterdrückt.

[6] Thiel, A. u. C. Kayser: Z. phys. Ch. A **170** (1934) 407.

[7] Schunkert, M.: Z. phys. Ch. A **167** (1933) 19; vgl. J. Bancelin u. Y. Crimail: C. r. **201** (1935) 1033.   [8] Beck, W. u. F. v. Hessert: Z. Elektroch. **37** (1931) 11.

Nach MACHU[1], der die Hemmung durch Gelatine nach der W. J. MÜLLER-schen Methode der Messung des Bedeckungsgrades der metallischen Oberfläche untersucht hat, ist die abdeckende Gelatine nicht auf die kathodischen Stellen beschränkt. Seine Zahlen für den unbedeckt gebliebenen Bruchteil der Gesamtoberfläche sind in Tabelle 30 wiedergegeben.

Bei ziemlich hohen Gelatinegehalten wird die halbe Oberfläche bedeckt, wobei eine Schicht entsteht, in der die Diffusionsgeschwindigkeit und die Ionenwanderung erheblich herabgesetzt sind. Tatsächlich ist die Entfernung der Gelatine aus der Lösung durch das Metall direkt durch MORRIS[2] verifiziert worden, der einen Phenylacridin-Indicator benutzte. Obgleich die Gelatine bei hohen Konzentrationen wahrscheinlich viel mehr von der Oberfläche als lediglich die spezifisch kathodischen Stellen bedeckt, darf doch nicht geschlossen werden, daß diese weit erstreckte Bedeckung erforderlich ist. LEJEUNE[3] teilt mit, daß ein Zusatz von 0,5% Gelatine nahezu die gleiche schützende Fähigkeit in verdünnter Schwefelsäure besitzt, wie ein Zusatz von 2%, obgleich die MACHUschen Zahlen zu der Annahme führen, daß der Anteil der unbedeckten Eisenoberfläche im ersten Fall bedeutend größer ist.

Tabelle 30. Einfluß der Gelatine auf die freie Oberfläche von Eisen in n-Schwefelsäure. (Nach W. MACHU.)

Konzentration der Gelatine in %	Unbedeckte Oberfläche in %
0	100
0,25	77
0,63	63
1,25	48

Die Inhibitoren bei Säureangriff auf Eisen umfassen organische Verbindungen vieler Klassen, wie der von PIRAK und WENZEL[4] veröffentlichte Bericht zeigt. Darunter befinden sich viele heterocyclische Verbindungen von recht kompliziertem Charakter, die Stickstoff und oftmals auch Schwefel enthalten, jedoch sind in der angegebenen Liste auch einige einfache aliphatische Aldehyde und Ketone enthalten. Selbst Formaldehyd und seine Polymeren sollen hemmenden Einfluß ausüben. MANN, LAUER und HULTIN[5] haben die Hemmung in Zusammenhang mit der Struktur der Inhibitormolekel untersucht. Unter der Annahme, daß stickstoffhaltige Inhibitoren an dem Metall mittels des Stickstoffatoms haften, zeigen sie, daß diejenigen Verbindungen am wirkungsvollsten sind, die so gebaut sind, daß sie wahrscheinlich einen großen Flächenanteil je Molekel bedecken.

Dieser Inhibitortyp ist nicht auf Eisen beschränkt. So hat RÖHRIG[6] festgestellt, daß die Angriffsgeschwindigkeit von Salzsäure auf Aluminium durch Nicotinsulfat oder Dibenzylsulfid erheblich herabgesetzt wird.

[1] MACHU, W.: Korr. Met. 10 (1934) 284.

[2] MORRIS, T. N.: Rep. Director Food Invest. 1931, 192.

[3] LEJEUNE, G.: C. r. 199 (1934) 1396.

[4] PIRAK, H. u. W. WENZEL: Korr. Met. 10 (1934) 29; vgl. E. G. R. ARDAGH, R. M. B. ROOME u. H. W. OWENS [Ind. eng. Chem. 25 (1933) 1116], die den Einfluß dieser Stoffe auf eine Eisenkathode in Natriumchloridlösung untersucht haben und dabei feststellen, daß heterocyclische Verbindungen mit Stickstoff im Ring besonders wirksam sind, insbesondere wenn die Struktur chinoider Natur ist.

[5] MANN, C. A., B. E. LAUER u. C. T. HULTIN: Ind. eng. Chem. 28 (1936) 159. — MANN, C. A.: Trans. electrochem. Soc. 69 (1936) 115. Prüfungen mit Anilin und seinen Alkylderivaten zeigen, daß die hemmende Fähigkeit mit wachsender Länge der Seitenkette rasch ansteigt. [6] RÖHRIG, H.: Aluminium 17 (1935) 559.

Einfluß von Inhibitoren und Aktivatoren auf „entwickelten" und „diffundierten" Wasserstoff. MORRIS[1] hat unter Benutzung der in Abb. 61 wiedergegebenen Versuchsanordnung den Einfluß verschiedener Inhibitoren und Aktivatoren auf den durch 1%ige Citronensäure an verschiedenen Stählen erzeugten Wasserstoff gemessen. Hierbei sammelte er getrennt:

1. den in der sauren Flüssigkeit an der Oberseite der Probe „entwickelten" Wasserstoff und

2. den Wasserstoff, der durch das Metall „diffundiert" und in dem darunterliegenden Gasraum auftritt.

Unter den geprüften Inhibitoren setzen Gelatine, brauner Rübenzucker und Zinncitrat sowohl die Menge des entwickelten als auch des diffundierten Wasserstoffes herab. Schwefeldioxyd ruft hinsichtlich der abwärts diffundierenden Wasserstoffmenge eine erhebliche Zunahme hervor. Zuerst tritt eine rasche Wasserstoffentwicklung an der Oberseite auf, die jedoch bald wieder aussetzt. Arsen, das manchmal als Inhibitor wirkt, erhöht unter diesen Bedingungen in geringem Ausmaße sowohl die Menge des entwickelten als auch des diffundierten Wasserstoffes.

BABLIK[2] hat ähnliche Versuche in Salzsäure ausgeführt. Hierbei zeigt es sich, daß Zusätze von Arsen die Diffusion des Wasserstoffes erheblich hemmen, ohne dagegen die Wasserstoffentwicklung wesentlich zu beeinflussen. Zusatz

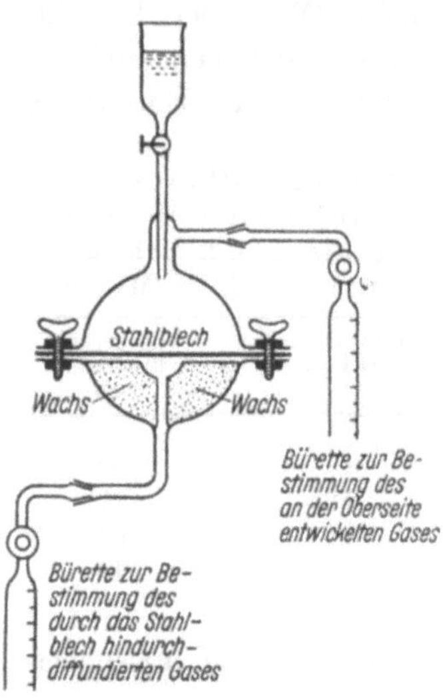

Abb. 61. Versuchsanordnung zum getrennten Auffangen:
1. von Wasserstoff, der an der Oberseite der Stahlprobe durch die Säure entwickelt worden ist,
2. von Wasserstoff, der durch das Metall hindurch zur unteren Fläche des Metalles diffundiert ist.
(Nach T. N. MORRIS.)

von Quecksilber(II)-chlorid stoppt praktisch die Entwicklung von Wasserstoff (zweifellos durch Erhöhung der Überspannung) und setzt die Diffusion herab. Gelatine verringert die Wasserstoffentwicklung und stoppt praktisch die Diffusion von Wasserstoff.

Einfluß von Salzen auf den Angriff durch Säuren. Der Zusatz von Salzen zu einer Säure kann einen zweifachen Einfluß auf seine Korrosionsfähigkeit ausüben:

1. Das Salz erhöht die Leitfähigkeit und unterstützt möglicherweise die Bildung von Komplexionen (beide Faktoren begünstigen die Korrosion).

2. In vielen Fällen wird das Salz adsorbiert werden und dadurch einen teilweisen Schutz hervorrufen.

So hat WALPERT[3] gefunden, daß ein Zusatz von Salzen, die die Korrosion von Chrom durch Schwefelsäure begünstigen, die des Eisens hemmen. Der Angriff von 8 n-Schwefelsäure auf Eisen wird durch Salzsäure, Ameisensäure, Essigsäure, Propionsäure und Buttersäure gehemmt, was wahrscheinlich

[1] MORRIS, T. N.: J. Soc. chem. Ind. Trans. 54 (1935) 7. Eine etwas ähnliche Versuchsanordnung ist von C. A. EDWARDS [J. Iron Steel Inst. 110 (1929) 18] benutzt worden.
[2] BABLIK, H.: Korr. Met. 11 (1935) 169; vgl. W. BAUKLOH u. G. ZIMMERMANN: Arch. Eisenhüttenwesen 9 (1936) 459. [3] WALPERT, G.: Z. phys. Ch. A 151 (1930) 219.

auf Adsorption beruht. Er wird auch durch Natriumjodid, Natriumbromid und Natriumchlorid gehemmt, wobei das Jodid die größte, das Chlorid die geringste hemmende Wirkung zeigt. Diesen Einfluß führt PIETSCH[1] auf die Blockierung der für die Korrosion empfänglichen Zentren zurück. Die Tatsache, daß Eisen durch Schwefelsäure rascher als durch Salzsäure angegriffen wird, während Zink ein umgekehrtes Verhalten zeigt[2], sowie die Erscheinung, daß Kaliumthiocyanat, das die Korrosion von Cadmium durch Salzsäure aktiviert, diejenige des Aluminiums bei einigen Konzentrationen verzögert[3], läßt erkennen, wie schwierig es ist, Voraussagen zu machen, sobald zwei entgegengesetzte Faktoren am Werk sind.

Viele stark adsorbierte anorganische Stoffe hemmen den Angriff in saurer Lösung. Die Stoffe, die die kathodisch aktiven Stellen vergiften, sind nicht selten diejenigen, die auch im menschlichen Organismus als Gifte wirken. Unter gewissen Umständen verringern Arsen- und Antimonsalze den Angriff von Schwefelsäure auf Eisen, obgleich Arsen, wie WATTS[4] hervorhebt, ohne Einfluß auf die Korrosion nach dem Sauerstoffabsorptionstyp ist. Die hemmende Wirkung durch Antimonverbindungen wird durch CLARKE[5] auf die ziemlich hohe Überspannung des niedergeschlagenen Antimons zurückgeführt. Der Säureangriff auf Zink, das eine noch höhere Überspannung besitzt, wird durch Antimonsalze beschleunigt. Selbst im Falle des Eisens tritt eine Beschleunigung ein, wenn die angewandte Säure sehr verdünnt ist.

Zinnsalze üben nach MORRIS und BRYAN[6] einen erheblich hemmenden Einfluß auf die Einwirkung von verdünnter Citronensäure auf Eisen aus: so wird der Angriff durch 0,5%ige Säure auf $^1/_6$ seines Normalwertes herabgesetzt. HOAR und HAVENHAND[7] konnten zeigen, daß Schwefelwasserstoff durch Zinn (ein Korrosionsbeschleuniger, der leicht durch Einschlüsse von Eisensulfid gebildet wird) in Form des stabilen Zinnsulfids entfernt werden kann. Hierin ist eine Erklärung für die angriffsverzögernde Wirkung von Zinnsalzen zu sehen.

Hemmung im Fall der Korrosion durch neutrale Flüssigkeiten. Es besteht nur geringe Aussicht, eine Hemmung der Korrosion durch typische Kolloide in alkalischen Lösungen hervorzurufen, da sich deren Teilchen, die in solchen Flüssigkeiten negativ aufgeladen sind, in der nicht gewünschten Richtung bewegen. Ungünstigerweise führt Korrosion durch anfänglich neutrale Flüssigkeiten, wie beispielsweise Natriumchloridlösung, zu einer alkalischen Reaktion in der Nähe der kathodischen Gebiete, sofern kein Puffer vorhanden ist. Hierdurch wird die Schwierigkeit, einen geeigneten Inhibitor zur Verwendung in Salzlösungen zu finden, noch erhöht.

PATTERSON und CULBERT[8] haben in ihrer wichtigen Untersuchung jedoch zeigen können, daß gewisse Alkohole als Inhibitoren in neutralen Flüssigkeiten wirken. So stellten sie fest, daß die Korrosionsprodukte im Falle des Angriffes

---

[1] PIETSCH, E., B. GROSSE-EGGEBRECHT u. W. ROMAN: Z. phys. Ch. A **157** (1931) 363. — PIETSCH, E.: Korr. Met. 8 (1932) 63.　[2] STRAUMANIS, M.: Korr. Met. 9 (1933) 30.

[3] JABLCZYNSKI, K. u. T. PIERZCHALSKI: Z. anorg. Ch. **217** (1934) 298.

[4] WATTS, O. P.: Trans. electrochem. Soc. **67** (1935) 259.

[5] CLARKE, S. G.: Trans. electrochem. Soc. **69** (1936) 131.

[6] MORRIS, T. N. u. J. M. BRYAN: Food Invest. spec. Rep. **40** (1931) 57; Trans. Faraday Soc. **29** (1933) 395.

[7] HOAR, T. P. u. D. HAVENHAND: J. Iron Steel Inst. **133** (1936) 252 P.

[8] PATTERSON, W. S. u. R. C. A. CULBERT: J. Soc. chem. Ind. Trans. **54** (1935) 327.

von Eisen durch Kaliumsulfat und Sauerstoff die Korrosion durch differentielle Belüftung aktivieren. Zusatz von mehrwertigen Alkoholen verändert den Charakter des Produktes: der Gesamtangriff wird herabgesetzt, jedoch kommt es zu einer Lokalisierung im Sinne einer Pittingbildung. Jenseits einer gewissen kritischen Konzentration peptisieren die Alkohole das Korrosionsprodukt, die Totalkorrosion sinkt rascher ab, der größte Teil des korrodierten Eisens findet sich in der Lösung. Die Fähigkeit der verschiedenen Stoffe, korrosionsverhindernd zu wirken, wächst mit der Zahl der Hydroxylgruppen: Sorbit (mit 6 Gruppen) ist wirksamer als Erytrith (mit 4 Gruppen), das seinerseits wieder wirksamer ist als Glycerin (mit 3 Gruppen), während Glykol (mit nur 2 Gruppen) unter allen die geringste Wirksamkeit besitzt. Die Fähigkeit dieser Stoffe, die Oxydation von Eisen(II)-hydroxyd durch Sauerstoff zu verhindern, folgt der gleichen Gesetzmäßigkeit[1].

Die Untersuchungen von PATTERSON und CULBERT sind unter etwas beschränkter Sauerstoffzufuhr ausgeführt worden. L. C. BANNISTER[2] dagegen hat seine Versuche mit Tropfen von Seewasser durchgeführt, die auf Eisen aufgebracht und im Freien der Luft ausgesetzt wurden. In Übereinstimmung mit der PATTERSONschen Arbeit ergibt sich, daß ein Zusatz von Sorbit zu Seewasser eine merkbare Herabsetzung des Angriffes und eine Änderung in seiner Verteilung hervorruft. In Gegenwart von Sorbit ist die Farbe des Korrosionsproduktes kanariengelb an Stelle des üblichen Rostbraun.

In reinem Wasser oder in gepufferten Flüssigkeiten kommt es nicht zur Bildung von Alkali. Infolgedessen ist die Abwanderung des Inhibitors von den kathodischen Zentren weniger wahrscheinlich. In solchen Flüssigkeiten ist die Hemmung durch organische Stoffe relativ allgemein. FRIEND und VALLANCE[3] konnten zeigen, daß die Gegenwart von 0,2% Agar in destilliertem Wasser den Angriff auf Eisen auf 2,7%, den auf Blei auf 1,4% seines früheren Wertes herabsetzt. Der Angriff auf Zink wird praktisch zum Stillstand gebracht. Eialbumin und Tragantgummi besitzen gleichfalls hemmende Eigenschaften, während Dextrin und Gelatine den Angriff auf Blei bedeutend herabsetzen; sie gewähren jedoch viel weniger Schutz auf Eisen und praktisch keinen auf Zink. Nach FRIEND und TIDMUS[4] wird der Angriff auf Zink durch Bleiacetat oder Kupfersulfat durch Agar und andere Kolloide erheblich verzögert.

MORRIS und BRYAN[5], die mit Eisen oder mit Material aus Weißblech in Citronensäure oder in Lösungen arbeiteten, die mit Gemischen von Citronensäure und einem Citrat gepuffert waren, konnten zeigen, daß verschiedene Sorten von Handelszucker (insbesondere invertierter Zuckersyrup) bedeutende hemmende Fähigkeiten besitzen, die offenbar auf Verunreinigungen zurückzuführen sind, da reiner Zucker viel weniger wirksam ist. Die Tatsache, daß die hemmende Fähigkeit einer Zuckerlösung durch Behandlung mit Aluminiumoxydpaste oder entfärbender Kohle herabgesetzt, jedoch nicht völlig beseitigt wird, führt zu der Annahme, daß das Molekül des unbekannten Inhibitors nicht sehr groß ist, was dadurch gestützt wird, daß der Inhibitor durch eine Kolloid-

[1] PATTERSON, W. S.: J. Soc. chem. Ind. Trans. **53** (1934) 298.
[2] BANNISTER, L. C.: Private Mitteilung vom 26. Mai 1936.
[3] FRIEND, J. A. N. u. R. H. VALLANCE: J. chem. Soc. **121** (1922) 466.
[4] FRIEND, J. A. N. u. J. S. TIDMUS: J. Inst. Met. **33** (1925) 19.
[5] MORRIS, T. N. u. J. M. BRYAN: Food Invest. spec. Rep. 40 (1931) 55.

membran hindurchgehen kann. Durch Rekrystallisation eines Zuckers konnten MORRIS und BRYAN den Inhibitor in der Mutterlauge konzentrieren.

Es ist wahrscheinlich, daß mehrere dieser nicht-identifizierten Inhibitoren in Nahrungsmitteln vorkommen und für die vergleichsweise hohe Lebensdauer von Kochgeschirren verantwortlich sind, wie FRIEND und VALLANCE[1] annehmen. MONYPENNY[2] konnte zeigen, daß Chromstahl Citronensaft besser als Citronensäure äquivalenter Stärke und in gleicher Weise Weinessig besser als reiner Essigsäure äquivalenter Stärke widersteht. Eine Untersuchung zwecks Isolierung dieser unbekannten natürlichen Inhibitoren ist von Interesse.

3. Einfluß von oxydierenden Agenzien und von Sauerstoffübertragern.

Sauerstoffübertrager. Eine wichtige Gruppe von Korrosionsaktivatoren umfaßt die Salze von Metallen, die in zwei Oxydationsstufen vorkommen, und die so als Sauerstoffübertrager wirken können. So beschleunigen nach R. GLAUNER[3] Kupfer(II)-salze die Korrosion von Kupfer: sie greifen das Metall unter Bildung von Kupfer(I)-verbindungen an, die anschließend durch Sauerstoff wieder in den Kupfer(II)-zustand übergeführt werden. In ähnlicher Weise können Eisensalze an der Wasserlinie in die Eisen(III)-form übergeführt werden, die ihrerseits dazu dienen können, eingetauchtes Metall anzugreifen[4]. Die Eisen(III)-salze, die löslicher als Sauerstoff sind, können infolgedessen zu erhöhten Konzentrationsgradienten und Dichteunterschieden führen. In der Tat ist die Nachlieferung des oxydierenden Agenzes zum Metall größer, als wenn Sauerstoff selbst nachgeliefert würde. Unabhängig davon, ob dies nun der Grund ist, hat BRYAN[5] jedenfalls den Nachweis führen können, daß der Zusatz von Eisen(II)-salzen den Angriff von sauren Citratlösungen auf Eisen beschleunigt; ihr Einfluß ist bei p_H = etwa 4 am ausgeprägtesten. Die Gegenwart von Eisen(III)-salzen in natürlichen Wässern (besonders sauren Wässern) erhöht ihre korrosive Fähigkeit erheblich, wie HALL und TEAGUE[6] gezeigt haben, was zweifellos auf eine depolarisierende Wirkung zurückzuführen ist.

Oxydierende Depolarisatoren bei der Korrosion relativ edler Metalle. Es ist bereits erwähnt worden, daß die Metalle am edlen Ende der Spannungsreihe, die keinen Wasserstoff aus Säure freimachen können, sich dann auflösen, wenn ein Depolarisator vorhanden ist. So ist sauerstoff-freie verdünnte Schwefelsäure praktisch ohne Einwirkung auf sauerstoff-freies Kupfer[7], löst dieses jedoch rasch,

---

[1] FRIEND, J. A. N. u. R. H. VALLANCE: J. chem. Soc. **121** (1922) 466.

[2] MONYPENNY, J. H. G.: Trans. Faraday Soc. **19** (1923) 178. — HATFIELD, W. H.: Chem. Ind. 4 (1926) 571.

[3] GLAUNER, R.: Ber. 3. Korrosionstagung, Berlin 1933, S. 37.

[4] Vgl. J. A. N. FRIEND: J. chem. Soc. **1921**, 932; Trans. Faraday Soc. **27** (1931) 595. — SCHIKORR, G.: Korr. Met. 4 (1928) 242. — BECK, W.: Korr. Met. 3 (1927) 73. — GIRARD, A.: Dissert. Lille 1935, S. 69.

[5] BRYAN, J. M.: Trans. Faraday Soc. **30** (1934) 1059, **31** (1935) 1717; vgl. L. McCULLOCH: Trans. Am. electrochem. Soc. **50** (1926) 385.

[6] HALL, R. E. u. W. W. TEAGUE: Carnegie Inst. Techn. Bl. **15** (1924).

[7] Schweflige Säure kann nach L. W. HAASE [Metallwirtschaft **9** (1930) 505] Kupfer in Abwesenheit von Sauerstoff angreifen. Wahrscheinlich werden in diesem Fall komplexe Anionen gebildet.

wenn ein oxydierendes Agens, wie beispielsweise Kaliumpermanganat, Dichromat oder Chlorat vorhanden ist, wie WATTS und WHIPPLE[1] zeigen konnten. Sauerstoff selbst ruft merkliche Aktivierung hervor. RUSSELL und WHITE[2] finden, daß die Angriffsgeschwindigkeit an oxydfreiem Kupfer durch verdünnte Schwefelsäure, verdünnte Salz- oder Essigsäure der Sauerstoffkonzentration proportional ist. Enthält das Kupfer Oxydeinschlüsse, so werden sie sich in diesen Säuren selbst in einer Stickstoffatmosphäre lösen. Die Korrosion von Kupfer durch sauerstoffhaltige Salzsäure wächst mit der Zeit an, da Kupfer-(II)-chlorid als ein Sauerstoffüberträger wirksam ist[3].

Kupfer, das zur Hälfte in verdünnte Schwefelsäure eintaucht, kann ernstlich längs der Wasserlinie angegriffen werden. Der Angriff kann oft durch Benetzen der Probe mit der Säure *oberhalb* der Wasserlinie beschleunigt werden, da hierdurch ein größeres Gebiet entsteht, durch das der Sauerstoff aufgenommen werden kann[4]. Tatsächlich wird der Angriff auf dem oberhalb der Wasserlinie befindlichen Teil nicht lange andauern, da hier die Säure bald aufgebraucht sein, und die Lösung mit Kupfersalzen angefüllt werden wird, was gegen die Möglichkeit eines weiteren Angriffes spricht. Dieser Teil, in dem die Kupferionenkonzentration hoch gehalten wird, wird kathodisch gegen den eingetauchten Teil als Anode werden. Die Ausbildung einer schweren Kupfersalzlösung führt dazu, daß die Flüssigkeitsschicht in nächster Nähe des Metalles absinkt, und daß so eine Zirkulation zustande kommt, derzufolge an der Wasserlinie relativ frische Säure ständig in Kontakt mit dem Metall gebracht wird. So wird die Konzentration der Kupferionen an der Wasserlinie niedriger als an irgendeiner anderen Stelle gehalten werden, so daß der anodische Angriff auf dieses Gebiet gerichtet sein wird. Es kann infolgedessen zu einer Durchlöcherung längs der Wasserlinie kommen, während die darüber und darunter liegenden Teile nicht ernstlich korrodiert werden.

Viele Metalle, die, sei es aus Gründen der Überspannung oder durch andere irreversible Effekte, durch Säuren selbst in Abwesenheit von Sauerstoff oder oxydierenden Agenzien unter Freimachung von Wasserstoff korrodiert werden können, unterliegen einem beschleunigten Angriff, wenn ein oxydierendes Agens vorhanden ist. Zinn bleibt praktisch unkorrodiert durch angesäuerte Natriumcitratlösung in Abwesenheit von Sauerstoff, wie BRYAN[5] zeigen konnte. Es wird jedoch rasch angegriffen, wenn Sauerstoff vorhanden ist. Der Angriff von Salzsäure auf Nickel wird durch Wasserstoffperoxyd, Chromsäure oder Eisen(III)-chlorid beschleunigt[6]. Selbst Eisen, das Wasserstoff aus verdünnter Schwefelsäure sehr leicht freimachen kann, wird in Gegenwart von Sauerstoff rascher angegriffen. ENDO[7] hat jedoch zeigen können, daß die Beschleunigung durch Sauerstoff bei höheren Konzentrationen abklingt, wenn die Säure selbst oxydierenden Charakter erhält. In ähnlicher Weise wird eine nur kleine

[1] WATTS, O. P. u. N. D. WHIPPLE: Trans. Am. electrochem. Soc. **32** (1917) 268.

[2] RUSSELL, B. P. u. A. WHITE: Ind. eng. Chem. **19** (1927) 116.

[3] SCHIKORR, G.: Ber. 2. Korrosionstagung, Berlin 1932, S. 5. — GLAUNER, R.: Ber. 3. Korrosionstagung, Berlin 1933, S. 37.

[4] EVANS, U. R.: J. Inst. Met. **30** (1923) 273; J. Soc. chem. Ind. Trans. **43** (1924) 128. — BOLTON, E. A.: J. Inst. Met. **30** (1923) 289. — HEDGES, E. S.: J. chem. Soc. **1926**, 832.

[5] BRYAN, J. M.: Trans. Faraday Soc. **27** (1931) 611.

[6] GEORGI, K.: Z. Elektroch. **39** (1933) 736.

[7] ENDO, H.: Sci. Rep. Tôhoku **17** (1928) 1118.

Beschleunigung durch Sauerstoff im Falle der Einwirkung von Salpetersäure auf Eisen hervorgerufen.

Ein Depolarisator muß nicht unbedingt sauerstoffhaltig sein. Ungesättigte Fettsäuren oder Anthrocyaninpigmente können Wasserstoff absorbieren und so als Depolarisatoren wirken, wie beispielsweise in der Korrosion des Zinns (s. S. 594).

Zwei Mechanismen für den Korrosionsvorgang in Sauerstoff enthaltenden sauren Flüssigkeiten. Der Angriff von Sauerstoff enthaltenden Säuren auf Metall kann auf zweierlei Wegen erfolgen: Die Säure kann elektrochemisch angreifen, wobei der Wasserstoff kontinuierlich durch den Sauerstoff entfernt wird. Andererseits kann sich der Sauerstoff mit dem Metall verbinden und das gebildete Oxyd anschließend in der Säure gelöst werden. Im Falle von Metallen, wie Blei und Kupfer, mit Oxyden vom Typ MeO, kann die Möglichkeit dieser zweiten Form des Angriffes die Korrosionsgeschwindigkeit wesentlich erhöhen. Bei Metallen jedoch, die Oxyde vom Typ Me_2O_3 bilden, wird der zweite Mechanismus zu einer Herabsetzung der Angriffsgeschwindigkeit führen, da diese Sesquioxyde, nachdem sie einmal gebildet worden sind, nicht so rasch durch Säuren wieder aufgelöst werden und störend auf den Angriff nach dem anderen Mechanismus einwirken können. Hierin liegt wahrscheinlich ein Grund dafür, warum Aluminium so langsam durch Säuren angegriffen wird.

Wirkung oxydierender Säuren. Ist die Säure selbst ein oxydierendes Agens, so wird der Angriff auf zweiwertige Metalle aus den eben genannten Gründen beschleunigt werden. Konzentrierte Schwefelsäure besitzt bei hohen Temperaturen oxydierende Eigenschaften und wird Kupfer recht rasch angreifen. Die Reaktionen sind jedoch ziemlich kompliziert; oft werden schwarze Niederschläge, die Kupfersulfid enthalten, gebildet[1].

Salpetersäure ist bei gewöhnlichen Temperaturen ein oxydierendes Agens, das zu einer Reihe weniger Sauerstoff enthaltender Verbindungen reduziert wird. Diese Substanzen, die sämtlich in Tabelle 31 zusammengestellt sind, sind bei der Einwirkung von Salpetersäure auf Metalle identifiziert worden.

Tabelle 31. Nebenprodukte bei der Korrosion durch Salpetersäure, angeordnet nach abnehmendem Sauerstoffgehalt.

Name	Formel
(Salpetersäure	HNO_3)
Stickstoffdioxyd	NO_2
Salpetrige Säure	HNO_2
Stickstoffmonoxyd . . .	NO
Distickstoffmonoxyd . .	N_2O
Untersalpetrige Säure. .	$H_2N_2O_2$
Stickstoff	N_2
Hydroxylamin	NH_2OH
Hydrazin	N_2H_4
Ammoniak	NH_3
Wasserstoff	H_2

Bis zu welchem Nebenprodukt die Umsetzung führt, hängt teilweise von der Konzentration der Säure ab. Konzentrierte Säure führt zu einem höheren Oxydationsprodukt als verdünnte. Es hängt noch mehr von der Natur des Metalles ab, wobei es möglich ist, die Metalle in zwei Klassen einzuteilen[2]:

---

[1] C. W. Rogers (Trans. electrochem. Soc. **1926**, 254) gibt eine Anzahl sehr komplexer Gleichungen, jedoch kann das Endergebnis der Umsetzung bei allen Temperaturen durch folgende Gleichung wiedergegeben werden:
$$Cu + 2 H_2SO_4 = CuSO_4 + SO_2 + 2 H_2O.$$
[2] Divers, E.: J. chem. Soc. **43** (1883) 443; vgl. N. R. Dhar: J. phys. Chem. **29** (1925) 142. — Palit, C. C. u. N. R. Dhar: J. phys. Chem. **30** (1926) 1125. — Joss, E. J.: J. phys. Chem. **30** (1926) 1222; s. auch W. D. Bancroft: J. phys. Chem. **28** (1924) 475.

1. Hochreaktive Metalle, wie Magnesium, Zink und Cadmium, die Wasserstoff aus nichtoxydierenden Säuren freimachen können, führen zu wasserstoffreichen Substanzen. Verdünnte Salpetersäure, die auf Magnesium einwirkt, macht viel unveränderten Wasserstoff zusammen mit den anderen Gasen frei. Bei den weniger heftig reagierenden Metallen (oder selbst bei Magnesium, wenn die Salpetersäure konzentriert ist) wird der Wasserstoff jedoch durch die Salpetersäure depolarisiert und in Ammoniak oder Hydrazin übergeführt, also nicht in freiem Zustande erhalten.

2. Edle Metalle, wie Silber, Quecksilber und Kupfer, die Wasserstoff bei Atmosphärendruck nicht freimachen können. Diese führen niemals zu wasserstoffreichen Substanzen, wie Ammoniak oder Hydroxylamin. Die erzeugten Gase bestehen vorwiegend aus Stickstoffmonoxyd, oftmals gemischt mit Stickstoffdioxyd sowie Stickstoff und Distickstoffmonoxyd. Es scheint nicht unwahrscheinlich, daß hier, in *gewissem geringem Ausmaße*, die Salpetersäure das Metall oxydiert (wobei sie selbst reduziert wird) und daß das Oxyd sich dann in der Säure unter Bildung von löslichem Nitrat auflöst. Erfolgt die Auflösung des Oxydes langsam, so wird das Metall passiv. HEDGES[1] konnte zeigen, daß Kupfer bei $-11°$ im Verlaufe zweier Tage kaum angegriffen wird, daß dagegen beim Erwärmen auf $40°$ momentane Auflösung eintritt. Kupfer, das in Salpetersäure gebracht wird, korrodiert bei gewöhnlicher Temperatur hinreichend rasch; die Korrosion zeigt die Tendenz, mit der Zeit anzusteigen. Offenbar katalysiert salpetrige Säure, die während der Reaktion entsteht, den Vorgang, was daraus geschlossen wird, daß die Auflösungsgeschwindigkeit sehr langsam bleibt, wenn das Metall in Bewegung gehalten wird (wodurch die salpetrige Säure fortgewaschen wird), oder wenn die Lösung Harnstoff enthält (durch den salpetrige Säure zerstört wird). Nach HEDGES[2] verhindert Rotation den Angriff auf Silber und Kupfer und aktiviert ihn gegenüber Zinn, Zink und Magnesium, Metallen, die zur Klasse 1 gehören. Nach UCHIDA und SASAKI[3] wird der Angriff auf Aluminium durch Harnstoff nicht beeinflußt.

Obgleich es sicher erscheint, daß die direkte Oxydation, die zum Oxydfilm führt, in einem meßbaren Ausmaß erfolgt — sie ist die Ursache für die Passivität, die dann eintritt, wenn das Oxyd nicht mit hinreichender Geschwindigkeit fortgelöst werden kann —, scheint doch die Hauptmenge des Gases durch die elektrochemische Reduktion der Salpetersäure gebildet zu werden, die als kathodischer Depolarisator gegenüber Metallen beider Klassen wirkt. ELLINGHAM[4], der die Elektrolyse der Salpetersäure zwischen Platinelektroden mit einer äußeren EK untersucht, hat zwei getrennte kathodische Reaktionen beobachtet, die dem Verhalten der beiden Metallklassen entsprechen:

1. Entwicklung von freiem Wasserstoff, und zwar unbegrenzt bei hohen Stromdichten.

2. Reduktion von Salpetersäure zu salpetriger Säure (mit anschließender Bildung von Stickstoffmonoxyd infolge Zersetzung), ein für niedrigere Stromdichten charakteristischer Vorgang.

---

[1] HEDGES, E. S.: J. chem. Soc. **1928**, 975.
[2] HEDGES, E. S.: J. chem. Soc. **1930**, 564.
[3] UCHIDA, S. u. K. SASAKI: J. Soc. chem. Ind. Japan **29** (1926) 20 B.
[4] ELLINGHAM, H. J. T.: J. chem. Soc. **1932**, 1565.

Die zweite Umsetzung ist in hohem Grade autokatalytisch, sie wird durch Zusatz von salpetriger Säure katalysiert und durch Rühren oder Zusatz von Harnstoff gehemmt, wodurch in beiden Fällen die gebildete salpetrige Säure entfernt wird. Der wesentliche Unterschied zwischen den beiden Metallklassen liegt in der effektiven Stromdichte, die durch die in ihrer Oberfläche liegenden Lokalelemente erzeugt wird. Magnesium liefert eine hinreichend hohe Stromdichte zur Freisetzung von Wasserstoff. Kupfer gibt einen geringeren Wert, die Salpetersäure wird zu salpetriger Säure und zu Stickstoffmonoxyd durch die bereits erwähnte autokatalytische Reaktion reduziert. Hierdurch wird das verschiedene Verhalten der beiden Metallklassen gegenüber Rühren und dem Zusatz von Harnstoff erklärt.

Verhalten von Eisen in Salpetersäure. Eisen steht in seinem Verhalten auf der Grenze zwischen den beiden genannten Klassen. Die Nebenprodukte umfassen Stickstoffmonoxyd, Stickstoffdioxyd, Distickstoffmonoxyd, Ammoniak und Stickstoff. Der jeweilige Anteil dieser Verbindungen hängt nicht nur von der Konzentration der Säure, sondern auch vom Kohlenstoffgehalt des Metalles sowie vom Grade seiner Kaltbearbeitung ab, wie WHITELEY und HALLIMOND[1] gezeigt haben. In verdünnter Salpetersäure wird Eisen mit erheblicher Geschwindigkeit angegriffen, die beim Übergang zu mäßig konzentrierten Säuren ansteigt. Die Fähigkeit der Salpetersäure, als ein oxydierendes Agens zu wirken, wächst jedoch mit der Konzentration schneller als ihre Fähigkeit, als Säure zu wirken. Ist eine gewisse Konzentration erreicht, so wird die Überführung des Eisens in ein Oberflächenoxyd rascher als die Auflösung dieses Oxydes erfolgen. Wie auf S. 65 gezeigt worden ist, ist die Geschwindigkeit der direkten Auflösung des Eisen(III)-oxydes in einer Säure sehr gering. Seine Überführung in das sich rasch lösende Eisen(II)-oxyd (die eintritt, wenn das oberflächlich oxydierte Eisen in Salzsäure getaucht wird) ist in Gegenwart eines oxydierenden Agenzes, wie Salpetersäure, nicht möglich. So wird Eisen, das zuerst in konzentrierte Salpetersäure gebracht wird, merklich angegriffen, jedoch unterliegt diese Reaktion der Selbsthemmung oder wird sehr langsam.

Wie in anderen Fällen, so ist diese Erklärung der Passivität mit der Begründung kritisiert worden, daß ein Oxydfilm sich in Säure lösen müßte. HEDGES[2] hat diesen Einwand dadurch widerlegt, daß er nachweisen konnte, daß Eisen(III)-oxyd, sofern es anhydrisch ist, durch konzentrierte Salpetersäure *nicht* gelöst wird, bevor eine Temperatur erreicht wird, bei der die Korrosion des Eisens in der gleichen Säure bemerkbar wird. Diese Feststellung erledigt den erwähnten Einwand. In neuerer Zeit haben BANCROFT und PORTER[3] gezeigt, daß Eisen(III)-oxyd, das auf 1000° erhitzt worden ist, selbst kochender, konzentrierter Salpetersäure widersteht.

Versuche, die im Cambridger Arbeitskreis[4] ausgeführt worden sind, haben gleichfalls ergeben, daß es Eisenoxyde gibt, die der Salpetersäure widerstehen

---

[1] WHITELEY, J. H. u. A. F. HALLIMOND: Carnegie Scholarship Mem. **14** (1925) 163.

[2] HEDGES, E. S.: J. chem. Soc. **1928,** 972; s. auch Protective Films on Metals, London 1932.

[3] BANCROFT, W. D. u. J. D. PORTER: J. phys. Chem. **40** (1936) 38. Diese Autoren kritisieren die Ansicht von HEDGES, wonach das Oxyd die Zusammensetzung Fe_2O_3 haben soll; sie selbst geben hierfür FeO_3 an. [4] EVANS, U. R.: J. chem. Soc. **1927,** 1038.

können. Streifen von Elektrolyteisen wurden an einem Ende erhitzt und gaben
so die gewöhnliche Stufenfolge der Interferenzfarben des Oxydfilmes, wobei
das nicht erhitzte Ende ungefärbt blieb. Wurde diese Probe nun in Salpetersäure vom spezifischen Gewicht 1,4 gebracht, so wurde selbst nach $3^{1}/_{2}$ Stunden
bei 23° keine Veränderung der Farbe beobachtet. Hätte die Säure eine rasch
auflösende Wirkung auf die die Farbe bedingenden Oxyde gehabt, so hätten
die Farben verschwinden müssen. Wurde der Versuch mit verdünnterer Säure
wiederholt (spezifisches Gewicht 1,2), so wurde das Eisen am ungefärbten
Ende heftig angegriffen, wobei es zu einer Unterminierung des Filmes am gefärbten Ende kam, der in zerrissenen, mikroskopisch kleinen Fetzen abgerissen
wurde, die denen ähnlich sind, die nach der Jodmethode vom passiven Eisen
erhalten werden. Die Fetzen blieben ungelöst zurück, nachdem das gesamte
Metall verschwunden war. Ein ähnlicher Ablösevorgang konnte bei der konzentrierteren Säure nach 6tägiger Einwirkung festgestellt werden. In diesem
Fall erfolgte praktisch keinerlei Blasenbildung, der Film wurde in relativ großen
und transparenten Fetzen erhalten. Es ist offenbar unrichtig zu sagen, daß
kein Eisenoxyd imstande ist, der Säure im gewünschten Ausmaße zu widerstehen.

Sichtbare Filme, die durch Salpetersäure auf Metallen gebildet werden. Es
liegen viele Hinweise darauf vor, daß durch die Einwirkung von Salpetersäure
tatsächlich ein Film auf dem Metall hervorgerufen werden kann. In vielen
der in Cambridge über die Einwirkung von verdünnter Salpetersäure auf Eisen
durchgeführten Versuche ist festgestellt worden, daß an den Stellen, an denen
die während der Reaktion entstehenden roten Dämpfe über die Oberfläche
des Eisens oberhalb der Wasserlinie hinübergreifen, eine ganze Abfolge von
Interferenzfarben (gelblich, rötlich-malvenfarbig, blau usw.) hervorgerufen
werden, die die Gegenwart eines Filmes anzeigen. Die Erreichung sichtbarer
Dicken ist an sich ein Beweis dafür, daß die Filmsubstanz hier nicht schützend
ist. In jedem Falle zeigt sich die gefärbte Zone aktiv gegenüber Kupfernitratlösung. Es ist jedoch klar, daß eine leichte Abänderung in den Versuchsbedingungen einen kontinuierlicheren und weniger porösen Zustand ergeben kann,
und daß derartige Filme, obgleich sie nicht die zur Hervorbringung von Farben
erforderliche Dicke erreichen, doch das Metall passiv machen. Offenbar liegen
derartige Bedingungen bei konzentrierter Salpetersäure vor.

Weitere Beweise für die Bildung des Filmes sind durch BENEDICKS und
SEDERHOLM[1] geliefert worden, die mit Alkohol verdünnte Salpetersäure an-
wendeten, um so die sauren Eigenschaften herabzusetzen, ohne damit gleichzeitig das Oxydationsvermögen störend zu beeinflussen. Eine Flüssigkeit mit
95,9% Alkohol, 4,0% Wasser und 0,1% Salpetersäure (Angaben in Vol.-%)
liefert einen Film, der hinreichend dick ist, um rote und grüne Interferenzfarben zu zeigen. Läßt man diese Proben an trockener Luft stehen, so wird
der Film von einem Netzwerk von Rissen durchzogen, die die Existenz der
Schicht tatsächlich zweifelsfrei erhärten.

Ein weiterer Fall, in dem Salpetersäure einen sichtbaren Film liefert, ist
durch KUTZELNIGG[2] beschrieben worden. Kupfer, das in ein Gemisch von
konzentrierter Salpetersäure mit einem Überschuß an konzentrierter Schwefel-

---

[1] BENEDICKS, C. u. P. SEDERHOLM: Z. phys. Ch. A **138** (1928) 123.
[2] KUTZELNIGG, A.: Z. Elektroch. **39** (1933) 67.

säure gebracht wird, zeigt zuerst einen raschen Angriff, der sich jedoch verlangsamt. Wurde die Probe mit Alkohol und anschließend mit Äther gewaschen und darauf trocknen gelassen, so zeigt es sich, daß das Metall mit einem wolkigen Film bedeckt ist, durch den die Kupferfarbe noch sichtbar ist. Beim Benetzen mit Alkohol wird der Film transparenter — was die Tatsache erklärt, daß der Film in der sauren Flüssigkeit praktisch unsichtbar ist. Eine mikroanalytische Untersuchung ergab, daß der Film aus hydratischem Sulfat bestand.

Zusammenbruch der auf Eisen durch Salpetersäure erzeugten Passivität. Es ist immer eine Schwierigkeit, selbst qualitativ eine Reproduzierbarkeit bei den Versuchen mit Eisen in Salpetersäure zu erzielen, da der Zusammenbruch eines Filmes ein sporadisch in Zeit und Raum ausgebreitetes Ereignis darstellt, und da sich der an einem bestimmten Punkt beginnende Zusammenbruch in Salpetersäure rasch über die gesamte Oberfläche ausbreiten kann. Die Wahrscheinlichkeit eines Zusammenbruches hängt natürlich von der experimentell vorliegenden Fläche ab. Nach LOBRY DE BRUYN[1] ist es weniger leicht, eine große als eine kleine Eisenprobe passiv zu machen. Wie in anderen Fällen, so bricht der schützende Film am raschesten längs der Wasserlinie zusammen. HEDGES[2] hält es in seinen Versuchen für erforderlich, die Proben „kräftig durch die Flüssigkeitsoberfläche hindurchzuwerfen", um bei Säuren mit 7 bis 14 Vol.-% Wasser reproduzierbare Ergebnisse zu erhalten. Wird ein Stück einer Folie behutsam mit seiner flachen Seite der Flüssigkeitsoberfläche genähert und wird ein anderes Stück mit seiner Kante durch die Oberfläche hindurchgeworfen, so löst sich, wie HEDGES mitteilt, das erste Stück mit großer Heftigkeit auf, während das zweite Stück unangegriffen bleibt.

Viele der klassischen Arbeiten über Eisen und Salpetersäure sind an Materialien zweifelhafter Reinheit durchgeführt worden. Für die in Cambridge vorgenommenen Untersuchungen[3] ist Elektrolyteisen benutzt worden, das im Vakuum geschmolzen und zu Blechen ausgewalzt worden ist (das Material wurde freundlicherweise durch W. H. HATFIELD, Sheffield, hergestellt). Die Proben wurden mit Schmirgelpulver bearbeitet und vorher mit kochendem Wasser gewaschen. Während verdünnte Salpetersäure (z. B. vom spezifischen Gewicht 1,2) rasch auf dieses Eisen einwirkt, zeigt es sich, daß die konzentriertere Säure nur von geringer Einwirkung ist. Die Flüssigkeit wurde längs der Metalloberfläche gelb, und es zeigten sich einige Gasblasen. Nach etwa 2 min hörte jedoch jegliche Reaktion auf, das Metall konnte auf Stunden hinaus ohne jede Veränderung in der Säure eingetaucht gehalten werden. Wurde diese dann abgegossen und die Probe rasch gewaschen, so war das Metall gewöhnlich passiv gegenüber $^{1}/_{20}$ molare Kupfernitratlösung, wenngleich sich auch gelegentlich eine Probe rasch mit Kupfer bedeckt, was einen spontanen Zusammenbruch des Filmes anzeigt. Gegenüber Jodlösung besitzen diese Proben keinen Widerstand.

Werden Stücke von Elektrolyteisen unter Säure vom spezifischen Gewicht 1,4 getaucht, dann herausgenommen und abtropfen gelassen, so zeigt sich zuerst keinerlei Einwirkung. Nach einigen Sekunden beginnt jedoch ganz plötzlich an einigen Punkten eine heftige Reaktion (gewöhnlich an der Oberseite der

---

[1] LOBRY DE BRUYN, C. A.: Rec. Trav. chim. **40** (1921) 47.
[2] HEDGES, E. S.: J. chem. Soc. **1928**, 970.
[3] EVANS, U. R.: J. chem. Soc. **1927**, 1036.

benetzten Probe) und bewegt sich rasch abwärts, bis die ganze Fläche Blasen entwickelt. Bald kommt die Reaktion jedoch wieder zum Stillstand, da die anhaftende Säure an dem Streifen erschöpft wird. Wird der Streifen erneut in die Säure eingetaucht und herumbewegt, so wird das braune Korrosionsprodukt rasch unter Freilegung der blanken Metalloberfläche fortgelöst, die ruhig erscheint. Der spontane Zusammenbruch der Passivität beim Entfernen des Metalles aus der Flüssigkeit ist leicht verständlich, da durch das Trocknen der Probe sehr bald die Phasengrenze Luft-Flüssigkeit eng an die Phasengrenze Metall-Flüssigkeit heranrückt. Die rasche Fortpflanzung der Reaktion nach abwärts von dem Punkt des Filmzusammenbruches aus ist vielleicht weitgehend mit der Tatsache verknüpft, daß eines der agierenden Produkte, nämlich das Wasser, als Katalysator wirkt — da verdünnte Salpetersäure einen Angriff und konzentrierte Säure Passivität hervorruft. Jede Reaktion, in der gasförmige Stickstoffoxyde ausgetrieben werden, muß das Verhältnis $H_2O:N_2O_5$ in der zurückbleibenden Flüssigkeit erhöhen und so die Wahrscheinlichkeit für den Filmzusammenbruch steigern. Möglicherweise unterstützen auch Temperaturerhöhungen und der Durchgang elektrischer Ströme zwischen den aktiven und passiven Gebieten, wie HEATHCOTE[1] und ferner LILLIE[2] angenommen haben, die Fortpflanzung der Reaktion.

Zahlreiche Beobachtungen stützen die Ansicht, daß eines der Korrosionsprodukte tatsächlich als Katalysator wirkt. Läßt man einen mit Salpetersäure benetzten Streifen solange trocknen, bis die Reaktion gerade an einem Punkt einsetzt, und wird er dann mit hinreichender Heftigkeit in Salpetersäure eingetaucht, um die Korrosionsprodukte in der Säure zu verteilen, so wird die Fortpflanzung der Reaktion abgestoppt, das Ganze wird ruhig. Wird andererseits der reagierende Streifen behutsam in die Säure eingeführt, so daß sich die Korrosionsprodukte anhäufen können, so kommt es zu heftiger Reaktion an der Wasserlinie, die zu einem völligen Durchfressen des Streifens führt, so daß der untere Teil, der gewöhnlich ruhig bleibt, innerhalb 1 min auf den Gefäßboden fällt. Die Beobachtung von HEATHCOTE, wonach sich die Aktivität nach unten rascher als nach oben ausbreitet, findet auch eine Erklärung, wenn man annimmt, daß das schwere Gemisch der Korrosionsprodukte einen Katalysator enthält.

Was die anderen Reaktionsprodukte anbelangt, so scheinen Stickstoffmonoxyd, Stickstoffdioxyd, salpetrige Säure und Eisen(III)-nitrat keinen nennenswerten Einfluß auf die Auslösung des Angriffes auszuüben. Salpetersäure (spezifisches Gewicht 1,4), der entweder festes Kaliumnitrit oder Eisen-(III)-nitrat zugesetzt werden, zeigt keinerlei Angriff auf Elektrolyteisen. Es scheint wenig Zweifel darüber zu bestehen, daß das Wasser als der Katalysator für die Fortpflanzung der Zusammenbruchsreaktion anzusprechen ist.

KARSCHULIN[3] hat den sichtbaren rotbraunen Niederschlag untersucht, der auf Eisen durch Salpetersäure einer Konzentration hervorgerufen wird, die zu Oszillationen zwischen dem aktiven und dem passiven Zustand führt, und dabei festgestellt, daß das Absorptionsspektrum identisch mit demjenigen ist, das Lösungen von $Fe(NO)(NO_3)_2$ geben.

[1] HEATHCOTE, H. L.: J. Soc. chem. Ind. **26** (1907) 899.
[2] LILLIE, R. S.: J. general Physiol. **5** (1920) 107, 129.
[3] KARSCHULIN, M.: Z. Elektroch. **41** (1935) 664.

PORTEVIN[1] hat Kurven für die Korrosionsgeschwindigkeit von Eisen durch Salpetersäure verschiedener Konzentration veröffentlicht: bei 0° wächst der Angriff mit der Konzentration bis zu 7 n-Säure. Hierauf folgt ein Intervall variabler Korrosionsgeschwindigkeit. Bei oberhalb 12 n-Säure endlich — ein Gebiet, in dem Filmbildung vorherrscht — fällt der Angriff mit der Konzentration ab. Bei 45° oder 80° zeigt Schwefelsäure ein ähnliches Verhalten: die Korrosionsgeschwindigkeit sinkt bei hohen Konzentrationen, jedoch ist hier die Kurve kontinuierlich.

Verdünnte Salpetersäure, die normalerweise Eisen rasch angreift, ist, sofern sie Silbernitrat enthält, inaktiv gegenüber Eisen, das der Luft ausgesetzt gewesen ist, wie CONE und TARTAR[2] gezeigt haben.

4. Einfluß von Substanzen, durch die metallische Kationen entfernt werden.

Aktivierung durch Komplexionen-bildende Substanzen. Einen anderen Typ von Aktivatoren stellen diejenigen Substanzen dar, die die Konzentration der einfachen Kationen durch Bildung von Komplexionen herabsetzen. Dämpfe von Cyanwasserstoffsäure wirken nach HICKS[3] aktivierend im Hinblick auf die Korrosion des Eisens durch feuchten Sauerstoff; der Cyanideffekt ist jedoch noch ausgeprägter gegenüber den relativ edlen Metallen, bei denen der Übergang in die gewöhnlichsten Lösungen von Salzen oder Säuren durch eine Anhäufung metallischer Kationen beschränkt ist[4].

---

[1] PORTEVIN, A.: Rev. Mét. **26** (1929) 615, 617.

[2] CONE, W. H. u. H. V. TARTAR: J. Am. Soc. **56** (1934) 50.

[3] HICKS, J. F. G.: J. phys. Chem. **35** (1931) 893.

[4] Die außergewöhnliche korrosive Fähigkeit der Cyanide kann folgendermaßen erklärt werden: Wird irgendein Metall in eine Lösung gebracht, in der keine seiner eigenen Ionen vorhanden sind, so wird ein Strom von Metallionen aus der Metallelektrode herausgezogen (die negativ geladen zurückbleibt), bis eine hinreichende Anhäufung von Ionen und ein hinreichend negatives Potential erreicht ist, um ein Gleichgewicht zwischen den das Metall verlassenden und den wieder auf dem Metall niedergeschlagenen Ionen einzustellen. A. MCAULAY und E. C. R. SPOONER [Pr. Roy. Soc. A **138** (1932) 494] haben in einer Untersuchung der Cadmiumelektrode festgestellt, daß sich das Potential in Cadmiumsalzlösungen von Konzentrationen oberhalb etwa 4×10^{-5} molar in Übereinstimmung mit der gewöhnlichen Regel ändert, die in Tabelle 24 (s. S. 272) gegeben worden ist, d. h. daß es sich um 0,029 V bei einer Verdünnung um das 10fache verschiebt. Liegt die anfängliche Cadmiumsalzkonzentration jedoch unter diesem Wert, so hört das endgültig erreichte Potential auf, von der Konzentration des Cadmiumsalzes der ursprünglichen Lösung abzuhängen und nimmt faktisch den gleichen Wert an, wie in einer Lösung, zu der überhaupt kein Cadmium hinzugefügt worden ist. So nimmt Cadmium, das in Cadmiumchloridlösung der Molarität 10^{-5}, 10^{-6} oder 10^{-7} gebracht wird, unter absolut luftfreien Versuchsbedingungen ein Potential an, das innerhalb weniger Millivolt in allen Fällen gleich ist, und zwar gleich dem des Cadmiums in 10^{-5} molarer Salzsäure. Die Zahlen weisen auf eine Konzentration der Cadmiumionen von etwa 4×10^{-5} molar in der nächst der Elektrode gelegenen Schicht, die vorwiegend auf Kosten des Metalles selbst gebildet worden ist. In Lösungen, die keine komplexen Anionen bilden, ist es unmöglich, ein negativeres Potential als etwa —0,8 V gegenüber der gesättigten Kalomelelektrode zu erhalten (das sind —0,55 V in der Wasserstoffskala). In Cyanidlösungen jedoch, in denen die Konzentration von Cd··-Ionen durch die Bildung komplexer [Cd(CN)$_4$]''-Ionen herabgesetzt werden kann, kann das Potential weit negativere Werte annehmen, so daß die für den Korrosionsstrom verfügbare EK erheblich vergrößert wird.

Bei der Einwirkung von Cyaniden auf Gold scheint Sauerstoff für einen merklichen Angriff erforderlich zu sein. Die Depolarisation durch Sauerstoff scheint in zwei Schritten zu erfolgen: zuerst wird der Sauerstoff zu Wasserstoffperoxyd reduziert, das seinerseits als Korrosionsaktivator dient und weiterhin zu Wasser reduziert wird. Beim Angriff des Silbers durch Cyanide[1] erscheint Wasserstoffperoxyd wiederum als Zwischenprodukt. In beiden Fällen führt die Korrosion zu komplexen Cyaniden mit dem Schwermetall im Anion, der Form $K[Au(CN)_2]$ und $K[Ag(CN)_2]$. Während Sauerstoff den Angriff der Cyanide auf Silber und Kupfer beschleunigt, verzögert er, wie HAY[2] gezeigt hat, den Angriff auf Aluminium, der zur Freisetzung von Wasserstoff führt, ziemlich. Zweifellos wirkt Sauerstoff in einem solchen Fall im Sinne der Ausheilung eines hemmenden Filmes.

Nach RILEY[3] spielt die Bildung komplexer Anionen eine wichtige Rolle beim Angriff des Kupfers durch organische Salze. Um festzustellen, inwieweit diese Salze das Kupfer in Form von komplexen Anionen entfernen, hat er die Verschiebung des Potentiales der Elektrode Kupfer/0,01 molar Kupfersulfat gemessen, wenn verschiedene organische Salze der Konzentration 0,2 n zugeführt werden. Diese Verschiebung bildet einen exakten Indicator für die Zerstörung der einfachen Kupferkationen. Er hat die Angriffsgeschwindigkeit durch verschiedene Natriumsalze auf Kupfer untersucht. Die in Tabelle 32 wiedergegebenen Ergebnisse zeigen eine Beziehung auf, die, wenngleich sie nicht exakt ist, doch unzweifelhaft die Ansicht stützt, daß die Korrosionsgeschwindigkeit des Kupfers durch die Entfernung von Kupferionen aus der korrodierenden Oberfläche aktiviert wird. Ein ähnlicher Schluß wurde auf S. 240 gelegentlich der Diskussion des Einflusses der Flüssigkeitsbewegung auf die Korrosion des Kupfers gezogen.

Ähnliche Faktoren scheinen das Verhalten des Zinns gegenüber verschiedenen organischen Säuren zu beeinflussen, wie in neuerer Zeit HOAR[4] gezeigt

Tabelle 32. Beziehung zwischen der Korrosion des Kupfers durch organische Salze und ihrer Fähigkeit, Kupferionen zu zerstören. (Nach H. R. RILEY.)

Anion	Angriffsgeschwindigkeit in mg/Tag	Potentialverschiebung in mV
Citrat. . . .	0,82	232
Oxalat . . .	0,45	229
Tartrat . . .	0,34	96
Malonat. . .	0,28	149
Salicylat . .	0,050	17
Phthalat . .	0,043	47
Acetat . . .	0,019	sehr klein

---

[1] SIMON, A. u. H. DECKETT: Z. Elektroch. **41** (1935) 737.

[2] HAY, R.: J. Roy. techn. Coll. met. Club. Nr. 6 (1927/1928) 27; J. Roy. techn. Coll. **3** (1936) 576. Über den Angriff der Cyanide auf *kolloides* Gold siehe F. P. WORLEY u. E. D. ROBINS: Trans. Faraday Soc. **29** (1933) 764.

[3] RILEY, H. L.: Pr. Roy. Soc. A **143** (1934) 399. RILEY ist der Ansicht, daß seine Ergebnisse den elektrochemischen Mechanismus der Reaktion widerlegen. In Fällen dieser Art liegt kein Grund zu der Annahme vor, daß räumlich getrennte kathodische und anodische Bezirke vorhanden sind. Tatsächlich würde die Herabsetzung der Kupferionenkonzentration infolge Bildung von komplexen Anionen die Umsetzung beschleunigen, gleichgültig, ob der Mechanismus elektrochemischer Natur ist oder ob für ihn irgendein anderer Verlauf angenommen werden muß. Das Element Kupfer/Salz/Wasserstoff wird einen viel stärkeren Strom bei Salzen hervorrufen, die eine Anhäufung einfacher Kupferkationen verhindern.

[4] HOAR, T. P.: Trans. Faraday Soc. **30** (1934) 472; ferner unveröffentlichte Untersuchungen. Der Charakter der Zinn(II)-oxalatkomplexionen ist in einer Untersuchung über das anodische Verhalten von Zinn in einer Kaliumoxalatlösung durch F. H. JEFFERY [Trans. Faraday Soc. **20** (1924) 392] erkannt worden.

hat. Die Tatsache, daß Oxalsäure Zinn viel rascher als Citronensäure angreift, wird von HOAR auf die größere Stabilität des Zinn(II)-oxalatanions zurückgeführt. Citrate aktivieren gleichfalls die Korrosion des völlig eingetauchten Eisens, wie BENGOUGH und WORMWELL[1] festgestellt haben, was damit verknüpft sein kann, daß sie die Ausfällung von Rost verhindern und so einen besseren Zutritt des Sauerstoffes zum Metall ermöglichen, wenngleich auch BENGOUGH und WORMWELL die Tatsachen abweichend interpretieren. In verdünnter Schwefelsäure verhindert die Gegenwart von Citronensäure teilweise den Angriff des Eisens.

Der herauslockend auf das Metall wirkende Komplex braucht kein Anion zu sein. So wird Kupfer durch Ammoniak in Gegenwart von Sauerstoff angegriffen. In diesem Fall dient ein komplexes *Kation* dazu, die Konzentration der einfachen Kationen niedrig zu halten und verhindert so, daß die Einwirkung zum Stillstand kommt.

Aktivierung oder Hemmung durch Ausfällung von Metallionen. Ein anderer Weg zur Niedrighaltung der Konzentration der metallischen Kationen in der Nähe der korrodierenden Oberfläche ist durch das Vorhandensein von Anionen gegeben, die in der Lage sind, ein schwer lösliches Salz zu bilden. Fällt dieses Salz in physikalischem Kontakt mit dem Metall aus, so ist es wahrscheinlich, daß es eine schützende Schicht bildet und den Angriff hemmt. Fällt es dagegen in einiger Entfernung von der Oberfläche aus, so kann es den Angriff dadurch begünstigen, daß es eine Ansammlung von Metallionen verhindert. Diese beiden einander widerstreitenden Möglichkeiten können für gewisse Widersprüche hinsichtlich der Korrosion in der Literatur verantwortlich sein. INGLESON[2] hat die für die Einwirkung von Natriumsulfat auf Blei veröffentlichten Daten gesammelt. Danach sprechen 4 Gruppen von Beobachtern das Sulfat als Inhibitor an, während ihm zwei andere einen beschleunigenden Einfluß zuschreiben. Der scheinbare Widerspruch ist wahrscheinlich durch verschiedene experimentelle Versuchsführungen bedingt. Wird das Sulfat in der Weise zugeführt, daß SO_4'' im Überschuß an der Bleioberfläche vorhanden ist, so wird ein schützender Film von Bleisulfat entstehen. Ist dagegen SO_4'' in geringer Entfernung von der Oberfläche im Überschuß vorhanden, während ein *leichter* Überschuß von $Pb^{\cdot\cdot}$ über SO_4'' an der Oberfläche selbst erhalten bleibt, so kann der Angriff rascher vor sich gehen, als wenn überhaupt kein SO_4'' vorhanden ist, da sich in seiner Abwesenheit ceteris paribus eine größere $Pb^{\cdot\cdot}$-Konzentration einstellen würde.

Eine ähnliche Erklärung kann für den von LIVERSEEGE und KNAPP[3] beschriebenen Fall angenommen werden: Es zeigte sich, daß ein bestimmtes weiches Wasser Blei unter Bildung einer trüben Lösung von Bleicarbonat (möglicherweise basisches Salz) angreift. Wird das Wasser mit einer hinreichenden Menge Kohlendioxyd behandelt, so ändert sich die Einwirkung: das Wasser gibt eine klare Lösung von löslichem Hydrocarbonat. Die Angriffsgeschwindigkeit nimmt plötzlich an dem Punkt ab, an dem der Gehalt an Kohlendixoyd hinreichend wird, um eine Trübung zu verhindern, offenbar deshalb, weil dadurch die Konzentration der Bleiionen in der Flüssigkeit anwächst. Noch größere Kohlendioxydmengen rufen wieder ein allmähliches Anwachsen des Angriffes hervor.

<hr>

[1] BENGOUGH, G. D. u. F. WORMWELL: Rep. Corrosion Comm. Iron Steel Inst. **3** (1935) 142.   [2] INGLESON, H.: Water Pollution Res. techn. Pap. **4** (1934) 89.
[3] LIVERSEEGE, J. F. u. A. W. KNAPP: J. Soc. chem. Ind. Trans. **39** (1920) 30.

Einfluß löslicher Sulfide. Die vorgetragenen Überlegungen finden jedoch keine Anwendung auf Fälle, in denen der kaum lösliche Körper einen zur Filmbildung ungeeigneten physikalischen Charakter besitzt. So können beispielsweise sulfidische Filme oftmals einen Angriff nicht verhindern. Versuche der Cambridger Schule[1] haben gezeigt, daß Stahlproben, die in einer Schwefelwasserstofflösung geschwärzt und dann in eine Kaliumchloridlösung gebracht werden, einen raschen korrosiven Angriff über größere Teile der Oberfläche zeigen, wobei sich der Angriff über die Probenmitte erstreckt, während ungeschwärzte Proben des gleichen Stahles mit Ausnahme der Kanten unkorrodiert bleiben, also eine Idealverteilung des Angriffes ergeben (s. S. 179). Schwefelwasserstoff oder Natriumsulfid beschleunigen manchmal erheblich den Angriff auf Materialien (namentlich Eisen oder Messing). während sie bei anderen p_H-Werten oder gegenüber anderen Metallen den Angriff zu verzögern scheinen. Die Tatsachen sind sehr verwickelt. Die Beschleunigung der Korrosion des Eisens durch Schwefelwasserstoff ist nach MORRIS und BRYAN[2] im sauren Gebiet am ausgeprägtesten. Im gleichen Gebiet zeigen die Sulfide dagegen die Tendenz, Zinn zu schützen, möglicherweise infolge der Stabilität des Zinnsulfidfilmes in Gegenwart von Säuren. Die Einwirkung von Schwefelsäure auf Eisen wird durch Schwefeldioxyd aktiviert, das offenbar zu Schwefelwasserstoff reduziert wird. KARNITZKIJ und GOLUBEW[3] konnten zeigen, daß ein Zusatz von 0,8% Schwefeldioxyd zu 20%iger Schwefelsäure die Angriffsgeschwindigkeit auf Eisen um den Faktor 10 steigert.

HOAR und HAVENHAND[4] haben festgestellt, daß der Angriff von Citronensäure auf schwefelarme Stähle gewöhnlich gering ist, daß er jedoch erheblich beschleunigt wird, wenn der Flüssigkeit sehr kleine Mengen von Schwefeldioxyd (das zu Schwefelwasserstoff reduziert wird) zugesetzt werden. Stähle, die Sulfide in leicht löslicher Form in der metallischen Phase enthalten, lösen sich in Citronensäure rasch auf. In diesen Fällen sind kleine Zusätze von Schwefeldioxyd zur Flüssigkeit von geringer oder gar keiner beschleunigenden Wirkung, wie leicht einzusehen ist.

Es besteht noch eine Ungewißheit darüber, in welcher Weise Sulfide die Korrosion von Eisen durch Säuren beschleunigen. HOAR[5] gibt versuchsweise folgende Erklärung: Eisen gehört zu denjenigen Metallen, bei denen die *Auflösung nicht in einem einfachen Übergang von Ionen aus dem Gitter in die Flüssigkeit besteht* (s. S. 369). Es ist offenbar, daß die Eisenionen im Gitter nicht im „freien" Zustande vorliegen. Infolgedessen geht Eisen, unähnlich der Mehrzahl der übrigen Metalle, nicht rasch bei Potentialen in Lösung, die nahe am Gleichgewichtswert liegen. Es erscheint möglich, daß die Adsorption von Schwefelwasserstoff das elektrische Feld an der Oberfläche in dem Sinne verändern kann, daß es begünstigend auf das Entweichen positiver Eisenionen wirkt und so den anodischen Angriff bei einem Potential ermöglicht, das dem reversiblen Wert näher liegt. HOAR ist der Ansicht, daß Schwefelwasserstoff nur die anodische Reaktion begünstigt, daß es dagegen die kathodische Änderung etwas verzögert.

[1] BRITTON, S. C., T. P. HOAR u. U. R. EVANS: J. Iron Steel Inst. **126** (1932) 367.
[2] MORRIS, T. N. u. J. M. BRYAN: Food Invest. spec. Rep. Nr. 40 (1931).
[3] KARNITZKIJ, W. A. u. N. A. GOLUBEW: Korr. Met. **10** (1934) 192.
[4] HOAR, T. P. u. D. HAVENHAND: J. Iron Steel Inst. **133** (1936) 245 P.
[5] HOAR, T. P.: Unveröffentlichte Arbeit.

5. Andere Einflüsse.

Einfluß von Strahlung auf Korrosion und Passivität. Die Aktivierung der Korrosion durch Licht ist von CRIBB und ARNAUD[1] sowie auch von FRIEND[2] beschrieben worden. Dabei zeigte es sich, daß verschiedene Wässer und Salzlösungen Eisen in Gegenwart von Tageslicht rascher als im Dunkeln angreifen. Die Erscheinung, über die HAASE[3] berichtet, wonach das Licht die kathodische Depolarisation des Elementes Eisen/Platin durch Sauerstoff bewirkt, kann zur Stützung der Erklärung dienen. Nach VERNON[4] beeinflußt Licht das Verhalten von Messing in Beizflüssigkeiten, die verdünnte Schwefelsäure enthalten; es begünstigt auch die Mattierung von Nickel unter bestimmten Umständen[5]. Verschiedene andere Beispiele über die korrosionsbegünstigende Wirkung des Lichtes sind mitgeteilt worden. In einigen Fällen scheint es jedoch möglich, daß der Wärmeeffekt oder die thermische Konvektion, die in gewissem Ausmaße durch die Strahlung hervorgerufen werden, als unmittelbare Ursache anzusprechen sind.

Eine wesentliche Aufhellung der begünstigenden Einwirkung des Lichtes ist durch die Arbeiten von C. O. BANNISTER und RIGBY[6] herbeigeführt worden, die zeigen konnten, daß Licht, das auf die Kathode eines differentiellen Belüftungselementes fällt (mit Zink-, Blei- oder Aluminiumelektroden), eine erhebliche Erhöhung des Stromes hervorruft. Sie schreiben dieses Verhalten der katalytisch begünstigten Bildung schützender Oxydfilme auf der belüfteten Elektrode zu. In Abwesenheit von Sauerstoff scheint Licht das Potential nicht merklich zu beeinflussen. Im Falle des Eisens wird die belichtete Elektrode während der ersten beiden Tage kathodischer, dagegen anodischer während der folgenden beiden Tage. Die Tatsache, daß Licht die Bildung eines schützenden Filmes katalysieren kann, hat L. C. BANNISTER[7] gezeigt, demzufolge eine Exposition von Kupfer an ultraviolettem Licht für die Ausbildung einer partiellen Passivität gegenüber Silbernitrat günstig ist.

Nach PESTRECOV[8] wird die Korrosion von Kupfer in Cyanidlösungen durch Röntgenstrahlen begünstigt.

Einfluß eines Magnetfeldes auf die Korrosion. FORESTIER und HAURY[9] haben feststellen können, daß der Angriff von Eisensalzen auf Gold, Silber und Quecksilber durch ein Magnetfeld erheblich begünstigt wird. SBORGI und BORGIA[10] berichten, daß ein starkes Magnetfeld dem Passivwerden einer Eisenanode dadurch entgegenwirkt, daß es die Stromdichte oder das Potential, bei denen die Passivität einsetzt, verschiebt.

Einfluß des p_H-Wertes auf Korrosion und Passivität. Bei dem Wasserstoffentwicklungstyp der Korrosion besitzt der p_H-Wert im allgemeinen einen

---

[1] CRIBB, C. H. u. F. W. F. ARNAUD: Analyst **30** (1905) 236.

[2] FRIEND, J. N.: Corrosion of Iron and Steel, London 1911, S. 92.

[3] HAASE, L. W.: Z. Elektroch. **36** (1930) 456.

[4] VERNON, W. H. J.: Pr. Birmingham met. Soc. **7** (1920) 541.

[5] VERNON, W. H. J.: J. Inst. Met. **48** (1932) 126.

[6] BANNISTER, C. O. u. R. RIGBY: J. Inst. Met. **58** (1936) 227; J. Iron Steel Inst. **133** (1936) 293 P.

[7] BANNISTER, L. C.: Private Mitteilung vom 8. März 1935.

[8] PESTRECOV, K.: Collect. Czechosl. chem. Communic. **2** (1930) 198.

[9] FORESTIER, H. u. H. HAURY: C. r. **197** (1933) 54.

[10] SBORGI, U. u. A. BORGIA: Gazz. **60** (1930) 465.

ausgeprägten Einfluß auf die Angriffsgeschwindigkeit, während dieser Einfluß im Falle des Sauerstoffabsorptionstyps der Korrosion gewöhnlich weniger ausgeprägt ist. SHIPLEY und McHAFFIE[1] haben die Freisetzung von Wasserstoff durch Eisen aus sauerstoff-freien Flüssigkeiten bei verschiedenen p_H-Werten studiert und dabei festgestellt, daß die zur Entwicklung einer gegebenen Gasmenge erforderliche Zeit stetig in dem Sinne abfällt, in dem die Flüssigkeit vom alkalischen in den sauren Bereich hinüberwechselt:

$$p_H \quad \ldots \ldots \ldots \quad 8 \qquad 7 \qquad 6$$
$$\text{Zeit in Tagen} \ldots \quad 150 \qquad 40 \qquad 8$$

Dieses Verhalten ist natürlich zu erwarten. Verdünntes Alkali verzögert die Korrosion nicht nur deshalb, weil die Wasserstoffionenaktivität geringer ist, sondern auch aus dem Grunde, weil die Löslichkeit des Eisen(II)-hydroxydes herabgesetzt wird. Im Gegensatz zu den Ergebnissen unter anaeroben Bedingungen haben WHITMAN, RUSSELL und ALTIERI[2] festgestellt, daß die Angriffsgeschwindigkeit auf Eisen in Gegenwart von Sauerstoff fast unabhängig vom p_H-Wert über ein bedeutendes Intervall ist (von $p_H = 4{,}0$ bis $p_H = 9{,}6$ bei 22°). In diesem Gebiet wird der Angriff wahrscheinlich durch die Geschwindigkeit bestimmt, mit der der Sauerstoff dem Metall zugeleitet wird. Es besteht kein besonderer Grund dafür, daß dieser Vorgang in sauren Lösungen schneller erfolgt.

In einer gewöhnlichen Salzlösung wird der ursprüngliche p_H-Wert von geringem bleibenden Einfluß in Gegenwart von Sauerstoff sein, da die Korrosionsprodukte selbst den p_H-Wert festlegen, der die Neigung zeigt, im kathodischen Gebiet alkalischer als im anodischen zu werden. In gepufferten Lösungen ist der p_H-Wert wichtiger. Da die Ansammlung von freiem Alkali außer Frage steht, ist die Verteilung des Angriffes völlig von derjenigen verschieden, die in gewöhnlichen Chlorid- oder Sulfatlösungen erhalten wird, wie aus der Untersuchung von MORRIS und BRYAN[3] deutlich hervorgeht. Ausgedehnte Studien über den Einfluß des p_H-Wertes auf die Korrosionsgeschwindigkeit in gepufferten Lösungen sind von BRYAN durchgeführt worden. In Gemischen, die Citronensäure und Natriumcitrat enthalten, wächst die Geschwindigkeit der Wasserstoffentwicklung stetig mit zunehmender Acidität der Lösung, was völlig den Erwartungen entspricht. Die EK des Elementes

Eisen / Flüssigkeit / Wasserstoff

wächst mit steigender Acidität, während die Wahrscheinlichkeit für eine schützende Abdeckung durch einen Oxydfilm an irgendeinem Punkt geringer wird.

ROETHELI, COX und LITTREAL[4] haben die Korrosionsgeschwindigkeit von Zink in Natriumchloridlösung gemessen, die entweder sauer mittels Salzsäure oder alkalisch mittels Natriumhydroxyd gemacht worden ist. Die Flüssigkeit wurde vorher mit Luft gesättigt und trat durch den Apparat mit einer konstanten

---

[1] SHIPLEY, J. W. u. I. R. McHAFFIE: Zitiert bei F. N. SPELLER: Ind. eng. Chem. **17** (1925) 345.

[2] WHITMAN, W. G., R. P. RUSSELL u. V. J. ALTIERI: Ind. eng. Chem. **16** (1924) 665, s. Fig. S. 667.

[3] MORRIS, T. N. u. J. M. BRYAN: Food Invest. spec. Rep. Nr. 40 (1931). — BRYAN, J. M.: Trans. Faraday Soc. **29** (1933) 1198, **30** (1934) 1059, **31** (1935) 1714.

[4] ROETHELI, B. E., G. L. COX u. W. B. LITTREAL: Metals Alloys **3** (1932) 73.

Geschwindigkeit durch. Die Kurve, die die Beziehung zwischen den p_H-Werten und der Korrosionsgeschwindigkeit darstellt, ist in Abb. 62 wiedergegeben. Die Korrosion verläuft rasch, sowohl am sauren, als auch am alkalischen Ende, an denen keine Wahrscheinlichkeit dafür vorhanden ist, daß ein Oxyd- oder Hydroxydfilm auf dem Metall bleibt; sie ist dagegen langsam oder sogar zu vernachlässigen in dem mittleren Gebiet, in dem es zur Ausbildung eines Filmes kommt. Wahrscheinlich gibt die Mehrzahl der Metalle Kurven dieses allgemeinen Types, jedoch wird der Anstieg am alkalischen Ende oftmals weniger ausgeprägt sein und sich nur bei sehr hohen Alkalikonzentrationen zeigen. Selbst Eisen wird durch konzentrierteres Alkali bei hohen Temperaturen unter Bildung von Ferraten[1] angegriffen.

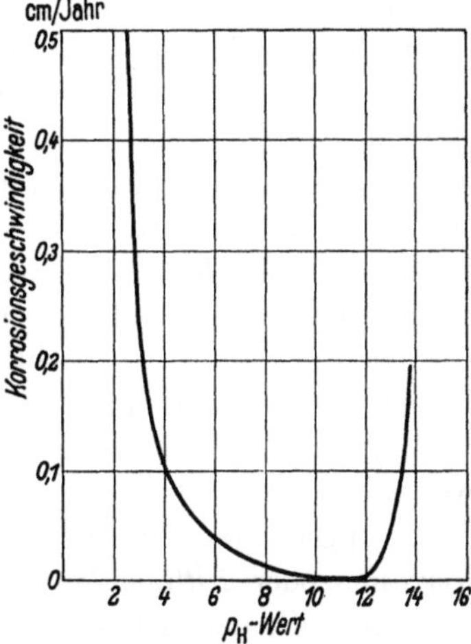

Abb. 62. Einfluß des p_H-Wertes auf die Korrosion von Zink in einem Gemisch aus Natriumhydroxyd und Salzsäure. (Nach B. E. Roetheli, G. L. Cox und W. B. Littreal.)

Bryan[2] hat den Fall des Aluminiums untersucht, bei dem das Hydroxyd bei $p_H =$ etwa 5,4 ein Minimum der Löslichkeit (d. h. eine maximale Stabilität) besitzt. Bei höheren p_H-Werten neigt es dazu, als Aluminat, bei niedrigeren dagegen als ein Aluminiumsalz in Lösung zu gehen. In Gegenwart organischer Säuren wird das Gleichgewicht infolge Bildung sehr löslicher komplexer Anionen verschoben. Hierdurch werden mehrere der in neuerer Zeit gemachten Beobachtungen über das Verhalten des metallischen Aluminiums gegenüber Fruchtsäften erklärt.

J. W. Shipley und J. H. Shipley[3] haben die Änderung des Eisenpotentiales mit dem p_H-Wert in gepufferten Lösungen untersucht und dabei gefunden, daß das Potential bei dem p_H-Wert, oberhalb dessen Filmbildung erfolgen kann, plötzlich in edlerer Richtung um etwa 0,7 V verschoben wird. Diese Verschiebung tritt ein in Phosphatpuffern bei p_H-Werten zwischen 3,1 und 4,0, in Boratpuffern zwischen 4,3 und 4,6 sowie in Citratpuffern (die als ungünstig für die Filmbildung bekannt sind) zwischen den hohen Werten von 10,1 und 10,9. Chloride wirken im Sinne einer Erhöhung des p_H-Wertes, bei dem diese Potentialbewegung eintritt; im übrigen lassen sie diesen Wert weniger ausgeprägt erkennen, was leicht verständlich ist.

B. Fragen der Praxis.

1. Kontrolle der Korrosion durch Zusätze zur korrosiven Flüssigkeit.

Allgemeine Korrosion. Pittingbildung. Immunität. Jeder Korrosionspraktiker wird damit einverstanden sein, die verschiedenen Komponenten in

---

[1] Aus einer Lösung von Eisen in starkem Alkali hat R. Scholder [Ang. Ch. **49** (1936) 255] die Verbindung $Na_2FeO_2 \cdot 2\,H_2O$ oder $Na_2[Fe(OH)_4]$ isoliert. Unter Einwirkung der Luft gehen diese Ferrate in Ferrite, Derivate von dreiwertigem Eisen, über, die, je nach den Bildungsbedingungen, farblos, olivengrün oder rot sind.

[2] Bryan, J. M.: Unveröffentlichte Arbeit.

[3] Shipley, J. W. u. J. H. Shipley: Canadian J. Res. B **14** (1936) 31.

den Metallen und Flüssigkeiten, mit denen er zu arbeiten hat, in *zwei scharf voneinander getrennte Gruppen* aufzuteilen: in erwünschte und in unerwünschte Bestandteile. Er würde z. B. gern annehmen, daß Säuren in der Flüssigkeit *stets* schädlich und Alkali *stets* günstig wirken. Er würde weiterhin Schwefel im Metall *stets* als gefährlich und andererseits Chrom *stets* als schützend ansprechen wollen. Eine kleine Überlegung zeigt jedoch, daß es nicht gerechtfertigt ist, eine derartig erfreuliche Einfachheit in den Korrosionsverhältnissen zu erwarten.

In der Praxis verursacht ein gleichförmiger Angriff nur in seltenen Fällen eine ernsthafte Schädigung des Werkstoffes. Eine bedenkliche Gefahr der Durchlöcherung oder struktureller Schädigungen ruft vielmehr eine intensivierte, stark lokalisierte Korrosion, die sich in sog. Pittingbildung äußert, hervor. Wissenschaftlich gesehen stellt die Pittingbildung jedoch *keinen* Extremfall der Korrosion dar, sondern ist vielmehr als ein *zwischen* der gleichförmig verlaufenden Korrosion und der Immunität liegender Fall einzugliedern. Unter Vernachlässigung gewisser Komplikationen können die Ursachen und Wirkungen wie folgt eingegliedert werden:

1. Angriff, der sich über *große* Flächenteile ausbreitet, führt zu *allgemeiner Korrosion*.

2. Angriff, der sich über *kleine* Flächenteile ausbreitet, führt zu *lokalisierter Korrosion* oder *Pittingbildung*.

3. Angriff, der sich über *gar keine* Fläche ausbreitet, führt zu *Immunität*.

Jetzt ist es möglich, die Komponenten des Metalles oder der Flüssigkeit in zwei Gruppen einzuteilen, je nachdem, ob sie die Neigung zeigen, den von der Korrosion unter bestimmten Bedingungen ergriffenen Flächenteil *auszuweiten* oder ihn im Gegenteil *einzuengen*. Der Zusatz einer Komponente, die zu einer „Korrosionsausweitung" führt, kann die Immunität in eine gefährliche (unerwünschte) Pittingbildung überführen. Nimmt man jedoch an, daß Pittingbildung bereits in Abwesenheit des Zusatzes stattfindet, so kann der gleiche Zusatz an Stelle dieser lokalisierten Erscheinung eine relativ harmlose allgemeine Angriffsform (die erwünscht ist) auslösen. Andererseits kann ein die Korrosionsfläche einengender Zusatz an Stelle allgemeiner Korrosion zu einer (unerwünschten) Pittingbildung führen oder letztere durch die (erwünschte) Immunität ersetzen. Es wird so klar, daß es falsch ist, einen den Flächenangriff erweiternden Zusatz als notwendigerweise schädlich, und einen, diese Fläche einengenden, dementsprechend als günstig zu bezeichnen.

Dieser Sachverhalt soll an einem Beispiel noch deutlicher gemacht werden. Denken wir uns einen Stahl, der sich in ruhender verdünnter Chloridlösung befindet und der dem allgemeinen Angriff ausgesetzt ist. Wird in diesem Falle der Zusatz einer kleinen Menge von Natriumcarbonat günstig oder schädigend wirken? Der Effekt eines derartigen Zusatzes von Natriumcarbonat wird in einer Herabsetzung des allgemeinen Angriffes bestehen. Gleichzeitig wird aber durch Konzentrierung des Angriffes auf eine kleine Fläche eine Intensivierung der Korrosion erfolgen — sicher ein unerwünschtes Ergebnis. Stellen wir uns nunmehr den gleichen Stahl in der gleichen Flüssigkeit vor, die sich jedoch in Abweichung gegenüber dem ersten Versuch in rascher Bewegung befinden möge. Diese Bewegung, die die Nachlieferung des Sauerstoffes begünstigt, führt selbst, bereits auch in Abwesenheit von Natriumcarbonat, zu einer

Lokalisierung des Angriffes. In diesem Falle wirkt sich der Zusatz der gleichen kleinen Natriumcarbonatmenge voll und ganz günstig aus, da dadurch der gefährliche lokale Angriff in Immunität übergeführt wird.

Durch Komponenten des Metalles selbst können ähnliche Anomalien hervorgerufen werden, die ihre Erklärung in einer entsprechenden Weise finden. Einige der in geringer Konzentration im Stahl vorliegenden Begleitelemente erhöhen die Wahrscheinlichkeit für die Korrosionsentwicklung. Ist der Korrosionsvorgang jedoch erst einmal ausgelöst, so wirken sie an seiner weiteren Ausbreitung mit. Elektrolyteisen kann in Flüssigkeiten unverändert bleiben, durch die weicher Stahl korrodiert wird. Andererseits rufen gewisse Bedingungen am Elektrolyteisen eine Pittingbildung hervor, die am Stahl zu einem harmlosen Allgemeinangriff führen.

Wirksame und gefährliche Inhibitoren. Wünscht man der Korrosion durch Zusatz eines Inhibitors zu entgehen, der die *anodische* Reaktion hemmt, so ist es offenbar notwendig, über das gefährliche Gebiet der lokalisierten Korrosion und Pittingbildung hinwegzukommen und mit dem Zusatz in das Gebiet der Immunität hineinzugelangen. Vorausgesetzt, daß eine hinreichende Menge zugesetzt worden ist, sind die Ergebnisse in hohem Maße zufriedenstellend, das Metall bleibt völlig unverändert. Bleibt der zugesetzte Betrag jedoch unter der erforderlichen Menge, so kann der Angriff intensiver werden, als wenn jeglicher Zusatz unterblieben wäre, da dann eine Durchlöcherung rascher herbeigeführt werden kann, als wenn kein Inhibitor zugesetzt worden wäre. Es bleibt immer ein gewisser Unsicherheitsfaktor beim Festlegen der erforderlichen Inhibitormenge bestehen, da es gewöhnlich etwas zweifelhaft bleibt, welche Bedingungen in der Praxis wahrscheinlich vorherrschen. So ist die Benutzung von Inhibitoren dieser Art gewöhnlich nicht ungefährlich.

Andererseits vermeiden diejenigen Inhibitoren, die die *kathodische* Reaktion hemmen, dieses gefährliche Gebiet. Bleibt die zugefügte Menge unter dem gewünschten Betrag zurück, so wird es zu keiner gefährlichen Pittingbildung kommen, wenngleich die Voraussetzungen für eine Schutzwirkung nur teilweise erfüllt sind. Tatsächlich gewähren die meisten Inhibitoren dieser Klasse keinen unmittelbaren Schutz, wieviel auch immer zugesetzt werden mag. In denjenigen Fällen, in denen das zu schützende Metall die Wand eines Heizoder Kühlsystems bildet, wird die Dicke des durch kathodische Inhibitoren (wie Zinksulfat) gebildeten Filmes störend auf die Wärmeübertragung einwirken. Das ist wahrscheinlich einer der Gründe dafür, warum die Hersteller derartiger Anlagen Chromate bevorzugen, die das Metall blank lassen. Es erscheint zweifelhaft, ob Inhibitoren der Zinksalzklasse in der Praxis überhaupt versucht worden sind.

In der Praxis kann eine Substanz je nach den Umständen zur Klasse der günstigen oder der gefährlichen Inhibitoren zu rechnen sein. Natriumcarbonat oder Calciumhydroxyd, die zu der Lösung eines gewöhnlichen Salzes zugesetzt werden, können, wenn sie in ungünstiger Menge vorliegen, zu lokalisiertem und sehr intensivem Angriff führen und die Durchlöcherung des Stahlbleches sehr beschleunigen. Die Herabsetzung der Angriffsfläche ist darauf zurückzuführen, daß die *anodische* Reaktion gehemmt wird — eine Folge der geringen Löslichkeit der Hydroxyde und Carbonate des Eisens. Werden dagegen Natriumcarbonat oder Calciumhydroxyd gemäß dem von BAYLIS entwickelten

Plan einem harten Wasser zugesetzt, so bewirken sie eine Übersättigung mit Calciumcarbonat, was zu einer Hemmung der *kathodischen* Reaktion führt. So ist für harte Wässer eine Behandlung mit Alkali gewöhnlich als günstig zu bezeichnen. Für weiche saline Wässer kann die gleiche Behandlung zu rascher Pittingbildung führen, wenn die Menge schlecht gewählt ist. Gelegentliche Beispiele derartiger intensiver Pittingbildung durch unzureichenden Zusatz des Inhibitors zu salinen Wässern, die für Kühlmäntel und selbst für Kessel benutzt worden sind, sind berichtet worden. Dazwischen liegende Fälle sind gleichfalls bekannt. Als das Londoner Wasser der New River-Zuleitung mit Alkali (Natriumhydroxyd, Calciumhydroxyd, Natriumcarbonat oder Ammoniak) behandelt wurde, konnten CRIBB und ARNAUD[1] im Jahre 1905 den Übergang von allgemeiner Korrosion über den lokalisierten Angriff zu völliger Immunität bei steigendem Zusatz von Alkali aufweisen. Der lokalisierte Angriff war in der Intensität etwa gleich dem bei Abwesenheit von Alkali hervorgerufenen, sodaß eine zu geringe Dosierung in diesem Wasser die Verhältnisse wenigstens nicht noch verschlechterte.

Haben sich auf einem Kühlmantel oder einem Rohr erst einmal Blasen von membranartigem Rost über den Pittings gebildet, so führt die Behandlung eines weichen Wassers mit Alkali selbst in *großen* Mengen gewöhnlich zu keinem Aufhören der schädigenden Einwirkung, da der Inhibitor nicht in die Pittings eindringen kann. In der Tat kann eine derartige zu spät einsetzende Behandlung die Situation nur erschweren, da die Gegenwart des Inhibitors auf dem kathodischen Flächenteil außerhalb der Rostmembran eine Ausbreitung des Angriffes verhindern helfen wird, wodurch die Korrosion streng lokalisiert und damit intensiviert wird. In der Praxis haben sich alkalische Inhibitoren als nutzlos — oder sogar schlechter als nur nutzlos — erwiesen, wenn bereits eine Pittingbildung vorliegt.

Intensivierung des Angriffes durch Versuche zur Korrosionsverhütung. Über einen interessanten Fall von Korrosion, der durch einen unklugen Versuch zu seiner Verhütung im Gegenteil intensiviert worden ist, hat MEARS[2] berichtet. Der Schaden trat an einem Gefäß auf, das zum Kühlen einer organischen Flüssigkeit diente, die durch eine Reihe von in Wasser eingetauchten Stahlrohren hindurchfloß. Um das Wasser kühl zu halten, ließ man es periodisch Türme in freier Luft passieren. Hierbei nahm es Säuredämpfe auf und begann so die Außenseite der Stahlrohre zu korrodieren. Die Korrosion war allgemeiner Natur und wahrscheinlich nicht direkt gefährlich, jedoch erwies sich der Niederschlag des Rostes an der Außenseite der Rohre als störend für die Wärmeübertragung. Infolgedessen wurde dem Wasser Natriumcarbonat zugesetzt, wodurch der gewünschte Effekt bald herbeigeführt zu sein schien. Die Totalkorrosion erschien herabgesetzt und die Wärmeübertragung wesentlich verbessert. Unglücklicherweise wurde der Korrosionsvorgang an einer kleinen Zone jedoch nicht unterbunden, sondern nun vielmehr in Form von Pittings lokalisiert und damit intensiviert. So zeigte es sich, daß der ursprüngliche Schaden in einen schlimmeren übergeführt worden war.

STERNE[3] hat die Verwendung von Inhibitoren beim „Konditionieren" von Luft untersucht und dabei festgestellt, daß gewöhnliches Alkali eine Pittingbildung

---

[1] CRIBB, C. H. u. F. W. F. ARNAUD: Analyst **30** (1905) 227.
[2] MEARS, R. B.: Private Mitteilung vom 19. Januar 1935.
[3] STERNE, C. M.: Mechan. World **98** (1935) 403.

verursacht, wenn es in geringen Mengen vorhanden ist, während es bei Anwendung größerer Mengen Zinkgegenstände angreift und ein Schäumen hervorruft. Natriumsilicat wirkt zufriedenstellender, jedoch neigt es zur Zurückhaltung von Schmutz und gibt sogar zu Zersetzung festgehaltener organischer Stoffe und damit zu unangenehmem Geruch Anlaß. Natriumdichromat ist als wirksamster Inhibitor für diesen Zweck zu bezeichnen.

Im allgemeinen besteht ein besonderes Risiko darin, Natriumhydroxyd zu unterdosieren, wenn es als Inhibitor Verwendung findet, da die Vorratslösung wahrscheinlich Kohlendioxyd aufnimmt und infolgedessen Natriumcarbonat bildet, das, obgleich es selbst ein Inhibitor ist, doch weniger wirksam ist.

Die zunehmende Verwendung von Phosphaten und / oder Carbonaten als Inhibitoren und Mittel zum Weichmachen in häuslichen Heißwassersystemen führt zu der Frage nach einer Intensivierung bei etwaiger Unterdosierung. Evans[1] hat zeigen können, daß „synthetisches" weiches Wasser, das sowohl Natriumsulfat als auch -chlorid enthält, bei Behandlung mit unzureichenden Mengen von Natriumphosphat oder -carbonat eine rasche *Durchlöcherung* an der Wasserlinie des Stahles hervorruft. Die gleichen Wässer, die mit der hinreichenden Menge von Phosphat oder Carbonat behandelt worden waren, wiesen keinerlei korrosive Erscheinungen auf. Diese Versuche beziehen sich auf unbewegte Flüssigkeiten, gewöhnliche Temperatur und völlige Abwesenheit von Calciumsalzen. Wahrscheinlich würde dieser Schaden in Wässern, die Calciumverbindungen enthalten, in der Praxis nicht auftreten; gewöhnlich werden Phosphate relativ harten Wässern zugesetzt. Selbst große Schwankungen in der Dosierung rufen nach Naumann[2] keine schädliche Wirkung hervor (tatsächlich kann das Phosphat, was auch oft geschieht, mit Unterbrechungen zugefügt werden, da der Eisenphosphatfilm, wenn er erst einmal aufgebaut ist, eine merkliche Lebensdauer besitzt). Für harte Wässer ist Trinatriumphosphat ungeeignet; in diesem Falle sind die Di- oder Mononatriumsalze vorzuziehen.

Silicate als Inhibitoren. Von manchen Seiten ist Natriumsilicat für die Behandlung von Wässern empfohlen worden, die zum Durchfluß durch Stahlrohre oder -gefäße bestimmt sind. Ebenso wie Natriumcarbonat ist dieser Inhibitor jedoch fähig, den Angriff zu intensivieren, wenn er zu einem Salzwasser in ungenügender Menge zugesetzt wird. Nach der Ansicht von Evans ist Natriumsilicat von besonderem Wert für Wässer, die mit Blei oder seinen Legierungen in Kontakt kommen sollen; es hat sich als wirksam für die Laboratoriumskühlschlangen in Cambridge erwiesen. In größerem Umfange brachte Stowell[3] im Aquarium der Zoological Society die Bleischlangen eines Kühlers für 10 Tage in Seewasser, das 13 bis 16 mg Natriumsilicat je Liter enthält, wodurch ein gleichförmiger Überzug von Bleioxysilicat hervorgerufen wurde. Nach 18 Monate langem Gebrauch in Seewasser konnte keine Korrosion festgestellt werden. Die Anwendung dieses Mittels auf das Problem der bleilösenden Trinkwässer wird auf S. 407 behandelt. Kleine Zusätze von Silicaten zu Rasiercreme oder kosmetischen Produkten verhüteten deren Angriff auf die Aluminiumtuben, die andernfalls kaum als Behälter für diese alkalischen Artikel benutzt werden könnten[4].

---

[1] Evans, U. R.: J. Soc. chem. Ind. Trans. **46** (1927) 354.
[2] Naumann, E.: Ber. 4. Korrosionstagung, Düsseldorf 1934, S. 58.
[3] Stowell, F. P.: Pr. zoolog. Soc. **1927**, 585.
[4] Anonym in Chem. Ind. **12** (1934) 9.

Chromate als Inhibitoren für Kühlerwasser. Unter den Inhibitoren spielen die Chromate eine ganz besondere Rolle, da die zum Nichtkorrosivmachen des Wassers erforderliche Menge vergleichsweise gering ist. In der Praxis werden Kaliumchromat, Kaliumdichromat (das wahrscheinlich am leichtesten durch Umkrystallisieren von unangenehmen Verunreinigungen, wie Chloriden und Sulfaten freigemacht werden kann) oder Natriumdichromat (das billiger ist) benutzt. Wird ein Dichromat angewendet, so ist es üblich, auch Natriumhydroxyd in einer Menge hinzuzusetzen, die hinreichend ist, um es in neutrales Chromat überzuführen, da das Dichromat, obgleich es manchmal die Korrosion verzögert, doch unter anderen Umständen beschleunigend wirken kann, wie TÖDT[1] festgestellt hat. Manchmal wird Natriumsilicat an Stelle des Hydroxyds verwendet. SPELLER hält die Kombination Dichromat-Silicat für günstiger als die Kombination Dichromat-Hydroxyd, obgleich sie etwas teurer ist.

Chromate sind mit Erfolg zur Verhinderung von Korrosionen in Stahlkühlmänteln (z. B. bei Umformerstationen) angewendet worden. Weiterhin sind sie in Amerika in Benutzung, wo das „Konditionieren" der Luft in Gebäuden allgemein üblich geworden ist. In diesem Falle werden Chromate zu dem in diesem Prozeß gebrauchten Wasser hinzugefügt. Ihre Verwendung für Kühlwässer in der Ölindustrie ist von FINNEY und YOUNG[2] beschrieben worden. Über Verbrennungsmaschinen (namentlich bei Luftfahrzeugen) berichten KROENIG und PAWLOW[3], die besonders den Einfluß der Temperatur hervorheben: ein Wasser, das nur 0,05% Kaliumdichromat erfordert, um bei 20° gegenüber Eisen nicht-korrosiv zu sein, erfordert 0,2% bei 80° bis 90°. Diese Menge steigt weiterhin, wenn das Eisen in Kontakt mit Messing ist. In Gegenwart von Chloriden (100 bis 300 mg/l) sind Zusätze von 1% erforderlich.

VAN BRUNT und REMSHEID[4], die die Verwendung von Natriumdichromat bei den stählernen Kühlmänteln für Kraftgasabscheider empfehlen, weisen besonders auf die Notwendigkeit hin, die Konzentration hinreichend hochzuhalten. Auch hier wächst wieder die erforderliche Menge, sobald Chloride vorhanden sind. Zusatz von $1^1/_2$% $Na_2Cr_2O_7 \cdot 2H_2O$ ist normalerweise hinreichend für Wässer, die sonst für Kühlzwecke geeignet sind. Große Sorgfalt muß darauf verwendet werden, daß keine Teile des Kühlsystems von der Dichromatzufuhr abgedeckt sind. Andernfalls kommt es zu einer der differentiellen Belüftung entsprechenden Elementbildung, wobei das Dichromat als kathodischer Depolarisator an denjenigen Stellen wirkt, zu denen es Zutritt hat, während es einen anodischen Angriff an den von ihm nicht erreichten Stellen begünstigt. Einspringende Ecken, Risse, Spalten und Sprünge sind weitestgehend zu vermeiden. Daneben ist aber auch die Entfernung jedweden Niederschlages, der abschirmend gegen das Chromat wirken könnte, von besonderer Bedeutung. Lockerer Span und Klunkern von altem Rost werden von diesen Experimentatoren als die Erzpromotoren der Korrosion bezeichnet.

Zusatz von Inhibitoren zu Gefriersalzlösungen. Chromate dienen auch zur Verhinderung von Korrosion durch Gefriersalzlösungen, die beim Transport sowie der Lagerung von Lebensmitteln benutzt werden. Im Falle der stärkeren

---

[1] TÖDT, F.: Z. Elektroch. **40** (1934) 536.
[2] FINNEY, W. R. u. H. W. YOUNG: Petroleum World **24** (1927) 8.
[3] KROENIG, W. O. u. S. E. PAWLOW: Korr. Met. **9** (1933) 268.
[4] VAN BRUNT, C. u. E. J. REMSHEID: General electr. Rev. **39** (1936) 128.

Lösungen haben sich Chromate als besonders erfolgreich erwiesen: sie verlängern die Lebensdauer verzinkter, in die Lösung eingetauchter Stahlkannen und setzen die Rostbildung bei den Tanks und Rohren (die gewöhnlich nicht verzinkt sind) für die Salzlake herab, so daß eine Entfärbung verhindert und die Wärmeübertragung verbessert wird. In Systemen, in denen die Salzlake in Berührung mit der menschlichen Hand kommt, sind Chromate schädlich, so daß SPELLER[1] die Verwendung von Natriumphosphat empfohlen hat.

Der Erfolg von Inhibitoren in derartigen Lösungen mag überraschend wirken, wenn man bedenkt, daß Chloride einer Schutzwirkung entgegenstehen; möglicherweise wird jedoch durch die sehr hohe Chloridkonzentration der Rostvorgang über die ganze Oberfläche hin sichergestellt, was zu einer anhaftenden, hinreichend homogenen Schicht führt, um den Angriff zu stoppen, während im Falle verdünnter Chloridlösungen, in denen gewisse Teile rostfrei bleiben, eine lokalisierte Korrosion unter den Rostblasen stattfinden wird. Wie dieser Vorgang auch im einzelnen verlaufen mag, ROETHELI und COX[2] haben in einem Laboratoriumsversuch bei 20° gezeigt, daß die Korrosion im Falle eines gegebenen Chromatzusatzes die Neigung zeigt, in sehr konzentrierten Natriumchloridlösungen langsamer als in verdünnten zu verlaufen. Die Tatsache, daß in der Praxis die Gefriersalzlösung oft aus Calcium- oder Magnesiumchlorid (und nicht aus Natriumchlorid) besteht, ist eine weitere Hilfe auf dem Wege zur Ausbildung eines homogenen und anhaftenden Rostes.

Tabelle 33.

Zusammensetzung der Gefrierlösung	Empfohlene Konzentration des Inhibitors	Bemerkungen
Calciumchloridlösungen	1,602 kg Natriumdichromat[3] je m^3	Bei nachfolgendem Zusatz von hinreichend Natriumhydroxyd zur Überführung in neutrales Chromat
Calcium- und Magnesiumchloridlösungen	3,203 kg Natriumdichromat[3] je m^3	
Natriumchloridlösungen	3,203 kg Natriumdichromat[3] je m^3	
Natriumchloridlösungen (andere Behandlung)	1,602 kg Dinatriumphosphat[4] je m^3	Die Lösung wird durch Zusatz von Salzsäure neutral oder leicht sauer gehalten

Nach SPELLER[5] wird in Amerika Natriumdichromat mit hinreichenden Mengen von kaustischer Soda benutzt, um den p_H-Wert zwischen 7 und 8 zu halten; höhere p_H-Werte sind unerwünscht, wenn irgendein Metallteil verzinkt ist, da Chromate die Einwirkung von Alkalien auf Zink nicht verhindern. Die AMERICAN SOCIETY OF REFRIGERATING ENGINEERS[6] empfiehlt die in Tabelle 33 angegebenen Konzentrationen.

Zinkstaub ist für Gefriersalzlösungen benutzt worden, ist jedoch wahrscheinlich weniger geeignet als Chromate, ausgenommen vielleicht im Falle offener

---

[1] SPELLER, F. N.: Am. Inst. min. met. Eng. Oil Corrosion Symposium **1927**, 546.
[2] ROETHELI, B. E. u. G. L. COX: Ind. eng. Chem. **23** (1931) 1084.
[3] Berechnet als $Na_2Cr_2O_7 \cdot 2H_2O$.   [4] Berechnet als $Na_2HPO_4 \cdot 12H_2O$.
[5] SPELLER, F. N.: Private Mitteilung vom 4. Januar 1935.
[6] Siehe auch R. P. RUSSELL, J. K. ROBERTS u. E. L. CHAPPELL: Report to American Society of Refrigerating Engineers, 1926.

Tanks für Salzlake, in denen Calciumchloridlösung verwendet wird. Wird Zinkstaub von Zeit zu Zeit in kleinen Portionen auf die Oberfläche gestreut, so können bis 0,9609 kg je m³ zugeführt werden.

In der britischen Lebensmittelindustrie scheinen sehr wenig Klagen über Calciumchloridkühlbäder[1] vorzuliegen. Manchmal führen jedoch Natriumchloridbäder zu Schäden, wenn ihnen nicht ein Inhibitor zugefügt wird. v. WURSTEMBERGER[2] lenkt die Aufmerksamkeit auf die Neigung der mit Natriumchlorid hergestellten Bäder, über die Wasserlinie hinauszukriechen, sowie auf die Möglichkeit der Bildung von Ätzalkali, was einen Angriff der schützenden Farben zur Folge hat (s. S. 611). Er beschreibt einen Fall ernstlichen lokalen Angriffes, der durch die gleichzeitige Gegenwart von Spuren von Ammoniak und Sauerstoff in der Gefrierlösung hervorgerufen worden ist.

Organische Kolloide, namentlich Dextrin, werden manchmal in den Inhibitorgemischen benutzt, die den Gefriersalzlösungen zugesetzt werden, jedoch erscheint es zweifelhaft, ob sie gegenüber gewöhnlichen Metallen einen befriedigenden Schutz gewähren, wenn nicht gleichzeitig ein Chromat oder ein anderer anorganischer Inhibitor vorhanden ist.

Ölemulsionen als Inhibitoren. Die Verwendung emulgierter Öle als Inhibitoren muß gleichfalls in diesem Zusammenhang erwähnt werden. Diese Öle werden manchmal dem Kühlwasser zugesetzt, wodurch eine milchige Flüssigkeit entsteht, die eine viel geringere Korrosion als das unbehandelte Wasser hervorruft. Diese Öle werden jetzt handelsgemäß hergestellt und haben sich als nützlich erwiesen, so beispielsweise zum Schutze hohler Kolbenstangen bei Dieselmaschinen gegen Korrosionsermüdung (s. S. 512). Sehr wenig ist über den Mechanismus dieses Schutzes berichtet worden. Neuere Untersuchungen, die in Cambridge ausgeführt worden sind[3], haben gezeigt, daß die Öle durch geringe Spuren von Eisensalzen aus ihren sonst stabilen Emulsionen ausgefällt werden. Es erscheint deshalb möglich, daß das Öl, wenn ein damit behandeltes Wasser über Eisen geleitet wird, an den aktiven Stellen der Oberfläche durch die dort gebildeten Eisensalze niedergeschlagen wird und somit den weiteren Angriff unterbindet. Diese bevorzugte Ablagerung des Öles an den korrosionsempfänglichen Stellen des Eisens würde von großem thermischem Vorteil sein, da die mit Kesseln gewonnene Erfahrung zeigt, daß ein gleichförmiger Ölfilm die Wärmeübertragung wesentlich beeinträchtigen kann. BUCHHOLTZ und KREKELER[4] sowie auch HAUTTMANN[5] die die Bildung eines kontinuierlichen Ölfilmes annehmen, haben festgestellt, daß die Verwendung emulgierter Öle die Wärmeübertragung nicht nachteilig beeinflußt.

Andere Inhibitoren. Die Verwendung organischer Inhibitoren in Beiztrögen ist bereits auf der S. 87 besprochen worden, während ihr Zusatz zur Säure bei der Reinigung von mit Rost verstopften Rohren auf S. 253 erwähnt worden ist. Ähnliche Zusätze haben sich bei der Entfernung des Sinters aus dem Kühlmantel der Dieselmaschinen als wertvoll erwiesen. Sie erlauben so die Auflösung des Calciumcarbonates durch 10%ige Salzsäure, ohne daß

---

[1] PASTEUR, H. W.: Chem. Age **30** (1934) 97.
[2] v. WURSTEMBERGER, F.: Private Mitteilung vom 14. Oktober 1935.
[3] THORNHILL, R. S. u. U. R. EVANS: Unveröffentlichte Arbeit.
[4] BUCHHOLTZ, H. u. K. KREKELER: Stahl Eisen **53** (1933) 673.
[5] HAUTTMANN, H.: Trans. North East Coast Inst. Eng. **52** (1936) D 95.

eine Schädigung des Metalles[1] eintritt. Vor vielen Jahren wurde bei einem amerikanischen Schmelzwerk Arsen(III)-oxyd als erfolgreicher Zusatz zu einem Kühlwasser, das Schwefelsäure aus den Dämpfen aufgenommen hatte und den Stahlmantel korrodierte[2], in Betrieb genommen. Ein derartiger Zusatz ist nicht stets frei von Gefahr. Untersuchungen, die in neuerer Zeit durchgeführt worden sind, scheinen denn auch zu zeigen, daß Arsen unter gewissen Bedingungen die Korrosion eher fördert als herabsetzt.

2. Kontrolle der Korrosion durch eine vorhergehende chemische oder elektrochemische Behandlung.

Versuche, die Hemmung unabhängig von der ständigen Gegenwart des Inhibitors zu machen. In den meisten der bisher angeführten Fälle wirkt der Schutz nur so lange, wie der Inhibitor selbst vorhanden ist. Chromat-behandeltes Wasser, das durch Eisenrohre hindurchfließt, ruft keinen Angriff hervor. Wird der Zusatz von Chromat dagegen unterbrochen, so hält die durch das Chromat gebildete Haut den Eintritt der Korrosion nicht lange auf. Im Falle des Zinkes hält der durch kurzes Eintauchen (5 bis 20 sec) in Dichromatlösung erzielte Schutz länger vor. Türschlösser für Autos aus Zinklegierungen werden in Amerika in dieser Weise behandelt[3]. Die ausgedehntesten Beispiele eines permanenten Schutzes beziehen sich jedoch auf die Leichtmetalle.

Schutz von Magnesium und seinen Legierungen. Es sind verschiedene Bäder eingeführt worden, die sichtbare Filme auf Magnesium hervorrufen. Diese Filme bieten an sich bereits einen gewissen Schutz, werden aber hauptsächlich in Verbindung mit Farbanstrichen verwendet. SUTTON und LE BROCQ[4] haben zwei Bäder untersucht, die beide Kaliumdichromat enthalten, von denen das eine außerdem Alaun und Natriumhydroxyd, das andere Natriumsulfat enthielt. Die erforderliche Eintauchzeit ist ziemlich lang. Eine spätere und schnellere Behandlungsweise, die im gleichen Laboratorium[5] entwickelt worden ist, beruht auf einem 45 min langen Eintauchen in ein Kalium- und Ammonium-dichromat-, Ammoniumsulfat- und Ammoniak-haltiges Bad, dem ein Ölfarbanstrich, der Zink- und Strontiumchromat enthält, sowie endlich ein Zinkoxyd-Nitrocelluloseüberzug folgt. Diese Kombination hat sich als ausgezeichnet schützend erwiesen. Ehe das Material dem Eintauchen in das Chromatbad unterworfen wird, muß es in einem heißen Bad, das Natriumcarbonat, -silicat und -oleat enthält, gereinigt werden.

KROENIG und KOSTYLEV[6] empfehlen ein Kaliumdichromat und Salpetersäure enthaltendes Bad zum Schutz von Magnesiumlegierungen (insbesondere für die Aluminium-haltigen) gegenüber Seewasser; es bietet jedoch wenig Vorteil

---

[1] Anonym in Engineering **133** (1932) 493.

[2] DWIGHT, A. S.: Trans. Am. Inst. min. met. Eng. **39** (1908) 814; vgl. G. TAMMANN u. W. WARRENTRUP: Z. anorg. Ch. **228** (1936) 92.

[3] MORGAN, S. W. K. u. L. A. J. LODDER: J. Electrodepositers' Soc. 1936.

[4] SUTTON, H. u. L. F. LE BROCQ: J. Inst. Met. **46** (1931) 53.

[5] SUTTON, H. u. L. F. LE BROCQ: J. Inst. Met. **57** (1935) 199. Die Krystallstruktur dieser Überzüge ist nach der Methode der Elektronenbeugung von H. G. HOPKINS [J. Inst. Met. **57** (1935) 227] untersucht worden.

[6] KROENIG, W. O. u. G. A. KOSTYLEV: Korr. Met. 8 (1932) 147; s. auch A. W. WINSTON. J. B. REID u. W. H. GROSS: Paint Varnish Div. Am. chem. Soc. 22. April 1935.

im Hinblick auf frisches Wasser und gewährt praktisch keinen Schutz gegenüber reinem Magnesium.

BENGOUGH und WHITBY[1] haben ein Bad eingeführt, das selenige Säure und Natriumchlorid enthält, und das einen Überzug von Selen auf Magnesiumlegierungen hervorbringt. Für reines Magnesium und gewisse Legierungen bevorzugt WHITBY[2] ein Bad, das Natriumselenit und Phosphorsäure enthält. Der Selenüberzug ist bis zu einem gewissen Grade selbstausheilend; wird auf ihm ein Riß erzeugt, so wird durch den durch die Zersetzung von Magnesiumselenid an den Poren gebildeten Selenwasserstoff erneut Selen auf dem Metall niedergeschlagen. FOURNIER[3] gelangt nach einer Prüfung verschiedener eine Schutzwirkung anstrebender Verfahren zu dem Schluß, daß der Selenprozeß der beste ist. In Amerika scheint jedoch der Chromatprozeß allgemein bevorzugt zu werden.

In neuerer Zeit ist in Cambridge ein Bad ausgebildet worden, das Zinksulfat und Ammoniumnitrat enthält. Eintauchen während weniger Minuten ist hinreichend, um einen durchsichtigen Überzug von Zinkoxyd (wahrscheinlich hydratisiert) zu schaffen, der den Angriff des reinen Magnesiums beim Eintauchen in Natriumchloridlösung bedeutend verringert und damit die zum Durchlöchern erforderliche Zeit erhöht. Die Behandlung ist nicht in der Praxis versucht worden. Bei Legierungen führt sie nach WHITBY[4] zu schlechten Ergebnissen. Möglicherweise erfordert die Zusammensetzung für Legierungen eine gewisse Abänderung des Verfahrens.

Die bei dem Zinksulfat-Ammoniumnitrat-Verfahren erhaltenen Überzüge, ebenso wie auch diejenigen, die durch zwei der durch SUTTON und LE BROCQ entwickelten Bäder erzielt werden, sind durch LEWIS[5] geprüft worden. Er stellte zuerst zahlreiche Zeit-Korrosions-Kurven für blankes Magnesium unter verschiedenen Oberflächenbedingungen in Natriumchloridlösungen verschiedener Konzentration auf. Hierauf ermittelte er bei einer Standardkonzentration die Kurvenlage für Magnesium, das in verschiedenen Bädern während verschiedener Zeiten behandelt worden war. Endlich stellte er die für die Durchlöcherung eines dünnen Bleches nach verschiedenen Eintauchzeiten erforderliche Zeit fest. Das Hauptziel der Untersuchung bestand darin, zu ermitteln, ob die verschiedenen schützenden Prozesse zur Klasse der günstigen oder der gefährlichen Inhibitoren gehören, d. h. ob bei außerordentlich geringer Eintauchzeit eine Möglichkeit dafür vorhanden ist, daß die Durchlöcherung rascher als beim unbehandelten Magnesium erfolgt. Die Untersuchungen haben ergeben, daß die geprüften Verfahren sämtlich zu der Klasse der günstig wirkenden Inhibitoren zu rechnen sind. Anomal kurze Eintauchzeiten ergeben naturgemäß einen geringeren Schutz als längere, jedoch ist die Widerstandsfähigkeit in keinem Fall (gleichgültig ob durch die Wasserstoffentwicklungskurve oder die zur Durchlöcherung erforderliche Zeit gemessen) geringer als bei unbedecktem Magnesium.

---

[1] BENGOUGH, G. D. u. L. WHITBY: J. Inst. Met. **48** (1932) 147; Trans. Inst. chem. Eng. **11** (1933) 176.

[2] WHITBY, L.: J. Inst. Met. **57** (1935) 250.

[3] FOURNIER, H.: Métaux **9** (1934) 506.

[4] WHITBY, L.: J. Inst. Met. **57** (1935) 251.

[5] LEWIS, K. G. u. U. R. EVANS: J. Inst. Met. **57** (1935) 231.

Die in den Untersuchungen von Lewis über Magnesium entwickelten Richtlinien sind durch Thornhill[1] auf Stähle übertragen worden. Bolzen, die während 24 Stunden in ein Zinksalze enthaltendes Bad (allein oder mit anderen Metallen) getaucht und hierauf leicht geölt werden, können dem Wetter ausgesetzt werden, ohne während längerer Zeiten einen Angriff zu zeigen, wie das sonst bei Bolzen mit bloßem Ölüberzug der Fall ist. Der Überzug dient teilweise dazu, das Öl zurückzuhalten. Er bietet jedoch auch eine chemische Inhibitorwirkung, da die Behandlung selbst bei völliger Abwesenheit von Öl das Auftreten von Rost hinausschiebt, wenngleich nicht auf eine für die Praxis hinreichend lange Zeit. Die Untersuchung ist noch nicht auf industrielle Verhältnisse ausgedehnt worden, jedoch erscheinen die bisher erzielten Ergebnisse hoffnungsvoll.

Erzeugung von Filmen auf Aluminium durch Eintauchen. Für Materialien aus Aluminium, wie Gefäße, Dachrinnen und Kühlschlangen, werden die Eintauchvorgänge wiederholt angewendet. Besonderes Interesse verdient das von Eckert[2] beschriebene MBV.-Verfahren. Die Gegenstände werden für die Dauer von 3 bis 5 min in die kochende Lösung hineingebracht, die etwa 5% Natriumcarbonat und etwa 1,5% Natriumchromat enthält, hierauf anschließend gewaschen und getrocknet. Ist ein so heißes Bad unerwünscht, so erfolgt ein etwa 30 min langes Eintauchen bei einer Temperatur von 30° bis 40° in eine ähnliche, ferner Natriumhydroxyd enthaltende Lösung[3]. Der entstehende Film erhöht wesentlich die chemische Widerstandsfähigkeit des Aluminiums sowie seiner kupferfreien Legierungen und ist hinreichend adhärierend, um ein Biegen bzw. Walzen des Materiales ohne Verlust seiner schützenden Eigenschaften — wie der Anspruch lautet — zu erlauben. Der mechanische Widerstand ist nicht groß, jedoch soll der Film der Einwirkung der Borstenbürste widerstehen. Um die Härte zu erhöhen, können die Gegenstände anschließend bei 90° während 15 min in 3- bis 5%iger Natriumsilicatlösung behandelt werden[4].

Schutz von Aluminium durch anodische Behandlung[5]. Ein besserer Schutz als der durch bloßes Eintauchen erzielte kann durch eine anodische Behandlung erreicht werden[6]. Nach dem Verfahren von Bengough und Stuart[7] werden die Gegenstände aus Aluminium oder einer seiner Legierungen schärfstens entfettet und dann in einem Bad aus 3%iger Chromsäure bei 40° als Anoden geschaltet, wobei die EK allmählich bis auf 50 V erhöht wird, während sich der nichtleitende Film über die gesamte Oberfläche hin ausbildet. Sutton und Sidery[8]

[1] Thornhill, R. S. u. U. R. Evans: Rep. Corrosion Comm. Iron Steel Inst. **5** (1938).

[2] Eckert, G.: The M. B. V. Surface Treatment for Aluminium and its Alloys (British Aluminium Company).　　[3] Mobb, P.: Metallurgia **13** (1936) 109.

[4] Andere Behandlungsmethoden für Aluminium und seine Legierungen beschreibt A. C. Zimmermann: Ind. eng. Chem. **17** (1925) 359. — McCulloch, L.: Trans. Am. electrochem. Soc. **56** (1929) 41.

[5] Eine Zusammenstellung sowie kurze Auszüge der hauptsächlichen britischen Patentschriften finden sich in: The Anodic Oxydation of Aluminium, British Aluminium-Company, London 1936.

[6] Siehe hierzu auch die eingehenden Ausführungen in Gmelins Handbuch der anorganischen Chemie, Aluminium, Syst.-Nr. 35, Tl. A, S. 452.

[7] Bengough, G. D. u. J. M. Stuart: E.P. 223994 (1923), 223995 (1923). — Bengough, G. D. u. H. Sutton: Engineering **122** (1926) 274; s. auch The Anodic Oxidation of Aluminium and its Alloys as a protection against Corrosion (Dept. Sci. Ind. Res.), 1926.

[8] Sutton, H. u. A. J. Sidery: J. Inst. Met. **38** (1927) 241. — Sutton, H.: J. Electrodepositers' Soc. **5** (1929) 1.

ziehen es vor, die EK allmählich von 0 bis 40 V innerhalb von 15 min zu steigern und halten sie während 35 min bei 40 V aufrecht, erhöhen sie dann innerhalb von 5 min auf 50 V und halten diesen Spannungswert weitere 5 min aufrecht. Hierauf werden die Gegenstände gewaschen und getrocknet. Als bestes Kathodenmaterial ist Graphit zu bezeichnen. Die benutzte Chromsäure soll frei von Sulfaten sein. Die Tatsache, daß der Film ein Nichtleiter der Elektrizität ist, bedeutet einen wesentlichen Vorteil. Sind die wesentlichsten Oberflächenteile bedeckt worden, so geht der Strom automatisch auf die noch übrigbleibenden, unbedeckten Teile über. Der Vorgang besitzt also ein sehr hohes Niederschlagsvermögen. Es ist möglich, einen vollständigen Film auf der Innenfläche eines langen Rohres zu erzeugen, wobei eine außerhalb des Rohres befindliche Kathode verwendet wird. Der Prozeß wird erheblich auf dem Gebiet der Luftfahrzeuge verwendet. Durch Überzüge von gebranntem Lack (vorzugsweise auf der Basis von synthetischem Harz), von Farbe oder selbst Fett (vorzugsweise Lanolin) wird der Angriff außerordentlich verzögert. Ein mehr beiläufiger Vorteil des Verfahrens besteht darin, worauf HAAS und WEITZ[1] hingewiesen haben, daß in dem der Behandlung im Chromsäurebad folgenden Waschen jegliche Oberflächendefekte, seien es Risse oder Blasen, durch eine gelbe Farbe angezeigt werden. Das Verfahren ist für mehrere Aluminiumlegierungen geeignet, vorausgesetzt, daß der Kupfergehalt nicht zu hoch ist.

Andere anodische Verfahren zur Erzeugung schützender Filme auf Aluminium haben gleichfalls Eingang in die Praxis gefunden. Beim *Alumilitprozeß* wird ein Bad aus Schwefelsäure mit bestimmten Zusätzen benutzt, während beim *Eloxalverfahren* verdünnte Oxalsäure (manchmal unter Zusatz von Bor-, Schwefel- oder Chromsäure) verwendet wird. Ein dem Gleichstrom überlagerter Wechselstrom verhindert das Auftreten von Pittingbildung. Nach SETOH und MIYATA[2] wird der Oxalatfilm durch eine mehrere Minuten andauernde Behandlung in hochgespanntem Dampf (4,219 bis 5,625 metr. at.) widerstandsfähiger. Die in verschiedener Weise erhaltenen Überzüge unterscheiden sich etwas in Aussehen und Eigenschaften. Tabelle 34 gibt nach WERNICK[3] eine befriedigende Zusammenstellung.

Das Schwefelsäureverfahren (Alumilitverfahren) beschreibt HERRMANN[4], wobei er besonders betont, daß der erlaubte Konzentrationsbereich für die Säure (10 bis 70%), die Behandlungszeit (10 bis 50 min) und die EK (von 10 V aufwärts) so groß sind, daß eine erhebliche Variationsbreite an Filmeigenschaften erzielbar ist. Allgemein gesprochen ist der Film um so härter und um so weniger geschmeidig, je höher die angewandte Spannung ist. Die weicheren Filme sind für ein Material geeignet, das gebogen oder nach Herstellung des Überzuges bearbeitet werden soll. Bei bereits fertiggestellten Gegenständen kann jedoch ein Film erzeugt werden, dessen unterer Teil selbst Chrom an Härte übertrifft. Das Verfahren ist für Legierungen geeignet, die relativ große Kupfermengen enthalten. Die Behandlung ist in einer Hinsicht einfacher als das Chromsäureverfahren, da die EK während des Vorganges konstant gehalten werden kann.

---

[1] HAAS, H. u. E. WEITZ: Korr. Met. 6 (1930) 121.
[2] SETOH, S. u. A. MIYATA: Bl. Inst. phys. chem. Res. Japan 2 (1929) 105.
[3] WERNICK, S.: J. Electrodepositers' Soc. 9 (1933/1934) 156.
[4] HERRMANN, E.: Schweiz. techn. Z. 8 (1933) 285.

Weiterhin ist eine niedrigere Temperatur (15° bis 20°) als beim Chromsäureverfahren erforderlich; Kühlung ist im allgemeinen notwendig. Als Kathode dient Blei. Bei einem mit Blei ausgekleideten hölzernen Bottich kann die Einfassung als Kathode dienen. Der hohe elektrische Widerstand des Filmes dürfte dem Verfahren eine Zukunft in der Elektroindustrie sichern, da die große Härte die Gefahr von Fehlstellen in der Isolation infolge Abscheuerns ausschließt. Tatsächlich bietet der natürliche Film auf Aluminium — wie die Messungen von CALLENDAR[1] zeigen — einen hohen Widerstand, besonders wenn das Metall in Luft erhitzt worden ist; er wird jedoch zu leicht beschädigt, um ihm Vertrauen für elektrische Zwecke entgegenbringen zu können.

Tabelle 34. Verfahren zur anodischen Behandlung von Aluminium.
(Zusammenstellung der Angaben nach S. WERNICK.)

Elektrolyt	Staat, in dem das Verfahren entwickelt ist	Spannung in V	Badtemperatur in °	Charakterisierung des Filmes
Chromat	Großbritannien	40/50 Gleichstrom	> 40	Opak-hellgrau
Sulfat	Vereinigte Staaten, Großbritannien	10/20 Gleichstrom; auch Wechselstrom	15—30	Durchscheinend-silber
Oxalat	Japan, Deutschland	30/200 Wechselstrom und Gleichstrom	15	Opak-gelbbraun
Phosphat	Nicht spezifisch	Etwa 100 Gleichstrom oder Wechselstrom	—	Etwas opak, bläulichgrau
Ammoniumsulfid oder Ammoniak	Vereinigte Staaten	> 150 Gleichstrom	< 90	Grau (creme bis blau), abhängig vom Elektrolyten

Eine Feststellung aus neuerer Zeit[2] im Hinblick auf die Chromsäure-, Schwefelsäure- und Oxalsäureverfahren besagt, daß alle drei ihre Höchstleistungen gegenüber reinem Aluminium oder Legierungen mit nur kleinen Zusätzen an Mangan oder Magnesium aufzeigen. Sie können sämtlich auf Duralumin, Zinklegierungen (bis zu 8% Zink), Siliciumlegierungen (bis zu 13% Silicium) verwendet werden, jedoch ist der Film dann nicht länger weiß (im Falle hochsilicierter Legierungen ist er fast schwarz). Im Falle der Y-Legierung oder von Legierungen mit mehr als 5% Kupfer sollte das Schwefelsäure- oder das Oxalsäureverfahren angewendet werden. Im allgemeinen ist eine wärmebehandelte Legierung leichter anodisierbar als die gleiche Legierung im Gußzustande.

Es sind auch zweistufige Verfahren entwickelt worden[3]. So kann z. B. ein Aluminiumguß in einem Schwefelsäurebad der anodischen Behandlung unterworfen und darauf in ein Bad gebracht werden, das Chromsäure oder ein Chromat enthält. Viele andere Varianten sind vorgeschlagen worden.

Die anodische Oxydation hat in neuerer Zeit eine weitere Bedeutung in Verbindung mit Aluminiumreflektoren (s. S. 91) gewonnen. Andere

---

[1] CALLENDAR, L. H.: Pr. Roy. Soc. A **115** (1927) 349.
[2] Aluminium in Finishing Processes, British Aluminium Company, London 1926, S. 9.
[3] Anonym in Techn. Blätter **25** (1935) 752.

Entwicklungsmöglichkeiten hängen von der Fähigkeit des Filmes ab, gewisse Farben aufnehmen zu können, so daß dem „anodisierten" Aluminium jede gewünschte Farbe erteilt werden kann. Hier liegen erhebliche künstlerische Möglichkeiten, wenigstens wenn die Hersteller ihre Aufmerksamkeit den milderen, gedämpfteren Farbtönen zuwenden, als das tatsächlich bisher der Fall gewesen ist, vor. Die Isolierung schützender Filme ist auf S. 56 behandelt worden.

Erzeugung von Phosphatüberzügen auf Eisen. Gegenstände aus Eisen und Stahl werden oft dadurch mit einer schützenden Schicht von Eisenphosphat überzogen, daß sie in ein heißes (gewöhnlich kochendes) Bad eingetaucht werden, das mit Eisenphosphat gesättigte Phosphorsäure enthält. Oft wird dem Bad Manganphosphat, gelegentlich auch Kupfer- oder Zinkphosphat zugefügt; manchmal erfolgt Zusatz von Nitrat. Mutmaßlich wirkt die Phosphorsäure auf das Eisen durch Überführung seiner Oberfläche in Eisenphosphat. Da das Bad dadurch säureärmer wird, kommt es zu einer Übersättigung der darin enthaltenen Phosphate, die dann auf dem bereits vorhandenen Film niedergeschlagen werden. Das Verfahren wird modifiziert, je nachdem, ob der herzustellende Film die einzige schützende Schicht bilden soll oder aber nur als Grundlage für Emaillelacke oder Farbe dienen soll. Im letzten Falle halten einige Fachleute einen gewissen Porositätsgrad des Filmes für vorteilhaft, damit die Farbe in den Film einziehen kann. „Profilographien", über die von DARSEY[1] berichtet wird, deuten darauf hin, daß die als Bindeglied zwischen dem Metall und der Farbe besonders geeignete Form des Phosphatüberzuges durch eine außergewöhnlich glatte Oberfläche ausgezeichnet sein muß; sie muß glatter sein als bei dem gewöhnlichen kaltgewalzten Stahl. Es mag eine spezifische Kohäsion zwischen diesen Phosphaten und der Farbe vorhanden sein; wahrscheinlich liegt der wahre Grund für die gute Adhäsion der Farbe auf dem Phosphatuntergrund darin, daß hierdurch die Gefahr der Rostbildung unter der Farbe herabgesetzt wird, was der häufigste Grund für die Ablösung ist.

Die Phosphatüberzüge sind gewöhnlich schwärzlich, etwas an Ebonit erinnernd. Es gibt verschiedene Arten der Phosphatbehandlung. Die Patentlage ist durch RACKWITZ[2] dargelegt worden. Ein früher in die Praxis eingeführtes Verfahren wurde als *Coslettizieren* bezeichnet, während zwei heutzutage bekanntere Verfahren als *Parkerisieren* und *Bonderisieren* bezeichnet werden. Phosphatbäder werden weitgehend in der Fahrrad- und Schreibmaschinenindustrie benutzt, auch finden sie für Telephone und Schaltanlagen sowie in gewissem Ausmaß für Hähne und andere Gegenstände Anwendung. Das Verfahren hat seinen Wert als Basis für Lacküberzüge erwiesen. Prüfungen, die durch KOLBE[3] vorgenommen worden sind, lassen jedoch erkennen, daß es gegenüber Schwefelsäure und Salzsäure besser ist, die Emaille oder den Lack direkt auf dem unbehandelten Metall zu verwenden. Proben, bei denen diese Überzüge auf einer phosphatbehandelten Basis aufgebracht wurden, zeigten

[1] DARSEY, V. M.: Ind. eng. Chem. **27** (1935) 1144.

[2] RACKWITZ, E.: Korr. Met. **10** (1934) 58; s. auch Beiheft (1929) 29. Eine Zusammenfassung über das Phosphatverfahren geben A. BURKHARDT und G. SACHS (Ber. 2. Korrosionstagung, Berlin 1932, S. 47). Einige Ursachen für das Auftreten von Schäden bespricht O. MACCHIA [Korr. Met. **12** (1936) 211].

[3] KOLBE, F.: Farben-Ztg. **36** (1931) 2235.

vorzeitige Fehlerscheinungen, offenbar infolge der lösenden Wirkung der Säure auf das Phosphat. Ähnliche Prüfungen[1], die in 3%iger Natriumchloridlösung durchgeführt wurden, und zwar bei teilweisem Eintauchen der Probe, ließen diejenigen Proben begünstigt erscheinen, die den Farbanstrich über einer phosphatbehandelten Oberfläche besaßen. Diese lieferten bei jeder geprüften Farbkombination Ergebnisse, die sich denjenigen überlegen zeigten, die an entsprechenden Proben erhalten wurden, die den Farbanstrich auf einem Grund aufgebracht enthielten, der nicht im Phosphatbad präpariert worden war. COURNOT[2] findet, daß die Phosphatschicht extrem adhärierend wirkt, wenn man sie auf Metall aufbringt, das durch vorherigen Angriff leicht aufgerauht worden ist. Seine Eintauchversuche in frischem Wasser und in Seewasser mit phosphatbehandeltem Stahl haben zu günstigen Ergebnissen geführt. Salzsprühproben, über die COURNOT und BARY[3] berichten, zeigen, daß Überzüge, die Mangan- und Eisenphosphate enthalten, denjenigen überlegen sind, die nur eines dieser Metalle enthalten. Werden Phosphatüberzüge als alleiniger Schutz bei Expositionen im Freien benutzt, so geben sie nur einen zeitweiligen Schutz, wie die Prüfungen von HOCKER[4] gezeigt haben. Werden sie jedoch als die Basis für sorgfältig gewählte Emaillelacke benutzt, so liefern sie einen wertvollen Beitrag zur Frage der Korrosionsüberwindung.

Eine weitere Entwicklung in neuerer Zeit besteht in der Verbesserung des Phosphatüberzuges durch Behandlung in einem Dichromatbad.

3. Kesselfragen.

Wesen der Kesselkorrosion. Die verwickelte Frage der Kesselkorrosion wird zweckmäßig an dieser Stelle behandelt, da sie weitgehend von einer richtigen Behandlung des Wassers abhängig ist. Korrosion an Kesseln kann aus verschiedenen Gründen auftreten:

1. Es kann zu einer Pittingbildung kommen, wenn das Wasser viel Sauerstoff enthält.

2. Die Kesselwände können bei einer ziemlich geringen Lokalisierung des Angriffes dünn werden, sofern das Wasser sauer ist.

3. Überhitzung, die zu örtlicher Verformung und äußerer Oxydation führt, kann durch eine innere Schicht von Calciumsulfat oder -silicat bzw. durch Öl hervorgerufen werden. Jeder dieser Gründe kann die eigentliche Wärmeübertragung behindern. Eine Überhitzung kann auch durch Wassermangel verursacht worden sein, wodurch der Wasserspiegel zu tief sinkt.

4. Brüchigwerden kann durch kaustisches Alkali im Wasser, verknüpft mit Spannungen im Metall, verursacht werden.

5. Überkochen und feuchter Dampf können zu Korrosion an der Außenseite des Kessels führen (insbesondere an Turbinenschaufeln).

6. Äußere Korrosion der Economiser kann auf die Kondensation von Feuchtigkeit aus den Verbrennungsprodukten (die gewöhnlich Schwefelsäuren enthalten) zurückgeführt werden.

---

[1] KOLBE, F.: Farben-Ztg. **39** (1934) 331.
[2] COURNOT, J.: C. r. **185** (1927) 1041.
[3] COURNOT, J. u. J. BARY: C. r. **190** (1930) 1426.
[4] HOCKER, C. D.: Am. Soc. Test. Mat. Symposium on Outdoor Weathering **1934**, 19.

7. Angriff auf Überhitzer usw. durch Dampf kann dann eintreten, wenn die Temperatur zu hoch wird.

8. Korrosion während oder nach Betriebsunterbrechungen kann dann eintreten, wenn der Kessel

a) entleert, aber nicht sorgfältig getrocknet worden ist,

b) nicht entleert ist, aber dem Zutritt der Luft ausgesetzt wird.

Die drei letzten Typen brauchen hier nicht im Detail behandelt zu werden. Typ 6 ist auf S. 148 besprochen worden, während Typ 7 den allgemeinen in Kapitel III niedergelegten Grundsätzen gehorcht. Der Dampf, der in modernen Anlagen erzeugt wird, enthält gewöhnlich Wasserstoff, der den Reaktionen des Eisens mit Wasser in flüssiger oder dampfförmiger Form entstammt. Der Oxydfilm[1] ist jedoch normalerweise gut schützend[2], so daß der Angriff mit zunehmender Filmdicke abklingt. FELLOWS[3] hat zeigen können, daß die Zerstörungsgeschwindigkeit mit der Temperatur ansteigt, daß jedoch Änderungen im Dampfdruck bei *konstanter Temperatur* keinen großen praktischen Einfluß haben. Niedriggekohlter Stahl wird nach seinen Untersuchungen rascher als Chromstahl angegriffen. Eine lokal hohe Temperatur (die eine Zerstörung des Stahles verursachen kann) kann auftreten, wenn die Dampfgeschwindigkeit zu gering oder wenn der Dampf nicht gut verteilt ist. RUMMEL[4] weist darauf hin, daß eine Spur von Sauerstoff im Dampf eine erhebliche Korrosion auslösen kann. Nach WHEADON[5], der im Schiffsbau verwendete Überhitzerrohre untersucht, gibt es heutzutage wenige Anordnungen, die mit Dampftemperaturen oberhalb etwa 400° arbeiten. Der für dieses Gebiet sorgfältig ausgewählte, niedriggekohlte Stahl besitzt die erforderlichen chemischen und mechanischen Eigenschaften. Oberhalb 454° müssen legierte Stähle benutzt werden. Die Stützen der Überhitzerelemente dürfen dem Gasstrom einen nur minimalen Widerstand entgegensetzen. Wofern diese Stützen nicht an die Überhitzerteile angeschweißt sind, so daß die Wärme von ihnen abgeleitet wird, erreichen sie die Temperatur der Ofengase. Sie sind infolgedessen gewöhnlich aus hitzebeständigem Stahl hergestellt.

Was den Typ 8 anbelangt, so ist das Trocknen des Dampfkessels für die Zeit der Nichtbenutzung kein immer einfaches Problem, selbst dann nicht, wenn heiße Luft verfügbar ist. Oft ist es ratsam, Kalk an ausgewählten Stellen einzuführen, um den Trockenvorgang zu vervollständigen.

Die ersten 5 Typen der Schadensmöglichkeiten sind untereinander verknüpft. Die durch Sauerstoff bzw. durch Säuren (Typ 1 und 2) verursachten Korrosionen können nicht streng voneinander getrennt werden. Der Angriff ist sowohl eine Funktion des Sauerstoffgehaltes als auch des p_H-Wertes. Die Überhitzungsschäden (Typ 3), die sehr ernsthafter Natur sind, können durch sorgfältige Behandlung des Wassers vermieden werden. Wird diese Behandlung des Wassers jedoch nicht sorgfältig überwacht, so kann sie schädigend zu

---

[1] Im allgemeinen wird der Film als Magnetit (Fe_3O_4) angesprochen, er ändert sich jedoch mit den Bedingungen. R. STUMPER [Korr. Met. **4** (1928) 220] gibt für die Schicht in einem Überhitzerrohr die Zusammensetzung $6\ FeO \cdot Fe_2O_3$ an.

[2] OST, E.: Ch.-Ztg. **26** (1902) 819.

[3] FELLOWS, C. H.: J. Am. Waterworks Assoc. **21** (1929) 1373.

[4] RUMMEL, J. K.: Iron Age **124** (1929) 1525.

[5] WHEADON, J. H.: Trans. Inst. Marine Eng. **48** (1936) 224.

kaustischer Brüchigkeit (Typ 4) und selbst zu Überkochen oder Schäumen (Typ 5) führen. Diese zuletzt genannten Schadensfälle werden im allgemeinen dadurch herabgesetzt, daß die Konzentration der gelösten Feststoffe so niedrig wie möglich gehalten wird. In manchen Fällen wird Ricinusöl eingeführt, um das Überkochen zu verhüten. Seine Wirksamkeit wechselt mit den übrigen Bestandteilen des Wassers.

Gefährliche Bestandteile des Kesselwassers. Einige der unangenehmen Konstituenten des Wassers können leicht entfernt werden. Säuren beispielsweise können sehr leicht neutralisiert werden. Andere Bestandteile, wie beispielsweise Nitrate (von tierischen Abfällen oder aus anderen Quellen herrührend), sind schwierig zu behandeln und können ein Wasser als unerwünscht für Kesselspeisung erscheinen lassen. Wasser mit viel suspendierter Substanz ist unangenehm, wenn nicht eine geeignete Filtrations- und Sedimentationsanlage verfügbar ist. Etwa vorhandener Schwefelwasserstoff kann mit Chlor in Gegenwart von Natriumhydroxyd zerstört werden[1].

Die Quelle für die Acidität der Kesselwässer kann anorganischer Natur sein, infolge von Zuflüssen aus Fabriken, die Schwefelsäure oder andere Säuren enthalten; sie kann aber auch auf verwitterte sulfidische Mineralien am Ursprung der Wasserzufuhr zurückgehen. In der Nähe chemischer Werke kann das Speisewasser mitunter Säure aus der Atmosphäre aufnehmen. Häufig jedoch ist die Acidität organischen Ursprunges, sofern das Wasser einer torfigen Quelle entstammt. Mäßig saure Wässer, die sehr korrosiv sind, werden oftmals mit Kalk behandelt. So ist beispielsweise in einem südafrikanischen Distrikt die Lebensdauer der Lokomotivkessel, wie COPENHAGEN[2] festgestellt hat, durch eine derartige Behandlung von 7 auf 25 Jahre heraufgesetzt worden. Das Destillat von Seewasser, das manchmal als Kesselspeisewasser auf Schiffen verwendet wird, ist oftmals merklich sauer und muß vor der Verwendung neutralisiert werden.

In Gebieten, in denen das verwendete Wasser Magnesiumchlorid enthält, kann die Hydrolyse dieses Salzes bei hohen Temperaturen eine saure Reaktion hervorrufen. Es wird zu einem freien Angriff nach dem Wasserstoffentwicklungstyp kommen, der nicht die Tendenz der Selbsthemmung zeigt. BAUER[3] hat gezeigt, daß Magnesiumchlorid und Magnesiumsulfat unter den Bedingungen des Kessels in hohem Maße korrosiv sind, während die entsprechenden Natriumsalze relativ harmlos sind. Calciumsalze neigen gleichfalls zur Säurebildung infolge Hydrolyse. Das geeignete Mittel hiergegen besteht in der Entfernung von Magnesium- und Calciumsalz. Es muß Sorge dafür getragen werden, daß das Wasser leicht alkalisch ist. Eine derartige Reaktion stellt sich im allgemeinen beim Weichmachen und „Konditionieren" ein, die in jedem Falle erforderlich sind, um die Ausbildung einer unerwünschten Schicht zu vermeiden.

Die Gegenwart von Wasserstoff im Dampf darf nicht als ein Beweis für das Vorhandensein von Säure oder für die Abwesenheit von Sauerstoff

---

[1] COATES, W. S.: J. Soc. chem. Ind. Trans. **49** (1930) 208.

[2] COPENHAGEN, W. J.: J. Univ. Cape Town eng. scient. Soc. 4 (1934) 43.

[3] O. BAUER [Stahl Eisen **45** (1925) 1101], vgl. jedoch E. BOSSHARD u. R. PFENNINGER [Ch.-Ztg. **40** (1916) 64], deren Angaben die bedeutende korrosive Fähigkeit des Natriumchlorides bei einem Druck von 15 at zeigen. Die Magnesiumsalze erweisen sich korrosiver als die Natriumsalze, während die Calciumsalze weniger korrosiv sind. In jedem Fall ist das Chlorid korrosiver als das Sulfat und das Nitrat weniger korrosiv als beide.

angesprochen werden. Wasserstoff kann durch die Einwirkung von kochendem Wasser auf Eisen in Gegenwart oder in Abwesenheit von Sauerstoff gebildet werden, wie Thiel und Luckmann[1] gezeigt haben. Möglicherweise stammt ein Teil des Wasserstoffes von der Zersetzung des Wassers durch Eisen(II)-hydroxyd (das Primärprodukt in einem neutralen Wasser) her, die zu Magnetit führt.

Entfernung von Sauerstoff aus dem Kesselwasser[2]. Die Entfernung des Sauerstoffes ist wichtig, da die Korrosion vom Sauerstoffabsorptionstyp zu erheblicher Lokalisierung neigt und deshalb gefährlicher als ein Angriff durch Kohlendioxyd oder andere Säuren ist. Nach Glinn[3] darf die Sauerstoffkonzentration in Nieder- und Mitteldruckanlagen nicht 0,1 cm³/l, in Hochdruckanlagen nicht 0,02 cm³/l übersteigen. Kohl[4] beschreibt, welche Maßnahmen praktisch ergriffen wurden, um in einem amerikanischen Distrikt den Sauerstoff aus dem besonders gefährdenden Lokomotivspeisewasser zu entfernen, und so eine Pittingbildung zu vermeiden. Die Frage der Sauerstoffkonzentration an verschiedenen Teilen einer Dampfkraftanlage ist durch Stäger und Bohnenblust[5] beschrieben worden.

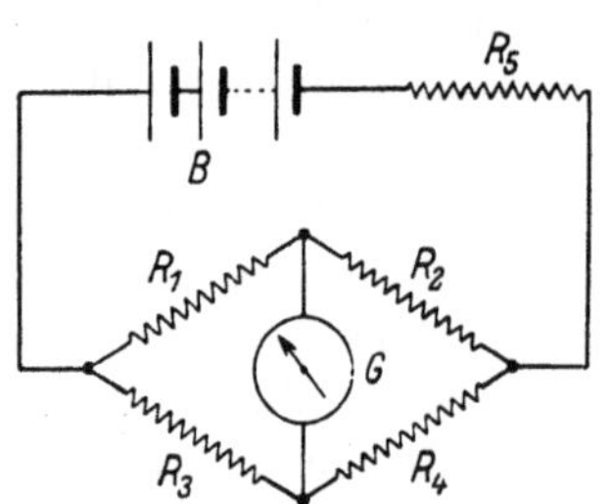

Abb. 63. Schematische Darstellung einer elektrischen Meßanordnung für den Sauerstoffgehalt in Kesselwasser.

Eine einfache Methode zum Nachweis des Sauerstoffes im Kesselwasser beschreibt Weir[6], während Haase[7] und Vítek[8] elektrochemische Methoden zur Bestimmung des Sauerstoffes angeben. Besondere zur Bestimmung der Sauerstoffkonzentration in Kesselspeisewässern geeignete Instrumente sind verfügbar. Eines der praktischsten besteht darin, den Wasserstoff durch das Wasser hindurchperlen zu lassen und die Menge des austretenden Sauerstoffes auf elektrischem Wege zu bestimmen. Das Prinzip dieser Methode beschreibt Brownlie[9]. Vier dünne Spiralen von Platindraht bilden die Seiten (R_1, R_2, R_3 und R_4) einer Wheatstoneschen Brücke (s. Abb. 63), die merkbar durch den aus der Batterie B gelieferten Strom aufgeheizt werden. Sind sämtliche Seiten von reinem Wasserstoff umgeben, so ist die Brücke ausbalanziert, es geht kein Strom durch das Galvanometer G. Sind dagegen zwei einander gegenüberliegende Spiralen (z. B. R_1 und R_4) von einem Wasserstoff-Luft-Gemisch umgeben, das durch Auswaschen des Kesselwassers mittels Wasserstoffes erhalten wird (R_2 und R_3 bleiben von reinem Wasserstoff umgeben), so

[1] Thiel, A. u. H. Luckmann: Korr. Met. 4 (1928) 169.
[2] Siehe auch F. N. Speller: Corrosion: Causes and Prevention, New York 1935, Kap. X.
[3] Glinn, R. J.: Pr. Inst. mechan. Eng. **129** (1935) 21; vgl. die Daten bei H. Haupt u. W. Steffens: Ch.-Ztg. **59** (1935) 494.
[4] Kohl, C. H.: J. Am. Waterworks Assoc. **21** (1929) 1013.
[5] Stäger, H. u. P. Bohnenblust: Brown Boveri Rev. **14** (1927) 297.
[6] Weir, J. G.: Koninkl. Inst. Ing. (7. September) 1923.
[7] Haase, L. W.: Gesundheits-Ing. **19** (1930) 289.
[8] Vítek, V.: Collect. Czechosl. chem. Communic. 7 (1935) 537.
[9] Brownlie, D.: Steam Eng. 4 (1934) 101. Die Benutzung von Manganin für zwei der Spiralen ist neuerdings verlassen worden. Dadurch, daß an sämtlichen Stellen Platin verwendet wird, ist die Empfindlichkeit nahezu verdoppelt worden (Cambridge Scientific Instrument Co. Ltd., nach privater Mitteilung an U. R. Evans vom 5. März 1936).

wird die Geschwindigkeit der Wärmeableitung von R_1 und R_4 herabgesetzt werden und demzufolge ihre Temperatur ansteigen. Da sich der Widerstand des Platins mit der Temperatur ändert, so ist hiermit das Gleichgewicht aufgehoben, es wird ein Strom durch das Instrument G hindurchfließen, der dem Luftgehalt des Gasgemisches proportional ist. Die Skala ist geeicht, um direkt den Sauerstoffgehalt des Wassers ablesen zu können. In dieser Weise können 0,01 cm³ Sauerstoff/l nachgewiesen werden. Eine Vorrichtung zur kontinuierlichen Aufzeichnung der Änderung des Sauerstoffgehaltes in Abhängigkeit von der Zeit auf Papier ist vorgesehen.

Sauerstoff kann aus dem Kesselwasser in verschiedener Weise entfernt werden[1]. Das Wasser kann über ausgebreitetes Metall oder besonders durchlöcherte Bleche geleitet werden, die so angeordnet sind, daß der voluminöse Charakter des Rostes das Durchströmen der Flüssigkeit nicht behindert. Gewöhnliche Dreh- oder Hobelspäne führen zu keinem befriedigenden Ergebnis. Die Anlage, die für die Sauerstoffentfernung mit Hilfe von Eisen erforderlich ist, ist ziemlich groß und erfordert einen sehr sorgfältigen Aufbau, da andernfalls die Gefahr des Klumpigwerdens besteht. KESTNER[2] empfiehlt die Strömungsrichtung durch das den Sauerstoff absorbierende System alle 24 Stunden zu ändern. Eine kompaktere Methode zur Entfernung des Sauerstoffes beruht auf dem Einspritzen des vorher erwärmten Wassers, insbesondere in Form eines Sprühnebels feiner Tröpfchen, in eine teilweise evakuierte Kammer, die durch Abdampf oder auf anderem Wege erwärmt worden ist (gewöhnlich wird durch mäßiges Kochen nicht die Entfernung des Sauerstoffes erreicht[3], wenn diese Prozedur nicht sehr lange Zeit fortgesetzt wird). Das Vakuum kann mit Hilfe einer Dampfstrahlpumpe[4] aufrechterhalten werden, wodurch die Verwendung mechanischer Vakuumpumpen vermieden werden kann, wenn auch eine Pumpe zur Entfernung des entlüfteten Wassers erforderlich bleibt. Es soll eine Herabsetzung des Sauerstoffgehaltes bis auf 0,05 cm³/l oder selbst (in günstigen Fällen) auf 0,01 cm³/l möglich sein. Derartige Methoden dienen auch zur teilweisen Entfernung von Kohlendioxyd, setzen jedoch nicht die auf Mineralsäuren zurückgehende Acidität herab.

In Fällen, in denen es schwierig ist, die letzten Spuren von Sauerstoff thermisch zu beseitigen, kann zur Ergänzung eine chemische Entlüftung herangezogen werden. So empfehlen HAUPT und STEFFENS[5] die Verwendung von Natriumsulfit, wenngleich auch im Hinblick auf die korrosionsbeschleunigende Wirkung durch Spuren von Schwefeldioxyd eine sorgfältige Kontrolle angeraten werden muß[6]. Tannin (das oft zu Kesselwasser zugesetzt wird, teilweise

---

[1] McDERMOT, J. R.: J. Am. Waterworks Assoc. **21** (1929) 1339. — SPELLER, F. N.: Corrosion: Causes and Prevention, New York 1935, Kap. X. — KESTNER, P.: J. Soc. chem. Ind. Trans. **40** (1921) 67; s. auch Power **56** (1922) 645, 728. — POLLITT, A. A.: Causes and Prevention of Corrosion, London 1924. — WEIR, J. G.: Koninkl. Inst. Ing. (7. September) 1923. [2] KESTNER, P.: Pr. Inst. mechan. Eng. **1921**, 325.

[3] PORTER, J.: J. Roy. techn. Coll. **2** (1925) 19. — MEARS, R. B. u. U. R. EVANS: J. Soc. chem. Ind. Trans. **52** (1933) 349. [4] Anonym in Metallurgia **13** (1935) 44.

[5] HAUPT, H. u. W. STEFFENS: Ch.-Ztg. **59** (1935) 495.

[6] Die Tatsache, daß Sulfite unter den Bedingungen des Kessels zu Sulfiden reduziert werden — siehe W. C. SCHROEDER, A. A. BERK u. E. P. PARTRIDGE: Am. Soc. Test. Mat. techn. Pap. Preprint Nr 104 (1936) — läßt es angeraten erscheinen, besondere Sorgfalt darauf zu verwenden, daß das Wasser bei Durchführung der Sulfitbehandlung nicht sauer wird.

für andere Zwecke) dient gleichfalls zur Aufnahme von Sauerstoff. In Systemen, in denen das Kondensatwasser wieder verwendet wird, ist es von äußerster Wichtigkeit, den Zutritt von frischem Sauerstoff zu verhindern[1].

In kleinen Anlagen, in denen besondere Anordnungen zur Sauerstoffentfernung nicht eingebaut werden können, kann durch gewisse Konstruktionsbesonderheiten viel im Sinne einer Herabsetzung der Schäden erreicht werden. So kann nach ROURKE[2] z. B. dadurch viel Sauerstoff aus dem Zusatzwasser vor seinem Mischen mit dem Wasser in dem Kessel dadurch entfernt werden, daß es in den Heißwasserkessel über eine mäßig geneigte Ebene, die in dem Dampfraum oberhalb des Wasserspiegels angebracht ist, in dünner Schicht herabfließt. Die Vermeidung von Störungen mittels dieser Methode führt zu vergleichsweise sauerstoff-freiem Wasser am Boden des Brunnens.

Weichmachen des Kesselwassers. In vielen Turbinenanlagen werden etwa 97 % des Speisewassers dem Kondensator entnommen. Dieses Wasser ist bereits weich, obgleich es die Neigung zeigt, sauer zu werden. Es muß hinreichend Alkali mit dem Ersatzwasser eingeführt werden, um die endgültige Mischung schwach alkalisch zu machen. Ungereinigtes Wasser, das für Ersatzwasserzwecke zur Verfügung steht, ist gewöhnlich hart. Es kann entweder durch Destillation oder aber auf chemischem Wege weich gemacht werden. In Anlagen, in denen der Anteil des Ersatzwassers bedeutend ist, ist das chemische Weichmachen gewöhnlich der einzig praktische Weg.

Tabelle 35.
Überhitzung, die auf adhärierende Schichten zurückzuführen ist.
(Nach A. W. CHAPMAN, unter Zugrundelegung der Daten von E. P. PARTRIDGE.)

Zugeführte Wärmemenge in cal/m²/h	Schichtdicke in mm	Temperaturunterschied in °C
50 000	2	50
50 000	5	125
100 000	1	50
100 000	2	100
100 000	5	250
200 000	1	100
200 000	2	200

Das Weichmachen des Wassers wird insbesondere durchgeführt, um eine störende Beeinflussung der Wärmeübertragung zu vermeiden, die sich durch den an der Oberfläche des Metalles anhaftenden Überzug bemerkbar macht. Der Einfluß dieses Überzuges auf den thermischen Wirkungsfaktor ist durch PARTRIDGE und WHITE[3] untersucht worden. Aus den Angaben von PARTRIDGE hat CHAPMAN[4] den angenäherten Grad der Überhitzung berechnet, die in einem großen modernen Wasserrohrkessel durch die verschiedene Dicke der adhärierenden Schichten bei verschieden großer Zufuhr an Wärme auftreten kann. Die Zahlen sind in der obenstehenden Tabelle 35 wiedergegeben.

Die Gefahr der Schichtbildung ist nicht einfach eine Frage der herabgesetzten thermischen Wirksamkeit. Wird das Metall auf der Feuerseite ernstlich überhitzt, so kann eine rasche Blasenbildung und eine Oxydation der Rohre ebensogut wie ein erhöhter Angriff auf der Wasserseite eintreten. Derartige Fälle sind gut

---

[1] Hinsichtlich Einzelheiten für geschlossene Speisesysteme siehe A. A. POLLITT: Causes and Prevention of Corrosion, London 1924.

[2] ROURKE, L. B.: Eng. Boiler House Rev. **49** (1936) 908.

[3] PARTRIDGE, E. P. u. A. H. WHITE: Ind. eng. Chem. **21** (1929) 839. — PARTRIDGE, E. P.: Univ. Michigan Eng. Res. Bl. **15** (1930).

[4] CHAPMAN, A. W.: Fuel **10** (1931) 65.

bekannt. Ein typisches Beispiel hierfür beschreibt STUMPER[1]. Überhitzung kann nicht nur durch Abscheidung kaum löslicher Verbindungen, wie Calciumsulfat, sondern selbst durch gut lösliche Salze, wie Natriumsulfat, sofern diese zu konzentriert auftreten, herbeigeführt werden. Es muß deshalb in Wässern, die von Natur aus reich an löslichen Salzen sind, für ein kontinuierliches Niederblasen Sorge getragen werden. Fast jedes Wasser, das konzentriert an gut löslichen Salzen ist, kann diese unter bestimmten Bedingungen plötzlich ausscheiden und somit eine Überhitzung auslösen. Das spezifische Gewicht von Wasser sollte deshalb in Fällen, in denen eine Übersättigung möglich ist, sorgfältig überwacht werden. Ölfilme wirken gleichfalls störend auf die Wärmeübertragung, wie später näher ausgeführt werden wird.

Der Ausdruck „Weichmachen" umfaßt die Entfernung von Calcium- und Magnesiumsalzen. Die in Benutzung befindlichen Methoden sind durch COATES[2] eingehend besprochen worden. Die große Menge der Calciumsalze wird gewöhnlich durch Behandlung mit Kalk und Natriumcarbonat entfernt. Manchmal wird Natriumhydroxyd zur Beseitigung der Magnesiumsalze zugesetzt, da Magnesium gegenüber Calcium in seinem Verhalten insofern abweicht, als sein Carbonat löslicher als sein Hydroxyd ist. Die Abscheidung von Calciumcarbonat wird manchmal durch einen weiteren Zusatz von Natriumaluminat unterstützt, das gleichfalls seinen Anteil an der Weichmachung des Wassers hat, insbesondere dann, wenn Magnesiumsalze vorhanden sind, wodurch nicht nur eine Verringerung der Größe der Anlage, sondern auch des Verbrauches an anderen Chemikalien ermöglicht wird. Aluminat setzt die Gefahr der *nachträglichen* Ausfällung herab und dient, wenn es in sorgfältig abgemessener Menge zugesetzt wird, zur Entfernung von Silicium in Form von Calciumaluminiumsilicat. Diese Frage, die von MATTHEWS[3] behandelt wird, ist von gewisser Wichtigkeit, da eine Silicatschicht in einem Kessel besonders unerwünscht ist. CLARK und COUSINS[4] beschreiben die Verwendung von Aluminat zum Weichmachen eines Wassers, das organische Substanz enthält, die ein Weichmachen durch Kalk und Soda allein erschwert. Ein sehr wichtiger Punkt bei der Verwendung von Aluminat besteht darin, daß die Flocken von Aluminiumhydroxyd dazu dienen, etwa vorhandenes Öl an sich zu reißen und zu entfernen. Nicht selten wird Natriumaluminat und darauf Alaun oder Aluminiumsulfat hinzugefügt. Diese reagieren miteinander unter Bildung von Aluminiumhydroxyd und beseitigen so das Öl. Ob sie nun zur Entflockung oder zur Entölung benutzt werden, auf jeden Fall muß gegenwärtig gehalten werden, daß Aluminiumsalze dazu neigen, beim Erhitzen infolge Hydrolyse sauer zu werden. Das Wasser sollte infolgedessen so eingestellt werden, daß es in abgekühltem Zustand deutlich alkalisch reagiert. Überschüssige Mengen an Aluminiumverbindungen sollten vermieden werden, um so die Bildung harter Natriumaluminiumsilicatschichten im Kessel zu vermeiden.

---

[1] STUMPER, R.: Korr. Met. 7 (1931) 25.

[2] COATES, W. S.: J. Soc. chem. Ind. Trans. 49 (1930) 206, 213, 221, 241.

[3] MATTHEWS, F. J.: Boiler Feed Water Treatment, London 1936, S. 47.

[4] CLARK, L. M. u. W. R. COUSINS: J. Soc. chem. Ind. Trans. 54 (1935) 143. — S. auch L. M. CLARK u. L. S. PRICE: J. Soc. chem. Ind. Trans. 52 (1933) 35. — CLARK, L. M. u. P. HAMER: J. Soc. chem. Ind. Trans. 54 (1935) 25. — BEAL, R. B. u. S. STEVENS: J. Soc. chem. Ind. Trans. 50 (1931) 307.

Das Weichmachen des Wassers durch Überleiten über Zeolith gibt ein vollkommeneres Ergebnis als die Soda-Kalk-Methode, jedoch verringert es nicht die Gesamtmenge der Feststoffe. Die Methode ersetzt Calciumhydrocarbonat durch Natriumhydrocarbonat und macht damit das Wasser korrosiver bei erhöhten Temperaturen[1]. Weichgemachtes Wasser, das Natriumhydrocarbonat enthält, ist besonders gefährlich in Hochdruckkesseln, da es zu kaustischer Brüchigkeit führen kann, wie weiter unten auseinandergesetzt werden wird. Das Hydrocarbonat kann mit Schwefelsäure — oder besser, wie WHITE und seine Mitarbeiter[2] angaben, mittels Phosphorsäure — zersetzt und das gebildete Kohlendioxyd anschließend durch einen Entlüfter entfernt werden. Andererseits kann das mit Zeolith weichgemachte Wasser für Niederdruckkessel mit kaustischem Alkali in den nichtkorrosiven Zustand übergeführt werden.

BARHAM[3] berichtet, daß bei der Buenos Aires- und Pacific-Eisenbahn viele Wässer nach dem System des Basenaustausches weichgemacht werden, dem eine Behandlung mit Natriumhydroxyd und einer das Schäumen verhindernden Verbindung, die Ricinusöl und Tannin enthält, angeschlossen wird. Dieses Verfahren hat sich als sehr erfolgreich erwiesen, während das System des Basenaustausches allein zu Korrosion führt. In den Gebieten, in denen Natriumhydroxyd benutzt worden ist, besitzt das ungereinigte Wasser eine etwas niedrige temporäre und eine etwas hohe permanente Härte. In anderen Distrikten jedoch ist die Alkalität des Wassers hoch genug, um auf die Behandlung mit Natriumhydroxyd zu verzichten. Als eine direkte Folge dieser Methode sind kostspielige kupferne Feuerbuchsen und Rohre, die früher wesentlich waren, in sämtlichen in dem so behandelten Gebiet arbeitenden Lokomotiven durch Stahl ersetzt worden. Der Zusatz von Natriumhydroxyd zu Wässern niedriger Alkalität ist so eingerichtet, daß ein p_H von 9,8 bis 10,0 im Speisewasser erzielt wird. Es hat sich gezeigt, daß hierdurch der Stahl geschützt wird, ohne die besondere Kombination von Alkalität und gelöstem Sauerstoff hervorzurufen, die so verhängnisvoll für Kupferbleche und -rohre werden kann, wenn das Metall frei von schützenden Schichten ist.

Die Unterschiede zwischen den synthetischen und natürlichen Zeolithen als weichmachende Agenzien sind von MARTIN[4] untersucht worden, demzufolge sich die Wirkung im Falle der natürlichen Mineralien nur an der Oberfläche

---

[1] Die Möglichkeit einer erhöhten Korrosion durch Weichmachen des Wassers betrifft nicht nur Dampfkessel, sondern auch häusliche Wassererhitzer. O. BAUER und E. WETZEL [Mitt. Materialprüfungsamt **33** (1915) 1] haben gezeigt, daß das weichgemachte Wasser selbst bei 50° bis 80° korrosiver als nicht weichgemachtes Wasser ist, während es bei gewöhnlicher Temperatur kaum korrosiver ist. Dieses Verhalten führen sie darauf zurück, daß Sauerstoff beim Erhitzen in einem größeren Ausmaße in Lösung gehalten wird, wenn das Wasser weich gemacht worden ist (möglicherweise kann in den harten Wässern ausgefälltes Calciumcarbonat Keime für Gasblasen liefern). Das weichgemachte Wasser, so berichten die Autoren, kann mit Hilfe von Natriumsulfit relativ nicht-korrosiv gemacht werden, durch das freier Sauerstoff entfernt wird. Mit Zeolith behandeltes Wasser neigt nach Angaben von R. L. DERBY [J. Am. Waterworks Assoc. **27** (1935) 627] zu korrosivem Verhalten gegenüber verzinktem Eisen. Zumindest in einer öffentlichen Wasseranlage scheint das Wasser nach Zeolithbehandlung gegenüber Aluminiumkesseln korrosiver geworden zu sein.

[2] WHITE, A. H., J. H. WALKER, E. P. PARTRIDGE u. L. F. COLLINS: J. Am. Waterworks Assoc. **18** (1927) 219.

[3] BARHAM, R. J.: Private Mitteilung vom 8. November 1935.

[4] MARTIN, A. R.: Chem. Ind. **8** (1930) 197.

abspielt, während bei den künstlichen Zeolithen auch eine innere Wirksamkeit vorhanden ist, was zu einem rascheren Weichwerden führt.

Abscheidung in Form von Schichten oder Schlamm. Es ist nicht möglich, durch irgendeines der bekannten Verfahren zum Weichmachen des Wassers sämtliche gelösten Stoffe zu entfernen. Es ist nur eine Frage der Zeit, bis durch die Verdampfung im Kessel eine Konzentration erreicht wird, bei der die Abscheidung fester Stoffe beginnt. Es ist infolgedessen von großer praktischer Bedeutung, zu wissen, welcher von den festen Stoffen zuerst ausfällt. Werden bei der Verdampfung die Löslichkeitsgrenzen des Calciumsulfates zuerst überschritten, so wird sich dieses Salz vorzugsweise auf dem heißen Metall abscheiden, was deshalb möglich ist, weil seine Löslichkeit bei höheren Temperaturen *geringer* als bei niedrigeren ist; hierbei bildet es eine adhärierende Schicht, die störend auf die Wärmeübertragung einwirkt. Ist andererseits Calciumcarbonat das zuerst abgeschiedene Salz, so ist das weitgehend auf die Zersetzung des Hydrocarbonates zurückzuführen. Der größte Teil dieses Salzes fällt in günstiger Entfernung von den Wänden nieder und bildet einen lockeren Schlamm, der entfernt werden kann[1]. In einigen Wässern wird das Calciumcarbonat teilweise an den Wänden niedergeschlagen, jedoch ist die erzeugte Schicht relativ weich.

Der Mechanismus der Schichtbildung ist von PARTRIDGE und WHITE[2] sowie von CHAPMAN[3] behandelt worden. Wächst eine Dampfblase am erhitzten Metall, so wird die intensive Verdampfung des Wassers in der ringförmigen Zone rund um die Begrenzung der Blase zur Abscheidung fast der gesamten hier gelösten Salze in Form eines festen Ringes führen. Die Bildung derartiger Ringe haben PARTRIDGE und WHITE beobachtet. Verläßt die Blase nunmehr die Oberfläche, so wird das Wasser, das sich unmittelbar über dem Ring befindet, oftmals heißer sein als das, mit dem sie vorher in Kontakt gewesen ist. An der Begrenzungszone der frei wachsenden Dampfblase wird der Druck am Siedepunkt nämlich dem herrschenden Druck entsprechen, während überall sonst, insbesondere in der Mitte, wo das Dampfpolster das Entweichen von Wärme vom Metall verhindert, eine gewisse Überhitzung vorhanden sein wird. Gehört nun das ausgefallene Salz zu denen, deren Löslichkeit mit der Temperatur ansteigt, so wird es sich wieder auflösen. Handelt es sich dagegen um ein Salz, wie beispielsweise Calciumsulfat, das bei hohen Temperaturen weniger als bei niedrigen löslich ist, so wird der Ring ungelöst bleiben. Andererseits wird der mit einer großen flach gezerrten Dampfblase bedeckte Teil in denjenigen Fällen, in denen sich Blasen nicht selbst frei ablösen können, überhitzt werden, wie BENEDICKS[4] ausführt, wodurch Schäden sowohl auf der Wasser- als auch auf der Feuerseite hervorgerufen werden. Es müssen demnach zur Vermeidung von Schäden zwei Regeln beachtet werden:

---

[1] Manchmal wird gesagt, daß der lockere Charakter der vom Calciumcarbonat gebildeten Schicht auf die höhere Löslichkeit des Salzes bei hohen Temperaturen zurückzuführen ist, was jedoch zweifelhaft erscheint. Wahrscheinlich ist die Bildung von festem Calciumcarbonat von einer Abgabe von etwas Kohlendioxyd in den Dampf begleitet, das in diesem Falle eher an den Dampfblasen als an den Wänden anhaften wird.

[2] PARTRIDGE, E. P. u. A. H. WHITE: Ind. eng. Chem. **21** (1929) 837.

[3] CHAPMAN, A. W.: Private Mitteilungen vom 13. und 17. November 1935.

[4] BENEDICKS, C.: Trans. Am. Inst. min. met. Eng. **71** (1925) 597.

1. Der Kessel muß so eingerichtet sein, daß sich Blasen leicht ablösen können. Weiterhin muß für rasche Zirkulation gesorgt werden, wodurch das Überhitzen auf ein Minimum herabgedrückt wird.

2. Das Wasser muß in der Weise hergerichtet (konditioniert) werden, daß das sich niederschlagende Salz erwünscht ist, wie beispielsweise Calciumcarbonat oder -phosphat. Es darf dagegen nicht zur Abscheidung eines unerwünschten Salzes, wie Calciumsulfat oder -silicat, kommen.

Zurichten (Konditionieren) des Kesselwassers. Die erste Anwendung der wohlfundierten Grundsätze der physikalischen Chemie zur Sicherstellung des gewünschten Niederschlages bei Kesselwasser erfolgte durch R. E. HALL[1], der eine Gemeinschaftsuntersuchung zustande brachte, bei der sich sowohl Chemiker als auch Ingenieure zusammenfanden, um die Frage der Zurichtung des Kesselwassers zu studieren. Hinsichtlich der Einzelheiten dieser Arbeit muß auf das HALLsche Buch zurückgegriffen werden. Hier sei nur soviel gesagt, daß das zugrundegelegte Prinzip einfach ist. Wenn in einem Niederdruckkessel Calciumcarbonat als Niederschlag erwünscht ist, so ist es lediglich erforderlich, das *Löslichkeitsprodukt* zu studieren und die Konzentration an Natriumcarbonat genügend hoch zu wählen, um eine Übersättigung des Wassers an Calciumcarbonat herbeizuführen, ehe eine Übersättigung an irgendeinem anderen Salz eintritt. In dieser Weise können unerwünschte Abscheidungen von Sulfat und Silicat vermieden werden.

Im Falle der Hochdruckkessel ist die Abscheidung von Carbonat jedoch unerwünscht, da es zu Hydroxydbildung Anlaß geben kann, durch die eine kaustische Brüchigkeit ausgelöst wird. In derartigen Fällen empfiehlt es sich, Phosphat zu benutzen, das in verschiedener Form zugesetzt werden kann. GLINN[2] rät zu Trinatriumorthophosphat; Mononatriumorthophosphat wird von POWELL[3] bevorzugt, da es die geringste Menge von Natriumionen mit sich führt, jedoch scheint dieses Salz etwas sauer für den allgemeinen Gebrauch zu sein. Die Zugabe eines Orthophosphates hat in manchen Fällen zu Schädigungen infolge Ausscheidung von Calciumphosphat in Speiseleitungen, Pumpen und Ventilen geführt. Nach einem von HALL gemachten Vorschlag, der von CHAPMAN[4], SMITH[5] und anderen diskutiert worden ist, ist es zweckmäßig, Metaphosphat zu benutzen, das ein vergleichsweise lösliches Calciumsalz besitzt, das jedoch bei der hohen im Kessel herrschenden Temperatur langsam in Orthophosphat übergeführt wird, vorausgesetzt, daß das Wasser hinreichend alkalisch ist. Tatsächlich führt das Metaphosphat zuerst zu Mononatriumdihydrophosphat[6], ein etwas saures Salz, das die Neigung besitzt, das im Kessel vorhandene Natriumhydroxyd zu neutralisieren, was unter gewissen Umständen als ein Vorteil, unter anderen dagegen als ein Nachteil zu bezeichnen ist. Man

---

[1] HALL, R. E., G. W. SMITH, H. A. JACKSON, J. A. ROBB, H. S. KARCH u. E. A. HERTZELL: A Physico-Chemical Study of Scale Formation and Boiler-water Conditioning (Carnegie Institute of Technology). — HALL, R. E.: Mechan. Eng. **46** (1924) 810, **48** (1926) 317; Ind. eng. Chem. **17** (1925) 283; J. Am. Waterworks Assoc. **21** (1929) 79.

[2] GLINN, R. J.: Pr. Inst. mechan. Eng. **129** (1935) 30.

[3] POWELL, S. T.: J. Am. Waterworks Assoc. **21** (1929) 1064.

[4] CHAPMAN, A. W.: Fuel **2** (1931) 69.

[5] SMITH, G. W.: Pr. Inst. mechan. Eng. **129** (1935) 66.

[6] Die Gleichung kann folgendermaßen geschrieben werden:

$$NaPO_3 + H_2O = NaH_2PO_4 \, .$$

sollte stets gegenwärtig halten, daß bei Verwendung eines Metaphosphates mehr Alkali als bei Verwendung eines Orthophosphates erforderlich ist.

Über intergranulare Brüchigkeit ist selbst in Gegenwart von Phosphaten berichtet worden[1], jedoch handelt es sich hierbei um etwas ausgefallene Bedingungen. Es sind auch Klagen darüber geführt worden, daß die Gegenwart suspendierter Teilchen in mit Phosphat behandeltem Wasser zur Mitführung fester Substanz durch den Dampf führt, jedoch ist es zweifelhaft, ob das tatsächlich der Fall ist, ausgenommen in Wässern, die in anderer Hinsicht zum Überkochen neigen[2]. Manchmal wird Natriumfluorid[3] an Stelle von Phosphat verwendet, jedoch ist dieser Weg teuer.

CHRISTMANN[4] hat die Ansicht ausgesprochen, daß Natrium- oder Calciumsulfate bei starker Überhitzung — wie sie beim Vorhandensein von Oberflächen eintritt, die erheblich mit Schichten bedeckt sind — zu Sulfiden reduziert werden können. Hierdurch kann Korrosion ausgelöst werden. Sollten weitere Arbeiten ergeben, daß die Sulfatreduktion eine häufige Ursache für die Korrosion darstellt, so wird es erforderlich werden, die Beseitigung von Sulfaten ins Auge zu fassen. Ein von RODMAN[5] angegebenes Verfahren, das auf der Verwendung von Bariumcarbonat in Verbindung mit Kalk beruht, dürfte dann Beachtung für Wässer verdienen, die reich an Sulfaten sind.

Kaustische Brüchigkeit bei Hochdruckkesseln. Ein Wasser, das leicht alkalisch durch Natriumhydroxyd und hinreichend frei von Sauerstoff, Magnesium- und Calciumsalzen sowie Öl ist, kann als nicht-korrosiv für Niederdruckkessel bezeichnet werden. Vom Standpunkt der Hochdruckkessel aus ist bei einem solchen Wasser jedoch mit neuen Schäden zu rechnen. Der Wasserstoffentwicklungstyp der Kesselkorrosion tritt nicht nur in sauren, sondern auch in stark alkalischen Wässern auf. Verdünntes Alkali verhindert eine gefährliche Korrosion an Eisen. Zuerst kommt es zur Entwicklung von Wasserstoff in gewissem Ausmaße, jedoch lassen die Kurven von THIEL und LUCKMANN[6] erkennen, daß dieser Vorgang allmählich in dem Maße zum Stillstand kommt, in dem ein schützender Film aufgebaut wird. Heißes konzentriertes Natriumhydroxyd löst Eisen jedoch rasch unter Bildung von Natriumferrat Na_2FeO_2 auf. Die Bildung komplexer Anionen begünstigt den Angriff, entsprechend dem Vorgang der Auflösung von Zink durch Alkali. Natriumhydrocarbonat, das in fast jedem Wasser vorkommt, das durch den Zeolithprozeß sowie manchmal auch durch andere Verfahren weich gemacht worden ist, gibt rasch Kohlendioxyd unter Bildung von Natriumcarbonat ab, das seinerseits bei den hohen, in modernen Hochdruckkesseln herrschenden Temperaturen zersetzt wird. Weiteres Kohlendioxyd wird mit dem Dampf ausgetrieben, so daß Natriumhydroxyd zurückbleibt, das allmählich, und zwar besonders in den Schweißnähten, den Grenzzonen zwischen Niete und vernietetem Werkstoff sowie anderen Rissen konzentriert wird, bis endlich eine Konzentration

---

[1] WHITE, A. E. u. R. SCHNEIDEWIND: Trans. Am. Soc. mechan. Eng. F. S. P. **53** (1931) 205. — LUPBERGER, E.: Ber. 1. Korrosionstagung, Berlin 1931, S. 34.

[2] WALLSOM, H. E.: Pr. Inst. mechan. Eng. **129** (1935) 67.

[3] COATES, W. S.: J. Soc. chem. Ind. Trans. **49** (1930) 242.

[4] CHRISTMANN, W.: Stahl Eisen **53** (1933) 1353.

[5] RODMAN, C. J.: Chem. met. Eng. **35** (1928) 221.

[6] THIEL, A. u. H. LUCKMANN: Korr. Met. 4 (1928) 172.

erreicht wird, die hoch genug ist, um eine Korrosion auszulösen. An denjenigen Stellen, an denen sich der Stahl im Spannungszustand befindet, erfolgt der Angriff intergranular, wie beispielsweise beim Angriff des Ammoniaks auf unter Spannung befindliches Kupfer. Unter diesen Umständen können sich Risse ausbilden, die oftmals von einem Nietloch zum anderen verlaufen. Die Nietköpfe können gleichfalls in Mitleidenschaft gezogen werden, so daß sie bei leichtem Hammerschlag oder selbst spontan aufreißen. Der Schaden wird an denjenigen Stellen vergrößert, an denen der Nietdruck außerordentlich groß gewesen ist; er kann aber durchaus auch dann auftreten, wenn ein nur normaler Druck ausgeübt worden ist. Möglicherweise wirken Spannungsänderungen, die charakteristisch für Dampfkessel sind, korrosionsbegünstigend, jedoch hat RIST[1] wahrscheinlich Recht mit seiner Feststellung, daß die Ermüdung als solche beim Reißen von Kesselplatten eine weniger wichtige Rolle als die eigentliche chemische Einwirkung spielt. Typische Ermüdungsrisse kommen nach ihm bei Dampfkesseln vor, jedoch sind diese Risse, die vergleichsweise gradlinig und nicht intergranularer Natur sind, scharf von den intergranularen Rissen unterschieden, die von der kaustischen Einwirkung herrühren. Versuche, die im NATIONAL PHYSICAL LABORATORY[2] durchgeführt worden sind, um die Fehler zu reproduzieren (Dampfkesselplatten wurden in kochendem Wasser und in Natriumhydroxyd hin und her gebogen), haben bis jetzt hauptsächlich zu dem transkrystallinen Korrosionstyp geführt. Weiterhin hat es sich gezeigt, daß der Betrag der Biegewechselfestigkeit, der erforderlich ist, um die Platten zum Bruch zu bringen, durch die Gegenwart kaustischer Soda nicht verringert wird.

Kaustische Brüchigkeit ist nach CHAPMAN[3] in England weniger häufig als in Amerika, wo natürliche alkalische Wässer sehr häufig vorkommen und erhebliche Schädigungen hervorgerufen haben. Die Mehrzahl der eine Verhütung anstrebenden Untersuchungen sind demgemäß in den Vereinigten Staaten durchgeführt worden. PARR und STRAUB[4], die diese Fragen in Einzelheiten untersucht haben, gelangten zu der Feststellung, daß die Risse von der trockenen Seite der Platte ausgehen und nur unterhalb der Wasserlinie auftreten. Sie kommen nur in Schweißnähten vor, die unter Spannung stehen, sowie an Stellen örtlich maximaler Spannungsbeanspruchung. Die Bezeichnung „kaustische Brüchigkeit" ist etwas unglücklich, da der Stahl zwischen den Rissen gewöhnlich gesund ist. Überdies kommen STRAUB und BRADBURY[5] zu dem Schluß, daß reines Natriumhydroxyd keine Brüchigkeit hervorruft, sondern daß hierzu die Gegenwart eines Katalysators erforderlich ist.

Wie die Verhältnisse auch im einzelnen liegen mögen, der Schaden kann jedenfalls vermieden werden, wenn es gelingt, die Bildung von kaustischem Alkali zu verhindern. In Kesselanlagen, in denen das kaustische Alkali aus

---

[1] RIST, A.: Z. Vereins Deutsch. Ing. **79** (1935) 812.

[2] ROSENHAIN, W. u. A. J. MURPHY: J. Iron Steel Inst. **123** (1931) 259. — JENKINS, C. H. M. u. W. J. WEST: J. Iron Steel Inst. **130** (1934) 279. — GOUGH, H. J. u. W. J. CLENSHAW: Mechan. World **98** (1935) 551, 553.

[3] CHAPMAN, A. W.: J. Am. Waterworks Assoc. **23** (1931) 548.

[4] PARR, S. W. u. F. G. STRAUB: Pr. Am. Soc. Test. Mat. **26** II (1926) 52; vgl. R. S. WILLIAMS u. V. O. HOMERBERG: Met. chem. Eng. **30** (1924) 589; siehe kritischen Überblick bei E. P. PARTRIDGE u. W. C. SCHROEDER: Metals Alloys **6** (1935) 355.

[5] STRAUB, F. G. u. T. A. BRADBURY: Trans. Am. Soc. mechan. Eng. 1935, Preprint.

Natriumcarbonat gebildet worden ist, das absichtlich zum Weichmachen oder
zum Zurichten des Wassers zugesetzt worden ist, kann dieses durch Natriumphosphat als weichmachendes Mittel ersetzt werden, das HALL[1] aus anderen
Gründen empfohlen hat. Ohne jedoch die Verwendung von Natriumcarbonat
als Mittel für die Wasserbehandlung aufzugeben, kann die Brüchigkeit gewöhnlich vermieden werden, wenn hinreichend Natriumsulfat vorhanden ist.
Im Falle der natürlichen alkalischen Wässer wird die gewünschte Zusammensetzung — insbesondere in den Alkaliwässerdistrikten von Illinois — durch
Hinzufügung sorgfältig überwachter Beträge an Schwefelsäure hergestellt. Es
ist erforderlich, das Verhältnis von Sulfat zu Alkali hinreichend hoch zu
halten. Gewöhnlich werden die von der AMERICAN SOCIETY OF MECHANICAL
ENGINEERS festgelegten Zahlen angenommen. Diese bestimmen[2], daß das Verhältnis von Natriumsulfat zur Gesamtalkalität, ausgedrückt als Natriumcarbonat,
1:1 für Drucke bis zu 0,105 kg/mm^2, 2:1 für Drucke bis zu 0,175 kg/mm^2 und
3:1 für Drucke oberhalb dieser Grenze sein soll. Natriumhydroxyd setzt die
Löslichkeit von Natriumsulfat herab. Die Konzentration an SO_4'' muß hinreichend sein, um sicherzustellen, daß das Wasser an jeder Schweißnaht oder
jedem Riß Sulfat zur Abscheidung bringt, sobald die örtliche Konzentration
des Hydroxydes infolge der Verdampfung eine gefährliche Höhe erreicht hat.
Hierdurch wird der Angriff abgestoppt[3].

Der Vorgang der Konzentrierung in Rissen und die Ausfällung von Natriumsulfat sind im Laboratoriumsversuch aufgezeigt worden. Danach scheint wenig
Zweifel zu bestehen, daß in diesen Erscheinungen der Grund für die Schutzwirkung zu suchen ist. Unabhängig jedoch davon, ob dieser Gesichtspunkt
angenommen wird oder nicht, hat sich die Kontrolle des Sulfatverhältnisses
als eine recht zuverlässige Methode zur Vermeidung kaustischer Brüchigkeit
erwiesen. Der wesentliche praktische Einwand liegt in der großen Sulfatmenge,
die hierfür erforderlich ist. Es darf nicht vergessen werden, daß der Sulfatnieder-
schlag, obgleich er kaustische Brüchigkeit zu verhindern gestattet, die Wärmeübertragung wie jeder andere Überzug stören kann, und daß er dann, wenn
er in erheblichem Ausmaße vorhanden ist, zum Durchbrennen sowie zur
Blasenbildung führen kann.

Es ist sicher, daß die Behandlung von Kesselwasser eine sehr verwickelte
Angelegenheit geworden ist. JONES[4] faßt den ganzen Fragenkomplex zusammen,
wenn er sagt, daß es selbst in Dampfkesselspeisewässern mit Kondenswasser
bzw. vorher destilliertem Zusatzwasser erforderlich ist, nicht nur den gelösten
Sauerstoff auf einen niedrigen Wert herabzusetzen, sondern auch verschiedene

---

[1] HALL, R. E.: J. Am. Waterworks Assoc. **21** (1929) 79.

[2] Siehe Anonym in Metallurgist **3** (1927) 93, 163.

[3] Natriumcarbonat kann in ähnlicher Weise wie das Sulfat wirken. In Fällen, in denen
dieses Salz vorliegt, werden sich die Ingenieure zweckmäßig auf gewisse veröffentlichte
Kurven stützen, die die Beziehung zwischen dem Verhältnis Na_2SO_4:NaOH und dem
Verhältnis Na_2CO_3:NaOH aufzeigen, das zur Vermeidung kaustischer Brüchigkeit erforder-
lich ist. Siehe hierzu Anonym in Metallurgist **7** (1931) 164, sowie auch die Kurven von
E. BERL, F. VAN TAACK, wiedergegeben bei O. BAUER, O. KRÖHNKE, G. MASING (Die
Korrosion des Eisens und seiner Legierungen, Leipzig 1936, Bd. 1, S. 252). Spätere Kurven,
die W. C. SCHROEDER, A. A. BERK und E. P. PARTRIDGE: Am. Soc. Test. techn. Pap. Mat.
Preprint Nr 105 (1936) geben, umfassen auch den Einfluß von Natriumchlorid und -phosphat.

[4] JONES, H. E.: Pr. Inst. mechan. Eng. **129** (1935) 63.

Reagenzien für die Zurichtung des Speisewassers zuzusetzen. Die jetzt weitgehend angenommene Behandlung sieht folgende Operationen vor:

1. Zusatz von kaustischer Soda zur Verhinderung von Korrosion.

2. Zusatz von Natriumsulfat zur Verhinderung der Brüchigkeit in Gegenwart von kaustischer Soda.

3. Zusatz von Natriumphosphat zur Verhinderung der Bildung von Calciumsulfat, die infolge zufälliger Verunreinigung des Speisewassers mit Calciumsalzen erfolgen kann.

„Der Zusatz dieser notwendigen Reagenzien wirkte ungünstig im Hinblick auf die durch deren Fortführung (im Dampf) verursachten Schwierigkeiten. Nach unserer heutigen Kenntnis können derartige Zusätze jedoch nicht vermieden werden, wenn befriedigende Verhältnisse im Dampfkessel aufrechterhalten werden sollen. Es war jedoch einleuchtend, daß es wünschenswert war, die Konzentration der gelösten Feststoffe in den Hochdruckanlagen so weit als irgend möglich herabzusetzen, und es würde als ein wichtiger Fortschritt zu bezeichnen sein, wenn es erreicht werden könnte, daß das Natriumphosphat nicht nur als ein Vorbeugungsmittel für eine Schichtbildung, sondern gleichzeitig auch als ein Inhibitor gegenüber der Brüchigkeit wirksam wäre". Hinsichtlich dieses letzten Punktes bestehen noch einige Meinungsverschiedenheiten. So wurde Phosphat bereits als wenigstens 1000mal so wirksam wie Sulfat für die Vermeidung der Brüchigkeit gehalten, während JONES diesen Punkt als tatsächlich noch unbewiesen betrachtet.

Verwendung von Kolloiden bei der Kesselwasserbehandlung. Schutzkolloide finden auch bei der Behandlung von Kesselwasser Anwendung[1]. Ihre Aufgabe besteht darin, einen unerwünschten Schichtentyp zu vermeiden und gegebenenfalls den Sauerstoff zu absorbieren. Ihre Wirkungsweise ist durch SAUER und FISCHLER[2] untersucht worden, denen zufolge die meisten hydrophilen Kolloide, wie Gelatine, Gummi, Dextrin und Tannin, die Neigung haben, das Krystallwachstum von Calciumcarbonat zu hindern. Für die Dampfkesselwasser-Behandlung ist Tannin besonders geeignet. 0,1% dieser Substanz verhindert gewöhnlich bei einem Druck von 10 at die Niederschlagsbildung von Calciumcarbonat. Unter den Bedingungen des Dampfkessels ist dieses in Gallussäure und Glucose hydrolisiert, wobei erstere Kohlendioxyd aus dem Calciumcarbonat abspaltet. Calcium bleibt unschädlich in der Lösung oder, wenn der Tanninzusatz gering ist, in kolloider Suspension zurück. Führt die fortschreitende Verdampfung zu Ausfällung, so besitzt diese schlammartigen Charakter und kann leicht durch Niederblasen entfernt werden; sie enthält weniger Calciumsulfat und mehr Calciumcarbonat als in Abwesenheit von Tannin, wie die Analysen von PARTRIDGE und WHITE[3] aufzeigen. Überdies sind Tannin oder seine Zersetzungsprodukte gute Adsorbentien für Sauerstoff. Tannin verhindert nicht die kaustische Brüchigkeit. Eine ernste intergranulare Rißbildung ist am Fall eines Dampfkesselspeisewassers aus Lancashire beschrieben worden[4], das mit kaustischer Soda und Tannin behandelt worden war.

Entfernung von Öl aus Kesselwasser. Eine andere ernste Gefahr für Dampfkessel besteht in der zufälligen Gegenwart von Öl im Wasser. Selbst 1 Teil

---

[1] IRVING, G. S.: Chem. Ind. **12** (1934) 633, 652. — WEDENKIN, S.: Korr. Met. **9** (1933) 274.   [2] SAUER, E. u. F. FISCHLER: Z. ang. Ch. **40** (1927) 1276.

[3] PARTRIDGE, E. P. u. A. H. WHITE: Ind. eng. Chem. **21** (1929) 819.

[4] Anonym in Brit. Eng. Boiler electr. Ins. Comp. techn. Rep. **1933/1934**, 37.

Öl auf 1 Million Teile Wasser verursacht nach FORDYCE[1] noch einen Schaden. Bildet das Öl einen Film über der Heizfläche, so verhindert es die Wärmeübertragung und führt zu anomalen Temperaturen auf der Feuerseite. Es kann zu erhöhter Oxydation kommen, jedoch sind gewöhnlich die Betriebsstörungen und Materialzerstörungen, die durch die anomalen thermischen Spannungen hervorgerufen werden, weitaus gefährlicher. Auf der Wasserseite wird es tatsächlich zu erhöhter Korrosion an Stellen kommen, an denen der Film unterbrochen ist. Der Grund hierfür liegt wahrscheinlich in der abnorm hohen Temperatur. So kann BENEDICKS[2] zeigen, daß das Aussehen der durch Öl an Schiffskesseln hervorgerufenen lokalen Korrosion dem typischen Aussehen beim sog. Heißwandeffekt entspricht (s. S. 254, 338). Nach HUNTER[3] zeigt das Öl in Salzwässern, selbst wenn es in verschwindend geringen Mengen vorhanden ist, die Neigung, an die Oberfläche zu gelangen und ist weniger gefährlich als in Frischwasser. Kolloidchemische Überlegungen lassen sicher darauf schließen, daß Salze die Koagulation der kleinen Tröpfchen wahrscheinlich begünstigen und zur Bildung größerer führen, die rascher aufsteigen. Es ist jedoch wahrscheinlich, daß die Salze mehrwertiger Metalle noch wirksamer sind, wie im Laboratoriumsversuch von POWIS[4] gezeigt wurde. Wahrscheinlich beruht die Entfernung von Öl mit Hilfe von Aluminiumverbindungen, wie bereits erwähnt wurde, teilweise auf diesem Prinzip[5].

Weitere mögliche Ursachen der Kesselkorrosion. Eine kaum erklärte Möglichkeit im Zusammenhang mit der Kesselkorrosion ist das Auftreten elektrischer Ströme infolge Temperaturdifferenzen. Derartige Ströme sind durch die Beobachtungen von BURGESS[6] und PORTER[7] recht wahrscheinlich gemacht worden, jedoch erscheint die Beweisführung nicht schlüssig. Elektrische Ströme, die auf Unterschieden in der Zusammensetzung der Flüssigkeit beruhen — insbesondere differentielle Belüftung — sollen nach einigen Mitteilungen eine Rolle in der Dampfkesselkorrosion spielen, namentlich nach LEWIS und IRVING[8], RICHTER[9] und MATTHEWS[10]. Sie mögen beispielsweise für gewisse Korrosionsfälle verantwortlich sein, bei denen sich Schlamm absetzt oder bei denen die Schicht nur einen Teil der Oberfläche bedeckt.

Es ist jedoch stets schwierig, genau zu wissen, was in einem *in Betrieb befindlichen* Dampfkessel geschieht. Die Veränderungen, die eintreten, wenn eine Hochtemperaturanlage abgekühlt und zwecks Inspektion entleert wird, können den Prüfenden hinsichtlich ihres wahren Verhaltens während des Betriebes täuschen. STUMPER[11] sieht das Vorhandensein von schwarzem, 2- und 3wertiges Eisen enthaltenden Rost unter der gewöhnlichen Rostschicht als einen Beweis

---

[1] FORDYCE, T.: Pr. Inst. mechan. Eng. **129** (1935) 42.

[2] BENEDICKS, C.: Private Mitteilung vom 14. März 1935; s. auch Trans. Am. Inst. min. met. Eng. **71** (1925) 597.   [3] HUNTER, H.: Private Mitteilung vom 8. März 1935.

[4] POWIS, F.: Z. phys. Ch. **89** (1915) 91, 179, 186, besonders S. 192.

[5] Frühere Versuche über die Verwendung von Alaun zur Entfernung der Trübungen aus dem Speisewasser erhöhten dessen korrosiven Charakter; es erwies sich als erforderlich, Kalk hinzuzufügen. Siehe J. R. BAYLIS: J. Am. Waterworks Assoc. **9** (1922) 408, **10** (1923) 365.   [6] BURGESS, C. F.: Trans. Am. electrochem. Soc. **13** (1908) 17.

[7] PORTER, F. B.: J. Am. Waterworks Assoc. **23** (1931) 534.

[8] LEWIS, W. B. u. G. S. IRVING: Trans. Inst. Marine Eng. **40** (1928) 72, 74.

[9] RICHTER, H.: Ch.-Ztg. **56** (1932) 195.

[10] MATTHEWS, F. J.: Boiler Feed Water Treatment, London 1936, S. 105.

[11] STUMPER, R.: Korr. Met. **3** (1927) 170.

dafür an, daß die Korrosion wirksam tätig ist. Wird diese Regel mit Vorsicht angewendet, so kann sie gute Dienste bei der Feststellung leisten, ob irgendeine neue Schutzmaßnahme seit der letzten Überprüfung der Anlage sich als wirksam erwiesen hat oder nicht.

C. Quantitative Behandlung.

1. Theoretische Schlüsse aus statistischen Untersuchungen.

Interpretation der Tropfenversuche. Die Versuche von MEARS[1], die auf S. 299 beschrieben worden sind, gestatten eine Aussage nicht nur im Hinblick auf die Fähigkeit verschiedener Verbindungen, eine Korrosion zu fördern oder zu hemmen, sondern auch im Hinblick auf die Verteilung der aktiven Gebiete auf der metallischen Oberfläche. Diese Aktivzentren dürften im wesentlichen aus den schwachen Stellen des unsichtbaren Oxydfilmes bestehen, der durch Exposition an der Luft gebildet worden ist, da eine vorhergehende Exposition an der Luft die Häufigkeit der Stellen, an denen eine Korrosion ausgelöst wird, herabsetzt. Aber selbst dann, wenn andere Faktoren als Oxydfilme dazu beitragen, daß gewisse Stellen empfänglicher für den Angriff sind als andere, so bleibt doch die weiter unten vorgetragene Vorstellung gültig. Jede Art des Widerstandes gegen den Übergang eines Oberflächenatoms aus dem Metallgitter in die Flüssigkeit kann als ein hoher Energiewall dargestellt werden. Der vollständige Übergang des Atoms aus dem Gitter durch den Energiewall hindurch in die Lösung würde von einer effektiven Energieabnahme begleitet sein. Da jedoch Zwischenlagen innerhalb dieses Walles eine Energiezunahme involvieren, so wird der Übergang nicht spontan erfolgen, ausgenommen an günstigen Stellen, die als Löcher in dem Energiewall angesprochen werden können. Obgleich dieser Wall aus Gründen der Klarheit weiter unten als eine „materielle" Oxydhaut betrachtet wird, können entsprechende Überlegungen für einen „nichtmateriellen" Energiewall entwickelt werden, der irgendeinen anderen Störungstyp darstellt.

Während die Korrosion an einem weniger empfänglichen Punkt durch eine sehr geringe Sauerstoffkonzentration zum Stillstand gebracht werden kann, erfordert ein korrosionsempfänglicherer Punkt eine hohe Konzentration, wenn die Korrosion verhindert werden soll. Die Sauerstoffkonzentration, die zum Hemmen der Korrosion am größten „Loch" in dem Wall erforderlich ist, der in dem mit dem Tropfen bedeckten Gebiet vorhanden ist, ist ein geeignetes Maß für die „Größe" dieses Loches. Ist die Sättigungskonzentration des Sauerstoffes bei dem experimentellen Sauerstoffdruck C_S und die[2] einer Flüssigkeit, die sich unmittelbar außerhalb des schwächsten Punktes in dem Tropfengebiet befindet, C_W, so ist die Geschwindigkeit für die Lieferung des Sauerstoffes gegeben durch $K(C_S - C_W)$, wobei K eine Konstante ist. Ist nun der Druck eben unzureichend, um die Korrosion an dem fraglichen Punkt zum Stillstand zu bringen, so bedeutet das, daß die Bildung des Eisen(II)-salzes so rasch erfolgt, daß C_W sehr klein im Vergleich zu C_S wird, so daß eine Niederschlagsbildung in physikalischem Kontakt mit dem Metall vermieden wird. Infolgedessen muß bei einem Sauerstoffdruck P, der gerade hinreichend ist, um eine

---

[1] MEARS, R. B. u U. R. EVANS: Trans. Faraday Soc. 31 (1935) 530, 538.
[2] Sauerstoffkonzentration.

Hemmung herbeizuführen, die Diffusion von Eisen(II)-ionen durch das größte Loch angenähert proportional C_S, d. h. proportional P (unter Annahme des HENRYschen Gesetzes) sein. Die Diffusionsgeschwindigkeit durch eine Öffnung ist jedoch ein Maß für die Größe dieser Öffnung. Infolgedessen ist der Sauerstoffdruck, der erforderlich ist, um an diesem größten Loche innerhalb des Tropfengebietes Korrosion hervorzurufen, ein geeignetes Maß für die Größe dieses Loches.

Wird die ideale Verteilungsdichte derjenigen Poren, die groß genug sind, um bei allen Sauerstoffdrucken bis zum Wert P Korrosion auszulösen, mit Q_P bezeichnet (die „ideale Dichte" ist als diejenige definiert, bei der die Angriffswahrscheinlichkeit auf einem kleinen Fleckenstück da durch $Q_P da$ gegeben ist), so ist, unter der *Annahme gegenseitiger Unabhängigkeit der Ereignisse*, die *erwartete Anzahl* der korrosionsaktiven Punkte innerhalb des Filmes bei diesem Druck in einem Tropfen der Fläche A gegeben durch $Q_P A$. Die Wahrscheinlichkeit für n derartiger Filmzusammenbrüche (d. h. n korrosionsaktiver Stellen) wird dann annähernd gegeben[1] durch den POISSONschen Ausdruck

$$\frac{(Q_P A)^n e^{-Q_P A}}{n!}$$

Da das Eintreten eines Zusammenbruches die Wahrscheinlichkeit für die anderen vermindert, so ist die erwartete Zahl tatsächlich kleiner als $Q_P A$ und der POISSONsche Ausdruck ist nur gültig für $n = 0$. Betrachten wir diesen einen gültigen Fall, so ist die Wahrscheinlichkeit dafür, daß in einem Tropfen *kein* Zusammenbruch eintritt, durch e^{-E} gegeben. Hierbei ist E die erwartete Zahl unter der Annahme gegenseitiger Unabhängigkeit der Ereignisse (E ist gleich $Q_P A$ für einen gleichförmigen Tropfen, oder gleich $\int Q_P dA$, wenn der Änderung von Q_P in der Nähe der Begrenzungszone Rechnung getragen wird). Die Wahrscheinlichkeit für einen oder mehrere Zusammenbrüche ist demnach gegeben durch

$$p_{>o} = 1 - e^{-E} \tag{22}$$

Diese Wahrscheinlichkeit ($p_{>o}$) ist von MEARS für verschiedene Sauerstoffkonzentrationen bestimmt worden. Ferner ist der E-Wert unter Benutzung von Gleichung (22) berechnet worden. Abb. 64 gibt die Beziehung zwischen E und dem Sauerstoffdruck P für drei verschiedene Materialien wieder. Da der minimal zur Unterdrückung der Korrosion an einer Pore erforderliche Druck ein Maß für die Größe der Pore ist, so sollte der Gradient dE/dP die relative Häufigkeit von Poren verschiedener Größe angeben. Es hat sich gezeigt, daß die Poren häufiger werden, wenn die betrachtete Größe abnimmt. Dieser Schluß ist zulässig, gleichgültig, ob die Bildungsgeschwindigkeit von Eisen(II)-salz an Poren von verschiedenem Radius (in Abwesenheit von Sauerstoff an

---

[1] H. E. DANIELS, u. R. W. MORRIS haben in freundlicher Weise die Gültigkeit des POISSONschen Theorems in seiner Anwendung auf die vorliegende Frage geprüft. Zwei verschiedene Behandlungen (deren eine unabhängig vom POISSONschen Theorem ist; sie ist jedoch möglicherweise anderen Einwendungen ausgesetzt) führen zu $(1 - e^{-E})$ bzw. $(1 - e^{-1,05 E})$ für $p_{>0}$ im Falle von 27 Tropfen. Die erste Behandlung führt genau zu den gleichen Kurven, die in Abb. 64 wiedergegeben werden, während die andere zu den gleichen Kurven führt, wenn die E-Achse um 5% kontrahiert wird. Alle drei Berechnungen führen zu den gleichen Schlüssen.

dieser Stelle) proportional dem Umfang $2\pi r$ oder der Fläche πr^2 der in Frage stehenden Poren oder, allgemeiner, proportional $k_1 r + k_2 r^2$ ist.

Schlüsse in bezug auf den unsichtbaren Oxydfilm auf Eisen. Die statistischen Untersuchungen von MEARS geben einen gewissen Einblick in die Filmstruktur. Anstatt einer bestimmten Anzahl von „Löchern" in einem sonst homogenen Film bietet sich uns das Bild einer Filmsubstanz dar, die als *wesentlich porös* anzusprechen ist, wobei die Poren mit wachsender Porengröße zunehmend seltener werden. Ein Film wird demnach nur dann als schützend anzusprechen sein, wenn selbst die größte unter den vorhandenen Poren durch die Korrosionsprodukte blockiert wird und es so zu einem Abstoppen des Vorganges kommt, ehe die Pore sichtbar wird. Bei Filmen mit nur sehr kleinen Poren (z. B. Filmen auf nichtrostenden Stählen oder auf Aluminium) kann ein derartiges Abstoppen unter den üblichen Bedingungen der Benutzung eintreten, während dieser Vorgang bei Filmen mit größeren Poren, z. B. im Falle des Filmes auf gewöhnlichem Eisen, nur unter besonderen Bedingungen zustande kommt. Es ist viel darüber diskutiert worden, ob der primäre Film (der an der Luft gebildet wird, und der gewöhnlich aus Oxyd besteht) oder der sekundäre Film des Korrosionsproduktes (der oft aus

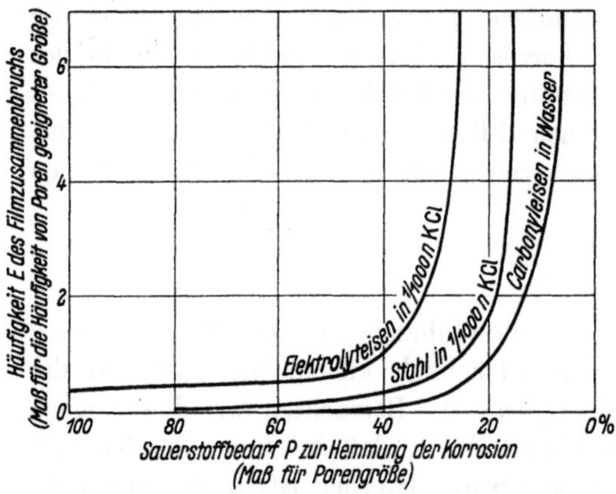

Abb. 64. Beziehung zwischen E und P für Eisen und Stahl in $^1/_{1000}$ n-Kaliumchloridlösung bzw. destilliertem Wasser. (Nach R. B. MEARS und U. R. EVANS.)

Hydroxyd besteht) schützend in bezug auf das Metall wirkt. Es erscheint wahrscheinlich, daß im allgemeinen beide Filme zu dem Schutz beitragen, daß jedoch die Natur des ersteren entscheidet, ob das sekundäre Produkt in physikalischem Kontakt mit dem Metall gebildet werden kann oder nicht, mit anderen Worten: ob es schützend oder nichtschützend sein wird. Je kleiner die Poren in dem primären Film sind, um so wahrscheinlicher ist es, daß sie selbsthemmend wirken. Je ausgedehnter der Schaden ist, der im primären Film durch Kratzen oder Biegen hervorgerufen worden ist, um so weniger wahrscheinlich ist es, daß der Schaden auszuheilen sein wird.

Allgemeines Verhalten von Inhibitoren. Substanzen, wie Kaliumhydroxyd und Kaliumcarbonat besitzen die Neigung, die anodische Reaktion zu hemmen, dagegen die kathodische Reaktion dadurch anzuregen, daß sie eine größere Oberfläche als Kathode verfügbar lassen. Bei Metallen wie Eisen, bei denen (in Abwesenheit des Inhibitors) die kathodische Veränderung wesentlich geschwindigkeitsbestimmend ist, können derartige Zusätze tatsächlich die effektive Geschwindigkeit erhöhen. Da jedoch eine anodische Veränderung ein wesentlicher Bestandteil des gesamten Korrosionsvorganges ist, so müssen große Zusätze dieser Stoffe die Korrosionswahrscheinlichkeit herabsetzen. Es hat sich gezeigt, daß das nicht nur für den Fall der erwähnten alkalischen Inhibitoren, sondern auch für Sauerstoff gilt. Die Wirkung des Sauerstoffes ist jedoch nicht ganz analog derjenigen der Alkalien, da er selbst ein Depolarisator ist und in dieser Eigenschaft bereits die kathodische Reaktion begünstigen würde, unabhängig von jeder Vergrößerung des für diese Reaktion zur Verfügung stehenden Gebietes.

Ursachen für das Auftreten der konzentrischen Rostringe. Die aus dem statistischen Studium der Inhibitorwirkung gewonnenen Erkenntnisse lassen den Versuch einer Erklärung für die Bildung immuner Kreise und korrodierender Ringe rings um einen Angriffspunkt auf einer horizontalen Eisen- oder Zinkfläche (s. S. 188) zu. Stellen wir uns eine Metalloberfläche vor, die sich in einer Salzlösung bei gleichförmigem Sauerstoffzutritt befindet. Im Mittel wird die Gesamtmenge des an den aktiven Punkten gebildeten Metallsalzes genau äquivalent der Gesamtmenge des an den homogeneren Teilen der Oberfläche gebildeten Alkalis sein. Sind die angriffsempfänglichen Stellen sehr klein, sehr zahlreich und überdies gleichförmig verteilt, so werden Alkali und Metallsalz miteinander unter Bildung von Metallhydroxyd in physikalischem Kontakt mit der Oberfläche reagieren, was zu einer Selbsthemmung des Angriffes führen wird. Sind dagegen einige isolierte, besonders aktive Stellen vorhanden, so wird das Metallsalz örtlich in großem Überschuß von Alkali gebildet und infolgedessen in geringer Entfernung von dem Bildungsherd zur Ausscheidung gelangen; in solchen Fällen wird die Korrosion fortschreiten.

In den Anfangsstadien muß der in jedem Flächenelement *erwartete* Strom gleich Null sein, da eine gleiche Wahrscheinlichkeit dafür vorhanden ist, daß jedes Element anodisch oder kathodisch ist. Es liegt jedoch für jedes Element eine geringe Wahrscheinlichkeit dafür vor, daß der Strom einen gewissen anodischen Wert annimmt, so daß es nicht zur Selbsthemmung des Korrosionsvorganges kommt. Nehmen wir an, daß die Wahrscheinlichkeit für das Eintreten dieses Vorganges an dem Flächenelement dA durch PdA gegeben ist, wenn nichts über die Korrosion oder die Immunität der benachbarten Punkte bekannt ist.

Nehmen wir jedoch an, daß die Korrosion an einem gegebenen Punkt (den wir das „Zentrum" nennen wollen) ausgelöst, und daß ein kleines, aber endliches Flächenstück von dem ursprünglichen Film freigelegt worden ist, so wird die Wahrscheinlichkeit für die herumliegenden Punkte hierdurch gestört werden. Der an einem dem Zentrum sehr naheliegenden Flächenstück erwartete Strom wird nicht mehr länger den Wert Null haben, sondern negativ sein, da ein beträchtlicher Teil des anodischen Stromes, der sonst auf äußerst kleine, schwache Stellen innerhalb der Fläche konzentriert sein würde, auf die große, freie Fläche des korrodierenden Zentrums verteilt werden wird. Flächenelemente, die von dem Zentrum weiter entfernt liegen, werden weniger in Mitleidenschaft gezogen werden, was aus Widerstandsgründen einleuchtend ist. Infolgedessen wird die Wahrscheinlichkeit für das Auftreten neuer Angriffsherde, die unmittelbar außerhalb des Zentrums praktisch gleich Null ist, mit zunehmender Entfernung vom Zentrum wachsen. Die Gesetzmäßigkeit über das Anwachsen der Wahrscheinlichkeit mit dem Abstand vom Zentrum kann nicht mit Sicherheit ausgesprochen werden, jedoch wird sie in Abwesenheit anderer Störungen für alle vom Zentrum äquidistanten Punkte gleich sein, was die Kreisform der immunen Zone erklärt. Die Bildung von Alkali über diesem Ring wird gleichfalls im Sinn einer Korrosionshemmung an denjenigen Punkten wirken, an denen der Angriff sonst fortschreiten würde, so daß dieser kreisförmige Ring gleichförmiger immun ist, als das unter anderen Umständen der Fall sein würde.

Bewegen wir uns nun vom Zentrum fort, so beginnt ein neuer Faktor seinen Einfluß auf die Korrosionswahrscheinlichkeit an den Flächenelementen auszuüben. Der direkte Einfluß der zentralen Korrosion setzt die Wahrscheinlichkeit unter ihren normalen Wert herab (d. h. sie ist kleiner als dem a priori-Wert PdA entspricht). Der Einfluß des unmittelbar um das Zentrum herumgelagerten immunen Ringes macht die Wahrscheinlichkeit für weiter abgelegene Punkte jedoch größer als normal. Der Ausdruck für die Störung der Wahrscheinlichkeit an irgendeinem gegebenen Punkte wird zwei Glieder enthalten: ein positives und ein negatives. Wie auch immer das Gesetz, das den Abstand und die Wahrscheinlichkeit miteinander verknüpft, beschaffen sein mag, soviel ist klar, daß für Stellen, die dem Zentrum relativ nahe liegen, das Glied für die unter dem normalen Wert liegende Wahrscheinlichkeit am wichtigsten sein wird, daß dagegen für hinreichend entfernt liegende Stellen das Glied für die über dem normalen Wert liegende Wahrscheinlichkeit vorherrschend sein wird. Wir werden also jenseits des relativ immunen Ringes, in dem die Korrosionswahrscheinlichkeit unternormal ist, zu einem Ring gelangen, in dem die Wahrscheinlichkeit übernormal ist, d. h. zu einer Zone, in der es zu korrosivem Angriff kommen wird. In entsprechender Weise wird diese Zone von einem immunen Ring und dieser wieder von einem Korrosionsprodukte enthaltenden Ring umgeben sein. Hierin dürfte eine Erklärung für die abwechselnd korrodierten und immunen Ringe liegen, über die von vielen Experimentatoren im Falle des Eisens, Zinks und anderer Metalle (s. S. 188) berichtet wird. Auch die immunen Flecke, die die intensiv korrodierten Gebiete längs des Randes vertikaler Proben in Salzlösungen mittlerer Konzentration (s. S. 179) umsäumen, dürften hierdurch erklärt werden.

Neuntes Kapitel.

Einfluß der Hauptkomponenten der metallischen Phase.
A. Wissenschaftliche Grundlagen.
1. Korrosionsgeschwindigkeit und Klassifikation der Elemente.

Beziehung zur Spannungsreihe. Obgleich die Korrosion durch salzhaltige Flüssigkeiten im allgemeinen ein elektrochemisches Phänomen ist, ist es doch falsch, daraus den Schluß zu ziehen, daß die Reihenfolge der Widerstandsfähigkeit verschiedener Metalle gegenüber der Korrosion identisch mit ihrer Stellung in der Spannungsreihe (s. Tabelle 24 auf S. 272) ist. In dieser Anordnung befinden sich hoch-reaktive Metalle, wie Kalium und Natrium am einen Ende und widerstandsfähige Metalle, wie Gold und Platin am anderen Ende. Es gibt jedoch Anomalien. So ist beispielsweise Aluminium weitaus widerstandsfähiger gegenüber dem Angriff, als seinem Platz in der Spannungsreihe entspricht. Oft sind die Eigenschaften eines Oxyd- oder Hydroxydfilmes von größerem Einfluß auf die Angriffsgeschwindigkeit als die eigentlichen Eigenschaften des Metalles. Whitby[1] hat gezeigt, daß die Korrosionsgeschwindigkeit von Magne-

---

[1] Whitby, L.: Trans. Faraday Soc. **31** (1935) 642; vgl. E. Brunner: Z. phys. Ch. 47 (1904) 84, der zeigt, daß die Geschwindigkeitskonstante von Magnesium in Salzsäure nahezu ebenso groß ist wie die des Magnesiumoxydes.

sium durch Natriumchloridlösungen verschiedener Konzentration in engem Parallelismus zu der Löslichkeit des Hydroxydes in diesen Lösungen steht. SCHIKORR[1] schreibt den relativ raschen Angriff von destilliertem Wasser auf Eisen und Blei (im Vergleich zu vielen anderen Metallen) der merklichen Löslichkeit ihrer (zweiwertigen) Hydroxyde zu, während WHITMAN, RUSSELL und DAVIS[2] die Aufmerksamkeit auf den allgemeinen Parallelismus zwischen der Korrosionsgeschwindigkeit des Eisens in verschiedenen Salzlösungen und der Löslichkeit des Eisen(II)-hydroxydes in den gleichen Flüssigkeiten gelenkt haben.

Im Falle des Angriffes sauerstoff-freier Säure auf sauerstoff-freies Metall sind Diskrepanzen infolge schützender Filme gewöhnlich nicht vorhanden, ausgenommen dann, wenn das gebildete Salz kaum löslich ist (Widerstand von Blei gegenüber Schwefelsäure). Ein anderer Faktor jedoch, und zwar die *Überspannung*, stört die Übereinstimmung zwischen der Reihenfolge in der Korrosionsgeschwindigkeit und der Spannungsreihe. Reines Zink, ein Metall von hoher Überspannung, wird durch reine Säuren weniger rasch als Eisen angegriffen, das erheblich über ihm in Tabelle 24 steht.

Andere Diskrepanzen, die besonders bei den edlen Metallen von Bedeutung sind, machen sich bemerkbar, sofern die Flüssigkeit ein Salz enthält, das befähigt ist, die Konzentration der metallischen Kationen herabzusetzen. Die Spannungsreihe ist auf der Annahme aufgebaut, daß die Ionenkonzentration normal ist. Metalle wie Gold, Silber und Kupfer, die dem Angriff gewöhnlicher Salzlösungen widerstehen, werden in Gegenwart von Cyaniden rasch korrodiert, wie auf S. 326 auseinandergesetzt worden ist.

Offenbar kann nicht erwartet werden, daß die Spannungsreihe exakt mit der Reihenfolge der Korrosionsgeschwindigkeiten übereinstimmt. Diejenigen, die aus der mangelnden Übereinstimmung schließen wollen, daß die Korrosion kein elektrochemisches Phänomen ist, verkennen doch die Kompliziertheit der elektrochemischen Vorgänge.

Beziehungen zum Periodischen System. Im Hinblick auf das Versagen der Spannungsreihe in der Bereitstellung eines einfachen Schlüssels für die Erkennung der Korrosionsgeschwindigkeit ist es natürlich, sich um Antwort an das Periodische System zu wenden. Dabei zeigt es sich, daß Elemente mit ähnlichem Verhalten oft in Gruppen zusammenstehen[3], jedoch finden sich auch hier wieder Anomalien.

Die von EVANS[4] bevorzugte Form des Periodischen Systems ist in Tabelle 36 wiedergegeben. Die Gruppen I A und II A enthalten zahlreiche Metalle, die Wasser unter Entwicklung von Wasserstoff zersetzen. In jeder Gruppe reagieren die schwereren Metalle rascher als die leichteren (Kalium zersetzt Wasser heftiger als Natrium, Natrium leichter als Lithium), während Gruppe I A insgesamt gesehen rascher als Gruppe II A reagiert. Die beiden leichtesten Elemente der Gruppe II A sind stabiler als die anderen. Magnesium macht Wasserstoff

---

[1] SCHIKORR, G.: Ber. 2. Korrosionstagung, Berlin 1932, S. 3.

[2] WHITMAN, W. G., R. P. RUSSELL u. G. H. B. DAVIS: J. Am. Soc. 47 (1925) 70.

[3] Wie H. J. T. ELLINGHAM [J. Electrodepositers' Soc. 10 (1935) 115] festgestellt hat, liegen sämtliche Metalle, die aus wässeriger Lösung elektrolytisch niedergeschlagen werden können, zusammen in der Mitte des Periodischen Systems.

[4] Abgedruckt, mit kleinen Änderungen, aus U. R. EVANS (Metals and Metallic Compounds, London 1923).

sicher aus Salzlösungen, Beryllium aus verdünnten Säuren[1] frei. Das zuletzt genannte Element bietet jedoch der Atmosphäre gegenüber einen bedeutenden Widerstand und wird kaum dunkel, wenn es unter Wasser gehalten wird. Der Widerstand von Beryllium und Magnesium ist mit der geringen Löslichkeit ihrer Oxyde im Verhältnis zu denen anderer Elemente verknüpft. Der Einfluß der Löslichkeit des Korrosionsproduktes ergibt sich auch aus der Tatsache, daß Strontium, das mit Wasser heftig reagiert, gegenüber konzentrierter Salpetersäure und konzentrierter Schwefelsäure Widerstand leistet.

In der Gruppe III A sind die niederen Glieder wiederum stabiler als die höheren. In der Tat ist Aluminium ein höchst widerstandsfähiges Metall, jedoch beruht die Stabilität ausschließlich auf dem eng adhärierenden Oxydfilm, wie sich gut am Verhalten von amalgamiertem Aluminium zeigt. Der Oxydfilm haftet nicht an der amalgamierten Oberfläche. Infolgedessen oxydiert sich das Metall sehr rasch nach Behandlung mit Quecksilber(II)-chlorid oder Quecksilber in feuchter Luft[2]. Viele der Eigenschaften des Aluminiums finden sich wieder bei den Elementen der Gruppe IV A, V A und VI A, von denen die meisten Oxydfilme besitzen, die durch geringe Löslichkeit und hohe elektrische Widerstandsfähigkeit ausgezeichnet sind. Diese Filme verleihen den kompakten Metallen eine bemerkenswerte Stabilität an der Atmosphäre, wenngleich sie in einigen Fällen im fein verteilten Zustande sehr reaktiv sind, was auf eine bedeutende Affinität gegenüber Sauerstoff hinweist. Die Metalle dieser drei Gruppen ähneln dem Aluminium auch insofern, als sie eine elektrische Ventilwirkung besitzen[3], ein Zeichen dafür, daß der Oxydfilm einen höheren elektrischen Widerstand in der anodischen als in der kathodischen Richtung besitzt. Sie lösen sich im allgemeinen rascher in Alkalien als in Säuren. Die Oxyde selbst besitzen in manchen Fällen sauren Charakter. Tatsächlich sind die Metalle der Gruppe V A bemerkenswert stabil gegenüber den meisten Säuren, mit Ausnahme der Fluorwasserstoffsäure. In der Gruppe VI A weisen auch Molybdän und Wolfram einen erheblichen Widerstand gegenüber vielen Säuren auf. Wolfram wird jedoch rasch durch ein Gemisch aus Fluorwasserstoffsäure und Salpetersäure angegriffen, während Molybdän in verdünnter Salpetersäure und konzentrierter Schwefelsäure korrodiert wird. Chrom und Uran bilden Oxyde mit basischen Eigenschaften und werden demgemäß leichter durch Säuren angegriffen. Das Verhalten des Chroms ändert sich, je nachdem, ob es im aktiven oder passiven Zustande vorliegt. ATEN[4] berichtet über das seltsame Verhalten von Schwefelsäure gegenüber Chrom, das nach dem GOLD-SCHMIDTschen Verfahren hergestellt worden ist. Wird dieses Metall der kathodischen Behandlung unterworfen, so korrodiert es, jedoch kommt der Angriff zum Stillstand, sobald der Polarisationsstrom unterbrochen wird.

---

[1] H. S. BOOTH und G. G. TORREY [J. phys. Chem. **35** (1931) 3118] stellen fest, daß *reines* Beryllium, das durch Elektrolyse von Berylliumchlorid in flüssigem Ammoniak erhalten wird, durch Salzsäure nicht gelöst wird, wenn es nicht in Kontakt mit Platin gebracht wird. [2] Siehe auch C. QUILLARD: C. r. **185** (1927) 953.

[3] J. W. HOLST [Z. Elektroch. **42** (1936) 138] hat gezeigt, daß der trockene Oxydfilm auf Aluminium selbst in Abwesenheit eines Elektrolyten eine verschiedene Leitfähigkeit hat, je nach der Richtung, in der der Strom hindurchgeht.

[4] ATEN, A. H. W.: Pr. Acad. Amsterdam **21** (1918) 138. — Nach E. MÜLLER [Z. phys. Ch. A **176** (1936) 273] sind kompaktes Chrom und Chromamalgam normalerweise passiv gegenüber 2 n-Schwefelsäure. Bei schwacher kathodischer Polarisation kann das kompakte Metall permanent aktiv, das Amalgam jedoch nur temporär aktiv gemacht werden.

Abgesehen vom Mangan sind die Metalle der Gruppe VII A erst in neuerer Zeit entdeckt worden. Dabei scheint es, als ob hier im Gegensatz zu den vorhergehenden Gruppen die höheren Elemente widerstandsfähiger als die niedrigeren sind. So macht Mangan Wasserstoff rasch aus verdünnten nicht oxydierenden Säuren frei. Rhenium andererseits, das durch Salpetersäure leicht angegriffen wird, soll durch Schwefelsäure nur langsam und durch Salzsäure sowie Flußsäure fast gar nicht angegriffen werden[1], was darauf schließen läßt, daß sein edles Verhalten eine Eigenschaft des Metalles selbst ist und nicht auf dem Vorhandensein eines schützenden Filmes beruht. Über die Korrosion des Masuriums, das zur Zeit wohl noch nicht im experimentierreifen Zustande vorliegt, ist naturgemäß noch nichts auszusagen.

In der *Übergangsgruppe* und den beiden ersten B-Gruppen sind die schwereren Metalle wieder edler als die leichteren. Die Stabilität von Platin, Rhodium, Palladium, Gold und Silber ist eine den Metallen selbst zugehörige Eigenschaft, abweichend von vielen Elementen der A-Gruppen, die ihre Stabilität dem Vorhan-

Tabelle 36. Periodisches System der Elemente.

Gruppe	0	IA	IIA	IIIA	IVA	VA	VIA	VIIA	Übergangselemente			IB	IIB	IIIB	IVB	VB	VIB	VIIB
1 H	2 He	3 Li	4 Be	5 B											6 C	7 N	8 O	9 F
	10 Ne	11 Na	12 Mg	13 Al											14 Si	15 P	16 S	17 Cl
	18 Ar	19 K	20 Ca	21 Sc	22 Ti	23 V	24 Cr	25 Mn	26 Fe	27 Co	28 Ni	29 Cu	30 Zn	31 Ga	32 Ge	33 As	34 Se	35 Br
	36 Kr	37 Rb	38 Sr	39 Y	40 Zr	41 Nb	42 Mo	43 Ma	44 Ru	45 Rh	46 Pd	47 Ag	48 Cd	49 In	50 Sn	51 Sb	52 Te	53 J
	54 Xe	55 Cs	56 Ba	57 La	58 Ce													
				59—71 Seltene Erden	72 Hf	73 Ta	74 W	75 Re	76 Os	77 Ir	78 Pt	79 Au	80 Hg	81 Tl	82 Pb	83 Bi	84 Po	85 —
	86 Em	87 —	88 Ra	89 Ac	90 Th	91 Pa	92 U											
	Edelgase	Metalle der A-Gruppen							Übergangsmetalle			Metalle der B-Gruppen						Nichtmetalle

[1] AGTE, C., H. ALTERTHUM, K. BECKER, G. HEYNE und K. MOERS: Z. anorg. Ch. **196** (1931) 129. Hier kann möglicherweise ein Druckfehler vorliegen.

densein schützender Filme verdanken. Der besondere Grund für die chemische Stabilität der Übergangselemente wird weiter unten behandelt werden. Die sechs schwereren Elemente der Übergangsgruppe bleiben völlig unverändert in sämtlichen gewöhnlichen Atmosphären, wenngleich auch Ruthenium und Osmium flüchtige Oxyde besitzen und beim Erhitzen an Luft rauchende, giftige Dämpfe abgeben. Die Oxyde von Iridium und selbst von Platin sind gleichfalls bei sehr hohen Temperaturen flüchtig (s. S. 101). Gegenüber den meisten Reagenzien sind diese sechs Metalle stabil. Sie entwickeln keinen Wasserstoff aus Säuren, wenngleich Palladium durch heiße, konzentrierte Schwefelsäure und, bis zu einem gewissen Grade, durch Salpetersäure angegriffen wird, während Platin durch Königswasser angegriffen wird. Nach ATKINSON[1] werden Platin, Palladium, Rhodium, Ruthenium und Iridium in einem Schmelzgemisch von Kalium-, Lithium- und Natriumchlorid bei etwa 400° oder in geschmolzenen Alkalicyaniden zwischen 400° und 500° anodisch gelöst. Unter den Elementen der Platingruppe ist das Palladium das einzige, das sich mit hoher Stromausbeute in einer wässerigen Lösung, beispielsweise in einer sauren chloridhaltigen Lösung, anodisch auflöst.

Von den Metallen der Gruppe I B wird Gold durch Königswasser, jedoch nicht durch die einfachen Säuren, angegriffen, während Kupfer und Silber dem Angriff durch Salpetersäure unterliegen. Alle drei Elemente werden durch Cyanide, die Sauerstoff enthalten, angegriffen. Kupfer wird bei mäßigem Erhitzen an Luft oxydiert, während Silber und Gold gewöhnlich dem Aussehen nach unverändert bleiben; geschmolzenes Silber dagegen löst Sauerstoff und gibt ihn beim Erstarren wieder ab (vgl. S. 100). Gegenüber Schwefelverbindungen sind diese Elemente jedoch weniger widerstandsfähig. Kupfer und Silber bilden beide in einer schwefelwasserstoffhaltigen Atmosphäre Anlaßfarben. Silber besitzt ein merklich lösliches Oxyd. Kommt das Metall in Kontakt mit destilliertem Wasser, so geht es nach KŘEPELKA und TOUL[2] zu 0,01 bis 0,04 mg/l in Lösung — durchaus beachtenswert im Hinblick auf die Verwendung von Silber für Destillationsapparate.

In der Gruppe II B ist der Gegensatz zwischen den leichteren und schwereren Metallen sehr interessant. Elektrochemisch muß Quecksilber als ein Edelmetall betrachtet werden; seine Salze werden leicht reduziert, das Metall bleibt normalerweise in nicht-oxydierenden Säuren unangegriffen, während es mit Salpetersäure reagiert. Zink ist schwer zum metallischen Zustand zu reduzieren, es treibt Wasserstoff rasch aus verdünnter Salzsäure bzw. Schwefelsäure aus, wenigstens, wenn ein edleres Metall im Kontakt mit ihm vorhanden ist. An gewöhnlicher Luft ist Zink jedoch oft recht widerstandsfähig, während Quecksilber trübe wird, wahrscheinlich weil die flüssige Basis den Film daran hindert, den Angriff abzustoppen. Cadmium ist edler als Zink; es macht Wasserstoff nur langsam aus Säuren frei, während Kontakt mit Nickel oder Eisen (oder der Zusatz von Kupfersalz zur Flüssigkeit) den Angriff katalysiert. Wird Cadmium teilweise in eine Chlorid- oder Sulfatlösung eingetaucht, so wird es viel weniger rasch als Zink angegriffen, da das Korrosionsprodukt in sehr engem Kontakt mit dem Metall entsteht[3].

---

[1] ATKINSON, R. H.: Private Mitteilung vom 24. Januar 1936.

[2] KŘEPELKA, H. u. F. TOUL: Collect. Czechosl. chem. Communic. 1 (1929) 157.

[3] Siehe auch C. W. BORGMANN u. U. R. EVANS: Trans. electrochem. Soc. 65 (1934) 264.

Die Metalle der Gruppe III B sind relativ selten. Indium bleibt an gewöhnlicher Luft blank, während Gallium und Thallium oberflächlich oxydiert werden. Alle drei Metalle machen Wasserstoff aus verdünnten nicht-oxydierenden Säuren frei, während Thallium Wasser bei 100° in Abwesenheit von Sauerstoff unter Wasserstoffentwicklung zersetzt. Dieser Angriff durch Wasser ist mit der freien Löslichkeit von Thallium(I)-hydroxyd verbunden. Nach CENTNERSZWER[1] löst sich Thallium in Wasser fast so rasch wie in Salzsäure.

Die beiden leichteren Elemente der Gruppe IV B sind Nichtmetalle erheblicher Stabilität, während die drei anderen Grundstoffe dieser Gruppe metallische Eigenschaften besitzen. Germanium und Zinn sind gegenüber gewöhnlicher Luft bemerkenswert widerstandsfähig, während Blei, wenn es auch recht bald matt wird, nur oberflächlich verändert wird. Aus heißer, konzentrierter Salzsäure machen diese Elemente Wasserstoff frei und werden auch durch Salpetersäure angegriffen.

In der Gruppe V B sind die beiden leichtesten Metalle wiederum Nichtmetalle, während Arsen sowohl im metallischen als auch im nichtmetallischen Zustande vorkommt. Durch gewöhnliche Luft werden metallisches Arsen und Antimon nicht angegriffen, während sie beim Erhitzen dichte Nebel von Oxyd abgeben. Wismut wird an feuchter Luft irisierend und gibt beim Erhitzen einen gelblichen Film. Alle drei Elemente werden durch Salpetersäure angegriffen, sind jedoch gegenüber nicht-oxydierenden Säuren widerstandsfähiger. Handelswismut wird nach WERNER[2] durch Salzsäure angegriffen, während das reine Metall sehr widerstandsfähig ist.

In den Gruppen VI B und VII B wird der nichtmetallische Charakter vorherrschend, so daß die Elemente in diesem Zusammenhang nicht weiter behandelt zu werden brauchen.

Anomales Verhalten der Übergangselemente. Zwischen den Übergangselementen und den Metallen der B-Gruppe besteht ein wichtiger Unterschied in den elektrochemischen Eigenschaften, durch den das Verhalten der Elemente gegenüber korrosiven Flüssigkeiten beeinflußt wird. Wird eine kleine EK an das Element

Silber / Silbersalzlösung / Silber

angelegt, so kann dadurch bereits eine rasche Abscheidung von Silber an der Kathode und eine rasche Auflösung der Anode hervorgerufen werden, vorausgesetzt, daß der Elementwiderstand gering ist. Wird ein entsprechendes elektrochemisches Element jedoch mit Elektroden aus Eisen, Kobalt oder Nickel ausgestattet, so ist eine bedeutende EK erforderlich, um den gleichen Effekt hervorzurufen. Offenbar besteht ein erheblicher Unterschied zwischen den Potentialen, bei denen rasche Auflösung bzw. rasche Abscheidung bei irgendeinem dieser Metalle eintritt. Diese Erscheinung führt zu der Annahme, daß der Übergang von Ionen zwischen dem Metall und der Flüssigkeit, der an der Silberoberfläche rasch in jeder Richtung erfolgt, im Falle von Eisen, Kobalt und Nickel nicht leicht vor sich geht. THON[3] hat die Ansicht ausgesprochen, daß die Kationen bei der Abscheidung von Metallen, die gute Krystalle bilden (Blei, Zink, Cadmium, Wismut, Kupfer und Silber), direkt, ohne Entladung, in das Gitter

---

[1] CENTNERSZWER, M.: Z. Elektroch. 37 (1931) 603.
[2] WERNER, M.: Techn. Blätter 1933, Heft 2.   [3] THON, N.: C. r. 197 (1933) 1312.

eintreten, daß jedoch ein derartiger direkter Eintritt von Ionen in das Gitter im Falle von Eisen, Kobalt und Nickel nicht erfolgt. Er nimmt versuchsweise eine von KOHLSCHÜTTER ausgesprochene Hypothese an, wonach in derartigen Fällen das aus der Lösung kommende Metall auf dem Elektrodenmetall zuerst in nicht-krystalliner Form zur Abscheidung kommt.

HOAR hat für das besondere elektrochemische Verhalten der Übergangsmetalle eine Ursache angenommen. Die HUME-ROTHERYsche[1] Regel für die Zusammensetzung der Legierungsphasen gestattet hinsichtlich der Zahl der mit dem Atom eines jeden Metalles verknüpften Elektronen eine Aussage zu machen. In den meisten Fällen ist diese Zahl gleich der Valenz; so hat Silber ein Elektron je Atom, Zink deren zwei, Aluminium drei und Zinn vier Elektronen je Atom. Im Falle der Übergangselemente (Eisen, Kobalt, Nickel sowie der sechs Platinmetalle) muß zur Erklärung der Zusammensetzung der Legierungsphasen jedoch angenommen werden, daß sie *keine* freien Elektronen besitzen. Das bedeutet aber folgendes: während Silber und die meisten anderen Metalle aus Ionengittern mit freien Elektronen aufgebaut sind, trifft dieses einfache Bild auf die Metalle der Übergangselemente nicht zu. Ist das richtig, so ist es leicht verständlich, warum Silber und andere Metalle der anodischen Auflösung unterliegen, und warum es bei ihnen so leicht zu kathodischer Abscheidung kommen kann: die Ionen gehen bei ihnen leicht zwischen Metall und Flüssigkeit über, während der entsprechende Vorgang bei den Metallen der Übergangsgruppe nicht eintreten kann, da die Ionen nicht bereits „fertig" in der metallischen Phase vorliegen[2].

Der praktische Effekt, der auf dieser Differenz beruht, ist sowohl für die elektrolytische Abscheidung von Metallen (s. S. 561) als auch vom Standpunkt der Korrosion wichtig. Es ist zu erwarten, daß die Elektrolyse einer Nickel- und Zinksalze enthaltenden Lösung an der Kathode einen Niederschlag liefert, der mehr Nickel als Zink enthält, da Nickel von beiden das edlere Metall ist. Tatsächlich enthält die abgeschiedene Legierung mehr Zink als Nickel, und zwar selbst dann, wenn Nickel im Überschuß in der Lösung vorhanden ist[3]. Andererseits führt die Abscheidung von Silber aus einer einfachen Salzlösung zu einem rauhen, krystallinen Niederschlag, da die Ionen nur langsam ihre richtigen Plätze im Gitter einnehmen. Nickel andererseits gibt, wenn es aus einer einfachen Salzlösung abgeschieden wird, einen glatten, feinkörnigen Niederschlag[4]. Die gleiche Anomalität führt dazu, daß die anodische Auflösung weniger rasch erfolgt, als erwartet werden sollte, was zweifellos der Grund ist, warum Nickel, wie aus seiner Stellung in der Spannungsreihe erwartet werden sollte, den Wasserstoff nicht rasch aus Säuren in Freiheit setzt, daß dieser Vorgang vielmehr nur sehr

---

[1] HUME-ROTHERY, W.: J. Inst. Met. **35** (1926) 314; Inst. Met. Monograph. Rep. Ser. 1 (1936) 98; s. auch W. L. BRAGG: J. Inst. Met. **56** (1935) 279.

[2] W. HUME-ROTHERY [Inst. Met. Monograph. Rep. Ser. 1 (1936) 27] nimmt an, daß das Aluminiumatom nur teilweise im Krystall des Elementes ionisiert ist. Hierdurch kann vielleicht ein Beitrag zu der Frage geliefert werden, warum Aluminium nicht ohne weiteres dem anodischen Angriff unterliegt.   [3] GRUBE, G.: Trans. Faraday Soc. **9** (1914) 216.

[4] Die *unmittelbare* Ursache für das feine Nickelkorn ist zweifelsohne in der gleichzeitigen Abscheidung von Oxyd zu sehen (s. S. 561). Die Tatsache jedoch, daß gleichzeitig Oxyd abgeschieden wird, ist ihrerseits wahrscheinlich darauf zurückzuführen, daß das Kathodenpotential während der Abscheidung weit unter den reversiblen Wert herabgesetzt wird.

langsam in seiner Gegenwart abläuft, und zwar selbst dann, wenn es in Kontakt mit Platinschwarz gebracht wird (s. S. 281).

Ähnliche Sachverhalte liegen wahrscheinlich der Stabilität des Platins zugrunde und beeinflussen die Korrosionsgeschwindigkeit des Eisens. Obgleich letzteres durch Säure rasch korrodiert wird, würde es noch rascher angegriffen werden, wenn nicht der träge Übergang vorhanden wäre. Durch adsorbierten Schwefelwasserstoff, der nach HOAR die Anomalität beseitigt, wird der Angriff durch Säuren wesentlich beschleunigt. Hierin liegt wahrscheinlich die Ursache für die beschleunigende Wirkung der Sulfide, die, sei es in der Flüssigkeit, sei es im Metall, günstig auf die Korrosion des Eisens durch Säuren wirken.

2. Eingehendere Behandlung typischer Fälle.

Experimentelle Durchführung. Die Art und Weise, in der sowohl der Charakter als auch die Verteilung des Angriffes bei den verschiedenen Metallen im Zusammenhange mit den Eigenschaften dieser Elemente, der Oxyde und Salze bestimmt wird, kann durch Beispiele, wie sie Untersuchungen an Zink, Aluminium und Kupfer liefern, demonstriert werden. Diese Versuche sind in Cambridge im Jahre 1928 durchgeführt worden[1]. Hierbei dienen Zink und Kupfer als Beispiele für das unedle bzw. edle Ende der Spannungsreihe, während Aluminium als ein Metall anzusprechen ist, das, obgleich es am unedlen Ende dieser Reihe steht, doch infolge des schützenden Charakters seines Oberflächenfilmes einen bedeutenden Widerstand leistet. Einige Untersuchungen auch anderer Laboratorien über die gleichen Metalle sollen in diesem Zusammenhang gleichfalls Erwähnung finden.

In den in Cambridge durchgeführten Versuchen bestanden die Proben aus rechteckigen Metallblechen, die mit Schmirgel verschiedener Körnigkeit behandelt wurden. Hierauf wurden sie partiell in $^1/_{10}$ molare Kaliumchlorid- oder -sulfatlösung unter einem Winkel von 70° zur Horizontalen eingetaucht. In jeder Versuchsreihe wurde eine Anzahl gleichartiger Proben in die gleiche Flüssigkeit gebracht (es wurden getrennte Gefäße benutzt), zu *verschiedenen* Zeiten herausgenommen und sorgfältig unter dem Mikroskop untersucht. Dieses Verfahren gestattet, den Zustand der Proben in den verschiedenen Stadien aufzuzeigen und liefert sozusagen einen Bericht über das zeitliche Verhalten. Diese Art der Versuchsdurchführung erwies sich als durchaus notwendig, da die Interferenzfarben auf der Oberfläche des Metalles gewöhnlich nicht sichtbar sind, solange sich die Proben in der Flüssigkeit befinden. Es sind in dieser Weise mehrere hundert Proben untersucht worden. Nachstehend kann infolgedessen nur in großen Zügen ein Überblick über die Versuchsergebnisse gegeben werden.

Korrosion von partiell in Kaliumsulfatlösung eingetauchtem Zink. Sorgfältig abgeschliffene oder gewalzte Proben aus Zink, die in $^1/_{10}$ molare Kaliumsulfatlösung gebracht werden, lassen bald das Entstehen dünner, weißer Flecke erkennen, von denen aus sich schmale Bänder einer adhärierenden weißen Masse abwärts bewegen. Diese Weißfärbung ist bei Beobachtung in gestreutem Licht am intensivsten an der Ausgangsstelle, was darauf hindeutet, daß dort der Niederschlag am dichtesten ist (was durch die Interferenzfarbenfolge bestätigt wird). Während der ersten 40 min ist die weiße Masse *völlig adhärierend,* es

---

[1] EVANS, U. R.: J. chem. Soc. **1929**, 111; eine frühere Arbeit siehe in J. Inst. Met. **30** (1923) 239 und in Ind. eng. Chem. **17** (1925) 363.

macht sich keinerlei Wolkenbildung in der Flüssigkeit bemerkbar. Ein Grund für das Adhäsionsvermögen kann vielleicht angegeben werden. An den aktiven Stellen ist der primäre Oxydfilm grundsätzlich porös. An jeder Pore ist das freiliegende Zink anodisch gegenüber der unmittelbar angrenzenden Fläche, an der sich der Film in besserem Zustand befindet. Die anodischen und kathodischen Produkte, Zinksulfat und Kaliumhydroxyd, treten Seite an Seite auf und reagieren so dicht an der metallischen Oberfläche miteinander, daß das Zinkhydroxyd an ihr festhaftet[1]. Anfänglich ist der Niederschlag aus Zinkhydroxyd nicht von gleichförmiger Dicke. Infolgedessen sind keinerlei Interferenzfarben sichtbar, ausgenommen an sehr fein geschliffenem Material. In einem fortgeschritteneren Stadium der Niederschlagsbildung kommt es zu einer gleichmäßigeren Dickenausbildung, so daß die späteren Farben der Reihe gewöhnlich ohne Schwierigkeit festgestellt werden können.

In einem späteren Stadium erscheint längs der Begrenzung eines jeden weißen Bandes ein membranähnlicher Wall von Zinkhydroxyd, der *senkrecht zur Metalloberfläche nach außen* wächst und den weißen Streifen wie der Finger eines Handschuhes einschließt. Offenbar kommt diese Bildung durch Reaktion zwischen dem schweren (von den ursprünglich aktiven Stellen her abwärtsfließenden) Zinksulfat und dem Kaliumhydroxyd (von dem darüber und an der Seite liegenden besser belüfteten kathodischen Gebiet) zustande. In diesem Stadium beginnt die Flüssigkeit wolkig zu werden; schließlich beginnt sich am Boden des Gefäßes ein Niederschlag abzusetzen, der offenbar aus Zinksulfat und Kaliumhydroxyd gebildet wird, die, entfernt von der metallischen Oberfläche, miteinander in Reaktion treten.

Oberhalb und außerhalb der membranähnlichen Wälle von Zinkhydroxyd befindet sich nunmehr Alkali im Überschuß. Jedes hier momentan an schwachen Stellen im primären Film gebildete Zinksulfat wird als ein adhärierender Hydroxydfilm in sehr engem Kontakt mit der metallischen Oberfläche ausgefällt. Dieser Film erscheint im zerstreuten Licht weniger weiß, als der unter den Membranwällen erzeugte Niederschlag, zeigt jedoch bessere Interferenzfarben im reflektierten Licht. Übereinstimmend hiermit erscheint eine Reihe gefärbter Bänder, die den Membranwällen parallel laufen, wobei die Anordnung der Farben anzeigt, daß der Film nächst dem Wall und besonders an denjenigen Stellen am dicksten ist, die den ursprünglichen schwachen Punkten am nächsten liegen.

So führt selbst in diesem frühen Stadium das Eintauchen von Zink in Kaliumsulfat zu *vier verschiedenen Typen von Zinkhydroxyd*, die sämtlich dort als Niederschlag entstehen, wo Zinksulfat und Kaliumhydroxyd miteinander zusammentreffen[2], wie Abb. 65 zeigt.

---

[1] Der Ausdruck *Zinkhydroxyd* wird hier für das Ausfällungsprodukt von Zinksalz und Alkali verwendet. Es kann adsorbierte Zinksalze enthalten. Einige Autoren ziehen es vor, es als basisches Zinksalz zu bezeichnen. Es ist unwahrscheinlich, daß es ein basisches Zinksalz fester Zusammensetzung ist. Wie jedoch in einer früheren Arbeit — s. U. R. EVANS u. L. L. BIRKUMSHAW: Koll.-Z. **34** (1924) 71 — ausgeführt worden ist, können diese Adsorptionsverbindungen wohl als basische Salze variabler Zusammensetzung aufgefaßt werden.

[2] Auf Eisen sind gleichfalls vier Typen von Korrosionsprodukten analog den vier auf dem Zink erhaltenen Typen A, B, C und D festgestellt worden. In diesem Fall ist die Angelegenheit jedoch dadurch komplizierter, daß das Produkt in seiner Zusammensetzung vom Eisen(II, III)-(hydr)oxyd (grün oder schwarz) bis zum Eisen(III)-(hydr)oxyd (gelb oder braun) schwankt.

Typ A entsteht an sog. schwachen Stellen der Oberfläche, an denen Zinksulfat und Kaliumhydroxyd *an zahlreichen Stellen Seite an Seite* auf der metallischen Oberfläche gebildet werden. Er ist adhärierend, kann durch Reiben nicht beseitigt werden, ist sehr weiß (im zerstreuten Licht), zeigt jedoch nur schwache Interferenzfarben.

Typ B entsteht dort, wo Zinksulfat und Kaliumhydroxyd *in zwei getrennten Flächen* gebildet werden; er bildet einen membranartigen Wall oder *Mantel* senkrecht zur metallischen Oberfläche; er folgt der Trennungslinie zwischen beiden Flächen, adhäriert nur schwach am Metall, kann leicht abgerieben werden und hinterläßt eine weißliche Linie, die anzeigt, wo der Wall das Metall berührt hat.

Typ C entsteht dort, wo Zinksulfat und Kaliumhydroxyd in gewissem Abstand von der metallischen Oberfläche aufeinandertreffen. Es ist ein *flockiger Niederschlag,* der auf den Boden des Gefäßes herabsinkt, oder als lockere, nichtadhärierende Decke über dem unteren Teil der Probe erhalten bleibt.

Typ D entsteht *oberhalb oder außerhalb des Mantels,* wenn Zinksulfat langsam durch einen defekten Oxydfilm in die Kaliumhydroxyd im Überschuß enthaltende Flüssigkeit abfließt. Er ist noch dichter adhärierend als Typ A und ergibt gute Interferenzfarben. Er besitzt nur in erheblicher Dicke eine weiße Färbung.

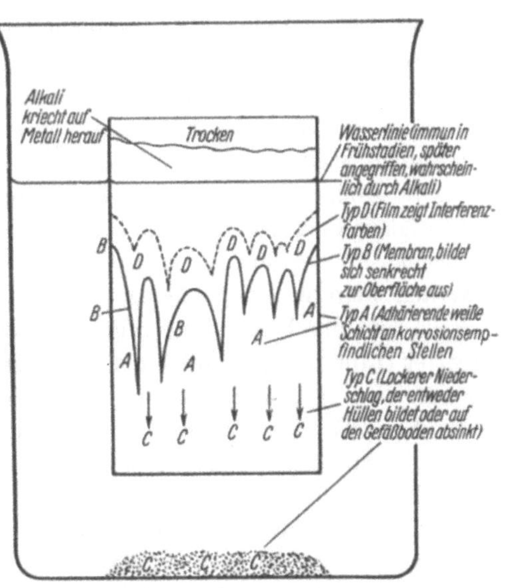

Abb. 65. Typen des Angriffes auf partiell eingetauchtes Zink (schematische Darstellung).

In dem Maße, in dem die Korrosion fortschreitet, beginnen neue Ströme von Zinkhydroxyd von frischen weiter oben gelegenen Punkten her herabzufließen, die sich beim Absteigen gewöhnlich verbreitern, was wahrscheinlich auf die Erschöpfung des Sauerstoffes und auf die verminderte Erzeugung von Alkali an anderen Stellen als an der Wasserlinie zurückzuführen ist. Auch am untersten Teil der Probe, an dem die Sauerstoffkonzentration am geringsten sein muß, erscheint eine kontinuierliche weiße Zone, die durch eine horizontale obere Grenze abgeschlossen wird, die mit der Zeit ständig nach oben vorrückt (vgl. S. 186). Innerhalb eines Tages vom Versuchsbeginn an ist nahezu die gesamte Oberfläche mit Zinkhydroxyd bedeckt, mit Ausnahme einer engen Zone in der Nähe der Wasserlinie. Diese wird von dem darunterliegenden korrodierten Gebiet durch einen gewellten Mantel getrennt, der durch Vereinigung der bereits erwähnten membranartigen Finger gebildet worden ist. Häufig erreichen die Mantelspitzen die Wasserlinie. In manchen Fällen ist in diesem Stadium der größte Teil der unter dem Mantel liegenden Fläche der Korrosion unterworfen. Proben von reinem Zink mit sehr fein geschliffener Oberfläche zeigen längs der Schleifriefen unter dem Mikroskop graue Punkte, was auf Stellen hinweist, an denen das Zink so stark korrodiert ist, daß die ursprünglich weiß gefärbte Oberfläche verschwunden ist. Im Laufe der Zeit rücken sie mehr und mehr zusammen, je mehr sie in die Nähe der ursprünglichen schwachen Stellen kommen. Manchmal treten sie zu einer stetigen Fläche zusammen.

Nachdem der untere Teil der Probe mit einer Decke eines locker abgeschiedenen Zinkhydroxyds bedeckt worden ist, wird der Teil oberhalb des Mantels wahrscheinlich zur alleinigen kathodischen Zone und damit einer vergleichsweise geringen Korrosion unterworfen. Im weiteren Verlauf des Vorganges erscheint eine Reihe kleiner weißer Punkte längs der eigentlichen Wasserlinie, die sich allmählich vereinigen und längs dieser Linie ein Kontinuum bilden, während sich von der Wasserlinie nach unten zu angenähert horizontal laufende Farbbänder ausbreiten. Die Reihenfolge der Farben läßt darauf schließen, daß der Film in der Nähe der oberen Begrenzung, wo gewöhnlich die blaue Farbe erster Ordnung oder selbst die rote Farbe zweiter Ordnung erreicht wird, am dicksten ist. Ein dünner Schaum von membran-ähnlichem Zinkhydroxyd kann in diesem Stadium auf der Flüssigkeitsfläche schwimmend beobachtet werden. Das in großer Menge an der Wasserlinie gebildete Alkali führt dazu, daß die Flüssigkeit über den ursprünglich trockenen Teil oberhalb des Meniscus hinauskriecht. An der oberen Grenze der durch den Kriechvorgang benetzten Fläche werden weitere geringe Mengen von Zinkhydroxyd gebildet. Zwischen dieser Stelle und der Wasserlinie zeigt die Oberfläche Interferenzfarben zweiter und dritter Ordnung. (Ein *dünner* Film einer salzhaltigen Flüssigkeit scheint, selbst wenn diese alkalisch ist, im allgemeinen einen gewissen Schutz zu bilden, offenbar weil die Wahrscheinlichkeit dafür gegeben ist, daß das Korrosionsprodukt an seiner äußeren Oberfläche adhäriert.)

Abweichungen im Verhalten infolge rauher Oberflächen und Gegenwart von Chloriden. Während die Korrosion an gewalztem Zink und selbst an fein abgeschliffenem Zink in Sulfatlösung an ausgezeichneten Punkten einsetzt, ist der Angriff an grob geschliffenem Zink weniger lokalisiert, offenbar infolge der größeren Anzahl aktiver Stellen. In ähnlicher Weise ist das Korrosionsprodukt in $1/10$ molarer Kaliumchloridlösung von diffuserem Charakter, so daß sich die fein geschliffenen Proben von Handelszink in Chloridlösung ziemlich gleich den grob geschliffenen Zinkproben in Sulfatlösung verhalten. In der Chloridlösung scheint der Angriff an einer größeren Anzahl von Punkten als in der Sulfatlösung einzusetzen, jedoch dehnt er sich weniger rasch aus. Im Falle des fein geschliffenen reinen Zinks ist die Begrenzungslinie des Mantels welliger in Chlorid- als in Sulfatlösung. Offenbar versagen viele der schwachen Stellen, die in Chloridlösungen als wirksame Korrosionsherde anzusprechen sind dann, wenn die größeren SO_4''-Anionen allein vorhanden sind. Reines Zink gibt schärfer definierte Angriffsherde als Handelszink, was wahrscheinlich ein Zeichen dafür ist, daß Verunreinigungen die Vergrößerung der vom Zusammenbruch betroffenen Flächenteile befördern.

Der Unterschied zwischen Chlorid- und Sulfatlösungen ist teilweise auf die verschiedene Ausflockungsfähigkeit der Anionen zurückzuführen, was durch eine besondere Versuchsreihe klargestellt werden konnte. $1/10$ molare Kaliumsulfatlösung, die geringe Mengen an Alkali ($1/200$ molar) enthält, wurde in wechselnden Beträgen zu $1/10$ molarer Kaliumsulfatlösung, die geringe Mengen von Zinksulfat ($1/200$ molar) enthält, zugesetzt. Parallelversuche wurden mit $1/10$ molarer Kaliumchloridlösung angestellt. Dabei zeigte es sich, daß zur Herbeiführung der gleichen Ausfällungsgeschwindigkeit im Falle des Sulfates eine geringere Alkalimenge als im Falle des Chlorides erforderlich ist, was darauf hindeutet, daß SO_4'' ein größeres Ausflockungsvermögen als Cl' besitzt. Offenbar wird Zinkhydroxyd, wenn metallisches Zink in eine Sulfatlösung gebracht wird, wahrscheinlich näher am Korrosionsherd zur Ausfällung kommen, während die Zinkionen in Chloridlösung weiter in die alkalische Lösung hineinwandern müssen, ehe sie zur Ausfällung gelangen. So wird das in Chloridlösung gebildete Korrosionsprodukt selbst in Frühstadien des Vorganges weitgehend nicht-adhärent sein. So wird eine Chloridlösung an Stelle eines dicht anhaftenden weißen Fleckes, der für den Sulfatangriff an schwachen Stellen charakteristisch ist, lediglich ein etwas gelatinöses „Kügelchen" oder (im Falle von reinerem Zink) einen schleifenförmigen, membranartigen Wall von Zinkhydroxyd hervorbringen, der sich senkrecht zur Metalloberfläche ausbreitet und den Herd des Angriffes auf drei Seiten einschließt.

Wasserlinienkorrosion von Zink und anderen Metallen. Charakteristisch für Spätstadien der Korrosion in Chloridlösungen ist der Angriff längs der Wasserlinie. Über ziemlich ausgeprägte Fälle eines derartigen Angriffes an gewalzten Zinkblechen berichtet BORGMANN[1], die auf S. 222 behandelt werden, während BENGOUGH und WORMWELL[2] in ausgedehnten Untersuchungen bereits vorher festgestellt hatten, daß Zinkbleche durch die Korrosion an der Wasserlinie völlig durchlöchert werden.

Für diesen Wasserlinienangriff sind verschiedene Erklärungsversuche unternommen worden[3]; die Frage ist jedoch nicht als endgültig abgeschlossen zu betrachten. Es ist denkbar, daß die gut belüftete Zone oberhalb der Wasserlinie, die durch das Kriechen benetzt worden ist, in den späteren Stadien zur Kathode wird, während die Meniscuszone selbst anodisch wird. Vielleicht ist die einfachste Erklärung jedoch die, daß der bis dahin schützend wirkende Zinkhydroxydfilm in dem Augenblick, in dem hinreichend Alkali an der Wasserlinie gebildet worden ist, wieder aufgelöst wird und damit den Angriff auf das Metall freigibt[4].

---

[1] BORGMANN, C. W. u. U. R. EVANS: Trans. electrochem. Soc. **65** (1934) 249.

[2] BENGOUGH, G. D. u. F. WORMWELL: Pr. Roy. Soc. A **140** (1933) 402; Chem. Ind. 14 (1936) 262.

[3] EVANS, U. R.: Chem. Ind. **14** (1936) 212.

[4] Nach BENGOUGH und WORMWELL steigt der p_H-Wert an der Wasserlinie beim Zink nur bis 11. Kann dieser Wert nachgewiesen werden, so ist es ziemlich sicher, daß der wahre p_H-Wert in sehr großer Nähe zur Oberfläche deutlich höher sein muß. Die relativ geringe Ansammlung von Alkali an der Wasserlinie kann wirklich als ein Zeichen dafür gelten, daß das Alkali zur Auflösung des Zinkhydroxydes oder bei der Korrosion des Zinkes aufgebraucht worden ist, was dazu führt, daß der p_H-Wert keinen so hohen Wert erreichen kann, wie das sonst der Fall sein würde. Es besteht ein Hinweis darauf, daß eine gewisse Auflösung von Zinkhydroxyd (sei es als Zinkat oder in Form einer kolloiden Suspension) bei $p_H = 12$ erfolgt, sowie ein zweifelhafterer Hinweis, daß dieser Vorgang bei $p_H = 11$ abläuft, jedoch stimmen die elektrometrischen Kurven, die durch verschiedene Experimentatoren erhalten werden, nicht miteinander überein. Siehe hierzu J. H. HILDEBRAND u. W. G. BOWERS: J. Am. Soc. **38** (1936) 786. — H. T. S. BRITTON: J. chem. Soc. **1925**, 2124. — N. G. CHATTERJI u. N. R. DHAR: Faraday Society, General Discussion of Physics and Chemistry of Colloids 1921, S. 123. Der Angriff auf metallisches Zink beginnt offenbar bei $p_H = $ etwa 11,5 in Gegenwart von Sauerstoff, wird jedoch erst (wahrscheinlich infolge der Fähigkeit zur Wasserstoffentwicklung) bei $p_H = $ etwa 12,5 rasch. Siehe hierzu S. C. BRITTON: J. Soc. chem. Ind. Trans. **55** (1936) 19. — B. E. ROETHELI, G. L. COX u. W. B. LITTREAL: Metals

Eine ähnliche Korrosion an kathodischen Stellen, die in Frühstadien immun gegenüber Angriff sind, findet sich auch bei anderen Metallen, die in Alkali lösliche Oxyde bilden. Burns[1] berichtet über einen entsprechenden Angriff auf Blei, Schikorr[2] über eine entsprechende Erscheinung an Aluminium und Zinn. Burns sowohl als auch Schikorr interpretieren ihre Ergebnisse unter Annahme differentieller Belüftungsströme, die leicht eine hinreichende Ansammlung von Alkali an den kathodischen Teilen zwecks Hervorrufung des Angriffes ermöglichen können. So berichtet Burns beispielsweise, daß die Hypothese der differentiellen Belüftung das Phänomen nicht nur befriedigend zu erklären gestattet, sondern daß er die Beobachtungen in keiner anderen Weise deuten kann. In ähnlicher Weise hat Hay[3] den längs der Wasserlinie bei Kupfer in Cyanidlösung beobachteten Angriff der Bildung von Alkali zugeschrieben, das kathodisch an den belüfteten Teilen entstanden ist, während Herzog[4] einen Angriff durch die kathodischen Produkte (Soda und Ammoniak) erwähnt, der während der Einwirkung von Natriumchlorid auf Zink und von Ammoniumchlorid auf Kupfer erfolgt. Bengough und Wormwell[5] gehen mit dieser Art der Erklärung jedoch nicht konform.

Korrosion von Zink in destilliertem Wasser. Die Einwirkung von destilliertem Wasser auf Zink ist gewöhnlich stärker lokalisiert als diejenige von Salzlösungen. Gewöhnliches destilliertes Wasser, wie es in Laboratorien zur Verwendung kommt, kann zu einer Pittingbildung führen. Im Falle vertikaler, halb eingetauchter Proben in destilliertem Wasser[6] beginnt das Zink an geeigneten Stellen in Lösung zu gehen, und zwar offenbar als Zinkhydroxyd, das senkrecht in Form schmaler Ströme absinkt und in Form von Erhebungen auf beiden Seiten dieser Ströme an Stellen zur Ausfällung gelangt, die weit unterhalb des eigentlichen Bildungsherdes liegen. Infolge dieser Erscheinungen kommt es zu keiner Selbsthemmung des Vorganges. Diese verzögerte Ausfällung ist auf die Abwesenheit von Salzen, die für die Ausflockung erforderlich sind, zurückzuführen. Frischer Lochfraß beginnt in vertikaler Reihe unterhalb dem ursprünglichen aufzutreten, möglicherweise deshalb, weil durch die hervorgerufene Bewegung die Wahrscheinlichkeit für eine Hemmung an irgendeinem korrosionsempfänglichen Punkt, der in der Nähe der Abstiegslinie liegt, verringert wird. Die Korrosion von Zink durch destilliertes Wasser scheint durch den genauen Ort der Ausfällung des Korrosionsproduktes bestimmt zu werden.

Alloys 3 (1932) 73. — R. B. Mears: Chem. Ind. 14 (1936) 510. Fast sicher wird der Angriff nach dem Sauerstoffabsorptionstyp bei geringeren Alkalikonzentrationen als der nach dem Wasserstoffentwicklungstyp beginnen. Der Wasserlinienangriff am Zink erlaubt mehr als eine Erklärung, jedoch sind die Tatsachen in keiner Weise unvereinbar mit der Vorstellung eines Angriffes nach dem Sauerstoffabsorptionstyp durch kathodisch gebildetes Alkali. Im Falle des Aluminiums findet R. B. Mears (private Mitteilung vom 11. Oktober 1935 an U. R. Evans), daß entweder eine anodische oder eine kathodische Behandlung den Angriff begünstigen, letztere infolge Bildung von Alkali.

[1] Burns, R. M.: Bell Syst. techn. J. 15 (1936) 27; s. auch private Mitteilungen vom 13. November und 14. Dezember 1934, zitiert von U. R. Evans in Chem. Ind. 14 (1936) 212.

[2] Schikorr, G.: Mitt. Materialprüfungsamt Sonderheft 22 (1933) 23; s. auch private Mitteilung vom 4. Dezember 1934.

[3] Hay, R.: J. Roy. techn. Coll. 3 (1936) 578.

[4] Herzog, E.: Private Mitteilung vom 27. November 1936.

[5] Bengough, G. D. u. F. Wormwell: Pr. Roy. Soc. A 140 (1933) 402.

[6] Bengough, G. D. u. O. F. Hudson: J. Inst. Met. 21 (1919) 59. — Evans, U. R.: J. Inst. Met. 30 (1923) 257.

Cox[1] konnte zeigen, daß die Angriffsgeschwindigkeit von destilliertem Wasser auf Zink, das rasch durch dieses in einem offenen Tank (durch den Luft hindurchperlt) hindurchbewegt wird, unterhalb 50° nur gering ist, daß sie jedoch bei 65° plötzlich sehr rasch wird, um dann bei höheren Temperaturen wieder abzunehmen. Das Korrosionsprodukt, das bei niedrigen und hohen Temperaturen adhäriert, wird bei 65° nicht-adhärierend. Nach BENGOUGH, STUART und LEE[2] sinkt die Korrosion horizontaler Proben von sehr reinem Zink, das völlig in sehr reines, Sauerstoff enthaltendes, unbewegtes Wasser bei 25° eingetaucht wird, mit der Zeit ab; in einigen Fällen kommt es sogar völlig zum Stillstand. Bei horizontalen Proben hat das Zinkhydroxyd weniger Gelegenheit, sich von der Angriffsstelle fortzubewegen als bei vertikalen Proben, so daß die Angriffshemmung leicht verständlich ist. In einigen Fällen beginnt die Korrosion, nachdem sie zwischendurch zum Stillstand gekommen war, erneut, als ob die schützende Schicht plötzlich zusammenbricht.

Korrosion von partiell in Chlorid- und Sulfatlösungen eingetauchtem Aluminium. Die in Cambridge an Aluminium, das partiell in Salzlösungen eingetaucht wurde, durchgeführten Versuche[3], führen in ihren Frühstadien zu Ergebnissen, die an die beim Zink erhaltenen erinnern; jedoch bleibt die Korrosion im Falle des Aluminiums viel länger lokalisiert. Der Angriff schreitet in Chloridlösungen rascher als in Sulfatlösungen vorwärts, wenngleich er in beiden Lösungen sehr langsam erfolgt. Bei gewalzten Proben erscheint das Korrosionsprodukt in Form eines adhärierenden, weißen Niederschlages an Stellen, die längs Oberflächenfehlern angeordnet sind, ferner an Kanten sowie längs der Wasserlinie. An abgeschmirgelten Proben erscheinen zahlreiche mikroskopisch kleine, an Schmirgelriefen angeordnete weiße Punkte. Der Wasserlinienangriff ist beim Aluminium bereits in Frühstadien relativ wichtig.

Beim Aluminium haftet das Korrosionsprodukt (Aluminiumhydroxyd) während einer längeren Zeit als beim Zink. Der adhärierende Charakter dieses Produktes kann auf die nichtleitenden Eigenschaften des an der Luft gebildeten Oxydfilmes zurückgeführt werden, der dazu führt, daß der größte Teil der Oberfläche nicht als Kathode wirken kann, so daß die schwachen Stellen innerhalb des Filmes als Kathode und Anode zugleich dienen müssen. So ist nicht nur der Gesamtbetrag der Korrosion gering, es werden wahrscheinlich auch die kathodischen und anodischen Korrosionsprodukte sehr eng beieinander gebildet und so einander in physikalischem Kontakt mit dem Metall zur Ausfällung bringen, wodurch der Angriff gehemmt wird. Die einzigen, für den kontinuierlichen Angriff geeigneten Stellen — bei Bildung lockerer Produkte — sind die Schnittkanten, an denen der Film wahrscheinlich ernstlich über größere Bereiche hin geschädigt ist. Offenbar ist bei einem solchen Metall die Durchdringungsfähigkeit und das Ausflockungsvermögen der Ionen von Bedeutung. So zeigt es sich bei den Cambridger mit Sulfatlösung durchgeführten Versuchen, daß fast das gesamte Korrosionsprodukt noch nach 4 Tagen an der Oberfläche haftet. In Chloridlösung ist die Flüssigkeit wolkiger. In der Nähe der Kanten grob abgeschmirgelter Proben tritt etwas flockiges Aluminiumhydroxyd auf. Nach 15 Tagen ist in Chloridlösungen eine erhebliche Menge

---

[1] Cox, G. L.: Ind. eng. Chem. **23** (1931) 902.
[2] BENGOUGH, G. D., J. M. STUART u. A. R. LEE: Pr. Roy. Soc. A **116** (1927) 449.
[3] EVANS, U. R.: J. chem. Soc. **1929**, 115.

an flockigem Niederschlag zur Abscheidung gelangt, während in Sulfatlösungen nur wenig Niederschlag sichtbar ist.

Gewalzte Proben führen in den Frühstadien des Vorganges zu einem adhärierenden Korrosionsprodukt gleichförmiger Schicht, das Interferenzfarben erkennen läßt. Diese breiten sich von dem Korrosionsherd in mikroskopisch kleinen Ringen aus, die gewöhnlich nach unten zu etwas ausgeweitet sind. Die im Sinne der Farbenskala am weitesten fortgeschrittenen Farbtöne befinden sich in den zentralen Gebieten, in denen die Hydroxydschicht hinreichend dick ist, um deutlich weißes Gewölk im zerstreuten Licht zu zeigen. Wird die Probe im richtigen Winkel gehalten, so ergibt das von den wolkigen Partien gestreute Licht Farben, die denen komplementär sind, die im reflektierten Licht erscheinen, ein gewöhnliches optisches Phänomen. Die Farben der zweiten und dritten Ordnung erscheinen sehr klar und schön. Eine nach 7 Tagen herausgenommene Probe zeigt unter dem Mikroskop die gesamte Farbabfolge vom Gelblichbraun der ersten Ordnung bis zum Rot der fünften Ordnung, und zwar in Ringen um ein einzelnes Zusammenbruchzentrum angeordnet. In der Nähe der Wasserlinie traten sehr zahlreiche und oft in horizontaler Richtung verlängerte Farbringe auf. In manchen Fällen vereinigten sie sich zu Farbbändern, die der Wasserlinie etwa parallel verlaufen.

Es ist interessant, die Ergebnisse mit den am Zink gewonnenen zu vergleichen. Beim Aluminium wird das flockige Hydroxyd (Typ C) nur in einem späten Stadium erhalten, während membranartiges Hydroxyd (Typ B) fehlt. Hierdurch ist für die beiden adhärierenden Formen (Typ A und D) die Möglichkeit gegeben, allmählich ineinander überzugehen, anstatt scharf an einer Mantellinie getrennt zu sein, wie das beim Zink der Fall ist.

Eine eingehende Untersuchung über die Korrosion von Aluminium durch Natriumchlorid ist auch von SCHIKORR[1] durchgeführt worden; danach besitzen sowohl das kathodische (Natriumhydroxyd) als auch das anodische Produkt (Aluminiumchlorid) die Fähigkeit, Aluminium unter Entwicklung von Wasserstoff anzugreifen.

Korrosion von partiell in Chloridlösungen eingetauchtem Kupfer. Die beim Kupfer in den Cambridger Versuchen erhaltene Erscheinung ändert sich erheblich mit der Schleifbehandlung. Es wurden Parallelversuche mit Kupfer durchgeführt, und zwar wurden sechs verschiedene Proben hergestellt, die mit Schleifmitteln verschiedener Körnigkeit bearbeitet wurden[2].

Sehr fein geschliffene Proben von Kupfer, die in Kaliumchloridlösung gebracht wurden, zeigten bald scharf erkennbare braune Punkte, die hauptsächlich in der Nähe der Kanten und des Probenfußes lagen. Diejenigen, die sich im Zentrum befanden, breiteten sich nach allen Richtungen, am schnellsten jedoch nach abwärts aus, wobei sie kleine ovale Bezirke hervorriefen, an denen das dunkle Korrosionsprodukt adhärierte. Proben, die in bestimmten Intervallen herausgenommen wurden, zeigten prächtige, jedoch dunkle Interferenzfarben in einer Folge, die darauf schließen läßt, daß der Film am Korrosionsherd am dicksten ist. Korrosion, die von Flecken in der Nähe der Kanten ausgeht, breitet sich nach innen zu in Form horizontaler, der Hauptschleifrichtung

---

[1] SCHIKORR, G.: Mitt. Materialprüfungsamt Sonderheft 22 (1933) 22.
[2] EVANS, U. R.: J. chem. Soc. **1929**, 118.

folgender Streifen aus, die gleichfalls Farbenänderungen in der üblichen Reihenfolge aufzeigten. Die Farben breiten sich allmählich aus, bis sie den größten Teil der eingetauchten Oberfläche bedecken. Es entsteht kein membranartiges Korrosionsprodukt. Wie im Falle des Aluminiums, so erfolgt ein allmählicher Übergang von Niederschlägen des Typs A in solche vom Typ D.

Bei den gröber abgeschliffenen Proben erscheint ein dunkles Korrosionsprodukt in Form größerer unregelmäßiger Flecke mit undeutlicher Begrenzung in bezug auf die Schleifrichtung. Dieses Material haftet etwas lockerer und diskontinuierlich an. Die dunklen Flecke, die wahrscheinlich Niederschläge vom A-Typ darstellen, werden von Zonen eines blaß-bräunlichen Niederschlages umgeben, der Farbänderungen aufweist, die wahrscheinlich auf Interferenz beruhen, und der wahrscheinlich dem D-Typ zugehört. Der blaß-braunen Zone, die sich rasch über die gesamte Oberfläche ausbreitet, folgen dunkle Gebiete, die im Falle der gröber geschliffenen Proben oftmals, abgesehen von einem engen Band an der Wasserlinie, die ganze eingetauchte Probe nach 21 Stunden bedecken. In der adhärierenden Schicht erscheinen zwei Konstituenten: die eine ist schwarz und löst sich rasch in sehr verdünnter Salzsäure, die andere ist rot und löst sich weniger rasch. Wahrscheinlich handelt es sich um Kupfer(II)- bzw. Kupfer(I)-oxyd.

Die Erklärung dieser Beobachtungen ist einfach. Die unmittelbaren anodischen und kathodischen Produkte an korrosionsaktiven Stellen sind Kupfer(I)- chlorid bzw. Kaliumhydroxyd. Da das erstere kaum löslich ist, kann es nicht in Lösung gehen und wird von dem Alkali in situ unter Bildung von Kupfer(I)- oxyd, oder, wenn Sauerstoff im Überschuß zugegen ist, als Kupfer(II)-oxyd angegriffen. Hierin liegt eine Erklärung dafür, warum im Falle des Kupfers das Sekundärprodukt solange eng adhärierend bleibt. Oft kann noch weißes Kupfer(I)-chlorid im Niederschlag nachgewiesen werden.

Nach 3 Tagen setzt ein neues Phänomen ein. Die dunklen mit dem Niederschlag vom A-Typ bedeckten Gebiete beginnen außerhalb der dunklen Oxydschicht eine grünliche Substanz hervorzubringen, während die Flüssigkeit gleichzeitig wolkig wird. Schließlich setzt sich ein grünlich-graues Produkt auf dem Gefäßboden ab. Etwa zur gleichen Zeit beginnt auch ein Zusammenbruch des Filmes längs der Wasserlinie, an der es zur allmählichen Ausbildung eines grünen Streifens eines Korrosionsproduktes kommt, das leicht fortgerieben werden kann und das den Angriff des darunterliegenden blanken Kupfers anzeigt.

Dieses zweite Stadium der Korrosion, das zu grünen, kupfer(II)-haltigen Produkten führt, ist wahrscheinlich mit der Bildung von Rissen in dem nun relativ dicken Film des sekundären Oxydes verknüpft. Das an den Rissen freigelegte Kupfer wird erneut dem anodischen Angriff ausgesetzt, und es wird anderwärts zur Bildung von Alkali kommen. Reagieren diese Verbindungen wie zuvor miteinander, so werden sie den Film wieder ausheilen können. Früher oder später wird das Kupfer(I)-chlorid an irgendeinem Punkt jedoch nicht mit dem Alkali, sondern mit dem Sauerstoff reagieren und damit zu grünem, basischem Kupfer(II)-chlorid führen[1]. Sobald ein Keim von basischem Kupfer(II)-chlorid an der Öffnung eines Risses gebildet wird, wird wahr-

---

[1] Siehe die von G. D. BENGOUGH u. R. MAY [J. Inst. Met. **32** (1924) 115] untersuchten Reaktionen.

scheinlich jedes weitere gebildete Kupfer(I)-chlorid in gleicher Weise in basisches Kupfer(II)-chlorid umgewandelt werden. Braucht diese Umsetzung die lokale Zufuhr an Sauerstoff auf, so wird der anodische Angriff fortschreiten und zu den tatsächlich beobachteten Effekten führen[1].

Korrosion von partiell in Sulfatlösung eingetauchtem Kupfer. In Kaliumsulfatlösung ähneln die Frühstadien des Phänomens den in Chloridlösung beobachteten, jedoch breitet sich der schwarze Niederschlag weniger rasch über die Oberfläche aus und zeigt im allgemeinen weniger glänzende Farben. In den späteren Stadien scheint der Niederschlag mehr schwarze und weniger rote Bestandteile als der in Chloridlösung gebildete zu enthalten. Wahrscheinlich sind die Primärprodukte in diesem Falle Kupfer(I)-sulfat und Kaliumhydroxyd. Das erstere, sehr instabile Produkt beginnt sich wahrscheinlich (in Kupfer(II)-sulfat und Kupfer) zu zersetzen, ehe es Zeit findet, mit dem Alkali zu reagieren, was den gewöhnlich ziemlich schmutzigen Charakter des Niederschlages und den höheren Anteil an Kupfer(II)- gegenüber Kupfer(I)-oxyd erklärt. Der Niederschlag zeigt bei bestimmter Beleuchtung ein weißliches Aussehen, was möglicherweise auf vorhandenes Kupfer(I)-sulfat zurückzuführen ist. Im Gegensatz zur Chloridlösung tritt in dem Gefäß selbst nach 30 Tagen keine erkennbare Wolken- oder aber Niederschlagsbildung auf. Dagegen zeigt sich bei grob abgeschmirgelten Proben eine leichte Korrosion an der Wasserlinie.

Die Tatsache, daß Sulfatlösungen Kupfer langsamer als Chloridlösungen korrodieren, wird durch die Zeit-Korrosions-Kurven, die RAUCH und KOLB[2] geben, aufgezeigt. Kalium- und Magnesiumchlorid geben fast identische Kurven.

3. Korrosion von Legierungen.

Allgemeines. Es ist allgemein bekannt, daß zweiphasige Legierungen der Korrosion leichter als einphasige unterliegen, was auf der elektrochemischen Wirkung zwischen den beiden Phasen beruht. In Flüssigkeiten, in denen keine Passivität möglich ist, trifft das zu. In einer Umgebung jedoch, die der Passivität günstig ist, kann die Gegenwart einer zweiten Phase durch Erhöhung der Ausgangsstromdichte ein rascheres Einsetzen der Passivität oder einen vollständigeren Verlauf dieses Prozesses verursachen. Die Wirkung von Silber in Blei, das Schwefelsäure ausgesetzt wird, bietet ein Beispiel hierfür, das auf S. 460 besprochen wird. Trotzdem zeigt es sich allgemein, daß zweiphasige Legierungen weniger widerstandsfähig als reine Metalle sind, während einphasige Legierungen sich manchmal als höherwertiger zumindest gegenüber einer der Metallkomponenten erweisen. Nach GUERTLER[3] ist die Fähigkeit zur Mischkrystallbildung bei den schweren Metallen von relativ hohem Schmelzpunkt (Eisen, Nickel, Kupfer usw.), d. h. Metallen, die die Grundlage für die hauptsächlichen widerstandsfähigen Legierungen bilden, am meisten entwickelt. In denjenigen Fällen, in denen der Widerstand eines Materiales auf das Vorhandensein eines schützenden Filmes zurückgeht, kann die Zahl der im *Oxyd* vorhandenen Phasen so wichtig werden, wie die Zahl der in der metallischen

---

[1] Es kann auch eine andere Interpretation des Phänomens, das auf der direkten Bildung von Kupfer(II)-ionen an Rissen, an denen die anodische Stromdichte hoch ist, beruht, geben werden. R. MAY (nach privater Besprechung mit U. R. EVANS) bevorzugt die im Text gegebene Deutung.   [2] RAUCH, A. u. H. KOLB: Korr. Met. **6** (1930) 151.

[3] GUERTLER, W.: Z. Metallk. 18 (1926) 376.

Basis vorhandenen Phasen. Die Bedeutung der Eisen-Chrom- und der Eisen-Aluminium-Legierungen lenkt das Interesse auf die Beobachtung von PASSE-RINI[1], wonach das System Fe_2O_3—Cr_2O_3 eine vollständige Reihe fester Lösungen aufweist, während im System Fe_2O_3—Al_2O_3 eine Mischungslücke vorhanden ist.

Wissenschaftliche Untersuchungen über die Korrosion von Legierungen liegen nur in relativ geringer Zahl vor. Es dürfte infolgedessen zweckmäßig sein, den Gegenstand *theoretisch* zu entwickeln, unter Diskussion der verschiedenen möglich erscheinenden Fälle, bei Heranziehung tatsächlicher Beispiele, sofern solche verfügbar sind.

Zweiphasige Legierungen. In der Korrosion zweiphasiger Legierungen müssen zwei Fälle getrennt betrachtet werden:

1. Der Fall, in dem die eine Phase als Kathode, die andere als Anode wirkt.

2. Der Fall, in dem große, wohl voneinander getrennte anodische und kathodische Bezirke auftreten, die völlig unabhängig von den beiden Phasen sind.

Fall 1. Beide Phasen wirken als Kathode bzw. als Anode. Dieser Fall wird am wahrscheinlichsten dann eintreten, wenn die korrodierende Flüssigkeit sehr gleichförmig in der Zusammensetzung (beispielsweise durch Rühren) gehalten wird. Wir wollen zuerst annehmen, daß das System lösliche anodische und kathodische Produkte liefert, die miteinander unter Bildung eines kaum löslichen Sekundärproduktes reagieren. So wird beispielsweise eine in eine Lösung von Natriumchlorid getauchte Legierung ein lösliches Metallchlorid und Natriumhydroxyd als Primärprodukte liefern, die zu dem Metallhydroxyd an denjenigen Stellen führen werden, an denen sie miteinander in Reaktion treten können. Offenbar wird mit feiner werdender Kornstruktur der beiden Phasen die Wahrscheinlichkeit dafür größer werden, daß dieses Produkt so nahe an dem Metall zur Abscheidung gelangt, daß es den weiteren Angriff hemmt, sei es infolge Verhinderung des Angriffes an der Anode oder infolge Abschirmung der kathodischen Bezirke durch irgendwelche Depolarisatoren (beispielsweise Sauerstoff). So ist zu erwarten, daß dieser Typ des Angriffes bei abnehmender Korngröße weniger ernsthaft sein wird. Er sollte zum Stillstand kommen, wenn die Körner bis zu molekularer Größe herabgesetzt werden, so daß die Legierung in jeder Hinsicht eine einphasige Struktur erreicht[2]. In der Tat scheint der Angriff bei Legierungen wie Gußeisen mit abnehmender Korngröße geringer zu werden, jedoch ist der erwähnte Faktor nur einer unter verschiedenen; es ist aber schwierig, ein einfaches Beispiel anzugeben.

Ist die Flüssigkeit so beschaffen, daß sie keine Bildung fester Korrosionsprodukte zuläßt — beispielsweise eine Säure, die ein frei lösliches Salz bildet —, so ist eine Verringerung des Angriffes auf Grund der angeführten Zusammenhänge unmöglich. Bis zu einem gewissen Punkt sollte die Korrosion mit zunehmender Kornverfeinerung infolge der zunehmenden Länge der die anodischen und kathodischen Gebiete trennenden Grenzlinien anwachsen. Es muß aber notwendigerweise eine Größe existieren, unterhalb der eine Partikel die Fähigkeit verlieren muß, als Kathode wirken zu können. So wird nach allgemeinen Prinzipien beim Säureangriff zuerst ein Anwachsen mit zunehmender Kornverfeinerung und dann eine Abnahme zu erwarten sein. Der Angriff von verdünnter Schwefelsäure auf Stahl (0,5 oder 0,9% C; abgeschreckt und

---

[1] PASSERINI, L.: Gazz. **60** (1930) 544.
[2] Korrosion anderer Typen bleibt natürlich möglich.

angelassen) kann als Beispiel für einen Einfluß der Korngröße auf die Korrosionsgeschwindigkeit dienen, obgleich tatsächlich mehr als ein Effekt überlagert ist. Die Korrosionsgeschwindigkeit ändert sich sehr stark mit der Anlaßtemperatur, wie Endo[1] gezeigt hat: sie fällt leicht, wenn die Anlaßtemperatur auf 150° erhöht wird, wächst dann rasch mit Steigerung der Temperatur auf 400° und fällt hierauf rasch ab, um im Temperaturintervall von 550° bis 770° nahezu konstant zu werden. Heyn und Bauer[2] haben gleichfalls festgestellt, daß eine maximale Löslichkeit in verdünnter Schwefelsäure nach einem Anlassen auf 400° auftritt; die dabei erhaltene Struktur wird als Osmondit (Zwischenglied zwischen Troostit und Sorbit) angesprochen.

Endo erklärt die Beobachtungen folgendermaßen: Der Abfall der Löslichkeit bis zu etwa 150° beruht auf dem Übergang von Restaustenit in Martensit sowie auch auf dem allmählichen Übergang von α-Martensit in β-Martensit. Von 170° an beginnt der im Martensit gelöste Kohlenstoff sich teilweise in Form von Kohlenstoff, teilweise als feiner Zementit auszuscheiden. Die Trennung erfolgt äußerst lebhaft bei etwa 250°, daher die rasche Zunahme der Löslichkeit. Die maximale Löslichkeit bei etwa 400° ist auf die Bildung von Zementit aus dem freigewordenen Kohlenstoff und dem Grundmetall Eisen sowie auch infolge der Koagulation von Zementitpartikelchen zu feinen Krystalliten zurückzuführen. Diese Veränderungen führen zu der sehr feinen, als Osmondit bekannten Struktur. Die Löslichkeitsabnahme im Gebiet zwischen 400° und 550° kann auf das Zusammenballen des Zementites und auf die Rekrystallisation von Ferritkrystallen zurückgeführt werden, was zu einer Verringerung in der Heterogenität des Gefüges führt. Weiteres Kornwachstum des Zementites oberhalb 550° ist ohne Einfluß auf die Korrosion. — Offenbar wird die Auflösungsgeschwindigkeit des Stahles durch den Zustand des Kohlenstoffes in der Probe ebenso wie durch die Größe der Teilchen der vorhandenen Phasen beeinflußt.

Kurnakow und Achnasarow[3] haben festgestellt, daß ein grobes Zink-Cadmium-Eutektikum (erhalten bei langsamem Abkühlen) rasch durch verdünnte Salzsäure angegriffen wird, daß die gleiche Säure jedoch ohne merkliche Ätzwirkung auf die sehr feinkörnige Legierung ist, die durch Abschrecken entstanden ist. Ähnlich langsam abgekühlte Kupfer-Silber-Legierungen werden durch verdünntes Ammoniak angegriffen, während die abgeschreckte Legierung konzentriertem Ammoniak widersteht.

Fall 2. Beide Phasen bilden nicht Kathode und Anode. In den Fällen, in denen eine Legierung nicht in eine gut gerührte Lösung gebracht wird, kann der eine Teil durchaus besser mit Sauerstoff als ein anderer versorgt werden, bzw. können die Metallionen von einer Stelle besser als von einer anderen Stelle fortgeschafft werden. Das kann zu einem Stromfluß von einem *großen* Gebiet zu einem anderen führen, und es können wahrscheinlich Sekundärprodukte weit vom eigentlichen Angriffsherd zur Abscheidung kommen. In einem solchen Fall wird die Korngröße keine Aussichten für eine Hemmung bieten können. Große anodische und kathodische Gebiete werden auch entstehen, wenn die Salzkonzentration an verschiedenen Teilen des Metalles ungleich

<hr>

[1] Endo, H.: Sci. Rep. Tôhoku 17 (1928) 1262.
[2] Heyn, E. u. O. Bauer: J. Iron Steel Inst. 79 (1909) 109.
[3] Kurnakow, N. S. u. A. N. Achnasarow: Z. anorg. Ch. 125 (1922) 185.

ist, oder aber wenn ein Strom zwischen zwei getrennten Proben der gleichen Legierung durch Anlegen einer äußeren EK zum Übergang gebracht wird.

In allen diesen Fällen wird der anodische Angriff auf die weniger edle unter den beiden Phasen gerichtet sein, die, in Abwesenheit von Passivität, gewöhnlich mit einer Geschwindigkeit angegriffen werden wird, die der Stromstärke proportional ist (in Übereinstimmung mit dem FARADAYschen Gesetz). Wird die edlere Phase jedoch völlig von der weniger edlen umgeben, so können Körner der edleren Phase unverändert herausgelöst werden. In diesem Fall wird der Gesamtbetrag der Zerstörung den vom FARADAYschen Gesetz geforderten weit übersteigen. Umgibt dagegen die edlere Phase die weniger edle, so wird das nicht geschehen. So kann die Struktur in hohem Maße von Wichtigkeit sein. Ein Beispiel hierfür wird auf S. 427 gegeben, nämlich das des $\alpha\beta$-Messings, das dann rascher der Korrosion unterliegt, wenn die Wärmebehandlung so geleitet wird, daß die β-Phase stetig vorliegt.

Einphasige Legierungen. Eine völlig homogene, spannungsfreie Legierung wird im allgemeinen nach längerem Glühen erhalten. Sind Seigerungen oder Hohlräume im Metall vorhanden, oder befindet sich ein Teil des Metalles im Spannungszustand, so ist damit eine gewisse Möglichkeit für das Auftreten anodischer und kathodischer Gebiete infolge von Unterschieden im Metall wie im Falle zweiphasiger Legierungen vorhanden. In jeder Legierung, sei sie heterogen oder homogen, können jedoch anodische und kathodische Bezirke bei Unterschieden in der Flüssigkeit auftreten, z. B. infolge bevorzugter Lieferung von Sauerstoff zu einem bestimmten Teil. Der Korrosionsmechanismus am anodischen Teil wird dann der gleiche sein wie beim anodischen Angriff in Gegenwart einer durch eine äußere Stromquelle gelieferten EK. Ein derartiger anodischer Angriff soll nachstehend kurz betrachtet werden.

Ruft die angelegte EK an der Anode ein Potential hervor, das hinreichend groß ist, um *beide* Metalle zu lösen, so kann die Legierung als ganzes korrodiert werden. Das Salz des edleren Elementes kann jedoch mit der unangegriffenen Legierung reagieren: die edle Komponente kann dann wieder im metallischen Zustand abgeschieden werden. In dieser Weise verläuft der anodische Angriff auf Messing. Gewöhnlich wird angenommen, daß beide Metalle angegriffen werden. Die gebildeten Kupfersalze wirken dann auf einen weiteren Teil des Messings unter Bildung von Zinksalzen und metallischem Kupfer ein (wie auf S. 262 ausgeführt worden ist, verhindern Arsen und andere Elemente diese Bildung von Kupfer). Trotzdem scheint es, daß zumindest gewisse Messingarten einer wirklichen Entzinkung unterliegen können. In einer Untersuchung aus neuerer Zeit über ε-Messing haben STILLWELL und TURNIPSEED[1] feststellen können, daß stark korrodierende Agenzien (beispielsweise konzentrierte Salzsäure) sowohl Kupfer als auch Zink angreifen, wobei das Kupfer anschließend wieder ausgefällt wird, während schwach korrodierende Agenzien (wie Essigsäure oder verdünnte Salzsäure) die Zinkatome allein entfernen, wobei das ε-Messing zuerst in γ-Messing und hierauf in β-Messing übergeführt wird. Schließlich bleibt Kupfer allein zurück.

In ähnlicher Weise wird bei der anodischen Behandlung anderer Legierungen, sofern die angelegte EK nicht hinreichend ist, um beide Metalle anzugreifen,

---

[1] STILLWELL, C. W. u. E. T. TURNIPSEED: Ind. eng. Chem. **26** (1934) 740.

das unedlere Element aus der Oberflächenschicht herausgelöst werden. Ist das edle Element in großem Überschuß vorhanden, so ist es wahrscheinlich, daß sich ein nahezu kontinuierlicher Film des edlen Elementes ausbildet, wodurch der Angriff notwendigerweise zum Stillstand kommt. Ist das angegriffene Element in großem Überschuß vorhanden, so wird der Angriff heftig fortschreiten und das edlere Metall in Form eines inkohärenten anodischen Schlammes oder (wenn er in erheblicherer Menge vorliegt) in Form eines porösen Skeletes zurücklassen, das gewöhnlich eine gewisse Anzahl von Atomen des weniger edlen Metalles enthält, die zufälligerweise von dem edleren Metall umgeben waren und damit gegen den Angriff abgeschirmt wurden. Werden so Legierungen von Silber mit Gold, die große Silbermengen im Überschuß enthalten, der anodischen Behandlung im Nitratbad unterworfen, so wird das meiste Silber gelöst, wobei der größte Teil des Goldes zurückbleibt, ein Vorgang, der als *Partieren* bezeichnet wird. Ist der Goldgehalt zu hoch, so kann viel Silber im ungelösten Rückstand zurückgehalten werden.

Ähnliche Betrachtungen gelten für den Angriff von Säuren auf Legierungen. Silber wird durch heiße konzentrierte Schwefelsäure angegriffen, nicht dagegen Gold. TAMMANN und BRAUNS[1] haben ermittelt, daß die Legierungen, sofern mehr als die Hälfte der Atome aus Gold besteht, bei Behandlung mit Schwefelsäure bei 150° praktisch unangegriffen bleiben. Bestehen dagegen nur 49% der Atome aus Gold, so kommt es zu einem merklichen Angriff. Die Schärfe der *Resistenzgrenze*, wie die Zusammensetzung genannt wird, bei der der Angriff einsetzt, ist Gegenstand vieler Diskussionen gewesen. Der ganze Fragenkomplex wird in Abschnitt C auf S. 433 behandelt. In vielen Legierungssystemen tritt eine Resistenzgrenze dann auf, wenn die Hälfte der Atome der angreifbaren Art angehört, jedoch ist das nicht stets der Fall. Oft kann die Resistenzgrenze einer gegebenen Legierung sich mit der korrodierenden Flüssigkeit ändern. Nach GRAF[2] ist die Flüssigkeit in der Lage, temporär beide Metalle in Lösung zu bringen, wobei das edlere Metall rasch wieder abgeschieden wird; die Grenze liegt bei 50 Atom-%. Im Falle schwächer korrodierender Flüssigkeiten kann die edlere Komponente selbst temporär nicht in die Flüssigkeit eintreten; ein kleinerer Anteil der edlen Komponenten ist in diesem Fall bereits in der Lage, den Austritt zu blockieren; die Grenze sinkt auf 25% herab. Die hier vorgetragene Ansicht ist jedoch nicht allgemein anerkannt.

B. Fragen der Praxis.

1. Materialien für die chemische Industrie.

Allgmeines. Die Wahl eines Materials für irgendeinen Zweck kann niemals allein auf sein korrosionsbeständiges Verhalten hin erfolgen. Besonders im Falle der Herstellung oder Lagerung von Chemikalien spielt die Korrosionsbeständigkeit jedoch eine ganz hervorragende Rolle, wobei eine Vernachlässigung dieses Gesichtspunktes zu endlosen Störungserscheinungen infolge Undichtwerdens von Gegenständen oder völliger Zerstörung von Anlagen, bzw. in manchen Fällen, infolge Explosion oder Feuer sogar zu Lebensgefährdung führen kann. In anderen Fällen können ernstliche Verschmutzungen

---

[1] TAMMANN, G. u. E. BRAUNS: Z. anorg. Ch. **200** (1931) 209.
[2] GRAF, L.: Korr. Met. **11** (1935) 40.

oder Entfärbungen durch Spuren metallischer Substanzen hervorgerufen werden.

Das Verhalten irgendeiner Chemikalie ist so weitgehend von den jeweils herrschenden Bedingungen abhängig — Konzentration, Temperatur, Bewegungszustand der Flüssigkeit ebenso wie Wärmebehandlung und Oberflächencharakter des Metalles —, daß eine Verallgemeinerung stets gefährlich ist. Oftmals kann ein Metallgefäß hinsichtlich des größten Teiles seiner Oberfläche widerstandsfähig sein, jedoch kann es an besonderen Stellen Schäden aufweisen, sei es infolge Stoß oder Unebenheiten im Material (Vertiefungen usw.). Verbindungsglieder neigen stets zu Schäden. Es sollte infolgedessen der Hersteller des Materiales vor Errichtung irgendeiner Anlage, besonders in den Fällen, in denen die Anbringung von Schweißungen beabsichtigt ist, stets gefragt werden, da er für gewöhnlich über eine gesammelte Erfahrung entsprechender Fragestellungen verfügt. Das gilt besonders für Materialien wie Chromnickelstähle, die gefährlichen Strukturveränderungen beim Schweißen unterworfen sind (s. S. 472).

Reine Metalle werden selten für widerstandsfähige Materialien in der Industrie verwendet, da sie zu teuer oder mechanisch zu wenig leistungsfähig sind. Am häufigsten werden Legierungen benutzt, in denen irgendein filmbildendes Element, beispielsweise Chrom, in relativ geringen Mengen vorliegt. Immerhin hat GUERTLER[1] in der nachstehenden Tabelle 37 einige Beispiele angeführt, in denen unlegierte Metalle industriell als Widerstandsmaterialien gegenüber Säuren Verwendung finden. In jedem Falle ist die Stabilität auf die spärliche Löslichkeit oder die geringe Lösungsgeschwindigkeit des entstehenden Korrosionsproduktes zurückzuführen.

Tabelle 37. Beispiele für die Verwendung reiner Metalle. (Nach W. GUERTLER.)

Reagens	Empfohlenes Metall	Ursache des Widerstandes
Chlor oder Salzsäure.	Silber	kaum lösliches $AgCl$
Flußsäure.	Magnesium	kaum lösliches MgF_2
Salpetersäure	Aluminium	*langsam* lösliches Al_2O_3
Schwefelsäure	Blei	kaum lösliches $PbSO_4$
Schwefelsäure mit überschüssigem Schwefeltrioxyd.	Eisen	Oxyd oder Sulfat (?)

Die Verwendung von Magnesium als widerstandsfähiges Material gegenüber Flußsäure ist beachtlich, jedoch bildet dieser Fall keine Ausnahme von den allgemeinen Grundregeln der Widerstandsfähigkeit, da das entstehende Magnesiumfluorid durch sehr geringe Löslichkeit ausgezeichnet ist.

In altbewährten chemischen Lehrbüchern wird im allgemeinen mit Nachdruck der basische Charakter der Metalloxyde betont, die, wie man annimmt, gewöhnlich in Säuren löslich und in Alkalien unlöslich sind. Das mag Anlaß zu der Annahme gegeben haben, daß es schwierig ist, Materialien aufzufinden, die gegenüber Säuren widerstandsfähig sind, daß es dagegen leicht ist, alkalibeständige Werkstoffe zu finden. Tatsächlich bilden viele gewöhnliche Metalle

---

[1] GUERTLER, W.: Z. Metallk. **18** (1926) 370.

Oxyde, die sowohl schwach saure, als auch schwach basische Eigenschaften besitzen. Derartige Metalle werden durch kaustische Alkalien angegriffen. Ausgesprochen instabil gegenüber Alkalien sind Zink, Aluminium, Zinn, Blei und, in geringerem Ausmaße, Kupfer. Selbst Eisen, das in verdünntem Alkali passiv wird, wird durch heißes, konzentriertes Alkali angegriffen, insbesondere an denjenigen Stellen, an denen das Metall innere Spannungen besitzt, was zu der bereits im Zusammenhang mit der Dampfkesselfrage behandelten Intergranularkorrosion führt (s. S. 355). Unter den gegenüber kaustischem Alkali beständigen Metallen befindet sich das *Nickel*, das lange Zeit im Laboratorium für Alkalischmelzen verwendet worden ist, und das jetzt in den großen Verdampferapparaten für kaustische Alkalilösungen Verwendung findet. Zahlreiche alkalische chemische Präparate, wie Zahnpasta und Gesichtscreme, werden oft in Gefäßen aus Nickel oder nickelreichen Legierungen vorbereitet[1]. Die später erwähnten austenitischen Chrom-Nickel-Stähle sind gleichfalls sehr widerstandsfähig gegenüber kaustischem Alkali. *Silber* ist widerstandsfähig gegenüber Natriumhydroxyd, und zwar sowohl in Lösung als auch im gelösten Zustande, vorausgesetzt, daß es nitratfrei ist. Trotz seines Preises wird es für Schmelzen und Güsse von kaustischem Alkali verwendet[2].

Um oxydierenden Säuren in Fällen zu widerstehen, in denen das Metalloxyd rasch gebildet wird, ist es nicht erforderlich, daß seine Gleichgewichtslöslichkeit gering ist. Eine geringe Auflösungs*geschwindigkeit* des Oxyds in Säure ist wichtiger. Wie bereits gesagt, sind Oxyde vom Typ Me_2O_3 weniger rasch löslich als solche vom Typ MeO. Demzufolge kann Aluminium zur Aufbewahrung oder zum Transport von Salpetersäure benutzt werden. Selbst Stahl kann im Kontakt mit oxydierenden Säuren verwendet werden, jedoch muß auf seine Zusammensetzung geachtet werden. EDDY und ROHRMAN[3] berichten, daß zur Erzielung des gegenüber Mischsäure (Schwefelsäure mit 20 bis 50% Salpetersäure) erforderlichen Widerstandes der Kohlenstoffgehalt hoch und der Schwefelgehalt niedrig sein muß. Andernfalls wird die Passivität unter heftiger Gasentwicklung zusammenbrechen, wenn die Säure zufällig verdünnt wird (z. B. infolge Absorption von Feuchtigkeit an der Luft).

Stähle mit hohem Chromgehalt mit bzw. ohne Nickel. Während Chrom sehr rasch durch nichtoxydierende Säuren angegriffen wird, wird es in Salpetersäure passiv. Eine bemerkenswerte Stabilität gegenüber der gleichen Säure weisen chromhaltige Stähle auf. Gegenüber gewöhnlichen Wässern und Salzlösungen besitzen sie gleichfalls eine erstaunliche Widerstandsfähigkeit, vorausgesetzt, daß Spuren von Sauerstoff vorhanden sind, um den schützenden Oxydfilm erforderlichenfalls wieder auszuheilen. Gegenüber Schwefelsäure und Salzsäure sind 14%ige Chromstähle *weniger* widerstandsfähig als gewöhnlicher weicher Stahl, wie die HATFIELDschen[4] Angaben zeigen. Größere Mengen an Chrom (20 bis 25%) geben nach PIWOWARSKY[5] gegenüber Schwefelsäure und vielen anderen Substanzen eine gute Widerstandsfähigkeit.

---

[1] Anonym in Chem. Age **35** (1936) 71.

[2] McDONALD, D.: Chem. Ind. **9** (1931) 177.

[3] EDDY, J. u. F. A. ROHRMAN: Ind. eng. Chem. **28** (1936) 30.

[4] HATFIELD, W. H.: Metallurgia **1** (1929) 19.

[5] PIWOWARSKY, E.: Z. Vereins Deutsch. Ing. **79** (1935) 1393.

Es gibt 3 wichtige Klassen von Chromstählen[1]:

1. Stähle mit etwa 12,5 bis 14% Chrom. Diese Stähle sind widerstandsfähig, sofern die Oberfläche glatt ist; sie können auch gehärtet werden. Der bekannte *rostfreie Messerstahl* enthält etwa 14% Chrom und 0,3% Kohlenstoff; er wird gewöhnlich bei etwa 950° gehärtet und bei etwa 200° geglüht. Seine Struktur ist nach dieser Behandlung wesentlich martensitisch. Für technische Konstruktionen wird der Stahl, wenn er hart verlangt wird, bei etwa 350° geglüht[2]. Tatsächlich ist dieses Material für technische Konstruktionen von nur begrenzter Anwendungsmöglichkeit. Eine ähnliche Legierung, jedoch mit einem sehr geringen Kohlenstoffgehalt, die im allgemeinen als *rostfreies Eisen* bekannt ist, findet weitgehende Verwendung, insbesondere bei nicht zu scharfer Beanspruchung. Eine begrenzte Härtung kann durch Erhitzen auf 950° erzielt werden, im allgemeinen wird dann bei 700° geglüht. MERRITT[3] warnt vor einem Glühen von nicht-rostendem Eisen bei etwa 536°, weil es zu einer Herabsetzung des Korrosionswiderstandes und zu einer Schwächung gegenüber Stoßbeanspruchung führt, was offenbar auf die Ausscheidung freier Carbide zurückzuführen ist. Nach STRAUSS und TALLEY[4] ist der Korrosionswiderstand von rostfreiem Eisen nach einer Glühung bei 593° am schlechtesten.

2. Stähle mit 16 bis 20% Chrom und etwa 2% Nickel. Diese Stähle sind wesentlich widerstandsfähiger als die vorher behandelte Legierungsklasse und besitzen doch den Vorteil, härtbar zu sein. Sie haben sich besonders in der Luftfahrt als nützlich erwiesen. Eine Handelsmarke ist unter dem Namen *Twoscore* bekannt. Diese Stähle werden gewöhnlich bei 950° gehärtet und bei 600° bis 650° geglüht. Hierdurch wird eine ferritische Struktur mit sehr kleinen Carbidpartikelchen hervorgerufen. Die niedriger gechromten Stähle dieser Klasse werden gewöhnlich bei 400° bis 500° geglüht. Diese Behandlung führt sowohl hinsichtlich der Festigkeit als auch der Härte zu Maximalwerten.

3. Stähle mit mehr als 15% Chrom und mehr als 7% Nickel. Diese Stähle sind selbst dann widerstandsfähig, wenn sie keine glatte Oberfläche haben, jedoch können sie durch eine Wärmebehandlung nicht mehr gehärtet werden. Die in Großbritannien bevorzugten Zusammensetzungen betreffen Legierungen mit 18% Chrom und 8% Nickel, die unter dem Namen *Staybrite* verkauft werden. Eine andere Legierung enthält 15 bis 16% Chrom und 10 bis 11% Nickel, sie wird unter dem Namen *Anka* gehandelt. Eine deutsche Legierung mit 20% Chrom und 7% Nickel ist als *V2A*-Stahl bekannt. Später sind durch die Hersteller andere Elemente als Legierungskomponenten eingeführt worden, beispielsweise Wolfram oder Titan, die dazu beitragen, daß die intergranulare Korrosion vermieden wird, die anderenfalls infolge gewisser Wärmebehandlungen

---

[1] Hinsichtlich der Angabe von Temperaturen für die verschiedenen Wärmebehandlungen sowie der Beschreibung der Strukturen folgt die vorliegende Darstellung wesentlich den Angaben von J. H. G. MONYPENNY (nach privater Mitteilung vom 20. Januar 1936 an U. R. EVANS).

[2] Soll der Stahl nach der Wärmebehandlung maschinenmäßig bearbeitet werden, so muß die Härte durch Glühen bei etwa 600° bis 700° herabgesetzt werden, wodurch die martensitische Struktur durch ein Gefüge ersetzt wird, das aus Ferrit mit feinen Carbideinschlüssen besteht. Für diese Struktur sind verschiedene Namen angegeben worden. MONYPENNY bevorzugt die Bezeichnung *granularer Sorbit.*

[3] MERRITT, C. G.: Trans. Am. Inst. min. met. Eng. **100** (1932) 272.

[4] STRAUSS, J. u. J. W. TALLEY: Pr. Am. Soc. Test. Mat. **24** II (1924) 244.

auftreten kann (s. S. 472). Einige Handelslegierungen enthalten auch Kupfer, während eine neuere Legierung den Zusatz von 1% Beryllium vorsieht. Alle diese Legierungen werden im austenitischen (γ-Eisen) Zustand angewendet, der durch rasches Abkühlen von einer hohen Temperatur, gewöhnlich 1000° bis 1200° (eine Temperatur von 1100° kann als typisch angesprochen werden), erhalten wird. Nach MONYPENNY[1] ist tatsächlich ein nur geringer Unterschied hinsichtlich der korrosionsbeständigen Eigenschaften von Anka, Staybrite und V2A vorhanden, obgleich sie in ihrem mechanischen Verhalten voneinander abweichen. Einzelheiten hinsichtlich des Einflusses der Zusammensetzung auf die mechanischen und die chemischen Eigenschaften finden sich in dem Buche von MONYPENNY. Die Zahlen in Tabelle 38, die diesem Werk entnommen sind,

Tabelle 38.

Zusammensetzung des Metalles in %			Konzentration der Salpetersäure. Temperatur des Angriffes							
			$^1/_{10}$ n		n		Spezif. Gewicht der Säure			
							1,20		1,42	
C	Cr	Ni	15°	Siedepunkt	15°	Siedepunkt	15°	Siedepunkt	15°	Siedepunkt
0,16	nichts	—	12,0	—	54	—	12500	—	1,00	5,62
0,14	4,72	—	11,5	—	64	—	16,4	—	0,07	0,26
0,16	10,0	—	6,4	40,3	11,3	24	0,02	10,1	0,04	0,06
0,14	13,1	—	1,16	0,8	0,05	0,07	nichts	2,3	nichts	0,25
0,10	15,5	—	nichts	nichts	nichts	nichts	nichts	0,80	nichts	0,09
0,10	16,6	10,2	—	nichts	—	nichts	—	—	—	0,53
0,12	18,0	8,2	—	nichts	—	nichts	—	—	—	0,55

zeigen, wie der Widerstand gegenüber Salpetersäure mit wachsendem Chromgehalt ansteigt. Die Zahlen bedeuten den Angriff in g/m²/std und beziehen sich auf 24stündige Versuche. Die Zahlen für Chrom-Nickel-Stähle gehören zu verschiedenen Versuchsreihen und können nicht streng miteinander verglichen werden.

Chrom-Nickel-Stähle sind nicht völlig widerstandsfähig gegenüber Schwefelsäure, jedoch wird der Angriff weitgehend herabgesetzt, wenn das Material einer vorhergehenden Behandlung in Salpetersäure unterworfen wird, die dem Aufbau eines schützenden Oxydfilmes dient. Nitriersäure (ein Gemisch aus Schwefelsäure und Salpetersäure) ist praktisch ohne Einwirkung auf Chrom und Chrom-Nickel-Stähle. In ähnlicher Weise setzt die Gegenwart von Eisen-(III)-sulfat nach HATFIELD[2] den Angriff von Schwefelsäure auf diese Legierungen wesentlich herab. Kupfersulfat ist von ähnlichem Einfluß. Die von RABALD[3] wiedergegebenen Zahlen lassen erkennen, daß Quecksilber(II)-chlorid den Angriff von Schwefelsäure und Essigsäure fast verhindert. Sind diese Zusätze nicht zulässig, so ist es zweckmäßig, dem Stahl Molybdän zuzulegieren. Dieses Metall verringert den Angriff durch verdünnte Säure, erhöht jedoch die Korrosion durch konzentrierte Säure. Die Zahlen von MONYPENNY, die in Tabelle 39

[1] MONYPENNY, J. H. G.: Stainless Iron and Steel, London 1931, S. 158. Einen ausgezeichneten Überblick über nichtrostendes Metall gibt H. C. H. CARPENTER: J. Roy. Soc. Arts **79** (1931) 557.

[2] HATFIELD, W. H.: The Development of Stainless Steel, T. Firth and Sons.

[3] RABALD, E.: Chem. Fabrik **9** (1936) 475.

für zwei Legierungen I und II wiedergegeben sind, bedeuten den Angriff in g/m²/std bei 15°.

Einige interessante Dreiecksdarstellungen haben PILLING und ACKER-MAN[1] veröffentlicht, die Kurven gleicher Korrosionsgeschwindigkeit für verschiedene Konzentrationen von Eisen, Chrom und Nickel in den Legierungen zeigen. Die Darstellung für 5%ige Salpetersäure zeigt, daß eher ein hoher Chromgehalt als ein hoher Nickelgehalt für eine niedrige Korrosionsgeschwindigkeit wünschenswert ist, wie zu erwarten steht. Für Schwefelsäure und Salzsäure gilt das Umgekehrte. Tatsächlich führt ein Zusatz von Chrom ohne einen gleichzeitigen Nickelzusatz zu einer rascheren Korrosion als bei unlegiertem Eisen. Auf schweflige Säure — eine Substanz großer praktischer Bedeutung in der Papier- und Textilindustrie — scheinen beide Elemente einen beschränkenden Einfluß auszuüben; in Gegenwart von Chloriden ist jedoch eine wesentlich größere Chrommenge zur Hervorbringung eines ausreichenden Schutzes erforderlich, als die graphische Darstellung anzuzeigen scheint.

Tabelle 39.

Komponenten	C	Cr	Ni	Mo
Legierung I	0,34	20,4	8,6	—
Legierung II	0,44	20,5	6,5	3,8

Zusammensetzung der Schwefelsäure in Gew.-%	Angriff auf Legierung I	Angriff auf Legierung II
8,5	0,87	nichts
16	0,98	nichts
23,5	1,3	0,9
30	1,3	1,4
36,5	2,0	2,7
48	3,0	7,1
62	3,9	6,1

HATFIELD[2] und MAIN[3] berichten über die Verwendung dieser Stähle bei der Herstellung von Salpetersäure, Celluloid, Kunstseide, Wolle, Gummi, Explosivstoffe, Kunstleder, Papier, Farbe, Seife, Glas und Parfümerien sowie in der Lebensmittel-, Textil- und Färbereiindustrie. Bei der Herstellung von Leder wird jede Korrosion nicht nur zu einer Schädigung der Anlagen führen, sondern überdies das Produkt entfärben. Prüfungen, die BALFE und PHILLIPS[4] durchgeführt haben, zeigen, daß ein austenitischer Chrom-Nickel-Stahl einen guten Korrosionswiderstand bietet. HATFIELD hat die Methoden des Schweißens, Nietens, sowie der Entsinterung diskutiert. Die Entfernung des Sinters ist für einen guten Widerstand wichtig und wird in einem Bad durchgeführt, das Salzsäure (50 Vol.) enthält, die mit Wasser (50 Vol.) verdünnt wird, das seinerseits 5 Vol. Salpetersäure und 0,25 Vol. eines käuflichen Inhibitors enthält.

Zusammenbruch hochprozentiger Chromstähle. Das Verhalten irgendeiner korrosionsbeständigen Legierung hängt weitgehend vom Zustand der Oberfläche ab. Kleine Fehlstellen in der Oberfläche, eingewalzte Sinterteilchen oder Fremdstoffe können zu einem unerwarteten Zusammenbruch führen. Beginnt der Angriff, so ruft er manchmal unter der Schutzschicht eine Pittingbildung hervor, ein weiteres Zeichen dafür, daß der Schutz vom Widerstand der Oberflächenschichten abhängig ist. Mit Sandstrahlgebläse behandelte

[1] PILLING, N. B. u. D. E. ACKERMAN: Trans. Am. Inst. min. met. Eng. 83 (1929) 248.
[2] HATFIELD, W. H.: Paper, gelesen vor der Institution of Production Engineers am 7. Oktober 1935; Chem. Ind. 4 (1926) 568; Trans. Inst. chem. Eng. 7 (1929) 49; Metallurgia 1 (1929) 51; Pr. Inst. Automobile Eng. 25 (1931) 285; Trans. Inst. Naval Arch. 77 (1935) 158. [3] MAIN, S. A.: J. Roy. Soc. Arts 83 (1935) 678.
[4] BALFE, M. P. u. H. PHILLIPS: J. Soc. Leather Trade Chemists 16 (1932) 120, 194, 345.

Oberflächen neigen erheblich zum Angriff, wie durch COURNOT[1] gezeigt worden ist. Kleine Mengen durchdringungsfähiger Ionen in der Lösung können zu unerwarteten Beschädigungen Anlaß geben. So wird nach SANFOURCHE und PORTEVIN[2] 18/8-Chrom-Nickel-Stahl, der normalerweise gegenüber kalter Phosphorsäure widerstandsfähig ist, rasch korrodiert, wenn eine Spur von Salzsäure vorhanden ist.

Unter gewissen Bedingungen geben hochprozentige Chromstähle jedoch keine zufriedenstellenden Ergebnisse. Obgleich die zur ständigen Ausheilung des Oxydfilmes erforderliche Sauerstoffmenge nur gering ist, kann es insbesondere innerhalb des Erdreiches vorkommen, daß die 13%ige Chromlegierung bei völlig anaeroben Bedingungen einem ernsthaften Angriff unterliegt. Derartige Beispiele sind gelegentlich aus der Ölindustrie berichtet worden. Selbst in der Fabrik erfolgt manchmal ein Angriff an Stellen, an denen ein Stück des nichtrostenden Stahles mit einem anderen in Berührung kommt, und zwar in Salzwasser, ja sogar in frischem Wasser. Andererseits kann es manchmal geschehen, daß durch das Aufprallen von Wasser hoher Geschwindigkeit eine Schädigung des Oxydfilmes selbst dann hervorgerufen wird, wenn viel Sauerstoff vorhanden ist. PASSERINI[3] berichtet über einen Fall einer italienischen Stromerzeugungsanlage, wo an der Eintrittsöffnung der Wasserturbine ein 12- bis 14%iger Chromstahl keine besseren Ergebnisse geliefert hat — im ganzen gesehen eher schlechtere — als ein Stahl mit nur 0,5% Chrom und 2% Nickel (er weist darauf hin, daß der Vergleich nicht ganz streng ist, da das eine Material gegossen, das andere dagegen geschmiedet ist).

Über die Neigung einiger austenitischer Legierungen zu intergranularem Angriff nach unzweckmäßiger Wärmebehandlung wird auf S. 472ff. berichtet.

Weitere chrom-nickelhaltige Materialien. Austenitische nickel- und chromhaltige Gußeisensorten, ähnlich denen, die im Kapitel III besprochen worden sind, besitzen einen erhöhten Widerstand gegenüber Säuren im Vergleich zu gewöhnlichem Gußeisen, obgleich sie den austenitischen Stählen oder dem weiter unten erwähnten hochsiliciumhaltigen Gußeisen unterlegen sind. Kupfer ist ein nützlicher Konstituent dieser Legierungsklasse. Dieser Fragenkomplex wird von BALLAY[4] behandelt, dessen Angaben zeigen, daß der Angriff auf austenitisches Gußeisen durch 5%ige Schwefelsäure nur etwa $1/_{500}$ von dem auf gewöhnliches Gußeisen beträgt. Weitere Angaben hierzu gibt PEARCE[5].

Legierungen mit Nickel und Chrom als Hauptkomponenten besitzen mancherlei versprechende Eigenschaften. Über diese Gruppe berichtet HANEL[6]. Die reine 80/20-Nickel-Chrom-Legierung, die sich als elektrischer Widerstandsdraht nützlich erweist, ist vielleicht weniger für korrosionswiderstandsfähiges Material als ternäre eisenhaltige Legierungen geeignet. In der Tat ist es überraschend, daß die eisenreichen Legierungen manchmal nicht sehr viel weniger widerstandsfähig als die eisenarmen sind. Gegenüber Salpetersäure scheint die Legierung

---

[1] COURNOT, J.: C. r. **193** (1931) 1335.

[2] SANFOURCHE, A. u. A. PORTEVIN: C. r. **194** (1932) 1741.

[3] PASSERINI, L.: Private Mitteilungen vom 21. Januar und 2. März 1935.

[4] BALLAY, M.: Bl. Assoc. techn. Fonderie **1929**, 346; Rev. Mét. **29** (1929) 439; Métaux **9** (1934) 378. [5] PEARCE, J. G.: Chem. Ind. **12** (1934) 1052.

[6] HANEL, R.: Chem. Fabrik **7** (1934) 222, **8** (1935) 8.

mit 80% Nickel, 14% Chrom und 6% Eisen die gleiche Widerstandsfähigkeit wie die nichtrostenden Stähle zu besitzen[1]. Die Nickel-Chrom-Eisen-Legierungen, die in der chemischen Industrie gegenüber Essigsäure und ähnlichen Materialien benutzt werden, enthalten oft Wolfram, Molybdän, Kobalt und/oder Mangan. Nach FINK und KENNY[2] wird der Korrosionswiderstand von Chrom-Nickel-Legierungen gegenüber Salzsprühnebeln und Calciumchloridlösung durch vorherige anodische Behandlung in einer Chromsäurelösung erhöht.

Säurebeständige Legierungen, die Molybdän, Wolfram, Silicium und Zirkon enthalten. Bei der Suche nach säurebeständigem Material ist es natürlich, sich Metallen zuzuwenden, in denen der basische Charakter nur schwach entwickelt ist. Molybdän und Wolfram, mit Oxyden, die eher sauer als basisch sind, neigen dazu, sich in sauren Lösungen passiv, in alkalischen Lösungen dagegen aktiv zu verhalten. Die unlegierten Metalle[3] werden selten verwendet, jedoch werden oft geringe Beträge von Wolfram zu den 18/8-Chrom-Nickel-Stählen zugesetzt (in England), um die Widerstandsfähigkeit gegenüber Chemikalien zu erhöhen. Zusatz von 2 bis 8% Molybdän zu 18/8-Chrom-Nickel-Stahl führt zu einer Legierung mit bedeutendem Widerstand gegenüber verdünnter Schwefelsäure, der nach SCHAFMEISTER und GOTTA[4] beim Kaltwalzen nicht in dem gleichen Ausmaße wie bei den molybdänfreien Legierungen herabgesetzt wird.

Tabelle 40 gibt eine Anzahl von Bestimmungen, die ROHN[5] über den Angriff heißer Säuren auf verschiedene Metalle und Legierungen ausgeführt hat. Dabei zeigt es sich, daß Molybdän und Wolfram (insbesondere das erstere) viel stabiler gegenüber nichtoxydierenden Säuren als die anderen Metalle sind, und daß ihre Einführung in eine Nickel-Eisen-Chrom-Mangan-Legierung ein Material von überraschend hohem Widerstand ergibt. Nach LUPBERGER[6] sind Molybdän- und Chrom-Molybdän-Stähle besonders für Überhitzerrohre geeignet. Über russische Arbeiten hinsichtlich der Verwendung von Chrom-Molybdän-Stählen bei hohen Temperaturen und Drucken berichtet POHL[7]. Unter den in Großbritannien hergestellten Legierungen enthält B B 4 K etwa 3,4% Molybdän zu Nickel und Chrom. Die Potentialänderung mit der Zeit läßt darauf schließen, daß diese Legierung in Chloridlösungen einen schützenden Film aufbaut, der besser als der ähnlicher, jedoch molybdänfreier Legierungen ist[8]. Eines der wichtigsten Anwendungsgebiete für dieses Material liegt in der Papierindustrie, wo es den heißen, schweflige Säure enthaltenden Flüssigkeiten Widerstand leistet, die, unter Druck erhitzt, oft eine Temperatur von 150° bis 170° erreichen.

Zirkon, ein anderes Metall mit schwach ausgeprägten basischen Eigenschaften, verdient Beachtung als Komponente säurebeständiger Legierungen. Nickel-Silicium-Eisen-Legierungen mit 2,7% Zirkon sind als Widerstandsmaterialien

[1] Anonym in Ind. eng. Chem. News Edit. 11 (1933) 300.

[2] FINK, C. G. u. F. J. KENNY: Trans. electrochem. Soc. 60 (1931) 235.

[3] Über das Verhalten von Wolfram und Molybdän gegenüber Säuren und Alkalien s. S. L. MALOWAN [Z. Metallk. 23 (1931) 69].

[4] SCHAFMEISTER, P. u. A. GOTTA: Arch. Eisenhüttenwesen 5 (1931/1932) 427.

[5] ROHN, W.: Z. Metallk. 18 (1926) 387.

[6] LUPBERGER, E.: Ber. 1. Korrosionstagung, Berlin 1931, S. 33.

[7] POHL, M.: Korr. Met. 11 (1935) 252.

[8] BANNISTER, L. C. u. U. R. EVANS: J. chem. Soc. 1930, 1366. Sämtliche Chrom-Nickel-Stähle, die in dem Diagramm auf S. 1366 angegeben werden, entstammen dem gleichen Werk. Ein Vergleich der Leistungsfähigkeit der Produkte eines Werkes mit denen eines anderen Werkes ist absichtlich vermieden worden.

gegenüber Salzsäure und Schwefelsäure in den Vereinigten Staaten von Nordamerika eingeführt worden[1].

Wenn die Stabilität gegenüber Säuren, wie sie bei Molybdän-, Wolfram- und Zirkon-Stählen vorliegt, auf das Fehlen basischer Eigenschaften in den stabileren Oxyden dieser Elemente zurückzuführen ist, so dürfte es sinnvoll sein, ein Nichtmetall anzuwenden, das keine basischen Eigenschaften besitzt. Heutzutage wird Silicium in beträchtlichem Ausmaße verwendet, um eine Widerstandsfähigkeit gegenüber Säuren zu erzielen. So werden 18/8-Chrom-Nickel-Stähle mit 1,5 bis 2,0% Silicium hergestellt. MONYPENNY[2] berichtet, daß Silicium den Widerstand gegenüber siedender Essigsäure und gewissen Färbereiflüssigkeiten, die geringe Mengen von Schwefelsäure enthalten, erheblich erhöht. Chrom-Nickel-Silicium-Stahl *(Weldanka)* wird heutzutage in der Papierindustrie als widerstandsfähiges Material gegenüber den oben erwähnten heißen, schweflige Säure enthaltenden Flüssigkeiten benutzt.

Tabelle 40. Gewichtsverlust in g/dm² nach 1 Stunde in heißer Säure. (Nach W. ROHN.)

Metall	10%iges HNO₃	10%iges H₂SO₄	10%iges HCl	10%ige Essigsäure	10%iges H₃PO₄
Eisen (geglüht)	36,7	15,6	21,0	0,76	12,3
Nickel (geglüht)	9,07	0,02	1,51	0,004	0,044
Chrom	nichts	45	150	0,03	nichts
Molybdän (heiß gewalzt)	1,8	0,0015	0,0015	0,003	0,009
Wolfram (heiß gewalzt)	0,06	0,01	0,01	—	—

Legierungen[3] (geglüht) mit:

Fe	Ni	Cr	Mn	Mo	W	10%iges HNO₃	10%iges H₂SO₄	10%iges HCl	10%ige Essigsäure	10%iges H₃PO₄
15	61	15	2	7	—	nichts	0,02	0,02	0,006	0,016
16	61	15	2	—	6	0,01	0,02	0,18	0,002	0,03
20	64	15	1	—	—	0,02	0,11	1,97	0,01	0,062

Beachtlich ist die geringe Angriffsgeschwindigkeit, die Schwefelsäure auf metallisches Nickel ausübt, wie Tabelle 40 zeigt; die Gründe hierfür werden auf S. 370 besprochen. Wird dieses Metall mit Molybdän legiert, so können noch bessere Ergebnisse erzielt werden. Eine Untersuchung über den Widerstand von Nickel-Molybdän-Legierungen gegenüber Säuren hat FIELD[4] durchgeführt. Nach ROHRMAN[5] ist gegenüber Salzsäure ein Maximum des Widerstandes bei 15 bis 20% Molybdän vorhanden; wird Eisen durch Nickel ersetzt, so werden die physikalischen Eigenschaften verbessert. Er empfiehlt eine Legierung mit 58% Nickel, 20% Molybdän, 20% Eisen und 2% Mangan *(Hastelloy A)*. Diese Legierung ist gegenüber Salzsäure nur in Abwesenheit von Sauerstoff widerstandsfähig. Um die Legierung gegenüber der gleichen, jedoch

---

[1] SCHOFIELD, M.: Chem. Age **33** (1935) 304.

[2] MONYPENNY, J. H. G.: Met. Treatment **2** Nr. 5 (1936) 28; außerdem Private Mitteilung vom 6. Juli 1936.

[3] Diese Legierungen sind bekannt als Contracid B7M, Contracid B6W bzw. Chroman B. Der Zusatz von 0,7% Beryllium zu der Contracidlegierung mit 60/15/7 Ni/Cr/Mo verbessert die physikalischen Eigenschaften, ohne die chemische Widerstandsfähigkeit herabzusetzen. Diese Beryllium-Contracide sind teuer, werden jedoch für Ventile und Federn unter besonderen Bedingungen von E. RABALD [Chem. Fabrik 8 (1935) 157] empfohlen.

[4] FIELD, B. E.: Trans. Am. Inst. min. met. Eng. **83** (1929) 149.

[5] ROHRMAN, F. A.: Chem. met. Eng. **40** (1933) 646.

sauerstoffhaltigen Säure korrosionsbeständig zu machen, müssen Chrom und Wolfram zulegiert werden. Die so entwickelte Legierung enthält 58% Nickel, 17% Molybdän, 6% Eisen, 14% Chrom und 5% Wolfram *(Hastelloy C)*. Nach PORTEVIN, PRÉTÉT und JOLIVET[1] ist ein Stahl mit 30% Nickel und 5% Molybdän ausgezeichnet korrosionsbeständig gegenüber verdünnter Salzsäure.

Nickel- und kupferhaltige Legierungen. Legierungen des Systems Nickel-Kupfer werden, obgleich sie im Widerstandsverhalten gegenüber Säuren nicht gewissen molybdänhaltigen Legierungen vergleichbar sind, weitgehend und mit Erfolg gegenüber verdünnter Schwefelsäure (z. B. als Einsätze in Beizbädern) sowie besonders dort verwendet, wo Festigkeit und Widerstand gegenüber Abnutzung, ebenso wie Widerstand gegenüber Korrosion, verlangt werden. *Monelmetall*, eine Legierung, die aus dem Erz einer gewissen Mine, die Nickel und Kupfer in den gewünschten Anteilen enthält, ohne Trennung der beiden Metalle hergestellt wird, besteht aus angenähert 67% Nickel und 30% Kupfer, bei kleinen, aber sorgfältig überwachten Zusätzen anderer Elemente, um die günstigsten Eigenschaften zu erzielen. Diese Zusatzelemente sind gewöhnlich Mangan ($1^1/_4$%), Eisen ($1^1/_4$%) sowie geringe Mengen von Kohlenstoff und Silicium[2]. Natürlich können auch synthetische Legierungen der gleichen Zusammensetzung hergestellt werden, jedoch sind BAUER, WEERTS und VOLLENBRUCK[3] der Ansicht, daß sie dem natürlichen Monelmetall nur gleichwertig sind, wenn sich der gesamte Kohlenstoff in fester Lösung befindet; andernfalls wird die Korrosion durch die Graphitpartikeln aktiviert. Selbst gegenüber Salzsäure bieten Nickel-Kupfer-Legierungen bedeutenden Widerstand, der den des unlegierten Nickels übersteigt. Durch Gegenwart von Sauerstoff wird jedoch der Angriff auf beide Materialien erheblich vergrößert. In einem der von ROHRMAN angestellten Versuche mit Monelmetall in 10%iger Salzsäure wurde die Angriffsgeschwindigkeit infolge Durchleiten von Luft durch die Säure um das 8fache vergrößert. Stickstoff erhöht die Geschwindigkeit um das 3fache. ROHRMAN nimmt an, daß ein Teil der Korrosionsbeförderung durch die Luft auf die Entfernung von Kupferionen infolge der Flüssigkeitsbewegung, ein anderer Teil auf die Depolarisation durch den Sauerstoff zurückzuführen ist.

Den Einfluß des Sauerstoffes auf die Korrosion von Monelmetall durch 5%ige Schwefelsäure läßt die Untersuchung von FRASER, ACKERMAN und SANDS[4] erkennen, die Luft mit verschiedener Geschwindigkeit durch die Lösung hindurchleiten. Die Korrosionsgeschwindigkeit steigt in diesem Fall anfänglich rasch mit der Belüftungsgeschwindigkeit an, jedoch hört jenseits einer bestimmten Durchströmungsgeschwindigkeit des Sauerstoffes seine befördernde Wirkung auf die Korrosion auf, offenbar weil irgendein anderer Faktor (wahrscheinlich die Hinderung des Überganges von Nickel in den Ionenzustand, s. S. 369) bestimmend wird. Versuche, bei denen Sauerstoff-Stickstoff-Gemische durch das Korrosionsgefäß mit konstanter Geschwindigkeit geleitet werden, ergeben eine Zunahme der Korrosionsgeschwindigkeit mit der Sauerstoffkonzentration, während andere Versuche, in denen sich das Metall und die Flüssigkeit in relativer Bewegung zueinander befinden, erkennen lassen, daß diese Bewegung

---

[1] PORTEVIN, A., E. PRÉTÉT u. H. JOLIVET: 13e Congr. Chim. ind. 1933.

[2] BARCLAY, W. R.: Private Mitteilung vom 24. Januar 1936.

[3] BAUER, O., J. WEERTS u. O. VOLLENBRUCK: Metallwirtschaft **11** (1932) 647.

[4] FRASER, O. B. J., D. E. ACKERMAN u. J. W. SANDS: Ind. eng. Chem. **19** (1927) 332.

den Angriff begünstigt, wahrscheinlich infolge der Erleichterung für die Nachlieferung des Sauerstoffes. Alle diese Faktoren spielen im Betrieb eine Rolle, so daß diese Untersuchungen von praktischer Bedeutung sind.

Die Verwendung von Monelmetall, über die McKay[1] berichtet, erstreckt sich auf Pumpenstangen, Pumpenwellen, Filtertücher, Transportbecher sowie nahtlose Rohre für Luft-Rührwerke. Desch[2] erwähnt seine Verwendung für Gestelle, die beim Mattieren von Glühbirnen durch Flußsäure benutzt werden. Kupfer-Nickel-Legierungen, die aluminiumhaltig sind, werden als Klemmen bei elektrischen Batterien verwendet, während eine Abart des Monelmetalles, die Aluminium enthält — bekannt als *K-Monel*[3] — in neuerer Zeit für Pumpenstangen und ähnliche Zwecke verwendet wird. Es besitzt sowohl Festigkeit als auch Widerstandsfähigkeit und sollte sich da als wertvoll erweisen, wo das Gewicht eine Rolle spielt. Eine Variante mit wenig höherem Siliciumgehalt, die da wertvoll ist, wo ein hoher Abnutzungswiderstand bei hohen Temperaturen sowie Widerstandsfähigkeit gegenüber hochgespanntem Dampf in Öltanks verlangt wird, ist die Legierung *S-Monel*.

Säurefeste siliciumhaltige Legierungen. Die in neuerer Zeit üblich gewordene Verwendung von Silicium zur Verbesserung der Säurebeständigkeit austenitischer Chrom-Nickel-Stähle hat bereits Erwähnung gefunden. Eine ältere Anwendung dieses Elementes findet sich beim hochsilicierten Gußeisen, das durch eine ausgezeichnete Widerstandsfähigkeit gegenüber verdünnter Schwefelsäure gekennzeichnet ist und für Säurepumpen vielfache Verwendung findet. Unglücklicherweise sind diese Gußeisensorten jedoch sehr brüchig. Bemühungen, diese Brüchigkeit des Materiales zu vermindern, sind bis jetzt unbefriedigend geblieben. Verbesserungen sind jedoch hinsichtlich der Pumpenkonstruktion gemacht worden; so sind beispielsweise die Biegespannungen im Material herabgesetzt worden, gleichzeitig ist die Gießtechnik verbessert worden. Als Effekt bleibt zu verzeichnen, daß hochsiliciertes Gußeisen heutzutage weniger leicht bricht, als das früher der Fall gewesen ist. Wenngleich dieses Material durch konzentrierte Salzsäure angegriffen wird, so ist es doch recht widerstandsfähig gegenüber 5%iger selbst siedender Säure. Durch den Siliciumgehalt wird die Korrosionsgeschwindigkeit erheblich beeinflußt. So lassen Angaben von Schulz und Jenge[4] erkennen, daß eine 17%ige Siliciumlegierung viel widerstandsfähiger ist als Eisen mit nur 12% Silicium, das seinerseits wieder viel widerstandsfähiger als gewöhnliches Gußeisen ist. Soll das Material beständig gegenüber Schwefelsäure sein, so darf nach Grounds[5] der graphitische Kohlenstoff 0,7% nicht überschreiten; der Phosphor- und Schwefelgehalt muß niedrig liegen.

Die *Sicromalstähle*, die neuerdings in Deutschland für verschiedene Zwecke der chemischen Industrie entwickelt worden sind, enthalten 4 bis 24% Chrom, bis zu 3,5% Aluminium, bis zu 1% Silicium sowie häufig geringe Mengen an Molybdän und anderen Elementen. Nach Rabald[6] setzen Aluminium und Silicium die Menge des zur Ausbildung des Korrosionswiderstandes erforder-

---

[1] McKay, R. J.: Ind. Eng. 15 (1923) 555.

[2] Desch, C. H.: J. Soc. chem. Ind. Trans. 55 (1936) 172.

[3] Anonym in Chem. Age Met. Sect. (1935) 1. Juni, S. 29; s. auch R. W. Müller: Korr. Met. 11 (1935) 252.   [4] Schulz, E. H. u. W. Jenge: Z. Metallk. 18 (1926) 379.

[5] Grounds, A.: Ind. Chemist 2 (1926) 296.

[6] Rabald, E.: Chem. Fabrik 8 (1935) 29.

lichen Chroms herab. Die Legierungen sind besonders wertvoll bei der Herstellung aktiver Kohle sowie beim Hydrieren und Cracken der Öle. Legierungen dieses Types besitzen eine erhebliche Stabilität selbst in Gegenwart von Wasserstoff, Kohlenwasserstoffen und Schwefelverbindungen unter hohem Druck. Ihre Festigkeit scheint selbst gegenüber gecracktem Ammoniak bei 450° und 300 Atm. erhalten zu bleiben, eine Behandlung, die die meisten Kupfer- und Eisenlegierungen auf das empfindlichste schwächt.

Die Einführung von Silicium in Kupfer führt zu Legierungen großer Festigkeit; sie besitzen eine bedeutende Widerstandsfähigkeit gegenüber nichtoxydierenden Säuren und anderen Chemikalien. Die am besten bekannten Legierungen dieser Reihe sind *Everdur*, die JACOBS[1] beschreibt (es enthält 3% Silicium und 1% Mangan als Knetlegierung; ist es für Sandguß bestimmt, so enthält es wesentlich mehr an beiden Elementen), sowie *Herculoy*, diskutiert von WILKINS[2] (mit 3,2% Silicium, 1,5% Zink und 0,5% Zinn).

Kupfer-Aluminium-Legierungen mit und ohne Nickel. Die Einführung von Aluminium in Kupfer führt zu einer brauchbaren Klasse korrosionsbeständiger Legierungen. Kupfer-Aluminium-Legierungen mit 8,5 bis 9,0% Aluminium (und gewöhnlich etwas Mangan) besitzen eine bedeutende Widerstandsfähigkeit gegenüber Schwefelsäure und Natriumhydroxyd nach den Angaben von LOISEAU[3], jedoch werden sie, wie die meisten Kupferlegierungen, rasch durch Salpetersäure angegriffen. Die Legierungen sind für Vorerhitzerrohre auf deutschen Kaliumchloridwerken verwendet worden, jedoch sind mehrere Fälle von Pittingbildung vorgekommen, über die MERZ und BRENNECKE[4] berichten. DAHL[5] weist nachdrücklich darauf hin, welche Sorgfalt darauf verwendet werden muß, damit Oxydeinschlüsse oder Porosität vermieden werden, durch die lokale Angriffe ausgelöst werden können. Eine Legierung dieser Klasse, das sog. *Corrix-Metall*, enthält 3% Eisen und 8,7% Aluminium; sie ist nach KALPERS[6] beständig gegenüber Schwefel-, Phosphor-, Essigsäure und anderen Säuren. Gewöhnliche *Aluminiumbronze* enthält etwa 10% Kupfer und bewahrt ihre Farbe außerordentlich gut in verschmutzten Atmosphären, weshalb sie für Gaszubehörteile Verwendung findet. READ und GREAVES[7] haben gezeigt, daß diese Legierung widerstandsfähiger als Messing gegenüber frischem Wasser und Seewasser ist. Gegenüber Seewasser, jedoch nicht gegenüber frischem Wasser, wird die Widerstandsfähigkeit weiterhin durch einen Zusatz von bis zu 10% Nickel erhöht.

Kupferlegierungen, die Aluminium und Nickel enthalten, sind im Handel erhältlich. *Kunial-Kupfer* enthält etwa 6% Nickel und 1,5% Aluminium, während *Kunial-Messing* zusätzlich 20% Zink enthält. Neben gutem Widerstand gegenüber Korrosion besitzt diese Legierungsklasse die wertvolle Fähigkeit der Aushärtung. Die Materialien verlieren ihre Widerstandsfähigkeit bei diesem Vorgang nicht.

[1] JACOBS, C. B.: Metals Alloys 3 (1932) 26.
[2] WILKINS, R. A.: Metals Alloys 4 (1933) 123.
[3] LOISEAU, R.: Métaux 9 (1934) 421.
[4] MERZ, A. u. E. BRENNECKE: Korr. Met. 4 (1928) 136.
[5] DAHL, O.: Ber. 3. Korrosionstagung, Berlin 1934, S. 30.
[6] KALPERS, H.: Korr. Met. 10 (1934) 68.
[7] READ, A. A. u. R. H. GREAVES: J. Inst. Met. 11 (1914) 197.

Aluminium und seine Legierungen. Eine der wertvollsten Eigenschaften des Aluminiums ist seine Stabilität in Gegenwart von Schwefelverbindungen. So zeigen Untersuchungen von Buschlinger[1], daß Aluminium selbst für schmelzenden Schwefel gut geeignet ist. Es widersteht schwefelhaltiger Kohle unter Bedingungen, unter denen Stahl angegriffen wird, während Schwefelwasserstoff, sei er gasförmig oder gelöst, eine wesentlich geringere Einwirkung gegenüber Aluminium als gegenüber den meisten anderen Metallen aufweist. In der Gummi-Industrie findet Aluminium mannigfache Anwendung. Sein relativ hoher Widerstand gegenüber Schwefelverbindungen ist als ein besonderer Vorteil beim Vulkanisieren zu bezeichnen.

Verdünntes Ammoniak ist sowohl heiß als auch kalt von geringem Einfluß auf Aluminium, jedoch wirken viele Salze — mit Ausnahme von Nitraten — korrosiv. Eine Übersicht über das Verhalten von Aluminium gegenüber zahlreichen anorganischen Salzen und Säuren geben Jablonski[2] sowie andere Autoren[3].

Der Angriff von Salpetersäure auf Aluminium steigt mit der Konzentration bis zu 30% an und fällt dann wieder ab. Unterhalb 15% und oberhalb 50% ist der Angriff normalerweise leicht. Werden jedoch geschweißte Gefäße benutzt, so muß besondere Sorgfalt auf die Schweißzone verwandt werden, die gehämmert, geglüht und vor Gebrauch sorgfältig gewaschen werden sollte. Die thermische Vorgeschichte, ebenso wie die Reinheit von Metall und Säure, sind von Bedeutung. Nach Seligman und Williams[4] wird hart-bearbeitetes Aluminium durch Salpetersäure vom spezifischen Gewicht 1,42 stärker angegriffen als geglühtes Material. Geschweißte Vorratstanks für 96- bis 99%ige Salpetersäure werden heutzutage aus 99,8%igem Aluminium hergestellt, während Aluminiumbottiche auch für den Säuretransport verwendet werden können[5]. Die Säure sollte chloridfrei sein, da anderenfalls der Angriff wesentlich verstärkt wird.

Bei Bleichprozessen werden Aluminiumgefäße für schwach alkalische Wasserstoffperoxydlösungen verwendet, die durch Kupfer- oder Eisengefäße rasch zersetzt werden. Messungen von R. W. Müller[6] haben gezeigt, daß Aluminium keine größere Zersetzung als Glas oder Porzellan hervorruft.

Für Gußzwecke wird *Silumin*, eine Aluminiumlegierung mit etwa 13% Silicium, weitgehend verwendet. Diese Legierung besitzt gute chemische Stabilität und wird, obgleich sie bei höheren Temperaturen an Festigkeit einbüßt, viel für chemische Zwecke verwendet. Über Messungen der Angriffsgeschwindigkeit gegenüber zahlreichen anorganischen Chemikalien berichtet Rabald[7]. Es findet weitgehend in der Öl- und Fettindustrie Verwendung. Gegenüber vielen höheren Fettsäuren, die Aluminium und Kupfer angreifen, bietet es Widerstand. Es findet auch in der Gummi- und Gasindustrie Verwendung, da es durch Schwefelwasserstoff wenig angegriffen wird. Es soll widerstandsfähig sein gegenüber Türkischrotöl, siedendem Anilin, Butylalkohol und Trichloräthylen. *Pantal*, eine Gußlegierung mit 5% Silicium, 0,7% Mangan und 0,6% Magnesium

[1] Buschlinger: Z. Metallk. **19** (1927) 101.

[2] Jablonski, L.: Korr. Met. **2** (1926) 211.

[3] Aluminium in the Chemical and Food Industries (British Aluminium Company), London 1936.   [4] Seligman, R. u. P. Williams: Trans. Faraday Soc. **12** (1917) 64.

[5] Anonym in Chem. Age **32** (1935) 310.

[6] Müller, R. W.: Deutsche Färber-Ztg. **70** (1934) 327.

[7] Rabald, E.: Ch. Fabrik 8 (1935) 143.

(mit Eisen und Titan bis zu 0,6%) wird gleichfalls in der Gummi- und Lebensmittelindustrie verwendet.

Nach Untersuchungen gegenüber Dampf, Paraffin, Salzsprühnebeln und der Atmosphäre kommen DIX und BOWMAN[1] zu dem Ergebnis, daß hochsiliciumhaltige Aluminium - Spritzgußlegierungen eine ausgezeichnete Widerstandsfähigkeit aufweisen, solange Verunreinigungen (andere als Eisen) streng begrenzt bleiben. Eisen ist harmlos, ein glücklicher Umstand, da es schwer auszuschließen ist. Kupfer und Zinn setzen die Korrosionsfestigkeit herab.

Bei der Herstellung organischer Chemikalien wird Aluminium oft verwendet. Seine farblosen Salze verfärben die entstehenden Produkte nicht, während das Ausbleiben katalytischer Zersetzung ein großer Vorteil ist. Das Verhalten von Aluminium gegenüber heißen organischen Säuren, das durch SELIGMAN und WILLIAMS[2] untersucht worden ist, ist recht merkwürdig. Verdünnte (1%ige) Essigsäure greift das Metall recht rasch an, jedoch nimmt die Korrosionsgeschwindigkeit mit steigender Konzentration ab. 99%ige Säure ist fast ohne Einwirkung, jedoch vergrößert die Entfernung der letzten 0,05% Wasser die Angriffsgeschwindigkeit um das 100fache. Ähnliche Ergebnisse werden mit Propion- und Buttersäure, mit Phenol sowie mit Äthyl-, Butyl- und Amylalkohol erhalten. Die absolut wasserfreien Substanzen greifen das Metall an, jedoch wirkt eine bloße Spur von Wasser bereits als Schutz, offenbar dadurch, daß es die Gelegenheit zur Bildung eines Oxyd- oder Hydroxydfilmes bietet. Diese Ergebnisse sind von großer praktischer Bedeutung. Bei der Herstellung von Essigsäure, Propionsäure oder Buttersäure hoher Konzentrationen sollten die Aluminiumanlagen eine vernünftige Lebensdauer besitzen, vorausgesetzt, daß nicht die Gefahr einer völligen Entwässerung oder ungeeigneten Verdünnung besteht. Es ist festgestellt worden, daß die Korrosion von Aluminium durch Essigsäure erheblich erhöht wird, wenn 0,5% Ameisensäure vorhanden ist[3]. Chloride wirken gleichfalls erhöhend. Der Angriff durch Alkohol, Aceton und Formaldehyd wird durch kleine Mengen von Kupfersalzen gefördert[4].

Weitere Materialien, die gegenüber Chemikalien widerstandsfähig sind. Für Lösungen, die Kupfer(II)-chlorid und Ammoniumchlorid enthalten, empfehlen MOORE und LIDDIARD[5] ein nickelhaltiges Geschützmetall. Kupfer ist als Widerstandsmaterial gegenüber Flußsäure in Abwesenheit von Sauerstoff verwendet worden. Korrosionsbeständig gegenüber Schwefelsäure sollen nickelhaltige Zinnbronzen sein[6], während eine Bleibronze mit 10% Zinn und 10 bis 25% Blei für Pumpen verwendet worden ist, die für Grubenwasser bestimmt sind. THEWS[7] betont die Notwendigkeit, daß das Blei so fein wie irgend möglich verteilt ist. Seigerungen von Blei führen zu Korrosion.

Um der Einwirkung der Schwefelsäure mit Erfolg zu widerstehen, wird mit Vorteil von der niedrigen Löslichkeit des Bleisulfates Gebrauch gemacht. *Blei* (oder mit Blei ausgekleidetes Holz) wird weitgehend in solchen Fällen verwendet,

---

[1] DIX, E. H. u. J. J. BOWMAN: Trans. Am. Inst. min. met. Eng. **117** (1935) 357.

[2] SELIGMAN, R. u. P. WILLIAMS: J. Soc. chem. Ind. Trans. **35** (1916) 88, **37** (1918) 159.

[3] CALCOTT, W. S., J. C. WHETZEL u. H. F. WHITTAKER: Corrosion Tests and Materials of Construction for Chemical Engineering Apparatus (American Institution of Chemical Engineers), New York 1923, S. 116.   [4] PIKOS, P.: Z. ang. Ch. **27** I (1914) 152.

[5] MOORE, H. u. E. A. G. LIDDIARD: Chem. Ind. **13** (1935) 791.

[6] Anonym in Chem. met. Eng. **35** (1928) 499.

[7] THEWS, R.: Korr. Met. **1** (1925) 129.

bei denen verdünnte Schwefelsäure eine Rolle spielt. Die Anwendung der Bleikammer bei der Schwefelsäurefabrikation ist wohl bekannt. Das Verhalten
ändert sich mit der Temperatur und der Konzentration, was SCRIALINE[1] auf
die Änderung im Charakter des Filmes zurückführt. In kalter Säure ist der Widerstand ausgezeichnet bis zu 80%, jedoch steigt die Korrosion oberhalb 90%
rasch an, da die Sulfatschicht, die aus sehr feinen Krystallen besteht, sofern
sie in verdünnter Säure gebildet wird, gröber und weniger kontinuierlich ist,
wenn sie in konzentrierterer Säure entsteht. Bei hohen Temperaturen widersteht Blei recht gut einer Säure bis zu etwa 78%. In konzentrierterer Säure
dagegen wird das Metall angegriffen, wobei der schützende Sulfatfilm zu Sulfid
reduziert wird, so daß die Oberfläche schwarz erscheint. Der schützende
Charakter des Filmes wird durch Vibrationen oder durch Temperaturänderungen
vermindert; sein Ausdehnungskoeffizient ist von dem des Bleies verschieden.

PERSCHKE und IGNATJEWA[2] haben verschiedene Korrosionserscheinungen in
der Bleikammer auf die Wirksamkeit eines Elementes vom Typ

Blei / Schwefelsäure / Schwefelsäure + Salpetersäure / Blei

zurückgeführt, das an Stellen, an denen der Prozeß diskontinuierlich verläuft,
oder aber an rauhen Stellen der Bleifläche gebildet wird. Das Verhalten von
Blei gegenüber Schwefelsäure wird in hohem Grade durch den Zusatz von
Fremdelementen geringer Konzentration zum Grundmetall beeinflußt (s. S. 459).

Gestatten es die Kosten, so können *Platin* oder seine Legierungen als Widerstandsmaterial gegenüber Schwefelsäure verwendet werden. Es muß jedoch
beachtet werden, daß Schwefelsäure die Neigung zeigt, selbst unlegiertes
Platin merklich anzugreifen, sofern nicht ein reduzierendes Agens wie Schwefel
oder Kohlenstoff vorhanden ist. CONROY[3] hat beschrieben, wie in einem Fall
die zufällige Entfernung von Schwefel aus der Säure auf einem Werk zu einem
ernstlichen Angriff geführt hat. ATKINSON[4] berichtet, daß Arsen(III)-oxyd in
der Säure gleichfalls die Korrosion des Platins herabsetzt. Neuerdings wird
platiniertes Material für chemische Apparate in Betracht gezogen[5].

Das Problem, ein billiges Material zu finden, das dem *Königswasser* hin-
reichenden Widerstand entgegensetzt, ist nicht einfach. Nach JONES[6] ist
Tantal inert gegenüber Königswasser sowie feuchtem und trockenem Chlor.
Legierungen aus Platin und Iridium befinden sich gleichfalls im Gebrauch.
Die Widerstandsfähigkeit wächst mit dem Iridiumgehalt. Die Legierung mit
30% Iridium bleibt fast unangegriffen gegenüber heißem konzentrierten
Königswasser sowie gegenüber siedender konzentrierter Schwefelsäure, jedoch
ist dieses Material sehr teuer.

Feuchte, saure Gase bieten mancherlei Schwierigkeiten. Nach CHILTON
und HUEY[7] ist Tantal das einzige Nichteisenmetall, das für salpetrige Säure,
die Halogenwasserstoffsäuren enthält, empfohlen werden kann. Siliciertes Eisen
ist jedoch für diesen Zweck benutzbar.

[1] SCRIALINE, I.: Les Matériaux de l'appareillage chimique, Paris 1934, S. 55, 56.
[2] PERSCHKE, W. u. W. IGNATJEWA: Korr. Met. **11** (1935) 110.
[3] CONROY, J. T.: Chem. Ind. **13** (1935) 123.
[4] ATKINSON, R. H.: Private Mitteilung vom 24. Januar 1936.
[5] Anonym in Chem. Ind. **14** (1936) 114.
[6] JONES, C. H.: Chem. met. Eng. **36** (1929) 551.
[7] CHILTON, T. H. u. W. R. HUEY: Ind. eng. Chem. **24** (1932) 125.

Weitere Angaben über widerstandsfähige Legierungen. Einen interessanten Bericht über amerikanische Arbeiten im Hinblick auf Materialien, die geeignet sind, verschiedenen Reagenzien Widerstand zu leisten, hat GROTEWALD[1] veröffentlicht. Eine Sammlung meist anonymer Arbeiten über die für verschiedene Industriezweige geeigneten Metalle ist 1926 in Amerika erschienen[2]. Sie beschäftigen sich mit Färbereimaschinen, Essigsäureherstellung, Beizvorrichtungen, Salpetersäureanlagen, Schwefelsäure, Ventile für korrosive Wässer, Salz-Trockenvorrichtungen, Zentrifugen, Petroleumraffinerien, Röstöfen und chemische Anlagen.

Eine Fülle wertvoller Informationen im Hinblick auf die Verwendung von Metallen für die verschiedensten Zwecke bietet die Bibliographie von VERNON[3]. Das Material ist sehr zufriedenstellend angeordnet, da die Arbeiten in einem Kapitel nach dem korrodierenden Medium und in einem anderen nach dem Metall oder dem hergestellten Gegenstand geordnet sind. In einem Kapitel über Korrosion in ABEGGs Handbuch der anorganischen Chemie hat SCHIKORR[4] ein größeres Material zusammengetragen, insbesondere im Hinblick auf Eisen, während über nichtrostendes Eisen und Stahl das Buch von MONYPENNY[5] Auskunft gibt. Eine wertvolle Datensammlung für verschiedene Materialien hat die AMERICAN SOCIETY FOR TESTING MATERIALS[6] herausgegeben, die offenbar durch die Hersteller bereitgestellt worden sind. Das in neuerer Zeit erschienene Buch von McKAY und WORTHINGTON[7] dürfte sich für den vorliegenden Zweck als besonders wertvoll erweisen. ROETHELI und FORREST[8] haben eine Liste von Materialien zusammengestellt, die für den chemischen Apparatebau geeignet sind. Es ist in zweckmäßiger Weise erstens nach der Chemikalie, der Widerstand geleistet werden soll, zweitens nach der Art des Gegenstandes (z. B. Rohr, Pumpe, Vorratstank usw.) eingeteilt[9].

2. Baumaterialien.

Eisen, Zink und Aluminium. Es ist eine bekannte Tatsache, daß Stahlbauten, die der Atmosphäre ausgesetzt sind, einen Schutz durch Anstrich oder Verzinken erfordern. In Industriegebieten, in denen der Regen Schwefelsäure enthält, muß selbst verzinktes Eisen angestrichen werden, wenn ein guter Schutz gefordert wird. Wird der Stahl mit dem Sandstrahlgebläse behandelt oder mit Aluminium gespritzt, so ist kein Anstrich erforderlich. Wird trotzdem ein Anstrich durchgeführt, so hält die Farbe länger als entsprechende Überzüge auf unbehandeltem Stahl (s. S. 602).

In manchen Fällen, beispielsweise bei Ladeneinrichtungen, wird heutzutage blankes, nicht mit Überzügen versehenes Metall gefordert. Die Erhaltung des

---

[1] GROTEWALD, K.: Z. Metallk. **18** (1926) 399.

[2] Anonym in Chem. met. Eng. **33** (1926) 609 bis 660.

[3] VERNON, W. H. J.: Bibliography of Metallic Corrosion, New York 1928.

[4] SCHIKORR, G.: Korrosion und chemisches Verhalten in ABEGG-KOPPELs Handbuch der anorganischen Chemie IV, 3, 2 A, S. 373.

[5] MONYPENNY, J. H. G.: Stainless Iron and Steel, London 1931.

[6] Tabellen über chemische Zusammensetzungen, physikalische und mechanische Eigenschaften sowie über die Korrosionsbeständigkeit von korrosionsbeständigen und hitzebeständigen Legierungen finden sich anonym in Pr. Am. Soc. Testing Materials **30** (1930) I.

[7] McKAY, R. J. u. R. WORTHINGTON: Corrosion Resistance of Metals and Alloys, London 1936.   [8] ROETHELI, B. E. u. H. O. FORREST: Ind. eng. Chem. **24** (1932) 1018.

[9] Siehe hierzu auch F. RITTER: Korrosionstabellen metallischer Werkstoffe, Wien 1937.

Metallglanzes wird hier zu einer Frage vordringlicher Wichtigkeit. Man kann nicht sagen, daß das vollkommene Material für diesen Zweck bereits gefunden worden ist. Eine Verallgemeinerung ist hier gefährlich, jedoch kann vielleicht soviel gesagt werden, daß nickelreiche Legierungen dazu neigen, matt zu werden, während eisenreiche Legierungen selbst in Gegenwart von Chrom zur Ausbildung kleiner dunkler Flecke neigen. Zweifellos kann ein Teil des Verlustes an dem Glanz der Metalle in den Städten auf die Anhäufung von Schmutz und nicht auf eigentliche Korrosion zurückgeführt werden. KAHN[1], der über die New Yorker Atmosphäre berichtet, sieht in dem 18/8-Chrom-Nickel-Stahl, der mit durchscheinendem Lack behandelt worden ist, die beste Lösung.

Trotz der entstehenden Kosten werden Chrom- oder Chrom-Nickel-Stähle bei wichtigen Baukonstruktionen verwendet, bei denen sich die Korrosion gefährlich auswirken würde. MAIN[2] führt hierfür mehrere Beispiele an, so unter anderem die St. Pauls-Kathedrale, die Universitätsbibliothek in Cambridge und die Sennar-Talsperre. Er bespricht auch ihre Verwendung in Eisenbahnen sowie als Material für die Deckmontage bei Schiffen.

Zink unterliegt den Witterungseinflüssen viel weniger als Eisen, jedoch wird seine Lebensdauer durch die Anwesenheit von Schwefelsäure im Regen oder durch Berührung mit sauren oder alkalisch wirkenden Baustoffen wesentlich herabgedrückt. Bis zu einem gewissen Grade wird es durch feuchten Zement, noch mehr jedoch durch feuchten Gips angegriffen, wie BAUER und SCHIKORR[3] zeigen konnten. Aluminium ist gleichfalls dem Angriff durch feuchten Zement oder Gips ausgesetzt. Im allgemeinen wird ein Anstrich bituminöser Zusammensetzung vor dem Einbau in Beton empfohlen[4]. Ein besonderer Schutz für Aluminiumlegierungen ist gewöhnlich dann erforderlich, wenn sie im Kontakt mit Eisen bleiben. Eine mit Stahlnieten versehene Duralumin-Konstruktion kann einen Anstrich in gleichem Ausmaße erfordern wie eine Ganz-Stahlkonstruktion. In Abwesenheit von Kontakten mit gefährlichen Materialien können kupferfreie Aluminiumlegierungen oft ungeschützt gelassen werden, während Legierungen wie Duralumin, die Kupfer enthalten, für gewöhnlich einen Anstrich in gewissen Abständen erfordern. STOREY[5] beschreibt einen Fall von Pittingbildung auf Aluminiumblech, die auf Einwirkung von Natriumhydroxyd zurückgeführt werden konnte, das indirekt bei einem Dialysevorgang aus dem als Bindemittel für den isolierenden Asbest verwendeten Natriumsilicat entstanden war. Das gleiche Silicat verursacht keinerlei Korrosion gegenüber Aluminium, wenn es mit diesem in direkten Kontakt gebracht wird.

Es mag überraschen, daß Zink oder verzinktes Eisen mit Erfolg dort verwendet werden können, wo unverzinktes Eisen der Rostung unterliegen würde, da man aus Laboratoriumsversuchen weiß, daß Zink oftmals rascher als Eisen korrodiert. Tropfen einer Salzlösung greifen eine Zinkoberfläche rasch an, jedoch können Zink oder mit Zink bedeckte Bleche selbst an der Küste mit Erfolg benutzt werden. Eine über 7 Jahre erstreckte Prüfung an Seeluft, über die FRIEND[6]

---

[1] KAHN, E. J.: Met. Progress **29** (Februar 1936) 45.

[2] MAIN, S. A.: J. Roy. Soc. Arts **83** (1935) 682.

[3] BAUER, O. u. G. SCHIKORR: Z. Metallk. **26** (1934) 78.

[4] Nach J. MEYER u. K. PUKALL [Ch.-Ztg. **51** (1927) 757] sind Magnesium-Aluminium-Legierungen in solchen Fällen zuverlässig. Diese Versuche wurden teilweise mit Metall-*pulvern* durchgeführt.   [5] STOREY, O. W.: Trans. electrochem. Soc. **58** (1930) 43.

[6] FRIEND, J. A. N.: Det. Struct. Seawater **13** (1933) 41.

berichtet, zeigt, daß sich die verzinkten Proben in ausgezeichnetem Zustand befanden. Die Bedingungen sind jedoch nicht vergleichbar. Tatsächlich unterliegen verzinkte Eisenbleche, die an der Meeresküste aufeinandergelegt werden, einem ernsthaften korrosiven Angriff, wenn große Tropfen von Seewasser zwischen die Oberflächen gelangen. Über ähnliche Korrosionsfälle, in denen verzinkte Bleche über See transportiert wurden, die dabei im Schiffsladeraum feucht geworden waren, berichtet CUSHMAN[1]. In derartigen Fällen kommt es im Zentrum eines jeden Tropfens zur Korrosion unter Bildung von Zinkchlorid, das mit dem kaustischen Alkali reagiert, das längs der Begrenzungslinie des Tropfens entsteht. Es kommt so zur Ausbildung membranartiger Wälle von Zinkhydroxyd, die senkrecht zum Metall aufwachsen und naturgemäß nicht schützend wirken. Wird das verzinkte Eisen jedoch aufgestellt, so kann es nicht zu einer derartigen Ansammlung großer stabiler Tropfen kommen: entweder sind die auf dem Metall gebildeten Tropfen so klein, daß das Zinkhydroxyd in engem Kontakt mit dem Metall gebildet wird, oder aber die Tropfen sind so groß, daß sie die Oberfläche herunterfließen, so daß Natriumhydroxyd und Zinkchlorid (an einem gegebenen Punkt) abwechselnd entstehen. In jedem Fall wird die Abscheidung des Zinkhydroxyds hinreichend nahe am Metall selbst erfolgen, um so die Korrosionsgeschwindigkeit wesentlich unter den ursprünglichen Wert herabzudrücken. Eine derartige Verzögerung konnte bei intermittierendem Besprühen von mit Zink bedecktem Eisen in Cambridge festgestellt werden[2]. PATTERSON[3] hat gleichfalls einige Anhaltspunkte für die Ausbildung eines schützenden Filmes auf Zink, das einer städtischen Atmosphäre ausgesetzt worden war, erhalten. Frisch gereinigte Platten erlitten einen größeren Gewichtsverlust als solche, die bereits vor 7 Monaten exponiert worden waren. Das bedeutet nicht, daß die Korrosionsgeschwindigkeit notwendigerweise unbegrenzt mit der Zeit abnimmt. Früher oder später werden, wie HUDSON festgestellt hat, die Geschwindigkeiten für die Bildung und die Entfernung von Zinkhydroxyd gleich und die Angriffsgeschwindigkeit demnach konstant werden (s. S. 155, 165). Diese konstante Geschwindigkeit wird jedoch kleiner sein als die unter großen stationären Tropfen.

Dessenungeachtet besteht stets eine Wahrscheinlichkeit für einen rascheren Angriff des Zinkes an den rissigen Stellen eines verzinkten Daches. Nach PASSANO[4] ist die Lebensdauer eines Wellblechdaches ebenso groß wie die des ungeschützten Metalles an den vorspringenden Flächenteilen.

Blei. Gegen Schwefelsäure enthaltenden Regen ist Blei naturgemäß sehr widerstandsfähig, jedoch muß dafür Sorge getragen werden, daß es nicht in Kontakt mit frischem Holz kommt, das organische Säure abgibt (gut gelagerte Eiche ist relativ harmlos, zumindest, wenn Feuchtigkeit von den Rissen ausgeschlossen ist). Weiterhin ist es nicht zulässig, Blei in Berührung mit Mörtel oder Portlandzement zu bringen, die infolge ihres alkalischen Charakters zu Schädigungen führen können, wie BRADY[5] mitteilt. Aluminiumoxydhaltiger

---

[1] CUSHMAN, A. S.: J. Oil Colour Chemists Assoc. **7** (1924) 46.

[2] EVANS, U. R.: J. Inst. Met. **40** (1928) 126.

[3] PATTERSON, W. S.: J. Soc. chem. Ind. Trans. **50** (1931) 123.

[4] PASSANO, R. F.: Am. Soc. Test. Mat. Symposium on Outdoor Weathering of Metals and Metallic Coverings **1934**, 39.

[5] BRADY, F. L.: Building Res. techn. Pap. Nr. 8 (1929); Building Res. Bl. Nr. 6 (1935).

Zement, der beim Abbinden keinen freien Kalk entwickelt, ist viel weniger gefährlich, ebenso wie Gips und *alter* Mörtel, der seinen freien Kalk verloren hat. Blei kann gegen Zement durch einen bituminösen Filz gesichert werden, jedoch wirken auch phenolhaltige Teere auf Blei ein[1]. Zur Verhütung der Korrosion an Bleileitungen, die in dicke Wände eingebaut werden sollen, empfiehlt BRADY „eine geeignete Qualität von Bitumen" oder „Leitungen, die aus Schichten von mit Bitumen imprägniertem Filz und Bleiblechen bestehen". Das hierfür verwendete Blei darf nicht zu dünn sein.

Kupfer. Die üblichste Klage gegen eine Verwendung von Kupfer für Bedachungszwecke ist im allgemeinen die, daß eine zu lange Zeit vergeht, ehe sich die schöne grüne Patinafärbung einstellt. Dieser Einwand, der vielleicht als ein Beitrag zu der geringen Geschwindigkeit zu werten ist, mit der sich Veränderungen auf dem Kupfer einstellen, ist auf S. 140 behandelt worden. Gelegentliche Klagen, die mehr vom Standpunkt der Nützlichkeit aus vorgetragen werden, liegen gleichfalls vor. BEIJ[2] hat die Korrosion kupferner Blitzableiter durch Regenwasser an denjenigen Stellen untersucht, an denen ein capillarer Spalt zwischen dem Blitzableiter und dem Dach vorhanden ist. Er schreibt diesen Angriff einer differentiellen Belüftung zu und empfiehlt das Einsetzen eines glatten Hartholzstreifens zwischen Dach und Blitzableiter. Durch Schwefelverbindungen und Salze wird dieser Effekt beschleunigt.

Beim Vergleich der Widerstandsbeständigkeit verschiedener der Luft ausgesetzter Metalle werden die auf den S. 151 bis 165 mitgeteilten Prüfergebnisse zweckmäßig herangezogen werden.

3. Metalle für Wasserleitungen.

Allgemeines. Der Angriff verschiedener Wässer auf Eisen ist auf S. 243 behandelt worden. In Fällen, in denen das Wasser zu einer Schädigung eiserner Rohre, Tanks oder Zylinder führen würde (durch Hervorrufung von rotem Wasser, Blockierung oder Durchlöcherung), ist es erforderlich, die Verwendung von verzinktem Eisen in Erwägung zu ziehen oder das Eisen durch Kupfer, Blei oder verzinntes Blei zu ersetzen.

Eisen, Zink und verzinktes Eisen. Gegenüber hartem Wasser kann Zink widerstandsfähiger oder auch weniger widerstandsfähig als Eisen sein, was ganz von den jeweiligen Bedingungen abhängt. Nach ROETHELI[3] greifen die meisten sauerstoffhaltigen Wässer Zink an, wenn der p_H-Wert oberhalb 12,5 oder unterhalb 6,0 liegt; zwischen diesen Grenzen bilden sich jedoch für gewöhnlich schützende Filme aus. BRITTON[4] hat das Verhalten von Zink und

---

[1] Anonym in Korr. Met. **9** (1933) 205.   [2] BEIJ, K. H.: Bur. Stand. J. Res. **3** (1929) 937.

[3] ROETHELI, B. E., G. L. COX u. W. B. LITTREAL: Metals Alloys **3** (1932) 73.

[4] S. C. BRITTON [J. Soc. chem. Ind. Trans. **55** (1936) 19] hat festgestellt, daß Calciumhydrocarbonat, das zwischen Zinkelektroden elektrolysiert wird, einen Beschlag von Zinkcarbonat auf der Anode und einen entsprechenden von Calciumcarbonat auf der Kathode ergibt. Wird die gleiche Flüssigkeit zwischen Eisenelektroden elektrolysiert, so wird auf der Kathode Calciumcarbonat gebildet, während auf der Anode kein schützender Überzug entsteht, was wahrscheinlich darauf beruht, daß das primär gebildete Eisen(II)-carbonat zu hydratischem Eisen(III)-oxyd oxydiert wird, das seinerseits, zumindest teilweise, außerhalb eines physikalischen Kontaktes mit der Oberfläche ausgefällt wird. Der Korrosionswiderstand des Zinks ist wahrscheinlich auf die Hemmung der anodischen Reaktion infolge Abscheidung von Zinkcarbonat zurückzuführen.

Stahl in synthetischen Wässern miteinander verglichen, die durch Mischen von Calciumhydroxyd- und Kohlendioxydlösungen (es sind keinerlei Natriumsalze, Chloride oder Sulfate, zugegen) hergestellt werden. Bei sehr hohen p_H-Werten (oberhalb 11,5) wird Zink angegriffen, während sich Stahl immun verhält, da er durch einen schützenden Film von Calciumcarbonat abgedeckt wird. Im p_H-Gebiet zwischen 9,5 und 11,5 werden beide Metalle lokal angegriffen, während die unangegriffenen Teile mit einem weißen Überzug von Calciumcarbonat bedeckt werden. Das Zink unterliegt in diesem Gebiet der Pittingbildung. Im p_H-Gebiet zwischen 7,5 und 9,5 beginnt der Angriff beim Zink an isolierten Flecken, jedoch wird die ganze Fläche mit einem weißen Film bedeckt, wodurch eine fast völlige Unterbindung eines weiteren Angriffes herbeigeführt wird. Beim Stahl werden die unteren Teile zuerst angegriffen, während auf dem unangegriffenen Teil Calciumcarbonat zur Abscheidung gelangt. In späteren Stadien wird der Angriff langsamer und allgemeiner. Im p_H-Gebiet zwischen 6,8 und 7,5 unterliegt Zink der Pittingbildung, während Stahl allgemeinen Angriff aufweist. In sauren Wässern schließlich (p_H unterhalb 6,8) werden beide Metalle rasch allgemein angegriffen. Sind andere Ionen, wie beispielsweise Cl', SO_4'' oder NO_3' gleichzeitig vorhanden, so ist die Überlegenheit des Zinkes im p_H-Gebiet zwischen 7,5 und 9,5 weniger ausgeprägt, da trotz eines nicht großen allgemeinen Angriffes in diesem Gebiet eine ausgeprägte Pittingbildung erfolgt. Im Falle des Stahles bleibt der Angriff in solchen Lösungen gut ausgebreitet. Trotzdem wird verzinktes Eisen oft mit Erfolg in dem p_H-Gebiet benutzt, in dem Zink Pittingbildung zeigt und in dem Eisen rostet. Die wahrscheinliche Erklärung hierfür dürfte darin liegen, daß Zink in den Frühstadien bevorzugt gegenüber dem Eisen angegriffen wird, und daß der Angriff so lange auf den Zinküberzug gerichtet ist, bis ein hinreichender Niederschlag von Calciumcarbonat auf dem Eisen oder der Eisen-Zink-Legierung gebildet worden ist, um einen Schutz zu gewähren. Auf S. 600 wird diese Frage behandelt.

Es besteht keine Übereinstimmung darüber, wieviel Zink im Trinkwasser zulässig ist. Bartow und Weigle[1] haben wahrscheinlich Recht mit ihrer Empfehlung, daß das Maximum mit 5 Teilen Zink auf 1 Million Teile Wasser festgelegt werden sollte, wenngleich sie betonen, daß in den Gebieten mit Zinkminen weit höhere Zinkkonzentrationen vorhanden sein werden. Drinker und Fairhall[2] berichten über Fälle, in denen diese Grenze wesentlich bei Wässern erweitert worden ist, die gewöhnlich von Tieren und manchmal auch von Menschen zum Trinken benutzt werden. Clark[3] weist auf das Fehlen bezeugter Fälle von Darmschädigungen durch Zink hin, trotzdem das durch verzinkte Eisenrohre fließende Wasser recht erhebliche Mengen dieses Metalles enthält.

Kupfer. In Fällen, in denen Wässer verzinktes Eisen angreifen, kann Kupfer oft mit Erfolg für häusliche Anlagen benutzt werden, die sich allmählich mit einem Oxydfilm bedecken. Haase[4] findet, daß dieser Film niemals die Flüssig-

[1] Bartow, E. u. O. M. Weigle: Ind. eng. Chem. 24 (1932) 463.

[2] Drinker, C. K. u. L. T. Fairhall: U. S. Public Health Rep. 48 (1933) 955.

[3] Clark, H. W.: J. New England Waterworks Assoc. 41 (1927) 31.

[4] Haase, L. W. u. O. Ulsamer: Kleine Mitt. Preuß. Land-Wasser-Boden- und Lufthygiene, Berlin-Dahlem, Beiheft VIII (1933) 3; Metallurg. Abstr. 1 (1934) 15.

keitsströmung in der Weise stört, wie das bei den kalkhaltigen Niederschlägen in eisernen Rohren der Fall ist. Das ist an sich richtig, jedoch weist BAYLIS[1] darauf hin, daß kupferne Rohre im Haushalt mit Rost blockiert werden können, wenn die Hauptrohre aus Eisen bestehen. Nach HAASE enthält das Wasser nach völliger Ausbildung des Filmes niemals mehr als 0,1 bis 0,3 mg Kupfer je Liter, eine wahrscheinlich harmlose Menge. Während der ersten Periode, in der sich der Film bildet (diese Zeit kann sich in harten Wässern auf mehrere Wochen, jedoch auf 1 Jahr und mehr in weichen Wässern, besonders wenn sie sauer sind, erstrecken), ist die Menge des in die Lösung eintretenden Kupfers viel größer, besonders im Falle weicher Wässer. Spezielle Angaben hierüber gibt NACHTIGALL[2], der eine ausgedehnte Untersuchung von Rohren aus Kupfer und Blei in Hamburg durchgeführt hat. Während die Bleiabgabe durch die Rohre sich mit zunehmendem Alter der Rohre verringert, zeigt der Kupfergehalt steigende Tendenz. Wasserproben, die aus verschiedenen Teilen eines Gebäudes mit Kupfer- und Bleirohren, die je 12 Monate im Betrieb sind, gesammelt worden sind, zeigen, daß sich nach 9stündigem Stehen des Wassers in den Rohren ein Kupfergehalt zwischen 1,4 und 5 mg/l in verschiedenen Proben, jedoch praktisch kein Bleigehalt eingestellt hat. Über andere Fälle von hohem Kupfergehalt im Wasser berichtet EISENSTECKEN[3].

Ob diese Metallgehalte eine Gefährdung der Gesundheit bedeuten, ist eine andere Frage. Es besteht keine Übereinstimmung darüber, wieviel Kupfer aus hygienischen Gründen im Trinkwasser zugelassen werden darf. Es ist dahingehend argumentiert worden, daß Spuren von Kupfer, die zu gering sind, um gefährlich zu wirken, einen hinreichenden Geschmack geben, um bereits als Warnung zu wirken. Es ist jedoch nicht sicher, ob das für alle Wässer zutreffend ist. Wahrscheinlich liegen auch bei den einzelnen Individuen Schwankungen in ihrer Fähigkeit zur Erkennung dieses Kupfergeschmackes sowie in ihrer Empfänglichkeit für die Giftwirkung des Kupfers vor. Nach THRESH[4] kann ein Wasser dann als gesundheitlich zuträglich bezeichnet werden, wenn sein mittlerer Kupfergehalt 1,4 mg/l nicht überschreitet. Wahrscheinlich wird dieser Betrag bei sauren Wässern oft überschritten, und es erscheint ratsam, derartige Wässer zu neutralisieren, ehe sie in Kupferrohre eingelassen werden. Nach CLARK[5] erscheint es kaum möglich, daß die geringen Beträge an Kupfer, die von kupfernen oder messingnen Rohren abgegeben werden, Krankheiten verursachen können. Er empfiehlt jedoch wohlweislich, daß das gesamte Rohrsystem eines Hauses jeden Morgen gut durchgespült werden sollte, um das Wasser zu entfernen, das in der Nacht in den Rohren gestanden hat.

Es mag überraschend sein, daß Härte im Wasser die Ausbildung eines Filmes beschleunigt, der hauptsächlich aus Kupferoxyd besteht. Durch den auf S. 378 besprochenen Mechanismus findet diese Erscheinung jedoch ihre Erklärung. Nehmen wir an, daß das Wasser Calciumcarbonat enthält. In diesem Falle werden das kathodische Produkt Calciumcarbonat und das anodische Produkt, ein Kupfer(I)-salz, Seite an Seite gebildet werden und, da sie beide schwer

---

[1] BAYLIS, J. R.: J. Am. Waterworks Assoc. 15 (1926) 619.

[2] NACHTIGALL, G.: Gas-Wasserfach 75 (1932) 941.

[3] EISENSTECKEN, F.: Ber. 4. Korrosionstagung, Düsseldorf 1934, S. 29.

[4] THRESH, J. C.: Lancet 208 (1925) 676.

[5] CLARK, H. W.: J. New England Waterworks Assoc. 41 (1927) 31.

löslich sind, in enger Berührung mit dem Metall zur Reaktion kommen und einen stärker adhärierenden Film bilden, als wenn kein Calciumsalz vorhanden ist. Ein kleiner Betrag an metallischem Kupfer wird durch die Zersetzung des Kupfer(I)-salzes regeneriert und konnte von HAASE[1] im Film nachgewiesen werden.

Die üblichste Klage, die über Kupferrohre geführt wird, ist die, daß sie einen grünen Fleck auf Porzellan oder anderen weißen Oberflächen hervorrufen. Gelegentlich unterliegen Kupferrohre der Pittingbildung und rascher Durchlöcherung, insbesondere an einer Biegung oder an einer Verbindungsstelle, an denen rasch bewegtes Wasser auf einen begrenzten Oberflächenteil des Kupfers auftrifft und Kupferionen aus der Oberfläche ebenso rasch entfernt werden, wie sie gebildet werden, wodurch dieser Oberflächenteil anodisch gegenüber dem größeren (kathodischen) Teil gehalten wird, an dem die Bewegung des Wassers gegenüber der Metalloberfläche langsamer erfolgt[2]. Bedingungen, die wahrscheinlich in einer vernünftigen Zeit zu dieser Durchlöcherung führen, werden nur gelegentlich vorkommen. Versuche, den Angriff in solchen Fällen durch Verzinnen des Kupfers abzustoppen, sind nicht immer erfolgreich. Zinn verhält sich anodisch gegenüber Kupfer, jedoch sind die Zinn-Kupfer-Legierungen (die unter der Zinnschicht vorhanden sind) — zumindest in einigen Wässern — kathodisch[3]. DUFTON und BRADY[4], die ein verzinntes, durchlöchertes Kupferrohr untersucht haben, konnten feststellen, daß der mattierte Überzug tatsächlich kathodisch gegenüber dem Kupfer war, wodurch der Schaden seine Erklärung findet. Nach v. SCHWARZ und KOCH[5] führt die Verwendung von verzinntem Kupfer für Heißwasserapparate bald zu Korrosion, sofern die Zinnschicht uneben oder diskontinuierlich ist. Enthält das Kupfer einen zu hohen Gehalt an Kupfer(I)-oxyd, so besitzt die Zinnschicht wahrscheinlich Risse und ist nicht adhärierend. HAASE[6] hält ein inneres Verzinnen gegenüber den meisten Wässern für unvorteilhaft. Die auf S. 589 besprochenen neueren Untersuchungen von JONES lassen jedoch die Annahme zu, daß Diskontinuitäten im Überzug nicht grundsätzlich unvermeidbar sind.

Nach HAASE wird Kupfer durch dreiwertige Eisensalze angegriffen; er beschreibt, wie Wässer, die durch Eisenrohre hindurchgegangen sind, dadurch unschädlich gegenüber Kupfer gemacht werden können, daß man sie durch ein Zeolithfilter hindurchschickt. Er zeigt weiterhin, daß kuppelförmige kupferne Erhitzer, die vollständig gefüllt gehalten werden sollen, einen Angriff an der Wasserlinie erleiden können, sofern doch ein Luftraum über der Flüssigkeit vorhanden ist. Das Heilmittel hiergegen ist gewöhnlich einfach.

Prüfungen, die ZURBRÜGG[7] (meist bei 70°) vorgenommen hat, haben ergeben, daß die Gegenwart von 0,5 mg Kupfer/l im Leitungswasser die Korrosion von Aluminiumkochgefäßen erhöhen kann. Es ist auch die Meinung ausgesprochen worden, daß Kupfer auf verzinktes Eisen einwirken kann (s. S. 551).

---

[1] HAASE, L. W.: Ch. Fabrik 7 (1934) 329.

[2] EVANS, U. R.: J. Soc. chem. Ind. Trans. 43 (1924) 127.

[3] BAUER, O., O. VOLLENBRUCK u. G. SCHIKORR: Mitt. Materialprüfungsamt Sonderheft 19 (1932).

[4] DUFTON, A. u. F. L. BRADY: Nature 120 (1927) 367.

[5] v. SCHWARZ, K. u. G. KOCH: Korr. Met. 9 (1933) 123.

[6] HAASE, L. W.: Metallwirtschaft 14 (1935) 32.

[7] ZURBRÜGG, E.: Ber. 5. Korrosionstagung, Berlin 1935, S. 100.

Blei. Dieses Metall zeigt gewöhnlich große Widerstandsfähigkeit gegenüber den meisten natürlichen Wässern, jedoch kann es, infolge des giftigen Charakters der Bleiverbindungen, selbst bei sehr leichtem Angriff gefährlich werden. THRESH, BEALE und SUCKLING[1] geben an, daß ein Wasser dann als völlig sicher zu bezeichnen ist, wenn es zu keiner Tageszeit mehr als 0,05 Teile auf 100000 Teile Wasser aufnimmt, fügen jedoch hinzu, daß in den Vereinigten Staaten von Nordamerika maßgeblich eine Grenze von 0,01 Teilen Blei in 100000 Teilen Wasser festgelegt worden ist. Gewisse Menschen sind gegenüber Bleivergiftungen empfänglicher als andere. Offenbar enthält Wasser, das über Nacht in Bleirohren gestanden hat, mehr Blei als ähnliches Wasser, das in gewissen Abständen während des Tages hindurchfließt, wie die von MAHUL[2] veröffentlichten Daten ausweisen. Unter ähnlichen Bedingungen ist der Betrag an Blei, der in einem neuen Bleirohr zu gewärtigen ist, höher als der, den Rohre aufweisen, die bereits jahrelang in Benutzung sind und die sich infolgedessen mit einem Film überzogen haben. Nach NACHTIGALL[3] ist in vier deutschen Städten, in denen der mittlere Bleigehalt im Wasser in neuen Rohren zwischen 0,6 und 2,0 mg/l schwankte, keinerlei Bleivergiftung bekannt geworden. An vier anderen Stellen jedoch, bei denen die Werte zwischen 4,1 und 12,9 mg/l schwankten, kam es zu Bleivergiftungen (es handelte sich hierbei um Stellen mit sauren Wässern mit einem p_H-Wert zwischen 4,7 und 6,8).

Regenwasser ist für gewöhnlich als *bleilösend* zu bezeichnen. Verunreinigte Wässer, die von seichten Brunnen herkommen, besitzen oft, infolge der Gegenwart von Nitrat, eine heftige Einwirkungsfähigkeit auf Blei (nach HÖLL[4] wird die Einwirkung von Nitraten nur bei solchen Konzentrationen wichtig, die diejenigen in trinkbaren Wässern überschreiten). Nach FARINE[5] sollte Blei nur für Wässer Verwendung finden, die frei von aggressiver Kohlensäure sind und hohe Konzentrationen an $(HCO_3)'$-Ionen enthalten. Die Untersuchungen von ZINK[6] zeigen, daß die $(HCO_3)'$-Ionen äußerst wirksam im Hinblick auf eine Herabsetzung des Angriffes auf Blei sind.

Das für den Wasseringenieur wichtigste bleilösende Wasser ist das weiche, den Torfmooren entstammende Wasser. Nicht sämtliche Wässer, die torfigen Gebieten entzogen werden, sind bleilösend, jedoch enthält die Mehrzahl von ihnen organische Säuren, die lösliche Bleisalze liefern. Chinasäure oder deren Salze kommen von den Wurzelfasern der Blaubeeren und des Heidekrautes. Sie hat gleich vielen anderen organischen Säuren die Fähigkeit, die Ausfällung von Bleicarbonat und damit die Ausbildung des schützenden Filmes zu verhindern, der andernfalls auf den Bleirohren gebildet wird. Einige große Städte in Nordengland haben torfige Strecken aus ihren der Wasserversorgung dienenden Gebieten ausgeschlossen. Torfiges Wasser wird oft mit Alkali behandelt, um eine Bleilöslichkeit zu verhindern. Manchmal wird Natriumcarbonat benutzt, das die Bleilöslichkeit jedoch nicht notwendigerweise verhindert, da das Natriumsalz der Chinasäure, ebenso wie Chinasäure selbst,

---

[1] THRESH, J. C., J. F. BEALE u. E. V. SUCKLING: Examination of Waters and Water Supplies, London 1933, S. 114. — THRESH, J. C.: Analyst **47** (1922) 459, 500.
[2] MAHUL, J.: Métaux **9** (1934) 429.
[3] NACHTIGALL, G.: Gas-Wasserfach **75** (1932) 942.
[4] HÖLL, K.: Gesundheits-Ing. **58** (1935) 326.
[5] FARINE, A.: J. Inst. Met. **38** (1927) 439.　　[6] ZINK, J.: Z. anal. Ch. **91** (1933) 246.

störend auf die Ausbildung eines schützenden Überzuges auf den Rohren
einwirkt. So wird im allgemeinen ein Zusatz von Kalkmilch oder Schlemm-
kreide oder selbst das Rieseln von Wasser über ein Bett von Kalkstein
gewöhnlich vorgezogen. Die Behandlung mit Calciumhydroxyd oder -carbonat
führt zu einem Ersatz der organischen Säuren durch Calciumhydrocarbonat,
so daß die Korrosionsreaktion automatisch zur Bildung von Calciumcarbonat
auf dem Metall führt, ein Vorgang, der mit Selbsthemmung verbunden ist,
wenn auch bei neuen Rohren eine gewisse Zeit für die Ausbildung des Filmes erforderlich ist. Bei vielen Wässern führt eine Carbonatbehandlung zu einem sehr
befriedigenden Ergebnis. RITTER[1] erwähnt ein Wasser, das vor der Behandlung 1,6 Teile Blei bzw. 0,45 bis 0,65 Teile Kupfer auf 100000 Teile Wasser
löste, das nach der Behandlung jedoch nur noch 0,06 Teile Blei und überhaupt
keine feststellbaren Mengen an Kupfer auflöste.

In Fällen, in denen eine Carbonatbehandlung unwirksam oder unpraktisch ist,
erweist sich ein Zusatz von Natriumsilicaten in schwierigen Fällen bleilöslicher
Wässer als besonders erfolgreich. Es ist die Frage aufgetaucht, ob die kolloide
Kieselsäure, die beim Zusatz von Natriumsilicat zu einem von Natur aus sauren
Wasser entsteht, nicht ihrerseits gesundheitsschädlich ist[2]. Das mitunter gegen
diese Ansicht vorgetragene Argument, wonach größere Mengen an Kieselsäure
in natürlichen Trinkwässern (namentlich carbonathaltigen Wässern) vorkommen
als jemals weichen Moorlandwässern zugesetzt werden, scheint diese Frage nicht
zu erledigen, da es unwahrscheinlich ist, daß die frisch freigemachte Kieselsäure
in dem gleichen kolloiden Zustande wie in den natürlichen Wässern vorliegt.
Nach HARRIES[3] stört kolloide Kieselsäure die Funktion der Nieren.

Oftmals ist es schwierig aus dem Studium der Zusammensetzung eines
natürlichen Wassers vorherzusagen, ob es Blei in gefährlichem Umfange lösen
wird oder nicht. Es erscheint wahrscheinlich, daß die Gegenwart von natürlich
vorkommender Kieselsäure oder von Silicaten oft ein entscheidender Faktor
ist. Der gewöhnliche Wasseranalytiker vernachlässigt oft die Kieselsäure[4].
Da diese kolloide Eigenschaften besitzt, ist es in jedem Fall zweifelhaft, ob eine
Kenntnis der gesamten vorhandenen Menge aufschlußreich sein würde. Es
ist besser, die Einwirkung des Wassers auf das Metall zu studieren, als das
Wasser zu analysieren. THRESH[5] beschreibt eine Methode, wonach Bleistreifen,
die zuvor mit Schmirgelmehl, das in Petroläther suspendiert worden ist, gereinigt worden sind, in Stöpselflaschen gebracht werden, die völlig mit dem zu
prüfenden und vorher belüfteten Wasser gefüllt sind. Nach 24stündigem Stehenlassen werden Messungen über den Verbrauch an gelöstem Sauerstoff, die
Änderung des p_H-Wertes und endlich den Betrag an Blei vorgenommen, der
a) in der klaren und vorsichtig abgelassenen Flüssigkeit (damit ein etwa abgeschiedener Niederschlag nicht aufgewirbelt wird) und der b) nach Auflösen des
abgesetzten Niederschlages in Essigsäure vorhanden ist. Die Bleibestimmung
erfolgt durch Behandeln mit Essigsäure, die 0,5% Gelatine enthält, und hierauf

---

[1] RITTER, W.: Apparatebau **40** (1928) 57.
[2] Anonym in Water and Water Eng. **29** (1927) 346.
[3] HARRIES, T. D.: Brit. med. J. **1927** II, 39.
[4] Die colorimetrische Bestimmung von Kieselsäure durch Molybdat diskutiert M. C.
SCHWARTZ [Ind. eng. Chem. anal. Edit. **6** (1934) 463].
[5] THRESH, J. C., J. F. BEALE u. E. V. SUCKLING: Examination of Waters and Water
Supplies, London 1933, S. 288.

mit Schwefelwasserstoff, wobei die Farbe mit der durch bekannte Mengen von
Bleiacetat erhaltenen Färbung verglichen wird.

Bei der Einwirkung auf Blei können drei verschiedene Typen unterschieden
werden:

1. Auflösung zu einer *klaren Flüssigkeit*, die *gelöste* Bleisalze enthält;

2. Bildung einer *wolkigen Flüssigkeit*, die Bleiverbindungen *in Suspension*
enthält;

3. Bildung eines *adhärierenden Filmes*, der den Angriff auf das Metall allmählich hemmt.

Der zweite Fall wird manchmal als *Erosion* bezeichnet — ein unglücklich
gewählter Ausdruck, da er einen falschen Eindruck erweckt in dem Sinne, daß
die Zerstörung notwendig mechanischer Natur ist, während die suspendierte
Substanz oft einen chemischen Niederschlag darstellt (sie kann z. B. durch
Reaktion löslicher an anodischen Stellen gebildeter Bleisalze mit Alkali entstehen,
das von kathodischen Stellen herrührt; andere Bildungsweisen sind vorstellbar).
Abgesehen jedoch von Fragen der Nomenklatur ist die Unterscheidung wichtig,
da es bei dem ersten und dem zweiten Typ erforderlich ist, die *Korrosionsgeschwindigkeit* des Wassers auf das Blei zu bestimmen, während im dritten
Fall die *Zeit ermittelt werden muß, die zum Aufbau eines hinreichend schützenden Filmes erforderlich ist.* Überdies bringen die beiden ersten Typen Gefahren
verschiedener Art mit sich. Ein Niederschlag von Bleiverbindungen wird die
Tendenz zur Abscheidung haben und das klare Wasser infolgedessen ziemlich
ungestört lassen. Wird der Niederschlag jedoch mitgetrunken, so liegen natürlich
wesentlich größere Gefahren vor.

Ob das Blei als Niederschlag erscheint oder aber in die klare Flüssigkeit eintritt, hängt oftmals weitgehend von dem vorhandenen Kohlendioxyd ab. Wie
auf S. 327 ausgeführt worden ist, haben LIVERSEEGE und KNAPP[1] zeigen können,
daß die Behandlung eines Wassers mit Kohlendioxyd eine vorhandene Trübe
in Klarheit überführt, ohne daß das Wasser damit aufhört, gefährlich zu sein.
Nach Messungen von BAUER und SCHIKORR[2] ruft destilliertes Wasser, das
weniger als 2 mg Kohlendioxyd je Liter enthält und das Blei unter Bildung
einer *wolkigen* Flüssigkeit angreift, eine weit höhere Korrosion hervor, als destilliertes Wasser mit 60 mg Kohlendioxyd je Liter, das eine klare Flüssigkeit
ergibt. Wahrscheinlich verlangsamt in dem zweiten Fall die Anhäufung von
Bleiionen den Angriff, wofür die Form der SCHIKORRschen Kurven spricht.
Die gleichen Autoren zeigen, daß die Korrosion an Blei bevorzugt an solchen
Stellen auftritt, an denen es einer Biegebeanspruchung unterworfen worden
ist, durch die der schützende Film örtlich zerstört wurde. Beim Aufbau
eines Filmes erweist sich eine Exposition an *feuchter* Luft einer solchen an
trockener Luft überlegen. Die Gesamterfahrungen über die Einwirkung von
Wässer auf Blei sind durch INGLESON[3] zusammengestellt worden.

Mit *Zinn* ausgekleidete Bleirohre werden heutzutage für bleilösliche Wässer
hergestellt. Möglicherweise bringen sie die Lösung dieses Problems. Es bestand
zuerst eine gewisse Schwierigkeit darin, die Rohre miteinander zu verbinden,
jedoch ist es klar, daß diese Schwierigkeiten überwunden werden können.

[1] LIVERSEEGE, J. F. u. A. W. KNAPP: J. Soc. chem. Ind. Trans. **39** (1920) 30.

[2] BAUER, O. u. G. SCHIKORR: Mitt. Materialprüfungsamt **28** (1936) 67.

[3] INGLESON, H.: Water Pollution Res. techn. Pap. Nr. 4 (1934).

Für die Herstellung des Zinnüberzuges liegen zwei Methoden vor: man kann geschmolzenes Zinn durch die Rohre fließen lassen und man kann andererseits die beiden Metalle übereinanderziehen. Das letztere Verfahren führt zu einer dickeren und zuverlässigeren Zinnschicht.

Grundsätzliche Fragen bei der Einwirkung natürlicher Wässer auf Schwermetalle. Bei der Einwirkung natürlicher Wässer auf Blei, Kupfer und Zink müssen folgende Unterschiede gemacht werden:

1. zwischen der *Angriffsgeschwindigkeit* auf das Metall in einem gewissen Stadium des Prozesses und

2. der *Gesamtkonzentration des* im Wasser gelösten *Metalles,* ehe es aufhört, eine weitere merkbare Wirkung auszuüben.

Die erste Charakterisierung kann bei *jedem* Wasser vorgenommen werden, die zweite jedoch *nur* bei denjenigen Wässern, die befähigt sind, einen zur Hemmung des Angriffes geeigneten Film aufzubauen.

Fast jedes Wasser wird im allgemeinen einen geringen Angriff auf ein sauberes Metall ausüben. Enthält das Wasser Calciumhydrocarbonat und freie Kohlensäure, so wird der Angriff zu einer Erhöhung des p_H-Wertes führen. Es wird schließlich ein Stadium erreicht werden, in dem jede weitere Korrosion zur Ausfällung von Calciumcarbonat in physikalischen Kontakt mit dem Metall führt. Hierdurch wird der Angriff an sich nicht zum Stillstand gebracht werden, jedoch kann irgendein anschließend gebildetes lösliches Metallsalz *in situ* mit dem Calciumcarbonat unter Bildung einer metallischen Verbindung (Hydroxyd oder basisches Carbonat) in engem Kontakt mit dem Metall reagieren. Es kann so ein Stadium erreicht werden, in dem kein weiteres Anwachsen der in der Flüssigkeit gelösten oder in Form eines lockeren Niederschlages suspendierten Metallmenge erfolgt. Die Metallmenge, die angegriffen werden muß, ehe dieses Stadium erreicht wird, hängt im wesentlichen von der Menge aggressiver Kohlensäure im ursprünglichen Wasser ab (der Betrag der überschüssigen Kohlensäure gegenüber derjenigen Konzentration, die erforderlich ist, das Calciumcarbonat in Lösung zu halten). Hierin ist der Grund zu sehen, warum ungebundene Kohlensäure mit Recht als eine Gefahr in natürlichen Wässern angesehen wird.

Wird das Wasser, das in einem Rohrteil lange genug gestanden hat, um die Grenzkonzentration an Metall zu erreichen, durch frisches metallfreies Wasser ersetzt, das aggressive Kohlensäure enthält, so kann der Film bis zu einem gewissen Grade gelöst werden und damit der Angriff auf das Metall wieder einsetzen. In diesem Sinne wird Wasser, das rasch durch ein Rohr läuft oder das häufig ausgewechselt wird, gewöhnlich eine größere Zerstörung des Rohres, ceteris paribus, als stehendes Wasser hervorrufen. Es ist jedoch klar, daß die Metallkonzentration dieses Wassers geringer als im stehenden Wasser sein wird, da sie niemals den Grenzwert erreicht. Es ist einleuchtend, daß für den *Wasserbauingenieur,* der eine Durchlöcherung seiner Rohre fürchtet, fließendes Wasser manchmal gefährlicher als stehendes sein wird (obgleich es selbst hier Ausnahmen gibt, da das im Falle ruhender Flüssigkeit gebildete Calciumcarbonat oftmals weniger schützend als das bei bewegter Flüssigkeit gebildete ist). Vom *medizinischen* Standpunkt gesehen ist stehendes Wasser jedoch fast immer gefährlicher, da bei der unbewegten Flüssigkeit eine größere Wahrscheinlichkeit dafür gegeben ist, daß der im Wasser vorliegende Metallgehalt eine gesundheitsgefährdende Höhe erreicht.

4. Materialien für die Nahrungsmittelindustrie und für Kochzwecke.

Allgemeines. Metalle, die in Berührung mit Nahrungsmitteln kommen sollen, sollten ungiftig und leicht zu reinigen sein. Ferner sollten sie frei von Geruch sein und keinerlei Verfleckung irgendwelcher Nahrungsmittel oder Veränderung einer vorhandenen natürlichen Farbe hervorrufen. Im Hinblick auf die Giftigkeit hat SYLVESTER[1] Recht mit seiner Feststellung, daß Bleilegierungen und Lote niemals in irgendeinem Teil einer Anlage benutzt werden sollten, die mit Nahrungsmitteln in Berührung kommen kann. Er fügt hinzu, daß die Verwendung von Kupfer nicht so ernsten Bedenken unterliegt, und daß Zink und Zinn vielleicht als noch weniger schädlich zu bezeichnen sind. Nickel wird als ungiftig erkannt, während Aluminium und Eisen in den wahrscheinlich durch den Gebrauch dieser Metalle gegebenen Beträgen endgültig als harmlos bezeichnet werden können.

Milch und Milchprodukte bieten schwierige Probleme und sind Gegenstand verschiedener Untersuchungen gewesen. Chrom-Nickel-Stähle, Monelmetall und andere Nickel-Kupfer-Legierungen, Aluminium und verzinntes Kupfer haben alle ihre Fürsprecher, während die als *Inconel* (80% Nickel, 14% Chrom und 6% Eisen) bekannte Legierung speziell für die Milchindustrie entwickelt worden ist[2]. Wahrscheinlich sind die Nickel-Chrom-Eisen-Legierungen überhaupt die widerstandsfähigsten und teilen sich mit Aluminium in den Vorteil, keinen Geschmack hervorzurufen, während Kupfer einen talgähnlichen Geruch hervorbringen soll. Nickel, das süßer Milch recht gut widersteht, wird nach MANTELL[3] durch saure Milch rasch angegriffen, was auf die vorhandene Milchsäure zurückzuführen ist. Verzinnte Kupfergeräte finden in der Milchindustrie weitgehend Verwendung, jedoch schließt ihre Reinigung ein Korrosionsproblem in sich, da Zinn durch Natriumcarbonat aufgelöst wird. KERR[4] empfiehlt, das Carbonat mit 10% Natriumsulfit zu mischen. Nach MORRIS[5] kann Trinatriumphosphat, das ein wenig Natriumchromat enthält, benützt werden (wahrscheinlich ist dieses giftig, es sollte infolgedessen ein sorgfältiger Waschprozeß angeschlossen werden).

Aluminium wird neuerdings weitgehend im Brauereigewerbe verwendet, da es eine gewisse wolkige Trübung im Bier verhindert, die leicht infolge des Kontaktes mit Kupfer und den meisten Kupferlegierungen auftritt (ausgenommen sind gewisse aluminiumhaltige Legierungen, die für die Verwendung gegenüber Bier patentiert worden sind[6]). Quecksilberthermometer sollten in Aluminiumgefäßen wegen der raschen Durchlöcherung, die sich im Falle eines Thermometerbruches beim Aluminium einstellt, nicht verwendet werden. Korrosion kann auch in denjenigen Fällen eintreten, in denen die Behälter in Zement eingebettet werden, oder in denen Aluminium und Kupfer in Kombination miteinander zur Anwendung gelangen. Die Reinigung von Aluminiumgefäßen in der Brauerei bereitet einige Schwierigkeiten: Salpetersäure besitzt

---

[1] SYLVESTER, N. D.: Chem. Ind. **13** (1935) 279; s. auch T. McLACHLAN u. D. M. MATTHEWS: Food Manufacture **10** (1935) 325.

[2] Es wird auch in der chemischen Industrie verwendet.

[3] MANTELL, C. L.: Chem. met. Eng. **36** (1929) 552.

[4] KERR, R.: J. Soc. chem. Ind. Trans. **54** (1935) 217.

[5] MORRIS, T. N.: Chem. Ind. **11** (1933) 140.

[6] BANNISTER, L. C. u. IMPERIAL CHEMICAL INDUSTRIES LTD.: E. P. 436662 (1935).

den Nachteil, daß bei ihrer Verwendung giftige Dämpfe auftreten. Röhrig[1] empfiehlt ein Mittel, das Toluolsulfonsäure enthält.

Frary[2] empfiehlt Aluminium allgemein für die Nahrungsmittelindustrie, da es ungiftig gegenüber Hefe und ohne spezifische Einwirkung auf Vitamine ist. Lunde[3] gelangt auf Grund einer weiterstreckten Untersuchung in Verbindung mit den Erfordernissen der norwegischen Fischkonservenindustrie zu dem Schluß, daß Aluminiumgefäße für diesen Zweck wohl geeignet sind. Beim Konservieren von Früchten und vielen Gemüsen würden wahrscheinlich Schädigungen auftreten. Morris und Bryan[4] berichten gleichfalls über erfolgreiche Konservierung von Fischen in Aluminiumgefäßen, jedoch sind ihre Ergebnisse hinsichtlich der Verwendung von Aluminiumgefäßen für Früchte weniger ermutigend. Im Gegensatz zu Zinn wird Aluminium durch Fruchtsäuren in Abwesenheit von Sauerstoff unter Wasserstoffentwicklung angegriffen. Die einzige Hoffnung, um das Aufblähen der Aluminiumgefäße infolge Wasserstoffentwicklung zu verhindern, scheint in einem sorgfältigen Lacküberzug auf dem Aluminium zu bestehen. Die Korrosion von Aluminium durch saure Flüssigkeiten wächst mit steigendem Chloridgehalt.

Silber findet gleichfalls in der Nahrungsmittelindustrie Verwendung. Nach McDonald[5] wird durch Silber das Auftreten der gelegentlich dem Kupfer zugeschriebenen Färbung vermieden, insbesondere im Falle eingemachter Zwiebeln, die ein fahlgrünes Aussehen annehmen sollen, das im modernen Wettbewerbspiel höchst unerwünscht ist. Raub[6] hat jedoch festgestellt, daß Silber und auch Kupfer nach Berührung mit Zwiebeln sowohl einen Geruch als auch einen Geschmack hervorrufen, wahrscheinlich infolge der Bildung komplexer Schwefelverbindungen.

Bei der Herstellung und Lagerung von Weinen kommen Metalle zunehmend zur Verwendung. Es ist klar, daß hier die geringste Veränderung im Geschmack von ernsten Folgen begleitet sein würde. Die Prüfungen, die Vogt[7] an Weinen durchgeführt hat, die während 10 Monaten in Chrom-Nickel-Stahl-Behältern gelagert worden waren, haben keinerlei Beeinflussung und Änderung des Geruches ergeben, obgleich ein Ansteigen des Eisengehaltes im Wein in den Frühstadien der Lagerung festgestellt werden konnte. Ausgedehnte Untersuchungen durch Searle, La Que und Dohrow[8] haben ergeben, daß Klarheit und Farbe des Weines durch geringere Metallspuren als der Geruch und die Blume beeinflußt werden. Bereits 3 mg Eisen oder Zinn je Liter beeinflussen die Klarheit. Zink und Nickel sind von weitaus geringerem Effekt. Unter den hierfür geprüften Materialien besitzt Inconel die geringste Einwirkung und wird für sämtliche Zwecke der Weingewinnung als geeignet bezeichnet.

Metalle für Kochgefäße. In den letzten Jahren ist mit den behaupteten Gefahren, die gewisse Typen von Kochgeschirren mit sich bringen, eine lebhafte Agitation getrieben worden. Unglücklicherweise stammen gerade einige

---

[1] Röhrig, H.: Korr. Met. 10 (1934) 142.

[2] Frary, F. C.: Ind. eng. Chem. 26 (1934) 1232. Es ist einleuchtend, daß einige Metalle, die die Hefe bei hohen Konzentrationen vergiften, bei niedrigen Konzentrationen dagegen anregend auf ihr Wachstum wirken.   [3] In: Aluminium London 1 (1935) 15.

[4] Morris, T. N. u. J. M. Bryan: Rep. Director Food Invest. 1934, 187, 195.

[5] McDonald, D.: Chem. Ind. 9 (1931) 176.

[6] Raub, E.: Ang. Ch. 47 (1934) 673.   [7] Vogt, E.: Weinbau 12 (1933) 175.

[8] Searle, H. E., F. L. La Que u. H. R. Dohrow: Ind. eng. Chem. 26 (1934) 617.

derjenigen Feststellungen, die die meiste Aufmerksamkeit auf sich gelenkt haben, von Personen, die am wenigsten dazu berechtigt sind, derartige Erklärungen abzugeben. Gemäßigte Meinungsäußerungen anerkannter Autoritäten dagegen haben nur wenig Eindruck auf die große Masse der Benutzer machen können, da ein abgewogenes Urteil leicht weniger überzeugend erscheinen wird, wenn es Seite an Seite mit reklamemäßigeren Erklärungen gelesen wird. Es sind Fälle bekannt, in denen Hausfrauen Kochgeschirre außer Betrieb gesetzt haben, nachdem sie von Artikeln oder Druckschriften Kenntnis genommen hatten, die voll von falschen Angaben vom Standpunkt der elementaren Chemie sind und die offenbar Personen zur Abfassung gehabt haben, die weder das Wissen noch die kritischen Fähigkeiten besitzen, die notwendig sind, um in dieser Frage ein Urteil abgeben zu können[1].

Selbst wenn man diesen Typ der Veröffentlichung unberücksichtigt läßt, ist es unmöglich, gewisse Schwächen in der Argumentation zu übersehen, die durch verantwortliche Personen beider Seiten vorgebracht werden. Die Tatsache, daß ein Arzt seinen Patienten die Benutzung gewisser Typen von Kochgeschirren einzustellen empfohlen hat, und daß diese Patienten anschließend gesünder wurden, ist kein schlüssiges Argument gegen die Benutzung jenes Gefäßtypes. Eine gültige Prüfung dieser Frage würde erfordern, daß eine große Anzahl von Patienten in zwei Gruppen geteilt würde (und zwar völlig aufs Geratewohl hin), wobei die eine dann mit Nahrung versehen werden müßte, die in Gefäßen vom fraglichen Typus gekocht worden ist, während die andere Gruppe eine entsprechende Nahrung erhalten müßte, die in anderen Gefäßen zu kochen wäre. Eine weitere systematische Differenzierung in der Behandlungsweise dürfte nicht vorhanden sein. Weist unter diesen scharfen Versuchsbedingungen diejenige Gruppe, deren Essen in den in Frage stehenden Gefäßen gekocht worden ist, einen schlechteren Gesundheitszustand auf, so kann das als ein Beweis gegen diesen Gefäßtyp angesehen werden. Es sollte jedoch keiner Prüfung eine ernsthafte Beachtung zugebilligt werden, die unter weniger scharfen Bedingungen durchgeführt worden ist.

Andererseits sind einige der zur Stützung der Ansicht, daß gewisse Metalle unschädlich sind, vorgetragenen Argumente gleichfalls der Kritik zugängig. Die Tatsache, daß die in Frage stehenden Metalle mit Erfolg in der Medizin angewendet werden, ist sicherlich kein Grund dafür, sie als willkommene Konstituenten gewöhnlicher Nahrung anzusprechen. Gleichfalls nicht schlüssig sind Argumente, die auf dem natürlichen Vorkommen der Metalle in den betreffenden Nahrungsmitteln aufgebaut sind. Es ist eine wohlbegründete Tatsache, daß die meisten der für Kochgefäße benutzten Metalle in vielen rohen Nahrungsmitteln vorkommen, so daß selbst dann, wenn ein Haushalt die Benutzung eines gewissen Metalles für Kochzwecke ablehnt, er dadurch doch nicht die Gegenwart der gefürchteten Komponente in seiner Nahrung verhindern kann.

---

[1] Der Autor einer dieser Druckschriften hat hinter seinem Namen Angaben gebracht, die auf einen Titel von einer wohlbekannten englischen Universität schließen lassen. Nachforschungen haben jedoch ergeben, daß die angegebene Universität einen derartigen akademischen Grad gar nicht verleiht und daß sie keinerlei Kenntnis von dem sog. „Graduate" hatte. Derartige Schreibereien scheinen ernsthaften Eindruck auf Leser zu machen, die nichts von Chemie verstehen. Die unnötige Beunruhigung und die den Bürgern dieses Landes (England) verursachten Kosten sind eine Angelegenheit, die wohl die Aufmerksamkeit amtlicher Stellen hervorrufen sollte.

Ehe aber der Schluß gerechtfertigt ist, daß die Korrosionsprodukte des Koch-
gefäßes harmlos sind, muß man sich jedoch vergewissern, ob der Verbindungs-
zustand in den rohen Nahrungsmitteln der gleiche wie in den Korrosionsprodukten
ist. Elemente können beispielsweise ungiftig sein, wenn sie in Form eines organischen Komplexes vorliegen — vorausgesetzt, daß dieser hinreichend stabil
ist, um der Zersetzung durch den Magensaft zu widerstehen —, jedoch spürbar
giftig, sofern sie als einfache Verbindungen vorhanden sind.

Trotzdem ist eine verbreitetere Kenntnis der Tatsache, daß Metalle in
natürlichen Lebensmitteln vorkommen, zu begrüßen, da sie nützlich sein kann,
nicht in dem Sinne, daß sie vor dem Vergiftetwerden schützt, sondern vielmehr
vor der Furcht, vergiftet zu werden. Aluminium, Nickel und Kupfer kommen
sämtlich in vielen Nahrungsmitteln vor. UNDERHILL[1] hat Einzelheiten über
den Aluminiumgehalt frischer Nahrungsmittel gegeben. Unter den untersuchten enthalten Zwiebeln und Kirschen die größten Mengen, jedoch finden
sich auch beträchtliche Mengen von Aluminium in Mehl, Milch, Leber und
Salaten. TSCHIRSCH[2] gibt zahlreiche wichtige Beispiele für die Kupfergehalte
von Lebensmitteln, namentlich von Kakao und Kaffee. Nach THRESH[3] findet
sich Kupfer in Weizen und Gerste. Ähnlich ist auch Nickel durch BERTRAND
und MOKRAGNATZ[4] in allen üblichen Gemüsen nachgewiesen worden. Es würde
sicherlich schwierig sein, eine Diät aufzustellen, die völlig frei von diesen drei
Metallen ist, unabhängig davon, was für Kochgeschirr verwendet wird.

Nach Ansicht von U. R. EVANS ist die Beunruhigung im Hinblick auf eine
mögliche Vergiftungsgefahr durch Kochgeschirre erheblich übersteigert. Sicherheit ist ein relativer Begriff. Fast jede Substanz kann schädlich sein, wenn sie
in hinreichender Menge genommen wird. Zweifellos sind gewisse Menschen
empfindlicher gegenüber Metallen als andere und man wird bei der Auswahl
des sichersten Metalles gegenüber einer überempfindlichen Person nicht nur die
Giftigkeit aller Metalle im Hinblick auf die in Frage stehende Person zu prüfen
haben, sondern auch deren spezifische Korrosionsgeschwindigkeit gegenüber derjenigen Klasse von Lebensmitteln, die die betreffende Person bevorzugt, da
sich die Korrosionsgeschwindigkeit erheblich mit der Natur der Nahrungsmittel
ändert. So wird Aluminium durch Alkali stärker als durch Säuren angegriffen,
während Nickel durch Säuren erheblicher als durch Alkali korrodiert wird. Für
Personen, die selbst der Ansicht sind, überempfindlich gegenüber Metallen im
allgemeinen zu sein, kann vielleicht Geschirr aus nichtrostendem Stahl empfohlen

---

[1] UNDERHILL, F. P., F. I. PETERMAN, E. G. GROSS u. A. C. KRAUSE: Am. J. Physiol.
90 (1929) 72. Nachstehend seien die Aluminiumgehalte einiger der von UNDERHILL untersuchten Lebensmittel genannt. Nach Angaben der Autoren wurden sie auf verschiedenen
Märkten erstanden, waren stets von der besten Qualität der jeweiligen Saison und wurden
vor der Analyse sorgfältig gereinigt und, wenn erforderlich, abgeschält, wobei nur der
eßbare Teil zur Untersuchung herangezogen wurde. Die in Milligramm je 100 g frischen
eßbaren Materiales vorhandenen Aluminiummengen sind die folgenden:

Zwiebeln	Salat	Kartoffeln	Milch
3,8—4,6	0,5—2,5	0,3—2,2	1,4—1,7
Mehl	**Leber**	**Rind**	**Hammel**
1,2—2,3	1,5—2,1	0,5	0,4

[2] TSCHIRSCH, A.: Das Kupfer S. 5. Stuttgart 1893.
[3] THRESH, J. C.: Lancet 208 (1925) 676.
[4] BERTRAND, G. u. M. MOKRAGNATZ: C. r. 175 (1922) 458.

werden, da dieses im allgemeinen eine gute Korrosionswiderstandsfähigkeit besitzt, wenngleich es keinen metallischen Werkstoff gibt, der nicht bis zu einem gewissen Grade der Korrosion unterliegt[1]. Ehe man jedoch in derartigen Fällen daran geht, bereits vorhandenes Kochgeschirr zu ersetzen, sollte man bemüht sein, die fraglichen Geräte erst einmal peinlichst sauber zu halten, da wahrscheinlich die meisten Fälle von Nahrungsmittelvergiftungen im Zusammenhang mit Kochgeschirren nicht auf eine Metallgiftwirkung schlechthin zurückzuführen sind, sondern vielmehr auf verdorbene Nahrungsmittel, was jedoch manchmal indirekt auf eine Metallkorrosion zurückgehen mag, da ein angegriffenes Gefäß nur schwierig völlig frei von Speiserückständen gehalten werden kann.

Im Hinblick auf die unzuverlässigen Angaben, die oftmals hinsichtlich des Metalleinflusses auf Nahrungsmittel gemacht werden, ist die Herausgabe einer Bibliographie[2] von verantwortungsbewußter Stelle aus willkommen; leider beschränkt sich diese Schrift auf Schwermetalle.

Verwendung von Aluminiumgefäßen. In Gegenwart von Soda und/oder Salz werden Aluminiumgefäße merklich angegriffen. Werden die Gefäße jedoch rein gehalten, so sollte keine Gefahr vorhanden sein. Gewisse Früchte rufen, wenn sie in Aluminiumgefäßen geschmort werden, Schwärzung hervor. Tee soll etwas dunkler werden, wenn er mit bestimmtem Wasser in Aluminiumkesseln gekocht wird, was wahrscheinlich auf die kolloide Veränderung des Tannins zurückzuführen ist; es besteht in diesem Fall kein Grund, eine Gefährdung der Gesundheit zu befürchten. Beim Reinigen von Aluminiumgefäßen ist es wichtig, darauf zu achten, daß nicht gewöhnliche Soda verwendet wird, durch die das Metall angegriffen wird. Geeignete im Handel erhältliche Reinigungsmittel enthalten Natriumsilicat neben Natriumcarbonat und/oder -phosphat. Die früheren Aluminiumgefäße zeigten mitunter Neigung zur Pittingbildung, wodurch eine hinreichende Reinigung erschwert wurde. Es dürfte jedoch keine Schwierigkeit sein, die heutigen hochqualifizierten Aluminiumgefäße hinreichend zu reinigen.

Die Vorstellung, daß Aluminium ein gefährliches Gift ist, findet sich in Laienkreisen weit verbreitet, scheint jedoch jeder wissenschaftlichen Grundlage zu entbehren. Diese Frage ist vor einigen Jahren eingehend in Zusammenhang mit der Verwendung von alaunhaltigem Backpulver untersucht worden, durch das eine *beabsichtigte* Einführung von Aluminium in Nahrungsmittel in viel höherem Ausmaß erfolgt, als das wahrscheinlich durch die zufälligen Beträge von den Kochgeschirren her der Fall ist. Der zur Prüfung dieser Frage vom U. S. Department of Agriculture[3] eingesetzte Prüfungsausschuß kam 1914 zu dem Ergebnis, daß das alaunhaltige Backpulver nicht schädlicher als irgendein

---

[1] Es scheint kein ernsthafter Grund dafür vorhanden zu sein, eine Vergiftung durch Chromverbindungen im Korrosionsprodukt zu befürchten. Nach K. Akatsuka und L. T. Fairhall [J. ind. Hygiene **16** (1934) 1] ist es erforderlich, scharf zwischen Chrom in seinem gewöhnlichen Oxydationszustand, in dem es hochgradig inert und offenbar harmlos ist, und Chromsäure zu unterscheiden, die infolge ihrer stark oxydierenden Eigenschaften wahrscheinlich stark giftig ist.

[2] "Bibliography of the more important heavy metals occurring in food and biological material". Gesammelt durch die Society of Public Analysts and other Analytical Chemists (Heffer) 1934.

[3] In U. S. Depart. Agriculture Bl. **103** (1914); s. auch J. H. Burn: Analyst **77** (1932) 432.

anderes Backpulver ist. 26 Personen wurden stationiert und in 3 verschiedenen Stationen unter Beobachtung gehalten. 20 von ihnen wurden während 6 Monaten nach einem bestimmten Plan mit Nahrungsmitteln ernährt, die Aluminiumverbindungen enthalten, und zwar entweder im Brot, das mit alaunhaltigem Backpulver hergestellt worden war, oder in irgendeiner äquivalenten Form, jedenfalls in Beträgen, die wahrscheinlich diejenigen übersteigen, die von dem Gebrauch von Aluminiumgefäßen herrühren. Die übrigen dienten als Kontrollpersonen. Diejenigen, die aluminiumhaltige Nahrung erhielten, blieben unbeeinflußt, abgesehen davon, daß die größeren Alaundosen abführend wirkten. Das ist jedoch wahrscheinlich auf Natriumsulfat zurückzuführen, das ein Rückstand des alaunhaltigen Backpulvers ist und berührt überhaupt nicht die Frage der aluminiumhaltigen Kochgeschirre. Natriumsulfat ist ja an sich als abführendes Mittel bekannt. In England ist die Frage der Aluminiumkochgeschirre durch das LANCET-LABORATORIUM[1] untersucht worden. In neuerer Zeit hat BURN[2] den ganzen Fragenkomplex erneut einer Prüfung unterzogen. Beide Untersuchungen führten zu dem Schluß, daß Aluminiumgefäße völlig harmlos sind. Aluminium wirkt leicht giftig, wenn es injiziert wird, ist jedoch harmlos, wenn es durch den Mund aufgenommen wird. MONIER-WILLIAMS[3] hält den Gebrauch von Aluminium im Backpulver für nicht wünschenswert, jedoch ist seiner Ansicht nach kein überzeugendes Argument dafür angeführt worden, daß Aluminium in den Mengen, in denen es wahrscheinlich infolge der Benutzung von Aluminiumgeschirr aufgenommen wird, für den gewöhnlichen Benutzer schädlich ist.

In Verfolg ihrer ausgedehnten Untersuchungen führten UNDERHILL und PETERMAN[4] Prüfungen an 27 Studenten der Yale-Universität durch, die nach einer bestimmten Diät, die große Mengen an Aluminium enthielt, ernährt wurden. Das Ziel der Untersuchung bestand nicht darin, festzustellen, ob Aluminium der Gesundheit nicht zuträglich wäre (eine Möglichkeit, die von den Experimentatoren gar nicht in Betracht gezogen wurde), sondern das Schicksal des Aluminiums zu verfolgen, das normalerweise mit der pflanzlichen Nahrung eines jeden Essers in den Organismus eingeführt wird. UNDERHILL und PETERMAN sind bereits beide tot. Durch die freundlichst zur Verfügung gestellten Mitteilungen von Prof. BARBOUR[5], der eine Gedächtnisschrift sowie eine Bibliographie über den verstorbenen Prof. UNDERHILL vorbereitet hat, durch Prof. GROSS[6], der zu der damaligen Zeit zu dem Mitarbeiterkreis UNDERHILLs

---

[1] Anonym in Lancet **1913** I, 54.

[2] BURN, J. H.: Aluminium and Food: a critical examination of the evidence available as to the toxicity of aluminium. British Non-ferrous Metals Research Association, Research Reports, External Series Nr. 162 (1932).

[3] MONIER-WILLIAMS, G. W.: Rep. publ. Health med. Subjects Nr 78, 1935.

[4] UNDERHILL, F. P. u. F. I. PETERMAN: Am. J. Physiol. **90** (1929) 40. Die kürzlich in einer populären Zeitschrift gemachten Mitteilungen, wonach die Versuche von UNDERHILL und PETERMAN von der Yale-Universität gezeigt haben, daß Aluminium ein sich in seiner Wirkung steigerndes Gift ist, scheinen völlig irreführend zu sein. Eine genaue Prüfung der Papiere von UNDERHILL und PETERMAN haben nichts ergeben, was eine derartige Äußerung rechtfertigen könnte. Prof. BARBOUR, der auf das engste mit den Arbeiten des verstorbenen Prof. UNDERHILL vertraut ist, hat den Wunsch zum Ausdruck gebracht, daß diese Falschmeldung als solche gekennzeichnet und berichtigt wird.

[5] BARBOUR, H. G.: Private Mitteilungen vom 4. März und 18. Mai 1936.

[6] GROSS, E. G.: Private Mitteilung an H. G. BARBOUR vom 15. Mai 1936.

gehörte, endlich durch Dr. LA VICTOIRE[1], der der Gruppe der mit aluminiumreicher Diät Behandelten zugehörte, ist es möglich, festzustellen, daß das Aluminium ohne Einfluß auf die Gesundheit der Versuchspersonen gewesen ist. Prof. BARBOUR kommt unter Zusammenfassung des gesamten Briefwechsels zu folgender Feststellung:

„Da Prof. GROSS in engem Kontakt mit diesen Versuchsreihen stand, glaube ich, daß wir seinen Bericht als endgültig annehmen und frei von jedem weiteren Zweifel hinsichtlich irgendwelcher nachteiliger Folgen sein können."

Einige andere Argumente in bezug auf den Angriff des Aluminiums durch Nahrungsmittel bedürfen der Besprechung. Die wohlbekannte Tatsache, daß konzentrierte Salzlösungen das Metall angreifen, ist kein Beweis dafür, daß gesalzene Nahrungsmittel einen gleich raschen Angriff hervorrufen. Die korrosionshemmende Wirkung kolloider Konstituenten von Nahrungsmitteln ist bereits auf S. 316 erwähnt worden. LE HUNTE COOPER[2] berichtet, daß eine Suppe aus Hammelfleisch, Kartoffeln, Zwiebeln und Möhren sowie 0,5 g Salz in einem Aluminiumgefäß gekocht und hierauf 24 Stunden in dem Gefäß stehen gelassen wurde. Nach dieser Zeit wurden 3,9 g Al/l festgestellt. Eine derartige Menge ist schwierig anzunehmen. ELLIOTT[3] hat ausgerechnet, daß demnach ein etwa 85 g schweres Aluminiumkochgerät nur etwa 20mal zum Schmoren benutzt werden kann, während tatsächlich die Betriebsdauer von Aluminiumgeräten sehr groß ist. Mit mehreren anderen der durch LE HUNTE COOPER mitgeteilten Daten stimmt ELLIOTT nicht überein.

Verwendung von Nickelgefäßen. Eine Veröffentlichung im LANCET kommt zu dem Schluß[4], daß reine Nickelgefäße außerordentlich günstig für Kochgeschirre sind, und zwar sowohl vom Standpunkt der Gesundheit als auch der Reinhaltung. Die Prüfergebnisse lassen auf eine nur sehr geringe Angriffsgeschwindigkeit der meisten Nahrungsmittel auf Nickel hoher Qualität schließen; ausgenommen hiervon ist Rhabarber. Trotzdem hält Cox[5] weitere Untersuchungen über die Nickelfrage für wünschenswert, während JOHNSTON[6] die Aufmerksamkeit auf die ziemlich ausgeprägte Einwirkung von Ananassaft auf Nickel und ROBL[7] auf die Korrosion dieses Metalles durch kohlendioxydhaltiges Wasser lenkt. Viel Material über diese Fragen ist von SCHREIBER[8] zusammengetragen worden. Nach BEYTHIEN[9] liegt die während des Kochens in die Nahrungsmittel hineingelangende Nickelmenge weit unter der toxischen Grenze. Er teilt eine Ansicht mit, wonach Nickel tatsächlich nicht stärker toxisch als Eisen wirkt. Läßt man die Frage nach dem Verhalten des Nickels gegenüber Fruchtsaft offen, so scheint keine wirkliche Gefahr für eine Nickelvergiftung bei einer normalen Ernährungsfolge gegeben zu sein. Die Tatsache, daß Nickelgefäße

---

[1] LA VICTOIRE, I. N.: Private Mitteilung an H. G. BARBOUR vom 11. Mai 1936. Dr. LA VICTOIRE schreibt: „Ich habe niemals irgendwelche Symptome oder Anzeichen gehabt, die ich jenem Versuchsgang hätte zuschreiben können. Meine Gesundheit ist seit damals gut gewesen; auch hat sich keinerlei Veränderung bei mir eingestellt, die entweder physiologisch oder pathologisch objektiv demonstrierbar oder subjektiv feststellbar wäre."
[2] LE HUNTE COOPER, R. M.: The Danger of Food Contamination by Aluminium S. 14. 1931.　　[3] ELLIOTT, S.: Analyst **57** (1932) 438.
[4] Anonym in Lancet **207** (1924) 339.　　[5] Cox, H. E.: Chem. Ind. **13** (1935) 316.
[6] JOHNSTON, A.: Chem. Ind. **13** (1935) 342.　　[7] ROBL, R.: Z. ang. Ch. **37** (1924) 938.
[8] SCHREIBER, W.: Korr. Met. **10** (1934) 229.
[9] BEYTHIEN, A.: Ch.-Ztg. **60** (1936) 107.

leicht reingehalten werden können, ist ein wichtiges Argument zugunsten des Nickels.

Verwendung von Kupfergefäßen. Die Frage der Verwendung von Kupfer für Kochgefäße ist von MALLORY[1] untersucht worden, der die auf der Erfahrung des Boston-City-Hospitals gegründete Ansicht ausspricht, daß durch Kupfer eine Leberschrumpfung hervorgerufen werden kann, daß diese Erscheinung jedoch gewöhnlich auf alkoholische Getränke oder auf industrielle Beschäftigung zurückzuführen ist. Ein gewisser Betrag an Kupfer kann nach ihm ohne schädliche Folgen zugelassen werden, jedoch ist es gefährlich, Früchte in kupfernen Kesseln zu kochen. Das Metall wird nicht nur durch Essig- und Äpfelsäure, sondern auch durch Citronen-, Milch- und Ölsäure leicht angegriffen. Recht ähnliche Ansichten werden von BEYTHIEN[2] vorgetragen.

Wahrscheinlich wird der Gesamtbetrag des in die Nahrungsmittel oder ins Wasser gelangenden Kupfers durch Verzinnen der Kupfergeräte wesentlich verringert, und zwar selbst in Fällen, in denen, aus den bereits mitgeteilten Gründen, der Angriff hierdurch eine örtliche Intensivierung erfährt. Neuere Untersuchungen über die Vermeidung von Poren in einem Zinnüberzug auf Kupfer (Vermeidung von Oxydeinschlüssen) werden auf S. 589 behandelt. COULSON und seine Mitarbeiter[3] sind der Ansicht, daß die Giftigkeit des Kupfers überschätzt wird.

Verwendung von Eisengefäßen. Eiserne Gefäße können zweifellos nur schwieriger reingehalten werden als die neueren Gefäßtypen und sind auch in anderer Hinsicht weniger befriedigend. Das Metall an sich kann jedoch als ungiftig angesehen werden. Die Verwendung eines Zinnüberzuges auf eisernen Gefäßen setzt die Korrosion wahrscheinlich herab, jedoch ist das Zinn weich und kann leicht abgekratzt werden. Möglicherweise gelangt etwas davon in die Nahrung, jedoch besteht kein Grund dafür, eine Gefahr von dieser Seite her zu sehen.

Die billigeren Sorten von Kochgefäßen bestehen oft aus emailliertem Eisen. Das kann Gefahren mit sich bringen, wenn hierfür nicht beste Qualität gewählt wird, da anderenfalls leicht scharfkantige Bruchstücke der Emaille in die Nahrung gelangen können. Wird Antimon an Stelle von Zinn zum Opaleszieren der Geräte benutzt, die für saure Fruchtsäfte (z. B. Citrone) benutzt werden sollen, so kann dieses herausgelöst werden (insbesondere dann, wenn der Gehalt an Kieselsäure zu gering ist). Dreiwertiges Antimon ist giftig; es sind auf diesem Wege bereits mehrere Vergiftungen herbeigeführt worden. Nach REWALD[4] ist das 5 wertige Antimon ungiftig. Es kann jedoch zu 3 wertigem reduziert werden, wenn es vor dem Fritten zugefügt wird. Nach MONIER-WILLIAMS[5] kann diese Reduktion vermieden werden, wenn das Pentoxyd nach dem Fritten in der Mühle zugesetzt wird. Er schlägt vor:

1. Emaillierte Waren, sofern sie Antimon enthalten, als solche zu kennzeichnen;

---

[1] MALLORY, F. B.: J. New England Waterworks Assoc. **34** (1920) 33.

[2] BEYTHIEN, A.: Ch.-Ztg. **60** (1936) 107.

[3] COULSON, E. J., R. E. REMINGTON u. K. M. LYNCH: U. S. Depart. Commerce Invest. Rep. **23** (1923).

[4] REWALD, B.: Z. ang. Ch. **41** (1928) 287; s. auch F. FLURY: Z. ang. Ch. **41** (1928) 288.

[5] MONIER-WILLIAMS, G. W.: Rep. publ. Health med. Subjects Nr. 73 (1934); s. auch E. G. JONES: Chem. Ind. **11** (1933) 1026.

2. eine Löslichkeitsprobe durchzuführen;

3. nur das Pentoxyd oder seine Verbindungen zur Verwendung zuzulassen.

„Es ist zweifelhaft", so fügt er hinzu, „ob diese Maßnahmen völlig wirksam sein würden, und es ist zu überlegen, ob nicht ein völliges Verbot von Antimon in Kochgeschirren, sowohl für die Käufer als auch für den Handel am besten sein würde". Nach K. BECK[1] läßt die Art der Herstellung der Antimonglasur, wie sie in Deutschland hergestellt wird, keinerlei Einwände zu.

In Fällen, in denen keine Bruchgefahr besteht, bieten Glasauskleidungen für Stahlgefäße und -rohre einen befriedigenden Schutz, jedoch liegt die Begrenzung in der Verwendung loser Glasauskleidungen offen zutage. Mit Glas ausgekleidete Geräte, bei denen die Auskleidung auf dem Stahl aufgeschmolzen ist, sind insbesondere im Hinblick auf die Verwendung für Milch- und Eiscreme[2] eingeführt worden.

Verzinktes Eisen sollte niemals bei der Bereitung saurer Getränke oder, ganz allgemein, für Lebensmittel benutzt werden. Eine Zinkvergiftung ist die Folge seiner Benutzung bei der Herstellung von Limonade gewesen. Im Jahre 1922 wurden 400 Personen krank, nachdem sie Äpfel gegessen hatten, die in verzinktem Eisen geschmort worden waren; in den meisten Fällen konnte die Erkrankung rasch wieder behoben werden[3].

5. Materialien für die Ölindustrie[4].

Allgemeines. In Abwesenheit von Schwefelverbindungen und organischen Säuren sollten Kohlenwasserstofföle ohne direkte korrosive Einwirkung auf Metalle sein, wenngleich Tropfen einiger Öle ebenso wie andere inerte Substanzen als sauerstoffabschirmend wirken und unter gewissen Bedingungen einen ernstlichen Angriff auslösen können. Wie bereits ausgeführt wurde, führen Tropfen oder Flecke von Öl, die fest auf der Metalloberfläche eines von Wasser durchflossenen Rohres aufsitzen (s. S. 260) oder die sich auf der Außenseite eines in einem wässerigen Boden liegenden Rohres befinden (s. S. 199), infolge differentieller Belüftung indirekt zu einer Schädigung. Das Vorhandensein von Wasser oder Schlamm auf dem Boden eines Öl oder Petroleum enthaltenden Tanks bietet günstige Bedingungen für miteinander konkurrierende Phasengrenzeffekte (s. S. 533) — jedoch ist das nur eine untergeordnete Ursache für die an Tanks auftretenden Korrosionsschäden, die abwechselnd Öl und einen Wasserballast enthalten.

Einfluß von Schwefelverbindungen im Öl. Wahrscheinlich liegt die wesentliche Ursache für die Korrosionserscheinungen in der Ölindustrie in der Gegenwart des Schwefels, der in fast sämtlichen Ölen vorkommt (in Beträgen, die zwischen einigen Hundertsteln eines Prozentes und über 4% schwanken). Der Schwefel kann vorliegen als freier Schwefel, Schwefelwasserstoff, Mercaptan, Alkylsulfide, Thiophene, hydrierte Thiophene oder Schwefelkohlenstoff, von denen die ersten drei einen direkten Angriff bei vielen Metallen hervorrufen

---

[1] BECK, K.: Korr. Met. **11** (1935) 132.   [2] Anonym in Chem. Ind. **4** (1926) 68.

[3] DIXON, S.: Relation of Food to Disease (Institute of Chemistry), 1932, S. 14.

[4] Siehe auch anonym in Met. Progress **27** (1935) 47. — POLLOCK, J. E., E. CAMP u. W. R. HICKS: Techn. Publ. Am. Inst. min. met. Eng. Nr. 639 (1935). — SPELLER, F. N.: Corrosion: Causes and Prevention, London 1935, S. 515. — MORTON, B. B.: Min. Metallurg. **16** (1935) 411.

können. WOOD, SHEELY und TRUSTY[1] haben beispielsweise gezeigt, daß reines, trockenes Rohöl ohne jede Wirkung auf gewöhnliche Metalle ist, daß jedoch eine Lösung von Schwefel oder Schwefelwasserstoff in Rohöl Kupfer bzw. Silber unter Bildung der Metallsulfide angreift, und daß eine Lösung von Mercaptan in Rohöl auf die gleichen Metalle unter Bildung der Mercaptide einwirkt (die sich bei 100° unter Bildung der Sulfide zersetzen). Die meisten anderen Metalle (Zink, Eisen, Aluminium usw.) bleiben fast unangegriffen durch in Rohöl gelöste Schwefelverbindungen, vorausgesetzt, daß kein Wasser vorhanden ist. Eine Lösung von Schwefelwasserstoff in trockenem Rohöl dagegen ruft auf Eisen eine schwarze Sulfidabscheidung hervor.

WOOD und seine Mitarbeiter[1] konnten zeigen, daß viele Metalle, die von *trockenem* Rohöl, das Schwefelwasserstoff oder Mercaptan enthält, unangegriffen bleiben, rasch dem Angriff unterliegen, wenn gleichzeitig Wasser zugegen ist. Ohne Zweifel hat das Wasser in einigen Fällen einfach die Aufgabe, die Schwefelkörper herauszulösen, die die korrosiven Fähigkeiten des Wassers erhöhen. Chrom, das weder durch Wasser allein noch durch eine Lösung von Schwefelwasserstoff in trockenem Rohöl angegriffen wird, unterliegt rasch dem Angriff, wenn beide Stoffe vorhanden sind.

Nach Untersuchungen über die verschiedenen Bindungsformen des Schwefels kommt WOOD[2] zu folgenden Schlüssen:

1. *Mercaptane* greifen Kobalt, Nickel, Blei, Bleilegierungen, Antimon, Kupferlegierungen, Quecksilber und Silber unter Bildung der entsprechenden Mercaptide an;

2. *Schwefelwasserstoff* greift Eisen, Blei, Bleilegierungen, Antimon, Kupfer, Kupferlegierungen, Quecksilber und Silber unter Bildung der entsprechenden Sulfide an;

3. *elementarer Schwefel* wirkt außerordentlich korrosiv auf Kupfer, Quecksilber und Silber unter Bildung der Sulfide, jedoch nicht auf die anderen untersuchten Metalle;

4. die Gegenwart von *Wasser* erhöht die korrosive Einwirkung der Rohöl-Lösungen von Mercaptanen und Schwefelwasserstoff und erlaubt einen Angriff durch Alkylsulfate und Sulfosäuren, die in Abwesenheit von Wasser fast nicht-korrosiv sind.

5. von den *untersuchten Metallen* werden Kupfer, Silber und Quecksilber am weitgehendsten angegriffen, während Chrom und Zinn den geringsten Angriff aufweisen.

SENTZOV und CHADAEVA[3] halten den elementaren Schwefel für die korrosivste Form des Schwefels, jedoch sind auch Schwefelwasserstoff und Mercaptan als gefährlich anzusehen. Sulfide, Disulfide und Thiophene betrachten sie als unschädlich.

DIETRICH[4] hat in einem $1^1/_2$jährigen Versuchsgang 9 Metalle und Legierungen gegen 7 verschiedene Motortreibstoffe mit einem bis zu 1,13% gehenden Schwefelgehalt untersucht. Dabei hat es sich gezeigt, daß die Brennstoffe

---

[1] WOOD, A. E., C. SHEELY u. A. W. TRUSTY: Ind. eng. Chem. 17 (1925) 798.
[2] WOOD, A. E.: Petroleum Development and Technology in 1926 (Am. Inst. Min. Met. Eng.) S. 484. [3] SENTZOV, P. A. u. L. F. CHADAEVA: Met. Abstracts 2 (1935) 295.
[4] DIETRICH, K. R.: Korr. Met. 5 (1929) 110.

mit hohem Schwefelgehalt am korrosivsten sind; jedoch verhielten sich hoch-
qualifiziertes mit Nickel plattiertes oder verzinntes Eisen überraschend gut in
sämtlichen Flüssigkeiten; Messing und Bronze werden nur mit einer Überfang-
farbe versehen, während Aluminium fast unverändert bleibt. Kupfer und Zink
werden durch Brennstoffe, die viel Schwefel enthalten, angegriffen, Eisen
unterliegt dem Angriff durch sämtliche Brennstoffe.

Nach GARNER und E. B. EVANS[1] besteht bei sämtlichen Brennstoffen, die
im Überschuß 1 mg freien Schwefel je 100 cm³ enthalten, die Gefahr für das Auftreten von Schädigungen im Betrieb. STAUDT[2] hat einen Fall beschrieben, in
dem eine Kupferspule, die zum Vorerhitzen von Ölbrennstoff dient, innerhalb
von 2 Wochen versagt hat, da das Kupfer in poröses, nichtschützendes
Kupfer(I)-sulfid umgewandelt worden war.

Abgesehen von Schwefelverbindungen ist nach EDELEANU[3] im allgemeinen
Naphthalsäure im Öl vorhanden (0,1 bis 1%); da sie in Wasser frei löslich ist,
bildet sie einen wichtigen Faktor für den Korrosionsvorgang.

Korrosion bei der Ölgewinnung. Eine wichtige Ursache von Korrosionsschäden für den Ölerzeuger (im Gegensatz zu dem Ölverbraucher) bildet das mit
dem Öl zusammen vorkommende Wasser. Dieses kann Schwefelwasserstoff
und verschiedene Chloride enthalten. Der Schaden beginnt bereits bei der
Ölquelle, deren Lebensdauer an manchen Stellen durch Verzinken der Stahloberflächen wesentlich erhöht werden konnte. Nichtrostende Stähle, die sich
an Stellen mit Sauerstoffüberschuß gut verhalten, führen oft zu Enttäuschungen,
wenn sie im Erdreich Verwendung finden.

Korrosion zeigt sich auch an Ölrohrleitungen, insbesondere an der tiefsten
Stelle, an der das Rohr ein Tal kreuzt, da an einer solchen Stelle Wasser und
Öl gleicherweise in Kontakt mit dem Metall stehen werden. Der Hauptschaden
tritt jedoch in den Destillationsanlagen, den Crackanlagen sowie in den
Vorratstanks auf, in denen Dämpfe von Schwefelwasserstoff (und auch von
Chlorwasserstoffsäure, wenn das Wasser Magnesiumchlorid enthält) in Kontakt
mit den Dächern kommen. Der Chlorwasserstoff rührt von dem Salzwasser her,
seine Gegenwart kann weitgehend durch Trennung von Wasser und Öl vermieden werden.

Während der Destillation und des Crackens kann das Auftreten korrosiver
Säuredämpfe oft durch die Verwendung von Alkali verhindert werden. GILLETT[4]
beschreibt die Verwendung von Kalk, der die Lebensdauer der Rohre am heißesten
Teil der Destillationsanlage um mehr als 1 Jahr verlängert hat, während WEISSEL-
BERG[5] gleichfalls festgestellt hat, daß ein Kalkzusatz (0,1% des Rohöls) für die
Destillation sehr nützlich ist; er verlängert die Lebensdauer der Kühlschlangen
und anderer Teile in der Gefahrenzone. Kaustische Soda ist gleichfalls empfohlen
worden. EGLOFF[6] schreibt: „Beim Neutralisieren des beim Cracken hochschwefel-
haltigen Petroleums gebildeten Schwefelwasserstoffes mit kaustischer Soda hat

---

[1] GARNER, F. H. u. E. B. EVANS: J. Inst. Petrol. Technol. **17** (1931) 451.

[2] STAUDT, E.: Ch.-Ztg. **49** (1925) 952.

[3] EDELEANU, L.: Petroleum Development and Technology in 1926 (Am. Inst. Min
Met. Eng.), S. 426.   [4] GILLETT, H. W.: Metals Alloys **1** (1930) 379.

[5] WEISSELBERG, K.: Petroleum Z. **31** (1935) 7.

[6] EGLOFF, C.: Petroleum Development and Technology in 1926 (Am. Inst. Min. Met.
Eng.), S. 588.

es sich herausgestellt, daß sie die Korrosion um über 50% herabdrückt. Die Verwendung kaustischer Soda ist nicht mehr länger eine Frage des Experimentes, sie hat ihren wirklichen Vorteil bereits in mehr als 10 Raffinerien erwiesen. Ihre Benutzung ist jetzt eine Angelegenheit der bloßen Fertigkeit in vielen Raffinerien mit Anlagen zur Crackdestillation." NELSON[1] klagt darüber, daß kaustische Soda zu Ablagerungen und zum Verstopfen der Rohre und Verdampferoberflächen führt, jedoch scheint sie heutigentages weitgehend Benutzung zu finden, ohne daß ernsthafte Schäden dieser Art auftreten. Vor einigen Jahren wurde Ammoniak empfohlen, jedoch scheint es infolge seiner Dissoziation nur von begrenztem Wert zu sein; überdies ruft ein Überschuß dieser Verbindung auf Kupferlegierungen eine Korrosion hervor, wenn und wo diese in der Anlage verwendet werden.

Im allgemeinen jedoch muß Vertrauen bei der Wahl der geeigneten Materialien herrschen. Man hat hoch-gechromte Stähle (mit mehr als 25% Chrom) verwendet; dabei hat sich 18/8-Chrom-Nickel-Stahl im allgemeinen als zufriedenstellend erwiesen, jedoch beschränken die durch ihn bedingten Unkosten seine Verwendung auf die schwierigsten Betriebsbedingungen. Der Widerstand sinkt mit dem Kohlenstoffgehalt, der niedrig bemessen werden muß. Die verwendete Legierung enthält gewöhnlich andere Elemente, wie beispielsweise Titan. Stähle mit niedrigerem Chromgehalt (ohne Nickel) sind in ausgedehntem Gebrauch. KENDALL und SPELLER[2] zeigen, wie die Angriffsgeschwindigkeit auf einen im Betrieb befindlichen Stahl mit zunehmendem Chromgehalt abfällt. Zwecks Kostenverringerung werden Chrom-Nickel-Stahl-Bleche, die auf einer Kohlenstoffstahlbasis aufgeschweißt sind, verwendet; ANDRUS[3] berichtet über den erfolgreichen Schutz der Stahlbasis selbst in Fällen, in denen intergranulare Risse im Blech aufgetreten sind.

J. KEWLEY und J. A. ORIEL[4] berichten über typische Materialien in einer Crackanlage:

„Ofenrohre enthalten 4 bis 6% Chrom, 0,45 bis 0,65% Molybdän und maximal 0,2% Kohlenstoff. In Fällen, in denen das Beschickungsgut der Öfen nicht sehr korrosiv ist, wird manchmal ein niedrigerer Chromgehalt verwendet.

Auskleidungen in Reaktions- und Verbrennungskammern, in denen auch die Zugfestigkeit von Bedeutung ist, werden häufig aus einer Legierung hergestellt, die 15 bis 18% Chrom, maximal 0,12% Kohlenstoff und maximal 0,5% Mangan enthält.

Ventile für Crackeinheiten enthalten 4 bis 6% Chrom, 0,5% Molybdän für den eigentlichen Ventilkörper, während die Sitze und Ventilscheiben aus nichtrostendem Stahl mit 12 bis 14% Chrom oder aus einer Legierung mit 18% Chrom und 8% Nickel hergestellt sind.

Die Heißölpumpen bestehen aus nichtrostendem Stahl mit 12 bis 14% Chrom oder 18% Chrom und 8% Nickel für die Ventil- und Pumpenstangen, während für die eigentlichen Körper Stähle mit 4 bis 6% Chrom und 0,5% Molybdän verwendet werden. Die Pumpenkolben werden oftmals aus einer Legierung gefertigt, die 1,25% Nickel und 0,5% Chrom enthält."

<hr>

[1] NELSON, W. L.: Petroleum Refinery Engineering, London 1936, S. 297, 300.
[2] KENDALL, V. V. u. F. N. SPELLER: Ind. eng. Chem. 23 (1931) 738.
[3] ANDRUS, O. E.: Iron Age 136 (21. November 1935), S. 32.
[4] ORIEL, J. A.: Private Mitteilung vom 20. Juli 1936.

Einige der Materialien mit 16 bis 18% Chrom (ohne Nickel) neigen bei den effektiv drastischen Arbeitsbedingungen, die in den Crackanlagen herrschen, zu Wasserstoffbrüchigkeit. RABALD[1] empfiehlt die Verwendung von Sicromal-Legierungen mit Chrom, Aluminium und Silicium für Crack- und Hydrieranlagen. Gewöhnlicher Stahl, chromplattiert oder kalorisiert, ist mit verschiedenem Erfolg versucht worden. Insbesondere nichtmetallische Einsätze aus kieselsäurehaltigem Material und Asbest mit Wasserglas als Bindemittel sind gleichfalls benutzt worden.

Korrosion während der Lagerung und des Transportes von Öl. Selbst die Lagerung von Ölen und Petroleum birgt infolge der bereits erwähnten Gase Korrosionsprobleme in sich. Die Dächer der Vorratstanks werden manchmal durch Aluminiumfolie geschützt, die gegenüber Schwefelwasserstoff bemerkenswert widerstandsfähig ist. Die Folie wird mittels Bakelit aufgebracht. GILL[2] berichtet über gute Ergebnisse mit aufgespritzten Überzügen von Aluminiumstearatfett. Die Frage besonderer Farbanstriche für Petroleumvorratstanks ist von PERRY[3] und ASSER[4] behandelt worden.

Die Verwendung von 18/8-Chrom-Nickel-Stahl für Petroleumtanks in der amerikanischen Marine soll zu Schädigungen geführt haben. Einer italienischen Quelle zufolge[5] ist dieses Material in einigen Fällen zugunsten von verzinktem Stahl verlassen worden. Gespritzte Zinküberzüge sind für Tanks verwendet worden, die für Flugzeugbrennstoff vorgesehen sind. Neuere russische Untersuchungen[6] scheinen zu zeigen, daß Petroleum und „Benzin" Eisen nicht angreifen, sofern nicht ein Elektrolyt vorhanden ist; in derartigen Fällen kann der Angriff durch Zusatz von Natriumsilicat verhindert werden.

Nach SPELLER[7] ist die Löslichkeit von Sauerstoff in einigen Petroleumprodukten recht erheblich. Es scheint, daß die Sauerstoffkonzentration in einem in Stahltanks gelagerten Petroleum manchmal 5mal so groß wie in Tropfen von Seewasser (oder in wässerigem Schlamm) ist, die auf dem Tankboden vorhanden sein können. Diese Wassertropfen sind so von einem fast unerschöpflichen Vorrat an Sauerstoff umgeben, viele in der Art, als ob sie sich auf einer Metalloberfläche an der Atmosphäre befänden. Zwei Unterschiede sind jedoch vorhanden:

1. Es ist unwahrscheinlich, daß die Tropfen im Petroleumtank verdampfen, wie das in der freien Atmosphäre der Fall ist.

2. Da die Übergangsgeschwindigkeit des Sauerstoffes vom Petroleum zum Wasser wahrscheinlich begrenzt ist, wird der gebildete Rost an der Öl-Wasser-Phasengrenze weitgehend haften bleiben, so daß es unwahrscheinlich ist, daß er hemmend wirkt. Die Korrosion von Petroleumtanks und -rohren hängt demnach weitgehend von dem Wassergehalt des flüssigen Brennstoffes ab, so daß es billiger sein dürfte, diesen zu entwässern als irgendwelche korrosionsbeständige Materialien zu beschaffen.

M. v. POHL[8] hat einen Bericht über einige russische Untersuchungen veröffentlicht, die sich mit den Bedingungen für Tankschiffe befassen. Proben

---

[1] RABALD, E.: Ch. Fabrik 8 (1935) 29. [2] GILL, S.: Chem. met. Eng. 34 (1932) 482.

[3] PERRY, E.: Paint Varnish Prod. Manager (November 1933), S. 10.

[4] ASSER, J.: Paint Varnish Prod. Manager (Februar 1934), S. 18.

[5] Anonym in L'ala d'Italia 1935.

[6] STRELNIKOV, A. N. u. D. I. MIRLISS: Brit. chem. Abstracts B 1935, 727.

[7] SPELLER, F. N.: Mechan. Eng. 57 (1935) 355. [8] v. POHL, M.: Kor. Met. 11 (1935) 230.

verschiedener Stähle werden a) dem Dampf von „Benzin" ausgesetzt, b) zur Hälfte in verschiedene Öle mit darüber befindlicher Atmosphäre eingetaucht, c) zur Hälfte in verschiedene Öle eingetaucht, wobei der restliche Teil der Oberfläche mit (künstlichem) Seewasser bedeckt wurde, d) einer abwechselnden Exposition in Luft, Öl und Seewasser ausgesetzt. Die ersten beiden Bedingungen — in denen Seewasser abwesend war — scheinen nur wenig Schaden hervorzurufen. Die Fälle, in denen sowohl Seewasser als auch Öl anwesend sind, führen dagegen zu einem ernsthaften korrosiven Angriff. „Benzin" verursacht einen stärkeren Angriff als Petroleum, während Erdöl den geringsten hervorruft. In manchen Fällen zeigte sich der Angriff auf Pittings lokalisiert.

Die Korrosion von Tankschiffen ist weitgehend auf den abwechselnden Transport von Öl und Salzwasserballast auf den verschiedenen Reisen zurückzuführen. Während der Reise unter Ballast verbleiben Ölrückstände auf dem Metall, während andererseits Salzwasser oder Schlamm in der Ölladung zugegen sind. Die Kombination beider ist wesentlich korrosiver als jede Flüssigkeit für sich allein. Nach HUMPHREYS[1] macht Feuerungsöl keinen Schaden. Rohöl führt zu Schädigungen am Boden, während Ladungen von Benzin Korrosion in dem oberen Teil der Schotten hervorrufen, wobei eine wechselnde Beanspruchung den Angriff begünstigt. Die Korrosionsgeschwindigkeit kann durch periodisches Entfernen der sich absetzenden Schicht (hinter der die Korrosion besonders auftritt) von den Tankwänden wesentlich herabgesetzt werden. Nach der Reinigung sollten die Oberflächen mit einem leichten Schmieröl unter Druck bespritzt werden, das für Wasser undurchlässig ist und überdies auf die Benzinladung nicht einwirkt. Die Korrosion wächst in dem Maße an, wie die Festigkeit der Konstruktion abnimmt. HUMPHREYS empfiehlt infolgedessen eine Erhöhung der Dicke der Schiffspanzerung über die normalen Festigkeitsbedürfnisse hinaus. Ballastwasser mit sauren Bestandteilen sollte vermieden werden.

BENGOUGH und WHITBY[2] haben die Einwirkung eines „bleihaltigen" Brennstoffes auf eine Magnesiumlegierung (die Mangan, Silicium, Aluminium, Zink und Kupfer enthält) untersucht, die für den Bau geschweißter Benzintanks geeignet ist. Sie stellen dabei fest, daß es nur dann zu einem Angriff kommt, wenn flüssiges Wasser zugegen ist. Die beiden untersuchten Hauptkomponenten, Bleitetraäthyl und Äthylendibromid, verursachen keine merkliche Korrosion, wenn sie zu Benzin und Wasser getrennt zugefügt werden; sie rufen jedoch einen intensiven Angriff hervor, wenn sie zusammen zugesetzt werden. Offenbar führt die Hydrolyse von Bleitetraäthyl in Gegenwart von Äthylendibromid und Wasser zu Bleibromid oder anderen Salzen, die metallisches Blei auf der Magnesiumlegierung niederschlagen und damit Kathoden für eine elektrochemische Einwirkung schaffen.

Die Verwendung höherer Alkohole zur Verhinderung der Eisbildung in den Vergasern von Luftfahrzeugen lenkt das Interesse auf eine von SWAN[3] gegebene Zusammenstellung, die die Metalle aufzeigt, die zur Verwendung im Kontakt mit Frostschutzmitteln geeignet sind. Sie umfaßt Messing, Kupfer, Cupronickel und austenitischen Chrom-Nickel-Stahl.

---

[1] HUMPHREYS, H. S.: Trans. Inst. Marine Eng. 48 (1936) 7.
[2] BENGOUGH, G. D. u. L. WHITBY: J. Roy. aeronaut. Soc. 39 (1935) 1144.
[3] SWAN, A.: Aircraft Eng. 8 (1936) 6.

Korrosion durch technische Isolieröle ist durch HARINGHUIZEN und WAS[1] untersucht worden. Diese Öle bilden auf dem Metall einen Film aus. Die Korrosionsgeschwindigkeit wird durch die Diffusion durch den Film hindurch geregelt, der auf einigen Metallen, wie Blei und Zinn, dauerhaft und schützend ist, während er auf anderen, wie Kupfer, plötzlich zusammenzubrechen scheint.

6. Materialien zur Verwendung gegenüber Seewasser.

Stahl im Schiffsbau. Im allgemeinen werden Schiffsplatten aus Flußstahl gefertigt, ausgenommen in den Fällen, in denen andere Elemente eingeführt werden, um, wie bei Kriegsschiffen, eine hinreichende Oberflächenhärte zu schaffen. Der Schutz durch Farbanstrich wird in Kapitel XIV besprochen.

Wahrscheinlich ist die Hauptursache für eine ernstliche Korrosion von Schiffsplatten auf die örtliche Entfernung der Oberflächenschicht durch die durch das Ebbe-Flut-Phänomen in den Schiffswerften gegebene Belüftung zurückzuführen. Die Kombination großer Kathoden (die mit Oberflächenschicht bedeckten Teile) und kleiner Anoden (die schichtfreien Gebiete) führt zu intensiviertem Angriff. Die Intensivierung der Korrosion an Bruchstellen in der Schicht ist in Cambridge[2] durch Laboratoriumsversuche gezeigt worden, die in Chloridlösungen und in Wässern ausgeführt wurden, die natürlichen Häfen entnommen wurden. Proben von Stahlblech wurden durch vorheriges Erhitzen mit Oxyd bedeckt. Hierauf wurde auf jedem Blech eine einfache Kratzerlinie durch die Oxydschicht hindurchgeführt, so daß an dieser Stelle der Stahl freigelegt wurde. Diese Proben wurden dann in einer Schräglage in die Flüssigkeit eingesetzt, und zwar mit der den Kratzer tragenden Seite nach unten. Nach einigen Monaten trat eine Durchlöcherung längs des Kratzers ein. Proben ohne eine sichtbare Oxydschicht erlitten keine Durchlöcherung, da die Korrosion, obgleich sie auch in diesem Falle längs der Kratzerlinie ihren Ausgang nimmt, sich doch bald allgemeiner ausbreitet.

Es besteht wenig Zweifel darüber, daß Sulfide eine Rolle bei der Korrosion der Schiffsplatten spielen können. COPENHAGEN[3] hat Eisensulfid im Korrosionsprodukt nachweisen können. Da das Sulfid wohl bakteriellen Ursprungs sein kann, ist es nicht unwahrscheinlich, daß sich der Schaden ausdehnt. Es muß darauf hingewiesen werden, daß gewisse Farben, die in Abwesenheit von Sulfiden schützend wirken, in deren Gegenwart zu schlechten Ergebnissen führen.

In neuerer Zeit hat man sich insbesondere bemüht, die Zusammensetzung der Stähle zu verbessern, um dadurch eine Herabsetzung der Korrosion zu erzielen. Zusätze von Kupfer allein sind von geringem Nutzen, zumindest in den eingetauchten Plattengängen. Kupfer-Aluminium-Stähle haben bei Laboratoriumsprüfungen gute Ergebnisse erbracht, führen jedoch bei der Herstellung zu gewissen Schwierigkeiten. Stähle, die Kupfer in Verbindung mit Chrom enthalten, sind in verschiedenen Ländern versucht worden. HADFIELD und MAIN[4] berichten über einige Untersuchungen an Platten von *Chro-*

[1] HARINGHUIZEN, P. J. u. D. A. WAS: Pr. Acad. Amsterdam **39** (1936) 201.

[2] THORNHILL, R. S. u. U. R. EVANS: Unveröffentlichte Arbeit.

[3] COPENHAGEN, W. J.: Trans. Roy. Soc. South Africa **22** (1934) 119.

[4] HADFIELD, R. u. S. A. MAIN: J. Inst. civil Eng. **3** (1935/1936) 3.

mador (enthält 0,7 bis 1,0% Mangan, 0,7 bis 1,1% Chrom und 0,25 bis 0,5% Kupfer) bei Halb-Gezeit in der Flutmündung des Tee. Die Proben verloren etwas mehr als halb so viel an Gewicht wie der gewöhnliche Flußstahl. Proben mit 12- bis 14%igem Chrom-Stahl ergaben infolge erheblicher Pittingbildung schlechte Ergebnisse, wenn sie in verschiedenen Häfen in Seewasser eingetaucht wurden. Wurde der gleiche Stahl dagegen der Seeluft ausgesetzt, so betrug die Zerstörung, obgleich der Stahl rostig wurde, nur $^1/_{15}$ von der des gewöhnlichen Stahles; er blieb frei von Pittingbildung. PORTEVIN und HERZOG[1] haben zeigen können, daß der Zusatz von 3% Chrom zu weichem Stahl den Angriff durch Seewasser um mehr als die Hälfte herabsetzt.

Gegenüber Seewasser erweisen sich die austenitischen Chrom-Nickel-Legierungen als gut widerstandsfähig. HATFIELD[2] berichtet über die Abwesenheit merklicher Korrosion bei Proben von 18/8-Chrom-Nickel-Stahl nach 10jährigem völligen Eintauchen in Seewasser. STOWELL[3] beobachtet bei teilweise eingetauchten Proben in heiß belüftetem Seewasser einen gewissen Angriff an der Wasserlinie im Falle frisch geschnittener Platten. Der Angriff beginnt an vereinzelten Stellen und breitet sich längs der ganzen Wasserlinie aus. Wird das Metall zwischen dem Schneiden und dem Eintauchen der Luft ausgesetzt, so heilt der Film selbst wieder aus, und die Korrosion wird weitgehend vermieden. Nach HATFIELD[4] ist Stahl mit 18% Chrom und 2% Nickel praktisch widerstandsfähig gegenüber Seewasser. Dieser Stahl besitzt eine hohe Zugfestigkeit, die der des 14%igen Chrom-Stahles ähnlich ist. Nichtrostende Stähle sind zur Zeit in ausgedehntem Gebrauch bei Flugbooten und Luftfahrzeugen für Marinezwecke.

Leichtmetall-Legierungen. In neuerer Zeit ist die Verwendung von Leichtmetall-Legierungen im Schiffsbau zu einer Angelegenheit der Praxis geworden. Es ist einleuchtend, daß die Verwendung von reinem Handelsaluminium in Fällen, in denen hohe Festigkeit verlangt wird, nicht möglich ist. Einige derjenigen Elemente, die zulegiert werden müssen, um die wünschenswerten mechanischen Eigenschaften zu erzielen — so namentlich Kupfer — setzen jedoch die Korrosionsbeständigkeit herab. Es gibt andererseits Zusatzelemente, die eine gute Widerstandsfähigkeit gegenüber Korrosion hervorrufen. So hilft beispielsweise Antimon gegenüber Seewasser einen schützenden Film aufzubauen, der nach MACHU[5] aus Antimonoxychlorid besteht. Die deutsche Legierung *KS-Seewasser*, die antimonhaltig ist (gewöhnlich enthält sie auch Magnesium und Mangan), ist nach BRENNER[6] gegenüber Seewasser ungefähr ebenso widerstandsfähig wie 99,5%iges Aluminium, jedoch sind seine mechanischen Eigenschaften nicht sämtlich so beschaffen, wie man es für manche Zwecke gern sehen würde. Die hauptsächliche Hoffnung im Hinblick auf eine Verknüpfung von Festigkeit mit hohem Korrosionswiderstand beschränkt sich auf Legierungen, die erhebliche Mengen an Magnesium (oft auch kleine

---

[1] PORTEVIN, A. u. E. HERZOG: C. r. **199** (1934) 789.

[2] HATFIELD,W. H.: Trans. Inst. Naval Arch. **77** (1935) 167. — S. P. HEDLEY und C. F. McLEAN [J. Assoc. South African mechan. electr. Eng. **9** (1936) 224] berichten, daß sich Entenmuscheln an austenitische Chrom-Nickel-Stähle ansetzen und manchmal intensive Korrosion hervorrufen.   [3] STOWELL, F. P.: Pr. zoolog. Soc. **1927**, 588.

[4] HATFIELD, W. H.: Roy. aeronaut. Soc. Reprint Nr. 78 (1935) 14.

[5] MACHU, W.: Oesterr. Ch.-Ztg. **38** (1935) 34.

[6] BRENNER, P.: Z. Metallk. **22** (1930) 352.

Mengen von Mangan und anderen Elementen) enthalten. Es ist festgestellt worden, daß *Hydronalium*[1] mit etwa 10% Magnesium gegenüber Seewasser so beständig ist wie 99,5%iges Aluminium, jedoch ist diese Legierung nach v. ZEERLEDER[2] und HERMANN[3] schwierig zu bearbeiten; sie empfehlen Legierungen mit geringeren Zusätzen an Magnesium sowie mit Zusatz von Mangan. Eine dieser Legierungen, die 3,5 bis 4% Magnesium und 0,5% Mangan enthält, ist als *Birmabright* bekannt und wird jetzt ziemlich ausgedehnt beim Bau kleiner Fahrzeuge in England verwendet. Eine andere Legierung enthält 2 bis 2,5% Magnesium und 1,5% Mangan. Nach COURNOT[4] sind die Legierungen mit 6 bis 9% Magnesium (mit kleinem Zusatz von Mangan und Silicium) in einigen Fällen sehr widerstandsfähig gegenüber Seewasser. Diese Legierungen sind jedoch empfindlich gegenüber kleinen Veränderungen in der Zusammensetzung. Die Rohmaterialien müssen infolgedessen einen hohen Reinheitsgrad aufweisen. Die Gruppe, die Antimon (0,2 bis 0,3%) zusammen mit Magnesium (2 bis 3%), Mangan (1,3%) und ein wenig Silicium enthält, ist widerstandsfähiger, jedoch mechanisch weniger leistungsfähig. Neuere Prüfungen durch RÖHRIG und NICOLINI[5] bei Halbgezeitniveau auf Norderney haben ergeben, daß Hydronalium und auch KS-Seewasser (halbhart oder weich) praktisch keinerlei Verlust an Zugfestigkeit oder Dehnung nach $1^1/_2$ Jahren erlitten haben, obgleich sie mit Meerespflanzen und -tieren bedeckt waren.

Nach Untersuchungen von SIEBEL[6] ist die Widerstandsfähigkeit von Hydronalium im Gußzustand unabhängig von seiner Mikrostruktur. Beim gewalzten Material (insbesondere bei kalt gewalzten Blechen) macht sich jedoch nach 4stündigem Glühen bei 100° eine Neigung zu interkrystallinem Angriff bemerkbar. Ein überwachter Zusatz von Zink, Calcium oder Mangan soll dieser Neigung entgegenwirken.

Kupferlegierungen. Schiffsschrauben, die einer kombinierten mechanischen und chemischen Einwirkung zu widerstehen haben (s. S. 522), werden vorzugsweise aus Nichteisen-Legierungen, wie Manganbronze, hergestellt, obgleich auch viele gußeiserne Schrauben in Gebrauch sind. Für den Schutz der Bronze und des mit ihr in Kontakt befindlichen Stahles werden oft große Zinkblöcke an geeigneten Punkten angebracht. Das Zink (das erneuert werden kann) bietet (unter Selbstopferung) einen Schutz für die edleren Materialien, wie auf S. 553 auseinandergesetzt wird.

Nach ANDREAE[7] ist der Angriff bei langsam sich drehenden Schrauben (unter der Annahme korrekter Form und gesunden Materiales) gering. Bei rasch sich drehenden Schrauben kann jedoch nach einigen Monaten eine Verschlechterung, und zwar gewöhnlich an Stellen höchster Relativgeschwindigkeit, eintreten. Er diskutiert die Frage eines möglichen Nickelzusatzes zur Manganbronze (1 bis 2%

---

[1] BRENNER, P.: Korr. Met. **9** (1933) 213; Z. Metallk. **25** (1933) 252. — SCHMIDT, W.: Korr. Met. **9** (1933) 242. — DROUILLY, E.: Métaux **9** (1934) 404. — HERZOG, E. u. G. CHAUDRON: C. r. **196** (1933) 2003. — SIEBEL, G.: Aluminium **17** (1935) 562.
[2] v. ZEERLEDER, A.: Korr. Met. **9** (1933) 214.
[3] HERMANN, E.: Bl. techn. Suisse Romande **59** (1933) 193.
[4] COURNOT, J., M. CHAUSSAIN u. H. FOURNIER: C. r. **198** (1934) 85.
[5] RÖHRIG, H. u. W. NICOLINI: Aluminium **17** (1935) 519.
[6] SIEBEL, G.: Korr. Met. **11** (1935) 281.
[7] ANDREAE, M. P.: Korr. Met. **7** (1931) 127.

Mangan im Eisen), die gewöhnlich in Deutschland benutzt wird; jedoch ist die exakte Zusammensetzung und die Zugfestigkeit weniger wichtig als die Herstellung eines gesunden Gusses und einer glatten, porenfreien Oberfläche.

Zur Verkleidung von Hafenpfeilern und zu ähnlichen Zwecken wird oftmals Muntzmetall (60/40-Kupfer-Zink-Messing) verwendet. Wie auf S. 265 dargelegt wird, kommt es an Flutmündungen besonders leicht zum Angriff, in denen frisches Wasser vom Fluß her über das von der See herkommende Salzwasser fließt[1]. Die β-Phase wird bevorzugt angegriffen. Sind die Körner des α-Messings jedoch in einer Hülle von β-Messing eingeschlossen, so können sie herausgelöst werden. Nach Donovan und Perks[2] ist es wichtig, Legierungen zu vermeiden, die auf hohe Temperaturen (700°) erhitzt und rasch abgekühlt worden sind, da derartige Legierungen, in denen die β-Phase vorherrschend ist, empfänglicher gegenüber Korrosion sind, als diejenigen, die weniger heftig erhitzt worden sind, und in denen die α-Phase vorwiegend vorliegt. Es besteht bei den Produzenten die Tendenz, eine Legierung mit bevorzugter β-Phase herzustellen; bei ihrem Bemühen, die Produktion durch Erhitzen auf zu hohe Temperaturen und zu plötzliches Beizen zu beschleunigen, geben sie der β-Phase keine Gelegenheit, in die α-Phase überzugehen. Erhitzen bei mittleren Temperaturen (etwa 600°) führt zu einer Legierung, in der weder die α- noch die β-Phase vorherrschen. Nach Donovan und Perks ist das Messing in diesem Übergangsgebiet am widerstandsfähigsten.

Vergleichende Prüfungen von Materialien für Seewasser. Es sind zahlreiche vergleichende Prüfungen an verschiedenen in Seewasser eingetauchten Metallen durchgeführt worden, namentlich durch Friend[3], sei es privat oder im Auftrag der Institution of Civil Engineers. Prüfungen, die sich auf über 3 Jahre in den Docks von Southampton erstreckten, haben ergeben, daß Schweißeisen gleichförmiger angegriffen wird als weicher Stahl oder gekupferter Stahl, während die totale Korrosion an Nickel-Eisen wesentlich geringer war (etwa 1% von derjenigen des Schweißeisens), jedoch wies dieses Material Ansätze von Pittingbildung auf. Nickel selbst führte zu ausgezeichneten Ergebnissen; es blieb völlig unbeschädigt bis auf die Stellen, an denen Schalentiere einen leichten örtlichen Angriff ausgelöst hatten. Aluminium befand sich in ausgezeichnetem Zustande. Blei hatte mechanische Schädigungen erlitten. Eine Bleilegierung mit 1,6% Antimon zeigte erhöhten Widerstand in Southampton sowie bei entsprechenden Prüfungen in Weston. Unter einer großen Anzahl eisenhaltiger Legierungen, die während 4 Jahren im Bristol-Kanal in der Nähe von Weston der Prüfung unterworfen wurden, erlitt das Schweißeisen einen geringeren allgemeinen Angriff als die Stähle oder das Gußeisen. Obwohl die üblichen faserigen Furchen, die für das Material charakteristisch sind, auftraten, erfolgte doch ein recht gleichmäßiger Angriff. Eine andere zweijährige Prüfreihe in Höhe der Halbgezeit bei Weston an Stählen mit Kupfer und Nickel führten zu besten Ergebnissen bei einem Stahl mit 1,16% Kupfer und 3,75% Nickel; er zeigte den geringsten Gewichtsverlust, überdies war die Oberfläche frei von Pittingbildung.

[1] Perks, T. E.: J. Soc. chem. Ind. Trans. **43** (1924) 75.

[2] Donovan, W. u. T. E. Perks: J. Soc. chem. Ind. Trans. **43** (1924) 72.

[3] Friend, J. A. N.: J. Inst. Met. **48** (1932) 109.

Die ausgedehnten Prüfungen durch die INSTITUTION OF CIVIL ENGINEERS [1] begannen etwa 1921. Über die Arbeiten bis 1934 ist durch HUDSON [2] ein Bericht vorgelegt worden. Den nachstehenden Angaben ist dieser Bericht zugrunde gelegt.

Die Hauptprüfungen wurden an Stäben (609,6 × 76,2 × 12,7 mm) in vier verschiedenen Stationen vorgenommen: in Auckland (Neuseeland), Colombo (Ceylon), Halifax (Neuschottland) und Plymouth. In jedem Falle wurde die Prüfung in drei verschiedenen Lagen vorgenommen: 1. gut oberhalb des Hochwasserniveaus, 2. bei Halbgezeitniveau und 3. gut unterhalb des Niedrigwasserniveaus. 14 verschiedene Materialien, unter anderem Schweißeisen, Gußeisen, Ingoteisen, weicher und mittelharter Kohlenstoffstahl sowie eine Anzahl legierter Stähle wurden der Untersuchung zugeführt. Die Proben wurden zumeist im gewalzten oder im Gußzustand exponiert. Die Schweißeisenproben und das Ingoteisen zusammen mit zwei zusätzlichen Serien von Kohlenstoffstahlproben wurden durch Abschleifen von der Oberflächenschicht befreit. Für die Benutzung in der Praxis scheint diese Behandlungsweise den Vergleichswert zwischen Schweißeisen und Stahl herabzusetzen.

Die Prüfung der ersten vollständigen (5-Jahres-) Serien führte zu mehreren interessanten Ergebnissen, wenngleich Vorsicht geboten ist, die Ergebnisse als typisch für ein gegebenes Material anzusprechen, da jeweils nur eine Probe zur Untersuchung kam. Der Unterschied zwischen den am wenigsten und den am meisten korrodierten Materialien war am größten bei den an der Atmosphäre exponierten und am geringsten im Falle der völlig eingetauchten Proben. Ein 36%iger Nickel-Stahl zeigte die geringste Korrosion unter allen drei Bedingungen. Ihm folgte ein 13%iger Chrom-Stahl, ein 3,75%iger Nickel-Stahl und zwei kupferhaltige Stähle. Die Stellung des Gußeisens ist zweifelhaft, da die Proben trotz eines im allgemeinen geringen Gewichtsverlustes eine ernstliche Schwächung infolge innerer Korrosion aufweisen. Insgesamt zeigte derjenige Stahl, dessen Oberflächenschicht entfernt worden war, eine weniger schwere Pittingbildung als der mit Sinter bedeckte Stahl.

Der Ausschuß führte auch Prüfungen an angestrichenen Proben (s. S. 645) sowie an verzinkten Proben durch. Durch die Verzinkung wurde ein guter Schutz hervorgerufen. Das mag überraschend sein, jedoch zeigen Messungen von ISGARISCHEW [3], daß eine Belüftung des Seewassers den Angriff auf Zink und Cadmium herabsetzt, den auf Eisen jedoch erhöht. Es ist verständlich, daß in der deutschen Marine das Verzinken eine erhebliche Anwendung findet.

Selbst bei hölzernen Booten kann die Metallkorrosion zu einem Problem werden. COPENHAGEN [4] beschreibt einen raschen korrosiven Angriff bei kupfernen Bolzen in einem Kutter, der aus nicht-ausgetrocknetem Jarrahholz (Eucalyptus marginata), das einen sauren Saft besitzt (ein wässeriger Extrakt seiner Holzspäne ergab ein p_H von 4,4), hergestellt worden war. Offenbar enthalten alle Hölzer der Eucalyptusfamilie Oxalsäure und neigen zu einem korrosiven Angriff des Metalles. Jarrahholz ruft eine rasche Korrosion an Eisen und Muntzmetall hervor.

---

[1] Anonym in Det. Struct. Seawater: Reports werden jährlich herausgegeben.
[2] HUDSON, J. C.: Rep. Corrosion Comm. Iron Steel Inst. 2 (1934) 148.
[3] ISGARISCHEW, N. A.: Korr. Met. 6 (1930) 160.
[4] COPENHAGEN, W. J.: Minutes Pr. South African Soc. civil Eng. 1935, 38.

Einige Proben, die DONALDSON[1] in dreifacher Ausführung während eines Monats untersuchte, ergaben, daß die Gegenwart von nur 0,4% Chrom im Gußeisen den Angriff durch Seewasser auf die Hälfte herabdrückt.

7. Verwendung nichtmetallischer Werkstoffe als Ersatz oder Schutzschichten für Metalle.

Holz. Es ist manchmal erforderlich, zwischen der Verwendung eines Metalles und einer nichtmetallischen Substanz zu entscheiden. Ein typisches Beispiel bilden die Eisenbahnschwellen. Stahlschwellen sind in vielen Teilen des europäischen Festlandes, selbst unter Einschluß holzproduzierender Gebiete, verwendet worden. Frühzeitigen Vorschlägen, diese Schwellen in dem stahlerzeugenden England anzuwenden, wurde jedoch mit dem Einwand begegnet, daß das Metall in dem britischen Klima korrodieren würde. Einige der früheren Versuche, die in diesem Lande mit Stahlschwellen durchgeführt wurden, erwiesen sich als nicht sehr erfolgreich[2]. Es scheint jedoch, als ob die Schwierigkeiten überwunden sind, so daß in letzter Zeit große Mengen von Stahlschwellen verlegt werden konnten. Systematische Studien an Stahlschwellen (mit und ohne Kupfer) sind durch das Korrosionskomitee des IRON AND STEEL INSTITUTE ausgeführt worden. Die Beobachtungen befinden sich noch in Frühstadien, jedoch scheint es, daß die Lebensdauer einer Stahlschwelle als günstig im Vergleich zu der hölzerner Schwellen bezeichnet werden kann. Die bisherigen Ergebnisse scheinen darauf hinzuweisen, daß der Vorteil eines Kupfergehaltes hier nur gering ist[3].

Beim Vergleich von Metall und Holz sollte nicht übersehen werden, daß auch Holz einer Schädigung unterliegt. An der See sind die durch den Bohrwurm hervorgerufenen Zerstörungen ernsthafter Natur. BARGER[4] hat ausgedehnte Untersuchungen im Hinblick auf die relative Wirksamkeit verschiedener schützender Maßnahmen durchgeführt. Auf dem Lande leidet das Holz unter der Trockenfäule[5] ebenso wie unter dem Angriff von Ameisen, Käfern und anderen Tieren. Die härteren Metalle sind wenigstens immun gegen diese Art des Angriffes, wenngleich auch Bleikabelmäntel manchmal durch Tiere angefressen werden.

Zement und Beton. Als Konstruktionsmaterial ist Beton in gewisser Hinsicht als ein Rivale für das Metall aufzufassen, besonders im Hinblick auf den Brückenbau. Im allgemeinen werden jedoch Zement und Metall in Kombination miteinander gebraucht. Metall wird zur inneren Verstärkung von Betonmauerwerk verwendet, während Schichten von Zementmörtel oder Beton oft angewendet werden, um den Stahl vor Korrosion zu schützen. Der Schutz ist teilweise mechanisch, teilweise auf die alkalische Reaktion zurückzuführen, wie auf S. 34 ausgeführt worden ist.

---

[1] DONALDSON, J. W.: Foundry Trade J. **40** (1929) 492.

[2] Hinsichtlich der geschichtlichen Entwicklung sowie den in neuerer Zeit erzielten Fortschritten siehe R. CHARPMAEL [Engineer **152** (1931) 645, 671].

[3] HUDSON, J. C.: Rep. Corrosion Comm. Iron Steel Inst. **3** (1935) 58.

[4] BARGER, G.: Det. Struct. Seawater **14** (1934) 41.

[5] Diese wird gewöhnlich auf mikrobiologische Aktivität zurückgeführt, jedoch schreiben E. A. RUDGE und H. LEWIS [J. Soc. Chem. Ind. Trans. **52** (1933) 283, **53** (1934) 37, 38, **54** (1935) 302, 385] diese Erscheinung der Infiltration von Calciumsalzen zu. Siehe jedoch A. G. NORMAN [Chem. Ind. **13** (1935) 854].

Der zum Umkleiden von Stahl verwendete Zement sollte frei von Sulfiden und Chloriden sein. BRADY[1] hat gezeigt, daß die Korrosion von Stahl, der in Kohleklein und Klinkerbeton eingebaut ist, eine steigende Tendenz mit wachsendem Schwefelgehalt des Aggregates zeigt. In gleicher Weise sind die gewöhnlichen Oxychloridzemente (Magnesiumchlorid und Magnesia) in hohem Maße für Rohre gefährlich, die in ihnen eingebaut sind, während BARRETT und BAKEWELL[2] ein Spezialverfahren für Oxychloridzement ausgearbeitet haben, das Eisen(II)-chlorid an Stelle von Magnesiumchlorid enthält, und das nicht korrosiv ist. Die Ursache hierfür ist wahrscheinlich darin zu erblicken, daß die Korrosionsreaktion Eisenverbindungen in physikalischem Kontakt mit dem Metall zur Ausscheidung bringt. Im Falle des Portlandzementmörtels ist der Zusatz von Calcium- oder Natriumchlorid zur Vermeidung des Gefrierens zu vermeiden, wenn sich der Mörtel in Kontakt mit dem Metall befindet. Gegen diese Zusätze sind, wie THOMAS[3] gezeigt hat, auch andere Einwände zu erheben.

Portlandzementbeton wird selbst durch gewisse Wässer, namentlich durch solche, die reich an Magnesiumsulfat sind, angegriffen[4]. Derartige Wässer wirken auf den Kalk und das Aluminat des Zements ein und geben ein Calciumalumosulfat, das wahrscheinlich mit 32 Molekülen Krystallwasser krystallisiert ($3\,CaSO_4 \cdot 3\,CaO \cdot Al_2O_3 \cdot 32\,H_2O$), und das ein großes Volumen beansprucht. Das ist wahrscheinlich der Grund für die Zerstörung, wenngleich auch andere Gründe geltend gemacht worden sind. Die Schädigung des Betons durch Seewasser ist ein langsamer verlaufender Vorgang, jedoch ist er natürlich von großer Bedeutung. Ein kompetenter Bericht hierüber ist von STRADLING[5] veröffentlicht worden. Der Schutz des Betons gegen korrosive Wässer ist sehr wichtig; gewöhnlich werden bituminöse Farben angewendet[6].

Plastische Massen auf der Basis von synthetischen Harzen. Einige der neueren Materialien, die synthetische Harze enthalten, besitzen mechanische Eigenschaften, die von erheblichem technischen Wert sein können, so daß sie bei zunehmender Verbilligung der Produktion durchaus als Konkurrenten der Metalle werden auftreten können. Zur Zeit werden sie hauptsächlich als Hilfsmaterialien benutzt; so sind die Harze nützliche Komponenten für schützende Farben (s. S. 656). Es sind jedoch bereits Gefäße aus organischen plastischen Massen für chemische Zwecke auf den Markt gebracht worden, die in vielen Fällen den Säuren, durch die Metalle angegriffen werden, Widerstand entgegensetzen, während sie andererseits empfindlich gegenüber Alkalien sind. Materialien auf der Basis von chloriertem Kautschuk werden gleichfalls ihre Verwendungsgebiete finden. Nimmt man jedoch an, daß hinreichende wissenschaftliche Arbeit der Herausbildung neuer korrosionsbeständiger Legierungen sowie schützender Prozesse gewidmet wird, so dürfte es weniger wahrscheinlich sein, daß die Metalle durch die organischen Massen, ausgenommen natürlich in bestimmten Gebieten,

---

[1] BRADY, F. L.: Building Res. spec. Rep. Nr. 15 (1930).

[2] BARRETT, P. W. u. B. BAKEWELL: Building Res. Bl. Nr. 1 (1925). — LEA, F. M.: Chem. Ind. **13** (1935) 524.

[3] THOMAS, W. N.: Building Res. spec. Rep. Nr. 14 (1929).

[4] Eine neuere Studie über die Korrosion von Zement bieten E. B. R. PRIDEAUX und B. G. LIMMER [J. Soc. chem. Ind. Trans. **54** (1935) 348].

[5] STRADLING, R. E.: Det. Struct. Seawater **15** (1935) 111.

[6] HELMHOLZ, C.: Korr. Met. Beiheft **5** (1929) 65. — BRZESKY, A.: Korr. Met. Beiheft **5** (1929) 61. — GRÜN, R.: Korr. Met. **5** (1929) 73.

ersetzt werden. In jedem Fall, in dem Wärmeleitfähigkeit und elektrische Leitfähigkeit gefordert werden, wird das Metall auch weiterhin benutzt werden müssen.

C. Quantitative Behandlung.

Warnende Vorbemerkung. Die nachstehenden Ausführungen sind wahrscheinlich die spekulativsten des ganzen Buches. Die gemachten Annahmen haben sich jedoch bei den Arbeiten in Cambridge als nützlich erwiesen. Werden sie jedoch lediglich als versuchsweise eingeführt betrachtet in dem Sinne, daß sie abzuändern sind, sobald es der Gang der Untersuchung erfordert, so sind sie geeignet, bei der Planung und Interpretation zukünftiger Untersuchungen Nutzen zu stiften.

1. Elektrochemische Grundlagen.

Reine Metalle. Die allgemeinen auf S. 225, 226 entwickelten Prinzipien sollten auf jedes Metall Anwendung finden, bei dem die anodischen und kathodischen Gebiete gut voneinander getrennt sind. Ist die elektrische Leitfähigkeit der korrodierenden Flüssigkeit *hoch*, so wird die Korrosionsgeschwindigkeit i_o/F dem Strom i_o proportional sein, bei dem die Kurven der anodischen und kathodischen Polarisation einander schneiden (s. Abb. 66 I). Ist die Leitfähigkeit *niedrig*, so muß der Korrosionsstrom auf einen solchen Wert i_R herabgedrückt werden, daß die verbleibende elektromotorische Kraft $E = i_R R$ ist, wobei R den Widerstand des Stromkreises bedeutet.

Die graphische Darstellung zur Ermittlung der Korrosionsgeschwindigkeit ist von erheblichem Vorteil, da sie für alle Typen von Polarisationskurven gültig ist, während eine algebraische Methode zur Ermittlung von i_R die Auflösung von drei geeigneten, simultanen Gleichungen getrennt für jeden Gleichungstyp, der Potential und Stromdichte miteinander verknüpft, erfordert. Leider kann die Methode nur dann zur Bestimmung der Korrosionsgeschwindigkeit angewendet werden, wenn das Verhältnis der kathodischen Bezirke zu den anodischen auf der Probe bekannt ist. Diese werden ihrerseits durch i beeinflußt; jeder Wechsel des Verhältnisses ändert die Neigung beider Kurven (da das Potential durch die Stromdichte und nicht durch den Absolutbetrag des Stromes bestimmt wird). Eine Änderung in diesem Verhältnis beeinflußt auch R aus den auf S. 41 und 226 angegebenen Gründen. Die Methode gestattet also nicht, die Korrosionsgeschwindigkeit aus den primären Grundlagen zu berechnen, ausgenommen wahrscheinlich im Fall der zweiphasigen Legierungen, in denen die kathodischen und anodischen Gebiete, unter gewissen Umständen, festgelegt sind. Die graphische Methode ist jedoch selbst bei einem homogenen Metall von Nutzen, da sie für manche scheinbaren Anomalien die Ursache aufzuzeigen gestattet.

Ist das der Korrosion unterworfene Gebiet gut ausgebreitet und wird die kathodische Reaktion durch die Sauerstoffzufuhr kontrolliert, so wird die Neigung der anodischen Kurve gewöhnlich klein sein im Vergleich zu der der kathodischen Kurve (s. Abb. 66 II). Wäre die kathodische Kurve (Sauerstoff-Depolarisation) die gleiche für alle Metalle, so würde die Reihenfolge der Korrosivität für eine Reihe von Metallen unter diesen vereinfachten Bedingungen die der Spannungsreihe sein (s. Abb. 66 III), vorausgesetzt, daß das Verhältnis der kathodischen und anodischen Bezirke das gleiche für sämtliche Metalle ist, daß sich die Ionen um das anodische Gebiet für alle Metalle im gleichen Ausmaß ansammeln, und daß Verbindungen, wie Cyanide, die die Metalle in Form komplexer Anionen lösen werden, in der angreifenden Flüssigkeit nicht vorhanden sind. Tatsächlich haben die BRITTONschen[1] Versuche gezeigt, daß die kathodische Kurve von Metall zu Metall wechselt, was eine erhebliche Abweichung von der Spannungsreihe voraussehen läßt. Sind weiterhin Cyanide oder ähnliche Verbindungen vorhanden, so wird es zu einer noch größeren Abweichung kommen. Andere Metalle, wie beispielsweise Aluminium oder nichtrostende Stähle, bedecken sich selbst mit schützenden Filmen und zeigen damit ein Verhalten, das völlig im Gegensatz zu ihrer Stellung in der Spannungsreihe steht, da die sehr kleinen anodischen Gebiete dazu führen, daß die Kurven der anodischen Polarisation steil verlaufen und so zu einer erheblichen Verminderung der Korrosionsgeschwindigkeit führen (s. Abb. 66 IV). Weitere Komplikationen sind zu erwarten, wenn die anodischen und kathodischen Gebiete räumlich so eng gelagert sind, daß sie zur Niederschlagsbildung nahe am Metall führen, wodurch die elektrodischen Reaktionen beeinflußt werden. Es ist also eine ganze Reihe von Gründen vorhanden, derenthalben nicht erwartet werden kann, daß die Spannungsreihe als ein zuverlässiger Führer für die Reihenfolge der Korrosionswiderstandsfähigkeit der Metalle anzusprechen ist.

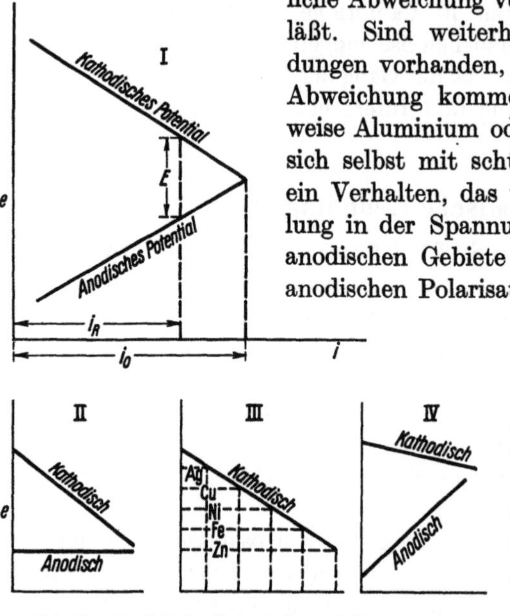

Abb. 66. Einfluß des Potentiales auf die Korrosionsgeschwindigkeit (schematische Darstellung).

Heterophasige Legierungen. Die Korrosion einer zweiphasigen Legierung scheint mathematisch ein viel einfacheres Studienobjekt zu sein, da unter den Bedingungen, unter denen ein kathodischer Depolarisator entweder nicht erforderlich ist, oder, sofern er erforderlich ist, im Überschuß geliefert wird, erwartet werden kann, daß die kathodischen und anodischen Gebiete unabhängig von der Korrosionsgeschwindigkeit sein werden, da sie durch das Verhältnis der beiden Phasen gegeben sind. In Fällen, in denen die anodischen und kathodischen Produkte durch Reaktion miteinander zu einem kaum löslichen Niederschlag führen, liegt eine zunehmende Wahrscheinlichkeit für eine Hemmung vor, da die Kornflächen kleiner werden. In Abwesenheit dieser Komplikation sollte die Korrosionsgeschwindigkeit in solchen Fällen errechenbar sein, in denen die Kurve der anodischen und kathodischen Polarisation bekannt ist, und zwar mit Hilfe der Methode der Schnittpunktsbestimmung oder, sofern die Leitfähigkeit der Flüssigkeit gering ist, mit Hilfe der „Unterbrechungsmethode" (s. Abb. 66). Es ist zu beachten, daß die Polarisation von der Strom-*dichte* und nicht von der absoluten Stromstärke abhängt und daß infolgedessen

---

[1] EVANS, U. R., L. C. BANNISTER u. S. C. BRITTON: Pr. Roy. Soc. A **131** (1931) 368.

die anodische Kurve steiler wird in dem Maße, in dem die Größe der anodischen
Phase geringer wird. Die Korrosionsgeschwindigkeit wird demzufolge in dem
Maße abnehmen, in dem die angreifbare Phase abnimmt. Es liegt keine
quantitative elektrochemische Untersuchung dieses Falles vor, aber es steht
zu hoffen, daß eine derartige Studie durchgeführt werden kann.

Einphasige Legierungen. Die Vorhersage der Korrosionsgeschwindigkeit bei
einer einphasigen Legierung schließt in sich die gesamte Komplexität des Vorganges, der bei einem reinen Metall zu erwarten ist, wobei noch eine Reihe
zusätzlicher Komplikationen auftritt. Die meisten theoretischen Untersuchungen
an einphasigen Legierungen beziehen sich auf die sehr ausgeprägte Änderung
im Verhalten bei einer gewissen Zusammensetzung, der der sog. Resistenzgrenze, einem Phänomen, das nachstehend behandelt werden soll.

2. Resistenzgrenzen.

**Theorie der Erscheinung, unter Zugrundelegung einer geordneten Atom-
anordnung.** Die erste eingehende theoretische Untersuchung der Resistenzgrenze hat TAMMANN[1] durchgeführt. Nehmen wir einen Mischkrystall oder
selbst ein Glas an und setzen wir voraus, daß dieser Körper aus zwei Atomarten
A und B aufgebaut ist, von denen B in einem Reagens löslich, A dagegen unlöslich ist. Der Anteil von A sei a, der von B sei b, wobei die Bedingung $a + b = 1$
erfüllt sei.

Betrachten wir nun eine Gruppe von S-Atomen. Die Wahrscheinlichkeit dafür,
daß sie aus einem B-Atom als Kern besteht, das von einer Hülle unlöslicher
A-Atome umgeben ist (es wird angenommen, daß diese Hülle zum Schutze des
B-Atomes erforderlich ist), ist $a^{S-1} b$. Die Zahl der in solchen Gruppen geschützten
B-Atome wächst in dem Maße, in dem b zunimmt. In ähnlicher Weise wird
die Wahrscheinlichkeit für größere Komplexe, die mehr als ein B-Atom in der
Hülle der A-Atome enthalten, mit wachsendem b zunehmen. In diesem Sinne
wird der Gesamtanteil der B-Atome, der in der Legierung ungelöst bleibt,
allmählich mit b ansteigen, *vorausgesetzt, daß die beiden Atomarten statistisch
verteilt sind.* Da das Problem jedoch darin besteht, einem *plötzlichen* Sprung
in der Zahl der herausgelösten Atome Rechnung zu tragen, wenn b einen bestimmten Wert erreicht (0,5 in vielen Legierungen), so hat TAMMANN den
Schluß gezogen, daß die beiden Atomarten *nicht* statistisch über das Gitter
verteilt sind, sondern daß sich die beiden Atomarten beim Glühen in eine
bestimmte geordnete Anordnung begeben. Für einen solchen Fall fordert
die Geometrie einen *plötzlichen* Abschirmungseffekt, sobald der Anteil der
A-Atome einen bestimmten Wert erreicht hat. Diagramme für die angenommene
Anordnung der beiden Atomarten in Mischkrystallen verschiedener Zusammensetzung finden sich in den TAMMANNschen Arbeiten.

Die röntgenographischen Untersuchungen von LE BLANC, RICHTER und
SCHIEBOLD[2] lassen es etwas zweifelhaft erscheinen, ob die besondere von TAM-
MANN postulierte Verteilung tatsächlich vorliegt. Es erscheint hinreichend wahr-

---

[1] TAMMANN, G.: Z. anorg. Ch. **107** (1919) 1; Ann. Phys. [5] 1 (1929) 9, 309, 321. —
TAMMANN, G. u. E. BRAUNS: Z. anorg. Ch. **200** (1931) 209.

[2] LE BLANC, M., K. RICHTER u. E. SCHIEBOLD: Ann. Phys. [4] 86 (1928) 929; vgl. A. E.
VAN ARKEL: Physica 4 (1924) 33; s. auch C. H. JOHANSSON u. J. O. LINDE: Ann. Phys.
[4] 78 (1925) 439, [4] 82 (1927) 449.

scheinlich, daß eine Tendenz zu einer geordneten Anordnung der beiden Komponenten bei niedrigen Temperaturen vorhanden ist, jedoch ist bei derartigen Temperaturen die zur Erreichung des Endzustandes erforderliche Glühdauer sehr groß. Bei höheren Temperaturen wird eine relativ kurze Zeit hinreichend sein, jedoch wird der Endzustand dann einen viel geringeren Ordnungsgrad aufweisen. Bei noch höheren Temperaturen werden dann beide Atomarten fast statistisch verteilt vorliegen. Hinsichtlich Einzelheiten sei auf die theoretische Arbeit von BETHE[1] sowie auf eine nützliche Zusammenfassung von W. L. BRAGG[2] hingewiesen. Es dürfte jedoch hinreichend deutlich gemacht worden sein, daß ein vollständiger Ordnungszustand in denjenigen Legierungen wahrscheinlich nicht vorliegt, die täglich in den Raffinerien dem Scheideprozeß unterworfen werden. In solchen Fällen sind jedoch die Resistenzgrenzen für gewöhnlich nicht sehr scharf ausgebildet. Selbst in TAMMANNs eigenen experimentellen Arbeiten tritt der Umschlag nicht immer ein, wenn die atomare Zusammensetzung *genau* 25 oder 50% beträgt, wie die Daten von DEHLINGER und GLOCKER[3] zeigen.

Tabelle 41. Intervall der Zusammensetzung, bei der die Resistenzgrenze in Erscheinung tritt. (Nach U. DEHLINGER und R. GLOCKER auf Grund TAMMANNscher Daten.)

System	Intervall der Resistenzgrenze (Angaben in Atom-%)
Cu—Au	22 —25,5
Ag—Au	24,5—32
Au—Pd	20 —28
Cu—Au	50
Ag—Au	48 —50,5

Es scheint, daß TAMMANN mit seiner Annahme recht hat — obwohl seine Ansichten in Einzelheiten eine Modifizierung erfahren müssen —, wonach die Resistenzgrenzen auf einer *geordneten* Anordnung der zwei Atomarten beruhen, durch die ganz bestimmte Schranken widerstandsfähiger Atome gebildet werden, die bei gewissen atomaren Zusammensetzungen ihren Abschluß finden.

Theorien, die unabhängig von einer geordneten Atomanordnung sind. Interessante Versuche sind von MASING[4], GLOCKER und DEHLINGER[5] u. a. durchgeführt worden, um zu ermitteln, ob nicht selbst in einem Mischkrystall, der zwei Atomarten in *statistischer* Anordnung enthält, eine scharfe Änderung der Eigenschaften bei einer gewissen kritischen Zusammensetzung hervorgerufen wird. Die Untersuchungen durch diese Autoren sind nicht völlig frei von Einwendungsmöglichkeiten. Die nachstehende Diskussion, die hier versuchsweise von EVANS vorgetragen werden soll, geht weitgehend auf die MASINGsche Arbeit zurück.

In einem Krystall, der zwei Atomarten in statistischer Anordnung enthält, besteht eine endliche Wahrscheinlichkeit dafür, daß jedes *B*-Atom, das innerhalb einer *endlichen* Entfernung von der Oberfläche angeordnet ist, herausgelöst

---

[1] BETHE, H. E.: Pr. Roy. Soc. A **150** (1935) 552.

[2] BRAGG, W. L.: J. Inst. Met. **56** (1935) 286; s. auch C. SYKES u. H. EVANS: J. Inst. Met. **58** (1936) 255; J. Iron Steel Inst. **131** (1935) 225. — CARPENTER, H. C. H.: J. Iron Steel Inst. **131** (1935) 49, 50. — HUME-ROTHERY, W.: Inst. Met. Monograph Rep. Ser. 1 (1936) 77.

[3] DEHLINGER, U. u. R. GLOCKER: Ann. Phys. [5] **16** (1933) 108.

[4] MASING, G.: Z. anorg. Ch. **118** (1921) 293.

[5] R. GLOCKER u. U. DEHLINGER [Ann. Phys. [5] **14** (1932) 40, [5] **16** (1933) 100]. — W. J. MÜLLER, H. FREISSLER u. E. PLETTINGER [Z. Elektroch. **43** (1936) 366] stellen fest, daß beim anodischen Angriff auf Gold-Kupfer-Legierungen in 5 n-Salzsäure eine scharfe Resistenzgrenze bei 30 Atom-% und nicht bei 25 Atom-% auftritt.

werden kann. Es ist stets eine gewisse Wahrscheinlichkeit dafür vorhanden, daß die erforderliche Kette von B-Atomen von der Oberfläche aus zu dem in Frage stehenden Atom führt. Da die Wahrscheinlichkeit für die Existenz dieser Kette allmählich mit dem Anteil an B-Atomen anwächst, so kann keine scharfe Resistenzgrenze erwartet werden. Betrachtet man jedoch ein bestimmtes Atom in *unendlicher* Entfernung von der Oberfläche, so ist es nicht unbegreiflich, daß dann die Wahrscheinlichkeit für das Vorhandensein der Kette endlich sein wird, wenn b einen bestimmten Wert überschreitet, daß sie jedoch Null sein wird, wenn b unter diesen Wert herabsinkt. Es ist dabei nicht erforderlich, irgendwelche Annahmen hinsichtlich des Gitters zu machen. Es genügt anzunehmen, daß die Atome in konzentrischen Schalen um das fragliche B-Atom herum angeordnet sind (dieses Atom wollen wir *Zentral*atom nennen, obgleich es sich in keiner Weise von den anderen B-Atomen unterscheidet). Die möglichen Bahnen, längs denen das Zentralatom begreiflicherweise herausgelangen kann, werden nach außen in, grob gesprochen, radialer Richtung verlaufen, und zwar werden sie mit zunehmender Abnahme vom Zentralatom zahlreicher werden, da die Tatsache, daß jedes Atom in einer Schale sich mit mehreren Atomen in der äußeren Schale berührt, zur Folge hat, daß jeder Weg bei jedem Schritt unterteilt wird. Viele der möglichen Wege werden durch A-Atome blockiert werden, die sich auf ihnen befinden. Wird die Zahl der unblockierten Wege in der n-ten Schale gleich x (n ist als sehr groß angenommen), so führt das zu Lx-Wegen in der $(n + 1)$-ten Schale, wobei L vom Krystallsystem sowie davon abhängt, was in dem vorliegenden Fall als „Berührung" definiert wird. Von diesen Lx-Wegen werden nur βLx-Wege unblockiert sein, wobei $\beta = b$ ist, wenn Ketten atomarer Dicke hinreichend für den Austritt sind und wobei β eine Funktion von b ist, sofern breitere Wege erforderlich sind. Es ist einleuchtend, daß die absolute Anzahl der zum Austritt erforderlichen Wege dann, wenn βLx größer als x ist — das ist der Fall, wenn $\beta > 1/L$ — mit jedem nach außen zurückgelegten Schritt anwächst und daß deshalb der Austritt des Zentralatoms (vorausgesetzt, daß es die n-te Schale erreicht hat) sicher ist. Ist $\beta < 1/L$, so wird die Anzahl der Wege mit jedem Schritt abnehmen und schließlich aufhören. In diesem Fall ist ein Austritt unmöglich. Es wird demzufolge eine scharfe Resistenzgrenze bei derjenigen Konzentration eintreten, die durch $\beta = 1/L$ definiert wird.

Es ist zu beachten, daß L selbst abhängig von der Kettendichte ist (das ist die Zahl der Ketten, die die Flächeneinheit jeder Schale schneiden). Ist die Dichte groß, so besteht eine Wahrscheinlichkeit dafür, daß zwei oder mehr Ketten auf ein B-Atom stoßen, so daß unter Berücksichtigung der erwarteten Fähigkeit der Ketten, andere hervorzurufen, nur Bruchteile des betroffenen Atoms jeder von ihnen zugeteilt werden können. Es gibt jedoch einen gewissen Wert von L, den wir L_0 nennen wollen, unter den L nicht herabsinken kann, wie gering auch immer die Kettendichte sein mag. Da wir es bei der Resistenzgrenze mit einer verschwindend geringen Kettendichte zu tun haben, so kann eine Resistenzgrenze noch für $\beta = 1/L_0$ erwartet werden. Tatsächlich kann selbst bei der Resistenzgrenze die Möglichkeit zugelassen werden, daß zwei Ketten auf ein einziges Atom treffen, da trotz der Berechnung, derzufolge die Kettendichte für die ganze Schale unendlich gering ist, doch in der Nähe einer bestehenden Kette noch eine endliche Kettendichte sein wird. Diese Tatsache führt zu einer

Erschwerung der Berechnung von L_0 aus der Geometrie des Gitters, jedoch macht seine bisherige Vernachlässigung nicht notwendigerweise die Grundlage der vorgetragenen Argumentation hinfällig.

Der wahre Sitz des Trugschlusses ist vielmehr ein anderer. Es ist bei der Überlegung angenommen worden, daß die *erwartete* Anzahl der Wege x identisch mit der tatsächlich erhaltenen Zahl der Wege ist. Bei Werten für n, die groß genug sind, um einen hohen Wert für die absolute Anzahl der Wege zu geben (selbst dann, wenn die Kettendichte vernünftig niedrig ist), mag diese Annahme, in Übereinstimmung mit dem BERNOUILLIschen Prinzip, zulässig sein. Es ist unwahrscheinlich, daß der tatsächliche Wert in Fällen, in denen der *erwartete* Wert von βLx den Wert von x überschreitet, darunter liegt, oder umgekehrt. Ist n dagegen klein, so ist das nicht der Fall. Es ist eine endliche Wahrscheinlichkeit dafür vorhanden, daß ein einzelnes B-Atom völlig von A-Atomen umgeben ist, und zwar selbst dann, wenn a klein ist. Der Anteil der B-Atome, der so durch Schalen unmittelbar darum gelagerter A-Atome abgefangen ist, wird kontinuierlich und allmählich wachsen, wenn a zunimmt. Diese Tatsache spricht gegen die Schärfe der angenommenen Resistenzgrenze. Das Argument ist zurückgewiesen worden, da stillschweigend angenommen wird, daß die Schale um das Zentralatom erst in einem solchen Abstand von diesem beginnt, daß die Atome in der innersten Schale als „zahlreich" im Sinne des BERNOUILLIschen Prinzips angesprochen werden können. Ist die innerste Schale in Kontakt mit dem Zentralatom, so *muß* die Anzahl der Atome in ihr gering sein. Es erscheint infolgedessen unmöglich, das Auftreten scharfer Resistenzgrenzen als in Einklang mit einer statistischen Atomanordnung anzunehmen.

3. Weitere den Widerstand von Legierungen beeinflussende Faktoren.

Anomalien durch interatomare Kräfte in Mischkrystallen. Es gibt einen weiteren, im allgemeinen vernachlässigten Faktor, der im Sinne einer Erhöhung des Korrosionswiderstandes eines metallischen Mischkrystalles wirkt. Wird ein Metall korrodiert, so müssen die Atome auseinandergezerrt werden. Ist die Anziehungskraft zwischen Atomen ungleicher Art größer als die zwischen Atomen derselben Art (wäre das nicht der Fall, so würde der Mischkrystall wahrscheinlich instabil sein und Neigung zur Trennung in zwei Phasen zeigen), so wird die Trennungsarbeit anomal hoch sein. Offenbar stellt diese Trennungsarbeit nur einen einzigen Term in dem Ausdruck für die Korrosionsenergie dar. Es ist jedoch klar, daß dann, wenn man sich zwei Metalle mit identischen elektrochemischen und chemischen Eigenschaften, identischen physikalischen Eigenschaften sowie identischen Löslichkeiten der Korrosionsprodukte vorstellen könnte, die Korrosionsenergie einer homogenen Legierung von der des reinen Metalles verschieden sein würde, vorausgesetzt, daß die Trennungsarbeit der ungleichen Atomarten von der der gleichen Atomarten verschieden wäre. Elektrochemisch würde sich dieses Verhalten in einer Verschiebung des Normalpotentiales der Legierung, und zwar gewöhnlich im *edlen* Sinne, äußern. Insoweit als das Elektrodenpotential die Korrosionsgeschwindigkeit beeinflußt, würde dann die der Legierung dazu neigen, kleiner als beim Metall zu sein. Hierin kann der Grund gesehen werden, warum Legierungen aus Eisen und Nickel, die 50% an jeder Komponente enthalten, widerstandsfähiger gegenüber 96-, 75- und 50%iger Schwefelsäure sind als Eisen oder Nickel, wie FINK und DeCroly[1] festgestellt haben. Wachter[2] hat das Elektrodenpotential von Silber-Gold-Legierungen untersucht und dabei eine anomale Stabilität festgestellt, die wahrscheinlich auf der Anziehung zwischen ungleichen Atomarten beruht. Bei gleichatomiger Zusammensetzung scheint die Anomalität am größten zu sein. Sachs und Weerts[3], die die Gitterkonstante der gleichen Legierungen vermessen haben, haben festgestellt, daß sie sich nicht linear mit steigendem Silbergehalt ändert, sondern daß viele der Legierungen eine geringere Gitterkonstante (l) als Silber (l_A) oder Gold (l_B) besitzen. Die Konstante kann durch

$$l = a\,l_A + b\,l_B - 0{,}024\,a\,b$$

ausgedrückt werden, wobei das letzte Glied offenbar die anomale Kompression ausdrückt, die durch die Anziehung zwischen den ungleichen Atomen hervorgerufen wird.

Es darf nicht übersehen werden, daß die Korrosionsgeschwindigkeit in manchen Systemen mehr durch die Natur der schützenden Filme als durch das nichtpolarisierte Potential bestimmt wird. Jedoch ist selbst in solchen Fällen die Arbeit der interatomaren Trennung wichtig, da sie zu der Festigkeit oder dem Gleitwiderstand des Basismetalles[4] hinzukommt. Es kann nicht erwartet werden, daß eine schützende Schicht kontinuierlich erhalten bleibt, wenn die metallische Basis einer plastischen Verformung unterliegt. Ein Maximalwert für den Gleitwiderstand dürfte bei derjenigen Zusammen-

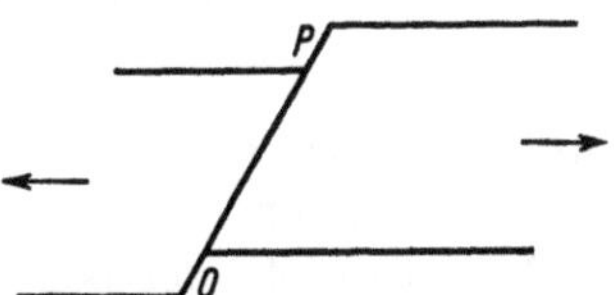

Abb. 67. Gleiten einer Probe unter Zugbeanspruchung (schematische Darstellung).

setzung zu erwarten sein, bei der der „unerwartete" Term in dem Ausdruck für die Korrosionsenergie gleichfalls einen maximalen Wert besitzt. Unabhängig von der Beschaffenheit des geschwindigkeitsbestimmenden Faktors wird es zweckmäßig sein festzustellen, wie sich die atomare Trennungsarbeit mit der Konzentration der beiden Atomarten ändert.

Der Fall der *ungeglühten* Mischkrystalle, in denen die beiden Atomarten in statistischer Anordnung vorhanden sind, soll zuerst diskutiert werden[5]. Unterwerfen wir einen Einkrystall einer derartigen Legierung einer Zugbeanspruchung, so daß längs einer Ebene eine Gleitung erfolgt, die bei P und Q zu freien Flächenteilen führt, wie das in Abb. 67 angedeutet ist. Der Einfachheit wegen können wir annehmen, daß die Atomdichte für beide Metalle und für die Legierung gleich ist (und zwar n-Atome je Flächeneinheit).

Abgesehen von einer irreversiblen Wärmeentwicklung ist die geleistete Arbeit an dem Teil der Gleitebene *(PQ)*, abgesehen von den kleinen Freiflächen, gleich Null, da dort sowohl vor als auch nach dem Gleitvorgang eine statistische Verteilung herrscht. Längs jeder der Freiflächen werden jedoch n-Atome je

---

[1] Fink, C. G. u. C. M. DeCroly: Trans. Am. electrochem. Soc. **56** (1929) 256.

[2] Wachter, A.: J. Am. Soc. **54** (1932) 4609.

[3] Sachs, G. u. J. Weerts: Z. Phys. **60** (1930) 481.

[4] F. Fenwick [Ind. eng. Chem. **27** (1935) 1096] hat festgestellt, daß der durch Kaliumdichromat auf abgeschreckten hoch-kohlenstoffhaltigen Stählen erzeugte Film weniger leicht bei Zusatz von Chloriden zusammenbricht, als der entsprechende Film auf weichem niedrig-gekohlten Stahl.

[5] Evans, U. R.: Trans. Faraday Soc. **19** (1923) 427.

Flächeneinheit partnerlos in einer Richtung senkrecht zur Gleitebene. Die hierbei je Flächeneinheit geleistete Arbeit ist gegeben durch

$$W = n\,(a^2\,W_{AA} + 2\,a\,b\,W_{AB} + b^2\,W_{BB})$$

wobei

W_{AA} die Trennungsarbeit für zwei A-Atome,

W_{BB} die Trennungsarbeit für zwei B-Atome und

W_{AB} die Trennungsarbeit eines A- und eines B-Atomes ist.

Es ist also:

$$\begin{aligned} W &= n\,(a^2\,W_{AA} + 2\,a\,W_{AB} - 2\,a^2\,W_{AB} + W_{BB} - 2\,a\,W_{BB} + a^2\,W_{BB}) \\ &= n\,[a^2\,(W_{AA} - 2\,W_{AB} + W_{BB}) + 2\,a\,(W_{AB} - W_{BB}) + W_{BB}] \end{aligned} \qquad (23)$$

Die Trennungsarbeit besitzt ein Maximum für $dW/da = 0$, d. h.

$$n\,[2\,a\,(W_{AA} - 2\,W_{AB} + W_{BB}) + 2\,(W_{AB} - W_{BB})] = 0$$

oder

$$a = \frac{W_{BB} - W_{AB}}{W_{AA} - 2\,W_{AB} + W_{BB}} \qquad (24)$$

In zwei Sonderfällen, in denen

entweder $W_{AA} = W_{BB}$ oder W_{AA} und W_{BB} beide klein im Vergleich zu W_{AB} sind, wird die Arbeit ein Maximum für $a = \frac{1}{2}$, d. h. bei gleichatomiger Zusammensetzung, besitzen.

Das entspricht der bekannten Tatsache, daß die Härte einer Legierung oft bei etwa gleichatomiger Zusammensetzung ein Maximum besitzt. In Fällen, in denen ein Konstituent sehr viel härter als der andere ist, würde das bedeuten, daß das Maximum zu einer Zusammensetzung verschoben wäre, die reicher an der härteren Komponente ist. Es hat die Tendenz bestanden, die maximale Härte der gleichatomigen Zusammensetzung auf eine Verzerrung des Raumgitters zurückzuführen[1]. Eine derartige Annahme scheint jedoch kaum notwendig zu sein. In jedem Falle wäre die Verzerrung, wenn sie überhaupt aufträte, selbst das Ergebnis einer größeren Attraktion zwischen ungleichen Atomen.

In Fällen, in denen der Mischkrystall während einer langen Zeit *geglüht* worden ist, so daß die beiden Atomarten wohl in *geordneter Anordnung* anzunehmen sind, muß offenbar eine besondere Arbeit aufgewendet werden, um die stabilere Anordnung zu lösen, sei es durch mechanische Beanspruchung oder durch chemische Korrosion. Hierdurch wird ein weiterer Beitrag zu der anomalen Festigkeit der Legierung geliefert. Die gleiche Überlegung, die einen anomalen Widerstand gegenüber mechanischer Deformation fordert, läßt auch einen anomalen Widerstand gegenüber chemischer Korrosion voraussehen. In diesem Fall wird der Effekt jedoch gewöhnlich durch ausgeprägte Unterschiede in den verschiedenen Metallen verdeckt. Es ist nicht allgemeingültig, daß eine Legierung widerstandsfähiger ist als jede ihrer Komponenten, wenngleich ein Beispiel (die Eisen-Nickel-Legierungen) erwähnt worden ist. Es ist jedoch fast sicher, daß man die anomale Attraktion zwischen ungleichen Atomen in Fällen, in denen der mathematische Ausdruck für den Widerstand von Legierungen zugängig ist, wird berücksichtigen müssen.

Es ist natürlich falsch, anzunehmen, daß harte Materialien, die zwei Metalle enthalten, auch notwendigerweise korrosionsfest sind. Intermetallische

---

[1] ROSENHAIN, W.: Pr. Roy. Soc. A **99** (1921) 198.

Verbindungen sind oft hart. Sie sind jedoch brüchig und manchmal sehr dem chemischen Angriff zugängig. TAMMANN und RÜHENBECK [1] geben eine Zusammenstellung intermetallischer Verbindungen, die Aluminium, Magnesium, Cer, Calcium und Silicium enthalten, und die durch Korrosion an feuchter Luft zersetzt werden, obgleich die konstituierenden Metalle, die als Korrosionsprodukt adhärierende und schützende Filme bilden, stabil sind. Gute Beispiele hierfür sind die Legierungen AlSb und $PbMg_2$.

Härten durch gewöhnliche und künstliche Alterung. Die Härte und der Widerstand *stabiler* fester Lösungen ist auf die starke Attraktion zwischen ungleichen Atomen ($W_{AB} > W_{AA}$) zurückgeführt worden. Im umgekehrten Fall, in dem das homogene System *instabil* ist ($W_{AA} > W_{AB}$), neigt die Legierung beim Lagern zum Übergang in einen Zustand, in dem die Wahrscheinlichkeit dafür, daß die benachbarten Atome von der gleichen Atomart sind, größer ist, als nach den reinen Wahrscheinlichkeitsbetrachtungen zu erwarten ist. Jedes Gleiten längs einer zufällig ausgewählten Ebene wird hier eine teilweise Rückkehr von dem stabilen in den instabilen Zustand hervorrufen (völlig statistische Verteilung der Atomarten), da dadurch der Anteil der Atompaare auf den entgegengesetzten Seiten der Gleitebene, die den gleichen Atomarten angehören, verringert wird. Das muß eine Vergrößerung der Deformationsarbeit über den zur Erzeugung der obenerwähnten Freiflächen erforderlichen Arbeitsbetrag hinaus bedingen. Der Gleitwiderstand (d. h. die Härte) wird so notwendigerweise in dem Maße ansteigen, in dem die Ausscheidung der beiden Atomarten zunimmt, wird jedoch gewöhnlich wieder abnehmen, wenn die Ausscheidung sich ihrem Abschluß nähert, da die Fläche, längs der der Gleitvorgang eine Erhöhung der Energie bedingt, dort, wo sich die beiden Atomarten in Krystallen merklicher Größe befinden, wieder kleiner werden muß. Die Steigerung der Härte in den Frühstadien der Ausscheidung ist als *gewöhnliche* bzw. *künstliche Alterung* bekannt, je nachdem, ob dieser Vorgang bei *gewöhnlicher* oder *erhöhter* Temperatur vor sich geht. Tatsächlich führt der Vorgang bei erhöhter Temperatur, bei der die Diffusion in festem Zustande relativ rasch vor sich geht, gewöhnlich zu definierten Krystallen beider Konstituenten, die mikroskopisch oder mittels Röntgenstrahlen nachweisbar sind. Bei gewöhnlicher Temperatur kommt es im allgemeinen zu keiner Bildung neuer Phasen, jedoch ist eine gewisse Tendenz dahingehend erkennbar, daß gleiche Atome häufiger benachbarte Stellungen im Gitter einzunehmen pflegen, als das auf Grund der unter Annahme statistischer Verteilung entwickelten Annahmen zu erwarten ist [2]. Diese Unterscheidung ist von gewisser Bedeutung, da im letzteren Falle die erhöhte Härte, wenn überhaupt irgend etwas, recht günstig für die chemische Stabilität ist, während die Schaffung neuer Phasen geradezu die Voraussetzungen für einen ernsten Angriff (zumindest in einigen Fällen) in sich schließt. Selbst bei ausgehärteten Legierungen gibt es *zwei einander entgegengesetzte Faktoren:* die Erhöhung der Trennungsarbeit als solche begünstigt den Korrosionswiderstand, während das Vorhandensein heterogener Phasen ihn oft herabsetzt. Manchmal wird der eine, manchmal der andere Faktor vorherrschen.

---

[1] TAMMANN, G. u. A. RÜHENBECK: Z. anorg. Ch. **223** (1935) 288.

[2] Hier besteht wiederum eine Tendenz, die erhöhte Härte auf Gitterverzerrungen oder auf die Bildung kleiner Teilchen an Gleitebenen zurückzuführen, wodurch der Gleitvorgang behindert wird. Derartige Erklärungen erscheinen nicht notwendig, obgleich sie in gewisser Weise als ein anderer Ausdruck für die im Text vorgetragene Ansicht betrachtet werden können.

Die Messungen von FETZ[1] an Kupfer-Nickel-Zinn-Bronzen lassen erkennen, daß eine Legierung gewöhnlich in dem künstlich gealterten Zustand etwas widerstandsfähiger gegenüber Chlorwasserstoffsäure ist als die gleiche Legierung im weicheren Zustande. Gegenüber Salpetersäure jedoch, bei der der Widerstand, wenn er überhaupt vorhanden ist, von der Ausbildung eines kontinuierlichen schützenden Filmes abhängt, wächst die Korrosionsgeschwindigkeit stetig mit der Härte.

Der intergranulare Angriff auf künstlich gealterte Aluminiumlegierungen wird auf S. 476 besprochen.

Zehntes Kapitel.

Einfluß der Begleitelemente der metallischen Phase.
A. Wissenschaftliche Grundlagen.
1. Allgemeiner Einfluß von Verunreinigungen.

Vorläufige Erklärung. Der Einfluß vieler Legierungskonstituenten — besonders derjenigen, die absichtlich zur Herabsetzung der Korrosion zugesetzt werden — ist im vorhergehenden Kapitel behandelt worden. Es gibt jedoch viele andere Konstituenten, die sich in geringen Mengen im Metall vorfinden, sei es, weil sie im Ausgangserz oder in dem zum Schmelzen verwendeten Brennstoff vorkommen oder weil sie anschließend zur Beeinflussung der mechanischen Eigenschaften zugesetzt worden sind. Diese Elemente können den Korrosionswiderstand beeinflussen, und zwar häufig im entgegengesetzten Sinne. Es erscheint infolgedessen angebracht, den Einfluß dieser in geringer Konzentration vorliegenden Bestandteile in einem besonderen Kapitel zu besprechen.

Einfluß des Reinheitsgrades auf die Korrosion durch nichtoxydierende Säuren. Es ist eine weitverbreitete Ansicht, daß ein Material um so widerstandsfähiger gegenüber Korrosion wird, je mehr der Betrag an Verunreinigungen in ihm herabgesetzt wird. Für die Korrosion vom Wasserstoffentwicklungstyp hat diese Annahme eine Berechtigung; sie ist jedoch auch auf andere Angriffstypen ausgedehnt worden, was sicher nicht gerechtfertigt ist.

Selbst für den Wasserstoffentwicklungstyp sind jedoch offenbare Ausnahmen von dieser Gesetzmäßigkeit vorhanden. Geht man nämlich von einem Metall aus, das bereits Spuren von Verunreinigungen enthält, so führt ein Zusatz anderer Elemente nicht stets zu einer weiteren Korrosionserhöhung. Zusatz von Quecksilber zu Zink, das nicht im höchsten Reinheitsgrade vorliegt, *verringert* sogar den Angriff durch Säuren infolge Erhöhung der Überspannung. ENDO[2], der die Korrosion von Eisen in Säure untersucht, hat den Einfluß zahlreicher Zusätze zum Metall geprüft, unter anderem von Kohlenstoff, Silicium, Schwefel, Phosphor, Mangan, Kobalt, Nickel, Chrom, Vanadium, Molybdän, Wolfram, Titan und Kupfer. Die Ergebnisse sind sehr verwickelt. Viele Elemente begünstigen die Korrosion bei gewissen Konzentrationen und erniedrigen sie bei anderen.

Würde völlig reines und homogenes Metall Wasserstoff entwickeln können? Im allgemeinen ist die Einwirkung einer nichtoxydierenden Säure auf sehr

---

[1] FETZ, E.: Korr. Met. **11** (1935) 103.　　[2] ENDO, H.: Sci. Rep. Tôhoku **17** (1928) 1245.

reines Metall bemerkenswert gering. Das hat sich nicht nur bei Metallen wie Zink, die eine hohe Überspannung besitzen, gezeigt, sondern auch bei Metallen wie Eisen, die eine niedrige Überspannung besitzen. Eine frühe Untersuchung von KREUSLER[1] hat ergeben, daß sich Eisen, das durch Reduktion von Oxalat und nachfolgendes Schmelzen im Vakuum erhalten worden ist, bemerkenswert widerstandsfähig gegenüber kochender Salzsäure verhält. Später haben CENTNERSZWER und STRAUMANIS[2] gefunden, daß das extrem reine Eisen, das durch Zersetzung des Carbonyls erhalten wird, durch konzentrierte Salzsäure viel langsamer als das gewöhnliche reine Eisen durch verdünnte Säure angegriffen wird. Ausgedehnte Untersuchungen durch PALMAER und seine Mitarbeiter[3]

Tabelle 42. Einfluß des Reinheitsgrades auf den Angriff durch Salzsäure.
(Nach W. PALMAER.)

| Flüssigkeit | Material | | | | | | Maximalbetrag des entwickelten Wasserstoffes (Angaben in cm^3/min je cm^2) |
| | Grundmetall | Beimengungen in % | | | | | |
		Pb	Fe	C	Si	Cu	
n HCl	Zink	0,79	0,13	—	—	—	2,83
n HCl	„	0,14	0,01	—	—	—	0,276
n HCl	„	0,003	0,0004	—	—	—	etwa 0,08
n HCl	Graues Roheisen	—	—	3,82[1]	1,26	—	0,145
n HCl	Tempergußeisen	—	—	2,06[2]	1,14	—	0,114
n HCl	Technisch geglühter weicher Eisendraht	—	—	0,11[3]	0,01	—	0,018
n HCl	Weicheisen, geglüht in Wasserstoff	—	—	0,02[3]	0,01	—	0,00187
n HCl	Elektrolyteisen, geglüht in Wasserstoff	—	—	0,01[3]	0,01	—	0,00149
3 n HCl	Aluminium	—	0,79	—	0,30	0,08	1,14
3 n HCl	„	—	0,014	—	0,015	0,022	0,028

[1] Hauptsächlich in Form von Graphit. [2] Als Graphit und Zementit. [3] Als Zementit.

haben zu dem Ergebnis geführt, daß die Angriffsgeschwindigkeit durch Salzsäure beim Zink, Aluminium und gleichfalls beim Eisen mit zunehmendem Reinheitsgrad des Metalles kleiner wird. Die PALMAERschen Daten, die diese Ansicht stützen, finden sich in Tabelle 42, während sich einige weitere Angaben, die durch MOORE und LIDDIARD[4] für den Angriff auf Aluminium ermittelt worden sind, in Tabelle 43 finden.

Da die Überspannung des Eisens so niedrig ist, wie diejenige der meisten wahrscheinlich in ihm vorkommenden Verunreinigungen, kann die beschleunigende Wirkung der Verunreinigungen hier nicht auf die Schaffung von Gebieten zurückgeführt werden, an denen Wasserstoff leichter als am Grundmetall entweichen kann. PALMAER schließt vielmehr, daß dieser Korrosionstyp an die Gegenwart von *Lokalelementen* geknüpft ist, das sind kurzgeschlossene Elemente, die zwischen dem Grundmetall als Anode und den Verunreinigungen als Kathode

[1] KREUSLER, H.: Verh. phys. Ges. [2] 10 (1908) 349.
[2] CENTNERSZWER, M. u. M. STRAUMANIS: Z. phys. Ch. 162 (1932) 94.
[3] PALMAER, W.: The Corrosion of Metals, Stockholm 1931, Bd. 2, S. 94, 106.
[4] MOORE, H. u. E. A. G. LIDDIARD: Chem. Ind. 13 (1935) 789.

gebildet werden. Er ist der Ansicht, daß ein Metall dann, wenn es absolut rein wäre und wenn es eine völlig homogene Oberfläche besitzen würde, durch eine nichtoxydierende Säure nicht aufgelöst werden würde, da es unmöglich sein würde, daß anodische und kathodische Veränderungen gleichzeitig an denselben Stellen stattfinden. „Auf einer reinen Oberfläche", so sagt PALMAER, „kann es zu keiner Strombildung kommen, da die elektromotorischen Kräfte an sämtlichen Stellen der Oberfläche gleich sind und diese auch keine bevorzugten Stellen aufweist, ebenso wie in einem ausgedehnten Stromkreis, der zwei identische, in die gleiche Lösung eintauchende Elektroden miteinander verbindet, kein Stromfluß zustande kommen kann".

Tabelle 43. Einfluß des Reinheitsgrades auf den Angriff 38%iger Salzsäure auf Aluminium.
(Nach H. MOORE und E. A. G. LIDDIARD.)

Aluminium (Angaben in %)	Gewichtsverlust in g/dm²	Einwirkungszeit in Stunden
99,5	10	0,5
99,90	3	15
99,95	0,7	16
99,99	0,06	16

Diese Ansicht ist nicht allgemein angenommen worden. Nach BANCROFT[1] macht Natrium in reinem Zustand Wasserstoff aus Wasser frei (a fortiori aus Säuren). Klärend in dieser Frage hat die Untersuchung von ERBACHER[2] über den wechselseitigen Ersatz von Metallen gewirkt. Wird ein unedles Metall in die Salzlösung eines edleren Metalles gebracht, so kommt es zur Niederschlagsbildung von seiten des edleren Metalles (so wird beispielsweise Eisen in Kupfersalzlösung durch metallisches Kupfer bedeckt). Normalerweise wird das unedlere Metall dort, wo die ursprüngliche Oberfläche nicht gleichförmig ist, an gewissen (anodischen) Bezirken in Lösung gehen, während das edle Metall an anderen (kathodischen) Stellen unter Ausbildung eines Filmes von erheblicher Dicke abgeschieden wird. Durch vorhergehendes Waschen der Oberfläche mit Salzsäure gelang es ERBACHER, die Oberfläche in einigen Fällen so homogen zu machen, daß ein gleichmäßiger Austausch der Ionen über die gesamte Oberfläche hin unter Ausbildung eines sehr dünnen Filmes erfolgte, der die Oberfläche gegen einen weiteren Austausch sicherte. Dieser Fall trat beispielsweise ein, wenn Nickel in eine Lösung von Wismutchlorid gebracht wurde. Berechnungen ließen auf die Ausbildung einer etwa monoatomaren Schicht von Wismut schließen[3]. Wahrscheinlich hat man es mit der gleichen Erscheinung zu tun, wenn ein Metall Wasserstoff ersetzt. Ist das Metall nicht einheitlich, so geht es an bestimmten (anodischen) Stellen in Lösung und macht Wasserstoff an anderen (kathodischen) Stellen frei; in diesem Fall kann der Austausch ohne Behinderung fortschreiten. Ist die Oberfläche jedoch völlig einheitlich, so wird der Ersatz gleichförmig vorangehen und bald zum Stillstand kommen. Wahrscheinlich muß angenommen werden, daß der monoatomare Wasserstofffilm nach seiner Ausbildung keinen elektrischen Widerstand besitzt, da durch die Messungen von PALMAER und SUNDBERG[4] eine nur sehr geringe Zunahme

---

[1] BANCROFT, W. D.: Trans. electrochem. Soc. **64** (1933) 125.

[2] ERBACHER, O.: Z. phys. Ch. **163** (1933) 196, 215, 231, **166** (1933) 23.

[3] Offenbar werden die wesentlich feineren und unsichtbaren Risse, die durch F. P. BOWDEN, E. K. RIDEAL [Pr. Roy. Soc. A **120** (1928) 80] nachgewiesen werden konnten, die auf das mehr oder weniger grobe Abschleifen zurückzuführen sind und die die spezifische Oberfläche wesentlich vergrößern, nicht durch Ionen der edlen Metalle besetzt.

[4] PALMAER, W.: The Corrosion of Metals, Stockholm 1931, Bd. 2, S. 84.

des Widerstandes beim Ersatz des Wasserstoffes durch Zink festgestellt werden konnte, wodurch die Existenz des in gewissen früheren Arbeiten angenommenen kohärenten Wasserstoffilmes widerlegt wurde.

Geringer Einfluß des Reinheitsgrades auf die Korrosion in Gegenwart oxydierender Medien. Der große Einfluß von Verunreinigungen ist charakteristisch für den Korrosionsverlauf nach dem Wasserstoffentwicklungstyp. Beim Angriff durch Säuren *in Gegenwart eines oxydierenden Depolarisators*, der ohne Entwicklung von Wasserstoff fortschreitet, wird der Reinheitsgrad unwichtig. KING und BRAVERMAN[1] haben Messungsergebnisse über die Korrosion rotierender Proben durch sehr verdünnte Säure bei Gegenwart von Kaliumnitrat veröffentlicht, die in Tabelle 44 wiedergegeben werden. Unter diesen Bedingungen wird spektroskopisch reines Zink fast ebenso schnell wie die übrigen untersuchten Metalle korrodiert. Tatsächlich ist der Unterschied in den Angriffsdaten bei den drei verschiedenen Metallen nur gering. Die Korrosionsgeschwindigkeit, die nicht sehr verschieden von der beim Calciumcarbonat ist, wird zweifellos

Tabelle 44. Korrosion rotierender Metalle (4000 Umdrehungen/min) durch Säure mit einem Zusatz von 0,05 molar Kaliumnitrat. Angaben in Milliäquivalent/cm² je 4 Min. Korrosionsdauer. (Nach C. V. KING und M. M. BRAVERMAN.)

Material	0,007 molar HCl	0,03 molar Essigsäure
Magnesium	0,094	0,124
Zink (gewöhnlich) . .	0,084	0,128
Zink (spektroskopisch rein) . .	0,080	0,109
Cadmium	0,076	0,094
Calciumcarbonat . .	0,116	0,134

durch die Diffusionsgeschwindigkeit des korrodierenden Agenzes zu dem Angriffsherd hin bestimmt.

In ähnlicher Weise stellten TAMMANN und NEUBERT[2] fest, daß die Korrosionsgeschwindigkeit von Zink durch eine Persulfatlösung durch die Gegenwart edler Verunreinigungen, wie Silber und Kupfer, nicht erhöht wird; möglicherweise erfolgt sogar eine leichte Verringerung des Angriffes. Die rasche Korrosion, die durch oxydierende Säuren hervorgerufen wird, scheint keinerlei Verunreinigungen zu erfordern. CYR[3] hat festgestellt, daß „spektroskopisch reines Zink", das durch Salzsäure sehr viel langsamer als „handelsreines" oder hochgradig reines Zink angegriffen wird, durch Salpetersäure tatsächlich viel rascher als die beiden anderen Zinksorten angegriffen wird. Über ähnliche Ergebnisse berichtet BOUCHET[4]. Nach WATTS[5] löst sich 99,99%iges Silber rasch in Salpetersäure; er gibt weiterhin an, daß nach dem Direktor der Münzstätte der Vereinigten Staaten von Nordamerika (U.S. Mint) kein nennenswerter Unterschied in der Lösungsgeschwindigkeit von Gold mit 995 und 999,9 Feingehalt besteht. Ist der Angriff auf das letztere Material auf die 0,01% an Verunreinigungen zurückzuführen, so erhebt sich nach WATTS die Frage, was als diese Verunreinigung anzusprechen ist. Es scheint recht sicher, daß keine zweite Phase

---

[1] KING, C. V. u. M. M. BRAVERMAN: J. Am. Soc. **54** (1932) 1744.

[2] TAMMANN, G. u. F. NEUBERT: Z. anorg. Ch. **201** (1931) 242. — TAMMANN, G. u. K. L. DREYER: Z. anorg. Ch. **221** (1934) 124.

[3] CYR, H. M.: Trans. Am. electrochem. Soc. **52** (1927) 351.

[4] BOUCHET, L.: C. r. **200** (1935) 1535.

[5] WATTS, O. P.: Trans. electrochem. Soc. **67** (1935) 236.

für den Angriff durch Salpetersäure erforderlich ist. Manchmal kann die Gegenwart einer zweiten Phase im Gegenteil durch Bereitstellung eines hohen Anfangswertes für die anodische Stromdichte die Ausbildung der Passivität begünstigen. Vor einigen Jahren konnte RICHARDSON[1] zeigen, wie auch aus Tabelle 45 hervorgeht, daß graues Gußeisen viel rascher durch verdünnte Salz- oder Schwefelsäure als reines Eisen korrodiert wird, während es durch Salpetersäure weniger rasch angegriffen wird. Offenbar ist dieses Verhalten auf das Vorhandensein von Graphit zurückzuführen, der infolge seines kathodischen Verhaltens gegenüber Eisen die anodische Stromdichte erhöht und infolgedessen den Angriff auf Gußeisen durch nichtoxydierende Säuren begünstigt, dagegen in Salpetersäure die Wahrscheinlichkeit für die Ausbildung der Passivität erhöht. Entsprechende Beispiele finden sich auch an anderen Stellen dieses Buches; so bleibt hoch-kohlenstoffhaltiger Stahl in einem Gemisch von Schwefelsäure und Salpetersäure passiv unter Umständen, unter denen niedriggekohlte Stähle heftig angegriffen werden (s. S. 387). In entsprechender Weise erhöht der Zusatz an Silber, das in Blei eingewalzt wird, dessen Widerstand gegenüber heißer konzentrierter Schwefelsäure (siehe S. 460, 461).

Tabelle 45. Gewichtsverlust verschiedener Materialien gegenüber verschiedenen Agenzien bei 16°. Angaben in g/std für Platten von 15 cm². (Nach W. D. RICHARDSON.)

Reagens	Reines Eisen (Siemens-Martin-Ofen)	Graues Gußeisen	Aluminium
n HCl	0,12	8,7	3,4
n HCl + Platinsalz .	10,5	8,8	3,7
n H₂SO₄	0,76	8,9	0,02
n H₂SO₄ + Platinsalz	15,5	9,6	0,04
n HNO₃	34,2	22,2	0,01
n HNO₃ + Platinsalz.	33,2	20,5	0,06

Es muß erwähnt werden, daß Platinsalze (die zur Abscheidung von metallischem Platin führen), wie aus Tabelle 45 hervorgeht, einen beschleunigenden Einfluß auf den Angriff nichtoxydierender Säuren, nicht jedoch von Salpetersäure auf reines Eisen, ausüben. Platin übt eine viel geringere Beschleunigung auf die Korrosion von Gußeisen oder von Aluminium aus, ein Metall, dessen Korrosion durch die anodische Reaktion bestimmt wird, die an den schwachen Stellen des Filmes erfolgt.

Einfluß des Reinheitsgrades auf die Korrosion des Sauerstoffabsorptionstypes. Der Einfluß von Verunreinigungen auf die Korrosion durch Neutralsalze ist auf den Seiten 218, 220 besprochen worden. Taucht die Probe in die ruhende Flüssigkeit vollständig ein, so wird die Korrosionsgeschwindigkeit, wenn sie durch die Nachlieferungsgeschwindigkeit des Sauerstoffes bestimmt wird, nicht sehr wesentlich durch die in geringer Konzentration vorhandenen Konstituenten beeinflußt. Erfolgt die Sauerstoffzufuhr zu einem Teil des Metalles (einer Wassergrenzlinie oder einer Tropfenbegrenzung) rasch, so ergeben sich Abweichungen zwischen Metallen verschiedenen Reinheitsgrades. Die MEARSsche[2] Tropfenprobe beispielsweise zeigt bedeutende Unterschiede in den Korrosionswahrscheinlichkeiten von Eisen verschiedenen Reinheitsgrades. Nach

---

[1] RICHARDSON, W. D.: Trans. electrochem. Soc. 38 (1920) 265.
[2] MEARS, R. B.: Carnegie Scholarship Mem. 24 (1935) 79.

Feststellungen von BORGMANN[1] erhöht die Gegenwart von Kupfer im Zink die Korrosionsgeschwindigkeit, wenn es teilweise in Kaliumchloridlösung eingetaucht wird. Einige Elemente verringern die Korrosion, so beispielsweise ein Gehalt von Nickel in Eisen. In Fällen jedoch, in denen eine Verunreinigung zur Ausbildung einer zweiten Phase Veranlassung gibt, wird das weniger reine Metall gewöhnlich rascher angegriffen als das reinere. Unter gewissen Umständen kann der Angriff im Falle der reineren Metallsorte jedoch auf kleine Zonen konzentriert bleiben und so intensiver als im Falle des unreinen Metalles sein, bei dem die Korrosion die Neigung aufweist, sich über die gesamte Oberfläche auszubreiten. In Durchführung seiner Untersuchungen über Farbstoffe schüttelte LEWIS[2] Eisenproben in Röhren, die teilweise mit $1/_{1000}$ molar Natriumsulfat sowie dem zu prüfenden Farbstoff gefüllt waren. Der darüberstehende restliche Teil des Rohres enthielt Sauerstoff. Jeder Versuch mit Elektrolyteisen führte zu einer geringeren Gesamtzerstörung des Metalles als entsprechende Versuche mit niedrig- oder hochgekohltem Stahl. Dabei gab es jedoch eine Ausnahme: die angegriffene Fläche war im Falle des Elektrolyteisens sehr viel kleiner, so daß die Intensität des Angriffes größer war.

Versuche, die SIMPSON und SPELLER[3] durchgeführt haben und in denen Proben während 3 Monaten in Wasser von Pittsburgh bei 71⁰ in Bewegung gehalten wurden, ergaben einen sehr geringen Unterschied in der mittleren Korrosionsgeschwindigkeit bei allen untersuchten Materialien (neuzeitlicher Stahl, neuzeitliches Schweißeisen sowie antikes Eisen, wahrscheinlich aus dem Jahre 256 n. Chr.). Bedeutende Unterschiede zeigten sich jedoch zwischen verschiedenen Proben des gleichen Materials.

Verunreinigungen in homogener und heterogener Phase. Im allgemeinen beschleunigen diejenigen unter den in geringer Konzentration vorliegenden Konstituenten die Gesamtkorrosion am meisten, die in einer besonderen Phase auftreten. Die zweite Phase kann in zwei verschiedenen Weisen wirken: sie kann einmal als Kathode in einem Korrosionselement dienen, dann aber kann die Grenze zwischen den beiden Phasen bevorzugte Stellen liefern, die für den Beginn eines anodischen Angriffes günstig sind. Dieser letztere Faktor wird leicht übersehen. Bestünde die gesamte Funktion der zweiten Phase lediglich darin, eine EK für das Korrosionselement zu schaffen, so würde sie aufhören, die Empfänglichkeit für die Korrosion zu erhöhen, wenn eine EK durch eine äußere Stromquelle bereitgestellt wird. Tatsächlich neigen jedoch unreine Metalle in höherem Maße als reine Metalle dazu, als Anode in einem elektrolytischen Element zur Auflösung zu kommen. Diese Tatsache ist den Galvaniseuren wohl bekannt, da Nickelanoden (die zur Auflösung gelangen müssen, um in dem Bad die erforderliche Konzentration an Nickelsalzen bereitzustellen) zu Störungen Anlaß geben, wenn sie zu rein sind. Ein weiteres Beispiel liefern die beim Verchromen verwendeten Eisenanoden, deren Auflösung unerwünscht ist. BAKER und PETTIBONE[4] haben festgestellt, daß in Chrom-Schwefelsäure enthaltenden

[1] BORGMANN, C. W. u. U. R. EVANS: Trans. electrochem. Soc. **65** (1934) 259; vgl. Prüfungen an total eingetauchten Proben bei W. S. PATTERSON: J. Soc. chem. Ind. Trans. **45** (1926) 329.

[2] LEWIS, K. G. u. U. R. EVANS: J. Soc. chem. Ind. Trans. **53** (1934) 27, Tafel C.

[3] SIMPSON, A. W. u. F. N. SPELLER: Metals Alloys **7** (1936) 199.

[4] BAKER, E. M. u. E. E. PETTIBONE: Trans. electrochem. Soc. **54** (1928) 333.

Bädern Anoden aus Elektrolyteisen weniger stark als solche aus weichem Stahl zerstört werden, während Stahlanoden mit höherem Kohlenstoffgehalt noch schneller der Korrosion unterliegen. In einem derartigen elektrolytischen Bad ist der durch eine äußere Stromquelle gelieferte Strom groß genug, um eine rasche Zerstörung der gesamten Anode hervorzurufen, wenn sie der Korrosion unterworfen ist. Glücklicherweise wird Eisen in diesem Bad passiv, so daß der größere Teil des Stromes für die Entwicklung von Sauerstoff verwendet wird. Der erzeugte Oxydfilm schützt das Elektrolyteisen gut, neigt jedoch zu erheblicher Ausbildung von Fehlstellen, wenn er auf weniger reinem Material entsteht, wodurch es zu ernsthafterer Zerstörung des Materials kommt.

Gewisse in geringer Konzentration vorkommende Konstituenten besitzen einen ausgesprochen korrosionsvermindernden Einfluß, sei es dadurch, daß sie zu Filmbildung führen (wie Chrom in Eisen oder Aluminium in Messing) oder in anderer Weise (wie beispielsweise Arsen in Messing). Derartige Beispiele sind bereits beschrieben worden; siehe hierzu S. 262, 387, 396.

Einfluß des Reinheitsgrades auf den atmosphärischen Angriff. Im freien Gelände besteht oftmals kein großer Unterschied zwischen dem Verhalten von Proben des gleichen Materials, die im Reinheitsgrad voneinander abweichen. Der Mittelwert aus den HUDSONschen[1] Untersuchungen an fünf verschiedenen Stationen für den Dickenverlust innerhalb eines Jahres liefert fast die gleiche Zahl für Elektrolytzink und für „gewöhnliches" Zink. Im Falle des Kupfers wurde ein Unterschied in dem Sinne festgestellt, daß die reinen (hochleitenden) Sorten in jeder der fünf Stationen rascher als die arsenhaltigen Sorten angegriffen wurden. Diese Ergebnisse stimmen mit Laboratoriumsversuchen von VERNON[2] überein, der gleichfalls festgestellt hat, daß das Korrosionsprodukt von reinem Kupfer wesentlich hygroskopischer als von arsenhaltigem Kupfer ist, wodurch die raschere Korrosion des ersteren erklärt wird. Bei seinen im Freien, im Zentrum Londons, durchgeführten Prüfungen, in denen PATTERSON[3] Zink exponierte, das geringe Mengen verschiedener Metalle enthielt, kam er zu der Feststellung, daß Blei einen gewissen Schutz gewährt, daß Kupfer und Antimon den Angriff beschleunigen, während Cadmium und Eisen von nur geringem Einfluß sind. Diese Ergebnisse erinnern an den Einfluß der gleichen Verunreinigungen in saurer Flüssigkeit — eine Analogie, die sicher nicht zufällig ist, im Hinblick auf den sauren Charakter der gesammelten Regenproben. Beim Innenraumversuch ist der Einfluß der gleichen Elemente nicht ausgeprägt, wenngleich auch dort das Blei noch eine gewisse schützende Fähigkeit besitzt. BAUER und SCHIKORR[4], die Zink verschiedener Reinheitsgrade miteinander verglichen haben, konnten nur geringe Unterschiede in den in freier Luft oder in alkalischen Lösungen durchgeführten Versuchen feststellen, während bei ihren Versuchen in Säuren ein bestimmter Unterschied erkennbar ist.

Was nun das Eisen anbetrifft, so wird das reine Metall im Außenversuch in Frühstadien gewöhnlich weniger rasch, in späteren Stadien jedoch rascher als weicher Stahl angegriffen. In den in Cambridge[5] vor den Türen exponierten

[1] HUDSON, J. C.: Trans. Faraday Soc. **25** (1929) 229.
[2] VERNON, W. H. J.: Trans. Faraday Soc. **27** (1931) 269.
[3] PATTERSON, W. S.: J. Soc. chem. Ind. Trans. **46** (1927) 392.
[4] BAUER, O. u. G. SCHIKORR: Z. Metallk. **26** (1934) 73.
[5] BRITTON, S. C. u. U. R. EVANS: J. Soc. chem. Ind. Trans. **49** (1930) 174, **51** (1932) 211.

Proben blieb reines Eisen weitgehend blank, nachdem der Stahl rostig geworden war. In den späteren Stadien jedoch, nachdem der Rost sich über die gesamte Oberfläche beider Materialien ausgebreitet hatte, wurde der Stahl tatsächlich weniger rasch als das reine Eisen angegriffen, zweifellos deshalb, weil die unangegriffenen Rückstände von Carbiden usw. den Diffusionsvorgang leicht verzögern und bei der Zurückhaltung des Oberflächenkorrosionsproduktes mitwirken (das andernfalls durch den Regen fortgewaschen werden würde) und so in gewissem Ausmaße schützend für das Metall wirken (über einen Vergleich mit dem angestrichenen Material s. S. 628).

2. Verhalten verschiedener Eisensorten.

Einfluß des Kupfers. Der Korrosionswiderstand des gekupferten Stahles gegenüber der Atmosphäre ist, vom praktischen Gesichtspunkt her gesehen, auf S. 159 behandelt worden. Die theoretischen Gesichtspunkte müssen jedoch noch besprochen werden. Eine bemerkenswerte Funktion des Kupfers besteht darin, den Schwefel, der sonst eine Quelle der Instabilität ist, in Form relativ stabiler Sulfide zu binden[1]. Diese Frage wird auf S. 451 behandelt. Kupfer übt jedoch noch einen anderen Einfluß aus, der darauf beruht, daß es die Korrosion gleichförmiger macht und einen undurchlässigeren anhaftenden Rost liefert.

Ist die Oberfläche von kupferfreiem Eisen feucht, so setzt der anodische Angriff an gewissen bevorzugten Stellen ein und breitet sich nur relativ langsam nach außen aus. Enthält das Eisen Kupfer in fester Lösung, so wird der Rost Kupferverbindungen enthalten, die zur Wiederausfällung von metallischem Kupfer Veranlassung geben[2]. Die zuerst angegriffenen Stellen sollten kathodisch gegen ihre Umgebung werden, so daß der Angriff irgendwie verlagert wird. In dieser Weise wird sich die Korrosion rasch über die gesamte Oberfläche ausbreiten, wodurch eine Pittingbildung vermieden wird. Ist erst einmal ein Niederschlag von porösem Kupfer auf allen Oberflächenteilen entstanden, so wird der Niederschlag zur Kathode werden[3]. Der Rost wird dann in relativ engem Kontakt mit dem Metall zur Ausscheidung gelangen und schützender und anhaftender sein, als wenn er auf reinem Eisen gebildet wird. Das ist tatsächlich festgestellt worden. Die Versuche von CARIUS[4] an gekupferten Stählen in Salzlösungen haben gezeigt, daß der Sauerstoffbedarf des Kupfers (im Sinne einer depolarisierenden Wirkung) einen Mangel an Sauerstoff hervorruft, so daß die unterste Schicht des Korrosionsproduktes eine festhaftende gelatinöse Schicht von grünlichem, sowohl zwei- als auch dreiwertiges Eisen enthaltendem hydratischen Oxyd ist. Darüber ist das gewöhnliche rötlich-braune hydratische Eisen(III)-oxyd gelagert. In einigen Fällen führt die Korrosion des Kupfers zu einem Film von Kupferoxyd, der gleichfalls eine schützende Wirkung besitzen soll. Das Bild ist also verwickelt. Die Hauptwirkung des Kupfers im Eisen besteht jedoch darin, daß es die Ausbildung eines Rostes fördert, der feiner in der Struktur, dunkler in der Farbe, adhärierender und weniger lokalisiert auf der Oberfläche ist.

---

[1] HOAR, T. P. u. D. HAVENHAND: J. Iron Steel Inst. **133** (1936) 255 P.

[2] CARIUS, C. u. E. H. SCHULZ: Mitt. Forschungsinst. 1 (1929) 180.

[3] BORGMANN, C. W. u. U. R. EVANS: Trans. electrochem. Soc. **65** (1934) 264.

[4] CARIUS, C.: Korr. Met. **7** (1931) 184; Ber. 4. Korrosionstagung, Düsseldorf 1934, S. 8.

In Säuren hängt der widerstandsfähige Charakter des gekupferten Stahles von der Ausbildung eines adhärierenden Filmes auf dem Kupfer ab. TAMMANN und DREYER[1] haben gezeigt, daß Kontakt mit Holz, Kork oder Porzellan zu einem fein verteilten Kupfer führt, und daß die Korrosion in diesem Falle beschleunigt und nicht verzögert wird. In neutralen Wässern scheint es wahrscheinlich, daß der Widerstand von gekupferten Stählen in gewissen Umgebungen sowohl auf dem kontinuierlichen Charakter der verschiedenen oxydierten Schichten, als auch auf dem direkten Schutz durch einen Kupferüberzug beruht. Im völlig eingetauchten Zustande kann gekupferter Stahl in den ersten wenigen Monaten ebenso schnell oder noch schneller korrodieren als reines Eisen. Später verlangsamt sich der Angriff jedoch, wie die Versuche von CARIUS und SCHULZ[2] in künstlichem Seewasser gezeigt haben. In Gegenwart von Chloriden ausgeschiedenes Kupfer neigt zur Inkohärenz. Enthält der Stahl Aluminium sowie Kupfer, so ist der schützende Überzug viel zufriedenstellender. Nach MACHU[3] werden die Kupferpartikeln in diesem Falle durch gelatinöses Aluminiumhydroxyd zusammengehalten, das im Laufe der Zeit eine Härtesteigerung durch Altern erfährt.

Wertvolle Daten bezüglich der Eisen-Kupfer-Legierungen haben GREGG und DANILOFF[4] gesammelt.

Korrosion von Schweißeisen. Eine völlig verschiedene Art der Korrosionsausbreitung findet sich bei einem Material, das parallele Schichten enthält, die abwechselnd empfänglich bzw. widerstandsfähig gegenüber dem Angriff sind. Unpaketierte Schweißeisenplatten enthalten viel Schlacken. Werden die gewalzten Platten in Stücke geschnitten, paketiert und wieder gewalzt, so werden die Schlackeneinschlüsse dünner und ausgebreiteter. Je stärker jedoch ausgewalzt wird, um so größer wird die Wahrscheinlichkeit dafür, daß eine gegebene Schicht an einer Stelle überhaupt „dünn" wird. Aus mechanischen Gründen ist es nicht wünschenswert, so kontinuierliche Schlackenschichten zu erhalten, daß sie den Angriff überhaupt blockieren. Im Handelsschweißeisen sind die Schichten jedoch oft hinreichend ausgedehnt, um einen Angriff abzuwenden, der örtlich in Richtung der Walzebene gestartet war, und ihn zu verhindern, senkrecht zur Oberfläche fortzuschreiten. Mit anderen Worten: sie zeigen die Neigung, einen pittingartigen Angriff in einen allgemeineren umzuwandeln.

In einigen in Cambridge ausgeführten Versuchen[5] wurden Platten aus Schweißeisen bzw. Stahl mit aufgebranntem Lack bedeckt und eine einzige Kratzerlinie durch den Überzug jeder Probe hindurchgeführt. Hierauf wurden sie in eine normale Natriumchloridlösung gebracht und der anodischen Einwirkung einer äußeren EK unterworfen. Da sowohl der Stahl als auch das Schweißeisen

---

[1] TAMMANN, G. u. K. L. DREYER: Z. anorg. Ch. **221** (1934) 127. Diese Autoren sind der Ansicht, daß der Kupferfilm nicht auf eine Wiederabscheidung, sondern vielmehr darauf zurückzuführen ist, daß sich das zurückbleibende restliche Kupfer über die Oberfläche ausbreitet.

[2] CARIUS, C. u. E. H. SCHULZ: Arch. Eisenhüttenwesen **3** (1929) 357.

[3] MACHU, W.: Oesterr. Ch.-Ztg. **36** (1933) 69.

[4] GREGG, J. L. u. B. N. DANILOFF: The Alloys of Iron and Copper, New York 1934. Eine Bibliographie der gekupferten Stähle findet sich in Corr. Comm. Iron Steel Inst. **1** (1931) 221. Über den Einfluß des Kupfers in den nichtrostenden Stählen siehe W. PALMAER [Korr. Met. **10** (1934) 187].

[5] LEWIS, K. G. u. U. R. EVANS: Rep. Corrosion Comm. Iron Steel Inst. **2** (1934) 209; vgl. U. R. EVANS: J. Soc. chem. Ind. Trans. **47** (1928) 62.

dem gleichen Strom während der gleichen Zeitdauer unterworfen wurden, erlitten sie nach dem FARADAYschen Gesetz angenähert den gleichen Materialverlust. Auf dem Stahl führt die Korrosion gewöhnlich zur Ausbildung eines Grabens von rundem Querschnitt, während sich bei gewissen Schweißeisensorten eine Neigung zur seitlichen Ausbreitung des Angriffes zeigt, was zur Ausbildung eines etwas breiteren aber weniger tiefen Grabens Veranlassung gibt. Verschiedene Schweißeisensorten zeigten diesen Effekt jedoch in verschiedenem Grade; so wies das genannte zweifach paketierte Schweißeisen eine geringere „Ablenkungskraft" auf, als das nur einmal paketierte Eisen. Schweißeisen, das überhaupt nicht paketiert worden war, verhielt sich, wie zu erwarten war, wie Stahl.

Es zeigte sich, daß der Angriff auf Schweißeisen durch verdünnte Schwefelsäure durch ganz ähnliche Prinzipien geregelt wird; jedoch werden hier die Schlackenzonen, die in der neutralen Chloridlösung Zonen des Widerstandes gegenüber dem anodischen Angriff sind, zu Zonen besonderer Empfindlichkeit gegenüber Säuren. Die Schlackengebiete (die sowohl eine oxydische als auch eine silikatische Phase enthalten) bilden Elemente vom Typ

Eisen / Säure / Oxyd.

Das Metall wird bevorzugt längs der Oberflächen der Schlackeneinschlüsse fortgefressen. Abschließend erfolgt dann gewöhnlich eine Lockerung des Einschlusses; oftmals werden Bruchstücke, an denen Wasserstoffblasen anhaften, fortgetragen. Wird ein Stück einer schweißeisernen Platte mit einer exponierten Schnittkante in verdünnte Säure gebracht, so sammeln sich schwarze Trümmer von Schlackeneinschlüssen in dem Gefäß an, wobei die exponierte Kante ein „holzartiges Aussehen" annimmt, was darauf zurückzuführen ist, daß sich die Säure längs der Schlackenzone in das Metallinnere hineingefressen hat. (Gewalzter Stahl zeigt manchmal eine ähnlich holzartige Struktur, jedoch in geringerem Ausmaße.)

Daß die Vertiefungen und Erhöhungen der „holzartigen Struktur" im Falle des Schweißeisens weitgehend von der Methode des Paketierens abhängig sind, ist deutlich an einigen besonders paketierten Schweißeisen festgestellt worden, die für den Korrosionsausschuß des IRON AND STEEL INSTITUTE hergestellt worden waren[1]. Eines dieser Materialien wurde durch BENGOUGH und WORMWELL der Korrosion unterworfen. Hierbei zeigte es sich, daß das Korrosionsbild die geometrischen Besonderheiten des Paketierens aufwies. Ein anderes Material wurde durch Zusammenwalzen von 9 Stück schwedischer Eisen erhalten, so daß das Paket acht innere Schichten von Oxydsinter, abgesehen von den beiden äußeren Oxydschichten, besaß. Die anschließende Korrosion in Säure durch LEWIS schnitt acht wohldefinierte Gräben ein, die offenbar die Lage der Oxydzonen darstellten. Gewöhnliches, nichtpaketiertes schwedisches Eisen ergab keine ausgeprägte Zonenbildung.

Dieser dirigierende Faktor bei der Korrosion von Schweißeisen wird nicht in allen Situationen angetroffen. RICHARDSON[2] setzte einige quer bzw. parallel

---

[1] Über Einzelheiten des Paketiervorganges siehe J. C. HUDSON [Rep. Corrosion Comm. Iron Steel Inst. 2 (1934) 26, 3 (1935) 189]; über Korrosion siehe K. G. LEWIS u. U. R. EVANS [Rep. Corrosion Comm. Iron Steel Inst. 2 (1934) 214], G. D. BENGOUGH u. F. WORMWELL [Rep. Corrosion Comm. Iron Steel Inst. 3 (1935) 168, Tafel IX].
[2] RICHARDSON, L. T.: Trans. Am. electrochem. Soc. 37 (1920) 529.

geschnittene Schweißeisenstücke für die Zeit von 6 bis 24 Monaten der Witterung
aus und konnte dabei feststellen, daß weder der Gewichtsverlust, noch die
Pittingtiefe merklich durch die Schnittrichtung beeinflußt wurden.

Korrosion von Gußeisen. Die Versuche von GIRARD[1] an Gußeisen und Stahl
liefern ein anderes interessantes Beispiel für den Einfluß der in geringer Konzentration vorhandenen Konstituenten auf den Angriff. Es wurden Platten von jedem
Material poliert und mit Hilfe eines Seidenfadens in horizontaler Lage in 2%ige
Natriumchloridlösung gebracht, in der Luft gelöst worden war. Alle 12 Stunden
(in einer anderen Versuchsreihe alle 24 Stunden) wurden sie herausgenommen,
abgebürstet, gewogen und wieder eingesetzt. Diese Versuche wurden während
9 Monaten in dieser Weise fortgesetzt. Im Falle des Stahles stimmte die Angriffsverteilung mit der durch das Prinzip der differentiellen Belüftung geforderten
überein. Die Randgebiete, zu denen der Sauerstoff den besten Zutritt hatte,
wurden kathodisch und blieben unangegriffen, während die zentralen Gebiete
der unteren Oberfläche, die dem Sauerstoff weniger zugänglich waren, dem
anodischen Angriff unterlagen. Im Falle des Gußeisens verläuft der Angriff
nun so, als ob die Graphitflecken als Kathoden wirkten. Im Falle des Stahles
führten die gut voneinander getrennten kathodischen und anodischen Gebiete
zur Ausscheidung von nichtadhärierendem Rost in entsprechender Entfernung
vom Metall. Beim Gußeisen blieb der Rost jedoch, der sehr nahe am Metall
abgeschieden wurde, weitgehend haften. In Versuchen, die mit einem Überschuß an Luft durchgeführt wurden, verlor dementsprechend der Stahl
ständig an Gewicht, während andererseits das Gußeisen zuerst eine geringe
Gewichtsabnahme zeigte und dann fortlaufend an Gewicht zunahm. In anderen
Versuchsreihen, die in einer evakuierten Glasglocke durchgeführt wurden, um
so die Zufuhr von Sauerstoff herabzumindern, verloren beide Materialien an
Gewicht, und zwar ziemlich im gleichen Ausmaße. Die Ergebnisse sind sehr
aufschlußreich, und zwar sowohl im Hinblick auf die Erklärung des guten
normalerweise durch Gußeisen aufgewiesenen Widerstandes, als auch des
manchmal widerspruchsvollen Verhaltens. Es könnte scheinen, als ob das
graphitische Netzwerk zweierlei Funktionen erfüllt. Die Flecke wirken als
örtliche Kathoden und führen dazu, daß das Korrosionsprodukt nahe am Metall
zur Bildung kommt. Sie liefern ein unlösliches Gerüst, das unter günstigen
Bedingungen sicherstellt, daß dieses Korrosionsprodukt an der Metalloberfläche
in Form einer kontinuierlichen Schicht haften bleibt, die so zu einer Minderung
des Angriffes beiträgt. Es ist klar, daß die Form des Graphits wichtig ist;
natürlich spielen auch äußere Faktoren, wie beispielsweise Abschleifen, Bewegung der Probe in Wasser, Verteilung des Sauerstoffes, eine Rolle. Gußeisen mit dichtem Kornaufbau ist wahrscheinlich widerstandsfähiger als grobkörniges Material (was im allgemeinen bestätigt gefunden wird). Die an Gußeisen in Gegenwart von Puffersubstanzen und Sulfid-erzeugenden Bakterien
erhaltenen ungünstigen Ergebnisse werden auf S. 204 behandelt.

Der Einfluß der Struktur auf den Korrosionswiderstand von Gußeisen wird
durch ein von DESCH[2] mitgeteiltes Beispiel deutlich. Wird feinkörniges Gußeisen in konzentrierte Schwefelsäure getaucht, so bedeckt es sich mit einer

---

[1] GIRARD, R.: Rev. Mét. **23** (1926) 407; s. auch C. r. 8ᵉ Congr. Chim. industrielle 1928.
[2] DESCH, C. H.: Chem. Age **31** (1934) 397.

dünnen Schicht von Eisen(II)-sulfat, das normalerweise das Metall gegen weiteren
Angriff schützt. Dehnt sich jedoch ein großer Graphitflecken von der Oberfläche
ins Innere des Metalles aus, so bildet sich Eisen(II)-sulfat längs der Oberfläche
dieses Fleckens. Hierdurch kommt es zu einer Volumenvergrößerung, die von
der Ausbildung eines inneren Druckes begleitet ist, die zum Bruch des Materials
führt.

Einfluß von Schwefel auf die Korrosion des Eisens. In kalten, neutralen
Flüssigkeiten führen Sulfide im Metall nicht immer zu einer Erhöhung der
Korrosion. BENGOUGH und WORMWELL[1] konnten feststellen, daß schwefelreicher
freischneidender Stahl bei völligem Eintauchen der Probe in die ruhende Flüssigkeit etwas weniger rasch als andere Eisen- und Stahlsorten korrodiert. In
diesem Fall ist die Korrosionsgeschwindigkeit wahrscheinlich durch die Sauerstoffzufuhr begrenzt gewesen, und es liegt kein Anlaß zu der Annahme vor,
daß diese zum schwefelreichen Stahl rascher als zum schwefelarmen Stahl
erfolgen sollte. Andererseits haben TRONSTAD und SEJERSTED[2] beim Vergleich
der Einwirkung von 2n-Natriumchlorid auf drei Stähle von verschiedenem
Schwefelgehalt (der Gehalt an anderen Elementen wurde zum Vergleich konstant
gehalten) festgestellt, daß die Korrosionsgeschwindigkeit mit dem Schwefelgehalt ansteigt. In sauren Lösungen üben Schwefeleinschlüsse einen ausgeprägten Einfluß im Sinne einer Begünstigung der Korrosion aus, was wahrscheinlich auf die Bildung von Schwefelwasserstoff zurückgeht.

Der Grund dafür, warum Sulfide unter gewissen Bedingungen, nicht dagegen
unter anderen, beschleunigend wirken, wird allmählich erkennbar. HOAR[3] hat
feststellen können, daß die Gegenwart von Schwefelwasserstoff in der Flüssigkeit
hauptsächlich die anodische Reaktion beschleunigt. In neutralen oder alkalischen
Flüssigkeiten ist die kathodische Reaktion bestimmend für die Korrosionsgeschwindigkeit. Sulfide, sei es in der Flüssigkeit oder im Metall, sind infolgedessen nur von geringem beschleunigenden Einfluß auf die Korrosion. In sauren
Flüssigkeiten, in denen Wasserstoff frei von den kathodischen Stellen abströmen
kann, übt die anodische Reaktion einen Einfluß auf die Geschwindigkeit der
Korrosion aus; Sulfide in der Flüssigkeit wirken als Beschleuniger. Liegt das
Sulfid in Form von Einschlüssen von Eisen- oder Mangansulfid im Metall vor,
so werden sie von der Säure unter Bildung von Schwefelwasserstoff in der
Lösung angegriffen, wodurch der Angriff auf das Metall eine Begünstigung
erfährt.

Es scheint, daß einer der Vorteile der gekupferten Stähle darin liegt, daß
das Kupfer den Schwefeleffekt neutralisiert, wie bereits in einer einige Zeit
zurückliegenden Arbeit von BUCK[4] angenommen worden ist. Möglicherweise
liegt der Schwefel in den gekupferten Stählen — in Übereinstimmung mit der
Ansicht von WEDDING[5] — als stabiles Kupfersulfid vor, das in Säuren weniger
löslich ist. Diese Ansicht wird durch neuere Untersuchungen von HOAR und

---

[1] BENGOUGH, G. D. u. F. WORMWELL: Rep. Corrosion Comm. Iron Steel Inst. **3** (1935) 162.
[2] TRONSTAD, L. u. J. SEJERSTED: J. Iron Steel Inst. **127** (1933) 425.
[3] BRITTON, S. C., T. P. HOAR u. U. R. EVANS: J. Iron Steel Inst. **126** (1932) 365; s. auch
T. P. HOAR u. D. HAVENHAND: J. Iron Steel Inst. **133** (1936) 239 P.
[4] BUCK, D. M.: Trans. Am. electrochem. Soc. **39** (1921) 109.
[5] WEDDING, H.: Stahl Eisen **26** (1906) 1444.

HAVENHAND[1] wesentlich gestützt und auch von HUDSON[2] in einer neueren Behandlung dieser Frage deutlich dargelegt. Der langsame Angriff, dem reiner Stahl durch Säure unterliegt, wird kaum durch den Zusatz von Kupfer verringert, jedoch erfährt der rasche Angriff auf unreine Stähle hierdurch eine wesentliche Verringerung.

In Flüssigkeiten, deren Säuregehalt nicht hinreichend ist, um die Sulfideinschlüsse zu zerstören, können diese in anderer Weise wirken. CHYŻEWSKI und SKAPSKI[3] haben gezeigt, daß das Element Eisen / Sulfid im Gleichgewichtszustand tatsächlich eine geringere EK als das Element Eisen / Oxyd liefert. Während das letztere Element jedoch rasch polarisiert wird und nur einen schwachen Strom liefert, kann das zuerst genannte unter gewissen Bedingungen einen wesentlich höheren Strom geben. Hierdurch mag eine Möglichkeit für das Verständnis dafür gegeben sein, warum sulfidische Einschlüsse unter ungünstigen Bedingungen gefährlicher als oxydische oder silikatische Einschlüsse sind.

Wesentlichen Aufschluß über die Rolle der sulfidischen Einschlüsse haben die auf S. 188 behandelten HOMERschen[4] Untersuchungen gebracht. An glatten Eisenoberflächen beginnt die Korrosion in neutralen oder selbst schwach alkalischen Flüssigkeiten gewöhnlich an den sulfidischen Einschlüssen (manchmal auch an oxydischen Einschlüssen, jedoch niemals an silikatischen). Nur ein Teil der Sulfideinschlüsse initiiert den Angriff, wobei die Zahl abnimmt mit der Expositionsdauer an der Luft zwischen der Präparierung der Oberfläche und ihrer Einführung in die Flüssigkeit. In den meisten Flüssigkeiten breitet sich der an den Einschlüssen gestartete Angriff bald aus. In besonderen Fällen jedoch (z. B. in Chloridlösungen, die hinreichend carbonathaltig sind, um die Ausbreitung, nicht aber den Angriff überhaupt, zu verhindern) bleibt der Angriff lokalisiert. In derartigen Fällen werden letzten Endes die geometrische Lage und die Verteilung der sulfidischen Einschlüsse die Lage der Pittings oder zumindest die der am intensivsten korrodierten Flächenteile bestimmen. Die zur Hervorrufung dieses Effektes erforderlichen Bedingungen sind außergewöhnlicher Art. Im Falle rauher Oberflächen (die selbst in Abwesenheit von Einschlüssen zahlreiche für die Korrosion bevorzugte Stellen besitzen) verliert der Einfluß sulfidischer Einschlüsse im Hinblick auf die Bereitstellung bevorzugter Stellen für einen intensiven örtlichen Angriff an Bedeutung.

Untersuchungen, die MEARS[5] in neuerer Zeit durchgeführt hat, lassen es jedoch deutlich erkennen, daß Eisen- oder Mangansulfid die Korrosions-*wahrscheinlichkeit* erhöhen können. Es zeigte sich, daß die Angriffswahrscheinlichkeit durch Einbringen von Eisensulfid- oder Mangansulfidteilchen in Tropfen von destilliertem Wasser, die auf Eisenproben aufgebracht worden waren, von 72 auf 100% erhöht wird. Vorherige Exposition des Eisens gegenüber Schwefel-

---

[1] HOAR, T. P. u. D. HAVENHAND: J. Iron Steel Inst. **133** (1936) 255 P.

[2] HUDSON, J. C.: Trans. Inst. Eng. Scotland **79** (1935/1936) 351; siehe auch P. BARDENHEUER u. G. THANHEISER: Mitt. K. W. Inst. Eisenforsch. **14** (1932) 1. — Siehe auch E. HERZOG [Métaux **9** (1934) 365], demzufolge Kupfer den Angriff auf reines Eisen erhöht, auf Stahl dagegen herabsetzt.

[3] SKAPSKI, A.: Private Mitteilung vom 3. Oktober 1935. — CHYŻEWSKI, E. u. A. SKAPSKI: Z. Elektroch. **41** (1935) 847.

[4] HOMER, C. E.: Carnegie Scholarship Mem. **21** (1932) 35; Rep. Corrosion Comm. Iron Steel Inst. **2** (1934) 225.

[5] MEARS, R. B.: Rep. Corrosion Comm. Iron Steel Inst. **3** (1935) 117; Carnegie Scholarship Mem. **24** (1935) 75; s. auch Private Mitteilung vom 18. März 1936.

wasserstoff hat den gleichen Einfluß. Es erweist sich nicht als erforderlich, daß ein direkter Kontakt zwischen dem Sulfid und dem Eisen vorhanden ist: Versuche, die mit Tropfen verschiedener Größe durchgeführt wurden, haben ergeben, daß Sulfidkörner, die sich auf einer Wachspapierbrücke befinden, die durch den oberen Teil des Tropfens hindurchgeht, die Wahrscheinlichkeit von 22 auf 100% heraufsetzen. Kontrollversuche mit Quarzkörnern auf dieser Brücke belassen die Angriffswahrscheinlichkeit praktisch ungeändert bei 20%. Die Einführung einer geringen Menge von Schwefelwasserstoff in Tropfen von Natriumhydrocarbonat führt zu einer viel stärkeren Erhöhung der Korrosionswahrscheinlichkeit als ähnliche Beträge an Schwefelsäure[1].

MEARS hat wiederholt folgendes festgestellt: in Fällen, in denen ein schwefelreicher Gußblock, der außen herum einen relativ reinen Rand enthält, aufgeschlagen der Laboratoriumsluft ausgesetzt wird, bleibt der reine Rand ohne Rostansatz, lange nachdem das Innere bereits Rostung aufweist. Proben, die aus dem Inneren des Blockes herausgeschnitten und nach der Tropfenmethode untersucht werden, zeigen eine höhere Rostungswahrscheinlichkeit als solche, die aus dem reinen Rand geschnitten werden.

TRONSTAD und SEJERSTED[2] fanden ebenfalls, daß die sulfidischen Einschlüsse geeignet sind, als Ausgangsstellen für den Angriff zu dienen. PIETSCH, GROSSE-EGGEBRECHT und ROMAN[3] konnten feststellen, daß die Korrosion in manchen Fällen an Einschlüssen beginnt, während im Falle des extrem reinen Eisens der Angriff gewöhnlich bevorzugt an den Korngrenzen einsetzt.

Man muß stets bedenken, daß der Ausdruck „sulfidischer Einschluß“ sehr unscharf ist. Im allgemeinen wird angenommen, daß der Schwefel im Stahl in Form von Mangansulfid vorkommt, jedoch enthalten die meisten sog. Einschlüsse von Mangansulfid auch Eisensulfid. Die Verteilung der schwefelhaltigen Einschlüsse wird durch die verschiedenen Methoden des Schwefeldruckes — die von HATFIELD[4] und anderen empfohlen werden — aufgezeigt. Die Methoden sind jedoch nur qualitativ und erlauben nicht, den Gesamtbetrag des Schwefels im Stahl nachzuweisen. Die am besten bekannte Methode besteht darin, ein Stück photographisches Bromsilberpapier mit verdünnter Schwefelsäure zu tränken und gegen die Stahloberfläche zu pressen. Jeder Sulfideinschluß führt dann zu einem dunklen Fleck von Silbersulfid. Mangansulfid ist stabiler als Eisensulfid und ruft, wie NORTHCOTT[5] ermittelt hat, Flecken geringerer Intensität auf den Schwefeldrucken hervor. Andere Methoden verwenden Papiere, die Quecksilber-, Kupfer- oder Cadmiumsalze enthalten[6].

Einfluß von Phosphor auf die Korrosion von Stahl. Der Einfluß des Phosphors ist weniger deutlich ausgeprägt als der des Schwefels. Beim Vergleich von drei Materialien mit verschiedenem Phosphorgehalt haben TRONSTAD und

---

[1] Im Falle rostfreier Stähle kommt F. R. PALMER [Metals Progress **21** (1932) Nr. 2 S. 70] zu der Feststellung, daß 0,3% Schwefel den Korrosionswiderstand nicht herabsetzt. Freischneidende, nichtrostende Stähle, die Schwefel enthalten, werden in großem Maßstabe hergestellt. [2] TRONSTAD, L. u. J. SEJERSTED: J. Iron Steel Inst. **127** (1933) 431.

[3] PIETSCH, E., B. GROSSE-EGGEBRECHT u. W. ROMAN: Z. phys. Ch. A **157** (1931) 378.

[4] HATFIELD, W. H.: J. Iron Steel Inst. **113** (1926) 168.

[5] NORTHCOTT, L.: Metallurgist **10** (1935) 10.

[6] Siehe R. H. GREAVES u. H. WRIGHTON: Practical Microscopical Metallography, London 1933, S. 151. — H. J. VAN ROYEN u. E. AMMERMANN: Arch. Eisenhüttenwesen **4** (1931) 435; Metallurgist **5** (1929) 132; s. auch W. H. DEARDEN: J. Iron Steel Inst. **131** (1935) 297.

Sejersted[1] keine nennenswerte Erhöhung des Angriffes in kochender 2n-Natriumchloridlösung feststellen können. In ähnlicher Weise berichtet Speller[2] über Messungen der Korrosion des Stahles durch belüftetes bzw. unbelüftetes Wasser, die offenbar keinen Einfluß des Phosphorgehaltes erkennen lassen. Kendall und Taylerson[3] legen die Ergebnisse der Prüfungen der American Society of Testing Materials vor, wonach die Lebensdauer des Stahles im freien Gelände in Pittsburgh mit niedrigem Kupfergehalt etwas mit dem Phosphorgehalt abnimmt, während diejenige von Stahl mit 0,15 bis 0,40% Kupfer mit dem Phosphorgehalt ansteigt. Prüfungen, die in Fort Sheridan durchgeführt wurden, weisen jedoch ziemlich in die entgegengesetzte Richtung; irgendeinen günstigen Einfluß des Phosphors hiernach anzunehmen, müßte gewagt erscheinen. Mitunter wird angenommen, daß Phosphor in gewissen Fällen den Angriff heraufsetzt; das kann jedoch darauf beruhen, daß hochphosphorhaltige Stähle im allgemeinen auch durch einen hohen Schwefelgehalt ausgezeichnet sind (s. S. 484).

3. Einfluß von Verunreinigungen auf den Angriffstyp.

Übergang vom Krystallflächenangriff zu interkrystallinem Angriff. Es sind zahlreiche Fälle bekannt, in denen geringe Mengen von Verunreinigungen, die an sich keinen erheblichen Einfluß auf die Gesamtkorrosion des Metalles ausüben, doch den Typ des Angriffes wesentlich beeinflussen. Die geometrische Form der durch den lokalen Auflösungsvorgang hervorgerufenen Vertiefungen und Aushöhlungen ist von gewissem Interesse. Betrachten wir zuerst einen löslichen Salzkrystall, der durch Wasser angegriffen wird[4]. Die entstehenden Pittings weisen oft eine geometrisch wohldefinierte Form auf, die an eine Reihe von Flächen geknüpft ist, die für die Krystallsymmetrie des Materials charakteristisch sind. Wird beispielsweise ein zylindrisches Loch in einen Alaunkrystall hineingebohrt und läßt man eine nur geringfügig ungesättigte Alaunlösung in ihm zirkulieren, so wird die Aushöhlung oktogonal (bei schwacher Entwicklung anderer Flächen). Wird Natriumchlorid in ähnlicher Weise behandelt, so entsteht eine kubische Aushöhlung, während Gegenwart von Harnstoff zu einer oktaedrischen Form führt. Ein allgemeiner Grund für die Ausbildung planer Flächen kann leicht gegeben werden. Ein Krystall kann aus Schichten dicht gepackter Atome aufgebaut gedacht werden. Werden nun gewisse Atome aus einer gegebenen Schicht fortgelöst, so wird es oft eine geringere Energie erfordern, um die übriggebliebenen Atome der unvollständigen Schicht zu entfernen, als mit dem Entfernen von Atomen aus einer noch völlig unangegriffenen Schicht zu beginnen[5].

---

[1] Tronstad, L. u. J. Sejersted: J. Iron Steel Inst. **127** (1933) 427.

[2] Speller, F. N.: Corrosion: Causes and Prevention, New York 1935, S. 102.

[3] Kendall, V. V. u. E. S. Taylerson: Pr. Am. Soc. Test. Mat. **29** II (1929) 204.

[4] Siehe C. H. Desch: Chemistry of Solids, New York 1934, S. 70.

[5] Um zu entscheiden, welche der zahlreichen krystallographischen Richtungen die Grenzen der „negativen Krystalle" bilden, die durch das Lösungsmittel entstehen, sind mitunter verwickelte mathematische Rechnungen erforderlich. Vergleiche hierzu insbesondere T. Erdey-Grúz u. M. Volmer: Z. phys. Ch. A **157** (1931) 165. — Stranski, I. N.: Z. phys. Ch. **136** (1928) 259, B **17** (1932) 127. — Straumanis, M.: Z. phys. Ch. A **147** (1930) 161, B **13** (1931) 316, **19** (1932) 63; Korr. Met. **9** (1933) 35. — Kossel, W.: Naturw. **18** (1930) 901. Obgleich sich die meisten dieser Arbeiten mehr mit den Fragen des Krystallwachstums als mit denen der Krystallauflösung befassen, sind sie hier als maßgeblich genannt.

Bei dem Vorgang der Metallkorrosion entstehen in manchen Fällen Krystallflächen. Während der Einwirkung einer Kaliumchloridlösung auf sehr reines
Zink haben BENGOUGH, LEE und WORMWELL[1] die Ausbildung schöner, sechsseitiger Pittings beobachtet, die die hexagonale Symmetrie des Metalles aufweisen. Wird Zink eines etwas geringeren Reinheitsgrades benutzt, so führt
die Korrosion im allgemeinen nicht zur Ausbildung geometrischer Figuren und
scheint vorwiegend auf die Korngrenzen konzentriert zu bleiben, möglicherweise deshalb, weil dort die Verunreinigungen angehäuft sind. Dieses Verhalten
deutet darauf hin, daß der krystallographische Faktor leicht durch einen anderen
maskiert werden kann: durch eine geringe Veränderung in der Zusammensetzung von Punkt zu Punkt. Unter der Annahme, daß sowohl das Metall
als auch die Flüssigkeit absolut gleichförmig sind, werden die krystallographischen
Faktoren ein Fortschreiten des Angriffes im Sinne einer Herausbildung von
Krystallflächen hervorrufen. Geringe Abweichungen in der Einheitlichkeit des
Metalles oder in der Flüssigkeit werden einen bevorzugten Angriff im Sinne einer
Verwischung des Krystallflächeneffektes hervorrufen.

Bei manchen Metallen, namentlich bei Eisen und Stahl, ist die Korngröße
häufig viel geringer als die Größe der mittleren Pittings. In denjenigen Fällen,
in denen Einschlüsse im Metall vorhanden sind, besteht die Möglichkeit des
bevorzugten Angriffes längs der Begrenzungslinien dieser Einschlüsse. Die
Abtrennungsarbeit eines Atoms, das einem fremden Einschluß benachbart ist,
wird gewöhnlich größer oder kleiner sein als die Abtrennungsarbeit eines
Atoms, das allseitig durch andere Atome der gleichen Art umgeben ist. Ist sie
geringer, so wird die Tendenz zum Eindringen längs der Begrenzungszone des
Einschlusses bestehen, was die Form erklären mag, in der der Angriff manchmal
der unteren Begrenzungszone eines Oxydfilms folgt, eine Neigung, die sich als
nützlich beim Ablösen der Oxydfilme von ihrer metallischen Basis erwiesen
hat (s. S. 56).

Die Ausbildung von Krystallflächen ist für die Metallographie von großer
Bedeutung, wenn die Kornstruktur eines wohlpräparierten Teiles eines reinen
Metalles durch Ätzen gezeigt werden soll. Durch das Ätzen werden oft Krystallflächen in verschiedenen Körnern gebildet, die durch die Atomanordnung bestimmt
werden. Die mikroskopische Untersuchung läßt erkennen, daß einige der
Körner (die zufällig so angeordnet sind, daß sie das Licht dem Mikroskoptubus
zurückwerfen) hell erscheinen, während andere dunkel bleiben. Untersuchung
bei schräger Beleuchtung und Drehen der Probe lassen die Körner abwechselnd
hell und wieder dunkel erscheinen, je nachdem, ob sie das Licht in den Tubus
oder in eine andere Richtung zurückstrahlen. Dieser Effekt wird jedoch nicht
von allen Metallen und mit allen Ätzmitteln hervorgerufen. In manchen Fällen
(bei vertikaler Beleuchtung) erscheinen die hellen Körner durch dunkle Linien
voneinander getrennt. Die letzteren können „Kanäle" darstellen (an denen das
Ätzmittel das Material an den Korngrenzen bevorzugt gegenüber dem Korninneren angegriffen hat), oder aber sie können einfach durch Unterschiede in
den Höhen benachbarter Körner erklärt werden. Nach TAMMANN[2] wird der
Mosaikeffekt (dunkle und helle Körner) durch rasch wirkende Ätzmittel hervorgerufen (vorzugsweise durch Reagenzien, wie Ammoniumpersulfat, das keinerlei

[1] BENGOUGH, G. D., A. R. LEE u. F. WORMWELL: Pr. Roy. Soc. A **131** (1931) 510.
[2] TAMMANN, G.: J. Inst. Met. **44** (1930) 35.

Gas entwickelt), während langsam wirkende Mittel die Korngrenzen freilegen. Der Unterschied hängt jedoch oft von der Reinheit sowohl des Metalls als auch des Ätzmittels ab. STOCKDALE[1] ist bei der Herstellung metallographischer Schliffe von sehr reinem Cadmium beim Aufweisen der Korngrenzen durch Ätzen auf Schwierigkeiten gestoßen, während das intergranulare Netzwerk rasch hervortritt, wenn das Cadmium Spuren von Zink enthält — ein weiteres Beispiel dafür, daß durch Verunreinigungen ein selektiver Angriff längs der Korngrenzen hervorgerufen wird.

Die durch Ätzen hervorgerufenen Krystallflächen werden sich von Fall zu Fall ändern. So hat DESCH[2] festgestellt, daß an Zink, das mit Natriumhydroxyd geätzt wird, die hexagonalen Pittings durch schräge Flächen begrenzt werden, die Pyramiden mit flacher Grundfläche (der Basisfläche) darstellen. Wird das gleiche Zink mit Salzsäure geätzt, so werden die sechsseitigen Pittings durch Prismenflächen begrenzt, d. h. sie haben Begrenzungswälle, die senkrecht zu der Basisfläche verlaufen. DESCH schreibt das Auftreten dieser Flächen der Atompackung zu. Die dichteste Packung findet sich bei der Basisfläche, dann folgt die Prismenfläche und endlich die Pyramidenfläche. Einem schwachen Ätzmittel, wie Natriumhydroxyd, widersteht die Pyramidenfläche, es kommt zur Ausbildung sechsseitiger Pittings mit schräg nach innen gerichteten Pyramidenflächen. Ein starkes Ätzmittel, wie 1%ige Salzsäure, führt zu hexagonalen Pittings, die durch vertikale Prismenflächen begrenzt werden.

Angriffsgeschwindigkeit auf verschiedenwertige Krystallflächen. Einen besonders interessanten Einfluß der Verunreinigungen auf den Angriff von verdünnten Säuren auf Zinkkrystalle hat STRAUMANIS[3] untersucht. Die Verunreinigungen kommen in einem Einkrystall in Schichten parallel zu den (0001)-Basisflächen vor. Ätzen durch Schwefelsäure führt infolgedessen zum Auftreten einer Reihe paralleler Linien. Die verschiedenen Flächen eines Einkrystalls werden mit verschiedener Geschwindigkeit korrodiert, da die verschiedenen Flächen die Schichten der Verunreinigungen in verschiedenem Winkel schneiden, so daß einige von ihnen tatsächlich mehr Verunreinigungen je Flächeneinheit als andere enthalten[4].

Tabelle 46. Korrosion verschiedener Flächen eines Kupferkrystalls.
(Nach R. GLAUNER.)

Angreifendes Agens	Krystallfläche		
	(111)	(100)	(110)
0,3 n HCl + 0,1 n H₂O₂	1	0,90	1,0
0,3 n Essigsäure + 0,1 n H₂O₂ . . .	1	0,90	0,55
0,3 n Propionsäure + 0,1 n H₂O₂ . . .	1	1,28	1,33

Es darf jedoch nicht angenommen werden, daß hierin die einzige Ursache für Unterschiede in der Korrosionsgeschwindigkeit verschiedener Flächen eines Ein-

---

[1] STOCKDALE, D.: Private Mitteilung vom Mai 1928.

[2] DESCH, C. H.: Chemistry of Solids, New York 1934, S. 74. — RICHARDSON, R. E.: Unveröffentlichte Versuche.

[3] STRAUMANIS, M.: Z. anorg. Ch. **180** (1929) 1; Z. phys. Ch. **147** (1930) 161.

[4] M. STRAUMANIS [Z. phys. Ch. A **147** (1930) 165] hat festgestellt, daß das Elektrodenpotential im Gleichgewicht zwischen den verschiedenen Flächen eines Zinkeinkrystalles in Zinksulfatlösung fast gleich ist, und zwar gleich dem einer polykrystallinen Probe des gleichen Metalls.

krystalls zu sehen ist. Selbst in Abwesenheit erheblicherer Beträge an Verunreinigungen scheinen derartige Unterschiede erhalten zu bleiben. R. GLAUNER[1] hat die Auflösungsgeschwindigkeit verschiedener Flächen von Kupferkrystallen durch wasserstoffperoxydhaltige Säuren untersucht, wobei es unwahrscheinlich ist, daß die Korrosion durch Verunreinigungen beschleunigt wird. Seine Meßergebnisse sind in Tabelle 46 wiedergegeben, wobei die Angriffsgeschwindigkeit auf die (111)-Fläche als Einheit gewählt worden ist.

In ähnlicher Weise treten die Interferenzfarben infolge einer Oxydfilmbildung auf den verschiedenen Flächen eines in Luft erhitzten Kupferkrystalls bei ganz verschiedenen Geschwindigkeiten auf, wie TAMMANN[2] gezeigt hat. Es widerspricht nicht notwendigerweise dieser Ansicht, daß die Angriffsgeschwindigkeit durch die Diffusionsgeschwindigkeit durch den Film bestimmt wird. Ist das Oxyd ebenso wie das Metall krystallographisch orientiert, so kann sich seine Durchlässigkeit von Fläche zu Fläche ändern.

B. Fragen der Praxis.

1. Allgemeiner Einfluß von Verunreinigungen.

Homophasige und heterophasige Konstituenten. Aus Gründen, die auf S. 332 besprochen worden sind, ist es unmöglich, die in geringer Konzentration auftretenden Konstituenten der Metalle in zwei scharf voneinander getrennte Klassen einzuordnen, d. h. in solche, die günstig bzw. ungünstig auf die Stabilität des Materials einwirken. Ein bestimmter Konstituent kann in einer gewissen Umgebung günstig, dagegen schädlich in einer anderen wirken. Kupfer kann die Zerstörung von Stahl verringern, dagegen diejenige des Aluminiums vergrößern. Selbst wenn das Grundmetall konstant gehalten wird, kann der Einfluß der in geringer Konzentration vorhandenen Konstituenten sich ändern, je nachdem, ob sie in einer festen Lösung oder aber als gesonderte Phase vorliegen. Es ist festgestellt worden[3], daß Handelsaluminium, das geringe Mengen von Silicium enthält, Säuren gegenüber weitaus widerstandsfähiger ist, wenn es nach einem Glühen bei 450° rasch abgekühlt wird — eine Behandlung, durch die der größte Teil des Siliciums in feste Lösung übergeführt wird —, als wenn das gleiche Material bei 300° geglüht wird — eine Behandlung, durch die das Silicium aus der Lösung ausgeschieden wird. Dieses Verhalten bezieht sich auf die Korrosion in Säuren. Im Salzsprühversuch sowie im gewöhnlichen Betrieb hat TRONSTAD[4] keine Beziehung zwischen der Neigung von Aluminiumgefäßen zur Korrosion und ihrem Gehalt an fein verteiltem (graphitischen) Silicium feststellen können. Es zeigte sich, daß grobe Siliciumeinschlüsse, längs deren Begrenzungszone Risse vorhanden sind, Korrosion aufweisen können.

Beim Stahl, der durch Wärmebehandlung gehärtet worden ist, ist der Zustand des Kohlenstoffes von Bedeutung. LOBRY DE BRUYN[5] beschreibt die

---

[1] GLAUNER, R.: Ber. 3. Korrosionstagung, Berlin 1933, S. 39.

[2] TAMMANN, G.: J. Inst. Met. 44 (1930) 39.

[3] WERNER, M.: Z. anorg. Ch. 154 (1926) 275. — MAASS, E.: Korr. Met. 3 (1927) 27. — RÖHRIG, H.: Aluminium 16 (1934) 83. — GUERTLER, W.: Z. Metallk. 20 (1928) 104. — WIEDERHOLT, W.: Z. anorg. Ch. 154 (1926) 226.

[4] TRONSTAD, L.: Norges Tekniske Høiskole, Avhandlinger til 25 Aers Jubileet, 1935, S. 470.

[5] LOBRY DE BRUYN, C. A.: Private Mitteilung vom 26. November 1935.

Korrosion der Ölpumpe einer Dieselmaschine, die sich völlig einwandfrei an denjenigen Oberflächenteilen verhielt, an denen die Härtung sorgfältig durchgeführt worden war, die jedoch der lokalen Korrosion an denjenigen Stellen unterlag, an denen infolge von anhaftenden Blasen oder aus ähnlichen Anlässen das Abschrecken weniger rasch vor sich gegangen war, so daß es dort zur Ausbildung einer abweichenden Mikrostruktur und damit zu einer erhöhten Angriffsneigung kam.

AITCHISON[1] findet bei seiner Untersuchung über die Legierungselemente der Spezialstähle, daß diejenigen Komponenten, die vorwiegend in fester Lösung eintreten (Chrom, Nickel und Kobalt) gewöhnlich die Korrosion sowohl durch verdünnte Säuren als auch durch Salzlösungen herabsetzen, während das bei denjenigen, die in carbidischer Phase eintreten (Molybdän und Wolfram), nicht der Fall ist. Vanadium in Mengen bis zu 5% vergrößert, unter Eintritt in die carbidische Phase, die Korrosion. Bei 5,4% Vanadium wird die carbidische Phase jedoch übersättigt, so daß weitere Beträge an diesem Element in Form einer festen Lösung in das Metall unter Herabsetzung der Korrosionsgeschwindigkeit eintreten.

Es ist wahrscheinlich, daß viele der Verunreinigungen, die die Widerstandsfähigkeit von sorglos hergestelltem Metall herabsetzen, nicht vom Erz herrühren, sondern Fremdkörper darstellen, die bei den letzten Arbeitsgängen eingewalzt worden sind. Besonders im Falle von Materialien, die ihre Widerstandsfähigkeit einem Oberflächenfilm verdanken, kann jeder Fremdkörper, sei es Sand oder Partikeln eingewalzter Walzhaut, den Film diskontinuierlich machen, wodurch die Gefahr für einen späteren Zusammenbruch der Passivität gegeben ist. Beim Walzen korrosionswiderstandsfähiger Legierungen müssen Vorsichtsmaßnahmen getroffen werden, um die *Luft im Walzraum frei von Suspensionen zu halten.*

Einfluß von Hohlräumen bzw. festen Einschlüssen. Ein Hohlraum in einem Metall kann als ein besonderer Typ einer in geringer Konzentration vorhandenen Komponente angesprochen werden. Bei der Mehrzahl der Metalle kann man sagen, daß alles, was die Kontinuität einer Oberfläche unterbricht, geeignet ist, als schwache Stelle im Hinblick auf eine Korrosion zu wirken. Oft ist es schwierig zu entscheiden, ob die spezielle Neigung zur Korrosion, die in manchen Seigerungszonen beobachtet wird, direkt auf die Seigerung zurückzuführen ist, oder aber auf die Porosität, die oft mit ihr verknüpft ist. Wer Proben aus Eisen oder Stahl für Korrosionsprüfungen vorbereitet hat, wird manchmal nach dem Schleifvorgang kleine Flecken auf der Oberfläche beobachtet haben, die später als Ausgangspunkte für einen Korrosionsakt gewirkt haben. Derartige Flecke sind manchmal Einschlüsse oder eingewalztes Material, manchmal jedoch auch Hohlräume, die möglicherweise dort zurückgeblieben sind, wo Einschlüsse herausgefallen sind; in jedem Fall stellen sie eine irgendwie geartete Unterbrechung der Kontinuität des Oberflächenfilmes dar. Nichtrostender Stahl ist besonders empfindlich gegenüber Einschlüssen eingewalzter Partikeln von Walzsinter. Sorgfältiges Abbeizen ist hier besonders wichtig. SUTTON[2] hat Fälle beschrieben, bei denen Schmiedestücke von Magnesium bei Lagerung in Innenräumen eine ernste Pittingbildung an Oxydeinschlüssen oder an von Flußmitteln

---

[1] AITCHISON, L.: J. Iron Steel Inst. **93** (1916) 82.
[2] SUTTON, H.: J. Roy. aeronaut. Soc. **33** (1929) 43, 51.

herrührenden Verunreinigungen aufgewiesen haben. KROENIG und PAWLOW[1] halten Einschlüsse beim Angriff auf Magnesiumlegierungen gleichfalls für wichtig, während WHITBY[2] der Ansicht ist, daß dieser Faktor überschätzt wird und daß Oxyde und Nitride zumindest unwichtig sind.

2. Einfluß der Begleitelemente im Blei.

Allgemeines. Blei ist ein Beispiel für Metalle, bei denen extreme Reinheit unter gewissen Umständen nachteilig sein kann. Hochgradig reines Blei unterliegt nach leichter mechanischer Beanspruchung[3] der Rekrystallisation bei gewöhnlicher Temperatur. Bleirohre und Kabelmäntel neigen infolgedessen an Stellen, an denen sie gebogen worden sind, zur Grobkörnigkeit. Insbesondere nach Schwingungsbeanspruchung treten Risse zwischen den Körnern auf, die ihrerseits wieder zu Korrosion führen. Unter gewissen Umständen wirken die „Verunreinigungen", die im Handelsblei vorhanden sind, im Sinne einer Herabsetzung dieser Gefahr. Unter anderen Bedingungen wird die Korrosionsgeschwindigkeit von Blei durch die in geringer Konzentration vorliegenden Komponenten vergleichsweise wenig beeinflußt. BURNS[4] berichtet, daß Kabelmäntel im Mittel den gleichen Widerstand gegenüber dem Angriff aufweisen, unabhängig davon, ob sie aus reinem Blei oder aus Blei hergestellt worden sind, das 1% Antimon, 3% Zinn oder 0,03% Calcium enthält.

Neuere Versuche auf dem Gebiete der Bleirohre betreffen die Einführung einer Legierung mit Tellur sowie einer ternären Legierung mit 1,5% Zinn und 0,25% Cadmium. Beide Materialien übertreffen das gewöhnliche Blei hinsichtlich ihres Widerstandes sowohl gegenüber Schwingungen als auch gegenüber Frost. Tellurblei ist weitgehend frei von Kornwachstum, das in reinem Blei nach Verformung eintritt, und besitzt infolgedessen einen guten Korrosionswiderstand. Seine Verwendung für Bleikabelmäntel wird von KRÖNER[5] befürwortet. Die ternäre Legierung scheint keinen außergewöhnlichen Korrosionswiderstand zu besitzen. Nach Messungen von BRADY[6] wird sie von Calciumhydroxyd und Essigsäure mit einer Geschwindigkeit angegriffen, die der von gewöhnlichem Blei ähnlich ist, vielleicht erfolgt der Angriff ein wenig langsamer.

Blei in der Schwefelsäureindustrie. Erhebliche Bedeutung kommt dem Verhalten des Bleies gegen heiße, konzentrierte Schwefelsäure zu, insbesondere gegenüber Säure, die gewisse Mengen von Stickstoffoxyden enthält, wie sie in den Bleikammern der Schwefelsäurefabriken auftritt. Der Widerstand beruht im wesentlichen auf einem fast unlöslichen Film von Bleisulfat. Wird der Film durch periodisches Reinigen entfernt oder wird das Blei unter Spannungsbeanspruchung gehalten, so daß der Film poröser wird, so nimmt die Angriffsgeschwindigkeit zu, wie LOVELESS, DAVIE und WRIGHT[7] gezeigt haben. Verunreinigungen in fester Lösung verringern wahrscheinlich den Wider-

---

[1] KROENIG, W. O. u. S. E. PAWLOW: Korr. Met. 10 (1934) 254, 11 (1935) 89.

[2] WHITBY, L.: Korr. Met. 11 (1935) 88; Trans. Faraday Soc. 29 (1933) 415, 853.

[3] SCHWARZ, v., M.: Korr. Met. 4 (1928) 1; s. auch M. COOK u. U. R. EVANS: Trans. Am. Inst. min. met. Eng. 71 (1925) 646.

[4] BURNS, R. M.: Bell. Syst. techn. J. 15 (1936) 26.

[5] KRÖNER, E.: Elektr. Nachr.-Techn. 12 (1935) 113.

[6] BRADY, F. L.: Met. Ind. London 40 (1932) 298.

[7] LOVELESS, A. H., T. A. S. DAVIE u. W. WRIGHT: J. Roy. techn. Coll. 3 (1933) 57; Met. Ind. London 42 (1933) 614.

stand, wenn sie nicht gerade eine nützliche Rolle bei der Ausbildung eines Filmes spielen. Diejenigen, die ein korrodierbares Eutektikum zwischen den Körnern bilden, können zu intergranularem Angriff führen. Andererseits sind Verunreinigungen, die das Kornwachstum nach einer Kaltverformung verhindern, zumindest im Hinblick auf manche Verwendungszwecke willkommen. Es ist jedoch wahrscheinlich, daß der Einfluß der Korngröße etwas überschätzt worden ist. Nach WERNER[1] setzt Wismut, das im Sinne einer Kornverfeinerung wirkt, den Korrosionswiderstand wesentlich herab.

Ebenso wie Graphit, der den Angriff nichtoxydierender Säuren auf Eisen begünstigt und den der Salpetersäure herabsetzt (s. S. 444), wirken gewisse edle Verunreinigungen (von denen erwartet werden sollte, daß sie die Korrosion von Blei durch nichtoxydierende Säuren beschleunigen) tatsächlich im Sinne einer Förderung des Aufbaues des Sulfatfilmes durch konzentrierte Schwefelsäure und nehmen so an der Angriffshemmung teil. WERNER[2] konnte zeigen, daß ein Zusatz von 0,1% Platin zum Blei dessen Widerstand wesentlich erhöht. Diese Legierungskomponente ist jedoch für den gewöhnlichen Gebrauch viel zu teuer. Silberfeilicht oder ein elektrolytischer Niederschlag, die in die Oberfläche eingewalzt werden, bewirken eine Erhöhung des Widerstandes gegenüber Säure. Silber, das in Blei als Eutektikum vorhanden ist, scheint schädlich zu wirken. Ein anderer Weg besteht darin, Silber in Form der Silber-Cadmium-Verbindung $AgCd_4$ zuzusetzen: Blei, dem 0,1 bis 2% dieser Verbindung zugesetzt worden ist, besitzt nach GARRE und MIKULLA[3] einen größeren Widerstand gegenüber konzentrierter Schwefelsäure als silberfreies Blei, jedoch wird dieses Verhalten von den Autoren auf die Ausbildung einer Schicht von metallischem Silber zurückgeführt.

Kupfer kann in der gleichen Weise wie Silber wirken, jedoch scheint sein Einfluß von der Gegenwart anderer Elemente und der thermischen Vorgeschichte des Metalles abzuhängen. Es scheint, daß das Kupfer unter gewissen Umständen den nachteiligen Einfluß von Antimon und Wismut kompensieren kann. JONES[4] hat jedoch zeigen können, daß das gekupferte Blei in Fällen, in denen sowohl Salpetersäure als auch Schwefelsäure vorhanden sind, dem reinen Blei unterlegen ist. Es ist einleuchtend, daß Elemente, die unter gewissen Bedingungen günstig wirken, unter anderen nachteilig sein können. Nach HANKIN und TURNER[5] ist antimonhaltiges Blei dem reinen Blei bei niedrigen Temperaturen überlegen, bei hohen Temperaturen dagegen schlecht brauchbar, während andererseits kupferhaltiges Blei bei niedrigen Temperaturen unterlegen und bei hohen Temperaturen überlegen ist. Eisen, das, wie THOMPSON[6] gezeigt hat, aus der Gußform, von den benutzten Blockscheren, Sägen oder während des Abschleifens eingeführt werden kann, wird für den Widerstand des Bleies gegenüber Schwefelsäure für schädlich gehalten.

In den Fabriken sind die Verhältnisse sehr verwickelt, so daß das Verhalten des Materials nicht immer den Erwartungen entsprechen wird, die durch die

---

[1] WERNER, M.: Korr. Met. 6 (1930) 134.

[2] WERNER, M.: Z. Metallk. 22 (1930) 342, 24 (1932) 85.

[3] GARRE, B. u. H. J. MIKULLA: Z. anorg. Ch. 212 (1933) 326.

[4] JONES, D. W.: J. Soc. chem. Ind. Trans. 47 (1928) 163.

[5] HANKIN, M. L. u. F. L. TURNER: Chemical Resistance of Engineering Materials, S. 41. 1923.

[6] THOMPSON, P. F.: Pr. Australasian Inst. Min. Met. Nr. 87 (1932) 202.

Laboratoriumsversuche geweckt worden sind. WERNER hat besonders auf den schlechten Einfluß des Oxyds hingewiesen, das sich besonders in der Nähe der Schweißstellen zeigt. SCHÜNEMANN[1] hat eine Reihe von Platten verschiedener Bleisorten an verschiedenen Stellen einer Schwefelsäurefabrik der Prüfung unterzogen. Beim Ausgang aus dem Guy-Lussac-Turm gab ein Blei, das Silber und Kupfer enthielt, ausgezeichnete Ergebnisse während 8 Wochen. Es wurde zweifellos aus den genannten Gründen passiv. Dann brach der schützende Film zusammen: zwischen der 16. und 24. Woche befand es sich unter den schlechtesten der untersuchten Materialien (offenbar war das Silber nicht eingewalzt, wie es von WERNER empfohlen wird). Reines Parkes-Blei bezeichnet SCHÜNEMANN als das beste. Ähnliche Untersuchungen am Ausgange des Glover-Turmes haben ergeben, daß sich die verschiedenen Sorten mit einigen Ausnahmen sehr ähnlich verhalten. In denjenigen Teilen der Fabrik, die stark durch Schwingungen in Mitleidenschaft gezogen werden, ist ein geringer Kupferzusatz von Nutzen, um Schädigungen infolge Rekrystallisation zu verhüten. An anderen Stellen ist nach Ansicht von SCHÜNEMANN reines Parkes-Blei zu bevorzugen. Viele Verunreinigungen, wie Wismut, die gewöhnlich als sehr schädlich angesehen werden, haben sich in diesen Versuchen nicht als besonders störend erwiesen. Ob jedoch isolierte Platten begrenzter Flächengröße absolut zuverlässige Aussagen hinsichtlich des Verhaltens ausgedehnter Bleioberflächen geben können, ist eine Frage, über die die Ansichten auseinandergehen.

McKELLAR[2] hat Versuche durchgeführt, die über 1270 Tage erstreckt wurden und die zu dem Ergebnis führten, daß Kupfer den Angriff bei einem Blei erhöht, bei einem anderen dagegen herabsetzt. Seiner Ansicht nach hat die Erfahrung gezeigt, daß Fabriken, die mit kupferbehandeltem Blei gebaut worden sind, eine kürzere Lebensdauer besitzen als Werke, die mit einer ähnlichen aber unbehandelten Bleisorte errichtet worden sind.

Die Anwendung von tellurhaltigem Blei in der Schwefelsäureindustrie wird beachtet werden müssen. Nach SINGLETON und JONES[3] ist sie die einzige Bleilegierung, die während kurzer Perioden kochender konzentrierter Schwefelsäure Widerstand leisten kann.

3. Einfluß der Begleitelemente im Aluminium.

Verunreinigungen. Aluminium ist ein Metall, dessen Korrosionswiderstand, der vollständig von einem schützenden Oberflächenfilm abhängt, ungewöhnlich empfindlich gegenüber Fremdstoffen ist. Nach FRARY[4] setzen sämtliche Legierungskonstituenten, die dem Aluminium im allgemeinen zugesetzt werden,

---

[1] A. SCHÜNEMANN [Korr. Met. 9 (1933) 325]. — M. WERNER (Private Mitteilung vom 23. Januar 1935) ist geneigt, die von SCHÜNEMANN bei verschiedenen Legierungen gefundenen Unterschiede auf Schwankungen innerhalb der Versuche zurückzuführen. Wird dieses Moment berücksichtigt, so zeigen die Ergebnisse nach ihm wenig Unterschied zwischen den verschiedenen Bleisorten bei der in Frage stehenden Temperatur. Dieses Ergebnis steht, so führt er aus, mit seinen eigenen Ergebnissen in Einklang, denen zufolge der Legierungszusatz oft erst in heißer konzentrierter Säure zur Geltung kommt. Siehe auch die Untersuchungen mit Säuren von M. MATSUI und H. KATO [J. Soc. Chem. Ind. Japan 35 (1932) 307 B] sowie auch den Bericht von V. K. PERSHKE [Chemical Abstracts 28 (1934) 5933].

[2] McKELLAR, W. G.: J. Soc. chem. Ind. Trans. 40 (1921) 137.

[3] SINGLETON, W. u. B. JONES: Chem. Ind. 11 (1933) 211.

[4] FRARY, F. C.: Ind. eng. Chem. 26 (1934) 1231.

den Korrosionswiderstand gegenüber den meisten Chemikalien herab; ausgenommen hiervon sind Magnesium, Mangan, Chrom und möglicherweise Antimon. Wahrscheinlich unterbrechen die störenden Substanzen die Kontinuität des schützenden Filmes und wirken in gewissen Fällen, nachdem der Angriff erst einmal eingesetzt hat, als Kathoden in Korrosionselementen, wie MASING[1] ausgeführt hat. Vor einer Reihe von Jahren hat DESCH[2] festgestellt, daß die Pittingbildung bei kupferhaltigen Aluminiumlegierungen oftmals mit dem Auftreten von $CuAl_2$ verknüpft ist. Neuerdings haben AKIMOW und OLESCHKO[3] mitgeteilt, daß in derartigen Legierungen die Ausscheidungen von $CuAl_2$ kathodisch und die feste Lösung anodisch sind, und daß ein besonders rascher Angriff an denjenigen Stellen einsetzt, an denen es an der Bildung eines Eutektikums beteiligt ist. In Aluminium-Eisen-Legierungen wirken $FeAl_3$-Partikeln intensiv als Kathoden und lösen einen raschen Angriff in ihrer Nachbarschaft aus. $NiAl_3$ und $MnAl_3$ (die in einigen Legierungen vorkommen) sind nur schwach kathodisch, während Mg_2Si anodisch ist und rascher Zerstörung unterliegt. In Aluminium-Zink-Legierungen kommt es zu Schwankungen des Zinkgehaltes innerhalb der Körner, was dazu führt, daß die Begrenzungszonen anodisch sind. Nach DIX und BOWMAN[4] setzen Kupfer und Zinn den Korrosionswiderstand von Aluminium-Silicium-Spritzgußlegierungen herab.

Nichtleitende Einschlüsse können gleichfalls den Korrosionswiderstand von Aluminium und seinen Legierungen dadurch beeinflussen, daß sie den sonst schützenden und nichtleitenden Oxydfilm unterbrechen. Es ist beobachtet worden, daß der Angriff manchmal derartigen Einschlüssen folgt. CALLENDAR[5] hat festgestellt, daß selbst Schmirgelpartikeln, die in einer abgeschliffenen Aluminiumoberfläche eingelagert sind, die Korrosionsgeschwindigkeit erhöhen können. Oftmals bilden derartige Partikeln die Stellen für das Auftreten von Pittings. TRONSTAD[6] konnte neuerdings Sulfideinschlüsse in Aluminium nachweisen, die den Angriff ernstlich beeinflussen. Dadurch, daß Aluminiumsulfid durch Wasser angegriffen werden kann und beim Walzvorgang die Ausbildung von Rissen fördert, ist es in gleicher Weise geeignet, den Angriff an Einschlüssen auszulösen. Es führen jedoch nicht sämtliche vorhandenen Sulfideinschlüsse zum Angriff, andererseits kann dieser auch an anderen Stellen als an den Sulfideinschlüssen einsetzen.

Es ist nicht unüblich, die Gußhaut des Aluminiums vor dem Walzen zu beseitigen, da sie einen Überschuß an Verunreinigungen enthalten kann, die durch umgekehrte Seigerung entstanden sind. In jedem Fall begünstigen Gußfehler an der Oberfläche den Angriff, wie MAASS[7] auf photographischem Wege aufzeigen konnte. RÖHRIG[8] hebt die Bedeutung hervor, die einer Verhinderung des Absetzens und Einpressens von Teilchen metallischen Eisens oder Kupfers auf der Oberfläche des Aluminiums beim Walzen und Ziehen zukommt; selbst

[1] MASING, G.: Z. Metallk. 22 (1930) 325.

[2] DESCH, C. H.: Trans. Faraday Soc. 11 (1915) 202.

[3] AKIMOW, G. W. u. A. S. OLESCHKO: Korr. Met. 11 (1935) 125.

[4] DIX, E. H. u. J. J. BOWMAN: Trans. Am. Inst. min. met. Eng. 117 (1935) 357.

[5] CALLENDAR, L. H.: Trans. Faraday Soc. 23 (1927) 195.

[6] TRONSTAD, L.: Norges Tekniske Høiskole, Avhändlinger til 25 Aers Jubileet 1935, S. 475, 485.   [7] MAASS, E.: Korr. Met. 3 (1927) 26.

[8] RÖHRIG, H.: Korr. Met. 9 (1933) 332, 10 (1934) 135.

kohlehaltige Substanzen vom Walzvorgang her können schädlich sein. Es ist nicht sinnvoll, einen hohen Preis für Aluminium mit einem besonderen Reinheitszeugnis zu zahlen, wenn während des Bearbeitungsganges Metallstaub in die Oberfläche eintreten kann.

Werden Vorsichtsmaßnahmen derart getroffen, daß sämtliche Verunreinigungen ferngehalten werden, so weist hochgradig reines Aluminium einen wesentlich höheren Widerstand gegenüber Säuren und vielen Salzen als die weniger reinen Sorten auf. Gegenüber Alkali ist die Korrosionsgeschwindigkeit nach CENTNER-SZWER und WITTANDT[1] vom Reinheitsgrad fast unabhängig. Der HOOPES-Prozeß liefert Aluminium mit etwa 0,06% Verunreinigungen, ein Material, das nach EDWARDS[2] nach einer 6 Wochen langen Behandlung mit verdünnter Salzsäure (5 Vol. „konzentrierter" Säure in 100 Vol. Wasser) praktisch unkorrodiert bleibt und das während zweiwöchiger Behandlung nach der Salzsprühmethode (20%ige Natriumchloridlösung) kaum beeinflußt wird. Nach Modifizierungen des Prozesses in neuerer Zeit soll der Betrag an Verunreinigungen auf unter 0,01% herabgedrückt worden sein. CALVERT[3] berichtet, daß HOOPES-Aluminium in 2,5% n-Salzsäure bei 24° eine Passivitätsdauer von 2 bis 3 Tagen besitzt, während diese beim gewöhnlichen Aluminium nur einige Minuten beträgt. Nach W. J. MÜLLER[4] wird die Pittingbildung geringer, wenn das Metall reiner wird[5].

Porosität des Aluminiums. Hohlräume können gleichfalls als Ausgangspunkte für einen ernsteren Angriff auf Aluminium dienen. SELIGMAN und WILLIAMS[6] haben bei der Untersuchung einer lokalen Korrosion, die zu ernsthafter Blasen- und Pittingbildung an Aluminiumgefäßen in hartem Wasser geführt hat, feststellen können, daß sie von gewissen unsichtbaren, mikroskopisch kleinen Hohlräumen ausgeht, die sich während des Walzvorganges geschlossen hatten, so daß sie unsichtbar geworden waren. Es war möglich, diesen Effekt dadurch zu reproduzieren, daß man Vertiefungen in Aluminium hervorbrachte und diese durch Hämmern wieder schloß, so daß sie unsichtbar wurden. Wurden diese so behandelten Proben dann in hartes Wasser gebracht, so kam es zu Pitting- und Blasenbildung, ähnlich der, die im Betrieb die Schädigung hervorgerufen hatte. MAASS[7] zeigt gleichfalls, in welcher Weise Oberflächenfehler und -risse im Aluminium den Angriff begünstigen können. WOOD[8] beschreibt eine Methode zur Ermittlung von Rissen in einem Flugzeugteil durch Eintauchen desselben in heißes Paraffin und, nach Trocknen in Luft, durch Einbringen in französischen Kalk. Beim Abkühlen sickert jede in den Hohlräumen befindliche Flüssigkeit heraus und macht sich als ein Streifen im Kalk bemerkbar.

Nadelförmige Hohlräume in Aluminium können dann entstehen, wenn Aluminium irgendwann Luft aufgenommen hat, was beispielsweise dann der

---

[1] CENTNERSZWER, M. u. W. WITTANDT: Z. Elektroch. **35** (1929) 695.

[2] EDWARDS, J. D.: Trans. Am. electrochem. Soc. **47** (1925) 287.

[3] CALVERT, J.: C. r. **188** (1929) 1111.   [4] MÜLLER, W. J.: Korr. Met. **11** (1935) 281.

[5] Die Tatsache, daß die Abnahme der Gesamtkorrosion nicht von einer Vergrößerung der Angriffsintensität an denjenigen Stellen begleitet ist, an denen der Angriff fortschreitet, mag auf den hohen Widerstand des Oxydfilmes auf dem reineren Metall zurückzuführen zu sein, der nicht ohne weiteres als Kathode wirkt.

[6] SELIGMAN, R. u. P. WILLIAMS: J. Inst. Met. **23** (1920) 159.

[7] MAASS, E.: Korr. Met. **3** (1927) 25.   [8] WOOD, E.: J. Inst. Met. **55** (1934) 161.

Fall ist, wenn das geschmolzene Metall während des Schöpfens oder beim Vergießen spritzt. Der Luftsauerstoff bildet wahrscheinlich eine Oxydhaut um jede Luftblase herum und verhindert so das rasche Entweichen des Stickstoffes. Moderne Kippöfen vermeiden diese Schadensquellen weitgehend, jedoch muß größte Sorge dafür getragen werden, die Oxydschlacke, die sich auf der Oberfläche des geschmolzenen Metalles bildet, daran zu hindern, mit dem Flüssigkeitsstrahl in die Gußform einzutreten. Es ist besser, Metall zu verlieren, als eine Ökonomie dadurch anzustreben, daß man Abfälle, die fast stets Fremdstoffe enthalten, in die Gußform hineinkommen läßt.

Umschmelzen von korrodiertem Aluminiumschrott. Hohlräume können auch durch Entwicklung von Gas während des Erstarrens eines Gusses entstehen, das sich im geschmolzenen Metall gelöst hatte. Von erheblicher Bedeutung ist der von HANSON und SLATER[1] erbrachte Nachweis der oft in Aluminium (oder Aluminiumlegierungen) vorhandenen großen Hohlräume, das durch Schmelzen von Abfällen, die während des Lagerns korrodiert worden waren, erhalten worden ist. Die Autoren schreiben die Hohlräume der Entwicklung von Wasserstoff beim Korrosionsvorgang zu. Es wird angenommen, daß der Wasserstoff vom Metall aufgenommen wird und daß er Fehler hervorruft, wenn er beim Vergießen frei wird. Die Fähigkeit des Wasserstoffes, in Aluminium hineinzudiffundieren, ist durch die Untersuchungen von SMITHELLS und RANSLEY[2] erwiesen worden. Es ist auch angenommen worden, daß das (entweder gebunden oder adsorbiert vorliegende) Wasser, das stets im Korrosionsprodukt vorhanden ist, auf das Aluminium während der Erhitzung der Abfälle unter Bildung von Wasserstoff einwirkt. Es erscheint wichtig, bei Aluminiumgüssen eine größtmögliche Dichte anzustreben. Müssen korrodierte Abfälle verwendet werden, so kann der Wasserstoff aus dem geschmolzenen Metall durch Chlor, Stickstoff oder Titanchlorid entfernt werden. HANSON und SLATER[3] empfehlen ein Gemisch aus Stickstoff und Chlor. Sie haben weiterhin feststellen können, daß die Bildung nadelförmiger Hohlräume zurückgedrängt und eine Steigerung der mechanischen Eigenschaften erzielt werden kann, wenn unter Druck vergossen wird. Der Oxydfilm, der sich auf dem geschmolzenen Aluminium bildet, ist der wesentliche Hinderungsgrund für das Entweichen des Wasserstoffes. Ein in neuerer Zeit patentierter Prozeß[4] sieht ein Behandeln des geschmolzenen Metalles unter Bewegung mit einem Fluoride und Chloride enthaltenden Zuschlag vor. Die Bewegung zerstört jeden sich bildenden Oxydfilm, der Zuschlag löst den Sauerstoff. Unter diesen Bedingungen wird Handelsstickstoff, der sorgfältig mit Silicagel oder auf andere Weise getrocknet worden ist, zur Entfernung von Wasserstoff dienen, obgleich er einen nennenswerten Gehalt an Sauerstoff enthält.

4. Einfluß der Begleitelemente im Eisen.

Porosität von Eisen und Stahl. Betrachtet man die Korrosion eisenhaltiger Substanzen, sei es im Guß- oder im bearbeiteten Zustande, so darf die mögliche

---

[1] HANSON, D. u. I. G. SLATER: J. Inst. Met. **46** (1931) 216.

[2] SMITHELLS, C. J. u. C. E. RANSLEY: Pr. Roy. Soc. A **152** (1935) 706.

[3] HANSON, D. u. I. G. SLATER: J. Inst. Met. **46** (1931) 187, **56** (1935) 103.

[4] BRITISCH NON-FERROUS METALS RESEARCH ASSOCIATION, D. HANSON u. I. G. SLATER: E.P. 435104 (1935).

Existenz unsichtbarer Schwindungshohlräume, Gußblasen oder Risse niemals übersehen werden. Die Lage der Gußblasen steht oft in Beziehung zur Lage der Seigerungen. Nach ANDREW und TRENT[1] ist die Seigerung in Stahl-Gußblöcken auf die Gasentwicklung zurückzuführen, durch die Gußblasen hervorgerufen werden, wenngleich auch die eigentlichen Seigerungen manchmal etwas von den Löchern selbst fortgedrängt worden sind.

Es ist viel darüber diskutiert worden, ob die Gußblasen und andere Löcher in den Stahl-Gußblöcken beim Walzen „verschweißt" werden. STEAD[2] ist der Ansicht, daß saubere Löcher verschwinden, drückt jedoch Zweifel dahingehend aus, ob die röhrenförmigen Hohlräume, die die Neigung zeigen, mit Oxyd oder Mangansulfid ausgefüllt zu werden, so rasch beseitigt werden können. OBERHOFFER[3] ist ähnlicher Ansicht. Nach HATFIELD[4] ist es beim Walzen gewisser legierter Stähle nicht möglich, eine hinreichend hohe Temperatur zu verwenden, um die Gußblasen völlig zu schließen. Das Vorhandensein von Porosität in den überlicherweise als gesund bezeichneten Metallen ist von TAMMANN und BREDEMEIER[5] durch Einpressen von Farbstofflösungen unter Druck deutlich gezeigt worden. GREAVES[6] untersucht die dünnen, oftmals in Nickel-Chrom-Stählen auftretenden Risse, die er durch Ätzen in Salpetersäure deutlich macht, wodurch er gleichzeitig die Art und Weise demonstriert, in der derartige Risse einen korrosiven Angriff begünstigen. Zum Nachweis von Rissen stehen auch magnetische Methoden[7] zur Verfügung. Mikrophotographische Aufnahmen von GUILLET, GALIBOURG und BALLAY[8], die die intergranularen Risse in zahlreichen Materialien untersucht haben, zeigen, daß Hohlräume manchmal an der Basis von Gußstäben fehlen, während sie in höheren Zonen des Gusses vorhanden sind. SCHEIL[9] hat die Bildung von Rissen während der Wärmebehandlung von Stählen beschrieben, während KLOPSTOCK[10] Photographien von Rissen auf einer bearbeiteten Oberfläche veröffentlicht hat.

Gußeisen ist ein Material mit erheblichen Dichteschwankungen. Versuche, die vor längerer Zeit in den ROYAL GUN FACTORIES in Woolwich[11] durchgeführt worden sind, haben ergeben, daß sich stehend vergossene Säulen, die die Schlacke im Kopf enthielten, besser als liegend vergossene verhielten, bei denen sich die Schlacke an den Seiten abgesetzt hatte. In neuerer Zeit sind große Fortschritte bei der Herstellung von Gußeisen gleichförmiger Struktur und erhöhter Festigkeit erzielt worden. Nach PEARCE[12] hat die Verbesserung der Gesundheit des Materials zu einer erhöhten Widerstandsfähigkeit gegenüber der Korrosion geführt.

---

[1] ANDREW, J. H. u. E. M. TRENT: Rep. Ingot Comm. Iron Steel Inst. **6** (1935) 187, 189.
[2] STEAD, J. E.: J. Iron Steel Inst. **83** (1911) 54, besonders S. 69, 70.
[3] OBERHOFFER, P.: Stahl Eisen **40** (1920) 878.
[4] HATFIELD, W. H.: Iron Steel Ind. **9** (1935) 59.
[5] TAMMANN, G. u. H. BREDEMEIER: Z. anorg. Ch. **142** (1925) 54.
[6] GREAVES, R. H.: Metallurgist **2** (1926) 167.
[7] Anonym in Engineering **141** (1936) 504.
[8] GUILLET, L., J. GALIBOURG u. M. BALLAY: Rev. Mét. **22** (1925) 253.
[9] SCHEIL, E.: Arch. Eisenhüttenwesen 8 (1935) 309.
[10] KLOPSTOCK, H.: Z. Vereins. deutsch. Ing. **69** (1925) 215; s. Erläuterungen von W. ROSENHAIN u. A. C. STURNEY: Pr. Inst. mechan. Eng. **1925**, 141.
[11] Zitiert von J. NEWMAN: Metallic Structures, 1896, S. 48.
[12] PEARCE, J. G.: Chem. Age met. Sect. **31** (1934) 33.

Seigerungen in Eisen und Stahl. Während der Ingenieur mit Nachdruck und Recht darauf besteht, daß sein Material rein, gesund, von guter Dichte und frei von Oberflächenfehlern sein muß, ist es doch schwierig, die erlaubte Grenze für die verschiedenen in geringer Konzentration vorliegenden Konstituenten anzugeben, die von den praktischen Zwecken, denen das Material zugeführt werden soll, abhängig ist. Sulfideinschlüsse z. B. können im Stahl gefährlich sein und sollten insbesondere in Kesselrohren vermieden werden. Gefährlich ist natürlich das *in der Nähe der Oberfläche* vorhandene Sulfid, so daß eine Analyse des *Gesamtmaterials* nur einen sehr geringen Anhaltspunkt über die Größenordnung des Übels angibt. Im Falle eines Randstahlgußblockes gibt es eine äußere Schicht von bedeutender Reinheit sowie eine viel weniger reine Innenschicht mit Seigerungserscheinungen. Diese reine Oberflächenschicht und das unreine Innere bleiben selbst dann erhalten, wenn der Stahl zu Streifen von 1,59 mm Dicke ausgewalzt worden ist, worauf HUDSON[1] besonders hinweist. Wird das *Schwefeldruckverfahren* in geschickter Weise angewendet (s. S. 453), so kann es oft ein besserer Führer als die chemische Analyse eines Gesamtstahles sein, während die Methode von HOAR und HAVENHAND[2] für die chemische Bestimmung des Schwefels in der *Oberflächenschicht* des Metalles sich wahrscheinlich als wertvoll erweisen wird.

Der Einfluß der Schwefelseigerung auf das Rosten ist in der Industrie seit langem bekannt; so schreibt BREARLEY[3]: „Ein weißes Band, das rasch rostet, und das ein entsprechendes schwarzes Band auf einem BAUMAN-Schwefeldruck hervorruft, ist ein Gespenst, das denen bekannt ist, die ständig größere Schmiedearbeiten herstellen."

Eine erhebliche Seigerung von Schwefeleinschlüssen an einer Stelle kann an dieser einen heftigen Korrosionsangriff auslösen, was manchmal zum Schutz der umliegenden Zone führen kann, so daß die Korrosion am Angriffsherd intensiviert bleibt. Jede an die Oberfläche angrenzende Seigerung muß mit Argwohn betrachtet werden. Die Abnehmer sollten mit den Herstellern dahingehende Vereinbarungen treffen, daß Seigerungen, die an sich unvermeidlich sind, an solchen *Stellen auftreten, an denen sie keinen Schaden hervorrufen können.* Die Hersteller sind oftmals deshalb in einer schwierigen Lage, weil sie nicht wissen, wozu das Material später verwendet wird.

CZOCHRALSKI und MILEJ[4] haben Proben aus verschiedenen Teilen eines Stahlzylinders (0,8% Kohlenstoff, 2% Mangan; Durchmesser 16 cm) herausgeschnitten und während 39 Tagen geprüft (abwechselnd $\frac{1}{2}$ Stunde in Luft und in $\frac{1}{2}$ n-Natriumchloridlösung während des Tages, bei völligem Eintauchen während der Nacht). Die Messung der Korrosionsgeschwindigkeit des geglühten Materials wurde auf die Abnahme der Zugfestigkeit, die des gehärteten Materials auf die Zunahme des elektrischen Widerstandes bezogen. Die Versuche ergaben, daß die aus der Mitte herausgeschnittenen Proben, in der die Verunreinigungen zusammengeseigert sind, etwas rascher als die von der Peripherie her genommenen angegriffen wurden. Die praktische Bedeutung des Schwefels

[1] HUDSON, J. C.: J. Soc. chem. Ind. Trans. **52** (1933) 72.
[2] HOAR, T. P. u. D. HAVENHAND: J. Iron Steel Inst. **133** (1936) 254 P.
[3] BREARLEY, H.: Metallurgist **2** (1926) 116.
[4] CZOCHRALSKI, J. u. J. MILEJ: Wiadomości Inst. Met. **2** (1935) 10.

besteht jedoch nicht so sehr in einer Vergrößerung der Angriffsgeschwindigkeit unter Bedingungen, bei denen der Stahl auch in Abwesenheit von Schwefel angegriffen wird, als vielmehr darin, daß durch den Schwefelgehalt ein Angriff auch unter Bedingungen zugelassen wird, unter denen das Metall sonst passiv bleiben würde. Bei der Untersuchung des Verhaltens von Stahl in Gemischen von Schwefel- und Salpetersäure — eine Frage großer industrieller Bedeutung — haben EDDY und ROHRMAN[1] festgestellt, daß die Passivität von Stählen mit hohem Schwefel- und Mangangehalt rascher aufgehoben wird als von Stählen, die nur geringe Mengen an diesen Elementen enthalten. Die Gegenwart von Kohlenstoff begünstigt die Passivität. In ähnlicher Weise sind Sulfideinschlüsse wahrscheinlich bei Stählen mit einer glatten, polierten Oberfläche schädlich, die einer Innenatmosphäre ohne Plattierung oder Anstrich widerstehen sollen. In diesen Fällen können Sulfideinschlüsse zu lokaler Rostung und selbst zu Pittingbildung führen.

Im Falle des Gußeisens kann die Verteilung des Schwefels mitunter von Bedeutung sein. So berichtet CREMER[2], daß die Gegenwart von Schwefelseigerungen in Gußeisen zu einem bevorzugten Angriff in jenen Zonen führt.

Einfluß der Qualität des Kesselstahles. Da die Kesselkorrosion manchmal vom Wasserstoffentwicklungstyp ist, so steht zu erwarten, daß die Güte des Stahles in diesen Fällen von größerem Einfluß ist als wenn der Angriff ausschließlich nach dem Sauerstoffabsorptionstyp erfolgt. Methoden zur Verhütung von Kesselschäden infolge Behandlung des Wassers werden auf S. 347 besprochen. Es ist jedoch erforderlich, auch dem verwendeten Metall die gebührende Aufmerksamkeit zuzuwenden. Abgesehen von der Verwendung spezieller Kesselstähle, die geringe Mengen von Chrom, Molybdän und anderen Elementen[3] enthalten, ist besonders auf die Vermeidung von Seigerungen an der Oberfläche des Metalles sowie auf die größtmögliche Herabsetzung von mechanischen Beanspruchungen im fertigen Kessel zu achten.

Die Qualität des Materials ist von besonderer Wichtigkeit bei der Konstruktion von Überhitzern, wie die Untersuchung von WOODVINE und ROBERTS[4] über Hochdruckwasserrohrkessel zeigt. Sie schreiben die Schädigungen sowohl an Rohren als auch in Überhitzern der Verwendung von nicht zu Rohren benutzbarem Stahl zu. Sie vergleichen zwei 3,66 m lange Rohre, die aus einem Stück gezogen sind, von denen das eine Seigerungen an der Innenseite aufweist, während das andere extrem seigerungsfrei ist. Die Rohre wurden hintereinander im Lichtbogen zusammengeschweißt und zu Schlangenrohren geformt, um so in die charakteristische Überhitzerform gebracht zu werden. Die Rohrschlange wurde in einen Kessel von 90,72 kg Arbeitsdruck montiert und als Überhitzer unter normalen Bedingungen verwendet. Die mittlere Dampftemperatur lag zwischen 316 und 371°.

Nach etwa 12 Monaten zeigte es sich, daß das seigerungsfreie Rohr gesund und nicht wesentlich abgenutzt war, während das andere Rohr, das Seigerungen aufwies, stark korrodiert und durchlöchert war. Die von dem korrodierten Innern des seigerungshaltigen Rohres abgelöste Schicht enthielt 0,19% Schwefel.

[1] EDDY, J. u. F. A. ROHRMAN: Ind. eng. Chem. **28** (1936) 30.
[2] CREMER, H. W.: Chem. Age **34** (1936) 215.
[3] Siehe auch H. JUNGBLUTH u. H. MÜLLER: Kruppsche Monatsh. **12** (1931) 179.
[4] WOODVINE, G. R. u. A. L. ROBERTS: J. Iron Steel Inst. **113** (1926) 219.

Eine zweite Schlange, die aus einem einzigen Rohr hergestellt worden war, das frei von inneren Seigerungen war, befand sich in der gleichen Zeit unter den gleichen Bedingungen im Betrieb. Nach dem Ausbauen nach einer ähnlichen Betriebsdauer erwies es sich mit Ausnahme einiger lokalisierter und vergleichsweise leichter Pittings als völlig gesund.

WOODVINE und ROBERTS konnten bei ihren Untersuchungen feststellen, daß diese Spiralen stets im Seigerungsgebiet zu Fehlleistungen führen. In den Fällen, in denen es möglich gewesen ist, Anhaltspunkte über Fehler im Betrieb zu erhalten, zeigte es sich, daß der Schaden gewöhnlich auf geseigerten Stahl zurückzuführen war. Die Korrosion ist nach den Autoren weder auf den Teil der Spiralen, in dem der Dampf feucht ist, noch auf feuerungsnahe Teile begrenzt. Fehler ähnlicher Art treten nach diesen Untersuchungen auch in Wasserrohren auf; die kleinen, zuerst entstehenden Pittings wachsen allmählich zusammen und bilden Hohlräume und tiefe Löcher. Diese Schädigungen werden teilweise auf die Verwendung von schlechtem Speisewasser, jedoch hauptsächlich auf die elektrolytische Wirkung durch Gußblasenseigerungen zurückgeführt.

Nachdem diese Ergebnisse erzielt worden waren, haben die Autoren versucht, seigerungsfreie Rohre zu kaufen, eine Aufgabe, die sich als außerordentlich schwierig erwies. Schließlich erhielten sie jedoch einen Guß von einem Stahl der „mit all der Sorgfalt hergestellt worden war, die man auf die Herstellung hochwertiger Legierungsstahlgüsse verwendet", obgleich die Zusammensetzung dieses Stahles ähnlich derjenigen war, die im allgemeinen für Kesselrohre angesetzt wird, abgesehen davon, daß ein höherer Siliciumgehalt gewählt wurde. Das Material des Gußblockes wurde der Schwefeldruckprobe unterworfen, wobei eine Anzahl von Drucken von bestimmten Teilen des Gußblockes in entsprechender Weise untersucht wurde. Dabei zeigte es sich, daß Rohre, die aus diesem Guß hergestellt wurden, frei von Seigerungen waren; mit ihnen wurden außerordentlich zufriedenstellende Ergebnisse erzielt. Laboratoriumsversuche, die über eine lange Zeitspanne erstreckt wurden, zeigten überhaupt keine Fehler und bestätigten so die Annahme von WOODVINE und ROBERTS über den Zusammenhang zwischen geseigertem Gußblockmaterial und Rohrschädigungen.

Die Ergebnisse von WOODVINE und ROBERTS sind von Bedeutung für die Fabrikanten im Hinblick auf die Herstellung von Guß und seine anschließende Bearbeitung. Ihre Ablehnung der für Rohre ungeigneten Ingots ist wahrscheinlich gerechtfertigt, insoweit es sich um nahtlose Rohre handelt. Die Wahl des Gußvorganges sollte von der sich anschließenden Art der Rohrherstellung abhängig gemacht werden. Nach HIBBARD[1] ist für die Herstellung geschweißter Rohre ein Stahlgußblock mit Rand der beste, während für Bohr- und Ziehzwecke ein vollkommen beruhigter Stahl vorgezogen werden sollte. Das ist einleuchtend. Bei einem mit Rand versehenen Stahlingot[2] sind die äußeren Teile viel reiner

---

[1] HIBBARD, H. D.: J. Iron Steel Inst. **113** (1926) 223; s. auch F. A. RUDDOCK: Engineering **129** (1930) 632.

[2] *Randstahlingots* werden aus basischem Stahl hergestellt, der nicht mehr als eine Spur an Silicium und eine beschränkte Kohlenstoffmenge enthält. Dieser Stahl wird unter einer oxydierenden Schlacke fertiggemacht und tritt in die Gußform im Zustand heftigen Kochens ein, wahrscheinlich infolge der Einwirkung des gelösten Sauerstoffes [oder Eisen(II)-oxydes] auf den vorhandenen Kohlenstoff (oder das Carbid). Dieser Zustand des heftigen Kochens muß fortdauern, während ein beträchtlicher Teil des Stahles bereits erstarrt, um so die Ausbildung eines Randes von bedeutend höherer

als dem mittleren Reinheitsgrad entspricht; der mittlere Teil zeigt starke Seigerungen. In einem *geschweißten* Rohr wird die äußere Zone des Gußblockes zum Rohrinnern, weshalb der mit Rand versehene Gußblock zu bevorzugen ist. Für ein *nahtloses* Rohr, das durch Bohren und Ziehen erhalten wird, ist die innere Oberfläche identisch mit dem Inneren des Ingots, so daß mit der gleichen Begründung der mit Rand versehene Gußblock zu vermeiden ist.

Lebensdauer von Schweißeisen. Es gibt zahlreiche Beispiele, in denen sich Schweißeisenkonstruktionen einer ausgezeichneten Lebensdauer erfreuen und noch in bestem Zustand sind. Einige interessante Beispiele beschreiben TRIN-HAM[1] und ASTBURY[2], während andere durch den Korrosionsausschuß des IRON AND STEEL INSTITUTE[3] gesammelt worden sind. Diese Beispiele beziehen sich auf Schiffe, Brücken, Gasometer und Drahtzäune. Die Sammlung der Daten schließt auch Fälle ein, die zeigen, daß Korrosionsschäden selbst zu der Zeit nicht unbekannt waren, als Schweißeisen für den Schiffbau Verwendung fand. Berücksichtigt man jedoch, daß wahrscheinlich die besten der alten Schweiß-eisensorten auf uns gekommen sind, während die weniger guten der Zerstörung anheimgefallen sind, so bleibt es sicher, daß Schweißeisen ein sehr bemerkens-wertes Material darstellt und eine größere Beachtung von seiten der Fachleute verdient, als das manchmal der Fall ist. Es besteht kein Anzeichen dafür, daß das beste heute erzeugte Schweißeisen schlechter ist als das, was vor Einführung des Bessemer-Stahles hergestellt wurde. Jedoch sind die Anforderungen, die heute befriedigt werden müssen, wahrscheinlich wesentlich größer. Einige der heutigen Tages auf den Markt kommenden Materialien tragen die Bezeichnung „Schweißeisen" nicht zu Recht. Der Ruf des ursprünglichen Materials hat aber unter der schlechten Beschaffenheit des Ersatzes gelitten.

Die Langlebigkeit des Schweißeisens kann nicht allein seinem geringen Kohlenstoff- und Mangangehalt zugeschrieben werden. Sie scheint teilweise auf dem Charakter seines Sinters zu beruhen, der jedoch seinerseits von der Zu-sammensetzung des Metalles abhängig ist. Tatsächlich gibt es, wie bei mehreren Arten eisenhaltigen Materials im gewalzten Zustand, beim Schweißeisen zwei verschiedene Walzsinter: der äußere löst sich gewöhnlich rasch ab, während der

---

Reinheit gegenüber der mittleren Reinheit des Stahles sicherzustellen. Aus elementaren metallurgischen Überlegungen folgt, daß die säulenförmigen Krystalle, die von den Be-grenzungsflächen der Form aus wachsen, reiner sein sollten als die Hauptmenge des flüssigen Stahles. Wenn sich die Verunreinigungen, die sich in dem flüssigen Stahl ansammeln, aus dem, wie gesagt, diese Krystalle wachsen, jedoch zwischen diesen entstehenden Krystallen einlagern, so wird der äußere Teil des erstarrenden Gußblockes wenig oder gar nicht reiner als der Gußkern sein. Im Zustand der Ruhe würde dieser Fall wahrscheinlich eintreten. Ist der Kochvorgang jedoch heftig genug, um den flüssigen Teil hinreichend in Bewegung zu halten, so kann ein reiner Rand beträchtlicher Dicke erwartet werden. Dieser Teil des Gußblockes ist sehr geeignet zur Herstellung glatter Bleche durch Walzen, wie sie z. B. für Zinnplattierung oder für Autokarosserien benutzt werden. Das Verhältnis zwischen dem Kohlenstoff- und dem Sauerstoffgehalt des flüssigen Stahles ist ein wichtiger Faktor für den Erfolg des Prozesses. Ist der Kohlenstoffgehalt zu hoch, so ist das Ergebnis nicht zufriedenstellend, möglicherweise deshalb, weil der Sauerstoff dann zu rasch aufgebraucht wird und das Kochen, das im Anfang wohl heftig ist, nicht lange genug anhält. Über Einzelheiten siehe die „Reports on the Heterogeneity of Steel Ingots", die zwischen 1926 und 1935 vom IRON AND STEEL INSTITUTE veröffentlicht worden sind.

[1] TRINHAM, J. S.: Private Mitteilung vom 19. November 1935.
[2] ASTBURY, G. T.: Iron Coal Trades Rev. **112** (1926) 345.
[3] Anonym in Rep. Corrosion Comm. Iron Steel Inst. **2** (1934) 281; s. auch S. 163.

darunterliegende außerordentlich adhärierend ist und als ein integrierender Bestandteil des Metalls angesprochen werden kann. Farbe kann auf diesem adhärierenden Sinter ohne ernstliche Gefahr des später Unterminiertwerdens aufgebracht werden. In den von BRITTON[1] in Cambridge im freien Gelände ausgeführten Prüfungen ergaben Versuche mit Schweißeisenproben, die einen Farbanstrich auf dem intakten Walzsinter trugen, bessere Ergebnisse als diejenigen, bei denen die Oberfläche vor dem Anstrich entsintert worden war, wenngleich verschiedene Stähle ein umgekehrtes Verhalten zeigen. Das Verhalten des Walzsinters auf Schweißeisen hängt etwas von der Temperatur beim Fertigmachen ab, in manchen Fällen löst sich der äußere Walzsinter nicht ab. Bei den statistischen Untersuchungen von MEARS[2] mit Tropfen ergaben sich für Schweißeisen geringere Angriffswahrscheinlichkeiten als für Stähle, wenn der Sinter in beiden Fällen vor dem Versuch nicht entfernt wurde. Die Angriffswahrscheinlichkeit für ein hoch-widerstandsfähiges Eisen konnte durch Entfernen des Sinters wesentlich erhöht werden. In gleicher Weise schreibt HUDSON[3] dem Walzsinter die Überlegenheit des Schweißeisens gegenüber weichem Stahl zu, wie die Prüfungen des Korrosionsausschusses des IRON AND STEEL INSTITUTE in Sheffield bei einer einjährigen Expositionsdauer ergeben haben.

Wenn auch der Charakter der äußeren Sinterschicht auf Schweißeisen offenbar eine wichtige Rolle bei der Ermittlung seines Verhaltens spielt, so verdienen doch auch andere Faktoren Beachtung. Einige über $2^1/_2$ Jahre ersteckte Untersuchungen an Proben, die in Cambridge und an anderen Stellen von LEWIS[4] durchgeführt worden sind, haben ergeben, daß sich Schweißeisen durchaus besser als weicher Stahl verhält, ganz gleich, ob es einschließlich Walzsinter oder ohne diesen der Prüfung unterworfen wurde. So kann die äußere Sinterhaut nicht als alleinige Ursache für das Verhalten des Schweißeisens angesprochen werden, und es ist notwendig, das Vorhandensein der Schlackenschichten zu berücksichtigen. Diese können vielleicht als innerer Walzsinter betrachtet werden, da sie in einigen Fällen die ursprünglichen Sinterschichten der Komponenten des Paketes zu bilden scheinen. Diese Schichten haben, wie auf S. 448 auseinandergesetzt worden ist, die Fähigkeit, jede örtlich ausgelöste Korrosion seitwärts abzulenken, setzen damit die Wahrscheinlichkeit früher Durchlöcherung herab und vermindern so unter gewissen Bedingungen den Grad der Zerstörung des Metalles. HADFIELD und MAIN[5] haben das mittlere Verhalten von Stählen und von gewalztem Eisen berechnet, die in den Seewasserproben der INSTITUTION OF CIVIL ENGINEERS in vier Häfen unter drei verschiedenen Bedingungen (an Luft, in Höhe der Halbgezeit und eingetaucht) exponiert wurden. Hiernach besteht kein großer Unterschied zwischen den Zahlen für die allgemeine Korrosion, jedoch sind die Pittings für die Stähle viel tiefer als für die Eisen, während das echte Schweißeisen die besten Ergebnisse in dieser Hinsicht liefert.

In einer über 7 Jahren erstreckten Versuchsreihe an zwei Stellen in Birmingham hat FRIEND[6] ermittelt, daß Schweißeisen stets bessere Ergebnisse als

---

[1] BRITTON, S. C. u. U. R. EVANS: J. Soc. chem. Ind. Trans. **51** (1932) 212.

[2] MEARS, R. B.: Rep. Corrosion Comm. Iron Steel Inst. **3** (1935) 115; Carnegie Scholarship Mem. **24** (1935) 73.

[3] HUDSON, J. C.: Rep. Corrosion Comm. Iron Steel Inst. **3** (1935) 38.

[4] LEWIS, K. G. u. U. R. EVANS: Rep. Corrosion Comm. Iron Steel Inst. **3** (1935) 177.

[5] HADFIELD, R. u. S. A. MAIN: J. Inst. civil Eng. **3** (1935/1936) 3.

[6] FRIEND, J. A. N.: Carnegie Scholarship Mem. **18** (1929) 61.

Stahl liefert. An jeder der beiden Stellen zeigten die schlechtesten der zwölf exponierten Schweißeisenproben einen geringeren Gewichtsverlust als der beste unter den sieben Stählen. SPELLER[1] kommt jedoch zu einer weniger günstigen Beurteilung in seiner Stellungnahme, wonach sich das Schweißeisen im Boden oder im Wasser nicht besser als Stahl verhält. In der Atmosphäre besitzt es, wie er zustimmend angibt, gewisse Vorteile gegenüber gewöhnlichem Stahl, ist jedoch weniger dauerhaft als gekupferter Stahl.

Korrosionsverhalten von „handelsreinem" Eisen. Die für die Überlegenheit von Ingoteisen und anderer Formen des im Handel erhältlichen „reinen" Eisens angeführten Argumente sind wenig überzeugend. In den im Außengelände durchgeführten Versuchen der AMERICAN SOCIETY FÜR TESTING MATERIALS verhalten sich die als „reines" Eisen bezeichneten Materialien insgesamt nicht besser als die anderen Stähle und das Schweißeisen. Die in Tabelle 47 mitgeteilten Ergebnisse[2] beziehen sich auf 0,79 mm-Bleche von Materialien ohne Kupferzusatz.

Tabelle 47. Verhältnis der Fehlleistungen bei „reinem" und „unreinem" Eisen.

Ort	Expositionszeit in Monaten	„Reines" Eisen		„Unreines" Eisen, „unreiner" Stahl	
		Fehlleistungen	% der Fehlleistungen	Fehlleistungen	% der Fehlleistungen
Pittsburgh	75	18 von 36	50	24 von 47	51
Fort Sheridan . .	84	18 von 36	50	27 von 47	57
Annapolis	210	30 von 38	79	23 von 41	56

Die deutsche Erfahrung weicht von diesen Ergebnissen ein wenig ab. Die von DAEVES[3] während einiger Jahre in einer Industrieatmosphäre durchgeführten Prüfungen haben ergeben, daß sich Ingoteisen im angestrichenen Zustande besser als gewöhnlicher Stahl verhält und daß die mit ihm erzielten Ergebnisse ziemlich ähnlich den mit gekupfertem Stahl erhaltenen sind. Auch Draht, der aus reinem Eisen hergestellt worden ist und der an und für sich mehr an Gewicht als der Stahl verlor, wenn er im ungeschützten Zustande exponiert wurde, verlor doch weniger an Gewicht als der kupferfreie Stahl, wenn beide Materialien vorher heiß verzinkt wurden. Er verhielt sich nicht besser als ein Stahl mit 0,3% Kupfer. Reines Eisen übertrifft nach DAEVES gewöhnlichen Stahl in seinem Widerstand gegenüber geschmolzener Bleiglätte (bis zu 750°), Kaliumcyanid (bei 750°) und geschmolzenem Messing (bei 900°). Es ist auch widerstandsfähiger als Stahl gegenüber vielen Säuren, Alkalien und Salzen und besitzt gegenüber Viskose eine bedeutende Widerstandsfähigkeit.

Im Hinblick auf die Korrosion unter Wasser hat JOHNSTON[4] dem Tatbestand folgende Formulierung gegeben: „Es ist eine weit verbreitete falsche Annahme, daß reines Eisen oder reiner Stahl nicht korrodieren. Der primäre Angriff kann in der Tat verzögert werden. Sobald sich jedoch einmal Rost gebildet hat, schreitet der Angriff ebenso rasch fort, wie bei weniger reinem Stahl, der unter den gleichen Bedingungen exponiert wird."

[1] SPELLER, F. N.: Corrosion: Causes and Prevention, New York 1935, S. 280.
[2] Anonym in Pr. Am. Soc. Test. Mat. 23 I (1923) 150, 24 I (1924) 224, 34 I (1934) 156.
[3] K. DAEVES in O. BAUER, O. KRÖHNKE u. G. MASING: Die Korrosion metallischer Werkstoffe, Leipzig 1936, Bd. 1, S. 417. [4] JOHNSTON, J.: Ind. eng. Chem. 26 (1934) 1238.

5. Intergranulare Korrosion.

Intergranulare Korrosion nichtrostender Stähle nach ungeeigneter Wärmebehandlung. Während der Kohlenstoff in gewöhnlichem Eisen und Stahl nicht als ein gefährliches Element (vom Standpunkt der Korrosion aus) bezeichnet werden kann, erfordert seine Gegenwart in den nichtrostenden Stählen doch eine peinliche Kontrolle. Der Korrosionswiderstand des 13%igen Chromstahles sinkt mit dem Kohlenstoffgehalt, während die mechanischen Unterschiede zwischen „nichtrostendem Stahl" und „nichtrostendem Eisen" so groß sind, daß sie in keiner Hinsicht als konkurrierende Materialien betrachtet werden können. In den austenitischen Chrom-Nickel-Stählen wird der Einfluß des Kohlenstoffes tatsächlich bedeutungsvoll, was auf der Affinität des Chroms zum Kohlenstoff beruht. Bei geeigneter Vorbehandlung dieser Stähle (Erwärmen auf etwa 1000 bis 1200°, anschließend rasches Abkühlen) sollten sämtliche Carbide in Lösung sein; die Schliffbilder bestehen dann aus polygonalen Körnern nur einer Phase. Wird ein derartiger Stahl nun auf 500 bis 900° erhitzt, so wird das Chromcarbid an den Korngrenzen aus der Lösung ausgeschieden, was zu einer lokalen Verarmung des Eisens an Chrom und damit zu einer bevorzugten Angriffsmöglichkeit führt. Das Chromcarbid kann mit der gewöhnlichen mikrophotographischen Apparatur nicht erkannt werden. Bain[1] hat jedoch unter Verwendung eines stark auflösenden Apparates die Ausscheidung an den Korngrenzen photographisch festhalten können und damit festgestellt, daß die Intensität der Ausscheidung mit dem Kohlenstoffgehalt ansteigt. Nach dieser Wärmebehandlung (bei etwa 650°) wird der Stahl in den an Chrom verarmten Gebieten sehr empfänglich für den Angriff längs der Korngrenzen. Die Korrosion, die in diesem Fall intergranular verläuft, kann dem Material seine Festigkeit nehmen, obgleich die tatsächliche Zerstörung des Metalles gering ist. Wird das Metall einer Lösung von saurem Kupfersulfat ausgesetzt — ein Reagens, das von Hatfield[2] zum Nachweis intergranularer Korrosionsempfindlichkeit eingeführt worden ist —, so kann es nach einem Erhitzen in dem gefährlichen Temperaturgebiet buchstäblich zu Pulver zerfallen, wobei jedes Korn des Pulvers ein Korn des ursprünglichen Metalles repräsentiert. Weniger fortgeschrittene Stadien des intergranularen Angriffes (durch weniger heftig wirkende Reagenzien hervorgerufen) können durch die Abnahme der elektrischen Leitfähigkeit nach der Korrosion gemessen werden, wie Rutherford und Aborn[3] angegeben haben.

Die Temperaturzone, in der diese unerwünschte Veränderung rasch eintritt, ist glücklicherweise ziemlich beschränkt. Ausgedehnte Untersuchungen von Rollason[4] haben gezeigt, daß zwischen der Temperatur und der zur Auslösung der intergranularen Korrosion erforderlichen Zeit die in Abb. 68 wiedergegebene Beziehung besteht. Ist die Temperatur zu niedrig, so erfolgt die Ausscheidung des Chromcarbids äußerst langsam. Ist sie dagegen zu hoch, dann erfolgt die Diffusion des Chroms vom Kornzentrum her hinreichend rasch, um die Verarmung an den Korngrenzen und damit eine lokale Empfänglichkeit für den korrosiven Angriff zu verhindern.

---

[1] Bain, E. C.: Chem. Ind. **10** (1933) 688.

[2] Hatfield, W. H.: J. Iron Steel Inst. **127** (1932) 381, 407.

[3] Rutherford, J. J. B. u. R. H. Aborn: Trans. Am. Inst. min. met. Eng. **100** (1932) 293.

[4] Rollason, E. C.: J. Iron Steel Inst. **127** (1933) 391, **129** (1934) 311; Metallurgia **11** (1935) 159.

Der intergranulare Angriff auf austenitischen Chrom-Nickel-Stahl ist von großer praktischer Bedeutung. Es gibt zwei grundsätzlich verschiedene Möglichkeiten für die Herbeiführung dieser Schädigung. Wird ein Gegenstand aus Chrom-Nickel-Stahl während seiner Benutzung wiederholt in die gefährliche Temperaturzone gebracht, so kann das Material seine Fähigkeit zum korrosiven Widerstand verlieren. Selbst wenn die gefährlichste Temperatur nicht erreicht wird, kann doch eine lange Dauer einer derartigen Erwärmung eine hinreichende Veränderung mit einem bedeutenden Festigkeitsverlust auslösen, wenn der Gegenstand anschließend korrosiven Bedingungen unterworfen wird. Der zweite Fall tritt beim Schweißen vom Chrom-Nickel-Stahl ein. In diesem Fall handelt es sich um ein kurzzeitiges Erhitzen. Jedoch wird hier notwendigerweise irgendeine Zone auf die für eine rasche Störung spezifische Temperatur kommen. Wird die Schweißzone hernach korrosiven Bedingungen ausgesetzt, so wird wahrscheinlich auf jeder Seite der Schweißstelle ein Streifen auftreten, der durch eine Schwächung des Materials gekennzeichnet ist.

Vermeidung der Neigung zu intergranularer Korrosion von Chrom-Nickel-Stählen. Die Neigung zu intergranularer Korrosion bedrohte zu einer gewissen Zeit die Verwendung von Chrom-Nickel-Stählen, insbesondere in der chemischen Industrie. Ein relativ geringer intergranularer Angriff wird bereits zu einer erheblichen Schwächung und Schädigung des Materials führen, da die Krystallkörner mitunter aus ihrer ursprünglichen Lage fast ungeändert

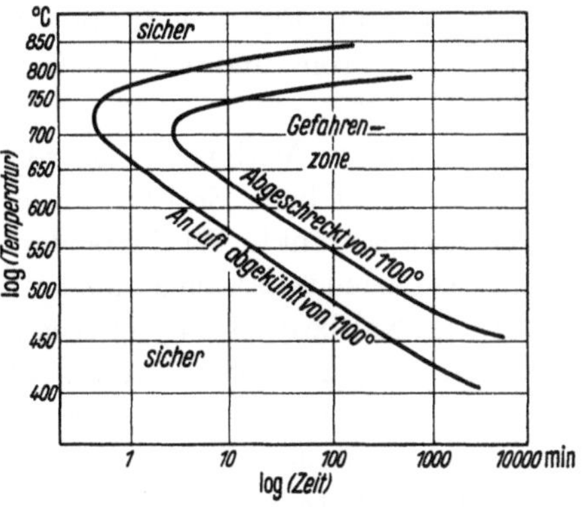

Abb. 68. Beziehung zwischen der Zeit und der zur Auslösung der intergranularen Korrosion erforderlichen Temperatur. (Nach E. C. ROLLASON.)

herausgebracht werden. Die Tatsache, daß diese Form des Angriffes durch mechanische und thermische Beanspruchungen während des Betriebes begünstigt wird, die ihrerseits besonders bevorzugt rings um Schweißstellen herum auftreten, wirkt im Sinne einer weiteren Erhöhung der Korrosionsgefahr. Diese Schwierigkeit ist jedoch weitgehend überwunden worden. Zuerst schien der richtige Weg in einer Entfernung des Kohlenstoffes zu bestehen, was jedoch zu praktischen Schwierigkeiten führte[1]. Legierungen mit Kohlenstoffgehalten von nur 0,06 bis 0,07 % sind heutzutage im Handel zu erhalten, jedoch ist ein derartiger Kohlenstoffgehalt kaum niedrig genug. Während Legierungen mit 0,02 % Kohlenstoffgehalt keinen Widerstandsverlust beim Erwärmen aufzeigen, neigen Stähle doch oberhalb dieser Kohlenstoffgrenze nach MILLER[2] zu intergranularem Angriff. Nach ihm ist ein Stahl mit 0,06 % Kohlenstoff ebenso schlecht wie ein solcher mit 0,15 %, abgesehen davon, daß das Temperaturintervall, in dem die Ausscheidung erfolgt, beschränkter ist. Diese Ansicht scheint nicht von sämtlichen Autoritäten geteilt zu werden, jedoch scheint es sicher, daß die Herabsetzung des Kohlenstoffgehaltes keine allgemeine Lösung dieser Frage bringt.

---

[1] SCHMIDT, M. u. O. JUNGWIRTH: Korr. Met. **9** (1933) 300.
[2] MILLER, J. L.: Carnegie Scholarship Mem. **21** (1932) 140.

Ein anderer Weg besteht darin, die Korngröße herabzusetzen. Es ist klar, daß die örtliche Verarmung an Chrom dann, wenn die gesamte Fläche der intergranularen Oberflächen auf diesem Wege verdoppelt werden könnte, in groben Zügen auf die Hälfte herabgesetzt werden würde. Die gewöhnlich in den austenitischen Stählen vorhandenen relativ großen Körner sind wahrscheinlich auf die hohen Erhitzungstemperaturen zurückzuführen. PFEIL und JONES[1] haben geltend gemacht, daß die Erweichungstemperatur wesentlich herabgesetzt werden kann, wenn der Nickelgehalt auf 15% heraufgesetzt wird. Es können dann Stähle hergestellt werden, die im kritischen Intervall wieder erhitzt werden können, ohne daß damit eine Neigung zu intergranularem Angriff herbeigeführt wird. HATFIELD[2] wendet dagegen jedoch ein, daß dieses an sich geistvolle Verfahren bei dem gegenwärtigen Nickelpreis eine erhebliche Verteuerung der Legierungen mit sich bringen würde, wobei er hinzufügt, daß es möglich ist, die gewünschte Eigenschaft einer Niedrigtemperaturglühung durch einen Stahl mit 13% Chrom und 13% Nickel zu erhalten, der heutzutage weitgehend in Gebrauch ist.

Eine andere Methode hängt von der Kaltbearbeitung ab. Die Ausscheidung von Carbid ist beim Erhitzen in dem gefährlichen Intervall nicht auf die Korngrenzen beschränkt. Wird das Metall der Kaltbearbeitung unterworfen, so wird sich das Carbid selbst auch an den Gleitlinien ausscheiden. So findet ROLLASON[3], daß eine Kaltbearbeitung die Temperatur herabsetzt, bei der die Neigung zum intergranularen Angriff einsetzt, daß die maximal hervorgerufene intergranulare Korrosion jedoch geringer bleibt (da ein großer Teil der Ausscheidung nunmehr längs der Gleitebenen erfolgt). Weiterhin ist die obere Temperatur, bei der eine Erholung einsetzt, gleichfalls erniedrigt (da das Chrom nicht so weit zu diffundieren hat, um die entblößten Flächen aufzufüllen). Durch Kaltwalzen entsprechend einer 30- bis 50%igen Querschnittsverminderung und anschließendes Glühen bei 700 bis 850° kann der Überschuß an Kohlenstoff in der Grundmasse in sphäroidischer Form gleichförmig verteilt ausgeschieden werden; die erzielte Korngröße ist gleichfalls sehr gering. Nach einer derartigen Behandlung bleibt ein intergranularer Angriff weitgehend vermieden, wenngleich der Stahl nach dem Schweißen nicht für die schärfsten korrosiven Bedingungen geeignet ist. FRY und SCHAFMEISTER[4] haben diese Stabilisierung durch Kaltbearbeitung in einer einfachen Weise illustriert. Einige Stücke von 18/8-Chrom-Nickel-Stahl-Folien wurden mit Scheren ausgeschnitten, 2 Stunden bei 700° erhitzt und hierauf für 170 Stunden in die HATFIELDsche saure Kupfersulfatlösung gebracht. Der Hauptteil der Folien zerfiel zu Pulver, jedoch blieben die mit der Schere geschnittenen Kanten (die die Schnittspannungen aufgenommen hatten) immun.

Die heutzutage am meisten verwendete Methode zur Vermeidung von intergranularem Angriff beruht auf dem Hinzulegieren anderer Elemente, wobei im allgemeinen *Titan* bevorzugt wird. Enthält der Stahl Titan, das eine höhere Affinität zum Kohlenstoff besitzt als das Chrom, so wird vorzugsweise Titancarbid ausgeschieden werden, während das Chrom in Lösung bleibt. Der zur

<hr>

[1] PFEIL, L. B. u. D. G. JONES: J. Iron Steel Inst. **127** (1933) 337.
[2] HATFIELD, W. H.: J. Iron Steel Inst. **127** (1933) 380.
[3] ROLLASON, E. C.: J. Iron Steel Inst. **129** (1934) 311.
[4] FRY, A. u. P. SCHAFMEISTER: Ber. 3. Korrosionstagung, Berlin 1933, S. 20.

Vermeidung des intergranularen Angriffes erforderliche Titangehalt wächst naturgemäß mit dem Gehalt an Kohlenstoff. Die Kurven von HOUDREMONT und SCHAFMEISTER[1] (auf denen die Zahlenangaben in Tabelle 48 beruhen) zeigen, daß das erforderliche Titan etwa dem vierfachen Gehalt an Kohlenstoff entspricht, unter der Annahme, daß der Kohlenstoff als TiC gebunden wird. Aus Sicherheitsgründen sollten diese Beträge leicht überschritten werden. Ein Titanzusatz in sechsfacher Höhe des Kohlenstoffgehaltes ist in manchen Fällen ratsam. BAIN, ABORN und RUTHERFORD[2] betonen die Notwendigkeit, dafür Sorge zu tragen, daß mit dem Titan kein weiterer Kohlenstoff eingeführt wird.

Titan verhindert in wirksamer Weise eine Schädigung nach einer einfachen Schweißung. Nicht selten (wie z. B. dann, wenn die Schweißnaht am Schluß der Schweißung wieder mit der Ausgangsstelle der Schweißung zusammentrifft) wird das Metall jedoch örtlich mehr als einmal erhitzt. In derartigen Fällen wird das Titan beim ersten Erhitzen ausgeschieden, so daß das Metall beim nächsten Erhitzen, bei dem es kein Titan enthält, in den zum intergranularen Angriff geeigneten Zustand übergeht. HATFIELD[3] empfiehlt in solchen Fällen Stähle mit 0,8 % Titan und 0,6 % Wolfram. Wird das Titan während des ersten Vorganges oxydiert, so ist noch das

Tabelle 48. Angabe des zur Vermeidung von intergranularer Korrosion erforderlichen Titangehaltes. (Nach E. HOUDREMONT und P. SCHAFMEISTER.)

C-Gehalt in %	Erforderlicher Ti-Gehalt in %
0,08	0,2
0,10	0,4
0,12	0,5
0,14	0,6
0,16	0,66
0,18	0,73

Wolfram vorhanden, um während des zweiten Erhitzens Schutz zu gewähren. Eine andere Methode[4] besteht in der Verwendung von *Niob* an Stelle von Titan, da dieses Metall weniger leicht verloren geht.

Auch *Silicium* wird zur Vermeidung von intergranularem Angriff verwendet, sei es allein oder in Verbindung mit Titan; möglicherweise bindet es den Kohlenstoff als Siliciumcarbid. Der an diesem Element erforderliche Betrag ist nicht unerheblich (1,5 bis 2,0 %), jedoch scheint es weniger als das Titan zur Oxydation zu neigen. MONYPENNY[5] hat festgestellt, daß die Schweiße in Fällen, in denen ein mit Titan behandeltes Metall geschweißt wird, selbst dann nur 0,1 % Titan enthält, wenn der Titangehalt der Elektrode 1 % beträgt. Bei Verwendung einer hoch siliciumhaltigen Elektrode kann die Schweiße rasch in einen Zustand versetzt werden, in dem eine Verschlechterung ihrer Eigenschaften nicht eintritt. Andere zur Herabsetzung des intergranularen Angriffes geeignete Elemente sind *Vanadium*[6] und *Molybdän*. Selbst *Lithium* ist von OSBERG[7] in diesem Zusammenhang geprüft worden. Man nimmt an, daß Silicium,

---

[1] HOUDREMONT, E. u. P. SCHAFMEISTER: Arch. Eisenhüttenwesen **7** (1933/1934) 188.

[2] BAIN, E. C., R. H. ABORN u. J. J. B. RUTHERFORD: Trans. Am. Soc. Steel Treating **21** (1933) 502.

[3] HATFIELD, W. H.: J. West Scotland Iron Steel Inst. **39** (1931/1932) 83; s. auch Roy. aeronaut. Soc. Reprint **78** (1935) 14.

[4] MATHEWS, J. A.: Met. Progress **26** (1934) Nr. 1, S. 19. — BECKET, F. M. u. R. FRANKS: Trans. Am. Inst. min. met. Eng. **113** (1934) 143. — DAWSON, J. R.: Chem. Age met. Sect. **34** (1936) 16.

[5] MONYPENNY, J. H. G.: Met. Treatment **2** (1936) Nr. 5, S. 28.

[6] HOUGARDY, H.: Ch.-Ztg. **58** (1934) 1039.

[7] OSBERG, H.: Lithium: Theoretical Studies and Practical Applications (herausgegeben von der Electrochemical Society), New York 1935, S. 44.

Molybdän und Wolfram die intergranulare Empfindlichkeit hauptsächlich durch Ausbildung nicht zusammenhängender Mengen von α-Eisen herabsetzen. In einer derartigen Legierung werden die Carbide bevorzugt im α-Eisen ausgeschieden. Selbst wenn Chromcarbid ausgeschieden wird, entsteht so kein kontinuierlicher Pfad, der einem intergranularen Angriff günstig ist.

Diese sinnvollen Maßnahmen, die die Aufgabe haben, die Ausscheidung des Carbids an anderen Stellen als an den Korngrenzen sicherzustellen, verringern sicherlich die Neigung zu intergranularem Angriff. Es bleibt aber zu beachten, daß ein Erhitzen in der gefährlichen Zone noch die Tendenz zu einer Herabsetzung des Korrosionswiderstandes in sich birgt, wenn diese Korrosion auch weniger verhängnisvoll im Hinblick auf die Festigkeit des Materials ist. Es bleibt hinzuzufügen, daß der gefährliche Charakter der intergranularen Korrosion der hoch-widerstandsfähigen Stähle in gewissem Ausmaße das Ergebnis ihres widerstandsfähigen Charakters ist. Wie PIETSCH und seine Mitarbeiter[1] gezeigt haben, geht der zur Rostung führende Angriff bei reinem Eisen häufig von den Korngrenzen aus, wofür eine energetische Begründung aus allgemeinen Überlegungen heraus gegeben wird. Die Tatsache, daß es zu keiner intergranularen Schwächung kommt, ist darauf zurückzuführen, daß sich der Angriff autokatalytisch längs der Oberfläche ausbreitet.

Intergranulare Korrosion von Leichtmetallegierungen. Eine andere Klasse von Materialien, bei der ein intergranularer Angriff angetroffen wird, umfaßt die kupferhaltigen Aluminiumlegierungen. Das bestbekannte Glied dieser Klasse ist das *Duralumin (Avional)*, das 4% Kupfer mit 0,5% Magnesium, 0,5% Mangan und kleinere Mengen an Eisen und Silicium (vielleicht 0,3% von jedem, weitgehend eingeführt durch Verunreinigungen im verwendeten Aluminium) enthält. *Super-Duralumin* ist eine ähnliche Legierung, bei der der Siliciumgehalt bis auf etwa 0,8% erhöht worden ist. *Lautal* enthält etwa 4,2% Kupfer und 0,5% Mangan, ist jedoch magnesiumfrei. Auch reine Aluminium-Kupfer-Legierungen sind verwendet worden, jedoch lassen die Untersuchungen von KROENIG[2] erkennen, daß sie bei intermittierendem Eintauchen in Seewasser (mit dazwischenliegenden Perioden an Luft) sehr zu intergranularer Korrosion neigen. Magnesium setzt diesen Fehler herab, wenngleich es den Angriff unter gewissen anderen Bedingungen erhöht. Die wesentliche Funktion des Kupfers in allen diesen Legierungen besteht darin, dem Aluminium die Fähigkeit der natürlichen Alterung (die Verbesserung der Festigkeit beim Aufbewahren bei *gewöhnlicher* Temperatur) oder der künstlichen Alterung (Verbesserung der Festigkeit durch eine Behandlung bei *wenig erhöhter* Temperatur) zu erteilen. Die Legierungen werden durch das Erhitzen in einen einphasigen Zustand gebracht und hierauf abgeschreckt. Der einphasige Zustand ist instabil bei niedrigen Temperaturen. Durch langes Lagern bei gewöhnlicher Temperatur oder durch eine kürzere Behandlung bei wenig erhöhten Temperaturen tritt eine bedeutende Erhöhung der Festigkeit und Härte ein, was auf die beginnende Ausscheidung von $CuAl_2$ oder $MgSi_2$ in verschiedenen Fällen zurückgeführt wird.

Die intergranulare Form des Angriffes, die bei einigen Legierungen nach einer falschen Wärmebehandlung auftritt, ist wahrscheinlich darauf zurückzuführen, daß die Ausscheidung von $CuAl_2$-Teilchen an den Korngrenzen (oder

---

[1] PIETSCH, E., B. GROSSE-EGGEBRECHT u. W. ROMAN: Z. phys. Ch. A **157** (1931) 378. — PIETSCH, E.: Korr. Met. 8 (1932) 65.   [2] KROENIG, W.: Korr. Met. **6** (1930) 25.

an den Gleitlinien) rascher als anderswo erfolgt, so daß sich eine Situation herausbildet, die gewisse Ähnlichkeiten mit der bei schlecht behandeltem Chrom-Nickel-Stahl aufweist. Nach Dix[1] entstehen bei einigen Aluminium-Kupfer-Legierungen nach anomal langem Erwärmen sichtbare Partikeln längs der Korngrenzen. Die Annahme erscheint plausibel, daß in typisch gehärteten Legierungen eine beginnende Seigerung der gleichen Art vorhanden ist — selbst wenn dieser Effekt nicht festgestellt werden kann — und daß rings um die Begrenzung der Körner ein dünnes Netzwerk von Aluminium hinterbleibt, das an Kupfer verarmt und anodisch gegen das übrige Material ist. Hierdurch wird es verständlich, warum der Angriff an den intergranularen Grenzzonen konzentriert ist.

Rawdon[2] hat festgestellt, daß die Neigung zu intergranularer Korrosion bei der Exposition des Werkstoffes gegenüber Seeluft größer als gegenüber einer Binnenlandatmosphäre ist und daß warme Klimata schädlicher als kalte wirken. Noch wichtiger sind die Einzelheiten der thermischen Behandlung der Legierungen vor der Exposition. Den Einfluß verschiedener Faktoren auf die Korrosion von Duralumin, das bei Zimmertemperatur gealtert worden ist, haben Sidery, Lewis und Sutton[3] untersucht. Dabei finden sie, daß die Neigung zu intergranularer Korrosion, innerhalb gewisser Grenzen, um so geringer ist, je höher die Temperatur liegt, von der aus das Material abgeschreckt wurde, wenngleich es dadurch zu einer erhöhten Neigung zur Pittingbildung kommt. Ein Werkstoff, der im Wasser bei 100° abgeschreckt wird, ist für intergranularen Angriff empfänglicher als ein in kaltem Wasser abgeschreckter. Nach Horn[4] besteht die beste Behandlung im Abschrecken von einer unmittelbar oberhalb 500° liegenden Temperatur in kaltem Wasser (Verwendung von *Eis*wasser bietet keinen wirklichen Vorteil).

Der Grund für die Neigung der langsam abgeschreckten Legierungen zu intergranularem Angriff ist neuerdings von Keller[5] aufgewiesen worden. Es ist gelungen, ein Ätzmittel zu entwickeln, durch das die längs der Korngrenzen im Duralumin ausgeschiedenen Partikeln festgestellt werden können, das infolge einer unzureichenden Abschreckgeschwindigkeit eine Neigung zu intergranularem Angriff aufweist. Bei raschem Abschrecken fehlen diese Ausscheidungen völlig, infolgedessen auch die Neigung des Werkstoffes zu intergranularem Angriff.

Die schlimmsten Fälle einer Materialschwächung treten dann auf, wenn das Härten oberhalb der normalen Temperaturen erfolgt. So hat Meissner[6] die Materialschwächung im Falle des Super-Duralumins untersucht. Glühen im Temperaturgebiet zwischen 125 und 145° (insbesondere bei 140°) ruft einen pockenähnlichen Typ intergranularer Korrosion hervor, der einen sehr schädlichen Einfluß auf die Festigkeit des Materials ausübt. Wird der gleiche Werkstoff bei höherer oder niedrigerer Temperatur behandelt, so ist er frei von

---

[1] Dix, E. H.: Private Mitteilung vom 30. August 1935; s. auch E. H. Dix u. H. H. Richardson: Trans. Am. Inst. min. met. Eng. **73** (1926) 572.

[2] Rawdon, H. S.: Trans. Am. Inst. min. met. Eng. **83** (1929) 237.

[3] Sidery, A. J., K. G. Lewis u. H. Sutton: J. Inst. Met. **48** (1932) 165.

[4] Horn, F.: Chem. Ind. **11** (1933) 560.

[5] Keller, F. zitiert bei E. H. Dix: Private Mitteilung vom 30. August 1935.

[6] Meissner, K. L.: J. Inst. Met. **45** (1931) 187.

dieser Pockenbildung und unterliegt einer geringeren Schwächung, obgleich er noch intergranularen Angriff zeigt. v. Zeerleder[1] hat einen ähnlich schlechten Effekt (beim Altern bei 145°) beim gewöhnlichen Duralumin (Avional) festgestellt. Das Verhalten von Lautal, einer magnesiumfreien Legierung, die zur Erreichung ihrer vollen Härte erwärmt werden muß, hat Mann[2] untersucht. Diese Legierung zeigt eine besondere Neigung zu intergranularer Korrosion und demzufolge eine Materialschwächung, sofern die Wärmebehandlung bei etwa 130° durchgeführt wird (diese Neigung verringert sich, wenn das Härten oberhalb 195° erfolgt, jedoch ist die für die unkorrodierte Legierung erzielte Festigkeit gering). Zweifellos setzt die Bildung von $CuAl_2$ bei diesen höheren Temperaturen allgemeiner ein, so daß der Angriff weniger auf die Korngrenzen beschränkt bleibt. Die Ergebnisse von Söhnchen[3] zeigen, daß die Neigung zur Korrosion bei Aluminium-Kupfer-Legierungen von der Zeitdauer der Wärmebehandlung abhängt: sie ist in Gebieten größter Ausscheidungshärtung am größten.

Viel ist über die Verwendung von Legierungen (wie Duralumin) zu sagen, die sowohl Magnesium als auch Kupfer enthalten, da sie bei gewöhnlicher Temperatur Härteänderungen unterliegen, bei der keine wirklichen $CuAl_2$-Krystalle entstehen, bei der vielmehr lediglich eine Umgruppierung der Atome erfolgt, die keinen ernsten intergranularen Angriff hervorruft[4] (s. S. 439). Nach Summa[5] sollen die Korngrenzen in Legierungen, die bei Raumtemperatur gealtert worden sind, kathodisch gegenüber dem Korninneren sein, während sie nach Altern bei etwas erhöhten Temperaturen anodisch sind. Eine experimentelle Bestätigung dieser Anschauung steht aus.

Es ist nicht erforderlich anzunehmen, daß alle thermisch gehärteten Legierungen Neigung zur Korrosion besitzen. Wie auf S. 439 ausgeführt worden ist, gibt es keine theoretische Begründung dafür, warum das der Fall sein sollte. Moore und Liddiard[6] haben auf den hohen Korrosionswiderstand der Kupferlegierung mit 2,5% Beryllium hingewiesen, der durch Härten unter geeigneter Wärmebehandlung nicht verloren geht. Cook[7] berichtet, daß die *Kunial*-Legierungen, die Kupfer, Nickel und Aluminium enthalten und ihren Korrosionswiderstand der gewählten Zusammensetzung verdanken (s. S. 395), ihre Widerstandsfähigkeit nach einer Glühhärtung fast unverändert beibehalten.

Die Magnesiumlegierungen sind von Söhnchen[8] untersucht worden. Bei der Legierung mit 7% Zink ist der Korrosionswiderstand nach einer Erwärmung auf etwa 230° am schlechtesten, was auf die Ausscheidung einer Magnesium-Zink-Verbindung zurückzuführen ist. Im Falle der Legierung mit 7 bis 10% Aluminium ruft eine ähnliche Temperaturbehandlung (200 bis 300°) jedoch den größten

[1] Zeerleder, A. v.: J. Inst. Met. **46** (1931) 177.

[2] Mann, H.: Korr. Met. **9** (1933) 141, 169.

[3] Söhnchen, E.: Gießerei **22** (1935) 294.

[4] Wahrscheinlich bestehen, wie auf S. 439 auseinandergesetzt worden ist, die Veränderungen in einer geringen Umgruppierung von Atomen, derart, daß gleiche Atome oder Atomgruppen häufiger zusammen auftreten, als das nach Berechnungen unter Zugrundelegung der statistischen Verteilung vorauszusagen ist.

[5] Summa, O.: Korr. Met. **10** (1934) 58.

[6] Moore, H. u. E. A. G. Liddiard: Chem. Ind. **13** (1935) 788.

[7] Cook, M.: Private Mitteilung vom 11. Oktober 1935.

[8] Söhnchen, E.: Korr. Met. **12** (1936) 45.

Angriffswiderstand hervor. In diesen Legierungen tritt eben die Möglichkeit der Ausbildung schützender Filme hinzu, wobei, wie gewöhnlich, diejenigen Bedingungen, die die höchste Anfangsstromdichte herbeiführen, gleichzeitig auch diejenigen sind, die für die Erzielung und Aufrechterhaltung der Passivität günstig sind.

Andere Beispiele von intergranularem Angriff. Verschiedene Fälle intergranularer Korrosionen werden an anderen Stellen des Buches besprochen. Diese umfassen den sog. *Altersriß* an Messing (s. S. 505), das Eindringen von Lot in Metalle unter mechanischer Beanspruchung (s. S. 550) und die *kaustische Brüchigkeit* von Stahl (s. S. 355). Kaustische Soda ist durchaus nicht das einzige chemische Agens, das bei mechanischer Beanspruchung in Stahl eindringt. CREMER[1] beschreibt, wie Calcium- und Ammoniumnitrat manchmal eine rasche Zerstörung von Stahlgefäßen selbst dann herbeiführen, wenn die mit der Lösung in Kontakt stehende Oberfläche einer nur geringen mechanischen Beanspruchung unterliegt. Kaltgezogene Stahlrohre werden durch geschmolzenen Salpeter in ähnlicher Weise zerstört.

Nach RAWDON[2] führt Korrosion an Luft bei aluminiumhaltigem Zinn zu intergranularer Brüchigkeit, was auf den an den Korngrenzen lokalisierten Angriff zurückzuführen ist. Zinn ohne Aluminium dagegen wird nicht brüchig. Einige der zinkreichen Sandgußlegierungen zeigen Neigung zu intergranularem Angriff, beispielsweise in Gegenwart von Dampf. Das scheint nicht auf die wesentlichen Legierungskonstituenten, sondern auf unbeabsichtigte Spuren von Blei, Zinn oder anderen Metallen zurückzuführen sein. Werden diese Legierungen aus 99,99%igem Zink hergestellt, so sind sie nach P. S. LEWIS[3] immun gegenüber einem Angriff.

Nach FRY und SCHAFMEISTER[4] wird der intergranulare Angriff gewöhnlich durch ein relativ schwaches korrodierendes Agens (so daß es *nur* zum Angriff der Korngrenzen kommt, ohne daß ein allgemeiner und damit weniger gefährlicher Angriff ausgelöst wird), durch Gegenwart geringer Ausscheidungen an den Korngrenzen und Vorhandensein von größeren bzw. kleineren mechanischen Beanspruchungen begünstigt. Der zum Hervorrufen von intergranularem Angriff erforderliche Betrag an Verunreinigungen ist oftmals gering. ROHRMAN[5] berichtet über ernstliche intergranulare Korrosion durch Salzsäure im Falle eines 99,95%igen Aluminiums, das von 600 oder 525° abgeschreckt worden ist.

C. Quantitative Behandlung.

1. Methoden zum Nachweis der Korrosionsbeeinflussung durch Begleitelemente.

Allgemeines. Es ist oftmals wichtig, festzustellen, ob die Konzentration irgendeiner Legierungskomponente im Metall (oder in dem umgebenden Medium)

---

[1] CREMER, H. W.: Chem. Age **34** (1936) 216.

[2] RAWDON, H. S.: Ind. eng. Chem. **19** (1927) 614; bestätigt von D. HANSON u. E. J. SANDFORD: J. Inst. Met. **56** (1935) 196.

[3] LEWIS, P. S.: Chem. Age met. Sect. **34** (1936) 17.

[4] FRY, A. u. P. SCHAFMEISTER: Ber. 3. Korrosiontagung, Berlin 1933, S. 17.

[5] ROHRMAN, F. A.: Trans. electrochem. Soc. **66** (1934) 234.

cinen merkbaren Einfluß auf die Korrosionsgeschwindigkeit (oder vielleicht auf die Korrosionswahrscheinlichkeit) ausübt oder nicht. Im Prinzip sind hierfür zwei Wege möglich. Die Wahl ist nicht einfach eine Frage der Übereinkunft. Die beiden Methoden sind fundamental voneinander verschieden. *Wird die falsche Methode für irgendeinen Zweck gewählt, so muß naturgemäß der daraus gezogene Schluß falsch sein.*

Bei der *ersten Methode* werden alle Faktoren *konstant* gehalten, mit Ausnahme des Gehalts an derjenigen Konstituente, deren Einfluß untersucht werden soll. Im rein wissenschaftlichen Laboratorium, in dem die Faktoren unabhängig voneinander kontrolliert werden können, ist diese Methode die richtige. Sie ist beispielsweise in einer Serie von 16 Versuchen an Stahl durch MEARS[1] angewendet worden. In jeder Versuchsreihe werden sämtliche Faktoren mit Ausnahme eines einzigen konstant gehalten und so der Einfluß des zu untersuchenden Faktors herausgeschält. Für gewisse industrielle Zwecke ist eine derartige Methode dagegen ungeeignet. Es ist nicht nur schwierig, sämtliche Faktoren mit Ausnahme eines einzigen Faktors konstant zu halten; eine derartige Methode kann auch zu irreführenden Ergebnissen führen, wie das folgende — völlig fiktive — Beispiel zeigen soll. Wird die Festlegung getroffen, daß die Konzentration aller Elemente konstant gehalten wird (aller Elemente mit Ausnahme dessen, das der Prüfung unterworfen wird), so ist es logisch, auch die äußeren Faktoren, wie die Walztemperatur, gleichfalls konstant zu halten. Stellen wir uns ein Element vor, das *als solches* völlig ohne Einfluß auf die Korrosion ist, vorausgesetzt, daß sämtliche untersuchten Proben gut gewalzt sind. Nehmen wir weiterhin an, daß die Gegenwart des Elementes die zur Ausbildung einer guten Oberfläche erforderliche Walztemperatur erhöht. In der hier für die Prüfung festgelegten Methode muß aber eine festliegende Walztemperatur für sämtliche Materialien postuliert werden. Wird eine *niedrige* Temperatur gewählt, so wird es *scheinen*, als ob das betreffende Element die Korrosionsneigung des Materials heraufsetzt, da diejenigen Proben, die dieses Element in höherer Konzentration enthalten, eine schlechtere Oberfläche besitzen. Andererseits wird durch die Wahl einer *höheren* Temperatur der Anschein erweckt werden, als ob das Element die Angriffsneigung herabsetzt. *Jeder Schluß wird den Benutzer irreführen*, da voraussichtlich jeder Hersteller, der eine Reihe von Materialien bietet, die dieses Element in verschiedener Konzentration enthalten, die Walztemperatur wahrscheinlich nicht konstant halten, *sondern für jedes Material die beste Walztemperatur wählen wird.*

Bei der *zweiten Methode* werden die Materialien nach dem Zufall ausgewählt, so daß sie einen *verbindlichen Mittelwert des zu untersuchenden Materials darstellen* und somit eine Beziehung zwischen der Menge eines einzelnen zu prüfenden Elementes und der Korrosionsgeschwindigkeit erhalten wird, während alle übrigen Elemente in natürlicher Weise *streuen*. Bei dieser Methode wird jeder Versuch, Proben *auszuwählen* oder Materialien *besonders für eine Prüfung vorzubereiten*, zu Ergebnissen führen, die den industriellen Verbraucher fehlleiten, der das Material so nehmen muß, wie es auf den Markt kommt. Diese Methode, die gleichfalls von MEARS[2] benutzt worden ist, ist korrekt für jede

---

[1] MEARS, R. B. u. U. R. EVANS: Trans. Faraday Soc. **31** (1935) 527.
[2] MEARS, R. B.: Carnegie Scholarship Mem. **24** (1935) 69.

Untersuchung, die im Interesse des industriellen Verbrauchers durchgeführt wird, da im Metall, wie es heutzutage auf den Markt kommt, eine gewisse Beziehung zwischen den Gehalten an den verschiedenen in geringer Konzentration vorhandenen Begleitelementen vorhanden ist.

Die beiden Methoden können zu verschiedenen Ergebnissen führen, da das *Kriterium* dafür, ob die Gegenwart eines Elementes willkommen ist oder nicht, in den beiden Fällen verschieden ist. Bei der *ersten* Methode ist das Kriterium durch die Form $(d\varrho/da)_{b, c, d}\ldots$ gegeben, wobei ϱ die Korrosionsgeschwindigkeit, a der Gehalt an dem variablen Element und $b, c, d\ldots$ derjenige an den anderen Elementen ist (ihre Stellung im Index gibt an, daß sie konstant gehalten werden). Ist dieses Differential positiv, so wird das Element als gefährlich bezeichnet, ist es dagegen negativ, so ist das Element in seiner Wirkung günstig. Bei der *zweiten* Methode ist das Kriterium dagegen gegeben durch

$$\left(\frac{d\varrho}{da}\right)_{b, c, d\ldots} + \frac{\partial E\,(b)}{\partial a} \cdot \frac{d\varrho}{db} + \frac{\partial E\,(c)}{\partial a} \cdot \frac{d\varrho}{dc} + \ldots$$

Hierbei sind $E\,(b)$, $E\,(c)$ $E\,(d)\ldots$ die *erwarteten* Werte von $b, c, d\ldots$ Stehen die Elemente in Beziehung zueinander, so werden die erwarteten Werte selbst Funktionen von a sein. Dieser Ausdruck kann nun mitunter im Wert von $(d\varrho/da)_{b, c, d\ldots}$ abweichen. In diesem Fall wird die Wahl der ersten Methode dann, wenn die zweite angemessen ist, dazu führen, ein Element als günstig zu bezeichnen, wenn es tatsächlich schädlich ist und umgekehrt.

Anwendung des Korrelationskoeffizienten. Es gibt verschiedene Methoden zur Aufstellung einer Beziehung (Korrelation) zwischen der Zusammensetzung eines Materials und seiner Neigung zur Korrosion. Der geeignetste Weg besteht darin, eine große Anzahl von Zufallsproben, die charakteristisch für die schwankende Zusammensetzung des Materials sind, zu nehmen, und dann den Korrelationskoeffizienten zwischen der Korrosionsgeschwindigkeit ϱ und der Konzentration C des in Frage stehenden Elementes zu berechnen. Dieser Koeffizient r, der in statistischen Betrachtungen weitgehend Anwendung findet, ist gegeben durch

$$r_{C\varrho} = \frac{\mu_{C\varrho} - \mu_C\,\mu_\varrho}{S_C\,S_\varrho}$$

Hierbei bedeutet μ die mittlere und S die geschätzte Normalabweichung der indizierten Größen. Eine kleine Überlegung zeigt, daß dann, wenn in den Produktreihen hohe Werte von ϱ mit hohen C-Werten verknüpft werden, der Mittelwert der Produkte $\mu_{C\varrho}$ groß sein wird. Besteht dagegen keinerlei Beziehung zwischen ϱ und C, so daß gleichfalls wahrscheinlich hohe ϱ-Werte mit niedrigen C-Werten verbunden sind, so wird der Mittelwert der $\mu_{C\varrho}$-Produkte auf den Wert des Produktes der Mittel $(\mu_C\,\mu_\varrho)$ abfallen und $r_{C\varrho}$ Null werden. $r_{C\varrho}$ ist demnach ein geeignetes Maß für die Wechselwirkung zwischen C und ϱ. Es ist groß, wenn große ϱ-Werte mit großen C-Werten zusammengehen; es wird Null, wenn C und ϱ nicht in Wechselwirkung stehen, und es wird negativ, wenn hohe ϱ-Werte mit niedrigen C-Werten zusammengehen, was der Fall ist, wenn das betrachtete Element einen schützenden Charakter hat oder aber als Inhibitor wirkt.

Im Falle *vollkommener* Wechselwirkung zwischen C und ϱ wird der Korrelationskoeffizient $+1$ oder -1 sein (je nachdem, ob das Element fördernd oder hindernd auf die Korrosion wirkt), vorausgesetzt, daß die Beziehung zwischen C und ϱ linear ist[1].

MEARS[2] hat 25 Stähle verschiedener Zusammensetzung nach der Tropfenmethode untersucht (unter Verwendung von destilliertem Wasser und einer Sauerstoffatmosphäre) und die Korrelationskoeffizienten zwischen den Mengen eines jeden Elementes und der Korrosionswahrscheinlichkeit berechnet. Die erhaltenen Werte sind in Tabelle 49 zusammengestellt. Die Zahlen, die sich auf die *Korrosionswahrscheinlichkeit und nicht auf die Korrosionsgeschwindigkeit beziehen*, lassen erkennen, daß Kohlenstoff, Schwefel und Mangan die Neigung zeigen, die Gefahr für das Auftreten einer Korrosion zu erhöhen, daß Silicium, Phosphor und Kupfer von geringem Einfluß sind, wobei das Kupfer wahrscheinlich schützend wirkt, zumindestens für abgedrehte Proben. Ob die hohe Korrosionsempfänglichkeit manganreicher Stähle die direkte Folge des Mangangehaltes ist oder darauf beruht, daß hohe Mangangehalte mit hohen Schwefelgehalten gekoppelt sind, müssen weitere Untersuchungen erweisen.

Tabelle 49. Korrelationskoeffizienten für die Korrosionswahrscheinlichkeit.
(Nach R. B. MEARS.)

Element	Endbearbeitung: mit französischem Schmirgel	Endbearbeitung: abgedreht
Kohlenstoff . .	$+0{,}45$	$+0{,}26$
Schwefel . . .	$+0{,}52$	$+0{,}54$
Mangan . . .	$+0{,}32$	$+0{,}47$
Silicium . . .	$+0{,}19$	$-0{,}13$
Phosphor . . .	$-0{,}02$	$-0{,}20$
Kupfer	$-0{,}12$	$-0{,}38$

Bedeutung der experimentell ermittelten Korrelationskoeffizienten. Ist die Zahl der untersuchten Materialien gering, so kann der *experimentell ermittelte r-Wert* erheblich von dem *wahren r-Wert*, der das Mittel aus einer unendlichen Anzahl von Beobachtungen sein würde, abweichen. Wird man so auf einen kleinen positiven Wert für r geführt, so kann daraus kein endgültiger Schluß gezogen werden, da in diesem Falle eine merkliche Wahrscheinlichkeit dafür vorhanden ist, daß die tatsächliche Wechselwirkung negativ ist. Bei der Berechnung der Wahrscheinlichkeit dafür, daß ein gegebenes experimentelles

---

[1] Hierfür kann der Beweis leicht erbracht werden. Eine vollkommene Wechselwirkung bedeutet natürlich, daß ein gegebener Wert von C den Wert von ϱ eineindeutig festlegt. Die gradlinige Beziehung zwischen C und ϱ kann dargestellt werden in der Form
$$\delta_C/\delta_\varrho = \pm\, S_C/S_\varrho,$$
wobei δ_C und δ_ϱ die entsprechenden Abweichungen von den Mittelwerten μ_C und μ_ϱ sind. Wird die Anzahl der zu prüfenden Materialien mit n bezeichnet, so gilt
$$\mu_{C\varrho} = \frac{1}{n}\,\Sigma\,(\mu_C + \delta_C)(\mu_\varrho + \delta_\varrho)$$
$$= \frac{1}{n}\,\Sigma\,\mu_C\mu_\varrho + \frac{1}{n}\,\Sigma\,\delta_C\mu_\varrho + \frac{1}{n}\,\Sigma\,\delta_\varrho\mu_C + \frac{1}{n}\,\Sigma\,\delta_C\delta_\varrho\,.$$
Hierin ist das erste Glied gleich $\mu_C\mu_\varrho$, das zweite und dritte dagegen gleich Null. Daher gilt
$$r_{C\varrho} = \frac{\mu_{C\varrho} - \mu_C\mu_\varrho}{S_C\,S_\varrho} = \frac{\dfrac{1}{n}\,\Sigma\,\delta_C\delta_\varrho}{S_C\,S_\varrho}$$
$$= \pm\,\frac{\dfrac{1}{n}\,\Sigma\,\dfrac{\delta_\varrho^2\,S_C}{S_\varrho}}{S_C\,S_\varrho} = \pm\,\frac{1}{S_\varrho^2}\,\frac{1}{n}\,\Sigma\,\delta_\varrho^2 = \pm\,1\,.$$

[2] MEARS, R. B.: Carnegie Scholarship Mem. **24** (1935) 81.

Ergebnis auf eine wirkliche Wechselwirkung hinweist, ist es möglich, die Gleichung für die Häufigkeitsverteilung $f(r)$ verschiedener r-Werte in einem Fall zu benutzen, in dem der Korrelationskoeffizient der gesamten Konstituenten gleich R und die Probengröße gleich n ist. In diesem Fall gilt

$$f_n(r) = \frac{(1-R^2)^{\frac{n-1}{2}}}{\pi\,(n-3)!}\,(1-r^2)^{\frac{n-4}{2}}\,\frac{d^{n-2}}{d\,(rR)^{n-2}}\sqrt{\frac{\cos^{-1}(-rR)}{\sqrt{1-r^2R^2}}} \tag{25}$$

Soper[1] und seine Mitarbeiter haben zahlreiche Tabellen, Kurven und Photographien von Modellen veröffentlicht, die die physikalische Bedeutung der Gleichung (25) erkennen lassen. Diese verdienen ein sorgfältiges Studium, da das Bild der Verteilungskurven etwas überraschend ist. Für kleine n-Werte ist nur eine mangelhafte Koinzidenz vorhanden. Der ganze Charakter der Verteilung muß, worauf nachdrücklich hingewiesen sei, mit Vorsicht behandelt werden, sofern Schlüsse aus einer beschränkten Anzahl von Materialien gezogen werden sollen.

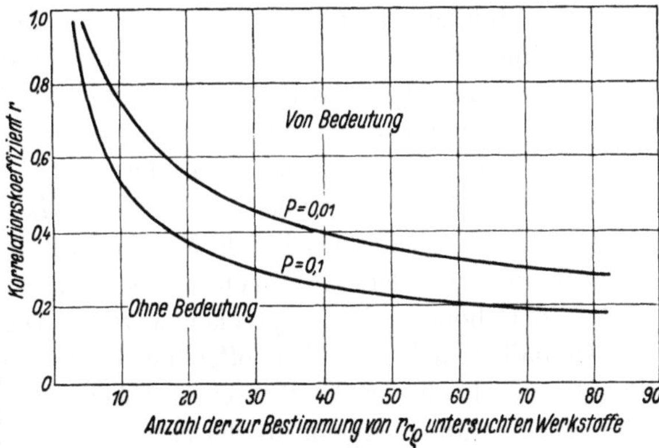

Abb. 69. Minimalwerte für den Korrelationskoeffizienten, die als sinnvoll betrachtet werden können. (Nach R. A. Fisher.)

Für praktische Zwecke braucht der Metallfachmann ein etwas einfacheres Kriterium. Die in Abb. 69 gegebenen Kurven, die auf den von Fisher[2] gegebenen Tabellen beruhen, gestatten eine direkte Entscheidung, ob ein experimentell erhaltener r-Wert als sinnvoll zu betrachten ist oder nicht. Jeder, der bereit ist, eine Fehlerwahrscheinlichkeit von 1:10 anzunehmen ($P=0{,}1$), wird kleinere Werte als derjenige zulassen, der eine Wahrscheinlichkeit von 1:100 ($P=0{,}01$) verlangt. Der minimal zulässige Wert ändert sich natürlich mit der Zahl der untersuchten Materialien. Natürlich muß die Zahl sehr groß gemacht werden, wenn irgendein kleiner, für den Korrelationskoeffizienten erhaltener Wert als sinnvoll bezeichnet werden soll.

Grenzen für die Anwendbarkeit des Korrelationskoeffizienten. Selbst unter der Annahme, daß die Zahl der geprüften Materialien hinreichend groß ist, kann die Bestimmung von r nur dann als ein quantitativer Führer für die relative Bedeutung der verschiedenen die Korrosion beeinflussenden Verunreinigungen dienen, wenn der Einfluß in allen Fällen zumindest annähernd linear ist. Wenn eine Verunreinigung die Korrosionsgeschwindigkeit proportional der *ersten* Potenz und eine andere proportional der *zweiten* Potenz der Konzentration ändert, so wird die erste sicherlich den größten Einfluß bei niedrigen Konzentrationen und die zweite bei hohen Konzentrationen ausüben[3].

---

[1] Soper, H. E., A. W. Young, B. M. Cave, A. Lee u. K. Pearson: Biometrika **11** (1915/1917) 328.   [2] Fisher, R. A.: Statistical Methods for Research Workers, S. 196. 1934.

[3] Nach R. B. Mears (private Mitteilung vom 3. Juli 1936) können Fälle, in denen die zugefügte Substanz die Korrosion im Falle eines Zusatzes kleiner Mengen erhöht und im Falle großer Mengen herabsetzt, nicht mit Hilfe des Korrelationskoeffizienten erkannt werden.

Auf eine andere Klippe bei der Anwendung des Korrelationskoeffizienten weist YULE[1] hin, der interessante Beispiele aus der Sterblichkeitsstatistik heranzieht. Es handelt sich um den Fall, daß sich zwei Variable in einer gewissen Richtung mit der Zeit ändern, so daß eine Anzahl von Proben, die zu verschiedenen Zeiten gesammelt worden sind, einen hohen r-Wert ergeben, was darauf hinzuweisen *scheint*, daß eine Variable einen hohen Wert der anderen hervorruft, während ein derartiger Schluß tatsächlich irrig ist. Betrachten wir z. B. den Fall, daß ein Fabrikant von verzinktem Draht seinen Abnehmern dadurch entgegenzukommen sucht, daß er sowohl die Festigkeit als auch den Korrosionswiderstand seines Materials erhöht. Nehmen wir der Einfachheit halber an, daß die Festigkeit einzig und allein durch die Zusammensetzung des Stahlkernes und der Korrosionswiderstand ausschließlich durch die Dicke der Zinkschicht bestimmt wird. Um die Festigkeit zu verbessern, setzt der Fabrikant dem Material Kohlenstoff zu, so daß der Kohlenstoffgehalt des Stahlkernes im Laufe der Jahre zunimmt, während er zur Verbesserung des Korrosionswiderstandes kontinuierlich die Dicke der Zinkschicht erhöht, die gleichfalls mit der Zeit anwächst. Werden nun *in verschiedenen Jahren* Proben gesammelt und sowohl hinsichtlich des Kohlenstoffgehaltes als auch hinsichtlich des Korrosionswiderstandes geprüft, so wird man zu Zahlenwerten gelangen, die für einen hohen r-Wert sprechen würden. Die Statistiker würden daraus schließen, daß ein hoher Kohlenstoffgehalt den Korrosionswiderstand begünstigt, während tatsächlich der Einfluß eines hohen Kohlenstoffgehaltes — für sich genommen — wahrscheinlich in der entgegengesetzten Richtung liegen würde. Dieser Fehler schleicht sich durch die Annahme ein, daß deshalb, weil sowohl der Kohlenstoffgehalt als auch der Korrosionswiderstand — aus verschiedenen Gründen — allmählich mit der Zeit anwachsen, zu schließen sei, daß der Kohlenstoffgehalt den Korrosionswiderstand *verursacht*. Offenbar ist dies aber nicht der Fall. Ein hoher r-Wert bedeutet nicht notwendigerweise, daß die gekoppelten Faktoren im Verhältnis von Ursache und Wirkung zueinander stehen; sie können zwei Ergebnisse sein, die einer gemeinsamen Ursache entspringen.

Ein anderes Beispiel sei gegeben, bei dem der Korrelationskoeffizient leicht fehlleitet. Nehmen wir an, daß zwei Elemente, beispielsweise Schwefel und Phosphor, dazu neigen, in gewissen Teilen eines Stahlgußblockes Seigerungen hervorzurufen und daß ein Experimentator 1. den Phosphorgehalt und 2. die Korrosionsgeschwindigkeit von Proben aus verschiedenen Teilen des Gußblockes bestimmt. Hierauf berechnet er r, erhält einen hohen Wert und zieht daraus den Schluß, daß ein hoher Phosphorgehalt eine hohe Korrosionsgeschwindigkeit „verursacht". Dieser Schluß kann völlig falsch sein, da die Gründe für die hohe Korrosionsgeschwindigkeit gewisser Teile auf den Schwefelgehalt zurückzuführen sind (der im allgemeinen an Stellen hoch ist, an denen der Phosphorgehalt hoch ist). Es ist irreführend, zu sagen, daß ein hoher r-Wert anzeigt, daß Phosphor eine rasche Korrosion *hervorruft*. In Fällen jedoch, in denen ein hoher Korrelationskoeffizient zwischen dem Phosphorgehalt und der Korrosion ermittelt wird, ist es jedoch völlig gerechtfertigt, einen hohen Phosphorgehalt einer Sonderprobe als eine Warnung anzusehen, daß die Korrosion wahrscheinlich hoch ist, da der Phosphor die Neigung zeigt, mit einem anderen

---

[1] YULE, G. U.: J. Roy. statistical Soc. **89** (1926) 1.

Element (Schwefel) zusammen aufzutreten, das — in dem betrachteten Fall — *tatsächlich* die Korrosion verursacht.

Die Tatsache, daß ein hoher positiver Wert des (totalen) Korrelationskoeffizienten einem Element eine Gefahrenwirkung zuzuschreiben scheint, die tatsächlich einem zweiten Faktor zuzuordnen ist, mit dem das Element die Neigung besitzt, zusammen aufzutreten, ist kein vernichtender Einwand. Für den praktischen Benutzer des Stahles bedeutet es wenig, ob Schwefel die direkte Ursache der Korrosion ist oder ob Schwefel mit irgendeinem anderen Faktor gekoppelt ist (wie beispielsweise Gußblasen), der die Korrosion auslöst. In jedem Fall führt ein hoher Schwefelgehalt im Material — bei Fehlen anderer Beweise — dazu, dieses als verdächtig anzusehen. Für den Wissenschaftler ist es jedoch wünschenswert, zwischen direkten und indirekten Effekten zu entscheiden. In diesem Falle kann die Methode der partiellen Korrelation von Nutzen sein.

Anwendung des partiellen Korrelationskoeffizienten[1]. Der *totale* Korrelationskoeffizient, der vorstehend benutzt worden ist, stellt die Wechselwirkung dar zwischen der Korrosionsgeschwindigkeit (oder Korrosionswahrscheinlichkeit) und dem Gehalt an irgendeinem bestimmten Element, sofern die Gehalte aller übrigen frei in einer für die Gesamtheit des untersuchten Materials charakteristischen Weise *schwanken* können. Der *partielle* Korrelationskoeffizient dagegen stellt die Wechselwirkung dar, wenn einer oder mehrere der anderen Faktoren konstant gehalten werden. Die partielle Wechselwirkung zwischen den Faktoren 1 und 2 bei einem konstant gehaltenen Faktor 3 kann in der Form

$$(r_{12})_3 = \frac{r_{12} - r_{13}\,r_{23}}{\sqrt{(1 - r_{13}^2)\,(1 - r_{23}^2)}} \tag{26}$$

geschrieben werden. Aus dieser partiellen Wechselwirkung *erster Ordnung* ist es möglich, eine Wechselwirkung *zweiter Ordnung* zu erhalten, in der eine vierte Variable auftritt, die streuungsfrei zu halten ist:

$$(r_{12})_{34} = \frac{(r_{12})_4 - (r_{13})_4\,(r_{23})_4}{\sqrt{[1 - (r_{13})_4^2]\,[1 - (r_{23})_4^2]}} . \tag{27}$$

Ein ausgezeichnetes Beispiel für die Anwendung der Methode der partiellen Wechselwirkung wird durch die Daten gegeben, die HOAR und HAVENHAND[2] für den Einfluß des Schwefels, Phosphors und Kupfers auf die Korrosionsgeschwindigkeit durch Citronensäure erhalten haben. Die verschiedenen Korrelationskoeffizienten werden in Tabelle 50 wiedergegeben. Der negative Korrelationskoeffizient $r_{Cu\varrho}$ zeigt an, daß die Korrosionsgeschwindigkeit in dem Falle, daß alle Elemente ohne Beschränkung streuen, mit steigendem Kupfergehalt abnimmt, während die positiven Werte von $r_{S\varrho}$ und $r_{P\varrho}$ anzeigen, daß sie die Neigung hat, mit steigendem Schwefel- und Phosphorgehalt zuzunehmen. Da jedoch der positive Wert von $r_{S,P}$ anzeigt, daß hohe Schwefelgehalte mit hohen Phosphorgehalten verknüpft sind, bleibt es ungewiß, welches dieser Elemente der wahre Beförderer der Korrosion ist. Die Frage wird weiterhin verwickelt dadurch, daß der positive Wert von $r_{Cu,S}$ anzeigt, daß hohe Kupfergehalte die Neigung haben, mit hohen Schwefelgehalten zusammenzugehen. Aus diesem Grunde ist es erforderlich, partielle Koeffizienten zweiter Ordnung

---

[1] Über weitere Einzelheiten s. R. A. FISHER: Statistical Methods for Research Workers, S. 174. 1934.   [2] HOAR, T. P. u. D. HAVENHAND: J. Iron Steel Inst. **133** (1936) 289 P.

Tabelle 50. Korrelationskoeffizienten. (Nach T. P. HOAR und D. HAVENHAND.)

Totale Korrelations-koeffizienten	Partielle Korrelations-koeffizienten erster Ordnung	Partielle Korrelations-koeffizienten zweiter Ordnung
$r_{S\varrho} = + 0{,}20$	$\begin{cases} (r_{S\varrho})_{Cu} = + 0{,}85 \\ (r_{S\varrho})_{P} = - 0{,}03 \end{cases}$	$(r_{S\varrho})_{Cu,\,P} = + 0{,}79$
$r_{P\varrho} = + 0{,}28$	$\begin{cases} (r_{P\varrho})_{Cu} = + 0{,}59 \\ (r_{P\varrho})_{S} = + 0{,}19 \end{cases}$	$(r_{P\varrho})_{Cu,\,S} = - 0{,}34$
$r_{Cu\varrho} = - 0{,}51$	$\begin{cases} (r_{Cu\varrho})_{S} = - 0{,}89 \\ (r_{Cu\varrho})_{P} = - 0{,}69 \end{cases}$	$(r_{Cu\varrho})_{S,\,P} = - 0{,}90$
$r_{S,\,P} = + 0{,}81$		
$r_{Cu,\,S} = + 0{,}66$		
$r_{Cu,\,P} = - 0{,}37$		

zu berechnen, in denen zwei oder drei Elemente nicht streuen dürfen. Es ergibt sich dann, daß der große positive Wert von $(r_{S\varrho})_{Cu,\,P}$ *sehr eindeutig* aufzeigt, daß der Schwefel *selbst* die Korrosion begünstigt, während der nur gering negative Wert von $(r_{P\varrho})_{Cu,\,S}$ darauf hinweist, daß *wahrscheinlich* der Phosphor, bei konstantem Schwefel- und Kupfergehalt, ein gelinder Inhibitor der Korrosion ist. (In diesem Falle jedoch ist der Wert fast zu niedrig, um sinnvoll zu sein; HOAR berechnet, daß die Wahrscheinlichkeit nur 24:1 dafür ist, daß Phosphor unter diesen Bedingungen tatsächlich ein Inhibitor ist.) Der hohe negative Wert von $(r_{Cu\varrho})_{S,\,P}$ zeigt, daß Kupfer bei Konstanthalten des Schwefel- und Phosphorgehaltes *bestimmt* als ein Inhibitor der Korrosion zu bezeichnen ist. Die Berechnungen der Korrelationskoeffizienten lassen erkennen, daß die Schlüsse hinsichtlich des Schwefels und des Kupfers unter den besonderen in Frage stehenden Bedingungen *ohne Vorbehalt* angenommen werden können.

Anwendung der *t*-Funktion. Die vorstehend beschriebenen Methoden erfordern eine exakte chemische Analyse jeder untersuchten Probe. Das wird nicht immer möglich sein, so daß eine andere Methode zur Prüfung der Frage, ob einer Variablen ein Einfluß auf die Korrosionsgeschwindigkeit oder Korrosionswahrscheinlichkeit zukommt oder nicht, gegebenenfalls heranzuziehen ist. Die nachstehend beschriebene Methode unterliegt insofern der Kritik, als sie eine etwas willkürliche Aufteilung der Materialien in zwei Klassen zugrunde legt: in eine, die reich, und in eine, die arm an den zur Diskussion stehenden Konstituenten ist. Es ist jedoch von großem Vorteil, daß keine exakte Analyse, sondern lediglich eine grobe Kenntnis des Gehaltes an den in Frage stehenden Konstituenten erforderlich ist, die hinreicht, um die Materialien in diese beiden erwähnten Klassen einzugliedern. Eine rasche Prüfmethode vermittelt diese Kenntnis (z. B. colorimetrischer Vergleich mit einer einzigen Standardsubstanz, die die Grenzen zwischen beiden Klassen angibt). Eine Bestimmung der anderen Elemente ist nicht erforderlich.

Die *t*-Funktion ist in folgender Weise definiert

$$t = \frac{\overline{X}_1 - \overline{X}_2}{S} \sqrt{\frac{n_1 n_2}{n_1 + n_2}}$$

wobei n_1 und n_2 die Anzahl der Materialien in jeder Gruppe, $\overline{X}_1$ und $\overline{X}_2$ die Mittelwerte in den beiden Gruppen und

$$S = \sqrt{\frac{\Sigma (X_1 - \overline{X}_1)^2 + \Sigma (X_2 - \overline{X}_2)^2}{(n_1 - 1) + (n_2 - 1)}}$$

bedeuten.

Unter Benutzung der von Fisher[1] und anderen gegebenen Tabellen ist es möglich, aus dem t-Wert zu entnehmen, ob die durch die beiden Gruppen aufgezeigten Unterschiede als gültiger Beweis dafür angesprochen werden können, daß das Element günstig oder ungünstig für die Auslösung der Korrosion ist, oder ob sie lediglich eine Aussage über die Korrosionswahrscheinlichkeit darstellen. Diese Methode ist auch von Mears bei der Bestimmung der auf S. 482 erwähnten Daten benutzt worden und bestätigt die Bedeutung des Einflusses von Kohlenstoff, Schwefel und Mangan. Mit anderen Worten: Unter seinen experimentellen Bedingungen setzt die Korrosion wahrscheinlicher bei Materialien ein, in denen diese Elemente in hoher Konzentration vorliegen, als bei Materialien, in denen die Gehalte dieser Elemente niedrig sind.

Ermittlung auf graphischem Wege. Es sei noch ein weiterer Weg zur Entscheidung, ob ein gegebener Konstituent die Korrosion beeinflußt — und wenn das der Fall ist, in welcher Richtung diese Beeinflussung liegt — erwähnt, da er eine Entwicklungsmöglichkeit besitzt, obgleich dieses Verfahren anscheinend noch nicht in der nachstehend mitgeteilten Form angewendet worden ist. Diese Methode erfordert Daten für die Korrosionsgeschwindigkeit einer großen Anzahl von Materialien, jedoch ist in diesem Falle ebenso wie bei der Methode der t-Funktion nur eine für die Zuordnung der Materialien zu zwei Klassen hinreichende analytische Charakterisierung erforderlich.

Die Methode wird am besten mit Hilfe einer besonderen graphischen Methode ausgeführt, die von Hazen[2] für Zwecke der Wasserversorgung eingeführt und von Kendall und Taylerson[3] sowie von Passano und Hayes[4] auf Korrosionsprobleme übertragen worden ist. Es handelt sich hierbei um ein graphisches Papier („Wahrscheinlichkeitspapier"), das derart hergerichtet ist, daß die Abszisse die Werte des Wahrscheinlichkeitsintegrals gibt, so daß eine gerade Linie erhalten wird, wenn die aufgetragenen Werte mit dem „normalen" Verteilungsgesetz

$$d P_x = \frac{1}{\sigma \sqrt{2\pi}}\, e^{-x^2/2\sigma^2}\, d x$$

übereinstimmen, in dem $d P_x$ die Wahrscheinlichkeit für die Abweichung einer Variablen bedeutet, die zwischen x und $x + d x$ liegt. σ ist die Normalabweichung (Wurzel aus dem mittleren Quadrat).

Wird eine Reihe von Materialien, deren Auswahl dem Zufall überlassen ist, untersucht (nicht notwendigerweise unter identischen Bedingungen, jedoch unter rein zufälligen äußeren Bedingungen), so werden diese im allgemeinen einem normalen Verteilungsgesetz gehorchen. Werden die Daten auf „Wahrscheinlichkeitspapier" aufgetragen und wird der Anteil derjenigen Proben, die in einer gegebenen Zeit durchlöchert worden sind, als Abszisse und der Wert jener Zeit als Ordinate aufgetragen, so werden gerade Linien erhalten.

Werden die Daten für die beiden Klassen getrennt aufgetragen, so werden sie für gewöhnlich zwei gerade Linien ergeben. Die relative Lage der Linien wird sofort erkennen lassen, ob das in Frage stehende Element den Angriff

---

[1] Siehe R. A. Fisher: Statistical Methods for Research Workers, Tafel IV. 1934.

[2] Hazen, A.: Trans. Am. Soc. Civil Eng. **77** (1914) 1549.

[3] Kendall, V. V. u. E. S. Taylerson: Pr. Am. Soc. Test. Mat. **29** II (1929) 217.

[4] Passano, R. F. u. A. Hayes: Pr. Am. Soc. Test. Met. **29** II (1929) 224. — Passano, R. F.: Pr. Am. Soc. Test. Mat. **32** II (1932) 468.

begünstigt oder verzögert. Fallen sämtliche Punkte auf eine Linie, so kann angenommen werden, daß das Element ohne Einfluß auf die Korrosion ist.

2. Elektrochemische Grundlagen des intergranularen Angriffes.

Potentialbeziehungen in einem Dreiphasensystem. Für manche Zwecke ist die Frage, ob ein gewisses Element einen Angriff begünstigt oder verzögert, weniger wichtig als die Frage, ob es zu einer Konzentrierung des Angriffes an den Korngrenzen Veranlassung gibt oder nicht, da ein derartiger Angriff rasch zu einer Festigkeitsminderung des Materials führt.

Unterliegt eine einphasige Legierung an den Korngrenzen dem Zusammenbruch im Sinne der Ausscheidung einer zweiten Phase, so müssen drei verschiedene Flächen betrachtet werden:

1. der *zentrale* Teil des Kornes (die unveränderten Mischkrystalle);

2. der ausgeschiedene *edle Anteil* (z. B. $CuAl_2$ oder Chromcarbid; Ausscheidung wesentlich längs der Korngrenzen);

3. der *verarmte Teil* der Mischkrystalle, der sich längs der Grenzen befindet, an denen sich der edle Teil ausgeschieden hat.

Diese verschiedenen Gebiete werden ein verschiedenes Potential gegenüber der korrodierenden Flüssigkeit aufweisen. Es ist klar, daß der Teil (2) stets kathodisch gegenüber (3) sein wird. Wenn das Gebiet (1), das die Hauptfläche darstellt, gleichfalls kathodisch ist, so wird sich der gesamte anodische Angriff auf (3) konzentrieren, und es wird, infolge des nur geringen Flächenanteiles von (3), zu einem intensiven intergranularen Angriff kommen; eine Schwächung in Verfolg dieses Angriffes ist unvermeidbar. Wenn andererseits die große Fläche (1) sich in den anodischen Angriff mit (3) teilt, so wird dieser einen allgemeineren Charakter annehmen, so daß keine besondere Schwächung an den Korngrenzen vorauszusehen ist.

Diese Gedanken, jedoch ziemlich abweichend ausgedrückt, wurden von Akimow[1] vorgetragen und haben dazu beigetragen, den Einfluß von Zusätzen auf den intergranularen Angriff zu erklären. Um eine intergranulare Korrosion zu vermeiden, ist es sicher erforderlich, dafür zu sorgen, daß (1) anodisch gegenüber (2) wird. Zusatz von Magnesium zu einer Aluminium-Kupfer-Legierung setzt die Neigung zu intergranularem Angriff herab, was Akimow auf die Erniedrigung des Potentiales von (1) zurückführt. So dehnt sich der anodische Angriff in Fällen, in denen er sich in Abwesenheit von Magnesium allein auf das Gebiet (3) beschränkt, bei Gegenwart von Magnesium auf (1) aus.

Qualitativ betrachtet, erscheint dieses Prinzip richtig, vorausgesetzt, daß die Verschiebung des Potentiales mit der Stromdichte in Betracht gezogen wird[2]. Das von Akimow vorgeschlagene Kriterium zur Entscheidung, ob (1) kathodisch oder anodisch sein soll, ist dagegen fragwürdiger. Sein Argument

---

[1] Akimow, G.: Korr. Met. 8 (1932) 201, 205.

[2] R. H. Brown (private Mitteilung vom 5. Juli 1936) ist der Ansicht, daß bei einer erschöpfenden Diskussion der Frage ebensoviel Wert auf die Polarisationserscheinungen jeder Phase wie auf deren Potentiale gelegt werden sollte. Er empfiehlt die Verwendung von Polarisationsdiagrammen, ähnlich den in Abb. 80, S. 556 gegebenen, um die räumliche Lagerung des Angriffes zu bestimmen.

besteht effektiv darin, daß (1) dann, wenn sein Potential näher dem von (2) als dem von (3) liegt, kathodisch sein wird, und daß es dann zu intergranularem Angriff kommen wird. Bezeichnet man die drei Potentiale der Flächen (1), (2) und (3) mit ε_1, ε_2 und ε_3, so wird ein intergranularer Angriff durch Akimow vorausgesagt, wenn

$$\varepsilon_1 > \frac{1}{2}\left(\varepsilon_2 + \varepsilon_3\right)$$

ist. Hierin scheint jedoch der Einfluß des Widerstandes der Flüssigkeitswege zwischen den verschiedenen Flächen vernachlässigt worden zu sein. Nehmen wir der Einfachheit halber an, daß die drei Gebiete (1), (2) und (3) örtlich voneinander getrennt und durch Wege miteinander verbunden worden sind, wie das in Abb. 70 angedeutet worden ist. In diesem Falle wird der effektive Kathodenstrom, der die Fläche (1) erreicht, durch

$$i = \frac{\varepsilon_1 - \varepsilon_3}{R_{13}} - \frac{\varepsilon_2 - \varepsilon_1}{R_{12}} \qquad (28)$$

gegeben sein, wobei R_{13} der Widerstand des (1) mit (3) verbindenden Weges und entsprechend R_2 der des (1) mit (2) verbindenden Weges ist.

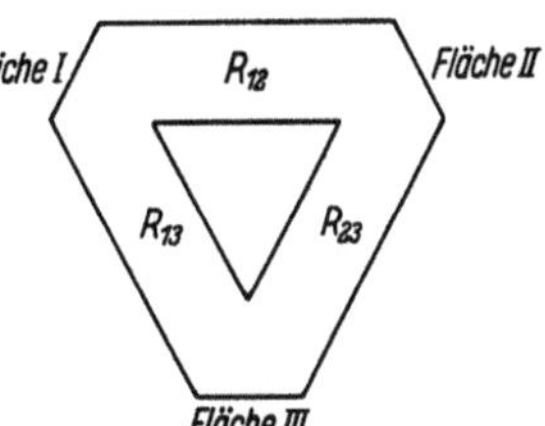

Abb. 70. Stromwege nach der Akimowschen Theorie. (Schematische Darstellung.)

Die Fläche (1) wird kathodisch sein, wenn i positiv ist; die Fläche (3) wird dann allein Anode sein, es wird zu intergranularer Korrosion kommen. Es zeigt sich dann, daß der Akimowsche Ausdruck gültig wird, wenn $R_{13} = R_{12}$ ist. Tatsächlich gibt es keinen a priori-Grund dafür, zu erwarten, daß R_{13} und R_{12} gleich sind. Trotzdem sind die qualitativen Schlüsse aus dem Akimowschen Ansatz korrekt. Jeder Zusatz zu einer Legierung, der ε_1 in negativer Richtung verschiebt, wird, selbst wenn er ε_3 um einen äquivalenten Betrag verschiebt, sofern er in hinreichender Menge zugefügt wird, den intergranularen Angriff in eine allgemeine Korrosion überführen. Es ist zweifelhaft, ob die erforderliche Menge aus der Theorie zu errechnen sein wird. Die zwischen den drei Flächenteilen fließenden Ströme konkurrieren miteinander wegen der „Wegbeanspruchung". Aus diesem Grunde werden die Werte für R_{12} und R_{13} nicht unabhängig von der Stärke des durch die beiden anderen Wege fließenden Stromes sein. In gleicher Weise schwanken ε_1, ε_2 und ε_3 jedes für sich, infolge der Polarisation, mit dem durchfließenden Strom. Eine völlige mathematische Lösung dieser Fragen dürfte verwickelt sein. Es ist jedoch leicht einzusehen, daß Änderungen in der Größe oder Anzahl von submikroskopischen Partikeln (hervorgerufen beispielsweise durch eine Änderung in den Glühbedingungen) dahin führen können, den intergranularen Angriff in einen allgemeinen Angriff und umgekehrt diesen in einen intergranularen überzuführen, da der Widerstand eines Stromweges, der in einer derartigen Partikel endet, fast ausschließlich in dem in ihrer unmittelbaren Nähe befindlichen flaschenhalsähnlichen Teil konzentriert ist.

Elftes Kapitel.

Einfluß mechanischer Beanspruchungen.

A. Wissenschaftliche Grundlagen.

1. Einsinnig gerichtete Beanspruchungen.

Einfluß von Verformung auf die Korrosion. Durch mechanische Verformung wird das Metall gewöhnlich in den Zustand innerer Spannung versetzt, wobei die Atome einiger Krystallkörner im Endzustand nicht mehr in der für die geordnete Anordnung im ungestörten Krystall charakteristischen Weise angeordnet sind. Es ist nicht überraschend, daß diese relativ unstabile Form des Metalls in manchen Fällen rascher als die stabile, ungestörte Form angegriffen wird. Die Versuche von Heyn und Bauer[1], sowie die von Goerens[2] an kaltgezogenem Eisendraht, ferner die von Friend[3] an Eisen, das der Zugbeanspruchung ausgesetzt worden ist, zeigen, daß die Angriffsgeschwindigkeit in verdünnter Schwefelsäure durch eine Zugbeanspruchung erhöht wird. Nach Garre[4] wird die Korrosion von Eisen durch 1%ige Schwefelsäure wesentlich erhöht, wenn das Metall einer Torsionsbeanspruchung unterworfen wird, was jedoch teilweise darauf zurückzuführen ist, daß durch den Torsionsvorgang innere Seigerungen an die Oberfläche gebracht werden. In derartigen Fällen kann durch Glühen nur ein Teil des Korrosionswiderstandes wiederhergestellt werden. Endo[5] hat in seinen Versuchen gezeigt, daß der Einfluß von Torsion oder Zug im Hinblick auf eine Erhöhung der Korrosivität sehr gering ist im Falle eines niedrig gekohlten Stahles, daß er jedoch mit dem Kohlenstoffgehalt ansteigt und bei etwa 0,9% Kohlenstoff (der eutektischen Zusammensetzung des Stahles) einen maximalen Wert erreicht. Druck erhöht gleichfalls die Korrosion, ohne daß bei einem Kohlenstoffgehalt des Stahles von 0,9% ein maximaler Einfluß hätte festgestellt werden können.

Selbst eine Zugbeanspruchung *innerhalb des elastischen Bereiches* verschiebt das Elektrodenpotential in negativer (unedler) Richtung und erhöht dementsprechend die Korrosionsgeschwindigkeit. Nach Entfernen der Zuglast kehrt das Potential von Eisen in Eisensulfatlösung nach Endo und Kanazawa[6] auf seinen ursprünglichen Wert zurück. Nach Kroenig und Boulitschewa[7] vergrößert eine Zugbeanspruchung des Materials im elastischen Gebiet nicht nur die Korrosionsgeschwindigkeit von Eisen, Messing und Duralumin, sondern ruft an diesen Materialien auch oftmals intergranularen Angriff hervor, der sonst völlig ausbleibt. Sie untersuchten weiterhin die Korrosion von Aluminium nach *plastischer* Verformung und konnten zeigen, daß sie mit zunehmender Verformung ansteigt.

---

[1] Heyn, E. u. O. Bauer: J. Iron Steel Inst. **79** (1909) 159.

[2] Goerens, P.: Carnegie Scholarship Mem. **3** (1911) 374.

[3] Friend, J. A. N.: Carnegie Scholarship Mem. **11** (1922) 103.

[4] Garre, B.: Korr. Met. **3** (1927) 1.

[5] Endo, H.: Sci. Rep. Tôhoku **17** (1928) 1265.

[6] Endo, H. u. S. Kanazawa: Sci. Rep. Tôhoku **20** (1931) 136; s. auch E. W. Müller: Mitt. Forschungsinst. **4** (1934) 207.

[7] Kroenig, W. O. u. A. J. Boulitschewa: Korr. Met. **12** (1936) 73.

Nach TAMMANN und NEUBERT[1] beschleunigt die Kaltbearbeitung die Einwirkung von Salzsäure auf Aluminium und Magnesium erheblich, während der Korrosionswiderstand durch Glühen wieder hergestellt werden kann. Die Erholung während des Glühvorganges läuft, insgesamt gesehen, dem Härteverlust parallel. Andererseits hat GARRE[2] gefunden, daß die Korrosionsgeschwindigkeit von reinem Zinn in Salzsäure durch Walzen *herabgesetzt* wird. Diese scheinbare Anomalie kann vielleicht darauf zurückgeführt werden, daß das Zinn nach dem Walzen bei relativ niedrigen Temperaturen rekrystallisiert[3], so daß das Gitter des gewalzten Zinnes möglicherweise vollkommener als das des ungewalzten Materials ist.

Die FRIENDschen Versuche[4] in stehendem Seewasser an durch Ziehen, Druck und Torsion beanspruchtem Stahl und Schweißeisen lassen keinen ernstlichen Unterschied zwischen dem beanspruchten und dem unbeanspruchten Material erkennen. Der scheinbare Gegensatz zu seinen Versuchen in sauren Medien kann leicht erklärt werden. Die Korrosion von Metall, das in nahezu neutrale Lösungen völlig eingetaucht wird, wird weitgehend durch die Zufuhr von Sauerstoff zu dem Metall bestimmt. Insbesondere nachdem die Probe sich mit Rost bedeckt hat, besteht jedoch kein Grund, warum der Sauerstoff mechanisch beanspruchtes Eisen rascher als unbeanspruchtes erreichen sollte. Andererseits ist in Säuren, in denen Wasserstoff freigesetzt werden kann, kein derartiger beschränkender Faktor vorhanden, weshalb FRIEND an beanspruchtem Material einen rascheren Angriff findet.

Bei rascher Sauerstoffzufuhr ist kein Grund vorhanden, warum sich der Einfluß einer mechanischen Beanspruchung nicht selbst in neutralen Flüssigkeiten bemerkbar machen sollte. Nach E. W. MÜLLER und BUCHHOLTZ[5] führt eine Zugbeanspruchung oberhalb der Streckgrenze zu einer Erhöhung der Korrosion von Eisen in *fließendem Wasser*, was offenbar eine Folge der raschen Nachlieferung des Sauerstoffes ist. Spannung vergrößert jedoch nicht die Korrosionsgeschwindigkeit von Stählen, die der Luft ausgesetzt werden; in manchen Fällen kommt es im Gegenteil sogar zu einer Herabsetzung des Angriffes, was darauf zurückgeführt wird, daß der Rost am nichtbeanspruchten Material besser als am beanspruchten adhäriert; der erstere zeigt demgemäß die Neigung, feucht zu bleiben, nachdem der letztere bereits getrocknet ist. Zug erhöht lediglich die Geschwindigkeit der Hochtemperaturoxydation bei Temperaturen, bei denen der Sinter brüchig ist und kontinuierlich unter Zugbeanspruchung abbröckelt, wodurch frisches Material dem Angriff ausgesetzt wird.

Im Falle partiell eingetauchten Materials kann der Einfluß einer vorhergehenden Biegebeanspruchung die Angriffs*verteilung* weitgehend ändern, was jedoch zum Teil auf das Auftreten von Brüchen im Film zurückzuführen ist. Ein Metallstreifen, der der Luft ausgesetzt, hierauf gebogen und dann partiell eingetaucht wird, unterliegt oft einer bevorzugten Korrosion in der Biegezone, und zwar besonders an der konvexen Seite, an der der Film am meisten gelitten hat,

[1] TAMMANN, G. u. F. NEUBERT: Z. anorg. Ch. **207** (1932) 87.
[2] GARRE, B.: Korr. Met. **6** (1930) 200.
[3] Siehe M. COOK u. U. R. EVANS: Trans. Am. Inst. min. met. Eng. **71** (1924) 627.
[4] FRIEND, J. A. N.: J. Iron Steel Inst. **117** (1928) 639.
[5] MÜLLER, E. W. u. H. BUCHHOLTZ: Arch. Eisenhüttenwesen **9** (1935/1936) 41. — MÜLLER, E. W.: Mitt. Forschungsinst. **4** (1934) 207.

wie an Eisen, Stahl und Zink in $^1/_{10}$ molarer Kaliumsulfat- oder Kaliumchloridlösung aufgezeigt werden konnte[1]. Auch Kupfer in Silbernitratlösung zeigt diesen Effekt. Es kann angenommen werden, daß die lokale Begünstigung der Korrosion in diesem Fall wiederum auf innere Spannungen im Metall zurückgeführt werden kann. Um zwischen den Schädigungen an Filmen bzw. am Metall zu unterscheiden, sind in Cambridge Serien von Parallelversuchen in folgender Form durchgeführt worden:

1. Sorgfältig abgeschliffenes Kupfer wurde unmittelbar nach dem Schleifen örtlich gebogen und sofort in $^1/_{25}$ molarer Silbernitratlösung untersucht. Dabei ergab sich eine allgemeine Schwärzung des Materials, dagegen kein besonderes Phänomen an der Biegestelle.

2. Kupfer wurde in ähnlicher Weise abgeschliffen, hierauf während 9 Tagen in einem Exsiccator gehalten, anschließend gebogen und in Silbernitratlösung gebracht. Es stellte sich sofort eine markante Ausscheidung von Silber in der Zone der Biegebeanspruchung ein, während praktisch an keiner anderen Stelle, ausgenommen an isolierten Punkten, ein Effekt eintrat.

3. Das gleiche Kupfer wurde abgeschliffen, gebogen und dann trockener Luft während 9 Tagen vor der Behandlung mit Silbernitratlösung ausgesetzt. Es zeigte sich keine besondere Abscheidung in der Biegezone, da der Schaden im Film offenbar durch die Exposition an der Luft ausgeheilt worden war. Es hat den Anschein, daß die durch die Biegebeanspruchung ausgelöste Beschädigung des Oxydfilmes in diesem besonderen Falle bedeutungsvoller für eine Hervorbringung der Korrosion ist, als eine Schädigung des Metallgitters.

Der Einfluß des Filmes darf jedoch nicht überschätzt werden. Es ist möglich, wie das WERNER[2] ausgedrückt hat, daß es sich in manchen Fällen, in denen ein Filmfehler beobachtet worden ist, um die Folgeerscheinung einer Korrosion und nicht um ihre Ursache handelt. Nach WERNER führt der Angriff auf ein kaltbearbeitetes Metall zu einer Anhäufung des Korrosionsproduktes unter dem Oxydfilm, der von dem Metall abgedrängt und fehlerhaft wird, ebenso wie ein Farbfilm mitunter Fehler aufweist, wenn sich Rost unter ihm absetzt. Dieser Effekt macht sich bei den vorstehend erwähnten Versuchen nicht bemerkbar, kann jedoch unter irgendwelchen anderen Bedingungen bedeutungsvoll werden.

Ätzbilder auf beanspruchtem Stahl. In sauren Flüssigkeiten, in denen Oxydfilme für gewöhnlich nicht vorhanden sind, ist die im Metall selbst auftretende Spannung und nicht deren Einfluß auf irgendeine oberflächenschützende Haut die direkte Ursache der besonderen Korrosionsempfänglichkeit. So werden interessante Ätzbilder erhalten, wenn örtlich verformtes Eisen nach Erhitzen auf 200° mit dem FRYschen Reagens[3] [saures Kupfer(II)-chlorid] geätzt wird. Diese Ätzbilder sind Gegenstand zahlreicher Untersuchungen durch TURNER und JEVONS[4], durch FELL[5] und durch WERNER[6] gewesen. Der raschere Angriff

<hr>

[1] EVANS, U. R.: J. chem. Soc. **1929**, 97, 101; s. auch entsprechende Versuche mit Blei bei G. SCHIKORR: Mitt. Materialpr. **28** (1936) 68.

[2] WERNER, M.: Private Mitteilung vom 23. Januar 1935.

[3] FRY, A.: Kruppsche Monatsh. **2** (1921) 117.

[4] TURNER, T. H. u. J. D. JEVONS: J. Iron Steel Inst. **111** (1925) 169. — JEVONS, J. D.: J. Iron Steel Inst. **111** (1925) 191.

[5] FELL, E. W.: Carnegie Scholarship Mem. **16** (1927) 101; J. Iron Steel Inst. **132** (1935) 75.

[6] WERNER, M.: Techn. Blätter **1933**, Heft 2.

auf das beanspruchte Metall ist zweifellos mit der im beschädigten Material aufgespeicherten Energie verknüpft, das mit einer zusammengedrückten Feder verglichen werden kann. TAYLOR und QUINNEY[1] konnten zeigen, daß der Betrag der in verzwillingtem Eisen aufgespeicherten Energie mit dem Ausmaß der Verzwillingung wächst (obgleich das *Verhältnis* der so aufgenommenen Gesamtarbeit zur Abnahme neigt). Diese aufgespeicherte Energie kommt additiv zu der während der Korrosion frei werdenden Energie hinzu und führt, wenn die übrigen Faktoren gleich gehalten werden, zu einem Anwachsen der Korrosionsgeschwindigkeit.

Einen interessanten Fall beschreibt HEDLEY[2]: ein Stück eines 13%igen Chromstahles wurde gehärtet, angelassen und mit gewissen Identifikationsmarken versehen. Die eingeschlagenen Marken wurden hierauf durch Abschleifen der Oberfläche, die anschließend mit feinem Schmirgelpapier behandelt wurde, völlig entfernt. Hierauf wurden die Proben während 8 Stunden in 5%ige Schwefelsäure gebracht, die die beschädigten Gebiete unter den ursprünglichen eingeschlagenen Marken rascher als die restliche Oberfläche angriff, so daß die Figuren wieder in Erscheinung traten.

Im Gegensatz zu den Ätzfiguren polykrystalliner Aggregate (die gewöhnlich keine Beziehung zu den krystallographischen Richtungen aufweisen) steht die durch PFEIL[3] an Eiseneinkrystallen entwickelte Struktur: Nach Druck auf die Rhombendodekaederflächen und anschließendes Ätzen treten Linien parallel zu der Hauptgleitebene auf, was auf bevorzugten Angriff auf die ungeordnete Substanz längs der Gleitebenen zurückgeführt wird.

2. Wechselbeanspruchung.

Ermüdung und Korrosionsermüdung. Es ist allgemein bekannt, daß eine Metallprobe, die einer Biegewechselbeanspruchung, einer Torsions-, Zug- oder Druckwechselbeanspruchung unterworfen wird, eine große Anzahl dieser Lastwechsel überdauern kann und schließlich doch zu Bruch geht. Die Zahl der zur Herbeiführung des Bruches erforderlichen Lastwechsel steigt naturgemäß in dem Maße, in dem die Beanspruchung herabgesetzt wird, wie aus Abb. 71 hervorgeht. In Abwesenheit korrosiver Agenzien gibt es einen Wert der Beanspruchung, unterhalb dem die Probe *niemals* zu Bruch geht, wie lange auch die Wechselbeanspruchung fortgesetzt wird. Dieser Wert wird als *Dauerfestigkeit* (verschiedentlich auch als *Ermüdungsgrenze*) bezeichnet. Bei einer Prüfung, die nicht lange genug fortgesetzt worden ist, um diesen asymptotischen Kurvenwert, d. h. die höchste nicht zu Bruch führende Beanspruchung zu erreichen, ist lediglich als Wechselbeanspruchung zu bezeichnen. In solchen Fällen muß, wie GOUGH[4] betont, die *Zahl der Belastungswechsel stets angegeben werden*, wenn die mitgeteilte Zahl einen Wert haben soll.

Wird der Einfluß der Wechselbeanspruchung unter korrosiven Bedingungen untersucht, so zeigt es sich, daß die erhaltene Kurve unter die entsprechende Kurve für nichtkorrosive Bedingungen herabsinkt: für irgendein gegebenes Beanspruchungsgebiet ist die Zahl der zum Bruch erforderlichen Lastwechsel bei gleichzeitiger Korrosion geringer; außerdem wird die Kurve niemals einen

---

[1] TAYLOR, G. I. u. H. QUINNEY: Pr. Roy. Soc A **143** (1934) 307.
[2] HEDLEY, E. P.: J. Assoc. South African mechan. electr. Eng. 8 (1934) 106.
[3] PFEIL, L. B.: Carnegie Scholarship Mem. **16** (1927) 156.
[4] GOUGH, H. J.: J. Inst. Met. **49** (1932) 25.

horizontalen Verlauf erreichen. Bei jeder auch noch so geringen Beanspruchung wird ein Bruch eintreten, sofern die Zeit der Beanspruchung groß genug ist. Es besteht also kein Grenzwert der Beanspruchung, der der in Abwesenheit von Korrosion erhaltenen „Ermüdungsgrenze" entspricht[1]. Manchmal wird von einer „Korrosionsermüdungsgrenze" gesprochen, aber es wird damit lediglich das Beanspruchungsgebiet bezeichnet, unterhalb dessen ein Bruch innerhalb einer gewissen Anzahl von Lastwechseln nicht zu befürchten ist, *die aber angegeben werden muß, wenn die mitgeteilte Zahl irgendeinen Sinn haben soll.* Andererseits ist die „Ermüdungsgrenze", die sich eigentlich auf den nicht-korrosiven Fall bezieht, diejenige Grenzbeanspruchung, die bei *unendlicher* Prüfzeit zum Eintreten des Bruches führt[1].

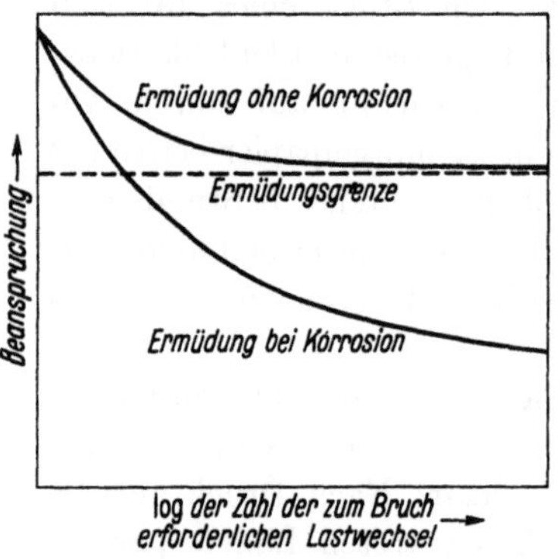

Abb. 71. Einfluß einer Wechselbeanspruchung in Abwesenheit bzw. in Gegenwart von Korrosion.

Die Erscheinung, daß jede Beanspruchung, wie gering sie auch immer sei, unter korrosiven Bedingungen den Bruch herbeiführen kann, ist tatsächlich unvermeidbar, da die Proben, sofern die korrosive Beeinflussung lange genug fortgesetzt wird — selbst in Abwesenheit von Beanspruchung — ihre gesamte Festigkeit verlieren. Die Bedeutung der Korrosionsermüdung hängt jedoch davon ab, daß die durch Wechselbeanspruchung und *gleichzeitig* wirkende korrosive Einflüsse hervorgerufene Schädigung das Ausmaß desjenigen Schadens wesentlich überschreitet, der hervorgerufen wird, wenn die beiden zerstörenden Faktoren zeitlich getrennt einwirken. „Es ist wichtig", so schreibt Gough[2], „zu erkennen, daß diese getrennten Effekte sich nicht lediglich addieren, und den Grund hierfür richtig einzuschätzen". Bei der gewöhnlichen Korrosionsprüfung wird die Probe einer Beanspruchung unterworfen werden, wobei die Bedingungen im wesentlichen *statischer* Natur sind. Dabei ist es eine allgemeine Erfahrung, daß der Angriff durch die Gegenwart des entstehenden Korrosionsproduktes gehemmt oder völlig unterbunden wird. Wird eine Wechselbeanspruchung überlagert, so wird es dadurch möglich werden, den schützenden Film zu unterbrechen oder durchlässiger zu machen und die anderen Korrosionsprodukte schließlich zu entfernen. Aus diesem Grunde kann man die Wechselbeanspruchungen als ein indirektes Mittel der Korrosionsbeschleunigung bezeichnen. Andererseits gibt die korrosive Pittingbildung in der Oberfläche Anlaß zur Erhöhung der Wirkung mechanischer Spannungsanhäufungen, so daß die Korrosion als ein Mittel zur Erhöhung vorhandener Beanspruchungen bezeichnet werden kann. Von diesen beiden beschleunigenden Faktoren ist der der Wechselbeanspruchung der Korrosionsprodukte gewöhnlich der wichtigere im allgemeinen Fall der Korrosionsermüdung.

---

[1] Da die zur Ermittlung der wahren Ermüdungsgrenze erforderliche Zeit groß ist, finden diejenigen Versuche besonderes Interesse, die eine nährungsweise Ermittlung dieser Grenze durch einen Kurzzeitversuch liefern. Es sei in diesem Zusammenhang auf die „Übernachtprobe" von H. F. Moore und H. B. Wishart [Pr. Am. Soc. Test. Materials **33** II (1933) 334] hingewiesen.

[2] Gough, H. J.: J. Inst. Met. **49** (1932) 18.

„In vielen Fällen der Korrosionsermüdung ist derjenige Anteil des Metalls, der in Korrosionsprodukte übergeht, äußerst gering, so daß gewisse zu Bruch gegangene Laboratoriumsproben ihre blanke Oberfläche unvermindert beibehalten, während ihr Ermüdungswiderstand eine wesentliche Herabsetzung erfahren hat. Der ernste Schaden ist durch scharfe tiefgehende Pittings oder Risse hervorgerufen worden, die unter der kombinierten Einwirkung aufgetreten sind."

Tatsächlich ist die Korrosion von größerem Einfluß auf die bei der gewöhnlichen Ermüdungsprüfung erhaltenen Ergebnisse, als manchmal angenommen worden ist. In sorgfältigen Untersuchungen von GOUGH und SOPWITH[1] und von anderen ist festgestellt worden, daß unter Vorsichtsmaßregeln durchgeführte Ermüdungsprüfungen — um Sauerstoff, Feuchtigkeit und alle übrigen korrosiven Einflüsse, soweit als irgend möglich, auszuschließen — wesentlich höher liegende Kurven als in Luft unter gewöhnlichen Bedingungen angestellte Prüfungen liefern. Es besteht kaum ein Zweifel darüber, daß viele der vor Erkennung dieses Faktors für die *„Ermüdungsgrenze"* angegebenen Werte zu niedrig sind[2].

Beziehung zwischen Korrosionsermüdung und beanspruchungsfreier Korrosion. Viele Erscheinungen der Korrosionsermüdung gehen denen der belastungsfreien Korrosion parallel. Die nachstehend genannten Erscheinungen mögen als Beispiel dienen:

1. Der Ausschluß von Sauerstoff, der die beanspruchungsfreie Korrosion von Eisen oder Stahl durch Salzlösungen wesentlich verzögert, setzt, wie BINNIE[3] festgestellt hat, die Korrosionsermüdung in einer Tropfrinne für Salz herab.

2. Die Chrom-Nickel-Stähle, die der beanspruchungsfreien Korrosion einen so guten Widerstand entgegensetzen, sind den gewöhnlichen Kohlenstoffstählen oder den legierten Stählen im Hinblick auf die Korrosionsermüdung wesentlich überlegen. Ein hoher Chromgehalt ist in dieser Hinsicht wirksamer als ein hoher Nickelgehalt[4].

3. Zusatz von Chromat zu dem Wasser (das von großem Einfluß im Hinblick auf eine Vermeidung der beanspruchungsfreien Korrosion ist), in das gewöhnliche Kohlenstoffstähle gebracht werden, wirkt gleichfalls im Sinne einer Verminderung der Neigung zur Korrosionsermüdung wie SPELLER, McCORKLE und MUMMA[5] sowie ferner GOULD[6] gezeigt haben.

4. Ebenso wie bei beanspruchungsfreier Korrosion wirken Chloride der inhibierenden Einwirkung der Chromate entgegen und erhöhen die zur Herabsetzung der Korrosionsermüdung erforderliche Chromatmenge.

5. SPELLER und seine Mitarbeiter haben gezeigt, daß die Gegenwart einer Gummiunterlage, die eng um die Mitte der Probe herumgelegt wird, den Angriff lokalisiert und die Neigung zur Korrosionsermüdung erhöht, ein Phänomen, das an gewöhnlichem Stahl in Wasser mit und ohne Inhibitor erzielt wurde.

---

[1] GOUGH, H. J. u. D. G. SOPWITH: J. Inst. Met. **49** (1932) 93.

[2] Das bedeutet nicht, daß es für den Ingenieur eine Sicherheit bedeutet, höhere Werte bei seinen Berechnungen anzunehmen. Im Gegenteil: es sollte ein *zusätzlicher Spielraum* zugelassen werden, da die Bedingungen im Betrieb gewöhnlich viel korrosiver als im Prüfraum sind.

[3] BINNIE, A. M.: Engineering **128** (1929) 190; s. auch H. J. GOUGH u. D. G. SOPWITH: J. Inst. Met. **56** (1935) 55.   [4] GOUGH, H. J.: J. Inst. Met. **49** (1932) 36.

[5] SPELLER, F. N., I. B. McCORKLE u. P. F. MUMMA: Pr. Am. Soc. Test. Mat. 28 II (1928) 159, **29** II (1929) 238.   [6] GOULD, A. J.: Engineering **138** (1934) 79.

Es trat auch bei nichtrostendem Chromstahl auf und ist der Rißbildung bei beanspruchungsfreier Korrosion analog (s. S. 528).

6. Ein kathodischer Schutz, der eine beanspruchungsfreie Korrosion verhindern kann, wird manchmal die Korrosionsermüdung an Stahl herabsetzen, wie BEHRENS[1] gezeigt hat.

Charakteristik der Rißbildung bei Korrosionsermüdung. Es bestehen jedoch einige Unterschiede zwischen der beanspruchungsfreien Korrosion und der Korrosionsermüdung. In der Untersuchung von GOUGH und SOPWITH[2] an Aluminiumproben (die aus einem oder zwei großen Krystallen bestehen) scheinen die auf der Oberfläche erhaltenen erkennbaren Korrosionspittings keine direkte Verbindung mit dem Ermüdungsbruch zu haben. Der Korrosionsermüdungsbruch, der so klar in vielen der GOUGHschen Photographien[3] zum Ausdruck kommt, ist gewöhnlich ein enger Riß mit einem scharf ausgeprägten Abschluß. An Einkrystallproben von Aluminium haben GOUGH und SOPWITH[4] festgestellt, daß „bevorzugte Korrosion an den vorher gebildeten Gleitflächen ein Faktor von größter Bedeutung bei den Fehlleistungen der Probe ist. Hierdurch wurde eine große Zahl (40 oder 50 wenigstens) sehr langer und eine Menge kleiner Risse hervorgerufen, die in nahezu sämtlichen Fällen parallel zu den Gleitebenen verlaufen (und ihre Richtung bei Richtungsänderungen der Gleitebenen ändern) und im Gebiete maximaler Scherspannung am stärksten konzentriert sind. Sie stehen so in direkter Beziehung zur Krystallstruktur der Probe und zur Art der angewandten Beanspruchung. Prüfungen eines Querschnittes der gebrochenen Probe haben ergeben, daß viele der hauptsächlichsten Risse in ein verwickeltes Netzwerk sehr feiner Risse einmünden. Ein derartiges Bruchbild ist früher bei Ermüdungsversuchen nicht beobachtet worden und kann wahrscheinlich als ein besonderes Charakteristikum der Korrosionsermüdung angesprochen werden".

Die Versuche von GOUGH, COX und SOPWITH[5] mit Zweikrystallproben von Aluminium haben deutlich gezeigt, daß der Bruch nicht den interkrystallinen (intergranularen) Grenzen folgt, wie früher angenommen wurde. Tatsächlich war nirgends an den Grenzen eine intensivierte Korrosion erkennbar. Versuche von GOUGH und FORREST[6] an Aluminiumproben, die vier bis sechs Krystalle enthalten, haben ähnliche Ergebnisse gezeitigt. Ob feinkörnige Aggregate die gleichen Ergebnisse liefern würden, müssen zukünftige Untersuchungen zeigen. Eine von STÄGER[7] veröffentlichte Aufnahme scheint sicher zu zeigen, daß die Korrosionsermüdung an Eisen längs der Korngrenzen beginnt. An Blei haben HAIGH und JONES[8] gezeigt, daß der Bruch am Rande interkrystallin ist, während die innere Oberfläche des Bruches einen abweisenden Habitus besitzt. Ein Teil der Kontroversen darüber, ob die Brüche interkrystalliner Natur sind, dürfte auf den oft unscharf benutzten Ausdruck zurückzuführen sein. Nach

[1] BEHRENS, O.: Mitt. Wöhler-Inst. **1933** Heft 15.

[2] GOUGH, H. J. u. D. J. SOPWITH: Pr. Roy. Soc. A **135** (1932) 392; J. Inst. Met. **52** (1933) 57.   [3] GOUGH, H. J.: J. Inst. Met. **49** (1932) 32, 80.

[4] GOUGH, H. J. u. D. G. SOPWITH: Pr. Roy. Soc. A **135** (1932) 409.

[5] GOUGH, H. J. u. H. L. COX u. D. G. SOPWITH: J. Inst. Met. **54** (1934) 193.

[6] GOUGH, H. J. u. G. FORREST: J. Inst. Met. **58** (1936) 97.

[7] STÄGER, H.: Korr. Met. **11** (1935) 85.

[8] HAIGH, B. P. u. B. JONES: J. Inst. Met. **43** (1930) 271.

Rawdon[1] folgen Korrosionsbrüche bei geglühtem Aluminium, obgleich sie interkrystallinen Brüchen ähneln, nicht den Grenzen der tatsächlich vorhandenen Körner, sondern dem Netzwerk der an den Grenzen der *primären* Körner vorliegenden Verunreinigungen, die vor der Rekrystallisation vorhanden gewesen sind.

Daß sich die Korrosionsermüdung durch scharf ausgebildete Brüche fortpflanzt, wird auch durch die Untersuchung von Gould[2] bestätigt, der den während der Korrosion von Eisendraht hervorgerufenen Schaden sowohl in Gegenwart als bei Abwesenheit von Wechselbeanspruchung untersucht hat. Dabei wurden die Schädigungen in viererlei Weise ermittelt:

1. durch den Gewichtsverlust der Probe,
2. durch den Verlust an elektrischer Leitfähigkeit,
3. durch den Verlust an Zugfestigkeit,
4. durch den Verlust an Ermüdungsfestigkeit.

Wird der Gewichtsverlust oder die Abnahme der elektrischen Leitfähigkeit als Kriterium für den eingetretenen Schaden benutzt, so führt die Wechselbeanspruchung nach Gould zu keiner Steigerung in der Schädigung über den Wert hinaus, der bereits in ihrer Abwesenheit durch die Korrosion hervorgerufen wird. Die Prüfung unter Berücksichtigung der Änderung der Zugfestigkeit führt zu keinen eindeutigen Ergebnissen. Wird dagegen die Änderung der Ermüdungsfestigkeit als Kriterium genommen, so zeigt es sich, daß die Überlagerung der Wechselbeanspruchung während der Korrosion zu einer wesentlichen Erhöhung des Schadens führt. Offenbar ist dieser mit irgendeiner Art von Hohlräumen verknüpft, was praktisch mit keiner Vergrößerung des Gewichtsverlustes oder einer Abnahme der elektrischen Leitfähigkeit, wohl aber mit einem erheblichen Verlust an Ermüdungsfestigkeit verbunden ist. Der einzige Hohlraumtyp, der diese Bedingungen erfüllt, ist der enge, scharf endende Bruch. Dieser Typ verursacht, selbst wenn er nicht weit ins Metall eindringt, eine erhebliche Materialschwächung infolge Spannungsanhäufung. Er ruft dagegen keinen großen Materialverlust hervor, vorausgesetzt, daß er eng ist. Weiterhin wird er, sofern er nicht weit ins Innere des Metalls eindringt, von keinem großen Verlust an elektrischer Leitfähigkeit begleitet sein. So führt die Gouldsche Untersuchung zu den gleichen Schlüssen, wie die Arbeiten von Gough, wenngleich auch mit einer anderen Methode.

Mechanismus der Rißausbreitung. Über die Art und Weise, in der sich Korrosionsermüdungsrisse in dem Metall ausbreiten, hat Evans[3] folgende Ansicht entwickelt: Betrachten wir einen kleinen Hohlraum, der sich nach der Oberfläche einer metallischen Probe, die einer Wechselbeanspruchung unterworfen ist, öffnet, wobei es ohne Bedeutung ist, ob der Hohlraum ursprünglich vorhanden war oder erst im Verlaufe der Korrosion entstanden ist. Die Wahrscheinlichkeit für einen weiteren Angriff ist am Boden des Hohlraumes am größten, da an dieser Stelle die größten Kräfte verfügbar sein werden, um irgendeinen dort etwa gebildeten, schützenden Film zu zerstören oder, soferne kein Film vorhanden ist, dort eine Gitterstörung hervorzurufen und damit das Metall weniger widerstandsfähig zu machen. Unabhängig davon, ob das

---

[1] Rawdon, H. S., A. I. Krynitsky u. J. F. T. Berliner: Chem. met. Eng. **26** (1922) 154.

[2] Gould, A. J.: Engineering **138** (1934) 79. — Evans, U. R.: J. Inst. Met. **54** (1934) 222.

[3] Evans, U. R.: J. Inst. Met. **49** (1932) 116; Trans. North East Coast Inst. Eng. **51** (1935) D 106; vgl. W. N. Thomas: Trans. North East Coast Inst. Eng. **51** (1935) D 121.

angreifende Agens zur Ausbildung eines Filmes befähigt ist oder nicht, wird sich das Loch in dieser Richtung bevorzugt gegenüber jeder anderen Richtung verlängern und die Neigung zur Zuspitzung zeigen. Die an dem zugespitzten Ende des Risses fortschreitende Korrosion wird einen schützenden Einfluß auf die ringsherum liegenden Gebiete ausüben und automatisch die Korrosionswahrscheinlichkeit in den angrenzenden Zonen herabsetzen, was gegen eine ernstliche Ausweitung des Risses spricht. Ist ein Hohlraum somit eng und zugespitzt geworden, so wird er auch dazu neigen, eng zu bleiben und fortschreitend in der in Abb. 72a angedeuteten Weise in das Metall einzudringen. Naturgemäß wird es bei weiterer Ausbildung zu geringfügigen Abweichungen von der Geradlinigkeit kommen, die durch die krystallographischen Richtungen in den verschiedenen durchlaufenen Körnern, durch die Gegenwart bereits

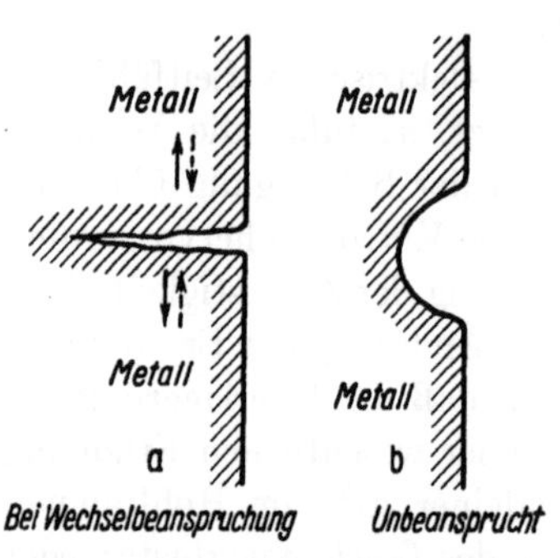

Abb. 72. Typen von Korrosionshohlräumen. (Schematische Darstellung.)

früher entstandener Risse, Hohlräume oder Fremdstoffe, durch das Vorhandensein korrosionsempfindlicher, ungeordneter Substanz an Gleitebenen oder durch andere Umstände bedingt sind. Das Ergebnis wird ein enger, zickzackförmiger Riß mit scharf zugespitztem Abschluß sein, der durch Konzentrierung der Spannungen dazu beitragen wird, das Material zu schwächen und den Riß selbst dann weiter in die Probe hineinzutreiben, wenn er ein Stadium erreicht hat, in dem die elektrochemische Korrosion infolge der Erhöhung des Widerstandes im elektrischen Stromkreis gering wird. So wird sich der Riß nach innen hin fortpflanzen, wobei der Mechanismus allmählich immer weniger elektrochemischer und mehr mechanischer Natur wird, bis es endlich zum Bruch kommt.

Das Aussehen der durch Korrosionsermüdung hervorgerufenen Risse steht in markantem Gegensatz zu den näpfchenförmigen Löchern, die infolge differentieller Belüftung im beanspruchungsfreien Zustande hervorgerufen werden. Diese mikroskopisch kleinen, näpfchenförmigen Pittings treten bei einigen der von LEWIS untersuchten Proben, die in Luft und Wasser enthaltenden Röhren geschüttelt wurden, deutlich hervor (s. S. 618). In Abwesenheit einer Beanspruchung besteht für das Metall keine besondere Neigung, am Boden bevorzugt gegenüber anderen Stellen des Hohlraumes, angegriffen zu werden. Tatsächlich sprechen auch Überlegungen hinsichtlich des elektrischen Widerstandes gegen die Bildung tiefer und enger Risse. Wahrscheinlichkeitsbetrachtungen lassen ein rundes, flaches Loch etwa in der durch Abb. 72b angedeuteten Form erwarten. Mikroskopische Untersuchungen haben gezeigt, daß diese Pittingform im allgemeinen entsteht. Korrosionsermüdungsrisse sind nicht das Ergebnis differentieller Belüftung und können sich selbst dann fortentwickeln, wenn die Konzentration des Sauerstoffes in den Pittings gleichförmig wäre. Tatsächlich ist es hinreichend wahrscheinlich, daß der meiste für die kathodische Reaktion erforderliche Sauerstoff in der Nähe oder an der Außenseite des Hohlraummundes verbraucht wird, während die anodische Reaktion unter vergleichsweise anaeroben Bedingungen im Scheitelpunkt fortschreitet. Das ist jedoch nicht die Ursache für den Fortgang der Rißbildung.

Tatsächlich würde eine differentielle Belüftung, wenn sie ohne mechanische Beanspruchung wirksam wäre, zu einem Loch von anderem Habitus führen.

McAdam, Gould und andere Experimentatoren haben angegeben, daß korrosive Flüssigkeiten, die die Ermüdungsfestigkeit bei niedrigen Beanspruchungen wesentlich herabsetzen, den Bruch in manchen Fällen bei hohen Beanspruchungen verzögern, was wahrscheinlich darauf beruht, daß die Proben kühl gehalten werden (s. z. B. die Kurve für den 1,09%igen Kohlenstoffstahl in Abb. 73 auf S. 524). Der Kühleffekt wird bei mechanischer Beanspruchung wichtiger als der korrosive Einfluß sein, wenn diese selbst bei Abwesenheit von Korrosion rasch zu Bruch führt; er ist jedoch weniger wichtig bei geringen Beanspruchungen, bei denen die Korrosion Zeit zur Ausbildung hat. In ähnlicher Weise zeigte Matthew[1], daß die Ermüdungsfestigkeit beim Abschleifen oder durch Korrosion während einer gewöhnlichen Ermüdungsprüfung wesentlich herabgesetzt wird. Läßt man beide Faktoren gleichzeitig einwirken, so wird die Festigkeit kaum unter den Wert herabsinken, der bei alleiniger Einwirkung der Korrosion erhalten wird, was wahrscheinlich darauf beruht, daß das chemische Agens als schmierendes oder kühlendes Mittel wirkt und den Schleifeffekt aufhebt.

Einfluß zeitlich zurückliegender Korrosion oder mechanischer Einkerbung auf die Festigkeit. Während mechanische Wechselbeanspruchung und Korrosion die rascheste Zerstörung hervorrufen, wenn sie *gleichzeitig* einwirken, können Einkerbungen, die infolge einer *vorhergehenden* chemischen Einwirkung vorhanden sind, die Ermüdungsfestigkeit der Metalle selbst dann weitgehend herabsetzen, wenn sie in einer nichtkorrosiven Atmosphäre bestimmt wird. Diese Frage ist von McAdam und Clyne[2] eingehend untersucht worden, wobei sich ergab, daß der Verlust an Ermüdungsfestigkeit für ein gegebenes Material mit der Zeit, die die Korrosion zurückliegt, ansteigt: der Anstieg erfolgt zuerst rasch, dann langsam. Wurde hartes Wasser verwendet, so zeigte sich eine ziemlich rasche Schwächung innerhalb der ersten Woche, jedoch überstieg die nach 100 Tagen erreichte Schwächung kaum den nach 50 Tagen erreichten Betrag. Andererseits erwies sich der an Stählen hoher Zugfestigkeit ermittelte Verlust der Ermüdungsfestigkeit als außerordentlich viel größer als der an Stählen niedriger Zugfestigkeit erhaltene. Nach einer Korrosion von 50 Tagen verlor ein Stahl mit einer Zugfestigkeit von 28,12 kg/mm² nur 15% seiner Ermüdungsfestigkeit, während ein Stahl mit einer Zugfestigkeit von 140 kg/mm² in der gleichen Zeit 50% seiner Ermüdungsfestigkeit einbüßte. Die gleiche Beziehung ist an Aluminiumlegierungen festgestellt worden. Es ist einleuchtend, daß der Schwächungseffekt durch die Einkerbungen und die entstandenen Pittings, die durch eine vorhergehende Korrosion hervorgerufen worden sind, an solchen Metallen von viel ernsthafterer Natur ist, die im nichtkorrodierten Zustande eine hohe Zugfestigkeit besitzen.

Dieses Verhalten stimmt damit überein, daß die harten, elastischen Metalle im ganzen gesehen empfindlicher gegenüber dem Einfluß mechanischer Einkerbungen sind. Es ist wohl bekannt, daß die Metalle untereinander hinsichtlich ihrer Kerbempfindlichkeit (d. i. die Herabsetzung der durch Kerbe hervorgerufenen Ermüdungsfestigkeit) sehr stark unterschieden sind. Weiches

---

[1] Matthew, T. U.: J. Roy. techn. Coll. **3** (1936) 636.
[2] McAdam, D. J. u. R. W. Clyne: Bur. Stand. J. Res. **13** (1934) 527.

graues Gußeisen wird manchmal als „*kerbgesättigt*"[1] beschrieben. Die bereits längs der großen Graphitflecken vorhandenen Schwächungszonen sind so erheblich, daß zusätzliche Kerbe keine weitere Schwächung hervorrufen. Wie Föppl[2] und Bacon[3] festgestellt haben, sind die elastischen Metalle, die dem Hookeschen Gesetz über ein bedeutendes Intervall der Beanspruchung gehorchen, in hohem Maße kerbempfindlich. Im Falle einiger wärmebehandelter legierter Stähle wird der Ermüdungswiderstand selbst durch flach verlaufende Schleifkratzer ernsthaft verschlechtert. Er kann durch ernstliche mechanische Schädigungen im Sinne einer Spannungsanhäufung, wie scharf abgesetzte Vertiefungen, plötzliche Querschnittsveränderungen oder kleine querverlaufende Löcher, um 60% herabgesetzt werden[4]. In derartigem Material ist zu erwarten, daß die von vorhergehender Korrosion zurückgebliebenen Kerben die Ermüdungsfestigkeit herabsetzen, was McAdam und Clyne bestätigen. Materialien, die rasch der plastischen Verformung unterliegen und so automatisch eine erfolgte Beanspruchung abschwächen, sind nicht kerbempfindlich.

Die Berechnung des Spannungsverlaufes an einem Kerb ist mathematisch schwierig. Es besteht ein begreiflicher Wunsch, eine Vorstellung von der experimentellen Größe dieses Effektes zu haben. Eine durch Coker und Filon[5] ausgebildete Methode beruht auf dem sog. *photoelastischen Effekt*. Eine Kerbe der zu untersuchenden Form wird in ein Modell aus durchsichtigem Celluloid oder aus ähnlichem Material geschnitten, das darauf der mechanischen Beanspruchung unterworfen wird. Derartige Materialien, die im spannungsfreien Zustand isotrop sind, werden bei Beanspruchung anisotrop und zeigen Farben bei Beobachtung im polarisierten Licht, wobei der Farbcharakter durch den Grad der Beanspruchung bestimmt wird. Die Verteilung der Farbzonen gibt eine Vorstellung von der Größenordnung der Beanspruchung um die Vertiefungen herum, entsprechend den Farben einer konturierten Landkarte zwecks Aufweisung der Höhenverteilung. Die Methode ist jedoch besser zum Studium der zweidimensionalen als der dreidimensionalen Verteilung heranzuziehen.

Eine Vorstellung von der Verteilung und der Richtung der elastischen Kräfte in Metallen kann auch durch eine sehr einfache auf Portevin und Cymboliste[6] zurückgehende Methode erhalten werden. Zu diesem Zweck wird die Probe mit einem Überzug eines Speziallacks versehen, der hinreichend adhärierend ist, um den Verformungen im Metall zu folgen, der jedoch andererseits hinreichend spröde ist, um zu reißen, ehe diese Kräfte nichtelastischen Charakter annehmen. Es wird so ein Abbild dünner gekrümmter Risse erhalten, die überall senkrecht zur Richtung der Maximalausdehnung des Metalls liegen. Die Form dieser Bilder ist außerordentlich instruktiv.

Eine vorhergehende Korrosion schwächt auch die Widerstandsfähigkeit gegenüber einer einfachen Zugbeanspruchung. Herzog und Chaudron[7]

---

[1] Moore, H. F., S. W. Lyon u. N. P. Inglis: Univ. Illinois Bl. Nr. 164 (1927); s. auch R. F. Peterson: Trans. Am. Soc. mechan. Eng. (1933) A.P.M. 55—19, S. 157.

[2] Föppl, O.: Z. Vereins deutsch. Ing. **74** (1930) 1391; s. auch Metallurgist **7** (1931) 13.

[3] Bacon, F.: Trans. North East Coast Inst. Eng. **51** (1935) 216.

[4] Von verschiedenen Seiten wird angenommen, daß Einschlüsse im Stahl im Sinne einer Spannungserhöhung wirken können; s. hierzu Metallurgist **8** (1932) 97.

[5] Coker, E. G. u. L. N. G. Filon: A Treastise on Photo-elasticity. Cambridge 1931.

[6] Portevin, A. u. M. Cymboliste: Rev. Mét. **31** (1934) 147.

[7] Herzog, E. u. G. Chaudron: C. r. **196** (1933) 2002.

ordnen die Korrosion der Leichtmetalle (der Duralumin-Klasse) in drei Typen ein:

1. gleichförmiger Angriff, der praktisch keinen mechanischen Schaden hervorruft;

2. Korrosion durch Lochbildung, die zu einem Verlust an Dehnung, jedoch zu keinem ernsthaften Festigkeitsverlust führt;

3. interkrystalline Korrosion, die beide Eigenschaften verschlechtert.

Es gibt jedoch durchaus auch Fälle, in denen die Korrosion die mechanische Festigkeit erhöht. So konnte PORTEVIN[1] zeigen, daß der Angriff die Kanten von Proben, die vor der Korrosion eine scharfe Kerbe erhalten, in manchen Fällen abrundet und so den Widerstand gegenüber Schlag und Wechselbeanspruchung infolge Herabsetzung der Spannungskonzentration tatsächlich verbessert. In ähnlicher Weise finden GARRE und BROSE[2], daß die Dauerfestigkeit von Kupferdrähten durch Ätzen mit Salpetersäure verbessert wird, was möglicherweise auf Entfernung der ursprünglichen Rauheit beruht. Die gleiche Behandlung verringert jedoch die Dauerfestigkeit von Aluminiumdraht.

3. Weitere Beispiele kombinierter Wirkung.

Reibungsoxydation. Eng verknüpft mit der Korrosionsermüdung ist die weitgehend mit Oxydation verknüpfte Zerstörung der Metalle, die mitunter in Maschinenlagern angetroffen wird und im Laboratorium reproduziert werden kann. Hierfür liegen zwei Erklärungen vor:

1. Durch die Abnutzung kann die Oberfläche des Lagers in Metallpulver übergeführt werden, das anschließend oxydiert wird.

2. Die Reibung kann den Oxydfilm, der rasch auf allen Metallen gebildet wird (und der normalerweise den weiteren Angriff hemmt) zur Ablösung bringen, wodurch das darunterliegende Metall der Bildung eines neuen Oxydfilmes ausgesetzt wird, der wiederum entfernt wird, so daß die Zerstörung ungehindert fortschreitet.

Trifft die erste Annahme allein zu, so sollte die Zerstörung an Materialien mit ausgezeichneten mechanischen Eigenschaften am geringsten sein. Besteht dagegen die zweite Deutung ausschließlich zu Recht, so sollte die Zerstörung durch die chemischen Eigenschaften des Metalls, durch seine Umgebung und insbesondere durch die Adhäsionsfähigkeit und die Kompaktheit des Oxydes bestimmt werden. Nach BOWDEN können beide Faktoren gleichzeitig wirksam sein, was durchaus möglich erscheint. BOWDEN und RIDLER[3] haben ermittelt, daß die örtlich durch die Reibung an dem schleifenden Kontakt zwischen den Metallen entstehende Temperatur bei leicht schmelzbaren Metallen bis zum Schmelzpunkt, bei anderen Metallen bis zu einer Temperatur von 1000° ansteigen kann. So ist die Entfernung von Metall und Oxyd sowie die Bildung von frischem Oxyd leicht verständlich. Offenbar bestehen die beiden für das Eintreten eines Schadens notwendigen Faktoren in einer Temperaturerhöhung und in der

---

[1] PORTEVIN, A.: Rev. Mét. **26** (1929) 608.
[2] GARRE, B. u. H. BROSE: Korr. Met. **9** (1933) 334.
[3] BOWDEN, F. P. u. K. E. W. RIDLER: Pr. Cambridge phil. Soc. **31** (1935) 431; Pr. Roy. Soc. A **154** (1936) 640.

Gegenwart von Sauerstoff. ROLL und PULEWKA[1] konnten eine Oxydation durch eine innere Wasserkühlung unter Bedingungen vermeiden, unter denen sie sonst rasch fortschreitet. Andererseits haben FINK und U. HOFMANN[2] zeigen können, daß es zu keiner ernsthaften Schädigung dieser Art kommt, wenn die Reibung in einer Stickstoffatmosphäre erfolgt. Auch Chrom-Nickel-Stahl, der stark adhärierende schützende Oxydfilme bildet, ist relativ immun. Sie geben an, daß der auf dem Metall während der durch das Walzen bedingten Reibung in Gegenwart von Sauerstoff gebildete Film hinreichend dick wird, um Interferenzfarben zu zeigen. Die Filmdicke auf Eisen kann 2000 Å erreichen. Früher oder später wird das Oxyd das Metall jedoch in Form eines feinen Staubes verlassen, der oft seinem Aussehen nach als „Kakao" bezeichnet wird (gelegentlich ist er auch als Rost beschrieben worden, jedoch ist das unexakt, da es ein Produkt trockener Oxydation zu sein scheint). Öl kann die Zerstörung von Lagern infolge Reibungsoxydation nicht verhindern, zweifelsohne deshalb, weil es Sauerstoff löst. Kolloider Graphit hat dagegen zu ermutigenden Ergebnissen geführt, möglicherweise infolge Ausbildung einer sauerstoffausschließenden Schicht[3]. Trotzdem scheint es, daß unter gewissen Umständen eine Oxydation *nach* der mechanischen Schädigung einsetzen kann. THUM und WUNDERLICH[4], die eine Spezialform der Ermüdungsprüfung benutzen, haben eine mechanische Schädigung erzielt, die auf Ermüdung zurückzuführen ist, unabhängig davon, ob Sauerstoff vorhanden war oder weitgehend ausgeschlossen wurde. Die mechanisch geschädigten Stellen oxydierten, wenn sie in Luft gelassen wurden, wobei sie eine dunkelgraue Farbe annahmen, während die ungeschädigten Stellen blank blieben.

SHOTTER[5] hat eine ausgedehnte Studie über Stahl-Saphir-Lager durchgeführt, die in vielen Instrumenten Verwendung finden, wobei er feststellt, daß es in Abwesenheit von Sauerstoff und Wasserdampf selbst nach langer Zeit zu keiner Oxydbildung kommt (manchmal ist der Gedanke geäußert worden, daß der Sauerstoff durch den Saphir geliefert werden könnte). In Gegenwart von Sauerstoff und/oder Wasserdampf setzt die Oxydation rasch ein. In völlig trockenem Sauerstoff ist das Oxyd schwarz; in Gegenwart von Wasserdampf ist es gewöhnlich rot; Druck und Geschwindigkeit sind von Einfluß. Nach ROSENBERG und JORDAN[6] ist die Zerstörung des Stahles bei niedrigen Temperaturen in Abwesenheit von Sauerstoff geringer als in dessen Gegenwart. Bei hohen Temperaturen kann es jedoch zu rascher Abnutzung und zu Rauhwerden kommen, selbst wenn versucht wird, den Sauerstoff auszuschließen. Ausschluß von Sauerstoff ist natürlich ein sehr relativer Begriff. Es besteht noch eine

---

[1] ROLL, F. u. W. PULEWKA: Z. anorg. Ch. **221** (1934) 177. Frühere Versuche, die Oxydation durch Kühlen mittels flüssiger Luft zu verhindern, sind fehlgeschlagen.

[2] FINK, M. u. U. HOFMANN: Metallwirtschaft **13** (1934) 623; Z. anorg. Ch. **210** (1932) 100; Arch. Eisenhüttenwesen **6** (1932/1933) 161; vgl. P. NETTMANN: Korr. Met. **10** (1934) 97; s. auch G. A. TOMLINSON: Pr. Roy. Soc. A **115** (1927) 472.

[3] G. I. FINCH, A. G. QUARRELL u. H. WILMAN [Trans. Faraday Soc. **31** (1935) 1078] haben mit Hilfe der Methode der Elektronenbeugung gezeigt, daß die Krystalltrümmer von kolloidem Graphit mit den Spaltungsgleitebenen parallel zur Grundsubstanz orientiert sind. Anordnungen, die diese Orientierung aufweisen, besitzen höhere Gleitfähigkeit als andere. [4] THUM, A. u. F. WUNDERLICH: Z. Metallk. **27** (1935) 277.

[5] SHOTTER, G. F.: J. Inst. electr. Eng. **75** (1934) 755; über spätere Ergebnisse s. Anhang dieser Arbeit S. 770.

[6] ROSENBERG, S. J. u. L. JORDAN: Bur. Stand. J. Res. **13** (1934) 267.

gewisse Meinungsverschiedenheit darüber, wie weit die Zerstörung von Lagern auf Oxydation zurückzuführen ist. Versuche, die neuerdings durch GOUGH am NATIONAL PHYSICAL LABORATORY durchgeführt werden, müssen mit Interesse verfolgt werden.

Einfluß des Abschleifens auf die Korrosion. Ein hiermit eng verknüpfter Punkt betrifft das grobe oder feine Abschleifen der Proben im Hinblick auf die Korrosion. Wie auf S. 3 ausgeführt worden ist, erfordert eine grob abgeschliffene Eisenprobe eine längere Oxydationszeit an Luft, ehe sie gegenüber Kupfernitratlösung passiv wird, als eine fein abgeschliffene Probe. Für den Rostungsvorgang durch gewöhnliches Wasser, sei es unbewegt oder leicht bewegt, ist der Charakter der Oberfläche nicht wichtig. Er wird sicherlich irgendwo einsetzen und rasch die ursprüngliche Oberfläche zerstören, ganz gleich, ob sie glatt oder rauh gewesen ist. In ziemlich rasch fließendem Wasser jedoch (68,58 m/min), in dem ein Schutz durch Sauerstoff über beträchtliche Oberflächenteile möglich wird, haben WALDRON und GROESBECK[1] feststellen können, daß die Angriffsgeschwindigkeit dann am größten ist, wenn das zur Vorbereitung der Oberfläche verwendete Schleifmittel am gröbsten ist. Nach EVANS[2] neigt glatter Stahl, der mit Nitrocelluloselack oder mit gekochtem Leinöl überzogen und hierauf mit Tropfen von $^1/_2$n-Natriumchloridlösung geprüft wurde, weniger zur Entwicklung von Rostflecken als ein ähnlicher Stahl, der vor dem Überziehen der Oberfläche aufgerauht wurde. Elektrochemische Messungen von VAN WÜLLEN SCHOLTEN[3] haben ergeben, daß die Veredelung des Potentiales durch Sauerstoff an aufgerauhtem Eisen geringer als an glattem Eisen ist. Unter Metallen, die der Atmosphäre ausgesetzt werden, wird das mit einer rauhen Oberfläche versehene oftmals rascher als das mit einer polierten Oberfläche angegriffen werden. Tatsächlich startet der Angriff auf einer recht glatten Oberfläche häufig längs zufälliger Kratzerlinien.

Erosion als Ursache lokalisierter Korrosion. Es sind verschiedene andere Beispiele über die Zerstörung von Metallen durch chemische Korrosion bekannt, die mit mechanischer Erosion verknüpft ist. Wie in Kapitel I ausgeführt worden ist, finden viele Korrosionsvorgänge, die an sich thermodynamisch möglich sind (in dem Sinne, daß sie eine Abnahme der freien Energie bedingen), nicht statt, da sie infolge Selbsthemmung durch Ausbildung eines schützenden Korrosionsproduktes rasch zum Stillstand kommen. Wird die Oberfläche an irgendeiner Stelle ständig abgeschliffen, so wird das Korrosionsprodukt ebenso rasch entfernt wie es gebildet wird, der Angriff wird also fortschreiten können. Tatsächlich wird der Angriff unter diesen Bedingungen dort, wo es sich um einen elektrochemischen Mechanismus handelt, außergewöhnlich intensiviert werden. Untersuchungen, die EVANS[4] mit 36 Kombinationen von Metallen und Flüssigkeiten durchgeführt hat, haben ergeben, daß abgeschliffenes Metall oftmals anodisch gegenüber dem gleichen nicht abgeschliffenen Metall wird, was auf die Entfernung des schützenden Filmes zurückzuführen ist. Der zwischen dem abgeschliffenen und dem nicht abgeschliffenen Metall fließende Strom ist im allgemeinen am größten in denjenigen Fällen, in denen der Angriff bei nicht

[1] WALDRON, L. J. u. E. C. GROESBECK: Pr. Am. Soc. Test. Mat. **34** II (1934) 127.

[2] EVANS, U. R.: Trans. Am. electrochem. Soc. **55** (1929) 251.

[3] VAN WÜLLEN SCHOLTEN, W.: Arch. Eisenhüttenwesen **2** (1929) 525.

[4] EVANS, U. R.: J. Inst. Met. **33** (1925) 32.

abgeschliffenem Metall der Selbsthemmung unterliegen würde. Man wird infolgedessen dort, wo ein fortgesetztes Abschleifen an einem einzelnen Punkt einer großen eingetauchten Oberfläche erfolgt, jene Kombination von kleinen anodischen und großen kathodischen Gebieten vor sich haben, die so oft zu intensivem lokalisierten Angriff führt.

Korrosion und Erosion infolge von Vakuumhohlräumen. Eine besondere Form kombinierter Wirkung tritt dann ein, wenn Vakuumhohlräume die metallische Oberfläche erreichen. Derartige Hohlräume können in fließendem Wasser auftreten, wenn der hydrodynamische Druck unter den Dampfdruck herabsinkt. Fließt Wasser durch ein örtlich verengtes Glasrohr hindurch, so wird das Wasser an der engsten Stelle undurchsichtig, vorausgesetzt, daß die Strömungsgeschwindigkeit einen gewissen Wert überschreitet. Diese Undurchsichtigkeit ist auf Vakuumhohlräume zurückzuführen, wobei sich die undurchsichtige Region bis auf einige Millimeter außerhalb der Verengung ausdehnen kann. Der Zusammenbruch der Blasen (infolge Kondensation des Dampfes, aus dem sie bestehen) erfolgt in dem Augenblick, in dem sie ein Gebiet hohen Druckes erreichen und ist von einer außerordentlich großen lokalen Energiekonzentration begleitet. Treffen sie auf eine metallische Oberfläche oder auf irgendeine andere Fläche auf, so können sie eine empfindliche Zerstörung hervorrufen.

Ein auf eine Metalloberfläche auftreffender Vakuumhohlraum kann auf zweierlei Weise zusammenbrechen. Der die Begrenzung der Blase bildende Wasserwall kann auf dem Metall zusammengedrückt werden und für einen kurzen Moment einen außerordentlichen Druck — vielleicht 10000 at — hervorrufen, wie COOK[1] berichtet hat. Hierdurch wird eine mechanische Schädigung hervorgerufen (Effekt des sog. Wasserhammers). Andererseits kann der Oberflächenfilm aus Oxyd oder Korrosionsprodukten von seiner metallischen Basis fortgedrängt werden und so der chemischen Korrosion die Möglichkeit für ihren Fortgang schaffen, während es im anderen Falle zur Selbsthemmung kommen würde.

Sehr instruktiv sind die von SCHRÖTER[2] durchgeführten Versuche, in denen verschiedene Materialien dem Hohlraumeffekt in einer besonderen Form einer verengten Röhre, die die Ermittlung der Druckverteilung gestattet, unterworfen wurden. Unter den untersuchten Materialien befand sich Bakelit, der der mechanischen Schädigung besonders unterlag, ferner Metalle, wie Gußeisen, Messing, Aluminium und Blei. Wurde Blei der Prüfung unterworfen, so zeigte es sich, daß die Oberfläche zuerst aufgerauht wurde, so, als ob es wiederholt mit kleinen Hämmern geschlagen worden wäre. Diese offenbar auf dem mechanischen Wasserhammereffekt beruhende Veränderung trat *allmählich* ein. Das nächste Stadium dagegen trat ganz *plötzlich* ein und rief sehr schnell ausgesprochene Löcher hervor, die zuerst einzeln auftraten und sich dann ausbreiteten, bis sie miteinander zusammentrafen. Dieses plötzlich eintretende Phänomen ist als der Beginn der eigentlichen Korrosion anzusprechen. Nach dem weiter oben dargelegten Mechanismus setzt die Korrosion ein, sobald der schützende Film vom Metall entfernt worden ist. Ist dieses Stadium eingetreten, so wird eine Hemmung unwahrscheinlich, der chemische Angriff kann dann rasch fortschreiten.

---

[1] COOK, S. S.: Pr. Univ. Durham phil. Soc. 8 (1929) 88.
[2] SCHRÖTER, H.: Z. Vereins deutsch. Ing. 77 (1933) 865.

B. Fragen der Praxis.

1. Einfluß der mechanischen Beanspruchung auf die Korrosion.

Der „Altersriß" bei Messing. Verschiedene Beispiele von Zerstörungen, die durch mechanische Beanspruchungen, seien sie innerer oder äußerer Art, beschleunigt werden, sind in den vorhergehenden Kapiteln besprochen worden. Innere Spannungen begünstigen oftmals dadurch die intergranulare Zerstörung, daß die Körner im Verlaufe der Korrosion aus ihrer Gleichgewichtslage herausgedrängt werden und so den Weg für die korrosiven Agenzien freimachen, wodurch eine Selbsthemmung des Angriffes verhindert wird.

Der sog. „Altersriß" von Messing ist eine Erscheinung, die nur dann auftritt, wenn sich die Legierung im Zustand innerer Spannung befindet, die von einer Kaltbearbeitung herrührt. Dieser Spannungszustand bildet sich aus, wenn heftig bearbeitete und unvollkommen geglühte Messinggegenstände, wie beispielsweise Patronenhülsen, in einer warmen Atmosphäre gelagert werden, die Spuren von Ammoniak enthält. In der Nähe von Ställen und Pferden ist Ammoniak, insbesondere in warmen Ländern, ein wesentlicher Bestandteil der Atmosphäre. In England findet es sich häufig in Salzform. Nach VERNON[1] kommen Schwefeldioxyd und Ammoniak in der britischen Atmosphäre zusammen vor, wobei das erstere gewöhnlich im Überschuß vorhanden ist, wenngleich auch gelegentlich Ammoniak vorherrscht. OWENS[2] konnte in einer Ablagerung Krystalle von Ammoniumsulfat feststellen, die während eines Nebels in Cheam entstanden war, während das gleiche Salz nach NEW[3] eine Hauptkomponente des sich oft auf Lacken ausbildenden Überzuges ist.

Wird kaltbearbeitetes Messing einer ammoniakhaltigen Atmosphäre ausgesetzt, so scheint das Ammoniak seinen Angriff bevorzugt auf das intergranulare Material zu richten; die Körner werden dann infolge von Spannungen auseinandergezerrt, so daß es zu ernsteren Brüchen kommt. Wird das Messing in geeigneter Weise geglüht, um die inneren Spannungen zu beseitigen, so bleiben interkrystalline Brüche aus.

Diese Fragen sind sehr eingehend von MOORE, BECKINSALE und MALLINSON[4] studiert worden. Hiernach kann Glühen des kaltbearbeiteten 70/30-Messings während einer Stunde bei 275° die gefährlichen Spannungen in den meisten Fällen ohne nennenswerten Härteverlust praktisch zufriedenstellend beseitigen. Bei 60/40-Messing werden die inneren Spannungen noch leichter ausgeglichen; so hat HEYN[5] festgestellt, daß ein Glühen während 3 Stunden bei 100° hinreichend ist, was durch Beobachtungen von BECKINSALE[6] eine Bestätigung gefunden hat.

Es ist nicht ganz sicher, warum Ammoniak diese selektive Wirkung auf das Material längs der Korngrenzen ausübt. Die meisten anderen korrosiven Agenzien zeigen keine bevorzugte Einwirkung auf diese Zone. Wirkt beispielsweise

---

[1] VERNON, W. H. J.: J. Inst. Met. **49** (1932) 113.

[2] OWENS, J. S.: J. Inst. Met. **48** (1932) 137.

[3] G. F. NEW, zitiert bei W. H. J. VERNON: J. Inst. Met. **48** (1932) 130, Fußnote.

[4] MOORE, H., S. BECKINSALE u. C. E. MALLINSON: J. Inst. Met. **23** (1920) 225, **25** (1921) 35, **27** (1922) 149, **29** (1923) 285; s. auch W. ROSENHAIN: Trans. Faraday Soc. **17** (1921) 2. — HATFIELD, W. H.: Trans. Faraday Soc. **17** (1921) 36. — MASING, G.: Z. Metallk. **16** (1924) 257, 301.   [5] HEYN, E.: J. Inst. Met. **12** (1914) 21.

[6] BECKINSALE, S.: J. Inst. Met. **29** (1923) 296.

Salpetersäure auf kaltbearbeitetes Messing ein, so kann es in Lösung gehen, ohne daß sich irgendein Bruch oder Anzeichen eines besonderen intergranularen Angriffes bemerkbar machen. Eine Ausnahme bilden die Quecksilbersalze, die im Hinblick auf die Ausbildung eines intergranularen Angriffes in Gegenwart innerer Spannungen außerordentlich wirksam sind, wie Rawdon[1] gezeigt hat. Moore und seine Mitarbeiter haben feststellen können, daß eine 1%ige Lösung von Quecksilber(I)-nitrat (die 1% freie Salpetersäure enthält) geeignet ist, um festzustellen, ob in einer Messingprobe gefährliche Spannungen vorhanden sind. Einige der durch die Quecksilber(I)-nitratlösung ausgelösten Wirkungen sind einigermaßen erstaunlich: Wird ein kaltbearbeiteter Messingstab einer Quecksilber(I)-nitratlösung ausgesetzt, so wird er rasch wie ein Bambusstab zerfasert werden. Desch[2] beschreibt, wie ein kaltbearbeitetes Stück Messing, das mit einer Quecksilbersalzlösung in Berührung gebracht wird, zerfällt; oftmals ist dieser Vorgang von einem lauten Knall begleitet.

Die vorstehenden Bemerkungen beziehen sich wesentlich auf α- und $\alpha\beta$-Messing. Eine besondere Korngrenzenschwäche ist jedoch vor allem für β-Messing charakteristisch, das unter Schlagbeanspruchung längs der interkrystallinen Grenzen zum Bruch neigt. Vor einer Reihe von Jahren hat Desch[3] gezeigt, daß ein derartiges Messing dann, wenn es mit Quecksilber(I)-nitratlösung befeuchtet und hierauf in Quecksilber getaucht wird, im Verlaufe weniger Sekunden völlig in getrennte polyedrische Körner zerfällt.

Einfluß von Spannungen auf die Korrosion anderer Metalle. Zink wird gleichfalls in gewissem Ausmaße durch Restspannungen beeinflußt. So erwähnt Brownsdon[4], daß die in kleinen Trockenbatterien benutzten Rohre rascher durchlöchert werden, wenn sie im hartgezogenen anstatt im geglühten Zustande verwendet werden. In diesem Fall wird mehr die Verteilung der Korrosion als der Gesamtbetrag an zerstörtem Material beeinflußt. Erfreulicherweise sind viele Materialien relativ unempfindlich gegenüber den Nachwirkungen der Kaltbearbeitung. So beeinflußt nach Rawdon[5] die Kaltbearbeitung von Duraluminblechen nicht wesentlich deren Empfänglichkeit für eine Brüchigkeit infolge von interkrystallinem Angriff bei einer Exposition gegenüber der Atmosphäre, sofern richtig wärmebehandelt worden ist.

Spannungen, seien es innere (Restspannungen) oder äußere (angewendete), sind nicht ohne Einfluß auf die Korrosion des Stahles. So stellen derartige Spannungen bei Schiffen fast sicher eine Schadensquelle dar, wobei diese Erscheinung jedoch teilweise mit einem lokalen Abbrechen des Sinters verknüpft ist. Die kaustische Brüchigkeit von Kesselstahl wird durch Spannungen wesentlich begünstigt. Innere Spannungen bei Konstruktionen müssen als *zusätzlich* zu den angewandten Beanspruchungen betrachtet werden, was nach Hatfield[6] von den Benutzern manchmal nicht berücksichtigt wird. Die Spannungen sind besonders ernsthaft um die Nietlöcher herum, insbesondere dann, wenn die genieteten Platten dünn sind; das gleiche gilt für solche Schnitt-

---

[1] Rawdon, H. S.: Pr. Am. Soc. Test. Mat. 18 II (1918) 189.
[2] Desch, C. H.: Chem. Age 31 (1934) 397.
[3] Siehe C. H. Desch: The Chemistry of Solids. New York 1934, S. 67.
[4] Brownsdon, H. W.: J. Inst. Met. 57 (1935) 251.
[5] Rawdon, H. S.: Techn. Publ. Am. Inst. min. met. Eng. 83 (1929) 220.
[6] Hatfield, W. H.: Roy. aeronaut. Soc. Reprint 78 (1935) 12.

kanten, an denen die Scheren stumpf gewesen sind. Spannungen können jedoch natürlich durch jede Art von Kaltverformung hervorgerufen werden.

Begünstigend auf die Korrosion wirken insbesondere diejenigen Typen innerer Spannungen, die die Neigung zeigen, beginnende Brüche an der Oberfläche weiter zu entwickeln. Beanspruchungen dagegen, die im Sinne eines Verschließens von Rissen wirken, können sogar zu einer Erhöhung des Angriffswiderstandes führen. So wirkt nach ALBIN[1] Hämmern der Oberfläche einer kupfernen Destilliersäule (wie sie für Essigsäure verwendet wird) wesentlich im Sinne einer Verlängerung der Lebensdauer dieses Gerätes.

Spannungen, die durch Korrosion hervorgerufen werden. Von besonderer Bedeutung sind die durch die Korrosion selbst hervorgerufenen Spannungen, da das Volumen des Korrosionsproduktes oftmals wesentlich das des zerstörten Metalls übertrifft. So hat HAY[2] Fälle beschrieben, in denen Rohre einer Schwefelsäurefabrik infolge der durch die innerhalb der Poren gebildeten Eisensalze hervorgerufenen Ausdehnung durchgebrochen sind. In der Nachbarschaft von Säurefabriken hat EVANS[3] Streifen von Eisen gefunden, die um das Mehrfache ihres ursprünglichen Volumens angewachsen und völlig zerstört waren. An denjenigen Stellen, an denen dieses Aufblähen infolge äußeren Aufliegens verhindert worden war, war es dagegen zu keinem Angriff gekommen, offenbar deshalb, weil das Eindringen des korrosiven Agenzes in das Innere gehindert wurde. Ein bedeutendes Anschwellen des Materials ist auch an alten Gittern von Schweißeisen im Küstengebiet beobachtet worden.

Zerstörung und Aufblähen tritt am wahrscheinlichsten an Schweißeisen auf, bei dem der Weg des Angriffes in groben Zügen parallel der Oberfläche bzw. so nahe dieser verläuft, daß die Schichten fortgewischt werden können. Verlaufen die Poren senkrecht zur Oberfläche, so kann die Kraft unzureichend sein, um den Werkstoff aufzubrechen, so daß es wahrscheinlicher ist, daß die Flüssigkeit aus den Poren verdrängt wird. Gußeisen, das lange Zeit in Seewasser gewesen ist und das dann herausgenommen und getrocknet wird, kann zuerst unverändert erscheinen, enthält jedoch für gewöhnlich hygroskopisches Magnesiumchlorid in den Poren und kann, wenn es für einen Tag in einen Innenraum gebracht wird, kleine Feuchtigkeitstropfen ausscheiden, von denen jeder einzelne mit einer sphärischen Rostmembran bedeckt ist. Dieses Phänomen wird auch beim Stahl beobachtet und kann manchmal als Beweis dafür angesprochen werden, daß das Metall dem Salzwasser ausgesetzt gewesen ist. Es liefert sozusagen den Nachweis in Fällen, in denen Seewasser in Flugzeugkühlmänteln benutzt worden ist. Ähnliche Tropfen können auch auf Gegenständen erscheinen, die in salzigem Grund eingegraben waren. Die Tropfen sind fast stets chloridhaltig. Werden archäologische Metallgegenstände in das Museum gebracht, so sollten sie chloridfrei gewaschen, dann getrocknet und in Behältern aufbewahrt werden, die Kalk oder kaustische Soda als Entwässerungsmittel enthalten[4].

---

[1] ALBIN, T. C.: Chem. met. Eng. **41** (1934) 514.
[2] HAY, R.: Private Mitteilung vom 31. Oktober 1927.
[3] EVANS, U. R.: J. Soc. chem. Ind. Trans. **47** (1928) 61.
[4] "Cleaning and Restauration of Museums Speciments" in: Department Sci. Ind. Research, Reports 1 (1921), 2 (1923); siehe auch A. SCOTT: Museums J. **33** (1933) 4. Vgl. ferner C. G. FINK: "Modern Methods for the Preservation of Ancient Metallic Objects".

2. Korrosionsermüdung.

Einfluß betrieblich bedingter mechanischer Beanspruchungen auf die Korrosion. Die Gefahren mechanischer, durch den Betrieb bedingter mechanischer Beanspruchungen, seien sie kontinuierlich, intermittierend oder wechselnd einwirkend, sind gefährlicher als die sog. Restspannungen, die auf die vorausgehende Herstellung zurückgehen. Der allgemeine Einfluß eines steten leichten Hin- und Herbiegens, dem sowohl im Binnenland als auch zur See benutzte Gerätschaften fast ununterbrochen unterworfen sind, ist wahrscheinlich von größerem Einfluß auf die Korrosion als allgemein angenommen wird. Es sind Fälle bekannt, in denen irgendein kleiner zur örtlichen Absteifung einer Konstruktion dienender Teil, möglicherweise eine Leiter oder eine Laufbühne, der nicht dazu vorgesehen ist, irgendeine Rolle in der Gesamtkonstruktion zu spielen, auch örtlich zu einer beachtlichen Verringerung des Korrosionsangriffes führt. Wahrscheinlich handelt es sich bei der erhöhten Korrosion von Konstruktionsteilen, die kontinuierlich einer leichten Biege- oder Schwingungsbeanspruchung unterworfen sind, nicht um einen direkten Vorgang. Es erscheint wahrscheinlich, daß die Biegebeanspruchung dazu führt, die Ablösung von Farbanstrich und Walzhaut, die bereits durch einen darunter erfolgten Rostvorgang *gelockert* worden sind, zu beschleunigen, wodurch das Metall dem raschen Angriff ausgesetzt wird. Es ist durchaus möglich, daß die in neuerer Zeit erkennbare Tendenz zu weniger massiven Konstruktionen — insbesondere die Verwendung dünner Platten und Bleche — für eine Erhöhung der chemischen Angriffsgeschwindigkeit verantwortlich ist.

Praktische Beispiele von Korrosionsermüdung. Der früheste Fall einer Korrosionsermüdung, der eingehend untersucht wurde und zur Entdeckung dieses Phänomens durch HAIGH[1] geführt hat, war das Versagen von Schlepptauen während des Krieges 1914/1918. Während des Betriebes sind diese Taue heftiger Schwingungsbeanspruchung unterworfen, da das Seewasser um sie herum heftig aufgewirbelt wird, so daß ihre effektive Lebensdauer außerordentlich kurz ist. Diese Erscheinung hat sich als sehr ernst erwiesen. In den Jahren 1916/1917 untersuchte HAIGH, der bereits der Ansicht war, daß die Ermüdung durch eine chemische Einwirkung beschleunigt werden könnte, diese Frage, jedoch wurde eine eingehende Veröffentlichung dieser Untersuchungsergebnisse offenbar erst 12 Jahre später ermöglicht. In der Zwischenzeit hatte die Entwicklung der Flugboote zu Bedingungen geführt, die das Auftreten von Schädigungen durch Korrosionsermüdung besonders begünstigen. Aus sämtlichen Zweigen des Maschinenbaues konnten Beispiele geliefert werden, in denen Wechselbeanspruchungen und korrosive Bedingungen im Sinne einer vorzeitigen Materialschädigung zusammengewirkt hatten. Eine Anzahl typischer Fälle derartiger Fehlerscheinungen sind von GOUGH[2] anläßlich seiner Herbst-Lecture am INSTITUTE OF METALS im Jahre 1932 zusammengestellt worden. Die Beispiele für Schädigungen, die GOUGH der Korrosionsermüdung zugeschrieben hat, umfassen:

Drahttaue, die für Schleppzwecke in Seewasser Verwendung finden,
Schiffspropellerwellen,

---

[1] HAIGH, B. P.: J. Inst. Met. **18** (1917) 55; Trans. Inst. chem. Eng. **7** (1929) 29. — HAIGH, B. P. u. B. JONES: J. Inst. Met. **43** (1930) 271.
[2] GOUGH, H. J.: J. Inst. Met. **49** (1932) 17.

Hauptruderteile von Schiffen,

Steuerhebel und Achsen von Motorfahrzeugen,

Kessel- und Überhitzerrohre,

Turbinenrotoren, -scheiben und -schaufeln,

Straßenbahn- und Lokomotivfedern,

Verschiedene Arten von Rohren, die von korrosiven Flüssigkeiten durchflossen werden,

Verspannungsdrähte von Flugzeugen,

Pumpenschäfte, Pumpenkolbenstangen und Pumpenkörper, die dem Wasser
ausgesetzt werden,

Stählerne Eisenbahnschwellen.

Dieser Liste hat BACON[1] hinzugefügt:

Bolzen von Baggern,

Unvollkommen geschmierte oder unzweckmäßig hergestellte Taue,

Gesteinsbohrer, in denen Wasser (oft korrosiven Charakters) durch ein zen-
trales Loch hindurchtreten muß, um das Gesteinsmehl auszuwaschen,

Hohle, wassergekühlte Stahlwalzen, die zum Heißwalzen von Aluminium-
blechen Verwendung finden,

wahrscheinlich (obgleich ein schlüssiger Beweis aussteht): massive, aus
Schalenguß hergestellte Eisenwalzen für das Heißwalzen von Blechen und
Zinnplatten, sofern sie unverständig durch Dampf- und Luftstrahl gekühlt
werden.

Endlich sei die Korrosionsermüdung von Eisenbahntenderachsen erwähnt,
die tropfendem Wasser ausgesetzt sind, das zum Befeuchten schwefelhaltiger
Kohle und Asche verwendet wird, sowie wahrscheinlich die der Achsen von
Personenwagen, die den sauren Abflüssen der Toiletten ausgesetzt sind.
Zweifellos wird die allernächste Zeit bereits viele andere Beispiele den vorstehend genannten hinzufügen, in denen sich eine chemische Einwirkung bei
gleichzeitiger Wechselbeanspruchung im Sinne einer raschen Schädigung auswirkt.

Korrosionsermüdung in Beziehung zur Materialauswahl. Der umfassende
Charakter der durch Korrosionsermüdung hervorgerufenen Schädigungen läßt
die praktische Bedeutung der ausgedehnten Untersuchungen von Materialien
unter den Bedingungen der Korrosionsermüdung erkennen, die durch McADAM[2]
ausgeführt worden sind. Es wird heutzutage von Ingenieuren allgemein anerkannt, daß die Zugfestigkeit für Metallteile, die einer durch Maschinen übertragenen Vibration, Oszillation oder pulsierenden Beanspruchung ausgesetzt sind,
oftmals von geringerer praktischer Bedeutung als die Ermüdungsfestigkeit ist.
Da die Materialien in Gegenwart korrosiver Agenzien jedoch Schäden bereits bei
Beanspruchungen aufweisen, die unterhalb der für den korrosionsfreien Zustand
ermittelten Ermüdungsfestigkeit liegen, so wird es deutlich, daß der Gang
der Korrosionsermüdung bei der Auswahl eines Materials eine ebenso große

---

[1] BACON, F.: Inst. mechan. Eng. South Wales Branch (1933) 9. März; Iron Steel Ind.
7 (1934) 197, 237.

[2] McADAM, D. J.: Pr. Am. Soc. Test. Mat. **26** II (1926) 224, **27** II (1927) 102, **29** II
(1929) 250, **30** II (1930) 411, **31** II (1931) 259; Techn. Publ. Am. Inst. min. met. Eng. Nr. 175
(1929), Nr. 329 (1930), Nr. 417 (1931). — McADAM, D. J. u. R. W. CLYNE: Bur. Stand. J.
Res. **13** (1934) 527.

Beachtung erfordert, wie der der „reinen" Ermüdung. Einigermaßen alarmierende Feststellungen sind in bezug auf die Verwendung einiger legierter Stähle gemacht worden. Einige dieser außergewöhnlich leistungsfähigen Legierungen sind der Korrosionsermüdung besonders unterworfen. Es ist festgestellt worden, daß dieses Material in Fällen, in denen der Querschnitt von Konstruktionsteilen auf der für korrosionsfreie Proben geltenden Grundlage errechnet worden ist, im Betrieb unter korrosiven Bedingungen selbst dann zum Versagen führt, wenn ein erheblicher Sicherheitsspielraum zugelassen wird. Die durch GOUGH[1] gesammelten Daten zeigen, daß legierte Stähle, obgleich sie als Werkstoffe mit höherer Zug- und Ermüdungsfestigkeit als Kohlenstoffstähle anzusprechen sind, im Hinblick auf ihre Korrosionsermüdungsfestigkeit doch nur sehr wenig günstiger als reine Kohlenstoffstähle liegen — „eine Differenz", so schreibt GOUGH, „die nicht hinreichend ist, um die Verwendung einfacher Legierungsstähle mit einem viel höheren Kostenaufwand zu rechtfertigen". Auch nach BURNHAM[2] liegt die Grenze der Korrosionsermüdung irgendeines üblichen legierten Stahles kaum höher als die eines weichen Stahles; seiner Ansicht nach kann man sie für Schiffskolbenstangen nicht benutzen.

Warnungen in bezug auf die Gefahren einer Korrosionsermüdung sind nicht unberechtigt in einer Zeit, in der infolge der für die Berechnung der theoretisch erforderlichen Querschnitte vorhandenen exakteren mathematischen Methoden (die durch die Anwendung neuerer mathematischer Prinzipien auf dem Gebiete der Baukonstruktionen bereitgestellt werden) die Neigung besteht, den Sicherheitsspielraum herabzusetzen — eine Maßnahme, die völlig gerechtfertigt ist, *vorausgesetzt*, daß der Ingenieur Vertrauen in den Wert setzt, der für die Festigkeit seines Materials angegeben wird. Ist dieser Wert jedoch auf eine korrosionsfreie Prüfung gegründet, so kann diese Herabsetzung gerade denjenigen Spielraum treffen, der früher dem Ingenieur die Möglichkeit gegeben hat, die Korrosionsermüdung ungestraft zu vernachlässigen.

Tabelle 51, in der von DOREY[3] die aus den von MCADAM ausgeführten Versuchen erhaltenen Werte zusammengestellt sind, läßt erkennen, inwieweit die Widerstandsfähigkeit von Materialien gegenüber Wechselbeanspruchung durch korrosive Verhältnisse herabgesetzt wird. Dabei ist es beachtlich, daß der Nickel-Silicium-Stahl, der die höchste Zugfestigkeit und die höchste Dauerfestigkeit bei Untersuchung in Luft aufweist, zu den schlechtesten Stählen gehört, wenn er in Wasser geprüft wird. Derartige Zahlen dürfen jedoch nicht dahin ausgelegt werden, daß die offenbaren Vorteile der legierten Stähle tatsächlich illusorisch sind. Sie sind jedoch als ein nachdrücklicher Hinweis dafür zu werten, daß große Sorgfalt hinsichtlich der Überwachung und Instandhaltung des Materials in solchen Fällen aufgebracht werden muß, in denen die Werte für die Korrosionsermüdung erheblich unter die der reinen Ermüdung herabsinken. Ferner sollte bei der Auswahl von Materialien in Zukunft solchen Werkstoffen der Vorzug gegeben werden, deren Eigenschaften unter Korrosionsermüdung nicht wesentlich von denen unter reinen Ermüdungsbedingungen abweichen. Das gute Verhalten, das einige hochprozentige Chromstähle bei Prüfungen unter korrosiven Bedingungen zeigen, läßt vermuten, daß

---

[1] GOUGH, H. J.: J. Inst. Met. **49** (1932) 36.
[2] BURNHAM, T. H.: Trans. Inst. Marine Eng. **46** (1934) 20.
[3] DOREY, S. F.: Trans. Inst. Naval Arch. **75** (1933) 208.

Tabelle 51. Einfluß der Korrosion auf die Ermüdungsfestigkeit nach S. F. Dorey, unter Zugrundelegung der Ergebnisse von D. J. McAdam.

Material (Zahlenangaben in Gew.-%)	Maximale Zugfestigkeit in kg/cm^2	Biegewechselfestigkeit, Angaben in kg/cm^2; angenähert $5 \cdot 10^7$ Lastwechsel		
		Luft	Frisches Wasser	Salzwasser
0,16%iger Kohlenstoffstahl (gehärtet und angelassen)	46,14	25,20	14,02	6,30
0,24%iger Kohlenstoffstahl	39,06	16,22	11,97	—
Gekupferter Stahl (0,98 Cu, 0,14 C)	43,31	22,52	14,02	5,51
1,09%iger Kohlenstoffstahl	72,76	28,11	14,80	—
Nickelstahl (3,7 Ni, 0,26 Cr, 0,28 C)	63,78	34,65	15,91	11,18
Chrom-Vanadin-Stahl (0,88 Cr, 0,14 V)	105,83	47,25	12,60	—
Nickel-Chrom-Stahl (1,5 Ni, 0,73 Cr, 0,28 C)	97,64	47,72	11,34	9,76
Nichtrostendes Eisen (12,9 Cr, 0,11 C)	62,99	38,58	26,77	20,47
Nichtrostender Stahl (14,5 Cr, 0,23 Ni, 0,38 C)	66,14	36,54	25,20	25,20
Nickel-Silicium-Stahl (3,1 Ni, 1,6 Si, 0,5 C)	176,38	76,70	11,81	—
Monelmetall (erschöpfend geglüht)	57,48	25,20	18,27	19,69
Reines Nickel	53,55	23,31	16,38	—
Nickel (kalt gewalzt)	92,44	35,12	20,47	16,85
Duralumin	48,82	12,28	7,09	5,67
Aluminiumbronze (7,5 Al)	63,31	22,84	17,64	15,43
Reines Kupfer (geglüht)	21,42	66,14	7,09	—

Bemerkungen: Das „frische Wasser" war ein gutes, calciumcarbonathaltiges Wasser. — Das „Salzwasser" war ein Flußwasser, dessen Salzgehalt etwa $^1/_6$ von dem des Seewassers betrug. — Zahl der Lastwechsel 1450 je Minute.

es nicht unmöglich ist, eine Entwicklung zu erhoffen, die zu Werkstoffen führt, die mit den anderen gewünschten Eigenschaften auch einen guten Widerstand gegen Wechselbeanspruchung selbst in Gegenwart korrosiver Agenzien verbinden.

Der gewöhnliche Korrosionswiderstand gibt einen gewissen Hinweis auf das Verhalten bei Korrosionsermüdung. Hydronalium verhält sich nach Ludwik und Krystof[1] gegenüber der Korrosionsermüdung in Seewasser nicht besser als Duralumin. Selbst V2A-Stahl soll die Hälfte seiner Ermüdungsfestigkeit verlieren, wenn er bei mehr als 10^7 Lastwechseln untersucht wird. Andererseits verliert Kupfer wenig von seiner normalen Ermüdungsfestigkeit in Gegenwart korrosiver Agenzien[2], was darauf zurückzuführen sein mag, daß die normale Widerstandsfähigkeit gegenüber Korrosion nicht auf der Anwesenheit eines schützenden Filmes beruht. Die Daten von Ludwik und Krystof zeigen, daß diese Immunität auch verschiedenen Kupferlegierungen zukommt, jedoch nicht dem $\alpha\beta$-Messing (60% Kupfer), bei dem die β-Komponente den Wert für die Korrosionsermüdung erheblich unter den der reinen Ermüdung herabdrückt. Neuere Untersuchungen von Gough und Sopwith[3] zeigen, daß Bronzen, insbesondere Berylliumbronzen, eine ausgezeichnete Widerstandsfähigkeit gegenüber Korrosionsermüdung aufweisen.

[1] Ludwik, P. u. J. Krystof: Mitt. techn. Versuchamtes Wien **22** (1933) 42.
[2] Laute, K.: Ber. 3. Korrosionstagung, Berlin 1933, S 6.
[3] Gough, H. J.: Private Mitteilung vom 25. September 1935. — Gough, H. J. u. D. G. Sopwith: J. Inst. Met. **60** (1937).

Behandlung des Wassers zur Vermeidung von Korrosionsermüdung. Abgesehen von der Wahl des Materials gibt es noch andere Wege, um sich vor den Schädigungen durch Korrosionsermüdung zu schützen[1]. In Fällen, in denen die Korrosionsermüdung durch das ständig einen Kühlkreis durchfließende Kühlwasser verursacht wird, kann eine Behandlung mit Chromat und Alkali vorgesehen werden, wobei die Möglichkeit einer Lokalisierung des Schadens und damit einer Herabsetzung anstatt einer Erhöhung der Grenze der Korrosionsermüdung nicht außer Betracht gelassen werden darf. Chromate scheinen sich auf einem japanischen Schiff als erfolgreich erwiesen zu haben, wie DAEVES, KAMP und HOLTHAUS[2] mitteilen. Die umgekehrte Methode — Ausschluß oder Absorption von Sauerstoff — ist in amerikanischen Ölfeldern ausgebildet worden, in denen die Korrosionsermüdung eine wichtige Ursache für Schäden an den Bohrrohren darstellt. Nach SPELLER[3] sind gewisse kolloide Stoffe (wozu auch gewisse Arten von Schlickteilchen zu rechnen sind) geeignet, die Übertragung von Sauerstoff auf das Metall zu stoppen und so die Ausbildung scharfer Pittings unter den Bedingungen der Wechselbeanspruchung zu vermeiden. Ein gewisser Erfolg ist durch Behandlung des Bohrschlammes mit Natriumsulfit erzielt worden, und zwar durch Herabsetzung der Korrosionsermüdung infolge chemischer Absorption des Sauerstoffes. Chromate haben sich als relativ nutzlos erwiesen, da sie durch gewisse Konstituenten des Schlammes reduziert werden.

Beachtung verdient die Entwicklung besonderer emulgierender Öle zur Verhinderung der Korrosionsermüdung (s. S. 338). DOREY[4] empfiehlt den Zusatz eines derartigen Öles zu dem zum Kühlen der Kolbenstangen von Zweitaktölmotoren benutzten Wasser (durch den Zusatz entsteht eine milchige Flüssigkeit, die aus einer Suspension sehr kleiner Ölteilchen im Wasser besteht). Einige Prüfungen der Korrosionsermüdung an 0,3%igem Kohlenstoffstahl haben ergeben, daß die Korrosionsermüdung durch Zusatz von 0,5% Öl zum Wasser von $\pm 15,649$ auf $\pm 18,061$ kg/mm² durch Zusatz von 1,6% auf $\pm 20,00$ kg/mm² heraufgesetzt wird. Die besten Ergebnisse werden mit einem frischen Wasser mäßiger Härte erzielt. 5% Salz verhüten eine Mischung des Öles mit dem Wasser, während ein sehr weiches Wasser zur Schaumbildung und Seifigkeit neigt. Emulgierende Öle finden in Deutschland ausgedehnte Verwendung. Nach RÖHRIG und KREKELER[5] sind sie sehr wirksam im Hinblick auf die Herabsetzung der Korrosionsermüdung von Leichtmetallegierungen, insbesondere bei der Überwindung des Angriffes an Stellen, an denen Lautal mit weichen zinn- und zinkhaltigen Loten in Berührung steht. Nach HAUTTMANN[6] macht sich die Wärmeübertragung nicht nachteilig bemerkbar.

Einfluß der Konstruktion auf die Korrosionsermüdung. Viel kann durch eine sorgfältige Formgebung derjenigen Teile erzielt werden, die eine Neigung zur Korrosionsermüdung aufweisen. Dabei muß die allgemeine Form der Teile sorg-

---

[1] L. PERSOZ [Métaux 9 (1934) 325] hat eine Reihe von Vergleichsdaten für verschiedene Schutzmaßnahmen gesammelt.

[2] DAEVES, K., E. KAMP u. K. HOLTHAUS: Z. Vereins deutsch. Ing. 78 (1934) 1065.

[3] SPELLER, F. N.: Am. Petroleum Inst. 1935; s. auch Oil Gas J. 34 (1935) 14. Nov., S. 71.

[4] DOREY, S. F.: Trans. Inst. Naval Arch. 75 (1933) 210.

[5] RÖHRIG, H. u. K. KREKELER: Aluminium 16 (1934) 140. — BUCHHOLTZ, H. u. K. KREKELER: Stahl Eisen 53 (1933) 671.

[6] HAUTTMANN, H.: Trans. North East Coast Inst. Eng. 52 (1936) D 95.

fältig berücksichtigt werden, um eine Anhäufung von Spannungen zu vermeiden. So teilt beispielsweise McGregor[1] aus der Schiffspraxis mit, daß eine Anzahl typischer Ermüdungsschäden an solchen Stellen ihren Ausgang nahmen, an denen die Spannung infolge der besonderen Form gewisser mechanisch beanspruchter Teile eine örtliche Steigerung erfahren hatte. Eine Spannungsanhäufung war in einem Falle durch ein Ölloch, in einem anderen durch eine kleine vorspringende Kante, in wieder anderen durch Beschädigungen, die durch Werkzeuge verursacht worden waren oder durch Pittings, die auf frühere Korrosionen zurückgingen, oder aber ganz allgemein durch ungeeignete Oberflächenbedingungen entstanden. Sehr große Sorgfalt muß stets auf die Vorbereitung der Oberflächen verwendet werden, insbesondere muß die Ausbildung kleiner Risse oder Vertiefungen, die zu Ausgangsherden eines Angriffes werden können, vermieden werden. Untersuchungen, die in Braunschweig durch Behrens, Dusold u. a.[2] an Eisen- und Nichteisenwerkstoffen durchgeführt worden sind, haben gezeigt, daß nicht nur der Widerstand gegenüber der wahren Ermüdung, sondern auch der Widerstand gegenüber der Korrosionsermüdung erheblich verbessert werden kann, wenn die Proben einer besonderen Druckbeanspruchung der Oberfläche unterworfen werden, wodurch mikroskopisch kleine Oberflächenschäden beseitigt werden können. Bei Drähten fand Goodacre[3], daß die Ermüdungsfestigkeit durch die Anwendung von Fett wesentlich erhöht werden kann, das seiner Ansicht nach nicht nur dazu dient, den Sauerstoff fernzuhalten, sondern auch dazu, kleine Oberflächendefekte auszufüllen, die andernfalls zu Ausgangspunkten für eine Korrosion werden würden. Die Gegenwart eines „Füllmittels“ in dem Fett ist von gewissem Vorteil. Polieren allein wirkt im Sinne einer Erhöhung der Ermüdungsfestigkeit, jedoch sind die besten Ergebnisse dann erzielt worden, wenn im Anschluß an den Poliervorgang gefettet wird. Diese Frage besitzt Bedeutung im Zusammenhang mit den Fehlleistungen von Drahtseilen.

Einfluß schützender Filme auf die Korrosionsermüdung. Gewisse im Hinblick auf eine Herabsetzung der Empfindlichkeit gegenüber Korrosionsermüdung hoffnungsvolle Ergebnisse sind durch schützende Überzüge aus Zink erzielt worden. Nach Gerard und Sutton[4] wird durch Zinkplattieren von Duralumin eine wesentliche Verbesserung unter den Bedingungen des Salzsprühversuches erzielt. Nach Haigh[5] bleibt der Schutz durch Zink selbst dann erhalten, wenn Löcher in dem Überzug vorhanden sind, was wahrscheinlich auf kathodischer Schutzwirkung beruht. Es ist jedoch zu bedenken, daß die Wirkung von Überzügen auf Metallen doppelter Natur ist. Die reine Ermüdungsfestigkeit eines Metalls kann durch die Gegenwart eines Überzuges effektiv herabgesetzt werden, was wahrscheinlich darauf beruht, daß es zu einer kerbähnlichen Beeinflussung kommen kann. So konnte Fuller[6] zeigen, daß gewisse Typen von Zinküberzügen die Lebensdauer von Stählen, die der Korrosionsermüdung unterworfen sind, herabsetzen. Nach Swanger und France[7] kann durch Heißverzinken

---

[1] McGregor, R. A.: Trans. North East Coast Inst. Eng. **51** (1935) 162.

[2] Behrens, O.: Mitt. Wöhler-Inst. **1933**, Heft 15; Metallwirtschaft **13** (1934) 44. — Thum, A. u. H. Ochs: Z. Vereins deutsch. Ing. **76** (1932) 915. — Dusold, T.: Mitt. Wöhler-Inst. **1933**, Heft 14. [3] Goodacre, R.: Engineering **139** (1935) 457.

[4] Gerard, I. J. u. H. Sutton: J. Inst. Met. **56** (1935) 44.

[5] Haigh, B. P.: J. Inst. Met. **56** (1935) 47.

[6] Fuller, T. S.: Trans. Am. Inst. min. met. Eng. **83** (1929) 47.

[7] Swanger, W. H. u. R. D. France: Bur. Stand. J. Res. **9** (1932) 9.

von Stahl die (korrosionsfreie) Ermüdungsgrenze herabgesetzt werden. Stahl jedoch, dessen Verzinkung auf elektrolytischem Wege vorgenommen wurde, ergibt Festigkeitswerte, die ebenso hoch oder selbst höher als die der ungeschützten Proben sind. Der Unterschied im Verhalten beider Proben ist auf die in beiden Fällen verschiedene Natur der Bindung zwischen der Metallunterlage und der Schutzschicht zurückgeführt worden.

Nach BARKLIE und DAVIES[1] verhält sich ein mit einer Nickelschicht überzogener Stahl, der infolge des galvanischen Vorganges innere Spannungen enthält, ungünstig gegenüber Wechselbeanspruchung. Unter dem kombinierten Einfluß der eigenen inneren Spannung des Materials und der bei der Prüfung aufgewendeten Beanspruchung kommt es bald zu einem Bruch in der Nickelschicht. Die Spannungsanhäufung an der Basis des Bruches verursacht dann das Auftreten des Schadens. Ein Bleifilm unter dem Nickelfilm schützt den Eisenkern gegenüber dem Bruch im Nickel. Dieses Verfahren dürfte praktische Bedeutung besitzen. KRYSTOF[2] berichtet, daß Metallüberzüge, wie Zinn, die kathodisch gegenüber Eisen sind, nur einen geringen Nutzen hinsichtlich des Schutzes gegenüber Korrosionsermüdung besitzen, was auf beschleunigte Korrosion an den Bruchstellen zurückzuführen ist; er empfiehlt die Anwendung von elektrolytisch niedergeschlagenen Zinküberzügen.

Nach GERARD und SUTTON wird die Empfindlichkeit des Duralumins gegenüber der Korrosionsermüdung wesentlich durch Aufbrennen von Lacküberzügen (auf der Basis synthetischer Harze) herabgesetzt. SPELLER und MCCORKLE[3] berichten über gute Ergebnisse an Stahl mit aufgebrannten Lacküberzügen (auf der Basis von polymerisiertem (synthetischer) Kautschuk und trocknender Öle) bei Prüfungen in Wasser in Gegenwart von Chloriden, Schwefelwasserstoff sowie in Naturgasen, die oft in Ölbrunnenwässern vorhanden sind.

Beziehung zwischen Nitridschichten und Korrosionsermüdung. Eine vielversprechende Methode zum Schutz gegen die Korrosionsermüdung von Stählen besteht in der Herstellung einer Nitridschicht. Diese Nitridfilme, die vorzugsweise für Aluminium, Chrom und oftmals auch Molybdän enthaltende spezielle Nitrierstähle Verwendung finden, sind ursprünglich zur Erzielung harter Behälter oder Oberflächenschichten und nicht im Hinblick auf eine Verbesserung des Korrosionswiderstandes ausgebildet worden. Tatsächlich wird, zumindestens bei einigen Stählen, die Empfindlichkeit gegenüber dem Säureangriff durch das Nitrieren der Oberflächen erhöht, wie GUILLET und BALLAY[4] gezeigt haben. Der Widerstand gegenüber Eintauchen in Salzwasser, verschiedene Frischwässer sowie gegenüber gewöhnlicher Atmosphäre erfährt dadurch jedoch eine Verbesserung, während derjenige gegenüber der Korrosionsermüdung wesentlich erhöht wird. Dieses Verhalten wird durch die in Tabelle 52 wiedergegebenen Ergebnisse von INGLIS und LAKE[5] veranschaulicht. Die Korrosionsermüdungsgrenzen beziehen sich auf Proben mit $1{,}7 \cdot 10^8$ Lastwechseln in Wasser des Flusses Tee. Im Hinblick auf die Grenze der Korrosionsermüdung ist der nitrierte legierte Stahl, wie aus der Tabelle hervorgeht, allen anderen Materialien wesentlich überlegen.

[1] BARKLIE, R. H. D. u. H. J. DAVIES: Pr. Inst. mechan. Eng. **1930** 731, s. besonders S. 733, 740 und 747. [2] KRYSTOF, J.: Metallwirtschaft **14** (1935) 306.

[3] SPELLER, F. N. u. I. B. McCORKLE: Oil Gas J. **32** (1933) Nr. 23, S. 73.

[4] GUILLET, L. u. M. BALLAY: C. r. **189** (1929) 961.

[5] INGLIS, N. P. u. G. F. LAKE: Trans. Faraday Soc. **27** (1931) 803, **28** (1932) 715.

Nach Fry[1], der die Herstellung und Eigenschaften der Nitridüberzüge im einzelnen untersucht hat, sind leichte Unregelmäßigkeiten in nitrierten, der Wechselbeanspruchung unterworfenen Teilen ohne Einfluß, während ähnliche Unregelmäßigkeiten an nichtnitrierten Teilen gefährlich sein würden. Weitere Untersuchungen hierüber liegen von Fischbeck[2] und „R.C.G.“[3] vor. Nach Jones[4] geben Stähle mit Chrom allein (ohne Aluminium) unbefriedigende Ergebnisse. Überschreitet die Temperatur 500°, so wird die Oberfläche infolge der vorhandenen Spannungen verzerrt, die Härte sinkt ab. Stähle, denen Aluminium zum Chrom zugesetzt wird, geben bei einer 2-Stufenhärtung bei 500 und 600° gute Ergebnisse. Die Gegenwart von Aluminium ist jedoch nicht ein ausschließlich günstig wirkendes Mittel, da das Vorhandensein von Aluminiumoxydeinschlüssen unmittelbar unterhalb der Oberfläche mitunter zu Störungen führt. Interesse verdienen die von Strauss und Mahin[5] beschriebenen nitrierten Stähle mit Chrom, Molybdän und Vanadium. Eine wichtige Entdeckung geht auf Bramley und seine Mitarbeiter[6] zurück, denen zufolge zur Nitrierung mittels Ammoniak eine gewisse Menge Sauerstoff — sei es im Metall oder im Gas — erforderlich ist, während ein wohl ausgebildeter Oxydfilm die Bildung eines Nitridüberzuges verhindert.

Tabelle 52.

Material (Zahlenangaben in Gew.-%)	Ermüdungsgrenze. Messungen in Luft. Angaben in kg/cm²	Korrosionsermüdungsgrenze. Messungen im Wasser des Flusses Tee. Angaben in kg/cm²
Weicher Stahl	$\pm$ 26,77	$\pm$ 3,15
Weicher Stahl, plattiert mit Nickel	$\pm$ 17,64	$\leqq \pm$ 4,72
Nitralloy (1,58 Cr, 0,87 Al, 0,33 Mo, 0,26 C)	$\pm$ 51,97	$< \pm$ 7,87
Nitralloy, nitriert	$\pm$ 58,27	$\pm$ 39,37
18/8/1-Chrom-Nickel-Wolfram-Stahl, völlig weich	$\pm$ 27,72	$\pm$ 17,48
18/8/1-Chrom-Nickel-Wolfram-Stahl, abgekühlt an Luft von 650°	$\pm$ 27,72	$\pm$ 10,24

Beachtung verdienen die Beobachtungen von Gray und Thompson[7] über den Angriff von gewöhnlichem *molekularen* Stickstoff auf Metalle, von Willey[8] über das Verhalten von Metallen in *aktivem* Stickstoff und von Séférion[9] in einer Flamme von *atomarem* Stickstoff. Die Einwirkung von molekularem Stickstoff bei 1100° führt zu einem Film, der überraschend widerstandsfähig gegenüber $^1/_2$ n-Salzsäure ist, während der durch Ammoniak bei dieser Temperatur gebildete Film durch diese Säure rasch angegriffen wird, obgleich er eine bedeutende Widerstandsfähigkeit gegenüber einer Außenatmosphäre besitzt.

Prüfung von Werkstoffen unter den Bedingungen der Korrosionsermüdung. Es ist einleuchtend, daß die Prüfung verschiedener Materialien gegenüber der

[1] Fry, A.: J. Iron Steel Inst. **125** (1932) 209.
[2] Fischbeck, K.: Z. Elektroch. **40** (1934) 381.
[3] „R.C.G.“ in Chem. Ind. **6** (1928) 1242.
[4] Jones, B.: Carnegie Scholarship Mem. **23** (1934) 174.
[5] Strauss, J. u. W. E. Mahin: Metals Alloys **6** (1935) 59.
[6] Bramley, A., F. W. Haywood, A. T. Cooper u. J. T. Watts: Trans. Faraday Soc. **31** (1935) 727. [7] Gray, H. H. u. M. B. Thompson: J. phys. Chem. **36** (1932) 889.
[8] Willey, E. J. B.: J. chem. Soc. **1927**, 2188. [9] Séférion, D.: Dissert. Paris 1935.

Korrosionsermüdung eine Frage von praktischer Bedeutung ist. Viele der Untersuchungen sind auf den üblichen Dauerprüfmaschinen durchgeführt worden, die mit gewissen Vorrichtungen ausgerüstet sind, um die Probe bei der Prüfung gleichzeitig dem korrosiven Angriff zu unterwerfen. In vielen seiner Untersuchungen wendete Haigh[1] die in seinen früheren Arbeiten über die „reine" Ermüdung von Drähten ausgebildeten Prinzipien an, wobei er einen mit Wechselstrom gespeisten Magneten benutzte, der einen intermittierenden Zug auf die Anordnung ausübte, an der die zu untersuchende Probe angebracht worden war. Neuerdings haben Haigh und Robertson[2] eine besondere Maschine zur Untersuchung der Ermüdung angegeben, in der ein entsprechend gebogener Draht rasch um seine eigene Biegeachse rotieren kann, so daß jede Oberfläche abwechselnd dem Zug und dem Druck unterworfen wird. Dieses Prinzip ist zur Untersuchung der Korrosionsermüdung von Drähten durch Goodacre[3] und Gould[4] übernommen worden. Die Prüfstücke können während der Prüfung entweder der Luft ausgesetzt oder aber in Öl, Wasser oder andere Reagenzien eingetaucht werden.

Gough und Sopwith[5] benutzen eine Wöhler-Maschine, wobei sie für die meisten Materialien die Prüfstücke senkrecht einspannen. Zur Erzielung eines gleichförmigen Biegemomentes für 0,5%igen Kohlenstoffstahl verwenden sie eine besondere Anordnung. Weiterhin führen sie direkte Zugmessungen mit der Haighschen Elektromagnetmaschine durch. Die Proben konnten in einer besonderen Vakuumkammer eingeschlossen werden, die erforderlichenfalls bis auf $0,5 \cdot 10^{-3}$ mm Quecksilber ausgepumpt werden konnte. McAdam[6] verwendet rotierende Maschinen mit gleichfalls senkrecht eingespannten Proben; er benutzt im allgemeinen konisch zulaufende Proben. Um einen vergleichsweise großen Teil der Probe dem korrosiven Angriff auszusetzen, wird ein geeignet geführter Wasserstrom angewendet, der die Probe möglichst vollständig befeuchtet und die beanspruchte Oberfläche völlig mit Wasser umgibt. Inglis und Lake[7] verwenden eine Maschine mit waagerecht rotierender Probe und lassen ständig einige Tropfen Wasser je Sekunde auf das Zentrum der rotierenden Probe niederfallen. In diesem Falle wurde Flußwasser benutzt, und zwar wurde es wahrscheinlich nur einmal dem Versuch zugeführt. Speller und seine Mitarbeiter, die vorbereitete Lösungen verwenden, sammeln ihre Flüssigkeiten und benutzen sie erneut. Die Flüssigkeit wird durch ständiges Hindurchperlenlassen von Luft gesättigt gehalten; in dem Untersuchungskreis befindet sich ausschließlich das zu untersuchende Metall. Die Flüssigkeit fließt infolge ihrer Schwere über die Probe und verteilt sich so, daß der mechanisch beanspruchte Teil der Probe stets vollständig von der Lösung umgeben ist.

Binnie[8] verwendet eine Tropfvorrichtung, bei der auf den am stärksten beanspruchten Teil der Probe etwa 4 Tropfen je Minute herabfallen. Dabei

---

[1] Haigh, B. P.: J. Inst. Met. 18 (1917) 56.

[2] Haigh, B. P. u. T. S. Robertson (sowie J. D. Brunton): Engineering 135 (1933) 567, 138 (1934) 139.   [3] Goodacre, R.: Engineering 139 (1935) 457.

[4] Gould, A. J.: Engineering 141 (1936) 495.

[5] Gough, H. J. u. D. G. Sopwith: J. Inst. Met. 49 (1932) 97, 56 (1935) 58.

[6] McAdam, D. J.: Chem. met. Eng. 25 (1921) 1081; Techn. Publ. Am. Inst. min. met. Eng. 417 (1931).   [7] Inglis, N. P. u. G. F. Lake: Trans. Faraday Soc. 27 (1931) 803.

[8] Binnie, A. M.: Engineering 128 (1929) 190.

wird die Probe in einen Zylinder eingeschlossen, der erforderlichenfalls mit Wasserstoff gefüllt werden kann (wofern der Einfluß des Wasserstoffes auf die Korrosionsermüdung ermittelt werden soll). GERARD und SUTTON[1] bringen ihre Probe gleichfalls in einer Kammer unter, die mit einem Beobachtungsfenster versehen ist, und richten mittels einer Spezialdüse einen Sprühstahl mit 3%iger Natriumchloridlösung auf die Probe. Die Nachlieferung der Lösung wird durch ein Nadelventil geregelt.

GOULD[2] benutzt für seine Untersuchungen an Stäben eine Binde von Baumwollstreifen, die sich dicht unterhalb der Probe, jedoch gerade außer Kontakt mit ihr, befindet, wobei die Streifen dadurch gesättigt gehalten werden, daß die Lösung mit einer Geschwindigkeit von 1 Tropfen je Sekunde auftropft. Hierdurch wird ein sich stets wieder ausbildender Film der Lösung über einem definierten Flächenteil des Metalls aufrechterhalten, wobei die Grenze zwischen der Flüssigkeit und der trockenen Fläche klar definiert ist. In den früheren Arbeiten GOULDs an Drähten wurden die Proben täglich besprüht und der Wechselbeanspruchung in einem thermostatisch überwachten Feuchtigkeitsraum unterworfen, um so eine Verdampfung zu verhüten und die Bedingungen konstant zu halten. Später verwendete er eine HAIGH-ROBERTSON-Maschine, die in einem auf konstanter Temperatur gehaltenen Raume aufgestellt wurde. Bei manchen Experimentatoren bestand die Neigung, die Temperaturkontrolle bei Untersuchungen der Korrosionsermüdung zu vernachlässigen. Neuerdings hat GOULD[3] den Einfluß der Temperatur auf die Korrosionsermüdungsfestigkeit untersucht und dabei festgestellt, daß er gering, jedoch nicht vernachlässigbar klein ist.

Die Frage nach der Zeitdauer der Prüfung ist von Bedeutung und naturgemäß abhängig von dem Zweck, dem der Werkstoff im Betrieb zugeführt werden soll. So unterliegen nach BURNHAM[4] beispielsweise die Kolbenstangen eines Schiffes während einer langen Reise 10^7 Belastungswechseln, woraus er schließt, daß die Korrosionsermüdungsprüfungen bis auf 10^8 Belastungswechsel ausgedehnt werden sollten, was als keine unvernünftige Forderung zu bezeichnen ist.

3. Weitere Fälle einer kombinierten chemischen und mechanischen Zerstörung.

Verschleiß von Verbrennungsmaschinen. Hinsichtlich des Anteiles, den die mechanische Abnutzung und die chemische Korrosion beim Verschleiß der Auskleidungen von Verbrennungsmaschinen haben, gehen die Meinungen auseinander. Nach RICARDO[5] ist die Korrosion zumindest teilweise für den Verschleiß verantwortlich. Wäre die mechanische Abnutzung allein beanteiligt, so sollten die Ringe und Auskleidungen gleichmäßig in Mitleidenschaft gezogen werden, wenn sie aus dem gleichen Material hergestellt sind, während tatsächlich die

---

[1] GERARD, I. J. u. H. SUTTON: J. Inst. Met. **56** (1935) 33.

[2] GOULD, A. J.: Engineering **136** (1933) 453.

[3] GOULD, A. J.: Engineering **141** (1936) 495.

[4] BURNHAM, T. H.: Trans. Inst. Marine Eng. **46** (1934) 20.

[5] RICARDO, H. R.: Pr. Inst. Automobile Eng. **27** (1932) 448; s. dagegen H. T. TIZARD: Pr. Inst. Automobile Eng. **27** (1932) 452 und A. E. DUNSTAN: Pr. Inst. Automobile Eng. **27** (1932) 453.

Auskleidungen weitaus rascher der Abnutzung unterliegen. Die Tatsache, daß die Verwendung eines der mechanischen Abnutzung widerstehenden Materials nicht den Verschleiß als solchen herabsetzt, sondern ihn eher vergrößert und daß die Natur des Brennstoffes einen ausgeprägten Einfluß auf die Verschleiß-geschwindigkeit besitzt, stützt die Annahme, daß die Schädigung weitgehend chemischer Natur ist. Versuche von Duff[1] sprechen fast dafür, daß der Schaden unmittelbar nach dem Anlaufen der Maschine eintritt, ehe die Zylinderwände eine Temperatur von 100° erreicht haben. Während dieser Periode können sich die Verbrennungsprodukte kondensieren und das Metall korrodieren. Wurde diese „kalte Periode" künstlich verlängert, sei es durch ein anomal langsames Laufenlassen der Maschine oder durch Wasserkühlung, so wurde der Verschleiß wesentlich erhöht. Eine weitere Möglichkeit muß in Erwägung gezogen werden: die Korrosion kann einsetzen, nachdem die Maschine abgekühlt ist, wenn die Verbrennungsprodukte des Brennstoffes (Wasser und verschiedene Säuren einschließlich wahrscheinlich der Salpeter-säure sowie der Kohlensäure und auch der Schwefelsäure, sofern der Brenn-stoff Schwefel enthält) sich kondensieren und Korrosion verursachen können. Ob die Korrosion nun während des Anlaufens der Maschine oder nach deren Anhalten erfolgt, ist für das Ergebnis belanglos. Mit Unterbrechung laufende Maschinen werden dem Angriff stärker ausgesetzt sein als solche, die den ganzen Tag über warm bleiben. Es wird jedoch wichtig, zwischen diesen beiden verschiedenen Möglichkeiten zu unterscheiden, wenn die Maschinen im Sinne einer größtmöglichen Verringerung des Verschleißes fortentwickelt werden sollen. Ist die Korrosion hauptsächlich auf die Kondensation unmittel-bar nach dem *kalten Start* zurückzuführen, so ist es wichtig, daß die Maschine beim morgendlichen Start so rasch als irgend möglich angewärmt wird (das Gegenteil von dem, was häufig empfohlen wird). Wenn möglich, sollte die Wasserkühlung erst wirksam werden, wenn die Zylinderwände die Temperatur von 100° erreicht haben. Erfolgt jedoch die wesentliche Korrosion infolge Kon-densation *nach dem Anhalten* der Maschine, so sollten Wege gefunden werden, durch die während des letzten Anhaltens an einem Arbeitstage, nachdem so-wohl die Brennstoffzufuhr abgestellt als auch die Explosionen beendet sind, die Maschine ihre Bewegung fortsetzt (z. B. mit Hilfe eines Schwungrades oder vielleicht mittels des Selbststarters), *um die Verbrennungsprodukte* durch relativ trockene und nichtkorrosive Luft aus der Maschine *herauszudrängen*.

Korrosion durch Schmieröl scheint teilweise auf die Fettsäuren zurück-zugehen, die ursprüngliche Bestandteile des Öles sind oder infolge Oxydation entstehen können. Gewisse Metalle, insbesondere Kupfer, katalysieren die Oxydation[2].

Untersuchungen von Dintilhac[3] scheinen zu zeigen, daß die Gegenwart von Säuren oder Feuchtigkeit in Schmierölen zu einer Erhöhung des Angriffes führt, die in Gegenwart beider Komponenten am größten ist.

Durch Oxydation entstehende Brüche an Ventilen. Eine andere eng hiermit in Zusammenhang stehende Erscheinung betrifft das Auftreten von Schäden an den Auspuffventilen der Verbrennungsmaschinen, die oftmals aus Silicium-

---

[1] Duff, W. N.: Pr. Inst. Automobile Eng. 27 (1932) 454.

[2] Müller, K. O.: Chem. Fabrik 6 (1933) 181. — Haringhuizen, P. J. u. D. A. Was: Pr. Acad. Amsterdam 38 (1935) 1002.　[3] Dintilhac, J.: Métaux 11 (1936) 71.

Chrom-Stahl oder aus austenitischem Chrom-Nickel-Stahl hergestellt werden — eine von HODGSON[1] behandelte Frage. Die Oxydation hat eine Volumenzunahme zur Folge; die mechanische Beanspruchung der äußeren Schicht wird durch die raschen Temperaturschwankungen erhöht, was zu radialen Brüchen in der Schicht führt, die auf dem Ventilsitz gebildet wird. Diese Vorgänge führen naturgemäß zu einer weiteren Erhöhung der lokalen Oxydationsgeschwindigkeit, so daß sich die Brüche und Brände rasch ausbreiten. In manchen Fällen wirkt die Erosion von seiten der Gase durch Entfernung von Oxyd im Sinne einer Begünstigung weiterer Schädigungen.

TURNER[2] untersucht die Frage der Rohrventile an Motoren von Rennautomobilen und Rennflugzeugen. Die Ventilspindeln haben der Abnutzung, die Ventilköpfe dem Angriff durch Auspuffgase zu widerstehen. Bei einem amerikanischen Ventil wird die Spindel, um hinreichenden Widerstand gegenüber der Abnutzung zu bieten, aus martensitischem Werkstoff, der Kopf dagegen, um einen genügenden Widerstand gegenüber Korrosion zu bieten, aus austenitischem Material hergestellt.

Zerstörung der Schaufeln von Dampfturbinen. Die Zerstörung der Schaufeln von Dampfturbinen erfolgt hauptsächlich in den mittleren Teilen, dort wo Tropfen im Dampf vorhanden sind. Sie wird erhöht durch die Gegenwart von Salzen, die auf das Überkochen der Kessel zurückzuführen sind; die Salzpartikeln werden in den mittleren Stufen der Turbine zäh und neigen zur Adhäsion an den Schaufeln (es kommt selten an den Hochdruckenden zu Störungen, an denen der Dampf trocken ist, ausgenommen in Fällen, in denen große Chloridmengen die Schaufeln erreichen). In Abwesenheit suspendierter Salze ist die mechanische Härte weitaus mehr als die chemische Widerstandsfähigkeit im üblichen Sinne an den Stellen erforderlich, an denen die Tropfen und die Schaufeln in gegenseitige Stoßberührung miteinander kommen. Wie HONEGGER[3] auf Grund seiner zahlreichen Materialuntersuchungen zeigen konnte, ist die Tropfengröße von erheblicher Bedeutung. Eine 1,5 mm-Düse ergab einen 5- bis 10mal so großen Schaden, wie er durch neun 0,5 mm-Düsen hervorgebracht wurde. In den HONEGGERschen Versuchen zeigt ein 14%iger nichtrostender Chromstahl im gehärteten Zustande eine gute Widerstandsfähigkeit, die viel besser ist als die eines 5%igen Nickelstahles, wenngleich der letztere durch Plattieren mit Chrom etwas verbessert worden war. In weichem Zustand gibt nichtrostender Stahl keine besseren Ergebnisse als Messing. Im Gebiet des trockenen Dampfes geben weiche Metalle, wie Messing, oftmals zufriedenstellende Ergebnisse; an Stellen hoher Temperaturbeanspruchung hat sich Monelmetall bewährt. In Schiffsturbinen werden heutzutage Stähle mit großen Zusätzen an Legierungselementen verwendet, die dem gewöhnlichen, nichtrostenden Stahl wesentlich überlegen sind. BURNHAM[4] erwähnt einen 13/35-Chrom-Nickel-Stahl, einen 3/21-Chrom-Nickel-Stahl sowie einen Chrom-Nickel-Stahl mit Wolfram und Titan. Berichte aus Rußland[5] betonen die wertvollen Eigenschaften eines 17/2-Chrom-Wolfram-Stahles.

---

[1] HODGSON, C. C.: J. Iron Steel Inst. **127** (1933) 189.

[2] TURNER, T. H.: Sheffield met. Assoc. 27. November, 1928.

[3] HONEGGER, E.: Brown-Boveri Rev. 14 (1927) 95; Elektrotechn. Z. **50** (1929) 465.

[4] BURNHAM, T. H.: Trans. Inst. Marine Eng. **46** (1934) 10.

[5] MICHAJLOW-MICHEJEW, P. B.: Korr. Met. **11** (1935) 284.

Gardner[1], der die Frage der Vermeidung von Schäden im einzelnen behandelt, empfiehlt zwei Maßnahmen:

1. Schutz der Schaufelkanten (die selbst duktil sein müssen, um Ermüdung zu vermeiden) durch eine auswechselbare Platte eines Materials, das hinreichend hart ist, um der Erosion zu widerstehen.

2. Entfernung von Wasser aus dem Dampf, was schwer quantitativ durchzuführen ist. Es sollte jedoch selbst seine teilweise Entfernung in Verbindung mit der Anbringung der Platten zu einer wesentlichen Herabsetzung des Schadens führen. Von der konstruktiven Seite her sind wesentliche Fortschritte hinsichtlich der Entfernung von Wassertropfen aus dem Dampf mittels geeigneter Vorrichtungen erzielt worden.

Anstatt die Schaufeln mit besonderen Platten zu versehen, können sie selbst auch aus nichtrostendem Stahl hergestellt werden, wobei allein die Kanten gehärtet sind[2]. Soderberg[3] berichtet über ermutigende Ergebnisse mit Schaufeln aus nichtrostendem Stahl, die mit einer Platte aus der harten als Stellit bekannten Cobalt-Chrom-Wolfram-Legierung ausgerüstet sind.

Nach Kirst[4] beruhen viele Schädigungen an Turbinen auf der Kondensation von Feuchtigkeit während der Ruheperioden, wodurch eine Rostbildung, und zwar nicht nur an den Schaufeln sondern auch an anderen Stellen, herbeigeführt wird. Er empfiehlt Durchblasen von warmer Luft (die oft verfügbar ist, wo elektrische Generatoren luftgekühlt werden) durch die Turbine, wenn die Ruheperiode verlängert werden soll.

Chevenard[5] hat einen zerstörenden Typ eines verzweigten Bruches beschrieben, der dann auftritt, wenn gewisse Eisen-Nickel-Legierungen Dampf unter den in der Turbine herrschenden Bedingungen ausgesetzt werden. Die Legierungen werden nach einer Kaltbearbeitung, die nicht nur innere Spannungen sondern auch die lokale Umwandlung von γ-Eisen in α-Eisen hervorruft und so eine Angriffsmöglichkeit an dem Metall eröffnet, für diese Brüche empfänglich. Dieser Korrosionstyp wird durch Verwendung von Legierungen verhindert, in denen der $\gamma \rightarrow \alpha$-Übergang nicht möglich ist.

Es ist viel darüber diskutiert worden, ob Aluminium dem Dampf widersteht. Seligman und Williams[6] haben im Temperaturintervall von 200 bis 500° keine Einwirkung feststellen können, jedoch sind einige Anzeichen dafür bei 600° vorhanden. Guillet und Ballay[7], die Aluminiumproben in einem industriellen Dampfhauptrohr bei 300 bis 500° exponierten, konnten einen Angriff feststellen. Rosenhain[8] hat wahrscheinlich die richtige Erklärung für diese Diskrepanz gefunden, wenn er annimmt, daß der Angriff dann, wenn flüssige oder feste Partikeln in dem Dampf kontinuierlich die schützende Oberflächenschicht fortnehmen, unbegrenzt fortschreitet. Hiermit würde eine Deutung dafür gegeben sein, warum in den Versuchen von Guillet und Ballay das weiche, reine Aluminium mehr angegriffen wird, als ein eisen-

---

[1] Gardner, F. W.: Engineer 153 (1932) 146, 174, 202; s. auch S. S. Cook: Pr. Univ. Durham phil. Soc. 8 (1929) 88. [2] Anonym in Brown-Boveri Rev. 21 (1934) 25.
[3] Soderberg, C. R.: Electr. J. 32 (1935) 535. [4] Kirst: Wärme 56 (1933) 12.
[5] Chevenard, P.: Métaux 9 (1934) 340.
[6] Seligman, R. u. P. Williams: J. Inst. Met. 48 (1932) 187, 195.
[7] Guillet, L. u. M. Ballay: C. r. 189 (1929) 551.
[8] Rosenhain, W.: J. Inst. Met. 48 (1932) 192.

und siliciumhaltiges Metall, das also Elemente enthält, von denen eine Korrosionserhöhung erwartet werden sollte.

Kombinierte chemisch-mechanische Wirkung infolge rasch bewegter Flüssigkeiten. Die Zerstörung von Wasserkraftturbinen wird von FALETTI[1] auf drei Ursachen zurückgeführt:

1. Mechanische Abnutzung; z. B. durch Sandkörner und andere feste Partikeln.

2. Chemische und/oder elektrochemische Korrosion.

3. Durch den auf S. 504 beschriebenen Hohlraumeffekt.

Die Behebung der infolge Hohlraumbildung eintretenden Schwierigkeiten, seien sie mechanischer oder chemischer Natur, ist wahrscheinlich durch konstruktive Verbesserungen erreichbar, wenngleich auch hier eine sorgfältige Wahl des Materials von Nutzen sein kann. So findet beispielsweise H. MUELLER[2], daß gewisse Typen von Schäden an den Rückseiten der Schaufeln in Wasserturbinen weitgehend auf Hohlsog zurückzuführen sind, die im Kompressionsraum auftreten, und empfiehlt die Bereitstellung besonderer Schutzränder an der Niederdruckseite. Hierdurch wird die Hohlsogbildung an sich nicht verhindert, jedoch wird sie dadurch in ein Gebiet abgedrängt, in dem sie harmlos ist.

Es ist gezeigt worden (s. S. 504), daß ein örtliches Abschleifen einer Stelle eines Metalls in einer Flüssigkeit zu einer intensiven lokalen Korrosion führen kann, während die ganze Oberfläche sonst immun bleiben würde. Es ist in der Praxis nicht unwahrscheinlich, daß es zu einem derartigen Abschleifen an einem kleinen Teil der Oberfläche kommt. Erfolgt diese Schädigung infolge Reibung zwischen sich bewegenden Teilen, so kann dieser Fall vorausgesehen und geeignete Maßnahmen für seine Verhinderung getroffen werden. Wird diese Schädigung jedoch durch Sandpartikeln oder Blasen im Wasserdampf ausgelöst und treffen diese stets auf die gleiche Oberflächenstelle auf, so kann diese Form weniger leicht vorhergesehen werden. Die Schäden hängen von dem gleichzeitigen Wirken folgender drei Faktoren ab:

1. Gegenwart von Sand oder Blasen im Dampf.

2. Ein Wasserstrahl, der so beschaffen ist, daß er stets nur auf wenige Stellen auftrifft, anstatt die Oberfläche in gleichmäßiger Verteilung zu treffen.

3. Die Wahrscheinlichkeit dafür, daß diese Stellen dadurch ausgezeichnet sind, daß ein lokalisierter Angriff an ihnen zu ernsthaften Schädigungen führen kann.

Eine sehr geringfügige Änderung im Charakter des Wasserstrahles kann ein schädigungsfreies Verhalten in ein schädigendes und umgekehrt ein nachteiliges Verhalten in ein schädigungsfreies überführen. CLASSEN[3] macht Angaben darüber, in welcher Weise die Korrosion in Rübenzuckerfabriken durch Spuren von Sand in den Flüssigkeiten erhöht werden kann.

Jeder schützende Film bricht zusammen, wenn er mit einer Geschwindigkeit gerieben wird, die einen gewissen Wert überschreitet. VAN BRUNT[4] hat einen Fall in einer Kunstseidenfabrik beschrieben, in der die Natriumxanthatlösung keinen Angriff auf Gußeisen hervorrief, sofern die Geschwindigkeit der Flüssigkeit gering war, da diese Teile mit einem schützenden Sulfidfilm bedeckt

[1] FALETTI, N.: L'energia elettrica **11** (1934) 277.
[2] MUELLER, H.: Z. Vereins deutsch. Ing. **79** (1935) 1165.
[3] CLASSEN, H.: Korr. Met. **12** (1936) 305.
[4] BRUNT, C. VAN: Ind. eng. Chem. **21** (1929) 352.

waren. Wurde die Geschwindigkeit dagegen zu groß, so wurde der Film abgelöst, das Metall unterlag dem intergranularen Angriff und der Aufrauhung.

Es ist natürlich notwendig, Materialien Prüfungen zu unterwerfen, die einen gewissen Maßstab für die Widerstandsfähigkeit des Filmes in rasch bewegten Flüssigkeiten, insbesondere in Gegenwart von Luft, liefern. Es sind verschiedene Prüfmethoden als geeignet für verschiedene Zwecke angegeben worden. In dem Verfahren von BROWNSDON und BANNISTER[1] wird ein Luftstrahl unter konstantem Druck aus einer Düse schräg auf die in Wasser eingetauchte Probe geblasen, eine Behandlung, die bei manchen Materialien zu Pittingbildung führt. Andere Auftreffvorrichtungen geben BENGOUGH und MAY (s. S. 686), deren Prüfung sich besonders auf die Bedingungen bei Kondensatorrohren bezieht, sowie ferner FREEMAN und TRACY[2] an.

Einfluß von Luftblasen und „Vakuumblasen". Die kontinuierliche Entfernung des Korrosionsproduktes von irgendeinem besonderen Punkt braucht nicht stets durch mechanische Abnutzung zu erfolgen; wirksamer ist das ständige Beseitigen des Produktes von der Oberfläche. Ein Beispiel hierfür ist auf S. 259 bei der Diskussion des bei Kondensatorrohren auftretenden Angriffes gegeben worden, bei dem Luftblasen auf die Oberfläche auftreffen und sie wieder verlassen. In diesem Fall besitzt das Korrosionsprodukt die Neigung, sich an die Blasen anzuhängen, so daß die Korrosion fortschreiten kann. Andere Beispiele betreffen den Angriff infolge heftig bewegten Wassers, insbesondere im Falle von Schiffsschrauben (s. S. 426) und Wasserturbinen (s. S. 521). Es besteht bei Ingenieuren oftmals die Neigung, den aufgetretenen Schaden allein auf die mechanische Zerstörung des Metalls zurückzuführen und die chemische Wirkung zu übersehen, offenbar deshalb, weil keinerlei Korrosionsprodukte, zumindest nicht in ihrer typischen Form, auf dem Metall gefunden werden. Dieses Fehlen charakteristischer Korrosionsprodukte ist in keiner Weise überraschend, da die Fortdauer der Einwirkung oftmals von der ständigen Entfernung des Korrosionsproduktes abhängt. Trotzdem kann eine sehr ernsthafte Schädigung chemisch widerstandsfähiger Materialien, wie Bakelit und Glas, durch den Anprall von Blasen niederdruckigen Dampfes (Vakuumhohlräume) hervorgerufen werden, die an Stellen niedrigen hydrodynamischen Druckes gebildet werden. Sind die Stellen, an die die „Vakuumblasen" anstoßen, metallischer Natur, so tritt wahrscheinlich zusätzlich zu dem rein mechanischen Wasserhammereffekt (hervorgerufen durch den Stoß des Wassers auf das Metall im Augenblick des Aufpralles) eine chemische Wirkung hinzu, die durch das Ausbleiben einer Korrosionshemmung ermöglicht wird, wie auf S. 504 auseinandergesetzt worden ist. Ob die Zerstörung durch den Wasserhammereffekt oder ob die chemische Schädigung vorherrscht, hängt von den Umständen ab. Die Laboratoriumsprüfungen von DE HALLER[3] und HUNSAKER[4] beziehen sich offenbar auf Bedingungen, unter denen die mechanischen Eigenschaften außerordentlich wichtig für die Bestimmung des Widerstandes sind. HUNSAKER insbesondere betont die mechanische Natur der Zerstörung. Im

---

[1] BROWNSDON, W. H. u. L. C. BANNISTER: J. Inst. Met. **49** (1932) 123.

[2] FREEMAN, J. R. u. A. W. TRACY: Mechan. Eng. **57** (1935) 629.

[3] DE HALLER, P.: Schweiz. Bau-Ztg. **101** (1933) 243, 260. Verschiedene Verunreinigungen im Wasser scheinen eine Rolle bei der Hohlraumbildung zu spielen; s. Engineering **142** (1936) 95.   [4] HUNSAKER, J. C.: Mechan. Eng. **57** (1935) 211.

Betrieb treten jedoch die verschiedensten Fälle auf. BONDY und SÖLLNER[1] berichten über einen Fall, in dem die Panzerplatte eines Schiffes durchlöchert wurde. Nach mehreren Stunden maximaler Geschwindigkeit hatte das Loch infolge der Hohlraumwirkung durch die Schiffsschraube eine Größe von etwa 30 cm; die mechanische Härte hatte in diesem Falle die Zerstörung des Metalls nicht verhindern können.

C. Quantitative Behandlung.

Methoden zur graphischen Darstellung der Korrosionsermüdung.

Allgemeines. Die große Anzahl der in Frage stehenden Faktoren macht es unmöglich, in einem einzigen Kurvenbild das Verhalten eines gegebenen Metalls gegenüber einer gegebenen Flüssigkeit und einer gegebenen Atmosphäre darzustellen. MCADAM kommt bei seiner Berichterstattung über seine ausgedehnten Untersuchungen auf diesem Gebiet dazu, wenigstens 12 verschiedene Kurventypen zu unterscheiden, die sich durch die jeweils zur graphischen Darstellung gewählten Variablen unterscheiden. Denjenigen Lesern, die seine experimentellen Daten näher zu studieren wünschen, wird eine tabellarische Zusammenstellung der verschiedenen Diagrammtypen vielleicht eine gewisse Unterstützung bringen. In diesem Sinne ist Tabelle 53 zu verstehen, die die variablen sowie die konstanten Faktoren in seinen 12 Typen zweidimensionaler Diagramme wiedergibt[2].

Tabelle 53. Schlüssel zu den Kurventypen. (Nach MCADAM.)

Charakter der Kurven	Variable; durch die Achsen wiedergegeben	Konstant gehaltene Faktoren
Bruchkurven, einstufig:		
Typ 1*	$\begin{cases} S, N \text{ oder} \\ S, T \end{cases}$	$F = 0, \Phi$
Variable Verlustkurven:		
Typ 2	S, F	N, T
Typ 5	F, T	S, Φ
Konstante Totalverlustkurven:		
Typ 6 A	S, T	F, Φ
Typ 6 B	S, N	F, Φ
Typ 7	S, T	F, N
Typ 8	S, N	F, T
Typ 9	N, T	F, S
Konstante Reinverlustkurven:		
Typ 10	N, T	D, S
Typ 11 A	S, T	D, Φ
Typ 11 B	S, N	D, Φ
Typ 12	S, T	D, N
Typ 13	S, N	D, T

* Typ 1 ist ein besonderer Fall von Typ 6 B, in dem die Korrosionsermüdung bis zum Bruch fortgesetzt worden ist, so daß $F = 0$ wird. Ist Φ konstant, so ist N proportional T, so daß die zweite Achse zwei Skalen tragen kann, und zwar sowohl N als auch T.

Die MCADAMsche Bezeichnung der verschiedenen Typen ist beibehalten worden, wobei folgende Symbole zur Verwendung gelangen:

Beanspruchung beim Korrosionsdauerversuch . . . . S
Zahl der Lastwechsel . . . . N
Korrosionszeit . . . . T
Frequenz . . . . $\Phi = N/T$
Ermüdungsgrenze nach der Korrosion . . . . F
Reinverlust . . . . D

---

[1] BONDY, C. u. K. SÖLLNER: Trans. Faraday Soc. 31 (1935) 837.

[2] In Ergänzung dazu verwendet MCADAM dreidimensionale Modelle, in denen S, N und T die drei verschiedenen Achsen darstellen. F oder D werden konstant gehalten.

Einstufige Prüfung. Beispiele von Kurven des Typs 1, die die Anzahl der Lastwechsel angeben, die zum Bruch einer Probe unter verschiedenen Zugbeanspruchungen erforderlich sind, sind bereits in Abb. 71 auf S. 494 in

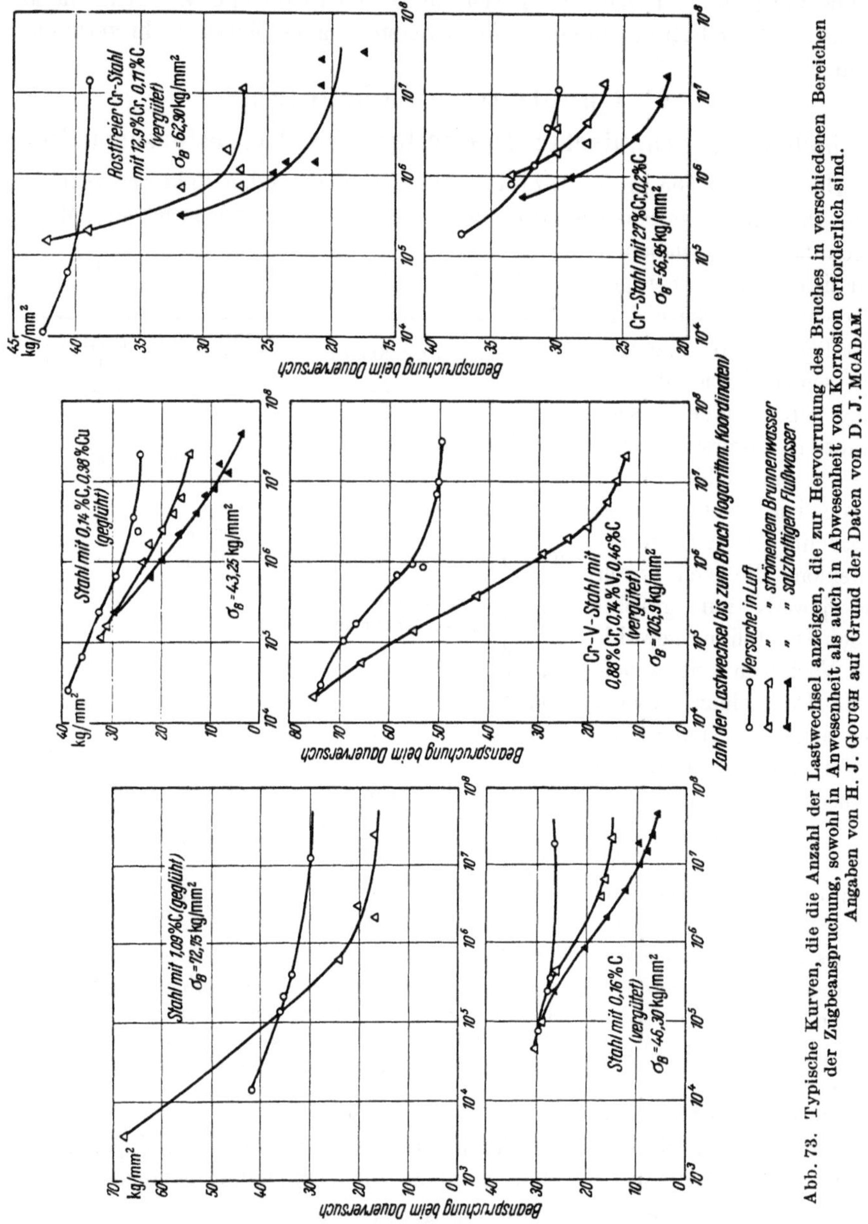

Abb. 73. Typische Kurven, die die Anzahl der Lastwechsel anzeigen, die zur Hervorrufung des Bruches in verschiedenen Bereichen der Zugbeanspruchung, sowohl in Anwesenheit als auch in Abwesenheit von Korrosion erforderlich sind. Angaben von H. J. GOUGH auf Grund der Daten von D. J. McADAM.

schematischer Form wiedergegeben worden. Einige Kurven für verschiedene Materialien, wie sie durch GOUGH aus den McADAMschen Daten angegeben worden sind, finden sich in Abb. 73. Die die Zahl der Lastwechsel angebende Koordinate ist im logarithmischem Maß.

Zweistufige Prüfung. In der Mehrzahl der von McADAM durchgeführten Prüfungen wurde die Korrosionsermüdung nicht bis zum Bruch der Probe fortgesetzt. Die Aufgabe bestand vielmehr darin, die Größe des *Verlustes* festzustellen, der bei verschiedener Korrosionsermüdung hervorgerufen wird, wodurch die Ermittlung des kritischen Ermüdungsbetrages hinfällig wird. Diese Prüfungen werden in zwei Stufen durchgeführt. Eine Probe wird der Korrosionsermüdung im ersten Stadium unterworfen. Hierauf wird die Korrosion abgestoppt

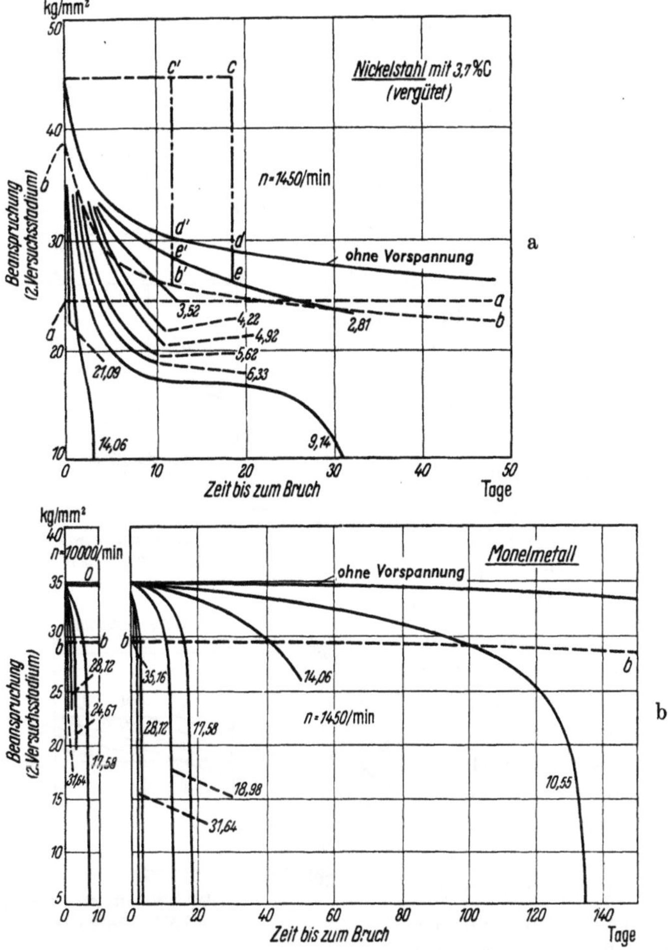

Abb. 74. Graphische Darstellung des Typs 5 für Nickelstahl (vergütet) und Monelmetall nach H. J. GOUGH auf Grund der Daten von D. J. MCADAM. Die Zahlen an den Kurven geben die Zugbeanspruchung in der ersten Versuchsstufe in kg/mm² an.

und die Ermüdungsgrenze der Probe (die deutlich unter den für das unkorrodierte Material charakteristischen Wert abgefallen ist) bestimmt. In dieser zweiten Stufe hat die Maschine festzustellen, wieviel von der ursprünglichen Ermüdungsfestigkeit nach dem während der ersten Stufe hervorgerufenen Schaden zurückgeblieben ist. Diese Prüfung entspricht etwa der Wägung bei einer gravimetrischen Korrosionsprüfung. Die erhaltenen Zahlen können in verschiedener Weise graphisch ausgewertet werden. Werden die Werte der verbleibenden Festigkeit gegen die Zeiten aufgetragen, während der die Proben der Korrosionsermüdung in der ersten Stufe ausgesetzt wurden, so werden Kurven vom Typ 5 erhalten. Beispiele hierfür liefert Abb. 74 für zwei Materialien: Nickelstahl

(Abb. 74a) und Monelmetall (Abb. 74b). Natürlich ist zur exakten Festlegung eines *jeden* Punktes in einer Darstellung nach Typ 5 eine große Anzahl von Proben erforderlich, um eine vollständige Kurve nach Typ 1 für die Bestimmung der Ermüdungsgrenze zu liefern. Nach McADAM[1] ist jeder experimentelle Punkt in einem Diagramm nach Typ 5 jedoch gewöhnlich das mit einer einzigen Probe erhaltene Ergebnis. Sein Verfahren zur Bestimmung der Grenze der Korrosionsermüdung beruht offenbar auf Extrapolation unter Benutzung von Daten, die vorher aus Kurven nach dem Typ 1 erhalten worden sind.

Die Diagramme nach Typ 5 in Abb. 74 enthalten eine mit 0 bezeichnete Kurve, die die belastungsfreie Korrosion wiedergibt. Diese ist durch Prüfung der Proben im gleichen korrodierenden Medium wie bei den anderen Versuchen, jedoch ohne Anwendung irgendeiner Belastung erhalten worden. Die Nullkurve zeigt eine leichte Neigung der Ermüdungsfestigkeit während der belastungsfreien Korrosion, jedoch führt die unter Zugbeanspruchung untersuchte Korrosion zu einem viel rascheren Absinken, insbesondere bei großer Beanspruchung. Es zeigt sich, daß der Kurvencharakter für Monelmetall (Abb. 74b) völlig von dem für Nickelstahl (Abb. 74a) erhaltenen abweicht. Monelmetall unterliegt

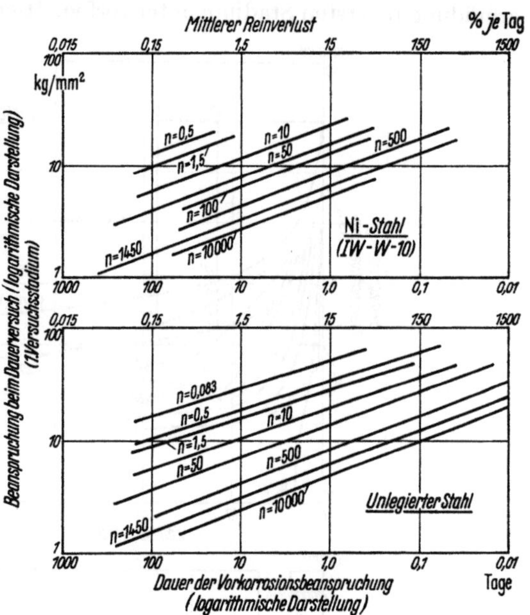

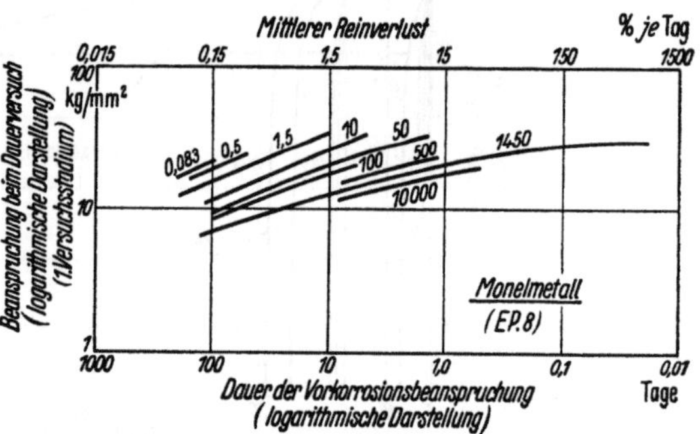

einer sehr geringen Korrosion im belastungsfreien Zustand (wie durch den fast horizontalen Kurvencharakter angezeigt wird). Kommt dagegen eine Beanspruchung hinzu, so ist die Geschwindigkeit, mit der sich der Schaden ausbreitet, zuerst sehr gering, wächst jedoch mit zunehmender Korrosionsermüdung; wahrscheinlich wird in zunehmendem Maße die Fähigkeit zur Wiederausheilung des Materials verringert. Der Nickelstahl zeigt selbst im belastungsfreien Zustand einen merklichen Schaden. Bei Korrosionsermüdung (unter Beanspruchung) zeigt die Geschwindigkeit der Schadensausbildung die Tendenz, rasch mit der Zeit abzufallen.

Totaler Verlust. Reinverlust. Konstante Verlustkurven. Sehr interessant sind diejenigen Diagrammtypen, die die Bedingungen für das Auftreten eines

[1] McADAM, D. J.: Pr. Am. Soc. Test. Mat. **29** II (1929) 258.

konstanten Verlustes darstellen. Der totale Verlust, der auf Korrosion unter Wechselbeanspruchung zurückzuführen ist, wird durch den senkrechten Abstand zwischen der durch den Abszissenwert null der betreffenden vorspannungsfreien Typ 5-Kurve gelegten Horizontalen und dem Schnittpunkt der durch den gewünschten Abszissenwert gehenden Senkrechten mit der unter Vorbeanspruchung bestimmten Typ 5-Kurve gemessen. Dieser ist jedoch nicht völlig auf die Wechselbeanspruchung zurückzuführen, da ein gewisser Schaden selbst im vorspannungsfreien Zustande auftritt. Es ist infolgedessen möglich, den *reinen* Verlust (den auf Wechselbeanspruchung zurückgehenden Anteil) durch Messung des vertikalen Abstandes der Korrosionsermüdungskurve von dem der beanspruchungsfreien Kurve zu der entsprechenden Zeit zu erhalten. In Abb. 74a stellen $c'e'$ und ce den totalen Verlust dar, der durch 2,81 kg/mm² bei einer Einwirkungszeit von 12 bzw. 18 Tagen hervorgerufen wird, während $d'e'$ und de den Reinverlust bedeuten.

Die Kurven vom Typ 11 A sind gleichfalls von Interesse. Sie geben die Beziehung zwischen der Zeit und der Größe der Beanspruchung wieder, die aufgewendet werden muß, um einen bestimmten Betrag an Reinverlust hervorzurufen. Abb. 75 gibt eine

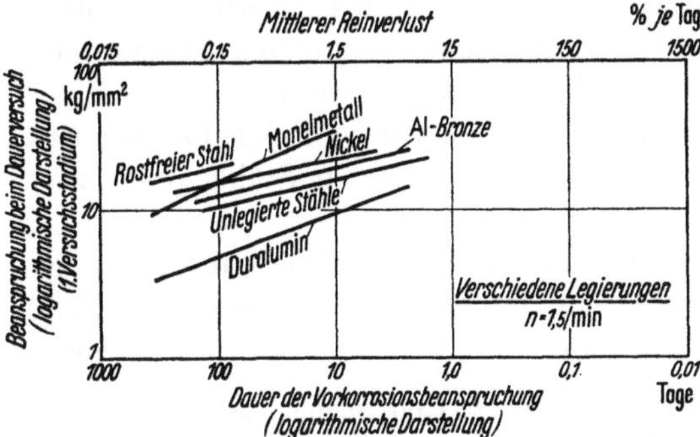

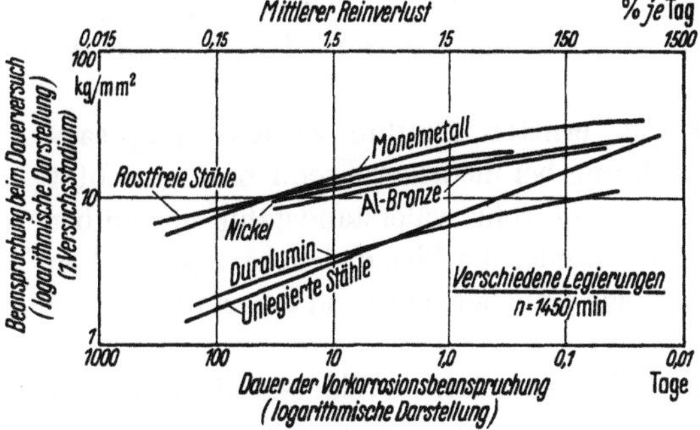

Abb. 75. Kurven, die die Beziehung zwischen der Zugbeanspruchung und der Zeit angeben, die erforderlich ist, um in Gegenwart carbonathaltigen Wassers einen 15%igen Reinverlust hervorzurufen. Die Zahlen an den Kurven geben die Frequenz der Lastwechsel je Minute wieder. Angaben von H. J. GOUGH auf Grund der Daten von D. J. McADAM.

Reihe von Kurven wieder, die sich auf einen 15%igen Reinverlust beziehen. Jede Kurve gibt eine andere Frequenz an und zeigt die Verknüpfung von Beanspruchung und Zeit, die erforderlich ist, um 15% der Ermüdungsfestigkeit zu zerstören. Dabei zeigt sich, daß die zur Hervorbringung eines gegebenen Schadens zu irgendeiner gegebenen Zeit erforderliche Beanspruchung mit steigender Frequenz absinkt. Da sich die Daten sämtlich auf den gleichen konstanten Betrag des Reinverlustes (15%) beziehen, ist es einleuchtend, daß die horizontale Achse als charakteristisch für den mittleren Reinverlust angesprochen werden kann, dessen eigene Skala oben in der Abb. 75 angeführt worden ist. Jede Kurve stellt in dem zugrunde gelegten logarithmischem Maßstab eine gerade Linie dar. McADAM hat Prüfungen an einer Reihe von Stählen durchgeführt (reine Kohlenstoffstähle, gekupferte Stähle,

Nickelstähle, Chrom-Vanadin-Stähle; einige davon wurden bei verschiedener Wärmebehandlung untersucht) und beim Eintragen aller Daten in ein Diagramm festgestellt, daß die Streuung der experimentellen Angaben überraschend gering ist. Für jede Frequenz stellt die Kurve eine außerordentlich hohe Annäherung an eine gerade Linie dar. Sämtliche Kurvenzüge laufen nahezu parallel, wobei die Neigung leicht mit steigender Frequenz zunimmt. Aus diesem Diagramm, so schreibt GOUGH[1], können zwei Hauptschlüsse gezogen werden:

1. der Einfluß der Zugbeanspruchung auf die korrosive Pittingbildung ist für sämtliche Kohlenstoffstähle und gewöhnlichen legierten Stähle praktisch gleich und

2. es besteht eine exponentielle Beziehung zwischen der Zugbeanspruchung und dem Mittelwert des Reinverlustes, die durch eine Gleichung vom Typ

$$R = C\,S^n \qquad (29)$$

ausgedrückt werden kann, wobei R den mittleren Reinverlust, S die Dauerbeanspruchung, C eine Konstante und n den Exponenten bedeuten. Sowohl C als auch n hängen von dem Korrosionswiderstand des Metalls gegenüber seiner Umgebung und von der Frequenz ab (n ist die Kotangente der Neigung der Kurve, während der Wert von C die Lage der Kurve im Hinblick auf die Koordinatenachsen festlegt).

„Die Aufmerksamkeit muß auf den ernsten Einfluß geringer Zugbeanspruchungen auf die korrosive Pittingbildung bei niedrigen Frequenzen gerichtet werden, und zwar selbst bei Legierungen, die sehr widerstandsfähig gegenüber belastungsfreier Korrosion sind. Maschinenteile, die kleine sichtbare Anzeichen allgemeiner Korrosion zeigen, können infolge örtlicher tiefer und scharf begrenzter Pittingbildung versagen."

Es darf nicht übersehen werden, daß „der relative Widerstand eines und desselben Metalls gegenüber Korrosionsermüdung im Hinblick auf zwei korrosiv verschiedene Umgebungen durch einen Wechsel in der Frequenz völlig geändert werden kann."

Eine mathematische Interpretation der experimentellen Daten liegt nicht vor.

Zwölftes Kapitel.

Einfluß von Kontakten und Rissen.

A. Wissenschaftliche Grundlagen.

1. Korrosion bei Kontakt mit nichtleitenden Materialien.

Allgemeines. Oftmals kann dort ein intensiver Angriff beobachtet werden, wo ein Metall im Kontakt mit irgendwelchen anderen festen Stoffen steht. Handelt es sich hierbei um ein zweites Metall, so wird die elektrochemische Wirkung gewöhnlich den Angriff des einen Metalls vergrößern und den des anderen herabsetzen. Die Elementwirkung ist seit langem bekannt und ihre Bedeutung vielleicht in manchen Kreisen überschätzt worden. Allmählich hat man erkannt, daß oftmals besondere Effekte selbst dann auftreten, wenn es sich bei dem zweiten Körper um einen Nichtleiter handelt, ein Fall, für den eine andere Erklärung erforderlich ist. Im Jahre 1906 zeigte MOODY[2], daß Eisen,

---

[1] GOUGH, H. J.: J. Inst. Met. 49 (1932) 47.   [2] MOODY, G. T.: J. chem. Soc. 89 (1906) 723.

das sich im Kontakt mit Glas befindet, eine besondere Form des Angriffes aufweist. Etwa 1922 konnten dann BENGOUGH und STUART[1] zeigen, daß ein beachtlicher Angriff durch Umwickeln eines in Seewasser befindlichen Messing- oder Kupferrohres hervorgerufen werden kann. „Eine lebhafte, lokale Korrosion", so schreiben sie, „erfolgt unterhalb der Umwicklung, trotzdem der Sauerstoffzutritt zu der korrodierten Fläche offenbar erheblich verringert ist. Eine lokale Korrosion an irgendeinem ausgewählten Fleck kann auch unter einer Schicht von Baumwolle, Koks, Glasfragmenten (sofern sie nicht in zu fein verteiltem Zustand vorliegen), Paraffin (wo auch immer die Flüssigkeit unter das Wachs gelangen kann) und vielen anderen Körpern ausgelöst werden". U. R. EVANS[2] hat einen Angriff auf Blei, Cadmium und anderen Metallen durch Glas, Porzellan oder Gummi hervorgerufen und dabei feststellen können[3], daß selbst Tropfen von inerten Ölen oder Kohlenstofftetrachlorid ausgeprägte Kontaktkorrosion, namentlich an Aluminium, hervorbringen. Nach SPELLER[4] kann eine Korrosionsermüdung innerhalb gewisser Grenzen an jeder gewünschten Stelle unter Zuhilfenahme einer Gummiunterlage hervorgerufen werden. McCULLOCH[5] hat den lokalisierten Angriff beim Kontakt zwischen Eisen und Gummi untersucht. Damals hielt U. R. EVANS[6] diesen Vorgang für einen analogen Effekt, jedoch scheint es zumindest möglich, daß einige der Angriffsfälle in der Berührungszone zwischen dem Gummi und dem Metall tatsächlich dem Vorhandensein des Schwefels im Gummi zugeschrieben werden müssen.

Die besondere Angriffscharakteristik an einem Kontakt mit Glas kann nicht beliebig hervorgerufen werden. Manchmal gibt es einen geringeren Angriff an einem derartigen Kontakt als an irgendeiner anderen Stelle des Metalles. Dort, wo eine kleine Stelle des Glases gegen das Metall drückt, ist die Fläche, an der das Glas und das Metall in geringer Entfernung voneinander sind, klein und die Wahrscheinlichkeit für die Ausbildung eines Angriffes gering. Wird die Fläche dieser gegenseitigen engen Annäherung vergrößert, so wächst die Wahrscheinlichkeit für einen Angriff, jedoch wird die *Intensität* der resultierenden Korrosion damit geringer. Es spricht alles dafür, daß der Angriff nur dann einsetzt, wenn ein hinreichend korrosionsempfänglicher Punkt innerhalb der Fläche enthalten ist, die das Gebiet der Annäherung zwischen dem Glas und dem Metall bildet. Ist jedoch auf der freien Fläche kein hinreichend empfänglicher Punkt vorhanden, um eine Korrosion auszulösen, so kann jedoch möglicherweise in einer Rißzone ein derartiger Punkt liegen und somit die Angriffswahrscheinlichkeit durch die Gegenwart des Glases wesentlich erhöhen.

Das Aussehen der Proben deutet darauf hin, daß das Metall in der Rißzone anodisch gegenüber dem außenliegenden Teil ist. Wird z. B. eine Linse oder ein beschwertes Uhrglas auf eine in Kaliumchlorid eingetauchte Bleiplatte gelegt, so unterliegt die ringförmige Zone um die Kontaktstelle herum der Ätzung oder der Pittingausbildung, wie sie für den anodischen Angriff typisch

---

[1] BENGOUGH, G. D. u. J. M. STUART: J. Inst. Met. 28 (1922) 66.

[2] EVANS, U. R.: J. Inst. Met. 30 (1923) 265, 267; Corrosion of Metals, New York 1926, S. 91.

[3] EVANS, U. R.: Petroleum Development and Technology in 1926; Am. Inst. Min. Met. Eng. 1927, S. 469.

[4] SPELLER, F. N., I. B. McCORKLE u. P. F. MUMMA: Pr. Am. Soc. Test. Mat. 28 II (1928) 165.   [5] McCULLOCH, L.: J. Am. Soc. 47 (1925) 1940.

[6] EVANS, U. R.: J. Am. Soc. 48 (1926) 1601.

ist, während die Fläche außerhalb dieser Zone zuerst nur die für die kathodische Region charakteristischen schwachen Interferenzfarben zeigt (s. Abb. 76). Zwischen diesen beiden Regionen bildet sich ein Ring von Bleihydroxyd aus, der deutlich durch die Einwirkung der kathodischen und anodischen Produkte aufeinander (Bleichlorid und Kaliumhydroxyd) gebildet worden ist[1]. Wird der Versuch über eine lange Zeit hin ausgedehnt, so beginnt das in der äußeren Zone gebildete Alkali, wie PHELPS[2] gezeigt hat, das Blei unter Bildung eines Ringes von rotem Bleioxyd anzugreifen, was offenbar von der Hydrolyse des Plumbits herrührt.

Ähnliche Erscheinungen finden sich bei anderen Metallen. Eine Messingplatte, die in einer Chloridlösung gegen einen Glasstab gelehnt ist, zeigt oftmals eine linienförmige Korrosion längs der Berührungszone zwischen dem Glas und dem Metall. Beim Eisen zeigt sich ein besonderer Angriff bei einem Kontakt mit Glas nur dann, wenn die Umstände einen Angriff an benachbarten Punkten der unbedeckten Oberflächenteile ausschließen, so beispielsweise bei Zusatz einer kleinen Menge eines mild wirkenden Inhibitors, wie Natriumcarbonat, oder bei Gegenwart von Chrom im Metall. Nichtrostender Stahl ist bekannt dafür, daß er besonders zu einem Angriff an Stellen neigt, an denen die Proben in gewissen Flüssigkeiten aufeinanderliegen.

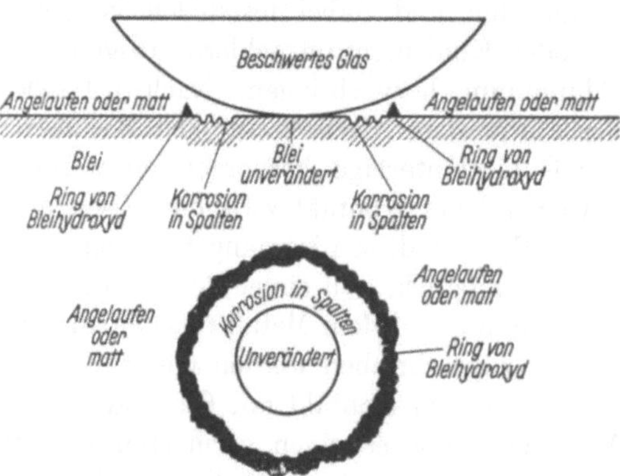

Abb. 76. Korrosion auf Blei in einer Chloridlösung an der Berührungszone einer Glaslinse.

SELIGMAN[3] hat bemerkenswerte Beispiele für eine Pittingbildung auf nichtrostendem Stahl durch Einwirkung einer Berührungszone in einer Milchsäure, Natriumchlorid und Casein enthaltenden Flüssigkeit mitgeteilt. In ähnlicher Weise haben TRAVERS und AUBERT[4] beim Studium des Verhaltens von Chrom-Nickel-Stahl in einer Natriumchlorid und Wasserstoffperoxyd enthaltenden Lösung an denjenigen Stellen eine Korrosion beobachtet, an denen das Metall an eine gerundete Glasoberfläche stieß.

Erklärungsversuche. Der Angriff an einer Berührungszone kann auf zweierlei Weise erklärt werden:

1. Auf Grund der differentiellen Belüftungstheorie. Der Sauerstoff wird in der Berührungszone weniger rasch als an anderen Stellen ergänzt werden. Deshalb wird diese Zone die Neigung zeigen, anodisch gegen die belüftete übrige äußere Oberfläche zu werden. Die durch den anodischen Angriff an irgendeinem korrosionsempfänglichen Punkt innerhalb der Berührungszone gebildeten metallischen Salze werden durch das außerhalb dieser Zone gebildete Alkali in gewisser

---

[1] Der gleiche Effekt kann durch Aufsetzen einer linsenförmigen Bleiprobe auf den flachen Boden einer Kaliumchloridlösung enthaltenden Schale erhalten werden; siehe auch U. R. EVANS: J. Inst. Met. **30** (1923) 267.

[2] H. S. PHELPS, zitiert bei R. M. BURNS: Private Mitteilung vom 13. November 1934; s. auch U. R. EVANS: Chem. Ind. **14** (1936) 212.

[3] SELIGMAN, R.: Private Mitteilung vom 15. Januar 1934.

[4] TRAVERS u. AUBERT: Rev. Mét. **31** (1934) 388.

Entfernung von einem Angriffspunkt zur Ausfällung gelangen und lockere, nichtschützende Hydroxyde bilden, während das in dem besser „belüfteten" Gebiet im Überschuß gebildete Alkali die Korrosion wahrscheinlich hemmt, ausgenommen an ungewöhnlich korrosionsempfänglichen Stellen. Enthält das in der Berührungszone abgeschirmte Gebiet nicht einmal schwach korrosionsempfängliche Punkte, so wird es naturgemäß zu keinem Angriff kommen. Hierin liegt die Erklärung dafür, daß Versuche, die in der Absicht durchgeführt worden sind, einen Angriff bei Kontakt mit Glas festzustellen, häufig, insbesondere dann, wenn die abgeschirmte Fläche gering ist, fehlschlagen. Werden die übrigen Faktoren jedoch konstant gehalten, so wird die Wahrscheinlichkeit für eine Entwicklung des Angriffes an einem abgeschirmten Flächenteil (z. B. einer Berührungszone zwischen Metall und Glas) größer sein als an irgendeiner Fläche gleicher Ausdehnung, die an einem nicht abgeschirmten Teil liegt.

2. Auf Grund der Theorie der konkurrierenden Grenzfläche. Kommt eine zweite Grenzfläche (z. B. eine Glasoberfläche oder selbst eine Luftblase) nahe an die metallische Oberfläche, so kann das Metallhydroxyd, das sonst auf der Metalloberfläche abgeschieden wird (und das so den Angriff hemmt) auf der „konkurrierenden" Grenzfläche zur Abscheidung gelangen, so daß die Korrosion fortschreiten kann. Diese beachtliche Feststellung geht wesentlich auf BENGOUGH und MAY[1] zurück, die die Korrosion von Messing, auf dem sich in Seewasser Luftblasen abgesetzt hatten, in dieser Weise erklärt haben. Diese Ansicht wurde später durch U. R. EVANS[2] zur Erklärung des Angriffes an der durch Tropfen von Chlorid-Chromat-Lösung auf Eisen hervorgerufenen Begrenzungszone angenommen, der nicht auf differentielle Belüftung zurückführbar ist. Es schien bei einem gewissen Stand der Erkenntnis nicht unmöglich, daß die auf Metall bei Kontakt mit Glas ausgelöste Korrosion ganz oder teilweise durch die Annahme erklärt werden könnte, daß die Metallhydroxyde ein höheres Adhäsionsvermögen gegenüber dem Glas als gegenüber der metallischen Oberfläche besitzen.

Entscheidung zwischen beiden Erklärungsversuchen. Um zwischen beiden Erklärungsversuchen zu entscheiden, hat MEARS[3] statistische Versuche über die Korrosion an Kontaktzonen ausgeführt, und zwar von Stahlstäben, die in 0,05 n-Natriumcarbonatlösung eingetaucht wurden und die a) mit Glasstäben oder b) mit anderen Stahlstäben in Kontakt gebracht wurden. Diese Konzentration wurde nach Vorversuchen gewählt, da sie die Grenzkonzentration zwischen Aktivität und Passivität für den in Frage stehenden Stahl darstellt. Sehr verdünnte Lösungen rufen eine ausgebreitete Korrosion hervor, während konzentriertere Lösungen zu vollständiger Immunität führen. Mit der 0,05 n-Lösung wurde die Korrosion, wenn sie überhaupt auftrat, gewöhnlich auf die Kontaktzone begrenzt.

Es ist klar, daß der Angriff in Fällen, in denen die Korrosion durch die konkurrierende Grenzfläche bedingt ist, wahrscheinlich weniger häufig an einer Berührungszone Stahl/Stahl als an der Kontaktstelle Stahl/Glas ausgelöst werden wird. Es ist verständlich, daß das Korrosionsprodukt am Glas bevorzugt

---

[1] BENGOUGH, G. D. u. R. MAY: Engineer **136** (1923) 9.

[2] EVANS, U. R.: J. Soc. chem. Ind. Trans. **43** (1924) 321; frühere Ansichten s. in Trans. Faraday Soc. **18** (1922) 2.

[3] MEARS, R. B. u. U. R. EVANS: Trans. Faraday Soc. **30** (1934) 417.

gegenüber dem Stahl adhärieren kann, aber es ist kein Grund dafür einzusehen, warum es systematisch eine bestimmte Stahloberfläche vor einer andern bevorzugen sollte. Nach dem auf der differentiellen Belüftung beruhenden Mechanismus sollten jedoch die Stahl/Stahl-Kombinationen günstiger für den Angriff als die Stahl-Glas-Kombinationen sein. Tatsächlich hat MEARS feststellen können, daß die Stahl/Stahl-Kombination einen sehr viel häufigeren Effekt aufweist als die Stahl/Glas-Kombination. Dieses Ergebnis ist nicht auf das Silicat aus dem Glas zurückzuführen, da das gleiche Ergebnis in einer Natriumsilicatlösung erhalten wurde. Die Erscheinung ist auch nicht darauf zurückzuführen, daß die Glasstäbe eine lockerere Berührung als die Stahlstäbe hervorrufen, da der Effekt selbst in Versuchen erhalten blieb, in denen das Glas beschwert wurde, um einen engeren Kontakt herzustellen. Die Experimente lassen sämtlich erkennen, daß der differentielle Belüftungseffekt wichtiger ist als der der konkurrierenden Oberfläche.

Ein weiterer Weg zur Unterscheidung zwischen beiden Mechanismen besteht darin, den Effekt im statischen und dynamischen Versuch zu beobachten. Ist die Korrosion auf die Entfernung des Korrosionsproduktes von der Metalloberfläche zurückzuführen, dann sollte durch Rühren die Häufigkeit des Angriffes erhöht werden können. Handelt es sich dagegen um einen durch differentielle Belüftung ausgelösten Effekt, so sollte er dadurch eine deutliche Abnahme erfahren. Tatsächlich nimmt die Häufigkeit ab. Es scheint also kein Zweifel darüber zu bestehen, daß der Angriff bei Berührung mit Glas weitgehend auf differentielle Belüftung zurückgeführt werden kann.

Der Angriff, der an derjenigen Stelle ausgelöst wird, an der eine Glaslinse in 0,05 n-Natriumcarbonatlösung gegen Stahl gepreßt wird, beginnt in einem mikroskopisch kleinen Ring rund um den tatsächlichen Berührungspunkt herum. Der entstehende Rost, der ein größeres Volumen als das zerstörte Metall einnimmt, wird nach außen gedrängt und schirmt das darum gelegene Metall gegen den Sauerstoff ab, so daß die kreisförmige Zone, über die der Angriff verteilt ist, größer wird; der Angriff wird demzufolge weniger intensiv. Einzelheiten über die Erscheinung müssen der MEARSschen Arbeit entnommen werden.

Die Angriffsverteilung, die auf Eisen an Berührungszonen im Kontakt mit Glas, Sand, Wolle und Baumwolle hervorgerufen wird, ist neuerdings von TAMMANN und WARRENTRUP[1] untersucht worden, deren Ansichten mit den von U. R. EVANS ausgesprochenen eine gewisse Ähnlichkeit haben. CARIUS[2], der die in Lösungen mit oxydierenden Agenzien durch Porzellan oder andere Nichtleiter ausgelöste Korrosion untersucht hat, konnte zeigen, daß das Potential örtlich in anodischer Richtung verschoben wird und daß ein intensiver Angriff einsetzt. Tatsächlich muß eine derartige Potentialverschiebung eintreten, wodurch auch sonst die Korrosion hervorgerufen werden mag. CARIUS schreibt seine Ergebnisse einer erhöhten Lösungstension des Metalls in der Berührungszone zu. W. J. MÜLLER[3] erklärt die CARIUSschen Erscheinungen dadurch, daß die oxydierenden Agenzien in dieser Zone nicht hinreichend ergänzt werden, so daß der Film zusammenbricht und eine anodische Angriffs-

---

[1] TAMMANN, G. u. H. WARRENTRUP: Z. anorg. Ch. **229** (1936) 188.
[2] CARIUS, C.: Ber. 5. Korrosionstagung, Berlin 1935, S. 61.
[3] MÜLLER, W. J.: Ber. 5. Korrosionstagung, Berlin 1935, S. 71.

entwicklung ausgelöst wird. Das ist im wesentlichen die in diesem Buch zugrunde gelegte Interpretation.

Korrosion in der Begrenzungszone von Öltropfen. Recht ähnliche Effekte können durch Öltropfen ausgelöst werden. U. R. Evans[1] hat gefunden, daß Tropfen von Kohlenstofftetrachlorid hierfür besonders geeignet sind, da diese Flüssigkeit schwerer als Wasser ist und sich deshalb auf der *oberen* Oberfläche des Metalls absetzt, was für die Beobachtung vorteilhaft ist. Außerdem gibt die Form des Tropfens eine scharf umrissene Begrenzungslinie. Aluminium in $^1/_{10}$ n-Salzsäure erleidet an denjenigen Stellen eine intensive Pittingbildung, an denen die Tropfen von Kohlenstofftetrachlorid auf dem Metall bleiben. Dieser besondere Effekt kann nicht den Spuren von Salzsäure zugeschrieben werden, die infolge einer Hydrolyse von Kohlenstofftetrachlorid entstehen, da diese Säure bereits überall im Überschuß vorhanden ist.

Sehr interessante Ergebnisse sind durch einen Tropfen von Kohlenstofftetrachlorid auf Stahl, der in Salzwasser eingetaucht worden war, hervorgerufen worden. Ist der Tropfen hinreichend groß genug, um einen beachtlichen Flächenanteil vom Salzwasser abzudecken, so bleibt der zentrale Flächenteil U, wie er in Abb. 77 angegeben wird, blank und frei von Korrosion. Der blanke Flächenteil wird von einem geätzten Ring umgeben, der die anodische Rißzone A darstellt, die für

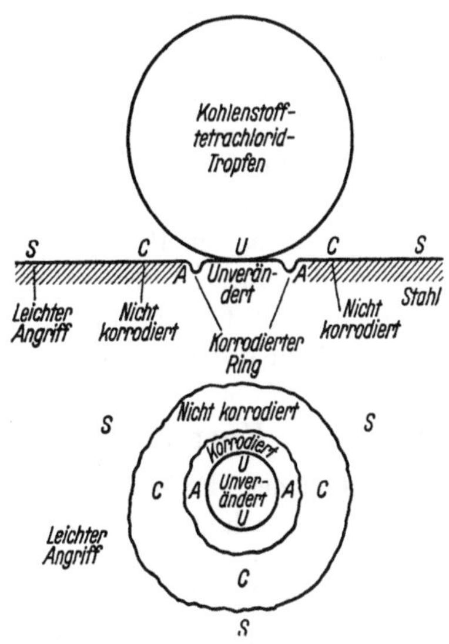

Abb. 77. Angriff in der Begrenzungszone eines Tropfens einer schweren inerten Flüssigkeit.

den Sauerstoff unzugänglich ist. Jenseits dieser Zone kommt eine kreisförmige Zone C, die frei von Korrosion ist, die dagegen die für eine kathodische Region charakteristischen Interferenzfarben zeigt. Außerhalb dieses, leuchtende Interferenzfarben aufweisenden Ringes hört der Einfluß des Tropfens auf, erkennbar zu sein. Es besteht ein leichter Angriff auf der Hauptfläche S, jedoch ist er weniger intensiv als in dem inneren anodischen Kreis. (Bei sehr kleinen kugelförmigen Tropfen, die auf dem Metall praktisch nur in einem Punkt aufsitzen, kann der zentrale, unveränderte Teil U fehlen.)

Es ist einleuchtend, daß ein „inerter" Öltropfen die Korrosion örtlich „intensivieren" kann. Dieser Effekt wird nicht durch eine Vergrößerung der Gesamtkorrosion, sondern durch eine neue Angriffsverteilung hervorgebracht. Während nämlich die Korrosion in dem anodischen Kreis intensiver als in weiterer Entfernung von dem Tropfen ist, entgeht der kathodische Kreis der Korrosion völlig. Versuche mit gewogenen Proben haben ergeben, daß die Gesamtkorrosion durch Kohlenstofftetrachlorid nicht vergrößert, sondern eher verringert wird. Die Korrosion, die (in Abwesenheit des Öltropfens) normalerweise über dem immunen Ring C erfolgen würde, wird weitgehend auf den inneren Ring A konzentriert. Da jedoch die Fläche von A viel geringer als die von C ist, so folgt,

---

[1] Evans, U. R.: Petroleum Development and Technology in 1926, in Am. Inst. Min. Met. Eng. 1927, S. 469.

daß das Eindringungsvermögen von A aus in das Material hinein viel größer ist als über dem Teil der Oberfläche S, die weit vom Öltropfen entfernt ist. Messungen der beiden Flächen lassen vermuten, daß die Anfangsintensität der Korrosion über dem anodischen Kreis A etwa das 10fache von derjenigen beträgt, die auf der übrigen, aber den wesentlichen Anteil ausmachenden Fläche des Stahles wirksam ist; wahrscheinlich ist die Intensität aber noch größer.

Bei Paraffin ist die Form des Tropfens gewöhnlich weniger günstig für eine intensive Wirkung. Das Ergebnis ist demzufolge, obgleich es grundsätzlich ähnlicher Art ist, doch weniger deutlich ausgeprägt. Wird jedoch beim Schleifen zufällig ein starker Kratzer hervorgerufen, der tiefer als die übrige Oberfläche liegt und quer über denjenigen Oberflächenteil verläuft, der mit einem Öltropfen bedeckt ist, so wird der Kratzer zu einem capillaren Kanal, der mit Salzwasser gefüllt und durch das Öl gegen diffundierenden Sauerstoff geschützt ist. Das Metall wird hier anodisch, es entstehen ausgeprägte Pittings. Dieses Phänomen, das mit reinem, inerten Paraffin erzielt wird, muß von dem Angriff unterschieden werden, der durch korrosive Stoffe in unreinen Ölen ausgelöst wird. Über die wichtige durch Öltropfen oder -flecken in Kondensator- oder Kühlrohren ausgelöste Form der Korrosion wird auf S. 260 berichtet.

2. Korrosion bei Kontakt mit anderen Metallen.

Allgemeines. Es ist seit langem bekannt, daß durch den Kontakt von Eisen mit edlen (kathodischen) Metallen oftmals eine Vergrößerung der Angriffsgeschwindigkeit hervorgerufen wird, während durch den Kontakt mit unedlen (anodischen) Metallen eine Angriffsverringerung herbeigeführt wird, eine Frage, die in ihren Einzelheiten durch HEYN, BAUER und VOGEL[1] untersucht worden ist. Einige Ergebnisse dieser Autoren werden in Tabelle 54 wiedergegeben. Dabei zeigt sich, daß die am Eisen erzielte Schutzwirkung in dem Maße, in dem die Korrosion des zweiten Metalls abfällt, gleichfalls sinkt.

Prinzip der „Einfangfläche". In einer interessanten Untersuchung über die Korrosion von Stahlplatten durch fließendes, sauerstoffhaltiges Wasser haben WHITMAN und RUSSELL[2] festgestellt, daß die *gesamte* Korrosion dann, wenn drei Viertel der Stahloberfläche mit Kupfer überzogen werden, die gleiche bleibt, wie wenn der Stahl völlig frei von einem Kupferüberzug ist. Das bedeutet, daß die *Intensität* der Korrosion (konzentriert auf das freie Viertel) viermal so groß geworden ist. Dieses Ergebnis deutet darauf hin, daß die Angriffsgeschwindigkeit durch die Zufuhr an Sauerstoff geregelt wird, der tatsächlich das Metall als Ganzes erreicht. Besteht ein Teil des Metalls aus Kupfer, so ruft der Sauerstoff auf diesem keinen Angriff hervor, dient jedoch dazu, das Element Eisen/Kupfer zu depolarisieren, den Strom zu erhöhen und auf dem exponierten Eisen die äquivalente Korrosion hervorzurufen. Mit anderen Worten: das Kupfer wirkt als Einfangfläche für den Sauerstoff, wobei der zerstörende Einfluß des Sauerstoffes insgesamt auf das Eisen konzentriert wird. Der Ausdruck „Einfangfläche" ist von WHITMAN und RUSSELL nicht tatsächlich benutzt worden, jedoch scheint er in Übereinstimmung mit ihrer

---

[1] HEYN, E. u. O. BAUER: Mitt. Materialpr. **26** (1908) 20. — BAUER, O. u. O. VOGEL: Mitt. Materialpr. **36** (1918) 114.

[2] WHITMAN, W. G. u. R. P. RUSSELL: Ind. eng. Chem. **16** (1924) 276.

Ansicht zu sein. AKIMOW, WRUZEWITSCH und CLARK[1] haben eine ausgedehnte Untersuchung von Elementen des Typs

Zink / Natriumchlorid / Kupfer

durchgeführt. Ihre Ergebnisse sind in Übereinstimmung mit dem Prinzip der Einfangfläche. Sie können zeigen, daß der erzeugte Strom innerhalb weiter Grenzen weitgehend unabhängig von dem Widerstand des Stromkreises und unabhängig von der Fläche des Zinkes ist. Er ist jedoch proportional der Fläche des Kupfers. Zweifellos wird er durch die kathodische Depolarisation bestimmt, die vom Sauerstoff auf der Kupferoberfläche hervorgerufen wird. Die erreichte Stromstärke wird nicht wesentlich verändert, wenn Zink durch ein anderes Metall, wie beispielsweise Cadmium, Eisen oder Aluminium, ersetzt wird. Blei wirkt anfänglich ähnlich; nach etwa 20 Stunden fällt der Strom jedoch unter den von Elementen herab, die mit anderen Anoden ausgerüstet sind; auf der Kupferkathode erscheint ein fleckenförmiger Film.

Tabelle 54. Korrosion von Eisenplatten in elektrischem Kontakt mit einem zweiten Metall, bei völligem Eintauchen in eine 1%ige Natriumchloridlösung. (Nach O. BAUER und O. VOGEL.)

Zweites Metall	Korrosion des Eisens, Angaben in mg	Korrosion des zweiten Metalls, Angaben in mg
Magnesium . . .	0,0	3104,3
Zink	0,4	688,0
Cadmium	0,4	307,9
Aluminium . . .	9,8	105,9
Antimon	153,1	13,8
Wolfram	176,0	5,2
Blei	183,2	3,6
Zinn	171,1	2,5
Nickel.	181,1	0,2
Kupfer	183,1	0,0

Andere Stützen für das Prinzip der Einfangfläche werden durch TÖDT[2] geliefert, der zeigen kann, daß die Korrosion von Eisen durch den Kontakt mit einer gleichen Fläche von Platin oder Kupfer verdoppelt werden kann. Wäre das Prinzip universell gültig, so würden diese Ergebnisse außergewöhnlich wichtig sein, da das Argument in gleicher Weise auf alle Metalle, die kathodisch gegenüber Eisen sind, Anwendung finden sollte. Die Intensivierung des Angriffes auf ein teilweise bedecktes Metall sollte gleich sein, unabhängig davon, ob es sich um Kupfer, Nickel oder Blei handelt.

Fälle, in denen das Prinzip der Einfangfläche versagt. Eine kleine Überlegung zeigt leicht, daß das erwartete Ergebnis wahrscheinlich nur dann erhalten wird, wenn die Sauerstoffzufuhr so begrenzt wird, daß praktisch der gesamte Sauerstoff, der auf die aktiven Punkte der kathodischen Gebiete trifft, aufgebraucht wird. Erreicht der Sauerstoff das kathodische Metall jedoch rascher als es entsprechend der Depolarisation des Wasserstoffes aufgebraucht werden kann, so ist zu erwarten, daß das Kupfer, das (in den meisten Flüssigkeiten) stark kathodisch gegenüber dem Eisen ist, einen größeren Teil des Sauerstoffes verbrauchen und damit eine stärkere Korrosion als das Blei hervorrufen wird, das nur mäßig kathodisch gegenüber dem Eisen ist.

Der beste Weg, um eine freie Zufuhr von Sauerstoff zumindest zu einer Zone des Metalls sicherzustellen, besteht in der Schaffung der an der Wasserlinie

---

[1] AKIMOW, G. W., S. A. WRUZEWITSCH u. H. B. CLARK: Korr. Met. **11** (1935) 145.
[2] TÖDT, F.: Z. Elektroch. **34** (1928) 855.

herrschenden Bedingungen. Einige Versuche dieser Art sind von U. R. Evans[1] zur Prüfung des Prinzips der Einfangfläche an teilweise eingetauchten Proben durchgeführt worden. Dabei wurden Eisenstreifen folgenden Prüfungen unterworfen:

a) der Eisenstreifen wurde *allein* geprüft,

b) der Eisenstreifen wurde in elektrischem Kontakt mit einem Streifen eines anderen Metalls *gleicher* Breite untersucht,

c) der Eisenstreifen wurde in elektrischem Kontakt mit einem Streifen *doppelter* Breite geprüft.

Das zweite der Prüfung unterworfene Metall war Blei, Kupfer bzw. Nickel, während als Flüssigkeiten $1/_{10}$ n-Natriumchloridlösung und Cambridger Leitungswasser zur Verwendung gelangten. Die Versuche wurden jeweils doppelt durchgeführt und über 14 Tage erstreckt.

Ist das Prinzip der „Einfangfläche" ein wahrer quantitativer Führer, so sollte das Verhältnis der Korrosion des Eisens unter den Bedingungen a), b) und c) für Blei, Nickel und Kupfer gleich, und zwar wahrscheinlich 1:2:3 in allen Fällen sein. In Wirklichkeit ist das Verhältnis in $1/_{10}$ n-Natriumchloridlösung, in der es für Nickel angenähert diesen Wert besitzt (1:1,91:2,86), für Blei zu niedrig (1:1,24:1,47) und für Kupfer zu hoch (1:2,80:4,17). Es ist einleuchtend, daß Kupfer unter diesen Bedingungen ein gefährlicherer Partner für Stahl als Nickel ist, während Blei der von allen am wenigsten gefährliche Kontrahent ist, was auch die elektrochemischen Überlegungen erwarten lassen. In dem harten Cambridger Wasser[2] zeigt sich der Berührungseinfluß viel weniger ausgeprägt; lediglich das Kupfer ließ eine definierte Beschleunigung erkennen.

Wenngleich das Prinzip der Einfangfläche auch quantitativ nicht zuverlässig ist, so ist es doch qualitativ insofern wertvoll, als es die Bedeutung der relativen Größe der kathodischen und anodischen Bezirke anzeigt. Es ist einleuchtend, daß die Intensität des Angriffes, die bei zwei miteinander in Kontakt befindlichen Metallen dann am größten ist, wenn das kathodische Metall eine viel größere Fläche als das anodische Metall einnimmt, da die gesamte Korrosion, zumindest teilweise, durch die Zufuhr von Sauerstoff zu dem kathodischen Bezirk bestimmt und mit zunehmender Größe jener Fläche ansteigen wird. Der auf die anodische Fläche konzentrierte Angriff wird jedoch intensiver werden (zumindest bis zu einem gewissen Ausmaße), wenn die anodische Fläche klein ist. Ein kleines Eisenrechteck, das auf die Mitte eines großen Kupferrechteckes aufgebracht wird, wird nach U. R. Evans[3] durch $1/_{10}$ n-Natriumchloridlösung mit einer 12mal so großen Intensität korrodiert werden, als ein großes Eisenrechteck, das zentral ein kleines Kupferrechteck bei gleicher Eintauchtiefe trägt. In ähnlicher Weise zeigen die Angaben von Carius[4], daß die Korrosion von Eisen durch 1%ige Natriumchloridlösung durch Verbindung mit Platin von ein Viertel seiner Fläche kaum, daß sie jedoch durch Verbindung mit Platin vom doppelten Flächenbetrag stark beschleunigt wird. Weitere Beispiele hinsichtlich des Einflusses der Flächengröße werden im praktischen Teil gegeben. Diese Zunahme

---

[1] Evans, U. R.: J. Soc. chem. Ind. Trans. 47 (1928) 73.
[2] Diese Angabe bezieht sich auf das im Jahre 1928 in Cambridge gelieferte Wasser. Seit jener Zeit ist eine Enthärtungsanlage in Betrieb genommen worden.
[3] Evans, U. R.: J. Roy. Soc. Arts 75 (1927) 550.
[4] Carius, C.: Ber. 4. Korrosionstagung, Düsseldorf 1934, S. 4.

der Korrosionsintensität im umgekehrten Verhältnis zu den Größen der beiden Metalle findet sich in Fällen, in denen die Korrosion durch die kathodische Reaktion bestimmt wird. Sie wird unwichtig in Fällen, in denen die Korrosion durch die anodische Reaktion kontrolliert wird.

In Gegenwart von Sauerstoff begünstigt der Kontakt mit Kupfer die Korrosion des Eisens mehr als der entsprechende Kontakt mit Nickel, da der Sauerstoff am Metall mit dem edleren Potential wirksamer als Depolarisator in Erscheinung tritt. In Abwesenheit von Sauerstoff dagegen, wenn freier Wasserstoff entwickelt werden soll, wird das Element Eisen/Nickel wegen der geringeren Wasserstoffüberspannung am Nickel eine höhere EK als das Element Eisen/Kupfer liefern. Nickel begünstigt so die Freisetzung von Wasserstoff durch Eisen stärker als Kupfer, wie DORRANCE[1] zeigen konnte.

Wechselnde Polarität von Elementen. Liegen die Normalpotentiale von zwei Metallen dicht beieinander, so kann die Stromrichtung je nach der Flüssigkeit wechseln, in die sie gebracht werden. Zinn ist kathodisch gegenüber Eisen, sofern jedes der beiden Metalle in eine Lösung seines eigenionigen Salzes äquivalenter Konzentration gesetzt wird. Werden sie dagegen in Citronensäure gebracht, so wird Zinn, wie HOAR[2] gezeigt hat, rasch anodisch gegenüber Eisen, was seinen Grund in der Stabilität des komplexen Zinn(II)-citrations hat, wodurch die Konzentration an Zinnkationen herabgesetzt wird. Oftmals ändert sich in solchen Fällen die Polarität mit der Zeit. So stellte HOAR beispielsweise eine Richtungsumkehr des zwischen Zinn und Eisen in Citronensäure fließenden Stromes 5 bis 10 sec nach dem Eintauchen fest. Überdies kann die Polarität in Fällen, in denen die ursprüngliche EK nicht groß ist, durch selektive Belüftung desjenigen Metalls umgekehrt werden, das sonst anodisch sein würde. U. R. EVANS[3] hat die Änderung der EK mit der Zeit und mit der Belüftung an den Elementpaaren Stahl gegen Zink, Cadmium, Aluminium, Blei, Zinn, Nickel und Kupfer in destilliertem Wasser, in Cambridger Wasser sowie in Lösungen von Natriumchlorid und Natriumsulfat untersucht. Dabei hat sich ergeben, daß Zink, Cadmium und Aluminium normalerweise anodisch, Nickel und Kupfer normalerweise kathodisch sind, während die Polarität von Zinn und Blei wechselt.

Gegenseitige Beeinflussung von Metallen in Luft, die flüchtige Elektrolyte enthält. Arbeiten, die vor längerer Zeit in Cambridge[4] mit Proben durchgeführt worden sind, die zwei oder mehr Metalle in Kontakt miteinander enthalten und die in Luft über Chlorwasserstoffsäure oder Schwefelsäure oder Ammoniak exponiert worden sind, haben ergeben, daß zwei verschiedene Typen der Einwirkung möglich sind. Wurde Blei in Salzsäuredämpfen in Kontakt mit Zink ausgesetzt, so bleibt es beliebig lange blank, während es sonst rasch anläuft. Hierbei handelt es sich um einen wahren kathodischen Schutz, da der elektrische Kontakt zwischen den Metallen erforderlich ist. Steht dagegen Zink, das Ammoniakdämpfen ausgesetzt wurde, in Kontakt mit Kupfer, so wird es rasch durchlöchert, während es unter anderen Umständen einem nur geringen korrosiven Angriff unterliegt. Dieses Verhalten beruht auf dem Angriff, den das Korrosionsprodukt des Kupfers (ein violetter Syrup, der wahrscheinlich das

[1] DORRANCE, R. L.: Canadian Chem. Met. **18** (1934) 163.
[2] HOAR, T. P.: Trans. Faraday Soc. **30** (1934) 472, 476.
[3] EVANS, U. R.: J. Soc. chem. Ind. Trans. **47** (1928) 74.
[4] EVANS, U. R.: Trans. Faraday Soc. **19** (1923) 207.

Nitrit $Cu(NH_3)_4(NO_2)_2$ enthält) auf das Zink ausübt, da sich ein ähnlicher Angriff auf das Zink durch dieses Korrosionsprodukt in besonderen Versuchen feststellen ließ, in denen sich beide Metalle nicht in elektrischem Kontakt miteinander befanden.

3. Kathodischer Schutz.

Mechanismus der Schutzwirkung. Während das Anodenmetall eines Metallpaares einer erhöhten Korrosion unterliegt, erfährt der kathodische Partner einen entsprechenden Schutz. Dieses Verhalten wird durch die HOARschen[1] Versuche an Platten von Zinn und Stahl illustriert, die getrennt bzw. in Kontakt miteinander in Citronensäure (mit oder ohne Natriumcitrat) in Gegenwart bzw. Abwesenheit von Luft eingetaucht werden. Das Verhalten erweist sich dadurch als kompliziert, daß Spuren von Zinnsalz in der Lösung das Korrosionsverhalten des Eisens beeinflussen (s. S. 315). HOAR hat eine beträchtliche Erhöhung der Korrosion des Zinns dann festgestellt, wenn die beiden Metalle in elektrischen Kontakt miteinander gebracht werden, wobei die Erhöhung (im Sinne des FARADAYschen Gesetzes) dem zwischen ihnen fließenden Strom entspricht. Es tritt auch eine Herabsetzung der Korrosion des Eisens ein, die in der mit Luft gesättigten Lösung dem in Frage stehenden Strom entspricht, die jedoch in luftfreier Lösung erheblich den aus dem Strom berechneten Wert übersteigt[2].

HOAR interpretiert diese Erscheinungen in folgender Weise:

„Der Mechanismus des kathodischen Schutzes kann dann am besten verstanden werden, wenn man ihn nicht auf eine Wiederabscheidung von Eisen(II)-ionen, sondern vielmehr auf eine partielle Verhinderung der anodischen Auflösung zurückführt.''

„Die kathodischen Teile der Eisenoberfläche können eine Entwicklung oder Depolarisation von Wasserstoff in einem gewissen Betrage herbeiführen, der in einer kontaktfreien Probe der Größe der anodischen Auflösung äquivalent ist. Wird eine Zinnanode dagegen mit Eisen in Kontakt gebracht, so wird ein Teil der anodischen Auflösung auf das Zinn übertragen. Die kathodische Reaktion schreitet noch in dem *gleichen* begrenzten Ausmaße fort (sofern nicht das kathodische Potential wesentlich verändert wird, was hier nicht der Fall ist). Daher ist die anodische Auflösung des Eisens um denjenigen Betrag verringert, der dem durch das Element fließenden Strom äquivalent ist.''

Eine recht erschöpfende Untersuchung des Kontakteffektes an 7 einander unähnlichen Metallen, die der Atmosphäre an 9 verschiedenen Orten ausgesetzt wurden, hat HIPPENSTEEL[3] veröffentlicht. Die Ergebnisse zeigen die etwas verwickelten Verhältnisse auf, lassen jedoch erkennen, daß Sorgfalt darauf ver-

---

[1] HOAR, T. P.: Trans. Faraday Soc. **30** (1934) 480.

[2] HOAR erklärt diesen verstärkten Schutz in folgender Weise: „Diese Erscheinung ist darauf zurückzuführen, daß das nicht in Kontakt befindliche Zinn so wenig korrodiert, daß durch die Menge des gelösten Zinnes nicht diejenige Konzentration erreicht wird, bei der die Hemmung der Eisenkorrosion völlig wirksam wird. Kontakt führt zu einer erhöhten Zinnkorrosion und damit zu einer stärker ausgeprägten Verzögerung der Eisenkorrosion sowohl durch das gelöste Zinn als auch infolge Erhöhung des kathodischen Schutzes.''

[3] HIPPENSTEEL, C. L.: Am. Soc. Test. Mat. techn. Pap. **1934**, 99; vgl. E. K. O. SCHMIDT: Metallwirtschaft **14** (1935) 409.

wendet werden sollte, wenn die unedleren Metalle mit Kupfer, Nickel oder Zinn in Kontakt zu bringen sind.

Die elektrische Inverbindungsetzung von sauberem Eisen mit sauberem Zink verhindert in vielen Flüssigkeiten jegliche Korrosion an Eisen und führt zu einer erhöhten Korrosion des Zinks. In den von U. R. Evans[1] durchgeführten Versuchen, die sich auf 39 Tage erstrecken, ergab sich ein völliger Schutz in Lösungen von Magnesiumsulfat, Natriumsulfat, Natriumchlorid, Calciumhydrocarbonat und Cambridger Leitungswasser, während alle diese Flüssigkeiten einen ernsthaften Angriff auf dem Stahl herbeiführten, wenn er sich nicht in Kontakt mit Zink befand. Es zeigte sich jedoch, daß die Korrosion des Zinks erheblich vergrößert wurde, sobald es mit Stahl in Kontakt gebracht wurde; oftmals übersteigt der Sonderverbrauch an Zink den Betrag an geschütztem Stahl.

Schützende Stromdichte. Anstatt durch Zink oder Zinn kann der Schutz des Eisens auch dadurch herbeigeführt werden, daß das Eisen durch Verwendung einer äußeren Stromquelle und einer unlöslichen Anode (beispielsweise Graphit) kathodisch gemacht wird. Die Angriffsgeschwindigkeit nimmt in dem Maße ab, in dem die angewendete kathodische Stromdichte ansteigt. Die zur Unterbindung der Korrosion erforderliche Stromdichte ändert sich innerhalb der gleichen Flüssigkeit etwas von Probe zu Probe. Wird jedoch an sämtlichen Stellen der Oberfläche eine hinreichend hohe Stromdichte zur Anwendung gebracht, so kann das Eisen in vielen Flüssigkeiten völlig immun gehalten werden, während es im anderen Falle rasch angegriffen werden würde. Zahlreiche Messungen der schützenden Stromdichte sind durch Bauer und Vogel[2] sowie auch durch den Cambridger Arbeitskreis[3] durchgeführt worden. In Säuren ist die Schutzwirkung nur unvollständig und bildet sich erst allmählich aus; offenbar ist die Erreichung einer gewissen Konzentration von Eisenionen in dem Flüssigkeitsfilm unmittelbar am Metall erforderlich, ehe der Durchgang der Eisenionen vom Metall nach außen durch die Rückdiffusion zum Metall hin kompensiert wird, was zu einer weitgehenden Korrosionsverhinderung führt. In den Frühstadien ist der Vorgang überdies infolge der Entfernung der Oxydfilme durch die Säure verwickelt. In manchen nahezu neutralen Lösungen (z. B. von Natrium- und Kaliumsalzen) ist die zum Schutz erforderliche Stromdichte viel geringer; der schützende Wert ist unter analogen Bedingungen für verschiedene Salzlösungen fast der gleiche, jedoch ist er in gerührter Lösung viel größer als in vollständig unbewegter Flüssigkeit. Das führt zu der Annahme, daß die Schutzwirkung teilweise mit einer Anhäufung von löslichem Alkali (z. B. Natriumhydroxyd) über der kathodischen Oberfläche verknüpft ist, da das Alkali durch den Rührvorgang entfernt wird. Eine etwas überraschende Beobachtung, die Evans gemacht hat, erfährt eine ähnlich einfache Deutung. Er konnte feststellen, daß der zum Schutz eines glatten vertikalen Stahlstabes erforderliche Strom größer ist als der zum Schutz eines ähnlichen Stabes erforderliche, in den aber ein Schraubengewinde eingeschnitten worden

[1] Evans, U. R.: J. Soc. chem. Ind. Trans. **47** (1928) 76.

[2] Bauer, O. u. O. Vogel: Mitt. Materialpr. **36** (1918) 114.

[3] Evans, U. R. u. J. Stockdale: Metals Alloys **1** (1930) 377. — Evans, U. R.: Metals Alloys **2** (1931) 62. — Evans, U. R., L. S. Bannister u. S. C. Britton: Pr. Roy. Soc. A **131** (1931) 371; vgl. H. L. Lochte: Trans. electrochem. Soc. **64** (1933) 179.

ist, und zwar trotz der erheblichen Vergrößerung der Oberfläche. Offenbar verhindern in diesem Fall die Gewindegänge bis zu einem gewissen Betrage ein Absinken des Alkalis und damit sein Verschwinden von der Oberfläche. Ist das verwendete Leitungswasser reich an Calciumhydrocarbonat, so wird durch die kathodische Behandlung ein sichtbarer Film von Calciumcarbonat aufgebaut, der die Schutzwirkung unterstützt.

Selbst in Fällen, in denen die kathodische Stromdichte zu gering ist, um eine Angriffsfreiheit zu verbürgen, wird sie doch die Angriffswahrscheinlichkeit herabsetzen können. Dabei braucht ein bestimmter kathodischer Strom, der auf eine Fläche angewendet wird, von sich aus die Korrosionswahrscheinlichkeit nicht herabzusetzen. Die bloße Tatsache der an einem bestimmten Punkte auftretenden Korrosion wird die Korrosionswahrscheinlichkeit an den darumliegenden, empfänglichen Stellen herabsetzen (vorausgesetzt, daß sich die Korrosionsprodukte von der korrodierenden Stelle aus nicht über die anderen korrosionsempfänglichen Punkte ausbreiten). Mears[1] hat gezeigt, daß die Korrosionswahrscheinlichkeit eines bestimmten Stahls an Kratzerlinien von 12 mm Länge, die (nach einer zweistündigen Exposition) mit Tropfen von 0,14 molarer Natriumhydrocarbonatlösung in einer Atmosphäre von reinem Sauerstoff bedeckt waren, 69% betrug (d. h. 69 von 100 Tropfen zeigten eine Rostungserscheinung). Wurde eine zweite Kratzerlinie in der Nähe der ersten, und zwar etwa $^1/_2$ min bevor der Tropfen aufgebracht wurde, angebracht, so wurde diese Angriffswahrscheinlichkeit wesentlich verringert. Die Korrosion setzte fast beständig an der frischen Kratzerzone ein; häufig kam es zum Schutz des alten Kratzers, insbesondere dann, wenn der Abstand zwischen beiden gering war, wie aus Tabelle 55 hervorgeht.

Tabelle 55. Wechselseitiger Schutz. (Nach R. B. Mears und U. R. Evans.)

Abstand zwischen den Kratzern in mm	Anteil der „alten" Kratzer, die Rostangriff zeigen, in %
Kein zweiter Kratzer	69
4	44
2	33
1	19

Nach Mears[2] wird die Wahrscheinlichkeit für das Eintreten der Korrosion an einer Berührungszone zwischen Stahl und Glas in Natriumcarbonatlösung verringert, wenn die Korrosion in der Nachbarschaft der Angriffsstelle fortschreitet, sei es infolge der absichtlichen Hervorbringung einer außergewöhnlich korrosionsempfänglichen Stelle durch einen frischen Schnitt unmittelbar außerhalb der Berührungszone, sei es durch das zufällige Vorkommen einer solchen Stelle. Diese Feststellung hilft ein Verständnis dafür zu entwickeln, warum Sulfidpartikeln, die oftmals die Ausgangsstellen der Korrosion an glatten Stahloberflächen bilden, an aufgerauhtem Stahl unwichtig sind, an dem bereits andere und empfänglichere Stellen vorhanden sind. Selbst an glattem Stahl wirken die Sulfidseigerungen nicht als Ausgangsstellen des Angriffes, sofern dort zufälligerweise in der Nähe Oberflächenschäden eines für die Auslösung eines Angriffes günstigen Typs vorhanden sind.

Infektion und Schutz. Es ist klar, daß die Korrosion an einer gegebenen Stelle unter verschiedenen Umständen zwei entgegengesetzte Effekte in ihrer Nachbarschaft hervorrufen kann.

---

[1] Mears, R. B. u. U. R. Evans: Trans. Faraday Soc. **31** (1935) 538.
[2] Mears, R. B. u. U. R. Evans: Trans. Faraday Soc. **30** (1934) 421.

1. Infektion. Das Korrosionsprodukt, das von der Stelle abströmt, an der der Angriff bereits eingesetzt hat, kann die Ansammlung von Alkali über der von ihm bedeckten Oberfläche verhindern, sei es, weil die löslichen Metallsalze mit dem Alkali reagieren oder weil die unlöslichen Konstituenten das Metall gegen den Sauerstoff abschirmen und so die Bildung von Alkali verhindern; in jedem Fall wird die Angriffswahrscheinlichkeit *zunehmen.*

2. Schutz. Die Angriffswahrscheinlichkeit an Stellen, die *nicht* mit dem Korrosionsprodukt bedeckt sind, wird tatsächlich *abnehmen,* wie eben gezeigt worden ist.

Der Mechanismus der Schutzwirkung kann vielleicht durch eine Analogiebetrachtung verständlich gemacht werden[1]. Nehmen wir, wie das in Abb. 78 schematisch dargestellt worden ist, eine Anzahl von parallel geschalteten Kondensatoren an, die durch einen Widerstand mit einer Stromquelle hoher EK verbunden sind, die groß genug ist, um eine gewisse Gefahr für den Durchschlag eines Kondensators zu bilden. Zum Anfang ist die Durchschlagswahrscheinlichkeit für alle Kondensatoren gleich. Sobald jedoch ein Kondensator angefangen hat, durchlässig zu werden, und der Strom zu fließen beginnt, sinkt

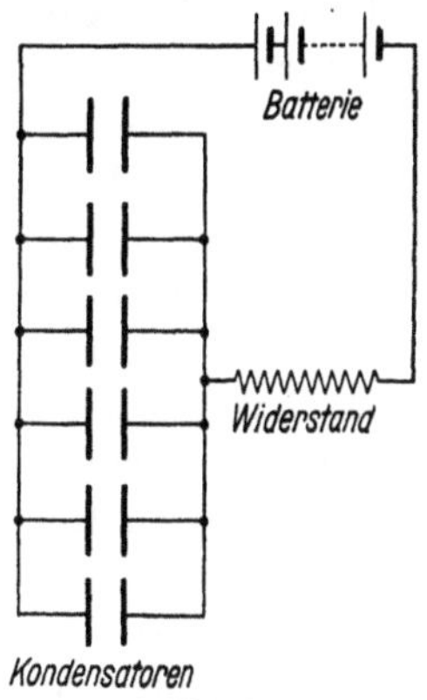

Abb. 78.
Wechselseitiger Schutzeffekt. Analogiefall durchlässiger Kondensatoren.

das bei den anderen vorhandene hohe Potential (ein Teil des Potentialabfalles verläuft über den Widerstand, da ein Stromfluß vorhanden ist), womit die Durchschlagswahrscheinlichkeit für jeden der anderen Kondensatoren abnimmt. So schützt das Durchschlagen eines Kondensators seine Nachbarn. Dieser Analogiefall ist nicht vollkommen, jedoch zeigt eine kleine Überlegung, daß der Korrosionsbeginn an einem empfänglichen Punkt einer metallischen Probe (Zusammenbrechen des angriffsfreien Zustandes) die Angriffswahrscheinlichkeit an den benachbarten Punkten herabsetzt, *vorausgesetzt, daß die zur Aufrechterhaltung der bereits ausgelösten Korrosion erforderliche anodische Polarisation kleiner als die zur Auslösung erforderliche ist.* Die von BRITTON[2] in Abb. 7, S. 23, gegebenen Kurven, die Strom und Potential miteinander verbinden, bestätigen dieses Verhalten für Eisen in Chloridlösung; so kann die MEARSsche Beobachtung leicht verstanden werden, wonach die Korrosion an einem Punkt des Eisens die Korrosionswahrscheinlichkeit an benachbarten Punkten herabsetzen kann.

B. Fragen der Praxis.

1. Berührungszonen.

Allgemeines. Die vorhergehenden Kapitel haben zahlreiche Beispiele aus der Korrosionspraxis des Ingenieurs gebracht, in denen ein Angriff durch fremde auf Metall aufgebrachte Körper ausgelöst wird. Der durch Sand, Holz, Koks, Algen oder selbst durch Öltropfen in Kondensatorrohren ausgelöste Angriff ist auf S. 258 behandelt worden. Die Korrosion, die gelegentlich an eingegrabenen Rohren durch die sauerstoffabschirmende Fähigkeit von Öl im Boden hervorgerufen wird, wird auf S. 199 besprochen. Derartige Fälle müssen natürlich

---

[1] EVANS, U. R.: Koll.-Z. **68** (1934) 137.
[2] BRITTON, S. C. u. U. R. EVANS: J. chem. Soc. **1930**, 1780.

scharf von denen unterschieden werden, in denen das Öl korrosive Verbindungen (beispielsweise Schwefelverbindungen oder organische Säuren) enthält oder in denen es mit dem Wasser unter Bildung korrosiver Verbindungen reagiert. Kohlenstofftetrachlorid verursacht manchmal, wenn es in chemischen „Trockenreinigungsanstalten" Verwendung findet, Schäden, die auf der infolge Hydrolyse gebildeten Salzsäure beruhen[1].

WERNER[2] hat Fälle von Korrosionsangriffen in chemischen Anlagen an Stellen beschrieben, die auf eine schlechte Konstruktion der Teile zurückzuführen sind. Wenn mit Blei überzogene Heizschlangen in Tanks so angebracht sind, daß sie nahezu in Kontakt miteinander kommen, so erfolgt ein Angriff, der wahrscheinlich auf differentielle Belüftung zurückzuführen ist. Er weist darauf hin, daß bei der Konstruktion von Anlagen unnötige Ecken nach Möglichkeit vermieden werden sollten. Ähnliche Fälle haben sich bei den kupfernen Bolzen von Weinessigfässern gezeigt, die an denjenigen Stellen, an denen sie in das Holz eindringen, fortgefressen werden. TRONSTAD[3] berichtet über die Korrosion austenitischer Chrom-Nickel-Stähle in einer Kühlanlage an den Stellen, an denen die Haken mit Platten des gleichen Materials in Berührung kommen. Sobald die Haken entfernt wurden, hörte der Schaden auf. FRIEND[4] stellt bei der Beschreibung von Prüfstücken, die in die See eingetaucht worden waren, fest, daß die Enden der gußeisernen Proben, die in einen hölzernen Rahmen eingefügt wurden, der Graphitisierung unterlagen, während die übrigen Teile in gutem Zustand blieben; er schreibt dieses Verhalten der differentiellen Belüftung zu.

Andere ähnliche Fälle könnten genannt werden. Die Neigung von Drahtseilen zur Korrosion innen zwischen den Litzen ist wahrscheinlich ein weiteres Beispiel der Wirksamkeit differentieller Belüftung. Was aber auch immer die Ursache ist, dieses Verhalten schließt bei Förderkabeln in Bergwerken Gefahren in sich, da dieser Angriff der deutlichen Beobachtung entgehen kann. Fälle innerer Korrosion sind auch von den Drahtseilen der Hängebrücken berichtet worden. Nach GLOCKER, WIEST und WOERNLE[5] kann die Korrosion von Stahlseilen mit Hanfseele mittels Röntgenstrahlen erkannt werden. Kupferkabel können an Schienenstößen in Tunnelanlagen ernsthafter Korrosion unterliegen. Ein anderes Beispiel ist die Korrosion von Drahtnetzen in gewissen Filteranlagen an Stellen, an denen die Drähte einander kreuzen.

SPELLER[6] hat die Korrosion einer Rohrleitung beschrieben, die an den Berührungsstellen zwischen Metall und Gummi mit Gummiringen geschützt war. Auch dieser Fall ist auf differentielle Belüftung zurückzuführen. Ähnliche Effekte sind unter den Dichtungen von Blechbüchsen festgestellt worden. PHELPS[7] berichtet über Korrosion infolge differentieller Belüftung an Stellen, an denen Bleikabelmäntel auf den feuchten Wänden der Führungskanäle aufliegen. Es kommt zur Pittingbildung an der (anodischen) Berührungszone, während ein rotes Korrosionsprodukt (das auf den Angriff durch Alkali zurückzuführen ist)

[1] BULLEN, F. J.: Private Mitteilung vom 24. Januar 1935.
[2] WERNER, M.: Maschinenbau 13 (1934) 520.
[3] TRONSTAD, L.: Private Mitteilung vom 29. Mai 1934.
[4] FRIEND, J. A. N.: Carnegie Scholarship Mem. 18 (1929) 70.
[5] GLOCKER, R., P. WIEST u. R. WOERNLE: Stahl Eisen 53 (1933) 758.
[6] SPELLER, F. N.: Private Mitteilung vom 24. Juli 1926.
[7] PHELPS, H. S.: Washington Soil Conference 1933.

an der darumliegenden kathodischen Zone auftritt. Eine besondere Korrosion ist an Schiffen an Stellen, an denen in einer Berührungszone Eisenbolzen und Holz zusammentreffen, sowie an Dächern in der Berührungszone zwischen Holz und Kupfer (s. S. 402) festgestellt worden.

Ein anderer ernsthafter Typ von Berührungskorrosion tritt manchmal bei Metallblechen auf, die während der Lagerung oder während des Transportes aufeinandergeschichtet sind. Gewisse Fälle dieser Art werden an anderen Stellen dieses Buches erwähnt. Cushman[1] hat den ernsten Angriff bei verzinktem Eisenblech beschrieben, das zum Transport in den Schiffslagerraum gebracht worden war und das infolge eines differentiellen Belüftungseffektes einen Korrosionsangriff durch das sich zwischen den Blechen ansammelnde Salzwasser aufwies. Ähnliche Bleche widerstanden, wenn sie in der Nähe der See verwendet wurden, der Korrosion vergleichsweise gut (s. S. 401). Beynon und Leadbeater[2] haben die Verfärbung von Zinnplatten während der Lagerung behandelt, eine Frage, der eine gewisse Wichtigkeit zukommt, da die Schmutzflecke die Adhäsion der Litographentinte bei dem darauffolgenden Beschreiben des Zinnes verhindern (s. S. 591). Ein ziemlich ähnliches Phänomen an einer Zinnfolie unter Wasser ist von Kutzelnigg[3] beschrieben worden. In beiden Fällen schreiben die Experimentatoren die Phänomene einer differentiellen Belüftung zu.

Einfluß des voluminösen Charakters des Korrosionsproduktes. Oftmals kommt es bei Konstruktionen in Berührungszonen zwischen Platten vor allem deshalb zu Korrosion, weil in diesen Zonen Feuchtigkeit zurückgehalten wird, nachdem diese an anderen Stellen bereits verdampft ist. An Stellen, an denen die Fugen nicht völlig ausgefüllt sind, kann es in einer korrosiven Atmosphäre zu einem baldigen ernsten Angriff kommen. In Fällen, in denen der feste Rost im Inneren der Fuge zur Ausscheidung kommt, führt er, da er ein größeres Volumen als das zerstörte Metall einnimmt, zur Ausbildung eines beträchtlichen Druckes. Sind die Nieten oder Bolzen, die die Platten zusammenhalten, hinreichend kräftig, so wird sich die Fuge offenbar selbst abschließen, und die Wirkung wird zum Stillstand kommen. Die durch den Rost ausgeübte Expansionskraft kann $1{,}58\,\text{kg/mm}^2$ übersteigen. Setzt sie jedoch an einer solchen Stelle ein, daß sie die Platten einzeln voneinander abheben kann, so können die Nieten eine nach der anderen gesprengt werden. Fälle dieser Art sind bekannt, besonders an Brücken, an denen möglicherweise Schwingungsphänomene, insbesondere in den Frühstadien, mitgewirkt haben. Die Gefahr kann natürlich durch Nietteilung herabgesetzt werden. Auf jeden Fall sollten derartige Effekte normalerweise nicht vorkommen, wenn die Spalten zwischen den Platten sorgfältig ausgefüllt sind. Eine Paste von Mennige und Leimgrund oder ähnlichen schützenden plastischen Substanzen, die bei der Montage angewandt werden, sind oftmals zufriedenstellend im Ergebnis. Auch Aufschlämmungen von Portlandzement werden manchmal angewendet. Trotzdem ist die Korrosion an Spalten zu gewissen Zeiten eine sehr häufig auftretende Erscheinung gewesen, wie die von Newman[4] in dem 1896 herausgegebenen Buch angeführten Fälle

---

[1] Cushman, A. S.: J. Oil Colour Chemists Assoc. **7** (1924) 46.

[2] Beynon, C. E. u. C. J. Leadbeater: Techn. Publ. Tin Res. Dev. Council 1935, Serie D, Nr. 1.   [3] Kutzelnigg, A.: Z. Elektroch. **41** (1935) 452.

[4] Newman, J.: Metallic Structures: Corrosion and Fouling and their Prevention, S. 67. 1896.

zeigen. Die eigentliche Abdichtung genieteter Verbindungsstücke ist bei Kesseln von Wichtigkeit.

Fälle von Korrosion an Spalten bei Leichtmetallegierungen finden sich bei Luftfahrzeugen, wobei im Falle der Aluminiumlegierungen ein sehr voluminöses Korrosionsprodukt auftritt. Lecœuvre[1] berichtet über Korrosion solcher Legierungen an Seeflugzeugen und schreibt sie der differentiellen Belüftung zu. Brenner[2] berichtet gleichfalls über Fälle, in denen Nietverbindungen an Hydronalium (offenbar bei Wasserflugzeugen) einen ernsthaften Angriff an schlecht belüfteten Fugen gezeigt haben.

2. Niete.

Allgemeines. Korrosion an Fugen von Nietverbindungen kann gewöhnlich durch Ausfüllen der Spaltzone verhindert werden. Weniger leicht fertig zu werden ist mit denjenigen Schäden, die auf der Korrosion an den Nieten selbst beruhen. Bei Konstruktionen im Binnenlande kann viel dadurch erreicht werden, daß man die Aufmerksamkeit auf Besonderheiten bei der Gestaltung lenkt, um beispielsweise saures Regenwasser oder andere korrosive Flüssigkeiten daran zu hindern, sich in nächster Nähe des Nietes anzusammeln. Schumacher[3] gibt in Abb. 79 zwei schematische Anordnungen, von denen die eine offenbar die richtige konstruktive Anordnung aufzeigt, während die andere zu Schaden Veranlassung geben kann. Auch Adrian[4] betont, daß durch an sich geringfügige Änderungen im konstruktiven Habitus von Stahlkonstruktionen die Bildung von Wassersäcken vermieden werden kann.

Schiffsnieten. Die Korrosion von Stahlnieten bei Schiffsplatten ist oft ein ernstes Problem. In manchen Fällen zeigt die Korrosion, obgleich die totale Zerstörung des Metalls gering ist, Wabenstruktur: es entstehen enge wurmfraßähnliche Löcher im Niet und führen so zu relativ rascher Schwächung des Materials. Boote und Kanalmotorschiffe, die oftmals verschiedensten korrosiven Wässern, einschließlich der sauren Abflüsse aus den Fabriken, ausgesetzt sind, sind diesem Typ der Korrosion gegenüber sehr empfänglich. Bennett[5] betrachtet das Reiben auf dem Untergrund des Kanales oder in seichten Mündungsgebieten als einen für die Korrosion wesentlichen Faktor. Die Nietköpfe können selbst dann abbrechen, wenn der größte Teil des Metalls noch unangegriffen ist, wobei nichts als der Nietbolzen in seiner Lage zurückbleibt. Nietkorrosion dieses Typs und anderer Art findet sich auch bei Ozeandampfern und ist bei den Öltankschiffen zu einem sehr ernsten Problem geworden.

Die Ursache für das Auftreten der korrosiven Wabenstruktur ist eine Frage, über die die Meinungen noch etwas auseinandergehen. Einige Fachleute sind der Ansicht, daß sie an Stellen einsetzt, an denen der Sinter in das Metall eingehämmert worden ist und daß ein in dieser Weise initiierter Angriff möglicherweise infolge differentieller Belüftung fortschreitet. Die zur Kenntnis von U. R. Evans gekommenen Fälle besitzen jedoch nicht das Aussehen einer auf differentieller Belüftung beruhenden Pittingbildung. Einer anderen Ansicht gemäß folgen die sog. Wurmlöcher den Einschlußzonen, wobei es sich wahr-

[1] Lecœuvre, R.: Métaux 9 (1934) 520. [2] Brenner, P.: Z. Metallk. 25 (1933) 254.
[3] Schumacher, E.: Stahl Eisen 48 (1928) 1289, 1290.
[4] Adrian: Farben-Ztg. 39 (1934) 1171. [5] Bennett, W.: Engineering 122 (1926) 796.

scheinlich um sulfidische Einschlüsse handelt. Diese Ansicht ist von MONT-
GOMERIE[1] ausgesprochen worden, der eine außerordentlich große Erfahrung auf
dem Gebiete der Schiffskorrosion besitzt. Er ist gegen die Verwendung von
Randstahl zur Herstellung von Schiffsnieten. Derartige Nieten sind jetzt für
die Verwendung bei Schiffsrümpfen durch das Komitee von LLOYD's REGISTER
OF SHIPPING verboten worden. Nach Angaben von W. E. LEWIS[2] sind die
Schadensfälle seit Inkrafttreten dieses Verbotes tatsächlich geringer geworden.
Bei dem Randstahl sind die äußeren Teile rein, jedoch enthält das Innere Sulfidseigerungen sowie auch Gußblasen. Der innere Teil wird nach MONTGOMERIE
rascher als der reine Rand angegriffen, und zwar nicht nur durch Säuren,

sondern auch durch Seewasser. Wird dieser
Stahl zu Nieten verarbeitet, so werden dadurch
die Gußblasen gelängt, bieten der Korrosion
den Weg für ihre Ausbreitung und führen somit
zu Wabenstruktur. Es ist möglich, daß diese
Angriffsform durch Verschweißen der Hohlräume
vermieden wird. DAEVES[3] hat Photographien
von aus Randstahlingots gefertigten Nieten
veröffentlicht, die gleichmäßige Korrosion zeigen,
dagegen sind ihm Fälle von Wabenstruktur bekannt, die wohl an anderen Eisenmaterialien,

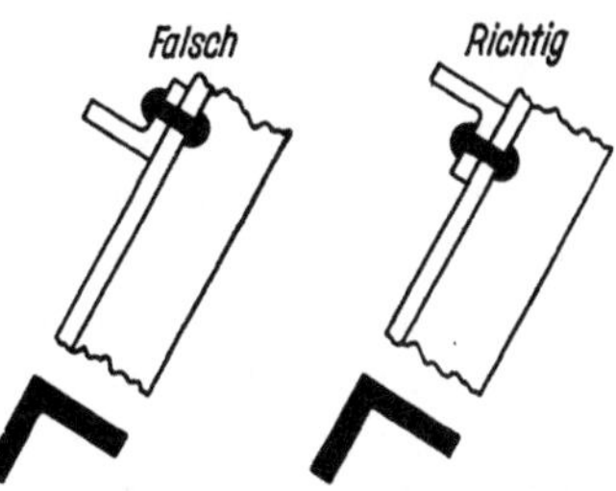

Abb. 79. Vermeidung von Ansammlungs-
möglichkeiten für korrosives Wasser.
(Nach E. SCHUMACHER.)

jedoch nicht an Randstahl aufgetreten sind. Man sollte nicht vergessen, daß
Seigerungen in Nicht-Randstählen, wenngleich auch in anderer Verteilung, vor-
kommen und daß verschiedene Wässer verschiedene Angriffsverteilungen am
gleichen Material auslösen. Saure Abwässer finden sich oftmals in Flüssen und
Kanälen; die durch Säure hervorgerufene Korrosion folgt wahrscheinlicher den
Zonen der Sulfideinschlüsse als die Korrosion durch neutrale Wässer.

DAEVES hat Schiffe untersucht, an denen 3 verschiedene Arten von Eisen-
oder Stahlnieten Seite an Seite verwendet worden sind; alle wiesen den gleichen
Korrosionstyp auf, wenngleich auch in einem etwas verschiedenen Ausmaße.
Laboratoriumsversuche weisen darauf hin, daß in gewissen Flüssigkeiten eine
Lokalisierung des Angriffes an Bruchstellen in der Oberflächenschicht auftritt,
so daß es nicht unwahrscheinlich ist, daß sich dann, wenn die Oberflächenschicht vollständig entfernt ist, der Angriff besser ausbreiten würde. DAEVES[4]
hat dementsprechend auch empfohlen, den gesamten Oberflächensinter von den
Nieten zu entfernen, ehe das Schiff angestrichen wird.

Einige Marineingenieure neigen dazu, die Korrosion von Nieten auf die
Wirksamkeit von Elementen zurückzuführen, die zwischen den Nieten als
Anoden und den Eisen- oder Stahlplatten als Kathoden auftreten und haben
die Forderung aufgestellt, dem durch Zulegieren von Kupfer (bis zu 0,3%) zu
dem Nietmetall Rechnung zu tragen, um diese kathodisch gegenüber den Platten
zu machen. Es erscheint jedoch zweifelhaft, ob die EK zwischen den Nieten
und den Platten den Wert überschreitet, der zwischen dem Metall und dem

[1] MONTGOMERIE, J. u. W. E. LEWIS: Trans. Inst. Eng. Scotland 75 (1932) 405; s. auch
M. P. ANDREAE: Korr. Met. 7 (1931) 126.
[2] LEWIS, W. E.: Trans. North East Coast Inst. Eng. 52 (1936) 132.
[3] DAEVES, K.: Trans. Inst. Eng. Scotland 75 (1932) 446.
[4] DAEVES, K.: Trans. electrochem. Soc. 64 (1933) 112.

Sinter vorliegt. Überdies sollte man, wenn irgendein tatsächlicher Erfolg in der Nietkorrosion durch Verwendung von kupferhaltigen Stahlnieten in gewöhnlichen Stahlplatten zu erzielen wäre, eine große Erhöhung des Angriffes erwarten, wenn gewöhnliche Stahlnieten in gekupferten Stahlplatten zur Verwendung kommen. Tatsächlich hat RABALD[1], der einen deutschen gekupferten Stahl bespricht, sicher festgestellt, daß Platten dieses Stahles mit Nieten von gewöhnlichem Stahl und umgekehrt verbunden werden können, ohne eine besondere Korrosion auszulösen. Zu ähnlichen Ergebnissen gelangt HERZOG[2].

Die zwischen Nieten und Platten auftretende EK wird jedoch wichtig, wenn sie aus verschiedenen Metallen hergestellt werden. Ein berühmter Fall ist der der Yacht Sea-Call[3]. Der Rumpf dieses Schiffes wurde aus Monelmetall, einige der verwendeten Nieten jedoch aus Stahl hergestellt. Diese Nieten wurden rasch durch Korrosion vernichtet und bereits während der Probefahrt strömte das Wasser durch die Nietlöcher in das Schiff ein. Ein Taucher wurde herabgeschickt, um Stahlbolzen an die Stellen der zerstörten Niete einzusetzen, jedoch wurden auch diese rasch vernichtet und das Schiff mußte als nicht seefähig bezeichnet und abgewrackt werden. In diesem Fall war die rasche Korrosion auf die Unterschiedlichkeit in der Flächengröße zurückzuführen. Der ausgedehnte Rumpf aus Monelmetall wirkte als Kathode, und da er durch die Bewegung des Schiffes im Wasser gut mit Sauerstoff versorgt wurde, lieferte er einen großen Strom, dessen Wirksamkeit auf die kleinen als Anoden wirkenden Niete konzentriert war. Es ist bemerkenswert, daß einige Versuche ausgeführt worden waren, um die Frage der Kontaktwirkung zwischen den beiden Materialien zu klären, die gezeigt zu haben scheinen, daß keine ernsthafte Korrosionsbeschleunigung zu erwarten war. In diesen Versuchen hatten die Proben aus Stahl und Monelmetall jedoch eine ähnliche Größe, während die Fläche des Monelmetalls im Falle des Schiffes die des Stahles sehr wesentlich übertraf.

Nieten von Leichtmetall. Im Falle des Aluminiums (in dem die Korrosion nicht durch die kathodische Reaktion bestimmt wird) wird das Flächenverhältnis weniger wichtig. Kupferniete in Aluminium führen zu einer ernsthaften Zerstörung, wenn sie mit Seewasser befeuchtet werden. Nach COURNOT[4] wird bei der Verwendung von Kupfer und Cadmium zusammen im Kontakt mit Aluminium der Einfluß des einen durch den des anderen aufgehoben. Er empfiehlt die Verwendung von cadmiumplattierten Nieten. Nach AKIMOW[5] kann die Korrosion selbst dann ausgelöst werden, wenn die Nieten und Platten aus zwei verschiedenen Sorten von Duralumin bestehen, die im Kupfergehalt um mehr als 2,5% voneinander abweichen.

3. Schweißverbindungen.

Allgemeines. Bei im Binnenlande errichteten Konstruktionen sowie bei Schiffen besteht heutzutage die Tendenz, die Niete durch Schweißverbindungen zu ersetzen. Hierdurch ist naturgemäß die Aufmerksamkeit auf die Möglichkeiten für eine Korrosion in der Schweißzone gelenkt worden. Insgesamt gesehen sind die durch die Experimentatoren erzielten Schlüsse zufriedenstellend. In

---

[1] RABALD, E.: Ch. Fabrik 8 (1935) 27. [2] HERZOG, E.: Métaux 9 (1934) 374.
[3] Anonym in Eng. News 74 (1915) 522; s. auch O. P. WATTS u. H. C. KNAPP: Trans. Am. electrochem. Soc. 39 (1921) 160. [4] COURNOT, J.: J. Inst. Brewing 38 (1932) 381.
[5] AKIMOW, G. W.: Korr. Met. 8 (1932) 309.

vielen Fällen entsteht in der Schweißnaht kein größerer Angriff als auf den Platten zu beiden Seiten der Schweißzone. Wie durch LEVERICK[1] besonders betont wird, sollte man bemüht sein, das Schweißmaterial chemisch und mechanisch mit dem der zu schweißenden Materialien identisch zu machen. Die austenitischen Chrom-Nickel-Stähle bieten hinsichtlich des Schweißens besondere Probleme, die auf S. 473 besprochen worden sind, während andere Materialien zu thermischen Spannungen um die Schweißnaht herum neigen, durch die die Gefahr einer lokalisierten Korrosion gegeben werden kann, wie FINK[2], MARTIN[3] u. a. betont haben. DAEVES[4] unterstreicht die Wichtigkeit der Entfernung des Schweißsinters vor Aufbringen eines Farbanstriches.

MERYON[5] hat umfassende Korrosionsprüfungen an Proben beschrieben, die über 30 Monate erstreckt wurden, und zwar an zwei Stählen, die mit vier verschiedenen Elektrodentypen verschweißt worden waren. Verschiedene Serien dieser Proben wurden ausgesetzt a) der Seeluft, b) der See zwischen Wind und Wasser, c) völligem Eintauchen in die See, d) völligem Eintauchen in die See bei Kontakt mit Messing. Die zum Bruch führende Beanspruchung der Schweißzone war an den korrodierten Proben nicht wesentlich niedriger als an den unkorrodierten; in den Serien a) und b) bestand im allgemeinen eine kleine Differenz zwischen der Korrosion der Schweißzone und der des Grundmetalls. Weiterhin wurden angestrichene Proben untersucht und der allgemeine Schluß gezogen, daß durch die Ausführung von Schweißverbindungen für Schiffahrtszwecke keine zusätzlichen Korrosionsgefahren herbeigeführt werden.

Es scheint infolgedessen kein Anlaß zur Befürchtung vorhanden zu sein. Trotzdem ist es erwünscht, daß weitere Untersuchungen über die Korrosion der Schweißzonen durchgeführt werden, insbesondere sollten solche der Korrosionsermüdung, vor allem im Hinblick auf gewisse Berichte über die durch Vibrationen von Dieselmaschinen ausgelösten Schädigungen[6], in Angriff genommen werden. Die gewöhnliche Ermüdungsfestigkeit von Schweißverbindungen ist neuerdings durch SCOTT[7] untersucht worden, jedoch ist die Korrosionsermüdungsfestigkeit von größerer Bedeutung.

Es darf nicht außer acht gelassen werden, daß die beim Schweißen verwendeten Flußmittel in manchen Fällen korrosiver Natur sind. Nach dem Schweißen von Aluminium mit einem Kaliumhydrosulfat-Flußmittel ist nach BOOER[8] ein sorgfältiges Waschen der geschweißten Zone mit fließendem Wasser unbedingt erforderlich.

Das Schweißen bietet für den Korrosionsfachmann noch ein anderes Interesse: es wird ihm hierdurch eine geeignete Methode geboten, um den durch das Auftreten von Pittings verursachten Schaden zu beseitigen, da es in der Tat zweckmäßiger ist, ein entstandenes Loch mit dem ursprünglichen Metall als mit Leimgrund oder Mennigepaste auszufüllen.

---

[1] LEVERICK, F.: Chem. Ind. 8 (1930) 472.
[2] FINK, C. G.: Trans. electrochem. Soc. 64 (1933) 110.
[3] MARTIN, H. E. L.: Trans. North East Coast Inst. Eng. 51 (1935) D 101.
[4] DAEVES, K.: Trans. electrochem. Soc. 64 (1933) 112.
[5] MERYON, E. D.: Rep. Corrosion Comm. Iron Steel Inst. 3 (1935) 101.
[6] In The Times vom 10. Juli 1935.
[7] SCOTT, A. T.: Carnegie Scholarship Mem. 23 (1934) 125.
[8] BOOER, J. R.: J. Soc. chem. Ind. Trans. 49 (1930) 17.

Vorzüge des geschützten Schweißens. Es gibt eine große Anzahl von Argumenten dafür, daß das Schweißen mit einer „geschützten" Elektrode gewöhnlich bessere Ergebnisse zeitigt als das Schweißen ohne Schutzmaßnahmen gegen eine mögliche Aufnahme von Sauerstoff und Stickstoff. Um den Schutz gegen die atmosphärische Berührung zu erhöhen, werden die Elektroden manchmal mit organischen Substanzen umgeben, die während des Schweißvorganges Gas abgeben. Im allgemeinen ist der Hauptbestandteil des schützenden Überzuges eine glasige Schlacke, die mitunter auf eine Asbestfaserwicklung aufgebracht wird. Gelegentlich werden Zusätze von pulverförmigem Metall oder von Legierungen verwendet, die dazu dienen, gewisse Sonderbestandteile auf das die Schweiße bildende Metall zu übertragen oder den während des Schweißvorganges auftretenden Verlust an gewissen Elementen (z. B. Kohlenstoff, Silicium oder Mangan) auszugleichen[1].

Prüfungen, die MEUNIER[2] durchgeführt hat, und die darin bestanden, die Proben während eines Jahres alle 3 Minuten in 3%ige Natriumchloridlösung einzutauchen, haben gezeigt, daß Pittings an denjenigen Schweißzonen auftreten, die Sauerstoff enthielten, während an denjenigen, die gegen die Aufnahme von Sauerstoff geschützt waren, keinerlei Pittings beobachtet wurden. Auch die mechanischen Eigenschaften waren im letzteren Fall besser, so daß hier zwischen den Standpunkten des Ingenieurs und des Chemikers im Hinblick auf eine gute Schweißzone keine Meinungsunterschiede bestehen. Vergleichende Untersuchungen, die HENSEL und WILLIAMS[3] in normaler Salzsäure ausgeführt haben, haben die geringste Korrosion an denjenigen Schweißzonen ergeben, die mit einer geschützten Elektrode erhalten worden waren. Die in Natriumchlorid durchgeführten Schweißungen wiesen in die gleiche Richtung, jedoch war der Unterschied weniger ausgeprägt.

Es ist möglich, daß der Vorteil des Luftausschlusses während des Schweißvorganges mehr in der Eliminierung des *Stickstoffs* als des Sauerstoffs besteht. Neuerdings von SÉFÉRIAN[4] durchgeführte Untersuchungen machen den Unterschied im Verhalten der unter verschiedenen Bedingungen hergestellten Schweiße verständlich. Eisen, das in Gegenwart von Stickstoff im elektrischen Bogen geschmolzen worden ist, enthält Stickstoffnitrid (Fe_4N), sei es in Form isolierter Nadeln oder des Eutektoids Braunit. Die Kerbzähigkeit fällt stetig mit steigendem Stickstoffgehalt. Der Betrag an aufgenommenem Stickstoff fällt in dem Maße, in dem die Dicke des schützenden Überzuges auf der Elektrode ansteigt. Ungeschützte Elektroden bringen viel Stickstoff auf das Eisen, wenn die Atmosphäre nicht aus Wasserstoff besteht. Oxy-Acetylen-Schmelzen entwickeln praktisch keinen Stickstoff; die Flamme von atomarem Wasserstoff gibt ein völlig stickstofffreies Produkt. Das Schweißen mit atomarem Wasserstoff[5] wird sich wahrscheinlich für die Erzielung reiner und duktiler Schweißzonen als am günstigsten erweisen. Es erscheint besonders geeignet für das

[1] Wegen Einzelheiten im Hinblick auf moderne Schweißverfahren siehe den Bericht "Symposium on the Welding of Iron and Steel" (1935), veröffentlicht vom IRON AND STEEL INSTITUTE. Siehe auch C. H. DAVY: Chem. Ind. **13** (1935) 1056.

[2] MEUNIER, F.: C. r. **196** (1933) 271; Bl. techn. Suisse Romande **60** (1934) 253, 269.

[3] HENSEL, F. R. u. C. S. WILLIAMS: Metals Alloys **5** (1934) 11.

[4] SÉFÉRIAN, D.: Dissert. Paris 1935.

[5] GUEST, A. L.: Met. Treatment **2** (1936) Nr. 5, S. 17.

Schweißen weicher Stähle oder für die Herstellung von Gefäßen aus weichem Stahl, die mit nichtrostendem Stahl ausgekleidet sind.

4. Lötverbindungen.

Allgemeines. Der Lötvorgang führt zu verschiedenen vom Schweißvorgang abweichenden Fragen, da er die schwerwiegende Möglichkeit einer elektrochemischen Wirkung zwischen dem Lot und dem verbundenen Metall eröffnet. In Übereinstimmung mit dem bekannten besonderen Reaktionsvermögen bei extremem Größenverhältnis der Metalloberflächen kann es zu intensivem Angriff in der Verbindungszone kommen, sofern das Lot anodisch ist. Ist diese dagegen kathodisch, so kann es zu einem gewissen Angriff auf jeder Seite der Verbindungszone kommen, was für gewöhnlich zu einem weniger ernsten Angriff führt. Im allgemeinen sind die Lote kathodisch oder zumindest nicht stark anodisch gegenüber den Metallen, zu deren Verbindung sie herangezogen werden. STARKE[1] berichtet, daß gußeiserne Rohre, die mit Bronze verbunden sind, für kohlendioxydhaltiges Wasser benutzt werden können, ohne daß es zu einer besonderen Schädigung käme, vorausgesetzt, daß die Verbindung gut hergestellt wird. In der Industrie werden im allgemeinen Silberlote wegen ihrer Widerstandsfähigkeit gegenüber atmosphärischer Korrosion bevorzugt. Sie werden jedoch durch Salpetersäure und konzentrierte Schwefelsäure angegriffen[2]. Nach HATFIELD[3] vergrößert der Kontakt mit Silberlot die Korrosion des 14%igen nichtrostenden Chromstahles.

Nach dem Löten ist ebenso wie nach dem Schweißen die Entfernung der korrosiven Flußmittel, wie Zinkchlorid und Ammoniumchlorid, außerordentlich notwendig. In vielen Fällen ist ein sorgfältiges Waschen in fließendem Wasser ratsam. Für Außenarbeiten wird Abwischen mit einem in Sodalösung getränktem Lappen empfohlen[4]. (Wahrscheinlich muß das Metall, sofern ein nachfolgender Farbanstrich beabsichtigt ist, völlig frei von Alkali gewaschen werden.) Für Chromstähle empfehlen HOUDREMONT und SCHOTTKY[5] die Verwendung von Phosphorsäure an Stelle von Salzsäure als Lötflüssigkeit.

Löten von Aluminium. Die gewöhnlichen Lote, die für Schwermetalle verwendet werden und die kathodisch gegenüber dem Aluminium sein würden, haften an diesem Metall infolge des vorhandenen Oxydfilmes nicht. Es sind besondere Lote verfügbar, jedoch sind viele von ihnen anodisch gegenüber dem Aluminium. Untersuchungen, die im Jahre 1927 ausgeführt wurden, haben gezeigt, daß sie ziemlich rasch fortkorrodiert wurden, wenn die Lotverbindungen einer Salzlösung oder dem Cambridger Wasser ausgesetzt wurden[6]. Ein derartiger spezieller Angriff trat bei Verwendung von gewöhnlichem Blei-Zinn-Lot nicht auf, wenngleich auch quantitative Versuche zeigten, daß es die Korrosion des Aluminiums etwas erhöhte, insbesondere dann, wenn die Fläche der exponierten Lotverbindung groß war; auf jeden Fall ist die Verwendung von

---

[1] STARKE, R. F.: Korr. Met. 1 (1925) 105.

[2] McDONALD, D.: Chem. Ind. 9 (1931) 175. — BASSETT, H. N.: Mechan. World 98 (1935) 218.   [3] HATFIELD, W. H.: Roy. aeronaut. Soc. Reprints 78 (1935) 11.

[4] Anonym in Bl. Tin Res. Dev. Council 2 (1935) 12.

[5] HOUDREMONT, E. u. H. SCHOTTKY: in O. BAUER, O. KRÖHNKE u. G. MASING: Die Korrosion metallischer Werkstoffe, Leipzig 1936, Bd. 1, S. 509.

[6] EVANS, U. R.: J. Roy. Soc. Arts 75 (1927) 559.

gewöhnlichem Lot für Aluminium praktisch nicht zu empfehlen. Es hat sich jedoch gezeigt, daß ein geringer Betrag von Blei in einem Zink-Zinn-Lot die Stabilität der Lotzone gegenüber der Atmosphäre erhöht. Für das Niedrigtemperatur-Löten von Aluminium empfiehlt Silman[1] eine Legierung mit 50% Zink, 46,5% Zinn, 2,5% Kupfer und 1,0% Blei. Tatsächlich gibt es zahlreiche zufriedenstellende Lote für Aluminium, die bei relativ hohen Temperaturen schmelzen. In den meisten Fällen enthalten sie selbst viel Aluminium; tatsächlich werden praktisch sehr viel Aluminium-Silicium-Legierungen verwendet. In derartigen Fällen ist die Korrosion in der Verbindungszone gewöhnlich gering, jedoch hängt sie mehr von den Oberflächenbedingungen als von der Größe der EK zwischen dem Lot und den zu verbindenden Platten ab. In neuerer Zeit hat Douchement[2] einen Bericht über das Löten von Aluminium herausgebracht.

Intergranulares Eindringen der Lote. Eine unangenehme Eigenschaft der Lote besteht darin, daß sie in andere Metalle längs eines intergranularen Weges eindringen und dadurch eine ernste Materialschwächung hervorbringen. Im Falle von Messing ist dieses Eindringen durch weiche Lote gut bekannt. Messinge mit gerade verlaufenden Korngrenzen sind, wie Desch[3] mitteilt, dieser Einwirkung besonders ausgesetzt. Nach Hartley[4] dringen Zinn und auch Lot sowohl in Messing als auch in Kupfer an Stellen ein, an denen diese einer Spannungsbeanspruchung unterliegen; bereits sehr geringe Spannungen sind hinreichend. Diese Frage ist von Miller[5] untersucht worden, während Genders[6] das Eindringen von Messinglot in weichen Stahl beschrieben hat. Ein analoger Fall des Eindringens von weichem Lot in unter mechanischer Beanspruchung befindlichen niedrigprozentigen Nickel-Chrom-Stahl bei Flugzeugen hat van Ewijk[7] beschrieben, während Goodrich[8] den Widerstand verschiedener Stahltypen gegenüber dem Eindringen von Lot und Lagermetall unter Spannung verglichen hat. Nach Austin[9] werden Nickel, Monelmetall und Kupfer-Nickel weniger als die meisten anderen Materialien durch diesen Effekt beeinflußt, wenn sie Längsspannungen unterworfen werden; niedriggekohlte Stähle sind für das Eindringen weniger empfänglich als hochgekohlte Stähle. Die Empfindlichkeit wärmebehandelter Legierungsstähle hierfür steigt mit zunehmender Härte.

5. Kontakte zwischen unähnlichen Metallen.

Allgemeines. Oftmals sind Fälle eines ernsthaften Angriffes berichtet worden, wenn unähnliche Metalle in Kontakt miteinander verwendet worden sind. Trotzdem gibt es auch viele Beispiele, in denen unähnliche Metalle tagtäglich miteinander verwendet werden, ohne daß es zu einem ernsthaften Angriff kommt. Stahl und Kupfer werden in Kontakt miteinander in Lokomotivkesseln verwendet; wenngleich Korrosionsschäden nicht unbekannt sind, so können diese

---

[1] Silman, H.: Met. Ind. London **46** (1935) 218.

[2] Douchement, J.: Congr. internat. Mines Métallurg. Géol. appl. VIIe Session Paris 1935, Sect. Métallurg. S. 411.   [3] Desch, C. H.: J. Inst. Met. **56** (1935) 250.

[4] Hartley, H. J.: J. Inst. Met. **37** (1927) 193.

[5] Miller, H. J.: J. Inst. Met. **37** (1927) 183.

[6] Genders, R.: J. Inst. Met. **37** (1927) 215.

[7] van Ewijk, L. J. G.: J. Inst. Met. **56** (1935) 241.

[8] Goodrich, W. E.: J. Iron Steel Inst. **132** (1935) 43.

[9] Austin, G. W.: J. Inst. Met. **58** (1936) 173.

doch gewöhnlich eher auf ein ungeeignetes Wasser als auf den bimetallischen Kontakt zurückgeführt werden. Nach Turner[1] sind beispielsweise Korrosionsschäden in Lokomotiven für den schottischen Teil der L.N.E.R. fast unbekannt.

Im allgemeinen wird die Verbindung von Stahl mit einem unähnlichen Metall zu einer Wiederausbreitung des Angriffes führen, selbst in denjenigen Fällen, in denen die gesamte Korrosion durch irgendeinen anderen Faktor festgelegt wird (z. B. durch die Geschwindigkeit der Sauerstoffzufuhr). Diese Wiederausbreitung kann von Vorteil, aber auch von Nachteil sein. Ist die durch das Element gelieferte EK niedrig im Vergleich zu der, die durch den Walzsinter, durch differentielle Belüftung oder durch mechanische Beanspruchung in einem Einmetallsystem hervorgerufen wird, so kann der Effekt oftmals vernachlässigt werden. Die Verbindung zwischen Eisen und Blei oder zwischen Kupfer und Messing ist beim Verlöten gewöhnlich von keinem ernsten Effekt begleitet. Cassel[2] empfiehlt dort, wo Eisen und Kupfer zusammen in Wasserrohrsystemen zur Anwendung kommen, ein Stück Bleirohr (etwa 1 m lang) dazwischenzuschalten, um so einen Schaden zu vermeiden. Nach seinen Untersuchungen bedeckt sich das Blei mit einem Niederschlag und wirkt weder als Anode noch als Kathode.

Kupfer und Eisen. Obwohl Kupfer und Eisen oftmals zusammen zur Verwendung gelangen, besteht eine Meinungsverschiedenheit darüber, ob diese Kombination glücklich ist. In derartigen Fällen sind Schäden nicht unbekannt. So beschreiben Kröhnke und Stiegler[3] Fälle rascher Korrosion an Stellen, an denen Eisen und Kupfer für verschiedene Teile eines Heizungssystems in Anwendung kommen, während Haase und Gad[4] Schäden erwähnen, die auftreten, wenn kupferne Heizschlangen in einem eisernen (häuslichen) Heizkessel verwendet werden oder wenn ein kupferner Kessel mit Eisenrohren verbunden wird. Derartige Korrosionsfälle schreiben sie nicht der elektrochemischen Wirkung zwischen den Kupfer- und Eisenteilen der Oberfläche zu, sondern führen sie vielmehr darauf zurück, daß infolge einer leichten Korrosion des Kupfers Kupfersalze in das Wasser gelangen, die anschließend zu einer Abscheidung von schwammigem Kupfer auf dem Eisen führen und so lokale Korrosionselemente bilden. Ähnliche Ansichten sind auch von anderen Autoren ausgesprochen worden.

Über Korrosion von Stahl in Kontakt mit Messing- oder Bronzeventilen und -armaturen ist oftmals aus Betrieben berichtet worden. In einigen Fällen ist der Schaden durch die Verwendung von schützendem Zink (das eine periodische Erneuerung erfordert), in anderen durch Ersatz der Kupferlegierung durch ein anderes Material überwunden worden.

Ernste Korrosionsschäden treten mitunter in der Schiffspraxis dort auf, wo Eisen in Kontakt mit Kupferlegierungen kommt. McLaren[5] hat beschrieben, wie gußeiserne Türen von Kondensatoren durch Kontakt mit Kupfer der Graphitisierung unterlagen, so daß sie mit einem Messer geschnitten werden

---

[1] Turner, T. H.: J. Iron Steel Inst. **129** (1934) 361.

[2] Cassel, H.: Korr. Met. **1** (1925) 75.

[3] Kröhnke, O. u. D. L. Stiegler: Die Entstehung und Verhütung der Korrosion an Heizungs- und Warmwasserbereitungsanlagen, 1933.

[4] Haase, L. W. u. G. Gad: Gesundheits-Ing. **58** (1935) 526.

[5] McLaren, W.: Trans. Inst. Marine Eng. **37** (1925) 485.

konnten. In Fällen, in denen gußeiserne Rohre in der Nähe von Ventilen aus Kanonenmetall verwendet werden, müssen Reserven in Vorrat gehalten werden, da sich häufig eine Erneuerung als erforderlich herausstellen wird. Die Korrosion von Stahlplatten in Kontakt mit Armaturen aus Kanonenmetall wird durch Anbringen eines Zinkrahmens an der Verbindungsstelle häufig verhindert.

Kupferne Schiffe haben sich lange Zeit als sehr unerwünschte Nachbarn für Stahlschiffe in Häfen erwiesen. Zweifelsohne wird das Dockwasser das kupferne Schiff leicht korrodieren und zur Bildung von Kupfersalzen führen, die dann auf dem Stahlschiff einen porösen Niederschlag von Kupfer hervorrufen, der einen Angriff zu initiieren in der Lage ist.

Kontakt mit Leichtmetallen. Ein Kontakt zwischen Kupfer und Aluminium (oder zwischen Legierungen, die reich an diesen Metallen sind) ist fast stets für das Aluminium (oder dessen Legierung) gefährlich, sobald die Verbindungsstelle befeuchtet wird. Über Fälle von Schädigungen, die hierdurch entstehen, ist aus Brauereien sowie von anderen Stellen berichtet worden. Nach MABB[1] ist die Kombination von Kupfer und Aluminium gefährlicher als die von Kupfer und Eisen; so hat er festgestellt, daß Gegenmuttern aus Duralumin in Kontakt mit Stehbolzen aus Messing in Salzsprühnebel raschem Angriff unterliegen. Selbst durch Anodisch-machen dieses Materials kann der Angriff nicht verhindert werden, während in Abwesenheit von Messing eine Schutzwirkung erzielt wird. Werden Messingarmaturen bei Luftfahrzeugen verwendet, so sollten sie, wenn möglich, von der Leichtmetallegierung durch Bakelit oder ähnliche Materialien getrennt werden. In gewissen Fällen wird ein guter Überzug schützender Farbe als korrosionsverhindernd bei einer Kupfer-Aluminium-Kontaktstelle dienen. SCHMIDT[2] gibt verschiedene Formen isolierender Verbindungen unter Verwendung von Holz, Zement, Gummi und anderen Materialien an.

Der Kontakt zwischen Eisen und Leichtmetallegierungen erfordert eine besondere Betrachtung. Die auftretende EK ist gering und kann ihren Richtungssinn ändern. In den meisten Wässern zeigt unlegiertes Aluminium die Tendenz, anodisch gegenüber dem Eisen zu sein. Jedoch gibt es viele Aluminiumlegierungen, die sich kathodisch verhalten. Selbst wenn das Aluminium anfänglich als Anode wirkt, kann sein auf dem Eisen abgeschiedenes Korrosionsprodukt zur Auslösung von Korrosion auch an diesem Metall führen (sei es durch Abschirmung von Sauerstoff oder infolge der Konkurrenzwirkung der Phasengrenze), so daß zum Schluß beide Metalle dem Angriff unterliegen. Diese Kombination ist infolgedessen im allgemeinen unerwünscht, obgleich Fälle bekannt sind, in denen sie ohne Auftreten von Korrosionsschaden verwendet worden ist. In den von HATFIELD[3] durchgeführten Laboratoriumsversuchen wurde das Duralumin infolge Kontakt mit weichem Stahl geschützt; es ist jedoch keinesfalls sicher, daß sich das gleiche Verhalten unter Betriebsbedingungen einstellen würde.

Reines Aluminium ist kathodisch gegenüber unreinem Aluminium, zweifellos infolge seines besser schützenden Überzuges; es ist jedoch anodisch gegen

---

[1] MABB, P.: Metallurgia **14** (1936) 29.
[2] SCHMIDT, E. K. O.: Metallwirtschaft **14** (1935) 411.
[3] HATFIELD, W. H.: Roy. aeronaut. Soc. Reprints **78** (1935) 11.

Legierungen wie Duralumin oder Lautal, die Kupfer enthalten. An der Verbindungsstelle zwischen diesen Legierungen und unlegiertem Aluminium neigt die Legierung zum Selbstschutz auf Kosten des Aluminiums, während die Legierung, wenn sie von dem Aluminium getrennt wird, weitaus stärker als das Aluminium korrodiert wird. Diese Frage ist von EDWARDS und TAYLOR[1] untersucht worden.

Der Angriff auf Magnesium wird erheblich durch Kontakt mit edleren Metallen begünstigt. Nach KROENIG und KOSTYLEW[2] ist die Reihenfolge abnehmender Wirksamkeit (in 3%iger Natriumchloridlösung) die folgende: Platin, Aluminium, Eisen, Nickel, Kupfer, Blei, Mangan, Zink, Quecksilber. Die rasche Begünstigung des Angriffes, die durch den Kontakt mit Aluminium hervorgerufen wird, besitzt naturgemäß Bedeutung für die Konstrukteure von Luftfahrzeugen.

Verschiedene Eisensorten. Von vielen Fachleuten ist der besondere Angriff an Verbindungsstellen zwischen verschiedenen Eisensorten beschrieben worden. In einigen dieser Fälle zumindest ist die Korrosion jedoch wahrscheinlich auf die Berührungszone zwischen den beiden Materialien zurückzuführen, die besonders dann ein wesentlich ernsterer Faktor ist, wenn die beiden Materialien eine verschiedene Wärmeausdehnung besitzen. Eine Schweizer Kommission[3] fand, daß die Korrosion zwischen verschiedenen Eisenmaterialien unwichtig ist. Nach CHAUDRON und LACOMBE[4] wird die EK der durch verschiedene Stähle gebildeten Elemente (der eine Stahl enthält Kupfer und geringe Mengen an Chrom) durch die EK zwischen der Sinterschicht und dem Metall überdeckt. LEWIS und KING[5] berichten jedoch über Fälle besonderer Korrosion, in denen Schweißeisenbolzen in Kontakt mit Gußeisengefäßen verwendet wurden. FRIEND[6], der seine 5 Jahre im Seewasser bei Plymouth exponierten Proben untersucht hat, stellte dabei fest, daß Stahl, der mit Schweißeisen verbolzt war, auf Kosten des letzteren geschützt wurde, wenngleich das Schweißeisen im unverbundenen Zustande unvergleichlich viel weniger korrodiert wurde als der Stahl. Der Grund hierfür ist naturgemäß der gleiche wie für den entsprechenden Fall des Aluminiums und seiner Legierungen, der vorstehend besprochen wurde. HADFIELD und MAIN[7] berichten, daß die Verbindung zwischen nichtrostendem Stahl und gewöhnlichem Stahl in Seewasser und in frischem Wasser zu einem Schutz des ersteren, dagegen zu einer Angriffserhöhung des letzteren führt. Nichtrostender Stahl wird im Kontakt mit Gußeisen gleichfalls geschützt.

6. Elektrochemischer Schutz.

Zink als Schutz. Ein wichtiges Beispiel einer Schutzwirkung durch Verwendung eines anodischen Metalls bieten die Schiffsschrauben, die oftmals in Kontakt mit einem kreisförmigen Zinkblock gebracht werden. Auch Ruder

---

[1] EDWARDS, J. D. u. C. S. TAYLOR: Trans. electrochem. Soc. 56 (1929) 28. — SCHMIDT, E. K. O.: Korr. Met. 7 (1931) 154.

[2] KROENIG, W. O. u. G. A. KOSTYLEW: Trans. Res. Inst. Aircraft Materials (U.S.S.R.) 7 (1933) 5.   [3] Zitiert von F. BESIG: Korr. Met. 5 (1929) 100.

[4] CHAUDRON, G. u. P. LACOMBE: Métaux 11 (1936) 92, besonders S. 115.

[5] LEWIS, E. I. u. G. KING: The Making of a Chemical, London 1927, S. 135.

[6] FRIEND, J. A. N.: Det. Struct. Seawater 9 (1929) 19, 15 (1935) 79.

[7] HADFIELD, R. u. S. A. MAIN: J. Inst. civil Eng. 3 (1935/1936) 52; s. weitgehende Übereinstimmung bei W. H. HATFIELD: Roy. aeronaut. Soc. Reprints 78 (1935) 11.

werden manchmal mit schützenden Zinkmassen versehen, jedoch ist die Meinung darüber geteilt, ob diese Maßnahme wirksam ist. Vielfach werden Zinkringe an Messingarmaturen im Schiffsrumpf verwendet, in manchen Fällen mit Erfolg. In allen Fällen wirkt das Zink als Anode des Korrosionselementes und erfordert eine periodische Erneuerung.

REINCKE[1] beschreibt die Verwendung von schützenden Zinkmassen bei den Berliner Feuerspritzen sowie auch an besonders korrosionsempfänglichen Stellen in Feuerlöschbooten und weist darauf hin, daß das Zink nicht genietet oder verschraubt, sondern geschweißt in seine Position gebracht werden sollte. Bei Luftfahrzeugen, bei denen Zink zum Schutz von Ansammlungen verschiedener Metalle verwendet worden ist, empfiehlt LECŒUVRE[2] das Aufbringen dicker Zinkmassen nach dem Spritzverfahren (s. S. 568).

Schützende Zinkmassen sind noch weitgehend in Gebrauch bei Schiffskesseln, wobei die allgemeine Schwierigkeit geometrischer Natur ist: es erhebt sich die Frage, wie die Zinkstücke räumlich anzuordnen sind, um den schützenden Strom über die Gesamtheit der Kesseloberfläche zu verteilen. Einige Fachleute scheinen der Ansicht zu sein, daß die Funktion des Zinks darin besteht, den Sauerstoff aufzubrauchen und daß es nur einen geringen kathodischen Schutz gewährt. Welche Erklärung auch die richtige sein mag, auf jeden Fall ist eine periodische Erneuerung des Zinks erforderlich. Die Schutzmethode ist mit Unkosten verknüpft. Der wertvolle Eisenkessel wird dadurch geschützt, daß man das leicht ersetzbare Zink opfert. Das Zink wird infolge der Elementbildung, die ihre Ursache in Unterschieden zwischen den verschiedenen Teilen der Zinkmasse hat, angegriffen. BANNISTER und KERR[3] konnten feststellen, daß eisenhaltiges Zink zu Seigerung neigt und daß ein derartiges Zink eine sehr kurze Lebensdauer aufweist.

Ein gewisser Schaden ist auch dann festgestellt worden, wenn Zinkmassen in direktem Kontakt mit Stahl oder anderen zu schützenden Oberflächen verbolzt wurden. Die anodische Stromdichte ist naturgemäß dort am höchsten, wo die Metalle zusammentreffen; an diesen Stellen wird das Zink rasch fortgefressen, wodurch der Kontakt bald schlecht wird und die Schutzwirkung ausbleibt. Werden die Zinkmassen in einer gewissen Entfernung von der zu schützenden Oberfläche befestigt, und werden sie mit dieser durch einen geeignet isolierten Draht verbunden, so kann dieser Schaden vermieden werden; überdies sollte das Zink langsamer fortgefressen werden und der Schutz sich über eine größere Fläche erstrecken. Es ist begreiflich, daß diese Anordnung mit Erfolg bei amerikanischen Ölquellen, Öltanks und Ölrohren angewendet worden ist.

Der Schutz des Duralumins mit Zink scheint große Möglichkeiten in sich zu schließen, da er sich über eine erhebliche Entfernung erstreckt. AKIMOW[4] berichtet, daß 4 m lange Stangen, die, mit einem Stück Zink an dem einen Ende versehen, in Seewasser exponiert wurden, völlig unkorrodiert blieben. HATFIELD[5] berichtet über einen erfolgreichen Schutz von Duraluminschwimmern an Flugbooten durch Zinkquadrate (152 × 152 mm).

---

[1] REINCKE, F.: Korr. Met. 8 (1932) 169, 171.   [2] LECŒUVRE, R.: Métaux 9 (1934) 525.
[3] BANNISTER, C. O. u. R. KERR: Trans. Liverpool Eng. Soc. 54 (1932) 30. Anderer Ansicht ist R. KÜHNEL: Ber. 3. Korrosionstagung, Berlin 1933, S. 42, 46.
[4] AKIMOW, G. W.: Korr. Met. 6 (1930) 84.
[5] HATFIELD, W. H.: Roy. aeronaut. Soc. Reprints 78 (1935) 14.

Kathodischer Schutz mittels äußerer Stromquelle. Wird eine unlösliche Anode und eine EK, die von einer äußeren Stromquelle geliefert wird, zur kathodischen Behandlung der zu schützenden Metalloberfläche angewendet, so kann der Zinkverbrauch vermieden werden. Vor einigen Jahren wurde diese elektrochemische Schutzmethode in ausgedehnter Weise für die Kondensatoren von Schiffen versucht, jedoch ist sie weitgehend wieder verlassen worden. Es ist schwierig, über die Länge des Rohrinneren die erforderliche Stromdichte aufrecht zu erhalten. Überdies wird der Strom, wenn er zwischen einem Kondensatorrohr und einer Rohrwand hindurchgeht und wenn der Kontakt zwischen dem Rohr und der Wand gering ist, durch das Element

Rohr / Kühlwasser / Platte

hindurchfließen und anodische Korrosion am einen Ende des Flüssigkeitsweges verursachen und wahrscheinlich zu einer Schwächung an diesem Punkt führen. Trotzdem ist das Prinzip des elektrochemischen (kathodischen) Schutzes gesund, und scheint in Deutschland Beachtung in Zusammenhang mit den Fragen der Korrosionsermüdung zu finden. In England berichten MONTGOMERIE und LEWIS[1] von erfolgversprechenden Versuchen über den kathodischen Schutz von Tankschiffen, die periodisch Seewasserballast mit sich führen, jedoch ist dieses Verfahren nicht in großem Maßstabe ausprobiert worden.

C. Quantitative Behandlung.

1. Elektrochemische Vorgänge bei bimetallischen Systemen.

Korrosionsgeschwindigkeit. Der zwischen zwei unähnlichen Metallen im elektrischen Kontakt fließende Strom ist graphisch durch die in Abb. 80 angezeigten Polarisationskurven gegeben. Wird der Strom mit i bezeichnet, so ist die resultierende EK iR, wobei R der Widerstand des Stromkreises ist (gewöhnlich wird er fast vollständig durch den flüssigen Teil des Stromweges geliefert). Der Fall ist einfacher als der auf S. 432 betrachtete (in dem Kathode und Anode verschieden belüftete Teile des *gleichen* Metalls waren), da die kathodischen und anodischen Gebiete, die die Gradienten beeinflussen, festgelegt sind, anstatt von dem durchfließenden Strom abhängig zu sein. Die Kurven der kathodischen Polarisation für die verschiedenen Metalle sind von BANNISTER[2] bestimmt worden, die Messung erfolgte mit partiell eingetauchten Proben, wobei die kathodische Polarisation bei verschiedenen kathodischen Stromdichten im Element

Metall / $^1/_{10}$ n-KCl / Platin

ermittelt wurde.

Wie in Abb. 9 auf S. 42 gezeigt wird, liegen die den edleren Metallen entsprechenden Kurven oberhalb der Kurven für die weniger edlen Metalle. Das ist durchaus zu erwarten, wenn nicht angenommen wird, daß alle Metalle mit einem völlig undurchlässigen Film bedeckt sind, durch den das Metall selbst vollständig abgeschlossen wird, was wenig wahrscheinlich ist. Die theoretischen Ansichten von DONKER und DENGG[3] lassen fast vermuten, daß

[1] MONTGOMERIE, J. u. W. E. LEWIS: Trans. Inst. Eng. Scotland **75** (1932) 403.

[2] EVANS, U. R., L. C. BANNISTER u. S. C. BRITTON: Pr. Roy. Soc. A **131** (1931) 368; vgl. M. STRAUMANIS: Korr. Met. **12** (1936) 151. — ATEN, A. H. W.: Chem. Weekblad **33** (1936) 335.   [3] DONKER, H. J. u. R. A. DENGG: Korr. Met. **3** (1927) 217.

alle Kurven aus dem gleichen Punkt hervorgehen sollten, nämlich dem des reversiblen Sauerstoffpotentiales. Diese Annahme kann jedoch nicht direkt bewiesen werden, da in dem Zeitpunkt, in dem die Stromdichte unter einen gewissen Wert herabsinkt (den der schützenden Stromdichte), lokale anodische Flächenteile auf der Kathode erscheinen, die eine sichtbare Korrosion aufzuzeigen beginnt; die Kurve wird horizontal. (Die Bedeutung dieses horizontalen Kurventeiles ist auf S. 42 diskutiert worden.)

Es erscheint hiernach unmöglich, die Kurven der kathodischen Polarisation für die verschiedenen Metalle zu erhalten. Wird jedoch angenommen, daß die Kurve für ein edleres Metall stets über der des weniger edlen Metalls liegt, so ist es leicht einzusehen, warum — unter Zugrundelegung eines Sauerstoff-

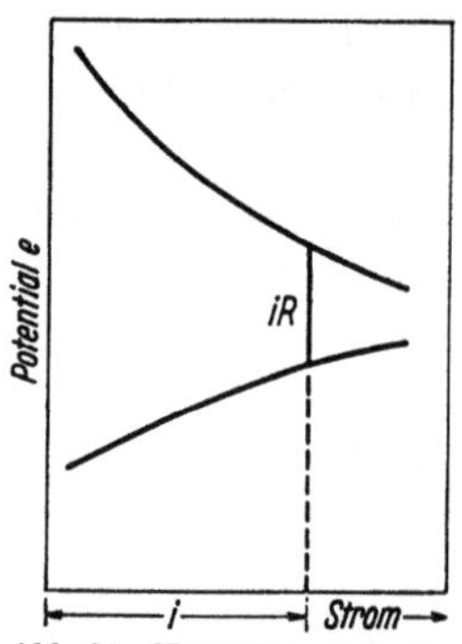

Abb. 80. Korrosionsgeschwindigkeit bimetallischer Proben, bestimmt durch die Potential-Stromstärke-Kurven. (Schematische Darstellung.)

überschusses in der eigentlichen Flüssigkeit — die Verbindung von Eisen mit beispielsweise Kupfer einen größeren Strom hervorruft (und daher eine raschere Korrosion verursacht) als diejenige mit Blei. Bei Sauerstoffmangel wird die Depolarisation durch die Sauerstoffzufuhr zu dem Kathodenmetall bestimmt. Der fließende Strom wird, in Übereinstimmung mit dem Prinzip der Einfangfläche, unabhängig werden von der Natur jenes Metalls; die Angriffsverteilung kann dagegen noch von dem Kathodenmetall abhängig sein.

Korrosionsverteilung. Die auf S. 226 entwickelten Ansichten lassen sich auf die Verbindung von zwei coplanaren Metalloberflächen übertragen. Die Intensität der Korrosion wächst mit der Annäherung an die Begrenzungszone und tendiert gegen einen Grenzwert, bei dem die Stromstärke gerade hinreichend ist, um die EK auf Null herabzusetzen. Die Intensität des Angriffes in unendlicher Nähe der Grenzzone sollte unabhängig von dem spezifischen Widerstand der Flüssigkeit als solcher sein, da sie ausschließlich durch Fragen der Polarisation bestimmt wird. In einer endlichen Entfernung von der Grenzzone macht sich der Einfluß des spezifischen Widerstandes bemerkbar, die Stromdichte wird höher werden, wenn die Flüssigkeit ein guter, als wenn sie ein schlechter Leiter ist. In diesem Sinne wird der totale Angriff gewöhnlich in einer stark leitenden Lösung größer als in einer schlecht leitenden sein. Er wird jedoch im ersten Falle gut ausgebreitet sein, während er im zweiten Fall längs der Grenzzone lokalisiert sein wird. Das führt dazu, daß die Korrosion an unähnlichen Metallen weniger gefährlich ist als das auf den ersten Blick erscheint.

Um einen gewissen Begriff von der Angriffsverteilung in Flüssigkeiten verschiedener Konzentration zu erhalten, wollen wir versuchsweise die PALMAERsche Annahme halbkreisförmiger Stromwege (s. S. 295) zusammen mit der hierin implizite liegenden Annahme gleicher anodischer und kathodischer Polarisation zugrunde legen. Weiterhin wollen wir der Einfachheit wegen annehmen, daß die Polarisation eine lineare Funktion der Stromdichte ω ist (für diese Annahme geben die auf S. 228 erwähnten HOARschen Messungen einigen Anhalt), so daß für den Abstand l von der Grenze gilt

$$\omega = \frac{E - k'\omega}{l} \varkappa k''$$

wobei $\varkappa$ die spezifische Leitfähigkeit der Flüssigkeit, k' und k'' Konstanten sind. Demnach ist

$$\omega = \frac{E\,k''\varkappa}{l + \varkappa\,k'\,k''}$$

Bei großen Entfernungen von der Grenzzone $(l \gg \varkappa\,k'\,k'')$ wird die Intensität der Korrosion proportional der spezifischen Leitfähigkeit der Flüssigkeit und umgekehrt proportional dem Abstand von der Grenzzone, während die Intensität an der Grenze selbst $(l = 0)$ unabhängig von der Leitfähigkeit wird. Die Kurven in Abb. 81, die auf Grund dieser ziemlich zweifelhaften Annahmen erhalten worden sind, können trotzdem dazu dienen, in großen Zügen die wahrscheinliche Verteilung der Korrosionsintensität in Flüssigkeiten verschiedener spezifischer Leitfähigkeit anzugeben[1].

In der Praxis treten viele komplizierende Faktoren hinzu. Die Tatsache, daß die kathodische Polarisation gewöhnlich wichtiger als die anodische Polarisation ist, wird die Symmetrie der Kurven in der Nähe der Grenzzone zerstören. Da es nun wahrscheinlich an denjenigen Stellen zu einer Hemmung kommt, an denen sich die anodischen und kathodischen Produkte nahe der

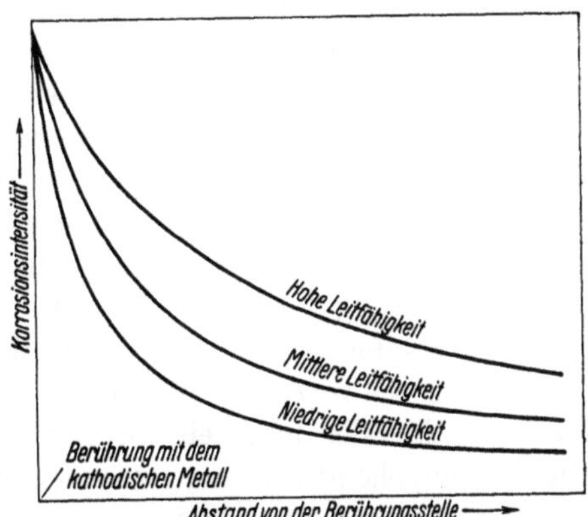

Abb. 81. Korrosionsverteilung in der Nähe einer Berührungszone (Grenzzone).

Grenzlinie befinden (ausgenommen in saurer Lösung), wird die maximale Korrosionsintensität längs jener Linie wahrscheinlich nicht realisiert werden. Dies führt zu einer weiteren Herabsetzung der Gefahren, die wahrscheinlich auftreten, wenn ungleiche Metalle in Kontakt miteinander sind. Diese Herabsetzung erfolgt insbesondere dann, wenn es sich bei der Flüssigkeit um eine verdünnte (schlecht leitende) Lösung handelt, da der Strom dann notwendigerweise an Punkten, die sich in merklicher Entfernung von der Grenzzone befinden, niedrig sein wird. Andererseits werden die Stromlinien dort, wo die anodische Fläche ein kleiner, von einer großen Fläche von kathodischem Metall umgebener Fleck ist, auf dieser zusammengedrängt werden. Bestimmt die kathodische Reaktion die Korrosionsgeschwindigkeit, so wird die anodische Stromdichte trotz des großen Widerstandes gewöhnlich hoch sein; in diesem Fall kann eine intensive Korrosion erwartet werden, wenn keine Passivität dazwischen kommt.

Dreizehntes Kapitel.

Schutz durch metallische Überzüge.

A. Wissenschaftliche Grundlagen.

Es sind viele Methoden zur Erzeugung von Überzügen eines Metalles auf einem anderen bekannt. Wenngleich diese Verfahren in den meisten Fällen für technische Zwecke entwickelt worden sind, so können sie doch dazu dienen, die wissenschaftlichen Grundlagen der Schutzausbildung klarzulegen und mögen dementsprechend in dem vorliegenden Kapitel behandelt werden.

---

[1] Siehe auch U. R. Evans: J. Roy. Soc. Arts **75** (1927) 548. — Burns, R. M.: Bell Syst. techn. J. **15** (1936) 30.

1. Methoden zur Erzeugung von Überzügen auf nassem Wege.

Durch einfachen Elementersatz. In Fällen, in denen das niederzuschlagende Metall edler als das Basismetall ist, kann eine Oberflächenschicht vielfach durch einfaches Eintauchen des Gegenstandes in die Lösung des Salzes desjenigen Metalls hervorgerufen werden, das den Schutz bilden soll. Die Tabelle der Normalpotentiale auf S. 272 gibt eine gewisse Vorstellung von der Fähigkeit der Metalle, einander in dieser Weise zu ersetzen, wenngleich sie nicht gestattet, vorherzusagen, ob das in Frage stehende Metall in Form eines kohärenten Überzuges oder lockerer Dentrite auftreten wird. Im Falle von Lösungen annähernd normaler Konzentration wird jedes Metall am negativen Ende der Spannungsreihe ein Metall am positiven Ende aus der Lösung seines Salzes zurAusscheidung bringen. Wird Zink in dieser Weise in eine Bleisalzlösung gebracht, so kommt es zu einer baumförmigen Abscheidung von metallischem Blei; Eisen in einer Kupfersalzlösung wird mit einem Überzug von metallischem Kupfer bedeckt, während Kupfer in ähnlicher Weise Silber, sei es in Form glitzernder Krystalle oder eines schwarzen, weichhaarigen Niederschlages, ersetzt. Dieser Ersatz des einen Metalls durch ein anderes tritt nur dann ein, wenn das verwendete Metall weitgehend frei von störenden Filmen ist. Metalle, die die Tendenz zur Passivität zeigen, verhalten sich anomal. In Fällen, in denen die Elektrodenpotentiale nahe beieinander liegen, ist es erforderlich, die Konzentrationsabhängigkeit in Betracht zu ziehen. Die Normalpotentiale von Zinn und Blei liegen innerhalb des Intervalles von 0,02 V. Wird sauberes Zinn in eine Bleisalzlösung gebracht, so wird eine Abscheidung von Blei einsetzen, während es im umgekehrten Falle, wenn Blei in eine Zinnsalzlösung gebracht wird, zur Ausscheidung von metallischem Zinn kommen wird. In jedem Fall wird das Gleichgewicht dann erreicht sein, sobald das Verhältnis zwischen den Zinnionen und den Bleiionen in der Lösung einen gewissen Wert angenommen hat, der nach den Messungen von NOYES und TOABE[1] bei 2,98 liegt.

Eine größere Anzahl von Beispielen eines einfachen Ersatzes der Metalle durcheinander hat KUTZELNIGG[2] gesammelt. Bedauerlicherweise führt diese Methode fast unvermeidlich zu einem porösen Überzug. Im Falle des Eisens in Kupfersulfatlösung geht das Eisen an einigen Stellen in Lösung, während es an anderen zu einer Ausscheidung von Kupfer kommt. Jedoch bleiben unvermeidlich einige Flecken selbst nach langem Eintauchen unbedeckt zurück, da die Ausscheidung des Kupfers mit abnehmender unbedeckter Flächengröße zunehmend langsamer wird.

Elektrolytische Abscheidung auf einer Kathode. Um einen kontinuierlich homogenen Überzug zu erhalten, muß die *ganze Oberfläche* als Kathode geschaltet und aus einer äußeren Stromquelle ein Strom angelegt werden. Ist der zu überziehende Gegenstand von unregelmäßiger äußerer Gestalt, so muß Sorge dafür getragen werden, daß die Anoden in richtiger Weise angeordnet werden; weiterhin muß eine Lösung mit guter Abscheidungsfähigkeit verwendet werden, d. h. eine solche, deren Fähigkeit darin besteht, das Metall auch an schwer zugäng-

---

[1] NOYES, A. A. u. K. TOABE: J. Am. Soc. **39** (1917) 1537.
[2] KUTZELNIGG, A.: Z. Elektroch. **38** (1932) 154.

lichen Stellen zur Abscheidung zu bringen[1]. Begünstigt wird die Abscheidungsweise durch eine hohe Leitfähigkeit; die besten Ergebnisse werden bei Verwendung einer Cyanidlösung oder einer ähnlichen Lösung erzielt, in der das Metall weitgehend in Form komplexer Ionen vorliegt, während die Konzentration an einfachen Kationen stets niedrig gehalten wird, wenngleich sie auch niemals völlig fehlen. Die Komplexionen wirken als ein Reservoir: die einfachen Ionen werden für den Vorgang der Abscheidung verbraucht und durch Dissoziation der Komplexionen stets wieder nachgeliefert. In einem Salzbad komplexer Ionen besteht eine ausgesprochene Neigung zur Polarisation. Ein geringer Anstieg in der Stromdichte an dem maßgeblichen Teil des zu vergalvanisierenden Gegenstandes wird eine wesentliche Herabsetzung in der Konzentration der metallischen Kationen hervorrufen und demgemäß eine relativ große Verschiebung des Potentiales in der der Abscheidung ungünstigen Richtung auslösen. Hierdurch wird bewirkt, daß der Niederschlag in gewissem Ausmaße in die schwerer zugänglichen Teile hineingedrängt wird, was bei einer einfach-ionigen Salzlösung nicht der Fall sein würde. Es ist wohl bekannt, daß das aus einer Cyanidlösung abgeschiedene Zink die schwer zugänglichen Teile eines Gegenstandes besser bedeckt als wenn es aus einer Sulfatlösung zur Abscheidung kommt.

Ein noch wichtigerer Grund für die Verwendung komplexer Salzlösungen liegt darin, daß sie oftmals glatte Überzüge geben, während eine einfache Salzlösung zu einem rauhen krystallinen Niederschlag führt. Der aus einem Cyanidbad abgeschiedene Silberniederschlag ist glatt und ohne sichtbare Struktur, während die Elektrolyse von Silbernitratlösung zu einer beschränkten Anzahl relativ großer Silberkrystalle an der Kathode anstatt zu dem gewünschten kontinuierlichen feinkörnigen Überzug führt. Es ist eine geringere Energie erforderlich, um Silber auf einem bereits bestehenden Silberkrystall niederzuschlagen, als einen Keim für einen neuen Krystall zu schaffen. Infolgedessen wird der Strom, solange das Potential sehr nahe an dem Gleichgewichtswert gehalten wird, vorwiegend im Sinne einer Vergrößerung bereits bestehender Krystalle, nicht dagegen der Schaffung neuer Krystalle, wirken. Überdies wird, sobald ein Krystall von der Kathode aus zu wachsen begonnen hat, seine Spitze ständig in solche Teile der Lösung hineindringen, in denen die Salzkonzentration relativ hoch ist, während in dem Zwischenraum zwischen den wachsenden Krystallen leicht eine Verarmung an Salz eintreten kann. Selbst in Fällen, in denen die Salzkonzentration gleichförmig bleibt, wird aus Widerstandsgründen eine Abscheidung an der Spitze gegenüber der an irgendwelchen anderen Stellen begünstigt sein. Offenbar wird in Fällen, in denen nicht die Möglichkeit besteht, die weitere Abscheidung an denjenigen Punkten zu verhindern, an denen sie bereits eingesetzt hat, ein rauher, grober und poröser Niederschlag fast unvermeidlich sein. Wie PORTEVIN und CYMBOLISTE [2] festgestellt haben, ist es zur Erzielung eines feinkörnigen Niederschlages gewöhnlich erforderlich, die Wachstumsgeschwindigkeit der bereits vorhandenen

---

[1] Hinsichtlich der quantitativen Definition der Fähigkeit der Metalle zu einer Abscheidung an schwer zugänglichen Stellen, siehe S. FIELD: J. Electrodep. Soc. **9** (1934) 144. Die KRUMBHOLZsche Prüfung der Niederschlagsverteilung beschreibt R. HARR: Trans. electrochem. Soc. **68** (1935) 427.

[2] PORTEVIN, A. u. M. CYMBOLISTE: Trans. Faraday Soc. **31** (1935) 1211; Rev. Mét. **30** (1933) 323.

Krystallkörner zu verringern und die Bildung von Keimen neuer Krystalle zu begünstigen. GLAZUNOV[1] unterscheidet zwischen der Geschwindigkeit des Krystallwachstums senkrecht und parallel zur Oberfläche. Das Wachstum senkrecht zur Oberfläche führt naturgemäß zu einer größeren Rauhigkeit des abgeschiedenen Niederschlages als die andere Abscheidungsform.

Methoden zur Erzielung glatter Überzüge. Es sind verschiedene Methoden bekannt, um die Niederschlagsbildung des Metalls an den aktiven Stellen, an denen die Krystalle bevorzugt wachsen, zu hemmen. Wahrscheinlich beruhen sie in der Mehrzahl der Fälle darauf, irgendein adsorbierbares Material an denjenigen Stellen zur Abscheidung zu bringen, an denen sonst die Niederschlagsbildung des Metalls rasch erfolgen würde. Hierdurch wird die Abscheidung des Metalls nach anderen Stellen hingelenkt und insbesondere die Bildung von Keimen neuer Krystalle an Stelle der Vergrößerung der bereits vorhandenen Krystallite initiiert. Cyanidionen neigen dazu, in enge Verbindung mit den Metallen zu treten (wie aus ihrer Fähigkeit zur Bildung komplexer Cyanide deutlich hervorgeht). Die Untersuchungen von ERDEY-GRÚZ[2] führen zu der Annahme, daß die besonders glatten, aus Cyanidbädern erhaltenen Niederschläge in dieser Weise am besten zu erklären sind: die Adsorption an den Wachstumsstellen der Krystallkörner wirkt im Sinne einer Verhinderung eines weiteren Wachstums und führt so zu einem glatten Niederschlag. In gleicher Weise scheinen gewisse Kolloide auf den Krystalloberflächen adsorbiert zu werden und mit den ausrichtenden krystallographischen Kräften in Wechselwirkung zu treten, wobei sie jedoch die Abscheidung des Metalls an anderen Stellen nicht stören. So wirkt der Zusatz kleiner Kolloidmengen oftmals im Sinne einer Kornverfeinerung und macht den Niederschlag glatter, blanker und oftmals härter. Zusatz zu großer Kolloidmengen macht den Niederschlag brüchig oder unansehnlich. Während so der Zusatz eines geeigneten Kolloides oder eines anderen organischen Stoffes den Niederschlag wesentlich verbessern kann, wird jedoch die zufällige Gegenwart ungewünschter Kolloide den entgegengesetzten Effekt auslösen können. JACQUET[3] hat festgestellt, daß einige Kolloide — Proteine und Peptone — einen unmittelbaren Einfluß auf den Niederschlag ausüben, der einige Sekunden nach dem Zusetzen nachweisbar ist. Offenbar werden sie spontan an der Oberfläche adsorbiert. Andere Kolloide, wie Gummi arabicum und Dextrin, üben ihren Einfluß langsamer und weniger intensiv aus, wahrscheinlich deshalb, weil es für sie erforderlich ist, durch Kataphorese zur Kathode geführt zu werden. JACQUET[4] findet, daß Kolloide in einer zum Galvanisieren verwendeten Lösung oftmals die Adhäsionsfähigkeit des Niederschlages gegenüber seiner metallischen Basis herabsetzen, zweifellos dadurch, daß sie einen Film auf dieser bilden. Nach seinen Untersuchungen ist die erste Klasse der Kolloide (z. B. Peptone) sehr aktiv in dieser Hinsicht, jedoch sind die Glieder der zweiten Klasse (Gummisorten und Dextrine) fast ohne Einfluß.

---

[1] GLAZUNOV, A.: 11e Congr. Chim. ind. 1931; Z. phys. Ch. A **167** (1933) 399. — GLAZUNOV, A. u. A. ROSKOV: Collect. Czechosl. chem. Communic. **5** (1933) 179. — GLAZUNOV, A. u. J. JANOWSCK: 12e Congr. Chim. ind. 1932.

[2] ERDEY-GRÚZ, T.: Z. phys. Ch. A **172** (1935) 163, 174, 176. Eine früher veröffentlichte Arbeit von T. ERDEY-GRÚZ u. M. VOLMER [Z. phys. Ch. A **157** (1931) 165] ist von besonderem Interesse für Elektrochemiker. — S. auch N. THON: C. r. **197** (1933) 1312, 1606. — HUNT, L. B.: Trans. electrochem. Soc. **65** (1934) 413.

[3] JACQUET, P.: C. r. **201** (1935) 953.   [4] JACQUET, P.: C. r. **196** (1933) 921.

Es bestehen noch andere Gründe für die in Gegenwart von Kolloiden und Komplexsalzen gebildeten feinen und glatten Niederschläge. Komplexe, positiv geladene Partikeln können durch die Vereinigung metallischer Ionen mit kolloiden Teilchen gebildet werden. Diese können zur Wanderung in Richtung der Kathode durch Kataphorese gezwungen werden und führen dann zu einer strukturlosen Schicht, aus der sich das Metall anschließend in sehr feinen Krystallen abscheidet. In ähnlicher Weise nimmt GLASSTONE[1] an, daß die feine Struktur des aus einem Cyanidbad niedergeschlagenen Silbers auf die Abscheidung des komplexen Kations $(Ag_2CN)^{\cdot}$, das anschließend in Silber und Silbercyanid zerfällt, zurückzuführen ist. Eine ähnliche Ansicht ist von MASING[2] geäußert worden.

Eine andere Erklärung für das Auftreten feinkörniger, glatter in Komplexsalzbädern gebildeter Niederschläge besteht darin, daß die ausgeprägte Polarisation die Bildung neuer Krystalle im Vergleich zu dem Wachstum der alten begünstigt. GLASSTONE[3] hält diese Erklärung für unbefriedigend, da die Polarisation nach seiner Ansicht in einigen Bädern nicht hoch ist. Wahrscheinlich trägt dieser Faktor jedoch in einigen Fällen zu der Glattheit dieser Schichten bei.

Es ist jedoch nicht erforderlich, anzunehmen, daß glatte Metallabscheidungen niemals aus anderen Bädern als solchen, die Komplexsalze oder Kolloide enthalten, gebildet werden können. Nach AUDUBERT[4] besitzt eine Reihe von Metallen (Kupfer, Wismut, Antimon, Zink, Eisen, Kobalt und Nickel) eine erhebliche Bildungsgeschwindigkeit für neue Keime, so daß in diesen Fällen gute Niederschläge unter gewissen Arbeitsbedingungen aus einfachen Salzlösungen erhalten werden können. In anderen Fällen, wie bei Silber, Blei, Zinn und Thallium, ist die Bildung neuer Keime im Vergleich mit der Krystallwachstumsgeschwindigkeit gering. In diesen Fällen sind grobe Krystalle oder baumförmiges Wachstum unvermeidlich, wenn nicht besondere Bäder verwendet werden. Ein Grund für den Kontrast zwischen den glatten Niederschlägen von Nickel und den makrokrystallinen Niederschlägen von Silber wird auf S. 370 gegeben.

Gleichzeitige Abscheidung von Oxyden. Die interessanten Untersuchungen von MACNAUGHTAN, HOTHERSALL, GARDAM und HAMMOND[5] haben die richtige Rolle erkennen lassen, die kleine Mengen von Oxyd oder basischen Salzen spielen, die in dem elektrolytisch niedergeschlagenen Nickelüberzug eingeschlossen sind: das Oxyd verringert die Korngröße und macht den Niederschlag härter[6]. Wird

---

[1] GLASSTONE, S.: Trans. Faraday Soc. **31** (1935) 1234; Trans. electrochem. Soc. **59** (1931) 277. [2] MASING, G.: Z. Metallk. **27** (1935) 237.

[3] GLASSTONE, S.: Trans. Faraday Soc. **31** (1935) 1232.

[4] AUDUBERT, R.: Rev. Mét. **21** (1924) 567.

[5] MACNAUGHTAN, D. J. u. A. W. HOTHERSALL: Trans. Faraday Soc. **24** (1928) 387, **31** (1935) 1168. — MACNAUGHTAN, D. J., G. E. GARDAM u. R. A. F. HAMMOND: Trans. Faraday Soc. **29** (1933) 729. — GARDAM, G. E. u. D. J. MACNAUGHTAN: Trans. Faraday Soc. **29** (1933) 755. — HOTHERSALL, A. W.: Trans. Faraday Soc. **31** (1935) 1242. — MACNAUGHTAN, D. J. u. R. A. F. HAMMOND: J. Electrodepositers' Soc. **4** (1929) 81. — MACNAUGHTAN, D. J. u. A. W. HOTHERSALL: J. Electrodepositers' Soc. **4** (1929) 31.

[6] Feinkörniges Metall ist im allgemeinen härter als grobkörniges, zweifellos deshalb, weil die Verformung längs völlig geradliniger Gleitebenen an den Korngrenzen eine Reihe von stufenförmigen Verschiebungen hervorrufen muß und weil diese Verschiebungen, die an den Begrenzungszonen verschiedener Körner hervorgerufen werden, im allgemeinen nicht ineinandergreifen, so daß der Widerstand gegenüber der Verformung in denjenigen Fällen am größten ist, in denen die Korngrenzen am zahlreichsten sind.

der p_H-Wert des Bades in dem Sinne geregelt, daß eine geeignete Menge basischer Substanz in den Niederschlag eingeschlossen wird, so wird nicht nur die primäre Korngröße herabgesetzt, sondern auch die Wahrscheinlichkeit für das anschließende Wachsen der Körner beim Glühvorgang sehr wesentlich verringert. Hierdurch wird die Härte beeinflußt. Durch geeignete Wahl der Badzusammensetzung gelang es MACNAUGHTAN und seinen Mitarbeitern, die Härte des Niederschlages innerhalb gewisser Grenzen absichtlich zu beeinflussen. Die Gegenwart des Oxydes (oder basischen Salzes) in dem harten Niederschlag ist eindeutig festgestellt; beim Glühen sammelt es sich globular an den Korngrenzen und ist deutlich in den Mikroaufnahmen von MACNAUGHTAN sichtbar.

Ähnliche Faktoren wirken gleichfalls bestimmend auf die Eigenschaften der Niederschläge anderer Metalle. Vor vielen Jahren haben V. KOHLSCHÜTTER und SCHACHT[1] die aus einem ammoniakalischen Bad abgeschiedenen verschiedenartigen Silberniederschläge, die verschiedene kolloide Metallhydroxyde enthalten, untersucht und festgestellt, daß die gleichzeitig erfolgte Abscheidung den Charakter des Niederschlages weitgehend beeinflußt. Nach SCHLÖTTER[2] kann die gleichzeitige Abscheidung mit Oxyden oder Hydroxyden einen Beitrag zu dem passiven Verhalten eines Niederschlages liefern. Er konnte feststellen, daß Nickel, das gleichzeitig abgeschiedenes Oxyd enthält, nur mit Schwierigkeit durch Sulfide gefärbt werden kann. Weiterhin schreibt er die Stabilität des elektrochemisch abgeschiedenen Chroms weitgehend der Gegenwart von Oxyd zu. Er führt Beispiele von Kupfer und Silber an, die aus Jodidbädern abgeschieden worden sind und die ganz abnorme, auf Jodideinschlüsse zurückzuführende Eigenschaften besitzen. Das in Frage stehende Kupfer wird blau, wenn es dem Licht ausgesetzt wird. Silber, das stark jodhaltig ist, besitzt eine goldene Farbe; enthält der Niederschlag weniger Jod, so ist er weiß oder gelblich und wird durch Schwefelwasserstoff weniger leicht geschwärzt als gewöhnliches Silber. Blanke Niederschläge von Nickel und Chrom enthalten nach SCHLÖTTER Oxyd und sind durch besondere Eigenschaften ausgezeichnet. Blankes Chrom kann durch Wasser weniger leicht als mattes Chrom befeuchtet werden. Blankes Nickel unterscheidet sich von mattem Nickel hinsichtlich seiner Löslichkeit in Chrom-Schwefel-Säure und hinterläßt einen Rückstand von Nickeloxyd. Vor vielen Jahren hat BENEDICKS[3] festgestellt, daß die besonderen Eigenschaften des aus einem Kupferacetatbad abgeschiedenen Kupfers auf Acetateinschlüssen beruhen. Der Niederschlag ist brüchig, der elektrische Widerstand außergewöhnlich hoch, die Dichte ziemlich niedrig und die Farbe bronzeartig.

Ein weiterer Einfluß eingeschlossener Substanz in dem elektrolytisch erzeugten Niederschlag besteht darin, daß sie hindernd auf eine weitere Metallabscheidung nach der krystallographischen Orientierung des Grundmetalls wirkt. HOTHERSALL[4] konnte zeigen, daß die Korngröße und die Orientierung des Niederschlages in manchen Fällen völlig unabhängig von dem Basismetall sind, während die Körner des Niederschlages in anderen Fällen die krystallographische Orientierung des Grundmetalls beibehalten. Die Entscheidung zwischen diesen beiden Abscheidungsformen wird weitgehend durch die fremden Einschlüsse herbeigeführt;

---

[1] KOHLSCHÜTTER, V. u. H. SCHACHT: Z. Elektroch. **19** (1913) 172.

[2] SCHLÖTTER, M.: Ch.-Ztg. **57** (1933) 533; Z. Metallk. **27** (1935) 236; J. Electrodepositers' Soc. **10** (1935) 129.   [3] BENEDICKS, C.: Métallurgie **4** (1907) 5.

[4] HOTHERSALL, A. W.: J. Electrodepositers' Soc. **10** (1935) 143.

so scheint in Nickelniederschlägen das kolloide Hydroxyd die Hauptursache für die Unterbrechung der krystallinen Kontinuität zu sein.

Abscheidung von Chrom. Einen sehr interessanten Fall, in dem die gleichzeitige Abscheidung von Oxyden unerläßlich für die Erzielung eines befriedigenden Niederschlages zu sein scheint, bildet das Chrom. Auf den ersten Blick sollte das für die Abscheidung dieses Metalls günstigste Bad aus einer Lösung eines Chromsalzes bestehen. Versucht man jedoch ein derartiges Bad, so wird man im allgemeinen zu sehr schlechten Ergebnissen kommen, wenngleich auch BRITTON und WESTCOTT[1] beim Abscheiden aus komplexen Oxalatbädern einen gewissen Erfolg erzielt haben. Andererseits werden gute Ergebnisse mit einer schwefelsäurehaltigen Chromsäurelösung erhalten. Für ein Metall, das gefährlich nahe an dem „unedlen" Ende der Spannungsreihe steht, scheint die Wahl einer Lösung, die sowohl eine Säure als auch ein Oxydationsmittel enthält, nicht zweckentsprechend zu sein. Tatsächlich ist jedoch das Medium, in dem die elektrolytische Abscheidung vor sich geht, nicht von der gleichen Zusammensetzung wie der Hauptteil des Bades. An der Kathode wird die Chromsäure zu einem Chrom(III)-salz reduziert, und es wird ein dünner, gewöhnlich als Chromichromat angesprochener Film auf der Kathodenoberfläche entstehen. Die Abscheidung scheint innerhalb dieses Filmes vor sich zu gehen. Ist das Bad ungenügend sauer, so wird der Film an Dicke zunehmen, selbst sichtbar werden und Interferenzfarben hervorrufen. Das ist jedoch unerwünscht. Die besten Ergebnisse werden erzielt, wenn die Säurekonzentration hinreichend hoch ist, so daß es zu keiner Auflösung des Filmes kommt, dieser andererseits aber doch innerhalb einer unsichtbaren Dicke gehalten wird[2]. Die Gegenwart des Filmes scheint notwendig zu sein, um einen erfolgreichen Niederschlag von metallischem Chrom zu erhalten, jedoch besteht Meinungsverschiedenheit darüber, warum der Film notwendig ist. Es scheint jedoch wahrscheinlich, daß die Filmsubstanz den Strom daran hindert, ausschließlich in unerwünschten Reaktionen, wie beispielsweise der Entwicklung von Wasserstoff, verbraucht zu werden. Die Filmsubstanz besitzt nach LIEBREICH[3] eine hohe Überspannung. In ihrer Gegenwart wird die Reduktion des Chroms zum metallischen Zustand möglich[4]; die Stromausbeute ist noch gering. Metallkeime, die in einem oxydhaltigen Film gebildet werden, werden nicht leicht weiterwachsen; infolgedessen wird die so gebildete Metallschicht feinkörnig und blank sein. Naturgemäß enthält der fertige Niederschlag trotz seines vorwiegend metallischen Aussehens stets Sauerstoff, wahrscheinlich in Form von Chromichromat. Nach WRIGHT[5] kann der Sauerstoffgehalt bis zu $3{,}5\%$ betragen (bestimmt als Cr_2O_3); außerdem sind erhebliche Wasserstoffmengen (etwa das 1000- bis 2000fache Volumen) vorhanden. Es erscheint möglich, daß die große Härte von elektrolytisch niedergeschlagenem

[1] BRITTON, H. T. S. u. O. B. WESTCOTT: J. Electrodepositers' Soc. 8 (1933) Nr. 5.

[2] WERNICK, S.: Met. Ind. London 31 (1927) 291.

[3] LIEBREICH, E.: Trans. Faraday Soc. 31 (1935) 1188. — Vgl. E. MÜLLER: Trans. Faraday Soc. 31 (1935) 1194. — ROGERS, R. R.: Trans. electrochem. Soc. 68 (1935) 391. — BIRÜKOFF, N. D., S. P. MAKERIEWA u. A. A. TOMOCHIN: Korr. Met. 11 (1935) 172, 193.

[4] E. MÜLLER [Z. Elektroch. 32 (1926) 399] und C. KASPER [Bur. Stand. J. Res. 14 (1935) 693] geben an, daß praktisch eine direkte Reduktion vom sechswertigen Zustand in den metallischen Zustand erfolgt. Von anderen Seiten dagegen wird angenommen, daß zuerst drei- oder zweiwertige Verbindungen entstehen.

[5] WRIGHT, L.: J. Electrodepositers' Soc. 3 (1927/1928) 33.

Chrom auf die Einschlüsse an Oxyd oder basischem Salz zurückzuführen ist. Reines Chrom scheint kein hartes Metall zu sein.

Einfluß der Stromdichte auf die Überzüge. Von großer Bedeutung für die Korngröße ist der Einfluß der Stromdichte [1]. Bei sehr geringer Stromdichte wird der Niederschlag nur an den günstigsten Stellen bereits vorhandener Krystallite zur Abscheidung gelangen. Wird die Stromdichte dagegen erhöht, so wird die Niederschlagsbildung auch an anderen Stellen erfolgen; weiterhin wird die Bildung neuer Krystallkeime möglich und somit eine Kornfeinung erreicht werden. In nichtbewegter Flüssigkeit wird eine unangemessen hohe Stromdichte jedoch zu einer Erschöpfung an Metallsalz an allen Stellen führen, die nicht hinsichtlich der Nachlieferung begünstigt sind; der entstehende Niederschlag ist rauh, er besitzt insbesondere an den Krystallitgrenzen seltsam geformte Auswüchse [2]. Infolgedessen bestehen die besten Bedingungen für einen glatten, feinen, glänzenden Niederschlag oftmals in einer hohen Stromdichte, bei raschem Rühren der Badflüssigkeit, was dem Elektroanalytiker wohl bekannt ist. Insgesamt gesehen fällt die Stromausbeute (das ist der Anteil des Stromes, der für die Abscheidung des Metalls verwendet wird) mit der Stromdichte ab. Nach GLASSTONE [3] gibt es eine maximale Abscheidungsgeschwindigkeit, oberhalb der eine 100%ige Ausbeute an Strom unmöglich ist. Dieses Maximum entspricht der Maximalgeschwindigkeit, mit der die Ionen zur Kathodenoberfläche diffundieren können.

Ursachen für das Auftreten von Poren und Pittings in dem Überzug. Besondere Fehler treten dort in dem Niederschlag auf, wo es zu irgendwelchen Abscheidungen auf der Kathode kommt, die den Niederschlag lokal beeinflussen und eine Pore (die bis zur Basis vordringt) bilden oder eine Pittingbildung (bei der das nicht der Fall ist) veranlassen. Poren werden gewöhnlich durch Partikeln gebildet, die von der Zerstörung der Anode, Flocken basischen Salzes oder Fremdstoffen herrühren. Zur Erzielung bester Niederschläge sollte die Lösung stets filtriert werden. Suspendierte Partikelchen können auch ein knöllchenförmiges Wachstum verursachen, wie UPTHEGROVE und BAKER [4] annehmen. Zu einer Pittingbildung kann es auch durch Wasserstoffblasen kommen, die an der Kathode adhärieren und lokal die Abscheidung von Metall verhindern [5]. Im Falle der Nickelabscheidung können diese Fehler, wie MADSEN [6] angibt, durch Hinzufügen oxydierender Agenzien zum Bad verhindert werden; ein derartiger Zusatz, der als Depolarisator wirkt, drängt das Auftreten von gasförmigem

---

[1] ATEN, A. H. W. u. L. M. BOERLAGE: Rec. Trav. chim. **39** (1920) 720. — SIEVERTS, A. u. W. WIPPELMANN: Z. anorg. Ch. **91** (1915) 1. — HUGHES, W. E.: J. phys. Chem. **25** (1921) 495, besonders S. 502. — FAUST, O.: Z. anorg. Ch. **78** (1912) 201. — BLUM, W., H. D. HOLLER u. H. S. RAWDON: Trans. Am. electrochem. Soc. **30** (1916) 159. — BLUM, W. u. C. KASPER: Trans. Faraday Soc. **31** (1935) 1203. — SCHWARZ, M. VON: Z. Metallk. **7** (1915) 124.

[2] Es können auch andere Gründe für diese interessanten Abscheidungsformen bei höheren Stromdichten vorhanden sein. Siehe V. KOHLSCHÜTTER: Trans. Faraday Soc. **31** (1935) 1181. [3] GLASSTONE, S.: Trans. electrochem. Soc. **59** (1931) 277.

[4] UPTHEGROVE, C. u. E. M. BAKER: Trans. Am. electrochem. Soc. **53** (1928) 389.

[5] M. CYMBOLISTE [Trans. electrochem. Soc. **70** (1936)] ist der Ansicht, daß die Mehrzahl der Blasen nicht adhärent ist, daß die Adhäsion jedoch durch Kratzer, Knöllchen oder Fremdpartikeln verursacht wird. Ein dünner Kupferüberzug zwischen zwei Nickelüberzügen wirkt im Sinne einer Verhinderung der Pittingbildung. Partikeln basischer Salze müssen in der Badflüssigkeit vermieden werden.

[6] MADSEN, C. P.: Trans. Am. electrochem. Soc. **45** (1924) 249.

Wasserstoff zurück, wobei jedoch ein gewisser Verlust an Stromausbeute unvermeidlich ist (da nunmehr ein Teil des Stromes zum Reduzieren des oxydierenden Agenzes erforderlich ist), wie HOTHERSALL und HAMMOND[1] zeigen konnten. Der Betrag des zugesetzten oxydierenden Agenzes muß sorgfältig überwacht werden, da ein Überschuß an dieser Substanz zu einer Verschlechterung führt. Wasserstoffperoxyd ist hierfür geeignet, da es leichter als die meisten anderen oxydierenden Agenzien bestimmt werden kann.

Andere Gründe für Diskontinuitäten in den galvanisch erzeugten Schichten liegen in Einschlüssen oder Gußblasen im Grundmetall begründet. THOMAS und BLUM[2] betonen die Tatsache, daß die abgeschiedenen Schichten nur selten Unvollkommenheiten im Basismetall überwinden, daß sie sie dagegen oftmals besonders durch ihre eigene Struktur betonen. Der Ursprung der verschiedenen Typen von Fehlerscheinungen in Überzügen wird deutlich in den ausgezeichneten, von PORTEVIN und CYMBOLISTE[3] veröffentlichten Mikrophotographien dargestellt.

Auftreten von Spannungen in elektrolytisch abgeschiedenen Überzügen. Die Gegenwart von Spannungen im abgeschiedenen Metall ist von großer Bedeutung, sie wirkt nachteilig auf die Adhäsion und führt in manchen Fällen zu einem spontanen Ablösen des Überzuges. Nickel neigt erheblich zu inneren Spannungen, die auf eine Beladung mit Wasserstoff zurückgeführt werden. Sicherlich kann eine Volumenänderung durch den Eintritt von Wasserstoff bzw. durch seinen Austritt oder infolge seiner Diffusion durch das Metall erwartet werden, was zu den beobachteten Spannungen Anlaß geben kann. Wahrscheinlich sind verschiedene Einflüsse am Werk; eine Interpretation der vorliegenden Angaben wird durch die Tatsache erschwert, daß eine Verringerung der Spannungen eintritt, sobald es zur Rißbildung in dem Metallniederschlag kommt. Worauf auch immer diese Erscheinung zurückgeführt werden mag, jedenfalls konnten die Volumenänderungen bei verschiedenen Metallen aufgezeigt werden. Wenn ein Metall kathodisch auf einem dünnen Streifen eines Metalls abgeschieden wird, so zeigt dieser Streifen die Neigung, sich aufzurollen. Durch die Richtung und durch das Ausmaß des Aufrollens werden sowohl der Richtungssinn als auch die Größenordnung der Volumenänderungen angezeigt. Auf dieses Phänomen haben sowohl V. KOHLSCHÜTTER und seine Mitarbeiter[4], als auch MARIE und THON[5] ihre Aufmerksamkeit gerichtet. Durch die letzteren Experimentatoren sind Volumenänderungen in beiden Richtungen festgestellt worden: so beispielsweise eine Ausdehnung in dem auf blankem Platin niedergeschlagenen Kupfer und eine Kontraktion in dem auf mattem Platin erhaltenen Kupferniederschlag. JACQUET[6] hat gezeigt, daß der Betrag (und selbst die Richtung) der Volumenänderung durch die Gegenwart von Kolloiden beeinflußt wird. Die Spannungen können durch Überlagern von Wechselströmen über den zur Abscheidung benutzten Gleichstrom verringert werden, ein Verfahren, das durch

---

[1] HOTHERSALL, A. W. u. R. A. F. HAMMOND: Trans. Faraday Soc. 30 (1934) 1079.

[2] THOMAS, C. T. u. W. BLUM: Trans. Am. electrochem. Soc. 48 (1925) 70.

[3] PORTEVIN, A. u. M. CYMBOLISTE: Rev. Mét. 30 (1933) 323.

[4] KOHLSCHÜTTER, V. u. E. VUILLEUMIER: Z. Elektroch. 24 (1918) 300. — KOHLSCHÜTTER, V. u. H. SCHÖDL: Helv. chim. Acta 5 (1922) 490.

[5] MARIE, C. u. N. THON: J. Chim. Phys. 29 (1932) 11, 569.

[6] JACQUET, P.: C. r. 195 (1932) 952, 198 (1934) 74; Nature 130 (1932) 812.

STÄGER[1], V. KOHLSCHÜTTER und SCHÖDL[2] sowie von BARKLIE und DAVIES[3] entwickelt worden ist.

Adhäsionsvermögen elektrolytisch abgeschiedener Überzüge. Das Adhäsionsvermögen eines Niederschlages auf der Kathode ist direkt von OLLARD[4], HOTHERSALL[5] und JACQUET[6] gemessen worden. Dabei hat es sich gezeigt, daß das Haftvermögen von Metallen, die unter den bestmöglichen Bedingungen abgeschieden worden sind, so groß ist, daß die Bruchlinie, die beim Entfernen des Niederschlages entsteht, nicht der Demarkationslinie zwischen dem Grundmetall und dem Niederschlag folgt, was darauf hindeutet, daß die Adhäsionskräfte die Kohäsionskräfte übersteigen. HOTHERSALL hat gezeigt, daß die offenbar schlechte Adhäsion, die sich oftmals bei Niederschlägen von Nickel auf Messing zeigt, tatsächlich auf Fehlstellen innerhalb der Oberflächenschichten des Messings zurückzuführen ist, und daß diese Fehlstellen nicht in der Phasengrenze zwischen Messing und Nickel auftreten. Abschmirgeln des Messings bringt die Oberflächenschichten in einen geschwächten Zustand, der durch Absorption von Wasserstoff verschlimmert wird. Durch Ätzen des geschmirgelten Messings vor Aufbringen des Niederschlages kann die Adhäsion wesentlich verbessert werden — zweifellos infolge Entfernung der schwachen Schichten. Tatsächlich kann das Adhäsionsvermögen durch geeignete Behandlung gleich der Zugfestigkeit des Grundmetalls oder des Niederschlages gemacht werden, woraus auch immer der letztere bestehen mag.

HOTHERSALL[7] hat die Bedingungen untersucht, unter denen der ·Niederschlag die direkte Fortführung der Krystallstruktur des Grundmetalls bilden kann, so daß die Korngrenzen des Niederschlages effektiv die Fortsetzung derjenigen des Basismetalls sind. Das trifft nach seinen Untersuchungen für gewöhnlich dann zu, wenn beide Metalle im gleichen Krystallsystem krystallisieren (selbst wenn die Gitterparameter wesentlich voneinander abweichen); in manchen Fällen trifft es jedoch auch dann zu, wenn diese Bedingung nicht erfüllt ist, wie beispielsweise bei auf Kupfer niedergeschlagenem Zinn. Nach seinen Beobachtungen ist der hohe Adhäsionsgrad, der bei gewissen elektrolytisch niedergeschlagenen Metallen erzielbar ist, wahrscheinlich mit ihrer Fähigkeit verknüpft, das Krystallgitter des Basismetalls zumindest auf eine gewisse Entfernung fortzuführen. Ähnliche Schlüsse haben FINCH und SUN[8] gezogen, deren Untersuchungen nach der Methode der Elektronenbeugung gezeigt haben, daß die Orientierung der Krystalle in der Basis gewöhnlich die des Niederschlages bestimmt. In Fällen, in denen diese Beziehung nicht zutrifft, wie beispielsweise bei Nickel auf Zinn, ist die Adhäsion im allgemeinen gering.

Schwierig niederzuschlagende Metalle. Viele Metalle können aus wässerigen Lösungen nicht zur Abscheidung gebracht werden. Tatsächlich bieten fast

---

[1] STÄGER, H.: Helv. chim. Acta **3** (1920) 584.

[2] KOHLSCHÜTTER, V. u. H. SCHÖDL: Helv. chim. Acta **5** (1922) 593.

[3] BARKLIE, R. H. D. u. H. J. DAVIES: Pr. Inst. mechan. Eng. **1930** 735.

[4] OLLARD, A. E.: Trans. Faraday Soc. **21** (1925) 81.

[5] HOTHERSALL, A. W.: J. Electrodepositers' Soc. **7** (1932) 115; Trans. electrochem. Soc. **64** (1933) 69.

[6] JACQUET, P. A.: Trans. electrochem. Soc. **66** (1934) 393; C. r. **196** (1933) 921; **198** (1934) 1313, 1909; J. Chim. phys. **33** (1936) 226.

[7] HOTHERSALL, A. W.: Trans. Faraday Soc. **31** (1935) 1242.

[8] FINCH, G. I. u. C. H. SUN: Trans. Faraday Soc. **32** (1936) 855.

alle Metalle der A-Gruppe des Periodischen Systems (s. S. 367) Schwierigkeiten bei dem Versuch, sie aus wässeriger Lösung abzuscheiden, da die Entwicklung von Wasserstoff an der Kathode normalerweise eine geringere Potentialerniedrigung als die Abscheidung des Metalls erfordert. In solchen Fällen wird die Elektrolyse lediglich in der Entwicklung von Wasserstoff und für gewöhnlich der Bildung eines Niederschlages von Metalloxyd oder -hydroxyd bestehen (der hervorgerufen wird durch die Ausfällung des Metallsalzes durch das Alkali, das nach dem Verbrauch der Wasserstoffionen übrig bleibt). In einigen Fällen, wie bei Chrom, Mangan[1] und Molybdän[2], kann die Schwierigkeit überwunden werden; in anderen Fällen dagegen, in denen das Elektrodenpotential die Abscheidung des Metalls in Gegenwart von Wasser nicht zuläßt, ist diese aus einer organischen Lösung oder aus einem geschmolzenen Salz möglich, wie beispielsweise beim Aluminium; derartige Bäder werden auf S. 606 genannt.

2. Methoden zur Erzeugung von Überzügen auf trockenem Wege.

Eintauchen in geschmolzenes Metall. In günstigen Fällen können Niederschläge durch Eintauchen eines Gegenstandes, der aus einem Metall von hohem Schmelzpunkt besteht, in ein geschmolzenes Metall erhalten werden. Einige Metalle, wie Zinn oder Zink, geben ausgezeichnete Überzüge auf Eisen, vorausgesetzt, daß die Hauptmengen des Oxydfilmes von dem Eisen bereits vorher durch Beizen und die letzten Spuren dann durch ein Flußmittel (gewöhnlich eine Mischung geschmolzener Chloride) entfernt werden, mit dem das geschmolzene Zinn oder Zink bedeckt sind. Kupfer kann ohne ein flüssiges Flußmittel, lediglich durch Verwendung einer Wasserstoffatmosphäre zur Reduktion des Oxydes verzinnt werden, wie DANIELS[3] gefunden hat. Auch abgeschmirgeltes Eisen kann ohne ein Flußmittel verzinnt werden, sofern das Zinn eine Spur von Phosphor enthält (der zweifellos den Oxydfilm unter Bildung von verdampfendem Phosphorpentoxyd zerstört). Andere Metalle, wie beispielsweise Blei, widerstehen der Ausbildung eines Überzuges auf Eisen selbst in Gegenwart eines Flußmittels. DANIELS hat feststellen können, daß Stahl, der mit geschmolzenem Cadmium oder geschmolzenem Blei nicht reagiert, durch geschmolzenes Cadmium, das 12% Blei enthält, oder durch geschmolzenes Blei, das 12% Cadmium enthält, heftig angegriffen wird.

Es erscheint möglich, daß eine Adhäsion nur zwischen solchen Metallpaaren auftritt, die sich miteinander legieren können, sei es in Form einer festen Lösung oder einer intermetallischen Verbindung. Zink und Eisen legieren sich sicher miteinander, so daß ein Eisengegenstand, der in geschmolzenes Zink eingetaucht wird, auf seiner Oberfläche zwei Schichten ausbildet, deren äußere aus relativ reinem Zink und deren innere aus einer Zink-Eisen-Legierung besteht. Die Legierungen sind etwas brüchig, so daß die Legierungsschicht für die meisten duktilen Überzüge dünn gehalten werden sollte. Ihre Dicke wächst mit der Kontaktzeit zwischen den Metallen sowie mit der Temperatur, wie von BABLIK[4] eingehend festgestellt worden ist. Früher wurde angenommen, daß es auf verzinntem Eisen zu keiner Legierungsschicht kommt, jedoch ist heut-

---

[1] OAKS, H. H. u. W. E. BRADT: Trans. electrochem. Soc. **69** (1936) 567.

[2] PRICE, W. P. u. O. W. BROWN: Trans. electrochem. Soc. **70** (1936).

[3] DANIELS, E. J.: Trans. Faraday Soc. **31** (1935) 1282; s. auch J. Inst. Met. **49** (1932) 169. [4] BABLIK, H.: Grundlagen des Verzinkens, Berlin 1930, S. 78.

zutage ihr Vorhandensein sichergestellt. Durch sehr schräges Anschneiden der Oberfläche hat Hoare[1] den photographischen Nachweis der Legierungsschicht erbringen können (der schräge Anschnitt stellt einen Kunstgriff dar, der dazu dient, die Dicke besonders ausgedehnt erscheinen zu lassen). Hierdurch wird eine scheinbare Ausnahme von der Regel beseitigt, derzufolge die Legierungsfähigkeit der beiden Metalle eine notwendige Bedingung für die Ausbildung einer Schutzschicht ist. Nimmt man an, daß die Legierungsfähigkeit eine notwendige Bedingung ist, so drängt sich der Gedanke von selbst auf, daß die nadelförmigen Löcher, die in fast allen Zinnschichten vorhanden sind, Flecke darstellen, die einer Legierungsbildung mit dem Zinn widerstehen, sei es, weil sie irgendwelche Substanzen in dem Basismetall eingebettet enthalten, oder weil an ihnen irgendwelche Stoffe adhärieren. Im Falle des Zinnüberzuges auf Kupfer weiß man jetzt, daß die Diskontinuitäten auf Oxydeinschlüssen beruhen (s. S. 589). Ob eine ähnliche Erklärung für die nadelförmigen Löcher in Zinnüberzügen auf Stahl angenommen werden kann, müssen weitere Untersuchungen zeigen.

Spritzmethoden. Es sind mehrere andere Methoden zur Erzeugung metallischer Überzüge bekannt. Ein Sprühstrahl metallischer Kügelchen kann auf eine Oberfläche geblasen werden, sich dort beim Auftreffen verteilen und ohne eine nennenswerte Legierungsbildung adhärieren. Eine aufgerauhte (mit Sandstrahlgebläse präparierte) Oberfläche scheint für eine gute Adhäsion erforderlich zu sein. Bei dem von Schoop[2] entwickelten Verfahren wird der Sprühstrahl dadurch erzeugt, daß ein Metalldraht in eine Gebläseflamme geführt wird, die in einem als Pistole bezeichneten Apparat enthalten ist. Die Pistole wird gegen die zu überziehende Oberfläche gerichtet. Die Spitze des Drahtes wird ständig fortgeschmolzen und das Metall als eine Wolke von äußerst kleinen Kügelchen herausgeblasen. Turner und Ballard[3], die den Spritzprozeß im einzelnen untersucht haben, haben dabei festgestellt, daß die Metallpartikeln tatsächlich geschmolzen sein müssen oder daß sie im Augenblick ihres Auftreffens auf die Oberfläche geschmolzen werden. Diese Ansicht wird nicht von allen Fachleuten geteilt. Es erscheint wahrscheinlich, daß der Zustand der Metallpartikeln im Augenblick des Auftreffens von den Arbeitsbedingungen, insbesondere von dem Abstand zwischen der Pistole und der zu bespritzenden Oberfläche, abhängt. Der Prozeß ist zur Anwendung auf Aluminium oder Zink gegenüber Stahl wohl geeignet und durch Akimow und Kroenig[4] zur Anwendung auf Cadmium-Zink-Legierungen gegenüber Aluminiumlegierungen empfohlen worden. Gespritzte Überzüge neigen dazu, ziemlich weiche Oberflächen zu geben, jedoch hängt die Härte von dem Abstand zwischen der Pistole und der zu bespritzenden Oberfläche, vom Druck sowie anderen Faktoren ab. Diese Fragen sind von Kessner und Everts[5] behandelt worden. Die frisch gespritzten Überzüge sind porös, jedoch ist das für gewisse Zwecke wahrscheinlich ein Vorteil, da das Korrosionsprodukt besser haftet, wenn es sich in dem Überzug einkeilt. Erforderlichenfalls

[1] Hoare, W. E.: J. Iron Steel Inst. **129** (1934) 253.
[2] Schoop, M. U.: Met. chem. Eng. **11** (1913) 89.
[3] Turner, T. H. u. W. E. Ballard: J. Inst. Met. **32** (1924) 291.
[4] Akimow, G. u. W. Kroenig: Korr. Met. 8 (1932) 115.
[5] Kessner u. T. Everts: Z. Metallk. **27** (1935) 104, **28** (1936) 143. Bei zu großem Abstand zwischen der Pistole und der Oberfläche wird die Porosität des Überzuges störend groß.

kann die Porosität durch mechanische Behandlung oder durch Ausfüllen mit Lack verringert werden. PARKES[1] gibt an, daß die Poren in dem Überzug dadurch verschlossen werden können, daß man das Metall zum Fließen bringt, indem man es an einer mit Calico überzogenen Scheibe, die mit gewöhnlicher Poliermasse behandelt wird, poliert. Nach REININGER[2] kann die Neigung des Niederschlages, beim Biegen der Basis fortzubrechen, durch Ausfüllen der Poren mit weichem Kopallack oder ähnlichen plastischen Substanzen verringert werden.

Weitere Methoden zur Herstellung von Überzügen. Verschiedene andere Methoden zur Herstellung von Überzügen werden in dem technischen Teil dieses Kapitels erwähnt. Diese schließen die auf Pulverbasis beruhenden Methoden ein. Die Gegenstände werden in ein Gemisch von Metallstaub und Metalloxyd eingepackt. Dieses Prinzip, das auf Zink *(Sherardisieren)* oder Aluminium *(Calorisieren)* gegenüber Eisen angewendet wird, gibt einen, hauptsächlich aus einer Legierung bestehenden Überzug.

Es gibt auch zahlreiche mechanische Methoden zur Herstellung eines Überzuges, die insbesondere zur Erzeugung einer relativ dicken Schicht geeignet sind. Manchmal wird ein zusammengesetzter Verbundguß hergestellt (dadurch, daß das Grundmetall zwischen zwei Platten des als Überzug vorgesehenen Metalles vergossen wird) und dann zu Platten ausgewalzt. In manchen Fällen werden getrennte Platten benutzt, die sich während des Walzprozesses infolge eines Schweißvorganges mit dem Basismetall vereinigen. Für Stäbe oder Drähte wird eine Muffe des Überzugmetalls quasi in Form einer Hülse über einen Zylinder des Basismetalls und das Ganze dann zusammen durch Ziehringe gezogen. Es kann auch ein zusammengesetzter Zylinder durch Gießen hergestellt werden, der dann gezogen wird.

3. Korrosion überzogener Metalle.

Bedeutung der Diskontinuitäten in Überzügen. Bei der Bewertung einer Schutzschicht ist es erforderlich, nicht so sehr die Stellen zu betrachten, an denen der Überzug intakt ist, als vielmehr diejenigen, an denen er gestört ist, da diese Störungszonen in der Praxis schwierig vermieden werden können. Diskontinuitäten im Überzug können aus verschiedenen Gründen auftreten:

1. Durch Poren, durch die das Basismetall freigelegt wird. Die Durchlässigkeit, die hierdurch hervorgerufen wird, wechselt sehr mit der zur Erzeugung des Überzuges angewendeten Methode. Bei ein und derselben Methode zeigt sie die Neigung, mit der Dicke des Überzuges abzunehmen.

2. Durch riefenförmige Verletzungen, die in dem Überzug infolge Abnutzung im Betrieb hervorgerufen werden. Die Wahrscheinlichkeit für das Eintreten dieses Vorganges nimmt mit der Härte des Überzugmaterials ab und verringert sich weiterhin mit der Dicke der Schicht.

3. Dadurch, daß Teile des Überzuges durch Abnutzung während des Betriebes abgerieben werden. Die Wahrscheinlichkeit hierfür wächst in dem Maße, in dem die Adhäsion zwischen dem Überzug und dem Grundmetall abnimmt.

---

[1] PARKES, R. A.: Met. Ind. London **32** (1928) 249.
[2] REININGER, H.: Trans. Faraday Soc. **31** (1935) 1273.

4. Durch spontanes Abplatzen infolge innerer Spannungen im Überzug, verbunden mit geringer Adhäsion.

5. Durch Rißbildung infolge Biegebeanspruchung des Grundmetalls. Diese Gefahr wächst wahrscheinlich mit der Dicke des Überzuges sowie mit der Sprödigkeit des Materials (die Sprödigkeit geht oft mit der Härte parallel; die hier genannte Gefahr wächst oft in dem Maße, in dem die unter 1. und 2. genannten Gefahren abnehmen).

Unter der Annahme, daß das Grundmetall einmal lokal exponiert worden ist, müssen zwei Fälle unterschieden werden, je nachdem, ob das Überzugsmetall anodisch oder kathodisch gegenüber dem Basismetall ist. Besteht das Grundmetall aus Eisen, so können die Überzugsmetalle in zwei Klassen geteilt werden:

1. Metalle, die normalerweise anodisch gegenüber Eisen sind: Zink, Cadmium und im allgemeinen Aluminium.

2. Metalle, die normalerweise kathodisch gegenüber Eisen sind: Kupfer, Nickel und, unter vielen Bedingungen, Blei und Zinn.

Es ist jedoch zu beachten, daß die Frage der Polarität wesentlich von den Arbeitsbedingungen abhängig ist. In vielen organischen Säuren ist Zinn anodisch gegenüber Eisen, während Aluminium oder zumindest Aluminiumlegierungen unter gewissen Bedingungen kathodisch zu sein scheinen.

Überzüge mit einem anodischen Metall. Wird die Eisenbasis örtlich durch ein einen anodischen Überzug (z. B. Zink) durchdringendes Loch exponiert, so unterliegt der Überzug dem anodischen Angriff, während das Eisen als Kathode des Elementes wirkt. Ist die kathodische Stromdichte hinreichend hoch, so kann das Eisen völlig geschützt werden, während das Überzugmetall bei seinem Schutz geopfert wird. Die Schutzwirkung hört auf, wenn das anodische Metall so weitgehend fortgefressen ist, daß die schützende Stromdichte nicht länger aufrechterhalten wird. Die Zeit, während der der Schutz andauert, hängt also von der Geschwindigkeit, mit der das anodische Metall angegriffen wird, sowie weiterhin von der Dicke des Überzuges ab. Wird das anodische Metall andererseits nicht hinreichend rasch genug angegriffen, so kann die kathodische Stromdichte selbst von Anfang an unzureichend sein, um das exponierte Eisen zu schützen. Es ist infolgedessen — unter der Annahme, daß die Exposition des Grundmetalls als unvermeidlich zu bezeichnen ist — einige Sorgfalt bei der Wahl des Überzugmetalls erforderlich, um die besten Ergebnisse zu erreichen. Die Wahl ist übrigens auch vom korrosiven Medium abhängig. Wird Eisen, das mit Zink bedeckt ist, in eine Natriumchloridlösung gebracht, so wird es selbst an exponierten Stellen geschützt werden, sofern die freiliegenden Flächenteile nicht sehr groß sind; das Zink wird jedoch rasch fortgefressen werden, und es wird wahrscheinlich dann, wenn es verschwunden ist, zu einem Angriff auf das Eisen kommen. Aluminium wird in solchen Lösungen hinreichend rasch fortgefressen, um an freigelegten Flecken gewöhnlicher Größe einen Schutz zu liefern, jedoch andererseits langsam genug, um eine vernünftig lange Lebensdauer des Überzuges sicherzustellen. Infolgedessen ist Aluminium gegenüber Natriumchloridlösung ein geeigneterer Oberflächenschutz als Zink. In hartem Frischwasser ist jedoch das umgekehrte der Fall. Zink wird hierbei hinreichend langsam fortgefressen, um eine lange Lebensdauer sicherzustellen, nichtsdestoweniger verhindert es jedoch das Auftreten von Rost an Spaltstellen. Aluminium wird so langsam angegriffen, daß die schützende Stromdichte für das exponierte Eisen wahrscheinlich nicht erreicht wird. So wird ein diskontinuierlicher Aluminiumüberzug, der den Rostungsvorgang in einer korrosiven Salzlösung verhindert, wahrscheinlich nicht in der Lage sein, ihn in weniger korrosivem Frischwasser zu vermeiden[1]. Ein Aluminiumüberzug ist jedoch zum Schutz gegenüber Frischwasser ausgezeichnet geeignet, vorausgesetzt, daß er homogen ist.

Aus dem mit Selbstaufzehrung verknüpften Schutz durch anodische Metalle sind zahlreiche Trugschlüsse gezogen worden. Einige Autoren scheinen anzunehmen, daß der Schutz um so besser ist, je stärker anodisch der Überzug gegen das Grundmetall gemacht werden kann. Wird dieser Gedanke logisch fortgeführt, so führt dieses Prinzip zur Annahme eines Überziehens mit Kalium! Von anderen Seiten scheint diese Selbstaufzehrung des Metalls als etwas Wünschenswertes hingestellt zu werden. Tatsächlich, so betont VERNON[2], ist es weitaus besser, wenn der Überzug gesund und porenfrei und ohne Risse ist, so daß die Schutzwirkung völlig mechanischer erfolgt. Wenn jedoch trotz aller Vorsichtsmaßregeln Diskontinuitäten auftreten *müssen*, so ist es für gewöhnlich besser, wenn der Überzug angegriffen wird, als wenn das Grundmetall der Pittingbildung unterliegt. Aus diesem Grunde sollte das Überzugmetall mäßig anodisch gegenüber der metallischen Basis gewählt werden. Das Vorhandensein von Öffnungen in einem derartigen Überzug braucht nicht unmittelbar verhängnisvoll zu sein: wenngleich auch die Exposition des Basismetalls die Angriffsgeschwindigkeit auf das Überzugsmetall in den Frühstadien erhöht, so scheint es doch möglich, daß ein gewisser Grad von Porosität bei einer Angriffshemmung in den späteren Stadien mitunter dadurch mitwirkt, daß die Korrosionsprodukte adhärierend zurückgehalten werden.

Überzüge mit einem kathodischen Metall. An jeder Bruchstelle in einem Überzugsmetall, das sich kathodisch gegenüber Eisen verhält (z. B. Nickel oder Kupfer), wird die Eisenbasis bevorzugt gegenüber dem Überzug angegriffen werden. Eine wichtige Frage hierbei ist die nach dem Herd der Rostbildung. Rost erfordert Sauerstoff zu seiner Abscheidung. Beim atmosphärischen Angriff ist Sauerstoff in Überschuß vorhanden, und der Rost kann infolgedessen in sehr engem Kontakt mit dem Eisen gebildet werden. In diesem Falle wird Eisen, das mit einem porösen Überzug von Nickel oder Kupfer bedeckt ist und das intermittierend einem Salzsprühnebel ausgesetzt wird, gewöhnlich Rost unterhalb oder innerhalb des Überzuges bilden. Ist die Adhäsion gering, so wird der Überzug durch den voluminösen Charakter des Rostes von dem Metall fortgedrängt werden, so daß eine geringe Rostmenge einen großen Schaden am Überzug hervorbringen wird. Ist die Adhäsion dagegen erheblich, so können die Poren möglicherweise mit dem Rost ausgefüllt werden, wie CLARKE[3] angenommen hat. Handelt es sich dagegen um Korrosion in eingetauchtem Zustand,

---

[1] EVANS, U. R.: J. Inst. Met. **40** (1928) 113. Diese Feststellungen beziehen sich auf Natriumchloridlösung, *nicht* dagegen notwendigerweise auf Seewasser, das, da es Magnesiumsalze enthält, unter gewissen Bedingungen etwas abweichend wirken wird. Sie beziehen sich auch besonders auf Aluminiumüberzüge, die nach dem Spritzverfahren erhalten worden sind. Entsprechende Ergebnisse sind jedoch neuerdings mit Aluminiumüberzügen erhalten worden, die auf anderen Wegen als nach dem Spritzverfahren aufgebracht worden sind.

[2] VERNON, W. H. J.: Met. Ind. London **46** (1935) 276.

[3] CLARKE, S. G.: J. Electrodepositers' Soc. **8** (1933) Nr. 12, S. 24.

so befindet sich die Sauerstoffquelle in einer gewissen Entfernung. Der Hauptsitz für die Rostabscheidung wird sich dann gewöhnlich außerhalb des Überzuges befinden. Der Überzug kann so tief in Rost eingebettet werden und doch wird er sich, wenn die Rostschicht entfernt wird, als unangegriffen erweisen und selbst über große Flächenteile hin frei von Schaden sein. Die Menge des zerstörten Eisens wird so selbst bei der Bildung eines großen Volumens an Rostschlamm relativ gering sein, der Überzug wird während einer gewissen Zeit adhärent bleiben. Andererseits wird im eingetauchten Zustand kaum eine Blockierung der Poren und ein Abstoppen des Angriffes eintreten.

Während aber bei völligem Eintauchen der Probe eine viel stärkere Korrosion erforderlich ist, um den Überzug einzubüßen, als das bei atmosphärischem Angriff der Fall ist, besteht andererseits eine größere Wahrscheinlichkeit dafür, daß die Intensität des Angriffes an einer Diskontinuität erhöht werden kann. Wird ein einzelner Schnitt durch einen Kupferüberzug auf Eisen geführt und wird das ganze Metall in eine Flüssigkeit hoher Leitfähigkeit gebracht, so kann die Korrosion örtlich intensiver sein, als wenn die ganze Oberfläche freiliegt: Der Gesamtangriff ist hauptsächlich durch die Ausdehnung der *großen* Kupferkathode bestimmt, er ist aber auf die *kleine* anodische Oberfläche (das exponierte Eisen) konzentriert, so daß der Angriff je Flächeneinheit groß sein kann. Besteht der Überzug aus Nickel oder Blei anstatt aus Kupfer, so ist die Wahrscheinlichkeit der Intensivierung infolge Herabsetzung der EK verringert. Ist die verwendete Flüssigkeit schlecht leitend, wodurch der Widerstand erhöht wird, so wird die Wahrscheinlichkeit wiederum verringert. Wird die Dicke des Überzuges und die gegenseitige Nähe der Poren zueinander erhöht, so wird das zu einer weiteren Vergrößerung des Widerstandes und zu einer Verringerung der Gefahren einer Intensivierung des Angriffes führen.

Eine Intensivierung des Angriffes wird naturgemäß weniger wahrscheinlich eintreten, wenn das Metall — anstatt in eine Flüssigkeit eingetaucht zu werden — lediglich mit einem dünnen Feuchtigkeitsfilm bedeckt wird. Trotzdem ist eine Intensivierung an einer Bruchstelle in einem Kupferüberzug, der einer Atmosphäre ausgesetzt gewesen war, die sowohl Feuchtigkeit als auch Chlorwasserstoff enthielt, beobachtet worden[1]. Ein ähnlicher Versuch, der mit einem gebrochenen Nickelüberzug gemacht wurde, gab keine merkliche Intensivierung. Natürlich wurde das Eisen an der Bruchstelle angegriffen, aber der Angriff war nicht intensiver als an unbedecktem Eisen, das der gleichen Atmosphäre ausgesetzt worden war.

Die Faktoren, die bestimmend dafür sind, ob eine Intensivierung des Angriffes an einer Bruchstelle in einem Überzug eines kathodischen Metalls auftreten wird oder nicht, werden auf S. 608 diskutiert. Jedoch muß hier im Hinblick auf die häufig gemachten Feststellungen, daß eine derartige Intensivierung durch die elektrochemischen Grundprinzipien *gefordert* wird, wiederholt werden, daß diese Annahme falsch ist. Die Korrosion an einer Bruchstelle in einem kathodischen Überzug kann entweder intensiver oder weniger intensiv erfolgen, als das bei einem völlig bloßlegenden Metall der Fall ist, und zwar je nach den Umständen. Es ist eine Frage der täglichen Erfahrung, daß ein gebrochener Nickelüberzug, obgleich er weniger wirksam als ein unbeschädigter Überzug

---

[1] Evans, U. R.: J. Inst. Met. **40** (1928) 112.

ist, doch gewöhnlich noch besser wirkt, als wenn überhaupt kein Überzug vorhanden ist.

Trotzdem sind Fälle bekannt, in denen die Erzeugung eines porösen Überzuges auf einem Metall nicht nur die Intensität der Korrosion erhöht, sondern die Gesamtkorrosion steigert. Stahlschrauben, die durch bloßes Eintauchen in eine Kupfersulfatlösung mit porösem Kupfer bedeckt sind und die hierauf (nach vorherigem Abwaschen) in Cambridger Leitungswasser gebracht werden, unterliegen einer verstärkteren Rostbildung, als das bei ähnlichen, jedoch nicht mit Kupfer bedeckten Schrauben der Fall ist[1].

Wie auf S. 424 dargelegt worden ist, kann die erhöhte Intensität der Korrosion an Bruchstellen in einem kathodischen Überzug durch Walzsinter hervorgerufen werden. HADFIELD und MAIN[2], die die ausgedehnten Prüfungen in Seewasser durch die INSTITUTION OF CIVIL ENGINEERS auswerten, finden, daß entsinterte Stähle im Mittel etwa die gleiche Gesamtkorrosion erleiden, wie die gleichen Stähle, auf denen sich die Sinterschicht noch befindet. Die Pittings waren jedoch auf den mit Sinter bedeckten Proben mehr als zweimal so tief, was auf einer Lokalisierung des Angriffes an Bruchstellen innerhalb des Sinters beruht.

B. Fragen der Praxis.

Heutzutage werden viele Typen metallischer Überzüge sowohl zum Schutz als auch zur Dekoration von Gegenständen benutzt, so daß es nachstehend nur möglich ist, einen Überblick über dieses Gebiet zu geben. Einzelheiten über diese Vorgänge müssen anderen Stellen entnommen werden[3].

1. Vorbereitende Behandlung der Oberfläche.

Verfahren zur Reinigung der Oberfläche. Um einen metallischen Überzug herzustellen, ist es wesentlich, von einer Oberfläche auszugehen, die frei von Fett und merklichen Oxydmengen ist. Oftmals ist ein unsichtbarer Oxydfilm auf dem Metall unmittelbar vor der Herstellung des Überzuges vorhanden. Beim Galvanisieren wird dieser Film wahrscheinlich reduziert, sobald das Metall in das Elektrolytbad eingeführt wird. Bei den Eintauchprozessen wird die letzte Spur von Oxyd durch das Flußmittel entfernt, das auf der Oberfläche des geschmolzenen Metalls schwimmt.

Die Entfernung von Fett ist wichtig. Sie wird gewöhnlich in einem Bad durchgeführt, das ein Alkalisalz, wie beispielsweise Silicat, Phosphat oder Aluminat, enthält. Die alte Bestimmung, daß starke kaustische Soda hierfür erwünscht ist, ist heutzutage in Mißkredit gekommen. Einige Fachleute betrachten sämtliche alkalischen Reinigungsmittel mit Argwohn. WILLINK[4] schreibt das Auftreten splitteriger Überzüge dem Vorhandensein eines alkalischen Filmes auf der Oberfläche zu und rät, der alkalischen Reinigungsoperation eine Behandlung in einem Säurebad folgen zu lassen.

---

[1] THORNHILL, R. S. u. U. R. EVANS: Unveröffentlichte Arbeit.

[2] HADFIELD, R. u. S. A. MAIN: J. Inst. civil Eng. 3 (1935/1936) 20.

[3] Siehe H. S. RAWDON: Protective Metallic Coatings, New York 1928, Chemical Catalog Company. Die neuzeitliche englische Praxis des Elektroplattierens ist zusammenhängend dargestellt bei S. FIELD u. A. D. WEILL: Electro-Plating, London 1930.

[4] WILLINK, A.: Trans. electrochem. Soc. 61 (1932) 323.

Dampfreinigungen sind in den letzten Jahren in Benutzung genommen worden. Der metallische Gegenstand wird in den oberen Teil eines Tanks gebracht, der kochendes Trichloräthylen oder ein ähnliches Lösungsmittel enthält. Es kommt zu einer Kondensation von Dampf auf dem Gegenstand; nach dem Lösungsvorgang fallen Tropfen mit dem gelösten Fett in den Tank zurück. Gewöhnlich werden wassergekühlte Schlangen in dem oberen Teil untergebracht, um den Dampfverlust herabzusetzen. Nach BURDEN[1] ist eine Dampfentfettung für ausgedehntere Gegenstände geeigneter als für kleinere: Die Kondensation kommt zum Stillstand, sobald das Metall die Temperatur des Dampfes erreicht; infolgedessen kann für leichte Gegenstände der Fall eintreten, daß die Entfettung nicht vollständig zum Abschluß kommt.

Im Hinblick auf den Preis des Trichloräthylens empfiehlt WERNICK[2] eine in drei Stufen verlaufende Reinigung:

1. Entfernung des überschüssigen Fettes in Benzin oder Rohöl,

2. Entfernung des Fettes durch Dampf, wodurch 99% des übrigbleibenden Fettes entfernt werden,

3. alkalische Reinigung, wodurch das restliche Fett beseitigt wird.

(Nach Ansicht von U. R. EVANS erscheint es unwahrscheinlich, daß die Dampfentfettung, so wie sie gewöhnlich angewendet wird, zu einer 99%igen Beseitigung des Fettes führt. Grundsätzlich erscheint dieser Vorschlag jedoch brauchbar.)

Oxyd kann durch Beizen in Säure entfernt werden (s. S. 83). Eine elektrolytische Vorbehandlung ist sehr üblich geworden. Gewöhnlich wird der zu behandelnde Gegenstand als Kathode eines alkalischen Bades bzw. als Anode eines sauren Bades geschaltet. Die anodische Behandlung ist besonders wertvoll für Federn, die leicht durch einige der anderen Reinigungsprozesse brüchig werden können.

Zur Vorbereitung von Fahrrad- und Autoteilen im Hinblick auf eine nachherige Vernicklung oder Verchromung empfehlen COOK und B. J. R. EVANS[3], die eisernen Teile in Trichloräthylendampf zu entfetten, dagegen die Nichteisenteile einer elektrolytischen Reinigung in einer Lösung zu unterwerfen, die Perlenstaub, Natriumsilicat, kaustische Soda und Trinatriumphosphat enthält.

2. Überzüge aus Edelmetallen.

Silberüberzüge. Silber wird manchmal mechanisch, jedoch häufiger auf elektrolytischem Wege aufgebracht. Das *Versilbern*, das für Tafelzwecke üblich ist, wird gewöhnlich auf der Basis einer Kupfer-Nickel-Zink-Legierung (Nickel-Silber) durhgeführt. Früher wurde Britanniametall verwendet. Die zu versilbernden Gegenstände werden als Kathode in einer Cyanidlösung geschaltet, während als Anode Feinsilber benutzt wird, das sich kontinuierlich auflöst, so daß das Bad immer wieder ergänzt wird. Die Lösung kann durch Auflösen von Kalium- (oder Natrium-) silberdoppelcyanid, wie es im Handel erhältlich ist, hergestellt werden[4]. Es kann entweder Kalium- oder Natrium-

---

[1] BURDEN, W.: Metal Cleaning Finishing **7** (1935) 504, 509.

[2] WERNICK, S.: J. Electrodepositers' Soc. **10** (1935) 164.

[3] COOK, M. u. B. J. R. EVANS: J. Electrodepositers' Soc. **9** (1934) 125.

[4] Diese Verbindung wird im allgemeinen in der Form $KCN \cdot AgCN$ oder $NaCN \cdot AgCN$ geschrieben, jedoch handelt es sich in der Tat um den Komplex $K[Ag(CN)_2]$ oder $Na[Ag(CN)_2]$.

cyanid zu Silbernitrat hinzugefügt werden[1]. *In jedem Falle* ist etwas freies Kalium oder Natrium erforderlich, um die Gefahr des Auftretens von festem Silbercyanid an der Anode und damit eine Hemmung des Lösungsvorganges zu verhindern. Der Betrag an erforderlichem freien Cyanid steigt, wie Dobbs[2] festgestellt hat, bei hoher Stromdichte oder bei Gegenwart von Carbonat. Dieses Carbonat, das hauptsächlich von der Zersetzung des Cyanids durch Kohlendioxyd herrührt, erhöht die Leitfähigkeit sowie die Abscheidungsfähigkeit und soll das Korn des Niederschlages verfeinern, ist jedoch, insgesamt gesehen, nicht von Vorteil. Glasstone und Sanigar[3] berichten, daß die Härte des Niederschlages durch die Gegenwart von Carbonat oder freiem Cyanid herabgesetzt wird (Chlorid und Borat erhöhen die Härte). Hogaboom[4] spricht sich, ungeachtet der verbesserten Leitfähigkeit, gegen hohe Carbonatkonzentrationen aus, da er annimmt, daß sie auf der Anode zu Filmbildung führen und dadurch die für das Galvanisieren erforderliche EK heraufsetzen.

Gegenstände, die aus Kupferlegierungen hergestellt sind oder andere Materialien, die beim Eintritt in das Bad, infolge einfachen Ersatzes, einen schlecht adhärierenden Niederschlag von Silber erhalten würden, werden vorher in eine Schnellösung eingetaucht, die Quecksilberoxyd in Natriumcyanid gelöst enthält. Hierdurch wird ein Quecksilberfilm auf dem Gegenstand niedergeschlagen, der den unerwünschten Ersatz des einen Metalls durch das andere verhindert. Das Endstadium des Versilberns wird oftmals in einem Bad ausgeführt, das eine Spur von Schwefelkohlenstoff enthält, wodurch die endgültige Oberfläche sehr blank wird, was zu einer Herabsetzung des Materialbedarfs beim nachfolgenden Polieren führt. Nach Pan[5] gibt Natriumthiosulfat einen blankeren Überzug als Schwefelkohlenstoff; in Verbindung mit Ammoniak soll es seinem Aussehen nach einem Chromüberzug ähneln (ob eine derartige Oberfläche Interesse finden würde, ist etwas fraglich). Auch Cyanate besitzen eine blankmachende Wirkung, wie Glasstone und Sanigar[6] gezeigt haben.

Der stark giftige Charakter der Cyanidlösungen läßt das Interesse für die Untersuchungen von Gockel[7] verständlich erscheinen, die mit Bädern auf der Thioharnstoffbasis durchgeführt worden sind, sowie für diejenigen von Fleetwood und Yntema[8] mit Bädern, die Jodid und Citronensäure enthalten.

Goldüberzüge. Gold wird oftmals auf elektrolytischem Wege aus einem Cyanidbad in Form von Überzügen abgeschieden. Es wird auch mechanisch aufgebracht; das Produkt ist als *Walzgold* bekannt. Der Vorgang ist von Smith[9] beschrieben worden. Walzgold wird durch Zusammenschweißen eines Blockes einer goldreichen Legierung und eines Blockes von einem unedlen Metall, gewöhnlich Messing, und anschließendes Walzen des zusammengesetzten Metallblockes erhalten, so daß das ursprüngliche Dickenverhältnis in dem endgültigen

---

[1] Das Kalium- und/oder Natriumcyanid sollte dem Brit. Stand. Spec. **622** (1935) entsprechen.   [2] Dobbs, E. J.: J. Electrodepositers' Soc. **1936**.
[3] Glasstone, S. u. E. B. Sanigar: Trans. Faraday Soc. **25** (1929) 593.
[4] Hogaboom, G. B.: J. Electrodepositers' Soc. **3** (1928) 73.
[5] Pan, L. C.: Trans. electrochem. Soc. **59** (1931) 329.
[6] Glasstone, S. u. E. B. Sanigar: Trans. Faraday Soc. **27** (1931) 309.
[7] Gockel, H. : Z. Elektroch. **40** (1934) 302.
[8] Fleetwood, C. W. u. L. F. Yntema: Ind. eng. Chem. **27** (1935) 340.
[9] Smith, E. A.: J. Inst. Met. **44** (1930) 175.

Blech beibehalten wird. Völliger Kontakt der beiden zusammengebrachten Metalle beim Zusammenschweißen ist wesentlich.

Infolge seiner Weichheit und seines edlen Potentiales ist der durch einen Goldniederschlag auf einem unedlen Metall erhaltene Schutz eigentlich illusorisch. Vor einigen Jahren wurden goldplattierte Schreibfedern auf den Markt gebracht, jedoch berichtet LANDIS[1], daß sie rascher als unvergoldete korrodierten. Das Gold an der Spitze nutzte sich bald ab, die Kombination der kleinen Anode und der großen Kathode führte naturgemäß zu intensivem Angriff. (In ähnlicher Weise ist festgestellt worden, daß sich die Korrosion dort, wo ein Silberüberzug auf einer Britanniametallbasis beschädigt ist, unter Bedingungen bemerkbar macht, unter denen es bei nichtversilbertem Britanniametall zu keinerlei Angriff kommt.)

Überzüge von Metallen der Platingruppe. *Platin* kann auf elektrolytischem Wege aufgebracht werden, wobei durch KEITEL und ZSCHIEGNER[2] ein Bad aus Platindiamminnitrit empfohlen wird. Verschiedene andere Rezepte geben YOSHIDA[3] und SADAKATA[4]. Wird ein dickerer, nichtporöser Überzug gefordert (z. B. auf einem Kupferstabe), so kann das Platin quasi in Form einer Hülse über den Stab und beide zusammen durch einen Ziehring gezogen werden. Überziehen mit *Palladium* gewinnt für silberne Uhren, Zigarettenetuis sowie für Silbergegenstände im Hausgebrauch (beispielsweise Salzstreuer) einige Bedeutung. Dieser Überzug ist besonders dadurch ausgezeichnet, daß er keine Anlauffarben ausbildet, was bei Silber in einer Atmosphäre, die Schwefelverbindungen enthält, leicht eintritt. ATKINSON und RAPER[5] beschreiben zwei Prozesse, von denen der eine auf ein komplexes Nitrit der Zusammensetzung $Na_2[Pd(NO_2)_4]$ und lösliche Palladiumanoden gegründet ist, während in dem anderen eine Lösung von Palladiumtetramminchlorid $[Pd(NH_3)_4]Cl_2$ in einem unterteilten Element unter Verwendung einer Bleianode verwendet wird. Nach dem letzteren Verfahren werden dickere Überzüge erhalten, jedoch neigen diese zur Brüchigkeit. Überziehen mit *Rhodium* hat neuerdings Interesse gefunden. ATKINSON und RAPER[6] berichten über ausgezeichnete Ergebnisse, die bei der Anwendung von Ammoniumrhodiumnitrit, das mit Schwefelsäure abgeraucht und mit Wasser aufgenommen wird, erhalten werden. Es werden weiße, blanke Überzüge erzielt, die frei von Porosität sind; die kathodische Stromausbeute beträgt wegen des gleichzeitig freigesetzten Wasserstoffes nur etwa 45%. Andere Bäder werden von FINK und DEREN[7] beschrieben. Das Metall dient zum Schutz von Silberwaren und Schmuck gegen Anlaufen, weiterhin wird es für Reflektoren verwendet. Rhodium ist wesentlich widerstandsfähiger als Palladium und widersteht den meisten Säuren, ist jedoch teurer (s. auch S. 162).

Kupferüberzüge. Kupfer kann elektrolytisch aufgebracht werden, wobei eine saure Lösung von Kupfersulfat zur Verwendung kommt. Im allgemeinen sind gewisse Zusätze, wie Gelatine oder Alaun zur Verbesserung des Überzuges

---

[1] LANDIS, W. S.: Trans. Am. electrochem. Soc. **19** (1911) 59.
[2] KEITEL, W. u. H. E. ZSCHIEGNER: Trans. Am. electrochem. Soc. **59** (1931) 273.
[3] YOSHIDA, T.: Japan Nickel Rev. **4** (1936) 82.
[4] SADAKATA, K.: Japan Nickel Rev. **4** (1936) 85.
[5] ATKINSON, R. H. u. A. R. RAPER: J. Electrodepositers' Soc. **8** (1933) Nr. 10.
[6] ATKINSON, R. H. u. A. R. RAPER: J. Electrodepositers' Soc. **9** (1934) 77.
[7] FINK, C. G. u. P. DEREN: Trans. electrochem. Soc. **66** (1934) 471.

wünschenswert. Besteht das Basismetall aus Eisen, so wird die Abscheidung des Überzuges in einem Cyanidbad begonnen und in einem Sulfatbad fortgeführt. Jeder Versuch, mit einem Sulfatbad zu beginnen, führt zu einer unbefriedigenden Kupferschicht infolge „einfachen Ersatzes", was in Cyanidbädern (in denen die Konzentration der Kupferkationen sehr gering ist) jedoch nicht der Fall ist. Das gewöhnliche Cyanidbad erlaubt jedoch nur ein langsames Galvanisieren, so daß die Sulfatlösung für die späteren Stadien bevorzugt wird. Neuerdings hat PAN[1] ein konzentriertes Cyanidbad eingeführt, das für sehr rasches Verkupfern geeignet ist und das eine hohe Abscheidungsfähigkeit besitzt.

Sollen Cyanidbäder aus Gesundheitsgründen vermieden werden, so kann nach FINK und WONG[2] für die Frühstadien der Abscheidung ein Bad gewählt werden, das ein komplexes Natriumkupferoxalat bei Zusatz von Natriumsulfat und Borsäure enthält. Neuerdings haben BROCKMAN und BREWER[3] für den gleichen Zweck eine Lösung eingeführt, die Kupfersulfat, Natriumoxalat und Triäthylamin enthält, durch das Kupfer in Form eines Komplexions gebunden wird. Eine andere Methode beruht darauf, vorbereitend in ein Arsen(III)-oxyd und Salzsäure enthaltendes Bad einzutauchen, wodurch ein Arsenfilm auf der Oberfläche entsteht, durch den der Austausch an der Metalloberfläche vermieden wird. Hierauf folgt die Einführung des Gegenstandes in das Kupfersulfatbad.

Kupfer ist ein Metall, das auf Eisen, sofern es als dünner, poröser Überzug vorhanden ist, eine Gefahr bedeutet, während dicke, kompakte Überzüge, die auf mechanischem Wege erzielt werden können, eine größere Sicherheit bieten. Kupferverkleidete Stahlplatten, die seit langem durch Zusammenwalzen der beiden Metalle hergestellt werden, sowie neuerdings kombinierte Drähte mit einem Stahlinneren und einem Kupferäußeren sind auf dem Markt erhältlich. Der duktile Charakter des Kupfers gestattet, auf den Drähten dicke Überzüge herzustellen, ohne daß beim scharfen Biegen eine Bruchgefahr gegeben ist.

3. Überzüge mit Nickel und Chrom.

Nickelüberzüge. Überzüge aus Nickel sind seit langem als Schutzmaßnahme verwendet worden. Der wesentliche Nachteil liegt darin, daß der Überzug matt wird, was bereits auf S. 142 behandelt worden ist. Neuerdings ist diese Erscheinung jedoch dadurch überwunden worden, daß man eine dünne Chromschicht auf den Nickelüberzug aufbringt, die in den meisten Atmosphären blank bleibt, wenngleich sie auch in gewissem Ausmaße porös ist. Die Verwendung von Chrom allein als ein schützendes Agens würde selten erfolgreich sein, da die dünnen Überzüge sehr porenreich sind und da die dickeren andererseits gewöhnlich Risse enthalten, wie BLUM, BARROWS und BRENNER[4] eindeutig zeigen konnten. Chrom wird deshalb gewöhnlich in Form eines dünnen Überzuges auf einer dickeren Nickelschicht angewendet. Gelegentlich wird Kupfer als eine Zwischenschicht verwendet, während im Hinblick auf den Abnutzungs-

[1] PAN, L. C.: Trans. electrochem. Soc. **68** (1935) 471.
[2] FINK, C. G. u. C. Y. WONG: Trans. electrochem. Soc. **63** (1933) 65.
[3] BROCKMAN, C. J. u. A. L. BREWER: Trans. electrochem. Soc. **69** (1936) 535.
[4] BLUM, W., W. P. BARROWS u. A. BRENNER: Bur. Stand. J. Res. 7 (1931) 697.

widerstand Chrom gewöhnlich direkt auf Stahl aufgebracht wird[1]. Die meisten der sog. Chromüberzüge, die heutzutage angetroffen werden, sind jedoch tatsächlich Nickelüberzüge mit einem abschließenden Chromüberzug. Nickel schützt das Basismetall (z. B. Eisen) vor der Korrosion, während Chrom seinerseits das Nickel vor dem Mattwerden schützt.

Die Neigung zur Bildung von Poren und Pittings im Nickelniederschlag kann weitgehend durch ständige Filtration, um so das Absetzen fester Bestandteile auf der Oberfläche zu verhindern, sowie durch Befolgung der von HOTHERSALL und seinen Mitarbeitern zwecks Vermeidung von Wasserstoffblasen (s. S. 564) gegebenen Vorsichtsmaßnahmen ausgeschlossen werden. Die Gefahr von Diskontinuitäten kann weiterhin durch abwechselndes Abscheiden von Nickel- und Kupferschichten vermieden werden. Wenn ein nadelförmiges Loch in dem Nickelniederschlag zurückbleibt, so besteht die Wahrscheinlichkeit, daß es durch die nachfolgende Kupferabscheidung ausgefüllt wird. In manchen Fällen kann der Gegenstand so vier oder mehr Schichten erhalten, deren Folge beispielsweise die folgende sein kann:

Nickel, Kupfer, Nickel, Chrom.

Ein weiterer gegen das Vernickeln erhobener Einwand — die Gegenwart innerer Spannungen — kann durch Überlagern eines Wechselstromes über den beim Vernickeln verwendeten Gleichstrom überwunden werden. Dieser Arbeitsvorgang ist von BARKLIE und DAVIES[2] erfolgreich durchentwickelt worden.

Früher wurde das Vernickeln fast stets in einer Lösung von Ammoniumnickelsulfat vorgenommen. Aus der ziemlich beschränkten Löslichkeit jenes Salzes ergibt sich eine Grenze für die Abscheidungsgeschwindigkeit, da die Gefahr der Erschöpfung an Nickelionen besteht, sofern die Stromdichte zu hoch wird. Diese Sachlage verringerte die Rentabilität einer Anlage und erhöhte dementsprechend die Vernickelungskosten. Später wurde entdeckt, daß das einfache Nickelsulfat, das viel löslicher ist, zur Bildung eines ausgezeichneten Niederschlages bei hohen Stromdichten befähigt ist, wenn die Lösung bei dem richtigen p_H-Wert gehalten wird. Dementsprechend wurde die Verwendung von Puffersubstanzen, wie beispielsweise Borsäure (die oft in Verbindung mit Natriumfluorid gebraucht wird), allgemein. Es ist die Ansicht ausgesprochen worden, daß die Entwicklung der Verfahren der Nickelabscheidung, insbesondere die Erhöhung der Abscheidungsgeschwindigkeit, ursprünglich durch die Konkurrenzgefahr durch die Kobaltüberzüge angeregt wurde, die, wie KALMUS, HARPER und SAVELL[3] gezeigt haben, rasch in einer konzentrierten Lösung von Kobaltsulfat hergestellt werden können. Wie diese Sachlage auch immer sei, die Furcht einer Konkurrenz von seiten der Kobaltüberzüge ist gegen-

---

[1] BLUM, W.: Metals Alloys 2 (1931) 59.

[2] BARKLIE, R. H. D. u. H. J. DAVIES: Pr. Inst. mechan. Eng. 1930, 735.

[3] KALMUS, H. T., C. H. HARPER u. W. L. SAVELL: Trans. electrochem. Soc. 27 (1915) 75. Ein alkalisches Bad für Kobaltüberzüge mit einer außergewöhnlich hohen Abscheidungsfähigkeit, das Kobaltsulfat, Natriumkaliumtartrat und Natriumcarbonat enthält, wird von F. C. MATHERS, G. F. WEBB und C. W. SCHAFF [Met. Cleaning Finishing 6 (1934) 412, 418] angegeben. Der erhaltene Überzug soll weniger gut sein, als der aus einem gewöhnlichen „neutralen" Bad erhaltene. A. CHAYBANY [Met. Ind. London 47 (1935) 423] betont die Notwendigkeit der Arsenfreiheit der für Kobaltüberzüge verwendeten Bäder, sofern nadelförmige Löcher vermieden und eine gute Adhäsion erzielt werden sollen.

standslos. Obgleich Kobalt leichter als Nickel niederzuschlagen ist und obgleich der Überzug etwas härter ist, neigt er doch stärker zur Ausbildung von Anlauffarben, wie Levasseur[1] angibt. Die Verwendung rasch arbeitender Nickelbäder ist jedoch zu einem Stillstand gekommen.

Gewisse Vorsichtsmaßnahmen sind beim raschen Vernickeln erforderlich. Wird Vorsicht außer acht gelassen, so können die Anoden bei der angewendeten hohen Stromdichte passiv werden (insbesondere bei Anwendung reiner Anodenmetalle), so daß es zu einer Erschöpfung des Bades an Nickel kommt. Zur Vermeidung dieser Erscheinung werden dem Bad Chloride zugesetzt. Es ist ein besonderer Typ von Nickelanoden eingeführt worden, um die Gefahr der Passivität herabzusetzen. Während diese Anoden weitgehend frei von metallischen Verunreinigungen sind, enthalten sie doch etwa 0,1% Nickeloxyd. Diese oxydischen Einschlüsse dienen dazu, die Homogenität eines etwa auftretenden Oberflächenoxydfilmes zu unterbrechen. Die Anoden werden gewöhnlich so zusammengerollt, daß ein ovaler Querschnitt entsteht; sie lösen sich sehr gleichmäßig auf, so daß die durch Ausschuß auftretenden Verluste auf ein Minimum herabgesetzt werden.

Das ursprüngliche von Watts[2] eingeführte Schnellgalvanisierbad bestand aus Nickelsulfat, Nickelchlorid und Borsäure. Die heutzutage verwendeten Schnellbäder enthalten oftmals Nickelsulfat, Natriumchlorid, Natriumfluorid, Borsäure und andere Zusätze. Nach der in der Automobil- und Fahrradindustrie vorliegenden Erfahrung empfehlen Cook und B. J. R. Evans[3] ein einfaches Bad aus Nickelsulfat bei Gegenwart von Chlorid, das als Nickelchlorid vorliegt, sowie mit Borsäure als Puffer. „Der Nickelgehalt dieser Lösung", so schreiben sie, „beträgt 50 g/l, der der Chloride 7,5 g/l, der der Borsäure 20 g/l, die Dichte 20° Bé bei 16°, die Acidität entspricht einem p_H von 5,5 bis 5,7. Die Acidität wird täglich überprüft und durch geeignete Zusätze, sei es von Schwefelsäure oder einem basischen Nickelcarbonat, auf den richtigen Wert gebracht. Die Bäder stehen unter strenger Überwachung, Analysen ihrer Zusammensetzung werden in Zwischenräumen von 4 Wochen durchgeführt. Die Arbeitstemperatur beträgt 35°, die Betriebsspannung 3,4 V. Unter diesen Arbeitsbedingungen wird innerhalb 40 min ein Überzug normaler Dicke, d. h. von 0,025 mm, erhalten. Es ist zu beachten, daß die Zusammensetzung des Bades sehr einfach ist, und es scheint uns nach dem Erfolg, den wir mit ihm gehabt haben, sehr zweifelhaft, ob die verschiedenen Zusätze, die zu verschiedenen Zeiten als vorteilhaft für Nickelbäder empfohlen worden sind, irgendeine effektive Verbesserung hervorrufen, die die zusätzlichen Schwierigkeiten, die die Kontrolle der mehr komplexen Elektrolyte erfordert, rechtfertigt. Es dürfte interessant sein, zu erwähnen, daß 8853 l einer Nickeldoppelsalzlösung durch 3632 l einer einfachen Nickelsalzlösung ersetzt worden sind, wodurch in einer gegebenen Zeit eine größere Rentabilität erzielt worden ist."

Schnellbäder, die ein einfaches Sulfat enthalten, geben einen etwas weichen Überzug, während die härtesten Niederschläge durch die alten Doppelsalzbäder erhalten werden. Versuche, die Härte in Schnellbädern beispielsweise durch

---

[1] Levasseur, A.: 5th Foundry Congress, Liége, 1925.
[2] Watts, O. P.: Trans. electrochem. Soc. **29** (1916) 395.
[3] Cook, M. u. B. J. R. Evans: J. Electrodepositers' Soc. **9** (1934) 131.

Zusatz von Natriumfluorid oder Natriumsulfat[1] zu erhöhen, sind nur teilweise erfolgreich gewesen. MACNAUGHTAN und HOTHERSALL[2] haben festgestellt, daß diese Zusätze keine so hohe Härte geben wie Ammoniumsulfat-haltige Lösungen, daß die Verwendung von Fluoriden die Stromausbeute sowohl an der Anode als an der Kathode herabsetzt, während durch die Verwendung von Natriumsulfat die Spannungen im Niederschlag erhöht werden. Nach MACNAUGHTAN und HAMMOND[3] geben Bäder mit Nickelsulfat und Ammoniumsulfat Härten im Gebiet von 350 bis 400 Brinelleinheiten, während Bäder mit Nickelsulfat, Borsäure und einem Chlorid Härten in der Größe von 160 bis 250 Brinelleinheiten liefern. Die Härte ändert sich mit dem p_H-Wert, teilweise weil dieser die Menge der basischen Substanz bestimmt, die in dem Niederschlag eingeschlossen ist[4]. Es ist infolgedessen innerhalb gewisser Grenzen möglich, die Härte selbst in einem Bad, das zu einer recht raschen Herstellung von Überzügen geeignet ist, innerhalb gewisser Grenzen zu regulieren. Die gleichzeitige Abscheidung der basischen Bestandteile muß jedoch überwacht werden. Ist zuviel von dieser Substanz eingeschlossen, so wird der Überzug dunkel, sozusagen „verbrannt" und brüchig. Derartige Überzüge können in einem richtig zusammengesetzten Bad dann auftreten, wenn die Stromdichte zu hoch oder die Temperatur zu niedrig ist.

Besondere Vorsicht ist erforderlich, um Spuren schädlicher Substanzen auszuschließen. Chromsäure, die leicht in ein Nickelbad gelangen kann, ist für die Herstellung guter Überzüge schädlich, und zwar nicht nur deshalb, weil sie die Qualität des Überzuges beeinflußt, sondern auch deshalb, weil dadurch Teile der Oberfläche überzugsfrei bleiben. HOTHERSALL und HAMMOND[5] haben gezeigt, daß kleine Mengen von Chromsäure Nickel in Form einer basischen chromhaltigen Verbindung festlegen, wodurch die Stromausbeute der Abscheidung herabgesetzt und die Freisetzung von Wasserstoff begünstigt wird. Größere Mengen reagieren chemisch mit dem Grundmetall unter Bildung eines selektiv durchlässigen Filmes, den Nickelionen nicht durchdringen können, so daß die Abscheidung von metallischem Nickel überhaupt verhindert wird. Nitrate, Arsenverbindungen und viele Kolloide sind im Elektrolytbad gleichfalls schädlich. Die benutzten Nickelsalze sollten die BRITISH STANDARDS SPECIFICATION[6] erfüllen.

Ein neuerer Fortschritt besteht in der Verwendung stark saurer Bäder mit p_H-Werten zwischen 2 und 3. Notwendigerweise führen diese zu einer ziemlich geringen Stromausbeute, da ein großer Teil des Stromes für die Erzeugung von Wasserstoff verbraucht wird, so daß eine gewisse Gefahr für eine Pittingbildung vorhanden ist. Kann diese jedoch vermieden werden, so sollen die erzeugten Überzüge infolge der besseren Abscheidungsfähigkeit einen besseren Schutz

---

[1] Natriumsulfat erhöht nach R. HARR [Trans. electrochem. Soc. **68** (1935) 425] die Abscheidungsfähigkeit.

[2] MACNAUGHTAN, D. J. u. A. W. HOTHERSALL: Trans. Faraday Soc. **24** (1928) 387.

[3] MACNAUGHTAN, D. J. u. R. A. F. HAMMOND: J. Electrodepositers' Soc. **4** (1929) 95. — MACNAUGHTAN, D. J. u. A. W. HOTHERSALL: J. Electrodepositers' Soc. **5** (1930) 63. — ROMANOFF, F. P.: Trans. electrochem. Soc. **65** (1934) 385.

[4] MACNAUGHTAN, D. J., G. E. GARDAM u. R. A. F. HAMMOND: Trans. Faraday Soc. **29** (1933) 740.

[5] HOTHERSALL, A. W. u. R. A. F. HAMMOND: Trans. Faraday Soc. **31** (1935) 1574.

[6] S. hierzu Brit. Stand. Spec. Nr. 564 (1934).

geben und keinerlei Neigung zum Ablösen oder zu Brüchen an den Kanten zeigen. Überdies sind diese sauren Bäder leichter frei von Bodensatz zu halten. Bäder mit niedrigem p_H-Wert werden von PHILLIPS[1] empfohlen. Die Methoden der p_H-Kontrolle (eine wichtige Frage, wenn die Bäder unter festliegenden Bedingungen benutzt werden sollen) diskutiert PAN[2].

Eine der wirtschaftlich günstigen Entwicklungen der letzten Jahre besteht in der Erzielung glänzender Überzüge. Zieht man in Betracht, daß die Kosten für das Polieren einer Oberfläche die der elektrolytischen Abscheidung tatsächlich überschreiten können, so wird der Vorteil einer Metallabscheidung in blanker Form besonders deutlich einleuchten. Überdies bietet nach SCHLÖTTER[3] ein glänzender Nickelüberzug, der nickeloxydhaltig ist, eine bessere Grundlage für das Chrom, da es in den verwendeten sauren Chrom-Schwefelsäurebädern nicht passiv ist und eine gleichmäßigere Verteilung des Chroms erlaubt. Der Glanz ist auf die Kleinheit der Krystalle zurückzuführen, die nach Angaben von SCHLÖTTER kleiner als die Wellenlänge des Lichtes sind. Ein derartiges Verhalten der Überzüge wird durch den Einschluß der geeigneten Menge oxydischer und/oder kolloider Substanzen erreicht, wodurch verhindert wird, daß irgendein Korn eine meßbare Größe erlangt. Die SCHLÖTTERschen Bäder enthalten (neben Nickelchlorid oder -sulfat und Borsäure) gewisse Salze von Sulfonsäuren, wie z. B. Nickelbenzoldisulfonat oder Nickelnaphthalintrisulfonat.

STOUT[4] hat verschiedene glänzendmachende Stoffe in einem Nickelsulfat, Nickelchlorid und Borsäure enthaltenden Bad geprüft. Sie arbeiteten in den meisten Fällen unter den vorgeschriebenen Bedingungen gut, waren jedoch empfindlich gegenüber Änderungen in den Arbeitsbedingungen. Der erzielte Glanz erreichte nicht den Standard einer guten Verchromung auf einer polierten vernickelten Oberfläche.

Einige der früheren Versuche, glänzende Überzüge zu erhalten, haben zu Brüchigkeit geführt. WEISBERG und STODDARD[5] geben an, daß eine Nickel-Kobalt-Legierung in glänzender, nicht brüchiger Form aus einem Sulfat-Chlorid-Bad, das ein Ammoniumsalz, ein Formiat und Formaldehyd enthält, abgeschieden werden kann. Wird Kobalt vermieden, so ist der einfache Nickelüberzug etwas weniger glänzend.

Die Herstellung *dicker Nickelüberzüge* ist eine eigene Kunst, über die WILSON[6] eingehend berichtet. Das Vernickeln von Aluminiumlegierungen bietet gleichfalls besondere Probleme, da in diesem Fall Schwierigkeiten hinsichtlich der Adhäsion auftreten, was wahrscheinlich auf die Unmöglichkeit einer völligen Beseitigung des Oxydfilmes beruht. Trotzdem kann selbst in den Fällen, in denen eine direkte Adhäsion an einer glatten Oberfläche nicht zu erzielen ist, doch ein mechanisches Ineinandergreifen herbeigeführt werden,

[1] PHILLIPS, W. M.: Trans. electrochem. Soc. **59** (1931) 393.

[2] PAN, L. C.: Trans. electrochem. Soc. **59** (1931) 385. Hinsichtlich der Theorie der gleichzeitigen Entladung von Nickel und Wasserstoff siehe O. ESSEN u. E. ALFIMOWA: Trans. electrochem. Soc. **68** (1935) 417.

[3] SCHLÖTTER, M.: Z. Metallk. **27** (1935) 236; s. die ausgezeichnete Diskussion in J. Electrodepositers' Soc. **11** (1936) 199.   [4] STOUT, L. E.: Met. Ind. London **48** (1936) 722.

[5] WEISBERG, L. u. W. B. STODDARD: A.P. 2026718 (1936); s. auch A. POLLACK: Ch.-Ztg. **58** (1934) 999.

[6] WILSON, A. E.: Rev. Nickel **5** (1934) 173; s. auch C. F. BONILLA: Trans. electrochem. Soc. **1937**.

wenn die Oberfläche hinreichend aufgerauht wird. Häufig wird ein Sandstrahl-gebläse verwendet, jedoch wird im allgemeinen Ätzen in saurer Nickelchlorid- oder Eisen(III)-chloridlösung bevorzugt, um geeignete Pittings hervorzurufen. Photographische Aufnahmen von WORK[1] zeigen deutlich, wie die Niederschläge sich in diesen Pittings verankern.

Das Vernickeln von Zinkspritzguß erfordert gleichfalls eine modifizierte Arbeitsweise, da die Standardbäder infolge einfachen Ersatzes einen schwarzen Überzug von Nickel hervorrufen, sobald die zinkreiche Legierung in die Flüssigkeit kommt. Diese Schwierigkeit wird gewöhnlich durch Zusatz von Natrium-sulfat oder -citrat in das Bad überwunden, wodurch wahrscheinlich die Konzentration der Nickelkationen infolge Komplexsalzbildung in einem gewissen Ausmaße herabgesetzt wird.

Chromüberzüge. Das Verchromen wird gewöhnlich in einer Chromsäure-lösung ausgeführt, die schwefelsäurehaltig ist [die Reduktion führt rasch zu dem Auftreten von Chrom(III)-sulfat]. Wird auf Säure ganz verzichtet, so entsteht ein iridisierender Film auf der Kathode, wie DOBBS[2] angibt. Schwefelsäure besitzt die Fähigkeit, diesen Film bei einer Dicke zu halten, die unter der Sicht-barkeitsgrenze liegt. Weiterhin besitzt sie gegenüber anderen Säuren einen Vorteil, der darin besteht, daß sie eine Bleianode nicht angreift. Es ist nicht wünschenswert, daß der Film völlig aufgelöst wird. Da die Filmsubstanz [Chrom(III, VI)-oxyd : Chromichromat] sowohl in Säure als auch in Alkali lös-lich ist, muß die Stromdichte ebenso wie die Badzusammensetzung sorgfältig überwacht werden, um den Flüssigkeitsfilm in der Nähe der Kathode in der richtigen Zusammensetzung zu halten. PINNER und BAKER[3] empfehlen, das Verhältnis

$$CrO_3(\text{Molarität})/SO_4''(\text{Normalität})$$

bei etwa 50 zu halten. Nach CUTHBERTSON[4] liegt der beste Wert bei 58 bis 60. Nach BLUM, STRAUSSER und BRENNER[5] wird der schützende Charakter eines Chromüberzuges auf Nickel durch einen hohen Wert[6] etwas verbessert; er soll in der Nähe von 200 liegen.

Um den p_H-Wert am günstigten festzulegen, werden Puffersubstanzen vor-geschlagen. ISGARISCHEW[7] empfiehlt den Zusatz von Borsäure (3 g) zu einem Bad, das 5 g Chrom(III)-sulfat und 250 g Chromsäure je Liter enthält. Nach GARDAM[8] sind jedoch keine anderen Substanzen außer Schwefelsäure (2,5 g) und Chromsäure (250 g) erwünscht[9]. Das Bad sollte erwärmt werden (für die meisten Zwecke nicht über 45°). SAUNDERS[10] empfiehlt eine automatische

---

[1] WORK, H. K.: Trans. electrochem. Soc. **53** (1928) 361; J. Electrodepositers' Soc. 8 (1933) Nr. 7.   [2] DOBBS, E. J.: J. Soc. chem. Ind. Trans. **49** (1930) 162.

[3] PINNER, W. L. u. E. M. BAKER: Trans. electrochem. Soc. **55** (1929) 316.

[4] CUTHBERTSON, J. W.: Trans. electrochem. Soc. **59** (1931) 401.

[5] BLUM, W., P. W. C. STRAUSSER u. A. BRENNER: Bur. Stand. J. Res. **13** (1934) 350.

[6] Da die Molekulargewichte von CrO_3 und SO_4 100 bzw. 96 sind, so bedeutet es praktisch nur einen geringen Unterschied, ob das Verhältnis in Molargewichten oder absoluten Gewichten ausgedrückt wird.   [7] ISGARISCHEW, N. A.: Korr. Met. **6** (1930) 157.

[8] GARDAM, G. E.: J. Electrodepositers' Soc. 4 (1929) 114.

[9] Sollen Fluoride an Stelle von Sulfaten verwendet werden, so empfiehlt A. E. OLLARD [Met. Ind. London **47** (1935) 91] ein Bad mit 500 g Chromsäure und 30 g Calciumfluorid je Liter, das mit 14 g Rohrzucker je Liter zwecks „Alterung" gekocht werden sollte; hierauf ist es mit 0,25 cm³ Fluorwasserstoffsäure je Liter zu behandeln.

[10] SAUNDERS, R. W.: Metals Alloys 1 (1930) 368.

Temperaturkontrolle. Bleianoden werden empfohlen, deren Reinheitsgrad hoch sein sollte, da Verunreinigungen, insbesondere Antimon, den Angriff begünstigen. Sollte sich eine Kruste von Bleichromat auf der Anode bilden, so kann sie mit Natriumchloridlösung, die Salzsäure enthält, gereinigt werden, wie SCHNEIDE-WIND und URBAN[1] angeben. In manchen Fällen werden Eisenanoden verwendet, die passiv werden, sofern das Eisen rein ist. Der Angriff zeigt die Neigung zum Anstieg mit zunehmendem Kohlenstoffgehalt, wie auf S. 445 beschrieben wird.

Die Stromausbeute ist naturgemäß gering, ändert sich jedoch mit der Stromdichte, die gleichfalls eine sorgfältige Überwachung erfordert, wenn glänzende Überzüge gewünscht werden. Untersuchungen, die an der Michigan University[2] durchgeführt worden sind, haben ergeben, daß die vorgeschlagenen Bäder (250 g Chromsäure/l und 2,5 g Sulfat/l) bei 10 A/dm² und 45° am günstigsten arbeiten.

Als ein Beispiel für eine Arbeitsvorschrift, nach der in der englischen Automobil- und Fahrradindustrie gearbeitet wird, sei der folgende Bericht von COOK und B. J. R. EVANS[3] angeführt:

„Der Trog, der eine Kapazität von 1816 l hat, besteht aus Stahl mit einem Inneren aus Hartblei (eine Legierung von Blei mit 7% Antimon) mit Glasauskleidung. Das Ganze wird in ein Wasserbad eingetaucht, das durch Dampfrohrschlangen erwärmt wird. Die Konzentration der Chromsäure wird auf 250 bis 280 g/l und das Sulfatverhältnis auf 130:1 gehalten. Die Konzentration der Chromsäure wurde festgelegt, nachdem Versuche gezeigt hatten, daß diese Zusammensetzung ein ausgesprochen höheres Abscheidungsvermögen ergab, als höhere Konzentrationen, wenngleich sie auch eine schärfere Überwachung erforderte. Die Badtemperatur beträgt 40°, die Badspannung beträgt 4,5 V für Rahmen mit kleinen Gegenständen und minimal 8 V bei den größten behandelten Materialien, insbesondere bei Kühlerrahmen. Während längerer Zeit sind sehr eingehende Beobachtungen an diesem Bad angestellt worden, im Verlauf von 2 Jahren hat sich lediglich ein Zusatz an Chromsäure als erforderlich herausgestellt . . . ."

Die Autoren betonen die Wichtigkeit einer sorgfältigen Spülung, ehe die Gegenstände in das Verchromungsbad gebracht werden, um so das Eintreten von Sulfat aus dem Vernickelungsbad zu verhindern. Das Verhältnis von Eisen zu Chromsäure sollte nach ihnen 3,8% nicht überschreiten, da andernfalls kein glänzender Überzug erhalten wird.

Bei einem Sulfatbad ist das Intervall der erlaubten Stromdichte eng, insbesondere bei gewöhnlichen Temperaturen. Bei stark profilierten Gegenständen muß das Bad auf etwa 35 bis 40° erwärmt werden, da andernfalls ein schlechter Überzug an dem einen oder dem anderen Teil unvermeidlich ist. Wird Fluorwasserstoffsäure an Stelle von Schwefelsäure verwendet, so ist dieses Intervall weniger eng, und es ist leichter, den Überzug aus einem nicht-erwärmten Bad zu erzielen. Diese Fluoridbäder werden von ASSMANN[4] und

---

[1] SCHNEIDEWIND, R. u. S. F. URBAN: Trans. electrochem. Soc. 53 (1928) 457.

[2] Anonym in Iron Trade Rev. 84 (1929) 583. — R. J. PIERSOL [Metal Cleaning Finishing 6 (1934) 353] gibt an, daß die günstigste Stromausbeute dann erzielt wird, wenn das Chrom bei niedrigen Temperaturen und hohen Stromdichten abgeschieden wird.

[3] COOK, M. u. B. J. R. EVANS: J. Electrodepositers' Soc. 9 (1934) 132.

[4] ASSMANN, K.: Ch.-Ztg. 59 (1935) 177.

Perlenfein[1] behandelt. Die Stromausbeute ist gering und infolgedessen die durch einen gegebenen Strom erzeugte *mittlere* Überzugsdicke geringer als im Sulfatbad. Da jedoch die Abscheidungsfähigkeit größer ist, kann in den schlechter zugänglichen Teilen des Gegenstandes eine ebenso gute oder bessere Dicke erzielt werden.

Methoden zur Herstellung schwarzer Chromüberzüge sind in Deutschland entwickelt und von Pollack[2] beschrieben worden.

Dicke von Nickel- und Chromüberzügen. Die Verwendung von Nickelüberzügen mit einem abschließenden Chromüberzug ist in der Automobilindustrie ebensowohl wie für zahllose Haushaltszwecke wohl bekannt. Die Frage nach der für verschiedene Zwecke geforderten Schichtdicke ist infolgedessen von Bedeutung. Eine amerikanische Festlegung für Messinghähne und sanitäre Ausrüstungsgegenstände erfordert, wie Francis-Carter[3] ausführt, einen Nickelüberzug von 0,0051 mm und einen Chromüberzug von 0,00051 mm Dicke. Auf Weißmetall sollte Chrom direkt bei einer mittleren Schichtdicke von 0,0051 mm aufgebracht werden. Eine britische Motorenfabrik arbeitet nach einer Festlegung mit Schichtdicken von 0,025 mm Nickel und 0,0025 mm Chrom auf Messingteilen, während sie auf Stahl Schichten von 0,0051 mm Nickel, hierauf 0,0127 mm Kupfer, 0,0203 mm Nickel und 0,0025 mm Chrom aufbringen. Prüfungen, die auf etwa 2 Jahre erstreckt und von Blum, Strausser und Brenner[4] in verschiedenartigen Atmosphären ausgeführt worden sind, haben ergeben, daß eine Schicht von 0,0127 mm Nickel unter milden Versuchsbedingungen schützend gegenüber Stahl wirkt, daß jedoch für eine gefährlichere Atmosphäre 0,025 mm Schichten erforderlich sind. Es hat sich gezeigt, daß sehr dünne auf Nickel aufgebrachte Chromschichten (beispielsweise 0,00025 mm) die Schutzwirkung herabsetzen; ähnliche Ergebnisse hat Jacquet[5] erzielt. Die dünnsten der im allgemeinen verlangten Chromschichten (0,00051 bis 0,00076 mm) tragen wenig zum Schutz bei, wenngleich sie auch das Mattwerden des Nickels verhindern. Dickere Chromschichten (0,00127 bis 0,0025 mm) vergrößern die Widerstandsfähigkeit gegenüber Korrosion, insbesondere in Industrieatmosphäre. Wesentlich dickere Chromniederschläge werden angewendet, wenn es sich darum handelt, daß der Gegenstand sowohl der Abnutzung als auch der Korrosion bei hohen Temperaturen widerstehen soll.

Da Chromüberzüge mit zunehmender Dicke weniger porös, dagegen bruchempfindlicher werden, ist es klar, daß eine optimale Dicke entsprechend einer minimalen Durchlässigkeit vorhanden sein muß. Baker und Rente[6] geben hierfür $4 \cdot 10^{-3}$ mm an und haben ermittelt, daß die Niederschläge bei einer Erzeugungstemperatur von 55° die geringste Durchlässigkeit zeigen. Die Brüche werden auf Konzentrationsänderungen im Metall selbst zurückgeführt. Bei sehr dicken Niederschlägen treten Bruchzonen mit ernstlichen Löchern an ihren Verbindungsstellen auf. Die Brüchigkeit beruht teilweise auf der Gegenwart von Wasserstoff und kann durch Erwärmen herabgesetzt werden. v. Wartenberg[7]

[1] Perlenfein, A.: Iron Age 131 (1933) 539.   [2] Pollack, A.: Ch.-Ztg. 59 (1935) 56.
[3] Francis-Carter, C. F. J.: J. Electrodepositers' Soc. 10 (1935) 78.
[4] Blum, W., P. W. C. Strausser u. A. Brenner: Bur. Stand. J. Res. 13 (1934) 331.
[5] Jacquet, P.: Bl. Soc. Franç. Électr. (1932) Juni; vgl. die italienischen Angaben bei M. Pohl: Korr. Met. 11 (1935) 183.
[6] Baker, E. M. u. A. M. Rente: Trans. electrochem. Soc. 54 (1928) 337.
[7] Wartenberg, H. v.: Ch.-Ztg. 51 (1927) 759.

hat ermittelt, daß die ursprüngliche Elastizität von Stahlfedern durch ein zweistündiges Erhitzen auf 100° $^1/_2$stündiges Erhitzen bei 150° oder ein $^1/_4$stündiges Erhitzen bei 200° wiederhergestellt werden kann.

Andere Methoden für die Erzeugung von Überzügen aus Nickel und Chrom. In den Fällen, in denen die mit einem Überzug zu versehenden Gegenstände zu groß für die Herstellung von Elektrolytüberzügen sind, kann das Nickel durch *Aufspritzen* aufgebracht werden. Nach ROBSON und LEWIS[1] werden die großen gußeisernen Walzen, die in der Papierindustrie, bei der Herstellung von Kunstseide und in anderen Industrien benötigt werden, in dieser Weise überzogen.

Nickelüberzüge können auch auf mechanischem Wege auf Stahl aufgebracht werden. Mit Nickel verkleidete Stahlplatten können einfach durch Heißwalzen von Platten der beiden Metalle hergestellt werden. Hierbei wird eine wirkliche Verbindung zwischen beiden hergestellt, vorausgesetzt, daß die Oberflächen rein sind. Die mit Nickel verkleideten Platten dienen den verschiedensten Zwecken in der chemischen Industrie, während mit Nickel verkleidete Bleche in der Lebensmittelindustrie Anwendung gefunden haben. So werden sie z. B. für Gefäße benötigt, in denen Steinsalz für die Fleischkonservierung sowie für die Erzeugung von Kälte gelöst wird[2]. Mit Nickel verkleidete Platten können gebogen, geflanscht oder geschweißt werden.

Stahl mit einer Oberflächenschicht von austenitischem Chrom-Nickelstahl (nichtrostender Stahl) ist auf dem Markt erhältlich. Die „Verkleidung" beträgt oftmals $^1/_5$ der Gesamtdicke, kann jedoch in manchen Fällen noch stärker sein. ROGERS[3] beschreibt ein Verfahren, wonach billiger Stahl mit 18/8-Chrom-Nickelstahl (oder ähnlichem Material) verkleidet wird, wobei jedoch zuvor Elektrolyteisen auf der 18/8-Legierung, die durch Beizen gereinigt worden ist, zur Abscheidung gebracht wird. Hierauf wird der Stahl mit dem Elektrolyteisen in Verbindung gebracht, und zwar werden beide in Kontakt miteinander während 1 Stunde auf 950° erwärmt, wodurch es zu einer Diffusionsschweißung kommt. Die so zusammengesetzte Platte wird hierauf auf 1150° erwärmt und anschließend gewalzt.

Chrom kann auch durch *Zementation* auf Eisen aufgebracht werden. So empfiehlt KELLEY[4] Glühen des Gegenstandes in einem Gemisch von Chrom und Aluminiumoxyd bei 1300 bis 1400° im Vakuum oder in trockenem Wasserstoff, wobei eine Schicht einer Chrom-Eisenlegierung entsteht. Nach BARDENHEUER und R. MÜLLER[5] kann auch ein Gemisch von Chrom und Nickel zur Diffusion in Eisen gebracht werden, wobei ein legierter Überzug mit korrosionsverhindernden Eigenschaften entsteht. KNIPP[6] hat versucht, Stahlgüsse dadurch korrosionsbeständig zu machen, daß er Chrom, Nickel und Ferrosilicium dem Formsand beigab, um so eine Chrom und Nickel enthaltende Legierungsschicht zu bilden. Obgleich der Versuch fehlgeschlagen ist, bietet dieser Gedanke doch gewisse Möglichkeiten.

[1] ROBSON, S. u. P. S. LEWIS: Chem. Ind. **13** (1935) 615.
[2] Anonym in Ind. eng. Chem. News Edit. **12** (1934) 462.
[3] ROGERS, R. R.: Ind. eng. Chem. **27** (1935) 783.
[4] KELLEY, F. C.: Trans. electrochem. Soc. **43** (1923) 351.
[5] BARDENHEUER, P. u. R. MÜLLER: Mitt. K. W. Inst. Eisenforsch. **14** (1932) 295.
[6] KNIPP, E.: Dissert. Braunschweig; s. Korr. Met. **9** (1933) 308.

Andere Metalle können auf dem Wege der Diffusion in Eisen eingeführt werden. So hat Laissus[1] einen beachtlichen Widerstand gegenüber Schwefelsäure und Salzsäure infolge Zementation mit Wolfram erzielt. Guillet[2] berichtet, daß die Zementation mit Molybdän und Zirkon den besten Schutz gegenüber Salzsäure gibt. Neuerdings hat Laissus[3] einen Zementationsprozeß mit Beryllium beschrieben.

4. Überzüge mit niedrig schmelzenden Metallen.

Cadmiumüberzüge. Cadmiumüberzüge sind mit Erfolg für den Schutz von Stahl bei Luftfahrzeugen, insbesondere für Verspannungen, verwendet worden. Dieser Fragenkomplex ist von Sutton[4] behandelt worden. Nach Whitmore[5] werden bei der Luftwaffe in USA. praktisch sämtliche Teile aus Stahl, Messing und Bronze mit Cadmiumüberzügen versehen. Überziehen mit Cadmium ist auch als Schutz gegenüber Petroleum verwendet worden, das Schwefel oder andere korrosive Bestandteile enthält[6]. Manchmal wird Cadmium auch als Oberflächenschutz bei Leichtmetallegierungen verwendet. Es hat eine ausgedehnte Anwendung im Gebiet der Elektrotechnik gefunden, insbesondere in Verbindung mit Beförderungsmitteln. Diese Überzüge sind jedoch etwas empfindlich gegenüber Schweiß und sollten deshalb nicht für Gegenstände verwendet werden, die gehandhabt werden müssen.

Cadmium kann durch Aufspritzen oder durch Eintauchen in das geschmolzene Metall aufgebracht werden, wie Lattre[7] ausführt. Häufiger wird es jedoch vielleicht auf elektrolytischem Wege niedergeschlagen, wobei gewöhnlich ein komplexes Cyanidbad verwendet wird, das einen Überschuß an Kaliumcyanid sowie im allgemeinen einen Zusatz, wie beispielsweise Coffein, enthält[8]. Wernick[9] hat im einzelnen die optimalen Bedingungen für die Herstellung dieser Überzüge untersucht und festgestellt, daß ein Maximum der Flächenhelligkeit sowie der Feinheit der Struktur dann erzielt wird, wenn 50 bis 100% an freiem Cyanid vorhanden ist. Er hat auch Bäder auf Cadmiumsulfatbasis untersucht. Diese neigen dazu, grobkrystalline Niederschläge zu geben, können jedoch einen feinen, weißen Niederschlag in Gegenwart von Gelatine liefern. Claussen und Olin[10] haben verschiedene Zusatzstoffe für das Cadmiumbad untersucht — Nebenprodukte der Zucker- und Stärkeindustrie —, die gute Ergebnisse in Cyanidbädern geben. Marston[11] empfiehlt ein Bad, das Cadmiumchlorid, Natriumcyanid, kaustische Soda und Dextrin enthält, das von ihm als das beste bezeichnet

[1] Laissus, J.: Métaux **9** (1934) 547.

[2] Guillet, L.: La cémentation des produits métallurgiques et sa generalization, Paris 1935.   [3] Laissus, J.: Rev. Mét. **32** (1935) 293, 351, 401.

[4] Sutton, H.: Metallurgia 4 (1931) 201.

[5] Whitmore, M. R.: Ind. eng. Chem. **25** (1933) 19.

[6] Anonym in Ind. eng. Chem. **22** (1930) 119.

[7] Lattre, G. de: Rev. Mét. **25** (1928) 630.

[8] Planner, B. u. M. Schlötter: Z. Metallk. **22** (1930) 41.

[9] Wernick, S.: J. Electrodepositers' Soc. 4 (1929) 101, **6** (1931) 129; Trans. electrochem. Soc. **62** (1932) 27; Trans. Faraday Soc. **31** (1935) 1237; s. auch C. H. Desch u. E. M. Vellan: Trans. Faraday Soc. **21** (1925) 17.

[10] Claussen, R. A. u. H. L. Olin: Trans. electrochem. Soc. **63** (1933) 87.

[11] Marston, H.: J. Electrodepositers' Soc. **10** (1935) 57. In dieser Arbeit finden sich wertvolle Einzelheiten hinsichtlich Vorbehandlung und Badanlage.

wird. WESTBROOK[1] diskutiert den Zusatz verschiedener organischer Komponenten, wie beispielsweise Sulfonsäuren und sulfoniertes Ricinusöl, zu Cyanidbädern. Er konnte feststellen, daß eine Spur von Nickel (0,001% oder selbst noch 0,0001%) einen glänzenden Überzug hervorbringt. MACNAUGHTAN und HOTHERSALL[2] berichten, daß die Härte von mit Cadmium überzogenem Material von 12 Brinell-Einheiten auf 53 Brinell-Einheiten erhöht werden kann, wenn in der Badflüssigkeit 1% Nickelsulfat und 1,2% Türkischrotöl zugegen sind. Andere Zusammensetzungen sind durch ISGARISCHEW[3] veröffentlicht worden.

Man hat zu gewisser Zeit angenommen, daß Cadmiumüberzüge auf Stahl die Zinküberzüge bei der gewöhnlichen Außenexposition überdauern würden. Diese Annahmen gründeten sich auf die Festigkeit der dem Laboratoriumssprühverfahren unterworfenen Proben. Tatsächlich haben jedoch die von HIPPENSTEEL und BORGMANN[4] (sowie auch von MEARS[5]) in Amerika, von PATTERSON[6] in London sowie von FIGOUR und JACQUET[7] in Frankreich durchgeführten Versuche sämtlich das Gegenteil ergeben. Zumindest für industrielle Atmosphären scheinen Zinküberzüge Cadmiumüberzügen überlegen zu sein, während das Cadmium gegenüber dem Zink in manchen tropischen Klimata sowie unter den Bedingungen der Schiffahrt einen Vorteil bieten mag.

Im Gegensatz zu Zink schützt Cadmium im allgemeinen Eisen nicht, wenn dieses in einer Spalte des Überzuges exponiert wird[8]; der Überzug muß infolgedessen homogen und schadenfrei sein. Ebenso wie Zinküberzüge geben Cadmiumüberzüge eine gute Schutzwirkung in einer gewöhnlichen feuchten Atmosphäre, jedoch versagen sie rasch in Gegenwart saurer Dämpfe, da diese den Film von Cadmiumoxyd oder -hydroxyd, von dem die Schutzwirkung abhängt[9], rasch auflösen. Cadmiumüberzüge sollten bei Gefäßen, die Lebensmittel enthalten, vermieden werden, da Cadmiumsalze giftig sind.

Farbe und Aussehen des Cadmiums, das in weißer, glänzender Form niedergeschlagen werden kann, sprechen zu seinen Gunsten, wie WERNICK[10] ausführt. Cadmiumschichten werden in Atmosphären, die Ammoniak enthalten, angegriffen[11]; mitunter wird eine gewisse Verfärbung der cadmierten Gegenstände beobachtet, sofern diese in einer zirkulationsfreien Atmosphäre gelagert werden, was wahrscheinlich auf Spuren dieser Substanz zurückzuführen ist. Nach SODERBERG[12] kann diese störende Erscheinung vermieden werden, wenn die Gegenstände vor dem endgültigen Spülen und Trocknen in eine Lösung eingetaucht werden, die Chromsäure und Schwefelsäure enthält.

[1] WESTBROOK, L. R.: Trans. electrochem. Soc. 55 (1929) 333.
[2] MACNAUGHTAN, D. J. u. A. W. HOTHERSALL: J. Electrodepositers' Soc. 5 (1930) 78. — WESTBROOK, L. R.: Trans. electrochem. Soc. 55 (1929) 344.
[3] ISGARISCHEW, N. A.: Korr. Met. 6 (1930) 157.
[4] HIPPENSTEEL, C. L. u. C. W. BORGMANN: Trans. electrochem. Soc. 58 (1930) 23.
[5] MEARS, R. B.: Bell. Labor. Record 11 (1933) 144.
[6] PATTERSON, W. S.: J. Electrodepositers' Soc. 5 (1930) 103.
[7] FIGOUR, H. u. P. JACQUET: C. r. 194 (1932) 1493.
[8] WERNICK, S.: J. Electropositers' Soc. 10 (1935) 88. Neuerdings ist jedoch die Herstellung glänzender Zinküberzüge möglich geworden; siehe hierzu M. B. DIGGIN: Steel 98 (1936) Ap 20, S. 44.
[9] BIRETT, W.: Korr. Met. 9 (1933) 65.
[10] WERNICK, S.: J. Electrodepositers' Soc. 6 (1930) 135.
[11] PLÜCKER, R.: Korr. Met. 12 (1936) 56.
[12] SODERBERG, G.: Trans. electrochem. Soc. 62 (1932) 39.

Cadmium-Zinklegierungen haben zu gewissen versprechenden Ergebnissen geführt. So berichten BLUM, STRAUSSER und BRENNER[1], daß elektrolytisch niedergeschlagene Überzüge mit 10% Cadmium und 90% Zink in einer industriellen Atmosphäre eine etwas längere Lebensdauer als Cadmium allein besitzen. Die Legierungen werden weitgehend für Drähte bei den italienischen Luftfahrzeugen benutzt, wobei die Überzüge offenbar durch Passierenlassen des Drahtes durch die geschmolzene Legierung erhalten werden, während für andere Oberflächentypen nach MONTELLUCCI[2] das Spritzverfahren Verwendung findet. DE LATTRE[3] empfiehlt ein Eintauchen in eine Cadmium-Zinklegierung; die Legierung mit 83% Cadmium und 17% Zink schmilzt bereits bei 266°, so daß das Eintauchen bei 298° ausgeführt werden kann. Viele der gegen das Eintauchen in geschmolzenes Zink vorgebrachten Einwände (Angriff der Schmelztiegel und Bildung von Rauhigkeiten) treffen auf die leicht schmelzbare Cadmium-Zinklegierung nicht zu. Die Elektroabscheidung dieser Legierungen aus einer Lösung, die Kaliumcyanid, Kaliumhydroxyd und Cerelose als Zusatz enthält, wird von WRIGHT und RILEY[4] beschrieben, während FINK und YOUNG[5] ein coffeinhaltiges Sulfatbad empfehlen. Im Hinblick auf die Einführung einer Legierung mit einer härteren Oberfläche haben STOUT und GOLDSTEIN[6] die Abscheidung von Cadmium-Zink-Antimon-Legierungen untersucht, wobei sie jedoch feststellen mußten, daß die Korrosionswiderstandsfähigkeit durch Antimon herabgesetzt wird.

Bleiüberzüge. Blei kann mittels des Spritzverfahrens zur Anwendung gebracht werden, jedoch ist infolge seines giftigen Charakters große Vorsicht erforderlich. Eintauchen von Eisen in geschmolzenes Blei führt zu keinem befriedigenden Überzug, sofern nicht das Eisen zuvor mit irgendeinem die Bindung herstellenden Element bedeckt worden ist, das sich mit beiden Metallen legiert. RAWDON[7] nennt hierfür Zinn, Antimon, Cadmium und Quecksilber. Das Eisen kann in eine Antimonchloridlösung eingetaucht werden, wodurch Antimon zur Abscheidung gebracht wird. Hierauf wird es in geschmolzenes Blei oder in eine Blei-Antimon-Legierung zur Ausbildung der Schutzschicht gebracht.

Es kann jedoch auch ein die Bindung vermittelndes Agens (Zinn oder Cadmium) zu dem geschmolzenen Bad zugefügt werden. „Terne-plate" wird durch Eintauchen von Eisenblech in eine geschmolzene Mischung von Blei und Zinn (12 bis 60%) erhalten; ein Anteil von 15 bis 25% Zinn scheint gebräuchlich zu sein. Nach IMHOFF[8] zeigt Blei mit einem Zusatz von 9% Zinn Adhäsion gegenüber Eisen, das in dieses Bad eingetaucht wird, sofern ein Flußmittel, bestehend aus Zinkchlorid und einer geringen Menge von Ammoniumchlorid, verwendet wird. Nach der Herstellung des Überzuges muß der Gegenstand in Wasser gekühlt werden; Luftkühlung macht den Überzug schwammig.

---

[1] BLUM, W., P. W. C. STRAUSSER u. A. BRENNER: Bur. Stand. J. Res. **16** (1936) 198.
[2] MONTELUCCI, G.: Métaux **9** (1934) 509, 519.
[3] DE LATTRE, G.: Rev. Mét. **25** (1928) 630.
[4] WRIGHT, L. u. J. RILEY: J. Electrodepositers' Soc. **10** (1935) 1.
[5] FINK, C. G. u. C. B. F. YOUNG: Trans. electrochem. Soc. **67** (1935) 311.
[6] STOUT, L. E. u. L. GOLDSTEIN: Trans. electrochem. Soc. **63** (1933) 99.
[7] RAWDON, H. S.: Protective Metallic Coatings, New York 1928, S. 175; vgl. A. KUFFERATH: Metallwirtschaft **7** (1928) 227.
[8] IMHOFF, W. G.: Iron Trade Rev. **83** (1928) 1558.

Überwachung der Temperatur ist von Bedeutung; das Bad soll auf 343° gehalten werden. Der Widerstand von Bleiüberzügen gegenüber Schwefelsäure macht das „Terne-plate" geeignet für Bedachungsmaterial in Gebieten, in denen verzinktes Eisen bald versagen würde. Andererseits ist der Überzug normalerweise kathodisch gegenüber Eisen und wird zu Fehlleistungen führen, wenn das Basismetall freigelegt ist. „Terne-plate" hat sich zum Transport von Petroleum als nützlich erwiesen, wenngleich Bleivergiftungen an Stellen, an denen die eingeborene Bevölkerung die Angewohnheit hat, gebrauchte Kanister als Kochmaterial zu benutzen, unvermeidlich sind. „Terne-plate" wird auch zum Verpacken von Trockengütern zum Zwecke der Verschiffung, als Kanister für Farben sowie beim Automobilbau benutzt.

Blei kann elektrolytisch niedergeschlagen werden, jedoch zeigt es die Tendenz zur baumförmigen Abscheidung, so daß gute Überzüge nicht leicht erhalten werden können. Perchlorate, Fluorosilicate und Fluoroborate als Badsubstanz sind versprechend und liefern mit Hilfe kolloider Zusätze brauchbare Überzüge. Nach BATEMAN und MATHERS[1] können ausgezeichnete Überzüge aus einer Lösung von Bleidithionat, die freie Dithionsäure enthält, erzielt werden, sofern als Zusatz Leim und β-Naphthol benutzt werden. Nach HEDGES[2] sind Bleiüberzüge für Essen, die von Schwefelsäuredämpfen passiert werden, nützlich.

Zinnüberzüge. Zinn wird weitgehend als schützender Überzug verwendet und gewöhnlich im geschmolzenen Zustande aufgebracht. Das Verzinnen von kupfernen Wasserrohren, kupfernen Kochgeschirren und messingenen Kondensatorrohren ist bereits in früheren Kapiteln behandelt worden. Auf verzinnten Kupferrohren muß der Zinnüberzug kontinuierlich sein, da er andernfalls eine beschleunigte Durchlöcherung verursacht, weil die Legierungsschicht in verschiedenen Wässern kathodisch gegenüber dem Kupfer ist, wie PASSERINI[3] gezeigt hat. Es kann zu Diskontinuitäten in dem Überzug kommen[4], sofern das Kupfer oxydische Einschlüsse enthält. Diese können durch das Zinn nur unvollkommen überbrückt werden. Nach JONES[5] können die oxydischen Einschlüsse durch eine kathodische Behandlung in Natriumhydroxyd zu Metall reduziert werden, wodurch die Aussichten für die Erzielung eines relativ porenfreien Zinnüberzuges verbessert werden. Ein oxydfreies Kupfer wird als das beste Material empfohlen, sofern glatte, nicht poröse Überzüge verlangt werden. Die Gegenwart von Einschlüssen von Kupfer(I)-oxyd kann durch Amalgamierung mit saurem Quecksilberchlorid festgestellt werden. Quecksilber adhäriert nicht an den oxydischen Einschlüssen, die infolgedessen als dunkle Flecke angezeigt werden. Die Überlegenheit des oxydfreien Kupfers für das Verzinnen wird auch von DANIELS[6] betont; er empfiehlt, in denjenigen Fällen, in denen Kupfer mit Oxydeinschlüssen verwendet werden muß, geschmolzenes Zinn mit einem

---

[1] BATEMAN, R. L. u. F. C. MATHERS: Trans. electrochem. Soc. **64** (1933) 283.

[2] HEDGES, E. S.: Chem. Ind. **9** (1931) 771.

[3] PASSERINI, L.: L'energia elettrica **6** (1929) 172. Hierin ist wahrscheinlich die Ursache für die Fälle rascher Durchlöcherung verzinnter Kupferrohre zu erblicken, die A. C. DUFTON und F. L. BRADY [Nature **120** (1927) 367] beschreiben. Die Autoren geben an, daß der Überzug bei der Ausbildung von Anlauffarben kathodisch gegenüber dem Kupfer wurde.

[4] Mitteilung der JUNKERS FORSCHUNGSANSTALT: Gas-Wasserfach **75** (1932) 756; bestätigt von L. W. HAASE: Metallwirtschaft **14** (1935) 32.

[5] JONES, W. D.: J. Inst. Met. **58** (1936) 193.

[6] DANIELS, E. J.: J. Inst. Met. **58** (1936) 199.

geringen Betrag an Kupfer zu verwenden. DANIELS hat Querschnittstudien von Zinniederschlägen auf Kupfer gemacht und dabei festgestellt, daß sich unter der Zinnschicht Schichten von weißem Cu_6Sn_5 und grauem Cu_3Sn und unverändertes Kupfer unter der Schicht der letztgenannten Zusammensetzung befinden. Kupferdrähte werden fast beständig verzinnt, ehe sie mit der Isolierschicht bedeckt werden, um das Kupfer vor deren Schwefelgehalt zu schützen, ein Verfahren, das von BERNHOEFT[1] besprochen wird.

Verzinntes Kupfer wird auch für Geräte und Maschinen des Molkereibetriebes verwendet. Hier ist die Hauptklage die, daß gelegentlich schwarze Flecken auftreten, eine Erscheinung, die BRENNERT[2] untersucht hat, der sie auf einen anodischen Angriff an den Stellen zurückführt, an denen sich der schützende Oxydfilm infolge Abnutzung abgelöst hat. Das „schwarze" Material (das grau oder selbst glänzend bei gewisser Beleuchtung ist) scheint aus Zinn(II)-oxyd, möglicherweise im hydratisierten Zustand, zu bestehen. BRENNERT hat dieses Phänomen künstlich dadurch hervorgerufen, daß er das Material anodisch mit einem von einer äußeren Stromquelle gelieferten Strom behandelte. Um diesen störenden Effekt zu vermeiden, empfiehlt er einen kathodischen Schutz durch Verbindung mit Zink- oder Aluminiumplatten; diese sind nach seinen Angaben bereits praktisch für Milchbottiche mit gutem Ergebnis versucht worden (kommt das zweite Metall mit der Milch in Berührung, so ist Aluminium gegenüber dem Zink aus Gesundheitsgründen wahrscheinlich zu bevorzugen). Nach BRENNERT ermöglicht eine besondere, sorgfältige Behandlung verzinnter Gegenstände in den Frühstadien ihrer Lebensdauer die Ausbildung eines Filmes, was zu einer Herabsetzung der Korrosion in den späteren Stadien führt, selbst wenn die Vorsicht dann vermindert wird.

Herstellung der Überzüge durch Eintauchen in geschmolzenes Zinn. Die Herstellung von Eisenblechen, die mit einer dünnen Schicht von Zinn bedeckt sind (gewöhnlich bekannt als Weißblech), bildet eine wichtige Industrie, in der das tatsächliche Eintauchen des Bleches in das geschmolzene Zinn nur das letzte und kürzeste Stadium in einer langen Reihe von Operationen darstellt. Einen typischen Arbeitsvorgang dieser Art beschreibt GRIFFITHS[3]. Das Material wird gewalzt, in Schwefel- oder Salzsäure gebeizt, während etwa 12 Stunden bei einer Temperatur von 940 bis 980° geglüht, dann kalt gewalzt, dann während etwa 6 Stunden bei einer Temperatur von 780 bis 800° erneut geglüht, hierauf, und zwar diesmal in einer verdünnteren Säure, nochmals gebeizt, sorgfältig gewaschen und verzinnt. Oftmals werden die Platten durch ein Flußmittel von Zinkchlorid in das Zinnbad eingeführt und durch das geschmolzene Metall hindurchgeführt, worauf sie eine Reihe von Walzen passieren, die gewöhnlich in einem mit Palmöl gefüllten Behälter eingeschlossen sind — ein Vorgang, der zur Entfernung von überflüssigem Zinn dient. In einigen Fällen werden die Platten auch durch Palmöl in das Bad eingeführt. Die Dicke der erzielten Zinnschicht beträgt gewöhnlich 0,0025 bis 0,0051 mm. Die Anzahl der Poren in

[1] BERNHOEFT, C.: Z. Metallk. 27 (1935) 264.

[2] BRENNERT, S.: Dissert. Stockholm 1935; s. auch Techn. Publ. Tin. Res. Dev. Council (1935) D2; Korr. Met. 12 (1936) 46. Die Ursache für das Auftreten von „Streifen" in den Zinküberzügen auf Kupfer diskutieren B. CHALMERS u. W. D. JONES: Trans. Faraday Soc. 31 (1935) 1299.

[3] GRIFFITHS, D.: Chem. Ind. 9 (1931) 435; wegen der amerikanischen Praxis siehe Anonym in Bl. Tin Res. Dev. Council 4 (1936).

dem Überzug sinkt bei Konstanthaltung der übrigen Faktoren mit zunehmender Schichtdicke.

Eine besondere Form der Verschlechterung, die manchmal die verzinnten Bleche beim Lagern während mehrerer Monate überfällt, besteht in der Ausbildung gelber Flecke, die effektiv als Interferenzfarbe erster Ordnung anzusprechen sind. Sie sind auf die Ausbildung eines dünnen Filmes von Zinnoxyd zurückzuführen, der deshalb ernsterer Natur ist, weil er — in Verbindung mit dem gewöhnlich im Film zurückgehaltenen Fett — beim „Befeuchten" des Zinns mit Lithographentinte, wenn Druckversuche auf der Oberfläche ausgeführt werden, störend einwirkt. BEYNON und LEADBEATER[1] schreiben diese Flecke der anodischen Beeinflussung zu, die auf differentielle Belüftungsströme zurückgeht, die zwischen den Kanten des Bleches (die der Luft zugänglich sind) und den zentralen Teilen (die der Luft unzugänglich sind, da die Bleche aufeinander gelegt sind) fließen. Als Elektrolyt ist ein Feuchtigkeitsfilm oder zersetztes Palmöl anzusprechen. Durch anodische Behandlung unter Benutzung einer äußeren Stromquelle können die Autoren die gelben und die anschließenden Interferenzfarben künstlich erzeugen, während sie durch umgekehrte (kathodische) Behandlung die Flecken entfernen und dadurch die „Bedruckfähigkeit" der Oberfläche wieder herstellen können. Tatsächlich reagiert der Flecken selbst nicht mit der Druckfarbe, da die Bedruckfähigkeit durch Entfetten verbessert wird, während die Flecken hierdurch nicht verschwinden.

Elektrolytische Abscheidung von Zinn. Zinnüberzüge können auch auf elektrochemischem Wege aufgebracht werden. Die gewöhnlichsten Bäder führen zu faserigen Krystallen oder schwammigen Überzügen. FOERSTER und DECKERT[2] empfehlen ein Kresol-Sulfonsäurebad, wobei die an den herausragenden Krystallteilchen absorbierte Säure die Niederschlagsbildung an andere Stellen abdrängt. HOTHERSALL, CLARKE und MACNAUGHTAN[3] haben ein Bad mit einer außerordentlich guten Bedeckungsfähigkeit eingeführt, das auf der Verwendung von alkalischer Natriumstannatlösung basiert, die auf 60 bis 65° erwärmt wird, und bei dem unlösliche (Nickel-)anoden benutzt werden. Es ist erforderlich, Zinn(II)-verbindungen auszuschließen, da andernfalls schwammige Niederschläge erhalten werden. HOTHERSALL und BRADSHAW[4] haben festgestellt, daß die Porosität des ursprünglichen Zinnüberzuges in Fällen, in denen eine durch Heißtauchen hergestellte Zinnplattierung weiterhin mit einem elektrolytisch in diesem alkalischen Bad aufgebrachten Niederschlag versehen wird, herabgesetzt, in günstigen Fällen sogar beseitigt wird. Der Prozeß der elektrolytischen Abscheidung scheint für die Beseitigung von Brüchen und Rissen in einem thermisch hergestellten Überzug, die unvermeidlich dann auftreten, wenn das Material einer Biegebeanspruchung unterworfen wird, wahrscheinlich sehr geeignet zu sein. Eine sorgfältige Reinigung vor der elektrolytischen Abscheidung ist erforderlich. Andere Verfahren zur elektrolytischen Verzinnung, die JOHNSON[5] sowie STOUT und ERSPAMER[6] empfehlen, verdienen gleichfalls Beachtung.

---

[1] BEYNON, C. E. u. C. J. LEADBEATER: Techn. Publ. Tin Res. Dev. Council (1935) D 1.

[2] FOERSTER, F. u. H. DECKERT: Z. Elektroch. **36** (1930) 901.

[3] HOTHERSALL, A. W., S. G. CLARKE u. D. J. MACNAUGHTAN: J. Electrodepositers' Soc. **9** (1934) 101.

[4] HOTHERSALL, A. W. u. W. N. BRADSHAW: J. Soc. chem. Ind. Trans. **54** (1935) 320.

[5] JOHNSON, E. A.: J. Electrodepositers' Soc. **10** (1935) 119.

[6] STOUT, L. E. u. A. ERSPAMER: Trans. electrochem. Soc. **68** (1935) 483.

Weißblech bei der Konservierung von Lebensmitteln. Weißblech findet hauptsächlich Anwendung für den Transport von Nahrungsmitteln, die in verschlossenen Büchsen konserviert werden. Es ist einleuchtend, daß der Gehalt an Blei und Arsen im Zinn für diese Art der Verwendung niedrig gehalten werden muß. Die Herstellungsmethode ist von großer praktischer Bedeutung, da die Gefahr des Bruches des Überzuges besteht, wodurch der Stahl exponiert wird. Diese Gefahr ist außerordentlich ernst an Stellen, an denen die Schicht von unlegiertem Zinn örtlich unterbrochen ist, so daß der Stahl lediglich mit der wenig duktilen Eisen-Zinnlegierung bedeckt ist, wie HOAR[1] darlegt. Es ist klar, daß die Form der die Nahrungsmittel enthaltenden Gefäße den Charakter der durch diese ausgelösten Korrosion beeinflussen kann[2]. Bei verzinnten Gefäßen für Milch ist es sehr wichtig, den Eintritt von Eisen in die Lösung zu verhindern, da Eisensalze die Oxydation der in der Milch vorhandenen

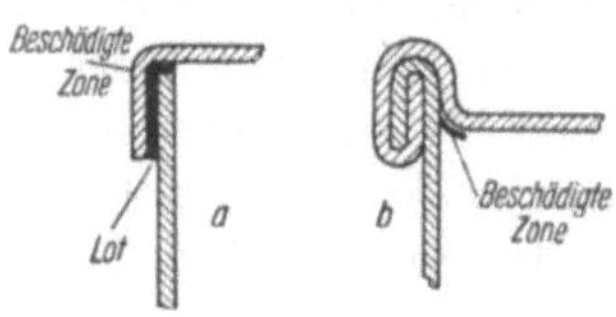

Abb. 82. Verschiedene Formen von Verbindungen an Zinngefäßen.

Fettsäuren begünstigen. Aus diesem Grunde muß für diesen Zweck ein Zinnüberzug mit minimalster Porosität gewählt werden, und es sollte jegliche Anstrengung gemacht werden, um eine Beschädigung des Überzuges während des Fabrikationsganges zu vermeiden. Weiterhin sollte eine Gefäßform gewählt werden, die den Zutritt der Nahrungsmittel zu Stellen verhindert, an denen der Zinnüberzug vielleicht einer Bruchgefahr ausgesetzt wird. CHEFTEL[3] betont die Überlegenheit der in Abb. 82 a gezeigten Form der Verbindung gegenüber der in Abb. 82 b gegebenen. Bei dem ersten Typ der Verbindung wird die Stelle, an der der Überzug wahrscheinlich beim Zusammenpressen beschädigt wird, an die Außenseite des Gefäßes kommen, während sie bei dem zweiten Typ im Inneren zu liegen kommt.

Besondere Korrosionsschäden treten im Falle eingemachter Früchte auf, so daß es verständlich ist, daß zahlreiche Untersuchungen der Überwindung dieser Schadensquelle gewidmet worden sind, so insbesondere durch MANTELL und KING[4], KOHMAN und SANBORN[5], LUECK und BLAIR[6], CULPEPPER und MOON[7], MORRIS und BRYAN[8] und HOAR[9]. In Gegenwart von Fruchtsäuren (die komplexe zinnhaltige Anionen bilden) wird Zinn gewöhnlich anodisch gegenüber Eisen, wie KOHMAN und SANBORN betonen, und demgemäß dazu neigen, die Basis nadelförmiger Löcher in dem Überzug bzw. diejenigen Stellen zu schützen, an denen der Überzug während der Herstellung des Gefäßes gebrochen ist. Insbesondere im Falle gefärbter Früchte wird das Weißblech jedoch mit einem aufgebrannten Lack überzogen werden, um die Entfärbung, die durch Reaktion

---

[1] HOARE, W. E.: J. Iron Steel Inst. **129** (1934) 253.

[2] Über die Entwicklung dieser Gefäße siehe Anonym in Bl. Tin Research Dev. Council **1** (1935) 40.   [3] CHEFTEL, H.: La Corrosion du fer blanc, Paris 1935, S. 18.

[4] MANTELL, C. L. u. W. G. KING: Trans. electrochem. Soc. **52** (1927) 435.

[5] KOHMAN, E. F.: Ind. eng. Chem. **15** (1923) 527. — KOHMAN, E. F. u. N. H. SANBORN: Ind. eng. Chem. **16** (1924) 290, **19** (1927) 514, **20** (1928) 76, 1373, **22** (1930) 615.

[6] LUECK, A. H. u. H. T. BLAIR: Trans. electrochem. Soc. **54** (1928) 257.

[7] CULPEPPER, C. W. u. H. H. MOON: J. agricult. Soc. **39** (1929) 31.

[8] MORRIS, T. N. u. J. M. BRYAN: Food Invest. spec. Rep. Nr. 40 (1931); Trans. Faraday Soc. **29** (1933) 395; vgl. auch den Teil über „Canning" in den jährlich durch den Direktor der Food Investigation herausgegebenen Berichten. — BRYAN, J. M.: Trans. Faraday Soc. **27** (1931) 606, **29** (1933) 1198. — MORRIS, T. N.: Chem. Age met. Sect. **32** (1935) 18.

[9] HOAR, T. P.: Trans. Faraday Soc. **30** (1934) 473.

zwischen dem färbenden Agens und dem Zinn eintritt, zu verhindern (Zinn führt die Farbe roter Früchte gewöhnlich in blaß-malvenfarbig über, während Eisen oder Kupfer sie in schwarz oder grün verwandeln). Vor einer Reihe von Jahren zeigte es sich oftmals, daß dieser Lack, von dem man annehmen sollte, daß er die Schutzwirkung erhöht, den umgekehrten Effekt zeigt, wahrscheinlich weil er Teile der Zinnoberfläche abdeckte und damit den völligen kathodischen Schutz des freigelegten Eisens verhinderte. Sicherlich weisen lackierte Gefäße oftmals einen stärkeren Angriff auf als unlackierte. In neuerer Zeit führt die zunehmend geübte Praxis der mehrmaligen Lackierung, die Einführung geeigneterer Lacke und die Verbesserung des Verfahrens zu einer Änderung der Situation[1]. Es steht zu hoffen, daß in wenigen Jahren durch das Lackieren eine Erhöhung der Korrosionssicherheit anstatt einer Verminderung erreicht werden wird. Morris[2] hat gute Ergebnisse bei dem Bespritzen gewöhnlicher doppelt lackierter Kanister mit einem rasch trocknenden Lack *nach der Herstellung* erzielt. Himbeeren und Kirschen, die in diesen Gefäßen konserviert wurden, führten zu keiner Wasserstoffansammlung (s. weiter unten) und zeigten nach 11 Monaten keinerlei Entfärbung. Die Verbesserung im Lacküberzug wird sehr willkommen zu heißen sein, da sie wahrscheinlich den in die Nahrungsmittel eintretenden Betrag an Zinn herabsetzt — eine vom Standpunkt der Gesundheit mit Genugtuung zu begrüßende Erscheinung, wenngleich auch Zinn nicht als ein giftiges Metall zu betrachten ist.

Die Haupttypen der bei konservierten Früchten auftretenden Schäden umfassen a) die *Durchlöcherung* an den Stellen, an denen die Korrosion durch das Eisen hindurchdringt, und b) die *Ansammlung von Wasserstoff* in den Fällen, in denen die Gefäßwände infolge Wasserstoffentwicklung innerhalb des verschlossenen Gefäßes aufgebläht werden. Durch diese Erscheinungen werden die Verbraucher naturgemäß beunruhigt und zu dem Schluß geführt, daß sich die Nahrungsmittel zersetzt haben. Die von Morris[3] über die Diffusion von Wasserstoff durch Stahl gemachten Beobachtungen stehen in direkter Beziehung zu dieser Frage, da durch diese Diffusion die Fähigkeit des Wasserstoffes zur Druckausbildung im Innern des Gefäßes verringert wird. Zinnüberzüge vermindern die Durchtrittsgeschwindigkeit des Wasserstoffes etwas, bringen sie jedoch nicht völlig zum Stillstand, was möglicherweise auf die Porosität derartiger Überzüge zurückzuführen ist. Morris und Bryan[4] haben den Einfluß gepufferter Lösungen von Citronensäure auf Zinn und Eisen allein und in Verbindung miteinander sowie auch die Einwirkung von natürlichem Fruchtsaft auf Stahl und Weißblech untersucht. Allgemein gesprochen fällt die Korrosion des Eisens mit steigender Zinnkorrosion, da das Eisen durch das Zinn kathodisch geschützt wird. Insgesamt gesehen verursachen die weniger sauren Früchte (wie beispielsweise süße Kirschen), wie die Morrisschen Laboratoriumsversuche deutlich erwiesen haben, den größten Schaden an Konservenbüchsen. Durch Zusatz von Fruchtsäuren zu süßen Kirschen wird die Bildungsgeschwindigkeit des Wasserstoffes herabgesetzt, wodurch die Gefahr der Aufblähung von

---

[1] Hinsichtlich Einzelheiten über die Herstellung der Lacküberzüge auf Kanistern siehe A. Samson: Chem. Ind. 10 (1932) 95; siehe auch A. L. Matthison: Chem. Ind. 8 (1930) 474.

[2] Morris, T. N.: Rep. Director Food Invest. 1935, 170.

[3] Morris, T. N.: J. Soc. chem. Ind. Trans. 54 (1935) 7; s. auch besonders S. 11.

[4] Morris, T. N.: Rep. Director Food Invest. 1934, 181.

Konservengefäßen verringert wird. Diese Erscheinung ist von einiger praktischer Bedeutung bei der Aufbewahrung schwach saurer Früchte in Konservengefäßen. Ein Grund für die verringerte Korrosion bei erhöhter Acidität ist nach HOAR in der erhöhten Schutzwirkung durch die Inhibitoren zu erblicken, die von Natur aus in den Früchten vorhanden sind und im wesentlichen aus Kolloidteilchen bestehen, die bei geringen p_H-Werten positiv aufgeladen werden und sich in saurer Lösung rasch gegen das Metall bewegen.

Wahrscheinlich kann eine Verbesserung im Verhalten von Weißblech durch eine sorgfältige Überwachung der Stahlbasis erreicht werden. HOAR und HAVENHAND[1] haben eindeutig zeigen können, daß der Angriff von Stahl durch verdünnte Citronensäure, unter Gleichhaltung der anderen Faktoren, durch die Gegenwart von Schwefel erhöht wird, während Kupfer einen mildernden Einfluß ausübt. Zweifellos ist die Wirksamkeit des Kupfers darauf zurückzuführen, daß es den Schwefel in Form von stabilem Kupfersulfid bindet. Wenngleich auch vielleicht eine gewisse Vorsicht bei der Übertragung der Ergebnisse auf tatsächliche Fruchtsäfte erforderlich ist, so verdienen sie doch sicherlich eine Prüfung. Sie regen die Verwendung eines Stahles mit geringem Schwefelgehalt in der Oberflächenschicht an (beispielsweise einen ausgewählten Randstahl), dessen Kupfergehalt nicht weniger als den doppelten des Schwefels ausmachen sollte; weiterhin soll das Material frei von kompaktem Zementit sein.

Eine andere, eine Verringerung der Korrosion anstrebende Maßnahme sieht die völlige Entfernung des Sauerstoffes vor dem Verschließen des Konservengefäßes vor, was besonders bei geringen Aciditäten, bei denen die Gegenwart von Sauerstoff eine deutliche Angriffsbeschleunigung hervorruft, erforderlich ist. Die erwiesene Tatsache[2], wonach Spuren von Zinnsalzen die Korrosionsgeschwindigkeit von Stahl herabsetzen, ist im Hinblick auf die Erhöhung der Lebensdauer des Zinnes von Bedeutung.

Schwefelverbindungen in den Nahrungsmitteln erhöhen die Korrosion in gewissen Medien und verringern sie in anderen. Wahrscheinlich ist der physikalische Charakter des ausgebildeten Sulfidfilmes bestimmend für das unterschiedliche Verhalten. In gefärbten (Anthrocyaninfarbstoffe enthaltenden) Früchten haben KOHMAN und SANBORN[3] zeigen können, daß die Anthrocyaninpigmente als Depolarisatoren („Wasserstoffacceptoren") wirken und so die Korrosion in Abwesenheit von Sauerstoff ermöglichen.

Die noch in der öffentlichen Meinung bestehende Furcht, daß der Genuß von Lebensmitteln, die in verzinnten Gefäßen aufbewahrt worden sind, zu einer Zinnvergiftung führt, ist unberechtigt, da Zinn kein ernsthaft giftiges Metall ist. Bei der Gefäßherstellung ist das Eintreten von Blei aus der Lotsubstanz oder auf anderem Wege in die Lebensmittel zu vermeiden, ein Erfordernis, das den Herstellern derartiger Gefäße jedoch allgemein bekannt ist. Die Gegenwart von mehr als 260 mg/kg Zinn kann zur Ausbildung von Magen-Darmstörungen führen[4]; jedoch sollte es nach BACK[5] möglich sein, den Gehalt

---

[1] HOAR, T. P. u. D. HAVENHAND: J. Iron Steel Inst. **133** (1936) 253 P.

[2] KOHMAN, E. F.: Ind. eng. Chem. **20** (1928) 1373. — MORRIS, T. N. u. J. M. BRYAN: Trans. Faraday Soc. **29** (1933) 395.

[3] KOHMAN, E. F. u. N. H. SANBORN: Trans. electrochem. Soc. **54** (1928) 285.

[4] DIXON, S.: Relation of Food to Disease (Institue of Chemistry), 1932, S. 14.

[5] BACK, S. : Food Manufacture 8 (1933) 384.

unter dieser Grenze zu halten. Nach den BACKschen Angaben besteht heutzutage praktisch keine Gefahr einer akuten Vergiftung, wenngleich es nicht unmöglich ist, daß der gewohnheitsmäßige Genuß kleinerer Mengen zu einem Unwohlsein oder zur Verstärkung eines bereits vorhandenen führen kann. Es scheint kein wirklicher Nachweis einer derartigen Schädigung vorzuliegen, da aber ein dahingehender Glaube besteht, so sollten weitere Untersuchungen hierüber durchgeführt werden. Über Vergiftungen durch Konserven wird natürlich gelegentlich berichtet, jedoch treten Vergiftungserscheinungen mitunter auch durch Lebensmittel auf, die nicht in Büchsen aufbewahrt werden. Bei der Überprüfung von hundert Vergiftungsfällen durch Lebensmittel, die SAVAGE und WHITE[1] vorgenommen haben, war weniger als die Hälfte auf Lebensmittel aus Weißblechgefäßen zurückzuführen. Überdies ist die Vergiftung sowohl an Konserven als auch an frischen Nahrungsmitteln oftmals bakteriellen Ursprungs und steht in keiner Beziehung zu Vergiftungen durch Metall. Tatsächlich mögen in dieser Hinsicht Konserven einen gewissen Vorteil gegenüber Nichtkonserven besitzen, da die lebenden Keime, die in infizierter Nahrung häufig vorhanden sind, durch den Konservierungsprozeß zerstört werden, wobei lediglich die bereits gebildeten Gifte zurückbleiben, die bedauerlicherweise eine größere Widerstandsfähigkeit gegenüber Wärme besitzen.

Zinküberzüge. Die Verwendung von Zink zum Schutz von Eisen ist wohlbekannt. Die Herstellung des schützenden Überzuges kann auf vier verschiedenen Wegen erfolgen:

1. Durch elektrolytische Abscheidung[2]. Dieser Prozeß kann in zweierlei Weise durchgeführt werden:

a) Aus einer *Sulfatlösung,* die gewöhnlich Dextrin, Glucose oder irgendeine ähnliche Substanz zur Verbesserung des Niederschlages sowie oftmals Borsäure als Puffersubstanz (manchmal Natriumchlorid oder ein Aluminiumsalz als Zusatz) enthält.

b) Aus einem Bad von komplexem Natriumzink*cyanid*[3], das durch eine bessere Abscheidungsfähigkeit ausgezeichnet ist.

Die elektrolytische Abscheidung muß in einem Bad durchgeführt werden, das frei von Metallen niedriger Überspannung ist, da andernfalls Strom zur Erzeugung von Wasserstoff nutzlos verbraucht wird. Unter diesen Bedingungen liefert das Bad einen Zinküberzug hoher Reinheit.

2. Durch Spritzen aus einer Schoop-Pistole (s. S. 568). Dieses Verfahren führt zu einem Überzug eines Reinheitsgrades, der ähnlich dem ist, den der zur Speisung der Pistole benutzte Draht besitzt.

3. Durch Sherardisieren. Dieses Verfahren besteht in einem Erhitzen in Zinkstaub (bei Gegenwart von etwas Zinkoxyd) auf etwa 380 bis 450°, je nach dem Eisengehalt des Staubes (oder selbst auf nur 250° bei Federn). Der entstehende Überzug besteht weitgehend aus einer Zink-Eisen-Legierung.

4. Durch Heißverzinken oder durch Eintauchen in geschmolzenes Zink. Diese Methode, die mit zu den am meisten angewendeten gehört, führt zu einem zusammengesetzten Überzug, dessen äußere Zone aus nahezu reinem Zink

---

[1] SAVAGE, W. G. u. B. WHITE: Brit. med. J. **1925** II 892, 897.

[2] Verschiedene Bäder zum Verzinken von Eisen nennt N. A. ISGARISCHEW [Korr. Met. **6** (1930) 157], wegen des Verzinkens von Aluminium siehe H. SUTTON [J. Electrodepositers' Soc. **7** (1932) 96]. [3] Näheres siehe A. K. GRAHAM: Trans. electrochem. Soc. **67** (1935) 269.

und dessen innere aus einer ziemlich brüchigen Legierung besteht. Der Legierungsüberzug ist bei kurzer Eintauchzeit dünn — eine von BABLIK[1] behandelte Frage. Andererseits kann ein Überzug erhalten werden, der nahezu vollständig aus einer Legierung besteht. Bei einem kombinierten Verfahren wird ein Draht durch das Zinkbad hindurchgeführt und anschließend, nachdem er das Bad verlassen hat (ohne daß der Überschuß an Zink beseitigt wird), bei etwa 675° durch einen Röhrenofen hindurchgeführt. Der so behandelte Draht besitzt eine sehr glatte Oberfläche und eine wesentlich aus einer Legierung bestehende Schutzschicht. Wird ein solcher Überzug gebogen, so tritt eine ganze Reihe sehr feiner Brüche auf, jedoch kommt es nach RAWDON[2] zu keinem wirklichen Abblättern.

Elektrochemisch verhält sich die aus einer Zink-Eisen-Legierung bestehende Schicht sehr verschieden von unlegiertem Zink: sie wird einen geringen oder selbst gar keinen kathodischen Schutz an Stellen hervorrufen, an denen das Eisen infolge eines Bruches in der Oberflächenschicht freiliegt. Ist die Schicht dagegen nicht verletzt, so bietet sie einen mechanischen Schutz.

Die Güte eines durch Heißverzinken hergestellten Überzuges hängt sehr weitgehend von der des verwendeten Stahles ab, der frei von Seigerungen und anderen Defekten sein sollte. Nach ATKINS[3] führt ein unsauberer Stahl, der Einschlüsse von Mangansulfid enthält, oder ein Stahl mit hohem Phosphorgehalt zu einer schlechten Oberfläche. Ein Stahlblech, das reich an Einschlüssen ist, nimmt beim Beizen viel Wasserstoff auf, der beim Einführen des Bleches in das Bad in Form von Blasen abgegeben wird, die an den Walzen festgehalten werden und die Bildung eines kontinuierlichen Überzuges hinreichender Dicke[4] verhindern. Andere Konstituenten können günstig wirken. Eine über zwei Jahre erstreckte Prüfung in Deutschland, über die DAEVES[5] berichtet, hat ergeben, daß Kupferstähle ihre Vorzüge selbst im verzinkten Zustande bewahren. Eine unzureichende Entfernung des Sinters durch Beizen verursacht naturgemäß Fehler in jedem Überzug, jedoch kann auch ein zu weit getriebenes Beizen (besonders in einem inhibitorfreien Bad) zu Blasenbildung durch Wasserstoff, der sich unter dem Zink entwickelt, oder, was noch schlimmer ist, zu Brüchigkeit des Stahles führen[6]. Die Zusammensetzung des Zinkes ist weniger wichtig; die Gegenwart von Kupfer wird jedoch im allgemeinen als günstig im Hinblick auf die Lebensdauer des Überzuges angesehen. SPELLER[7] schätzt, daß 1% Kupfer den Widerstand gegenüber frischem Wasser um 15% erhöht.

---

[1] BABLIK, H.: Grundlagen des Verzinkens, Berlin 1930.

[2] RAWDON, H. S.: Protective Metallic Coatings, S. 98. 1928.

[3] ATKINS, E. A.: Trans. Liverpool Eng. Soc. **47** (1926) 30. Über den Einfluß der Stahlbasis auf Fehler beim Verzinken siehe auch M. v. SCHWARZ u. H. FROMM [Korr. Met. **11** (1935) 241].

[4] Verschiedene andere praktische Fragen über das Verzinken, die den Korrosionsfachmann nur insoweit berühren, als sie mit den Unkosten für die Herstellung des Schutzes verknüpft sind, schließen die des Zinkverlustes als Gekrätz ein. Dieser Verlust ist teilweise auf Beizprodukte zurückzuführen, die in das Flußmittel gehen, wie E. J. DANIELS [J. Inst. Metals **49** (1932) 169] gezeigt hat. Siehe auch W. G. IMHOFF: Iron Age **136** (1935) 5. Dezember S. 30, 116.

[5] DAEVES, K.: Trans. electrochem. Soc. **64** (1933) 104.

[6] V. L. GLOVER [Pr. Am. Soc. Test. Met. **32** II (1932) 376] gibt an, daß die Wasserstoffbrüchigkeit von verzinktem Draht durch Beizen in Salpetersäure ($\frac{1}{2}$%ig) vermieden werden kann.　　[7] SPELLER, F. N.: Trans. electrochem. Soc. **65** (1934) 270.

Sämtliche Flußmittel und alle Feuchtigkeit müssen nach dem Heißgalvanisieren entfernt werden, da andernfalls bald weißer Rost (Zinkhydroxyd) auftritt.

Lebensdauer von Zinküberzügen auf Eisen. Unter Bedingungen, bei denen Zink weniger als Eisen angegriffen wird, kann die Lebensdauer eines verzinkten Drahtes oder Bleches wesentlich aus der Lebensdauer des Zinküberzuges bestimmt werden. In einigen Atmosphären ist der Angriff auf Zink, wie VERNON[1] angibt, außerordentlich niedrig, verglichen mit dem auf Eisen. Die in einer Außenatmosphäre in New York von HIPPENSTEEL, BORGMANN und FARNSWORTH[2] durchgeführten Prüfungen haben ergeben, daß die Korrosionsgeschwindigkeit von Zinküberzügen (die entweder durch Heißeintauchen oder Sherardisieren erhalten worden waren) nur wenig langsamer als die von gewalztem Zink[3] ist. Die für das Auftreten von Rost auf verzinktem Eisen in der Außenatmosphäre erforderliche Zeit nimmt mit der Dicke des Zinküberzuges zu, wie die von DAEVES[4], HOCKER[5] und PASSANO[6] veröffentlichten Kurven erkennen lassen. Hieraus ist der Schluß gezogen worden, daß ein Zinküberzug stets so dick als möglich hergestellt werden sollte, ein an sich gesunder Vorschlag, vorausgesetzt, daß es sicher ist, daß der Überzug nicht bricht. Im Falle eines Drahtes jedoch, der wahrscheinlich scharfer Biegebeanspruchung ausgesetzt sein wird, wird ein dicker Überzug viel wahrscheinlicher zu Brüchen und zum Ablösen führen als ein dünner. Wird die Stahlbasis an einer Bruchstelle freigelegt, so wird die Angriffsgeschwindigkeit auf das Zink dadurch aus elektrochemischen Gründen begünstigt werden. Aus diesem Grunde sollten in den Fällen, in denen scharfe Biegebeanspruchungen im Betrieb zu erwarten sind, dünnere („abgewischte") Überzuge angewendet werden. Selbst in solchen Fällen wird es jedoch falsch sein, die Schicht zu dünn zu machen, da dann mit Sicherheit die Lebensdauer verkürzt wird. Die Bruchgefahr kann in anderer Weise als durch Verringerung der Schichtdicke herabgesetzt werden, so beispielsweise durch Vermeiden übermäßiger Legierungsbildung und dadurch, daß der Überzug so biegsam wie möglich gehalten wird. STOREY[7] beschreibt einen interessanten Fall eines sparsam überzogenen Drahtes an der Seeküste, der überall mit Ausnahme derjenigen Stellen, die einem dick überzogenen Draht benachbart lagen, Rostungserscheinungen zeigte. Dieser stärker überzogene Draht hat also eine elektrochemische Schutzwirkung auf den dünn überzogenen Draht ausgeübt.

Ein großer Teil des heutzutage hergestellten verzinkten Eisenbleches besitzt nur einen dünnen Zinküberzug, der völlig hinreichend ist, um während des Transportes und des konstruktiven Aufbaues sowie während der bis zum

---

[1] VERNON, W. H. J.: Met. Ind. London **46** (1935) 276.

[2] HIPPENSTEEL, C. L., C. W. BORGMANN u. F. F. FARNSWORTH: Pr. Am. Soc. Test. Mat. **30** II (1930) 460.

[3] Es ist vorgeschlagen worden, das verzinkte Eisen für Bedachungszwecke durch gewalztes Zink zu ersetzen. Dieser Ersatz schließt jedoch eine Ausdehnungsgefahr in sich und erfordert einen geringen Zwischenraum der tragenden Dachstuhlpfetten. Siehe W. M. PIERCE u. E. A. ANDERSON: Trans. Am. Inst. min. met. Eng. **83** (1929) 560.

[4] DAEVES, K.: Stahl Eisen **52** (1932) 726.

[5] HOCKER, C. D.: Symposium on Outdoor Weathering of Metals and Metallic Compounds, S. 7. 1934.

[6] PASSANO, R. F.: Symposium on Outdoor Weathering of Metals and Metallic Compounds, S. 30. 1934.

[7] STOREY, O. W.: Trans. electrochem. Soc. **58** (1930) 39.

Anstrich vergehenden Zeit zu schützen (s. S. 649), der jedoch kaum hinreichend ist, um einer verunreinigten Atmosphäre gegenüber einen dauernden Schutz zu bieten. Es sind Fälle bekannt, in denen sich altes verzinktes Eisen während 40 Jahren und mehr brauchbar erhalten hatte, wo aber dann das neue Material, durch das es endlich ersetzt wurde, rasch dem Angriff unterlag. Das ist wahrscheinlich nicht nur auf die mangelnde Dicke der Oberflächenschicht zurückzuführen, sondern auch auf die Dünne der Eisenbasis. Jede zu weit getriebene Materialersparnis am Blech im Sinne eines zu geringen Durchmessers, begünstigt den Bruch des Zinküberzuges. Im Falle von Metallwaren, die in der Außenatmosphäre exponiert werden sollen, hat ein amerikanisches Comité einen Überzug von 610,30 g/m² empfohlen, der nach Hudson[1] einer Schicht von 0,043 mm Dicke auf jeder Seite entspricht, was nach den Berechnungen, die auf seinen eigenen Untersuchungen an Zinkproben in Atmosphäre beruhen, einer Lebensdauer von 6 bis 9 Jahren entspricht.

Relativer Wert der verschiedenen Arten von Zinküberzügen. Zahlreiche Diskussionen haben sich hinsichtlich des Wertes der verschiedenen Arten von Zinküberzügen entsponnen[2]. Was die Leistungsfähigkeit dieser Überzüge an der Außenatmosphäre betrifft, so sind wertvolle Angaben von Hippensteel und Borgmann[3], Hocker[4], Passano[5] u. a. veröffentlicht worden, die eine weitgehende Klärung dieser Frage erbracht haben. Tatsächlich scheint die Lebensdauer für *nicht beschädigte* Überzüge auf flachen Oberflächen bei Zinküberzügen gleichförmiger Dicke unter den gewöhnlichen atmosphärischen Bedingungen weniger von der Herstellungsmethode als von der Dicke abzuhängen. Überzüge, die eine Legierungsschicht enthalten, besitzen keine sehr verschiedene Lebensdauer gegenüber Überzügen ähnlicher Dicke, die aus unlegiertem Zink aufgebaut sind. Die Neigung zum Ablösen oder zum Bruch kann sich jedoch in den verschiedenen Fällen ändern. Im Falle des durch Heißverzinken oder Sherardisieren erzeugten Überzuges ist die Bruchgefahr, insbesondere dann, wenn die Legierungsschicht dick ist, größer, jedoch ist dann die Gefahr der Schichtablösung wahrscheinlich geringer als für Überzüge, die elektrolytisch abgeschieden oder auf dem Spritzwege erzeugt sind, in denen die Legierungsschicht fehlt. Meyer auf der Heyde[6] empfiehlt das elektrolytische Verfahren und betont insbesondere die Tatsache, daß ein elektrolytisch verzinkter Streifen gestanzt, gefalzt und gezogen werden kann. Andererseits besitzt ein derartiger Überzug jedoch wahrscheinlich eine größere Neigung zur Porosität als die durch Heißeintauchen erhaltenen Überzüge.

Die *Verteilung der Dicke* hängt auch von der Herstellungsweise ab. Elektrolytisch niedergeschlagene Überzüge werden im allgemeinen an den vorspringenden Stellen (an denen die Stromdichte während der Abscheidung am größten

---

[1] Hudson, J. C.: Met. Ind. London **44** (1934) 416, 443.

[2] Siehe z. B. Diskussion zwischen L. D. Whitehead: Ironmonger **191** (1930) 25. Januar, S. 64; 24. Mai, S. 64; 25. Oktober, S. 53 und C. K. Rylands: Ironmonger **191** (1930) 3. Mai, S. 67; 6. September, S. 81; 13. September, S. 79.

[3] Hippensteel, C. L. u. C. W. Borgmann: Trans. electrochem. Soc. **58** (1930) 23.

[4] Hocker, C. D.: Symposium on Outdoor Weathering of Metals and Metallic Compounds, S. 1. 1934.

[5] Passano, R. F.: Symposium on Outdoor Weathering of Metals and Metallic Compounds, S. 28. 1934.

[6] Meyer auf der Heyde, H.: Oberflächentechnik **11** (1934) 202.

ist) am dicksten sein, dagegen an den schwerer zugänglichen Stellen einen nur
mangelhaften Schutz gewähren. Durch Heißverzinken erhaltene Überzüge
neigen dagegen an den schwer zugänglichen Stellen zu besonderer Stärke, was
zu störenden Blockierungen führen kann. Sherardisierte Überzüge werden bei
sorgfältiger Herstellung eine recht gleichförmige Dicke besitzen, jedoch können
infolge des Vorhandenseins von Eisen im Überzug Rostflecken auftreten, ehe der
Überzug verschwunden ist. Gespritzte Überzüge können beliebig dick gemacht
werden, wo auch immer am Gegenstand die Dicke verlangt werden mag. Dabei
ist es ein großer Vorzug dieses Verfahrens, daß der Spritzvorgang nach der
Montage vorgenommen werden kann. Diese Überzüge sind wesentlich porös,
jedoch wird in den Poren freigelegtes Eisen gewöhnlich keinen Rost bilden, da
das Eisen kathodisch gegenüber dem Zink ist. Das entstehende Korrosionsprodukt wird im allgemeinen in den Poren ausgeschieden werden und sie
gewöhnlich ausfüllen. In saurer Lösung wird die Korrosionsgeschwindigkeit
durch die Exposition der Stahlbasis in gespritzten Überzügen (oder bei dünnen
elektrolytisch niedergeschlagenen Überzügen) jedoch sicher erhöht, da hierdurch Punkte geringer Überspannung für die Freisetzung von Wasserstoff
geliefert werden. Im Falle schwach saurer Korrosion, wie sie durch die PATTER-
SONschen Prüfungen dargestellt wird, sind elektrolytisch abgeschiedene Überzüge, sofern sie nicht sehr dick sind, weniger widerstandsfähig als heißver-
zinktes Material. PATTERSON[1] konnte unter Bedingungen, bei denen sich das
feste Korrosionsprodukt an der Oberfläche ansammelt, zeigen, daß beide Typen
in ähnlicher Weise korrodieren. In Fällen jedoch, wie etwa der Exposition an
der Außenatmosphäre in London, kann das Korrosionsprodukt durch Regen
oder auf andere Weise entfernt werden, so daß es hier von gewissem Vorteil
zu sein scheint, heißverzinkte Gegenstände zu verwenden, offenbar deshalb,
weil das Korrosionsprodukt auf ihnen besser haftet.

TURNER[2] empfiehlt nachdrücklich das Spritzverfahren für die stählernen
Schiffsmaste. „Werden diese Teile mit einem dicken Überzug von Zink
bespritzt", so schreibt er, „und dann mit einem Anstrich versehen oder
lackiert, so sollten sie allen Betriebserfordernissen standhalten; die Farbe
haftet sehr gut auf der rauhen Oberfläche, die nach dieser Methode erhalten
wird". Das scheint ein gediegener Rat zu sein. Jedoch ist er dem Einwand
offen, ob nicht auf dem Spritzwege mit Aluminium ebenso gute oder bessere
Ergebnisse zu erzielen wären.

Zur Zeit gibt es drei Hauptmethoden für das Zinkspritzverfahren: die eine
Methode beruht auf dem Spritzen aus einer Pistole, in die ein Zinkdraht eingeführt wird, eine zweite auf der Verwendung von Metallpulver; bei einer dritten
wird ein Reservoir mit geschmolzenem Zink verwendet[3]. Das letztere Verfahren
ist nicht besonders gut zur Herstellung von Überzügen auf der Unterseite einer
horizontalen Platte bzw. eines Trägers geeignet, da die Pistole nicht hinreichend
geneigt werden kann, ohne daß geschmolzenes Zink verschüttet wird; es ist
jedoch von Vorteil infolge der Verwendung von gewöhnlichem billigen Kohlengas
und komprimierter Luft.

---

[1] PATTERSON, W. S.: J. Soc. chem. Ind. Trans. 47 (1928) 313.
[2] TURNER, T. H.: Sheffield met. Assoc., 27. November 1928.
[3] Anonym in Engineering 140 (1935) 704.

Verwendung von verzinktem Eisen unter Wasser. Die Tatsache, daß verzinkter Stahl oftmals eine lange Lebensdauer in einer Umgebung aufweist, in der einfacher Stahl der raschen Korrosion unterliegt und in der Zink Pittingbildung zeigen würde, kann in folgender Weise erklärt werden: Liegt ein Überzug von Zink auf Eisen vor, so kann der Angriff nicht am Eisen beginnen, ehe das Zink in der Nachbarschaft völlig zerstört worden ist. Bleibt Zink dagegen erhalten, so schützt es das Eisen kathodisch. In dieser Weise bedingt eine Zinkschicht dadurch, daß sie zuerst durch den Angriff entfernt wird, vor allem eine gleichförmigere Form der Korrosion, als wenn das Material aus Zink bestände, und verlängert dementsprechend die zur Durchlöcherung erforderliche Zeit.

Enthält das Wasser Calciumhydrocarbonat, so kann das in zweierlei Weise zu einer Schutzwirkung führen, wie BRITTON[1] gezeigt hat. Die *anodische* Bildung eines Filmes von *Zink*carbonat (wahrscheinlich basischem Salz) auf dem Zink wird die Geschwindigkeit des anodischen Angriffes auf das Zink herabsetzen, jedoch wird sie auch den Abstand verringern, über den das Zink seinen schützenden Einfluß auf das freigelegte Eisen ausüben kann. Andererseits wird die *kathodische* Bildung von *Calcium*carbonat auf jedem freigelegten Eisen einen Beitrag zu der Schutzwirkung liefern und so die Geschwindigkeit des Zinkverbrauches herunterdrücken. Es ist möglich, daß die Schutzwirkung, die auf einer kalkhaltigen Schicht „elektrochemisch niedergeschlagenen" Materials beruht (das im allgemeinen die Schutzwirkung des Calciumcarbonats, das durch thermische Zersetzung des Hydrocarbonats zur Abscheidung gelangt, wesentlich übersteigen wird), selbst dann bestehen bleiben kann, wenn das gesamte Zink verschwunden ist.

Betrachten wir nunmehr eine verzinkte Oberfläche, die erwärmtem Wasser ausgesetzt wird, beispielsweise einen Tank oder Zylinder eines häuslichen Heißwassersystems. Nehmen wir an, daß irgendein Punkt der Zinkschicht durchgefressen ist, wodurch die Legierungsschicht (oder selbst der Stahl) freigelegt wird. Ist die freigelegte Zone sehr klein, so wird sie durch den von dem angrenzenden Zink gelieferten Strom kathodisch geschützt werden. Dieser gleiche Strom wird jedoch auf dem Zink einen anodischen Angriff auslösen, so daß sich die freigelegte Zone vergrößern wird. Dabei wird die Ausweitung des freigelegten Flecks um so rascher erfolgen, je dünner die Zinkschicht ist. Die kathodische Stromdichte wird gewöhnlich im Zentrum der freigelegten Zone am geringsten sein und mit zunehmender Erweiterung dieser Zone ständig abnehmen. Ist das verwendete Wasser weich, so ist es fast unvermeidlich, daß es hier früher oder später zur Rostbildung kommt. Ist das Wasser jedoch hart, so macht sich ein ausgleichender Faktor bemerkbar: die kathodische Abscheidung von Kalk wird die zur Schutzwirkung erforderliche Stromdichte ständig verringern. Mit einem harten Wasser und einer dicken Zinkschicht kann diese Abnahme der erforderlichen Stromdichte rascher erfolgen als ihrer zu erwartenden Verringerung entspricht, so daß der Rostvorgang für unbestimmte Zeit aufgeschoben wird. Mit weichem Wasser und einer dünnen Zinkschicht wird das Rosten dagegen rasch einsetzen. Nach dieser Überlegung gibt es für jedes Wasser eine minimale Zinkdicke, die zur Sicherstellung einer langen Lebensdauer erforderlich ist. Die Vorstellung einer *kritischen Dicke*, oberhalb der die

---

[1] BRITTON, S. C.: J. Soc. chem. Ind. Trans. **55** (1936) 19.

erwartete Lebensdauer plötzlich ansteigt, steht mit dem Verhalten von verzinktem Eisen in der Atmosphäre in Widerspruch, wonach die Lebensdauer des Überzuges *kontinuierlich* mit seiner Dicke ansteigt. Nach der Ansicht von BRITTON führt eine *geringe* Erhöhung der Dicke der Zinkschicht oftmals zu einer großen Erhöhung seiner Lebensdauer. Hierin dürfte eine Erklärung dafür zu sehen sein, warum in den letzten Jahren die Fehlerscheinungen von verzinkten Heißwassersystemen etwas häufiger zu sein scheinen. Sicherlich besteht kein Grund zu der Annahme, daß die Zinküberzüge fühlbar dünner sind oder daß die Befähigung zu ihrer Herstellung geringer geworden ist. Jedoch kommt das Wasser in weicherem Zustande in den Tank oder in den Zylinder, da die wirksameren Heizöfen (die die Forderung zu erfüllen haben, heiße Bäder sozusagen auf Abruf zu liefern) eine bedeutende Menge von Weichmachern im Kessel oder in den Rohren erfordern. Überdies erhöht die zunehmende Praxis des Weichmachens von Wasser, sei es von seiten der Wasserwerke oder im Haus selbst, die Schwierigkeiten. Die vernünftige Methode hiergegen anzugehen scheint in einer Erhöhung der Schichtdicke zu bestehen. Eine diesbezügliche Untersuchung von KENWORTHY im Laboratorium der BRITISH NON-FERROUS METALS RESEARCH ASSOCIATION [1] ist im Gange.

Verzinktes Eisen korrodiert in mit Säure beladener Luft (beispielsweise in Tunnels) rasch und ist zum Aufbewahren saurer Wässer ungeeignet. Nach BAYLIS [2] sollte es nicht für Wässer verwendet werden, die einen unter 6,5 liegenden p_H-Wert besitzen, da die Bildung löslicher Zinksalze unter jenem Punkt möglich wird. Für Regenwasserrohre, die dem inneren Angriff nicht nur durch Schwefelsäuren, die durch den Regen aufgenommen worden sind, sondern möglicherweise auch durch korrosive Substanzen aus den Abfällen in der Gosse herrühren, unterliegen, wird die Lebensdauer durch einen Farbanstrich wesentlich erhöht, wie GARDNER [3] gezeigt hat. Nach NAUMANN [4] ist die für Wasserrohre geeignete minimale Zinkdicke kaum geringer als 350 g/m². Verzinkter Stahl hat sich im Boden 5 bis 6mal so lange gehalten, wie blanker Stahl in vielen korrosiven Böden und in Salzwasser enthaltenden Ölbrunnen (s. S. 208).

Verzinktes Eisen hat bei Prüfungen an der See zu befriedigenden Ergebnissen geführt, und es ist begreiflich, daß demgemäß der Verzinkungsprozeß neuerdings auf deutschen Kriegsschiffen Anwendung findet. Die Tatsache, daß vor dem Verzinken eine Entsinterung erforderlich ist, daß eine Pittingbildung auf den Stahlplatten kaum einsetzt, solange sich Zink in der Nachbarschaft des Stahles befindet und daß das Zink selbst wahrscheinlich weniger durch Seewasser (das Magnesiumsalze enthält) als durch reines Natriumchlorid angegriffen wird, mag diesen Erfolg erklären. Gespritzte Zinküberzüge haben auch bei Schiffsgeräten

---

[1] Potentialmessungen von G. SCHIKORR (Private Mitteilungen an U. R. EVANS vom 7. 11. und 16. 11. 1936) an Zink- und Eisenplatten, die während eines Jahres in laufendem Leitungswasser gestanden haben (außen durch einen Draht verbunden), haben ergeben, daß die Potentiale nicht unähnlich denen blieben, die gewöhnlich an frischem Zink und Eisen erhalten wurden. Der Strom setzte jedoch aus und es kam infolgedessen zu einem Angriff auf dem Eisen, wenngleich auch in geringerem Ausmaße als auf dem Zink. Offenbar hatte sich auf dem Eisen ein Film von kalkhaltigem Rost mit hohem Widerstand abgelagert, denn es wurde ein Strom festgestellt, sobald eine frische Eisenplatte mit dem Zink verbunden wurde. [2] BAYLIS, J. R.: Ind. eng. Chem. **19** (1927) 777.
[3] GARDNER, A. H.: Am. Paint Varnish Manufact. Assoc. Sci. Sect. Circular Nr. 298 (1927). [4] NAUMANN: Gas-Wasserfach **77** (1934) 403.

Verwendung gefunden; sie werden weiterhin zur Auskleidung von Tanks benutzt, die für den Brennstoff bei Flugzeugen Verwendung finden. Für viele Zwecke werden gespritzte Zinküberzüge mit gespritzten Aluminiumüberzügen überdeckt (s. weiter unten).

Überzüge aus Zink (oder Cadmium) auf Aluminium und seinen Legierungen adhärieren schlecht. BRAUND und SUTTON[1] berichten, daß ein Adhärieren nach einer Sandstrahlbehandlung der Oberfläche möglich ist, jedoch ist dieses Verfahren teuer, etwas gefährlich für die Gesundheit und führt leicht zu Buckelbildung auf dünnem Blech. Sie sind nach Prüfung und Verwerfen vieler Methoden einer chemischen Vorbehandlung endlich zu einem Natriumstannathaltigen Natriumzinkat-Bad gekommen, das zu guten Ergebnissen führt. Hierdurch kann ein dünner, adhärierender Zinküberzug durch einfachen Austausch erhalten werden, der eine geeignete Grundlage für die anschließende elektrolytische Abscheidung von Zink bildet, die vorzugsweise aus einem Bad erfolgt, das Zinksulfat, Natriumacetat und ein Zusatzmittel, beispielsweise Gummi arabicum, Glucose oder β-Naphthol, enthält.

5. Überzüge mit Aluminium.

Spritzverfahren. Der gute Schutz, der dem Stahl durch Überzüge von metallischem Aluminium gewährt wird, ist eine der ermutigendsten Seiten der neueren Korrosionsforschung. Eine befriedigende Methode zur Anwendung auf Stahl besteht in dem Bespritzen einer vorher mit dem Sandstrahlgebläse bearbeiteten Oberfläche. Hierdurch wird ein leicht poröser Überzug erhalten, der frei von Legierungsbildung ist. Die Porosität kann durch Verschließen der Poren mittels Lack oder durch mäßiges Erwärmen (heftiges Erhitzen führt zu Legierungsbildung) vermindert werden.

Proben von Stahl, die gespritzte Überzüge verschiedenen Reinheitsgrades und verschiedener Dicke tragen, sind von BRITTON und U. R. EVANS[2] während einiger Jahre an vier verschiedenen Stationen exponiert worden, die vier verschiedenen Atmosphären entsprechen. Die erzielten Ergebnisse sind aussichtsreich. Einige der Proben wurden mit Lack behandelt. Offenbar ist das Aluminium gerade hinreichend anodisch, um das Rosten des Stahles dort zu verhindern, wo er in den Poren freigelegt ist. Es wird jedoch nicht so rasch angegriffen, daß der Überzug selbst verschwindet. An einigen besonderen Proben, an denen absichtlich ein Einschnitt in dem Aluminiumüberzug angebracht worden war, wodurch das Eisen freigelegt wurde, kam es zu geringfügigem Rosten, das jedoch auch bald wieder aufhörte. Nach vierjähriger Expositionszeit der Proben ist zu erkennen, daß die Proben sowohl in der Binnenatmosphäre als auch gegenüber reiner Seeatmosphäre dem Aussehen nach völlig frei von Rost und praktisch unverändert geblieben sind, wenngleich auch im Seegebiet eine gewisse Korrosion des Aluminiums in der Berührungszone zwischen den Proben und den Trägern zu erkennen ist. In London und, in gewissem Ausmaße, in Cambridge unterlag der Aluminiumüberzug an der Oberseite der Proben der Korrosion, jedoch kam es hier zu keinem Rostvorgang. Es ist hervorzuheben, daß die auf der aluminiumbespritzten Oberfläche aufgebrachte Farbe ihren

---

[1] BRAUND, B. K. u. H. SUTTON: Trans. Faraday Soc. 31 (1935) 1595.
[2] BRITTON, S. C. u. U. R. EVANS: J. Soc. chem. Ind. Trans. 51 (1932) 217, 55 (1936) 340.

Farbton und ihr gutes Aussehen beibehielt, lange nachdem eine ähnliche direkt auf dem Stahl aufgebrachte Farbe infolge darunter erfolgter Rostbildung zerstört war. Ähnlich gute Ergebnisse sind in den über 3 Jahre erstreckten Prüfungen von MEARS in New York erzielt worden.

Es erscheint wahrscheinlich, daß sich das Spritzen mit Aluminium beim Schutz von Gasometern gegen die Korrosion durch die wässerige Sperrflüssigkeit von besonderem Wert erweist. In einem von BALLARD[1] erwähnten Fall wurde ein gespritzter Zinküberzug auf die mit Sandstrahl behandelte Oberfläche und anschließend ein Aluminiumüberzug aufgebracht. Die neuere Erfahrung läßt erkennen, daß heutzutage, zumindest unter gewissen Bedingungen, eine ausschließliche Aluminiumspritzbehandlung vorgeschrieben werden würde.

Der erwähnte Fall ist von besonderem Interesse, da sich die Korrosion bereits in einem fortgeschrittenen Stadium befand, als der Schutz aufgebracht wurde. Durch die Sandstrahlbehandlung wurden an manchen Stellen kleine Löcher freigelegt, durch die das Gas auszuströmen begann, das sich verschiedentlich entzündete. Die Flamme wurde leicht gelöscht und ein Metallfleck an derartigen Stellen mit Hilfe eines gespaltenen T-förmigen Bolzens aufgebracht. Durch das freundliche Entgegenkommen des CHIEF SUPERINTENDENT, ROYAL ORDNANCE FACTORIES[2] stehen weitere Einzelheiten über diesen Fall zur Verfügung. Die behandelte Anlage umfaßte drei dreistöckige mit Wasser abgesperrte Gasometer. Der Stahl wurde vor dem Zusammensetzen durch heiß gekochtes Leinöl geschützt, anschließend wurden zwei Überzüge von Mennige und zwei von Eisenoxydfarbe aufgebracht, denen in Intervallen von etwa 3 Jahren Neuanstriche folgten. Das Gas ist ein einfaches Kohlengas, das Kohlendioxyd, Schwefelkohlenstoff und Thiophen enthält, das jedoch von Schwefelwasserstoff und Ammoniak befreit worden ist. Das ursprüngliche Absperrwasser wurde dem Reservoir der METROPOLITAN WATER BOARD entnommen. Der älteste Gasometer wurde 1903 mit neuem Blech versehen, der jüngste 1917 wiederhergestellt, in einem Jahr, in dem durch die Kriegsverhältnisse sowohl die Materialien als auch die Schutzmöglichkeiten beeinflußt wurden. Die Korrosion trat in Form isolierter Flecken über der ganzen äußeren Metalloberfläche der Gasometerglocke auf, und zwar war sie am ernstesten und ausgedehntesten im zweiten Stockwerk, das am häufigsten dem Wasser-Luftwechsel ausgesetzt war. Um den Angriff aufzuhalten, entschloß man sich im Jahre 1930, einen Metallspritzüberzug aufzubringen. Ein im Jahre 1935 herausgebrachter Bericht hat gezeigt, daß der Spritzüberzug an den Stellen, an denen er sorgfältig aufgebracht worden war, einen weiteren Angriff erfolgreich verhindert hatte, wenngleich er sich naturgemäß an denjenigen Stellen als nur wenig nützlich erwies, an denen die Festigkeit der Platten durch die Korrosion bereits ernstlich herabgesetzt worden war. Es ist kein Grund dafür erkennbar, warum ein entsprechender Erfolg nicht auch bei anderen Gasometern erzielt werden sollte.

Die unlegierten Spritzüberzüge sind etwas weich und infolgedessen nicht günstig gegenüber einer Umgebung, in der die Abnutzung bzw. das Aufprallen von Staubpartikeln eine Rolle spielt. Möglicherweise erweisen sich in diesen Fällen legierte Überzüge als vorteilhafter, wenngleich sie bisher hauptsächlich

---

[1] BALLARD, W. E.: Trans. Manchester Assoc. Eng. **1934/1935**, 130; außerdem private Mitteilung vom 31. Oktober 1935.

[2] C.S.O.F., Royal Arsenal, Woolwich. Private Mitteilung vom 12. Dezember 1935.

für den Widerstand gegenüber der Hochtemperaturoxydation entwickelt worden sind. Eine legierte Schicht kann durch Erhitzen eines Spritzüberzuges erhalten werden. In dem deutschen, als *Alumetieren* bezeichneten, von COMMENTZ[1] beschriebenen Prozeß, wird das Erhitzen bei 1100° ausgeführt. Ofenteile, die bei dieser Temperatur behandelt worden sind, widerstehen den Verbrennungsprodukten — so wird angegeben — bis zu 1100°. Der erzielte Überzug ist etwa 0,6 mm dick. Das Verfahren hat Anwendung gefunden für Roststäbe auf verschiedenen Schiffen, bei der Deutschen Reichsbahn sowie für Überhitzer. REININGER[2] empfiehlt ein Erhitzen auf 1000° unter einer schützenden Schicht von Flußmitteln, um eine Oxydation auszuschließen. Es ist begreiflich, daß für gewisse Zwecke wesentlich niedrigere Temperaturen verwendet werden.

Verfahren auf Pulverbasis. Überzüge von Aluminium oder Aluminium-Eisen-Legierungen können dadurch erhalten werden, daß die eisernen Gegenstände nach einer Sandstrahlbehandlung in einer Mischung von Aluminiumoxydhaltigem Aluminiumstaub (um das Zusammenschmelzen der Metallkörner zu verhindern) dicht eingepackt werden, wobei eine geringe Menge von Ammoniumchlorid (oder Natriumchlorid) zugesetzt wird, um die Ausbildung des Filmes zu begünstigen. Dieser Prozeß wird als *Calorisieren* bezeichnet. Für gewöhnlichen Stahl sieht das Mischungsverhältnis meist 49% Aluminium, 49% Aluminiumoxyd sowie 1 bis 2% Ammoniumchlorid vor. Für hochchromhaltige Stähle ist naturgemäß ein größerer Chloridgehalt erforderlich. So empfiehlt IPAVIC[3] ein Gemisch von 27% Aluminium, 68% Aluminiumoxyd und 5% Ammoniumchlorid, wobei die Erwärmung während einer Stunde bei 900 bis 950° durchgeführt wird. Bei dem Calorisieren muß Sorge dafür getragen werden, daß der Zutritt von Luft ausgeschlossen wird, da er das Aluminiumpulver oxydieren würde. In manchen Fällen wird eine Wasserstoffatmosphäre verwendet, oder aber die Gefäße werden mit Ventilen versehen, damit das verdampfende Ammoniumchlorid die Luft während der Erwärmung austreibt, ohne daß frische Luft nachströmen kann. Bei dem in Deutschland entwickelten sog. *Alitier*-Verfahren wird ein Legierungspulver mit 40 bis 50% Eisen verwendet, wobei die Temperatur etwas höher als beim Calorisieren gewählt wird. Einen Bericht über dieses Verfahren gibt v. ZEERLEDER[4]. Hierbei ist die Gefahr einer Oxydation des Pulvers geringer, ferner ist kein Wasserstoff oder eine ähnliche Vorsichtsmaßregel erforderlich. Das Alitieren führt zu einer Legierungsschicht mit nur etwa 15% Aluminium.

Das Calorisieren wird weitgehend für Ofenteile herangezogen und kann für Temperaturen bis zu 1000° Verwendung finden. Die von RUDER[5] veröffentlichten Kurven lassen deutlich die ausgeprägte Angriffsverzögerung im Gebiet von 800 bis 1000° erkennen. Bei höheren Temperaturen verarmen die Oberflächenschichten infolge erneuter Diffusion von Aluminium in das Eisen, jedoch ist auch in diesem Falle noch eine gewisse Vergrößerung der Lebensdauer

[1] COMMENTZ, C.: Korr. Met. 5 (1929) 248.

[2] REININGER, H.: Metallwarenind. 31 (1933) 213.

[3] IPAVIC, H.: Heraeus Vacuum-Schmelze, Hanau a. M. 1933, S. 292.

[4] ZEERLEDER, A. v.: Aluminium 17 (1935) 483; außerdem private Mitteilung vom 19. Juni 1936.

[5] RUDER, W. E.: Trans. electrochem. Soc. 27 (1915) 256; s. auch G. H. HOWE u. G. R. BROPHY: General electr. Rev. 25 (1922) 267. — J. COURNOT: Rev. Mét. 23 (1926) 223.

gewährleistet. Durch Zusatz von Chrom zum Eisen wird diese Diffusion verringert[1].

Man versucht neuerdings in Amerika das Calorisieren für im Boden zu verlegende Rohre zu verwenden. LOGAN und TAYLOR[2] berichten, daß es die Korrosion von Rohren verzögert, daß es jedoch den Einfluß des Bodens nicht völlig ausschaltet. In der von NEALEY[3] beschriebenen Form der Behandlung werden die Rohre zusammen mit der zum Calorisieren erforderlichen Mischung in Stahlretorten abgesperrt, die in einem gasgefeuerten, auf 815 bis 980° erwärmten Ofen gedreht werden. Anschließend werden sie in kochendem Wasser gereinigt, hierauf erneut mit einer frischen Mischung in Retorten abgeschlossen und ein zweites Mal erwärmt.

Eintauchverfahren. Die Überzüge können auch durch Eintauchen von Eisen in geschmolzenes Aluminium erhalten werden, wenngleich auch dieses Verfahren in seiner einfachsten Form nicht leicht überwacht werden kann, so daß einige der veröffentlichten Feststellungen widerspruchsvoll zu sein scheinen. Das beruht wahrscheinlich darauf, daß bei Vorhandensein eines das Eisen und das Aluminium voneinander trennenden Oxydfilmes überhaupt kein Überzug ausgebildet wird, und daß andererseits die Legierungsbildung in Abwesenheit des Filmes mit unerwünschter Geschwindigkeit fortschreitet. Nach RÖHRIG[4] entstehen vier verschiedene Schichten:

1. eine Schicht von unverändertem Eisen;
2. Mischkrystalle;
3. die Verbindung Al_3Fe;
4. eine Schicht von Aluminium mit Al_3Fe.

Die Schmiedbarkeit nimmt ab, wenn die Al_3Fe-Schicht dicker wird. Wird das Eintauchen zu lange ausgedehnt oder ist die Temperatur zu hoch, so werden die Überzüge brüchig. Der durch Eintauchen in geschmolzenes Aluminium gekennzeichnete Vorgang wird manchmal als *Eintauchcalorisieren* bezeichnet.

Die Bildung eines geeigneten Überzuges auf Eisen, das in geschmolzenes Aluminium eingetaucht wird, wird erleichtert, wenn zuvor eine Schicht von Cadmium auf der Eisenoberfläche abgeschieden worden ist, um sie so in eine Legierung überzuführen. Dieser Vorgang ist die Grundlage für das als *Servarisieren* bezeichnete Verfahren[5], das im wesentlichen zur Herstellung von Schutzschichten für Ofenteile und Glühöfen gegen Oxydation entwickelt worden ist; es scheint für dieses Anwendungsgebiet wohl geeignet zu sein. Einige im Laboratorium durchgeführte Kurzzeitprüfungen durch U. R. EVANS deuten darauf hin, daß Legierungsüberzüge, die nach diesem Verfahren erhalten worden sind, auch die Fähigkeit besitzen, feuchter Korrosion bei gewöhnlichen Temperaturen zu widerstehen.

Die Schwierigkeit des Adhärierens von geschmolzenem Aluminium auf Eisen kann durch vollständiges Entfernen des Oxydfilmes vom Eisen weit-

---

[1] RUDER, W. E.: A.P. 1706130 (1929).

[2] LOGAN, K. H. u. R. H. TAYLOR: Bur. Stand. J. Res. **12** (1934) 143.

[3] NEALEY, J. B.: Iron Age **136** (1935) 24. Oktober, S. 28.

[4] RÖHRIG, H.: Z. Metallk. **26** (1934) 87; vgl. N. W. AGEEW u. O. I. VHER: J. Inst. Met. **44** (1930) 83.

[5] Anonym in Met. Ind. London **35** (1929) 571; s. auch W. SMITH: E.P. 279273 (1927).

gehend vermieden werden. In dem von FINK[1] patentierten Verfahren wird in einer Wasserstoffatmosphäre erhitzt. Der durch das Metall aufgenommene Wasserstoff verhindert nicht nur die Gefahr des Auftretens von Oxyd, sondern begünstigt wahrscheinlich die Legierungsbildung mit dem Aluminium. Das Verfahren kann kontinuierlich geleitet werden: Drähte oder Streifen können durch verdünnte Salzsäure, hierauf durch einen Ofen bei etwa 600°, dann weiterhin durch Borsäure, anschließend durch Wasserstoff von 900 bis 1000° und endlich in geschmolzenes Aluminium geleitet werden.

Elektrochemische Verfahren. Wenngleich auch die elektrolytische Abscheidung von Aluminium aus wässeriger Lösung nicht möglich ist, so ist doch die Frage der Abscheidung schützender Schichten aus einem Schmelzbad, das Aluminium und Natriumchlorid enthält[2], untersucht worden. Das bei 160 bis 200° anwendbare Verfahren scheint große Möglichkeiten zu besitzen. Eine andere auf BLUE und MATHERS[3] zurückgehende Methode hängt von der Verwendung der Verbindungen ab, die beim Lösen von Aluminiumbromid und -chlorid in Äthylbromid und Benzol, unter Zusatz von Xylol zum Glänzendmachen des Überzuges, erhalten werden.

Mechanische Verfahren. Aluminiumschichten können auf Stahl auch durch Zusammenwalzen der beiden Metalle erhalten werden. Es ist von einigen Autoren angenommen worden, daß dünnes, mit Aluminium bedecktes Stahlblech in der Verwendung als Material für Konservengefäße für Lebensmittel eine Zukunft besitzt. Nach MELCHIOR[4] wird *Feran*, ein zusammengesetztes Material, in dem der Aluminiumüberzug 6% der Dicke und 2,4% des Gewichtes ausmacht, für die Außenschichten elektrischer Isolationsröhren verwendet.

Schichten von relativ reinem Aluminium werden mechanisch zum Plattieren von kupferhaltigen Aluminiumlegierungen verwendet, die trotz größerer mechanischer Widerstandsfähigkeit doch einen geringeren Widerstand gegenüber der Korrosion aufweisen. Die so entstehenden Platten *(Alclad)* verknüpfen Festigkeit mit Widerstand gegenüber der Korrosion, da das reine Aluminium den kathodischen Schutz auf die an Schnittkanten exponierte Legierung überträgt und oft auch Niete schützt, die aus härteren, aber weniger widerstandsfähigen Legierungen bestehen. Offenbar wird jedoch durch die Einführung des schwachen Aluminiums für die Oberflächenschicht der Platte die Festigkeit bereits geringer als für den Fall einer aus nur einem Material bestehenden Platte. Dort, wo Höchstwerte der Festigkeit verlangt werden, können die Oberflächenschichten aus einer kupferfreien Legierung hoher Festigkeit hergestellt werden *(Duralplat)*.

Versuche, die in der Nordsee und an anderen Stellen mit Duralplat ausgeführt werden sind, wurden sowohl von MEISSNER[5] als auch von STENZEL[6] beschrieben, während DIX[7] einige interessante Prüfungen mit Alclad an der Küste von Rhode-Island mitteilt. In beiden Fällen ist eine ausgezeichnete

[1] FINK, C. G.: E.P. 415732 (1934).

[2] PLOTNIKOW, W. A. u. N. W. GRAZIANSKY: Z. Elektroch. **39** (1933) 62.

[3] BLUE, R. D. u. F. C. MATHERS: Trans. electrochem. Soc. **69** (1936) 519; vgl. R. MÜLLER: Z. Elektroch. **35** (1929) 245.

[4] MELCHIOR, P.: Aluminium. Die Leichtmetalle und ihre Legierungen, Berlin 1929, S. 218, 219.

[5] MEISSNER, K. L.: J. Inst. Met. **49** (1932) 135; Ber. 3. Korrosionstagung, Berlin 1933, S. 68.   [6] STENZEL, W.: Metallwirtschaft **14** (1935) 696.

[7] DIX, E. H.: J. Inst. Met. **49** (1932) 147; Aviation **25** (1928) 2034.

Schutzwirkung erzielt worden. Über andere günstige Ergebnisse mit Alclad berichten RACKWITZ und SCHMIDT[1]. Es muß Sorge dafür getragen werden, Duplexmaterial dieser Klasse nicht zu heftig zu erhitzen, da andernfalls Kupfer aus dem Grundmetall in den Überzug hineindiffundiert und dessen Widerstand gegenüber Angriffen herabgesetzt, eine Frage, die BRENNER[2] untersucht hat. Es können jedoch nicht sämtliche Leichtmetallegierungen in der beschriebenen Weise geschützt werden. Nach den Mitteilungen von EDWARDS und TAYLOR[3] sind $MgZn_2$-haltige Legierungen anodisch gegenüber Aluminium und können durch das letztere an Schnittkanten nicht geschützt werden.

6. Überzüge mit Legierungen.

Gleichzeitige Abscheidung von Metallen. Die Anwendung legierter Schichten durch Auswalzen zusammengesetzter Platten bedarf keiner besonderen Besprechung im Gegensatz zu der elektrolytischen Abscheidung von Legierungen, die eine besondere Sorgfalt erfordert, um eine Abscheidung beider Komponenten zusammen in den gewünschten Anteilen sicherzustellen. Überziehen mit *Messing* kann aus einer Lösung erfolgen, die Kupfer- und Zinkcyanide enthält (aus einer einfachen Salzlösung würde Kupfer allein abgeschieden werden, während Zink in der Flüssigkeit zurückbleiben würde). Die Aufrechterhaltung der Konzentration der Konstituenten und die die Zusammensetzung des Niederschlages beeinflussenden Faktoren behandelt DE KAY THOMPSON[4]. Die elektrolytische Abscheidung von *Bronze* haben BAIER und MACNAUGHTAN[5] mittels einer alkalischen Lösung von Natriumkupfer(I)-cyanid und Natriumstannat durchgeführt. Bei Verwendung von Bronzeanoden kann die Konzentration der Metalle in der Lösung aufrechterhalten werden.

Es sind Versuche unternommen worden, um *Kupfer-Nickel-Eisen-Legierungen* in einer dem Monelmetall ähnlichen Zusammensetzung bei Abwesenheit von Cyanid im Bad zur Abscheidung zu bringen. PAWECK, BAUER und DIENBAUER[6] führten diese Aufgabe in einem citrathaltigen Sulfatbad durch. *Kupfer-Nickel-Zink-Legierungen* können nach FAUST und MONTILLON[7] aus Cyanidbädern abgeschieden werden. Die Abscheidung von *Kobalt-Nickel-Legierungen* haben FINK und LAH[8], GLASSTONE und SPEAKMAN[9] sowie YOUNG und GOULD[10] untersucht: sie können aus Sulfatlösungen in Gegenwart oder in Abwesenheit von Natriumchlorid abgeschieden werden und besitzen einen rein weißen silberähnlichen Lüster. Reflektoren für Leuchtfeuer im Flugwesen sind zuerst mit dieser Legierung und anschließend mit Rhodium überzogen worden[11] (siehe auch S. 162).

---

[1] RACKWITZ, E. u. E. K. O. SCHMIDT: Korr. Met. **5** (1929) 130.

[2] BRENNER, P.: Z. Metallk. **27** (1935) 169.

[3] EDWARDS, J. D. u. C. S. TAYLOR: Trans. electrochem. Soc. **56** (1929) 36.

[4] DE KAY THOMPSON, M.: Metal Cleaning Finishing **6** (1934) 449.

[5] BAIER, S. u. D. J. MACNAUGHTAN: J. Electrodepositers' Soc. **11** (1936); s. auch C. BÉCHARD: J. Electrodepositers' Soc. **11** (1936).

[6] PAWECK, H., J. BAUER u. J. DIENBAUER: Z. Elektroch. **40** (1934) 857.

[7] FAUST, C. L. u. G. H. MONTILLON: Trans. electrochem. Soc. **65** (1934) 361; **67** (1935) 281.   [8] FINK, C. G. u. K. H. LAH: Trans. electrochem. Soc. **58** (1930) 373.

[9] GLASSTONE, S. u. J. C. SPEAKMAN: Trans. Faraday Soc. **26** (1930) 565.

[10] YOUNG, C. B. F. u. N. A. GOULD: Trans. electrochem. Soc. **69** (1936) 585.

[11] LITTLE, A. D.: Chem. Ind. **12** (1934) 510.

Überzüge aus *Blei-Thallium-Legierungen* sind in glatter und adhärierender Form von Fink und Conard[1] aus Perchloratbädern abgeschieden worden. Fink und Eldridge[2] konnten zeigen, daß diese Legierungen außergewöhnlich widerstandsfähig gegenüber anodischer Korrosion sind; sie haben aus ihnen Anoden für die chilenische Kupferindustrie hergestellt. Fink und Gray[3] haben gleichzeitig *Blei und Wismut* zur Abscheidung gebracht, wobei sie ein Nelkenölhaltiges Perchloratbad benutzten. Nach ihren Angaben enthalten diese Legierungen 75 bis 85% Blei und besitzen die höchste Widerstandsfähigkeit gegenüber verdünnter Schwefelsäure und verdünnter Salzsäure.

Zinn-Nickel-Legierungen mit bis zu 25% Nickel sind aus Bädern abgeschieden worden, die Natriumstannat, Kaliumnickel(I)-cyanid und einen gewissen Betrag an freiem Cyanid (zur Verhinderung von Schlamm) enthalten. Monk und Ellingham[4], die diese Überzüge hergestellt haben, haben auch etwas brüchige Abscheidungen von *Zinn-Antimon-Legierungen* aus alkalischen Stannat-Thioantimonat-Lösungen erhalten.

Die Abscheidung von *Zink-Cadmium-Legierungen* ist auf S. 588 besprochen worden.

C. Quantitative Behandlung.

1. Die elektrochemischen Verhältnisse bei fehlerhaften Überzügen.

Intensität des Angriffes an einer Bruchstelle im kathodischen Überzug. Die Angabe, daß ein unvollkommener Überzug eines kathodischen Metalles *notwendigerweise* eine Intensivierung des Angriffes an den freigelegten Stellen des Grundmetalls auslöst, ist mit solcher Hartnäckigkeit vorgetragen worden, daß es wünschenswert erscheint, den Nachweis zu führen, daß das nicht notwendigerweise der Fall zu sein braucht. Die mittlere Angriffsintensität auf das Grundmetall am Porengrund kann durch die Gleichung

$$\Phi = i/FA = E/FAR = \dot{E}A'\varkappa/FA\Theta$$

ausgedrückt werden[5], wobei die einzelnen Zeichen folgende Bedeutung haben:

Φ = Anzahl der Grammäquivalente des korrodierten Metalls in der Zeiteinheit, je Flächeneinheit des angegriffenen Teiles.

i = Strom, der zwischen dem angegriffenen Teil (als Anode) und dem unangegriffenen Teil (als Kathode) fließt.

F = Faradaysche Zahl.

A = Angegriffene Fläche (anodisches Gebiet).

E = Wirksame EK.

R = Widerstand, der aus den gesamten Stromkreisen resultiert, die die anodischen und kathodischen Flächengebiete miteinander verbinden (unter der Annahme, daß sie parallel geschaltet sind).

A' = Gesamter Querschnitt der Poren.

Θ = Dicke des Überzuges.

$\varkappa$ = Spezifische Leitfähigkeit der Flüssigkeit in den Poren.

[1] Fink, C. G. u. C. K. Conard: Trans. electrochem. Soc. **58** (1930) 457.
[2] Fink, C. G. u. C. H. Eldridge: Trans. electrochem. Soc. **40** (1921) 51.
[3] Fink, C. G. u. O. H. Gray: Trans. electrochem. Soc. **62** (1932) 123.
[4] Monk, R. G. u. H. J. T. Ellingham: Trans. Faraday Soc. **31** (1935) 1460.
[5] Evans, U. R.: Trans. electrochem. Soc. **69** (1936) 225.

Im Anfangsstadium ist $A = A'$, so daß

$$\Phi = E\varkappa/F\Theta$$

d. h. unabhängig von der Porenfläche wird. Tatsächlich wächst E mit abnehmender Stromdichte i/A infolge der herabgesetzten Polarisation. Es besteht jedoch sicher irgendein Wert E_0, den E niemals überschreiten kann, wie niedrig die Stromdichte auch immer werden mag. So kann selbst zu Beginn die Korrosion am Eisen durch Erhöhen der Filmdicke Θ oder Verkleinern der spezifischen Leitfähigkeit $\varkappa$ beliebig klein gemacht werden. In den späteren Stadien, in denen sich die Korrosion des Grundmetalls vom Grunde der Poren her ausbreitet, wird $A > A'$. Die Intensität in irgendeinem gegebenen Stadium wird geringer sein, wenn der Überzug enge und wenige Poren hat, als wenn er zahlreiche und breite Poren besitzt (unter der Annahme, daß die Dicke und andere Faktoren in beiden Fällen die gleichen sind). Ist auch die Gleichung

$$\Phi = E/FAR$$

nach dem OHMschen und FARADAYschen Gesetz in gleicher Weise sowohl für völlig freigelegtes als auch für „unvollkommen überzogenes" Eisen richtig, so ist es doch klar, daß die Gegenwart eines Überzuges, der für gewöhnlich E, jedoch *auch* R vergrößert, entweder zu einer Vergrößerung oder zu einer Herabsetzung der Intensität, je nach den Umständen, führt. In manchen Fällen kann E rascher wachsen als R und der Überzug wird infolgedessen eine Intensivierung verursachen. In anderen Fällen jedoch wird der Überzug R rascher zum Anstieg bringen, als das für E der Fall ist und wird somit die Intensität des Angriffes selbst dann verringern, wenn der Überzug Löcher enthält. Gelegentlich nimmt E, wie HOAR[1] ausgeführt hat, nicht zu, sondern wird durch den Überzug verringert, selbst wenn die in Frage stehende Schicht tatsächlich kathodisch gegenüber dem Grundmetall ist.

Während BLUM[2] die vorstehend entwickelte Formel für den Fall *vollständigen Eintauchens* annimmt, ist er doch der Ansicht, daß der größte Teil des Angriffs im Falle der *atmosphärischen* Korrosion von Metallen mit edlen Überzügen auf die in den Poren zurückgebliebene Flüssigkeit zurückzuführen ist, und daß die kathodische Fläche in solchen Fällen mit der Dicke (für eine Pore von gegebenem Durchmesser) ansteigt, während der effektive Widerstand der Flüssigkeitswege mit der Dicke abnimmt (obgleich nicht proportional der Dicke). Er ist der Ansicht, daß der Effekt der Verarmung der korrosiven Substanzen in den Poren und der Ansammlung unlöslicher Korrosionsprodukte in den Poren zu einer Verstopfung der Kanäle führen kann. Er berichtet über praktische Beobachtungen, die zeigen, daß der schützende Wert von Nickelüberzügen auf Stahl bei Erhöhung der Dicke von 0,006 auf 0,025 mm ansteigt, daß die Zunahme jedoch nicht mehr sehr wesentlich ist, wenn die Dicke auf 0,05 mm erhöht wird. Der zusätzliche Schutz ist auf die Verringerung der Anzahl und der Durchmesser der Poren zurückzuführen. Die Tatsache, daß eine Schicht von Kupfer zwischen einer dünnen Nickelschicht und dem Stahl die Korrosion in einer Seeatmosphäre beschleunigt, ist ein Beweis dafür, daß die Beschleunigung von den Porenwällen, nicht dagegen von dem außerhalb der Poren liegenden Metall herrührt.

---

[1] HOAR, T. P.: Private Mitteilung 1935.
[2] BLUM, W.: Private Mitteilung vom 5. Oktober 1935.

Vierzehntes Kapitel.

Schutz durch Farben, Lacke und Emaille.
A. Wissenschaftliche Grundlagen.
1. Allgemeine Grundlagen.

Mechanischer Abschluß. Hemmung des chemischen Angriffs. Farben können einen Schutz in zweierlei Weise bewirken:

1. Der Farbfilm kann dazu dienen, korrosive Einflüsse wie Wasser, Säuren, Salze oder Sauerstoff von dem Metall *fernzuhalten* oder zumindest die Diffusion dieser Substanzen zum Metall zu verzögern.

2. Die Farbe kann eine Komponente enthalten, die den Korrosionsvorgang *verhindert* oder *hemmt*, wodurch sie das Metall in einen *passiven Zustand* versetzt[1].

Es mag geltend gemacht werden, daß die Passivität von einem Film abhängt und daß infolgedessen kein grundsätzlicher Unterschied zwischen diesen beiden Arten des Schutzes besteht. Tatsächlich liegt jedoch ein wirklicher Unterschied vor. Eine Farbe, die ein korrosionsverhinderndes Pigment enthält, führt die Oberfläche des Metalles selbst in einen schützenden Film über, und es macht wenig aus, ob der Farbfilm als solcher wasserfest oder porös ist. In Abwesenheit inhibierender Konstituenten dagegen ist es wichtig, daß der Farbüberzug selbst so undurchlässig wie möglich ist. Unzweifelhaft werden jedoch einige der besten Farbanstriche einen Schutz in beiden Richtungen bieten. Im allgemeinen sollten die Anstrengungen darauf gerichtet sein, nicht nur das Metall passiv zu machen, sondern es auch mechanisch zu schützen, und zwar sowohl gegenüber einer Abnutzung als auch gegen Säuren oder salzartige Substanzen, die die Passivität zerstören würden. Es ist wohl zweifelhaft, ob ein völlig undurchlässiger Farbanstrich heutzutage bereits vorhanden ist. In Fällen, in denen das Metall hochgradig reaktionsfähig ist, hat es sich als schwierig erwiesen, korrosive Einflüsse allein durch einen Farbanstrich auszuschließen. WHITBY[2] faßt seine Erfahrung dahin zusammen, daß keine Farbe, wie erfolgreich sie auch immer auf anderen Materialien sein mag, undurchlässig ist, wenn sie auf Legierungen der Magnesiumbasis aufgebracht und der Anstrich in Seewasser oder eine Chloridlösung eingetaucht wird.

Korrosive Änderungen auf angestrichenen Metallen. Es ist immer noch die Ansicht vorherrschend, daß ein schützender Farbanstrich wesentlich eine Maßnahme zur Erzielung einer Wasserfestigkeit ist, weshalb Nachdruck auf die Feststellung gelegt werden muß, daß Ölfarben die Fähigkeit besitzen, Wasser in ziemlich dem gleichen Ausmaß wie Gelatine, wenngleich auch langsamer, zu absorbieren[3]. Ist diese Absorption einmal erfolgt, so setzen die chemischen

---

[1] Der Ausdruck „Inhibitor" ist von den Herstellern von Farben in doppelter Bedeutung verwendet worden:

1. zur Bezeichnung eines Pigmentes, das korrosionsverhindernd wirkt und

2. für eine organische Substanz, die unerwünschte Veränderungen in dem aus Öl bestehenden Dispergierungsmittel verhindert.

[2] WHITBY, L.: J. Oil Colour Chemists Assoc. **16** (1933) 411.

[3] WILKINSON, J. A. F. u. E. F. FIGG: J. Oil Colour Chemists Assoc. **7** (1924) 241. Die von den Autoren veröffentlichten Kurven zeigen, daß die Lackfilme innerhalb von 15 Tagen 100% an Wasser absorbieren können.

oder elektrochemischen Vorgänge in ziemlich der gleichen Weise wie beim nicht angestrichenen Metall ein, jedoch weniger rasch, infolge der verlangsamten Diffusion durch die Filmsubstanz. Trotzdem kann dieser Vorgang, selbst wenn er langsam anläuft, zu Schäden in dem Farbfilm führen, und es wird im Laufe der Zeit zu einer Erhöhung der Korrosionsgeschwindigkeit kommen. Bei der Exposition an der *Atmosphäre* (wie sie in Verbindung mit den metallischen Überzügen besprochen worden ist) wird ein voluminöser Rost *unter* dem schützenden Überzug entstehen und dazu führen, daß dieser bald von der Metallbasis weggedrängt wird. Wird das angestrichene Metall *völlig in Wasser eingetaucht*, so entgeht es für eine gewisse Zeit diesem Angriffstyp, da der Rost infolge der weniger raschen Nachlieferung des Sauerstoffes weitgehend an der *Außenseite* des Überzuges abgeschieden wird, der selbst dann nahezu intakt bleibt, wenn er tief in einen Rostschlamm eingebettet ist. Ist das Wasser jedoch salzhaltig, so wird das kathodisch gebildete Natriumhydroxyd das Dispergierungsmittel einer Ölfarbe erweichen und wird selbst dort (wie bei einigen Teerfarben), wo es keine chemische Wirkung auslösen kann, zwischen das Metall und den Farbfilm kriechen und den letzteren ablösen. Wird ein Tropfen einer Natriumchloridlösung auf eine angestrichene Metalloberfläche gebracht und vor Verdampfung geschützt, so bildet er langsam Eisen(II)-chlorid in seinem zentralen Teil und Natriumhydroxyd längs der Begrenzungszone. Der tatsächliche Angriff auf dem Metall ist zuerst geringfügig, jedoch erweicht oder löst das Natriumhydroxyd gewöhnlich die Farbe[1], so daß der Angriff, wenn die Farbe erst einmal fortgeführt worden ist, auf dem Metall rasch fortschreitet. Dieser Vorgang ist als *alkalisches Erweichen* bekannt. Ist der Farbanstrich völlig frei von Porosität, so tritt dieses Erweichen nicht ein. Es ist nicht das Salz, das das Erweichen der Farbe herbeiführt, sondern vielmehr das während des langsamen Angriffes gebildete Alkali. Das Erweichen tritt an der kathodischen Zone rings um die Tropfenbegrenzung auf, während es anfänglich zu keinem Angriff auf dem Metall kommt. Bei gewissen mit sehr gut haftender „Goldfarbe" (in der das Pigment aus schuppigen Partikeln einer Kupferlegierung besteht) durchgeführten Versuchen blieb die Farbe in der Tropfenmitte haften, nachdem die Farbe um die Begrenzungszone herum abgelöst worden war, trotzdem sich die tatsächliche Korrosion im Zentrum abspielte.

Zahlreiche Kombinationen von Pigment und Lösungsmitteln sind in Cambridge im Hinblick auf die alkalische Erweichung durch Tropfen einer Natriumchloridlösung geprüft worden, die auf die angestrichenen Oberflächen aufgebracht wurden. In vielen Fällen war die Porosität in offenbar vollkommen ausgebildeten Überzügen groß genug, um ein Erweichen hervorzurufen. Nach 24 Stunden konnte die Farbe durch mäßiges Reiben von der Tropfenfläche, oftmals auch, infolge des dem Alkali eigenen Kriecheffektes, von der unmittelbar nach außen anschließenden Zone fortgewischt werden. Filme jedoch, die einen wirkungsvollen Inhibitor, wie beispielsweise Bleiglätte, enthalten, machen das Eisen passiv und erleiden demzufolge keine alkalische Erweichung. So ist es in einigen Fällen möglich gewesen, durch den Farbfilm eine Kratzerlinie zu legen, durch die das Metall bloßgelegt wurde, und anschließend auf diese Zone einen Tropfen zu bringen, der keinerlei Korrosion und demzufolge

---

[1] Evans, U. R.: Trans. electrochem. Soc. **55** (1929) 243.

auch kein Erweichen hervorrief. Derartige Fälle werden später behandelt werden.

Auf dem *Eisen* tritt die alkalische Erweichung nur unter ziemlich exzeptionellen Umständen, insbesondere dann ein, wenn das kathodisch gebildete Alkali daran gehindert wird, mit den anodisch gebildeten Eisensalzen in Kontakt zu treten. In den Fällen, in denen Eisensalze und Alkali abwechselnd an dem gleichen Punkt gebildet werden (z. B. wenn Tropfen von Salzwasser beliebig an einer Eisenoberfläche herabrinnen), wird die Reaktion während dieses Vorganges an keinem Punkt ausgesprochen alkalisch bleiben. Der Fall des *Magnesiums* weicht hiervon jedoch ab. Wird dieses Metall gleichförmig mit einer Salzlösung oder selbst mit destilliertem Wasser befeuchtet, so bildet sich eine stark alkalische Reaktion über der gesamten Oberfläche aus. WHITMORE[1], der den p_H-Wert der Flüssigkeitfilme auf dem Magnesium untersucht hat, ist der Ansicht, daß diese Bildung von Alkali der Grund dafür ist, daß gewöhnliche Farben auf Magnesium nicht adhärieren und keinerlei Schutz gewähren. Er empfiehlt, das Magnesium vor dem Farbanstrich zu passivieren, um so die Bildung von Alkali zu vermeiden. Eine ähnliche Ansicht haben WINSTON, REID und GROSS[2] ausgesprochen, denen zufolge eine Vorbehandlung der Magnesiumlegierungen in Natriumdichromat und Salpetersäure zu einer verbesserten Adhäsion führt. Abgesehen davon, daß dieses Bad eine Passivität hervorruft, liefert es eine rauhe Oberfläche, die für die Farbe die Möglichkeit einer besseren Haftung schafft. Es ist nicht unmöglich, daß die bei der Erzeugung eines haftenden Farbfilmes auf verzinktem Eisen auftretende Schwierigkeit gleichfalls auf die alkalische Reaktion der Korrosionsprodukte zurückzuführen ist.

Von manchen Kreisen wird die Ansicht vertreten, daß das wesentliche Ziel für einen Farbanstrich darin besteht, das Metall völlig von den korrosiven Agenzien zu isolieren. Danach wird die Bereitstellung einer inhibierenden (korrosionsverhindernden) Substanz in dem untersten Überzug lediglich als eine Sonderform des Schutzes betrachtet. Das ist ein wohl anzustrebendes Ideal, selbst dann, wenn es nicht leicht zu erreichen ist. Im Hinblick hierauf wird es gut sein, die Entwicklung der Porosität bei gewöhnlichen Farbfilmen zu beachten.

2. Arten der Farbabbindung.

Durch Verdampfen des Lösungsmittels. Besteht ein Lack aus einer Lösung eines Harzes oder aus Nitrocellulose in einem geeigneten Lösungsmittel und wird er auf das Metall mit einem Pinsel aufgetragen, so hängt seine Verfestigung im wesentlichen vom Verdampfen des Lösungsmittels ab[3]. Das Verdampfen der Lösungsmittelmoleküle erfordert die Gegenwart von Poren, die groß genug sind, um auch die korrosiven Agenzien eintreten zu lassen. Anstriche, die ausschließlich durch Verdampfen erhärten, neigen zu Porosität, wenn das Material in den späteren Stadien des Trockenvorganges nicht hinreichend plastisch ist, um die Poren gerade dann zu verschließen, wenn der letzte Teil des

---

[1] WHITMORE, M. R.: Ind. eng. Chem. **25** (1933) 21.

[2] WINSTON, A. W., J. B. REID u. W. H. GROSS: Ind. eng. Chem. **27** (1935) 1333.

[3] Hinsichtlich der Kinetik der Filmveränderungen während des Trockenvorganges infolge Verdampfens sowie der Eigenschaften von Nitrocellulosefilmen siehe A. V. BLOM [Koll.-Z. **54** (1931) 214, **61** (1932) 234].

Lösungsmittels entwichen ist[1]. Wird der Überzug durch Spritzen aufgebracht, so wird ein Teil des Lösungsmittels verloren gehen, ehe die Partikeln zur Bildung eines Überzuges zusammentreten, was die Ursache für die guten, schützenden Eigenschaften aufgespritzter Nitrocelluloseüberzüge sein mag. Einige der Cellulosegemische, die zum Anstreichen vorgesehen sind, bieten einen relativ geringen Schutz gegen die Außenkorrosion, obgleich sie Überzüge von angenehmen Aussehen liefern.

Durch Verfestigung. Ein Film, der sich infolge Abkühlung aus dem geschmolzenen Zustand verfestigt, scheint eine bessere Aussicht für die Vermeidung der Porosität zu bieten. Es scheint kein ernster Grund zu bestehen, warum eine Schicht aus glasiger (Silicat)-Emaille nicht hinreichend undurchlässig gegenüber Feuchtigkeit sein sollte. Das gleiche gilt für ein Teer- oder Bitumengemisch, das heiß aufgebracht wird und sich beim Abkühlen verfestigt.

Durch Oxydation und/oder Polymerisation. Die Farben auf der Basis trocknender Öle (beispielsweise Leinöl oder Tungöl) nehmen eine Mittelstellung ein zwischen den durch Verdampfung und den durch Verfestigung abbindenden Farben. Derartige Farben können aus einem Pigment, einem trocknenden Öl, gewissen Sikkativen (im allgemeinen Linolate und/oder Resinate von Blei, Mangan und Kobalt[2], die gewöhnlich in Form einer Lösung in einem organischen Lösungsmittel zugesetzt werden) sowie wahrscheinlich einem Verdünnungsmittel (Terpentin oder Whitesprit) bestehen. Gewisse Farbtypen enthalten auch Harze. Wird die Farbe auf dem Metall ausgebreitet, so verdampft das Verdünnungsmittel, es setzen gewisse Trocknungsreaktionen ein. In den Frühstadien dieses Vorganges absorbieren einige der ungesättigten Verbindungen in dem trocknenden Öl Sauerstoff. Die Sikkative (die im allgemeinen Verbindungen von Metallen sind, die in mehr als einem Oxydationszustande auftreten können) wirken mit bei der Aufnahme von Sauerstoff aus der Luft und seiner Übertragung auf das Öl[3]. Die oxydierten Moleküle beginnen bald zu polymerisieren[4] und assoziieren sich dann zu Aggregaten kolloider Dimensionen, die allmählich zu einem Gel zusammentreten, das sowohl Festigkeit als auch elastische Eigenschaften besitzt. Diese Polymerisation erfolgt *vor* der vollständigen Oxydation des Öles und kann in verschiedenen Stadien, je nach den Bedingungen, einsetzen. Verwickelt wird der Vorgang durch das Austreten der flüchtigen Produkte während des Oxydationsvorganges. D'ANS[5] hat die

---

[1] W. E. LEWIS [Trans. North East Coast Inst. Eng. **52** (1936) 141] ist der Ansicht, daß einige schnell-trocknende Gemische, die ein Pigment enthalten, das in einem in Alkohol oder flüchtigem Mineralöl gelösten Harzlack dispergiert ist, Filme liefern, die wasserundurchlässiger als Leinölfilme sind.

[2] Vanadium-Sikkative werden von F. H. RHODES und K. S. CHEN [J. Ind. Eng. Chem. **14** (1921) 222] empfohlen. Es ist üblich, ein Gemisch von Blei und Mangan oder von Blei und Kobalt zu verwenden. Nach C. E. WATSON [Chem. Ind. **5** (1927) 457] wirkt Blei allein zu langsam und führt zu festklebenden Filmen, während Kobalt oder Mangan allein eine ausgetrocknete Oberfläche ergeben. Nach ihm beträgt das Optimum des Zusatzes an Kobalt 0,04%, an Mangan 0,1% und an Blei 0,67%.

[3] A. C. ELM (Paint Varnish Prod. Manager, Februar **1935,** 5) ist der Ansicht, daß Sikkative die Oxydation wesentlich, die Polymerisation dagegen nur leicht beschleunigen und daß sie auch die Gelbildung beeinflussen können.

[4] Einer interessanten Annahme zufolge führt das Trocknen von Tungöl zu stabilen sechsatomigen Ringen. Siehe hierzu L. A. JORDAN u. J. O. CUTTER: J. Soc. chem. Ind. Trans. **54** (1935) 89.   [5] D'ANS: Z. ang. Ch. **41** (1928) 1193.

Gewichtsänderungen von Leinölfirnis gemessen und dabei festgestellt, daß während etwa zwei oder drei Tagen eine Zunahme des Gewichtes entsprechend der Aufnahme von Sauerstoff an den zur Koagulation führenden Doppelbindungen stattfindet. Anschließend setzt eine destruktive Oxydation ein, die auf den bereits in den Film eingetretenen Sauerstoff zurückzuführen ist, die zu einem Gewichtsverlust führt. Dieses Austreten gasförmiger Produkte (möglicherweise handelt es sich um Oxyde des Kohlenstoffes oder flüchtige organische Substanz) muß wahrscheinlich etwas störend auf die Ausbildung einer undurchlässigen Schicht einwirken. Eine ideal trocknende Farbe würde so beschaffen sein müssen, daß sie bei der abschließenden Verfestigung weder durch Aufnahme von Molekülen aus der Gasphase noch durch Abgabe von Molekülen an den Gasraum Störungen erleidet. Es ist zweifelhaft, ob diese Forderung bereits durch irgendeine Ölfarbe erfüllt ist, die bei gewöhnlichen Temperaturen trocknet. Sie wird jedoch angenähert erfüllt durch die aufgebrannten Lacke, die bei der Erwärmung eine gewisse Polymerisation erleiden, so daß sie beim Wiederabkühlen einen kompakten Film ergeben.

Die wesentliche Funktion für das Sikkativ in einer Ölfarbe besteht darin, die Einwirkung des atmosphärischen Sauerstoffes auf das Öl zu aktivieren, jedoch unterstützt es mitunter auch den Polymerisationsvorgang, insbesondere bei hohen Temperaturen. So zeigt beispielsweise die bei 160° ausgeführte Untersuchung von LONG und MCCARTER[1], daß sowohl Kobaltresinat als auch Bleiresinat die Aufnahmegeschwindigkeit des Sauerstoffes erhöhen, daß das letztere jedoch die Menge des aufgenommenen Sauerstoffes, der für die Gelbildung erforderlich ist, tatsächlich verringert, was wahrscheinlich darauf hindeutet, daß das Blei sowohl die Polymerisation als auch die Oxydation katalytisch beeinflußt. Kobalt erhöht etwas die Menge des zur Gelbildung erforderlichen Sauerstoffes; sein Wert ist durch die Fähigkeit zur Oxydationsbegünstigung bedingt. In der Praxis werden Mischungen von Metallen, gewöhnlich Blei und Mangan, als Sikkative verwendet. In den vom Korrosionskomitee des IRON AND STEEL INSTITUTE ausgeführten Prüfungen enthalten die Farben 1% eines flüssigen Sikkativs, während die Gehalte an Blei und Mangan in den endgültigen Farben 0,05 bzw. 0,003% betragen[2]. Die Gegenwart von Ozon in der Luft beschleunigt den Trocknungsvorgang, was nach KUFFERATH[3] ohne Erhöhung der Brüchigkeit vor sich geht.

Leider ist das Trocknen der Öle stets mit Volumenänderungen verknüpft. Ein Film von (rohem) Tungöl zeigt Neigung zum Auftreten von Falten während des Trocknens[4], was auf eine effektive Ausdehnung hinweist. Leinöl erleidet trotz einer anfänglichen Ausdehnung im Endzustande eine effektive Kontrak-

---

[1] LONG, J. S. u. W. S. W. MCCARTER: Ind. eng. Chem. 23 (1931) 786.

[2] Anonym in Rep. Corrosion Comm. Iron Steel Inst. 2 (1934) 44.

[3] KUFFERATH, A.: Paint Varnish Prod. Manager, August 1935, 30.

[4] Die Schrumpfungen in Filmen sind viel eher als *Falten* denn als Brüche anzusprechen, jedoch ist diese ganze Frage sehr verwickelt. Siehe A. EIBNER u. E. ROSSMANN: Ch. Umschau 35 (1928) 241, 281, 37 (1930) 65. In der Farbpraxis werden diese Schrumpfungen durch eine Wärmebehandlung des Öles vermieden. Wird reines Tungöl erwärmt, so neigt es zur Verfestigung, was jedoch durch Zusatz gewisser anderer Öle oder Harze verhindert werden kann. Man hat so ein Tungöl mit sehr wertvollen Eigenschaften hergestellt, das als Bestandteil für Farben Verwendung findet. Siehe hierzu S. O. SORENSON: Paint Varnish Prod. Man., Juli 1935, 22.

tion, die nach FRIEND[1] 7% und nach SABIN[2] mehr als 10% beträgt. Diese Erscheinung beruht nach SABIN auf der Ausbildung von Brüchen in den reinen Ölfilmen, jedoch ist er der Ansicht, daß derartige Brüche nicht notwendig in einem ein Pigment enthaltenden Film auftreten. Trotzdem sind Farben auf Leinölbasis weniger wasserfest, als solche auf der Basis von Tungöl[3], was wahrscheinlich mit der Kontraktion des ersteren und der Ausdehnung des letzteren verknüpft ist. Es erscheint günstig, einen Film zu wählen, der weder eine effektive Ausdehnung, noch eine effektive Kontraktion aufweist, was dazu geführt hat, die beiden Öle in einem solchen gegenseitigen Anteil voneinander zu mischen, daß die Ausdehnung des einen die Kontraktion des anderen kompensiert. Ob die Begründung zutreffend ist oder nicht, auf jeden Fall ist es eine erwiesene Tatsache, daß Mischungen von Leinöl und Tungöl bessere Ergebnisse, als jedes der für sich allein verwendeten Öle geben.

Behandlung der Öle. Die Eigenschaften käuflicher trocknender Öle können weitgehend durch Raffinieren geändert werden: im Sinne einer Entfernung von *Schleim* und anderen in geringer Konzentration auftretenden Bestandteilen[4], ferner durch eine Wärmebehandlung, die gewöhnlich die Viscosität erhöht. Der Einfluß der Wärmebehandlung wechselt erheblich, je nachdem ob die Luft ausgeschlossen oder aber im Gegenteil hindurchgeblasen wird. Selbst Exposition an Licht kann die Ergebnisse beeinflussen. Die so behandelten Öle sind, je nach der Art der Behandlung, als gekochtes Öl, Standöl oder geblasenes Öl bekannt. Erhitzen von Leinöl bei 300° in einer Kohlendioxydatmosphäre führt nach FREUNDLICH[5] zu wirklicher Polymerisation, so daß 70% des Produktes nicht mehr durch das Ultrafilter hindurchgehen. Diese Reaktion beruht zweifellos auf der Wirksamkeit von Doppelbindungen. Wird Sauerstoff nicht ausgeschlossen, so erfolgt gewöhnlich eine erhebliche Oxydation, jedoch kann der Sauerstoff auch die Moleküle an der Doppelbindung aneinander koppeln, was zur Entstehung von Makromolekülen führt[6]. Die Bindungsfähigkeit des Sauerstoffes ähnelt etwas der des Schwefels, wie sie beim Vulkanisieren des Gummis ihren Ausdruck findet; es ist beachtenswert, daß heutzutage Leinöl gleichfalls mit Schwefel behandelt wird. Das so erhaltene Produkt gibt hochgradig elastische Filme mit einem verminderten Absorptionsvermögen für Wasser, wie durch die Messungen von STERN[7] gezeigt werden konnte. Überzüge von Farben, die mit schwefelbehandeltem Öl angemacht sind, trocknen sehr rasch in den Oberflächenschichten, so daß ein zweiter Überzug aufgebracht werden kann, ehe das Innere des ersten Überzuges erhärtet ist[8].

---

[1] FRIEND, J. A. N.: J. chem. Soc. 111 (1917) 166.

[2] SABIN, A. H.: Trans. electrochem. Soc. 64 (1933) 56.

[3] In neuerer Zeit wird Oiticitaöl als Ersatz für Tungöl genannt, das jedoch etwas abweichende Eigenschaften zu besitzen scheint. Sein Widerstand gegenüber Wasser soll etwas geringer sein. Siehe Anonym in Paint Varnish Prod. Manager, November **1935**, **32**; siehe auch C. P. A. KAPPELMEIER: Verfkroniek 8 (1935) 279.

[4] Über die Natur der „schleimigen Bestandteile" des Leinöles siehe H. A. BOEKENOOGAN [Verfkroniek 9 (1936) 295].   [5] FREUNDLICH, H.: J. Oil Colour Chemists Assoc. 18 (1935) 74.

[6] Die stereochemischen Fragen bei den während der Wärmebehandlung und während des Trocknungsvorganges des Filmes auftretenden Veränderungen werden in klarer Weise von A. V. BLOM [Koll.-Z. 75 (1936) 223] behandelt.

[7] STERN, E.: Korr. Met. Beiheft (1929) 56.

[8] Die Gegenwart von Schwefel könnte gefährlich für den Stahl erscheinen, jedoch sind geschwefelte Öle heutzutage mit Erfolg als Bestandteile von Farben in Benutzung. Offenbar

Das sog. Standöl oder *Lithoöl*, das ausgezeichnete Ergebnisse bei den Schiffsprüfungen der INSTITUTION OF CIVIL ENGINEERS[1] gegeben hat und auch für Farben sehr viel verwendet wird, die der Abnutzung, so insbesondere bei Eisenbahnen, zu widerstehen haben, wird in einem gegen Sauerstoff abgeschlossenen Gefäß erhitzt. In den erwähnten Prüfungen wurde die Erhitzung während 70 Stunden bei 315° vorgenommen.

Reaktion zwischen Öl und Pigment. Noch ein weiterer Faktor kann zu einer Änderung in den Eigenschaften der Farben führen. Man muß annehmen, daß sich die Ölmoleküle in unmittelbarer Nähe der Pigmentteilchen in einem besonderen Zustand, etwa im Sinne einer gewissen Bindung zwischen dem Pigment und dem umgebenden Medium befinden[2]. Selbst vor dem Beginn des Abbindevorganges besitzen diese so ausgerichteten Moleküle wahrscheinlich eine geringere Bewegungsfreiheit als die anderen Ölmoleküle. Infolgedessen hängt die zur Erzeugung eines Gemisches vorgegebener Dickflüssigkeit mit einem Pigment erforderliche Ölmenge nicht einfach von dem Porenvolumen (d. i. das Luftvolumen, das zwischen den Partikeln des trockenen Pigmentes eingeschlossen ist) ab. Wäre das der Fall, so würden die für sämtliche Flüssigkeiten erforderlichen Anteile einander viel mehr gleichen, während GROHN[3] gezeigt hat, daß die für trocknende Öle, Kohlenwasserstofföle und Wasser erforderlichen Beträge sehr verschieden sind. Aufstreichbare Farbmischungen auf verschiedener Pigmentbasis wechseln sehr erheblich in ihren Ölgehalten. Da nun das Ölmedium häufig sehr viel leichter als das Pigment zerstört wird, dürfte ein gewisser Vorteil darin liegen, ein Pigment zu wählen, das wenig Öl erfordert, um eine Farbe guter Anstreichkonsistenz zu ergeben.

Die Möglichkeit einer chemischen Wechselwirkung zwischen dem Pigment und dem Öl darf nicht vernachlässigt werden. Es ist lange geargwöhnt worden, daß Mennige mit Leinöl reagiert; das daraus resultierende Produkt ist oftmals unscharf als Bleiseife bezeichnet worden. RAGG[4] u. a. haben diese Frage untersucht und es ist wahrscheinlich, daß — bei Zusatz zu wirklichen Seifen — Komplexe zwischen Bleioxyden und Triglyceriden gebildet werden. Was auch immer die Natur dieser Verbindungen sei, es ist jedenfalls festgestellt worden, daß Mennigefarbe, die im Augenblick des Mischens aus Mennigepartikeln besteht, die in einer völlig organischen Flüssigkeit suspendiert sind, schließlich aus den in eine Schicht von Bleiverbindungen eingebetteten Mennigepartikeln aufgebaut sein wird. RAGG vergleicht einen Farbfilm aus Mennige mit einer Ziegelmauer, die aus vergleichsweise großen undurchlässigen Ziegeln aufgebaut ist, die durch einen wasserundurchlässigen Mörtel miteinander verbunden sind.

---

haben die früheren Produkte dieser Art zu Schädigungen geführt. Der Bruch der Aufhänger einer New Yorker Brücke wird nach Anonym in Engeneering **124** (1927) 771 auf ein schwefelbehandeltes Fischöl in der Farbe zurückgeführt. Ein derartiges Produkt ist jedoch von dem heutzutage mit Schwefel behandeltem Leinöl völlig verschieden.

[1] FRIEND, J. A. N.: Det. Struct. Seawater **15** (1935) 98.

[2] W. DROSTE (Paint Varnish Prod. Manager, Februar, **1935** 8) ist der Ansicht, daß freie Fettsäuren das Befeuchten der Pigmentpartikeln wesentlich erleichtern und den Betrag der erforderlichen Pulverisierung zwecks Erzielung einer dauerhaften Dickflüssigkeit herabsetzen. Die Fettsäuremoleküle sind mit ihren Säuregruppen zu den Pigmentpartikeln hin ausgerichtet.

[3] GROHN, H.: Farben-Ztg. **33** (1928) 1660.

[4] RAGG, M.: Trans. electrochem. Soc. **64** (1933) 59.

Aussichten für die Erzeugung undurchlässiger Überzüge. Es scheint nicht außer jeder Möglichkeit zu liegen, eine hinreichend wasserfeste Farbe herzustellen, insbesondere im Hinblick auf die große und stets wachsende Anzahl der Komponenten, denen der Farbmischer seine Aufmerksamkeit zuwenden kann, um die physikalischen Eigenschaften seiner Farben zu verbessern. Abgesehen von den natürlichen Harzen — unter denen *Copal* besonders wertvoll ist, da es die Durchlässigkeit für Wasser herabsetzt und weiterhin ein alkalisches Erweichen verhindert[1] — hat die Entwicklung der *synthetischen Harze* in neuerer Zeit die Aussichten für den mechanischen Ausschluß korrosiver Einflüsse wesentlich verbessert. Es gibt wenigstens 6 Klassen synthetischer Harze, die in ihren Eigenschaften erheblich voneinander abweichen. Zusammenfassungen über diesen Gegenstand sind von BEVEN und SIDDLE[2], PEARCE[3] sowie von MORGAN, MEGSON und HOLMES[4] veröffentlicht worden. Eine andere vielversprechende Stoffklasse bildet der *chlorierte Kautschuk*. Einige der früher hergestellten Produkte waren instabil und haben enttäuscht, jedoch sind neuerdings wirkliche Fortschritte auf diesem Gebiete gemacht worden[5].

Wie auch immer der Stand der Dinge in einigen Jahren sein mag, heutzutage ist es trotzdem wahrscheinlich, daß die Wassermoleküle durch die meisten der in Gebrauch befindlichen Farbfilme hindurchtreten können.

3. Korrosionsverhindernde (inhibierende) Pigmente für die untersten Überzüge.

Immunität des freigelegten Metalls. Die vorstehenden Ausführungen lassen die Bedeutung der Kenntnis der inhibierenden Eigenschaften solcher Substanzen deutlich hervortreten, die zweckmäßig dem untersten Farbüberzug eingefügt werden. LEWIS[6] hat über die Wirksamkeit verschiedener Pigmente und anderer Stoffe im Hinblick auf die Angriffsverhütung Versuche unternommen, die so geleitet wurden, daß die korrosiven Agenzien (Wasser, Sauerstoff und gegebenenfalls ein Elektrolyt) das Metall erreichen durften. Dabei kamen insbesondere zwei Hauptmethoden zur Anwendung. Bei der Ritzmethode wurde das Pigment mit Leinöl gemischt und auf dem Metall aufgetragen. Nach dem Trocknen des Filmes wurde durch ihn ein Standardriß hindurchgeführt, wodurch das Metall freigelegt wurde. Hierauf wurde ein Tropfen von 0,001 molarem Natriumchlorid auf dieser Zone aufgebracht, wobei Vorsichtsmaßregeln gegen eine Verdampfung getroffen wurden. Sämtliche Versuche wurden in einem Thermostaten bei 25° durchgeführt. Besaß das Pigment keinerlei inhibierende Eigenschaften, so setzte die Korrosion bald ein und führte zu einem sichtbaren Rost, während die Farbe durch das Alkali erweicht wurde und leicht entfernt werden konnte. Die Versuche ergaben jedoch, daß mehrere Pigmente hinreichend gut ausgeprägte inhibierende Eigenschaften besitzen, um die gesamte

---

[1] McHATTON, L. P.: J. Inst. Petrol. Technol. **21** (1935) 991. — EVANS, U. R.: Trans. electrochem. Soc. **55** (1929) 251.

[2] BEVEN, L. A. u. F. J. SIDDLE: Paint Varnish Prod. Manager, Januar, **1934** 28.

[3] PEARCE, W. T.: Symposium on Paint and Paint Materials, S. 128. 1935.

[4] MORGAN, G. T., N. J. L. MEGSON u. E. L. HOLMES: Chem. Ind. **14** (1936) 319.

[5] COOLAHAN, R. A.: Paint. Varnish Prod. Manager, Oktober **1934**, 22.

[6] LEWIS, K. G. u. U. R. EVANS: J. Soc. chem. Ind. Trans. **53** (1934) 29; s. auch LEHMANN: Farben-Ztg. **40** (1935) 55; Paint Varnish Prod. Manager, September **1935**, 33; ebenso eine frühere Darstellung von G. W. THOMPSON: Pr. Am. Soc. Test. Mat. **7** (1907) 493.

Korrosion, Rostbildung oder Erweichen an dem Riß *unter den Tropfen dieser Konzentration* zu verhindern (durch höhere Konzentrationen wird die Passivität zerstört). Die Ergebnisse sind in Tabelle 56 zusammengefaßt. Um die Ergebnisse in verbindlicher Weise sicherzustellen, wurden mehrere Abarten von jedem der wichtigeren Pigmente berücksichtigt und jede Abart mit 10 Tropfen geprüft. In den meisten Fällen verhielten sich sämtliche Abarten eines gegebenen Pigmentes ähnlich, alle 10 Tropfen führten zum gleichen Ergebnis.

Tabelle 56. Verhalten von Pigmenten bei der Rißprüfung mit 0,001 molarer Natriumchloridlösung. (Nach K. G. Lewis und U. R. Evans.)

Eindeutige Korrosionsverhinderung am Riß	Zweifelhafte Korrosionsverhinderung	Eindeutige Korrosion am Riß
Bleiglätte (2 Sorten)	Bleiperoxyd	Eisenoxyd (7 Sorten)
Mennige (3 Sorten)	Mangandioxyd	Bleioxalat
Zinkoxyd[1] (4 Sorten)	Magnesiumoxyd (2 Sorten)	Bleisulfat
Zinkstaub	Basisches Magnesium-	Bleiweiß
Blomsches Legierungspigment	carbonat	Bleichromat (2 Sorten)
		Bariumsulfat (2 Sorten)
		Graphit
		Lampenruß
		Aluminium (2 Sorten)
		Arsen(II)-oxyd (2 Sorten)
		Antimon(III)-oxyd
		Zinn(IV)-oxyd
		Titanoxyd
		Schmirgelpulver
		Carborundum

Quantitative Untersuchung der Korrosionsverhinderung durch Pigmente. Die vorstehend beschriebene Rißmethode ist rein qualitativ und zeigt lediglich die inhibierende Funktion eines in einem Ölfilm vorhandenen Pigments an. Die *Rohrprobe*[2] wird in Abwesenheit von Öl mit einer gewogenen Probe durchgeführt und dient dazu, eine partielle Korrosionsverhinderung durch jene Pulver festzustellen, die irgendeinen Rostungsvorgang an einem Riß zulassen. Die Prüfung wurde in verschlossenen Rohren durchgeführt, die in ein Gefäß eingeschlossen wurden, das sich einmal in je 3,5 sec dreht, so daß die Rohre in einer vertikalen Ebene um eine horizontale Achse rotierten. Jedes Rohr enthielt

a) eine gewogene Metallprobe,

b) Wasser oder eine Lösung,

c) Luft oder Sauerstoff,

d) ein Pigment.

Außerdem wurden Leerversuche ohne Pigment durchgeführt. Die Versuche wurden während 20 Stunden unter festgelegten Bedingungen in einem Thermostaten bei 25° durchgeführt. Es wurden 5 verschiedene Metalle in 7 Flüssigkeiten mit etwa 42 Pigmenten oder anderen Pulvern untersucht. Die meisten

---

[1] Zinkoxyd muß von Lithopone (gemeinsame Ausfällung von Zinksulfid und Bariumsulfat) unterschieden werden. Dieses führte zu weniger günstigen Ergebnissen als das in den Prüfungen von E. Maass und R. Kempf [Korr. Met. 3 (1927) 131] benutzte Zinkoxyd, was möglicherweise auf den Sulfidgehalt zurückzuführen ist.

[2] Lewis, K. G. u. U. R. Evans: J. Soc. chem. Ind. Trans. 53 (1934) 25.

Versuche wurden doppelt, Parallelversuche ohne Pigment jedoch gewöhnlich drei- oder vierfach durchgeführt. Insgesamt wurden über 400 Versuche ausgeführt.

Die Ergebnisse lassen klar erkennen, daß die bloße Gegenwart von Blei in einem Pigment keine Garantie für eine korrosionsverhindernde Wirkung ist. Dieses Verhalten wird vielleicht am besten durch die Mittelwerte sämtlicher LEWISschen Ergebnisse an Bleipigmenten gezeigt, die von BLOM[1] zusammengestellt und in Tabelle 57 wiedergegeben werden.

Tabelle 57. Korrosion in Gegenwart von Pigmenten nach 20stündiger Rotation bei 25°, Angaben in 10^{-4} g (Probenabmessung je Seite 3×1 cm).

Flüssigkeit	Pigment-frei	Blei-peroxyd	Mennige	Blei-monoxyd	Blei-suboxyd	(Metallische) Bleilegierung
Destilliertes Wasser . .	44	68	9	1	28	0
0,001 molar NaCl . . .	45	144	21	1	48	3
0,001 molar Na_2SO_4 . .	122	148	52	4	52	1
0,001 molar H_2SO_4 . .	143	172	16	6	60	0

Die Proben scheinen auch die Abwesenheit inhibierender Eigenschaften bei Eisenoxydpigmenten anzuzeigen, abgesehen von denjenigen Sorten, die eine alkalische Reaktion gegenüber Wasser geben (das Alkali würde wahrscheinlich beim Mischen mit Öl verschwinden[2]). Dieses Verhalten muß nicht notwendig als beweisend angesehen werden, daß spezifisch korrosionsverhindernde Eigenschaften in verschiedenen Handelspigmenten, unter denen das Eisenoxyd der hauptsächlichste, jedoch durchaus nicht der einzige Vertreter ist, fehlen. Inhibierende Eigenschaften werden für gewisse natürliche Eisenoxydmineralien in Anspruch genommen, die wahrscheinlich kolloide Substanzen enthalten, weiterhin auch für verschiedene Pigmente, die Oxyde von Eisen sowie Aluminiumoxyd enthalten und die gewöhnlich vom Bauxitaufschluß in den Aluminiumwerken herrühren. LEHMANN[3], der Pigmente nach der Rißmethode von LEWIS und U. R. EVANS mittels aufgebrachter Tropfen geprüft hat, hat inhibierende Eigenschaften bei einem Eisenoxyd seiner Untersuchungsreihe festgestellt.

Ursachen für die korrosionsverhindernde Wirkung der Pigmente. Die LEWISschen Versuchsergebnisse können in folgender Weise interpretiert werden: Hält das Pigment oder das Pulver in der Flüssigkeit einen hohen p_H-Wert aufrecht oder liefert es ein Fällungsmittel für das Eisen, so werden die an korrosionsempfänglichen Punkten der Oberfläche entstehenden Eisen(II)-verbindungen in physikalischem Kontakt mit dem Metall abgeschieden werden, was zu einer Angriffshemmung führt. Sie werden in einem späteren Stadium gewöhnlich in Eisen(III)-verbindungen übergeführt. Die Deutungsweise für den durch flüssige Inhibitoren erzielten Schutz ist in entsprechender Weise gut auf die durch schwerlösliche inhibierende Pigmente hervorgerufene Schutzwirkung zu

---

[1] BLOM, A. V.: Farben-Ztg. **39** (1934) 728.

[2] Eisenoxydpigmente besitzen selbst innerhalb einer gegebenen Klasse einen sehr wechselnden Charakter. So kann Venezianisch-Rot entweder sauer oder alkalisch reagieren; siehe Anonym in Paint Man. **5** (1935) 332.

[3] LEHMANN: Paint Varnish Prod. Manager, September **1935**, 34.

übertragen. Daß die Hemmung des Angriffes im wesentlichen auf der Ausscheidung in physikalischem Kontakt mit dem Metall beruht, ist durch mikroskopische Prüfungen gezeigt worden, die LEWIS an Stahlproben durchgeführt hat, die mit Natriumchloridlösung, dem Bleichromat zugesetzt worden war, geschüttelt worden waren. Die Partikeln des gelben Pigmentes fanden sich auf dem Metall; offenbar wurden sie durch die Produkte der beginnenden Korrosion festgehalten. Das Bleichromat (wahrscheinlich basischer Natur) wird im allgemeinen in der Form $x\,PbO \cdot y\,CrO_3$ angegeben. Betrachten wir nun einen schwachen Punkt in dem primären Oxydfilm mit einer gegen ihn gepreßten festen Pigmentpartikel. Es wird zur Bildung von Eisen(II)-chlorid kommen, jedoch wird das PbO dahin wirken, daß das Eisen als Eisen(II)-hydroxyd ausgefällt wird, während das CrO_3 dieses Produkt zu hydratischem Eisen(III)-oxyd oxydieren wird, das infolge seiner Abscheidung in situ zur Bindung der gesamten Partikel am Metall dienen wird. Es sind andere Fälle beobachtet worden, in denen die Pigmentpartikel offenbar an der Oberfläche fixiert worden war; jedoch ist das leuchtend gefärbte Chromat besonders zur Beobachtung geeignet.

In der LEWISschen Rohrprobe ist Sauerstoff wahrscheinlich überall in erheblichem Überschuß vorhanden und spielt eine Rolle bei der Fixierung des Eisens als hydratisches Eisen(III)-oxyd. Die Bedingungen in einem tatsächlichen Farbfilm werden jedoch im allgemeinen die Gegenwart von weniger Sauerstoff vorsehen, so daß der Fall eintreten kann, daß sowohl ein oxydierendes Agens als auch eine basische Substanz für die Abscheidung *in situ* erforderlich sind. Hierin liegt wahrscheinlich eine Erklärung dafür, daß Mennige, mit der in der Praxis gute Ergebnisse erzielt werden, und die sich selbst als einer der besten Inhibitoren bei Außenversuchen an angestrichenen Proben erwiesen hat, bei der Rohrprobe durchaus nicht die besten Ergebnisse lieferte. Die Rohrprobe dient dazu, Pigmente auszuwählen, die die Korrosionsreaktion verhindern. Sie dient aber nicht dazu, den Grad der Zuverlässigkeit der Farben im Betrieb aufzuzeigen. Die Bedingungen in einem Farbfilm weichen sicherlich sehr von denen in der wässerigen Suspension eines Pigmentes ab. WOLFF[1] hat zeigen können, daß Mennige, die beim Schütteln mit Wasser eine alkalische Reaktion gibt ($p_H = 7{,}8$ bis $8{,}3$), mit Öl einen Film liefert, der anfänglich sauer reagiert ($p_H = 5{,}0$ bis $5{,}5$) und erst nach einigen Wochen neutrales Verhalten annimmt. Es wird jedoch angenommen, daß die Flüssigkeit an nadelförmigen Löchern oder an Rissen in einem Farbüberzug — den Stellen größter Bedeutung — als eine Lösung des Pigmentes in der vorhandenen Feuchtigkeit betrachtet werden kann, und daß die Hemmungswahrscheinlichkeit durch die weiter oben dargelegten Prinzipien bestimmt wird.

Die Ansicht, daß der Schutz durch Mennige wesentlich chemischer Natur ist und auf der Fähigkeit beruht, das Eisen passiv zu halten, während der durch Eisenoxyd nur mechanischer Natur ist, erhält ihre Bestätigung durch die in neuerer Zeit von BURNS und HARING[2] durchgeführten Messungen über die Schwankungen des Elektrodenpotentials von im Boden verlegten Eisen bzw. von Eisen, das mit diesen beiden Verbindungen überzogen worden war.

Allgemeine Richtlinien für die Auswahl der Farben. Die leitenden Gesichtspunkte für die schützenden Farbüberzüge können nunmehr zusammengefaßt

---

[1] WOLFF, H.: Paint Varnish Prod. Manager, März **1935**, 6, August **1935**, 8.
[2] BURNS, R. M. u. H. E. HARING: Trans. electrochem. Soc. **69** (1936) 169.

werden. Ein korrosionsverhinderndes Pigment, wie Mennige oder ein Chromat, sollte in den untersten Farbüberzug eingebaut werden, um das Metall passiv zu halten, während die anschließenden Überzüge unter besonderer Berücksichtigung ihrer mechanischen Eigenschaften so wasserdicht wie möglich gewählt werden sollten. Die Stabilität des als Dispergierungsmittel dienenden Öls in der äußersten Überzugsschicht gegenüber Licht ist natürlich von Bedeutung. Da das Lösungsmittel weniger stabil als das Pigment ist, sollte es auf die für ein befriedigendes Anstreichen erforderliche Menge beschränkt werden, überdies sollte Pigmenten mit niedrigem Ölbedarf der Vorrang gegeben werden.

Obgleich für gewöhnlich die Pigmente die korrosionsverhindernden Substanzen sind, kann doch auch das Lösungsmittel in gewissen Fällen chemisch beschränkend auf die Korrosion wirken. Stoffe, die befähigt sind, die Korrosion vom Wasserstoffentwicklungstyp auf Eisen durch Säuren zu verhindern, sind mit der Teerbasis verknüpft, so daß es nicht unmöglich erscheint, daß der gute Schutz, der in Säurefabriken durch teerige oder bituminöse Farben erzielt wird, teilweise hierauf zurückgeht.

4. Methoden zur Verminderung der Porosität und Brüche in Überzügen.

Mehrfache Überzüge. Für den tatsächlichen Rostungsvorgang einer mit einem Farbüberzug versehenen Probe muß ein korrosionsempfänglicher Punkt des Metalls (der im allgemeinen eine schwache Stelle in seinem Oxydfilm ist) mit einer schwachen Stelle im Farbfilm koinzidieren. Werden zwei Überzüge angewendet, so ist es offenbar, daß dann eine Koinzidenz schwacher Stellen in jedem Überzug vorhanden sein muß, was die Rostungswahrscheinlichkeit wesentlich herabsetzt. Im Falle von drei Überzügen ist die Wahrscheinlichkeit für das Auftreten eines Schadens noch weiter verringert. Hierin liegt die Erklärung für den durch mehrfache Überzüge gegebenen Vorteil. Zwei dünne Überzüge werden gewöhnlich einen besseren Schutz bieten, als ein dicker Überzug von doppelten Gewicht, wie FRIEND und GRIFFIN[1] festgestellt haben, wenngleich auch Ausnahmen von dieser Regel bestehen.

Versuche, die in Cambridge ausgeführt worden sind, haben gezeigt, daß ein hartes Wasser auf einem angestrichenen Metall eine viel geringere Rostung als eine Salzlösung hervorruft, ein Unterschied, der wahrscheinlich teilweise auf die Fähigkeit des harten Wassers zur Abscheidung von Rost in sehr engem Kontakt mit dem Metall beruht, wodurch die Poren verschlossen werden. Vielleicht sind auch teilweise die mit erheblicher Durchdringungsfähigkeit versehenen Chlorionen hierfür verantwortlich.

Für eine gegebene Farbe wächst die Durchlässigkeit eines Überzuges naturgemäß wesentlich mit dem Gehalt an Öl, und zwar aus zwei Gründen:

1. Die Kanäle, durch die das Wasser diffundieren kann, werden breiter.

2. Ist die Farbe weniger steif, so ist der Film gewöhnlich dünner, die Kanäle also kürzer.

Wird die Anwendung einer großen Anzahl dünner Überzüge anstatt weniger dicker gewünscht, so wird ein flüchtiges Verdünnungsmittel hinzugefügt, durch

---

[1] FRIEND, J. A. N. u. B. L. GRIFFIN: Carnegie Scholarship Mem. **13** (1924) 242.

das jeder Überzug dünn gehalten werden kann, ohne den Anteil des Lösungsmittels in der getrockneten Filmsubstanz zu erhöhen.

Verwendung schuppenförmiger und metallischer Pigmente. Die Pigmentpartikeln unterscheiden sich im Habitus, der gleichfalls die Länge des Weges beeinflußt, längs dessen die Flüssigkeit diffundieren muß, um das Metall zu erreichen. Ein Farbüberzug auf der Basis eines schuppenförmigen Pigmentes, der so aufgestrichen ist, daß alle Schuppen flach liegen und einander überlappen, wird einen viel längeren Diffusionsweg hervorrufen, als ein gleich dicker Überzug, der runde oder gleichachsige Pigmentkörner enthält. Schuppenförmige Pigmente werden in ausgedehntem Maße für äußere Überzüge verwendet, bei denen ein undurchlässiger Charakter gewünscht wird. An Stellen, an denen die Substanzen undurchsichtig sind, helfen sie auch das Lösungsmittel gegen eine Zersetzung durch Licht zu schützen. *Aluminium* und *glimmerähnlicher Hämatit* liefern die bestbekannten Beispiele. Versuche von KIRSCH[1] zeigen, daß glimmerähnliche Hämatitfilme beachtlich wasserfest sein können.

Für dekorative Zwecke werden verschiedene Kupferlegierungen von goldähnlicher oder bronzener Farbe verwendet. Einige von ihnen sind stark kathodisch gegenüber Eisen und können, wenn sie in einem einzigen Überzug verwendet werden, die Korrosion in einigen Fällen an schwachen Stellen, an denen das Eisen freigelegt ist, intensivieren, was durch Laboratoriumsversuche in Cambridge festgestellt worden ist. Dieses Verhalten scheint sich nicht auf alle Pigmente aus der Klasse der Kupferlegierungen zu beziehen.

Eine Intensivierung ist nur dann zu erwarten, wenn das metallische Pigment in gutem Kontakt mit der Stahlbasis ist und wenn ein Bruch in dem Überzug vorhanden ist. Die Wahl des Dispergierungsmittels kann die Kontaktfrage beeinflussen und erklärt möglicherweise die von PETERS[2] mit zwei Farben erhaltenen Ergebnisse, die die gleiche Aluminiumbronze in gleicher Konzentration, jedoch in verschiedenen Lösungsmitteln dispergiert, enthielten. In einem Fall war der Überzug innerhalb eines Jahres völlig verrostet, während der andere 7 Jahre vorhielt. PETERS erhielt, was leicht zu verstehen ist, die besten Ergebnisse bei Anwendung einer Bronzefarbe über einer Ölfarbe mit einem nichtmetallischen Pigment.

Glimmerähnliche Hämatitfarbe gab bei den Versuchen in Cambridge kein Anzeichen einer intensivierten Korrosion an Bruchstellen im Überzug. In diesem Fall ist das Pigment nur schwach kathodisch gegenüber Eisen und der elektrische Kontakt zweifellos unvollkommen. Die gleiche Unvollkommenheit des Kontaktes erklärt wahrscheinlich auch, warum Aluminiumfarbüberzüge keinen kathodischen Schutz gegenüber Eisen an Bruchstellen in solchen Flüssigkeiten auslösen, in denen ähnliche Überzüge von (gespritztem) metallischem Aluminium diesen Schutz geben.

Pigmente von metallischem Blei werden gleichfalls in Kontakt mit Eisen verwendet, ohne daß sie irgendeine kathodische Beschleunigung geben, wie JORDAN[3] gefunden hat. Tatsächlich sind sie merklich korrosionsverhindernd, wahrscheinlich deshalb, weil sie die Flüssigkeit mit Bleihydroxyd gesättigt halten und einen hohen p_H-Wert sicherstellen. Das Pigment aus BLOMscher

---

[1] KIRSCH, A.: Korr. Met. **3** (1927) 227.
[2] PETERS, F. J.: Farbe Lack **1936**, 4, 15.
[3] JORDAN, L. A.: J. Oil Colour Chemists Assoc. **16** (1933) 404.

Bleilegierung[1], das eine ausgezeichnete Korrosionsverhinderung in der LEWIS-schen Rohrprobe gibt, wirkt wahrscheinlich in ähnlicher Weise. In diesem Falle ist die Zusammensetzung begreiflicherweise so gewählt, daß das Pigment angenähert isoelektrisch mit dem Eisen ist.

Ist die EK zwischen dem Metall und dem Pigment sehr groß, so tritt eine Korrosionsbegünstigung ein. Eine auf einer Eisenoberfläche aufgebrachte Graphitfarbe führt an Stellen, an denen das Metall bloßliegt, zu beschleunigter Korrosion. Mischungen von Graphit mit Mennige sind jedoch korrosionsverhindernd und werden in der Praxis mitunter selbst für den untersten Überzug verwendet. Im äußersten Überzug ist die Gegenwart von Graphit für die Erhöhung des Widerstandes gegenüber Abnutzung außerordentlich wertvoll. Graphit besitzt auch einige gute Eigenschaften der vorstehend behandelten schuppenförmigen Pigmente; die Tatsache, daß das Wasser von einer Graphitoberfläche rasch abfließt, ist ein weiterer Vorteil. Graphit, der Pyrit als Verunreinigung enthält, kann zur Bildung von Schwefelverbindungen führen und sollte vermieden werden.

Erwünschte physikalische Eigenschaften bei Farbfilmen. Große Aufmerksamkeit ist der Frage nach der Elastizität der Farbüberzüge von seiten der Farbchemiker gewidmet worden. Elastizität wird für einen Farbüberzug gefordert, damit er akkommodationsfähig gegenüber Volumenänderungen in dem Basismetall ist, ohne daß es zu Brüchen in dem Überzug kommt; diese Forderung sollte jedoch nicht auf Kosten der Adhäsionsfähigkeit zu weit getrieben werden. Es sind in der Tat Fälle bekannt, in denen eine hohe elastische Festigkeit unerwünscht ist im Vergleich zu guten plastischen Eigenschaften. Betrachten wir beispielsweise eine angestrichene Probe, die einer hochgradig korrosiven Atmosphäre ausgesetzt ist. An jeder schwachen Stelle in dem Überzug wird es, weitgehend unterhalb des Überzuges, zur Rostbildung und damit zur Ausbildung eines aufwärts gerichteten Druckes kommen. Besitzt der Überzug die Fähigkeit zu plastischer Verformung, so ist es wahrscheinlich, daß es lokal zu einem leichten Ausbiegen kommt, nachdem die Rostbildung vielleicht durch Abdecken der schwachen Punkte zum Stillstand kommt. Ist der Überzug sehr elastisch, so wird der Druck auf die anderen Teile des Überzuges übertragen, die so allmählich von ihrer Auflagestelle entfernt werden. Es wird demzufolge zu keiner Hemmung des Angriffes kommen, dagegen wird wahrscheinlich zum Schluß der Überzug in großen Stücken abgelöst werden, was tatsächlich in Laboratoriumsversuchen festgestellt werden konnte[2]. So wurden Stahlproben, die erstens mit einer weichen Teerfarbe bzw. zweitens mit einer außergewöhnlich elastischen Farbe überzogen worden waren, in einer stark sauren Atmosphäre exponiert. Auf der ersten Probe kam es an einigen schwachen Stellen zur Rostbildung, die jedoch bald durch Hemmung zum Stillstand kam, so daß eine nur geringe Schädigung auftrat. Auf der zweiten Probe wurde der gesamte Farbüberzug in völlig intaktem Zustande abgelöst — ein wertvoller Beitrag zur Frage der mechanischen Festigkeit der Farbschicht, aber kaum ein Beweis für seine Fähigkeit, das Metall gegen die in Frage stehende Umgebung zu schützen.

---

[1] Die Legierung, auf die sich das Patent von A. V. BLOM [A. P. 1736066 (1929)] bezieht, enthält 85% Blei, 13% Antimon und 2% Zinn.

[2] EVANS, U. R. u. R. T. M. HAINES: J. Soc. chem. Ind. Trans. **46** (1927) 366.

Nachwirkungen in Farbfilmen. Eine länger währende Exposition der Farbe gegenüber Luft und Licht führt oft zu einem Elastizitätsverlust, so daß der Film aufhört, den erforderlichen Volumenänderungen, die durch Schwankungen in der Temperatur und der Feuchtigkeit[1] hervorgerufen werden, sowie möglicherweise der Spannungsbeanspruchung durch die metallische Unterlage zu entsprechen. Dieses Verhalten zeigen besonders Farben, die reich an Sikkativen sind. Grob gesprochen können die unerwünschten Nachwirkungen in Farben als eine Fortsetzung der während des Trocknens vor sich gehenden Veränderungen betrachtet werden. Der Trocknungsvorgang besteht erstens in einer Oxydation, zweitens in einer Polymerisation und drittens in einer Gelbildung. Nach den Untersuchungen von Long[2] kommt die Oxydation mit dem Festwerden der Farbe praktisch zum Stillstand, während die anderen Änderungen noch fortdauern und so zu einem ernstlichen Brüchigwerden der Farbe führen. Von anderen Autoren scheint diese Nachwirkung jedoch als eine unerwünschte Form der Oxydation angesehen zu werden. Es sind Versuche zur Einführung von Substanzen unternommen worden, die als negative Katalysatoren für die unerwünschten Reaktionen dienen sollen.

Sehr ernstliche Veränderungen werden durch die Einwirkung des Lichtes hervorgerufen. Bituminöse Farben sind hiergegen besonders empfindlich. Die Lösungsmittel von Ölfarben sind jedoch gleichfalls photochemisch empfindlich. Diese Vorgänge sollen durch Feuchtigkeit beschleunigt werden. Außer einem Verlust der Elastizität im Farbfilm führt die Zerstörung des Dispergierungsmittels zu einem Verlust an Pigmentpartikeln, wodurch die als „Verkalkung" bezeichnete Erscheinung auftritt, die hauptsächlich bei weißen lichtdurchlässigen Farben anzutreffen ist. Tungöl, das widerstandsfähiger gegenüber dem Wasser als Leinöl ist, ist nach Feststellungen von Toch[3] empfindlicher gegenüber Licht. In manchen Umgebungen kann es auf der Farbe zu einem pilzartigen Wachstum (Mehltau) kommen. Mehltau-widerstehende Farben werden von Hart[4] sowie von Gardner[5] behandelt.

B. Fragen der Praxis.

1. Außenprüfungen an farbüberzogenen Metallen.

Die Bedeutung der richtigen Farbwahl. Teilweise wird ein Farbanstrich lediglich nach dem Aussehen beurteilt, und zweifellos ist die Farbe des äußeren Farbüberzuges ein Faktor von allererster Bedeutung. Für die darunterliegenden Überzüge ist die Farbe als solche von geringerer Bedeutung, jedoch wird die korrekte Wahl des Pigmentes das Verhalten gegenüber rascher Korrosion erheblich beeinflussen. Heutzutage wird der weitsichtigere Besitzer eines Metallwerkes gern etwas mehr für einen Farbanstrich zahlen, wenn er die Sicherheit

---

[1] Der Einfluß der abwechselnden Absorption von Feuchtigkeit bei nebeligem Wetter und ihre Wiederfreisetzung bei trockenem Wetter kann ernster Natur sein. Nach A. V. Blom [Farben-Ztg. **40** (1935) 767] schwankt die relative Feuchtigkeit der Außenatmosphäre von Zürich normalerweise zwischen 60 und 95%, sinkt jedoch bei Fönwind auf 15% ab; in Innenräumen mit Zentralheizung sind so niedrige Werte wie 10% beobachtet worden.

[2] Long, J. S. u. W. S. W. McCarter: Ind. eng. Chem. **23** (1931) 786.

[3] Toch, M.: Chemistry and Technology of Paints, New York 1926, S. 296, 298.

[4] Hart, L. P.: Paint Varnish Prod. Manager, August **1935**, 12.

[5] Gardner, H. A.: Paint Varnish Prod. Manager, Januar **1936**, 30.

hat, daß er die zwischen zwei Farbanstrichen liegende Periode damit verlängert. Berechnungen, die in dem quantitativen Teil (s. S. 660) angestellt worden sind, zeigen, daß er gerechtfertigt ist, einen wesentlich erhöhten Preis für einen Farbanstrich zu zahlen, der dieses Ziel gewährleistet. Ehe sich jedoch der Käufer zu einer Erhöhung der Unkosten versteht, wird er die Gewißheit erlangen wollen, daß die in Aussicht gestellte Erhöhung der Lebensdauer tatsächlich erzielt wird. Möglicherweise wird der einzige Ratgeber, der in dieser Frage zur Hand steht, der Vertreter einer Farbenfabrik sein, der möglicherweise nicht völlig desinteressiert in dieser Frage ist und vielleicht zu wenig mit den Ursachen und Möglichkeiten von Korrosionsfällen vertraut ist, um zwischen Bedingungen zu unterscheiden, für die sein Produkt geeignet ist, und zwischen solchen, für die es sich nicht eignet. Hersteller von Farben würden ihren eigenen Interessen ebenso wie denen ihrer Klienten dienen, wenn sie ihre Vertreter stets in dem Sinne auswählen würden, daß sie etwas mehr Gewicht auf deren wissenschaftliche Kenntnisse und vielleicht etwas weniger auf ihre kaufmännische Tüchtigkeit legen, da nichts schädigender für ein gutes Produkt ist als seine Verwendung für einen ungeeigneten Zweck.

Möglicherweise können die von dem BRITISH STANDARDS INSTITUTE ausgegebenen Richtlinien in einigen Fällen im Zusammenwirken mit den weiter unten gegebenen Prüfergebnissen, sofern sie verfügbar werden, von Nutzen sein. Diejenige Farbe, die für einen bestimmten Zweck die beste ist, ist jedoch für einen anderen durchaus nicht die beste. Infolgedessen sollte jeder Eigentümer eines größeren Metallwerkes Farbprüfungen für seine eigenen Zwecke vornehmen, indem er Flächen seiner Bauwerke mit verschiedenen Farbanstrichen versieht und die Ergebnisse miteinander vergleicht. Es muß jedoch Sorge dafür getragen werden, daß die ausgewählten Flächen wirklich *vergleichbar* sind, nicht nur im Hinblick auf ihre Exposition gegenüber Regen, sondern auch gegenüber Wind, Staub, Rauch und insbesondere Sonnenlicht. Derartige Prüfungen werden ihm das Material liefern, auf das er bei der nächsten Gelegenheit, sobald ein Neuanstrich erforderlich wird, seine Wahl gründen kann.

Der durch Anstrich gewährte Schutz hängt jedoch ebenso von den Bedingungen bei seiner Anwendung wie von der korrekten Wahl des Materials ab. Weiterhin ist der Charakter des Metalls von wesentlichem Einfluß auf die tatsächliche Lebensdauer des Überzuges, wie durch die von DAEVES[1] veröffentlichten photographischen Aufnahmen deutlich gemacht worden ist. Zahlreiche Prüfreihen sind in allen Teilen der Welt ausgeführt worden, um den relativen Wert der verschiedenen Farben und Anstrichprozeduren klarzulegen. Unter diesen müssen die nützlichen Pionierarbeiten der AMERICAN SOCIETY FOR TESTING MATERIALS[2], die Prüfungen der INSTITUTION OF CIVIL ENGINEERS[3], die insbesondere auf den Schutz gegen Seewasser gerichtet sind und weitgehend von J. A. N. FRIEND durchgeführt wurden, weiterhin die neuerdings in der Schweiz[4] und in Holland[5] in Angriff genommenen Prüfungen hervorgehoben werden. Die

---

[1] DAEVES, K.: Farbe Lack **1931**, 242.

[2] Siehe besonders Anonym in Pr. Am. Soc. Test. Mat. **13** (1913) 332, **14** I (1914) 259, **15** I (1915) 190, 214, **17** I (1917) 451 und jährlich erscheinende spätere Berichte.

[3] Anonym in Det. Struct. Seawater **1** bis **15** (1920 bis 1935).

[4] BLOM, A. V.: Bl. Schweiz. electrotechn. Verein Nr. 14 (1934).

[5] Anonym in Korr. Met. **9** (1933) 181.

ausgedehnten Prüfungen, die von J. C. Hudson für das englische Korrosionskomitee des Iron and Steel Institute[1], und zwar wesentlich an Platten der Abmessung $38,1 \times 25,4$ cm durchgeführt werden, dürften außerordentlich wertvolle Aufschlüsse ergeben, sobald die Daten verfügbar werden. Die Berichte des Komitees, die in Zukunft jährlich veröffentlicht werden sollen, sollten vor allem von den mit der Schutzwirkung Beschäftigten sorgfältig studiert werden.

Die Abschätzung des relativen Wertes der schützenden Prozesse hängt so weitgehend von der persönlichen Einstellung ab, daß U. R. Evans vorschlägt, seine Diskussion hauptsächlich auf die im Cambridger Arbeitskreis durchgeführten Proben abzustimmen. Die Hauptversuchsreihen wurden von Britton[2] durchgeführt, jedoch sind einige weitere Serien von Lewis und Thornhill untersucht worden. Diese werden weiter unten zusammen mit den Cambridger Prüfungen besprochen werden, wenngleich die tatsächliche Exposition an fünf verschiedenen Stationen, die fünf verschiedene Typen von Atmosphären repräsentieren, erfolgt ist. Während der letzten 8 Jahre sind über 2000 Proben exponiert wurden. Wo sich die untersuchten Fragen mit den von anderen Untersuchungsgruppen gestellten überlappen, scheint eine wesentliche Übereinstimmung in den wichtigsten Punkten zu bestehen. Offenbare Unterschiede können durch verschiedene Versuchsbedingungen erklärt werden.

Prüfverfahren für kleine Proben. Die Cambridger Prüfungen sind hauptsächlich mit kleinen, dünnen Proben durchgeführt worden. Die gewählte geringe Größe von $7,6 \times 5,7$ cm, die teilweise ökonomischen Gründen entsprang, bietet sowohl Vorteile als auch Nachteile. Der Einfluß von Schnittkanten ist zweifellos erhöht; da die Korrosion jedoch gewöhnlich an Schnittkanten startet und da es wünschenswert ist, das Verhalten der besonders korrosionsempfindlichen Teile des Metalls zu studieren, so vermag eine kleine Probe fast ebensoviel Aufschlüsse zu geben wie eine große Probe, die einen ausgedehnten zentralen Teil besitzt, der keine große Rolle in den korrosiven Änderungen spielt. Das Schneiden so kleiner Proben schließt ein stärkeres Biegen in sich als bei der Vorbereitung großer Proben, was die Ausbildung der Korrosion auf den kleinen Prüfstücken beschleunigen mag. Der ernsteste Einwand gegenüber kleinen Proben besteht jedoch darin, daß ein auf einer kleinen Fläche aufgebrachter Farbüberzug nicht typisch für den auf einer ausgedehnten Oberfläche hergestellten sein kann, was jedoch in gewissem Ausmaß selbst auf große Proben zutrifft. Der größte Vorteil, den kleine Proben bieten, ist darin zu erblicken, daß sie räumlich eng beieinander angeordnet werden können. Eine Leiste von den Ausmaßen $1,22 \times 0,97$ m kann 144 Proben der Größe $7,6 \times 5,7$ cm tragen, und man kann mit Sicherheit sagen, daß 128 dieser Proben vergleichbar angeordnet sind (die äußeren sollten eigentlich als *Attrappen* behandelt werden). Eine derartige Leiste kann auf fast jeder horizontalen Fläche angebracht werden, solange als dort keine ungleiche Verteilung von Regen oder Sonne vorhanden ist. Es ist nicht leicht, eine Stelle zu finden, an der mehr als 100 *große* Proben mit völliger Sicherheit genau den gleichen atmosphärischen Bedingungen ausgesetzt werden können.

---

[1] Anonym in Rep. Corrosion Comm. Iron Steel Inst. **1** (1931), **2** (1934), **3** (1935), **4** (1936).

[2] Britton, S. C. u. U. R. Evans: J. Soc. chem. Ind. Trans. **49** (1930) 173, **51** (1932) 211, **55** (1936) 337; Trans. electrochem. Soc. **64** (1933) 43.

Der Typ des verwendeten Rahmens ist in Abb. 83 wiedergegeben. Der gewählte Neigungswinkel wurde auf Grund vorläufiger Versuche festgelegt. Er besitzt einen Vorteil gegenüber der vertikalen Anordnung, insofern als die Proben sich einander nicht vor Wind oder Regen abschirmen, während das Wasser von den Proben besser als bei einer völlig horizontalen Anordnung abläuft. Der Rahmen ist billig und kann aus Holz hergestellt werden, wobei kein Regen von dem Holz auf irgendeinen Teil der unter Beobachtung befindlichen Proben kommt. Die Probe kann von der Schraube isoliert werden, mit der sie auf dem Holz befestigt ist, was jedoch nur für quantitativ exponierte Proben erforderlich ist. In den Cambridger Versuchen wurde dafür Sorge getragen, daß ein Streifen an der Oberseite jeder Probe ohne Farbanstrich blieb. Im Betrieb

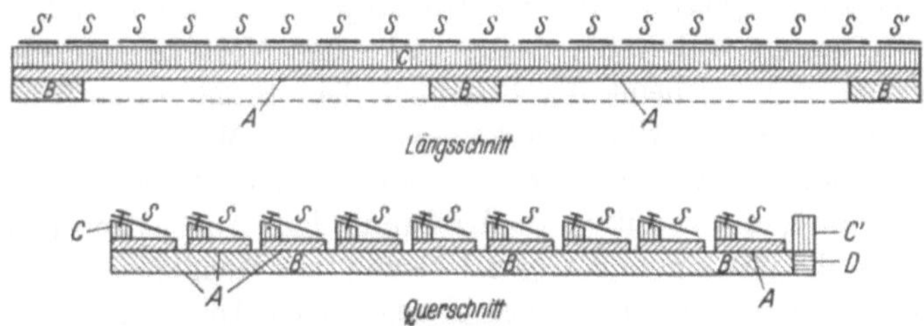

Abb. 83. Expositionsrahmen für kleine Proben.

startet die Korrosion oftmals an Stellen, die zufällig der Aufbringung des Überzuges entgangen sind oder von der die Farbe durch rauhe Behandlung entfernt worden ist. Der von dort ausgehende Angriff kann den übrigen Teil insbesondere dann unterminieren, wenn der Walzsinter auf dem Metall vorhanden ist. Der nicht angestrichene Streifen an dem Oberteil der Probe dient zum Studium dieser Möglichkeiten. In besonderen Fällen kann eine Reihe von Riefen durch die getrocknete Farbschicht gezogen werden.

Einfluß verschiedener Faktoren auf angestrichene Metalle. Die Lebensdauer angestrichener Metallteile hängt im wesentlichen von vier Variablen ab:

1. von der Natur des Metalls;

2. von der Gegenwart von Materialien, die zwischen dem Metall und der Farbschicht liegen, wie beispielsweise

a) Walzsinter,

b) Rost,

c) Wasser,

d) Salz;

3. vom Charakter der Farbe, der durch die Natur und die Menge seiner Komponenten bestimmt wird; diese umfassen bei einer Ölfarbe

a) das Pigment,

b) das Lösungsmittel bzw. Dispergierungsmittel (Öl),

c) das Verdünnungsmittel,

d) das Sikkativ;

4. vom Charakter der Atmosphäre, dem Wasser oder dem Boden, denen das mit dem Farbanstrich exponierte Metall ausgesetzt ist.

Umstehend werden diese vier Variablen getrennt behandelt:

40*

1. Einfluß der metallischen Basis[1]. Die Cambridger Prüfungen dienen dazu, die Überlegenheit von gekupfertem Stahl über gewöhnlichen Stahl (sofern beide mit einem Farbanstrich versehen sind) unter Beweis zu stellen, die vorher bereits durch sorgfältigere Prüfungen in Deutschland und Amerika festgestellt worden war. Sie bestätigen auch das gute Verhalten von Schweißeisen im angestrichenen Zustande, was bereits auf S. 470 erwähnt worden ist. Vergleiche zwischen reinem Elektrolyteisen und einem Stahl hoher Qualität im *nicht-angestrichenen* Zustande haben gezeigt, daß das Elektrolyteisen den Rost in den Anfangsstadien stets langsamer ausbildete, daß es in seinem Verhalten nach langen Perioden jedoch enttäuscht, da es wenig besser ist, als einige Stähle und ausgesprochen schlechter als andere, insbesondere als gekupferter Stahl. Werden Elektrolyteisen und Stahl im *angestrichenen* Zustand verglichen, so werden bei beiden Materialien keine wirklichen Vorteile entdeckt. Unter einer geringen Farbe erscheint der Rost auf dem Stahl wesentlich schneller als auf reinem Eisen, jedoch widersteht keines der beiden Materialien einem langen Angriff. Unter einem guten Farbüberzug verhält sich jedes Material ausgezeichnet. Nach einer $2^1/_2$jährigen Exposition an der Cambridger Außenatmosphäre zeigen alle Materialien, die mit einem *einzigen* Überzug von Mennige oder Eisenoxyd-farbe bedeckt worden waren, nur einen geringfügigen Angriff unter der Farbe, während die am Oberteil der Proben befindlichen nichtangestrichenen Streifen in diesem Zeitpunkt tatsächlich eine Durchlöcherung der 0,34 mm betragenden Blech-dicke erfahren hatten. Dieses Verhalten scheint zu zeigen, daß keine Notwendigkeit vorliegt, den Kohlenstoff- oder Mangangehalt eines Stahles guter Qualität zu ver-ringern, um eine Beständigkeit zu erzielen, vorausgesetzt, daß die Farbe gut ist. Diese Versuche besagen jedoch nicht notwendigerweise, daß sich alle Stähle gleich-mäßig gut verhalten. Es gibt gewisse Anzeichen dafür, daß ein physikalisch ungesunder Stahl und hoher Schwefelgehalt zu vorzeitigen Fehlleistungen führen und es ist ungewiß, ob ein Anstrich dieses Versagen verhindern kann.

2. Einfluß der zwischen Metall und Farbanstrich vorhandenen Substanz[2]. a) Walzsinter. Das Verhalten der Farbe wechselt, je nachdem, ob sie auf blankes Metall oder auf eine mit Sinter bedeckte Oberfläche aufgebracht wird. Weiterhin ändert sich das Verhalten mit dem Typ des Sinters. In den Cambridger Versuchen begann ein Stahl, der vor dem Aufbringen des Farbanstriches durch Abschleifen von dem Sinter befreit worden war, rascher Rostflecke zu zeigen als entsprechende Proben, bei denen die Farbe über dem Rost aufgebracht worden war. Jedoch blieb die mit Rostflecken behaftete Farbe im allgemeinen fest auf der Oberfläche, so daß frische Überzüge ohne Fehleffekte aufgebracht werden konnten. Auf sintertragenden Proben des gleichen Stahles begann der Angriff jedoch früher oder später an den Schnittkanten oder an den Bruch-stellen im Sinter und breitete sich dann seitwärts längs der unteren Oberfläche des Sinters aus, unterminierte sie und veranlaßte so, daß Sinter und Farbe zusammen in Form von Flecken abplatzten, was dazu führt, daß ein erneuter Farbanstrich ohne vorherige sorgfältige Reinigung der Oberfläche völlig nutzlos ist. Nur unter einer in jedem Fall unbefriedigenden Farbe führte die Gegen-wart von Sinter für eine gewisse Zeit zu einer gewissen Minderung der

---

[1] Einzelheiten s. S. C. BRITTON u. U. R. EVANS: J. Soc. chem. Ind. Trans. **51** (1932) 211; Analysen usw. finden sich auf S. 218.

[2] BRITTON, S. C. u. U. R. EVANS: J. Soc. chem. Ind. Trans. **51** (1932) 212.

Fehlerscheinungen. Der Sinter auf Schweißeisen und auf gewissen anderen Stahltypen verhält sich hiervon abweichend (s. S. 639).

b) Rost. Bei einigen der in Cambridge untersuchten Proben wurden Tropfen von Wasser oder $^1/_{1000}$ n-Schwefelsäure auf die reine Stahloberfläche gebracht und auftrocknen gelassen, wobei Rostflecken zurückblieben. Die gesamte Oberfläche wurde hierauf anschließend mit Farbe bedeckt und der Außenatmosphäre ausgesetzt. Vergleiche mit rostfreien Proben zeigten, daß dieser *reine* Rost einen vergleichsweise geringen Einfluß auf das Verhalten des Überzuges besaß. Der *natürliche* Rost führte jedoch beim mehrwöchigen Exponieren der Proben an der Atmosphäre vor Aufbringen der Farbe zu einem raschen Angriff auf die Farbe, insbesondere, wenn der Farbanstrich kurz nach der Morgendämmerung aufgetragen wurde, wenn der Rost also vorwiegend feucht war. In der Praxis sollte der Rost infolgedessen soweit wie irgend möglich durch heftiges Behandeln mit der Drahtbürste vor dem Anstreichen beseitigt werden. Die Gefährlichkeit des Naturrostes, im Gegensatz zum künstlichen Rost, ist wahrscheinlich auf sein unvollkommenes Adhäsionsvermögen, ferner seine Fähigkeit Feuchtigkeit zu absorbieren sowie möglicherweise auf die Gegenwart von Ruß, Staub, Salz und andere Verunreinigungen zurückzuführen. Gegen sämtliche Rostflecke ist der Einwand zu erheben, daß sie einen korrosionsverhindernden, grundierenden Farbaufstrich daran hindern, gleichmäßig auf der Metalloberfläche aufzuliegen. In neuerdings ausgeführten Untersuchungen[1] gab Mennige, die sich gegenüber reinem Stahl dem Eisenoxyd überlegen erweist, tatsächlich etwas schlechtere Ergebnisse als Eisenoxyd, wenn es auf Rost aufgebracht wurde.

c) Feuchtigkeit. Bei den in Cambridge ausgeführten Prüfungen zeigten die Proben von blankem Stahl, die vor der Morgendämmerung angestrichen worden waren, nach einer kürzeren Periode Fehlerscheinungen als ähnliche, jedoch nachmittags angestrichene Proben, was deutlich darauf hinweist, daß in den frühen Morgenstunden ein unsichtbarer Film von kondensierter Feuchtigkeit vorhanden ist. Die durch einen unsichtbaren Feuchtigkeitsfilm entstehende Gefahr ist bereits früher von WOLFF[2] aufgezeigt worden. In den Cambridger Prüfungen konnte sie für zahlreiche Farbklassen bestätigt werden. Trotzdem wechseln die Farben in ihrer Empfindlichkeit gegenüber Feuchtigkeit. Gewisse Ölfarben werden das auf der Oberfläche vorhandene Wasser emulgieren können, wenn sie *forsch* auf die Oberfläche aufgebracht werden, was jedoch vielleicht nicht für das in den Poren vorhandene Wasser[3] gilt. Erwärmen des Metalls mit einer Lötlampe unmittelbar vor dem Anstrich ist von verschiedenen Fachleuten sehr empfohlen worden. Dabei soll der Stahl so heiß gemacht werden, daß er mit der Hand nicht angefaßt werden kann, was wohl als Grenze für die Anstrichfähigkeit zu bezeichnen ist[4].

---

[1] BRITTON, S. C. u. U. R. EVANS: J. Soc. chem. Ind. Trans. **55** (1936) 339.

[2] WOLFF, H.: Farben-Ztg. **28** (1922) 2889.

[3] Diese Emulgierung durch die Wirkung der Borsten behandeln auch H. WOLFF und G. ZEIDLER [Farben-Ztg. **39** (1934) 1071].

[4] J. C. HUDSON [Rep. Corrosion Comm. Iron Steel Inst. **4** (1936) 200] bespricht eine amerikanische Methode zur Entfernung von Rostflecken bei erneutem Farbanstrich. Sie werden mit Benzin befeuchtet und mit der Lötlampe ausgebrannt. Seine eigenen Versuche bedeuten eine gewisse Stütze für dieses Verfahren.

Jeder Maler sollte gleichzeitig etwas meteorologische Kenntnisse besitzen. Es besteht kein Grund dafür, warum die Feuchtigkeit der Atmosphäre nicht vor dem Aufbringen des Überzuges gemessen werden sollte. Es gibt heutzutage handfeste Hygrometer, die in Bergwerken benutzt werden und die für diesen Zweck wohl geeignet sind. Ein Studium der Wetterprognose ist gleichfalls wichtig, wie VAN WÜLLEN-SCHOLTEN[1] ausführt, da ein Farbüberzug im allgemeinen unbrauchbar wird, wenn er im ungetrockneten Zustand dem Regen ausgesetzt wird.

d) Salz. Salz, das *unter* einem Farbüberzug eingeschlossen ist, hat sich in den Cambridger Versuchen als sehr schädlich erwiesen; es ist weitaus gefährlicher, als wenn es sich auf der *Außenseite* des Farbanstriches befindet. Werden Tropfen von Natriumchloridlösung auf eine blanke Stahloberfläche gebracht, und läßt man sie verdampfen, ehe die Farbe aufgebracht wird, so führen sie manchmal nach einer Exposition von einigen Wochen zu einem lokalen Abheben des Überzuges. Ähnliche, jedoch nicht mit einem Salztropfen behandelte Überzüge gewähren dagegen einen Schutz über eine lange Zeitdauer hin. Wahrscheinlich zieht das Salz infolge des osmotischen Druckes Wasser an sich; die dadurch unter der Farbe verursachte Ausdehnung führt dann zum Bruch des Überzuges. Möglicherweise handelt es sich bei einigen der berichteten Fehlleistungen an sorglos gebeizten Metallgegenständen, die von Ingenieuren auf Säurereste zurückgeführt werden, tatsächlich um eine osmotische Saugwirkung der eingeschlossenen Salze[2].

3. Einfluß des Farbcharakters[3]. a) Pigment[4]. Bei den Cambridger Versuchen enthielt eine Reihe der vielversprechenden Kombinationen Mennige im untersten Überzug. Die in letzter Zeit gemachten Beobachtungen[5] deuten darauf hin, daß bei der Untersuchung von Kombinationen mit *doppeltem* Überzug Mennige in dem unteren und Eisenoxyd in dem oberen zu den besten Ergebnissen führt. Derartige Kombinationen gaben in London eine gute Schutzwirkung während $4^1/_2$ Jahren, während sich die in Selsey-Bill und in Cambridge exponierten Proben nach $5^1/_2$ Jahren noch in gutem Zustand befanden. Bei den Kombinationen mit *drei Überzügen* haben die meisten der in Cambridge untersuchten Proben nach $4^1/_2$ Jahren in sämtlichen Stationen keinen Rost aufgewiesen. Wahrscheinlich wird sich eine Mennigegrundierung, die von zwei inerten Überzügen gefolgt wird, deren äußerster dem Widerstand gegen Abnutzung dient, als beste Kombination erweisen.

Chromate führen unter einigen Bedingungen zu ausgezeichneten Ergebnissen, jedoch haben sie sich in gewissen Fällen, in denen der Regen sauer war, als weniger gut herausgestellt. Zinkchromat führte zu besseren Ergebnissen als die Probe mit Bleichromat. Eine einzige Schicht des ersteren gibt einen etwas

---

[1] VAN WÜLLEN-SCHOLTEN, W.: Farben-Ztg. **37** (1931) 126.

[2] Andere unter dem Farbüberzug eingeschlossene Fremdkörper können zu Ausgangspunkten von Fehlerscheinungen werden. An Wasserflugzeugen haben E. W. J. MARDLES [J. Oil Colour Chem. Assoc. **18** (1935) 13] festgestellt, daß Streifenbildung auf Farbanstrichen oftmals an Fehlstellen einsetzt, die auf eingebettete Bürstenhaare und Sandkörner zurückgehen. [3] BRITTON, S. C. u. U. R. EVANS: J. Soc. chem. Ind. Trans. **51** (1932) 215.

[4] Eine ausgezeichnete Besprechung der verschiedenen Pigmente geben L. A. JORDAN und L. WHITBY: Bl. Research Assoc. British Paint Colour and Varnish Manufacturers **16** (1936) 129. [5] BRITTON, S. C. u. U. R. EVANS: J. Soc. chem. Ind. Trans. **55** (1936) 339.

besseren Schutz als ein einfacher Überzug von Mennige, was nicht notwendigerweise bedeutet, daß es als Grundierungsschicht unter anderen Schichten überlegen sein würde. Graphit begünstigt, wie früher CHUSMAN und GARDNER[1]
gefunden haben, die Korrosion elektrochemisch, wenn es als einziges Pigment
im untersten Überzug verwendet wird.

Farben von *metallischem Zink* gewähren erfahrungsgemäß einen gewissen
elektrochemischen Schutz, da sie für eine gewisse Zeit das Rosten von bloß-
gelegtem Stahl an denjenigen Stellen verhindern, an denen enge Risse absichtlich in dem Überzug gelassen worden sind. In der Praxis hat es sich als am
zweckmäßigsten erwiesen, Zinkoxyd mit metallischem Zinkstaub zu mischen.
Zwei metallische Handelspigmente auf der *Blei*basis haben als Grundierungs-
schichten gute Ergebnisse geliefert. Wurden sie dagegen als Einzelüberzüge
benutzt, so waren sie den Einzelüberzügen aus Eisenoxyd unterlegen, was
darauf hinweist, daß die Anforderungen, die an eine Grundierungsschicht
gestellt werden, von denen verschieden sind, die für eine äußere Schicht
erforderlich sind.

b) Öl. Die in Cambridge untersuchten trocknenden Öle umfassen 1. ein
rohes Leinöl, das besonders reich an Bodensatz ist, 2. gewöhnliches gutes rohes
Leinöl, 3. gekochtes Leinöl, 4. gewöhnliches raffiniertes Leinöl, 5. besonders
raffiniertes Leinöl, das besonders frei von Bodensatz ist. 6. Tungöl, weiterhin
verschiedene spezialbehandelte Öle. Es wurden auch Mischungen dieser Öle
untersucht, wobei es sich zeigte, daß eine Mischung aus Tungöl und gekochtem
Leinöl im Verhältnis 10:8 einen besseren Schutz als Leinöl allein gab, wenn
es mit Eisenoxyd pigmentiert wurde. Die Einführung von Tungöl in Mennigefarbe scheint das Adhäsionsvermögen etwas herabzusetzen.

Die Gegenwart von Bodensatz scheint von ausgeprägt schädlichem Einfluß
auf mit Eisenoxyd pigmentierte Farben zu sein, während bei Mennigefarben
nur sehr geringe Störungen verursacht werden. Dieser Unterschied wird darauf
zurückgeführt, daß Eisenoxyd lediglich durch mechanische Fernhaltung der
korrosiven Agenzien schützt und daß kleine Flocken in einem derartigen Überzug
weitaus ernster wirken als ähnliche Defekte in Farben, die ein korrosionsverhinderndes Pigment, wie Mennige, enthalten. Abgesehen von dem Öl mit reichem
Bodensatz erwies sich jedes der erwähnten Öle geeignet, eine rostverhindernde
Farbe zu liefern, vorausgesetzt, daß das gewählte Pigment dazu geeignet war.
Es zeigte sich, daß das Verhältnis von Öl zu Pigment gewöhnlich innerhalb
eines ziemlich großen Bereiches geändert werden konnte, ohne ernstlich den
schützenden Wert der Mischung herabzusetzen. Einige der untersuchten steiferen
Mischungen führten in der Tat zu weniger guten Ergebnissen, als die weniger
steifen Zusammensetzungen, jedoch ist eine übertriebene Ökonomie mit dem
Pigment sicher unerwünscht. Viele der im Handel erhältlichen gebrauchs-
fertigen Farben haben einen zu geringen Pigmentgehalt.

Der Wert einer Farbe hängt jedoch nicht allein von ihrer Fähigkeit, einen
Rostungsvorgang zu verhindern, ab; es können vielmehr Überlegungen der
Kostenfrage ohne Rücksicht auf die Anwendbarkeit und die physikalischen
Eigenschaften des Überzuges zu einer scharfen Kontrolle des Ölgehaltes führen.

---

[1] CUSHMAN, A. S. u. H. A. GARDNER: Corrosion and Preservation of Iron and Steel,
New York; s. auch U. R. EVANS: Trans. electrochem. Soc. **55** (1929) 255.

In diesem Zusammenhang muß auf die Untersuchungen von WOLFF[1] hingewiesen werden, der einen sog. *kritischen Ölgehalt* ermittelt hat, bei dem sich die verschiedenen Eigenschaften ändern und bei dem die Farbe einen gut streichfähigen Charakter erhält. Überschreitet der Ölgehalt den kritischen Wert, so neigt die Farbe zur Aufnahme oder Übertragung von Wasser, was (zumindest, wenn korrosionsverhindernde Pigmente nicht vorhanden sind) zu einer Blasenbildung oder Tiefenrostung führt. Liegt der Ölgehalt unter dem kritischen Wert, so besitzt die Farbe nur einen geringen Widerstand gegenüber thermischen Schwankungen. Nach WOLFF und ZEIDLER[2] hängt der kritische Ölgehalt für einige Pigmente vom Verteilungszustand und der Temperatur ab.

c) **Verdünnungsmittel.** Im Falle der Mennigefarben ist eine erhebliche Schwankungsbreite für das Verdünnungsmittel möglich. In einer Serie der Cambridger Versuche wurde der Anteil an Terpentin innerhalb weiter Grenzen variiert und doch wurde in allen Fällen ein ausgezeichneter Schutz erzielt, vorausgesetzt, daß die Farbe nicht so dünn gemacht wurde, daß die Pigmentpartikelchen sich zu Klümpchen zusammenflockten und Kanäle von reinem Öl zwischen sich ließen. Der Gehalt an Verdünnungsmittel, bei dem dieser Effekt eintritt, ändert sich mit dem Typ der verwendeten Mennige. Im Falle des Eisenoxydes andererseits fällt die Schutzwirkung mit steigendem Gehalt an Verdünnungsmittel ab. Dieser Gegensatz verdeutlicht wiederum die Tatsache, daß der Schutz durch Eisenoxyd *mechanischer Natur* ist, während der der Mennige auf einer *chemischen Verhinderung* des Korrosionsvorganges beruht, so daß keine wasserfeste Farbe erforderlich ist. In den Cambridger Versuchen wurde Terpentin als Verdünnungsmittel verwendet. In der modernen Farbpraxis werden Petroleum-Verdünnungsmittel häufiger benutzt und führen, sofern sie von hoher Qualität sind[3], zu guten Ergebnissen.

d) **Sikkative.** Eine Farbe, die reich an Sikkativen ist, erleidet insbesondere dann unerwünschte Nachwirkungen, wenn sie dem Sonnenlicht ausgesetzt wird; sie neigt dann zur Zerstörung. Fällt andererseits Regen vor dem Trocknen auf irgendeinen Farbüberzug, so erfolgt die Schadensbildung sehr rasch anschließend. Die Wahrscheinlichkeit, daß Regen auf den Farbanstrich fällt, ehe er trocken ist, verringert sich natürlich mit dem Gehalt der Farbe an Sikkativen. Zwei Versuchsreihen mit Farben von verschiedenem Gehalt an Sikkativen sind in Cambridge durchgeführt worden, und zwar wurden die Versuche bei feuchtem bzw. trockenem Wetter begonnen. Bei den in feuchtem Wetter angesetzten Versuchen stieg der Charakter des Schutzes beständig mit zunehmendem Gehalt an Sikkativ, während er bei der anderen Versuchsreihe ständig mit dem Gehalt an Sikkativ abnahm. Infolgedessen kann der Gehalt

---

[1] WOLFF, H.: Korr. Met. **9** (1933) 67; Farben-Ztg. **37** (1932) 1692, 1723; Paint Varnish Prod. Manager, März **1932**, 12, Juli **1933**, 16; vgl. H. L. MATTHIJSEN: Verfkroniek 8 (1935) 135, 156. — G. ZEIDLER u. A. LUYKEN: Verfkroniek 8 (1935) 229.

[2] WOLFF, H. u. G. ZEIDLER: Korr. Met. 10 (1934) 157. Hinsichtlich einer Schnellmethode zur Bestimmung des kritischen Ölgehaltes siehe H. WOLFF und G. ZEIDLER (Paint Varnish Prod. Manager, Juni **1935**, 7).

[3] Über die Diskussion der Prüfungen für Petroleum-Verdünnungsmittel siehe Anonym in Paint Varnish Prod. Manager, Januar **1936**, 30. — Über Vergleiche zwischen verschiedenen Verdünnungsmitteln aus Petroleum bzw. Terpentin mit ihren Siedepunktsgebieten siehe J. GÖBEL [Verfkroniek **9** (1936) 321].

an Sikkativen in trockenen Klimata auf den Minimalwert herabgesetzt werden, jedoch sollte in feuchten Klimata oder bei zweifelhaftem Wetter mehr an Sikkativ zugesetzt werden[1]. Auf jeden Fall sollte das Trockenmittel stets von hoher Güte sein[2].

4. Einfluß der Atmosphäre[3]. Jeder Schluß, der auf Grund von Beobachtungen in nur einer Atmosphäre gezogen ist, hat nur beschränkte Bedeutung. Die meisten der vorstehend beschriebenen Prüfungen sind deshalb gleichzeitig an fünf verschiedenen Stationen ausgeführt worden, die fünf verschiedene Amosphärentypen charakterisieren:

a) Grantchester Meadows in der Nähe von Cambridge, als Typ für eine Binnenlandatmosphäre.

b) Dach in Selsey Bill, als Typ für eine Seeatmosphäre, frei von Kohlenruß.

c) Dach in London (Westminster), als Typ für eine Stadtatmosphäre.

d) Dach des Chemischen Laboratoriums der Universität Cambridge, als Typ für eine Mischatmosphäre.

c) Retortenhaus der Cambridger Gaswerke (unter Dach).

Die relativ reine Atmosphäre von Grantchester Meadows führte zu dem geringsten Angriff, die Londoner Atmosphäre dagegen zu dem raschesten. Selbst zwischen dem Cambridger Laboratorium und Grantchester Meadows, die nur eine englische Meile voneinander entfernt sind, bestand ein großer Unterschied: nichtangestrichene Proben verloren 2,9 bis 3,5mal soviel an Gewicht an dem ersteren Platz in einer über $2^1/_2$ Jahre erstreckten Versuchsreihe. In der Landatmosphäre gewährten einfache Überzüge während $3^1/_2$ Jahren einen guten Schutz, während es in London erforderlich zu sein scheint, zumindest zwei Überzüge zu verwenden, um eine vernünftige Lebensdauer für die Werkstoffe sicherzustellen. Das Dach des Cambridger Laboratoriums besaß eine recht günstige Atmosphäre gegenüber Korrosion im Winter, nicht jedoch im Sommer. Die Seeluft war ausgesprochen weniger korrosiv als die Londoner Atmosphäre. In den Gaswerken bedeckten sich die Proben mit feinem Kohlenstaub; es wurde nur ein überraschend geringer Angriff festgestellt. Der Kohlenstaub schien die Proben trocken zu halten.

Als besonders befriedigend bei den gemachten Beobachtungen in den Cambridger Versuchsreihen ist es zu bezeichnen, daß sich viele der weiter oben berichteten Tatsachen bei allen untersuchten Farben und an allen Stationen bestätigt haben. Sie gelten nicht nur für eine einzige Atmosphäre oder einen einzigen Überzugstyp.

Korrosionsverhindernde Substanzen (Inhibitoren) für die unterste Schicht. Die Cambridger Außenversuche haben die Ansicht gestützt, daß der unterste Überzug einen Inhibitor, und zwar vorzugsweise Mennige, enthalten sollte,

---

[1] Aus anderen Gründen werden die Farbüberzüge sehr weitgehend durch das Wetter beeinflußt, das in den Frühstadien nach dem Aufbringen herrscht. Siehe W. van Wüllen-Scholten: Farben-Ztg. **37** (1931) 126. — W. H. Droste: Korr. Met. **11** (1935) 202.

[2] Siehe hierzu die Brit. Stand. Spec. **332** (1928).

[3] Evans, U. R. u. S. C. Britton: J. Soc. chem. Ind. Trans. **49** (1930) 177, 179. Sehr wertvolle Angaben über den Einfluß der Atmosphäre geben die ausgedehnten, hauptsächlich an Nichteisenmaterialien durchgeführten Untersuchungen von W. H. J. Vernon [Trans. Faraday Soc. **19** (1924) 839, **23** (1927) 115, s. auch S. 159] und J. C. Hudson [Trans. Faraday Soc. **25** (1929) 177, 475].

was mit den Ergebnissen anderer Beobachter übereinstimmt. GARDNER[1] betont bei der Diskussion antikorrosiver Farben die Überlegenheit von Mennige und von Chromaten. Die Prüfungen der AMERICAN SOCIETY FOR TESTING MATERIALS heben die Bedeutung von basischem Bleichromat als Inhibitor hervor. Bleichromat ergab gute Ergebnisse in einigen über $2^1/_2$ Jahre erstreckten Prüfungen von MAASS und KEMPF[2] sowie bei den ausgedehnten Seeprüfungen des INSTITUTE OF CIVIL ENGINEERS[3]. Neuerdings ist Zinkchromat[4], das eine höhere Löslichkeit besitzt, in Gunst gekommen. Nach SULLIVAN[5] ist ein Gemisch von Zinkchromat und Eisenoxyd als Grundierungsmittel für Stahl- und Aluminiumlegierungen bei Eisenbahnen fast allgemein üblich geworden.

Die bis jetzt vom Korrosionskomitee des Britischen IRON AND STEEL INSTITUTE erhaltenen Ergebnisse sind in vollem Einklang mit den vorstehend gemachten Feststellungen. HUDSON[6] berichtet, daß der beste Schutz für die *Gestelle*, auf denen die Proben exponiert werden, gewöhnlich durch Farbkombinationen erzielt wird, die entweder Mennige oder ein Chromat im untersten Überzug enthalten. Die Kombination von Mennige mit anschließendem Eisenoxyd hat sich in manchen Fällen am besten erwiesen, während in anderen Fällen Bleichromat, das mit Eisenoxyd oder Mineralschwarz bedeckt wird, zu einer maximalen Schutzwirkung geführt hat. In einem Falle wurden die besten Ergebnisse mit zwei Überzügen aus einer Mischung von Eisenoxyd und Zinkchromat erhalten. (Bei dem Studium des Berichtes des vorstehend genannten Korrosionskomitees ist zu beachten, daß auf jeder Station einige der Kombinationen nicht vertreten waren.) In einer seiner Versuchsreihen fand HUDSON, daß Bleiweiß bessere Ergebnisse als Mennige oder Bleichromat gab, wenn es als unterster Überzug zur Anwendung kam. Bei der Gesamtbewertung der Proben kommt HUDSON jedoch zu der Feststellung, daß es keinen Beweis dafür gibt, daß Mennige seinen Konkurrenten unterlegen ist. Der Autor ist geneigt, Mennige den anderen oxydierenden Inhibitoren für die untersten Schichten vorzuziehen. Unvermischte Mennige stellt sich jedoch etwas teuer; es ist infolgedessen zu beachten, daß NELSON[7] gezeigt hat, daß 20% Mennige mit 80% Eisenoxyd sowohl besser als auch billiger als Mennige allein ist.

Es gibt natürlich verschiedene Typen von Mennige[8]. In den Cambridger Versuchen schienen sämtliche untersuchten Varietäten korrosionsverhindernde Eigenschaften zu besitzen, sofern sie nicht zu stark verdünnt werden. Die Mehrzahl der Farbenfachleute ist der Ansicht, daß die nicht-abbindende Varietät schwächer rostverhindernde Eigenschaften als die gewöhnliche Varietät besitzt, die eine beträchtliche Menge an Bleiglätte enthält, und fordert demnach, daß

---

[1] CUSHMAN, A. S. u. H. A. GARDNER: Corrosion and Preservation of Iron and Steel, New York. — GARDNER, H. A.: Paint Technology and Tests, New York-London; Paint Researches and their Practical Application, New York-London; Trans. electrochem. Soc. **39** (1921) 223; J. Franklin Inst. **179** (1915) 313. [2] MAASS, E. u. R. KEMPF: Korr. Met. **7** (1931) 301. [3] Anonym in Det. Struct. Seawater **15** (1935) 82.

[4] Wegen der Herstellungsmethoden usw. siehe Anonym in Paint Varnish Prod. Manager, Juli **1935**, 12, August **1935**, 26.

[5] SULLIVAN, C. L.: Symposium on Paints and Paint Materials, 1935, S. 35.

[6] HUDSON, J. C.: Rep. Corrosion Comm. Iron Steel Inst. **3** (1935) 52; über die Zusammensetzung der verwendeten Farben s. S. 42, 43.

[7] NELSON, H. A.: Ind. eng. Chem. **27** (1935) 40.

[8] Die British Standard Specification für Mennige trägt die Nummer 217 (1926), die für „nicht-abbindendes Blei" die Nr. 315 (1928).

sie erst kurze Zeit vor der Verwendung mit Öl vermischt wird (da sie sich andernfalls zu einer pastenähnlichen Masse absetzt). Der nicht-abbindende Typ enthält eine geringere Menge an Bleimonoxyd und einen geringeren Anteil an groben Partikeln als gewöhnliche Mennige. Nach Blom[1] enthält die gewöhnliche Mennige mit 20% PbO dieses Oxyd in zwei Formen: 1. im Inneren der großen Körner, umgeben von einer Haut von Pb_3O_4 und 2. als getrennte Partikeln, so daß die Analyse an sich kein Kriterium für die Eigenschaften ist. Nach Perkins[2] besitzt die nicht-abbindende Varietät von Mennige eine geringere Tendenz zum Passivhalten von Stahlgegenständen. Ragg[3] bevorzugt eine Mennige mit nur 80% Pb_3O_4, während Laboratoriumsversuche von Purdy und Pasig[4] zeigen, daß die rostverhindernde Wirkung besser ist, wenn das Monoxyd vorhanden ist. In den Atlantic City Tests der American Society for Testing Materials gab die 98%ige Mennige einen weniger guten Schutz als das 85%ige Produkt[5]. Nach McCance[6] führt die feinere Textur und das größere Bedeckungsvermögen der nicht-abbindenden Mennige zu dünneren Überzügen, was bei jedem Vergleich berücksichtigt werden muß.

In einigen der früher durchgeführten Außenversuche in Cambridge mit einem einzigen Überzug von Nitrocellulosefarbe hat sich Bleichromat als eine der besten Farben in der Sommeratmosphäre, dagegen als ein Aktivator für den Angriff in der Winteratmosphäre herausgestellt, in der der Regen infolge des Schwefelsäuregehaltes der Luft aus den Koksabgasen sauer wird. Wahrscheinlich würde diese Aktivierung nicht mit einem grundierenden Chromatüberzug auftreten, der durch einen inerten äußeren Überzug bedeckt ist. Die Beobachtung ist jedoch von Interesse, da auch Laboratoriumsversuche gezeigt haben, daß Chromsäure in Abwesenheit von anderen Säuren ein Inhibitor der Korrosion, in Gegenwart von Schwefelsäure jedoch ein Korrosionsbeschleuniger ist[7].

In direktem Gegensatz zu den oxydierenden Inhibitoren stehen die metallischen Pigmente, von denen einige ihren Wert als Grundierungsschicht erwiesen haben. Mitunter wird *metallisches Zink*, und zwar gewöhnlich im Gemisch mit Zinkoxyd, verwendet. Wie bereits an früheren Stellen ausgeführt worden ist, ist das Zink befähigt, das Eisen unter Selbstauflösung zu schützen. Nach Toch[8] ist Zinkstaub, der mit Zinkoxyd und Kieselsäure verdünnt wird, viel einfacher in der Anwendung als Mennige; überdies ist dieses Gemisch natürlich weniger giftig. Nelson empfiehlt ein Gemisch von Zinkstaub mit 30 bis 40% Zinkoxyd.

Besondere Beachtung kommt dem Zusatz von *metallischen Bleipigmenten* und gewissen *Bleilegierungspigmenten* zu, die durch Blom angegeben werden, und die eine gute korrosionsverhindernde Wirkung in Laboratoriumsversuchen gezeigt haben (s. S. 618). Diese metallischen Pigmente sowie die Legierungspigmente sind wahrscheinlich als ernsthafte Konkurrenten für Mennige und

---

[1] Blom, A. V.: Farbe Lack **1927**, 329.

[2] Perkins, A. E.: Engineering **139** (1935) 344.

[3] Ragg, M.: Trans. electrochem. Soc. **64** (1933) 67.

[4] Purdy, J. M. u. E. W. Pasig: Paint Oil chem. Rev. **84** (1927) Nr. 20 S. 10.

[5] Dieser Effekt wird gut in den photographischen Aufnahmen herausgebracht, die von H. A. Gardner (Paint Researches and their Practical Application, 1917, S. 113) wiedergegeben werden.

[6] McCance, A.: Trans. North East Coast Inst. Eng. **52** (1936) D 36.

[7] Evans, U. R.: J. chem. Soc. **1930**, 479.

[8] Toch, M.: Trans. electrochem. Soc. **64** (1933) 67.

die Chromate zu bezeichnen und können einen wichtigen Vorteil für sich in Anspruch nehmen: der für eine geeignete Dickflüssigkeit bei ihrer Anwendung erforderliche Ölgehalt ist außergewöhnlich niedrig, so daß nur ein kleiner Bruchteil des fertigen Überzuges aus dem zerstörbaren Bestandteil besteht.

Neuerdings hat HUDSON[1] die nachstehend in Tabelle 58 wiedergegebenen Daten über die Lebensdauer verschiedener zweischichtiger Kombinationen zusammengestellt; es handelt sich um „unvollständig bewitterten" Stahl (bei dem es am schwierigsten ist, den Schutz der Oberfläche zu erzielen) bei Exposition in der Außenatmosphäre von Birmingham.

Die in der Tabelle gegebenen Zahlen lassen den Vorteil der Verwendung eines Inhibitors im unteren Überzug erkennen. Die mit Bleiweiß erhaltenen guten Ergebnisse scheinen der Beachtung würdig. Nach HUDSON ist der Brauch einiger Ingenieure, gemischte Grundierungen von Mennige und Bleiweiß anzuwenden, wahrscheinlich sehr zweckentsprechend.

Was den zweiten Überzug anbetrifft, so scheint billiges rotes Eisenoxyd für diesen Zweck völlig hinreichend zu sein. Möglicherweise würden Bitumen in Gegenwart saurer Dämpfe bzw. Eisenglimmer in Gegenwart von Flugsand relativ bessere Ergebnisse geben. Eisenoxydfarben sollten frei von wasserlöslicher Substanz sein. Venezianisch Rot, das Calciumsulfat enthält, führt zu unbefriedigenden Ergebnissen.

Tabelle 58. Lebensdauer von Farbkombinationen bei den Versuchen
in Birmingham durch J. C. HUDSON. (Angaben in Jahren.)

Nr.	Erster (grundierender) Überzug	Zweiter Überzug			
		Rotes Eisenoxyd	Schwarzes Bitumen	Eisenglimmer	Mittelwert
1	Bleichromat	2,2	4,0	2,2	2,8
2	Bleiweiß	>4,0	>4,0	1,8	>3,3
3	Mennige	>4,0	2,7	1,1	>2,6
4	Gleicher Überzug wie Nr. 2	1,8	2,6(?)	0,6	1,7
5	Mittel von Nr. 1 bis Nr. 3 .	>3,4	>3,6	1,7	>2,9

Wertfolge der Materialien unter den verschiedenen Bedingungen. Früher ist es Brauch gewesen, die Materialien im unangestrichenen Zustande zu prüfen und sie dann im angestrichenen Zustande zu benutzen. Manchmal werden sie im entsinterten Zustande geprüft und in einem Zustand verwendet, in dem der Sinter nicht entfernt worden ist. Oftmals werden sie an einem bestimmten Ort geprüft und an einem anderen in Benutzung genommen. Derartige Verfahrensweisen sind jedoch nur dann gerechtfertigt, wenn ihre Wertfolge unter all diesen Bedingungen effektiv die gleiche ist. Um festzustellen, ob das tatsächlich der Fall ist, hat LEWIS[2] die Wertskala einer Reihe von 10 Materialien untersucht; dabei gelangten zur Untersuchung:

1. Materialien im nichtangestrichenen Zustand bzw. mit einem bzw. mit zwei Überzügen;

2. Materialien in Abwesenheit bzw. in Gegenwart von Walzsinter;

3. Materialien unter drei verschiedenen klimatischen Bedingungen.

---

[1] HUDSON, J. C.: Rep. Corrosion Comm. Iron Steel Inst. 4 (1936) 199.
[2] LEWIS, K. G. u. U. R. EVANS: Rep. Corrosion Comm. Iron Steel Inst. 3 (1935) 177.

Die Proben mit zwei Überzügen besaßen einen Überzug von Mennige mit einer darüber befindlichen Schicht von Eisenoxyd, während die Proben mit nur einem Überzug ausschließlich mit Eisenoxyd präpariert worden waren. Die Expositionszeit betrug $2^1/_2$ Jahre. Die nichtangestrichenen Proben wurden vor der Exposition gewogen, hernach durch kathodische Behandlung in Citronensäure[1] entrostet und erneut gewogen. Die Gewichtsverluste der nichtangestrichenen Proben und die Beobachtungen der angestrichenen Proben ergaben, neben einer Bestätigung vieler Ergebnisse der anderen Proben, daß ein leichter, jedoch meßbarer Unterschied zwischen den angestrichenen und den nichtangestrichenen Proben sowie zwischen den mit Sinter bedeckten und den entsinterten Proben vorhanden war. In den Werten für die drei verschiedenen Untersuchungsstationen traten etwas größere Unterschiede hervor.

2. Die Frage des Walzsinters.

Einfluß partieller Entfernung des Walzsinters. Einige der in Cambridge ausgeführten Prüfungen haben gezeigt, daß an denjenigen Stellen, an denen der Walzsinter mittels einer Feile vor dem Anstreichen beseitigt worden war, ein sehr intensiver Rostungsvorgang einsetzte, der den Sinter und die Farbe zugleich fortdrängte. Das Verhalten war weitaus schlechter als in Fällen, in denen das Metall mit seinem Sinter zur Zeit des Anstriches in gutem Zustand war, oder in Fällen, in denen der Sinter völlig vom Metall entfernt worden war. Infolgedessen besteht die richtige Praxis darin, daß in Fällen, in denen *ein Entsintern nicht vorgesehen ist, große Sorgfalt darauf verwendet werden muß, eine lokale Schädigung der Sinterschicht zu vermeiden.*

Der Einfluß einer *teilweisen* Entfernung des Sinters durch Bewittern vor dem Anstrich führt gleichfalls zu bedenklichen Ergebnissen, was in einer besonderen Versuchsreihe zum Ausdruck gekommen ist, die LEWIS[2] an Proben durchführte, die während verschiedener Zeiten vor dem Anstrich bewittert wurden. Von 72 in Cambridge auf dem Dach exponierten Proben wurden 8 bei Vorhandensein des völligen Walzsinters zum Versuchsbeginn angestrichen. Reihen von je 4 Proben wurden nach einer Bewitterungszeit von 1, 2, 3, 4, 6, 8 bzw. 12 Monaten angestrichen. Sämtliche Proben wurden mit einer Drahtbürste behandelt, um *lockeren* Sinter und Rost vor dem Anstrich zu entfernen. Es wurde eine Abschätzung der mit unverändertem Sinter zur Zeit des Anstriches bedeckten Fläche vorgenommen. Vier verschiedene Farben wurden verwendet, und zwar eine für jede der vier einen „Satz" bildenden Proben. Die Farben enthielten Mennige oder Eisenoxyd, die in einer kleinen oder freigebiger gewählten Menge von Öl und Sikkativ dispergiert wurden. Terpentin wurde zu den beiden ölreichen Farben zugesetzt. Nach Aufbringen der Farbe wurden die Proben erneut der Cambridger Atmosphäre ausgesetzt. Bei jeder Gelegenheit wurden vier sinterfreie Proben, von denen zwei durch Abschleifen und zwei durch Beizen in 10%iger Salzsäure vorbereitet wurden, gleichfalls angestrichen (in diesem Fall wurden nur die ölarmen Farben verwendet) und Seite an Seite mit den anderen exponiert. Von den 8 über dem beim Versuchsbeginn vorhandenen Walzsinter angestrichenen Proben wurden 4 ohne jede Vorbehandlung ange-

---

[1] Stromdichte 161,3 A/m² in Citronensäure (12,5 g/l) während 12 Stunden.
[2] LEWIS, K. G. u. U. R. EVANS: Rep. Corrosion Comm. Iron Steel Inst. **3** (1935) 173.

strichen, während 4 vor dem Anstrich mit einer Drahtbürste behandelt wurden. Anschließend wurden Prüfungen in Intervallen bis zu Perioden von 33 Monaten nach dem Versuchsbeginn vorgenommen. Die Ergebnisse zeigten folgendes Bild:

a) Die Farbe, die über einer den *Walzsinter unversehrt* enthaltenden Oberfläche aufgebracht worden ist, wird an der Farbgrenze unterminiert, wobei sie an einigen Stellen über die Oberfläche hinausgehoben wird.

b) Die Farbe, die auf Proben aufgebracht worden ist, die *für kurze Zeit* (1 bis 2 Monate) *bewittert* worden waren, wird über der gesamten Oberfläche etwas gehoben. Dieses Heben beginnt bei den zwei ölreichen Proben innerhalb von 5 Monaten vom Datum des Farbanstriches an gerechnet. Die ölarmen Proben verhalten sich etwas besser, jedoch beginnen sie ein sehr leichtes Anheben der Farbschicht 7 Monate nach dem Anstrich zu zeigen. Außerdem tritt ein Unterminieren an der Farbgrenze ein.

c) Die Farbe, die auf *sinterfreie Oberflächen* aufgebracht worden ist, ist noch am Ende der Prüfzeit unversehrt, unabhängig davon, ob der Sinter durch Beizen oder Abschleifen entfernt worden ist. Das gleiche gilt für Proben, die während vier oder mehr Monaten bewittert worden waren, wenngleich auch einige dieser Proben noch bemerkenswerte Mengen von restlich anhaftenden Sinter aufwiesen.

Offenbar unterliegen für die in Frage stehenden Stähle und Klimata die Oberflächen mit einem nahezu vollständigen Sinterbelag einem schärferen Angriff als Oberflächen, bei denen der Sinter völlig in Takt ist bzw. völlig fehlt. Dort, wo die Farbe nicht die gesamte Oberfläche bedeckt, erleidet die gesamte sinterbedeckte Probe einen stärkeren Angriff als die vollständig entsinterte Probe. Die Ergebnisse deuten darauf hin, daß nicht der Walzsinter als solcher die Ursache des intensiven Angriffes ist, sondern vielmehr das *Vorhandensein kleiner unbedeckter Flecke, die von Sinter umgeben werden.* Die Kombination der kleinen anodischen Fläche (also das freigelegte Metall) mit der großen kathodischen Fläche (der darumliegenden, mit Sinter bedeckten Region) ist für einen intensiven Angriff günstig, wie für den analogen Fall des gebrochenen Metallüberzuges auseinandergesetzt worden ist (s. S. 572). Der lokal erzeugte voluminöse Rost (weitgehend Magnetit) wird den Sinter zusammen mit der Farbe beseite schieben und so eine sehr ernste Lage schaffen.

Es ist oft behauptet worden, daß der Walzsinter dann, wenn er auf der Stahlkonstruktion zur Zeit des Anstriches völlig intakt ist, einen geringen oder gar keinen Schaden anrichtet. Bei gewalztem gewöhnlichen Stahl ist es jedoch schwierig, lokale Brüche in der Sinterschicht während des Transportes und der Aufrichtung der Stahlkonstruktion zu verhindern. Der Nachteil des Anstriches über der Sinterschicht wird nicht sofort erkennbar werden; er wird dagegen nur allzu deutlich hervortreten, wenn die Zeit für den Neuanstrich kommt. Es wird sich dann wahrscheinlich herausstellen, sofern nicht eine sorgfältige Reinigung der Oberfläche durchgeführt wird, daß die neuen Überzüge, die auf einer losen Grundschicht aufgebracht werden, eine enttäuschend kurze Lebensdauer besitzen werden. Möglicherweise wird in Zukunft eine Form des Walzsinters vorhanden sein, die den Farbanstrich auf dem Stahl mit Sicherheit wird aufbringen lassen, ohne daß eine vorherige Entsinterung erfolgt. Mit dem Walzsinter jedoch, wie er sich heutzutage auf gewalztem gewöhnlichen Stahl vorfindet, wird eine vorherige Entsinterung zu einer Verlängerung der

Lebensdauer führen. Die letzten Berichte[1] des Korrosionskomitees vom Iron and Steel Institute über Proben, die in verschiedenen Stationen untersucht worden sind, haben ergeben, daß sich diejenigen Proben, die durch Beizen oder mittels Sandstrahl vor dem Farbanstrich entsintert wurden, besser als jene verhielten, bei denen der Anstrich über dem gesamten Sinter aufgebracht worden war, wenngleich sich diese letzteren Proben besser verhielten als diejenigen, die vor dem Anstrich eine kurze Zeit bewittert worden waren.

Arten von Walzsinter. Unsere Kenntnis vom Walzsinter ist noch sehr unvollständig. Zweifellos ändert er sich sehr erheblich mit den Bedingungen seiner Herstellung. Der Walzsinter auf Stahl ist durch Jenkin, Winterbottom und Lewis[2] vom Korrosionsausschuß des Iron and Steel Institute unter Heranziehung mikroskopischer Hilfsmittel untersucht worden, wobei festgestellt wurde, daß die mittlere Dicke bei den verschiedenen Stählen von 0,01 bis 0,07 mm schwankte (bei örtlichen Verdickungen bis zu 0,2 mm und örtlichen Minimaldicken von 0,001 mm). Eine weitere Untersuchung über den Walzsinter ist vom National Physical Laboratory[3] nach der Röntgenstrahlmethode durchgeführt worden, durch die die Gegenwart von Fe_2O_3, Fe_3O_4 und mitunter von FeO festgestellt wurde. Das Korrosionskomitee hat auch die Abhängigkeit des Sintercharakters von der Walztemperatur aufgezeigt. Im allgemeinen neigt ein Hochtemperatursinter auf Stahl zu bläulicher Färbung, während ein Niedrigtemperatursinter ein rötliches Aussehen hat, das auf die pulverige Form des Eisen(III)-oxydes zurückzuführen ist, die durch mäßiges Reiben abgelöst wird, wobei in enger Verbindung mit dem Metall eine dunkelgraue Schicht (wesentlich Magnetit) freigelegt wird. Dieser Oberflächentyp wird von einigen Fachleuten als eine besonders gute Basis für einen Farbaufstrich bezeichnet. Nach Daeves[4] bricht der blaue Walzsinter auf Kupfer-Phosphor-Stählen rascher als auf gewöhnlichem Stahl ab. Kupfer-Phosphor-Stähle verhalten sich unter dem Farbanstrich außergewöhnlich gut.

Im Falle des Schweißeisens erscheint es möglich, über dem hochgradig festhaftenden unteren Sinter den Anstrich ohne irgendwelche Nachteile aufzubringen. Bei Gußeisen und Gußstahl wird die Gußhaut vor dem Anstrich nicht beseitigt. Dieser Sinter — der noch zu wenig untersucht worden ist — ist seinem Charakter nach jedoch von dem Walzsinter verschieden. Gewöhnlich wird er für siliciumhaltig gehalten. Turner[5], der über die Eisenbahnpraxis berichtet, teilt mit, daß ein Grund für die Einführung der gußstählernen Rahmen in Amerika darin zu sehen ist, daß Gußstahl wesentlich widerstandsfähiger gegenüber Korrosion als geschmiedeter Stahl ist, was er teilweise darauf zurückführen zu können glaubt, daß sich beim Gießen ein schützender Überzug durch Eindringen des quarzhaltigen Formsandes in die Oberflächenschicht des Stahles ausbildet. Diese Frage verdient weitere Untersuchung.

Methoden zur Entfernung des Sinters. Ehe die zur Entfernung des Sinters verfügbaren Methoden besprochen werden, ist es erforderlich, die noch immer

---

[1] Anonym in Rep. Corrosion Comm. Iron Steel Inst. **4** (1936) 41.

[2] Jenkin, J. W., A. B. Winterbottom u. T. W. Lewis: Rep. Corrosion Comm. Iron Steel Inst. **2** (1934) 245. — Winterbottom, A. B. u. J. P. Reed: J. Iron Steel Inst. **126** (1932) 162. [3] Anonym in Rep. Corrosion Comm. Iron Steel Inst. **2** (1934) 241.

[4] Daeves, K.: Arch. Eisenhüttenwesen **9** (1935/1936) 37.

[5] Turner, T. H.: Foundry Trade J. **46** (1932) 27.

in gewissen Kreisen vorherrschende Ansicht zu zerstreuen, daß ein Behandeln
mit der Drahtbürste das Metall vom Sinter freilegen kann. Das ist falsch:
Behandlung mit der Drahtbürste führt letzten Endes zu einem Glätten des
Sinters und gibt ihm ein metallisches Aussehen, jedoch beseitigt sie selten,
wenn überhaupt jemals, den adhärierenden Sinter völlig. Es ist jedoch gleichfalls unrichtig anzunehmen, daß das Behandeln mit dem Sandstrahl die einzige
Methode zur Erzielung einer befriedigenden Anstreichfläche darstellt. Würth[1]
bespricht den Fall einer Brücke in Köln, die im Jahre 1858, d. h. 30 Jahre vor
der Einführung des Sandstrahlverfahrens, erbaut wurde, die aber noch im Jahre
1926 in ausgezeichnetem Zustande war, obgleich die Grundierschicht aus Mennige
niemals und die deckenden Überzüge nur viermal mit Bleiweiß erneuert worden
waren.

Untersuchungen, die in Cambridge über die verschiedenen zur Entfernung
des Sinters verfügbaren Methoden unternommen worden sind, wie beispielsweise Abschleifen, Behandeln mit dem Sandstrahl, Beizen und Bewittern haben
gezeigt, daß Proben mit grober Oberfläche, die im angestrichenen Zustande exponiert wurden, fast eher der Rostung unterlagen als Proben, die vor dem Anstrich
nach den anderen Methoden (ausgenommen vielleicht Beizen mit Salzsäure) entsintert worden waren. Es wurde auch ein Versuch zur Prüfung der Einwände
unternommen, die gegen gewisse Manipulationen beim Beizen vorgebracht
worden sind. Der Säurebeize folgt oftmals ein alkalisches Bad, um Säurespuren
zu entfernen[2]. Die Verwendung von Soda scheint Einwänden zugänglich zu
sein, da Spuren von Alkali zur Ablösung der Farbe führen können. Ein Kalk-
bad wird im allgemeinen als eine richtige Maßnahme bezeichnet. Beizen
jedweder Art wird in manchen Kreisen deshalb verurteilt, da dann, wenn
das anschließende Waschen oder Trocknen unvollständig erfolgt, Säure oder
Wasser unter der Farbe eingeschlossen werden können. Um diese Einwände zu
prüfen, wurden besondere Prüfreihen in Cambridge durchgeführt, in denen das
Beizen *absichtlich* unter *unvollkommenen* Bedingungen vorgenommen wurde.
Proben, bei denen auf den Beizvorgang entweder ein unvollständiges Waschen,
ein unvollständiges Trocknen oder kein Alkalibad folgte, wurden angestrichen
und neben Proben exponiert, bei denen diese Operationen mit äußerster Sorgfalt durchgeführt worden waren. Bei einer Exposition während längerer Zeiten
konnte kein Unterschied zwischen den „falsch vorbereiteten" und den „sorgfältig
vorbereiteten" Proben festgestellt werden. Beobachtungen[3] jedoch, die nach
4jähriger Expositionszeit gemacht wurden, zeigten, daß das unvollständige
Trocknen des Metalls und die beim Abspülen der Soda begangenen Fehler der
Schutzwirkung etwas abträglich sind. Proben, die mit Salzsäure gebeizt wurden,
verhielten sich weniger gut, als die mit Schwefelsäure gebeizten.

Eine mögliche Gefahr bei dem Beizen, der anscheinend nicht viel Beachtung
geschenkt worden ist, besteht in der Absorption von Wasserstoff durch den
Stahl, der bei Stählen hoher Zugfestigkeit begreiflicherweise Brüchigkeit hervorrufen kann. Es erscheint bei Stahl, der der tropischen Sonne ausgesetzt
wird, nicht unmöglich, daß Wasserstoff während des Betriebes freigesetzt wird

---

[1] Würth, K.: Bayer. Ind.-Gewerbeblatt **112** (1926) 13.

[2] Bei den Prüfungen der Institution of Civil Engineers wurde offenbar mit Erfolg
ein Bad mit kochendem Kalkwasser verwendet. Siehe J. A. N. Friend: Det. Struct.
Seawater **15** (1935) 87. [3] Britton, S. C. u. U. R. Evans: Nicht veröffentlichte Arbeit.

und zu Blasenbildung unter der Farbe führt. Es scheint jedoch kein Beispiel dafür bekannt zu sein, wonach diese Gefahr nicht ernsthaft ist.

Durch *Beizen mit Phosphorsäure* wird die Gefahr der Rostbildung unter der Farbe wesentlich herabgesetzt. Wie auf S. 88 ausgeführt wird, ist die erforderliche Temperatur höher und sind die unmittelbaren Kosten größer, als wenn Schwefel- oder Salzsäure verwendet wird. Auf die Dauer gesehen scheint dieses Verfahren jedoch manchmal billiger zu sein. SPIELMAN[1] berichtet einen Fall, in dem sich das Beizen eines Ölvorratstankes mit Phosphorsäure schätzungsweise in etwa 6 Jahren bezahlt macht; die so gebeizten Tanks erfordern während ihrer gesamten Lebensdauer kein Abschrubben, während ein Abschrubben und Behandeln mit der Drahtbürste bei ähnlichen jedoch nichtgebeizten Tanks absolut erforderlich ist.

Selbst wenn kein wirkliches Beizen beabsichtigt ist, so kann ein Waschen mit einer phosphathaltigen Lösung vor dem Anstreichen dazu dienen, das Eisen in den gewünschten passiven Zustand überzuführen[2]. In dem *Electro-Granodine-Verfahren* werden die Gegenstände für die Zeitdauer von 4 min in ein heißes Phosphatbad eingetaucht, durch das ein Wechselstrom fließt.

Für das trockene Entsintern des Metalls wird allgemein die Methode des gewöhnlichen *Sandstrahlblasens* bzw. eine besonders wirksame Ausführungsform dieses Verfahrens benutzt. Das erstere Verfahren mag wegen der damit verbundenen Gesundheitsschädigungen (Silicose) schädlich sein, so daß das letztere vorgezogen wird. Neuerdings ist in England Interesse für Maschinen gezeigt worden, die auf dem Prinzip des *Sandschleuderns* beruhen, in denen die Bewegung auf die Sandpartikeln durch Stoß mittels eines Rotors, an Stelle mit Hilfe eines Luftstromes, übertragen wird. Nach TURNER[3] scheint dieses Schleuderverfahren, vom energetischen Standpunkt aus, auf den ersten Blick von Vorteil zu sein, da nahezu die gesamte aufgewendete Energie auf den Sand übertragen wird, während bei dem Sandstrahlblasen viel Energie an die Luft abgegeben wird. Die zukünftige Entwicklung muß zeigen, welche Methode in der Praxis am besten arbeitet.

Ein gegen das Sandstrahlverfahren erhobener Einwand, wonach es den Stahl in einen sehr korrosionsempfänglichen Zustand versetzt, ist in Cambridge nachgeprüft worden. Vergleichende Untersuchungen, die sich auf 4 Jahre erstreckten[4], haben gezeigt, daß die mit dem Sandstrahl bearbeiteten Proben ebenso gute oder bessere Ergebnisse gaben, als Proben, die nach anderen Methoden entsintert worden waren. Versuche, die korrosionsempfängliche Schicht durch Rosten, dem eine Behandlung mit der Drahtbürste vor dem Farbanstrich folgt, zu eliminieren, führten anstatt zu einer Verbesserung zu einer Herabsetzung der Schutzwirkung.

Einfluß der Zeit auf die Entfernung des Sinters durch Bewitterung. In vielen Fällen hat die Exposition an der Luft das Ziel, den Sinter vor dem Farbanstrich zu entfernen, wobei die Frage nach der dazu erforderlichen Zeit von Bedeutung ist. Die Feststellung, daß der Sinter bei manchen Stählen selbst nach einer

---

[1] SPIELMAN, C. M.: Private Mitteilung vom 11. März 1936 und 17. März 1936.

[2] Andere „Waschverfahren" vor dem Anstreichen sind neuerdings in Cambridge durch R. S. THORNHILL und U. R. EVANS entwickelt worden.

[3] TURNER, T. H.: Private Mitteilung vom 7. August 1936.

[4] BRITTON, S. C. u. U. R. EVANS: J. Soc. chem. Ind. Trans. **55** (1936) 338.

9monatigen Bewitterung in einer Seeatmosphäre nicht völlig entfernt worden ist, hat Hudson[1] zur Ausbildung einer Methode veranlaßt, nach der ein wesentlich rascher der Bewitterung unterliegender Sinter hergestellt werden kann. Wird Ingoteisen oberhalb 900° bis unmittelbar über die gewünschte Dicke ausgewalzt, dann an der Luft durch das Brüchigkeitsgebiet bei 900 bis 800° abkühlen gelassen, und abschließend unterhalb 800° bis auf die gewünschte Dicke runtergewalzt, so wird ein dünner Sinter einer Dicke von etwa 0,015 mm erzeugt, der in wenig mehr als 2 Wochen verwittert, während der normal erzeugte Sinter, der etwa 0,051 mm dick ist, innerhalb von 6 Monaten nicht vollständig entfernt wird. Dieser Unterschied zwischen dem Hochtemperatur- und dem Niedrigtemperatursinter von Ingoteisen wird auch von Daeves[2] hervorgehoben.

Im Falle des Stahles scheinen die Verhältnisse recht abweichend zu liegen[3]. Versuche von Lewis[4] haben ergeben, daß der Sinter auf *kalt gewalztem Stahl* (das ist Stahl, der unterhalb 700° fertiggemacht worden ist) viel weniger rasch verwittert, als auf *warm gewalztem Stahl* (das ist Stahl, der oberhalb 700° fertiggemacht worden ist). Der Sintertyp von dem zuerst genannten Stahl, der infolge der dicken, äußeren Schicht von Eisen(III)-oxyd eine rötliche Farbe besitzt, wurde bei 8monatiger Bewitterung kaum, mit Ausnahme der Kantenzonen, angegriffen, während sich der Hochtemperatursinter, der das blauschwarze Aussehen des Magnetits hat, „mit einem Netzwerk von Rissen bedeckte, deren jeder von einer Rosterhebung überbaut wurde. Unterminieren des Sinters hatte zur Ausbildung großer Flecken geführt, die so locker wurden, daß sie leicht abgebürstet werden konnten". Lewis schreibt die raschere Entfernbarkeit bei dem Hochtemperaturstahl der dicken unteren Schicht von Eisen(II)-oxyd zu, das beim Bewittern in voluminöses hydratisches Eisen(III)-oxyd (Rost) übergeführt wird, wobei die oberen Teile des Sinters infolge der Ausdehnung vom Metall weggedrängt werden. Bei dem kalt gewalzten Stahl, bei dem die Eisen(II)-phase dünn ist oder ganz fehlt, tritt dieser Effekt nicht auf. Die Analogie zu dem Verhalten der zwei Sintertypen bei der Säurebeize ist offensichtlich (s. S. 84). Offenbar sollte ein kalt gewalzter Stahl vermieden werden, sofern eine völlige Entsinterung gewünscht wird; er sollte jedoch bevorzugt werden, wenn die Erhaltung des Sinters gefordert wird. In dieser Weise wird noch heute von manchen Fachleuten verfahren.

3. Anstrich im Schiffswesen.

Anstrich von Schiffen. Die Frage des Schiffsanstriches ist von besonderer Bedeutung. Die Aufgabe des Anstriches besteht hier nicht einfach darin, eine Korrosion zu verhindern, sondern auch darin, ein Bewachsen des Materials von der See her zu verhüten. Die *Antifaulfarbe* wird über der Anti-Korrosionsfarbe aufgebracht und enthält Gifte, wie Arsen, Kupfer, Blei oder Quecksilber, durch die die Korrosion indirekt beeinflußt werden kann. Ragg[5] ist der Ansicht, daß Kupferoxyd, das als günstige Komponente der Antifaulfarbe bezeichnet wurde, gleichzeitig ein ausgesprochener Promotor der Korrosion ist.

[1] Hudson, J. C.: Trans. Inst. Naval Arch. **77** (1935) 183.
[2] Daeves, K.: Trans. electrochem. Soc. **64** (1933) 109.
[3] Siehe beispielsweise J. C. Hudson u. R. H. Myers: Rep. Corrosion Comm. Iron Steel Inst. **3** (1935) 80.   [4] Lewis, W. E.: Trans. North East Coast Inst. Eng. **52** (1936) 135.
[5] Ragg, M.: Korr. Met. **7** (1931) 158.

Die Anstrichverfahren wechseln bei den verschiedenen Schiffseigentümern, wie aus dem vom Korrosionsausschuß des IRON AND STEEL INSTITUTE[1] gesammelten Material hervorgeht. Die Korrosion von Schiffsrümpfen ist durch MONTGOMERIE und LEWIS[2] mit besonderer Fachkenntnis behandelt worden. MONTGOMERIE berichtet über die von LLOYDS REGISTER gesammelte Erfahrung, auf dessen Veranlassung die Inspektoren in jedem Hafen angewiesen sind, eingehend über die zahlreichen Korrosionsfälle zu berichten, die sie antreffen. Er faßt die Ergebnisse dahingehend zusammen, daß es unter der Voraussetzung einer reinen Stahloberfläche und unter der weiteren Voraussetzung, daß die Farbe am Stahl adhäriert, kein Korrosionsproblem gibt, das wir heutzutage nicht beheben können. Es ist danach festgestellt worden, daß die Korrosion in jedem Fall, sobald es sich effektiv um die korrodierte Fläche handelte, durch sorgfältiges Reinigen der Pittings und Aufbringen eines Überzuges in dem vom Angriff betroffenen Teil mittels Leimgrund und einer geeigneten Farbe zum Stehen kam und nicht wieder auftrat. Nach MONTGOMERIE gilt diese Erfahrung ohne Ausnahmen.

Sinter an Schiffsplatten. Im Schiffbau ist es lange Zeit Brauch gewesen, den Sinter durch *Bewitterung* zu entfernen. Früher wurden die Platten während mehrerer Monate der Rostung ausgesetzt, ehe der Anstrich aufgebracht wurde. Der weitgehend unter dem Sinter gebildete voluminöse Rost, der wenigstens teilweise durch Umwandlung des Eisen(II)-oxyds in hydratisches Eisen(III)-oxyd entstanden ist, drängt den Sinter vom Metall fort. Ein sehr milder Reinigungsprozeß bereits gestattet, die Farbe auf die Oberfläche aufzubringen, die nun schon wesentlich frei von Walzsinter ist. In neuerer Zeit besteht wahrscheinlich die Neigung, die Bewitterungsperiode abzukürzen, so daß — vielleicht auch noch aus anderen Gründen — die Farbe häufig auf dem Sinter aufgebracht wird. Bedeutende Schäden sind sowohl bei englischen als auch bei anderen europäischen Schiffen festgestellt worden, die auf eine intensive Pittingbildung längs der Diskontinuitäten oder Kratzerlinien in diesem Sinter zurückzuführen sind, was die meisten Fachleute der verkürzten Bewitterungsperiode zuschreiben. Nach ANDREAE[3] adhäriert der Sinter auf modernen Stählen stärker als das früher der Fall war, so daß eine längere Bewitterungsperiode zu seiner Ablösung erforderlich ist. Da in der Praxis aber nur eine kürzere Entsinterungszeit zugelassen wird, so wird die Farbe häufig über dem Sinter aufgebracht, der nach einer kurzen Betriebsperiode abzubrechen beginnt und die Farbe mit sich führt.

Andererseits ist manchmal die Ansicht ausgesprochen worden, daß sich keinerlei Schädigung bemerkbar macht, wenn die Platten unmittelbar nach dem Walzen, ehe irgendeine Rostbildung erkennbar wird, angestrichen oder mit Leinöl überzogen werden. Es erscheint sehr zweifelhaft, ob es möglich sein würde, Stahlplatten oder andere Konstruktionsteile mit einem Farbanstrich und einem Sinter, wie sie uns heutzutage zugänglich sind, ohne lokale Abnutzung vom Walzwerk zur Werft zu befördern. Werden die Farbe oder der Sinter örtlich beschädigt, so wird die ganze Situation weitaus schlimmer, als wenn

---

[1] Anonym in Rep. Corrosion Comm. Iron Steel Inst. 2 (1934) 174.

[2] MONTGOMERIE, J. u. W. E. LEWIS: Trans. Inst. Eng. Scotland 75 (1932) 412. — MONTGOMERIE, J.: Trans. Inst. Naval Arch. 77 (1935) 176; s. auch U. R. EVANS: Minut. Pr. Inst. civil Eng. 234 (1932) 480.   [3] ANDREAE, M. P.: Korr. Met. 7 (1931) 126.

der Sinter zu einem größeren Teil entfernt worden ist. In jedem Fall ist die Entfernung des Sinters und der Farbe unvermeidlich, wenn die Platten anschließend gebogen oder wenn Nietlöcher in ihnen angebracht werden sollen. Die Argumentation zugunsten eines Farbanstriches im Walzwerk wird gewöhnlich auf die allgemeine Beobachtung gegründet, daß die Identifizierungszeichen, die an der Walze auf die Platte aufgemalt worden sind, manchmal als unkorrodierte Gebiete erkennbar bleiben, lange nachdem der übrige Teil der Platte einem ernsten Angriff unterlegen ist. Es ist jedoch unlogisch daraus zu schließen, daß die *gesamte* Platte deshalb, weil diese geringen Oberflächengebiete, auf die die Farbe am Walzwerk aufgebracht worden ist, dem Angriff unter günstigen Umständen entgangen sind, frei vom Angriff geblieben wäre, wenn sie den Anstrich zur gleichen Zeit erhalten hätte. DAEVES[1] hat durch seine photographischen Aufnahmen von Schiffsplatten, die Korrosion längs derjenigen Zonen aufzeigten, an denen die Identifikationszeichen auf die Platten aufgebracht worden waren, in die gegenteilige Richtung weisende Argumente beigebracht. Wahrscheinlich verhinderte die für diese Zeichen benutzte Farbe die richtige Entsinterung durch Bewitterung, so daß dann später der Farbanstrich längs dieser Zonen fortgedrängt wurde. Trotzdem wird von mehreren Fachleuten der Anstrich der Platten am Walzwerk befürwortet. Wie HUDSON und MYERS[2] mitteilen, sind einige Prüfungen zur Entscheidung dieser Frage auf einem Boot im Gange.

Die britische Admiralität beizt ihre Platten gewöhnlich bei wichtigen Materialien, was zu einer wesentlichen Herabsetzung der Korrosionsschäden der in Frage stehenden Art geführt hat. Die Inspizierung von H. M. S. CHAMPION durch den Korrosionsausschuß des IRON AND STEEL INSTITUTE hat ergeben, daß sich die Stahlteile in einem ausgezeichneten Zustand befanden[3]. Die meisten kaufmännisch eingestellten Schiffseigentümer scheinen der Auffassung zu sein, daß die Beizkosten nicht zu verantworten sind; neuerdings findet jedoch die Phosphorsäurebeize in Holland[4] Verwendung. Die von LEWIS[5] angestellten Berechnungen deuten darauf hin, daß die zusätzlichen Kosten in gewissen Fällen geringer sind als diejenigen, die für ein einmaliges Aufdocken aufzuwenden sind. Bei gewissen Schiffsklassen würde eine vorhergehende Beize fast sicher die Häufigkeit des Aufdockens herabsetzen, was im Endeffekt zu einem günstigen finanziellen Ergebnis führen würde.

Die über 7 Jahre erstreckten FRIENDschen[6] Prüfungen an angestrichenen Platten, die der Seeluft in Southampton ausgesetzt wurden, haben ergeben, daß Platten, die ihren Farbanstrich über dem Sinter erhalten hatten, eine 14mal so große Korrosion aufwiesen, als ähnliche Platten, die in gebeiztem Zustand angestrichen wurden, selbst wenn der Sinter bei den ersteren vorher irgendwie entfernt worden ist. Geteerte Platten im Niveau der Halbzeit des Gezeitenwechsels in Weston-super-Mare[7] führten zu einer Pittingbildung in Fällen, in denen der Teer über dem Sinter aufgebracht worden war; der Gewichtsverlust war nur gering.

---

[1] DAEVES, K.: Private Mitteilung, 1932.
[2] HUDSON, J. C. u. R. H. MYERS: Rep. Corrosion Comm. Iron Steel Inst. **3** (1935) 75.
[3] Anonym in Rep. Corrosion Comm. Iron Steel Inst. **2** (1934) 154.
[4] LOBRY DE BRUYN, C. A.: Trans. North East Coast Inst. Eng. **52** (1936) D 36.
[5] LEWIS, W. E.: Trans. North East Coast Inst. Eng. **52** (1936) 140.
[6] FRIEND, J. A. N.: Det. Struct. Seawater **13** (1933) 40.
[7] Anonym in Det. Struct. Seawater **10** (1930) 4.

Farben für Schiffahrtszwecke. Die Wahl der Farben für Schiffsanstriche wechselt erheblich, jedoch wird im allgemeinen Mennige für den untersten Überzug bevorzugt, der durch andere Überzüge überdeckt wird, die teilweise, was die vom Wasser nicht bedeckten Zonen anbetrifft, ihres Aussehens wegen gewählt werden. Wie bereits angegeben, muß der untere Teil des Schiffsrumpfes mit einer Antifaulfarbe überzogen werden. An manchen Stellen der Schiffe werden Teer oder bituminöse Mischungen verwendet, wobei einige der Mischungen mit Eisenoxyd oder einem anderen billigen Pigment versetzt werden. Kohlenteer ergibt ausgezeichnete Ergebnisse bei den Schiffsprüfungen der INSTITUTION OF CIVIL ENGINEERS[1], und zwar ist es besser als die Ölfarben, die unter sämtlichen Überwachungsbedingungen geprüft worden sind. Teer aus einer Horizontalretorte erwies sich dem Produkt aus der Vertikalretorte überlegen und wurde weiterhin durch Zusatz von gelöschtem Kalk verbessert. Eine bituminöse Lösung ergab ausgezeichnete Ergebnisse bei ständigem bzw. bei intermittierendem Eintauchen. Die belüfteten Proben führten zu weniger zufriedenstellenden Ergebnissen, möglicherweise infolge der größeren Temperaturänderung. Die gleichen Prüfungen erwiesen die Überlegenheit von Standöl gegenüber rohem Leinöl; sie ließen weiterhin die schützende Wirkung des Verzinkens als vorteilhaft erkennen. Es zeigte sich, daß auf den verzinkten Proben kein Wachstum von der See her auftrat, was in praktischer Hinsicht als besonders wichtig zu bezeichnen ist.

Bei diesen Prüfungen gab Mennige einen ausgezeichneten Schutz bei Belüftung. Unter den Bedingungen der Halbzeitperiode in der Gezeitenfolge ergab sie eine geringere Korrosion als eine Eisenoxydfarbe, jedoch war die Pittingbildung stärker ausgeprägt. Bei völligem Eintauchen der Probe war die Korrosion unter der Mennige mitunter größer als unter der Eisenoxydfarbe. Es erscheint verfrüht, aus diesen Gründen die Verwendung von Mennige als Grundierschicht unter anderen Überzügen zu verwerfen. Es muß jedoch festgehalten werden, daß Chloride dem Schutz durch sämtliche oxydierenden Inhibitoren entgegenwirken und daß in den Fällen, in denen der Schutz zusammenbricht, eine Pittingbildung erfolgen kann. Die von BRITTON in Cambridge durchgeführten Prüfungen zeigen, daß Spuren von Sulfiden zu einer Schädigung von Mennige in Seewasser oder frischem Wasser führen können, und daß diese Frage im Hinblick auf die Gegenwart von Sulfat-reduzierenden Organismen in gewissen Teilen der See eine praktische Bedeutung besitzt.

Für die Behandlung von Schiffsrümpfen bei Betrieb in Frischwasser empfiehlt SPELLER[2] folgende Behandlung: Behandlung der Oberfläche mit einem Sandstrahl, hierauf Aufbringen eines Tungöl-Farbanstriches, der Mennige, Bleichromat und Zinkchromat enthält, der innerhalb einer Stunde so weitgehend trocknet, daß er berührt werden kann und der gegenüber Wasser innerhalb von 24 Stunden verwendbar ist.

4. Anstrich von Baulichkeiten.

Schutz von Brücken. Wahrscheinlich erfolgt die Entfernung des Sinters bei Konstruktionsstählen vor dem Farbanstrich in der englischen Praxis weniger

---

[1] FRIEND, J. A. N.: Det. Struct. Seawater **15** (1935) 103.
[2] SPELLER, F. N.: Mechan. Eng. **57** (1935) 359.

allgemein als in anderen Ländern, und es ist nicht zu bestreiten, daß im Mittel oftmals gute Ergebnisse mit dieser bestehenden Methode erhalten werden. Es würde sich jedoch wahrscheinlich, auf einen längeren Zeitraum gesehen, oftmals als günstig erweisen, den Sinter vor dem Aufbringen der Farbe zu entfernen. Wahrscheinlich würde dadurch die Zahl der Farbanstriche herab- und das zwischen zwei Anstrichen liegende Zeitintervall heraufgesetzt werden. Eine wohlbekannte Firma[1] schreibt viele Fälle einer raschen Zerstörung, namentlich auf der Unterseite von Brückenbodenplatten, auf die Gegenwart von Walzsinter unter der Farbe zurück. Ihrer Ansicht nach sollte der Walzsinter vor dem Verlassen des Stahlwerkes entfernt werden; sie fügen hinzu, daß dadurch die Nachfrage nach stählernen Brückenteilen erhöht werden würde, deren erster Anstrich mehrere Jahre lang vorhalten würde. TURNER[2] bespricht den Vorschlag, Eisenbahnbrücken und ähnliche Konstruktionen mittels Sandstrahl zu entsintern. Eine englische Brückenbaufirma entfernt den Sinter durch Bewittern mit anschließendem Abkratzen. Die GREAT WESTERN RAILWAY hat über dieses Verfahren günstig berichtet[3].

Auf dem europäischen Kontinent ist das Verfahren der mechanischen Entsinterung allgemeiner in Gebrauch. So wird das Sandstrahlverfahren von holländischen Fachleuten[4] empfohlen. Nach LOBRY DE BRUYN[5] ergibt die Erfahrung der letzten 4 Jahre an neuen Brücken in Holland, daß kein Korrosionsschaden eintritt, wenn das Metall vor dem Anstrich mit dem Sandstrahl behandelt worden ist. Es kommt jedoch in einigen derjenigen Teile zu einer erheblichen Schadenausbildung, die vor dem Anstrich nicht entsintert worden sind. Der Unterschied im Verhalten muß auf den Walzsinter zurückgeführt werden, da die Farbe in beiden Fällen die gleiche gewesen ist. Als Pigment enthielt die unterste Schicht stets eine gleiche Mischung von Mennige und Eisenoxyd, während das Leinöl für sämtliche Überzüge ein Zusatz von Standöl zur Ausbildung der mechanischen Widerstandsfähigkeit enthielt.

In einer Empfehlung, die in einer Fußnote der *"British Specification[6] for Girder Bridges"* (für Bindebalkenbrücken) gegeben wird, wird folgendes ausgeführt: „Ehe irgendein permanenter Farbanstrich, sei es im herstellenden Werk oder an Ort und Stelle aufgebracht wird, ist es wichtig, daß der Walzsinter entfernt wird. Abspanen oder Abkratzen ist nicht stets erfolgreich. Die vorteilhafteste Methode besteht darin, die Stahlteile zu bewittern. In Fällen, in denen die Brücke sofort montiert werden muß, sollten die Stahlteile ohne schützenden Überzug zu dieser Stelle geschickt und der erste Überzug dann aufgebracht werden, wenn die Entfernung des Sinters durch Bewitterung herbeigeführt worden ist. In Fällen, in denen die Stahlteile exportiert werden müssen, oder in denen sie vor der Montage einige Zeit liegen bleiben, sollte das Material in den Werken einen Überzug von gekochtem Leinöl erhalten. Sie sollten dann an Ort und Stelle bewittert werden, bis sich dieser Ölüberzug und der darunter befindliche Sinter entfernen lassen. Hierauf sollten die Stahlteile sorgfältig gereinigt und die permanenten Überzüge aufgebracht werden."

---

[1] Rep. Corrosion Comm. Iron Steel Inst. **1** (1931) 28.
[2] TURNER, T. H.: J. Iron Steel Inst. **131** (1935) 267.
[3] In Det. Struct. Seawater **15** (1935) 96. [4] Siehe Anonym in Verfkroniek **7** (1934) 324.
[5] LOBRY DE BRUYN, C. A.: Private Mitteilung vom 20. Mai 1935.
[6] In Brit. Stand. Specification **153** (1933).

Die gleiche British Specification empfiehlt, daß „Flächen an Stellen, an denen sie nach dem Zusammenbau der Stahlteile in ständigen Kontakt miteinander zu treten haben, unmittelbar vor dem Zusammenbau und nachdem sie sorgfältig abgekratzt, gereinigt und getrocknet worden ist, einen Überzug von gekochtem Leinöl oder frisch gemischter Mennigefarbe erhalten sollten, je nachdem, wie es der Ingenieur (oder der Käufer) wünscht. Die Flächen sollten zusammengebracht werden, während das Öl oder die Farbe noch feucht ist. Die Mennigefarbe soll die nebenstehend gegebene Zusammensetzung besitzen.

„Werden andere Farben und/oder Öle als die vorgeschriebenen benutzt, so soll die Oberfläche abgekratzt, mit der Drahtbürste behandelt und gereinigt werden. Es soll kein

Komponente	Sigel	Anteil
Mennige	B.S.S. Nr. 217	15,0 kg
Gekochtes Leinöl .	B.S.S. Nr. 259	3,0 l
Rohes Leinöl . .	B.S.S. Nr. 243	1,5 l

Farbanstrich und/oder Ölbehandlung erfolgen, ehe die Oberfläche des Metalls trocken ist. Jeder Überzug wird von verschiedener Schattierung sein und soll erst sorgfältig trocknen, ehe der nächste aufgebracht wird."

„Sämtliche Niete, Bolzen, Muttern und Unterlagscheiben für den Export sollen sorgfältig gereinigt, bis etwa auf die Schmelztemperatur des Bleies erwärmt und in heißem Zustand in gekochtes Leinöl eingetaucht werden. Sämtliche bearbeiteten Oberflächen sollen mit einer Mischung von Bleiweiß und Talg überzogen oder aber mit einem Lackanstrich versehen werden."

Anstrich von Stahlhäusern. Würth[1] hat die fabrikmäßige Herstellung von Stahlhäusern in Deutschland beschrieben. Die Platten aus gekupfertem Stahl (nach dem Thomas-Verfahren) werden unmittelbar nach dem Walzvorgang automatisch entsintert, wobei beide Seiten gleichzeitig behandelt werden. Anschließend werden die erforderlichen Löcher in die Platten eingebohrt, die zum Vertreiben von Feuchtigkeit sofort auf 80° erwärmt werden; hierauf werden sie angestrichen. Dieses Verfahren ist gewählt worden, da es sich herausgestellt hat, daß unvollständig entsinterte Platten während des Transportes zu der Stelle ihrer Montage einem ernsthaften korrosiven Angriff unterliegen.

Anstrich von Eisenbahnen. Farben für Eisenbahnzwecke erfordern gewisse besondere Eigenschaften. Johnsen[2], der das von der American Pullman-Company angenommene Verfahren beschreibt, weist darauf hin, daß ein transkontinentaler Zug durch heiße Wüsten und über schneeige Gebirge fährt, daß er dem alkalischen Wüstenstaub und dem Salzsprühen von der See zu widerstehen hat, wobei er überdies während der ganzen Zeit dem Staub von Kohleschlacke und dem Sandwind ausgesetzt ist, wozu die Schmutzkrusten kommen, die sich auf der angestrichenen Oberfläche absetzen. Insgesamt bildet sich eine Schicht, die nur durch ein heftiges Schrubben entfernt werden kann. Es ist einleuchtend, daß gute mechanische Eigenschaften erforderlich sind, um diesen Bedingungen zu widerstehen. Es ist weiterhin einleuchtend, daß an die Festigkeit eines derartigen Verkehrsmittels weitaus höhere Anforderungen gestellt werden, als das bei feststehenden Konstruktionen auf dem Binnenlande meist der Fall ist. (Die gleichen Anforderungen werden, abgesehen von den Eisenbahnen, dort

---

[1] Würth, K.: Korr. Met. 5 (1929) 275.
[2] Johnsen, A. M.: Symposium on Paint and Paint Materials (Am. Soc. Test. Mat.), S. 27. 1935.

gestellt werden, wo Sandwinde auftreten. Eisenoxyd in gewöhnlichem Leinöl kann hiergegen zu weich sein, jedoch kann ein Gemisch von Eisenoxyd mit Graphit in Öl geeigneter Zähflüssigkeit zu besseren Ergebnissen führen. Standöl kann hierbei von Wert sein[1].)

Eine bedeutende Erhöhung der Lebensdauer von Farben kann durch Anwendung einer zusätzlichen Schicht über dem obersten Überzug erreicht werden, die FANCUTT[2] als *wasserabstoßende Schicht* bezeichnet. Er empfiehlt hierzu ein Gemisch, das eine Calciumseife und Vaseline enthält, das bei Eisenbahnen ausgezeichnete Dienste geleistet hat. Andere Fachleute setzen metallische Seifen zu der Farbe selbst hinzu, insbesondere werden Aluminiumseifen für diesen Zweck verwendet.

Farbanstriche für Sonderzwecke. Für eine Verwendung unter Wasser sind gewöhnliche Ölfarben wegen der Neigung zur Absorption von Wasser und zum Aufblähen ungeeignet. Bei einigen Unterwasserbedingungen ist es üblich, den obersten Überzug durch Verwendung von Bleiglätte härter zu machen, wobei die Farbe unmittelbar vor der Anwendung gemischt wird (da sie sich andernfalls im Topf festsetzt). Es ist anzunehmen, daß synthetische Harze — vielleicht insbesondere Vertreter der Phenol-Formaldehyd-Klasse — bei Unterwasserfarben wahrscheinlich in zunehmendem Maße Verwendung finden werden.

Im Freien dagegen wird die Wahl des obersten Überzuges oftmals von ästhetischen Gesichtspunkten beeinflußt sein. An Stellen, die dem direkten Sonnenlicht ausgesetzt sind, sollten jedoch weiße Farben wenn irgend möglich vermieden werden, da die im Öl bewirkten Veränderungen zu einem Kalkigwerden[3] führen. Selbst geringe Zusätze von schwarzem Pigment zu einer weißen Farbe (wodurch ein grauer Ton erzielt wird) werden eine Zerstörung durch Licht herabsetzen, jedoch ist es am vorteilhaftesten, ausschließlich ein durchscheinendes Pigment zu verwenden, wofür Aluminium — sofern eine blanke Oberfläche verlangt wird — von Wert ist, das überdies als guter Reflektor für Licht und Wärmestrahlen dient[4]. Die Kombination einer Grundierschicht von Mennige unter einem Überzug von Aluminiumfarbe verdient in diesem Zusammenhang Beachtung. Aluminium und andere plättchenförmige Pigmente sind, wie WRAY und VAN VORST[5] gezeigt haben, gleichfalls wertvoll im Hinblick auf eine Herabsetzung der Wasserdurchlässigkeit von Farben (wegen der Ursache s. S. 622).

---

[1] B. SCHEIFELE [Korr. Met. **12** (1936) 246] behandelt die verschiedenen wärmebehandelten Öle für Eisenbahnzwecke sowie insbesondere für Brücken, unter anderem auch die Verwendung von Tungöl und synthetischen Harzen.

[2] FANCUTT, F.: The Times Eng. Suppl. 30. April 1932.

[3] W. BLOM [Korr. Met. **11** (1935) 249] gibt an, daß das leichte Kalkigwerden nützlich sein kann. Ein frischer Farbüberzug haftet besser auf einer kalkigen als auf einer rissigen Oberfläche.

[4] H. B. FOOTNER [Petroleum Times **35** (1936) 402] bespricht die Farben für Ölvorratstanks, bei denen die Wärmeabsorption naturgemäß so niedrig wie möglich gehalten werden muß. Er empfiehlt Aluminiumfarbe, wenngleich auch eine Farbe mit weißem Pigment — solange sie sauber bleibt — die Temperatur noch niedriger halten würde. Verschiedentlich werden dabei Farben benutzt, die Titanoxyd, Bariumsulfat und Zinkoxyd in Leinöl-Standöl und Holzöl-Standöl enthalten. G. F. NEW [J. Oil Colour Chemists Assoc. **19** (1936) 163] ist gleichfalls der Ansicht, daß weiße Farben der Aluminiumfarbe hinsichtlich des Reflexionsvermögens überlegen sind.

[5] WRAY, R. I. u. A. R. VAN VORST: Ind. eng. Chem. **25** (1935) 842.

Aluminiumfarben widerstehen Temperaturänderungen außergewöhnlich gut und werden viel bei Heizanlagen angewendet. In diesen Fällen sollten die Partikeln wiederum eine plättchenförmige Gestalt besitzen. Prüfungen von WALKER[1] bei 250 bis 300° lassen den besonderen Wert von Aluminiumbronze erkennen.

Aluminiumfarben werden mit künstlichen Harzen vom Phthalsäure- oder Phenoltyp hergestellt. Sie sind für den Brückenanstrich ausgezeichnet. Ein anderer Farbtyp wird auf der Basis der Cumaronharze hergestellt (die das Aluminium im Gegensatz zu einigen anderen Harzen schützen sollen), wobei der sehr geringe Gehalt an nichtflüchtigen Stoffen von Vorteil ist[2]. Ist das flüchtige Verdünnungsmittel verdampft, so dient der geringe Rückstand als Bindemittel, das die Aluminiumflitte mit dem darunterliegenden Eisen in Kontakt hält. Wird es nach einer vergleichsweise kurzen Zeit infolge Oxydation zerstört, so wird das Aluminium in unmittelbaren Kontakt mit der Eisenbasis gebracht. Einige neuere Vorschriften treiben dieses Prinzip so weit, daß sie eine Paste von Aluminium in reinem Toluol empfehlen, die auf eine Asphaltgrundierschicht aufgebracht wird.

Anstrich von Nichteisenmetallen. Um andere Metalle als Stahl anzustreichen, ist eine ziemlich abweichende Wahl sowohl hinsichtlich der Verfahren als auch des Materials erforderlich. Es ist schwierig, *Kupfer* mit Leinölfarben anzustreichen, da sie, wie PETERS[3] gezeigt hat, unregelmäßig trocknen. Offenbar können in derartigen Fällen Farben, die durch Verdampfen auftrocknen, verwendet werden.

Zink weicht vom Stahl insofern ab, als die Farbe weniger gut auf der reinen als auf der korrodierten Oberfläche haftet. *Verzinktes Eisen* sollte vor dem Aufbringen der Farbe bewittert werden. Ist das unmöglich, so sollte es mit einer Lösung von Kupferchlorid oder -acetat behandelt werden, um eine Schicht von porösem Kupfer zu erhalten, in der die Farbe dann haften kann. Farben mit metallischem Zink, die 10 bis 15% Zinkoxyd enthalten, sind für den Anstrich von verzinktem Eisen empfohlen worden. Das Anstreichen von Zink und seinen Legierungen wird von NELSON[4] sowie von MORGAN und LODDER[5] behandelt. Nach WING[6] wirken die Dämpfe von trocknendem Lack auf Zink unter Bildung von Zinkformiat ein; er nimmt an, daß die Bildung dieser Verbindung unter der Farbe die Ursache für das schlechte Adhärieren der Farbe auf verzinktem Eisen ist.

Für den Anstrich von *Aluminiumleichtlegierungen* ist wiederholt empfohlen worden, die Oberfläche vorher mit Soda (anschließend mit Säure) und nicht mit Sandpapier aufzurauhen, um eine hinreichende Adhäsion sicherzustellen. Die Farbe selbst erfordert eine sorgfältige Auswahl. Nach RAWDON[7] sollen Aluminiumlegierungen zuerst anodisch in Chromsäure behandelt werden und hierauf einen grundierenden Überzug von Ölfarbe erhalten (beispielsweise Eisenoxyd und Zinkchromat in gekochtem Leinöl). Erst dann folgen die anderen

---

[1] F. T. WALKER [Ind. Chemist 4 (1928) 138; vgl. F. J. PETERS [Korr. Met. 11 (1935) 179], der die allgemeine Frage der bei hohen Temperaturen rostwiderstandsfähigen Farben bespricht.   [2] Anonym in Verfkroniek 9 (1936) 74.

[3] PETERS, F. J.: Korr. Met. 10 (1934) 91.

[4] NELSON, H. A. : Ind. eng. Chem. 27 (1935) 1149.

[5] MORGAN, S. W. K. u. L. A. J. LODDER: J. Electrodepositers' Soc. 11 (1936) 87.

[6] WING, H. J.: Ind. eng. Chem. 28 (1936) 242.

[7] RAWDON, H. S.: Pr. Am. Soc. Test. Met. 30 II (1930) 64.

Überzüge. EDWARDS und WRAY[1] zufolge besteht die beste Methode zum Schutz von Wasserflugzeugen in einer anodischen Oxydation mit anschließendem grundierenden Überzug von Zinkchromat in einem Phenolharz-Lösungsmittel vor der Montage. Nach der Montage hat ein Anstrich mit Aluminiumfarbe im gleichen Dispergierungsmittel zu erfolgen. In einer früheren Mitteilung[2] erwähnen die gleichen Autoren Zinkchromat in Glyptalharz als ein gutes Grundiermittel. Die Anforderungen, die von seiten der Luftfahrt an den Farbanstrich gestellt werden, behandelt WHITMORE[3].

Die Frage des Wiederanstriches von Aluminium und seinen Legierungen behandeln EDWARDS und WRAY[4], denen zufolge das Korrosionsprodukt die Feuchtigkeit hartnäckig, insbesondere in den Pittings, festhält. In einem Verfahren wird das Material mit der Drahtbürste und hierauf in einem Bad mit warmem 5%igen Kaliumdichromat behandelt. Nach dem Trocknen wird dann mit Zinkchromat grundiert und anschließend zwei Überzüge von Aluminiumfarbe, beide auf der Basis von synthetischem Harzlack, aufgebracht. Der so erhaltene Überzug hat in Gegenwart von Salzsprühnebeln ausgezeichnete Ergebnisse geliefert.

Für *Magnesiumlegierungen* unter schwierigen korrosiven Bedingungen empfehlen SUTTON und LE BROCQ[5] während 45 min die Behandlung in einem Kalium- und Ammoniumdichromat, Ammoniumsulfat und Ammoniak enthaltenden Bad. Hierauf folgt die Herstellung eines unteren Überzuges mit einer lufttrocknenden Farbe auf Ölbasis, die als Pigment Zink- und Strontiumchromat enthält. Abschließend wird ein Nitrocelluloselack mit Zinkoxydpigment aufgebracht. Handelt es sich um eine Widerstandfähigkeit gegenüber Seesprühnebel, so beginnen BENGOUGH und WHITBY[6] mit einem Eintauchen des Materials in das von ihnen angegebene Selenitbad. Hierauf folgt Behandlung mit einer Thermoprenharz- oder rasch-trocknenden Tungölfarbe, die beide Zinkchromat als Pigment enthalten. In einer amerikanischen Vorschrift[7] wird eine Phosphatbehandlung bei nachfolgendem Anstrich mit synthetischen Harzlack (aufgebrannt oder lufttrocken), der Zinkchromat enthält, angegeben. WINSTON, REID und GROSS[8] ziehen jedoch Eintauchen in eine Salpetersäure und Natriumdichromat enthaltende Lösung vor und schließen dieser Behandlung die Aufbringung eines grundierenden Überzuges von Zinkchromat in einem künstlichen Harz an. Anschließend werden zwei oder drei Überzüge mit Aluminiumfarbe im gleichen Lösungsmittel aufgebracht.

Zeit- und arbeitersparende Maßnahmen. Unter den als wichtig hervorzuhebenden Verbesserungen in der Anstrichtechnik sind der Ersatz des Handanstriches durch das Aufspritzen der Farbe sowie die Möglichkeit der Entwicklung von Farben, die gegenüber feuchten Oberflächen verwendet werden können, hervorzuheben.

[1] EDWARDS, J. D. u. R. I. WRAY: Ind. eng. Chem. anal. Edit. **7** (1935) 5.
[2] EDWARDS, J. D. u. R. I. WRAY: Ind. eng. Chem. **25** (1933) 23.
[3] WHITMORE, M. R.: Ind. eng. Chem. **25** (1933) 19.
[4] EDWARDS, J. D. u. R. I. WRAY: Ind. eng. Chem. **27** (1935) 1148.
[5] SUTTON, H. u. L. F. LE BROCQ: J. Inst. Met. **57** (1935) 199.
[6] BENGOUGH, G. D. u. L. WHITBY: Trans. Inst. chem. Eng. **11** (1933) 182.
[7] Anonym in Paint Varnish Prod. Manager, Oktober **1932**, 26.
[8] WINSTON, A. W., J. B. REID u. W. H. GROSS: Ind. eng. Chem. **27** (1935) 1333.

Die Anwendung von Farbe gegenüber Metallen an der Außenatmosphäre durch Aufspritzen ist, trotz sehr weitgehender Anwendung, doch der Kritik unterzogen worden, da sie die Möglichkeit in sich schließt, mehr Feuchtigkeit unter der Farbe einzuschließen als das bei einem guten Anstrich der Fall ist. Es ist auch eingewendet worden, daß ein derartiger Überzug poröser ist. Wahrscheinlich ist es notwendig, die Farbe im Hinblick auf diese Anwendungsart zu modifizieren. Der Pigmentgehalt kann zu niedrig sein. Ein pneumatisch arbeitender Farbpinsel ist neuerdings entwickelt worden, um die notwendige Unterbrechung der Arbeit durch das Eintauchen zu beseitigen. Hierin kann ein zweckentsprechender Kompromiß für gewisse Zwecke gesehen werden. GARDNER[1] empfiehlt das Aufspritzen bei niedrigem Druck und erwähnt eine Anordnung, bei der die Farbe unter Druck in einem kleinen Metallgefäß gehalten wird; das Aufspritzen erfolgt durch einfache Bedienung eines Ventils. Bei dieser Anordnung ist weder ein Pinsel noch eine Spritzkanone zu säubern.

Für Celluloselacke, aufgebrannte Lacke und ähnliche zum Abschluß verwendete Überzüge wird das Spritzverfahren weitgehend benutzt.

Der praktische Vorteil, den eine Farbe bietet, mit der eine *feuchte Stahloberfläche* angestrichen werden kann, führt dazu, Farbentypen zu entwickeln, die mit Wasser mischbar sind. Eine derartige Gruppe, und zwar die bituminösen Emulsionen, werden auf S. 654 besprochen. Eine Portlandzementaufschlemmung bietet ein anderes Beispiel für eine mit Wasser mischbare Farbe, die heutzutage allgemein in Verwendung ist. Sie scheint unter geeigneten Umständen (z. B. für Stahlteile, die anschließend in Mauerwerk oder Beton eingebettet werden) geeigneter zu sein, als ein Überzug mit einer Ölfarbe, die in Beton wahrscheinlich durch das in diesem vorhandene Alkali angegriffen werden wird. FOOTNER[2] empfiehlt eine Zement-Leim-Aufschlemmung als einen billigen und rasch erneuerungsfähigen Überzug für den Schutz von Öltankböden.

5. Überzüge, die nicht auf der Basis trocknender Öle beruhen.

Bituminöse Farben. Teerfarben. Bei manchen Gelegenheiten, bei denen Ölfarben von geringem Wert für Stahl sind, bieten Farben auf der Basis bituminöser und/oder teeriger Materialien Schutz. Die Verwendung relativ dicker Überzüge oder Wickel von bituminösen Produkten für im Boden verlegte Rohre ist bereits auf S. 209 besprochen worden. Teer und Bitumen sind zum Schutz von Bleikabelmänteln verwendet worden, jedoch haben Untersuchungen von seiten des holländischen Korrosionskomitees gezeigt[3], daß das Blei von einigen im Kohlenteer vorhandenen Säuren (wie Phenolen, Kresolen usw.) korrodiert wird. Es scheint, als ob Asphaltbitumen in diesen Fällen zu bevorzugen ist. Zusammensetzungen auf der Basis von Teer und Bitumen werden weitgehend bei Schiffen, in Docks sowie bei sonstigen schiffbaulichen Anlagen verwendet und geben im allgemeinen ausgezeichnete Ergebnisse. Manchmal werden sie über einer Grundierschicht von Mennige verwendet. Weiterhin haben sich Teere und Bitumen in chemischen Fabriken als wertvoll erwiesen. In einigen Fällen, in denen Säuredämpfe zu Schädigungen auf Metall, das mit gewöhn-

---

[1] GARDNER, H. A.: Symposium on Paint and Paint Materials, S. 9. 1935.
[2] FOOTNER, H. B.: Petroleum Times **35** (1936) 404.
[3] In Stichting Mat. Corr. Comm. Med. **3** (1933); s. auch Korr. Met. **9** (1933) 205.

lichen Ölfarben angestrichen war, geführt haben, haben sich diese schwarzen Überzüge als willkommene Hilfe erwiesen, während die Leinölfarben in relativ reinen Atmosphären, in denen das Sonnenlicht auf die Farbe auftrifft, weitaus besser sind. Möglicherweise verhindern inhibierende Substanzen, die im Teer vorkommen, den Säureangriff, jedoch ist das unsicher.

Bei der Zusammenstellung eines Gemisches für irgendeinen Zweck muß die Aufmerksamkeit auf das in Frage stehende Temperaturgebiet gerichtet werden. Die Überzüge dürfen bei den tiefsten möglicherweise erreichten Temperaturen nicht brüchig sein, wenn es nicht bei plötzlichen Temperaturänderungen zu einem Bruch kommen soll. Andererseits dürfen sie nicht so weich sein, daß sie bei den höchsten möglicherweise erreichten Temperaturen zu fließen beginnen. Es ist jedoch besser, eher ein Material zu verwenden, das zu weich als zu hart ist, und es gibt eine Reihe von Betriebsfällen, in denen ein weiches Material dort einen Schutz geliefert hat, wo hartes versagte. HARVEY[1] empfiehlt zur Benutzung in chemischen Werken eine Farbe, die durch Behandeln von Kohleteer mit 10% Kalk, langsames Erhitzen auf 200° und Zusatz einer geringen Menge eines harten, natürlichen Bitumens (0,4 kg/l) nach 15 min, anschließendes Erwärmen bis zur Homogenität, hierauf Abkühlen auf 90°, Rühren im halben Volumen von Rohbenzol und Abkühlen in einem luftdichten Gefäß erhalten wird. Geeignet präparierte Teere sind jetzt unter verschiedenen Handelsmarken auf dem Markt. Diese Produkte sind gewöhnlich rektifiziert worden, um von schädlichen Konstituenten befreit zu werden; häufig erfolgt Behandeln mit Kalk. Der Autor kennt einige Fälle in der Nähe chemischer Fabriken, in denen derartige Mischungen einen guten Schutz geliefert haben, nachdem die Verwendung von Leinölfarben fehlgeschlagen war. Nach HATFIELD[2] hat präparierter Teer, der über Bleiweiß zur Anwendung kommt, während 14 Jahren einen guten Schutz an den Konstruktionsstählen eines Sheffielder Eisenhüttenwerkes gegeben.

Zweifellos dient der Kalk in derartigen Mischungen nicht nur zum Neutralisieren der im Teer enthaltenen Säuren, sondern wirkt gleichzeitig als ein Inhibitor. Mitunter werden Mennige oder Chromate handelsüblichen Teerfarben aus ähnlichen Gründen zugesetzt. Nach SPELLER[3] verwendet die Marine der Vereinigten Staaten von Nordamerika zum Schutz der Metalle ein Gemisch von 1 Teil Portlandzement in 4 bis 8 Teilen Kohlenteer bei Gegenwart von 1 Teil raffiniertem Leuchtpetroleum.

Nachwirkungen in bituminösen Überzügen. Die meisten bituminösen Farben sind stabil gegenüber Reagenzien, neigen jedoch zur Zersetzung in Gegenwart von ultraviolettem Licht. Die vergleichsweise geringe Menge kurzwelliger Strahlung im Licht industrieller Gebiete hat sicherlich Anteil an dem Erfolg, den diese Farben in jenen Gebieten haben. Eine Methode zur Herabsetzung des Schadens durch Sonnenlicht beruht auf dem Zusatz undurchsichtiger Materialien zu dem Farbgemisch, vorzugsweise von Aluminiumflitter. So empfiehlt ROUX[4] Mischungen, die 12,5% Aluminium enthalten.

[1] HARVEY, C. O.: Chem. Ind. **3** (1925) 1110.
[2] HATFIELD, W. H.: Private Mitteilung vom 11. Oktober 1935.
[3] SPELLER, F. N.: Corrosion: Causes and Prevention, New York 1935, S. 310.
[4] ROUX, J.: Rev. Aluminium **12** (1935) 2745.

PFEIFFER[1] hat gewisse Einzelheiten hinsichtlich der Zerstörung bituminöser Überzüge beschrieben. Die wohlbekannte Erscheinung des *Alligatierens* wird teilweise durch Oxydation oder Polymerisation hervorgerufen, die durch ultraviolettes Licht aktiviert wird. Diese Erscheinung ist begrenzt auf die Oberflächenschicht, die eine Neigung zur Schrumpfung zeigt, wodurch eisschollenähnliche Gebiete hervorgerufen werden, die durch ein Netzwerk von Rissen getrennt sind. Sie wird jedoch auch durch die Rißbildung selbst verursacht, die durch ungleiche Volumenänderungen im Farbfilm sowie im Metall infolge thermischer Beeinflussung hervorgerufen wird. An Stellen, an denen die Temperaturänderungen plötzlich erfolgen und an denen die Farbe brüchig ist, ist eine Rißbildung nur schwierig zu vermeiden. Es dürfte jedoch schwierig sein, dem Auftreten von Brüchigkeit bei kaltem Wetter zu entgehen, ohne bei heißem Wetter einem Fließen ausgesetzt zu sein. Nach STEINRATH und KLAS[2] kann das Gebiet zwischen Brüchigkeit und Fließen wesentlich durch die Verwendung von Ölbitumen verbreitert werden, wodurch der Erweichungspunkt heraufgesetzt und die Temperatur für das Auftreten der Brüchigkeit herabgesetzt wird. THOMAS[3] gibt jedoch an, daß Ölbitumen bei feuchtem Stahl zu Fehlerscheinungen führt (s. S. 33). WALTHER[4] empfiehlt, den Farben, die auf der Basis von Ölbitumen entwickelt worden sind, ein Anfeuchtmittel, wie beispielsweise Anthrazenöl, zuzusetzen.

Bei einem Material mittlerer Härte sollten die Risse nicht durch die ganze Filmdicke hindurchgehen und dementsprechend relativ harmlos sein. Bei brüchigen Überzügen jedoch (wie sie nach PFEIFFER bei einem Material, das reich an Kohlenteerpech ist, auftreten können) kann ein plötzliches Abkühlen Kanäle hervorrufen, die senkrecht durch den Film zu dem darunterliegenden Metall führen. Eine nachfolgende Exposition bei hohen Temperaturen kann eine Abrundung der eisschollenähnlichen Gebiete infolge der Oberflächenspannung und die Ausbildung von Polstern hervorrufen, was zu einer Erweiterung der Kanäle führt.

Ein weiterer Schaden besteht in dem Rosten unterhalb des Überzuges, der von einem Ablösen des Überzuges gefolgt ist. Der vernünftige Weg, um diese Art der Rostung zu vermeiden, besteht in der Anwendung einer Grundierschicht, die irgendein rostverhinderndes Pigment enthält. Ein Überzug von Mennige in Leinöl mit darauffolgendem bituminösen Farbanstrich hat oftmals eine nützliche Kombination ergeben. Wird der schwarze Überzug jedoch zu rasch nach dem Mennigeanstrich aufgebracht, so kommt es mit anomal großer Geschwindigkeit zur Ausbildung von Brüchen in dem schwarzen Überzug. Parallelversuche, die BRITTON[5] ausgeführt hat, haben gezeigt, daß tiefe Brüche in der schwarzen, über dem Mennigeüberzug aufgebrachten Farbe durch Temperaturänderungen begünstigt werden, daß jedoch die Gefahr der Schadensausbildung wesentlich herabgesetzt ist, wenn eine Zeitspanne zwischen der Herstellung der beiden Überzüge zugelassen wird. Wird der schwarze Überzug 72 Stunden nach dem Mennigeüberzug aufgebracht, so war eine 5wöchige

---

[1] PFEIFFER, J. PH.: Verfkroniek 8 (1935) 43.
[2] STEINRATH, H. u. H. KLAS: Ber. 4. Korrosionstagung, Düsseldorf 1934, S. 15.
[3] THOMAS, G. O.: J. Inst. Eng. Australia 6 (1934) 340.
[4] WALTHER, H.: Ber. 5. Korrosionstagung, Berlin 1935, S. 88.
[5] BRITTON, S. C. u. U. R. EVANS: J. Soc. chem. Ind. Trans. 51 (1932) 215.

Exposition an der Außenatmosphäre in Cambridge hinreichend, um tiefe Brüche zu verursachen, durch die die Mennige sichtbar wurde. 20 Monate später erschien Rost in diesen Brüchen. Wurde dagegen der Mennigeüberzug einige Monate vor dem schwarzen Überzug aufgebracht, so traten selbst nach 2 Jahren keine tiefen Brüche auf, wenngleich sich auch gewöhnlich flache Brüche, so wie sie bei einfachen Überzügen erscheinen, bemerkbar machen.

Hinsichtlich dieser Brucherscheinung in Überzügen, die über Mennige aufgebracht werden, sind verschiedene Ansichten von LOBRY DE BRUYN[1], WOLFF[2] u. a. ausgesprochen worden. RINSE[3] hat das diesbezügliche Material zusammengefaßt.

Während Teerfarben nach einem gewissen Zeitintervall auf Leinölfarben angewendet werden können, ist das Umgekehrte nicht der Fall. Einige der im Teer vorhandenen Stoffe verhindern das Trocknen von Leinöl; es ist demzufolge erforderlich, den Teer und die Leinölfarbe durch einen dazwischenliegenden Überzug voneinander zu trennen, beispielsweise durch einen Tungöl-haltigen oder durch Schellack.

Bituminöse Emulsionen. Die gewöhnlichen Teerfarben sowie die bituminösen Farben (in Gegenüberstellung zu den Wickeln) sind äußerst empfindlich gegenüber Fremdstoffen und Feuchtigkeit auf dem Metall. Die Einführung bituminöser Emulsionen (Bitumenpartikeln, die in einem wässerigen Medium suspendiert sind), ist ein sehr willkommener Fortschritt, da sie *auf nassen Oberflächen* Verwendung finden können. Nach JORDAN[4] enthalten diese Emulsionen gewöhnlich Seife als emulgierendes Agens sowie etwa 4 bis 10% Bentonit oder eine andere Tonerde als Pigment. Der richtige Grad der Pigmentation ist außerordentlich wichtig. Bei der Anwendung auf Stahl verdampft oder dispergiert das Wasser rasch unter Zurücklassung der Bitumenpartikeln, die offenbar nicht völlig miteinander verschmelzen, jedoch in einer noch nicht völlig geklärten Weise aneinanderhaften. Möglicherweise drängen die Eisensalze sie an den korrosionsempfänglichen Stellen zu dem Metall hin. Weitere Untersuchungen dieser Frage erscheinen wünschenswert. Derartige Emulsionen haben ausgezeichnete Ergebnisse in neuerdings in der Schweiz durchgeführten vergleichenden Prüfungen gezeitigt, über die BLOM[5] berichtet. „Sie besitzen den großen Vorteil", so schreibt er, „daß sie auf feuchtem Eisen verwendet werden können, ohne daß die Gefahr einer anschließenden Tiefenrostung besteht. Durch Zusatz von Asbestfiber und Zement können Überzüge erhalten werden, die hart genug sind, um einer schärferen Benutzung zu widerstehen, und die andererseits doch wieder geschmeidig genug sind, um der Bewegung des Eisens nachzukommen". Eines der angegebenen Gemische enthält eine gewisse Menge Sand. Es ist verständlich, daß andere bituminöse Emulsionen Chromate oder ähnliche Inhibitoren enthalten.

Vergleich bituminöser Farben. Die Schweizer Prüfungen liefern einen wertvollen Vergleich zwischen den verschiedenen Farbklassen. Die nach 3jährigen

---

[1] LOBRY DE BRUYN, C. A.: Verfkroniek **6** (1933) 213.
[2] WOLFF, H.: Verfkroniek **6** (1933) 213.   [3] RINSE, J.: Verfkroniek **6** (1933) 238.
[4] JORDAN, L. A.: Private Mitteilung vom 20. Februar 1935.
[5] BLOM, A. V.: Bl. Schweiz. elektrotechn. Verein **1934**, Nr. 14; Sonderabdruck S. 18; siehe auch A. V. BLOM [Bitumen **4** (1934) 101], demzufolge die bituminösen Emulsionen mit Erfolg über einer Mennigegrundierung aufgebracht wurden. Nach 2 Jahren zeigten sich noch keinerlei Brüche.

Tabelle 59.

Art des Farbüberzuges	Ununter-brochenes Eintauchen	Abwechselnd feucht und trocken		Bewitterung
		ohne Sonne	mit Sonne	
A. Fette bituminöse Farben:				
a) direkt auf Eisen	I—IV	0	II—IV	II—IV
b) auf Mennige-Grundierung .	I—IV	0	III—IV	II—IV
B. Magere bituminöse Farben:				
a) direkt auf Eisen	II—IV	I	IV	I—III
b) auf Mennige-Grundierung .	II—IV	I	IV	I—III
C. Bituminöse Emulsionen:				
a) direkt auf Eisen	0	0	I	I
b) auf Mennige-Grundierung .	0	I	I	I
D. Ölfarbe mit Aluminium (nur 2 Jahre)				
a) direkt auf Eisen	IV	IV	IV	I
b) mit Grundierung	I—III	0	I—IV	I
E. Künstliche Harzfarbe mit Aluminiumpigment auf besonderem Mennigegrund	I	0	I	0

Erklärung der in der Tabelle vorkommenden Zeichen:

0 keine erkennbare Veränderung;

I oberflächliche Veränderung, die das Aussehen beeinträchtigt, jedoch nicht über die äußere Schicht hinausgeht;

II Risse oder Adern, die die Grundierungsschicht erreichen. Es kommt schließlich zu einem völligen Verschwinden des bedeckenden Überzuges;

III Risse, die durch beide Überzüge hindurchgehen und das Eisen erreichen, oder Bildung von Blasen unter der Grundierungsschicht. Auftreten von Rost;

IV völlige Zerstörung der Überzüge.

Untersuchungen erhaltenen Ergebnisse sind in Tabelle 59 wiedergegeben. Die *fetten* Farben, die der Prüfung unterworfen wurden, bestanden aus bituminösen Gemischen, die erhebliche Zusätze von trocknendem Öl enthielten, während die *mageren* Farben wenig oder kein Öl enthielten. Aluminiumfarbe und Farben auf der Basis künstlicher Harze sind gleichfalls in die Untersuchung eingeschlossen. Die Harzfarbe liefert Überzüge, die hart, jedoch nicht brüchig sind. Es ist zu beachten, daß diese künstlichen Harzfarben — zusammen mit den bituminösen Emulsionen — die besten Ergebnisse lieferten.

BLOM[1] kritisiert die mageren bituminösen Farben, weil sie brüchige Filme liefern, die schlecht auf dem Metall haften, empfindlich gegenüber Feuchtigkeit auf der Oberfläche sind und überdies vorzeitig altern. Er bespricht die Schwierigkeit, Poren in diesen Überzügen zu vermeiden sowie die Neigung, Rostklümpchen auf dem Überzug zu bilden. Andererseits betont er die Alkali-Widerstandsfähigkeit der mageren Farben, die sie zum Anstrich von Beton geeignet machen. Für diesen Zweck kann ein völlig nichtporöser Film sogar nachteilig sein, da er notwendigerweise zu einer Blasenbildung Anlaß gibt, wenn Wasserdampf bei Temperaturerhöhung aus dem Beton ausgetrieben wird.

Bei der Herstellung von Kohleteer-haltigen Farben muß zwischen dem Teer aus vertikalen und horizontalen Retorten unterschieden werden. Die Überlegenheit des letzteren ist auf S. 32 besprochen worden.

---

[1] BLOM, A. V.: Bautenschutz **6** (1935) 60.

Aufgebrannte Lacke. In Fällen, in denen lufttrocknende Farben unzureichenden Schutz gegen mechanische Beanspruchung oder chemische Agenzien geben, muß die Zuflucht zu Schichten genommen werden, die bei höheren Temperaturen hergestellt werden. Die aufgebrannten Lacke sind Gemische, die nach dem Erwärmen erhärten, und zwar nicht infolge Absorption von Sauerstoff (der Poren hinterläßt), sondern durch chemische oder kolloidchemische Veränderungen, die bei hohen Temperaturen hervorgerufen werden, d. h. durch Polymerisation eher als infolge Oxydation. Der Film bleibt im allgemeinen während des Aufbrennens flüssig, selbst lange nachdem das Verdünnungsmittel bereits verdampft ist. Er verfestigt sich jedoch bei der Abkühlung unter Bildung eines dauerhaften, porenfreien Überzuges. Einer der älteren schwarzen Lacküberzüge bestand aus einem harten Asphalt (beispielsweise Gilsonit) und Leinöl mit geeigneten Verdünnungsmitteln und Sikkativen. Asphalt verzögert die Oxydation von Leinöl bei niedrigen Temperaturen, gestattet jedoch bei hohen Temperaturen die gewünschten Veränderungen, die zweifellos weitgehend in einer Polymerisation bestehen. Beim Abkühlen treten keine unerwünschten, etwa zu Brüchigwerden des Überzuges führenden Nachwirkungen ein. SABIN[1] erwähnt eine Rohrleitung in Pittsburgh, die in dieser Weise behandelt worden ist und deren Überzug nach 37 Jahren noch in gutem Zustande ist. Asphaltlacke werden oftmals bei 150 bis 200° aufgebrannt. Der Überzug auf Gilsonitbasis ist hart und stabil, jedoch ist zur Erzielung von Biegsamkeit der Zusatz einer weicheren Komponente wünschenswert. BLOM[2] empfiehlt hierfür Stearinpech. Eine Anzahl von Formeln für aufgebrannte Lacke (aufgebrannte Japanlacke) hat BEARN[3] veröffentlicht.

Verwendung synthetischer Harze in aufgebrannten Lacken sowie in lufttrocknenden Farben. Viele der modernen eigentlichen aufgebrannten Lacke sind auf der Basis künstlicher Harze entwickelt (im allgemeinen auf der Basis von Phthalsäureanhydrid oder Phenol-Formaldehyd) worden, die beim Erwärmen gewissen Veränderungen unterliegen und beim Abkühlen eine außerordentlich dauerhafte Schicht zurücklassen. Die Vorschriften hierfür werden im allgemeinen geheimgehalten, jedoch kann soviel gesagt werden, daß ein ganz wesentlicher Fortschritt erzielt worden ist, und zwar insbesondere bei der Herstellung eines Lackes, der bei einer relativ niedrigen Temperatur aufgebrannt werden kann. Diese Maßnahme ist besonders im Hinblick auf die Aluminiumlegierungen erwünscht, die ihrerseits bei zu starkem Erwärmen unerwünschten Veränderungen unterliegen[4]. Die erforderlichen Temperaturen betragen in den verschiedenen Fällen 100 bis 180° oder liegen selbst noch niedriger. Einige besondere Lacke können entweder als lufttrocknende Lacke, die langsam bei gewöhnlichen Temperaturen trocknen, oder aber als aufgebrannte Lacke verwendet werden, die nach kurzer Behandlung in einem Ofen rasch erhärten.

Ehe Fahrradteile lackiert werden, werden sie oftmals einer Phosphatbehandlung unterworfen, sowohl, um die Adhäsion zu unterstützen als auch um die Gefahr der Tiefenrostung und der anschließenden Ablösung des Lackes zu vermeiden (s. S. 344). Die gute Witterungsbeständigkeit von Überzügen

---

[1] SABIN, A. H.: Pr. Am. Soc. Test. Mat. **32** II (1932) 666.

[2] BLOM, A. V.: Bitumen **4** (1934) 98.

[3] BEARN, J. G.: Paint Varnish Prod. Manager, März **1932**, 26; s. auch A. W. C. HARRISON: Paint Manufact. **2** (1932) 273.   [4] ECKERT: Ber. 3. Korrosionstagung, Berlin 1933, S. 67.

auf der Basis künstlicher Harze hat diese als sehr willkommen in der Automobilindustrie erscheinen lassen. Der *Glyptal-Typ* (Phthalsäureanhydrid) hat sich als besonders nützlich erwiesen. Es ist möglich, den äußeren Überzug auf einen unteren noch feuchten aufzuspritzen und sie abschließend einem einzigen Aufbrennvorgang zu unterwerfen. Das Verfahren wechselt jedoch sehr bei den verschiedenen Herstellern. Oftmals werden lufttrocknende Lacke vom Glyptaltyp verwendet. Einige Werke bevorzugen eine abschließende Lackierung auf der Nitrocellulosebasis, und zwar wird dieser Überzug im allgemeinen über darunterliegenden Überzügen auf Ölbasis aufgebracht. Es ist auch eine ausschließliche Verwendung von Celluloselack möglich. Von anderen Seiten wird ein abschließender Lacküberzug von ziemlich ähnlichem Aussehen durch alleinige Verwendung von aufgebranntem Lack erhalten. Ein heutzutage gebrauchter Wagen erfährt folgende Behandlung: a) es wird eine Grundierungsschicht, bestehend aus einem pigmentierten Lösungsmittel, das Öl und ein natürliches Harz enthält, aufgebracht; hierauf folgt b) ein dicker Überzug eines pigmentierten, aufgebrannten Lackes vom Phthalsäureanhydridtyp. Auf diesem Weg wird ein billiger Schutz erzielt, der ernsthaften mechanischen Einwirkungen widerstehen kann[1].

Ofenlacke auf der Basis synthetischer Harze haben sich auch bei der Luftfahrt als außergewöhnlich nützlich erwiesen. Neuerdings durchgeführte Prüfungen, über die GERARD und SUTTON[2] berichtet haben, behandeln die Korrosionsermüdung in Luft und im Salzsprühversuch von Duralumin, das in verschiedener Weise geschützt worden ist. Die besten Ergebnisse wurden mit einem synthetischen Harzlack erhalten, der während 2 Stunden bei 150° gebrannt und nach einer vorherigen Behandlung nach dem von BENGOUGH und STUART entwickelten anodischen Verfahren (s. S. 341) aufgebracht worden war.

Der relative Wert der verschiedenen Klassen der synthetischen Harze ist verschiedentlich der Diskussion unterworfen worden. Die Glieder aus der Klasse des Phthalsäureanhydrids sowie des Phenol-Formaldehyds sind gegenwärtig als die wichtigsten zu bezeichnen, wenngleich auch die Cumarone und die Vinylharze gewisse wertvolle Eigenschaften besitzen. Nach PLAMBECK[3] sind die Harze der Glycerinphthalsäure durch ein höheres Adhäsionsvermögen und eine bessere Biegsamkeit als die Vertreter vom Phenoltyp ausgezeichnet. Fernerhin besitzen sie den gleichen Widerstand gegenüber Alkali und Säure, sind jedoch weniger widerstandsfähig gegenüber Feuchtigkeit. Abgesehen von ihrer Benutzung bei aufgebrannten Lacken ist die Verwendung synthetischer Harze in gewöhnlichen Farben auf Leinölbasis (oftmals auch auf der Basis von Standöl) im Steigen begriffen, da sie eine erhöhte Härte und Widerstandsfähigkeit hervorrufen. Nach BLOM[4] geben die pigmentierten Paracumaronfarben ausgezeichnete Ergebnisse bei Prüfungen unter Wasser sowie in Fällen, in denen abwechselnd trockene und feuchte Bedingungen vorhanden sind. Die Filme, die besser mit dem Pinsel als durch Aufspritzen aufgebracht werden, sind hart und widerstehen ernsten mechanischen Beanspruchungen. Sie neigen jedoch zur Ablösung in einer feuchten Atmosphäre.

---

[1] JORDAN, L. A.: Private Mitteilung vom 16. Dezember 1935.
[2] GERARD, I. J. u. H. SUTTON: J. Inst. Met. **56** (1935) 45.
[3] PLAMBECK, A. O.: Chem. Ind. **12** (1934) 612.
[4] BLOM, A. V.: Bautenschutz **6** (1935) 60.

Lufttrocknende Farben auf der Basis synthetischer Harze sind in der Ölindustrie von besonderem Wert, da sie der lösenden Wirkung der Kohlenwasserstofföle widerstehen.

Chlorierter Kautschuk in schützenden Überzügen. Die letzten Jahre haben
wesentliche Verbesserungen im Hinblick auf die Chlorierung von Kautschuk-
produkten gebracht, so daß es ungerechtfertigt wäre, nach den früher benutzten
Produkten zu urteilen. Eine Form von (festem) chloriertem Kautschuk *(Allopren)*,
die in England entwickelt worden ist[1], soll nach einer mehrstündigen Erwärmung
mit 40%iger kaustischer Soda unverändert sein; sie soll weiterhin Salzsäure aller
Konzentrationen bei Temperaturen bis zu 100° sowie auch 98%iger Schwefelsäure
bei gewöhnlicher Temperatur widerstehen; konzentrierte Salpetersäure ist bei
80 bis 90° praktisch ohne Einfluß. Da es in billigen Kohlenwasserstoffen löslich
ist, so scheint es ein vielversprechender Konstituent für korrosionsbeständige
Farben zu sein. Ein anderes, als *Tornesit* bezeichnetes Produkt nennt Coo-
LAHAN[2]. LOBRY DE BRUYN[3] beschreibt die erfolgreiche Verhinderung der
Korrosion in einem Fall, der in einem holländischen Gaswerk infolge Verwendung
chlorierter Titanoxyd-haltiger Kautschukfarbe zu ernsten Schädigungen geführt
hatte. Ein allgemeiner Bericht über die Verwendung von chloriertem Kautschuk
zum Oberflächenschutz ist von G. SCHULTZE[4] gegeben worden. Chlorierter
Kautschuk, der mit metallischem Zink pigmentiert worden ist, hat in dem
Schiffsbau Anwendung gefunden; er muß auf einer reinen Oberfläche aufgebracht werden.

Glasige Emailles. Die gewöhnlichen siliciumhaltigen Emailles dienen als
übliche Überzüge auf billigen metallenen Kochgeschirren, Krügen und Schüsseln,
während besondere säurefeste Emailles eine sehr beachtliche und geschätzte Rolle
in chemischen Fabriken spielen. Die Emaille wird manchmal auf die Eisenoberfläche als ein trockenes Pulver, häufiger jedoch in Flüssigkeit suspendiert aufgebracht. Die Herstellung dieser Überzüge beschreiben MAVOR[5] und GRAY[6]. Die
Fritte besteht im wesentlichen aus einem Borosilicatglas, das gewöhnlich Fluor enthält (hergestellt aus Borax, Feldspat, Quarz und Kryolith). Das zum Überzug auf
Gußeisen vorgesehene Glas enthält gewöhnlich Blei, während das für Stahlblech
vorgesehene relativ kobaltreich ist. Die Zusammensetzung säurebeständiger
Emailles bespricht ANDREWS[7]; Quarz und Titandioxyd verbessern die Säurebeständigkeit. Zur Anwendung im feuchten Zustande wird die Fritte mit Wasser
vermahlen. Die Gegenstände werden zuerst gereinigt, das Eisenblech wird gebeizt,
Güsse werden oftmals mit dem Sandstrahl behandelt. Beizen mit Phosphorsäure
ist insofern von Vorteil, als es die Gefahr einer anschließenden Rostung verringert.
Der grundierende Überzug wird gewöhnlich durch Eintauchen hergestellt,
während die nachfolgenden Überzüge gewöhnlich nach dem Spritzverfahren
aufgebracht werden. Das gesamte Material wird durch Erwärmen getrocknet
und dann in einem Emaillierofen gebrannt, dessen Temperatur hoch genug ist,
um die Emaille zum Schmelzen zu bringen und ihr Einfließen in die Poren aus-

---

[1] Anonym in Chem. Ind. **12** (1934) 761.   [2] COOLAHAN, R. A.: Chem. Ind. **12** (1934) 630.
[3] LOBRY DE BRUYN, C. A.: Private Mitteilung vom 20. Mai 1935.
[4] SCHULTZE, G.: Korr. Met. **12** (1936) 249; Ber. 5. Korrosionstagung, Berlin 1935, S. 94.
[5] MAVOR, W.: Chem. Ind. **6** (1928) 435.
[6] GRAY, J. T.: Chem. Age met. Sect. **32** (1935) 9.
[7] ANDREWS, A. I.: J. Am. ceramic Soc. **13** (1930) 411.

zulösen. Die Reihenfolge der Operationen (Spritzen, Trocknen und Brennen) kann, je nach dem gewünschten Endprodukt, zwei- oder dreimal wiederholt werden. Manche Werke verwenden zur Suspendierung der Fritte Terpentin an Stelle von Wasser.

Die wesentliche Schwierigkeit beim Emaillieren von Gußeisen ist die Bildung von Blasen und Fehlstellen infolge Entwicklung von Oxyden des Kohlenstoffes und anderen Gasen. Nach HARRISON, SAEGER und KRYNITSKY[1] erfolgt die Blasenbildung oftmals von der Oberflächenschicht des Metalls aus und kann vermieden werden, wenn diese Schicht durch Beizen, mit dem Sandstrahlgebläse oder durch Bearbeiten der Oberfläche entfernt wird. Nach POSTE[2] rührt die Blasenbildung von der Oxydation des gebundenen Kohlenstoffs her. Eisen mit niedrigem Siliciumgehalt und hohem Gehalt an gebundenem Kohlenstoff neigt besonders zu dieser störenden Erscheinung. Eine ähnliche Ansicht vertritt McLAREN[3], demzufolge diese Gefahr durch Glühen der Güsse verringert werden kann.

Vor einer Reihe von Jahren wurde als eine allgemeine Klage gegen emailliertes Eisen seine Neigung zum Absplittern während des Betriebes vorgebracht. Gelangen derartige Stücke aus emaillierten Kochgefäßen in die Lebensmittel, so bedeuten sie eine wirkliche Gefährdung der Gesundheit, während das Abplatzen im Falle der für Säuren benutzten emaillierten Gefäße zu rascher Korrosion führt. Es erfolgt weitgehend infolge plötzlicher Abkühlung oder Erhitzung der betreffenden Gegenstände und ist auf Unterschiede im Ausdehnungskoeffizienten zwischen der Emailleschicht und den darunter liegenden Schichten bedingt. Wie STUCKERT[4] ausführt, kann eine völlige Adhäsion säurefester Emaille nur bei Gußeisen erwartet werden, was auf Grund der in Tabelle 60 gegebenen Daten leicht verständlich ist.

Wenngleich auch die meisten säurefesten Emailles mit Erfolg nur auf Gußeisen verwendet werden können, so ist doch neuerdings ein gewisser Erfolg hinsichtlich des Überziehens von Blechen mit Emaille mäßiger Widerstandsfähigkeit zu verzeichnen. GEISSINGER[5] beschreibt, wie Schichten aus Silicat-Emaille mit verschiedenen Gläsern aufgebaut werden, wobei jedes in der Schichtlage folgende Glas eine etwas niedrigere Erweichungstemperatur und eine etwas niedrigere Ausdehnungsfähigkeit als das darunterliegende, jedoch einen höheren Gehalt an Säureresten (daher ist es gegenüber dem Säureangriff widerstandsfähiger) besitzt. Kobaltoxyd ist eine nützliche Komponente für den untersten Überzug, da sein Ausdehnungskoeffizient dem des Blechmetalls sehr nahe kommt. Nickel-

Tabelle 60. Ausdehnungskoeffizienten von Emailles und einigen Eisensorten. (Nach L. STUCKERT.)

Material	Ausdehnungskoeffizient (Angaben in 10^{-7} cgs-Einheiten)
Gewöhnliche Emaille . .	350
Säurefeste Emaille . . .	320
Eisenblech	370
Gußeisen (Potterieguß) .	350

---

[1] HARRISON, W. N., C. M. SAEGER u. A. I. KRYNITSKY: J. Am. ceramic. Soc. **11** (1928) 595. Die Gase sind von A. N. LUCIAN u. K. KAUTZ [J. Am. ceramic. Soc. **17** (1934) 167] analysiert worden.   [2] POSTE, E. P.: J. Am. ceramic. Soc. **16** (1933) 277.

[3] McLAREN, H. D.: Steel **97** (1935), 30. Dezember, S. 25, 40.

[4] STUCKERT, L.: Chem. Fabrik **6** (1933) 245.

[5] GEISSINGER, E. E.: Chem. Ind. **13** (1935) 25.

oxyd, das an sich billiger ist, wird oftmals aus demselben Grunde zugesetzt. Diese Substanzen befördern die Adhäsion wahrscheinlich in einer anderen Weise. STALEY[1] hat beschrieben, wie Nickel, Kobalt und Antimon (sofern sie vorhanden sind) auf dem Eisen im metallischen Zustand festgelegt werden (infolge einfacher Austauschreaktion). Da sie einen zwischen dem Stahl und der Emaille liegenden Wert für den Ausdehnungskoeffizieten haben, so führen sie zu der erwünschten allmählichen Ausdehnung und besitzen überdies, wenn sie als Dendrite abgeschieden werden, ein ausgezeichnetes Haftvermögen.

Nach DIETZEL und MEURES[2] löst sich Eisen in der Emaille und erhöht den Ausdehnungskoeffizienten der Glasur, dessen Endwert vom Oxydationszustand des Eisens abhängig ist, wie aus den Daten in Tabelle 61 hervorgeht. Offenbar müssen die Brennbedingungen sorgfältig geprüft werden, um eine Adhäsion zu erzielen.

Tabelle 61. Ausdehnungskoeffizienten von Emailles. (Nach DIETZEL und MEURES.)

Material	Ausdehnungskoeffizient (Angaben in 10^{-7} cgs-Einheiten)
Reine Emaille	324
Emaille mit 20% Eisenoxyd (als FeO).	375
Emaille mit 20% Eisenoxyd (als Fe_3O_4)	381
Emaille mit 20% Eisenoxyd (als Fe_2O_3)	403

KRÜGER[3] und STUCKERT[4] haben quantitativ den Einfluß verschiedener Säuren auf verschiedene säurefeste Emailles untersucht, während MELLOR[5] Einzelheiten über den Einfluß von Säuren, Alkalien und anderen Reagenzien auf verschiedene Glasuren gibt und auch den Mechanismus des Splitterns und Ablösens diskutiert.

Eine besondere Schwierigkeit tritt beim Emaillieren scharfer Kanten auf, die während des Brennens so rasch oxydiert werden können, daß die Emaille das Oxyd nicht lösen kann. Nach HOLSCHER[6] wird dieser Schaden ernst, sofern der Krümmungsradius unter 3,17 mm liegt.

Bei den besten Emailleüberzügen wird Zinndioxyd SnO_2 zum Undurchsichtigmachen in den oberen Überzügen verwendet. Bei gewissen billigen emaillierten Kochgeschirren wird Antimon an dessen Stelle verwendet. Ist nun die Emaille arm an Silicium, so kann Antimon durch organische Säuren (beispielsweise in Limonade) gelöst werden und eine Vergiftung hervorrufen (s. S. 417).

C. Quantitative Behandlung.

1. Ökonomie des Farbanstriches.

Erhöhung der Rentabilität durch besseren Anstrich. Die mittlere jährliche Belastung C durch die Instandhaltungskosten für den Anstrich eines Konstruktionsteiles hängt von dem Zeitintervall T zwischen zwei Anstrichen, ferner

[1] STALEY, H. F.: J. Am. ceramic Soc. 17 (1934) 163.
[2] DIETZEL, A. u. K. MEURES: J. Am. ceramic Soc. 18 (1935) 37.
[3] KRÜGER, O.: Korr. Met. 12 (1936) 85.
[4] STUCKERT, L.: Internat. Tin. Res. Development Council techn. Publ. Nr. A 42 (1936).
[5] MELLOR, J. W.: J. ceramic Soc. 34 (1935) 1, 113. Diese Arbeit bezieht sich nicht besonders auf die Glasuren auf Metall, vielmehr sind viele der vorgetragenen Argumente allgemeinerer Natur.   [6] HOLSCHER, H. H.: Bl. Am. ceramic Soc. 14 (1935) 369.

von den Kosten der Farbe und anderer Materialien M sowie von den Kosten des Anstriches L ab, wobei die Arbeit für die Vorbereitung der Oberfläche, die Arbeit für das Aufbringen der Farbe und die Verluste, die durch die Unterbrechung der Arbeit infolge des Anstrichvorganges bedingt sind (im Falle eines Schiffes oder Fahrzeuges weiterhin die Rentabilität des Docks oder der Anstreicherei), eingeschlossen sind. Vernachlässigt man die Verzinsung, die gering ist, wenn T nur einige Jahre beträgt, so gilt

$$C = \frac{M + L}{T}$$

Bei Verwendung einer unendlich wenig besseren Farbe ist es möglich, T um den Wert dT zu erhöhen. Es entsteht nun die Frage, wieviel mehr an Extrakosten dM für diese bessere Farbe gezahlt werden können, damit die gesamten jährlichen Unkosten C dieselben bleiben. Es gilt sicher

$$M = CT - L$$

und daher

$$dM/dT = C$$

Infolgedessen werden alle Extrakosten, die geringer als $C\,dT$ sind, zu einer Ersparnis führen. Offenbar sollte man, je höher die gegenwärtigen jährlichen Belastungen infolge Instandhaltungskosten sind, um so mehr geneigt sein, für eine Farbe Beträge zu investieren, die zu einer Verlängerung der Lebensdauer des Anstriches beiträgt. Diese Einsicht setzt allerdings voraus, daß man aus dem Vorliegen hoher Instandhaltungskosten für eine Farbe nicht den Schluß zieht, daß man sie durch Wahl einer billigeren Farbe herabsetzen kann.

Da der Farbanstrich in vielen Gebieten des täglichen Lebens in einer bestimmten Jahreszeit angebracht wird, so sind Vergrößerungen von T, die geringer als 1 Jahr sind, ohne Interesse für die Praxis. Die maximalen Extraausgaben ΔM, die für eine Verbesserung eines Materials gezahlt werden können, das zu einer Erhöhung der Anstrichperiode von T auf $T+1$ Jahr führt, ohne daß dadurch die mittleren jährlichen Unkosten erhöht werden, werden gegeben durch

$$\frac{M + L}{T} = \frac{M + \Delta M + L}{T + 1}$$

oder

$$\Delta M = \frac{M + L}{T} = C$$

Eine Erhöhung der Unkosten (für Farbe und Materialien allein), die der gegenwärtigen jährlichen Belastung an Instandhaltungskosten gleich ist, sollte infolgedessen die gesamten jährlichen Unkosten ungeändert lassen. Jede Erhöhung der Unkosten für Farbe und Materialien, die geringer ist als die gegenwärtige gesamte jährliche Belastung, wird in einer Ersparnis resultieren, vorausgesetzt, daß sie die Periode zwischen den Anstrichen um 1 Jahr verlängert. Wenn dieser Schluß vom kaufmännischen Standpunkt aus vielleicht auch nicht allgemeiner Zustimmung sicher ist, so scheint er doch richtig zu sein.

Nach BLOM[1] beträgt in der Schweizer Elektroindustrie die Periode zwischen den Anstrichen 10 Jahre, die Kosten für den Anstrich usw. belaufen sich auf das 5- oder 6fache der Farbkosten; mit anderen Worten: es gilt

$$T = 10 \qquad L = 5\,M \qquad \Delta M = C = 6\,M/10$$

Setzt man diese Daten ein, so erhöht sich der Kaufpreis für Farbe und Materialien um etwa 60 % gegenüber dem gegenwärtig üblichen; der Vorteil, der

---

[1] BLOM, A. V.: Bl. Assoc. Suisse Electr. **25** (1934) 365.

hieraus erwächst, besteht jedoch darin, daß mit Sicherheit die Anstrichperiode von 10 auf 11 Jahre erhöht werden kann. Diese Zahlen beziehen sich auf Schweizer Verhältnisse, d. h. auf ein Land, in dem wenig Kohle verbrannt wird und das kein Seeklima besitzt. In einer schwefelhaltigen Inselatmosphäre wird T oftmals viel geringer sein. Nehmen wir L mit $5 M$ an und betrachten wir die zulässige Erhöhung der Farbkosten bei einer Vergrößerung der Anstrichperiode von 3 auf 4 Jahre, so ergibt sich

$$\varDelta M = C = 6\,M/3 = 2\,M$$

Es würde demnach jede Erhöhung auf 200% gerechtfertigt sein. Mit anderen Worten: jede Ausgabe für den Anstrich, der unter der 3fachen der gegenwärtigen liegt, würde eine Ersparnis mit sich bringen, wenn der Benutzer *völlig sicher* ist, daß er sein Extrabetriebsjahr damit erhält.

Wird die Verzinsung berücksichtigt, so würde diese etwa um die Halbjahreszinsen verringert. Es sollte infolgedessen noch als ein gesunder Vorschlag bezeichnet werden, wenn das 2,8fache der gegenwärtigen Anstrichkosten gezahlt wird.

Das zusätzliche Betriebsjahr kann jedoch auch noch auf andere Weise als durch Verwendung besserer Farbe erzielt werden. Die verschiedenen in Teil B beschriebenen Prüfungen der atmosphärischen Korrosion weisen nachhaltigst darauf hin, daß die Natur der Farbe und des Metalls von geringerem Einfluß auf die Auslösung einer vorzeitigen Fehlleistung ist, als die Gegenwart von Fremdstoffen, die zwischen Farbe und Metall *eingeschlossen* sind. Könnte beispielsweise die mittlere Anstrichperiode durch eine sorgfältige Reinigung der Oberfläche mittels Sandstrahl, durch Beizen oder durch angemessene, jedoch überwachte Bewitterung um 1 Jahr erhöht werden, so könnte man es als einen gesunden Vorschlag bezeichnen, für diese Vorbehandlung einen Betrag aufzubringen, der die gegenwärtigen mittleren Jahresunkosten wesentlich überschreitet.

SPELLER[1] hat ausgerechnet, daß bei einer Erhöhung der mittleren Lebensdauer der Farbe um 15% allein in den Vereinigten Staaten von Nordamerika 100 Millionen Dollar eingespart werden könnten. Auch BLOM[2] weist nachdrücklich darauf hin, daß dem Anstrich volle Bedeutung beizumessen ist, und daß er nicht als eine nebensächliche Angelegenheit behandelt werden darf.

Fünfzehntes Kapitel.

Korrosionsprüfmethoden.
A. Wissenschaftliche Grundlagen.
1. Allgemeiner Überblick.

Sinn der Korrosionsprüfung. Die eigentliche Korrosionsprüfung ist eine der strittigeren Fragen, die in diesem Buche behandelt werden. U. R. EVANS bringt dabei seine eigene Ansicht zur Darstellung, gibt jedoch an, wo abweichende Meinungen vorliegen.

Die Korrosionsprüfungen können nach einem der beiden folgenden Gesichtspunkte ausgerichtet sein: Sie können dazu durchgeführt werden, um ein *rein*

---

[1] SPELLER, F. N.: Techn. Publ. Am. Inst. min. met. Eng. 553 (1934) 20.
[2] BLOM, A. V.: Korr. Met. 11 (1935) 249.

wissenschaftliches Verständnis für den Mechanismus einiger Korrosionsvorgänge
zu gewinnen. In diesem Falle müssen die Prüfbedingungen so einfach wie
irgend möglich gestaltet werden, da andernfalls Zweifel hinsichtlich ihrer Interpretation unvermeidlich sind. Es ist auch wünschenswert, daß die Vorbehandlung der Materialien und die während der Prüfung selbst herrschenden Bedingungen wenn irgend möglich streng definiert und scharf durch alle Versuchsreihen hindurch überwacht werden, so daß diese gleichen Bedingungen, wenn
es sich als erforderlich herausstellt, zu einem späteren Zeitpunkt reproduziert
werden können[1]. Andererseits können die Korrosionsprüfungen auch *vom
industriellen Standpunkt aus* durchgeführt werden. Dabei kann es Gegenstand
der Untersuchungen sein, festzustellen, welches Material aus einer Vielzahl
von Materialien der Korrosion unter gegebenen Betriebsbedingungen am besten
widerstehen kann, oder welches Material aus einer gegebenen Zahl von schützenden Vorgängen den Angriff am vollständigsten zu vermeiden gestattet. In
diesem Fall müssen die Prüfungen unter Bedingungen ausgeführt werden,
die den beabsichtigten Betriebsbedingungen entsprechen, zweifellos vermindert
im Ausmaß, um Raum zu sparen, und möglicherweise erhöht in der Intensität, um Zeit zu sparen. Da die Betriebsbedingungen nur in den seltensten
Fällen konstant sind, so mag es nicht notwendig oder selbst nicht ratsam sein,
Bedingungen im Hinblick auf die Zeit während einer industriellen Prüfung
konstant aufrecht zu erhalten, wenngleich auch die Schwankungen für alle zu
vergleichenden Proben identisch sein müssen. In Übereinstimmung mit der
allgemeinen Einteilung dieses Buches werden die Prüfungen vom rein wissenschaftlichen Standpunkt aus im vorliegenden Kapitel besprochen, während
die Prüfungen vom industriellen Standpunkt aus in Kapitel B (s. S. 681) behandelt werden.

Einfluß von Schnittkanten auf die Prüfung. Eine Schwierigkeit tritt immer
wieder in wissenschaftlichen Korrosionsprüfungen auf, nämlich die durch ausgezeichnete Punkte, Winkel und Ecken an Proben ausgelösten Störungen. Portevin[2] hat mit Nachdruck darauf hingewiesen, daß die Kanten von platten-
förmigen Proben Gebiete größerer Angriffsempfindlichkeit als die übrigen
Teile darstellen. Bei großen Proben bilden die Begrenzungszonen einen kleineren
Anteil der gesamten Oberfläche als bei kleinen Proben, so daß die Gesamtkorrosion infolgedessen nicht proportional der Probenoberfläche ist[3]. Die
Kanten können in ihrem Verhalten von dem der Fläche abweichen, sei es weil die
Reagenzien an diesen Stellen rascher ergänzt werden oder weil scharfe Krüm-
mungen als solche die Reaktivität erhöhen — Fragen, die von Luce[4] und Mayne[5]
behandelt werden. Es kann an Schnittkanten auch zu einer besonderen Schädigung der Oberflächenfilme oder der inneren Struktur kommen.

---

[1] Die Reproduzierbarkeit bezieht sich nicht allein auf die während der Korrosion vor-
herrschenden Bedingungen, sondern auch auf die Bedingungen, denen die Probe *vor* der
Prüfung unterworfen ist. Das Abschleifen oder sonstige mechanische Behandlungen der
Oberfläche sollten genormt werden, ebenso die Bedingungen und die Zeitdauer der Lagerung.

[2] Portevin, A.: Rev. Mét. **31** (1934) 212.

[3] Es gibt noch andere Gründe für den Mangel einer Proportionalität zwischen der
gesamten Korrosionsgeschwindigkeit und der Probengröße. Siehe U. R. Evans: J. chem.
Soc. **1929**, 125. — Bengough, G. D.: Chem. Ind. **11** (1933) 199. — Whitby, L.: Trans.
Faraday Soc. **29** (1933) 1328.   [4] Luce, L. R.: Ann. Physique (10) **11** (1929) 167.

[5] Mayne, J. E. O.: J. chem. Soc. **1936**, 1095.

Die Enden eines Stabes werden zweifellos ähnliche Störungen verursachen, wenngleich auch durch ihre Abrundung eine gewisse Verbesserung erzielt werden kann, wie BORGMANN[1] in seinen Versuchen an Zink und Zinklegierungen gezeigt hat. Für diese Untersuchung wurden die Proben in Glasrohre vergossen (die mit einer organischen Flüssigkeit überzogen worden waren, um Adhäsion zu verhindern), in die das geschmolzene Metall eingesaugt wurde. Nach der Verfestigung war es möglich, die Stäbe herauszuziehen, deren obere Enden infolge Capillarwirkung abgerundet waren. In den Korrosionsversuchen wurden die Stäbe in vertikaler Anordnung, und zwar mit den abgerundeten Enden nach unten in die Flüssigkeit gerichtet, verwendet. Die Klammer zum Festhalten des Stabes befand sich hinreichend oberhalb des Wasserspiegels. Durch diese Anordnung verhinderte man, daß das nicht abgerundete Ende befeuchtet wurde, und man vermied weiterhin die Ausbildung von Rissen an dem Stützpunkt — eine oftmals beobachtete Erscheinung, wenn die Probe an einem im eingetauchten Teil liegenden Punkt gestützt wird.

Es gibt jedoch auch Gelegenheiten, bei denen eine plattenförmige Probe mit scharfen Kanten von Nutzen ist. Die Erzielung einer reproduzierbaren idealen Korrosionsverteilung, durch die es HOAR möglich gewesen ist, den elektrochemischen Mechanismus der Korrosion quantitativ zu prüfen (s. S. 224), wurde dadurch ermöglicht, daß die Kanten einer dünnen Platte weitaus korrosionsempfindlicher sind als irgendein anderer Teil der Probe. In diesem Fall wurde die Probe gleichfalls oberhalb der Wasserfläche festgehalten, um so Beeinflussungen im Korrosionsverlauf durch den Stützpunkt zu vermeiden.

Ist es wünschenswert, die besondere Korrosion an den Schnittkanten einer halb eingetauchten Platte zu vermeiden, so können die Kanten unter gewissen Umständen durch ein Gemisch von Guttapercha und Paraffinwachs geschützt werden, eine Methode, die durch MACNAUGHTAN und HOTHERSALL[2] eingeführt worden ist. Ist eine Erwärmung der Oberfläche möglich, so geben aufgebrannte Lacke oftmals einen ausgezeichneten Schutz der Begrenzungszone[3]. Bei der Wahl eines Schutzmittels für die Kanten darf die Möglichkeit ihrer Auflösung in der Flüssigkeit und die damit gegebene Beeinflussung des Korrosionsverlaufs nicht übersehen werden. Aus diesem Grunde sind in dem Cambridger Laboratorium[4] in den letzten Jahren Masken aus mit Wachs imprägniertem Papier in erheblichem Ausmaße verwendet worden, da gegen sie weniger Einwendungen erhoben werden können.

2. Prüfbedingungen.

Tropfenmethode. Eine geeignete Methode zur Vermeidung der durch die Kanten auftretenden Störungen besteht darin, die Korrosion durch hiervon unabhängige Tropfen zu prüfen, die sich auf einer horizontalen Metalloberfläche befinden. Ist es erforderlich, so kann die Platte in ein geschlossenes Gefäß gebracht werden, das mit dem gewünschten Gasgemisch gefüllt werden kann. Ist alles versuchsbereit, so wird der Tropfen mittels einer Pipette an einer

---

[1] BORGMANN, C. W. u. U. R. EVANS: Trans. electrochem. Soc. **65** (1934) 252.

[2] MACNAUGHTAN, D. J. u. A. W. HOTHERSALL: Trans. Faraday Soc. **26** (1930) 163.

[3] BRITTON, S. C. u. U. R. EVANS: Trans. electrochem. Soc. **61** (1932) 446.

[4] Siehe beispielsweise K. G. LEWIS u. U. R. EVANS: Chem. Ind. **13** (1935) 128; J. Inst. Met. **57** (1935) 235.

ausgewählten Stelle der Oberfläche aufgebracht. Sowohl HOAR[1] als auch MEARS[2] haben eine Vorrichtung angegeben, mit deren Hilfe diese Operation ausgeführt werden kann, ohne das Gefäßinnere in Verbindung mit der Außenatmosphäre zu bringen[3]. Um in einem geschlossenen Gefäß hundert oder mehr Tropfen derselben Größe gleichzeitig zu erzielen, hat MEARS[4] Proben verwendet, die mit zwei Serien senkrecht zueinander verlaufender Linien überzogen worden sind, die mit Hilfe einer Lösung von Wachs in Tetrachlorkohlenstoff erhalten wurden. Hierdurch wird die Oberfläche in ungewachste Quadrate geteilt, die von gewachsten Linienzügen begrenzt werden. Die so präparierte Probe wird in ein Gefäß eingeführt. Nachdem die gewünschte Gasatmosphäre in dem Gefäß hergestellt ist, läßt man die Flüssigkeit über die Probe fließen und dann wieder ablaufen, wobei auf jedem wachsfreien Quadrat ein Tropfen zurückbleibt.

Totale Exposition in einer Gasatmosphäre. Bedauerlicherweise ist dieser Kunstgriff zur Vermeidung von Störungserscheinungen an Schnittkanten und Stützpunkten nur bei *teilweise befeuchtetem* Metall möglich. Handelt es sich dagegen um eine Exposition der *gesamten* Oberfläche im korrosiven Agens, sei es eine Flüssigkeit oder ein Gas, so sind die Störungen wesentlich schwieriger auszuschließen. Bei der Exposition in heißen Gasen ist die Störung in der Nähe der Stützpunkte infolge der raschen Diffusion nicht ernst. Um Störungen durch die scharfen Kanten zu vermeiden, kann eine Probe als Draht schraubenförmig aufgewickelt werden (in diesem Falle wird die durch die beiden Enden gegebene Fläche gegenüber der Gesamtoberfläche zu vernachlässigen sein) oder aber als Zylinder zur Anwendung kommen. Für den Fall der Exposition in Gasen niederer Temperatur werden häufig Platten verwendet, die oftmals mittels Glashaken, die durch Löcher hindurchgehen, aufgehängt werden. Es sind zahlreiche sehr exakte Untersuchungen in dieser Weise durchgeführt worden, die zu kritisieren ungerechtfertigt wäre. Trotzdem würden es die meisten Experimentatoren wahrscheinlich begrüßen, wenn sie ein Mittel hätten, das es ihnen gestatten würde, sämtliche Gefahren, die mit den um derartige zum Aufhängen erforderlichen Löcher herum auftretenden Erscheinungen verknüpft sind, zu vermeiden.

Totale Exposition in Flüssigkeiten. Für totales Eintauchen in einer Flüssigkeit werden oftmals plattenförmige Proben verwendet, die nicht selten durch Glassockel gestützt werden, die durch Löcher hindurchgehen. Diese Form der Probenaufbringung ist zumindest einer rein zufälligen Plazierung auf dem Boden eines Gefäßes vorzuziehen, wodurch eine unregelmäßige und unreproduzierbare Berührungszone zwischen Metall und Glas geschaffen wird. Die in den früheren Untersuchungen von FRIEND und BROWN[5] benutzte Methode bestand darin, die völlig eingetauchte plattenförmige Probe in geneigter Stellung in ein Becherglas zu bringen, wobei das Glas mit den vier Probenecken berührt

---

[1] HOAR, T. P. zitiert bei U. R. EVANS: Rev. Mét. **33** (1936) 219.

[2] MEARS, R. B. zitiert bei U. R. EVANS: Rev. Mét. **33** (1936) 219.

[3] Für besondere Zwecke ist ein Kunstgriff angegeben worden, durch den die Seiten des Tropfens durch Stickstoff und seine Oberseite durch Sauerstoff — oder auch umgekehrt — umgeben werden können; siehe U. R. EVANS: Korr. Met. **6** (1930) 75. Einige nützliche Anordnungen beschreiben E. BAISCH und M. WERNER (Ber. 1. Korrosionstagung, Berlin 1931, S. 83). [4] MEARS, R. B. u. U. R. EVANS: Trans. Faraday Soc. **31** (1935) 528.

[5] FRIEND, J. N.: Corrosion of Iron and Steel, S. 130. 1911.

wird, wie das in Abb. 84a erkennbar ist. Diese Methode scheint einigen der späteren Methoden überlegen zu sein, wenngleich sie auch nicht der Kritik entgangen ist. Sicherlich werden an den vier Ecken Komplikationen auftreten, jedoch werden bei *jeder* eine Stützung erfordernden Methode die Ecken Gebiete darstellen, die in ihrem Verhalten von dem der übrigen Oberfläche abweichen. Es ist natürlich wesentlich, sowohl Gefäße als auch Proben einer Standardgröße zu verwenden und den Neigungswinkel stets konstant zu halten. Geringe Abweichungen von dem gewünschten Winkel sind jedoch viel weniger ernst, wenn es überhaupt eine genau abgegrenzte Neigung gibt. Wird eine horizontale Oberfläche erstrebt, jedoch nicht erreicht, so kann die durch das Abfließen des Korrosionsproduktes hervorgerufene Störung manchmal zu ernsten Folgen führen. Unter gewissen Umständen sind bestimmte Kunstgriffe für horizontale Oberflächen anzuraten.

BENGOUGH und seine Mitarbeiter[1] haben in ihren Untersuchungen an völlig eingetauchten Proben kreisförmige Scheiben verwendet, die auf drei kleinen Glassockeln in einem Gefäß ruhten, dessen Durchmesser größer als der der Proben war. Diese Versuchsanordnung wird durch Abb. 84b veranschaulicht. Es wurde jegliche Vorsicht zwecks Erzielung reproduzierbarer Bedingungen angewandt, jedoch kann die Abweichung von der geometrischen Einfachheit der Anordnung die Interpretation der Ergebnisse für gewisse Zwecke erschweren. Jede Probe besitzt vier verschieden geartete Flächenteile:

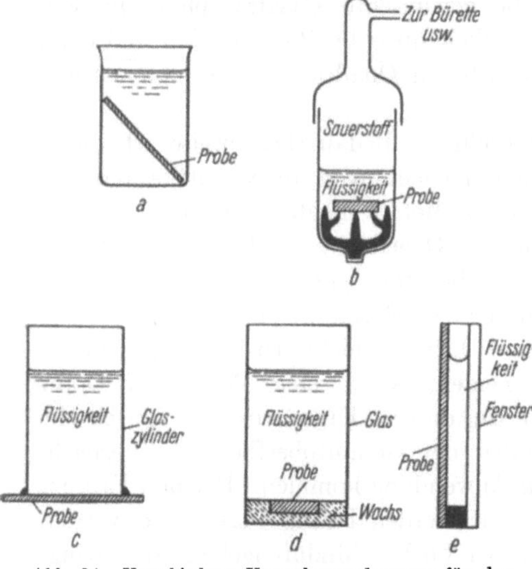

Abb. 84. Verschiedene Versuchsanordnungen für den Korrosionsvorgang.
a nach J. A. N. FRIEND,
b nach G. D. BENGOUGH, J. M. STUART und A. R. LEE,
c nach L. C. BANNISTER und U. R. EVANS,
d nach R. B. MEARS und U. R. EVANS,
e nach U. R. EVANS.

1. die Oberseite,
2. die Kanten,
3. die Grundfläche,
4. die Zone der Stützpunkte.

Es ist nicht unmöglich, eine Anordnung anzugeben, in der die Metallprobe selbst eine Begrenzungsfläche oder den Boden des Prüfgefäßes bildet, wodurch sehr einfache geometrische Verhältnisse geschaffen werden. In seiner Untersuchung über die Potentialänderungen von Eisenlegierungen befestigte BANNISTER[2] Glaszylinder mittels Nitrocellulosebindemittel auf Metallplatten und füllte das so entstandene Gefäß mit der Lösung, wie es schematisch durch Abb. 84c wiedergegeben wird. Diese Anordnung vermeidet sämtliche Komplikationen, die durch die Exposition von Schnittkanten gegenüber der Flüssigkeit auftreten, sowie etwaige Schädigungen an Aufstützpunkten; jedoch ist die Nitro-

---

[1] BENGOUGH, G. D.: Chem. Ind. 11 (1933) 198; s. auch S. 188 dieses Buches.
[2] BANNISTER, L. C. u. U. R. EVANS: J. chem. Soc. 1930, 1363.

cellulose nicht völlig unlöslich gegenüber dem korrodierenden Agens. Eine etwas ähnliche Versuchsanordnung zur Messung der Korrosionsgeschwindigkeiten von Aluminium hat TRONSTAD[1] benutzt. Hierbei wurden Glaszylinder plan geschliffen, in eine Auflösung von Mineralgummi in Benzol getaucht, auf die flache Metallprobe aufgesetzt und mittels Schrauben festgepreßt. Die zum Kitten verwendete Verbindung erwies sich dem Celluloselack gegenüber als überlegen und hielt eine völlig dichte Verbindung aufrecht. MEARS[2] verwendete, wie es Abb. 84d schematisch wiedergibt, eine horizontale Metalloberfläche, die plan in eine Paraffinwachsmasse eingefügt wurde, die ihrerseits den Boden des Versuchsgefäßes bildet. In dieser Anordnung wurden die Kanten durch das Wachs geschützt, wodurch geometrisch einfache Verhältnisse ohne Gefahr einer Verunreinigung erzielt wurden. Die Probe kann auch, wie das durch Abb. 84e wiedergegeben wird, als eine der Wände des Versuchsgefäßes angeordnet werden.

Exposition in bewegten Flüssigkeiten. Ist eine Bewegung der Flüssigkeit erforderlich, so kann das Innere eines Rohres, das kontinuierlich von der Flüssigkeit durchflossen wird, als experimentelle Oberfläche dienen, wie das SPELLER und KENDALL[3] in ihren Untersuchungen getan haben. Komplikationen an der Eintritts- und Austrittsstelle können wahrscheinlich überwunden werden, jedoch ist es nicht leicht, hinsichtlich einer inneren Oberfläche zu befriedigenden Versuchsbedingungen und Ergebnissen zu kommen, da diese der Beobachtung nicht zugänglich ist. Eine nützliche Methode zur Zirkulation des Wassers, ohne daß es zu Kontakt mit einer Metallpumpe kommt, hat BANNISTER[4] entwickelt, während PORTEVIN und BASTIEN[5] eine interessante auf THYSSEN und BOURDOUXHE zurückgehende Anordnung beschreiben. Andere Verfahren zur Erzielung einer Relativbewegung zwischen Metall und Flüssigkeit umfassen unter anderem das von COX und ROETHELI[6], die ihre Proben auf einem rotierenden Stab aufbrachten, ferner den *exzentrischen Rührer* von U. R. EVANS, der dadurch die Komplikationen am Berührungspunkt zu vermeiden sucht, daß dieser nicht in der üblichen Weise örtlich festgelegt ist, sondern sich von einer Stelle zur anderen bewegt, wie das auf S. 235 eingehend erläutert wird.

Für die Korrosion nach dem Wasserstoffentwicklungstyp hat LEWIS[7] quadratische Metallproben verwendet, die zwischen Quadrate aus Wachspapier gebracht werden, wobei die obere Papiermaske ein rundes Loch enthält, um so das Metall lediglich innerhalb einer kreisförmigen Fläche zu exponieren, wie das in Abb. 85 schematisch zum Ausdruck kommt. Bei dieser Anordnung ruft der am Metall entwickelte Wasserstoff eine Zirkulation der Flüssigkeit mit einer Geschwindigkeit hervor, die angenähert proportional derjenigen Geschwindigkeit ist, mit der die Flüssigkeit lokal verarmt. Die verbrauchte Flüssigkeit verläßt die Röhre, frische Flüssigkeit tritt an den durch die Pfeile gekennzeichneten Punkten hinzu.

[1] TRONSTAD, L.: Norges Tekniske Høiskole, Avhandl. 25. Års Jubileet **1935**, 483.

[2] EVANS, U. R. u. R. B. MEARS: Pr. Roy. Soc. A **146** (1934) 159.

[3] SPELLER, F. N. u. V. V. KENDALL: Ind. eng. Chem. **15** (1923) 134.

[4] BANNISTER, L. C.: Ind. Chemist **9** (1933) 102.

[5] PORTEVIN, A. u. P. BASTIEN: Génie civil **100** (1932) 562; s. auch G. C. GRARD: La Corrosion en Métallurgie, Paris 1936, S. 259.

[6] COX, G. L. u. B. E. ROETHELI: Ind. eng. Chem. **23** (1931) 1014.

[7] LEWIS, K. G. u. U. R. EVANS: J. Inst. Met. **57** (1935) 234.

Überwachung der Versuchsbedingungen. Die exakte Kontrolle der *Temperatur* ist ein wichtiger Faktor bei sämtlichen Untersuchungen der Korrosionsgeschwindigkeit. Obwohl der Temperaturkoeffizient vieler Korrosionsvorgänge ziemlich klein ist, können doch Schwankungen in der Temperatur, insbesondere zwischen einer Seite des Gefäßes und der anderen, zu Konvektionsströmen führen, die bei an sich unbewegter Flüssigkeit zu einer Beeinflussung der Versuchsergebnisse Anlaß geben können. Derartige lokale Erwärmungen, die nicht wesentlich die mittlere Gefäßtemperatur beeinflussen, können in gewissen Fällen durch Strahlung von einem glühenden Draht selbst dann hervorgerufen werden, wenn das Thermometer fortlaufend konstante Ablesungen ergibt. Für gewisse Zwecke bevorzugt U. R. EVANS[1] diejenigen Versuche, die in einem doppelwandigen Luftthermostaten ausgeführt werden, bei dem die inneren Wände aus Metall bestehen. Die Luft, die durch außerhalb der eigentlichen Versuchskammer angebrachte Erhitzer auf der gewünschten Temperatur gehalten wird, wird durch einen Ventilator zuerst durch die Hauptkammer und dann auf Wegen zwischen den beiden Wänden hindurchgezwungen. In dieser Weise werden die inneren (metallischen) Wände angenähert auf der richtigen Temperatur gehalten, so daß Gefahren einer Störung des Versuches infolge Strahlung vermieden bleiben.

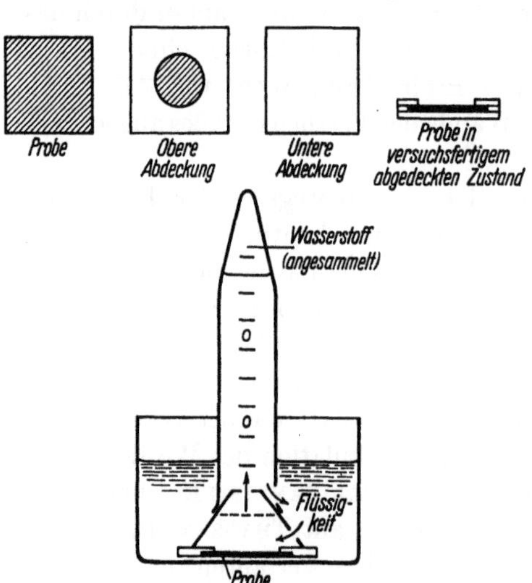

Abb. 85. Anordnung mit Selbstzirkulation der Flüssigkeit, die für die Korrosion nach dem Wasserstoffentwicklungstyp Verwendung findet. (Nach K. G. LEWIS und U. R. EVANS.)

Von anderer Seite werden Wasserthermostaten bevorzugt, die wahrscheinlich in denjenigen Fällen besser sind, in denen der Temperaturkoeffizient groß ist. Die Erwärmung sollte vorzugsweise durch einen nichtleuchtenden eingetauchten Heizkörper erfolgen.

Der *Druck* ist gewöhnlich von viel geringerem Einfluß auf die Korrosion als die Temperatur, jedoch sollte er in vernünftigen Grenzen konstant gehalten werden.

Schwingungen können sich in gewissen Fällen, insbesondere bei völlig eingetauchten Proben, als sehr störend erweisen, so daß große Sorgfalt darauf verwendet werden muß, sie fernzuhalten. „Sorbose" hat sich hier als ein sehr nützliches Material erwiesen.

3. Kriterien für den Korrosionsverlauf.

Es ist erforderlich, irgendein Kriterium als Maß für den Fortschritt des Angriffes nach verschiedenen Zeiten zu wählen, wenn Zahlen für die Zeit-

---

[1] EVANS, U. R.: Chem. Ind. **9** (1931) 66. Bei der Konstruktion dieses Apparates sind verschiedene Einzelheiten von anderen Luftthermostaten insbesondere von dem wesentlich früher durch W. H. J. VERNON [Trans. Faraday Soc. **27** (1931) 241] in Teddington errichteten übernommen worden.

Korrosions-Kurve erhalten werden sollen. Es sind verschiedene derartiger Kriterien verwendet worden.

Gewichtszunahme. Ist das gesamte Korrosionsprodukt eine feste Substanz, die an dem korrodierten Material haftet, so ist die Gewichtszunahme ein Maß für das Nichtmetall, daß die Korrosionsverbindung eingegangen ist. Ist die Formel des Korrosionsproduktes bekannt, so kann der Betrag an zerstörtem Metall leicht errechnet werden. Handelt es sich jedoch um verschiedene Schichten, wie beispielsweise die drei Oxydschichten auf dem in Sauerstoff erhitzten Eisen, so kommt es zu Schwierigkeiten in der Berechnungsweise. Die Methode ist vielfach für eine Hochtemperaturoxydation, für die atmosphärische Korrosion bei niedriger Temperatur und manchmal für den Angriff durch Flüssigkeiten bei niedriger Temperatur (beispielsweise bei dem Angriff einer Lösung von Jod in Chloroform auf Silber) verwendet worden. Es ist klar, daß diese Methode nicht zum Erfolg führt, wenn das Korrosionsprodukt abfällt, wenn es in die Gasphase verdampft oder in einer vorhandenen Flüssigkeit löslich ist. In manchen Fällen wird sie zu Schwierigkeiten führen oder sich als ungeeignet erweisen, wenn das entstehende Korrosionsprodukt hygroskopisch ist. Bei hohen Temperaturen, wie beispielsweise in der Arbeit von PILLING und BEDWORTH[1], ist im allgemeinen für jeden Punkt auf der Korrosions-Zeit-Kurve eine besondere Probe erforderlich. Da sich nun mehrere Proben des gleichen Metalls nicht exakt gleich verhalten, so werden die Beobachtungspunkte nicht sehr genau auf einer Kurve zu liegen kommen, was zu Unsicherheiten führt, wenn nicht jeder Versuch in mehrfacher Ausführung vorliegt. Eine von ENDO[2] angegebene und von UTIDA und SAITO[3] benutzte Waage besonderer Konstruktion gestattet selbst bei sehr hohen Temperaturen eine vollständige Korrosions-Zeit-Kurve mit einer einzigen Probe zu erzielen. Bei niedrigen Temperaturen ist die Gewichtszunahme sehr gering. In diesem Falle hat sich das von CONRADY angegebene Wägesystem als geeignet erwiesen, das von VERNON[4] für diesen Zweck übernommen worden ist.

Gewichtsverlust. Die Methode der Bestimmung des Gewichtsverlustes besitzt einen bereits erwähnten Nachteil: sie liefert für jede untersuchte Probe nur einen Punkt auf der Kurve[5]. Trotzdem wird sie ziemlich weitgehend angewendet, da sie auf alle Korrosionsreaktionen anwendbar ist, bei denen das Korrosionsprodukt später völlig vom Metall entfernt werden kann. Bei gewissen Typen der Pittingbildung und des intergranularen Angriffes führt diese Methode jedoch zu Schwierigkeiten. Im Falle eines gewöhnlichen Angriffes sollte die Entfernung des Korrosionsproduktes möglich sein, jedoch sind Vorsichtsmaßnahmen erforderlich, um einen Angriff des Metalles bei der Entfernung eines eng anliegenden Produktes zu verhindern. Zur Entfernung des

---

[1] PILLING, N. B. u. R. E. BEDWORTH: J. Inst. Met. **29** (1923) 542.

[2] ENDO, K.: Sci. Rep. Tôhoku **13** (1924/1925) 194.

[3] UTIDA, Y. u. M. SAITO: Sci. Rep. Tôhoku **13** (1924/1925) 391.

[4] VERNON, W. H. J.: Chem. Ind. **12** (1934) 211.

[5] K. INAMURA [Sci. Rep. Tôhoku **16** (1927) 987] verfolgt die Gewichtsänderung während der Korrosion einer Probe, die an dem Arm einer Mikrowaage aufgehängt ist. Hierdurch erhält er eine kontinuierliche Kurve, jedoch ist es einleuchtend, daß der Gewichts*verlust* in dieser Weise nur unter ganz besonderen Versuchsbedingungen bestimmt werden kann, bei denen kein adhärierendes Korrosionsprodukt und keine Störungen infolge Dichteänderungen in der Flüssigkeit auftreten.

Rostes vom Eisen — ohne das Metall dabei anzugreifen — ist es üblich, eine
kathodische Behandlung in Citronensäure oder Kaliumcyanidlösung durchzuführen. Die kathodische Behandlung schützt das Metall und führt außerdem
zu einer Gasentwicklung, die zu einer Entfernung des Korrosionsproduktes
beiträgt. Diesen Fragenkomplex untersuchen HATFIELD und SHIRLEY[1]. Die
Verwendung von Citronensäure kann jedoch in Fällen, in denen der Rost im Laufe
der Zeit erhärtet ist, möglicherweise nicht zum Ziel führen. Im Falle von Proben,
die an der Außenatmosphäre korrodiert sind, empfiehlt HUDSON[2] die Verwendung von 20%iger Schwefelsäure, die einen organischen „Beizinhibitor"
enthält (s. S. 83). COURNOT[3] bevorzugt Kochen des Eisens in 20%igem Natriumhydroxyd, dem Zinkpulver zugesetzt worden ist. Die hierbei erfolgende heftige
Reaktion entfernt den Rost teilweise mechanisch, teilweise chemisch. Nach einer
Durchprüfung der verschiedenen Methoden kommen PORTEVIN und HERZOG[4] zur
Empfehlung des folgenden Verfahrens: Die Probe wird zuerst einer kathodischen Behandlung in einer 15%igen Sodalösung und hierauf einer kathodischen
Behandlung in 10%iger Citronensäure unterworfen, um auch das Korrosionsprodukt zu entfernen, das im alkalischen Bad nicht beseitigt werden konnte.
CLARKE[5] entfernt den Rost von in der Außenatmosphäre exponierten Proben
mittels *konzentrierter* Salzsäure, der (zur Verhinderung des Metallangriffes
durch die Säure) 2% Antimon(III)-oxyd und [zur Reduktion von Eisen(III)-
chlorid, das selbst das Metall korrodieren würde] 5% Zinn(II)-chlorid zugesetzt werden. Ein neuerer deutscher Bericht[6] empfiehlt zur Entfernung der
Korrosionsprodukte die nachstehend tabellarisch genannten Reagenzien:

Metall	Behandlungsweise
Aluminium . . .	Mit 5%iger Salzsäure
Eisen, Stahl . . .	Kathodische Behandlung in 8%-iger Natriumhydroxydlösung
Zink, Blei	Mit konzentrierter Ammonium-acetatlösung
Kupfer, Messing .	Mit 5%iger Schwefelsäure

Bestimmung des Metalls im Korrosionsprodukt. In Fällen, in denen das Korrosionsprodukt vollständig entfernt werden kann, ist es möglich, das Metall in ihm zu bestimmen. Diese Methode ist zur Bestimmung des
in einem einzigen Tropfen hervorgerufenen Rostes geeignet[7]. In diesem Fall
wird die Bestimmung auf colorimetrischem Wege durchgeführt. Soll der
Gesamteffekt von 20 oder 30 Tropfen auf einer einzigen Probe bestimmt
werden, so ist die Ermittlung des Gewichtsverlustes vorzuziehen[8].

Sauerstoffverbrauch. Die verschiedenen auf dem Sauerstoffverbrauch beruhenden Verfahren besitzen den großen Vorteil, daß sie von einer einzigen
Probe eine vollständige Korrosions-Zeit-Kurve liefern. Da diese Kurve gewöhnlich glatt verläuft, so kann die Tatsache, daß eine Kurve von einer anderen
abweicht, nicht störend auf die Herausarbeitung der zwischen Korrosion und

[1] HATFIELD, W. H. u. H. T. SHIRLEY: Rep. Corrosion Comm. Iron Steel Inst. 1 (1931) 207.
[2] HUDSON, J. C.: Rep. Corrosion Comm. Iron Steel Inst. 3 (1935) 60.
[3] COURNOT, J.: Rev. Mét. 30 (1932) 280.
[4] PORTEVIN, A. u. E. HERZOG: 14e Congr. Chim. ind. Paris 1934.
[5] CLARKE, S. G.: Trans. electrochem. Soc. 69 (1936) 131.
[6] Anonym in Z. Metallk. 28 (1936) 22.
[7] EVANS, U. R.: J. Soc. chem. Ind. Trans. 43 (1924) 318.
[8] MEARS, R. B. u. U. R. EVANS: Trans. Faraday Soc. 31 (1935) 529.

Zeit wirkenden Gesetzmäßigkeit einwirken. Es gibt verschiedene Wege zur Berücksichtigung des Sauerstoffverbrauches. KRÖHNKE[1] sowie PALMAER[2] haben sie zur Verfolgung der atmosphärischen Korrosion eines Eisenzylinders benutzt, der in einem geschlossenen Gefäß *oberhalb* des Wassers angebracht worden war, wobei das Gefäß mit einer Gasbürette in Verbindung stand, die zur Messung der Geschwindigkeit des Sauerstoffverbrauchs diente. SPELLER und KENDALL[3] ließen eine Sauerstoff enthaltende Flüssigkeit mit bekannter Geschwindigkeit durch ein Rohr hindurchfließen und bestimmten auf chemischem Wege die Sauerstoffkonzentration beim Eintritt der Flüssigkeit in das Rohr bzw. bei deren Austritt aus diesem, wobei der Unterschied den Sauerstoffverlust durch die Korrosion angibt und den Grad der Zerstörung des Metalls zu berechnen erlaubt, wenn das Korrosionsprodukt bekannt ist. FORREST, ROETHELI und BROWN[4] ließen die Probe in einigen ihrer Versuche in einer Flüssigkeit bekannter Sauerstoffkonzentration rotieren und bestimmten zum Schluß die Sauerstoffkonzentration, womit sie gleichzeitig die verbrauchte Sauerstoffmenge erhielten.

In der von BENGOUGH, STUART und LEE[5] entwickelten Methode (s. S. 666) wurde eine völlig in eine Flüssigkeit eingetauchte scheibenförmige Probe untersucht, wobei der Raum oberhalb der Flüssigkeit mit Sauerstoff gefüllt war. Temperatur und Druck wurden konstant gehalten und das Verschwinden des Sauerstoffes aus diesem Raume beobachtet, was sehr exakt durchgeführt werden konnte und als Maß für die Korrosion gilt. Wird während des Korrosionsvorganges Wasserstoff entwickelt (was sowohl im Falle des Zinks als auch des Eisens, insbesondere bei hohen Konzentrationen und weniger reinen Materialien der Fall ist), so wird das erhaltene Wasserstoffvolumen in bestimmten Intervallen mit Hilfe eines elektrisch beheizten Platindrahtes verbrannt und die Volumenabnahme nach dem Wiederabkühlen bestimmt; es wurde eine Korrektion für die Messung der „Sauerstoffabsorption" angebracht. Die Methode ist besonders für Zink geeignet, das nur in einem Oxydationszustand auftritt. In einem solchen Falle führt die Kenntnis des absorbierten Sauerstoffes und des entwickelten Wasserstoffes direkt zu einer Kenntnis des zerstörten Metalls, ohne daß irgendeine Analyse der Korrosionsprodukte durchgeführt wird. Im Falle des Eisens[6] ist die Interpretation der Beobachtungen weniger direkt, da der Sauerstoff nicht nur an der Korrosion des Metalls beteiligt ist, sondern auch die Eisen(II)-verbindungen zu Eisen(III)-verbindungen oxydiert. Es ist infolgedessen erforderlich, das zweiwertige und das dreiwertige Eisen getrennt in den Korrosionsprodukten zu bestimmen[7].

[1] KRÖHNKE, O., E. MAASS u. W. BECK: Die Korrosion, Leipzig 1929, S. 64.
[2] PALMAER, W.: Korr. Met. **12** (1936) 141.
[3] SPELLER, F. N. u. V. V. KENDALL: Ind. eng. Chem. **15** (1923) 134.
[4] FORREST, H. O., B. E. ROETHELI u. R. H. BROWN: Ind. eng. Chem. **22** (1930) 1197.
[5] BENGOUGH, G. D., J. M. STUART u. A. R. LEE: Pr. Roy. Soc. A **116** (1927) 438.
[6] BENGOUGH, G. D., A. R. LEE u. F. WORMWELL: Pr. Roy. Soc. A **134** (1931) 309.
[7] G. D. BENGOUGH und F. WORMWELL [J. Iron Steel Inst. **131** (1935) 292] geben an, daß nur relativ wenig Analysen der Korrosionsprodukte erforderlich waren, um den Anteil des Sauerstoffes für die Oxydation des zweiwertigen Eisens zu bestimmen. Es scheint jedoch keine absolute Sicherheit dafür zu bestehen, daß dieser Anteil konstant bleibt. Zur Erzielung einer völligen Sicherheit würde es ratsam erscheinen, Bestimmungen der Eisen(II)- und Eisen(III)-verbindungen in dem Korrosionsprodukt vorzunehmen, nachdem die Versuche während sehr verschiedener Perioden gelaufen sind. Wahrscheinlich würde eine

Es dürfte angebracht sein, einige mögliche Nachteile der Sauerstoffabsorptionsmethode für gewisse Zwecke zu erwähnen und es dem Experimentator zu überlassen, ob er sie gegebenenfalls für seinen besonderen Zweck für wichtig erachten will oder nicht. Da der Sauerstoff einige Zeit benötigt, um durch eine Flüssigkeitssäule abwärts zu wandern, so ist die Geschwindigkeit, mit der der Sauerstoff in einem gegebenen Augenblick aus der Gasphase verschwindet, nicht notwendigerweise gleich der Geschwindigkeit seines Verbrauches durch das Metall *im gleichen Augenblick.* Durch diese Feststellung soll jedoch nicht die Exaktheit in Fällen herabgemindert werden, in denen die Korrosionsgeschwindigkeit konstant ist oder sich nur geringfügig ändert. Vergleiche, die zwischen der Sauerstoffabsorptionsmethode und den anderen in Teddington[1] sowie auch in Cambridge[2] ausgeführten Methoden durchgeführt wurden, haben im Gegenteil eine befriedigende Übereinstimmung unter günstigen Bedingungen ergeben. In besonderen Fällen können jedoch in den Frühstadien, ehe ein dynamisches Gleichgewicht zwischen der Zuführung und dem Verbrauch von Sauerstoff erreicht ist, ernste Störungen auftreten. Da Sauerstoff die Korrosionsgeschwindigkeit im allgemeinen begünstigt, so wird beispielsweise eine vorher mit Sauerstoff gesättigte Lösung ein Metall im allgemeinen anfänglich *rascher* als die gleiche sauerstoff-freie Flüssigkeit angreifen. Andererseits wird die vorherige Sättigung der Flüssigkeit mit Sauerstoff die anfängliche Geschwindigkeit des Sauerstoffverschwindens aus der Gasphase *herabsetzen,* was durch die MEARSschen Versuche[3] bestätigt worden ist. Infolgedessen kann die Heranziehung der Sauerstoffabsorption als Maß für die Korrosionsgeschwindigkeit während der Anfangsstadien zu irreführenden Ergebnissen führen. Hierdurch werden jedoch nicht die für lange Zeitintervalle erhaltenen Kurven beeinflußt, eine Frage, die BENGOUGH besonders behandelt hat.

Andere Vorrichtungen zur experimentellen Durchführung der Sauerstoffabsorptionsmethode haben MORRIS und BRYAN[4], HOAR[5] und BORGMANN[6] beschrieben. Für den Fall der Oxydation bei hohen Temperaturen ist das Verschwinden von Sauerstoff als ein Maß für die Wachstumsgeschwindigkeit des Filmes von DUNN[7], WILKINS und RIDEAL[8], sowie von PORTEVIN, PRÉTÉT und JOLIVET[9] benutzt worden.

Filmdicke. In denjenigen Fällen, in denen das Korrosionsprodukt ein völlig adhärierender Film ist, kann die Messung der Filmdicke zu verschiedenen Zeiten

Serie derartiger Bestimmungen bereits selbst dazu dienen, eine Korrosions-Zeit-Kurve, ohne irgendeine Messung des Sauerstoffverbrauches, zu liefern. Das ist jedoch eine Frage, über die sich der Leser seine eigene Meinung bilden muß, was zweckmäßig nach sorgfältigem Studium der BENGOUGHschen Arbeiten geschieht.

[1] BENGOUGH, G. D., J. M. STUART u. A. R. LEE: Pr. Roy. Soc. A **127** (1930) 52.

[2] EVANS, U. R. u. T. P. HOAR: Pr. Roy. Soc. A **137** (1932) 347.

[3] R. B. MEARS, zitiert bei U. R. EVANS [J. Iron Steel Inst. **131** (1935) 277]. — G. D. BENGOUGH und F. WORMWELL [J. Iron Steel Inst. **131** (1935) 292] haben die Unexaktheit der Sauerstoffabsorptionsmethode während des ersten Tages oder der beiden ersten Tage vom Versuchsbeginn an festgestellt.

[4] MORRIS, T. N. u. J. M. BRYAN: Food Invest. spec. Rep. **40** (1931) 24.

[5] EVANS, U. R. u. T. P. HOAR: Pr. Roy. Soc. A **137** (1932) 347.

[6] BORGMANN, C. W. u. U. R. EVANS: Trans. electrochem. Soc. **65** (1934) 253.

[7] DUNN, J. S.: Pr. Roy. Soc. A **111** (1926) 204.

[8] WILKINS, F. J. u. E. K. RIDEAL: Pr. Roy. Soc. A **128** (1930) 398.

[9] PORTEVIN, A., E. PRÉTÉT u. H. JOLIVET: Rev. Mét. **31** (1934) 187; J. Iron Steel Inst. **130** (1934) 219.

ein Maß für den Fortschritt des Angriffes liefern. Diese Bestimmung kann mitunter durch Beobachtung der Interferenzfarben erfolgen, die TAMMANN[1], DUNN[2] und CONSTABLE[3] herangezogen haben. In ihrer einfachsten Form ist eine derartige Methode nicht immer exakt, wie auf S. 52 ausgeführt worden ist; sie kann jedoch durch Eichen der Farbskala mit Hilfe irgendeiner anderen Methode[4] zur Filmmessung quantitativ gestaltet werden. Andere optische Methoden zur Verfolgung des Filmwachstums bei geringen Dicken sind von TRONSTAD[5] entwickelt worden, deren Prinzip im Anhangteil (s. S. 715) behandelt wird.

Abnahme der elektrischen Leitfähigkeit. In ähnlicher Weise wie bei der auf dem Verbrauch des Sauerstoffs gegründeten Methode dient der allmähliche Abfall in der elektrischen Leitfähigkeit eines korrodierenden Drahtes dazu, eine gesamte Korrosions-Zeit-Kurve mit Hilfe einer einzigen Probe zu erzielen. Diese Methode hat sich in den Händen von PALMER[6], PILLING und BEDWORTH[7], DUNN[8] u. a. im Falle der Hochtemperaturoxydation als nützlich erwiesen. Sie hat gleichfalls gute Ergebnisse für den Angriff durch Gase in Gegenwart von Feuchtigkeit bei niedriger Temperatur erbracht. Ihre ausgedehnte Anwendung durch HUDSON u. a. bei technischen Prüfungen wird auf S. 151 besprochen. Die Methode sollte Ergebnisse liefern, die in Übereinstimmung mit den anderen Methoden sind, vorausgesetzt, daß durch die Korrosion eine Oberflächenschicht gleichförmiger Dicke hervorgerufen wird. Andernfalls wird es zu Abweichungen kommen; es kann jedoch selbst eine mangelnde Übereinstimmung ein nützliches Maß für den Grad der Angriffslokalisierung liefern.

Abnahme der Zugfestigkeit. Dieses Kriterium für den Fortschritt der Korrosion ist wesentlich bei technischen Prüfungen herangezogen worden (s. S. 152). Bei dieser Methode weist jede Abweichung gegenüber der auf dem Gewichtsverlust basierten Methode auf eine Lokalisierung des Angriffes hin und liefert ein grobes Maß für diese Art des Angriffes. Die Frage der Abnahme der Wechselfestigkeit ist mit dem Problem der Korrosionsermüdung in Beziehung gebracht worden (s. S. 497).

Änderung der Leitfähigkeit in einer korrodierenden Flüssigkeit. SMITH[9] sowie auch ZEHNOWITZER[10] haben Änderungen in der Leitfähigkeit der die Probe korrodierenden Flüssigkeit als Kriterium für den Fortschritt der Korrosionsreaktion benutzt.

Ermittlung der zur Durchlöcherung erforderlichen Zeit. Beim Studium der Korrosion eines zu Pittingbildung führenden Typs kann die zur Durchlöcherung eines dünnen Bleches erforderliche Zeit als Maß für den Angriff verwendet werden. Für rasch korrodierendes Material, wie beispielsweise Magnesium, hat

---

[1] TAMMANN, G., W. KÖSTER, E. SCHRÖDER, G. SIEBEL, W. RIENÄCKER u. J. SCHNEIDER: Z. anorg. Ch. 111 (1920) 78, 123 (1922) 196, 124 (1922) 25, 128 (1923) 179, 148 (1925) 297, 156 (1926) 261, 171 (1928) 367.   [2] DUNN, J. S.: Pr. Roy. Soc. A 111 (1926) 212.

[3] CONSTABLE, F. H.: Pr. Roy. Soc. A 115 (1927) 570, 125 (1929) 630.

[4] EVANS, U. R. u. L. C. BANNISTER: Pr. Roy. Soc. A 125 (1929) 372.

[5] TRONSTAD, L.: Trans. Faraday Soc. 29 (1933) 502, 31 (1935) 1151. — TRONSTAD, L. u. C. W. BORGMANN: Trans. Faraday Soc. 30 (1934) 349. — TRONSTAD, L. u. T. HÖVERSTAD: Trans. Faraday Soc. 30 (1934) 362.   [6] PALMER, W. G.: Pr. Roy. Soc. A 103 (1923) 444.

[7] PILLING, N. B. u. R. E. BEDWORTH: J. Inst. Met. 29 (1923) 551.

[8] DUNN, J. S.: Pr. Roy. Soc. A 111 (1926) 213.

[9] SMITH, F. C.: Joint Pr. Brit. Junior Gas Assoc. 18 (1927/1928) 332.

[10] ZEHNOWITZER, E. W.: Nature 130 (1932) 245.

Lewis[1] gewöhnliches gewalztes Blech verwendet. Prot und Goldowsky[2] haben die Herstellung von Duraluminproben gleichförmiger Dicke in einer zur Erzielung eines photographischen Nachweises der Durchlöcherung geeigneten Form beschrieben. Bei der Untersuchung des Angriffes durch korrosive Öle unterwirft van Wijk[3] sehr dünne durch Sublimation im Hochvakuum erhaltene Metallfilme dem korrosiven Angriff, wobei er die Zunahme der Lichtdurchlässigkeit als ein Kriterium für den Fortschritt des Angriffes verwendet. Eine interessante optische Methode zur Verfolgung der interkrystallinen Korrosion hat Canac[4] entwickelt. Optische, auf dem Verlust des Reflexionsvermögens beruhende Methoden haben Kenworthy und Waldram[5], Digby[6] sowie Cournot und Halm[7] benutzt.

Durch Messung der Dämpfung und Eigenfrequenz[8]. Im K.W.I. für Eisenforschung (Stuttgart) ist von Köster und seinen Mitarbeitern[9] ein Gerät entwickelt worden, durch das die Dämpfung und der Elastizitätsmodul eines Werkstoffes mit hoher Genauigkeit bestimmt werden kann. Beide physikalischen Größen stellen aber nun besonders empfindliche Indicatoren für den inneren Zustand eines Metalls, insbesondere seiner Eigenfrequenz, dar, so daß es nahe liegt, die Änderungen dieser Größen in Abhängigkeit von einem korrosiven Angriff zu verfolgen[10]. In diesem Sinne haben Schneider und Förster[11] die Korrosion von Aluminium-Magnesium-Legierungen mit 11% Magnesium gegenüber einer Lösung von 3% Natriumchlorid und 1% Salzsäure[12] sowohl hinsichtlich der Dämpfung als auch der Eigenfrequenz untersucht. Dabei wurde ein und dieselbe Probe in geeigneten Zeitabständen aus der Lösung herausgenommen und der Prüfung unterworfen. Als Proben dienten dabei Rundstäbe von 18 mm Durchmesser und 20 mm Länge.

Das beigebrachte Zahlen- und Kurvenmaterial sowie die gleichzeitig durchgeführten Gefügeuntersuchungen der hinsichtlich ihrer Wärmebehandlungen genau charakterisierten Proben zeigt eindeutig die Eignung der Dämpfungsmessung als Kriterium für das Eintreten interkrystalliner Korrosion. Die erzielten Ergebnisse sind überdies in guter Übereinstimmung mit entsprechenden Langzeitversuchen. Weiterhin ergibt sich, daß die Dämpfungsmessung wesentlich empfindlicher als die Messung des Abfalls der Festigkeitswerte ist und eine rasche Entscheidung darüber gestattet, ob interkrystalline Korrosion vorliegt oder nicht.

Während die Dämpfungsmessung sowohl den Beginn als auch das Fortschreiten der *interkrystallinen Korrosion* zeitlich gut zu verfolgen gestattet, sind andererseits nur mehr qualitative Schlüsse hinsichtlich des Fortschreitens

[1] Lewis, K. G. u. U. R. Evans: J. Inst. Met. **57** (1935) 241.

[2] Prot u. Goldowsky: 13ᵉ Congr. Chim. ind. 1933, S. 555. — Goldowsky, N.: Korr. Met. **12** (1936) 108.   [3] van Wijk, W. R.: Ind. eng. Chem. anal. Edit. **7** (1935) 48.

[4] Canac, F.: C. r. **201** (1935) 330.

[5] Kenworthy, L. u. J. M. Waldram: J. Inst. Met. **55** (1934) 247.

[6] Digby, W. P.: Engineer **159** (1935) 219, 254.

[7] Cournot, J. u. L. Halm, zitiert bei G. C. Grard: La Corrosion en Métallurgie, Paris 1936, S. 273.   [8] Textliche Fassung durch den Übersetzer.

[9] Förster, F.: Z. Metallk. **29** (1937) 109.

[10] Förster, F. u. W. Köster: Z. Metallk. **29** (1937) 116.

[11] Schneider, A. u. F. Förster: Z. Metallk. **29** (1937) 287.

[12] Sidery, A. J., K. G. Lewis u. H. Sutton: Met. Ind. London **21** (1932) 373.

dieser Erscheinung auf diesem Wege möglich. Hier führt die Messung der Eigenfrequenz weiter, durch die auch quantitative Schlüsse in bezug auf die Korrosionsgeschwindigkeit des Lösungsvorganges im Falle der *Oberflächenkorrosion* bzw. auf die Geschwindigkeit des Eindringens des korrodierenden Mediums in die Korngrenzen gezogen werden können.

Die Eigenfrequenz eines Probekörpers ist von seinen Dimensionen abhängig, sie wird sich also um so schneller ändern, je schneller sich der Querschnitt der korrodierenden Probe ändert, d. h. je größer die Lösungsgeschwindigkeit ist. Die äußere Korrosion ist also im Hinblick auf die eigene Schwingungszahl eines Stahles dadurch gekennzeichnet, daß sich lediglich der Stabdurchmesser ändern wird, daß aber alle übrigen Größen, wie Stabdichte, -länge und Elastizitätsmodul konstant bleiben. Zwischen der Eigenschwingungszahl v_E, der Länge l, dem Durchmesser d, dem Elastizitätsmodul E und der Dichte s eines zylindrischen Stabes besteht die Beziehung:

$$v_E = \frac{1}{4} \cdot \frac{d}{l^2} \cdot \frac{m^2}{2\pi} \cdot \sqrt{\frac{E}{s}}$$

Eine Änderung des Durchmessers $\varDelta_d$ hat eine Änderung um $\varDelta_{v_E}$, der Eigenschwingungszahl, zur Folge, wobei $\varDelta_{v_E} = C \cdot \varDelta d$ ist. Die relative Frequenzänderung ergibt sich demnach zu

$$\frac{\varDelta v}{v} = \frac{\varDelta d}{d}$$

Danach ergibt sich bei *Oberflächenkorrosion* die Abnahme des Durchmessers zu

$$\varDelta d = d \cdot \frac{\varDelta v}{v}$$

$\frac{\varDelta d}{2}$ ist nun die Abtragdicke, für die sich die Beziehung

$$\varDelta D_A = \frac{d}{2} \cdot \frac{\varDelta v}{v}$$

ergibt.

Die *interkrystalline Korrosion* ist im Gegensatz zur Oberflächenkorrosion durch ein angenähertes Konstantbleiben des Stabgewichtes je Längeneinheit gekennzeichnet. Dagegen nimmt der wirksame Stabdurchmesser (das ist derjenige Durchmesser, der sich bei einer Biegebeanspruchung eines schwingenden Stabes der Verbiegung widersetzt) ab. Zur Berechnung der Änderung des wirksamen Durchmessers, der der doppelten Eindringtiefe des Korrosionsmittels entspricht, werden in der vorstehend gegebenen Gleichung für v_E die Dichte durch die Stabdimensionen und das Gewicht ausgedrückt. Nach einfacher Differentiation ergibt sich die Eindringtiefe $\varDelta D_E = \frac{\varDelta d}{2}$ zu

$$\varDelta D_E = \frac{d}{4} \cdot \frac{\varDelta v}{v}$$

Die von SCHNEIDER und FÖRSTER mitgeteilten Versuchsergebnisse lassen die besondere Eignung sowohl der Dämpfungsmessung als auch der Eigenfrequenz auf den Korrosionsvorgang erkennen. Grundsätzlich besitzen diese Methoden gegenüber den meisten der bisher verwendeten Verfahren eine Reihe von Vorzügen:

1. Es ist auf diesem Wege möglich, den Verlauf des Korrosionsvorganges durch eindeutig festgelegte physikalische Größen zu verfolgen.

2. Die Beziehungen zwischen den Abmessungen des Probekörpers, seiner Eigenfrequenz und dem Elastizitätsmodul des untersuchten Werkstoffes eröffnen eine einfache Möglichkeit für die quantitative Erfassung der Lösungsgeschwindigkeit im Falle der Oberflächenkorrosion und der Geschwindigkeit des Eindringens des korrodierenden Agens in die Korngrenzen im Falle der interkrystallinen Korrosion.

3. Die Dämpfungsgeschwindigkeit dürfte besonders dazu geeignet sein, die Zusammenhänge zwischen den Eigenfrequenzen eines Materials und der Art bzw. der Geschwindigkeit eines korrosiven Angriffs zu verfolgen, da sie als physikalische Größe Schlüsse auf die Eigenspannungen des Metalls zu ziehen gestattet.

4. Korrosionsmessungen nach der Dämpfungsmethode sind mit geringen Mengen an Versuchswerkstoff und ohne ausgedehnte eigene Korrosionsanlage durchführbar.

Abgesehen von Untersuchungen am Hydronalium und der interkrystallinen Korrosion des V2A-Stahles liegen weitere Prüfungen hinsichtlich der Brauchbarkeit dieses Verfahrens in der Literatur nicht vor. Es wäre wünschenswert, wenn dieses aussichtsreiche Verfahren eingehend auf seine Verwendung hin untersucht würde.

Weitere Kriterien für die Korrosion.

Messung der Korrosionswahrscheinlichkeit. Die den vorstehend behandelten Kriterien für den Korrosionsverlauf zugrunde liegenden Messungen beziehen sich stets auf die Korrosions*geschwindigkeit*. Die *Wahrscheinlichkeit* für die Korrosion kann leicht nach der Methode der quadratischen Tropfen (s. S. 299) gemessen werden. Die Auszählung der Tropfen, die einen Korrosionsakt ausgelöst haben, sollte wenig Schwierigkeiten bieten, jedoch ist bei den diesbezüglichen Untersuchungen eine sehr große Sorgfalt hinsichtlich der Vorbereitung der Oberflächen erforderlich. Die hierfür verwendete Methode beeinflußt die für die Korrosionswahrscheinlichkeit erhaltenen Werte erheblich.

Zeit-Potential-Kurven. Die Änderung des Potentialverlaufes mit der Zeit während des Korrosionsvorganges führt zu Aussagen von erheblichem wissenschaftlichen Interesse. Ein mit einem völlig nichtporösen Oxydfilm bedecktes Metall sollte dasselbe Potential wie ein Block aus massivem Oxyd liefern, während ein mit einem hochgradig porösen Oxyd überzogenes Metall einen kaum höheren Wert als das filmfreie Metall aufzeigen sollte. Je weniger porös das Oxyd ist, um so höher wird das Potential des mit einem Film bedeckten Metalls sein. Die Potentialtheorie für ein teilweise filmbedecktes Metall behandeln BANNISTER[1] sowie auch W. J. MÜLLER[2].

Hierdurch wird eine einfache Methode geliefert, die beim Eintauchen eines Metalls in eine Flüssigkeit festzustellen gestattet, ob sich das Metall an den schwachen Stellen auszuheilen beginnt oder aber, ob der Angriff weiter fortschreitet. Ein im Laufe der Zeit ansteigendes Potential wird auf eine Ausheilung hindeuten, während ein mit der Zeit abfallendes Potential auf eine weitere

---

[1] BANNISTER, L. C. u. U. R. EVANS: J. chem. Soc. **1930**, 1363.

[2] MÜLLER, W. J.: Korr. Met. 8 (1932) 255; Z. Elektroch. 10 (1934) 122; s. auch K. KONIPICKY: Korr. Met. 5 (1929) Sonderheft, S. 35. — DUFFEK, V.: Korr. Met. 5 (1929) Sonderheft, S. 32.

Korrosion hinweist. Die Verwendung dieser Erscheinung durch MAY zum Aufzeigen des Selbstausheilungsvermögens von Aluminium-Messing nach lokaler Schädigung ist auf S. 262 besprochen worden. Später hat U. R. EVANS[1] Kurven angegeben, die die zeitliche Änderung des Potentials teilweise eingetauchter Platten von Eisen, Stahl, Zink und Aluminium aufzeigen. Bei der verwendeten Methode wurden auch die Schnittkanten exponiert. Weiterhin hat dann BANNISTER[2], um die Kanteneffekte auszuschließen, horizontale Bleche verwendet, die entsprechend der schematischen Darstellung in Abb. 84c (s. S. 666) auf Glaszylinder aufgekittet wurden. Neuerdings hat HOAR[3] eine vertikale Probenanordnung verwendet, wobei die Wasserlinie (manchmal auch die Kanten und die Rückseite) durch Wachs oder in anderer Weise geschützt wurde.

HOAR[4] hat ein Verfahren entwickelt, um den Anstieg oder Abfall des Potentials an einem einzelnen Punkt verfolgen zu können. Zu diesem Zweck wird ein abgetrennter Streifen von feuchtem Filterpapier mit der sonst trockenen Oberfläche in Kontakt gebracht und durch eine geeignete Zwischenlösung mit einer Normalelektrode verbunden. Die Ergebnisse lassen ein ständiges Abfallen des Potentials erkennen, sofern die Flüssigkeit korrosiver Natur ist; das Potential bleibt konstant oder steigt an, sofern die Passivität durch die Flüssigkeit begünstigt wird. Ein dazwischenliegender Fall ist gelegentlich beobachtet worden, so beispielsweise an Eisen, das in $1/5$ molarer Kaliumchromatlösung vorbehandelt und hierauf in $1/10$ molarem Kaliumsulfat geprüft wurde. In diesem Fall erfolgt ein plötzlicher Abfall, der manchmal von kleinen Anstiegen unterbrochen wird, was darauf hindeutet, daß die Passivität und Korrosion einander ziemlich das Gleichgewicht halten und daß die plötzlichen korrosiven Zusammenbrüche oftmals von allmählicher Ausheilung der Oberflächenschicht gefolgt sind. Ähnlich plötzliche Potentialabfälle und -anstiege treten ein, wenn das Chrom nicht in Form eines löslichen Chromats in der Flüssigkeit, sondern als eine Komponente in der metallischen Phase vorliegt, wie durch die Arbeiten an nichtrostenden Stählen gezeigt werden konnte, die BENEDICKS und SUNDBERG[5] sowie ferner MORGAN, DALSIMER und SMITH[6] durchgeführt haben.

Die elektrischen Meßanordnungen, die während der Untersuchung dieser Potentiale verwendet werden, erfordern sorgfältiges Studium. Es finden Stromkreise mit Thermionen-Ventilen Verwendung, weiterhin verdient das von COMPTON und HARING[7] angegebene Thermionen-Elektrometer Beachtung. Ein geeigneter Gitterkreis ist von HOAR[8] ausgebildet worden. Die Anordnung

---

[1] EVANS, U. R.: J. chem. Soc. **1929**, 105.

[2] BANNISTER, L. C. u. U. R. EVANS: J. chem. Soc. **1930**, 1361.

[3] HOAR, T. P.: Unveröffentlichte Arbeit.

[4] HOAR, T. P. u. U. R. EVANS: J. Iron. Steel Inst. **126** (1932) 379. Der „Filterpapierstreifen" ist von U. R. EVANS (J. chem. Soc. **1929**, 103) für einen anderen Zweck verwendet worden.   [5] BENEDICKS, C. u. R. SUNDBERG: J. Iron Steel Inst. **114** (1926) 210.

[6] MORGAN, R., P. D. DALSIMER u. N. SMITH: J. Franklin Inst. **219** (1935) 157.

[7] COMPTON, K. G. u. H. E. HARING: Trans. electrochem. Soc. **62** (1932) 345; s. auch F. MÜLLER u. W. DÜRICHEN: Z. Elektroch. **42** (1936) 31.

[8] HOAR, T. P.: Unveröffentlichte Arbeit. Hierdurch wird eine Verbesserung des von U. R. EVANS und T. P. HOAR [Pr. Roy. Soc. A **137** (1932) 348] beschriebenen Stromkreises erzielt. Die in dem Stromkreis auftretenden Widerstandswerte liegen günstig, wenn G ein Galvanometer mit dem Widerstand von 130 Ω (äußerer Widerstand bei kritischer Dämpfung 650 Ω) und der Empfindlichkeit von 0,25 Mikroamp./Skalenteil ist, und wenn ferner für L ein MALLARD-Ventil PM 2 verwendet wird.

in ihrer neuesten Form wird in Abb. 86 schematisch wiedergegeben. Die Messungen erfolgen in der folgenden Weise:

1. Befindet sich der Schalter S in der Position 1 (d. h. kontaktfrei), so werden P_1 und P_2 solange abgeglichen, bis kein Strom durch das Galvanometer G hindurchfließt.

2. Wird der Schalter S in die Position 2 gebracht, so fließt sofort ein Strom durch G. Nunmehr werden P_3 und P_4 solange verändert, bis G wiederum stromlos ist.

3. Wird S in die Position 3 und R in die Position 4 gebracht, so wird damit das Normalelement eingeschaltet; es ist nunmehr möglich, den Potentiometerdraht XY durch Variierung von P_5 zu eichen, bis das Meßinstrument G wiederum Null anzeigt.

4. Wird S in Position 3 belassen und R in Position 5 gebracht, so kann nunmehr die Probe, deren Potential bestimmt werden soll, gemessen werden. Es werden P_6 und P_7 solange abgeglichen, bis G wiederum Null anzeigt. Das abgegriffene Stück auf dem Potentiometerdraht XY ergibt dann die EK des Elementes, das durch die Calomelelektrode und die zur

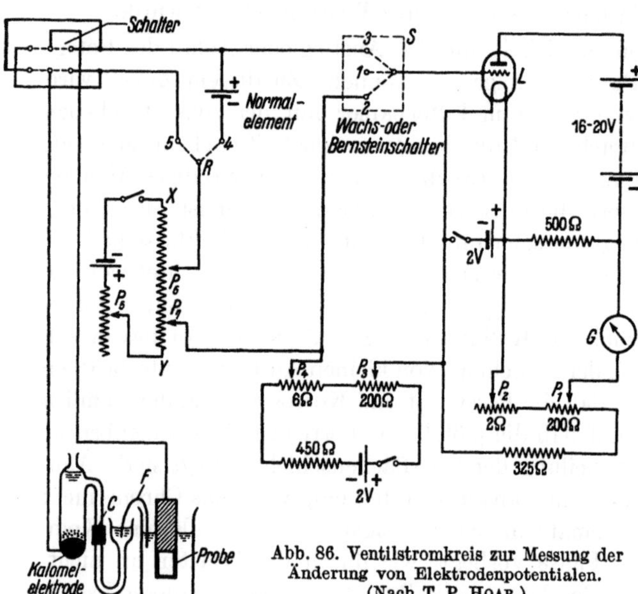

Abb. 86. Ventilstromkreis zur Messung der Änderung von Elektrodenpotentialen. (Nach T. P. HOAR.)

Untersuchung stehende Probe gebildet wird. Unter Berücksichtigung des Einzelpotentials der Calomelelektrode kann nunmehr das Potential an der Oberfläche der Versuchsprobe erhalten werden.

Die Verbindung zwischen dem die Probe enthaltenden Gefäß und dem U-förmigen, die Zwischenlösung enthaltenden Rohrteil, kann in geeigneter Weise durch einen Streifen Filterpapier F hergestellt werden. Die Gummiverbindung bei C gestattet, das von der Calomelelektrode kommende Rohr im Augenblick der Ablesung mit diesem U-förmigen Rohrteil zu verbinden. Es ist besonders zweckmäßig, eine *gesättigte Calomelelektrode* zu verwenden (d. h. Quecksilber in Kontakt mit gesättigtem Kaliumchlorid, das seinerseits mit Calomel gesättigt ist), da gesättigtes Kaliumchlorid für gewöhnlich als Zwischenflüssigkeit verwendet wird, um die Flüssigkeitsgrenzpotentiale herabzusetzen. Die gesättigte Calomelelektrode besitzt in der normalen Wasserstoffskala den Potentialwert von $+0{,}246$ V bei $20°$ und $+0{,}243$ V bei $25°$.

Eine Potential-Zeit-Kurve dient zur Unterscheidung zwischen der Neigung zur Korrosionsausbildung und der Neigung zur Korrosionshemmung. Sie gibt nicht notwendigerweise eine Vorstellung von der Korrosionsgeschwindigkeit. Abgesehen von Sonderfällen ist der Absolutwert des Potentiales ohne Bedeutung.

Interesse kommt lediglich der Frage zu, ob das Potential ansteigt oder abfällt. Wird die Potential-Zeit-Kurve sinnvoll interpretiert, so gibt sie eine wertvolle Auskunft, jedoch sollte man sie nicht für Zwecke heranziehen, für die sie nicht geeignet ist. Es ist von Interesse, die Potential-Zeit-Kurven der hochprozentig chromhaltigen Legierungsstähle miteinander zu vergleichen, von denen BANNISTER eine Reihe untersucht hat, sowie ferner die der Aluminiumlegierungen, mit denen sich v. ZEERLEDER und ZURBRUEGG[1] beschäftigt haben. Weitere Untersuchungen über die Potentialbewegung mit der Zeit sind an Eisen von LOCHTE und PAUL[2] durchgeführt worden, die zeigen konnten, daß der Potentialanstieg (Veredelung) in Alkalihydroxydlösung Sauerstoff erfordert. In Abwesenheit von Sauerstoff sinkt das Potential ebenso wie in neutraler Chloridlösung. Für Eisen in verschiedenen anderen Lösungsmitteln sind Kurven von TRAVERS und AUBERT[3] sowie von NEKRASSOW und seinen Mitarbeitern[4] veröffentlicht worden. Der Einfluß einer Vorbehandlung in Luft ist durch VAN WÜLLEN SCHOLTEN[5] sowie ferner durch McAULAY und BASTOW[6] untersucht worden, die dabei feststellen konnten, daß die Kurven, wie erwartet, in Richtung edlerer Potentialwerte verschoben erscheinen. Hingewiesen sei auf die bereits längere Zeit zurückliegenden Untersuchungen von HEYN und BAUER[7] sowie auf die neuere Untersuchung von COPENHAGEN[8] über Potentialschwankungen an Schiffen in Seewasser. Die interessanten oszillierenden Potentiale an Eisen in einem Gemisch von Schwefelsäure und Kaliumdichromat hat KARSCHULIN[9] zum Gegenstand seiner Untersuchungen gemacht. Kurven für Chromlegierungen hat BAIN[10], für nitrierte Stähle SATOH[11] aufgenommen. Einblicke in das Verhalten des Nickels nach verschiedenen Vorbehandlungen in Wasserstoff geben die Untersuchungen von HUNTZICKER und KAHLENBERG[12], während HOAR[13] Kurven für Zinn und dessen Legierungen erhalten hat. ENDO und KANAZAWA[14] haben das Verhalten von Aluminium in Kaliumchlorid untersucht. Das Potential fällt rasch in Stickstoff oder Kohlendioxyd, wird jedoch durch Sauerstoff unter Ausheilung des Oxydfilmes wieder veredelt. Eingehende Untersuchungen über die Potentialveränderungen bei Magnesium und dessen Legierungen verdanken wir KROENIG und PAWLOW[15]. Endlich haben BURNS und HARING[16] Potential-Zeit-Kurven zum Vergleich der Wirksamkeit verschiedener Pigmente aufgenommen. Die Ergebnisse stützen die bereits auf S. 632 ausgesprochene Ansicht, daß die

[1] v. ZEERLEDER, A. u. E. ZURBRUEGG: Congr. internat. Mines Métallurg. Géol. appl. VIe Session, Liège 1933.
[2] LOCHTE, H. L. u. R. E. PAUL: Trans. electrochem. Soc. **64** (1933) 169.
[3] TRAVERS, A. u. J. AUBERT: C. r. **192** (1931) 161.
[4] NEKRASSOW, N., I. STERN u. Z. GULANSKAJA: Z. Elektroch. **41** (1935) 2.
[5] VAN WÜLLEN SCHOLTEN, W.: Korr. Met. **4** (1928) 269.
[6] McAULAY, A. L. u. S. H. BASTOW: J. chem. Soc. **1929**, 88.
[7] HEYN, E. u. O. BAUER: Mitt. Materialpr. **26** (1908) 49, **28** (1910) 96.
[8] COPENHAGEN, W. J.: Trans. Roy. Soc. South Africa **22** (1934) 103.
[9] KARSCHULIN, M.: Z. Elektroch. **40** (1934) 174, 559.
[10] BAIN, E. C.: Chem. Ind. **10** (1932) 663.
[11] SATOH, S.: Techn. Publ. Am. Inst. min. met. Eng. **447** (1932).
[12] HUNTZICKER, H. N. u. L. KAHLENBERG: Trans. electrochem. Soc. **63** (1933) 359.
[13] HOAR, T. P.: J. Inst. Met. **55** (1934) 136.
[14] ENDO, H. u. S. KANAZAWA: Sci. Rep. Tôhoku **22** (1933) 537.
[15] KROENIG, W. O. u. S. E. PAWLOW: Korr. Met. **10** (1934) 256.
[16] BURNS, R. M. u. H. E. HARING: Trans. electrochem. Soc. **69** (1936) 169.

Mennige auf chemischem Wege einwirkt, indem sie das Eisen passiviert, während Eisenoxyd lediglich einen mechanischen Schutz bietet.

Wenngleich das Potential im allgemeinen keine Aussage über die Korrosions-*geschwindigkeit* zu machen gestattet, so ist das doch in Sonderfällen möglich. Die Verwendung von Potentialmessungen an Stelle von Geschwindigkeits-messungen ist von GUITTON[1] diskutiert worden. Im Falle der Korrosion des Stahles durch Citronensäure konnten HOAR und HAVENHAND[2] feststellen, daß durch den Potentialwert in grober Annäherung eine Vorstellung von der Korrosionsgeschwindigkeit vermittelt wird. Langsam lösliche Stähle, die entweder einen niedrigen Schwefelgehalt oder einen hohen Kupfergehalt besitzen, geben edlere Potentiale als rasch auflösbare Stähle. Dieses Verhalten kann zwanglos elektrochemisch erklärt werden, jedoch ist diese Beziehung nur unter der Annahme exakt, daß die Verunreinigungen die anodische und nicht die kathodische Reaktion beeinflussen, und daß sie nicht das Verhältnis der anodischen zu den kathodischen Bezirken verändern.

Eine ausgedehnte deutsche Untersuchung[3], die an α-Messing nach verschiedenen mechanischen Vorbehandlungen durchgeführt worden ist, läßt einen Parallelismus zwischen der Korrosionsgeschwindigkeit in Salzsäure und dem Elektrodenpotential in der gleichen Säure erkennen.

Weitere elektrochemische Methoden. FENWICK[4] hat den Potentialverlauf von Eisen oder Stahl, die in Dichromatlösung eingetaucht worden sind, bei allmählichem Zusatz von Kaliumchlorid oder Salzsäure aus einer Bürette untersucht. Der zum Hinüberwechseln des Potentiales aus einem passiven in einen aktiven Wert erforderliche Betrag an Chlorid ist ein Maß für die Widerstands-fähigkeit des Filmes. Es zeigt sich dabei, daß der Film auf abgeschrecktem hoch-kohlenstoffhaltigen Stahl weniger empfindlich ist, als der eines niedrig-gekohlten Stahles. Der Film auf einem 12%igen Chromstahl dagegen scheint in sehr verdünnter Dichromatlösung empfindlicher zu sein, wenn die Legierung vorher geglüht worden ist (was zu einer Carbidausscheidung führt), als wenn sie vorher keiner Wärmebehandlung unterworfen wird.

Das zum Zusammenbruch eines Filmes erforderliche Anodenpotential kann als ein Maß für die schützende Fähigkeit des Filmes angesprochen werden. Wie auf S. 21 ausgeführt worden ist, löst sich eine Anode aus gewöhnlichem Eisen oder Stahl in den meisten neutralen Salzlösungen rasch bei niedrigen Stromdichten und erfordert einen hohen Stromdichtewert, um passiv zu werden. Enthält das Eisen jedoch Chrom oder ist die verwendete Flüssigkeit chromat- oder alkalihaltig, so tritt Passivität bereits bei sehr niedriger Stromdichte ein. In einem derartigen Fall wird der Film, wenn die EK in einer mit einer derartigen Anode ausgerüsteten Zelle hinreichend hoch geworden ist, plötzlich zusammenbrechen, wobei das zu diesem Zusammenbruch erforderliche Anodenpotential ein geeignetes Maß für die Schutzfähigkeit des Filmes ist. Eine derartige Methode haben DONKER und DENGG[5] benutzt, um den von verschiedenen Alkalien

---

[1] GUITTON, L.: Application des Méthodes potentiométriques à l'étude et à la Prévision de la Corrosion des Alliages ferreux, Jean 1936.

[2] HOAR, T. P. u. D. HAVENHAND: J. Iron Steel Inst. **133** (1936) 249 P.

[3] Anonym in Korr. Met. **12** (1936) 26.

[4] FENWICK, F.: Ind. eng. Chem. **27** (1935) 1095.

[5] DONKER, H. J. u. R. A. DENGG: Korr. Met. **3** (1927) 219.

und Chromaten bei verschiedenen Konzentrationen in Gegenwart oder in Abwesenheit von Chloriden gegebenen Schutz miteinander zu vergleichen. Dieses Prinzip ist durch BRENNERT[1] mit Erfolg für den Vergleich von Legierungen vom nichtrostenden Stahltyp entwickelt worden, wobei er die in Abb. 87 schematisch angegebene Versuchsanordnung verwendete. Die Probe, deren Kanten mit Wachs abgedeckt worden sind, wird in einen Nivellierrahmen gebracht und dient als *Zwischenelektrode* für den Strom, der zwischen den in porösen Zellen installierten Elektroden (Kathode bzw. Anode) übergeht. Der mittlere Teil der wachsfreien Fläche verhält sich bei der Untersuchung als Anode, während der äußere Teil als Kathode wirkt. Diese Anordnung vermeidet in geschickter Weise eine praktische Schwierigkeit, die früher den Erfolg dieser Methoden begrenzt hatte, nämlich die Neigung des Filmes, dem anodischen Zusammenbruch an der Phasengrenze gegen die Maske zu unterliegen. Es ist klar, daß es zu dieser Störung nicht kommen kann, wenn die Grenze gegen die Wachsmaske in den kathodischen Flächenanteil fällt. Die an das Element angelegte EK wird allmählich erhöht; das örtliche Anodenpotential, das mit einem Ventil-Potentiometer gegen eine Calomelelektrode gemessen wird, steigt ständig mit dieser EK an, um plötzlich, sobald der Punkt des Zusammenbruches erreicht ist, wieder abzufallen.

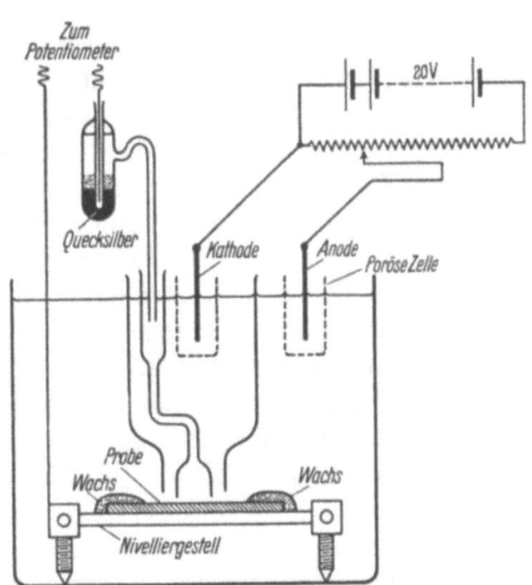

Abb. 87. Anordnung zur Bestimmung des Zusammenbruchpotentiales für Filme auf nichtrostendem Stahl und anderen Legierungen. (Nach S. BRENNERT.)

Der Potentialwert, bei dem dieses Phänomen bei verschiedenen Legierungen eintritt, ist ein geeignetes Maß für die relative Widerstandsfähigkeit des vorhandenen Oberflächenfilmes. Eine Reihe von Legierungen, die nach dieser Methode untersucht wurden, hat die gleiche Wertskala ergeben, die durch die Prüfung nach der modifizierten Methode der quadratischen Tropfen von MEARS und U. R. EVANS (s. S. 299) erhalten worden ist.

B. Fragen der Praxis.

1. Prüfverfahren.

Sinn technischer Korrosionsprüfungen. In der Praxis wird von einer Korrosionsprüfung verlangt, daß sie eine Entscheidung darüber herbeiführt, welches Material aus einer Vielzahl von Materialien oder welcher Schutz aus vielen schützenden Möglichkeiten bei irgendeiner Baulichkeit, einem Gefäß, einer Fabrikanlage oder einer Rohrleitung auszuwählen ist. Oftmals kann nur die Betriebserfahrung diese Frage beantworten, und selbst dann kann sie nicht mit völliger Gewißheit beantwortet werden, da dann, wenn ein Material sich in einer Anlage gut bewährt hat, noch nicht gesagt werden kann, ob es sich in

---

[1] BRENNERT, S.: Jernkontorets Ann. **1935**, 281.

einer anderen anscheinend ähnlichen Anlage gleich gut verhalten wird. Es ist einleuchtend, daß keine Laboratoriumsschnellprüfung eine Langzeitprüfung unter Berücksichtigung sämtlicher Betriebsbedingungen völlig ersetzen kann. Jeder Besitzer einer Werksanlage oder einer sonstigen Baulichkeit sollte sorgfältige Überwachungen hinsichtlich des Verhaltens seiner in Betrieb befindlichen Materialien vornehmen, insbesondere dann, wenn verschiedene Materialien für verschiedene Zwecke verwendet werden. Derartige Erfahrungen werden sich als wertvoll erweisen, wenn es im Laufe der Zeit erforderlich wird, Erweiterungen oder Erneuerungen im Betrieb in Angriff zu nehmen.

Feldprüfungen. Im Hinblick auf die Schwierigkeit, ad hoc Erkenntnisse aus Kurzzeitprüfungen im Hinblick auf den relativen Wert von Materialien zu gewinnen, kommt den ausgedehnten „Feldprüfungen", die jetzt in allen Teilen der Welt durchgeführt werden, besondere Bedeutung zu. Der Ausdruck *Feldprüfung* schließt nicht nur die Untersuchung von Proben ein, die der freien Atmosphäre ausgesetzt wurden, sondern auch die an irgendwelchen anderen Stellen isoliert exponierten Proben. Einige Fachleute wollen dieses Wort auch auf die Untersuchung loser Platten verschiedener Bleiarten angewendet wissen, die in der Bleikammer eines Säurewerkes exponiert werden bzw. auf Proben von verschiedenen Legierungen, die in Höhe der Halbgezeit am Pier zur Untersuchung angebracht werden.

Diese Feldprüfungen, die auf den S. 152, 157 und 625 besprochen worden sind, liefern Material nicht nur im Hinblick auf das relative Widerstandsvermögen verschiedener Metalle, sondern auch hinsichtlich des relativen Wertes verschiedener schützender Überzüge. Es muß dabei jedoch beachtet werden, daß isolierte Proben, die auf einem Gestell angebracht worden sind, damit Bedingungen unterworfen werden, die von denen abweichen, denen das gleiche Material, das einen integrierenden Teil einer Konstruktion ausmacht, unterliegt, sowie ferner, daß kleine Platten, die im Seewasser exponiert sind, mechanischen Beanspruchungen unterworfen sind, die von denen abweichen, denen das gleiche Material dann unterliegt, wenn es einen Schiffsteil bildet. Prüfungen, die an im Boden verlegten kurzen Rohrteilen mit engem Durchmesser vorgenommen werden, haben nach SCOTT[1] eine Wertskala geliefert, die von derjenigen unterschieden ist, die Rohrleitungen im Betriebe aufzeigen, da sie abweichenden Spannungsverhältnissen unterliegen.

Prüfungen an Teilen von Fabrikanlagen oder Konstruktionsteilen. Eine bessere Annäherung an die Betriebsbedingungen kann erzielt werden, wenn die zu prüfende Substanz zu einem *integrierenden Bestandteil* einer wirklichen Anlage oder von *Konstruktionen* gemacht wird. Dieses Verfahren eignet sich oftmals außerordentlich zum Vergleich *schützender Überzüge*. Werden verschiedene Teile der gleichen Brücke, des gleichen Tanks, Rohres oder Schiffes mit verschiedenen Materialien überzogen, so kann ein Vergleich unter Betriebsbedingungen vorgenommen werden. Es muß natürlich darauf geachtet werden, ob sämtliche *Konstruktionsteile* tatsächlich gleichberechtigt sind im Hinblick auf die Exposition gegenüber den korrosiven Agenzien. Es mag ratsam sein, jeweils zwei Flächen in beträchtlichem Abstand voneinander mit dem gleich zusammengesetzten Material zu überziehen.

---

[1] SCOTT, G. N.: Pr. Am. Petroleum Inst. Sect. IV **15** (1934) 30.

Die Verwendung eines Bauteiles zum Vergleich *verschiedener Materialien* ist weniger befriedigend, wenngleich auch nicht ohne Wert. Unähnliche, im Kontakt miteinander stehende Metalle üben mitunter eine elektrochemische Wirkung aufeinander aus. Ein Material, daß eine einzige Platte einer aus mehreren Materialien aufgebauten Konstruktion bildet, kann sich besser oder schlechter verhalten, als wenn die ganze Anlage aus diesem einen Material errichtet worden ist.

Forderung nach einem Kurzzeitverfahren. Das Ziel einer beschleunigt durchgeführten Laboratoriumsprüfung besteht darin, bereits nach kurzer Zeit eine Vorstellung von der relativen chemischen Widerstandsfähigkeit des Materials zu erhalten. Vor einigen Jahren schien fast jede Behandlung, die rasch zu Korrosion führte, als Prüfungsmethode geeignet. Dementsprechend stand das Eintauchen des Materials in Säure in hoher Gunst. Es wurde jedoch bald festgestellt, daß die Wertskala verschiedener in Säure geprüfter Materialien völlig verschieden war von derjenigen der gleichen, aber in neutraler Flüssigkeit oder in der Atmosphäre der Prüfung unterworfenen Materialien. Ein Zusatz von 13% Chrom zum Stahl, der den Angriff durch verdünnte Schwefelsäure oder Salzsäure erhöht, verringert wesentlich die Korrosion durch die meisten Wässer und die Atmosphäre[1]. Wie später gezeigt wird, kommt dem *Versprühen von Säure* eine erhebliche Bedeutung als Prüfmethode zu. Das *Eintauchen* in Säure ist dagegen lediglich bei solchen Materialien von Nutzen, die im Betrieb in Kontakt mit Säuren (in Gefäßen) gebracht werden.

Selbst heutzutage werden gewohnheitsgemäß gewisse Materialien in Flüssigkeiten geprüft, die von denen unterschieden sind, mit denen sie in der Praxis in Kontakt kommen. So besteht eine einfache und übliche Prüfung für Aluminiumlegierungen darin, das Material in eine Lösung von Natriumchlorid und Wasserstoffperoxyd zu bringen[2]; die so erhaltenen Ergebnisse werden in manchen Kreisen als verbindlich für das Betriebsverhalten angesprochen. In der Tat scheint diese Lösung eine falsche Vorstellung von dem relativen Wert verschiedener Materialien zu geben. So führt sie in manchen Fällen zu intergranularem Angriff an Stellen, an denen er im Betrieb niemals auftreten würde. Eine Kritik an dem Wasserstoffperoxyd als korrosionsbeschleunigendem Agens haben MEISSNER[3] sowie andere Autoren[4] vorgebracht.

Trugschlüsse aus der anodischen Prüfung. Eine metallische Probe kann sehr rasch korrodiert werden, wenn man sie in einem elektrolytischen Element unter Anlegung einer äußeren EK als Anode schaltet. Da viele Arten der Korrosion als elektrochemische Phänomene aufgefaßt werden, so war man zu einer gewissen Zeit der Ansicht, daß eine derartige *elektrochemische Prüfmethode*[5] wissenschaftlich

---

[1] In ähnlicher Weise hat K. DAEVES [Arch. Eisenhüttenwesen **9** (1935/1936) 37] festgestellt, daß Phosphor die Witterungsbeständigkeit von gekupferten Stählen verbessert, daß die Säuremethode dieser Tatsache gegenüber jedoch völlig versagt.

[2] MYLIUS, F.: Korr. Met. **1** (1925) 70.

[3] MEISSNER, K. L.: Ber. 3. Korrosionstagung, Berlin 1933, S. 76.

[4] Dieser Punkt ist ausführlich behandelt in Metallurgist **3** (1927) 16; siehe auch E. RACKWITZ u. E. K. O. SCHMIDT. Korr. Met. **2** (1926) 257. — SCHWINNING, W. u. H. JAHN: Korr. Met. **5** (1929) 49. — RÖHRIG, H. u. K. SCHÖNHERR: Korr. Met. **11** (1935) 136.

[5] BANCROFT, W. D.: Ind. eng. Chem. **17** (1925) 338. — ANDERSON, R. J. u. G. N. ENOS: Pr. Am. Soc. Test. Mat. **24** II (1924) 735. — THORNTON, W. M. u. J. A. HARLE: Trans. Faraday Soc. **21** (1925) 23, siehe die Kritiken im gleichen Band der Zeitschrift von

fundiert ist. Eine einfache Überlegung wird jedoch zeigen, daß die Methode in der im allgemeinen ausgeführten Form in der Tat unwissenschaftlich ist. Die der Prüfung zu unterwerfenden Materialien werden in einer Flüssigkeit der anodischen Behandlung ausgesetzt, wobei der gleiche, von einer äußeren Stromquelle gelieferte Strom während der gleichen Versuchszeit auf jede einzelne der zu untersuchenden Proben angewendet wird. Unter solchen Verhältnissen sagt das FARADAYsche Gesetz voraus, daß die Korrosion, soferne die Proben nicht passiv werden, dem Äquivalentgewicht eines jeden Metalles in groben Zügen proportional ist. Bei der sog. „natürlichen" Korrosion liefern die verschiedenen Metalle ihren Strom selbst, und zwar erzeugen einige mehr als andere und erleiden dementsprechend einen stärkeren Angriff. Werden sie nun alle dem gleichen von einer äußeren Stromquelle gelieferten Strom ausgesetzt, so werden sie alle auf die gleiche Norm gebracht und die Prüfung kann nichts aussagen über die Fähigkeit eines jeden Materials seinen eigenen Korrosionsstrom zu liefern. Infolgedessen müssen die Ergebnisse dieser so angestellten Prüfungen mit Notwendigkeit völlig von den im Feldversuch oder im Betrieb erzielten abweichen. So zeigen beispielsweise einige Ergebnisse der 1924 in Amerika veröffentlichten elektrolytischen Prüfungen fast die gleiche Korrosionsgeschwindigkeit für Ingoteisen wie für Nickel-Silber, Bronze oder Messing, die unter den üblichen Bedingungen das Eisen meist weit überleben werden. Bei der Prüfung der Widerstandsfähigkeit der Materialien gegenüber *vagabundierenden elektrischen Strömen* ist diese Prüfung nicht völlig zwecklos, insbesondere wenn der Wert einiger der geprüften Materialien von der Aufrechterhaltung der Passivität unter anodischen Bedingungen abhängig ist. Die Prüfung muß jedoch mit Materialien ausgeführt werden, die in entsprechende Proben desjenigen Bodens oder desjenigen Wassers, die das Material im Betrieb umgeben, eingebettet sind; ferner muß die angewendete Stromdichte der in der Praxis zu erwartenden ähnlich sein.

Weitere elektrochemische Prüfverfahren. Die von TÖDT[1] entwickelte Methode beruht auf einer anderen Grundlage. In diesem Fall wird die Probe des betreffenden Materials in die Flüssigkeit gebracht, von der angenommen wird, daß das Material ihr im Betrieb zu widerstehen hat. Weiterhin wird eine Platinelektrode in die gleiche Flüssigkeit eingetaucht, die mit der Probe über ein Ampèremeter verbunden ist. Der abgelesene Strom wird als Äquivalent der korrosiven Fähigkeit der Flüssigkeit gegenüber dem Metall betrachtet. In diesem Fall entwickelt das Metall seinen eigenen Strom. Die Methode ist der Kritik unterworfen worden, weil der Strom, sofern die Kathode aus Platin besteht, nicht notwendigerweise in irgendeiner einfachen Beziehung zu demjenigen Strom steht, der dann auftritt, wenn die Kathode ein Teil des Metalles selbst ist. Diesem Einwand liegt eine gewisse Berechtigung zugrunde und die Methode erfordert, wenn sie zum Vergleich der Korrosionsneigung verschiedener Materialien herangezogen wird, gewisse Vorsicht. Die von RAUCH und KOLB[2]

W. H. J. VERNON, S. 32, A. J. ALLMAND, S. 32, U. R. EVANS, S. 33; vgl. W. BLUM u. H. S. RAWDON [Trans. electrochem. Soc. **52** (1927) 403], deren Vorschlag für eine Methode auf einem abweichenden Prinzip beruht.

[1] TÖDT, F.: Z. Elektroch. **34** (1928) 586, 591, 853, **40** (1934) 536; Z. Vereins Deutsch. Zucker-Ind. **79** (1929) techn. Teil, S. 1, 680; s. auch L. KÖHLER: Ch.-Ztg. **53** (1929) 567. — E. SCHUMANN [Ber. 3. Korrosionstagung, Berlin 1933, S. 52] hat das TÖDTsche Verfahren auf die Tropfenkorrosion übertragen.

[2] RAUCH, A. u. H. KOLB: Korr. Met. **6** (1930) 198.

erhaltenen Ergebnisse zeigen, daß sie für Kupfer und Aluminiumbronze nicht geeignet ist. Sie ist von TÖDT jedoch hauptsächlich zur Kontrolle der Behandlung von korrosivem Wasser mit einem Inhibitor oder Sauerstoffabsorbens entwickelt worden. Diese Kontrolle erweist sich oftmals als schwierig, da der Betrag an Inhibitormenge von den Mengen an Chlorid, Sulfat sowie anderen Konstituenten im Wasser abhängig ist. Der erzeugte Strom soll in dem Maße abfallen, in dem sich die korrosiven Eigenschaften des Wassers vermindern. Die TÖDTsche Methodik ist in derartigen Fällen von wirklichem Nutzen. Natürlich ist bei dem Anbringen dieser Anordnung in irgendeinem Werk zuerst eine Eichung gegenüber den Betriebsbedingungen erforderlich, um sicherzustellen, unter welchen Strombedingungen das Wasser als nicht korrosiv betrachtet werden kann. Die Methode ist von GOLLNOW[1] auf den Vergleich des gleichen Metalles bei verschiedenen Oberflächenbedingungen übertragen worden.

Es ist wahrscheinlich, daß sich die Methode von BRENNERT (s. S. 681), die auf der Messung des Zusammenbruchpotentials beruht, für Legierungen der Gruppe der nichtrostenden Stähle als nützlich erweist. Die Methode der quadratischen Tropfen (s. S. 299) ist mit gewissen Modifizierungen zum Vergleich von Aluminiumlegierungen praktisch in Gebrauch. Diese Methoden gestatten eine Aussage hinsichtlich der Widerstandsfähigkeit von Filmen gegenüber dem Zusammenbruch zu machen.

Anforderungen an eine brauchbare Laboratoriumsprüfmethode. Für eine Laboratoriumsprüfung, die das beste Material für einen bestimmten Zweck erkennen lassen soll, ist es wichtig, die Betriebsbedingungen in vereinfachter Form zu realisieren, um so die bestmögliche Kontrolle durchzuführen. Es ist wichtig, daß die Bedingungen, wie Temperatur, Rühren usw., zu einer gegebenen Zeit für sämtliche untersuchten Materialien die gleichen sind, und sie sollten, wenn irgend möglich, denen möglichst ähnlich sein, die im Betrieb vorherrschen. Aus diesem Grunde müssen die Betriebsbedingungen in jeglicher Hinsicht so sorgfältig wie möglich studiert werden. Kann im Betrieb ein Kontakt mit anderen Materialien, metallischen oder nichtmetallischen, eintreten, so wird es gut sein, auch diesen Faktor in die Prüfung mit einzubeziehen. Liegt das Metall in der Praxis völlig eingetaucht vor, so sollte auch bei der Prüfung eine völlig eingetauchte Probe verwendet werden. Ist dagegen im Betrieb mit einem teilweise eingetauchten Material zu rechnen, so sollte auch die Prüfung mit teilweise eingetauchter Probe vorgenommen werden, was oftmals eine schwerere Prüfung ist, da viele der widerstandsfähigen Legierungen, deren Widerstandsfähigkeit von dem Vorhandensein eines Filmes abhängt, zu einem Zusammenbruch der schützenden Schicht längs der Wasserlinie neigen. Sieht der Betrieb eine intermittierende Befeuchtung vor, so muß auch die Prüfung bei intermittierendem Eintauchen durchgeführt werden, wie RAWDON, KRYNITSKY und FINKELDEY[2], FARNSWORTH und HOCKER[3], FINK und DeCROLY[4] u. a. beschrieben haben. Nach PORTEVIN und HERZOG[5] werden die Ergebnisse in diesem Fall

---

[1] GOLLNOW, G.: Ch.-Ztg. 54 (1930) 110; Chem. Fabrik 4 (1931) 326, 335, 341.

[2] RAWDON, H. S., A. I. KRYNITSKY u. W. H. FINKELDEY: Pr. Am. Soc. Test. Mat. 24 II (1924) 723.

[3] FARNSWORTH, F. F. u. C. D. HOCKER: Trans. electrochem. Soc. 45 (1924) 281.

[4] FINK, C. G. u. C. M. DeCROLY: Trans. electrochem. Soc. 56 (1929) 244.

[5] PORTEVIN, A. u. E. HERZOG: C. r. 199 (1934) 789; s. auch F. EISENSTECKEN u. E. KESTING: Ber. 5. Korrosionstagung, Berlin 1935, S. 48.

durch die Feuchtigkeit der Luft sowie die zeitliche Länge der „feuchten" und „trockenen" Methoden beeinflußt. Bei der intermittierenden Prüfung können die Proben bei Verwendung eines drehbaren Rahmens mechanisch aus der Flüssigkeit herausgehoben und in diese wieder hineingesenkt werden. Die Probe kann aber auch in einem Gefäß befestigt und das Flüssigkeitsniveau abwechselnd gehoben und gesenkt werden — ein Verfahren, das möglicherweise zu geringeren Störungen führt[1].

In den Fällen, in denen die Korrosion während des Betriebes durch das Auftreffen von Luftblasen auf das Metall ausgelöst wird, kann die von BENGOUGH und MAY[2] zur Prüfung von Kondensatorrohren beschriebene Anordnung verwendet werden. Ein Wasserstrahl, der eingeschlossene Luft mit sich führt, wird mit einer Geschwindigkeit von etwa 3 m/sec senkrecht auf die zu prüfende Metalloberfläche aufprallen gelassen, wobei die Prüfung gewöhnlich über einen Monat ausgedehnt wird. Dieses Verfahren hat sich bei der Instandhaltung und der Verbesserung der Qualität von Röhren als nützlich erwiesen. Nach TURNER[3] scheinen die Röhrenfabrikanten jetzt zu besseren Ergebnissen als früher zu gelangen, so daß man wohl noch eine beachtliche Entwicklung erwarten darf.

Die Flüssigkeit oder der Boden, die für irgendeine Prüfung benutzt werden, sollten stets die gleichen sein, die während des Betriebes mit dem Metall in Kontakt stehen. Es ist erforderlich, die Proben mit Sorgfalt auszuwählen, reine Gefäße zu benutzen und eine geeignete Wahl der Zeit und des Versuchsplatzes vorzunehmen. So kann beispielsweise Seewasser in der Prüfung nicht durch eine Natriumchloridlösung ersetzt werden, wie einige Experimentatoren angenommen haben, da die anderen Konstituenten des Seewassers, sowohl anorganischer wie organischer Natur, den Angriff auf das empfindlichste beeinflussen. In einigen Fällen[4] weicht das in Seewasser entstehende Korrosionsprodukt selbst dem Aussehen nach von dem in einer Natriumchloridlösung erhaltenen ab. Weiterhin sind deutliche Unterschiede in der Angriffsverteilung, namentlich bei angestrichenem Stahl, in diesen beiden Flüssigkeiten festgestellt worden. In manchen Fällen ruft Seewasser einen stärkeren Angriff und manchmal einen geringeren als eine Natriumchloridlösung hervor. Der von WHITBY[5] vorgenommene Versuch der Herstellung eines brauchbaren *synthetischen* Seewassers ist von besonderem Interesse, da er die Konstituenten zeitlich einzeln zusetzt; zum Schluß hat er dann eine Mischung von Natrium- und Magnesiumchlorid mit Magnesium-, Calcium- und Kaliumsulfat. Für die Korrosion des Magnesiums hat er mit dieser Flüssigkeit Kurven erhalten, die sehr nahe an diejenigen herankamen, die durch wirkliches Seewasser erhalten werden. Trotz dieses offenbaren Erfolges wird es noch für besser gehalten, zumindest für die meisten Metalle natürliches Seewasser zu verwenden. Bei der Beschaffung von Seewasser für eine Prüfung sollte jedoch nicht außer acht gelassen werden, daß

---

[1] Ein Verfahren zum Heben und Senken der Proben, das für kleinere Werklaboratorien geeignet ist, beschreibt F. BAINBRIDGE [J. Iron Steel Inst. **129** (1934) 366].

[2] BENGOUGH, G. D. u. R. MAY: J. Inst. Met. **32** (1924) 136.

[3] TURNER, T. H.: Sheffield met. Assoc. 27. November 1928.

[4] EVANS, U. R. u. S. C. BRITTON: Rep. Corrosion Comm. Iron Steel Inst. 1 (1931) 147; s. auch E. HERZOG u. G. CHAUDRON: Rev. Mét. **31** (1934) 560.

[5] WHITBY, L.: Trans. Faraday Soc. **29** (1933) 527; vgl. J. LAISSUS: Métaux **9** (1934) 538. — R. LEGENDRE: Métaux **9** (1934) 486.

seine Zusammensetzung und Konzentration an den verschiedenen Stellen und in verschiedenen Tiefen verschieden ist. In den meisten Häfen und Buchten ist die See überdies verschmutzt, wobei auf die Gegenwart oder Abwesenheit von Bakterien zu achten ist, die befähigt sind, Sulfate in Sulfide zu reduzieren, die die Korrosionsfähigkeit wesentlich beeinflussen.

Es ist einleuchtend, daß für fast alle Betriebsbedingungen getrennte Prüfmethoden erforderlich sind, und daß jeglicher Versuch, eine Standardprüfung festzulegen, die die Wertskala der Materialien über weite Bereiche der Betriebsbedingungen geben will, zum Scheitern verurteilt ist. Es ist eine allgemeine Erfahrung, daß sich die Wertskala einer Reihe von Materialien mit den Bedingungen der Praxis ändert. So wird Zink unter gewissen Bedingungen weniger rasch als Eisen korrodiert, während es unter anderen Bedingungen wesentlich rascher als dieses angegriffen wird. Eine einzige Prüfung kann nur *eine* Wertskala liefern, und es ist klar, daß sie deshalb unter gewissen Bedingungen zu falschen Ergebnissen führen *muß*.

Sprühmethode. Trotz der Begrenzungen der Standardmethoden gibt es ein Verfahren, das eine weite Anwendungsmöglichkeit besitzt und das bei sinnvoller Anwendung von wirklichem Wert ist. Das ist das Sprühverfahren. Wenngleich dieses Verfahren auch hauptsächlich für die Prüfung schützender Überzüge (insbesondere von Zinküberzügen auf Eisen) verwendet wird, so hat es doch auch für den Vergleich verschiedener Materialien Bedeutung gewonnen. Eine Ausführungsform beschreiben RAWDON, GROSSMAN und FINN[1], jedoch ändern sich gewisse Einzelheiten der Durchführungsform von Werk zu Werk. Im allgemeinen werden die Proben in einem Raum aufgehängt, der einen feinen Sprühregen von Salzwassertröpfchen enthält, die durch einen Atomiseur erzeugt werden. Die kontinuierliche Sprühprobe ist zum Vergleich verschiedener Nichteisenlegierungen benutzt worden, jedoch hat QUICK[2] festgestellt, daß die Ergebnisse nur schlecht mit den im Feldversuch erhaltenen übereinstimmen.

In manchen Fällen wird die Sprühprobe mit anderen Salzlösungen, wie beispielsweise Ammoniumchlorid, oder aber mit verdünnter Säure, die MOUGEY[3] bevorzugt, durchgeführt. Hierin ist eine Verbesserung zu erblicken, wenn der Widerstand verschiedener Eisen- oder Stahltypen in einer gewöhnlichen Industrie- oder Stadtatmosphäre verglichen werden soll, da der Regen in derartigen Gebieten oftmals als hochgradig verdünnte Schwefelsäure anzusprechen ist. In der Prüfung kann die Säure in sehr viel höherer Konzentration zur Anwendung kommen als das im Regen der Fall ist, vorausgesetzt, daß der Sprühnebel hinreichend fein ist. Der Einwand gegen das *Eintauchen* in Säure geht dahin, daß es hierbei zu einer Korrosion vom Wasserstoffentwicklungstyp kommt und daß die Wertskala verschiedener eisenhaltiger Materialien natürlich völlig verschieden ist von der der Korrosion nach dem Sauerstoffabsorptionstyp. Je kleiner der Tropfen jedoch ist, um so höher kann die Konzentration der Säure sein, die zugelassen werden kann, ohne daß die Korrosion von einem Angriffstyp in den anderen hinüberwechselt. Infolgedessen können in einem feinen Sprühstrahl vergleichsweise starke Säuren verwendet werden, ohne ernstere Gefahr zu laufen, daß die Wertskala wesentlich verfälscht werden wird. Die

---

[1] RAWDON, H. S., M. A. GROSSMAN u. A. N. FINN: Chem. met. Eng. **20** (1919) 462.

[2] QUICK, G. W.: Bur. Stand. J. Res. **14** (1935) 775.

[3] MOUGEY, H. C.: Trans. electrochem. Soc. **58** (1930) 93.

erhöhte Konzentration kürzt die für die Prüfung erforderliche Zeitdauer ab. Um die richtige Größe der zu versprühenden Partikeln zu erhalten, schlagen PORTEVIN und HERZOG[1] vor, den Sprühstrahl durch ein metallisches Sieb zu schicken.

Vorteile des intermittierenden Sprühverfahrens. Die kontinuierliche Sprühprobe unterliegt in ihrer normalen Ausführungsform einem ernsten Einwand. Bei der Exposition an der Außenatmosphäre trocknet die metallische Oberfläche immer wieder, so daß die Eintrocknung des Korrosionsproduktes den weiteren Angriff beeinflussen muß. In der gewöhnlichen Sprühkammer bleiben die Proben dagegen ununterbrochen feucht. Es ist jedoch leicht, eine Anordnung in der von SUTTON[2] empfohlenen Weise für einen intermittierenden Sprühvorgang zu schaffen. Die Proben sollen hiernach in Intervallen (ein-, zwei- oder dreimal je Tag) besprüht und in der übrigen Zeit zum Trocknen aufgehängt werden. BRITTON[3] hat die intermittierende Sprühprüfung unter Benutzung von 11 verschiedenen Materialien (überwiegend eisenhaltiges Material) und 12 verschiedenen zu versprühenden Flüssigkeiten untersucht. Dabei hat es sich herausgestellt, daß nahezu sämtliche Flüssigkeiten gegenüber den verschiedenen Materialien praktisch die gleiche Wertskala liefern, die gut mit der Reihenfolge der Materialien übereinstimmt, die bei der Außenexposition beim natürlichen Korrosionsvorgang in Cambridge festgestellt wurde. Es wurden folgende 12 Flüssigkeiten verwendet:

(1) (2) und (3) $^1/_{10}$, $^1/_{100}$ bzw. $^1/_{1000}$ n-schweflige Säure.

(4) (5) und (6) $^1/_{10}$, $^1/_{100}$ bzw. $^1/_{1000}$ n-Schwefelsäure.

(7) Seewasser.

(8) 3,5%ige Natriumchloridlösung.

(9) Destilliertes Wasser.

(10) Gemischte Salzlösung (Lösung mit 4 g Natriumchlorid und 16 g Ammoniumsulfat).

(11) Gemischte Salzlösung; Konzentration $^1/_{10}$ der Lösung (10).

(12) Gemischte Salzlösung; Konzentration $^1/_{100}$ der Lösung (10).

Die gemischte Salzlösung wurde von HUDSON vorgeschlagen und enthält die vier in der größten Menge in der gewöhnlichen Atmosphäre vorkommenden Ionen.

HUDSON[4] selbst hat in Birmingham intermittierende Sprühprüfungen durchgeführt und gute Übereinstimmung mit Feldversuchen festgestellt. HATFIELD und SHIRLEY[5], die eine größere Anzahl von Materialien in Sheffield (unter Benutzung gewisser nützlicher mechanischer Hilfen) untersucht haben, fanden weniger gute Übereinstimmung. In diesem Fall schien die Salzsprühprobe die im Außenversuch erhaltene Wertskala etwas besser als der Säuresprühversuch wiederzugeben, was damit zusammenhängen kann, daß der Regen in Sheffield einen hohen Chloridgehalt besitzt, was wahrscheinlich auf die Beizanlagen zurückzuführen ist (2- bis 3facher Betrag gegenüber dem Regen in Woolwich)[6]. Alle diese Prüfungen (durch BRITTON, HUDSON, HATFIELD und

[1] PORTEVIN, A. u. E. HERZOG: C. r. **199** (1934) 790.

[2] SUTTON, H.: J. Electrodepositers' Soc. **7** (1932) 93. — BRAUND, B. K. u. H. SUTTON: Trans. Faraday Soc. **31** (1935) 1597.

[3] EVANS, U. R. u. S. C. BRITTON: Rep. Corrosion Comm. Iron Steel Inst. **1** (1931) 139.

[4] HUDSON, J. C.: Rep. Corrosion Comm. Iron Steel Inst. **1** (1931) 211.

[5] HATFIELD, W. H. u. H. T. SHIRLEY: Rep. Corrosion Comm. Iron Steel Inst. **1** (1931) 156.   [6] HUDSON, J. C.: Rep. Corrosion Comm. Iron Steel Inst. **3** (1935) 47.

SHIRLEY) wurden gravimetrisch durchgeführt. Entweder wurde die Gewichtszunahme oder der Gewichtsverlust (nach dem Reinigen) als Kriterium für den aufgetretenen Schaden gewählt.

Eine wesentliche Verbesserung in der Durchführung des intermittierenden Sprühversuches hat SCHROEDER[1] erzielt, der seine Proben auf einem sich langsam bewegenden endlosen Band aufgebracht hat, so daß sie im Zyklus einer Sprühanlage, einer Lampe (zum Trocknen des Korrosionsproduktes) und — in einer Ausführungsform — einer Brause ausgesetzt werden. Dabei ist es nach SCHROEDER möglich, die Zeit zwischen den Sprühperioden wesentlich abzukürzen, ohne dadurch die Zuverlässigkeit der Prüfung zu beeinflussen. Ein Intervall von nur 5 min erscheint gerechtfertigt. Die innerhalb von 24 Stunden in der Versuchsanordnung erhaltene Wertskala stimmt genau mit derjenigen überein, die bei einer über einen Monat erstreckten Exposition an der Londoner Außenatmosphäre erhalten wurde; sie ist ziemlich gut mit der nach einjähriger Expositionszeit erzielten in Einklang.

Diese Ergebnisse sind in gewisser Hinsicht hoffnungsvoll, jedoch wird das Verfahren des intermittierenden Sprühens wahrscheinlich noch weitere Verbesserungen erfordern, ehe es als zuverlässig genug angesprochen werden kann, um für eine Reihe von Materialien die richtige Wertskala festzulegen. Prüfungen, die in neuerer Zeit an Materialien durchgeführt worden sind[2], die nur leicht untereinander in ihrem Korrosionswiderstand abweichen, sind wenig ermutigend. Die Ergebnisse lassen erkennen, daß die intermittierende Sprühprobe nur eine schlechte Vorstellung von der Wertskala gibt, die in einem Dauerversuch im Feld erhalten wird. $^1/_{100}$ n-Schwefelsäure hat sich als besser als die gemischte Salzlösung erwiesen. Die Ergebnisse eines kurzzeitigen Feldversuches stimmen besser mit dem Langzeit-Feldversuch als mit irgendeiner Sprühprobe überein.

Weitere Intensivprüfungen an der Atmosphäre. Es sind Versuche zur Nachahmung der atmosphärischen Korrosion in intensivierter Form durch Exponieren der Proben in einem Gefäß unternommen worden, auf dessen Boden sich eine gewisse Menge von verdampfender Säure befindet. BRITTON[3] hat jedoch festgestellt, daß die Wertskala von Proben, die über schwefliger Säure angebracht worden waren, wenig Beziehung zu der Wertfolge der gleichen Proben hatten, die an der Außenatmosphäre exponiert worden waren. Einen ähnlichen Mangel an Übereinstimmung hat EISENKOLB[4] bei seiner Exposition von Proben über Salzsäure und/oder Salpetersäure festgestellt.

Kriterien für den Korrosionsverlauf. Mehrere der für den Fortschritt des Angriffes auf den S. 668 bis 676 angeführten Kriterien werden auch bei der industriellen Korrosionsprüfung verwendet. Das dabei ausgewählte Kriterium wird durch die Art der Verwendung des Metalls im Betrieb vorgeschrieben. Handelt es sich um einen Draht zur Leitung der Elektrizität, so wird die Abnahme der Leitfähigkeit ein Maß für den fortschreitenden Angriff bilden. Handelt es sich dagegen um irgendein Glied einer Konstruktion, die einer Wechsel-

---

[1] SCHROEDER, W. A. W.: Rep. Corrosion Comm. Iron Steel Inst. 2 (1934) 185.

[2] HATFIELD, W. H., H. T. SHIRLEY, T. SWINDEN, W. W. STEVENSON, J. C. HUDSON u. T. A. BANFIELD: Rep. Corrosion Comm. Iron Steel Inst. 4 (1936) 159.

[3] EVANS, U. R. u. S. C. BRITTON: Rep. Corrosion Comm. Iron Steel Inst. 1 (1931) 141, 155.   [4] EISENKOLB, F.: Korr. Met. 11 (1935) 158.

beanspruchung unterworfen ist, so wird die Abnahme der Ermüdungsfestigkeit das geeignete Kriterium bilden. Die Verwendung des Gewichtsverlustes oder der Gewichtszunahme als Maß für den aufgetretenen Korrosionsschaden ist sehr üblich, ist jedoch ungeeignet für Materialien, die zur Pittingbildung neigen. In derartigen Fällen wird die größte Pittingtiefe und die zur Durchlöcherung einer Platte gegebener Dicke erforderliche Zeit oftmals als Maß für die Korrosion verwendet werden. Es ist klar, daß die Probenfläche in diesem Fall für sämtliche dem Vergleich unterworfenen Materialien gleich sein muß. Zwischen den Ergebnissen doppelter Proben muß bei derartigen Methoden naturgemäß eine erhebliche Streuung erwartet werden.

In manchen Kreisen wird Vertrauen in die Bestimmung der durch die Korrosion hervorgerufenen Abnahme der Zugfestigkeit gesetzt, jedoch muß auch dieses Kriterium mit Vorsicht herangezogen werden. Die ziemlich alarmierenden Daten, die für die Abnahme der Festigkeit dünner Proben von Aluminium und seinen Legierungen erhalten wurden, geben eine sehr übersteigerte Vorstellung von dem wirklichen Schaden. Dix[1] hat demgegenüber gezeigt, daß die Korrosion bei Legierungen des Duralumin-Typs bis zu einer gewissen Tiefe eindringt und dann zum Stillstand kommt. Infolgedessen kann der Festigkeitsverlust sehr rasch zu sehr ernsten Ergebnissen an sehr dünnen Prüfstücken führen, während er an dickeren Stücken, wie sie im Betrieb verwendet werden, gering ist, da die veränderte Schicht, die sich nicht tiefer als in einem dünnen Prüfstück erstreckt, praktisch ohne Einfluß ist. Die von Dix durchgeführte Prüfung hat ergeben, daß Proben einer Dicke von mehr als 5 mm selbst nach ausgedehnter Exposition unter sehr schweren Korrosionsbedingungen einen nur bedeutungslosen Festigkeitsverlust erleiden. Eine wesentliche Erkenntnis, die aus diesen Prüfungen gewonnen worden ist, besteht darin, daß die Abnahmen an Zugfestigkeit und Dehnung — bei vielen Legierungen — nach 3 Jahren weitgehendst die gleichen wie nach 1 Jahr sind, ein Beweis dafür, daß die Zerstörung automatisch zum Abstoppen gekommen ist.

Drähte sind wiederholt Gegenstand der Untersuchung gewesen. In den von Hudson[2] durchgeführten Untersuchungen (s. S. 156) wurde die Abnahme der Festigkeit für ein Zeitintervall von 5 Jahren ermittelt. Die Abnahme der elektrischen Leitfähigkeit ist im Außenversuch von Hudson[3], Wilson[4] u. a., im Laboratorium durch Burns und Campbell[5] (für Bleidraht in sauren Dämpfen verschiedener Hölzer) und durch Gould[6] (für Eisendraht) ermittelt worden.

2. Prüfung metallischer Überzüge.

Allgemeines. Für die Prüfung schützender Überzüge auf Metall sind viele Sondermethoden entwickelt worden. Nach Borgmann[7] sind die gestellten Anforderungen in zwei Gruppen einzuteilen: Prüfungen, die für den Handel

---

[1] Dix, E. H.: Pr. Am. Soc. Test. Mat. **33** II (1933) 405; außerdem private Mitteilung vom 26. Oktober 1935.

[2] Hudson, J. C.: J. Inst. Met. **56** (1935) 91; Pr. phys. Soc. **40** (1928) 107.

[3] Hudson, J. C.: Trans. Faraday Soc. **25** (1929) 211.

[4] Wilson, E.: J. Inst. electr. Eng. **63** (1925) 1108; Pr. phys. Soc. **39** (1926) 15; Trans. Faraday Soc. **25** (1929) 496.

[5] Burns, R. M. u. W. E. Campbell: Trans. electrochem. Soc. **55** (1929) 271.

[6] Gould, A. J.: Engineering **138** (1934) 79.

[7] Borgmann, C. W.: J. Electrodepositers' Soc. **8** (1933) Nr. 4.

geeignet sind, die einfach sein müssen und das Material nicht angreifen dürfen (zur Zeit gehen sie kaum über eine bloße Durchsicht des Materials hinaus) sowie Laboratoriumsprüfungen.

In Fällen, in denen sich die Herstellung plattierter oder überzogener Gegenstände einer Massenherstellung nähert, ist es üblich, eine gewisse Anzahl von Gegenständen aus der Menge herauszunehmen und sie vorsichtig zu prüfen, um festzustellen, ob sie den gestellten Ansprüchen genügen. Naturgemäß ist es vorteilhaft, so wenig wie irgend möglich für diesen Prüfzweck zu opfern; andererseits steigt jedoch die Sicherheit, daß das Material hinreichend den Ansprüchen genügt, mit der Zahl der untersuchten Proben. Die Berechnung der Probengröße, die zur Sicherstellung eines gewünschten Grades von Gewißheit hinsichtlich des Materials erforderlich ist, behandelt MEARS[1].

Die Frage der Prüfung elektrolytisch überzogener Gegenstände ist von BANNISTER[2] behandelt worden, demzufolge die Qualität durch das Aussehen, die Zusammensetzung, die Dicke, die Adhäsion, die inneren Spannungen, die Härte, den Abnutzungswiderstand sowie die Struktur des Überzuges beeinflußt wird. Er lenkt weiterhin die Aufmerksamkeit auf die Möglichkeit, die Prüfung unter Betriebsbedingungen vorzunehmen. Für nickelplattierte, in Wollstoff eingenähte Messinggegenstände ist der Hauptgrund für das Auftreten von Anlauffarben in dem aus der Wollbleiche herrührenden Schwefeldioxyd zu erblicken. Die erforderliche Feuchtigkeitsatmosphäre mit dem nötigen Gehalt an Schwefeldioxyd kann synthetisch im Prüflaboratorium hergestellt werden. Er stellt auch in geeigneter Form die verschiedenen Verfahren zur Prüfung der Härte, des Abnutzungswiderstandes und des Adhäsionsvermögens zusammen. Eine neue Methode zur Prüfung der Dehnbarkeit und der Haftfestigkeit von Nickelniederschlägen beschreibt ROMANOFF[3].

Messung der Dicke eines Überzuges. Zur Bestimmung der Dicke eines Nickelniederschlages entfernt MEARS[4] den Niederschlag durch anodische Behandlung in 20%iger Natriumcyanidlösung unter Bedingungen, bei denen die Eisenbasis passiv bleibt, das Nickel jedoch gelöst wird. Sollte das Nickel passiv werden, so wird der Strom zeitweilig zur Wiederherstellung der Aktivität umgekehrt, und der anodische Angriff mit $^2/_3$ der früheren Stromdichte fortgeführt. Ist das gesamte Nickel entfernt, so gibt die Gewichtsabnahme das Gewicht des Überzuges. Ein Kupferüberzug kann mittels Natriumpolysulfid in Kupfersulfid übergeführt und dieses dann in Kaliumcyanidlösung aufgelöst werden. Der Gewichtsverlust gibt die Kupfermenge an.

Eine Schnellmethode zur Messung der Dicke von Zinnüberzügen hat CLARKE[5] beschrieben; sie beruht auf der Auflösung des Zinns und (sofern sie vorhanden ist) der Zinn-Eisen-Legierung in Salzsäure, die Antimonchlorid enthält, wodurch der Angriff auf die Eisenbasis verhindert wird. Zur Messung von Zinnüberzügen auf Kupferdraht lösen SCHÜRMANN und BLUMENTHAL[6] das Zinn in Eisen(III)-

[1] MEARS, R. B.: J. Electrodepositers' Soc. **9** (1934) 50.

[2] BANNISTER, L. C.: J. Electrodepositers' Soc. **10** (1935) 97.

[3] ROMANOFF, F. P.: Trans. electrochem. Soc. **65** (1934) 385.

[4] MEARS, R. B.: J. Electrodepositers' Soc. **9** (1934) 55.

[5] CLARKE, S. G.: Analyst **59** (1934) 525; Trans. electrochem. Soc. **69** (1936) 131; siehe die Ausführungen von A. W. HOTHERSALL u. W. N. BRADSHAW: J. Iron Steel Inst. **133** (1936) 233 P.   [6] SCHÜRMANN, E. u. H. BLUMENTHAL: Elektrotechn. Z. **48** (1927) 1295.

chlorid auf. Für Cadmiumüberzüge auf Eisen verwenden BLUM und seine Mitarbeiter[1] warmes Ammoniumnitrat oder eine ammoniakalische Lösung von Ammoniumpersulfat.

Zur näherungsweisen Bestimmung der Dicke sind Tropfenprüfungen eingeführt worden. So bestimmt CLARKE[2] Cadmiumüberzüge auf Stahl durch Auftropfenlassen einer Jodlösung auf einen gegebenen Fleck mit sorgfältig abgegrenzter Gestalt, bis die Stahlbasis erscheint. Die Anzahl der hierzu erforderlichen Tropfen ist in groben Zügen proportional der Schichtdicke, bei einer Schwankungsbreite von etwa 15%. HULL und STRAUSSER[3] benutzen das gleiche Prinzip zur Bestimmung von Cadmiumüberzügen, verwenden jedoch ein Gemisch von Ammoniumnitrat und Salzsäure. Im Falle des Zinks wird ein Gemisch von Ammoniumnitrat und Salpetersäure angewendet. In ähnlicher Weise bestimmt MILLOT[4] Überzüge auf Nickel unter Verwendung eines Gemisches von Salpeter- und Schwefelsäure. Neuerdings hat CLARKE[5] seine Methode durch Verwendung eines kleinen Strahles an Stelle einer Aufeinanderfolge von Tropfen modifiziert. Die zum Auflösen des Überzuges erforderliche Zeit ist ein Maß für die Schichtdicke. Das neue Verfahren — bekannt als B.N.F.-Strahlprobe — ist auf Nickel-, Kupfer- und Bronzeüberzüge anwendbar. Im Falle des Nickels wird eine Eisen(III)-chlorid, Kupfersulfat und Essigsäure enthaltende Lösung verwendet. Ist das Basismetall bloßgelegt, so erscheint ein kupferiger oder schwarzer Fleck. Für Kupfer- und Bronzeüberzüge wird angesäuertes Eisen-(III)-chlorid, das Antimonoxyd enthält, verwendet.

In Fällen, in denen der Überzug aus einem Metall, wie beispielsweise Zink, besteht, das anodisch gegenüber der Eisenbasis ist, wird eine Kenntnis der Schichtdicke sehr wichtig, da die bis zum Auftreten von Rost erforderliche Zeit der Außenexposition oftmals in groben Zügen proportional dieser Schichtdicke ist. Die kontinuierliche Salzsprühprobe (s. S. 687) ist weitgehend zur Bestimmung von Zinküberzügen auf Eisen verwendet worden. Die bis zum Auftreten von Rost vergehende Zeit ist ein Maß für die Dicke des Überzuges. Die Prüfung dient zur Unterscheidung dicker Überzüge von dünnen, jedoch führt sie oftmals zu falschen Ergebnissen, wenn verschiedene Überzugs*typen* miteinander verglichen werden. So haben beispielsweise FIGOUR und JACQUET[6] gefunden, daß mit Cadmium überzogene Gegenstände in der Sprühkammer bessere Ergebnisse als zinküberzogene Gegenstände geben (unabhängig davon, ob eine Salzlösung oder destilliertes Wasser versprüht wurde). Bei der Exposition an der Außenatmosphäre ergab sich das umgekehrte Verhältnis. Die gleiche Diskrepanz haben andere Autoren festgestellt. Für eine Prüfung eines Nickel-Chrom-Überzuges ist eine wesentliche Modifizierung der Sprühprobe durch STRAUSSER, BRENNER und BLUM[7] vorgenommen worden: an Stelle der Festlegung der zur Hervorrufung des ersten Rostfleckes erforderlichen Zeit wird vielmehr die Anzahl der Rostflecke ermittelt, die nach einer gewissen festgelegten Zeit vorhanden sind. Hierdurch wird eine viel bessere Übereinstimmung mit den Feldversuchen erzielt.

[1] BLUM, W., P. W. C. STRAUSSER u. A. BRENNER: Bur. Stand. J. Res. **16** (1936) 207.

[2] CLARKE, S. G.: J. Electrodepositers' Soc. 8 (1933) Nr. 11.

[3] HULL, R. O. u. P. W. C. STRAUSSER: Monthly Rev. Am. Electroplaters Soc. **22** (1935) März, S. 9.   [4] MILLOT, G.: Usine 41 (1932) 8. April, S. 37.

[5] CLARKE, S. G.: J. Electrodepositers' Soc. (1936/1937).

[6] FIGOUR, H. u. P. JACQUET: C. r. **194** (1932) 1493.

[7] STRAUSSER, P. W. C., A. BRENNER u. W. BLUM: Bur. Stand. J. Res. **13** (1934) 519.

Die Dicke von Zinküberzügen auf verzinktem Eisendraht wird gewöhnlich noch nach der PREECE-Probe bestimmt, die darauf beruht, daß die Zahl der zur Hervorrufung eines blanken adhärierenden Überzuges von Kupfer erforderlichen Eintauchungen in eine 1,27 molare Lösung von Kupfersulfat von je 1 min Zeitdauer bei 18° bestimmt wird. (Die Abscheidung von Kupfer ist ein Zeichen dafür, daß Eisen bloßgelegt worden ist.) Die Probe muß vor der Prüfung fettfrei gemacht werden und wird zwischen je zwei Eintauchungen in fließendem Wasser gewaschen und leicht abgerieben, um *lose* anhaftendes Kupfer zu entfernen. Nach FEISER[1] ist diese Probe zum Aufweisen derjenigen Stellen geeignet, an denen ein Überzug lokal dünn ist. Sie liefert jedoch keinen hinreichenden Vergleich der nach verschiedenen Verfahren hergestellten Zinküberzüge, da verschiedene Überzugstypen durch eine Kupfersulfatlösung mit verschiedener Geschwindigkeit angegriffen werden. Nach dieser Prüfung scheinen sich elektrolytisch niedergeschlagene Überzüge nachteilig zu verhalten. WALKUP und GROESBECK[2] nehmen an, daß diese Methode dadurch geeicht werden könnte, daß jeder Überzugstyp einer bestimmten Anzahl von Eintauchungen widerstehen muß, um einer gegebenen Anforderung zu genügen. Diese Zahl hätte verschieden zu sein je nach dem Herstellungsprozeß des Überzuges, d. h. je nachdem, ob er durch Heißeintauchen oder durch elektrolytische Abscheidung entstanden ist. Es bestehen jedoch Meinungsverschiedenheiten hinsichtlich der als zweckmäßig anzusetzenden Zahl der Eintauchvorgänge.

BRITTON[3] hat ein anodisches Verfahren zur Auflösung des Zinküberzuges in einer Zinksulfat (10%) und Natriumchlorid (20%) enthaltenden Lösung ausgebildet. Das Verfahren arbeitet mit einer durch die anodische Stromdichte bestimmten Geschwindigkeit, die exakt überwacht werden kann. Sämtliche Typen von Zinküberzügen (seien sie durch Heißverzinken oder durch elektrolytische Abscheidung erhalten) werden durch eine anodische Behandlung mit ziemlich der gleichen Geschwindigkeit angegriffen. Die anodische Behandlung wird während einer Zeit fortgeführt, die so gewählt ist, daß kein blankes Eisen freigelegt wird, sofern der Überzug überall die gleiche Dicke besitzt, während andererseits in Fällen, in denen der Überzug örtlich dünne Stellen aufweist, blanke Eisenflecke entstehen werden. Die Probe wird nach dieser Behandlung herausgenommen, abgewischt und auf blankes Eisen in einer 10%igen Kupfersulfatlösung geprüft, die an denjenigen Stellen, an denen das Eisen freiliegt, einen glänzenden, roten Niederschlag gibt. Die Probe ist nur auf Draht und Blech anwendbar. Bei Gegenständen mit komplizierterer Oberfläche kann keine gleichförmige Stromdichte erhalten werden. Das neue Verfahren ergibt weitaus bessere Übereinstimmung mit den Feldversuchen in Sheffield und Cambridge, als die mit dem PREECE-Verfahren erhaltenen Ergebnisse.

Nachweis nadelförmiger Löcher. In Fällen, in denen das zum Überzug verwendete Metall normalerweise kathodisch (oder zumindest nicht stark anodisch) gegenüber dem Basismetall ist, kann die Stetigkeit des Überzuges von größerer

---

[1] FEISER, J.: Ch.-Ztg. **56** (1932) 831.
[2] GROESBECK, E. C. u. H. H. WALKUP: Bur. Stand. J. Res. **12** (1934) 785.
[3] BRITTON, S. C.: J. Inst. Met. **58** (1936) 211. Eine ähnliche Prüfung beschreibt A. GLAZUMOV: Iron Age **134** (1934) 5. Juli, S. 12; Trans. Faraday Soc. **31** (1935) 1262. — Frühere Angaben s. bei R. VONDRAČEK: Congr. internat. Mines Mét. Géol. appl. 6. Sect. Liège, 1930. — EVANS, U. R.: J. Inst. Met. **40** (1928) 121.

praktischer Bedeutung als seine eigentliche Dicke sein, wenngleich die Häufigkeit nadelförmiger Löcher gewöhnlich auch mit zunehmender Schichtdicke abnimmt. Derartige Löcher können sehr einfach durch Verwendung irgendeines Reagenzes nachgewiesen werden, das an den Stellen, an denen das Basismetall freigelegt ist, einen Farbeffekt auslöst. In dieser Weise kann ein Nickelüberzug auf Eisen mit Hilfe einer Lösung von Kaliumeisen(III)-cyanid und Natriumchlorid [oder auch Kaliumeisen(III)-cyanid und Schwefelsäure in einem Fall] geprüft werden, die an jedem derartigen Loch einen blauen Punkt liefert. Geeignete Methoden zur Durchführung dieser Prüfung beschreibt MACNAUGHTAN[1]. Liegt ein Chromüberzug auf Nickel vor, so können Löcher oder Risse mit ammoniakalischer Dimethylglyoxymlösung nachgewiesen werden, die an denjenigen Stellen eine rote Farbe auslöst, an denen Nickel exponiert ist[2].

PITSCHNER[3] hat das Aufpressen von mit einem Reagens imprägniertem Papier auf die zu untersuchende Oberfläche eingeführt. So gibt mit Eisen(III)-cyanidlösung befeuchtetes Filterpapier, das auf eine mit Nickel überzogene Eisenprobe aufgepreßt wird, blaue Flecken an nadelförmigen Löchern und liefert so einen sicheren Nachweis sowohl für die Zahl als auch für die Verteilung dieser Störstellen. Ähnliche Methoden sind für den Nachweis derartiger Löcher in Weißblech benutzt worden. Die ursprüngliche Form der Prüfung [bei der saures Eisen(III)-cyanid verwendet wurde) erwies sich für Zinnüberzüge als ungeeignet, da es das Zinn angreift und demzufolge eine größere Anzahl von Poren nachzuweisen scheint, als tatsächlich in der ursprünglichen Probe vorhanden sind. MACNAUGHTAN, CLARKE und PRYTHERCH[4] haben die Methode dadurch verbessert, daß sie eine Lösung mit 0,5% Natriumchlorid sowie 1% Kaliumeisen(III)-cyanid verwenden. Das feuchte Papier sollte durch Aufbürsten in engen Kontakt mit dem Metall gebracht und mit einer feuchten Bürste in gewissen Abständen behandelt werden, um eine Verdampfung zu verhindern[5]. Nach einer Stunde wird das Papier fortgenommen, gewaschen, getrocknet und die blauen Flecke zu gegebener Zeit ausgezählt.

Für Weißblech hat MACNAUGHTAN[6] eine sehr einfache *Heißwasserprobe* ausgebildet. Die *sorgfältig gereinigte* Probe wird in *sorgfältig präpariertes* Wasser während 3 bis 6 Stunden bei einer Temperatur von 95 bis 100° eingetaucht. Das Wasser muß sehr rein sein und neutrale oder schwachsaure Reaktion geben (p_H zwischen 4,5 und 7,0). Durch diese Probe wird jedes nadelförmige Loch aufgezeigt, das durch den Überzug bis zur Eisenbasis als ein Fleck von adhärierendem Rost hindurchdringt. Die aus einer Zinn-Eisen-Legierung bestehende Schicht gibt jedoch, selbst wenn sie exponiert wird, unter

---

[1] MACNAUGHTAN D. J.: Trans. Faraday Soc. **26** (1930) 470.

[2] BARROWS, W. P.: Met. Ind. New York **28** (1930) 72.

[3] PITSCHNER, K.: Met. Ind. New York **25** (1927) 336.

[4] MACNAUGHTAN, D. J., S. G. CLARKE u. J. C. PRYTHERCH: J. Iron Steel Inst. **125** (1932) 169; s. auch E. A. OLLARD: Met. Ind. London **32** (1928) 536. Die geometrische Gestalt der Poren und andere Eindrücke in einer Weißblechoberfläche sind in geistreicher Weise mittels einer Interferenzringmethode von W. E. HOARE u. B. CHALMERS [J. Iron Steel Inst. **132** (1935) 135] untersucht worden.

[5] Wahrscheinlich könnte die Verdampfung durch Einbringen der Probe in eine Feuchtigkeitskammer vermieden werden.

[6] MACNAUGHTAN, D. J., S. G. CLARKE u. J. C. PRYTHERCH: J. Iron Steel Inst. **125** (1932) 160.

diesen Bedingungen keinen Rost[1]. Zinn ist im Augenblick des Eintritts in die Flüssigkeit anodisch gegenüber Eisen, wird jedoch in heißem Wasser bald kathodisch, offenbar infolge des Auftretens eines goldgelben Filmes, durch den das Zinn veredelt wird. In kälterem Wasser kann dieser Polaritätswechsel, der für das Auftreten der Rostflecke erforderlich ist, ausbleiben (für mehrere Stunden bei 20°). Das Wasser muß infolgedessen genügend warm gehalten werden.

Die Untersuchungen von MACNAUGHTAN und seinen Mitarbeitern zeigen deutlich, wie die Häufigkeit der Poren sowohl im Falle der Feuerverzinnung als auch bei elektrolytisch verzinntem Stahl mit der Dicke des Überzuges abnimmt.

Mitunter wird eine Prüfung zum Nachweis von nadelförmigen Löchern in Metallen, wie beispielsweise Zink verlangt, die normalerweise anodisch gegenüber Eisen sind. Obwohl das Auftreten von nadelförmigen Löchern in derartigen Überzügen im allgemeinen weniger ernst als in den kathodischen Überzügen ist, so haben doch BLUM, STRAUSSER und BRENNER[2] neuerdings zeigen können, daß Rostflecke an den Löchern in zinküberzogenem Stahl auftreten, der an einer Seeatmosphäre exponiert worden ist. Für diesen Fall ist natürlich eine gewisse Modifizierung des Verfahrens erforderlich. Nach GARRE[3] gibt zinküberzogener Stahl, der in Kaliumeisen(III)-cyanidlösung, die Oxalsäure und Wasserstoffperoxyd enthält, eingetaucht wird, an denjenigen Stellen blaue Flecken, an denen das Eisen exponiert ist. CLARKE[4] hat ein Verfahren zur Porositätsprüfung von Cadmiumüberzügen auf Stahl beschrieben. Dieses besteht darin, die Probe für die Zeitdauer von wenigen Minuten in eine 1%ige Lösung von Salzsäure einzutauchen, durch die an jeder Pore eine Wasserstoffblase entwickelt wird.

3. Prüfung von Farbüberzügen.

Allgemeines. Die Laboratoriumsprüfung von Farbüberzügen ist schwieriger als die von metallischen Überzügen. Wahrscheinlich kann nur die Betriebsprobe oder die Feldprüfung (s. S. 625) wirklich eine Aussage über den relativen Wert verschiedener Überzüge geben, und selbst hier kann die Versuchung, die Ergebnisse durch Wahl beschleunigter Bedingungen zu erhalten, zu falschen Schlüssen führen. HOLLEY[5] unterzieht die Gepflogenheit, eine südliche Lage und einen Winkel von 45° für die Aufstellung der Proben zu wählen, um damit eine künstliche Beschleunigung zu erhalten, einer Kritik. Dieses Verfahren ist wohl geeignet zur raschen Ermittlung eines relativen Wertes, jedoch führt es als Grundlage für eine abschließende Bewertung zu falschen Schlüssen. Die Praxis, Farbprüfungen in Florida durchzuführen, wird gleichfalls abgelehnt. Die Wertskala einer Anzahl von in Florida geprüften Proben wird fast sicher nicht die gleiche sein, die beispielsweise in New York erhalten wird.

---

[1] Stellen, an denen die Legierungsschicht exponiert ist, sind Gefahrenquellen, da die Poren nach leichter Verformung des Bleches wahrscheinlich das Eisen erreichen. Sie sind dann mit der Heißwasserprobe nachweisbar, wie A. W. HOTHERSALL und J. C. PRYTHERCH [J. Iron Steel Inst. **133** (1936) 215 P] gezeigt haben.

[2] BLUM, W., P. W. C. STRAUSSER u. A. BRENNER: Bur. Stand. J. Res. **16** (1936) 193

[3] GARRE, G.: Arch. Eisenhüttenwesen **9** (1935/1936) 91.

[4] CLARKE, S. G.: J. Electrodepositers' Soc. **8** (1933) Nr. 12.

[5] HOLLEY, C. D.: Symposium on Paints and Paint Materials, S. 41. 1935.

Trotzdem besteht ein dringendes Bedürfnis für eine rasche Laboratoriumsprobe für Farbanstriche, und es sind dementsprechend Versuche unternommen
worden, um diesen Anforderungen zu entsprechen. Die Empfindlichkeit vieler
Dispergierungsmittel von Farben gegenüber kurzwelliger Strahlung macht es
wünschenswert, die Proben in irgendeinem Stadium der Prüfungen einer Ultra-
violettbestrahlung auszusetzen. Die Empfindlichkeit von Farbfilmen gegenüber
hohen Temperaturen erfordert die Einführung einer Wärmeprüfung, während
Farben, die für Luftfahrzeuge vorgesehen sind, manchmal einer Prüfung gegenüber dem Abblättern oder einer Schwingungsbeanspruchung bei etwa —40°
unterworfen werden müssen, da die Brüchigkeit bei den niedrigen in den
höheren Luftschichten vorherrschenden Temperaturen hier eine wirkliche Gefahr
bedeutet[1]. Für Farben, die für Fahrzeuge, insbesondere für solche der Luftfahrt,
vorgesehen werden, sind Messungen der Widerstandsfähigkeit gegenüber Abnutzung von allergrößter Wichtigkeit. Die Zerstörung, die Farbfilme während
des Betriebes erleiden, wenn sie im Wasser an Volumen zu-, beim Trocknen
dagegen an Volumen wieder abnehmen, kann durch eine abwechselnde Feucht-
Trockenprobe untersucht werden. Der Einfluß korrosiver Gase oder Flüssigkeiten
auf das unter dem Farbanstrich liegende Metall kann gleichfalls im Laboratorium ermittelt werden.

Prüfungszyklen. In einigen Laboratorien, die sich mit Farbprüfungen befassen, werden angestrichene Proben folgendem Prüfungszyklus unterworfen:

    1. einer Licht- und Wärmequelle;

    2. einer Sprühbehandlung mittels Wasser, Säure oder Salzlösung;

    3. einer Kältequelle;

    4. manchmal ferner Ozon-haltiger Luft.

Prüfungszyklen dieser Art beschreiben WALKER und HICKSON[2], SCHMIDINGER[3]
und SCHULZ[4]. Eine Besonderheit des komplizierten SCHULZschen Prüfungszyklus besteht darin, daß der Film durch Eintauchen in destilliertes Wasser
durch und durch zum Anschwellen gebracht wird, ehe er dem ultravioletten
Licht ausgesetzt wird.

Die Exposition der Proben gegenüber dem Zyklus der zerstörenden
Einflüsse wird oftmals so vorgenommen, daß sie auf einem geeigneten rotierenden
Gestell aufgebracht werden, so daß sie bei einem Umdrehungszyklus nachein-
ander dem Licht, der Wärme, der Sprühbehandlung und gegebenenfalls weiteren
Einflüssen ausgesetzt werden. Andererseits können die Proben an den Wänden
eines kreisförmigen Raumes befestigt werden, so daß die Lampe sowie der
Sprühstrahl, die auf einem zentral angebrachten Rahmen in dem Raum rotie-
rend befestigt sind, jede Probe im Turnus treffen können.

Die übliche Benutzung einer Quarzquecksilberdampfstrahllampe als Ersatz
für intensiviertes Sonnenlicht ist nicht frei von Einwänden, da die Wellen-
längengebiete miteinander nicht identisch sind. Das Sonnenlicht enthält nur
wenig Strahlung, die kürzer als 3300 Å ist, während die Quecksilberlampe vergleichsweise reich an Strahlung zwischen 2500 und 2600 Å ist. Nach JOLLY[5]

[1] WHITMORE, M. R.: Ind. eng. Chem. **25** (1933) 19.

[2] WALKER, P. H. u. E. F. HICKSON: Bur. Stand. J. Res. 1 (1928) 1.

[3] SCHMIDINGER, K.: Korr. Met. 2 (1926) 241.

[4] SCHULZ, M.: Farben-Ztg. **31** (1926) 2879.

[5] JOLLY, V. G.: J. Soc. chem. Ind. Trans. **52** (1933) 329.

wird das Sonnenlicht am besten durch die Strahlung einer Dochtkohle repräsentiert, jedoch brennt diese relativ rasch ab. Nach Lobry de Bruyn[1] ist die Bogenlampe der Quecksilberdampfstrahllampe und der Metallfadenlampe überlegen. Sie bietet weiterhin den Vorteil, ein Licht konstanter Intensität zu geben, während Quecksilberlampen — und in geringerem Ausmaße auch Metallfadenlampen — einen Intensitätsverlust nach gewisser Brenndauer zeigen. Trotzdem ist die Annehmlichkeit der Metallfadenlampe der Grund für ihre häufige Verwendung. Die holländischen Eisenbahnen verwenden eine Metallfadenlampe mit einem für relativ kurze Wellenlängen durchlässigen Glaskörper.

Im Hinblick auf die anderen Fragen eines Untersuchungszyklus für Farben kommt Lobry de Bruyn zu folgender abschließender Feststellung: „Wärme wird in verschiedener Weise angewendet, sei es in Form eines Trockenofens, Radiators oder der von einer Lichtquelle bei der Bestrahlungsprüfung ausstrahlenden. Infolge der geringen Abstände zwischen der Lampe und dem Probenrahmen ist der Wärmeeffekt der Lampe oftmals größer als der eines Trockenofens oder eines Radiators. Der Kontakt mit Wasser kann durch Versprühen oder durch Eintauchen hergestellt werden. Es ist wichtig, die Eintauchzeit nicht zu kurz zu wählen, so daß ein gewisser Schwellgrad des Filmes eintreten kann; die Trocknungsperiode muß lang genug sein, um ein völliges Trocknen zu gewährleisten. In der ursprünglichen Form der Schulzschen Prüfanordnung erforderte ein ganzer Zyklus nur wenige Minuten. Diese Zeit sollte länger gewählt werden, um den Schwellvorgang und den Trockenvorgang besser zur Auswirkung kommen zu lassen. Aus diesem Grunde haben wir die Zeit eines Zyklus auf 1 Stunde erhöht."

Die oben erwähnten Prüfungen werden vor allem im Hinblick auf die Ermittlung der Widerstandsfähigkeit der Farben gegenüber Schädigungen von außen her durchgeführt, die bei weiterer Einwirkung dahin führen würden, das Metall korrosiven Einflüssen auszusetzen. Für angestrichene Metallgegenstände, die einer hochgradig korrosiven Atmosphäre widerstehen sollen, ist die langsame Einwirkung von Licht und Wärme auf das Dispergierungsmittel relativ weniger bedeutungsvoll. Infolgedessen müssen die angestrichenen Proben bei der praktischen Prüfung einem korrosiven Gas oder einer korrosiven Flüssigkeit ausgesetzt werden. In derartigen Fällen verwendet Lobry de Bruyn einen Zyklus, in dem lange Eintauchperioden mit langen Trockenperioden bei etwa 70° und einer etwa zweistündigen täglichen Exposition an Schwefeldioxyd-haltiger Luft bei gewöhnlicher Temperatur abwechseln. Diese mit einer einfachen Anordnung durchgeführte Probe liefert im allgemeinen in einer relativ kurzen Zeit ein Ergebnis.

Prüfung der Wasserfestigkeit von Überzügen. Es sind viele Verfahren zur Prüfung der Wasserfestigkeit von Farbüberzügen ausgearbeitet worden. Nach Wagner[2] können die Poren in einem Farbfilm auf Eisen durch einfaches Eintauchen in eine Kupfersulfatlösung nachgewiesen werden, wobei Kupfer, und zwar gewöhnlich in Form eines winzig kleinen „Baumes", abgeschieden wird. Das holländische Korrosionskomitee[3] schlägt die Verwendung eines in eine Lösung von Eisen(III)-cyanid, Chlorid und Gelatine eingetauchten Papieres vor, um die Poren in Teerüberzügen nachzuweisen (vgl. S. 693). Sie sind der Ansicht, daß

---

[1] Lobry de Bruyn, C. A.: Paint Varnish Prod. Manager, März 1935, 16; s. auch J. van Loon: Chem. Weekblad 33 (1936) 348.

[2] Wagner, H.: Korr. Met. 8 (1932) 66.   [3] In Korr. Met. 10 (1934) 114.

die allgemeine Durchlässigkeit auch durch Eintauchen einer überzogenen Probe in $^1/_{50}$ n-Salzsäure während 17 Stunden bei anschließender Bestimmung des herausgelösten Eisens ermittelt werden kann.

Verschiedene elektrochemische Prüfverfahren werden von Donker und van Es[1], Ritter[2], Gollnow[3], Digby und Patterson[4], McHatton[5], Kooijmans[6] u. a. beschrieben. Bei einigen Verfahren wird die angestrichene Eisenprobe in eine Salz- oder Säurelösung getaucht und zur Anode eines Elements gemacht, wobei eine EK von einer äußeren Stromquelle geliefert wird. Andererseits kann die andere Elektrode aus Kohle oder Platin bestehen; in diesem Fall liefert das Element einen eigenen Strom. In jedem Fall liefert der Betrag des nach verschiedenen Eintauchzeiten fließenden Stromes (oder andererseits eine Messung des Widerstandes des Farbfilms) einen allgemeinen Hinweis auf die Durchlässigkeit des Filmes gegenüber Ionen. Nach Beck[7] kann der Stromverlust nicht als ein absolutes Maß für die rostverhindernde Fähigkeit des Filmes angesprochen werden, da diese oftmals nicht von der Wasserundurchlässigkeit, sondern von korrosionsverhindernden Pigmenten abhängig ist. Die EK des Elementes

Angestrichenes Eisen/Kohle

ist oftmals gemessen worden. In Fällen, in denen diese Messung mit einem Ventil-Potentiometer durchgeführt worden ist, mag sie eine Vorstellung von der relativen Fähigkeit verschiedener Pigmente geben, das Eisen passiv zu machen. Messungen, die mit einem gewöhnlichen Millivoltmeter angestellt werden, sind dagegen zwecklos, wenngleich sie auch eine grobe Vorstellung von dem Stromverlust geben.

Viele Fachleute haben die Überzüge (gewöhnlich durch Fortlösen der metallischen Basis) abgelöst und entweder die Durchtrittsgeschwindigkeit des Wassers durch den Überzug auf osmotischem Wege (wie sie vom holländischen Korrosionskomitee[8] empfohlen wird) oder die Durchlässigkeit gegenüber Wasserdampf gemessen, wie Friend[9], Wolff[10] sowie Wray und van Vorst[11]. Von anderer Seite ist das Schwellungsvermögen der Filme untersucht worden; so hat Peters[12] die Geschwindigkeit der Wasseraufnahme nach dem Trocknen (oder Altern) der Filme für verschiedene Perioden gemessen.

Prüfungen des physikalischen Charakters der Farbüberzüge. Festigkeitsprüfungen an abgelösten Filmen, Bestimmung ihrer Dehnung und Bruchlast sind in ausgedehntem Maße durchgeführt worden und haben zu interessanten Ergebnissen insofern geführt, als sie den Verlust der elastischen Eigenschaften

---

[1] Donker, H. J. u. A. C. van Es: Polytechn. Weekblad 28 (1928) 245, 257; vgl. E. K. Rideal: Trans. Soc. Eng. 4 (1913) 249.

[2] Ritter, E.: Korr. Met. 5 (1929) 64.

[3] Gollnow, G.: Ch.-Ztg. 54 (1930) 110.

[4] Digby, W. P. u. J. W. Patterson: Engineer 157 (1934) 586, 610.

[5] McHatton, L. P.: J. Inst. Petrol. Technol. 21 (1935) 989.

[6] Kooijmans, L. H. L.: Verfkroniek 9 (1936) 108.

[7] Beck, W.: Korr. Met. 6 (1930) 229.

[8] In Stichting Mat. Corr. Comm. Med. 1933.

[9] Friend, J. A. N.: Carnegie Scholarship Mem. 4 (1912) 10.

[10] Wolff, K.: Korr. Met. 7 (1931) 191.

[11] Wray, R. I. u. A. R. van Vorst: Ind. eng. Chem. 25 (1933) 843.

[12] Peters, F. J.: Farben-Ztg. 38 (1933) 1634.

durch Bewitterung aufgezeigt haben. Die Prüfungen von BLOM[1] an Filmen, die während verschiedener Zeiten gealtert worden waren, sowie die von WOLFF und ZEIDLER[2] sind sehr aufschlußreich. Zahlreiche Methoden sind zur Prüfung der Widerstandsfähigkeit der Farbüberzüge gegenüber Abnutzung entwickelt worden — eine Frage großer praktischer Bedeutung. Prüfungen beschleunigter Abnutzung, die darin beruhen, sich drehende angestrichene Propeller mit Sand und Wasser zu besprühen, beschreibt MARDLES[3]. Das Aufprallenlassen eines Sandstrahles auf die Farbschicht ist seit langem in Benutzung. SCHUH und KERN[4] haben hierfür Carborundumpulver verwendet, wobei das zur völligen Abnutzung bis zum Hervortreten der metallischen Basis erforderliche Pulvergewicht ein Maß für den Abnutzungswiderstand ist. Auch MATTHIJSEN[5] bevorzugt Carborundum gegenüber Sand und beschreibt eine Methode, in der Carborundumpulver eine lange vertikale Röhre herunterfällt und am Ende gegen die in einem Winkel von 45° geneigte angestrichene Platte trifft.

CAMP[6] hat eine Methode zur Prüfung des Abspringens beschrieben, in der Werkzeuge bestimmter Größe durch Röhren abwärts auf die angestrichene Oberfläche fallen. Er beschreibt weiterhin eine Prüfung mit einer sich drehenden und abnutzenden Scheibe, die automatisch zum Stillstand kommt, wenn die Farbe bis auf das darunterliegende Metall abgenutzt ist, wobei die Zahl der (ablesbaren) Umdrehungen der Scheibe ein Maß für die Abnützung abgibt. KRAEFF[7] führt qualitative Prüfungen der Brüchigkeit durch Bearbeiten des Farbfilmes mit einer Rasierklinge durch; ist der Film elastisch, so rollt er sich auf, ist er brüchig, so schrumpft er. Für bituminöse Überzüge verwendet FOX[8] eine Grammophonnadel: ein brüchiger Film springt in kleinen Kreisen ab, anstatt eine scharfe Kratzerlinie zu liefern.

Adhäsionsprüfungen besitzen eine gewisse Bedeutung, wobei jedoch daran erinnert werden muß, daß ein Grund für eine anscheinend schlechte Adhäsion in der Bildung von Alkali oder Tiefenrost zu erblicken ist, und daß der beste Weg zur Vermeidung dieser Erscheinung in der Einführung eines korrosionshemmenden Pigmentes liegt. GARDNER und VAN HEUCKEROTH[9] betten einen Seidenfaden zwischen zwei Überzüge, schneiden Streifen ab und messen die Kraft, die erforderlich ist, um den Film in einer Festigkeitsprüfmaschine aufzubrechen. SCHMIDT[10] leimt Eisenblöcke auf die Oberfläche getrockneter Farbe auf und mißt die zum Fortreißen der Farbe erforderliche Kraft. Eine Prüfmethode für das Haftvermögen glasiger Emailles beschreiben KINZIE und MILLER[11].

---

[1] BLOM, A. V.: Z. ang. Ch. **41** (1928) 1178; Koll.-Z. **61** (1932) 234; Paint. Varnish Prod. Manager, Juli **1935**, 7.

[2] WOLFF, H. u. G. ZEIDLER: Farben-Ztg. **32** (1927) 2135.

[3] MARDLES, E. W. J.: J. Oil Colour Chemists Assoc. **18** (1935) 22.

[4] SCHUH, A. E. u. E. W. KERN: Ind. eng. Chem. anal. Edit. **3** (1931) 72.

[5] MATTHIJSEN, H. L.: Verfkroniek 7 (1934) 44, 8 (1935) 276.

[6] CAMP, A. D.: Ind. eng. Chem. **20** (1928) 851.

[7] KRAEFF, A. A.: Verfkroniek **6** (1933) 256.

[8] FOX, J. J.: Oil Colour Trades J. **76** (1929) 1188.

[9] GARDNER, H. A. u. A. W. VAN HEUCKEROTH: Ind. eng. Chem. **20** (1928) 600; s. auch H. A. GARDNER: U. S. Paint Manufact. Assoc. Circular **240** (1925).

[10] SCHMIDT, E. K. O.: Ber. 2. Korrosionstagung, Berlin 1932, S. 19.

[11] KINZIE, C. J. u. J. B. MILLER: Bl. Am. ceramic. Soc. **14** (1935) 371.

C. Quantitative Behandlung.

1. Statistische Betrachtungen.

Methode der Fehlerzurückführung auf das kleinste Maß. Bei der Planung quantitativer Korrosionsuntersuchungen erhebt sich die Frage, welcher Weg zu einer größeren Exaktheit in den Untersuchungsergebnissen führt. Es gibt grundsätzlich zwei Wege:

1. Es können *Einzelversuche* durchgeführt werden, wobei allergrößte Sorgfalt auf die Meßapparatur gelegt wird.

2. Es können an sich weniger exakte, jedoch schnellere Methoden für die tatsächlichen Messungen verwendet werden, und es kann die dadurch gewonnene Zeit dazu benutzt werden, *jedes Experiment mehrfach* durchzuführen, wobei das Mittel aus den Ergebnissen als wahrscheinlicher Wert angenommen wird.

Jede dieser Verfahrensweisen erfordert eine Betrachtung ihrer Vorzüge, jedoch besteht bei gewissen Laboratorien die Neigung, das eine Verfahren, bei anderen dagegen die, das zweite vorzuziehen. Es ist natürlich unmöglich, den wirklichen Fehler eines gegebenen Versuches herabzusetzen (wäre dies dem Experimentator möglich, so könnte er sofort das korrekte Ergebnis durch Addition oder Subtraktion des in Frage stehenden Fehlers niederzuschreiben). Es ist jedoch möglich, festzustellen, daß es eine gleiche Wahrscheinlichkeit dafür gibt, daß ein gewisser Fehler über- und unterhalb eines gegebenen Wertes liegt. Dieser Wert kann als der halbe Wahrscheinlichkeitsfehler H bezeichnet werden und wird gewöhnlich in der Form

$$H = 0{,}67\, S/\sqrt{v}$$

angegeben. In dieser Gleichung bedeutet v die *Anzahl der für jede* Probe durchgeführten Versuche und S die *angenommene Normalabweichung*, die durch

$$S = \sqrt{\frac{\Sigma \delta^2}{(v-1)}}$$

gegeben ist, wobei δ die in jedem Fall von m, dem Mittelwert der Versuchsergebnisse, erhaltene Abweichung ist. Demnach gilt

$$H = 0{,}67\, \sqrt{\frac{\Sigma \delta^2}{v\,(v-1)}}$$

Die *angenommene* Normalabweichung sollte deutlich von der *effektiven Normalabweichung* σ unterschieden werden, die durch

$$\sigma = \sqrt{\frac{\Sigma \varepsilon^2}{v}}$$

gegeben ist, wobei ε die Abweichung vom *effektiven* Mittelwert (d. h. von dem Mittelwert einer unendlichen Anzahl von Versuchen) ist. Es ist zu beachten, daß in dem Ausdruck für S der Nenner das Glied $(v-1)$ an Stelle von v enthält.

Beim Vergleich verschiedener Reihen von Ergebnissen ist es zweckmäßig, den halben Wahrscheinlichkeitsfehler in Prozenten des Mittels m der experimentellen Ergebnisse auszudrücken. Der *prozentische halbe Wahrscheinlichkeitsfehler* ist demnach gegeben durch $(H/m) \cdot 100$.

Bedauerlicherweise besteht keine Übereinstimmung unter den Statistikern hinsichtlich des korrektesten Ausdruckes für den halben Wahrscheinlichkeitsfehler sowie für andere Fehler, wenn v klein ist. Da zahlreiche Versuche nur doppelt ausgeführt werden, so besitzt der Sonderfall $v = 2$ Bedeutung. Diesen schwierigen Fall hat neuerdings BOND[1] behandelt. Wahrscheinlich ist der exakteste allgemeine Ausdruck für den halben Wahrscheinlichkeitsfehler der, den JEFFREYS[2] in der Form

$$H = \Theta \sqrt{\frac{\Sigma \delta^2}{v(v-1)}}$$

gibt, wobei die Werte für Θ in der nachfolgenden Tabelle 62 angegeben werden.

Tabelle 62.

v	2	3	4	5	6	7	10	∞
Θ	1,000	0,816	0,766	0,740	0,728	0,718	0,703	0,674

Für $v = \infty$ wird der oben bereits zahlenmäßig gegebene Ausdruck erhalten.

Es ist klar, daß der halbe Wahrscheinlichkeitsfehler entweder durch *Verringerung* der Normalabweichung S — d. h. durch Verwendung exakterer Versuchsmethoden — oder durch *Vergrößerung* von v — d. h. durch eine mehrfache Ausführung eines jeden Versuches — herabgedrückt werden kann. Ist das der Untersuchung zugrunde liegende Material sehr gleichförmig, so daß eine absolute Exaktheit in der Messung S praktisch auf Null herabdrücken würde, dann ist die Zeit, die zur Herabsetzung des in Prozenten ausgedrückten halben Wahrscheinlichkeitsfehlers auf einen gewünschten niedrigen Wert erforderlich ist, dann am kürzesten, wenn das unter 1. bezeichnete Verfahren (s. S. 700) gewählt wird. Ist dagegen das zu untersuchende Material nicht gleichförmig, so gibt es eine Grenze für die Erhöhung der nach dem Verfahren 1. erreichbaren Genauigkeit. Es scheint auf gewissen Seiten die Ansicht zu bestehen, daß die Untersuchung an Materialien, die sich *ungleichförmig* verhalten, vermieden werden sollte. Derartiges Material *muß* jedoch bei praktischen Zwecken eingeschlossen werden, und es sollte auch bei wissenschaftlichen Untersuchungen nicht fortgelassen werden, da jeder künstliche Ausschluß ein nicht verbindliches Bild der Gesamterscheinung geben würde. Nehmen wir an, daß das zur Untersuchung stehende Material derart beschaffen ist, daß es selbst bei unendlicher experimenteller Exaktheit eine Streuung liefern würde, so können wir diese Streuung durch die Verteilungskurve I in Abb. 88 darstellen und ihre Größe durch die (effektive) Normalabweichung σ_{mat} bezeichnen. Betrachten wir nunmehr[3] den durch die Fläche $A\,B\,C\,D$ dargestellten Teil des Materials, der bei absoluter Genauigkeit Werte zwischen y_1 und $y_1 + dy$ geben würde. Kann der experimentelle Fehler nicht vernachlässigt werden, so wird dieser Teil eine Wertefolge geben, die durch die kleine Verteilungskurve X und durch die Normalabweichung σ_{exp} charakterisiert wird. Die Verteilungskurve sämtlicher experimentell gefundener Werte wird durch Summieren der experimentellen Kurven (1), (2), (3), ... usw. für sämtliche Flächenelemente erhalten werden, und es ist einleuchtend, daß die experimentelle Kurve II für den Fall, daß σ_{exp} von der gleichen Größenordnung wie σ_{mat} ist, gegenüber der Idealkurve I, die durch einen unendlich exakten Beobachter erhalten wird, verbreitert erscheinen wird. Durch Verkleinerung von σ_{exp} können wir den halben Wahrscheinlichkeitsfehler herabsetzen. Sobald jedoch σ_{exp} klein wird im Vergleich

---

[1] BOND, W. N.: Probality and Random Errors, Anhang II. London 1935.
[2] JEFFREYS, H.: Pr. Roy. Soc. A **138** (1932) 48.
[3] EVANS, U. R.: Trans. electrochem. Soc. **57** (1930) 407, **68** (1935) 384.

zu σ_{mat}, wird die experimentelle Kurve *II* offenbar sehr dicht mit der Idealkurve *I* zusammenfallen, und es wird keine weitere Herabsetzung der experimentellen Exaktheit mehr erreichbar sein.

Jeder weitere Versuch, den halben Wahrscheinlichkeitsfehler unter diese
Grenze herabzusetzen, erfordert deshalb eine Vergrößerung der Versuchszahl v
In dieser Weise kann der halbe Wahrscheinlichkeitsfehler beliebig klein gemacht
werden. Steht dem Experimentator unbeschränkt viel Zeit zur Verfügung, so ist
keine Begrenzung der nach der Methode 2. (s. S. 700) erreichbaren Exaktheit gegeben,
während jedoch für jedes gewöhnliche Material *eine wohldefinierte Grenze für
die Exaktheit der Ergebnisse nach
Methode 1. besteht.*

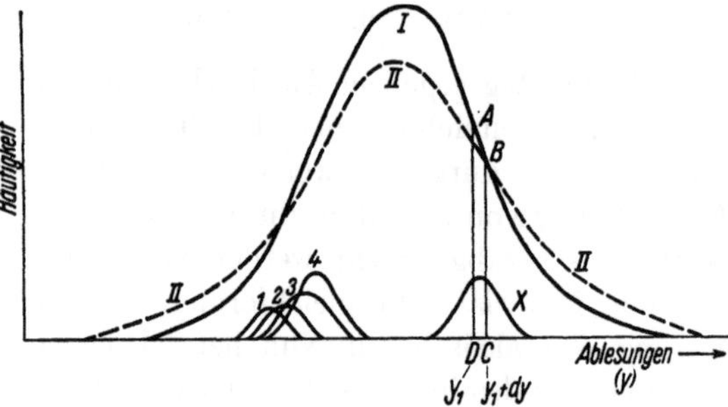

Abb. 88. Verteilungskurven der Fehler.

**Fehler in tatsächlichen Unter-
suchungen.** MEARS und DANIELS[1]
haben hinsichtlich der experimentellen Normalabweichungen
und der halben Wahrscheinlichkeitsfehler aller im Korro-
sionslaboratorium der Cambridger Universität im Thermostaten
durchgeführten Versuchsserien
Berechnungen angestellt, die
erkennen lassen, wie der halbe Wahrscheinlichkeitsfehler durch eine drei-
oder vierfache Ausführung der Versuche vergleichsweise erniedrigt werden
kann, selbst bei Materialien, bei denen S überraschend hoch ist. Bei der BORG-
MANNschen[2] Bestimmung der Korrosion von Zinkplatten in Chloridlösungen
verschiedener Konzentrationen lag eine beachtliche Streuung vor, und da es
wichtig erschien, zu wissen, ob die Korrosionsgeschwindigkeit tatsächlich selbst
in den stärksten Lösungen mit der Konzentration ansteigt, wurde jeder Versuch mehrfach, insbesondere im Falle derjenigen Punkte wiederholt, deren
Lage auf der Kurve von besonderer Wichtigkeit war. So wurde in einem
Falle ein einziger Versuch 12mal durchgeführt. MEARS und DANIELS haben
nun nach der Analyse der BORGMANNschen Zahlen vom Wahrscheinlichkeits-
standpunkt aus geschlossen, daß fast sicher ein wirklicher Anstieg mit der Konzentration vorhanden ist. „Es ist in hohem Maße unwahrscheinlich", so schreiben
sie, „daß die allein durch die Wahrscheinlichkeit gegebenen Abweichungen
in den Messungen hinreichend sind, um einen derartigen Anstieg zu begründen".

HUDSON[3] hat eine ähnliche Formel zur Berechnung des halben Wahrscheinlichkeitsfehlers für verschiedene Reihen von Feldprüfungen unter Einschluß mehrerer
von ihm selbst durchgeführter Versuche benutzt. Insgesamt gesehen zeigte
es sich, daß der wahrscheinliche, in den Feldversuchen erzielte Fehler ebenso
klein oder sogar kleiner als der bei den Laboratoriumsversuchen erhaltene
war. Eine von SCHROEDER ausgeführte Reihe lieferte einen halben Wahrschein-
lichkeitfehler von nur 0,70%. Nach den HUDSONschen Berechnungen ist die
Methode, die auf der Abnahme des elektrischen Widerstandes beruht. ebenso
exakt wie die auf die Gewichtsabnahme der Probe gegründete; die Methode der

---

[1] MEARS, R. B. u. H. E. DANIELS: Trans. electrochem. Soc. **68** (1935) 375.
[2] BORGMANN, C. W. u. U. R. EVANS: Trans. electrochem. Soc. **65** (1934) 256.
[3] HUDSON, J. C.: Trans. electrochem. Soc. **68** (1935) 388.

Bestimmung der Abnahme der Bruchlast ist dagegen weniger befriedigend. Die Zahlen lassen deutlich erkennen, daß Feldversuche, sofern sie sorgfältig durchgeführt werden, Ergebnisse liefern können, die völliges Vertrauen beanspruchen dürfen.

2. Bedeutung verschiedener Faktoren bei der Bestimmung der Korrosionsgeschwindigkeit.

Wesentliche und unwesentliche Faktoren. Die Anzahl der Faktoren, die unabhängig voneinander bei der Exposition eines Metalls gegenüber korrosiven Einflüssen geändert werden können, ist sehr groß. Sie können in folgende Gruppen zusammengefaßt werden:

1. Äußere Faktoren. Diese Gruppe umfaßt Feuchtigkeit, Temperatur, Konzentration verschiedener begünstigender Agenzien, wie beispielsweise Schwefeldioxyd (in der Luft) oder oxydierende Depolarisatoren (im Wasser).

2. Faktoren, die die Oberfläche betreffen. Hierunter sind zu zählen die Dicke der Oxydschicht oder des schützenden Überzuges.

3. Innere Faktoren. Diese umfassen die Konzentration der verschiedenen in kleiner Konzentration im Metall vorliegenden Komponenten.

Jeder dieser Faktoren wird sich mit der Zeit von Ort zu Ort und mit dem Ort von Zeit zu Zeit ändern. Bezeichnet man die Ort- und Zeitfolge innerhalb eines Versuches als das *Beobachtungsfeld*, so kann man jeder Variablen Mittelwerte $m_1, m_2, m_3, \ldots$ sowie Normalabweichungen $\sigma_1, \sigma_2, \sigma_3, \ldots$ zuordnen, die die Abweichungen von diesen Mittelwerten bedeuten. Der Absolutwert der Normalabweichung ist naturgemäß ohne Bedeutung, so daß es geeignet ist, die Normalabweichung in Prozenten des Mittelwertes auszudrücken. Das Ergebnis ($100\,\sigma/m$) wird als *Schwankungskoeffizient* bezeichnet. Für gewisse Faktoren wird der Schwankungskoeffizient viel höher sein als für andere. So ist beispielsweise der Schwankungskoeffizient der Sauerstoffkonzentration einer gewöhnlichen Atmosphäre viel kleiner als der für die Schwefeldioxydkonzentration.

Nehmen wir an, daß eine unendliche Anzahl von Messungen der Korrosionsgeschwindigkeit mit *jedem* der variablen Faktoren bei dessen *Mittelwert m* durchgeführt wird; die hierdurch erhaltene mittlere Geschwindigkeit sei mit ϱ_m bezeichnet. Halten wir nunmehr *sämtliche Faktoren mit Ausnahme eines einzigen* auf dem Mittelwert und verändern wir den Wert dieses besonderen Faktors n von seinem Mittelwert m_n zuerst auf $m_n + \sigma_n$ und dann auf $m_n - \sigma_n$ und führen wir in jedem Fall eine unendliche Anzahl von Versuchen durch, so erhalten wir zwei neue Werte der Geschwindigkeit. Den Mittelwert dieser beiden Abweichungen bezeichnen wir unter Vernachlässigung der Vorzeichen durch $\varDelta_n \varrho$. In dieser Weise erhalten wir nunmehr die entsprechenden mittleren Änderungen $\varDelta_1 \varrho, \varDelta_2 \varrho, \varDelta_3 \varrho, \ldots$ für sämtliche Variablen $1, 2, 3, \ldots$ Ist die durch Veränderung eines Faktors (beispielsweise des dritten) hervorgerufene Änderung sehr gering im Vergleich zu der durch einen anderen (beispielsweise den ersten) hervorgerufenen (das ist der Fall bei $\varDelta_3 \varrho \ll \varDelta_1 \varrho$), dann kann man sagen, daß Schwankungen des Faktors 3 *ohne Einfluß* auf die Korrosion sind, da jede Schwankung des Faktors 3, die *innerhalb des Beobachtungsfeldes vernünftigerweise* erwartet werden kann, einen Effekt ausüben wird, der klein im Vergleich zu dem ist, der durch *gleich wahrscheinliche* Schwankungen des Faktors 1 hervorgerufen wird.

Es ist offenbar wichtig, für ein gegebenes Beobachtungsfeld diese einfluß-
losen Faktoren festlegen zu können, die für praktische Zwecke unberücksichtigt
gelassen werden können. Es ist jedoch zu beachten, daß jede so aufgestellte
Liste sich im allgemeinen nur auf das in Frage stehende Beobachtungsfeld
beziehen wird. Infolgedessen wird ein Faktor, der bei der atmosphärischen
Korrosion unwesentlich ist, bei der Korrosion einer eingetauchten Probe wesentlich sein können und umgekehrt.

Der korrosionsbestimmende Faktor. Es kann *gelegentlich* der Fall eintreten,
daß ein gegebener Faktor, beispielsweise der erste, *von größerem Einfluß auf
den Korrosionsvorgang als die übrigen ist*, d. h., daß die Beziehung

$$\Delta_1\varrho > \Delta_2\varrho, \Delta_3\varrho, \Delta_4\varrho, \ldots$$

gilt. In diesem Falle wird der in Frage stehende Faktor als der *alleinbestimmende
Faktor* bezeichnet, d. h. als der einzige Faktor, dessen Änderung innerhalb
vernünftigerweise wahrscheinlicher Grenzen irgendeinen ernsten Einfluß auf
die Korrosionsgeschwindigkeit ausübt. Es ist ziemlich schwierig, Fälle aufzufinden, bei denen nur ein einziger Faktor von maßgeblichem Einfluß ist; es ist
jedoch nicht so selten, eine Gruppe von Faktoren zu finden, die mehr Einfluß
ausübt als andere Faktoren. In diesem Falle spricht man von einer *korrosions-
bestimmenden Gruppe*.

Indirekter Einfluß. Selbst wenn ein gegebener Faktor *als solcher* einflußlos ist,
so kann es vorkommen, daß er indirekt durch Störung der Häufigkeitsverteilung
eines Faktors der bestimmenden Gruppe einen indirekten Einfluß ausübt,
trotzdem beide Faktoren einer voneinander unabhängigen Änderung fähig sind.
So kann die Korrosion von Zink beim völligen Eintauchen der Probe in konzentrierte Chloridlösungen durch die Geschwindigkeit der Sauerstoffzufuhr bestimmt werden. BENGOUGHs Messungen haben gezeigt, daß unter diesen Bedingungen eine hohe Chloridkonzentration die Korrosionsgeschwindigkeit herabzusetzen *scheint*. Das ist aber nur deshalb der Fall, weil die Löslichkeit des Sauerstoffes mit steigender Chloridkonzentration abnimmt und weil infolgedessen die
Wahrscheinlichkeit, eine rasche Sauerstoffzufuhr bei hohen Chloridkonzentrationen zu erzielen, geringer als bei niedrigen Chloridkonzentrationen ist. Es gibt
keinen Grund, den Chlorionen als solchen eine inhibierende Eigenschaft zuzuschreiben. Wenn sie überhaupt mit diesem Verhalten in Verbindung zu bringen
sind, dann ist ihre direkte Wirkung wahrscheinlich als aktivierend zu bezeichnen.
Würde die Sauerstofflöslichkeit durch geeignete Änderung des Druckes in einer
Reihe von Versuchen verschiedener Chloridkonzentrationen konstant gehalten, so
würde wahrscheinlich festgestellt werden, daß die Korrosionsgeschwindigkeit
mit steigender Chloridkonzentration nicht abfällt; sie würde im Gegenteil
wahrscheinlich langsam ansteigen.

Bei der Unterscheidung zwischen dem direkten und dem indirekten Einfluß
eines Faktors sollte die Heranziehung des *partiellen Korrelationskoeffizienten*
von Nutzen sein. Dieser ist im Zusammenhang mit der Frage des Einflusses der in geringer Konzentration im Stahl vorliegenden Komponenten
auf die Korrosionsgeschwindigkeit auf S. 485 behandelt worden. Ist die Chlorkonzentration C, die Sauerstofflöslichkeit L, der Sauerstoffdruck P und die
Korrosionsgeschwindigkeit ϱ, dann zeigen die BENGOUGHschen Ergebnisse

deutlich, daß $(r_{C\varrho})_P$ negativ ist, was jedoch darauf beruht, daß r_{CL} negativ ist. Wahrscheinlich würde für $(r_{C\varrho})_L$ ein positiver Wert gefunden werden.

Ermittlung der Korrosionsgeschwindigkeit. Wird eine Reihe von Messungen des Korrosionsverlustes W nach verschiedener Versuchsdauer t durchgeführt, die eine Anzahl von Versuchspunkten geben, die nicht exakt auf einer Kurve liegen, so ist es möglich, die den wirklichen Verhältnissen am nächsten kommende Schätzung der Korrosionsgeschwindigkeit für das betreffende Zeitintervall durch Errechnung des Korrelationskoeffizienten zu erhalten (s. S. 481), der gegeben ist in der Form

$$r_{tW} = \frac{\mu_{tW} - \mu_t \mu_W}{S_t \, S_W}$$

Es ist erforderlich, das betrachtete Zeitintervall hinreichend zu begrenzen, so daß die *t-W-Kurve* als angenähert gradlinig angesehen werden kann. Die *Bestform* der Gleichung (d. h. diejenige, die der Wirklichkeit am nächsten kommt) sei durch

$$W = \varrho t + K$$

gegeben, wobei K eine Konstante ist. Es ist dann möglich, die Geschwindigkeit ϱ (oder dW/dt) in Gliedern von r_{tW} anzugeben.

Geben δ_t, δ_W die Abweichungen der gemessenen Werte von den Mittelwerten μ_t, μ_W und $\varDelta t, \varDelta W$ die Abweichungen (gemessen parallel zur t- bzw. W-Achse) von der Kurve der Bestform-Gleichung dar, dann gilt

$$\varDelta^2 W = (\delta_W - \varrho\,\delta_t)^2 = \delta_W^2 + \varrho^2\,\delta_t^2 - 2\,\varrho\,\delta_W\,\delta_t$$

Demzufolge ist

$$\frac{1}{n}\,\varSigma\,\varDelta^2 W = \frac{1}{n}\,\varSigma\,\delta_W^2 + \frac{\varrho^2}{n}\,\varSigma\,\delta_t^2 - \frac{2\,\varrho}{n}\,\varSigma\,\delta_W\,\delta_t$$

$$= S_W^2 + \varrho^2 S_t^2 - \frac{2\,\varrho}{n}\,\varSigma\,\delta_W\,\delta_t$$

Gemäß Definition gilt

$$r_{tW}\,S_t S_W = \mu_{tW} - \mu_t \mu_W$$

$$= \frac{1}{n}\,\varSigma\,(\mu_t + \delta_t)\,(\mu_W + \delta_W) - \mu_t \mu_W$$

$$= \frac{1}{n}\,\varSigma\,\mu_t \mu_W + \frac{1}{n}\,\varSigma\,\mu_W\,\delta_t + \frac{1}{n}\,\varSigma\,\mu_t\,\delta_W + \frac{1}{n}\,\varSigma\,\delta_t\,\delta_W - \mu_t \mu_W$$

Hierbei ist das erste Glied gleich dem fünften Glied, während das zweite und dritte Glied Null sind. Infolgedessen gilt

$$r_{tW}\,S_t S_W = \frac{1}{n}\,\varSigma\,\delta_t\,\delta_W$$

und infolgedessen

$$\frac{1}{n}\,\varSigma\,\varDelta^2 W = S_W^2 + \varrho^2 S_t^2 - 2\varrho\,r_{tW}\,S_t S_W$$

$\varSigma\varDelta^2 W$ wird ein Minimum, wenn

$$\frac{d}{d\varrho}\,(\varrho^2 S_t^2 - 2\varrho\,r_{tW}\,S_t S_W) = 0$$

erfüllt ist, d. h. wenn

$$2\varrho S_t^2 = 2 r_{tW}\,S_t S_W$$

oder

$$\varrho = \frac{S_W}{S_t}\,r_{tW}$$

ist.

Dieser Ausdruck stellt das geschätzte Maß der Geschwindigkeit dar, der die Quadrate der Abweichungen von der Bestform-Kurve verringern wird — gemessen parallel zur W-Achse — und der gewählt werden sollte, wenn die Unregelmäßigkeit (derenthalben die experimentellen Punkte nicht exakt auf einer Kurve zu liegen kommen) lediglich infolge des Vorliegens von Fehlern bei der Messung von W ansteigt. In ähnlicher Weise wird die Schätzung, die die Quadrate der Abweichungen, die parallel zur t-Achse gemessen worden sind, verringert, gegeben sein durch

$$\varrho = \frac{S_W}{S_t} \cdot \frac{1}{r_{tW}}$$

Diese Form sollte gewählt werden, wenn die Fehler ausschließlich auf Messungen in t zurückgehen. Ist der Fehler teilweise auf beide Ursachen zurückzuführen, so müssen dazwischenliegende Werte angenommen werden. Beide Ausdrücke werden identisch für

$$r_{tW} = 1$$

Oftmals ist die Ursache dafür, daß die Punkte nicht auf eine Kurve fallen, nicht auf Meßfehler zurückzuführen, sondern in mangelnder Gleichförmigkeit des Materials begründet. Es ist wahrscheinlich richtig, diesen Mangel äquivalent einem Fehler in W anzusetzen und demzufolge

$$\varrho = \frac{S_W}{S_t} r_{tW}$$

als beste Schätzung für die Geschwindigkeit anzusetzen.

Anhang.

Messung der Filmdicke auf optischem Wege.

1. Allgemeines.

Optische Grundlagen der Filmmessung. Zwei Gruppen optischer Methoden sind für die Messung der Filmdicke auf Metall benutzt worden.

Die *erste Gruppe* beruht auf *Interferenz* zwischen dem an der äußeren bzw. inneren Oberfläche des Filmes reflektierten Licht. Derartige Methoden erfordern eine Kenntnis der Brechungszahl der Filmsubstanz (die nicht exakt gleich sein mag der Brechungszahl der gleichen Substanz im kompakten Zustande). Sie sind nicht anwendbar auf dünnste Filme, da sich die Interferenzbande hier im unbequem zugänglichen kurzwelligen Gebiet befindet.

Die *zweite Gruppe* hängt davon ab, daß ein Film auf einer glatten metallischen Oberfläche den *Polarisationszustand* des von dieser Oberfläche reflektierten Lichtes verändert. Derartige Methoden würden schwierig auf aufgerauhte Metalle anzuwenden sein, sie sind jedoch geeignet für Oberflächenfilme, die zu dünn sind, um bequem mittels der Interferenzmethoden vermessen zu werden und erfordern keinerlei Kenntnis der Brechungszahl der Filmsubstanz. Da die Messung jedoch von einem Vergleich zwischen den Eigenschaften des filmfreien und des mit einem Film bedeckten Metalls abhängt, ist es erforderlich, entweder das Metall filmfrei zu haben oder andererseits seine beiden optischen Konstanten zu kennen. Sind diese Bedingungen erfüllt, so ist es möglich, experimentell sowohl die Dicke des Filmes als auch die Brechungszahl der Filmsubstanz zu ermitteln.

2. Interferenzmethoden.

Das „verschluckte" Licht. Ein wesentliches Charakteristikum für die Auslöschung des Lichtes durch Interferenz beruht darin, daß die *Interferenz als
solche keinen Verlust an Licht verursacht.* Nähern sich zwei Strahlen A und B,
wie das in Abb. 89 schematisch angegeben ist, einer Phasengrenze zwischen zwei
Medien von verschiedenen Seiten her und treffen sie mit einer derartigen Phase
auf diese Grenze auf, daß a_1, der an der Außenseite reflektierte Anteil
von A, völlig *außer Phase* mit b_2, dem gebrochenen Teil von B, ist, dann folgt,
daß b_1, der innenreflektierte Teil von B, völlig *in Phase* mit a_2, dem gebrochenen
Teil von A ist, da die Differenz zwischen einer inneren und einer äußeren Re-
flektion selbst eine Phasendifferenz der Größe π hervorruft. Es tritt kein Verlust an Gesamtenergie ein, wenn A in a_1 und a_2 und B
in b_1 und b_2 aufgespalten werden. Infolgedessen wird
jedes Licht, das seinem äußeren Anteil nach einen Verlust erleidet (infolge Interferenz zwischen a_1 und b_2), in
dem inneren Anteil wiedergefunden werden (durch Verstärkung zwischen a_2 und b_1). Das ist ein Beispiel von
allgemeiner Gültigkeit. Unter der Voraussetzung, daß es
keine Umwandlung in Wärme infolge Absorption oder aus
ähnlichen Gründen gibt, wird das an irgendeiner Stelle
verschluckte Licht an irgendeiner anderen Stelle wiedergefunden werden. Infolgedessen werden bei den NEWTON-
schen Farbringen, bei denen die Absorption der Film-

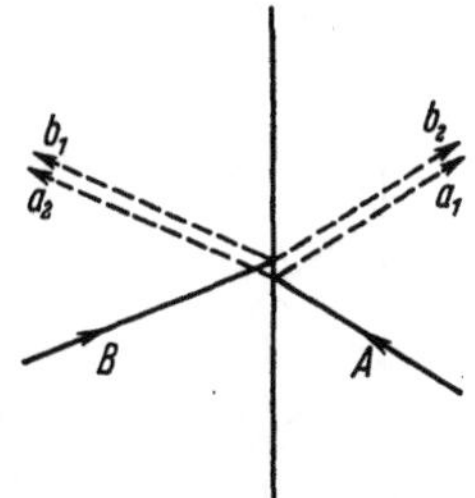

Abb. 89. Verhalten von
Lichtstrahlen beim Auf-
treffen auf eine
Phasengrenze.

substanz vernachlässigt werden kann, die im reflektierten Licht erzeugten Farben
den gesamten Verlust des durchgehenden Lichtes darstellen, und die beiden
Serien gefärbter Ringe können miteinander kombiniert werden, um wieder weißes
Licht zu geben, wie ARAGO[1] gezeigt hat. In ähnlicher Weise stellen dünne Filme
von Bleioxyd, die von dem Metall auf Glimmer übertragen und im durchgehenden
Licht beobachtet werden, eine komplementäre Farbe zu der im reflektierten
Licht beobachteten dar[2]. Infolgedessen wird ein im reflektierten Licht grün
erscheinender Film im durchgehenden Licht fahl-rot wirken; ein Film, der im
reflektierten Licht goldfarbig erscheint, hat im durchgehenden Licht eine blaue
Farbe und so fort.

Betrachten wir eine in Luft befindliche Metallplatte, die mit einem Oxydfilm der Dicke y bedeckt ist, wie das schematisch durch Abb. 90 wiedergegeben
wird. Nehmen wir weiterhin an, daß dieser Versuchskörper durch eine mono-
chromatische Lichtquelle beleuchtet wird, die eine derartige Wellenlänge besitzen möge, daß der an der äußeren Oberfläche des Filmes reflektierte Strahl
$A\,B\,C$ völlig außer Phase mit dem an der inneren Oberfläche reflektierten
Strahl $X\,Y\,Z\,B\,C$ ist. Diese Wellenlänge soll als *Interferenzwellenlänge* λ_x
bezeichnet werden. Es ist klar, daß die Intensität des längs BC austretenden
Lichtes infolge der Interferenz abnorm gering sein wird. Das verschluckte Licht
findet sich in dem inneren Anteil BD, bei dem die beiden Teile völlig in Phase
sein werden. Dieses verschluckte Licht, das in D an dem Metall reflektiert
werden wird, wird eine weitere Wahrscheinlichkeit für den Austritt in E haben.

<hr>

[1] ARAGO, F.: Oeuvres complètes, Bd. 10, S. 16, Fußnote 1. 1858.
[2] EVANS, U. R.: Pr. Roy. Soc. A **107** (1925) 232.

Ist die Filmdicke jedoch völlig gleichförmig, so wird es an der Oberfläche in einer derartigen Phase vorkommen können, daß dieses Licht durch ein Austreten längs EF völlig außer Phase mit dem außen reflektierten Licht WEF gebracht werden würde. Diese innere Reflexion wird so zu wiederholten Malen auftreten können, und es wird sich immer die gleiche Situation ergeben. Das verschluckte Licht bleibt also sozusagen gefangen und die wiederholten inneren Reflexionen werden früher oder später infolge der unvollkommenen Durchlässigkeit des Oxydes eine Umwandlung in Wärme herbeiführen. Infolgedessen wird im Falle eines völlig gleichförmigen Filmes, der genau die für die Interferenz erforderliche Dicke besitzt, letzten Endes eine völlige Auslöschung des verschluckten Lichtes resul-

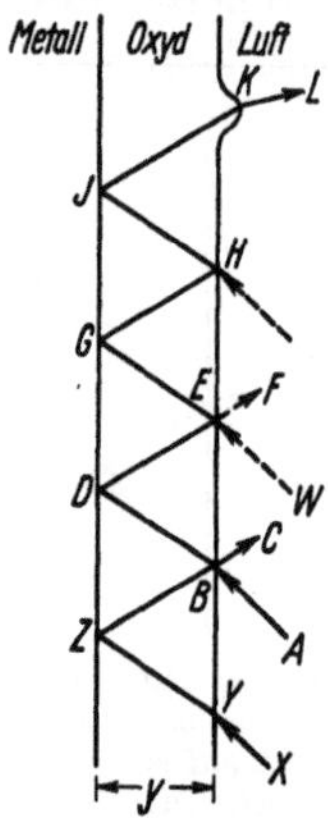

Abb. 90. Verhalten eines Lichtstrahles im System Metall—oxydische Grenzschicht—Luft.

tieren. Enthält der Film jedoch eine geringfügige Unregelmäßigkeit an irgendeinem Punkt, beispielsweise bei K, so kann das verschluckte Licht unter einem anderen Winkel, beispielsweise längs KL ohne Interferenz austreten. Infolgedessen werden die Wellenlängen, die im normal reflektierten Licht fehlen, in einem gewissen Ausmaße in dem gestreuten, d. h. unregelmäßig reflektierten Licht, wiedergefunden werden, sofern das filmbedeckte Metall im weißen Licht beobachtet wird. Das ist tatsächlich der Fall. So zeigt Kupfer, das grob poliert, dann in der Wärme mit Anlauffarben versehen und darauf im gestreuten Licht untersucht wird, Farben, die in groben Zügen komplementär zu den im reflektierten Licht erhaltenen sind. Im Hinblick auf die spezifische Farbe des Kupfers und aus anderen Gründen ist nicht zu erwarten, daß die Komplimentärbeziehung exakt gilt[1].

Ist die Wellenlänge des einfallenden Lichtes etwas geringer (oder etwas größer) als λ_x, dann kann eine zunehmende Menge an verschlucktem Licht nach jeder inneren Reflexion, selbst in Abwesenheit von Unregelmäßigkeiten im Filmbau, wieder austreten. Für eine Wellenlänge, die ihrem Werte nach sehr nahe λ_x kommt, würde eine sehr große Zahl innerer Reflexionen erforderlich sein, ehe eine namhafte Lichtmenge wieder austreten kann; infolgedessen wird ein großer Teil des verschluckten Lichtes infolge Absorption in Wärme verwandelt werden. Bei Wellenlängen, die stärker von λ_x abweichen, ist die Zahl der erforderlichen inneren Reflexionen geringer, und es wird dementsprechend ein größerer Teil des Lichtes wieder austreten. Infolgedessen wird das Spektrum des reflektierten Lichtes, wenn die Oberfläche mit weißem Licht bestrahlt wird, ein Minimum bei λ_x aufweisen, jedoch wird die Intensität an beiden Seiten jener Wellenlänge ansteigen, wie das durch Abb. 91 schematisch dargestellt wird. Die Breite des Interferenzbandes wird deutlich von der Durchlässigkeit der Filmsubstanz und dem Reflexionsvermögen des dahinterliegenden Metalls abhängen. Für einen hochgradig durchlässigen Film wird die Bande enger sein (s. Abb. 91a) als für ein nahezu undurchsichtiges Oxyd (s. Abb. 92b), in dem selbst eine kleine Anzahl innerer Reflexionen eine erhebliche Absorption von Licht verursachen wird. Ein völlig durchlässiger Film auf einem völlig reflektierenden Metall sollte eine Bande von der Breite Null ergeben, d. h. es sollte zu keinerlei Auftreten von Interferenzfarben kommen. Tatsächlich geben gleichförmige Filme von Kollodium auf Silber keine Interferenzfarben, jedoch werden schöne

---

[1] Raman, C. V.: Nature 109 (1922) 105. — Evans, U. R.: Pr. Roy. Soc. A 107 (1925) 228.

Farben hervorgerufen, wenn die Filme etwas gekräuselt sind[1]. Offenbar wird jede Unregelmäßigkeit im Film das verschluckte Licht in die Lage versetzen, unter unregelmäßigen Winkeln auszutreten; infolgedessen wird das regulär reflektierte Licht ärmer an Wellenlängen auf jeder Seite des Interferenzwertes werden. Mit anderen Worten: die Bande wird eine meßbare Breite annehmen. Infolgedessen sollten leuchtende Farben erkennbar sein, wenn der gekräuselte Film unter dem richtigen Reflexionswinkel betrachtet wird, und es sollten die Komplementärfarben erscheinen, wenn der Film im gestreuten Licht beobachtet wird. Das ist tatsächlich der Fall.

Ist das Reflexionsvermögen des unter dem Film liegenden Metalls effektiv geringer als 100%, so wird eine wiederholte innere Reflexion die Intensität des Lichtes schwächen, wie durchlässig die Film-substanz auch immer sei; die Bande wird infolge-dessen verbreitert werden. Ähnliche Betrach-tungen gelten für den Fall eines Luftfilmes zwischen Glasplatten: hier wird der Anteil des von der Rückseite des Filmes reflektierten Lichtes gering sein (der größere Teil wird durch-gelassen). In diesem Fall wird die Interferenz-bande breit sein; die Kurve wird in der Tat Maxima und Minima aufweisen, die gleichmäßig

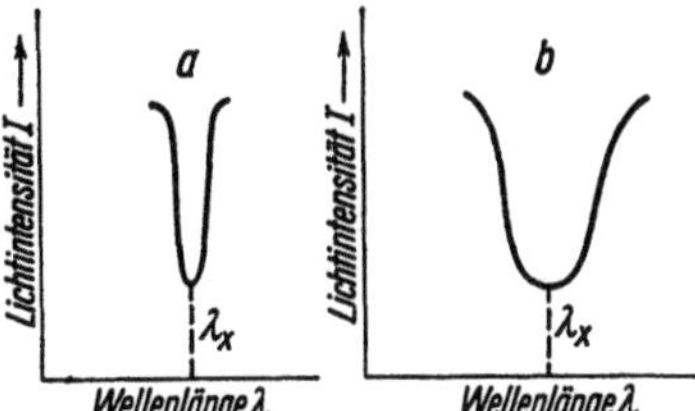

Abb. 91. Breite des Interferenzbandes in Abhängigkeit von dem Zustand des Oberflächenfilmes.

verbreitert sind. Infolgedessen sollte das Spektrum des Lichtes, das von einem Luftfilm zwischen Platten oder von einem Oxydfilm, der von seiner metallischen Unterlage abgelöst worden ist, hervorgerufen wird, breite Banden aufweisen, während das Spektrum eines in hohem Grade durchlässigen Filmes, der sich in optischem Kontakt mit dem Metall befindet, engere Banden zeigen sollte. Jede Abweichung von der Gleichförmigkeit in der Dicke wird natürlich die Breite der Bande erhöhen. Das ist wichtig, da es zu einer Erklärung der geringen Unterschiede zwischen den in Tabelle 2 auf S. 51 gezeigten Farbfolgen führt.

Abhängigkeit der Interferenz von der Filmdicke. Betrachten wir nunmehr die Bedingungen für die Interferenz zwischen Lichtstrahlen, die an der äußeren bzw. an der inneren Oberfläche des Filmes reflektiert werden. Tritt keine Phasenverschiebung während der Reflexion irgendeines Strahles auf, oder ist die Phasenverschiebung für beide Strahlen die gleiche, dann wird die Inter-ferenz einen maximalen Wert annehmen, wenn die Lichtwege um eine ungerade Zahl der halben Wellenlänge differieren. Für den Fall des senkrechten Licht-einfalls wird der Wegunterschied gewöhnlich gleich dem *doppelten* Betrag der Filmdicke $(2y)$ sein, während die Wellenlänge im Filmmaterial selbst λ/n sein wird, wenn n die Brechungszahl bedeutet. Es wird infolgedessen Interferenz eintreten bei folgenden Filmdicken:

$$\lambda/4\,n \quad 3\,\lambda/4\,n \quad 5\,\lambda/4\,n \quad 7\,\lambda/4\,n \ldots$$

In manchen Fällen jedoch ruft die Reflexion der beiden Strahlen, die an ver-schiedenen Oberflächentypen hervorgerufen wird, selbst eine relative Phasen-veränderung hervor, die einer Filmdicke C äquivalent ist. In diesem Fall wird eine maximale Interferenz bei den folgenden Schichtdicken eintreten:

$$\frac{\lambda}{4\,n}-C \quad \frac{3\,\lambda}{4\,n}-C \quad \frac{5\,\lambda}{4\,n}-C \quad \frac{7\,\lambda}{4\,n}-C \ldots$$

---

[1] Wood, R. W.: Physical Optics, S. 172. London 1911. — Rayleigh: Scientific Papers, Bd. 3, Cambridge 1902, S. 62; Bd. 6, Cambridge 1917, S. 508.

Es müssen verschiedene Fälle betrachtet werden:

1. Im Falle eines *lichtdurchlässigen Oxydfilmes*, der von seiner metallischen Basis abgelöst und im *reflektierten Licht* betrachtet wird, erleidet der eine Lichtstrahl eine innere Reflexion, der andere dagegen eine äußere Reflexion in der in Abb. 92a angegebenen Weise. Diese Differenz ruft einen Unterschied hervor, der gleich der halben Wellenlänge ist und der einer Zunahme der Filmdicke um eine viertel Wellenlänge äquivalent ist. Es gilt infolgedessen

$$C = \lambda/4\,n$$

Es treten infolgedessen minimale Reflexionen bei folgenden Filmdicken auf:

$$0 \qquad \lambda/2\,n \qquad \lambda/n \qquad 3\,\lambda/2\,n \ldots$$

2. Im Falle eines *lichtdurchlässigen Oxydfilmes*, der von seiner metallischen Basis abgelöst worden ist und der *im durchgehenden Licht* untersucht wird, wird der eine Strahl überhaupt nicht reflektiert, während der andere doppelt reflektiert wird, entsprechend der in Abb. 92b gegebenen schematischen Darstellung. In diesem Fall ist

$$C = 0$$

Die für die minimale Durchlässigkeit erforderlichen Dicken sind demgemäß die folgenden:

$$\lambda/4\,n \qquad 3\,\lambda/4\,n \qquad 5\,\lambda/4\,n \qquad 7\,\lambda/4\,n \ldots$$

3. Im Falle von *Luftfilmen zwischen Glas* (Newtonsche Farbringe) gelten ähnliche Betrachtungen. In diesem Falle ist $n = 1$ und da eine maximale Durchlässigkeit bei der gleichen Dicke vorhanden sein muß, bei der ein Minimum der Reflexion liegt und umgekehrt, ist es klar, daß bei Beobachtung im *reflektierten* Licht Minimalintensitäten bei den Dicken

$$0 \qquad \lambda/2 \qquad \lambda \qquad 3\,\lambda/2 \ldots$$

und Maximalintensitäten bei den Dicken

$$\lambda/4 \qquad 3\,\lambda/4 \qquad 5\,\lambda/4 \qquad 7\,\lambda/4 \ldots$$

auftreten werden, während bei Beobachtung im *durchgehenden* Licht Minimalintensitäten bei den Dicken

$$\lambda/4 \qquad 3\,\lambda/4 \qquad 5\,\lambda/4 \qquad 7\,\lambda/4 \ldots$$

und Maximalintensitäten bei den Dicken

$$0 \qquad \lambda/2 \qquad \lambda \qquad 3\,\lambda/2 \ldots$$

liegen werden.

4. Im Falle eines *lichtdurchlässigen Oxydfilmes, der sich auf einer Metallbasis befindet*, wird gewöhnlich angenommen, daß

$$C = 0$$

ist (wenngleich der Beweis zugunsten dieser Annahme weniger zwingend zu sein scheint, als das im Falle des lichtdurchlässigen Filmes bei Beobachtung im durchfallenden Licht der Fall ist). Unter Zugrundelegung der üblichen Annahme sind demnach minimale Reflexionen bei

$$\lambda/4\,n \qquad 3\,\lambda/4\,n \qquad 5\,\lambda/4\,n \qquad 7\,\lambda/4\,n \ldots$$

zu erwarten.

Ein *Minimum der Reflexion* wird demnach bei Schichtdicken eintreten, die gleich sind den Dicken des für eine *minimale Durchlässigkeit* bei derselben

Wellenlänge erforderlichen Luftfilmes, dividiert durch die Brechungszahl der Filmsubstanz[1].

Einfache Farbmethode zur Vermessung von Filmdicken. Unter der Annahme, daß die durch einen Film auf einem Metall hervorgerufene Farbe ausschließlich durch die der maximalen Auslöschung unterliegende Wellenlänge bestimmt wird, wird es möglich, die Dicke eines jeden Filmes durch Division der zur Erzeugung der äquivalenten Farbe erforderlichen Dicke des Luftfilmes durch die Brechungszahl der Filmsubstanz zu bestimmen. Dieses Prinzip, das in verschiedener Modifizierung von FIZEAU[2], QUINCKE[3], WIENER[4], VINCENT[5] und LUCE[6] benutzt worden ist, hat in neuerer Zeit eine ausgedehnte Anwendung durch TAM-MANN und seine Mitarbeiter[7] zur Messung von Filmdicken bei ihren Untersuchungen über den oberflächlichen Angriff von Sauerstoff, Jod und anderen Substanzen auf Metalle gefunden. Es wird oftmals als die TAMMANNsche Methode bezeichnet. In manchen Fällen stimmt die Schätzung der Dicke nach diesem Verfahren gut mit den nach anderen Methoden erzielten Werten überein, wie sorgfältige Vergleiche zeigen, die DUNN[8], CONSTABLE[9] u. a. durchgeführt haben.

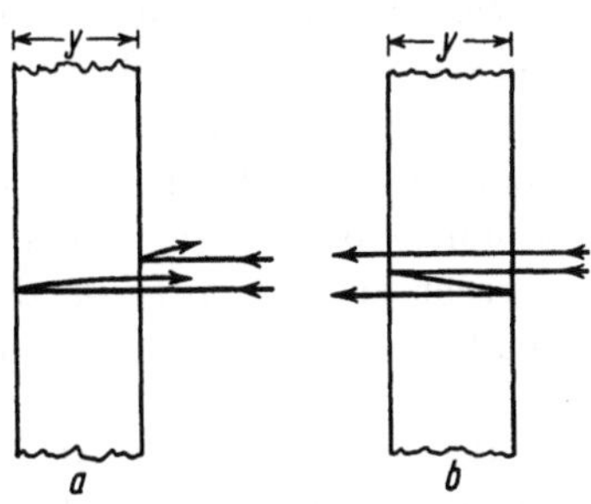

Abb. 92. Verhalten von Lichtstrahlen gegenüber einem Oberflächenfilm.

Bedauerlicherweise zeigt eine einfache Überlegung, daß die Farbempfindung, die durch einen Film im Auge hervorgerufen wird, *nicht ausschließlich* von der Lage des Zentrums der Interferenzbande im Spektrum abhängt. Es müssen die Intensitäten sämtlicher Wellenlängen der Interferenzbande, insbesondere wenn sie breit ist, berücksichtigt werden. So ist es möglich, daß zwei Banden, die das Maximum ihrer Interferenz bei der gleichen Wellenlänge haben, trotzdem verschiedene Farbempfindungen im Auge auslösen. Die Theorie würde danach voraussagen, daß das Verfahren nur angenähert richtig ist, was auch seine Bestätigung gefunden hat. Von BANNISTER und U. R. EVANS[10] sind Messungen der Dicke der Silberjodidfilme nach drei anderen Verfahren ausgeführt worden, und zwar auf gravimetrischem, elektrometrischem und nephelometrischem Wege. Diese Untersuchungen führten zu guter Übereinstimmung untereinander, jedoch gab die einfache Farbmethode etwas davon abweichende Ergebnisse. Offenbar kann die Farbmethode zur Berechnung der Dicken, wenngleich sie erfreulich einfach und nützlich für manche Zwecke ist, nur dann als völlig vertrauenswürdig herangezogen werden, wenn

---

[1] Da die im durchfallenden Spektrum fehlenden Wellenlängen im reflektierten Spektrum wiedergefunden werden, so trägt dies der Tatsache (die auf S. 64 erwähnt wurde) Rechnung, daß die Farbe eines von seiner Basis abgelösten Filmes in grober Annäherung derjenigen komplementär ist, die der gleiche Film auf der metallischen Oberfläche zeigt.

[2] FIZEAU, H.: Ann. Chim. Phys. (3) **63** (1861) 385.

[3] QUINCKE, G.: Pogg. Ann. **129** (1866) 181.   [4] WIENER, O.: Wied. Ann. **31** (1887) 630.

[5] VINCENT, G.: Ann. Chim. Phys. (7) **19** (1900) 421, 433.

[6] LUCE, L. R.: Ann. Chim. Phys. (10) **11** (1929) 171.

[7] TAMMANN, G., W. KÖSTER, E. SCHRÖDER, G. SIEBEL u. W. RIENÄCKER: Z. anorg. Ch. **111** (1920) 78, **123** (1922) 196, **124** (1922) 25, **128** (1923) 179, **148** (1925) 297, **156** (1926) 261.

[8] DUNN, J. S.: Pr. Roy. Soc. A **111** (1926) 214.

[9] CONSTABLE, F. H.: Pr. Roy. Soc. A **115** (1927) 570, **125** (1929) 630.

[10] EVANS, U. R. u. L. C. BANNISTER: Pr. Roy. Soc. A **125** (1929) 372.

vorher eine Tabelle ausgearbeitet worden ist, die die Beziehung zwischen der Farbe und der Dicke der besonderen in Frage stehenden Filmsubstanz angibt.

Die Diskrepanz, die sich im Falle der Silberjodidfilme ergibt, kann teilweise darauf beruhen, daß die chemischen und optischen Verfahren ganz verschiedene Dinge erfassen. Im Falle eines Filmes, dessen äußere und innere Oberflächen weder glatt noch parallel zueinander sind, beansprucht der Ausdruck „Dicke" eine sorgfältige Definition. Die beste Definition dürfte darin bestehen, ihn als das Mittel der Abschnitte zu bezeichnen, die durch den Film auf einer großen Anzahl äquidistanter Linien hervorgerufen werden, die senkrecht zu der *Hauptebene* der Metalloberfläche gezogen werden. Das ist der Gegenstand der Messung durch die verschiedenen chemischen und elektrochemischen Verfahren. Es ist jedoch möglich, daß die Ergebnisse der optischen Verfahren an einer rauhen Oberfläche bis zu einem gewissen Grade durch die Größe der Abschnitte beeinflußt werden, die auf den Linien hervorgerufen werden, die senkrecht zu der *örtlichen* Oberflächenrichtung liegen. Es ist jedoch wahrscheinlich, daß die wesentliche Diskrepanz darauf beruht, daß die einfache optische Methode, wie sie gewöhnlich angewendet wird, nur unter den folgenden drei Bedingungen gültig ist:

1. Es ist erforderlich, daß $C = 0$ erfüllt ist.
2. Der Wert von λ_x muß allein die Farbempfindung bestimmen.
3. n darf sich nicht mit λ_x ändern.

Von diesen Bedingungen werden wahrscheinlich die zweite und die dritte niemals exakt erfüllt. Sind die Daten dafür verfügbar, so kann auf die Änderung der Brechungszahl n mit der Wellenlänge Rücksicht genommen werden.

Wellenlängen, bei denen die Reflexion ein Minimum besitzt. Das von TAMMANN angewendete Prinzip kann mit größerer Genauigkeit benutzt werden, wenn eine spektroskopische Untersuchung des von der filmbedeckten Oberfläche reflektierten Lichtes durchgeführt und wenn die einem Minimum (oder Maximum) entsprechende genaue Wellenlänge bestimmt wird. Diese Methode, die für relativ dicke Jodidfilme von WERNICKE[1] verwendet wurde, ist von CONSTABLE[2] auf dünne Oxydfilme übertragen worden, der dadurch sehr exakte Messungen der Filmdicke erzielen konnte. Die Breite der von CONSTABLE erhaltenen Interferenzbanden deutet darauf hin, daß sich die Dicke seiner Filme etwas von Punkt zu Punkt änderte. Offenbar treten einige derartige Veränderungen immer ein, wie die mikroskopische Untersuchung abgelöster Filme durch U. R. EVANS ergeben hat. Die Interferenzbanden, die auf dem nach den CONSTABLESchen Bedingungen oxydierten Metall auftreten, scheinen jedoch ungewöhnlich breit zu sein, da er Anzeichen von grün am Ende der ersten Farbordnung erhielt, einen Wert, den die Mehrzahl der Experimentatoren niemals beobachtet hat.

Unterliegt Licht der Wellenlänge λ einer minimalen Reflexion durch Filme von der Dicke $\lambda/4n$, $3\lambda/4n$, $5\lambda/4n$, $7\lambda/4n$, ..., so folgt, daß ein Film von der Dicke y, der mit seiner einen Fläche an Luft und mit der anderen an Metall angrenzt, Interferenzbanden mit einem Minimum bei den Wellenlängen

$$4\,ny \qquad 4\,ny/3 \qquad 4\,ny/5 \qquad 4\,ny/7 \ldots$$

[1] WERNICKE, W.: Pogg. Ann. Ergänzungsbd. 8 (1878) 68.

[2] CONSTABLE, F. H.: Pr. Roy. Soc. A **117** (1927/1928) 376, 385. Die Gültigkeit der Interferenzmethode bei der Messung „besonderer Flächen" behandelt F. J. WILKINS (J. chem. Soc. **1930**, 1304).

hervorrufen muß. Wir erhalten demgemäß eine Bandenfolge, die enger und enger wird, wenn wir in das Gebiet der kurzen Wellenlängen kommen, wie das aus Abb. 93 hervorgeht. Wird die Filmdicke größer, so werden sich diese Banden in der Richtung nach langen Wellenlängen zu bewegen, und es wird eine nach der anderen durch den für unsere Augen empfindlichen Teil des Spektrums hindurchgehen.

Ist die Schichtdicke y sehr klein, so werden sämtliche Banden im Ultraviolett liegen; der Film wird demgemäß keine Farbe aufweisen, wenn er mit nahezu senkrecht auftreffendem Licht bestrahlt wird (s. Abb. 93 A). Diese Ultrafilme sind bei Beobachtung auf gewöhnlichem Wege unsichtbar, solange sie sich auf der

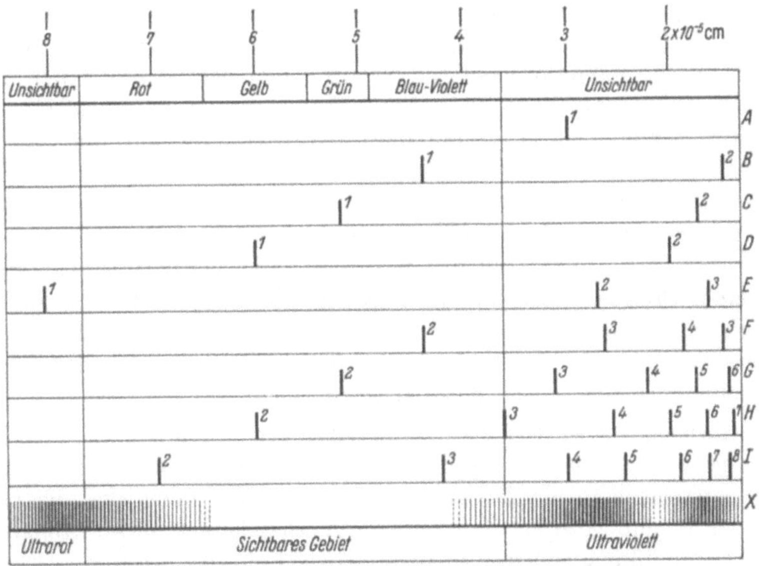

Abb. 93 (A bis X). Erzeugung von Interferenzfarben.

Metallbasis befinden. Sie werden jedoch völlig sichtbar, wenn sie von der metallischen Unterlage durch eine der im Kapitel II besprochenen Methoden abgelöst werden. Die Dicken, bei denen die Interferenzbanden in den sichtbaren Teil des Spektrums eintreten, ändern sich in den verschiedenen Fällen. Bei Oxydfilmen auf Eisen wird für das Auftreten der ersten gelben Interferenzfarbe gewöhnlich ein Wert von etwa 400 Å angegeben, der jedoch zu hoch sein mag. Silberjodidfilme können eine merklich gelbe Farbe auf Silber bei Dicken unterhalb 200 Å geben. In allen Fällen erscheint dann, wenn der Film dick genug ist, um die erste Bande gut in dem blauen Gebiet des Spektrums entsprechend Abb. 93 B auftreten zu lassen, eine bestimmte gelbe oder braune Farbe. Bei größeren Filmdicken bewegt sich die Bande entsprechend Abb. 93 C in das grüne Gebiet und liefert eine rot-malvenfarbige Interferenzfarbe. Bei weiterer Dickenzunahme rückt die Bande nach gelb oder rot entsprechend Abb. 93 D vor und gibt eine blaue Interferenzfarbe. Ist die Interferenzbande eng (wie im Falle eines Oxydfilmes auf Metall), dann wird bei weiterer Zunahme der Filmdicke die erste Bande aus dem sichtbaren Gebiet wieder heraustreten, ehe die zweite Bande in das sichtbare Gebiet eintritt, wie das Abb. 93 E angibt.

Das für das Auge empfindliche Wellenlängengebiet beträgt nämlich nur etwa eine Oktave, während das Zentrum der zweiten Absorptionsbande bei einer Wellenlänge auftritt, die ein Drittel vom Wellenlängenmittelpunkt der ersten Bande beträgt. Hierdurch wird eine Erklärung für die silbrige Zwischenzone gegeben (Hiatus), die zwischen dem Blau erster Ordnung und dem Gelb zweiter Ordnung auftritt. [Sind die Banden, wie im Falle der NEWTONschen Farbringe, breit (s. Abb. 93 X), so wird die zweite Bande in das blaue Gebiet eintreten, ehe die erste Bande das rote völlig verlassen hat, was zu einer grünen Farbe zwischen dem Blau erster Ordnung und dem Gelb zweiter Ordnung führt. Hierdurch wird der Unterschied zwischen den Farbfolgen von Oxydfilmen auf Metallen und den Luftfilmen zwischen Glas erklärt.] Die Folge der zweiten Ordnung ist in der gleichen Weise zu erklären. Das Gelb zweiter Ordnung tritt auf, wenn die zweite Bande in das Blau eintritt (entsprechend Abb. 93F), das Rot zweiter Ordnung, wenn die zweite Bande in das Grün eintritt (entsprechend Abb. 93G), und das Blau zweiter Ordnung, wenn es in das Gelb (entsprechend Abb. 93H) eintritt. Die dritte Bande folgt enger auf die zweite als diese auf die erste folgt; die Zentren der drei ersten Banden treten bei Wellenlängen im Verhältnis $15:5:3$ auf. Infolgedessen wird die dritte Bande, wie eng die Banden auch immer sein mögen, *stets* in das sichtbare Gebiet eintreten, ehe die zweite Bande dieses Gebiet verlassen hat, wie das in Abb. 93I angedeutet ist, so daß am Ende der zweiten Ordnung *stets* ein Grün zweiter Ordnung, selbst im Falle eines völlig gleichförmigen Oxydfilmes auf einer metallischen Grundlage, auftritt. Die anschließenden Banden folgen noch enger aufeinander und erklären so die verwickelte Farbfolge in den höheren Ordnungen.

Verschiebung der Farben bei Verringerung der Filmdicke. Es sind Zweifel darüber geäußert worden, ob die Farbe des in der Wärme auf Eisen (durch Oxydation) entstehenden Anlaufeffekts tatsächlich von der Filmdicke abhängt. Es wurde der Schluß gezogen, daß es beim Vorhandensein dieser Abhängigkeit möglich sein müßte, die Farben in rückwärtiger Reihenfolge durch Verringerung der Filmdicke zu verändern. Frühere Versuche[1], den auf Eisen erhaltenen Film, der das Blau erster Ordnung gab, abzuschleifen und dadurch die malvenfarbigen und gelben Farben zu erzielen, die für dünnere Filme charakteristisch sind, schlugen fehl, während ein späterer Versuch von Erfolg begleitet war[2]. Es scheint jedoch, daß das Abschleifen ein ungeeignetes Verfahren zur Herabsetzung der Dicke so dünner Filme ist. Kathodische Behandlung der in der Wärme auf Eisen erzeugten Anlauffilme in verdünnter Salzsäure ergab eine mehr gleichmäßige Verringerung der Dicke, und es gelang, die Verschiebung der Farben in der erwarteten Richtung zu realisieren[3]. In diesem Falle hängt die Verringerung der Dicke von der kathodischen Reduktion des Eisen(III)-oxydes zu Eisen(II)-oxyd ab; das sehr rasch durch die Säure gelöst wird. Die Geschwindigkeit dieses Vorganges hängt nur von der Stromdichte ab, so daß die erforderliche Gleichförmigkeit bei der Verringerung der Filmdicke leicht zu erzielen ist. In dieser Weise kann der oben erwähnte Einwand gegen den Interferenzcharakter der Farben zerstreut werden.

[1] MALLOCK, A.: Pr. Roy. Soc. A **94** (1918) 566.

[2] GALE, R. C.: J. Soc. chem. Ind. Trans. **43** (1924) 349.

[3] EVANS, U. R.: Pr. Roy. Soc. A **107** (1925) 230; vgl. C. W. MASON: J. phys. Chem. **28** (1924) 1233.

3. Verfahren unter Benutzung der Polarisation des Lichtes.

Grundprinzip. Wird polarisiertes Licht von einem filmfreien Metallspiegel reflektiert, so erleiden seine beiden Komponenten (parallel und senkrecht zur Einfallsebene des Lichtes) einen ungleichen Verlust der Amplitude und eine ungleiche Phasenänderung, so daß linear polarisiertes Licht im allgemeinen elliptisch polarisiert wird. Die *relative Phasenverzögerung* Δ ist gegeben durch

$$\Delta = \delta_p - \delta_v$$

wobei δ_p und δ_v die Verzögerungen der Komponenten parallel bzw. senkrecht zur Einfallsebene des Lichtes sind. Ist weiterhin tg Ψ das *Absorptionsverhältnis*, das durch

$$\mathrm{tg}\,\Psi = \frac{I_v/R_v}{I_p/R_p}$$

definiert ist, wobei I_p und I_v die beiden Intensitäten *vor* der Reflexion und R_p und R_v diejenigen *nach* der Reflexion sind, so fordert die elektromagnetische Theorie des Lichtes, daß in erster Annäherung die Beziehungen

$$n = \frac{\sin\Phi\,\mathrm{tg}\,\Phi\cos 2\Psi}{1 + \cos\Delta\sin 2\Psi}$$

und

$$\varkappa = \sin\Delta\,\mathrm{tg}\,2\Psi$$

gelten, wobei n die Brechungszahl des Metalles, $\varkappa$ den Absorptionskoeffizienten und Φ den Einfallswinkel des Lichtes bedeuten.

Wird ein Film der Dicke L, der aus einer Substanz der mittleren Brechungszahl n_1 besteht, auf dem Metall gebildet, so werden die Werte von Δ und Ψ um $\overline{\Delta}$ beziehungsweise $\overline{\Psi}$ verschoben werden. In diesem Falle erfordern die theoretischen Überlegungen von DRUDE[1], daß in erster Annäherung folgende Beziehungen gelten:

$$\Delta - \overline{\Delta} = -\frac{4\pi L}{\lambda}\,\frac{\cos\Phi\sin^2\Phi\,(n_1^2-n_0^2)}{(\cos^2\Phi-n_0^2\,\alpha)^2+n_0^4\,\alpha'^2}\left[(\cos^2\Phi - n_0^2\alpha)\left(\frac{1}{n_1^2}-\alpha\right) + n_0^2\,\alpha'^2\right]$$

und

$$2\Psi - 2\overline{\Psi} = \sin 2\overline{\Psi}\,\frac{4\pi L}{\lambda}\,\frac{\cos\Phi\sin^2\Phi\,(n_1^2-n_0^2)}{(\cos^2\Phi-n_0^2\alpha)^2+n_0^4\,\alpha'^2}\left[n_1^2\,\alpha'\left(\frac{1}{n_1^2}-\alpha\right)-(\cos^2\Phi-n_0^2\alpha)\alpha\right]$$

wobei n_0 die Brechungszahl des umgebenden Mediums ist, während

$$\alpha = \frac{1-\varkappa^2}{n^2(1+\varkappa^2)^2}$$

und

$$\alpha' = \frac{2\varkappa}{n^2(1+\varkappa^2)^2}$$

sind.

Die Filmdicke L ist also proportional der Verschiebung Δ. In den Versuchen von FEACHEM und TRONSTAD[2] an Filmen von Fettsäuren auf Quecksilber entspricht eine Verschiebung in Δ um je 1° einer Filmdicke von etwa 3 Å.

Meßmethode. Zur Messung von Δ und Ψ zwecks Bestimmung der Filmdicke L und der Brechungszahl n der Filmsubstanz hat TRONSTAD[3] die in

---

[1] DRUDE, P.: Wied. Ann. **36** (1889) 532, 865, **39** (1890) 481; s. dagegen H. SCHULZ u. H. HANEMANN: Z. Phys. **16** (1923) 200.

[2] FEACHEM, C. G. P. u. L. TRONSTAD: Pr. Roy. Soc. A **145** (1934) 127.

[3] TRONSTAD, L.: Optische Untersuchungen zur Frage der Passivität des Eisens und Stahls, Trondheim 1931; Z. phys. Ch. A **142** (1929) 241, **158** (1932) 369; J. Sci. Instruments **11** (1934)

Abb. 94 angegebene Versuchsanordnung entwickelt. Ein parallel gerichteter Strahl von monochromatischem Licht (der entweder mit Hilfe monochromatischer Blenden oder unter Verwendung von Filtern erhalten wird) wird mit Hilfe des Polarisators (8) linear polarisiert und dann an dem Metallspiegel (12), der den zu untersuchenden Film trägt, reflektiert. Normalerweise würde der reflektierte Lichtstrahl elliptisch polarisiert werden, jedoch wird durch geeignetes Drehen des Kompensators nach SÉNARMONT (10) (eine besondere Form einer Viertelwellen-Glimmerplatte) eine Phasendifferenz in dem Licht hervorgerufen, die gerade hinreichend ist, um die anschließend durch die Reflexion hervorgerufene zu kompensieren, so daß das Licht nach der Reflexion linear polarisiert ist. Die geeigneten Stellen der Schwingungsrichtung des Polarisators und des Kompensators können mit Hilfe eines besonderen elliptischen Halbschattensystems erreicht werden, durch das das Blickfeld in zwei Hälften geteilt wird, die nur dann zur exakten Übereinstimmung gebracht

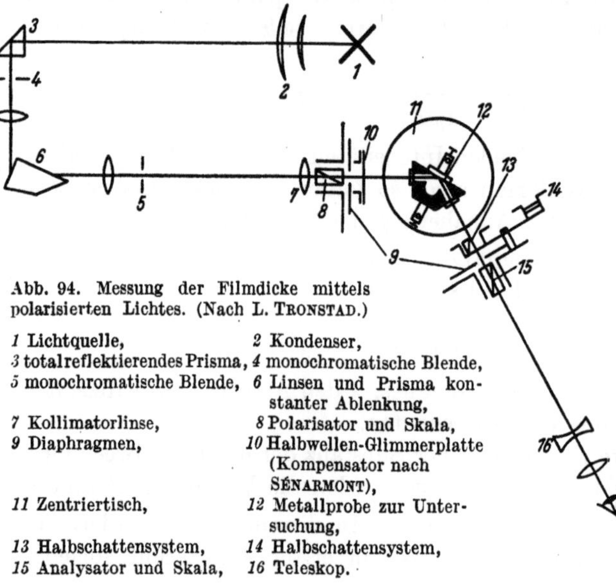

Abb. 94. Messung der Filmdicke mittels polarisierten Lichtes. (Nach L. TRONSTAD.)

1 Lichtquelle,	2 Kondenser,
3 totalreflektierendes Prisma,	4 monochromatische Blende,
5 monochromatische Blende,	6 Linsen und Prisma konstanter Ablenkung,
7 Kollimatorlinse,	8 Polarisator und Skala,
9 Diaphragmen,	10 Halbwellen-Glimmerplatte (Kompensator nach SÉNARMONT),
11 Zentriertisch,	12 Metallprobe zur Untersuchung,
13 Halbschattensystem,	14 Halbschattensystem,
15 Analysator und Skala,	16 Teleskop.

werden können, wenn das Licht linear polarisiert ist. Der Azimut des linear polarisierten Lichtes nach der Reflexion wird mit Hilfe eines Halbnicols nach LIPPICH gemessen. Aus den Werten für die Azimute P, Q und A für den Polarisator, den Kompensator bzw. den Analysator können Δ und Ψ mit Hilfe der Gleichungen

$$\sin \Delta = \sin 2\,Q\,P \sin \delta / \sin 2\,\Theta$$

und

$$\operatorname{tg} \Psi = \operatorname{tg} \Theta / \operatorname{tg} A$$

berechnet werden. In diesen Gleichungen ist Θ definiert durch

$$\cos 2\,\Theta = \cos 2\,P\,Q \cos 2\,Q + \cos 2\,P\,Q \sin 2\,Q \cos \delta$$

Bei diesen Untersuchungen erwies sich ein räumliches Modell nach POINCARÉ zur Bestimmung der Werte von Δ und Θ als nützlich. Nach Bestimmung dieser Werte kann die Filmdicke L und die Brechungszahl n der Filmsubstanz mittels der oben gegebenen Gleichungen ermittelt werden.

Gültigkeit der Methode. Die ursprünglichen Gleichungen von DRUDE beruhten auf der Annahme, daß die Filmsubstanz aus einem homogenen Medium besteht. Es könnte daraus gefolgert werden, daß die Methode von TRONSTAD nur in Fällen anwendbar sein würde, in denen die Filmdicke groß ist im Vergleich

144; Trans. Faraday Soc. 29 (1933) 502, 31 (1935) 1151. — TRONSTAD, L. u. C. G. P. FEACHEM: Pr. Roy. Soc. A 145 (1934) 115, 127. — TRONSTAD, L. u. C. W. BORGMANN: Trans. Faraday Soc. 30 (1934) 349. — TRONSTAD, L. u. T. HÖVERSTAD: Trans. Faraday Soc. 30 (1934) 362.

mit den Atomdimensionen und klein im Vergleich zur Wellenlänge, was offenbar ein recht beschränkter Gültigkeitsbereich ist. Es besteht jedoch Veranlassung zu der Annahme, daß die Untersuchung von Filmen mit Hilfe des von ihnen auf den Zustand des polarisierten Lichtes ausgeübten Einflusses auf einen größeren Dickebereich angewandt werden kann. Die mathematischen Grundlagen dieser Frage sind von STRACHAN[1] entwickelt worden, der von Annahmen ausging, die völlig von den DRUDEschen abweichen. STRACHAN hat zuerst den Fall untersucht, in dem die Schicht als eine zweidimensionale Verteilung HERTZscher Oszillatoren anzusprechen ist, eine Annahme, die für monomolekulare Filme gilt. Weiterhin hat er den Fall der dreidimensionalen Verteilung untersucht, der für polymolekulare Filme zutrifft. Isotrope und anisotrope Schichten werden gleichfalls berücksichtigt.

Es ist zweifellos wünschenswert, die Methode des polarisierten Lichtes dadurch einer sorgfältigen Prüfung zu unterziehen, daß die auf optischem Wege durchgeführten Filmmessungen mit Messungen des gleichen Filmes nach irgendeiner mikrogravimetrischen oder mikrochemischen Methode verglichen werden. Es ist klar, daß ein solcher Vergleich im Trondheimer Laboratorium durchgeführt worden ist. Die Messungen von FEACHEM und TRONSTAD an Filmen von Fettsäuren auf Quecksilber (wobei eine gewisse Vorstellung von der Kettenlänge aus anderen Quellen erhältlich ist) erhöhen das Vertrauen, daß die nach dieser Methode erhaltenen Werte nicht sehr schlecht sind. Die allgemeine Übereinstimmung zwischen der bekannten Kettenlänge und der nach der optischen Methode erhaltenen Filmdicke zeigt die Tabelle 63.

In vielen Fällen, in denen die Methode angewendet worden ist, sind Absolutwerte nicht wesentlich, es genügt vielmehr eine Kenntnis der relativen Filmdicke. Die Be-

Tabelle 63.
Optische Messungen an Fettsäurefilmen.
(Nach L. TRONSTAD und C. G. P. FEACHEM.)

Säure	Kettenlänge Angaben in Å	Filmdicke (flüssiger Zustand) Angaben in Å
Capronsäure . . .	8	15
Pelargonsäure . .	12	15
Laurinsäure . . .	16	17
Myristinsäure . .	19	22

deutung der ausgedehnten TRONSTADschen Untersuchungen über die anodische und kathodische Behandlung von Metallen, in denen er gezeigt hat, daß der unsichtbare Film während der anodischen Perioden an Dicke zunimmt, dagegen während der kathodischen Perioden an Dicke verliert, würde nicht ernstlich herabgesetzt werden, wenn es sich letzten Endes herausstellen sollte, daß eine Korrektur an den ganzen Wertereihen angebracht werden muß. U. R. EVANS hält diese Methode für so exakt, wie man es zur Zeit im Hinblick auf die kleinen Abmessungen der untersuchten Filme überhaupt nur erwarten kann.

---

[1] STRACHAN, C.: Pr. Cambridge phil. Soc. **29** (1933) 116.

Sachverzeichnis.